D1985057

Mit den passenden Fragen zum Thema auf mediscript Online das eigene **Wissen auf Stärken und Schwächen überprüfen**

Wichtige **Lücken erkennen** und **gezielt schließen**

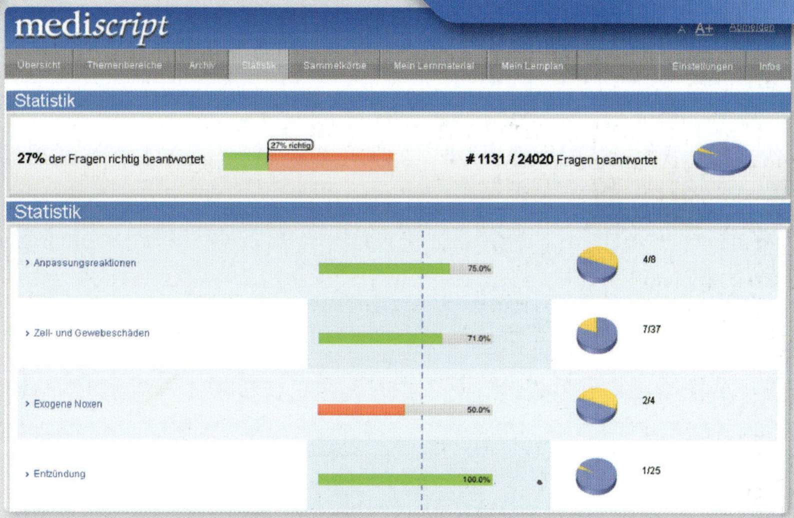

Mehr Informationen zur mediscript Lernwelt auf
www.mediscript-online.de

C. Hick, A. Hick

mediscript Kurzlehrbuch Physiologie

7. Auflage

Mit Abbildungen und Tabellen

Lerntipps von Lisa Link

Fachgutachter für die Kapitel 2–11: Prof. Markus Sperandio, München

ELSEVIER URBAN & FISCHER

URBAN & FISCHER München

Zuschriften an:
Elsevier GmbH, Urban & Fischer Verlag, Hackerbrücke 6, 80335 München

Wichtiger Hinweis für den Benutzer
Die Erkenntnisse in der Medizin unterliegen laufendem Wandel durch Forschung und klinische Erfahrungen. Die Autoren dieses Werkes haben große Sorgfalt darauf verwendet, dass die in diesem Werk gemachten therapeutischen Angaben (insbesondere hinsichtlich Indikation, Dosierung und unerwünschter Wirkungen) dem derzeitigen Wissensstand entsprechen. Das entbindet den Nutzer dieses Werkes aber nicht von der Verpflichtung, anhand weiterer schriftlicher Informationsquellen zu überprüfen, ob die dort gemachten Angaben von denen in diesem Werk abweichen und seine Verordnung in eigener Verantwortung zu treffen.
Für die Vollständigkeit und Auswahl der aufgeführten Medikamente übernimmt der Verlag keine Gewähr.
Geschützte Warennamen (Warenzeichen) werden in der Regel besonders kenntlich gemacht (®). Aus dem Fehlen eines solchen Hinweises kann jedoch nicht automatisch geschlossen werden, dass es sich um einen freien Warennamen handelt.

Bibliografische Information der Deutschen Nationalbibliothek
Die Deutsche Nationalbibliothek verzeichnet diese Publikation in der Deutschen Nationalbibliografie; detaillierte bibliografische Daten sind im Internet über http://www.d-nb.de/ abrufbar.

13 14 15 16 17 5 4 3 2 1

Um den Textfluss nicht zu stören, wurde bei Patienten und Berufsbezeichnungen die grammatikalisch maskuline Form gewählt. Selbstverständlich sind in diesen Fällen immer Frauen und Männer gemeint.

Planung: Veronika Rojacher
Lektorat: Sabine Hennhöfer
Redaktion: Dr. rer. nat. Claudia Deigele
Herstellung: Cornelia Reiter
Satz: abavo GmbH, Buchloe/Deutschland; TnQ, Chennai/Indien
Druck und Bindung: Printer Trento, Italien
Umschlaggestaltung: SpieszDesign, Neu-Ulm

ISBN Print 978-3-437-41895-2
ISBN e-Book 978-3-437-16738-6

Aktuelle Informationen finden Sie im Internet unter **www.elsevier.de** und **www.elsevier.com**

Vorwort

Liebe Medizinstudentin, lieber Medizinstudent,

für diese 7. Auflage unseres Kurzlehrbuchs Physiologie haben wir das Buch aktualisiert und alle wichtigen neuen und neu-gefragten physiologischen Inhalte integriert. Besonders stolz sind wir darauf, dass der Umfang des Buches trotzdem nicht zugenommen hat. Dafür mussten wir einige alte Zöpfe abschneiden und uns von nicht mehr gefragten oder weniger wichtigen Inhalten trennen.

Wir haben auch wieder geprüft, ob sich die Fragen des *Instituts für medizinische und pharmazeutische Prüfungsfragen (IMPP)* mit unserem Buch beantworten lassen und, wo erforderlich, inhaltliche Ergänzungen vorgenommen. Berücksichtigt sind hierbei die letzten 10 Examina bis einschließlich 8/2012.

So hoffen wir, dass sich das neue mediscript *Kurzlehrbuch Physiologie* als „schaffbares Physiologiebuch" im rauen Lerneinsatz weiterhin bewähren kann.

Das mediscript *Kurzlehrbuch Physiologie* bietet aber mehr als nur eine reine Prüfungsvorbereitung. Unter Verzicht auf wissenschaftlichen Ballast und Fußnotenwissen wird eine knappe, aber dennoch erklärende, lehrbuchartige Darstellung des physiologischen Basiswissens geboten. Außer als „Lernbuch" für schriftliche oder mündliche Prüfungen kann das mediscript *Kurzlehrbuch* daher auch als studienbegleitender Basistext zur medizinisch relevanten menschlichen Physiologie genutzt werden.

Das bewährte Konzept einer benutzerfreundlichen Aufbereitung des Lernstoffs haben wir beibehalten und für die neue Auflage erweitert:

- Die Gliederung des Textes in *kurze, übersichtliche Abschnitte* erleichtert Orientierung und Wissensaufnahme.
- Textpassagen, die für die Beantwortung der IMPP-Fragen besonders wichtig sind, wurden durch einen grünen Balken am Rand des Textes kenntlich gemacht.
- Kurze *Merktexte* helfen beim Einprägen physiologisch wichtiger Sachverhalte.
- *Lerntipps* geben Hinweise auf Schwerpunkte und Vorlieben des IMPP und unterstützen die gezielte Prüfungsvorbereitung.
- *Klinische Hinweise* verdeutlichen die Praxisrelevanz physiologischen Wissens.
- Ein *ausführlicher Index* ermöglicht den raschen Zugriff auf die gesuchten Informationen.

Die vorliegende Neuauflage wurde durch die große Zahl Ihrer Zuschriften und Kritiken wesentlich gefördert. Wir möchten daher an dieser Stelle allen Leserinnen und Lesern für ihre Vorschläge, Ergänzungen und Korrekturhinweise ganz herzlich danken und Sie bitten, uns auch in Zukunft Ihre Anregungen mitzuteilen: christian.hick@uni-koeln.de.

Unser besonderer Dank gilt Herrn Prof. Dr. Markus Sperandio (München) für die fachwissenschaftliche Unterstützung und Frau cand. med. Lisa Link (Ulm) für die sorgfältige Herausarbeitung der Prüfungsschwerpunkte des IMPP und das Verfassen der Lerntipps.

Wir würden uns wünschen, dass mit unserem Buch das medizinische Basisfach Physiologie etwas von seiner „Schwere" verliert und es Ihnen die parallele Vorbereitung auf IMPP-Fragen (Detailwissen) und mündliche Prüfungen (Verständniswissen) erleichtert. So kommt dann hoffentlich, wie eine Kommilitonin schrieb, „der Spaß an der Physiologie zurück".

Köln, Juli 2013
Astrid und Christian Hick

Abbildungsnachweis

Folgende Abbildungen wurden von Gerda Raichle gezeichnet: 4.14, 4.16, 7.3, 9.3, 9.4, 13.1, 14.2, 15.11, 16.9, 17.1, 17.8, 17.14, 18.1, 18.6

Alle anderen Abbildungen des Buches wurden von Henriette Rintelen gezeichnet

Quellennachweis

1 Alberts, Bray & Lewis 2002.
2 Deetjen P, Speckmann E-J, Hescheler J. Physiologie. 4. Auflage. München: Elsevier; 2005.
3 Speckmann E-J, Hescheler J, Köhling R. Physiologie. 5. Auflage. München: Elsevier, 2008.
4 Fahlke Ch, Linke W, Raßler B, Wiesner R. Taschenatlas Physiologie. 1. Auflage; Elsevier, 2008.
5 Roitt M, Brostoff J, Male D: Immunology, 5. Auflage, London: Mosby, 1998.
6 Schmidt RF, Lang F. Physiologie des Menschen mit Pathophysiologie. 30. Auflage. Heidelberg: Springer, 2007.
7 Silverthorn D, Human Physiology, New Jersey: Prentice Hall, 1998

Lesen, verstehen, bestehen – die Kurzlehrbücher

Auf die Frage, was ein perfektes Kurzlehrbuch ausmacht, nennen Studenten immer wieder die gleichen Stichworte:

- effektive Vorbereitung auf Semesterprüfungen und Staatsexamen
- Beschränkung auf das Wesentliche, klare Trennung von Wichtigem und Unwichtigem
- didaktisch klar aufbereitetes Wissen und gut strukturierte Texte von Autoren, die verständlich erklären können.

Die neue Kurzlehrbuchreihe ist genau auf diese Bedürfnisse zugeschnitten. Autoren mit viel Erfahrung in der Lehre setzen sich im Vorfeld intensiv mit den bisherigen Examens-Fragen des IMPP auseinander und gestalten ihre Texte anschließend so, dass sie den Studierenden optimal semesterbegleitend und prüfungsvorbereitend durch den Stoff leiten. Die Texte setzen sinnvolle Schwerpunkte, Prüfungsrelevantes ist deutlich gekennzeichnet, Lerntipps helfen bei der Prüfungsvorbereitung.

Darüber hinaus sind die neuen Kurzlehrbücher Teil der **mediscript Lernwelt:** Die Lernwelt verknüpft Lernen, Üben, Vertiefen auf perfekte Weise und das alles auf einen Klick. Mit dem Code auf der Innenseite Ihres Buches erhalten Sie zwölf Monate Online-Zugang zu:

- **mediscript Online mit allen IMPP-Fragen zum Fach,** mit Sammelkörben, detaillierten Statistiken und den besten Kommentaren zu allen Antwort-Optionen
- **Ihrem Buch in der Online-Bibliothek** zum Nachlesen von überall her

Und das Beste: Von mediscript Online können Sie über Links direkt zur richtigen Buchseite springen – kein Suchen mehr in Inhaltsverzeichnis oder Register.

Lesen – verstehen – bestehen mit den Kurzlehrbüchern in der mediscript Lernwelt!

Die didaktischen Elemente im Überblick

Auf einen Blick relevantes Wissen filtern dank farbig hervorgehobener Textpassagen. Die Kennzeichnungen im Einzelnen:

Prüfungsrelevanz auf einen Blick: Für die Prüfung besonders wichtige Absätze sind – wie dieser Abschnitt – mit einem grünen Balken am linken Rand markiert. Ermittelt wurde die Prüfungsrelevanz aufgrund der Häufigkeit der zu dem jeweiligen Thema gestellten Fragen der letzten zehn Examina. Wer diesen Stoff lernt, kann optimal punkten.

IMPP-Hits

Wo liegen die Schwerpunkte und was bringt Punkte im schriftlichen Examen? Die grünen Kästen zu Beginn jedes Kapitels geben einen Überblick über die bisherigen „Lieblingsthemen“ des IMPP in absteigender Reihenfolge.

mediscript Online

Merke

In den gelben Kästen finden Sie für das Verständnis, die Prüfung oder die Klinik besonders wichtige Zusammenhänge, die es sich einzuprägen lohnt.

Lerntipp

Insider-Know-how von Studenten für Studenten: In den grünen Kästen finden sich Eselsbrücken, Merkhilfen, Tipps und Tricks. So sind Sie bestens gewappnet für typische IMPP-Formulierungen und mündliche Prüfungen.

Klinik

Gibt der Gegenstandskatalog in der Vorklinik Krankheitsbilder vor, dann sind diese in den lilafarbenen Kästen genannt. So werden früh klinische Bezüge hergestellt und ein besseres praxisrelevantes Verständnis gefördert.

Inhaltsverzeichnis

01

Allgemeine Physiologie und Zellphysiologie

mediscript Online

IMPP-Hits

- Osmotischer Druck
- Ionenkonzentrationen intra- und extrazellulär (► Tab. 1.2)
- Passiver und aktiver Transport
- Nekrose und Apoptose

1.1 Wegweiser

Die Physiologie erforscht mit experimentellen Methoden die Funktionen des gesunden Organismus. Seit dem französischen Physiologen Claude Bernard (1813–1878) ist die Physiologie Grundlage der wissenschaftlichen Medizin: „Durch die Kenntnis der Ursachen der Lebensphänomene im normalen Zustand können wir die normalen Bedingungen des Lebens aufrechterhalten und die Gesundheit bewahren."

Die physiologischen Funktionen des Organismus werden in den Kapiteln 2 bis 20 im Zusammenhang der verschiedenen Organsysteme besprochen. Wichtige Grundphänomene wie Osmose (► Kap. 1.3), aktiver und passiver Stofftransport an Membranen (► Kap. 1.4) oder die Grundlagen von Zellorganisation (► Kap. 1.5) und Zellidentität (Histokompatibilität, ► Kap. 1.5.2) sind jedoch für alle Organsysteme identisch. Das gilt auch für die Mechanismen der Informationsübermittlung zwischen Zellen (► Kap. 1.5) und die Übertragung von Informationen ins Zellinnere (► Kap. 1.6). Nach einem kurzen Überblick zu physiologisch wichtigen Maßeinheiten (► Kap. 1.2) sollen diese elementaren physiologischen Mechanismen und Funktionen deshalb im folgenden Kapitel zusammenfassend besprochen werden.

Lerntipp

Dieses erste Kapitel zu wichtigen physiologischen Grundbegriffen ist gerade für den Anfang ein hartes, mitunter trockenes Brot. Die Grundlagen erleichtern dann aber das Verständnis der physiologischen Abläufe in den einzelnen Organsystemen, die in den nachfolgenden Kapiteln dargestellt werden.

1.2 Physiologische Maßeinheiten

Für die quantitative Beschreibung physiologischer Vorgänge im Organismus sind die folgenden physikalischen Maßeinheiten besonders wichtig:

1.2.1 Druck, Arbeit, Leistung

1.2.1.1 Druck

Der Druck (*P*) ist definiert als Kraft (*F*) pro Fläche (*A*):

$$P\,[\mathrm{Pa}] = \frac{F\,[\mathrm{N}]}{A\,[\mathrm{m}^2]}$$

Die Einheit des Drucks ist das Pascal (Pa), die Kraft wird in Newton (N), die Fläche in Quadratmetern (m^2) angegeben. Als ältere Druckeinheiten werden in der Physiologie noch mmHg (Quecksilber) und cmH_2O verwendet. Dabei gilt:

$$1\ \mathrm{cmH_2O} = 0{,}098\ \mathrm{kPa}$$

$$1\ \mathrm{mmHg} = 0{,}133\ \mathrm{kPa}$$

1.2.1.2 Arbeit

Die Arbeit (*W*) ist definiert als Kraft (*F*) mal Weg (*s*). Im physikalischen Sinne sind **Energie** und **Wärmemenge** mit der Arbeit identisch:

$$W[\mathrm{J}] = F[\mathrm{N}] \times s[\mathrm{m}]$$

Die Einheit von Energie, Arbeit oder Wärmemenge ist das Joule (J). Für die Umrechnung aus der älteren Energieeinheit Kalorie (cal) gilt:

$$1\ \mathrm{cal} = 4{,}185\ \mathrm{J}$$

Merke

Das Produkt aus Druck [N/m^2] und Volumen [m^3] ergibt ebenfalls Arbeit [N × m], nämlich die Druck-Volumen-Arbeit. Die Arbeit des Herzens ist unter physiologischen Bedingungen hauptsächlich eine Druck-Volumen-Arbeit (► Kap. 3.4.5).

Klinik

Ein plötzlicher Blutdruckanstieg führt zu einem raschen Anstieg der Druck-Volumen-Arbeit des Herzens. Um diese Mehrarbeit leisten zu können, ist das Herz auf eine Steigerung der Energieversorgung durch Sauerstoff angewiesen. Der gesteigerte Sauerstoffbedarf wird über eine Erhöhung der Koronardurchblutung sichergestellt. Ist dies z. B. bei arteriosklerotisch verengten Koronararterien nicht möglich, entsteht ein Sauerstoffmangel im Myokardgewebe. Der Patient verspürt ein Engegefühl in der Brust: **Angina pectoris.**

1.2.1.3 Leistung

Die Leistung (*P*) ist definiert als Arbeit (*W*) pro Zeit (*t*):

$$P\,[\mathrm{W}] = \frac{W\,[\mathrm{J}]}{t\,[\mathrm{s}]}$$

Die Einheit der Leistung ist das Watt (W), das einem Joule Arbeit (J) pro Sekunde (s) entspricht (► Kap. 8).

1.2.2 Stoffmenge und Konzentration

1.2.2.1 Stoffmenge

Die Stoffmenge einer Substanz wird in Mol (Symbol: mol) angegeben. Dabei gilt:

$$1\ \mathrm{mol} = 6{,}022 \times 10^{23}\ \text{Teilchen}$$

Will man bei einer Stoffmenge die Wertigkeit der Substanz berücksichtigen, empfiehlt sich die Angabe in val:

$$\mathrm{val} = \mathrm{mol} \times \text{Wertigkeit}$$

Beispiel 1 val zweiwertiger Ca^{2+}-Ionen entspricht 0,5 mol Ca^{2+}.

1.2.2.2 Konzentration

Die Konzentration einer Substanz kann auf 3 verschiedene Weisen ausgedrückt werden:

- Die **Massenkonzentration** [g/l] gibt die Masse eines Stoffs pro Volumeneinheit an. So beträgt z. B. die Massenkonzentration von Hämoglobin im Blut beim Mann 15–16 g/100 ml.
- Die **Stoffmengenkonzentration** [mol/l], auch als **molare Konzentration** bezeichnet, ist die Stoffmenge pro Volumeneinheit. Die Stoffmengenkonzentration von K^+-Ionen z. B. im Blutplasma liegt bei 5 mmol/l.

- Die **molale Konzentration** [mol/kg] ist die Stoffmenge pro Masseneinheit eines Lösungsmittels. Molale Konzentrationsangaben sind – im Gegensatz zu volumenbezogenen molaren Konzentrationsangaben – von Temperaturschwankungen und den hieraus resultierenden Volumenschwankungen unabhängig. Deshalb werden vor allem die Konzentrationen osmotisch wirksamer Substanzen besser in molalen und nicht in molaren Einheiten angegeben (▸ Kap. 1.3.2.2). In physiologischen Flüssigkeiten wie dem Blutplasma machen zudem die gelösten Bestandteile (vor allem Salze und Eiweiße) bis zu etwa 7 % des Gesamtvolumens der Lösung aus. Molare Konzentrationsangaben, die sich auf dieses Gesamtvolumen beziehen, geben daher die Anzahl der tatsächlich in einer definierten Stoffmenge gelösten und damit für eine chemische Reaktion zur Verfügung stehenden Teilchen nicht exakt an. Auch deswegen sind molale Konzentrationsangaben, die sich auf die Masse des Lösungsmittels beziehen, für physiologische Flüssigkeiten präziser.

1.3 Osmose

1.3.1 Definition

Die Diffusion von Lösungsmittel durch eine **semipermeable (= halb durchlässige) Membran** wird als Osmose bezeichnet. Semipermeable Membranen sind nur für das Lösungsmittel, nicht aber für die in ihm gelösten Substanzen durchlässig.
Wird z. B. eine Zuckerlösung von einer Wasserlösung durch eine semipermeable Membran getrennt, strömen die Wassermoleküle entlang dem Konzentrationsgefälle in die Zuckerlösung ein. Die größeren Zuckermoleküle werden dagegen an der semipermeablen Membran zurückgehalten. Durch diesen Wasserzustrom steigt das Volumen der Zuckerlösung an (▸ Abb. 1.1).

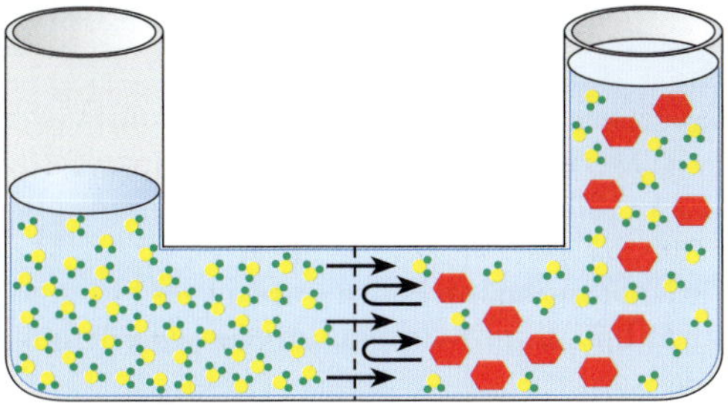

Abb. 1.1 Osmose. Die Wassermoleküle (●) wandern ihrem Konzentrationsgefälle folgend über die semipermeable Membran in die Glucoselösung ein. Die größeren Glucosemoleküle (⬢) können die Membran nicht passieren.

1.3.2 Osmotischer Druck

Das über die semipermeable Membran in die Zuckerlösung einströmende Wasser erzeugt einen osmotischen Druck, der dem hydrostatischen Druck der Wassersäule entgegenwirkt: Anstieg des Wasserspiegels im rechten Schenkel des Gefäßes in ▸ Abb. 1.1. Dieser osmotische Druck hängt nur von der Anzahl der gelösten Teilchen ab, nicht von ihrer chemischen Beschaffenheit.

1.3.2.1 Van't-Hoff-Gleichung

Ist die Anzahl (n) der Teilchen bekannt, kann der an einer semipermeablen Membran entstehende osmotische Druck (P_{osmol}) nach van't Hoff analog zur allgemeinen Gasgleichung (▸ Kap. 5.3) berechnet werden:

$$P_{osmol} = \frac{n}{V} \times R \times T$$

Der osmotische Druck (P_{osmol}) steigt also
- proportional zur Anzahl n der in einem Volumen V gelösten Teilchen und
- proportional zur Temperatur T.

R ist die allgemeine Gaskonstante.

Reflexionskoeffizient

Im strengen Sinne semipermeabel ist eine Membran nur, wenn sie für gelöste Substanzen völlig undurchlässig ist. Trifft dies nicht ganz zu, muss die Van't-Hoff-Gleichung durch einen Reflexionskoeffizienten σ ergänzt werden:

$$P_{osmol} = \frac{n}{V} \times R \times T \times \sigma$$

Der Reflexionskoeffizient liegt zwischen 0 (Membran völlig durchlässig) und 1 (Membran völlig undurchlässig).

Solvent Drag

In manchen Fällen reißt der osmotische Lösungsmittelstrom auch kleinere gelöste Teile (z. B. Elektrolyte) mit sich und transportiert sie durch die semipermeable Membran. Durch diesen Solvent-Drag-Effekt werden z. B. im proximalen Nierentubulus Na^+-Ionen aus dem Primärharn wiederaufgenommen (▸ Kap. 9.3.4.1).

1.3.2.2 Osmolarität und Osmolalität

Man unterscheidet:

- Die **Osmolarität** einer Lösung bezeichnet die osmotische wirksame Stoffmenge pro Liter Lösung: osmol/l.
- Die **Osmolalität** einer Lösung gibt entsprechend die osmotisch wirksame Stoffmenge pro Kilogramm Lösungsmittel an: osmol/kg.

Osmolarität und Osmolalität einer Lösung sind (nach der Van't Hoff-Gleichung) direkt proportional zu dem durch die Osmose an semipermeablen Membranen entstehenden osmotischen Druck.

1.3.2.3 Isotone, hypotone und hypertone Lösungen

Lösungen, die den gleichen osmotischen Druck wie Plasma aufweisen, werden als isotone Lösungen bezeichnet. Bei hypotonen Lösungen ist der osmotische Druck niedriger, bei hypertonen Lösungen höher als im Plasma.

Blutplasma hat einen osmotischen Druck von 280–295 mosmol/kg (► Kap. 2.4.1). Dies entspricht der osmotischen Wirksamkeit einer 0,9-prozentigen NaCl-Lösung, die daher als isotone oder physiologische Kochsalzlösung bezeichnet wird.

1.3.3 Kolloidosmotischer Druck

Als kolloidosmotischen Druck (KOD) bezeichnet man den Anteil des osmotischen Drucks in einer Flüssigkeit, für den Makromoleküle wie die Plasmaproteine verantwortlich sind. Albumine stellen mit etwa 60 % den größten Anteil an den Plasmaproteinen und erzeugen etwa 80 % des kolloidosmotischen Drucks.

Der KOD beträgt 25 mmHg und macht damit weniger als 1 % des gesamten osmotischen Drucks des Plasmas aus. Dennoch ist er zusammen mit dem hydrostatischen Druck verantwortlich für den Flüssigkeitsaustausch in den Kapillaren und für die Wasserverteilung zwischen Plasma und Interstitium (► Kap. 4.5.1.4).

Im Unterschied zu kleinmolekularen Stoffen können die Plasmaeiweißkörper wegen ihrer Molekülgröße die Kapillarwände nicht passieren. Im Interstitium fehlen zudem kolloidosmotisch wirksame Teilchen. Der KOD liegt dort bei 8 mmHg. Es besteht also ein kolloidosmotisches Druckgefälle zwischen Plasma und Interstitium in Höhe von etwa 17 mmHg.

Merke

- Osmotischer Druck im Plasma: 280–295 mosmol/kg
- Kolloidosmotischer Druck: 25 mmHg (Plasma), 8 mmHg (Interstitium)

Klinik

Lösungen, die in den Blutkreislauf infundiert werden, müssen normalerweise zum Plasma isoton sein, damit keine Flüssigkeitsverschiebungen zwischen den Gefäßen und dem umgebenden Gewebe auftreten. In bestimmten Fällen ist es jedoch erwünscht, Flüssigkeit aus dem Gewebe in den Blutkreislauf zu überführen, z. B. bei starken Blutverlusten. Als solche **Plasmaexpander** werden meist Lösungen verwendet, die Hydroxyethylstärke (HAES) enthalten. Die HAES-Moleküle sind zu groß, um die Blutgefäße zu verlassen, erhöhen dadurch den intravasalen kolloidosmotischen Druck und „saugen" so auf osmotischem Weg Flüssigkeit aus dem Gewebe in die Blutbahn.

1.4 Stofftransport

1.4.1 Stofftransport in Gasen und Flüssigkeiten

In Gasen und Flüssigkeiten können sich Moleküle frei bewegen. Der Stofftransport folgt hierbei 2 Kräften:

- Konzentrationsunterschiede sind die treibende Kraft beim Stofftransport durch Diffusion.
- Temperatur- oder Druckdifferenzen sind die treibende Kraft der Konvektion, d. h. des Stoffaustauschs durch Strömung eines Gases oder einer Flüssigkeit.

1.4.2 Stofftransport durch Membranen

1.4.2.1 Aufbau der Zellmembran

Membranen stellen für den freien Stofftransport ein Hindernis dar. Sie bestehen aus einer 4–5 nm dicken **Doppelschicht von Phospholipiden** (► Abb. 1.2).

- Die **hydrophoben Fettsäurereste** der Phospholipide bilden im Membraninneren eine lipophile Ölphase.
- Die **hydrophilen Kopfgruppen** der Phospholipide ragen auf der Innenseite der Membran ins Zellinnere und auf der Außenseite der Membran in die Umgebung der Zelle.

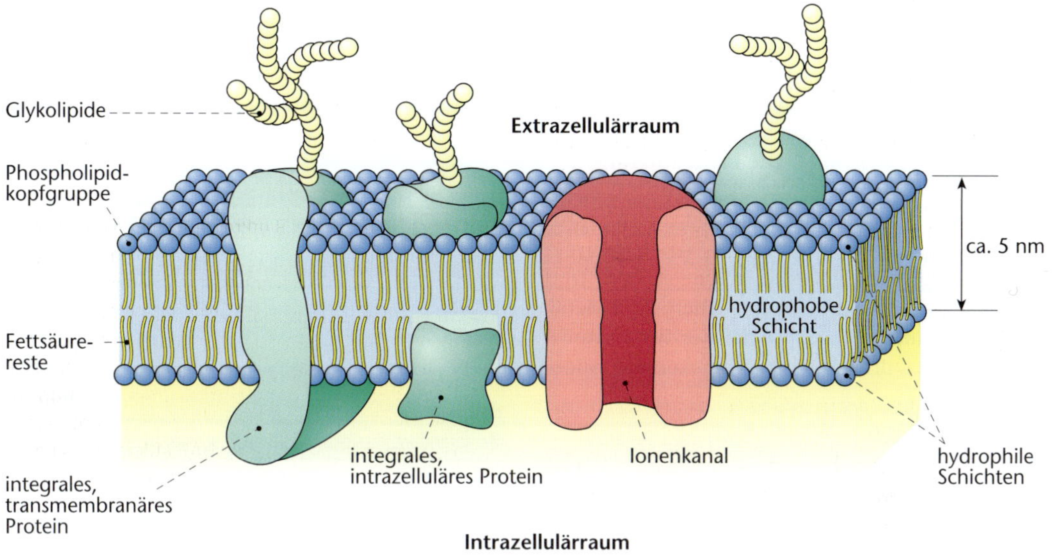

Abb. 1.2 Aufbau einer Plasmamembran.

1.4.2.2 Membranproteine

Integrale Membranproteine

In die Lipiddoppelschicht eingelassen sind Membranproteine, die mit der Lipiddoppelschicht fest verbunden sind (► Abb. 1.2). Durchziehen diese integralen Membranproteine die komplette Membran, spricht man von **transmembranären Proteinen.**

Integrale Membranproteine haben hauptsächlich die folgenden Aufgaben:

- **Rezeptorfunktion:** Wasserlösliche Hormone binden an den extrazellulären Anteil eines transmembranären Membranproteins und bewirken so eine Konformationsänderung des Proteins. Hierdurch werden im intrazellulären Anteil des Membranproteins Enzyme aktiviert oder eine Interaktion mit zytoplasmatischen Proteinen ausgelöst: **Signaltransduktion** (► Kap. 1.7).
- **Haftfunktion:** Integrale Membranproteine verbinden die Zelle mit ihren Nachbarzellen oder der extrazellulären Gewebematrix und können Informationen über die eingegangenen Bindungen ins Zellinnere weiterleiten. Solche Haftmoleküle sind u. a. für die Steuerung des Immunsystems oder die Entwicklung des Nervensystems verantwortlich. Eine gestörte Haftfunktion mit „rücksichtslosem" Wachstum ist typisch für metastasierende Tumorzellen.
- **Transportfunktion** (► Kap. 1.4.2.3): Spezialisierte transmembranäre Proteine übernehmen Transportaufgaben: Kanäle gestatten es Ionen oder Wasser passiv die Doppelmembran zu durchqueren. Carrier erleichtern den Membrantransport für bestimmte Moleküle. Pumpen befördern Substanzen unter Energieverbrauch in die Zelle hinein oder aus der Zelle heraus.
- **Enzymatische Funktion:** In den Epithelzellen des Magen-Darm-Kanals sind integrale Membranproteine an der enzymatischen Zerlegung von Nahrungsbestandteilen beteiligt (► Kap. 7.5).
- **Mitwirkung bei der intrazellulären Signalverarbeitung:** Zum Zellinneren hin gelegene integrale Membranproteine haben eine wichtige Funktion bei der Weiterverarbeitung der über die Rezeptorproteine empfangenen Signale (► Kap. 1.7, G-Proteine).

Periphere Membranproteine

Periphere Membranproteine sind mit der Doppelmembran von außen oder innen lose verbunden. Sie haben enzymatische Funktionen oder sind intrazellulär am Aufbau des Zytoskeletts beteiligt.

1.4.2.3 Passiver Transport

Einfache Diffusion

Fick-Diffusionsgesetz

Frei durch die Plasmamembran diffundieren können gelöste Gase und kleine lipophile Substanzen (z. B. Harnstoff). Die Diffusion folgt den Gesetzmäßigkeiten des Fick-Diffusionsgesetzes. Danach ist die pro Zeiteinheit durch Diffusion transportierte Stoffmenge *J* [mol/s] direkt proportional zur Diffusionsfläche *A* [m^2] und zur Konzentrationsdifferenz über der Membran Δc [mol/m^3]. Zur Dicke der Membran *d* [m] ist der Diffusionsfluss umgekehrt proportional:

$$J = D \times \frac{A}{d} \times \Delta c$$

Dabei ist *D* der Diffusionskoeffizient. Seine Größe hängt von der diffundierenden Substanz, dem Lösungsmittel und der Temperatur ab.

Klinik

Bei bestimmten Lungenerkrankungen (z. B. Lungenfibrosen) kommt es zu einer **Verdickung der Alveolarmembran.** Dadurch wird nach der obigen Gleichung die Sauerstoffdiffusion über diese Membran behindert, da die Dicke der Diffusionsmembran zugenommen hat. Laborchemisch ist die Sauerstoffsättigung des arteriellen Blutes vermindert. Klinisch leidet der Patient unter Atemnot (► Kap. 5.5.2).

Permeabilität

Diffusionskoeffizient (*D*) und Membrandicke (*d*) werden oft zur Permeabilität (*P*) für eine Substanz an einer bestimmten Membran zusammengefasst. Die Permeabilität *P* [m/s] gibt an, wie rasch eine bestimmte Substanz eine Membran passieren kann (► Abb. 1.3).

Transportcharakteristik

Einfache Diffusionsvorgänge folgen einer linearen Transportcharakteristik: Mit zunehmender Konzentration des zu transportierenden Moleküls steigt auch die Transportrate linear an (► Abb. 1.4a).

Erleichterte Diffusion

Wird der Stoffaustausch durch in der Zellmembran gelegene Transportproteine gefördert, spricht man von erleichterter Diffusion. Man unterscheidet Poren, Ionenkanäle und Carrier.

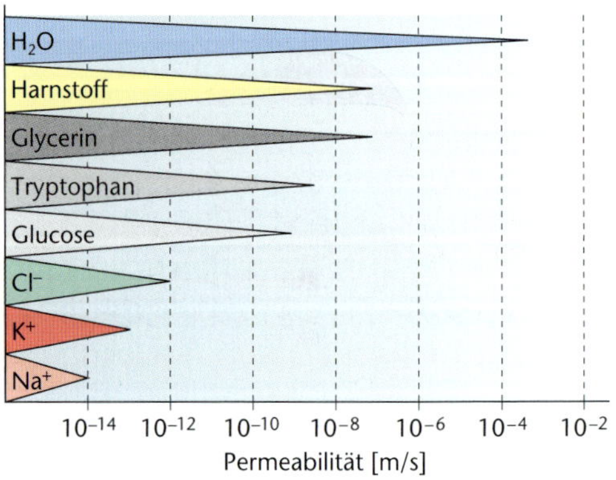

Abb. 1.3 Permeabilität einer typischen Lipiddoppelmembran. Die Membrandurchlässigkeit ist für H_2O am größten und für Na^+ und K^+ am niedrigsten.

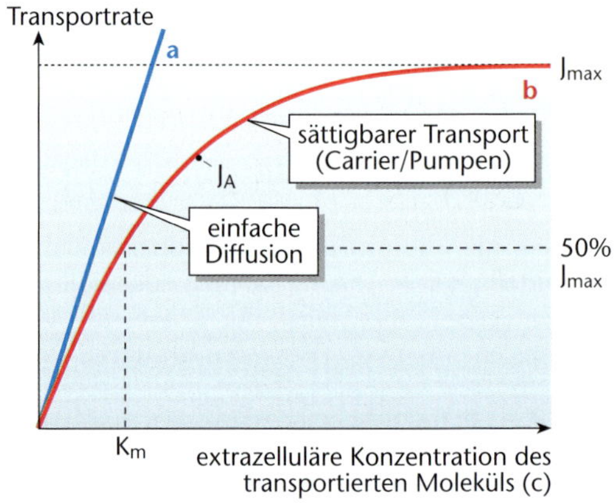

Abb. 1.4 Abhängigkeit der Transportrate von der extrazellulären Konzentration des zu transportierenden Moleküls. **a:** Lineare Transportcharakteristik bei einfacher Diffusion durch die Membran. **b:** Sättigungscharakteristik bei erleichterter Diffusion oder bei aktiven Transportvorgängen durch Pumpen. Gestrichelt ist die Ableitung der Michaelis-Menten-Konstante K_m gezeigt (s. Text: Erleichterte Diffusion, Sättigungscharakter).

Poren

Proteine, die dauerhafte Öffnungen in der Zellmembran bilden, werden als Poren bezeichnet. Poren finden sich z. B. in der äußeren Mitochondrienmembran. Das Abwehrsystem des Körpers kann Poren in die Zellmembran körperfremder Zellen (z. B. Bakterien) einbauen und diese dadurch auflösen (► Kap. 2.6.1.3).

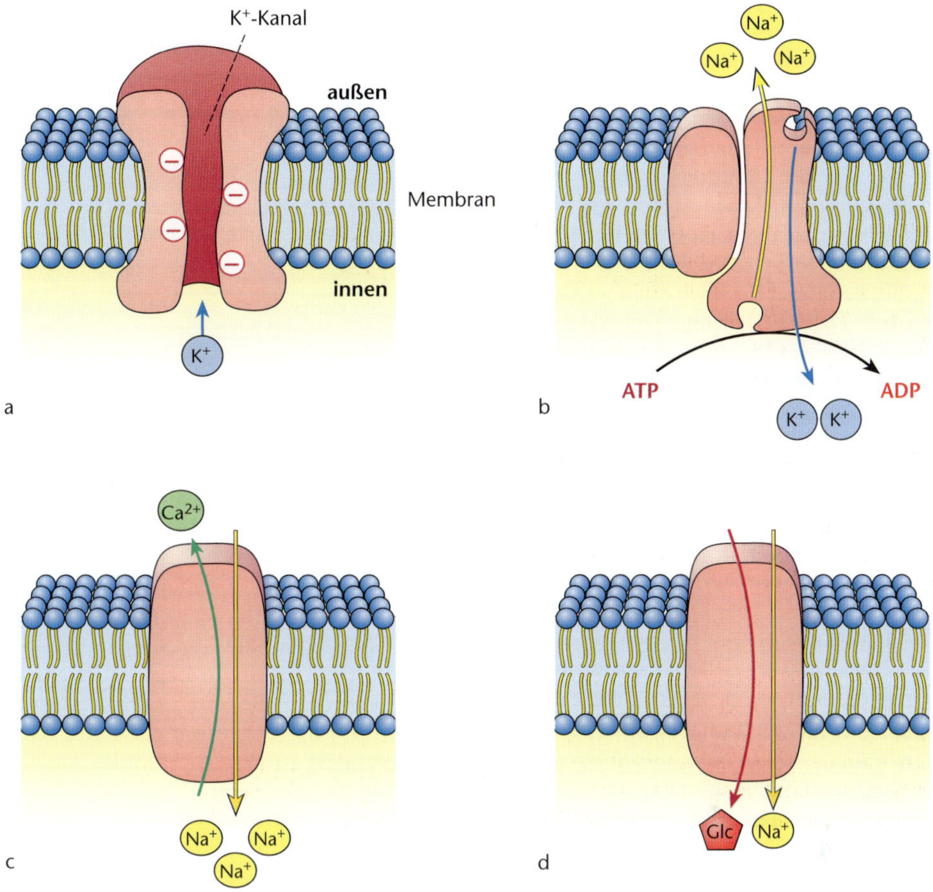

Abb. 1.5 Transportmechanismen an Membranen. **a:** Passiver Transport von K^+ durch Ionenkanäle. **b:** Primär aktiver Transport über eine Na^+-K^+-Pumpe. **c:** Sekundär aktiver Ca^{2+}-Na^+-Antiport. **d:** Sekundär aktiver Na^+-Glucose-Symport.

Kanäle

Kanäle sind durch Membranproteine gestaltete Verbindungen zwischen Extra- und Intrazellularraum, die sich öffnen oder schließen lassen. Vor allem Substanzen wie z. B. Na^+- oder K^+-Ionen, die wegen ihrer elektrischen Ladung trotz geringer Größe die Lipiddoppelmembran kaum passieren können, sind für die Diffusion auf Ionenkanäle angewiesen (► Abb. 1.5a).

Treibende Kräfte Zwei über die Membran wirkende Kräfte treiben den Ionentransport durch diese Kanäle:

- Elektrochemische Potenzialdifferenzen: **elektrische Triebkraft**
- Konzentrationsgradienten: **chemische Triebkraft**

Die Ionenkanäle haben einen Durchmesser von weniger als 1 nm und sind durch die Molekülstrukturen ihrer Wände relativ spezifisch für bestimmte Ionen. So lassen sich Kalium-, Natrium- und Calciumkanäle unterscheiden. Durch das Aktivieren (= Öffnen) von Ionenkanälen ändern sich die elektrischen Eigenschaften der Zellen. Diese Änderungen bilden die Grundlage für die Signalübertragung zwischen Zellen (► Kap. 12.4).

Öffnen und Schließen Ionenkanäle können auf verschiedene Weisen geöffnet oder geschlossen werden (engl.: gating):

- **Spannungsaktivierung:** Spannungsaktivierte Kanäle öffnen und schließen sich bei einer Änderung der über die Zellmembran wirkenden elektrischen Spannung. Beispiel: Na^+- und K^+-Kanäle an Nervenzellen (► Kap. 12.2.2.2).

- **Ligandensteuerung:** Ligandengesteuerte Ionenkanäle werden durch die Bindung von Transmittern (= Liganden) an ihren Rezeptor aktiviert (► Abb. 1.6). Sie können 3 verschiedene Zustände einnehmen:
  - geschlossen, aber aktivierbar (1),
  - offen und aktiviert (2) und
  - geschlossen und inaktiviert (3).

  Im dritten Fall ist der geschlossene Kanal durch den Transmitter nicht aktivierbar, z. B. weil der Transmitter den Rezeptor noch nicht wieder freigegeben hat: Desensitisierung. Ligandengesteuerte Ionenkanäle werden auch als **ionotrope Rezeptoren** bezeichnet. Beispiele: Acetylcholin an nicotinergen Synapsen (► Kap. 14.3.2.1), Glutamat an NMDA-Rezeptoren (► Kap. 20.5.2.3).
- **Physikalische Faktoren:** Das Gating von Ionenkanälen kann auch durch physikalische Einflüsse ausgelöst werden. So gibt es Ionenkanäle, die auf Wärme, Kälte oder einen Anstieg der Osmolarität mit einer Aktivierung reagieren. Mechanosensitive Kanäle in den Sinneszellen des Innenohrs oder den Berührungssensoren der Haut reagieren auf Zugkräfte.

Ionenkanäle sind nicht ständig geöffnet, sondern wechseln in rascher Folge zwischen offenem und geschlossenem Zustand. Die **Offenwahrscheinlichkeit** eines Ionenkanals ist der zeitliche Anteil, zu dem der Kanal geöffnet ist: Liegt sie bei 0, ist der Kanal immer geschlossen, eine Offenwahrscheinlichkeit von 1 entspricht einem dauerhaft geöffneten Kanal.

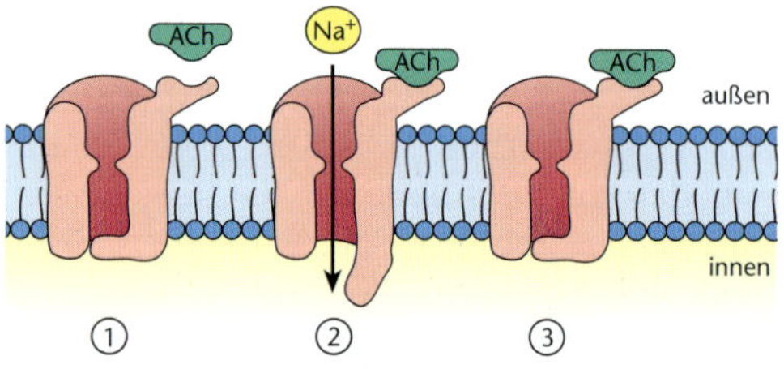

Abb. 1.6 Ligandengesteuerter Ionenkanal (= ionotroper Rezeptor); (1) Kanal geschlossen, aber aktivierbar. (2) Ligand (hier: ACh = Acetylcholin) bindet an Rezeptor, der Kanal öffnet sich, Ionen (hier: Na^+) strömen in die Zelle. (3) Kanal geschlossen, aber nicht aktivierbar. Der ionotrope Rezeptor ist durch andauernde Bindung des Liganden blockiert.

Klinik

Bei der **Mukoviszidose,** einer autosomal-rezessiv vererbten Stoffwechselerkrankung (Häufigkeit 1 : 2.000!), ist die Synthese des CFTR-Proteins (Cystic Fibrosis Transmembrane Conductance Regulator) gestört, das in der Zellmembran einen Chloridkanal bildet. Dadurch verbleiben vermehrt Chlorid-Ionen in den Epithelzellen aller exokrinen Drüsen, sodass der Wassergehalt in deren Sekreten aus osmotischen Gründen vermindert ist. In der Lunge führt das hierdurch entstehende zähere Bronchialsekret, das vom Flimmerepithel der Bronchien nur schwer abtransportiert werden kann, zu wiederkehrenden Infektionen und schließlich zu einer fortschreitenden Zerstörung des Lungengewebes mit respiratorischer Insuffizienz. Die Lebenserwartung der Betroffenen liegt bei optimaler Therapie für Neugeborene heute bei 40–50 Jahren.

Carrier

Carrier-Proteine erleichtern den Transport von Teilchen über die Zellmembran. Sie sind substanzspezifisch, d. h., jedes Carrier-Protein kann nur bestimmte Substanzen oder Substanzgruppen transportieren. Im Gegensatz zu Ionenkanälen verändern die Carrier-Proteine bei jedem Stofftransport ihre Konfiguration. Der Transportvorgang ist daher wesentlich langsamer als bei den Ionenkanälen.

Treibende Kräfte Treibende Kraft des Stofftransports ist wie bei der einfachen Diffusion ein Konzentrationsgradient. Der Organismus muss also keine Transportenergie aufwenden.

Typen Carrier können einzelne Substanzen oder eine Kombination von 2 oder 3 Substanzen transportieren. Man unterscheidet:

- **Uniporter** sind Carrier, die nur eine Substanz transportieren. Typisches Beispiel für einen solchen Uniporter sind die Glucose-Transportproteine (GLUT, ► Kap. 10.7.1), durch die Glucose z. B. in Fettzellen oder Leberzellen gelangt.
- **Symporter** (= Kotransporter) transportieren 2 Substanzen in die gleiche Richtung. Dabei wird die eine Substanz entlang ihrem Konzentrationsgradienten („bergab") und die andere entgegen ihrem Konzentrationsgradienten („bergauf") transportiert. Der Energiegewinn aus dem Bergabtransport muss dabei höher sein als der Energieverbrauch des Bergauftransports. Beispiel: Na^+-Glucose-Symporter (► Abb. 1.5d) in Dünndarmepithelzellen

(▸ Kap. 7.6.2) oder Nierentubuluszellen (▸ Kap. 9.3.4). Auch Aminosäuren werden über solche Symport-Mechanismen im Verbund mit Na^+-Ionen in die Darmschleimhaut aufgenommen (▸ Kap. 7.6.3).

- **Antiporter** (= Countertransporte) transportieren 2 Substanzen in entgegengesetzte Richtungen. Auch hier liefert der Transport der einen Substanz entlang ihrem Konzentrationsgradienten die Energie für den Transport der zweiten Substanz entgegen ihrem Gradienten. Das wichtigste Antiport-System ist der Ca^{2+}-Na^+-Antiport der Zellmembranen. Dabei liefern 3 einströmende Na^+-Ionen die Energie für den Auswärtstransport eines Ca^{2+}-Ions (▸ Abb. 1.5c). Auf diese Weise wird die hohe Konzentrationsdifferenz für Ca^{2+}-Ionen über der Zellmembran (innen 10^{-5} mmol/l, außen 2,5 mmol/l) aufrechterhalten.

Sättigungscharakteristik

Die erleichterte Diffusion ist auf Transportproteine angewiesen, die nur in begrenzter Zahl zur Verfügung stehen. Sie weist daher eine Sättigungscharakteristik nach der **Michaelis-Menten-Kinetik** auf: Mit zunehmender extrazellulärer Konzentration (c) des zu transportierenden Stoffs nähert sich die Transportrate J_A einem nicht überschreitbaren Maximalwert J_{max} (▸ Abb. 1.4, Kurve b):

$$J_A = \frac{J_{max} \times c}{K_m + c}$$

Die **Michaelis-Konstante K_m** gibt die Affinität des zu transportierenden Stoffs zu seinem Carrier wieder: Sie ist definiert als diejenige extrazelluläre Konzentration des Stoffs, bei der die Hälfte der Maximalgeschwindigkeit J_{max} des Transportvorgangs erreicht ist.

Merke

Ein hoher K_m-Wert bedeutet eine geringe Affinität des Stoffs zu seinem Carrier!

1.4.2.4 Aktiver Transport: Pumpen

Stoffe, für die kein elektrisches oder chemisches Konzentrationsgefälle über die Membran besteht oder die entgegen einem bestehenden Konzentrationsgefälle transportiert werden müssen, sind auf aktive, Energie verbrauchende Transportvorgänge angewiesen. Dieser Transport wird durch Pumpen als spezialisierte Carrier geleistet. Ein aktiver Transport unterscheidet sich von einfachen passiven Diffusionsprozessen durch 4 Charakteristika:

- **Strukturspezifität:** Jedes Transportsystem ist auf bestimmte Substanzen spezialisiert und kann nur diese transportieren.
- **Hemmbarkeit:** Stoffe mit ähnlicher Struktur wie die zu transportierenden Substanzen können die Transportproteine besetzen und so den Stofftransport blockieren.
- **Sättigung:** Wegen der begrenzten Zahl der Transportproteine gibt es für die Transportrate einen Maximalwert.
- **Energieverbrauch:** Pumpen sind ATPasen und beziehen ihre Energie aus der Spaltung von ATP.

Strukturspezifität, Hemmbarkeit und Sättigung sind auch für Carrier charakteristisch.

Tab. 1.1 Transportgeschwindigkeiten von Membranproteinen

Protein	Permeationsrate (Moleküle/Ionen pro Sekunde)
Pumpen	10^0–10^3
Carrier	10^2–10^4
Ionenkanal	10^7–10^8

Die Geschwindigkeit des Transports durch Pumpen ist nochmals langsamer als die Transportgeschwindigkeit von Carriern (▸ Tab. 1.1).

Man unterscheidet den primär aktiven Transport von einem sekundär und einem tertiär aktiven Transport.

Primär aktiver Transport

Na^+-K^+-Pumpe

Konzentrationsunterschiede Der wichtigste primär aktive Transportprozess ist die Na^+-K^+-Pumpe. In den Zellen liegt die Konzentration von K^+-Ionen mit 150 mmol/l deutlich über der extrazellulären Kaliumkonzentration von 4,5 mmol/l. Umgekehrt ist extrazellulär die Konzentration von Na^+-Ionen mit 143 mmol/l größer als ihre intrazelluläre Konzentration von 12 mmol/l (▸ Tab. 1.2). Die Konzentrationsunterschiede würden sich ohne aktive Gegenmaßnahmen in kurzer Zeit ausgleichen. Die Aufrechterhaltung der Konzentrationsdifferenzen ist jedoch

Tab. 1.2 Ionenkonzentrationen

Ionen	Intrazelluläre Konzentration (mmol/l)	Extrazelluläre Konzentration (mmol/l)
Na^+	12	143
K^+	150	4,5
Ca^{2+}	10^{-5}–10^{-4}	2,5
Cl^-	4	104
HCO^{3-}	8	25
Große Anionen	155	5

für die Funktion der Zellen unverzichtbar: Homöostase des inneren Milieus. Deshalb ist ein aktiver und Energie verbrauchender Ionentransport über die Zellmembran erforderlich, der diese Konzentrationsunterschiede stabilisiert.

Lerntipp

Die Ionenkonzentrationen in ► Tab. 1.2 sind für das IMPP und die Klinik wichtig.

ATPase Die Na^+-K^+-Pumpe ist ein spezialisiertes Membranprotein, das in allen Plasmamembranen zu finden ist und durch die Lipiddoppelschicht hindurchreicht. Biochemisch ist die Na^+-K^+-Pumpe eine ATPase, d. h. ein Enzym, das unter Energieverbrauch ATP in ADP und Phosphat spaltet. Diese ATPase ist an der Innenseite der Zellmembran lokalisiert. Durch die ATP-Spaltung werden auf der Innenseite der Na^+-K^+-Pumpe Bindungsstellen für 3 Na^+-Ionen aktiviert. Diese 3 Na^+-Ionen werden entgegen dem Na^+-Konzentrationsgradienten aus der Zelle heraustransportiert. Im Gegenzug gelangen 2 K^+-Ionen, ebenfalls gegen ihren Konzentrationsgradienten, ins Innere der Zelle (► Abb. 1.5b).

Elektrogenität Pro gespaltenem ATP-Molekül werden 3 positive Ladungen aus der Zelle entfernt, während nur 2 positive Ladungen in die Zelle gelangen. Die Na^+-K^+-Pumpe ist daher elektrogen, d. h., sie baut durch ihre Arbeit nicht nur einen Konzentrationsgradienten, sondern auch einen elektrischen Gradienten über die Zellmembran auf.

Energiebedarf und Sauerstoffmangel Der Energieaufwand für die Na^+-K^+-Pumpe ist beträchtlich. Er beträgt ein Drittel des gesamten Energieumsatzes der Zelle.

Bei Sauerstoffmangel und einem darauf folgenden ATP-Mangel kommt die Na^+-K^+-Pumpe rasch zum Erliegen: Na^+-Ionen und Cl^--Ionen strömen entlang ihres Konzentrationsgradienten in die Zelle ein. Aus osmotischen Gründen folgt Wasser nach. Die Zelle schwillt an. Besteht diese Situation über längere Zeit, platzt die Zellmembran. Es kommt zum Zelluntergang: Nekrose (► Kap. 1.5.3.1).

Protonenpumpen

Protonenpumpen (H^+-K^+-ATPasen) transportieren unter ATP-Verbrauch H^+-Ionen über eine Membran. Sie sind z. B. die Protonenlieferanten für die Bildung der Salzsäure des Magens (► Kap. 7.4.3.2).

Calciumpumpen

Calciumpumpen (Ca^{2+}-ATPasen) können hohe Calciumkonzentrationsgradienten aufbauen. Sie finden sich z. B. im sarkoplasmatischen Retikulum (dem Calciumspeicher der Muskelzelle) oder in der Zellmembran von Herzmuskelzellen (► Kap. 3.2.3.2).

Klinik

Die primär aktiven Transporter sind Ansatzpunkte für Medikamente:

- Durch **Herzglykoside** (Digitalis) wird die Na^+-K^+-ATPase blockiert. Über Zwischenschritte (► Kap. 3.2.3.2) kommt es zu einem intrazellulären Calciumanstieg und einer kräftigeren Herzmuskelkontraktion.
- **Protonenpumpeninhibitoren (PPI)** blockieren die H^+-K^+-ATPase, was zu einer verminderten Magensäureproduktion führt und die Abheilung von Magengeschwüren begünstigt (► Kap. 7.4.3.2).

Sekundär aktiver Transport

Der durch die Na^+-K^+-Pumpe unter Energieverbrauch aktiv aufgebaute elektrochemische Natriumkonzentrationsgradient dient als Motor für weitere Transportmechanismen. Diese Transportmechanismen, die keine eigene Energiezufuhr benötigen und also ohne ATP-Spaltung auskommen, werden als sekundär aktive Transportmechanismen bezeichnet. Die hierfür verantwortlichen Transportproteine sind Carrier, die als Symporter oder Antiporter arbeiten können.

Tertiär aktiver Transport

Ein tertiär aktiver Transport ist ein Transportvorgang, der seine Energie von einem sekundär aktiven Transportprozess erhält. So wird ein H^+-Dipeptid-Kotransporter im Dünndarm, der H^+-Ionen und Di- oder Tripeptide aus dem Darmraum aufnimmt, von einem sekundär aktiven Na^+-H^+-Antiport angetrieben, der H^+-Ionen ins Darmlumen sezerniert. Der hierdurch entstehende, ins Zellinnere gerichtete H^+-Gradient ist die treibende Kraft dieses tertiär aktiven H^+-Dipeptid-Transportsystems. Der sekundär aktive Na^+-H^+-Antiport wiederum wird von einer an der Blutseite der Darmzelle gelegenen primär aktiven Na^+-K^+-ATPase angetrieben.

1.4.2.5 Endozytose und Exozytose

Endozytose

Stoffe, die nicht durch die Plasmamembran diffundieren können und für die keine Transportproteine existieren, können durch Endozytose in die Zelle aufgenommen werden. Solche Stoffe sind z. B. Cholesterin oder bestimmte Proteine. Bei der Endozytose stülpt sich zuerst die Plasmamembran ein und umschließt die aufzunehmende Substanz. Diese Einstülpung vertieft sich und es entsteht ein **Vesikel,** das sich von der Plasmamembran abschnürt. So wird die endozytotisch aufgenommene Substanz mit einer aus der Plasmamembran gebildeten Lipiddoppelschicht umhüllt. Oft verfügt die Zellmembran über Rezeptorproteine für eine in die Zelle aufzunehmende Substanz, z. B. für Insulin (► Kap. 10.7.1) oder für Antigene. Die Bindung der Substanz an das Rezeptorprotein löst dann den Vorgang der Endozytose aus.

Exozytose

Über den umgekehrten Vorgang der Exozytose werden Stoffe aus der Zelle entfernt. Hierbei kann es sich z. B. um Hormone oder um Enzyme handeln. Die Vesikelmembran verschmilzt mit der Zellmembran und entlässt so die im Vesikel gespeicherten Substanzen in den Extrazellularraum.

1.4.3 Stofftransport in Zellen

Auch innerhalb der Zellen finden aktive Transportvorgänge statt. Analog zu den Transportvorgängen an der äußeren Zellmembran werden diese auch an den inneren Membranen des Zytosols beobachtet. Außerdem werden in der Zelle Syntheseprodukte in Form von Vesikeln transportiert. Für diesen Transport sind kontraktile Vorgänge im Zytoskelett von Bedeutung.

1.4.3.1 Mitochondriale ATP-Synthetase

Ein besonders wichtiger intrazellulärer Transportmechanismus auf Membranebene existiert in den Mitochondrien. Die an der inneren Mitochondrienmembran lokalisierten Enzyme der Atmungskette transportieren H^+-Ionen vom mitochondrialen Matrixraum in den Spalt zwischen innerer und äußerer

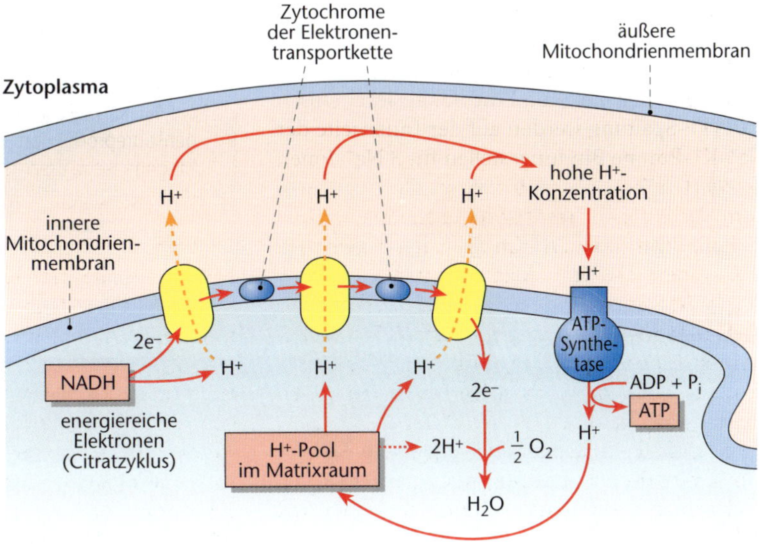

Abb. 1.7 ATP-Gewinnung in den Mitochondrien. Die energiereichen Elektronen aus dem Citratzyklus bauen einen H^+-Gradienten über die innere Mitochondrienmembran auf. Hierdurch wird die ATP-Synthetase angetrieben. Nach [7]

Mitochondrienmembran und bauen so einen **Protonengradienten** über die innere Mitochondrienmembran auf. Dieser Protonengradient treibt eine in der inneren Mitochondrienmembran lokalisierte ATP-Synthetase an und ermöglicht so die Synthese von ATP aus ADP. Die protonengetriebene ATP-Synthetase der Mitochondrien kann als rückwärts laufende Protonenpumpe aufgefasst werden (► Abb. 1.7).

Klinik

Bei einer **Blausäurevergiftung** (z. B. durch Kaliumzyanid) werden Enzyme der Atmungskette inaktiviert, was zu einer Blockade des Sauerstoff- und Elektronentransports führt: Es kommt zur „inneren" Erstickung. Da das Gewebe durch die Blockade den Sauerstoff nicht mehr aufnehmen kann, weist das venöse Blut einen dem arteriellen Blut vergleichbar hohen O_2-Gehalt auf. Dies erklärt die typische Rotfärbung der Haut.

1.4.3.2 Zytoskelett

Bestandteile des Zytoskeletts

Das Zytoskelett besteht aus Aktinfilamenten, Mikrotubuli und Intermediärfilamenten.

- **Aktinfilamente** (= Mikrofilamente, Ø 5–8 nm) sind für die Form der Zelle verantwortlich. Zusammen mit den Motorproteinen (s. u.) ermöglichen sie Zellbewegungen.
- **Intermediärfilamente** (Ø 8–10 nm) verstärken Zellbereiche, die unter besonderer Zugbelastung stehen. In Epithelzellen binden sie an die Desmosomen, die den Kontakt zu den Nachbarzellen herstellen. Als Keratine sind sie ein wichtiger Bestandteil von Nägeln, Haaren und Hornhaut.
- **Mikrotubuli** (Ø 25 nm) dienen dem Transport, z. B. entlang der Axone von Nervenzellen. Außerdem bilden sie das Gerüst für die Membranen des endoplasmatischen Retikulums, des Golgi-Apparats und die mitotische Spindel bei der Zellteilung. In gebündelter Form finden sie sich in den Zilien (z. B. an der Oberfläche des Bronchialepithels). Mikrotubuli bestehen aus polymerisierten Tubulineinheiten und sind räumlich orientiert: Als Plus-Ende wird das Ende bezeichnet, an dem sich bei der Tubulusbildung bevorzugt neue Tubulineinheiten anlagern.

Molekulare Motoren: Dynein und Kinesin

Zelluläre Bewegungen setzen an den Mikrotubuli an und bedienen sich der beiden „molekularen Motoren" **Dynein** und **Kinesin.** Kinesin ähnelt in seiner Struktur dem Muskelmyosin (► Kap. 13.2.1.2). Dynein und Kinesin ermöglichen unter ATP-Verbrauch Bewegungen wie z. B. den Transport von Vesikeln, Veränderungen der Zellform oder Zilienschläge (► Abb. 1.8). Der molekulare Mechanismus der Bewegung von Dynein und Ki-

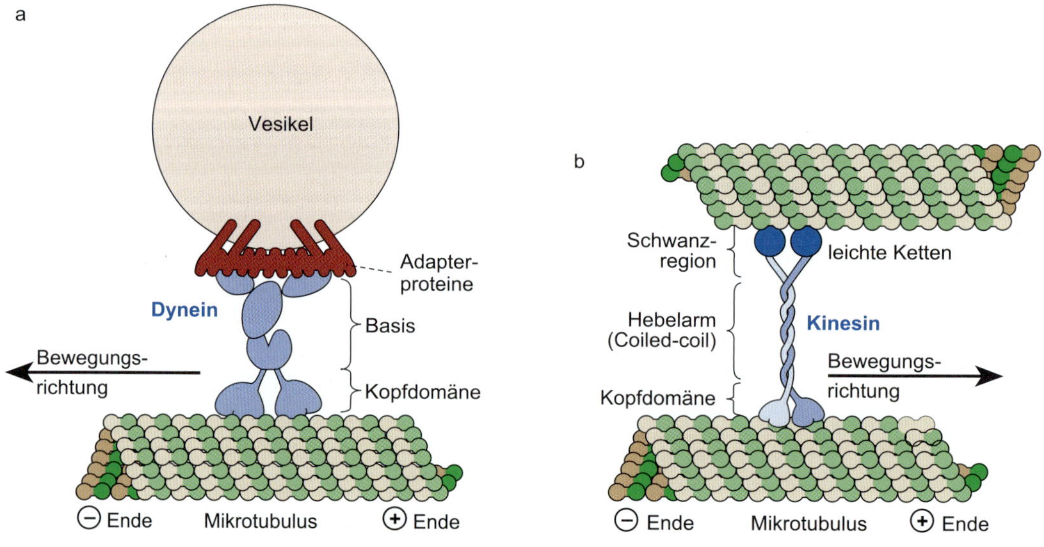

Abb. 1.8 Bewegungen im Zytoskelett werden durch die molekularen Motoren Dynein **(a)** und Kinesin **(b)** ermöglicht. Dynein bewegt sich in der Regel auf dem Mikrotubulus vom Plus- zum Minus-Ende, Kinesin in die entgegengesetzte Richtung. Nach [1]

nesin verläuft ähnlich wie die Aktin-Myosin-Wechselwirkung in Muskelzellen (▸ Kap. 13.2.3.1, ▸ Kap. 13.3.3.1): Die Kopfregion des Motors bindet ATP. Bei der anschließenden Hydrolyse des ATP ändert sich die Konformation des Kopfes, was die Bewegung entlang eines Filaments oder eines Mikrotubulus gestattet. An den Schwanz der Motoren binden die zu transportierenden Stoffe (z. B. Vesikel, andere Filamente).

Klinik

Die zur Therapie der **Gicht** eingesetzte Substanz **Colchicin** hemmt die Bewegung der Mikrotubuli. Ihre Wirkung beim Gichtanfall erklärt sich dadurch, dass diese Bewegungshemmung die Phagozytosefähigkeit der Makrophagen (▸ Kap. 2.6.1) im entzündeten Gelenk beeinträchtigt. Die Phagozytose der Harnsäurekristalle in der Gelenkflüssigkeit ist Auslöser der schmerzhaften Entzündungsreaktionen im Gelenk.
Auch viele in der **Krebstherapie** eingesetzte **Chemotherapeutika** hemmen die Bewegungen des Zytoskeletts. Krebszellen teilen sich schneller als normale Zellen und sind daher auf rasche Umbauvorgänge angewiesen. Wenn diese Umbauvorgänge gehemmt werden, sind die sich schnell teilenden Krebszellen besonders stark betroffen. Allerdings werden auch körpereigene Zellen, die eine hohe Teilungsrate haben, geschädigt, vor allem Haarzellen, Zellen der Darm- und Mundschleimhaut, Knochenmarkzellen (Immunsuppression) und Keimzellen.

1.4.3.3 Axonaler Transport

Schneller axonaler Transport

Intrazelluläre Transportvorgänge über lange Strecken finden in den bis über einen Meter langen Zellfortsätzen (Axonen) der Nervenzellen statt.

- Der schnelle anterograde axonale Transport schreitet mit einer Geschwindigkeit von bis zu 400 mm/Tag vom Zellkörper in Richtung Peripherie voran.
- Der schnelle retrograde axonale Transport bewegt sich mit etwa der Hälfte dieser Geschwindigkeit von der Peripherie zum Zellkörper hin.

Die schnellen axonalen Transporte bedienen sich als Transportmedium der Vesikel und Organellen der Zelle (z. B. der Mitochondrien). Antriebskräfte des Energie verbrauchenden Transports sind die molekularen Motoren Dynein und Kinesin, die sich entlang von Mikrotubuli bewegen (▸ Abb. 1.8).

Klinik

Durch retrograde axonale Transportmechanismen gelangen z. B. **Herpes-** oder **Poliomyelitisviren** von ihrer peripheren Infektionsstelle in die Zellkörper der Nervenzellen. So wandern z. B. Herpes-1-Viren, die Herpesinfektionen im Gesicht verursachen, in das Trigeminusganglion und verbleiben dort lebenslang. Bei einer Schwächung des Immunsystems oder anderen Einflüssen, wie Fieber, UV-Licht, psychischen Belastungen oder hormonellen Veränderungen, wandern die Viren von den Ganglien zurück ins Gesicht, wo sie die typischen Infektionszeichen hervorrufen: Herpesbläschen.
Das **Tollwutvirus** erreicht über retrograden Transport das ZNS und breitet sich anschließend durch anterograden Transport in die Organe (z. B. Speicheldrüsen, Nieren) aus. Auch das bei einer Wundinfektion mit *Clostridium tetani* gebildete **Tetanustoxin** wird von den peripheren Axonen im Wundgebiet aufgenommen und retrograd zu den Renshaw-Zellen des Rückenmarks transportiert, wo es die Freisetzung des hemmenden Transmitters Glycin blockiert. Es resultiert eine Überaktivität der Motoneurone mit typischen Muskelkrämpfen: Kieferklemme, Risus sardonicus (Teufelsgrinsen) und Opisthotonus (Überstreckung der Rückenmuskulatur).

Langsamer axonaler Transport

Neben diesen beiden schnellen axonalen Transportmechanismen gibt es langsame axonale Transporte mit einer Geschwindigkeit von nur ca. 1 mm/Tag. Die langsamen Transporte werden durch Tubulin- und Aktinbewegungen vermittelt. Über diesen Mechanismus können z. B. Enzyme und Proteine transportiert werden. Die Geschwindigkeit des langsamen axonalen Transports entspricht der Regenerationsgeschwindigkeit eines geschädigten Nervs.

1.5 Zellorganisation

1.5.1 Funktionelle Kompartimentierung

Der Innenraum der Zelle enthält durch Membranen abgegrenzte Organellen. Dadurch können unterschiedliche biochemische Abläufe und Funktionen in voneinander getrennten Bereichen ablaufen. Physiologisch wichtig sind:

- **Endoplasmatisches Retikulum** (in der Muskelzelle: sarkoplasmatisches Retikulum): Ort der Calciumspeicherung (▸ Kap. 3.2.3.2, ▸ Kap. 13.2.1.2).
- **Mitochondrien:** aerobe Energiegewinnung durch die Enzyme der Atmungskette (Kraftwerke der Zelle).

- **Ribosomen:** Proteinsynthese nach den Anweisungen der im Zellkern produzierten mRNA (messenger RNA).
- **Golgi-Apparat:** Glykosylierung der Proteine und Bereitstellung von Lipidmembranen für die Sekretvesikel.
- **Lysosomen:** Aufbau eines sauren Milieus über Protonenpumpen; so erhalten die sauren Hydrolasen ein optimales Aktivitätsniveau zum Abbau der phagozytierten Proteine.
- **Peroxisomen:** Oxidation und dadurch Zerstörung von phagozytierten Substanzen (z. B. Bakterien) mithilfe von Peroxiden. Zur Entgiftung dieser auch für die körpereigenen Zellstrukturen toxischen Peroxide dient das Enzym **Katalase,** das Peroxide zu Wasser umwandeln kann.

1.5.2 Histokompatibilitätsantigene

Zellen weisen charakteristische Oberflächenstrukturen auf, die auch antigen wirksam sein können. Diese Oberflächenstrukturen werden als Histokompatibilitätsantigene zusammengefasst. Histokompatibilitätsantigene werden durch einen speziellen Genkomplex kodiert, den Major Histocompatibility Complex (MHC), und daher auch als MHC-Antigene, beim Menschen auch als HLA-System (Human Leucocyte Antigens) bezeichnet.

Polymorphismus Der MHC-Genkomplex zeichnet sich durch eine große Vielfalt (Polymorphismus) der beteiligten Gene aus. Durch diese Vielfalt haben die MHC-Antigene bei jedem Individuum eine unterschiedliche Struktur. Genetisch verwandte Individuen stimmen in mehr MHC-Eigenschaften (MHC-Loci) überein als genetisch nicht verwandte. MHC-Antigene können daher zur Überprüfung von Verwandtschaftsbeziehungen eingesetzt werden.

Klassen MHC-Antigene lassen sich in 3 Klassen einteilen: MHC-I, -II und -III. Histokompatibilitätsantigene der Klasse II sind in die Zellmembran integrierte Proteine vorwiegend auf den Membranoberflächen von Phagozyten und B-Lymphozyten. Sie steuern u. a. die Interaktion der antigenpräsentierenden Makrophagen mit den T-Helfer-Lymphozyten (► Kap. 2.6.1.1).

Klinik

Eine entscheidende Voraussetzung für den Erfolg von **Transplantationen** ist eine möglichst große Übereinstimmung der MHC-Antigene der Klasse I (Transplantationsantigene), die auf allen kernhaltigen Zellen des Organismus und auf Thrombozyten vorkommen.

1.5.3 Zelluntergang: Apoptose und Nekrose

Zellen können auf 2 Arten sterben: Nekrose und Apoptose.

1.5.3.1 Nekrose

Bei der Nekrose sind äußere Einflüsse (mechanische, thermische oder chemische Schädigungen) für den Zelltod verantwortlich: Die Zellmembran wird zerstört, Wasser und Elektrolyte strömen in die Zelle ein, die funktionelle Kompartimentierung der Zelle löst sich auf. Die dabei freigesetzten intrazellulären Proteine führen zu einer Entzündungsreaktion in der Umgebung.

1.5.3.2 Apoptose

Bei der Apoptose wird der Zelltod durch eine in der Zelle selbst ablaufende, Energie verbrauchende Selbstzerstörungssequenz bewirkt. Dieser Zellsuizid oder programmierte Zelltod kann auf 2 Weisen ausgelöst werden:

- **Äußere Reize** (z. B. Zytostatika, UV-Licht) depolarisieren die Mitochondrien der Zelle, was zum Austritt von Cytochrom C ins Zytoplasma führt.
- **Aktivierung von Rezeptoren** der Tumornekrosefaktor-Familie (z. B. CD95).

Auf beiden Wegen werden **Caspasen** aktiviert, die als Schlüsselenzyme der Apoptose den programmierten Zelltod umsetzen. Die Caspase 3 als gemeinsame Endstrecke beider Wege spaltet durch ihre proteolytische Aktivität eine Vielzahl intrazellulärer Proteine. Im Ergebnis kommt es zu den folgenden Veränderungen:

- Fragmentierung des Zellkerns und der DNA
- Zellschrumpfung
- Umlagerung von Phosphatidylserin von der Innen- zur Außenseite der Plasmamembran.

Diese an die Außenseite der apoptotischen Zelle verlagerten Phosphatidylserin-Reste ermöglichen es Makrophagen, abgestorbene Zellen zu erkennen und ohne Entzündungsreaktion „spurlos“ zu beseitigen.

Merke

- Apoptose = programmierter, kontrollierter Zelltod: keine Entzündung
- Nekrose = unkontrollierte Zerstörung der Zelle durch äußere Einflüsse: Entzündung

1.6 Informationsübermittlung zwischen Zellen

Eine Informationsübermittlung zwischen Zellen ist auf verschiedenen Wegen möglich:

- Durch direkte Kommunikation über **Nexus** (= Gap Junctions): Diese bestehen aus feinen Kanälchen (Connexonen), welche die Zellmembranen zweier Nachbarzellen durchziehen und die Zellen so zu einem **funktionellen Synzytium** verbinden. Gap Junctions sind für Ionen und kleine wasserlösliche Moleküle bis etwa ein Kilodalton (kDa) durchlässig. Bei pH-Abfall oder Ca^{2+}-Anstieg, z. B. bei Zellschädigung oder Sauerstoffmangel, sinkt die Offenwahrscheinlichkeit der Gap Junctions. Die geschädigte Zelle wird durch die geringere Permeabilität der Gap Junctions von ihrer Umgebung isoliert und ein Ausbreiten der Schädigung verhindert.
- Durch Kommunikation über **Nervenfasern** (► Kap. 12, ► Kap. 14, ► Kap. 15, ► Kap. 16 und ► Kap. 20).
- Durch die Bildung von Botenstoffen, den **Hormonen,** die Information von der Senderzelle an spezifische Rezeptoren der Zielzelle übermitteln (► Kap. 10).

1.7 Signaltransduktion

Die Informationsübermittlung von Rezeptoren zu intrazellulären Empfängern wird als Signaltransduktion bezeichnet.

- **Lipophile Hormone,** wie z. B. die Steroidhormone, durchdringen die Plasmamembran und binden direkt an intrazelluläre Rezeptoren (► Kap. 10.2.2.4).
- **Peptidhormone** (z. B. Adrenalin) sind hydrophil und können die Plasmamembran nicht durchdringen. Sie wirken daher auf membranständige Hormonrezeptoren, die spezifisch für die einzelnen Hormone sind. Durch die Bindung des Hormons an seinen Rezeptor wird eine Kette von biochemischen Prozessen in der Zellmembran und im Zellinneren ausgelöst. Dabei wird die Information des Hormons im Zellinneren über einen Botenstoff vermittelt. Dieser Botenstoff wird als Second Messenger bezeichnet, das Peptidhormon als First Messenger.

Zwei grundlegende Mechanismen der Signaltransduktion für Peptidhormone sind

- das **cAMP-System** (cAMP = zyklisches Adenosinmonophosphat) und
- das **IP_3-System** (IP_3 = Inositoltriphosphat).

1.7.1 cAMP-System

Im cAMP-System unterscheidet man die folgenden 5 Schritte (► Abb. 1.9):

1. **Konformationsänderung des Rezeptors:** Durch die Bindung des Hormons an seinen Rezeptor auf der Zellmembran ändert der Rezeptor seine räumliche Gestalt.
2. **Aktivierung des G-Proteins:** Durch die Konformationsänderung des Rezeptors wird ein an der Innenseite der Zellmembran lokalisiertes G-Protein aktiviert, indem ein an das G-Protein gebundenes Molekül GDP (Guanosindiphosphat) durch seine energiereichere Triphosphatform GTP ersetzt wird.
3. **Aktivierung der Adenylatcyclase:** Das durch GTP aktivierte G-Protein reagiert mit einer ebenfalls an der Innenseite der Membran lokalisierten Adenylatcyclase, die cAMP aus ATP bildet.
4. **Aktivierung der Proteinkinase A:** Dieses cAMP ist der Second Messenger Er bindet an die im Zytosol gelegene Proteinkinase A und aktiviert sie dadurch.
5. **Proteinphosphorylierung:** Der Komplex aus cAMP und Proteinkinase A ist das eigentliche ausführende Enzym der cAMP-Kaskade: Er phosphoryliert Proteine, die dann die jeweils spezifischen Hormonwirkungen in der Zelle vermitteln (im Falle des Peptidhormons Adrenalin z. B. die Freisetzung von Glucose durch Glykogenolyse).

Der Second Messenger cAMP wird durch die Spaltung der Phosphodiesterbindung deaktiviert, wobei einfaches 5'-AMP entsteht. Das für die Spaltung verantwortliche Protein, die Phosphodiesterase, wird durch Theophyllin und Koffein gehemmt.

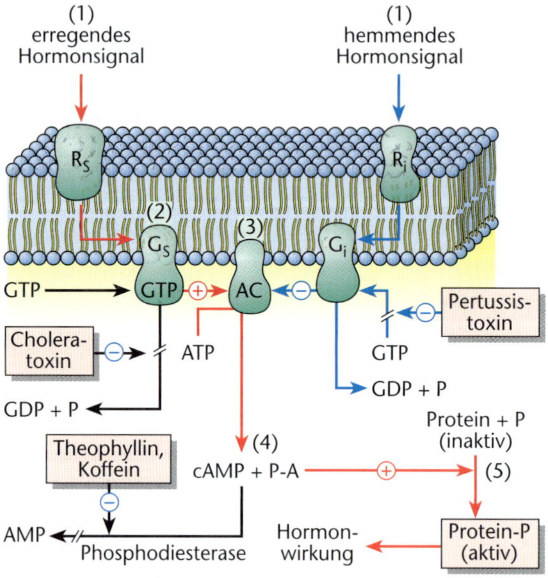

Abb. 1.9 cAMP-Kaskade. In 5 Schritten (1–5) wird die Information des First Messengers (des Hormons) über den Second Messenger (cAMP) in die Zelle übertragen; R_S = stimulierender Rezeptor (z. B. β_1-Rezeptoren), R_i = inhibierender Rezeptor (z. B. α_2-Rezeptoren), G_S = stimulierendes G-Protein, G_i = hemmendes G-Protein, AC = Adenylatcyclase, P-A = Proteinkinase A, P = Phosphat. Nach [6]

Tab. 1.3 cAMP-vermittelte Wirkungen

Botenstoff	Rezeptor
Wirkung über stimulierende G_s-Proteine	
Adenosin	A_{2A}, A_{2B}
Adiuretin (= Vasopressin)	V_2
Adrenalin/Noradrenalin	β_1, β_2
Dopamin	D_1, D_5
Histamin	H_2
Serotonin	5-HT_4, 5-HT_7
Calcitonin, FSH, Glucagon, Sekretin, VIP, TRH und TSH	Verschiedene
Wirkung über inhibitorische G_i-Proteine	
Acetylcholin	M_2, M_4
Adenosin	A_1, A_3
Adrenalin/Noradrenalin	α_2
Dopamin	D_2, D_3, D_4
GABA	$GABA_B$
Glutamat	$mGLU_{2-4}$ und $mGLU_{6-8}$
Serotonin	5-HT_1
Angiotensin II, Melatonin, Neuropeptid Y, Opioide, Somatostatin	Verschiedene

Das G-Protein verfügt über eine GTPase-Aktivität, sodass es das GTP (2 in ► Abb. 1.9) in GDP und Phosphat aufspalten kann und dadurch wieder in seine inaktivierte Form übergeht. Die cAMP-Kaskade läuft bei den unterschiedlichsten hydrophilen Peptidhormonen (► Kap. 10.2.1.2) in gleicher Weise ab. Die G-Proteine können dabei in 2 Varianten vorkommen:

- **Stimulierende G-Proteine (G_S-Proteine)** aktivieren die Adenylatcyclase und steigern damit die Hormonwirkung.
- **Hemmende G-Proteine (G_i-Proteine)** bremsen die Adenylatcyclase und dadurch auch die Hormonwirkung (► Tab. 1.3).

Klinik

Das **Choleratoxin** verhindert die hydrolytische Inaktivierung des GTP-aktivierten stimulierenden G-Proteins. Es ribosyliert eine Untereinheit dieses G-Proteins und blockiert dadurch dessen GTPase. Hieraus resultiert eine Daueraktivierung der Adenylatcyclase. Der dadurch dauerhaft zu hohe cAMP-Spiegel führt zu einer anhaltenden Öffnung von Chloridkanälen in den luminalen Membranen des Ileums. Der pathologisch erhöhte Chloridausstrom zieht Wasser mit sich und bewirkt dadurch den enormen Wasserverlust von bis zu 20 Litern pro Tag: sekretorische Diarrhö.
Das **Pertussistoxin** blockiert in ähnlicher Weise ein hemmendes G-Protein. Auch hierdurch wird zu viel cAMP gebildet: Eine pathologisch vermehrte Sekretion von NaCl und H_2O im Trachealepithel ist die Folge. Klinisch führt dies zu den typischen stakkatoartigen Hustenattacken mit nachfolgendem jauchzendem Einziehen der Luft: Keuchhusten. Die Letalität beträgt bei Säuglingen bis zu 1 %(!).

1.7.2 IP_3-System

Ein zweiter intrazellulärer Botenstoff, der von vielen Hormonen zur Signalübermittlung benutzt wird, ist das Inositoltriphosphat (IP_3). Über IP_3 vermittelt werden z. B. die Wirkungen von Adrenalin am α_1-Rezeptor, Dopamin am D_2-Rezeptor oder Acetylcholin an muscarinergen M-Rezeptoren. Auch hier läuft die Übermittlung der Hormonwirkung in Stufen ab (► Abb. 1.10):

1. **Konformationsänderung des Rezeptors:** Das Hormon bindet an den Hormonrezeptor, der daraufhin seine räumliche Gestalt ändert.
2. **Aktivierung des G-Proteins:** Hierdurch wird ein G-Protein an der Innenseite der Plasmamembran durch Bindung von GTP aktiviert.
3. **Aktivierung der Phospholipase C:** Dieses aktivierte G-Protein aktiviert seinerseits das ebenfalls an der Innenseite der Plasmamembran lokalisierte Enzym Phospholipase.
4. Die Phospholipase C spaltet das in den Plasmamembranen enthaltene Phosphatidyl-Inosindiphosphat in **IP_3** und **Diacylglycerin** (DG).
5. **Aktivierung der Proteinkinase:** IP_3 setzt Ca^{2+} aus dem endoplasmatischen Retikulum frei und aktiviert hierdurch eine Proteinkinase.
6. **Aktivierung der C-Kinase:** Diacylglycerin aktiviert eine in der Plasmamembran liegende C-Kinase.

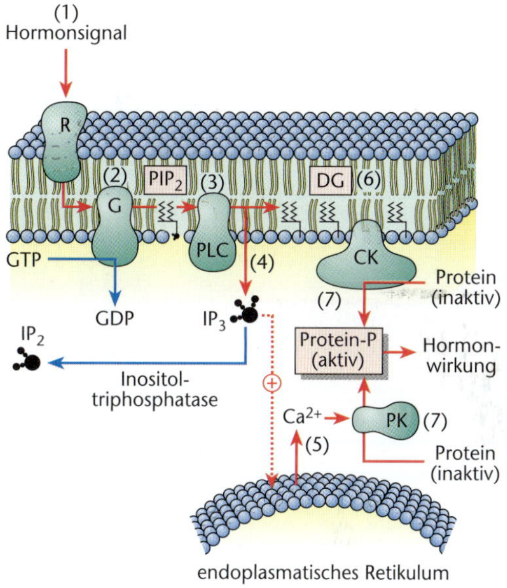

Abb. 1.10 IP3-Kaskade. R = Rezeptor, G = G-Protein, PLC = Phospholipase C, IP_3 = Inositoltriphosphat, CK = C-Kinase, DG = Diacylglycerin, PIP_2 = Phosphatidyl-Inosindiphosphat, PK = Proteinkinase, P = Phosphat. Nach [6]

Tab. 1.4 IP_3-vermittelte Wirkungen

Botenstoff	Rezeptor
Wirkung über stimulierende G-Proteine	
Acetylcholin	M_1, M_3
Adiuretin (= Vasopressin)	V_1
Adrenalin/Noradrenalin	α_1
Glutamat	$mGLU_1$, $mGLU_5$
Histamin	H_1
Serotonin	$5\text{-}HT_2$
Bradykinin, CCK, Endothelin, Gastrin, Oxytocin, TRH und TSH	Verschiedene

7. **Proteinphosphorylierung:** Die aktivierte Proteinkinase (durch IP_3) und die aktivierte C-Kinase (durch DG) bilden die letzte Stufe der Kaskade. Sie phosphorylieren Funktionsproteine, welche die spezifische Hormonantwort auslösen.

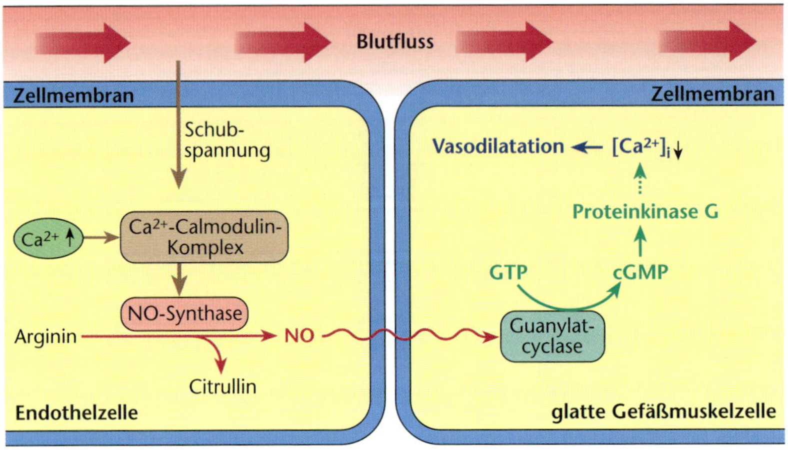

Abb. 1.11 NO/cGMP als Second Messenger in Blutgefäßen.

Im Gegensatz zur cAMP-Kaskade gibt es in der IP_3-Kaskade **keine hemmenden G-Proteine** (► Tab. 1.4).

1.7.3 Stickstoffmonoxid/cGMP

Auch das kurzlebige Radikal Stickstoffmonoxid (NO) mit einer Halbwertszeit von wenigen Sekunden dient in Verbindung mit cGMP der Signalübertragung (► Abb. 1.11):

- **Aktivierung der NO-Synthetase:** In Gefäßendothelzellen und in einigen Neuronen können bestimmte Reize (Ca^{2+}-Anstieg, Erhöhung der Schubspannung im Endothel durch vorbeifließendes Blut) eine Aktivierung der NO-Synthase (NOS) auslösen. Auch Acetylcholin und Bradykinin können die NOS aktivieren.
- **Entstehung eines NO-Moleküls:** Die NOS wandelt Arginin zu Citrullin um, wobei ein NO-Molekül entsteht. Das NO diffundiert aus der Endothelzelle und bewirkt im Gefäßlumen eine Hemmung der Thrombozytenaggregation.
- **Aktivierung der Guanylatcyclase:** Im Zytosol von benachbarten glatten Gefäßmuskelzellen aktiviert NO eine dort vorhandene lösliche Guanylatcyclase, die GTP zu cGMP umbaut.
- **Aktivierung der Proteinkinase G:** Hierdurch wird eine Proteinkinase G aktiviert, wodurch die intrazelluläre Ca^{2+}-Konzentration abfällt.

Stickstoffmonoxid bewirkt also (1) eine Hemmung der Thrombozytenaggregation, wenn es aus der Endothelzelle ins Gefäßlumen herausdiffundiert, und (2) eine Vasodilatation (über die Verminderung der Ca^{2+}-Konzentration), die besonders für die metabolische Kontrolle der Durchblutung wichtig ist (► Kap. 4.5.2.4).

Klinik

Bei **Angina pectoris** oder einem **Herzinfarkt** werden zur Senkung der arteriellen Pumplast des Herzens Nitrate (z. B. Nitroglycerin) eingesetzt. Sie bewirken über die Freisetzung von NO eine Vasodilatation. Durch die geringere Pumplast reduziert sich der Sauerstoffverbrauch des Herzens (► Kap. 3.5.2.1).

Merke

Nicht über die cAMP- oder IP_3-Kaskade wirkt das Hormon **Insulin.** Die Bindung an den Insulinrezeptor löst unmittelbar – ohne zwischengeschalteten Second Messenger – die Aktivierung einer Proteinkinase aus.

02

Blut und Immunsystem

IMPP-Hits

- Hämostase und Fibrinolyse. Schwerpunkt: Gerinnungstests
- Anämien und ihre Ursachen, vor allem: Eisenmangelanämie
- Blutgruppen und Blutgruppenbestimmungen

2.1 Wegweiser

Blut besteht aus Blutplasma (► Kap. 2.4) und zellulären Bestandteilen, die im Blutplasma suspendiert sind: Erythrozyten (► Kap. 2.3) dienen vor allem dem Sauerstofftransport, Thrombozyten der Blutstillung (Hämostase, ► Kap. 2.5) und Leukozyten der Abwehr von Infektionen (► Kap. 2.6). Hauptträger der unspezifischen Abwehr (► Kap. 2.6.1) sind Granulozyten und Monozyten. Die spezifische Immunabwehr (► Kap. 2.6.3), ist Aufgabe von T- und B-Lymphozyten. Kenntnisse der immunologischen Eigenschaften des Blutes (Blutgruppensystem, ► Kap. 2.6.4) sind zur Vermeidung von Transfusionszwischenfällen unverzichtbar.

2.2 Blut

Blut ist eine Suspension von Erythrozyten, Leukozyten und Thrombozyten (zelluläre Bestandteile) in einer eiweiß- und elektrolythaltigen Lösung, dem Blutplasma. Von Fibrin befreites, ungerinnbares Plasma wird auch als Serum bezeichnet.

2.2.1 Blutvolumen

Beim Erwachsenen beträgt der Anteil des Blutes am Körpergewicht etwa 6–8 %, das entspricht einem Blutvolumen von 4–6 l. Der Volumenanteil aller Zellen am Gesamtblutvolumen wird Hämatokrit genannt und liegt bei etwa 45 Vol.-% (► Tab. 2.1).

Die Volumina von Blut und Plasma können mit der Indikatorverdünnungsmethode bestimmt werden. Eine bekannte Menge Testsubstanz wird in das zu ermittelnde Volumen injiziert. Weil die Menge der Testsubstanz (= Konzentration × Volumen) dabei unverändert bleibt, lässt sich durch die Bestimmung der neuen Konzentration der Testsubstanz im zu ermittelnden Volumen dieses Volumen berechnen:

$$M_{inj} = M_{pla}$$

$$\downarrow$$

$$V_{inj} \times K_{inj} = V_{pla} \times K_{pla}$$

$$\downarrow$$

$$V_{pla} = \frac{V_{inj} \times K_{inj}}{K_{pla}}$$

M_{inj} = injizierte Farbstoffmenge
M_{pla} = im Plasma verteilte Farbstoffmenge
V_{inj} = injiziertes Volumen
V_{pla} = Lösungsvolumen des Farbstoffs im Plasma
K_{inj} = Konzentration des Farbstoffs im Injektionsvolumen
K_{pla} = Konzentration des Farbstoffs im Plasma

Zur Bestimmung des Plasmavolumens nach oben angeführter Formel hat sich der Farbstoff **Evans Blue** bewährt, der im Plasma an kleinmolekulare Eiweißkörper bindet. Er verteilt sich gleichmäßig im Plasmaraum, tritt nicht in andere Körperkompartimente (► Kap. 9.2.1) wie etwa das interstitielle Gewebe über und wird nicht zu rasch über die Nieren ausgeschieden.

2.2.2 Aufgaben des Blutes

Blut ist in erster Linie ein **Transportmedium** für Atemgase (O_2 und CO_2, ► Kap. 5.6), Wasser, Nährstoffe sowie für Stoffwechselprodukte und Wärme. Zudem sind wesentliche Aufgaben des **Abwehrsystems** an das Blut gebunden. Blut hat die Fähigkeit, seinem Verlust bei Gewebeverletzungen durch den Verschluss kleinerer verletzter Gefäße und durch die **Blutgerinnung** entgegenzuwirken.

Tab. 2.1 Aufteilung des Gesamtblutvolumens

Blutplasma 55 Vol.-%	Blutzellen 45 Vol.-%
	• Erythrozyten: 44 Vol.-% • Leukozyten: 0,5 Vol.-% • Thrombozyten: 0,5 Vol.-%

Tab. 2.2 Normbereiche wichtiger Blutbestandteile

Parameter	Männer	Frauen
Hb-Konzentration (g/100 ml Blut)	14–18	12–16
Erythrozyten (10^6 pro µl Blut)	4,6–6,2	4,0–5,4
Thrombozyten (pro µl Blut)	1,5–3 × 10^5	
Leukozyten (pro µl Blut)	4.000–9.000	

2.2.3 Blutbestandteile

Einen Überblick der wichtigsten Blutbestandteile gibt ► Tab. 2.2.

2.3 Erythrozyten

2.3.1 Grundlagen

2.3.1.1 Hämatokrit

Erythrozyten stellen mit etwa 99 Volumenprozent den größten Anteil am Gesamtzellvolumen des Blutes. Damit entspricht allein ihr Volumenanteil praktisch dem Hämatokritwert (► Tab. 2.1). Bei Neugeborenen ist der Hämatokrit höher als bei Erwachsenen, bei Kleinkindern niedriger. Einen physiologischen Anstieg des Hämatokrits beobachtet man bei

- längerem **Höhenaufenthalt:** kompensatorisch gesteigerte Erythropoese (► Kap. 5.8.1.3),
- **körperlicher Arbeit:** Flüssigkeitsverlust.

2.3.1.2 Morphologie

Erythrozyten sind flache, runde, bikonkave Scheiben mit einem mittleren Durchmesser von 7,5 µm und einer Randdicke von 2 µm. Reife Erythrozyten haben weder Zellkern noch Mitochondrien oder endoplasmatisches Retikulum. Der ATP-Bedarf wird über die anaerobe Glykolyse gedeckt.

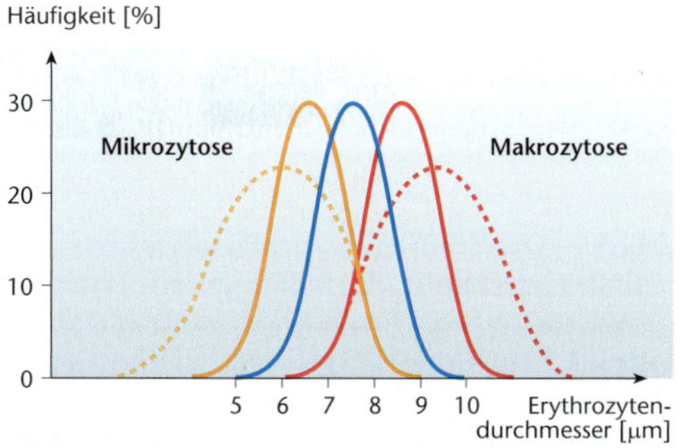

Abb. 2.1 Price-Jones-Kurve. Normalverteilung (blau), Makrozytose (rot) und Mikrozytose (gelb). Häufig finden sich bei pathologischen Veränderungen breitbasige Kurven (gestrichelt). Die einzelnen Erythrozytendurchmesser streuen dann breiter um den Mittelwert.

Price-Jones-Kurve

Die Durchmesser der Erythrozyten folgen beim Gesunden einer Normalverteilung mit einem Mittelwert von 7,5 µm (► Abb. 2.1). Erythrozyten lassen sich durch Einwirkung äußerer Kräfte leicht verformen, sodass sie auch Kapillargefäße passieren können, deren Durchmesser kleiner als 7,5 µm ist.

Makro- und Mikrozytose

Ist der Erythrozytendurchmesser auf über 8 µm vergrößert, spricht man von einer Makrozytose. Sie tritt z. B. beim Vitamin-B_{12}-Mangel auf: perniziöse Anämie. Sinkt der mittlere Erythrozytendurchmesser unter 6 µm, handelt es sich um eine Mikrozytose, wie sie z. B. bei Eisenmangelanämie zu beobachten ist (► Abb. 2.1).

2.3.1.3 Funktion

Hauptaufgabe der Erythrozyten ist der Atemgastransport. Vor allem Sauerstoff wird fast ausschließlich mithilfe des im Inneren der Erythrozyten lokalisierten Hämoglobins transportiert. Der größte Anteil des CO_2 liegt dagegen als HCO_3^- physikalisch im Plasma gelöst vor (► Kap. 5.6.2.1, ► Kap. 5.6.3.1).

Merke

- Erythrozytendurchmesser: 7,5 µm
- Erythrozytenzahl:
  - 4,0–5,4 × 10^6/µl (♀)
  - 4,6–6,2 × 10^6/µl (♂)
- Hb-Konzentration:
  - 12–16 g/100 ml (♀)
  - 14–18 g/100 ml (♂)

2.3.2 Erythrozytenbildung

2.3.2.1 Reifung

Täglich werden etwa 2 × 10^{11} Erythrozyten neu gebildet. Die Erythrozyten reifen im Knochenmark aus den Stammzellen, den Hämozytoblasten, innerhalb von 6–9 Tagen heran. Zunächst entwickeln sich aus Pro-Erythroblasten die Eisen aufnehmenden Erythroblasten. Aus diesen entstehen Normoblasten, die bereits Hämoglobin enthalten, ihren Kern abstoßen und sich zu Erythrozyten entwickeln.

Retikulozyten Als Retikulozyten bezeichnet man im peripheren Blut nachweisbare, noch nicht vollständig ausgereifte Erythrozyten. Sie enthalten lichtmikroskopisch sichtbare RNA-Reste, die Substantia granulofilamentosa.

Klinik

Finden sich im peripheren Blut vermehrt Retikulozyten (normal 0,5–1 % der roten Blutzellen), ist dies ein Indikator für eine gesteigerte Erythropoese, z. B. bei chronischem Blutverlust oder einer Hämolyse.

2.3.2.2 Regulation

Der entscheidende Stimulus für die Regulation der Erythrozytenbildung ist eine Änderung des Sauerstoffpartialdrucks in der Nierenrinde (► Abb. 2.2). Bei einem Abfall des O_2-Partialdrucks wird in den Nieren vermehrt **Erythropoetin** (EPO) gebildet, das die Erythropoese steigert. Daher ist bei einem Höhenaufenthalt (niedriger O_2-Partialdruck in der Luft), aber auch bei pathologischen Zuständen, die mit einem geringeren O_2-Gehalt im Blut einhergehen (Anämien, Lungenerkrankungen) vermehrt Erythropoetin im Plasma nachweisbar. EPO ist ein hauptsächlich in den Nieren gebildetes Glykoproteinhormon (► Kap. 10.8.3), das in geringem Umfang jedoch auch von anderen Geweben wie z. B. der Leber synthetisiert wird.

2.3.2.3 Lebensdauer

Die mittlere Lebensdauer der Erythrozyten beträgt rund 120 Tage. Makrophagen in Leber, Milz und Knochenmark bauen die gealterten Erythrozyten ab.

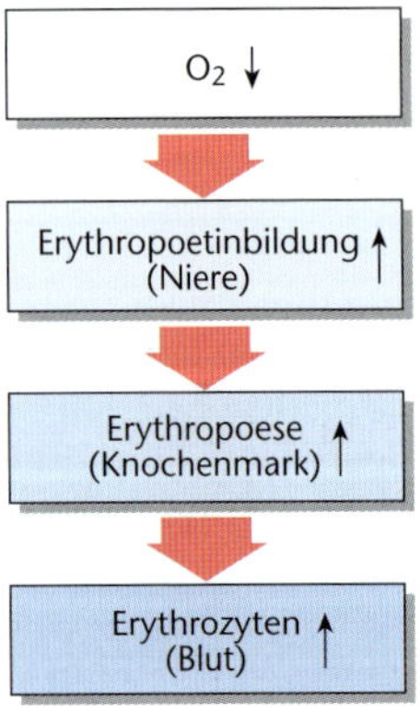

Abb. 2.2 Regulation der Erythrozytenbildung. Ein Abfall des Partialdrucks von O_2 im Blut führt über eine vermehrte Erythropoetinbildung in den Nieren zu einer gesteigerten Erythropoese und einem Anstieg des Erythrozytengehalts im Blut. Dadurch wird die O_2-Transportkapazität des Blutes wieder angehoben.

Merke

- Zeichen einer gesteigerten Erythrozytenbildung: Retikulozyten ↑, Erythropoetin ↑
- Mittlere Lebensdauer der Erythrozyten: 120 Tage

2.3.3 Anämien

Als Anämie bezeichnet man das Absinken der Konzentration von Hämoglobin (Hb) unter 14 g/100 ml beim Mann oder unter 12 g/100 ml bei der Frau (▶ Tab. 2.2).

Klinik

Cave: Bei einer **akuten Blutung** (z. B. postoperativ) bleiben Hämoglobinkonzentration und Hämatokrit zunächst normal! Erst 24–48 h später, wenn Flüssigkeit aus dem Gewebe in die Blutbahn geströmt ist, um den Volumenverlust auszugleichen, spiegelt der durch die Verdünnung dann erniedrigte Hb-Wert das ganze Ausmaß des Blutverlusts wieder. Früher Hinweis auf einen akuten Blutverlust ist dagegen ein **Anstieg der Pulsfrequenz.** Auf diese Weise versucht das Kreislaufsystem, die Durchblutung trotz des Volumenverlusts konstant zu halten (▶ Kap. 4.3.3.5).

2.3.3.1 Maßzahlen und Einteilung

Die Anämien lassen sich nach dem Hämoglobingehalt und dem Volumen der einzelnen Erythrozyten einteilen. Dabei werden die folgenden Maßzahlen verwendet:

MCH Als mittleres korpuskuläres Hämoglobin (MCH) bezeichnet man die Hämoglobinmasse in einem einzelnen Erythrozyten (Färbekoeffizient). Der Normwert beträgt 27–34 pg (Pikogramm, 10^{-12} g).

$$\text{MCH (pg)} = \frac{\text{Hämoglobinkonzentration [g/100 ml]} \times 10}{\text{Erythrozytenzahl } [10^6/\text{mm}^3]}$$

MCV Das mittlere korpuskuläre Volumen (MCV) bezeichnet das Volumen des Einzelerythrozyten. Der Normwert liegt zwischen 80 und 96 μm^3 (= Femtoliter, fl).

$$\text{MCV}(\mu\text{m}^3) = \frac{\text{Hämatokrit [\%]} \times 10}{\text{Erythrozytenzahl } [10^6/\text{mm}^3]}$$

MCHC Auch die Berechnung der mittleren korpuskulären (= intraerythrozytären) Hämoglobinkonzentration (MCHC = MCH/MCV) ist möglich, klinisch aber weniger wichtig Der Normwert liegt bei 30–36 g/100 ml Erythrozyten.

$$\text{MCHC(g/100ml)} = \frac{\text{Hämoglobinkonzentration [g/100 ml]} \times 100}{\text{Hämatokrit [\%]}}$$

Die Einteilung der Anämieformen nach MCH und MCV zeigt ▶ Tab. 2.3.

2.3.3.2 Hämolytische Anämie

Ursachen

Anämieformen, bei denen eine Auflösung von Erythrozyten zur Anämie führt, werden als hämolytische Anämien bezeichnet. Für die Hämolyse können verschiedene Ursachen verantwortlich sein:

- Vergiftungen
- Transfusion von blutgruppenunverträglichem Blut (▶ Kap. 2.6.4.3)
- Infektionskrankheiten (Malaria)
- Verbrennungskrankheit
- Mechanische Schädigungen von Erythrozyten (z. B. an künstlichen Herzklappen)

Pathophysiologie

Bei einer Zerstörung der Erythrozyten durch Hämolyse wird Hämoglobin ins Blut freigesetzt. Auch die Plasmakonzentration des Hämoglobinabbauprodukts Bilirubin im Blut steigt bei Hämolyse an. Bilirubin ist wasserunlöslich und wird im Plasma an Albumin gebunden transportiert. Erst die Leber wandelt dieses an Albumin gebundene Bilirubin (unkonjugiertes Bilirubin) in das wasserlösliche Bilirubindiglucuronid um

Tab. 2.3 Einteilung der Anämien

Anämieform	Erythrozytenmaßzahl	Mögliche Ursache
Normochrome Anämien	MCH normal	Akuter Blutverlust
Hypochrome Anämien	MCH < 27 pg	Eisenmangelanämie
Hyperchrome Anämien	MCH > 34 pg	Vitamin-B_{12}-Mangel; Folsäuremangel
Mikrozytäre Anämien	MCV < 80 μm^3	Eisenmangel, Thalassämie
Makrozytäre Anämien	MCV > 96 μm^3	Vitamin-B_{12}-Mangel; Folsäuremangel

(konjugiertes Bilirubin), das mit der Galle ausgeschieden wird (► Kap. 7.4.5.2).

Klinik

Bei vermehrter Hämolyse lagert sich das freigesetzte Bilirubin vor allem in fetthaltigem Gewebe ein (Subkutis, Gehirn). An den Konjunktiven, später auch an der Haut wird eine Gelbfärbung sichtbar, sobald der Gesamtbilirubingehalt des Plasmas über 2 mg/dl steigt: **hämolytischer Ikterus.** Auch bei einer nachhaltigen Schädigung des Lebergewebes (z. B. durch Hepatitisviren oder chronischen Alkoholabusus) kommt es zu einem Ikterus: **hepatozellulärer Ikterus.** Hierbei kann das durch den normalen Hämoglobinabbau entstehende Bilirubin von der geschädigten Leber nicht mehr hinreichend glucuronidiert werden. Dadurch wird die notwendige Ausscheidung von Bilirubin mit der Galle reduziert.

Lerntipp

Anämieursachen sind wichtig! Nicht nur im Physikum, auch in der Klinik werden Sie damit immer wieder konfrontiert.

Eisenmangel:	**MCV ↓, MCH ↓** Transferrin-Sättigung (► Kap. 2.4.1.1) ↓, Ferritin ↓
Vitamin-B_{12}-Mangel:	**MCV ↑, MCH ↑** Mangel an Intrinsic-Faktor oder Ileumresektion (► Kap. 7.4.3.5) Zusätzlich neurologische Symptome
Folsäuremangel:	**MCV ↑, MCH ↑** Keine neurologischen Symptome
EPO-Mangel, Blutverlust:	**MCV und MCH normal**
Hämolyse:	**MCV und MCH normal** Haptoglobin ↓ (► Kap. 2.4.1.1), unkonjugiertes Bilirubin ↑, Retikulozyten ↑

2.3.4 Osmotische Phänomene

2.3.4.1 Physiologische Verhältnisse

Der kolloidosmotische Druck (► Kap. 1.3.3) im Inneren des Erythrozyten ist durch die intraerythrozytären Eiweißmoleküle (hauptsächlich Hämoglobin) höher als der des Blutplasmas. Diese Druckdifferenz wird durch einen aktiven Auswärtstransport von Elektrolyten über die Erythrozytenmembran ausgeglichen.

Sphärozytose Bei Blockade dieser Membranpumpen (etwa durch Stoffwechselgifte) oder bei Hämoglobinopathien strömt Wasser, dem kolloidosmotischen Druckgefälle folgend, in den Erythrozyten ein. Dies führt zu einem kugelförmigen Anschwellen des Erythrozyten (Sphärozyt) und schließlich zum Platzen der Zelle.

Stechapfelform Auf der anderen Seite führt eine erhöhte Osmolarität der extrazellulären Flüssigkeit zum Wasserverlust und zur Schrumpfung der Zellen.

Merke

- Hämoglobinopathien → Erythrozytenschwellung: Sphärozyten
- Erhöhte Plasmaosmolarität → Erythrozytenschrumpfung: Stechapfelform

2.3.4.2 Osmotische Resistenz

Die osmotische Resistenz von Erythrozyten wird ermittelt, indem diese in einer NaCl-Lösung suspendiert werden, deren osmotischer Druck schrittweise verringert wird. Die minimale osmotische Resistenz bezeichnet den Beginn der Hämolyse durch Wassereinstrom und anschließendes Platzen der Zelle. Sie liegt bei normalen Erythrozyten bei etwa 0,5 g NaCl/dl. Die vollständige Hämolyse, die maximale osmotische Resistenz, aller Erythrozyten tritt bei ca. 0,25 g/dl ein.

Klinik

Bei der **Kugelzellanämie,** einer autosomal-dominant erblichen Anämieform, ist die osmotische Resistenz der kugelförmigen Erythrozyten (= Sphärozyten) verringert. Die Sphärozyten bleiben aufgrund ihrer kugeligen Form in den engen Maschen der Milzsinus hängen. Dadurch ist die Milz vergrößert und die Erythrozytenüberlebenszeit verkürzt.

2.3.5 Blutkörperchensenkungsgeschwindigkeit

Prinzip

Eine klinische Routineuntersuchung ist die Bestimmung der Blutkörperchensenkungsgeschwindigkeit (**BSG** oder **BKS**) nach **Westergren.** Sie nutzt die Eigenschaft von Erythrozyten aus, aufgrund ihres höheren spezifischen Gewichts gegenüber dem Plasma im ungerinnbar gemachten Blut abzusinken.

Durchführung

Man mischt 0,4 ml Natriumcitratlösung (zur Gerinnungshemmung) mit 1,6 ml Venenblut und zieht das Gemisch in 200 mm langen Glasröhrchen auf. Nach einer Stunde hat sich das Blut in 2 Phasen getrennt: Über den abgesunkenen Blutkörperchen steht eine bis zu 10 mm lange Plasmasäule. Nach 2 Stunden ist die Plasmasäule etwa 20 mm lang.

Klinik

Eine erhöhte Blutkörperchensenkungsgeschwindigkeit, d. h. eine längere Plasmasäule nach 1 bzw. 2 Stunden, kann ein wichtiger Hinweis auf entzündliche Prozesse, Gewebezerfall oder Tumoren sein. Verursacht wird diese Senkungsbeschleunigung durch Plasmaproteine, die zu einer vermehrten Haufenbildung und damit zu einem schnelleren Absinken der Erythrozyten führen: **Agglomerine.** Auch ein verminderter Hämatokrit führt zu erhöhten BSG-Werten.

Merke

Mögliche Ursachen einer erhöhten BSG:
- Entzündung
- Tumor
- Anämie

2.4 Blutplasma

Blutplasma besteht zu ca. 90 % aus Wasser und zu etwa 10 % aus festen Bestandteilen, d. h. Proteinen, Elektrolyten, Kohlenhydraten, Lipiden, Vitaminen und Enzymen (► Tab. 2.4).

2.4.1 Plasmaproteine

Plasmaproteine sind Eiweiße, deren Molekülmasse zwischen 44.000 und 1.300.000 Dalton (Da) liegt. Der gesamte Eiweißgehalt beträgt 65–80 g/l Plasma.

Tab. 2.4 Mittlere Konzentration wichtiger Plasmabestandteile

Bestandteile	g/l	mval/l
Elektrolyte: Kationen		
Natrium	3,28	143
Kalium	0,18	4,5
Calcium	0,10	5
Magnesium	0,02	2
Elektrolyte: Anionen		
Bicarbonat	0,61	25
Chlorid	3,65	104
Sulfat	0,02	1
Phosphat	0,04	2
Organische Säuren		6
Eiweiß	65–80	16
Nichtelektrolyte		
Glucose	0,9	5,0
Harnstoff	0,3	5,1
Kreatinin	0,009	0,08

2.4.1.1 Funktionen

Die Plasmaeiweißkörper erfüllen verschiedene Funktionen.

Nährfunktion

Die etwa 200 g Protein, die im Plasma gelöst sind, bilden einen schnell verfügbaren Energiespeicher (► Kap. 7.2.1.3).

Träger- und Transportfunktion

Der Transport zahlreicher kleinmolekularer Stoffe (Nährstoffe, Vitamine, Spurenelemente, Stoffwechselprodukte, Ausscheidungsprodukte, Hormone, Enzyme) findet mithilfe spezifischer Plasmaproteine statt. Die Bindung lipophiler, wasserunlöslicher Stoffe an lipophile Anteile von Proteinen ermöglicht ihre Lösung im Plasma.

- Transportmolekül des Hämoglobins im Plasma ist das **Haptoglobin.**
- Fe^{3+}-Ionen werden im Plasma an **Transferrin** gebunden transportiert. Die **Transferrin-Sättigung** ist das Verhältnis der Konzentration von Fe^{3+}-Ionen zur Konzentration von Transferrin im Plasma. Sie ist ein Kennwert für den Füllungszustand der Eisenspeicher im Organismus. Ursache einer erniedrigten Transferrin-Sättigung kann z. B. ein Eisenmangel sein.

Klinik

Bei gesteigerter intravaskulärer **Hämolyse** wird das frei werdende Hämoglobin an Haptoglobin gebunden und zur Glucuronidierung in die Leber transportiert. Dadurch sinkt die Konzentration an freiem Haptoglobin im Plasma. Eine Verminderung des freien Haptoglobins weist daher auf eine Hämolyse hin.
Auch bei der Blutentnahme kann es durch falsche Abnahmetechnik (zu dünne Kanülen, forcierte Aspiration, heftiges Schütteln) zu einer Hämolyse der Erythrozyten kommen. Das freie Bilirubin im Blut wird in diesem Fall fälschlich zu hoch bestimmt, der Haptoglobinspiegel ist jedoch normal.

- **Medikamente** finden sich häufig an Trägerproteine (meist Albumin) gebunden.
- Kationen gehen unspezifische Bindungen mit Plasmaproteinen ein. So sind etwa zwei Drittel des **Calciums** an Proteine gebunden und damit physiologisch unwirksam.

Klinik

Sinkt das freie Calcium stark ab, kommt es zu einer erhöhten neuromuskulären Reizbarkeit mit Muskelkrämpfen. Ein solcher Abfall des freien Calciums kann durch eine **Alkalose** ausgelöst werden. Bei einer Alkalose, die z. B. durch eine unwillkürlich gesteigerte Atmung (Hyperventilation) entstehen kann, ist die H^+-Konzentration im Plasma vermindert (► Kap. 5.10.2.2). Dadurch werden Bindungsstellen an Plasmaproteinen frei, die von Calcium-Ionen besetzt werden, sodass sich der Anteil an physiologisch unwirksamem, proteingebundenem Calcium erhöht.

Pufferfunktion

Eiweiße binden pH-abhängig H^+- und OH^--Ionen und tragen damit zu einem konstanten pH-Wert bei (► Kap. 5.10.1.2).

Weitere Funktionen

- Erzeugung des kolloidosmotischen Drucks (► Kap. 1.3.3, ► Kap. 4.5.1.4)
- Schutz vor Blutverlusten (► Kap. 2.5)
- Abwehrfunktion (► Kap. 2.6)
- Indirekte Steigerung des Plasmavolumens im Dienste der Wärmeakklimatisation

2.4.1.2 Auftrennung durch Elektrophorese

Die Eiweißfraktion des Blutes lässt sich durch Elektrophorese in ihre Bestandteile zerlegen. Elektrophorese ist die Wanderung elektrisch geladener, in einer Flüssigkeit gelöster Teilchen in einem elektrischen Feld.

- **Eiweißelektrophorese:** Eiweißmoleküle tragen aufgrund ihrer verschiedenen Amino- ($-NH_2$) und Carboxylgruppen ($-COOH$) unterschiedliche elektrische Ladungen. Sie lassen sich daher nach Anlegen eines elektrischen Feldes auf einem Papierstreifen in verschiedene Fraktionen auftrennen (► Abb. 2.3).
- **Immunelektrophorese:** Eine noch genauere Differenzierung der Proteine ist mit der Immunelektrophorese möglich. Diese nutzt antikörperhaltige Sera zur zusätzlichen Auftrennung der Eiweiße nach ihren unterschiedlichen Oberflächenantigenen.

Eiweißfraktionen

Einen Überblick der Plasmaproteine nach elektrophoretischer und immunelektrophoretischer Auftrennung mit den Funktionen der einzelnen Bestandteile gibt ► Tab. 2.5.

Merke

- Eiweißgehalt im Plasma: 65–80 g/l
- Ca^{2+} im Plasma: zu zwei Dritteln proteingebunden (inaktiv)
- Haptoglobin transportiert Hämoglobin
- Transferrin transportiert Fe^{3+}

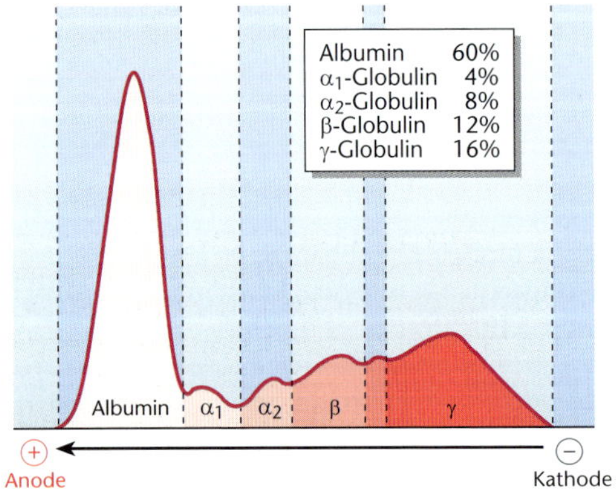

Abb. 2.3 Elektrophoresekurve. Nach [2]

2.4.2 Pathophysiologie

2.4.2.1 Hypoproteinämie

Nimmt die Proteinkonzentration im Plasma ab, verlässt Wasser aus osmotischen Gründen die Gefäße und strömt in den umgebenden Gewebsraum ein. Durch die Hypoproteinämie entsteht ein interstitielles Ödem. Zu einem solchen Abfall der Plasmaproteinspiegel mit der Folge von Ödemen kommt es bei

- chronischen Hungerzuständen (▸ Kap. 7.2.2.2),
- reduzierter Proteinsynthese in der Leber bei schweren Leberschädigungen,
- vermehrter Albuminausscheidung bei Nierenerkrankungen (Schädigung des Glomerulusfilters, ▸ Kap. 9.3.3.1).

2.4.2.2 Hyperproteinämie

Bei Entzündungen oder malignen Erkrankungen sind die Plasmaproteine im Blut oft vermehrt. Zusätzlich ist auch die Elektrophorese charakteristisch verändert. Entzündungen gehen z. B. häufig mit einer Vermehrung der α_2-Globulin-Fraktion einher.

Tab. 2.5 Eiweißfraktionen des Blutes

Elektrophorese	Anteil am Gesamteiweiß (%)	Immunelektrophorese	g/l	Funktion
Albumin	55–65	Präalbumin	0,3	Thyroxinbindung
		Albumin	40,0	Kolloidosmotischer Druck, Trägerfunktion (Ca^{2+}, freie Fettsäuren, Bilirubin), Reserveeiweiß
α_1-Globuline	2,5–4	Saures α_1-Glykoprotein	0,8	Gewebeabbauprodukt
		α_1-Lipoprotein	3,5	Lipidtransport (Phospholipide), High-Density-Lipoproteine
α_2-Globuline	5–10	Coeruloplasmin	0,3	Kupfertransport
		α_2-Makroglobulin	2,5	Proteinaseinhibitor
		α_2-Haptoglobin	1,0	Hämoglobintransport
		Antithrombin III	0,3	Thrombinhemmung
β-Globuline	8–12	Transferrin	3,0	Eisentransport
		β-Lipoprotein	5,5	Lipidtransport (Cholesterin), Low-Density-Lipoproteine
		Fibrinogen	3,0	Blutgerinnung

Tab. 2.5 Eiweißfraktionen des Blutes (Forts.)

Elektrophorese	Anteil am Gesamteiweiß (%)	Immunelektrophorese	g/l	Funktion
γ-Globuline (Antikörper)	15–20	IgG	12	Immunglobuline
		IgA	2,4	
		IgM	1,2	
		IgE	0,0003	

2.5 Hämostase und Fibrinolyse

2.5.1 Thrombozyten

Thrombozyten sind flache, unregelmäßig rund geformte, kernlose Zellbruchstücke mit einem Durchmesser von etwa 1–4 µm und einer Dicke von 0,5–0,75 µm.

Anzahl

Die Thrombozytenkonzentration im Blut liegt zwischen 150.000 und 300.000/µl. Fällt die Zahl der Blutplättchen unter 100.000 pro µl, spricht man von einer **Thrombozytopenie.** Ein solcher Abfall kann zu einer erhöhten Blutungsneigung führen, die sich klinisch als punktförmige Blutungen aus den Kapillaren äußert: **Petechien.** Ist die Zahl der Blutplättchen über 300.000 vermehrt, handelt es sich um eine **Thrombozytose.**

Bildung und Abbau

Thrombozyten entstehen unter dem Einfluss des hauptsächlich in der Leber, aber auch in der Niere und im Knochenmark gebildeten Glykoproteinhormons **Thrombopoetin** aus den Megakaryozyten des Knochenmarks. Ihre Verweildauer im Blut liegt bei etwa 10 Tagen. Abgebaut werden sie in Leber, Lunge und Milz.

Funktion

Hauptaufgabe der Thrombozyten ist die Mitwirkung bei der Blutgerinnung (▸ Kap. 2.5.2).

Klinik

Bei der **idiopathischen thrombozytopenischen Purpura (ITP),** die häufig bei jungen Kindern auftritt, kommt es meist 1–3 Wochen nach einem viralen Infekt zu einer Thrombopenie. Diese beruht auf einer Autoimmunreaktion gegen Thrombozyten. Symptome sind petechiale Blutungen, Nasenbluten und eine verlängerte Blutungszeit. Die Krankheit klingt in über 90 % der Fälle innerhalb von 2–6 Wochen spontan ab. Bei Thrombozytenzahlen unter 30.000/µl (stärkere Blutungsgefahr) können Medikamente gegeben werden, welche die Autoimmunreaktion unterdrücken oder modifizieren: Corticoide, Immunsuppressiva oder Immunglobuline.

2.5.2 Hämostase

2.5.2.1 Ablauf der Blutstillung

Bei einer Verletzung werden kleine Blutgefäße eröffnet. Um dem Blutverlust entgegenzuwirken, aktiviert der Organismus den Prozess der Blutstillung (Hämostase), der in 3 Schritten abläuft:

- Gefäßkontraktion und
- Thrombusbildung führen nach 1–3 Minuten zu einer vorläufigen Blutstillung: **primäre Hämostase.**
- Die Fibrinbildung bewirkt nach 6–9 Minuten die endgültige Blutstillung: **sekundäre Hämostase.**

Klinik

Eine besondere klinische Bedeutung erhält die Hämostase dadurch, dass bei vielen Erkrankungen (z. B. Herzinfarkt, Schlaganfall) pathologisch veränderte Gerinnungsprozesse eine zentrale Rolle spielen. Es bilden sich **Thrombozytenaggregate,** die wichtige Gefäße verschließen. Die daraus folgende Minderdurchblutung der betroffenen Gewebe führt zum Zelluntergang und damit zu Funktionsstörungen in den betroffenen Organen.

Gefäßkontraktion

Kleinere Gefäße kontrahieren sich nach Verletzungen, sodass der Blutfluss zum Erliegen kommt. Hierbei führt schon die Endothelläsion selbst zur Vasokonstriktion. Zusätzlich werden Serotonin und Thromboxan-A_2 aus den Thrombozyten freigesetzt. Beide Substanzen wirken ebenfalls vasokonstriktorisch.

Thrombusbildung

Thrombozytenadhäsion

Thrombozyten binden an die zerstörten Endothelien verletzter Gefäßwände. Diese Thrombozytenadhäsion wird über 2 Mechanismen vermittelt (► Abb. 2.4):

- Thrombozyten binden mit dem auf ihrer Oberfläche gelegenen GP-Ia/IIa-Glykoproteinrezeptor-Komplex direkt an das durch die Verletzung in den Gefäßwänden freigelegte Kollagen.
- Thrombozyten binden mit ihrem GP-Ib-Glykoproteinrezeptor-Komplex zunächst an den Von-Willebrand-Faktor (vWF). Dieser kommt subendothelial, in den Blutplättchen selbst und im Plasma an Faktor VIII gebunden vor. Der vWF bildet dann eine Brücke zwischen den durch die Verletzung freigelegten Kollagenfasern und dem GP-Ib-Rezeptor auf der Thrombozytenoberfläche.

Klinik

Die häufigste angeborene Gerinnungsstörung (0,8 %) ist das mit variabler Penetranz autosomal-dominant vererbte **Von-Willebrand-Jürgens-Syndrom,** bei dem der Von-Willebrand-Faktor (vWF) vermindert oder funktionsgestört ist. Typisch sind petechiale Schleimhautblutungen durch Störung der Thrombozytenadhäsionsfähigkeit. Da der vWF außerdem das Trägerprotein für den Faktor VIII darstellt, ist zusätzlich oft auch die Aktivität des Faktors VIII reduziert (hämophiler Blutungstyp, s. u.). Die Gabe von Thrombozytenaggregationshemmern (z. B. Acetylsalicylsäure) ist bei diesen Patienten kontraindiziert!

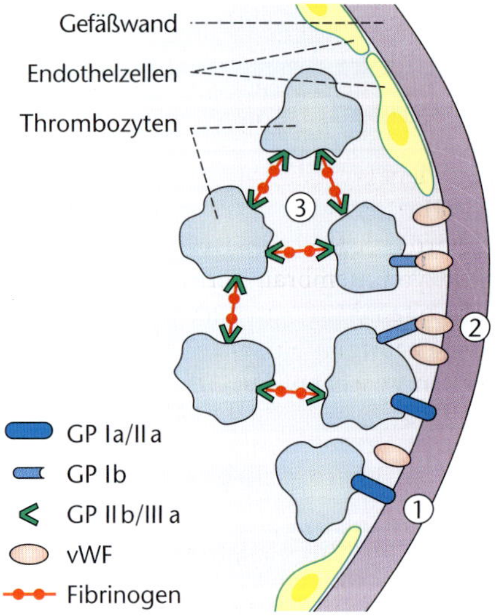

Abb. 2.4 Thrombozytenadhäsion und -aggregation. Thrombozyten binden an freiliegendes Kollagen in der Gefäßwand: direkt über GP-Ia/IIa-Rezeptoren (1) und indirekt über GPIb-Rezeptoren und den von-Willebrand-Faktor (vWF) (2): Thrombozytenadhäsion. Anschließend vernetzen sich die Thrombozyten über Fibrinogenbrücken zwischen ihren GP-IIb/IIIa-Rezeptoren: Thrombozytenaggregation (3). Nach [2]

Thrombozytenaktivierung

Substanzfreisetzung Die Anlagerung an das Kollagen stimuliert Stoffwechselvorgänge in den Thrombozyten. Bei dieser Thrombozytenaktivierung werden aus den α-Granula der aktivierten Thrombozyten Substanzen freigesetzt, die über 4 Teilwirkungen die primäre Hämostase fördern:

- **Vasokonstriktion:** Serotonin, Thromboxan-A_2
- **Wachstumsstimulation:** PDFG (Platelet-derived Growth Factor), FGF (Fibroblast Growth Factor)
- **Thrombozytenadhäsion:** von-Willebrand-Faktor, Fibronectin
- **Thrombozytenaggregation:** Adenosindiphosphat (ADP), Fibrinogen, Gerinnungsfaktoren V und VIII, Thrombospondin

Thrombozytenkontraktion Als Folge der Thrombozytenaktivierung kontrahieren sich die in den Thrombozyten liegenden Mikrofilamente des Zytoskeletts (► Kap. 1.4.3.2). Die in Ruhe linsenförmigen Thrombozyten ziehen sich dabei zu einer sphärischen Form zusammen und bilden Zellausläufer (Pseudopodien) aus. Dadurch wird ihre Adhäsions- und Vernetzungsfähigkeit verstärkt.

Thrombozytenaggregation

GP-IIb/IIIa-Rezeptor Die Thrombozytenaggregation wird über GP-IIb/IIIa-Rezeptoren auf der Thrombozytenmembran vermittelt, die durch die Thrombozytenaktivierung aktiviert werden. GP-IIb/IIIa-Rezeptoren binden Fibrinogen und bilden so Brücken zwischen den Thrombozyten aus, die für den Zusammenhalt des neu gebildeten Thrombus sorgen (▸ Abb. 2.4).

Thrombospondin Das aus den α-Granula der Thrombozyten frei werdende Thrombospondin stabilisiert die Fibrinogenbrücken zwischen den Blutplättchen.

PAF Auch Leukozyten und Makrophagen sezernieren einen Plättchen aktivierenden Faktor (PAF), der in Entzündungsgebieten die Thrombozytenaggregation fördert.

Merke

Primäre Hämostase: 1–3 Minuten → Thrombozytenthrombus (weißer Thrombus).

Klinik

Die ADP-Wirkung auf die Blutplättchenaggregation wird über die Bindung von ADP an den purinergen ADP-Rezeptor P2Y12 vermittelt. Eine Blockierung des ADP-Rezeptors P2Y12 durch entsprechende Antagonisten (z. B. Clopidogrel) führt zur Hemmung der Thrombusbildung. Dieser Effekt wird zur Behandlung des akuten Koronarsyndroms oder zur Thrombusprophylaxe bei Eingriffen an den Herzkrankgefäßen eingesetzt.

Merke

Die Aktivierung von Thrombozyten ist durch folgende Substanzen möglich:

- Kollagen
- ADP
- Calcium
- Adrenalin
- Serotonin
- PAF
- Thrombin

Fibrinbildung

Damit eine Blutung dauerhaft zum Stillstand kommt, ist nach der Gefäßkontraktion und der Thrombozytenaggregation noch eine **sekundäre Hämostase** erforderlich, in der das Blut gerinnt. Der hierbei entstehende Thrombus enthält ein Netzwerk aus Fibrinfäden, das auch Erythrozyten einschließt und daher roter Thrombus genannt wird. Dieses mechanisch stabile Fibrinnetzwerk entsteht durch die Bildung von festem Fibrin aus seinem flüssigen Vorläufer, dem Fibrinogen. Die Fibrinbildung steht am Ende der **Gerinnungskaskade,** einer Abfolge von Reaktionen, an denen verschiedene Gerinnungsfaktoren beteiligt sind. Gerinnungsfaktoren sind zumeist proteolytische Enzyme, die im Plasma in inaktiver Form vorliegen (▸ Abb. 2.5, ▸ Tab. 2.6).

Die zur Fibrinbildung führende sekundäre Hämostase wird in 3 Phasen eingeteilt:

1. **Aktivierungsphase:** Bildung von Thrombin aus Prothrombin
2. **Koagulationsphase:** Bildung von löslichen Fibrinmonomeren aus Fibrinogen
3. **Retraktionsphase:** Stabilisierung und Kontraktion des Thrombus durch Fibronectin und Thrombosthenin.

Aktivierungsphase

Die Aktivierung der sekundären Hämostase kann über das extrinsische oder über das intrinsische System ausgelöst werden. Gemeinsame Endstrecke beider Systeme ist der **Prothrombinaktivator,** ein Enzymkomplex aus den Gerinnungsfaktoren Xa und Va in Verbindung mit Phospholipiden (aus Gewebezellen oder Thrombozyten) und ionisiertem Calcium. Dieser Prothrombinaktivator-Komplex wird auch als **Thrombokinase** bezeichnet.

Extrinsisches System Auslöser ist der in der verletzten Gefäßwand freigelegte Tissue Factor, der einen Komplex mit Phospholipiden eingeht: **Gewebsthromboplastin.** Dieser Komplex bindet den **Faktor VII.** Gewebsthromboplastin zusammen mit Faktor VIIa aktiviert dann Faktor X. In Verbindung mit Ca^{2+}-Ionen entsteht hierdurch der Prothrombinaktivator-Komplex, der dann zur Thrombin- und Fibrinbildung führt. Das extrinsische System arbeitet schnell und kann Fibrinogen innerhalb von Sekunden zu Fibrin umwandeln.

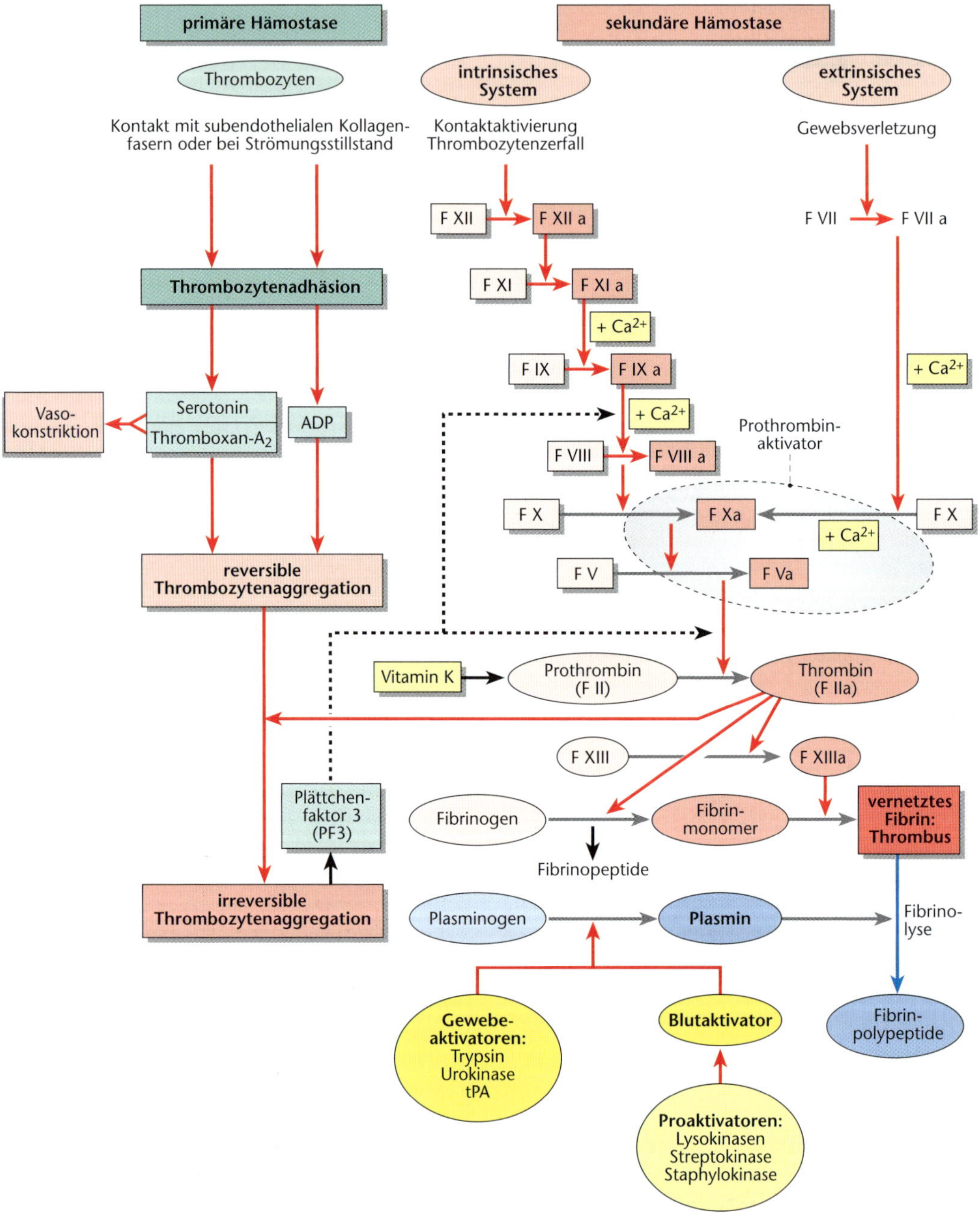

Abb. 2.5 Blutgerinnung und Fibrinolyse. Die Gerinnungsfaktoren werden mit römischen Zahlen bezeichnet. Der Index „a" steht für die aktivierte Form des Gerinnungsfaktors.

Tab. 2.6 Gerinnungsfaktoren

Faktor	Bezeichnung	Bildungsort
I	Fibrinogen	Leber
II	Prothrombin	Leber, Vitamin-K-abhängig
III	Thrombokinase bzw. Thromboplastin mit Faktor V und X	Gewebe
IV	Calcium	
V	Proakzelerin	Leber
VI	= Aktivierter Faktor V	
VII	Prokonvertin	Leber, Vitamin-K-abhängig
VIII	Antihämophiles Globulin A*	
IX	Antihämophiles Globulin B, Christmas-Faktor**	Leber, Vitamin-K-abhängig
X	Stuart-Prower-Faktor	Leber, Vitamin-K-abhängig
XI	Plasma thromboplastin antecedent, PTA	
XII	Hageman-Faktor	
XIII	Fibrin stabilisierender Faktor, FSF	Megakaryozyten

* vermindert bei Hämophilie A; ** vermindert bei Hämophilie B

Intrinsisches System Auslöser ist der Kontakt von Blut mit Oberflächen unphysiologischer Gefäßwände, z. B. durch Verletzungen freigelegte Kollagenfasern. Am Beginn der Gerinnungskaskade, die ihren Anfang im Blut selbst hat (intrinsisch), steht **Faktor XII.** Es folgt eine Enzymkaskade, die in den Prothrombinaktivator-Komplex mündet. Das intrinsische System ist langsamer als das extrinsische System und braucht mehrere Minuten bis zur vollständigen Aktivierung.

Klinik

Die Bluterkrankheit (Hämophilie) ist die zweithäufigste Gerinnungsstörung (Häufigkeit bei Männern 0,01 %).

- **Hämophilie A** (85 % der Fälle): Fehlen oder Inaktivität des Gerinnungsfaktors VIII
- **Hämophilie B** (15 % der Fälle): Fehlen oder Inaktivität des Gerinnungsfaktors IX

Beide Hämophilien werden X-chromosomal-rezessiv vererbt, d. h., das defekte Gen, das für die Faktoren VIII oder IX kodiert, wird mit dem X-Chromosom weitergegeben. Bei Männern führt das kranke X-Chromosom zur manifesten Erkrankung (Bluter), während Frauen als Konduktorinnen das fehlerhafte X-Chromosom an ihre Söhne weitergeben, selbst aber bis auf eine etwas stärkere Blutungsneigung klinisch unauffällig bleiben. Ihr zweites X-Chromosom produziert meist genug Faktor VIII oder IX, um eine ausreichende Gerinnungsfunktion sicherzustellen.

Leitsymptome der Hämophilie sind:

- Großflächige Blutungen
- Einblutungen in Muskeln und Gelenke (vor allem Kniegelenk) mit sekundären Gelenkschädigungen (Arthrosen)

Prothrombinaktivator-Komplex Der über das intrinsische oder das extrinsische System gebildete Prothrombinaktivator-Komplex fördert die Umwandlung von Prothrombin zu Thrombin.

Thrombin Thrombin hat in dieser Phase 2 Wirkungen:

- Thrombin aktiviert den Faktor XIII zu Faktor XIIIa.
- Thrombin leitet die irreversible Thrombozytenaggregation mit Strukturauflösung der Blutplättchen ein: Es phosphoryliert intrathrombo-

zytäre Proteine und setzt Ca^{2+} frei. Hierdurch wird eine Cyclooxygenase aktiviert, die Arachidonsäure in Endoperoxide und **Thromboxan-A_2** umwandelt. Thromboxan-A_2 ist chemisch den Prostaglandinen verwandt und ein potenter Vasokonstriktor.

Plättchenfaktor 3 Durch die Strukturauflösung der Thrombozyten wird ein thrombozytäres Lipoprotein, der Plättchenfaktor 3 (PF 3) freigesetzt. Er fördert im Rahmen des intrinsischen Systems der Gerinnung (► Abb. 2.5) zusammen mit den Gerinnungsfaktoren IXa und VIIIa die Aktivierung von Faktor X.

Klinik

Acetylsalicylsäure (ASS) führt zu einer irreversiblen Inaktivierung der Cyclooxygenase in den Thrombozyten. Dieses Wirkprinzip wird zur Reduktion thrombotischer Komplikationen, z. B. bei der Herzinfarktprophylaxe mit niedrig dosierter ASS (100 mg/Tag), therapeutisch genutzt.

Koagulationsphase

Thrombin spaltet jetzt aus dem Fibrinogen die vasokonstriktorisch wirkenden Fibrinopeptide A und B ab. Übrig bleiben Fibrinmonomere, die zunächst nur durch nichtkovalente Bindungen (Wasserstoffbrückenbindungen) zusammengehalten werden. Unter dem Einfluss von Faktor XIIIa werden dann diese noch löslichen Fibrinmonomere durch Ausbildung von kovalenten Bindungen zwischen Lysyl- und Glutaminylresten zu unlöslichem, vernetztem Fibrin verbunden.

Retraktionsphase

Fibronectin Die Verbindung zwischen Thrombozyten, Fibrin und dem umgebenden Wundgewebe wird durch das Protein Fibronectin stabilisiert.

Thrombosthenin Dieses in den Thrombozyten enthaltene myosinähnliche Protein zieht das entstandene Fibrinnetz zusammen, nähert dadurch die Wundränder einander an und erleichtert die Reparationsvorgänge.

Merke

- Extrinsisches System: Faktor VII → schnelle Aktivierung (Sekunden)
- Intrinsisches System: Faktoren XII, XI, IX, VIII → langsame Aktivierung (Minuten)

2.5.2.2 Blutungs- und Gerinnungstests

- **Thrombozytär** bedingte Störungen sind durch stecknadelkopfgroße Einblutungen in die Haut (Petechien) gekennzeichnet.
- Blutungen durch Störungen der **Gerinnungsfaktoren** äußern sich klinisch durch Nachbluten, größere Blutergüsse und Gelenkblutungen, z. B. nach Verletzungen oder Prellungen.

Blutungszeit

Die Blutungszeit erfasst Veränderungen der primären Hämostase, die durch Störungen der **Thrombozytenadhäsion und -aggregation** verursacht sind. Sie ist die Zeit, die verstreicht, bis eine Blutung steht – z. B. nach einem Stich in die Fingerbeere, beim Gesunden zwischen 1 und 3 Minuten. Eine verlängerte Blutungszeit wird meist durch eine Thrombozytopenie verursacht.

Gerinnungszeit

Die Gerinnungszeit ist die Zeit zwischen Blutentnahme und der Gerinnung des Blutes in einem Glasröhrchen bei 37 °C. Sie beträgt normalerweise 5–7 Minuten. Mit der Gerinnungszeit wird das intrinsische System überprüft. Sie ist bei einem Mangel an Faktor VIII (Hämophilie A) pathologisch verlängert.

Thromboplastinzeit

Die Thromboplastinzeit (= Prothrombinzeit) wird durch den Quick-Test bestimmt. Der Quick-Test umgeht das intrinsische System, indem Blut, das zunächst durch Na^+-Citrat-Zusatz ungerinnbar gemacht wurde, später bei 37 °C mit Gewebsthromboplastin und Calcium im Überschuss zusammengebracht wird. Besteht ein Mangel an Faktoren des extrinsischen Systems (Faktor VII) oder eine Störung der gemeinsamen Endstrecke ab Faktor X, ist die Thromboplastinzeit verlängert.

Quick-Wert

In der Klinik findet sich eine verlängerte Thromboplastinzeit unter Therapie mit Cumarinen (s. u.), nicht jedoch bei Hämophilie A oder B. Der Normwert beträgt etwa 13 Sekunden. Die Thromboplastinzeit wird auf Standardplasma bezogen. Ist die Thromboplastinzeit verlängert, wird das Standardplasma so lange verdünnt, bis es die gleiche Zeit zur Gerinnung benötigt wie das zu untersuchende Plasma. Das Maß der Verdünnung (z.B. 80 %) wird dann als Quick-Wert angegeben. Mit steigender Thromboplastinzeit, d.h. mit langsamerer Gerinnung, nimmt also der Quick-Wert ab. Werte bis 70 % gelten als normal.

INR-Wert

Da die Quick-Wert-Bestimmung zwischen verschiedenen Labors stark schwanken kann, wurde versucht, mit einem international standardisierten Reagens eine bessere Vergleichbarkeit zu erreichen. Der hierauf beruhende INR-Wert (INR = International Normalized Ratio) liegt bei Gesunden um 1. Eine verlangsamte Gerinnung ist durch höhere INR-Werte gekennzeichnet. Bei INR-Werten ≥ 7 (≙ Quick-Wert ≤ 10 %) besteht die Gefahr von Spontanblutungen.

Partielle Thromboplastinzeit

Ein Test, mit dem man das intrinsische System und die gemeinsame Endstrecke ab Faktor X prüfen kann, ist die partielle Thromboplastinzeit (PTT). Mithilfe von partiellem Thromboplastin, dem sog. Plättchenfaktor 3, wird Citratblut unter Zusatz von Calcium zur Gerinnung gebracht. Dabei lassen sich Mängel der Gerinnungsfaktoren I, II, V und VIII bis XII feststellen, also auch eine Hämophilie A oder B. Der Normwert beträgt 40–50 s.

Thrombinzeit

Die Thrombinzeit (TT) misst die Gerinnung nach Zugabe einer Testthrombinlösung zu Citratplasma. Diese Untersuchung wird eingesetzt, um einen **Fibrinogenmangel** zu diagnostizieren, z.B. bei einer Fibrinolysetherapie mit Streptokinase (► Kap. 2.5.3). Normwert: 17–24 s.

Merke

- Quick-Test: testet das schnelle extrinsische System (Faktor VII); normal bei Hämophilie A oder B
- PTT-Zeit: prüft das langsamere intrinsische System (Faktoren XII, XI, IX, VIII); verlängert bei Hämophilie A oder B

Lerntipp

Das IMPP liebt die Abfrage von Gerinnungstests!

Blutungszeit ↑:	Throbozytopenie, Thrombozytopathie, ASS-Einnahme, vWF-Mangel
PTT ↑:	Cumarin-Therapie, Vitamin-K-Mangel, Heparin-Therapie, Hämophilie, vWF-Mangel
Quick ↑:	Cumarin-Therapie, Vitamin-K-Mangel, Leberzirrhose

2.5.2.3 Physiologische Gerinnungshemmung

Antithrombin III

Antithrombin III (AT-III) ist der wichtigste physiologische Inhibitor der Blutgerinnung. Es hemmt Thrombin (IIa) und die Faktoren IXa, Xa, XIa und XIIa, indem es sich mit den Faktoren zu Enzym-Inhibitor-Komplexen verbindet. Die Affinität von Antithrombin III zu Thrombin wird durch Heparin, das sich auf der Oberfläche von Endothelzellen befindet, um den Faktor 1.000 gesteigert. Es resultiert eine deutliche Beschleunigung der gerinnungshemmenden Aktivität von Antithrombin III, was durch die medikamentöse Gabe von Heparin (► Kap. 2.5.2.4) therapeutisch genutzt werden kann.

Thrombomodulin und Protein C

Das auf der Endothelmembran gelegene Rezeptorprotein Thrombomodulin bindet Thrombin und verlangsamt so den Gerinnungsprozess. Der hierdurch entstehende Thrombomodulin-Thrombin-Komplex aktiviert dann das im Plasma vorkommende Protein C (PC), das als aPC seinerseits hemmend auf die Gerinnungsfaktoren Va und VIIIa wirkt. Im Komplex mit einem weiteren Plasmaprotein, dem Protein S, wird seine gerinnungshemmende Wirkung verstärkt. Außerdem fördert Protein C die Freisetzung des Gewebsplasminogenaktivators tPA (► Kap. 2.5.3).

Andere körpereigene gerinnungshemmende Stoffe sind α_2-Makroglobulin, α_1-Antitrypsin und der C1-Inaktivator.

Klinik

Eine erhöhte Gerinnungsneigung des Blutes **(Thrombophilie)** mit der Folge von Thrombosen und Embolien kann durch erbliche Defekte im Gerinnungssystem begünstigt werden.
Eine Mutation des für den Faktor V kodierenden Gens führt zu einer modifizierten Form dieses Faktors (Faktor V „Leiden"), der sich durch aktiviertes Protein C (aPC) nicht mehr inaktivieren lässt. Diese Mutation tritt mit einer Häufigkeit von 3–6 % (!) in der Bevölkerung auf und ist damit der häufigste genetische Risikofaktor für die Entwicklung einer Thrombose.
Auch ein Protein-S- oder Protein-C-Mangel (Häufigkeit je 0,1–0,5 %) oder ein Antithrombin-III-Mangel (Häufigkeit 0,02–0,05 %) erhöhen die Thromboseneigung.

2.5.2.4 Therapeutische Gerinnungshemmung

Heparin

Heparin, das auch physiologisch in der Leber vorkommt, wird therapeutisch eingesetzt, um die Aktivierung von Faktor X zu hemmen. Zusammen mit Antithrombin III hemmt es außerdem die Bildung und Wirkung von Thrombin. Daneben ist Heparin ein Aktivator der Fibrinolyse.
Heparin wirkt schnell. Es kann allerdings ebenso rasch mit Protaminsulfat antagonisiert werden. Heparin hemmt die Gerinnung auch außerhalb des Organismus (in vitro).

Cumarine

Außer Heparin werden zur langfristigen Antikoagulation (= gerinnungshemmende Therapie) Cumarine eingesetzt. Sie hemmen die Aktivität von Vitamin K. Vitamin K ist für die Produktion der Gerinnungsfaktoren VII, IX, X und II in der Leber notwendig. Fibrinogen (Faktor I) wird Vitamin-K-unabhängig in der Leber gebildet.
Die therapeutische Wirkung der Cumarine ist erst nach Tagen nachweisbar. Sie hält lange an und kann mithilfe des Quick-Tests kontrolliert werden. Falls notwendig, lässt sich durch Gabe von Vitamin K die Cumarinwirkung (langsam) wieder antagonisieren. Cumarine hemmen die Gerinnung ausschließlich in vivo.

Klinik

Eine therapeutische Gerinnungshemmung mit dem Cumarin Phenprocoumonen (Marcumar®) wird zur Prophylaxe von Thrombosen und Embolien eingesetzt. Je nach Grunderkrankung liegt der therapeutisch angestrebte Bereich einer Cumarin-Therapie bei INR-Werten zwischen 2,0 und 3,0 (tiefe Venenthrombosen) oder zwischen 3,0 und 4,5 (akuter Herzinfarkt, Vorhofflimmern).

Merke

- Heparin: Faktor X ↓ → Thrombin ↓
- Cumarine: Vitamin K ↓ → Faktoren II, VII, IX, X ↓

2.5.2.5 Gerinnungshemmung in vitro

In vitro wird die Gerinnung am einfachsten durch die Inaktivierung von Calcium (Faktor IV) gehemmt. Natriumcitrat, Natriumoxalat oder der Chelatbildner EDTA binden Calcium und blockieren so den Gerinnungsprozess.

2.5.3 Fibrinolyse

Im intakten Organismus herrscht ein Gleichgewicht zwischen der Fibrinbildung aus Fibrinogen und der Fibrinolyse. Durch dieses dynamische Gerinnungsgleichgewicht wird z. B. nach lokalen Gerinnungsvorgängen eine überschießende Gerinnung verhindert (► Abb. 2.5).

Prinzip

Bei der Fibrinolyse wird Fibrin durch das proteolytische Enzym Plasmin gespalten. Hierzu muss das Plasmaglobulin Plasminogen durch Gewebe- und Blutfaktoren aktiviert und in Plasmin umgewandelt werden. Plasmin löst Fibrin auf, hemmt die weitere Thrombinwirkung. Es spaltet darüber hinaus Fibrinogen, Prothrombin sowie die Faktoren V, VIII, IX, XI und XII.

Aktivierung

Wichtigster Gewebsaktivator der Fibrinolyse ist der **tPA** (Tissue Plasminogen Activator). Er wird aus Endothelzellen freigesetzt und wandelt Plasminogen direkt in Plasmin um. Die Fibrinolyse durch Blutaktivatoren beginnt mit dem Faktor XIIa. Er setzt aus Präkallikrein Kallikrein frei. Kallikrein überführt Prourokinase in **Urokinase,**

die dann Plasminogen zu fibrinolytisch wirksamem Plasmin umwandelt (► Abb. 2.5).
Therapeutisch genutzt wird der Fibrinolyseaktivator **Streptokinase,** ein Enzym aus hämolytischen Streptokokken.

Klinik

Mit Streptokinase oder gentechnisch hergestelltem rekombinantem tPA (= rtPA) lassen sich Thrombosen (z. B. in Beinvenen, Lungenarterien oder Koronargefäßen) auflösen. Solche Thrombosen entstehen bei verlangsamtem Blutfluss (Stase), Endothelschädigung und erhöhter Blutgerinnbarkeit: **Virchow-Trias.**

Inhibitoren

Gehemmt wird die Fibrinolyse in vivo vor allem durch **α_2-Antiplasmin,** das die Plasminwirkung vermindert. Ein (seltener) hereditärer α_2-Antiplasmin-Mangel führt daher zu einer starken Blutungsneigung durch vermehrte Fibrinolyse. Therapeutisch kann die Fibrinolyse mit synthetischen Proteasehemmstoffen, z. B. ε-Aminocapronsäure, verlangsamt werden.

2.6 Abwehrsysteme und zelluläre Identität

Das Abwehrsystem des Körpers dient der Neutralisierung von Krankheitserregern. Man unterscheidet das unspezifische vom spezifischen Abwehrsystem:

- Die **unspezifische Abwehr** dient der allgemeinen Verteidigung gegen eine Vielzahl von Krankheitserregern.
- Die **spezifische Abwehr** dagegen erkennt selektiv die Oberflächenstruktur von Erregern und kann dadurch gezielter reagieren. Sie verfügt zudem über ein immunologisches Gedächtnis.

2.6.1 Unspezifisches Abwehrsystem

Hauptträger der **zellulären** unspezifischen Abwehr sind Granulozyten und Makrophagen (Monozyten). Beide sind Subpopulationen der Leukozyten. Die **humoralen** Bestandteile des unspezifischen Abwehrsystems werden durch Komplementsystem, Lysozym und C-reaktives Protein gebildet.

2.6.1.1 Leukozyten

Leukozyten sind kernhaltige Zellen, bei denen verschiedene Typen unterschieden werden können (► Tab. 2.7).

Leukozytenzahl Normal sind 4.000–10.000 Leukozyten pro µl Blut. Steigt ihre Zahl auf über 10.000 pro µl, spricht man von **Leukozytose,** fällt sie unter 4.000, von **Leukopenie.** Der größte Teil der Leukozyten (> 50 %) hält sich im extravasalen interstitiellen Raum auf.

Klinik

Die unkontrollierte Vermehrung von Vorläuferzellen der Leukozyten führt zur **Leukämie** (wörtlich: weißes Blut, „Blutkrebs"). Unter diesem Begriff werden sehr viele, ganz unterschiedliche Erkrankungen zusammengefasst. Gemeinsames Symptom ist eine Beeinträchtigung der normalen Blutbildung, weil sich ungebremst vermehrende Zellgruppen („Klone") andere Blut bildende Zellen im Knochenmark verdrängen. Typische Symptome sind daher Anämie (Mangel an Erythrozyten) und Infektanfälligkeit (Mangel an funktionstüchtigen Leukozyten).

Granulozyten

Neutrophile Granulozyten

Vorkommen 50–70 % der Leukozyten sind neutrophile Granulozyten. Im peripheren Blut halten sich die Neutrophilen nur 7–10 Stunden auf. Etwa 50 % nehmen nicht an der Zirkulation teil, sondern haften an Endothelwänden, insbesondere der Lunge und der Milz. Diese Population ist, wenn notwendig, rasch mobilisierbar.

Funktionen Neutrophile sind die wichtigste Säule im unspezifischen Abwehrsystem des Blutes. Sie

Tab. 2.7 Leukozytensubpopulationen bei gesunden Erwachsenen: Differenzialblutbild

Leukozytentyp	Prozent der Leukozyten
Neutrophile Granulozyten • Stabkernige • Segmentkernige	 2–5 50–70
Eosinophile Granulozyten	2–4
Basophile Granulozyten	0–1
Lymphozyten	20–40
Monozyten	2–6

können mit Antikörpern markierte (opsonierte) Antigene phagozytieren. Zur Auflösung der phagozytierten Fremdkörper bilden sie lysosomale Enzyme (Myeloperoxidase, Lysozym, Elastasen, Hydrolasen). Außerdem können sie auch in sauerstoffarmem Gewebe durch Glykolyse Energie gewinnen und dort überleben. So können sie ihre Abwehraufgabe auch in entzündeter, schlecht durchbluteter Umgebung (Eiter!) wahrnehmen. Die aus ihnen freigesetzten Stoffe wie Sauerstoffradikale, Leukotriene, Thromboxane und Prostaglandine steuern die Entzündungsreaktionen. Sie sind starke Schmerzinduktoren und wirken auch bei der Regulation der Gefäßweite und -permeabilität sowie der Blutgerinnung mit.

Chemotaxis Angelockt werden Neutrophile durch chemotaktisch wirksame Interleukine (z. B. IL-8, ► Kap. 2.6.2) und Fragmente des Komplementsystems (C5a, ► Kap. 2.6.1.3). Auf ihrer Zelloberfläche tragen sie Chemokinrezeptoren (z. B. für IL-8).

Reifung Die meisten Neutrophilen sind ausgereift. Bei ihnen ist der Kern segmentiert: Segmentkernige. Junge Neutrophile sind dagegen durch einen stabförmigen Kern gekennzeichnet: Stabkernige. Deshalb findet man bei akuten Infektionen, die zu einer gesteigerten Ausschüttung von (jüngeren) Neutrophilen aus dem Knochenmark führen, im Blut vermehrt solche Stabkernigen.

Klinik

Unter einer Linksverschiebung des Differenzialblutbildes versteht man das vermehrte Auftreten von nicht ausgereiften Neutrophilen (Stabkernige, Myelozyten) im peripheren Blut. Sie ist meist Zeichen einer Infektion. Kommen zusätzlich neutrophile Stammzellen (Promyelozyten und Myeloblasten) im peripheren Blut vor, ist an eine myeloproliferative Erkrankung (Leukämie) zu denken.

Eosinophile Granulozyten

Vorkommen Eosinophile machen 2–4 % der Blutleukozyten aus.

Funktion In ihrem Zytoplasma finden sich rötliche, kugelige Granula, die Peroxidasen, Katalasen und Proteasen enthalten. Auch die eosinophilen Granulozyten sind zur Phagozytose befähigt.

Klinik

Einen Anstieg von Eosinophilen sieht man bei allergischen Reaktionen, bei Befall des Organismus mit Parasiten (z. B. Würmern) sowie bei Autoimmunerkrankungen.

Basophile Granulozyten

Vorkommen Ungefähr 1 % der Blutleukozyten sind basophil.

Funktion Basophile Granula enthalten Heparin und Histamin. Sie spielen eine Rolle bei der Serumlipolyse sowie bei allergischen Reaktionen. An Rezeptoren auf ihrer Oberfläche können sich IgE-Antikörper heften, die bei Kontakt mit einem Antigen eine Ausschüttung der basophilen Granula auslösen. Die Freisetzung des Histamins führt dann zu Hautrötungen, Quaddelbildung und Gefäßerweiterungen sowie zu einer Engstellung der Bronchien (Bronchospastik, asthmoide Reaktion).

Merke

Inhaltsstoffe der Granulozyten:
- Neutrophile: Myeloperoxidase, Sauerstoffradikale, Elastase, Leukotriene, Thromboxane, Prostaglandine
- Eosinophile: Peroxidasen, Katalasen, Proteasen
- Basophile: Heparin, Histamin

Lymphozyten

Vorkommen Zwischen 20 und 40 % der Leukozyten sind Lymphozyten. Ihren Ursprungsort haben die Lymphozyten wie die anderen Blutzellen im Knochenmark, ihre Reifung (Lymphozytenprägung) erfahren sie in den sekundären lymphatischen Organen (Lymphknoten, Tonsillen, Peyer-Plaques, Appendix, Milz, Thymus) und auch im Knochenmark selbst.

Funktion Lymphozyten sind überwiegend für die spezifische Abwehr verantwortlich (► Kap. 2.6.3). Dieser größere Anteil der Lymphozyten wird nach Oberflächenstruktur und Funktion in B- und T-Lymphozyten unterteilt:
- **B-Lymphozyten** (B-Zellen, ► Kap. 2.6.3.4) bilden Antikörper.
- **T-Lymphozyten** (T-Zellen, ► Kap. 2.6.3.3) dienen der Steuerung dieser Antikörpersynthese sowie der direkten zellulären Immunabwehr.

NK-Zellen Eine Subpopulation von Lymphozyten (10–15 %) wird jedoch zum unspezifischen Abwehrsystem gerechnet, da sie nicht, wie B- und T-Lymphozyten über antigenspezifische Rezeptoren verfügen. Diese Lymphozyten werden als NK-Zellen bezeichnet: Natural Killer Cells. NK-Zellen greifen vorwiegend Tumorzellen oder mit Viren infizierte Zellen an. Auf die Hilfe von Antikörpern sind sie dabei nicht angewiesen: antikörperunabhängige Zytotoxizität. Auch die Expression von MHC-I-Antigenen an der Zelloberfläche ist für eine Killerwirkung nicht erforderlich (► Kap. 2.6.3.3). Dadurch können NK-Zellen (im Gegensatz zu den zytotoxischen T-Zellen des spezifischen Abwehrsystems) auch solche mit Viren befallene Körperzellen vernichten, bei denen die Expression von MHC-I-Antigenen durch die Viren selbst unterdrückt wurde. Eine Stimulierung der NK-Zellen mit IL-2 oder mit Interferon α oder β verstärkt ihre toxische Wirkung. NK-Zellen zerstören ihre Zielzellen, indem sie mithilfe des Proteins Perforin die Zellmembran durchbohren und anschließend eine Apoptose (► Kap. 1.5.3.2) der Zielzellen auslösen.

Monozyten

Vorkommen Die Monozyten stellen etwa 4–8 % der Leukozyten. Monozyten im interstitiellen Gewebe sowie in Lymphknoten, Alveolarwänden, Leber, Milz und Knochenmark werden als Histiozyten oder Makrophagen bezeichnet. Monozyten, Histiozyten und Makrophagen bilden zusammen das monozytäre Phagozytosesystem.

Funktion Ihre Hauptaufgabe ist die Phagozytose, weshalb sie viele unspezifische Esterasen enthalten. Über die Bildung freier Sauerstoffradikale in Phagolysosomen können die Monozyten bakterielle Zellmembranen zersetzen. Die von aktivierten Monozyten gebildeten Stoffe wie Leukotriene, Interleukin-1 (IL-1) und Interferone steuern Entzündungen und spezifische Abwehrfunktionen. Das von den Makrophagen sezernierte IL-1 bindet an die IL-1-Rezeptoren von T-Lymphozyten und stimuliert diese zur Ausschüttung von IL-2 (► Kap. 2.6.2).

Antigenpräsentation

T-Zellen erkennen virale oder bakterielle Antigene erst, nachdem diese von Makrophagen verarbeitet und ihnen „präsentiert" werden. Deshalb werden die Makrophagen auch als Antigen presenting Cells bezeichnet: **APC.**

Antigenaufnahme Die Makrophagen nehmen das Antigen zunächst über Phagozytose auf. In intrazellulären Lysosomen wird das Antigen dann in verschiedene Peptidfragmente von weniger als 30 Aminosäuren zerlegt. Die Phagozytose von Antigen-Antikörper-Komplexen wird dadurch gefördert, dass Makrophagen auch über F_C-Rezeptoren (► Kap. 2.6.1.2) auf ihrer Zellmembran

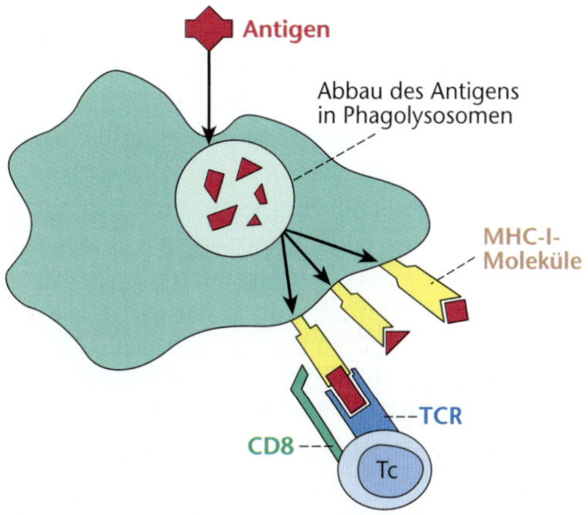

Abb. 2.6 Verarbeitung und Präsentation von Antigenen durch Makrophagen. Das phagozytierte Antigen wird in der Zelle in Peptidfragmente zerlegt, die an MHC-I-Moleküle der Zelloberfläche binden. Eine zytotoxische T-Zelle (T_C) bindet mit ihrem T-Zell-Rezeptor (TCR) und ihrem CD8-Rezeptor an den Komplex aus MHC-I-Molekül und antigenem Peptidfragment. Nach [5]

verfügen. An diese Rezeptoren kann die F_C-Komponente von Antikörpern binden, was die Aufnahme des Antigen-Antikörper-Komplexes erleichtert.

Präsentation Die Peptidfragmente gelangen zusammen mit Histokompatibilitätsantigenen (MHC-Antigene, ► Kap. 1.5.2) an die Zelloberfläche der Makrophagen (► Abb. 2.6). Dadurch werden

- **T-Helferzellen** (T_H-Zellen, ► Kap. 2.6.3.3) aktiviert, wenn ein bakterielles oder virales Peptidfragment mit einem MHC-Molekül der Klasse II kombiniert wird, während
- **zytotoxische T-Zellen** (T_C-Zellen, ► Kap. 2.6.3.3) vorwiegend Antigene erkennen, die in Verbindung mit MHC-Molekülen der Klasse I präsentiert werden.

Langerhans-Zellen

Teil des antigenpräsentierenden Makrophagensystems sind die in der Epidermis lokalisierten dendritischen Langerhans-Zellen. Die Langerhans-Zellen, die viele Klasse-II-MHC-Moleküle exprimieren, verarbeiten über die Haut eindringende Antigene und wandern dann entlang den Lymphwegen in die regionalen Lymphknoten. Dort nehmen sie intensiven Kontakt mit T-Helferzellen auf.

Merke

- Aktivierung T-Helferzellen: Antigenfragment + Klasse-II-MHC-Molekül
- Aktivierung zytotoxische T-Zellen: Antigenfragment + Klasse-I-MHC-Molekül

2.6.1.2 Zelluläre Rezeptoren der Abwehrzellen

Makrophagen und neutrophile Granulozyten binden mithilfe von Rezeptoren, die unspezifisch auf eine Vielzahl von pathogenen, körperfremden Oberflächen reagieren, an eingedrungene Mikroorganismen. Durch die Bindung eines Pathogens an diese unspezifischen Rezeptoren wird die Abwehrzelle aktiviert. Aktivierte Abwehrzellen des unspezifischen Systems setzen dann weitere Botenstoffe frei und locken dadurch auch Zellen des spezifischen Immunsystems an, welche die weitere Immunabwehr übernehmen (► Kap. 2.6.3). Auch eine Phagozytose kann nach Bindung an einen solchen unspezifischen Rezeptor ausgelöst werden. Wichtige Rezeptortypen des unspezifischen Abwehrsystems sind:

- **Scavenger-Rezeptoren:** Sie binden an Zellwandbestandteile grampositiver oder gramnegativer Bakterien. Auch apoptotische Zellen (► Kap. 1.5.3.2) werden über Scavenger-Rezeptoren gebunden.
- **Toll-like-Rezeptoren** (TLR): Durch Bindung von bakteriellen Bestandteilen an TLR wird die Expression von Entzündungsproteinen und Zytokinen stimuliert. Lipopolysaccharide (LPS) aus bakteriellen Zellwänden können an einen speziellen LPS-Rezeptor binden (CD14), bevor sie in Kooperation mit einem TLR die Zellaktivierung der Abwehrzelle auslösen.
- **Komplementrezeptoren:** Mit diesen Rezeptoren binden Abwehrzellen Bestandteile des Komplementsystems (► Kap. 2.6.1.3). So können durch das Komplementsystem bereits erkannte Fremdorganismen einer Phagozytose zugeführt werden.
- **F_C-Rezeptoren:** Über F_C-Rezeptoren erkennen Abwehrzellen den konstanten Abschnitt von Immunglobulinen. So sind sie in der Lage, sich mit Komplexen aus Mikroorganismen und Immunglobulinen zu verbinden (Antigen-Antikörper-Komplexe, ► Kap. 2.6.3.1). Auf diese Weise können die bereits durch Immunglobuline markierten Fremdorganismen phagozytiert und damit unschädlich gemacht werden.

2.6.1.3 Komplementsystem

Als Komplement wurde von Paul Ehrlich (1854–1915) ursprünglich eine Aktivität im Serum bezeichnet, welche die bakteriolytische Wirkung spezifischer Antikörper verstärkt. Das heute bekannte Komplementsystem ist ein komplexes Kaskadensystem, dessen zentraler Bestandteil aus 9 Plasmaproteinen besteht: C1–C9. Die im Verlauf der Kaskadenreaktionen entstehenden Spaltprodukte dieser Proteine werden mit Buchstaben näher bezeichnet, z. B. C3a (kleineres Fragment), C3b (größeres Fragment). Die Komplementfaktoren werden von Leberzellen, Darmepithelien und Makrophagen gebildet.

Aufgaben des Komplementsystems

- **Unterscheidung zwischen Selbst und Nicht-Selbst:** Der zentrale Komplementfaktor C3b, der in einer Konzentration von 1–2 mg/ml im Plasma zirkuliert, bindet selektiv an fremde Zelloberflächen oder Immunkomplexe, während körpereigene Zellen vor der Ablagerung von C3b geschützt sind.
- **Opsonierung:** Bindung von Komplement an Oberflächen von Fremdzellen (z. B. Bakterien). Durch die Opsonierung mit Komplement können körperfremde Zellen leichter von Makrophagen aufgenommen werden, da Makrophagen über Komplementrezeptoren verfügen.
- **Chemotaxis von Leukozyten:** Fragmente des Komplementsystems, besonders die Faktoren C3a und C5a, üben auf neutrophile Granulozyten und Makrophagen eine „anziehende" Wirkung aus und beschleunigen dadurch die Immunabwehr.
- **Aktivierung von Leukozyten:** Leukozyten, die über Rezeptoren für Komplementfragmente verfügen, werden durch die Bindung dieser Fragmente aktiviert.
- **Lyse der Zielzellen:** Am Ende der Komplementkaskade wird ein „Loch" in die Membran der Zielzelle eingebaut, was eine Auflösung (Lyse) der Zellen bewirkt.

Das Komplementsystem ist vor allem zur Abwehr von Bakterien unverzichtbar. Erbliche Defizite an Komplementfaktoren führen zu immer wiederkehrenden, schweren bakteriellen Infektionen, während virale Infekte bei Komplementmangel nicht gehäuft auftreten.

Aktivierung

Das Komplementsystem kann auf 3 Wegen aktiviert werden:

- Der **klassische Aktivierungsweg** wird durch die Bindung von C1q an Antigen-Antikörper-Komplexe ausgelöst.
- Der **Lektin-Aktivierungsweg** entspricht dem klassischen Aktivierungsweg, allerdings bindet C1q hier direkt an bestimmte Mikroorganismen wie Mykoplasmen und Retroviren.
- Beim **alternativen Aktivierungsweg** binden im Plasma zirkulierende C3b-Fragmente an die Oberfläche von Mikroorganismen.

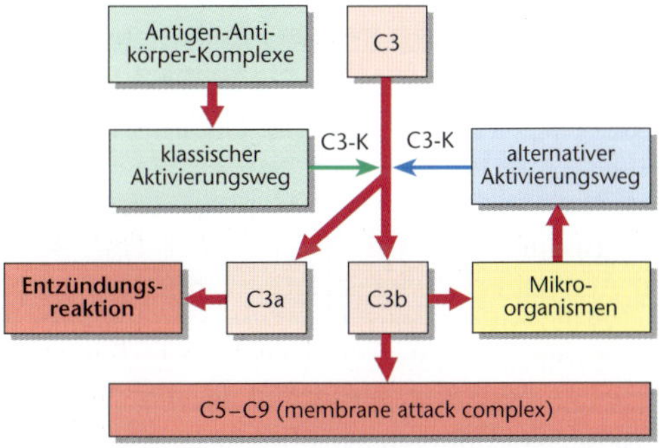

Abb. 2.7 Klassische und alternative Aktivierung des Komplementsystems. Auf beiden Wegen wird eine C3-Konvertase (C3-K) gebildet, die C3 zu C3b umwandelt und die Schlussreaktionen mit Bildung des Membrane Attack Complex (MAC) aus C5–C9 auslöst. Nach [5]

Alle 3 Aktivierungswege bilden eine C3-Konvertase, die C3 zu C3b, dem zentralen Faktor des Komplementsystems, umwandelt. Dabei wird auch C3a, ein Entzündungsmediator, freigesetzt (► Abb. 2.7).

C3b stößt dann die Bildung des **Membrane Attack Complex (MAC)** an, der aus einer Zusammenlagerung der Faktoren C5–C9 entsteht. Dieser lytische Komplex formt eine künstliche Pore in der Zellmembran der Zielzellen (► Abb. 2.8). Über diese Pore wird auf osmotischem Weg eine Auflösung der Zielzelle erreicht.

Nebenwirkungen

Die Fragmente C3a und C5a, die sog. Anaphylatoxine, sind potente Stimulatoren von Entzündungsreaktionen, die bei übermäßiger Produktion den Körper schädigen können. Bei bakterieller Sepsis (Blutvergiftung) stimulieren die Faktoren C3a und C5a die Ausschüttung von vasoaktiven Substanzen aus Mastzellen und Basophilen (u. a. Histamin). Dies führt zu einer Erhöhung der Gefäßpermeabilität mit Volumenverlust ins Interstitium und zu einer Vasodilatation. Beide Effekte können zu einem kritischen Blutdruckabfall führen (► Kap. 4.3.4.2).

Merke

Aufgaben des Komplementsystems:
- Unterscheidung zwischen Selbst und Nicht-Selbst
- Opsonierung

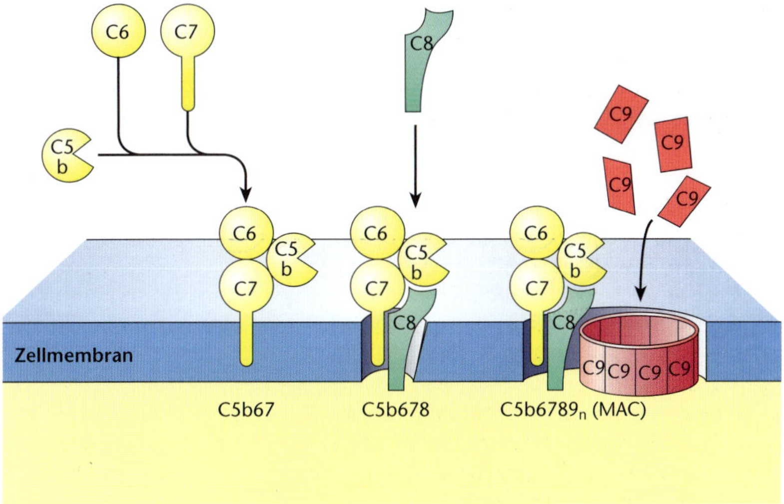

Abb. 2.8 Membranangriffskomplex (Membrane Attack Complex, MAC) des Komplementsystems: Durch Einbau einer „Pore" in die Zellmembran wird die Auflösung der Zielzelle eingeleitet. Nach [5]

- Chemotaxis
- Leukozytenaktivierung
- Zelllyse: C5–C9

2.6.1.4 Lysozym und C-reaktives Protein

Lysozym

In den Granula von Granulozyten und Makrophagen, in den Schleimhäuten des Nasen-Rachen-Raums und des Darms sowie im Konjunktivalsekret ist Lysozym zu finden. Lysozym ist eine Muraminidase, d. h., es spaltet selektiv Murein, den Hauptbestandteil bakterieller Zellmembranen. Damit ist Lysozym ein körpereigenes Antibiotikum.

C-reaktives Protein (CRP)

CRP findet sich bei bakteriellen Infektionen vermehrt im Plasma. Es fördert die Opsonierung und die Phagozytose von Bakterien. CRP gehört mit Serumamyloid A, Haptoglobin, Fibrinogen und den sog. Antiproteasen (u. a. α_1-Antitrypsin, α_1-Antichymotrypsin, α_2-Makroglobulin) zu den **Akute-Phase-Proteinen,** die in der Leber synthetisiert werden. Bei akuten Entzündungen stimuliert Interleukin-6 die Synthese der Akute-Phase-Proteine, die dadurch in höheren Konzentrationen im Plasma nachweisbar sind.

Lerntipp

Cave: Serumamyloid A, Haptoglobin und Fibrinogen sind **Akute-Phase-Proteine** und steigen bei einer akuten Entzündung an.

Albumin, Präalbumin und Transferrin sind **Anti-Akute-Phase-Proteine** und sind bei einer akuten Entzündung vermindert.

2.6.2 Zytokine

Unter dem Begriff Zytokine werden Stoffe zusammengefasst, deren Aufgabe es ist, die an der Immunabwehr beteiligten Zellen durch **Signalübermittlung** zu koordinieren und die Immunantwort den Bedürfnissen des Organismus anzupassen.

Einteilung

Zytokine sind Proteine, Glykoproteine oder Peptide. Es lassen sich 6 Gruppen unterscheiden (► Tab. 2.8).

Wirkungen

Zytokine binden an membranständige Rezeptoren, die für die einzelnen Substanzen spezifisch sind. Die Rezeptorbindung aktiviert **intrazelluläre Signalproteine** (STATs = Signal Transducers and Activators of Transcription), die an die DNA des Zellkerns binden und dort die genetische Transkription modifizieren. Das Netz der verschiedenen Zytokinwirkungen, die sich zudem gegenseitig beeinflussen, ist außerordentlich kompliziert. Die wichtigsten Einzelwirkungen auf dem Gebiet des Immunsystems sind im Folgenden zusammengefasst:

- **IL-1** wird von Makrophagen und B-Lymphozyten gebildet. Es stimuliert die meisten Leukozytenarten (B-Zellen, T-Helferzellen,

Tab. 2.8 Zytokine im Überblick

Gruppe	Abkürzung	Beispiele
Interleukine	IL	IL-1, IL-2, zurzeit bis IL-29
Interferone	IFN	IFNα, IFNβ, IFNγ
Tumornekrosefaktoren	TNF	TNFα, TNFβ
Wachstumsfaktoren	GF	NGF, EGF, VEGF, IGF-1 u. a.
Kolonien stimulierende Faktoren	CSF	M-CSF, G-CSF, Erythropoetin
Chemokine		MCP-1, MIP-1α, IL-8 u. a.

NGF = Nerve Growth Factor, EGF = Epidermal Growth Factor; VEGF = Vascular Endothelial Growth Factor; IGF = Insulin-like Growth Factor; M-CSF = Macrophage Colony Stimulating Factor; G-CSF = Granulocyte Colony Stimulating Factor; MCP-1 = Macrophage Chemotactic Protein; MIP-1α = Macrophage Inflammatory Protein 1α.

NK-Zellen, neutrophile Granulozyten, Makrophagen), steigert die Endotheldurchlässigkeit und fördert die Adhäsion von Leukozyten am Endothel.
- **IL-2** wird von T-Zellen gebildet und fördert hauptsächlich die T-Zell-Bildung und -Differenzierung. Daneben aktiviert es auch B-Zellen (Umwandlung in Plasmazellen) sowie Makrophagen und NK-Zellen. Glucocorticoide hemmen die IL-2-Synthese und wirken so immunsuppressiv, was z. B. bei Autoimmunerkrankungen therapeutisch genutzt werden kann.
- **IL-6** stimuliert die Akute-Phase-Proteine (▸ Kap. 2.6.1.4) und fördert die Differenzierung von B-Zellen zu Plasmazellen.
- **IL-8** dient der Chemotaxis und Aktivierung von Neutrophilen und Monozyten.
- **IL-10** und **IL-12** regulieren die Produktion anderer Zytokine: IL-10 bremst die Zytokinproduktion und hemmt die Antigenpräsentation durch Makrophagen; IL-12 fördert die IFNγ-Freisetzung aus NK-Zellen.
- **IFNα** und **IFNβ** werden von Zellen produziert, die mit Viren befallen sind: IFNα von Leukozyten, IFNβ von Fibroblasten. Beide Interferone wirken antiviral und schützen benachbarte Zellen vor einer Infektion.
- **IFNγ** wird von aktivierten T-Zellen und NK-Zellen produziert. Es fördert vor allem die Antigenpräsentation durch Makrophagen, bei denen es die Expression von MHC-II-Molekülen verstärkt. Auch NK-Zellen werden durch IFNγ aktiviert.
- **TNFα** und **TNFβ** werden von Makrophagen und Lymphozyten gebildet. Sie aktivieren Makrophagen, Neutrophile und NK-Zellen. Außerdem können sie bei exzessiver Produktion zu Abmagerung mit Kräfteverfall (Kachexie) und Fieber führen.
- **Chemokine** kontrollieren die chemotaktische Bewegung von Leukozyten.

2.6.3 Spezifisches Abwehrsystem

Grundlage des spezifischen Abwehrsystems ist das Erkennen oder Wiedererkennen körperfremder Oberflächenstrukturen. Es dient der Abwehr von Krankheitserregern und der Erkennung und Zerstörung körperfremder sowie „entarteter" körpereigener Zellen. Träger der spezifischen Immunabwehr sind T- und B-Lymphozyten. Bevor auf die physiologischen Funktionen dieser Lymphozyten eingegangen werden kann, sollen zunächst die grundlegenden immunologischen Begriffe von Antikörper und Antigen sowie die Prinzipien von Impfung und Immuntoleranz besprochen werden.

2.6.3.1 Antikörper und Antigene

Basis der spezifischen Immunreaktion ist die Bildung von **Antikörpern,** d. h. von Eiweißkörpern, die sich gegen die Oberflächenstrukturen von Fremdstoffen, die sog. Antigene, richten. **Antigene** bestehen aus einem unspezifischen, hochmolekularen Trägermolekül und dem für die Spezifität entscheidenden Anteil (Determinante). Die vom Trägermolekül getrennte Determinante wird als **Hapten** bezeichnet. Ein Hapten kann für sich alleine zwar mit dem passenden Antikörper reagieren, löst aber selbst keine Immunität, d. h. keine Bildung von neuen Antikörpern, aus. Dazu ist vielmehr die Verbindung von Hapten und Trägermolekül, d. h. ein komplettes Antigen, erforderlich.

Antigen-Antikörper-Komplexe

Die Bildung eines Antigen-Antikörper-Komplexes gehorcht dem Massenwirkungsgesetz (vgl. GK Chemie) und ist prinzipiell reversibel. Die spezifische Bindung von Antigen und Antikörper erfolgt über hydrophobe Wechselwirkungen und die Ausbildung von Wasserstoffbrückenbindungen. Der Teil eines Antigens, der sich mit einem Antikörper verbindet, wird als **Epitop** bezeichnet, der korrespondierende Teil des Antikörpers, der an das Antigen bindet, als **Paratop.**

Immunologisches Gedächtnis

Bei erneutem Kontakt mit einem bekannten Antigen reagiert das Immunsystem stärker und rascher als beim Primärkontakt. Diese verstärkte Zweitreaktion beruht auf der Wiedererkennung der Antigene durch das Immunsystem. Immunität kann also durch Kontakt mit Antigenen erworben werden. Deshalb werden die meisten sog. Kinderkrankheiten im Leben nur einmal durchgemacht. Bei einem zweiten Kontakt mit dem Krankheitserreger verhindert das immunologische Gedächtnis eine Zweitinfektion.

Als **immun** wird ein Organismus bezeichnet, der in der Lage ist, mit einem Antigen ohne pathologische Reaktion fertigzuwerden (▸ Abb. 2.9).

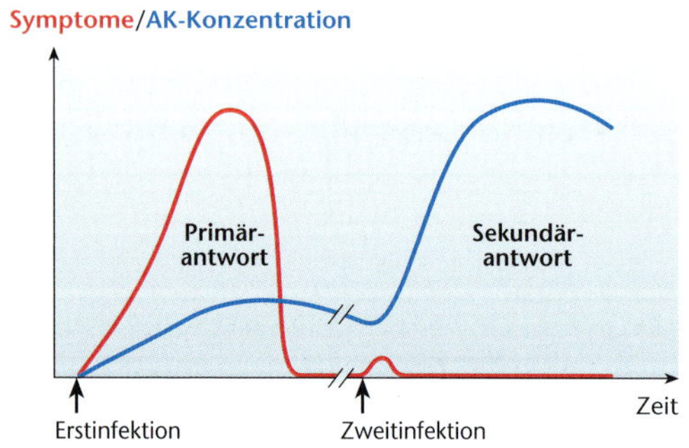

Abb. 2.9 Primär- und Sekundärantwort. Nach [2]

2.6.3.2 Impfung und Immuntoleranz

Aktive Immunisierung

Die aktive Immunisierung (Impfung) beruht auf dem **Prinzip der erworbenen Immunität.** Bei Impfungen werden dem Organismus geringe, unschädliche Mengen eines Antigens oder antigenproduzierender Organismen zugeführt. Die Antigene sind so verändert, dass sie den Organismus nicht mehr schädigen können. Damit wird eine Primärreaktion hervorgerufen, die idealerweise keine Krankheitssymptomatik verursacht, aber zur Bildung von Gedächtniszellen führt. Beim erneuten Kontakt mit demselben Antigen kommt es dann sehr viel schneller zu humoralen und zellgebundenen Abwehrreaktionen, die eine Erkrankung verhindern.

Passive Immunisierung

Im Unterschied zur aktiven Immunisierung werden bei der passiven Immunisierung Antikörper gegen das jeweilige Antigen gegeben.

Immuntoleranz

Als Immuntoleranz bezeichnet man das Ausbleiben von Antikörperproduktion und Immunabwehr nach Zufuhr eines Antigens. Eine solche Immuntoleranz führt zu einer höheren Infektanfälligkeit. Eine therapeutische Immunsuppression, also die medikamentöse Unterdrückung der Immunreaktion, ist manchmal notwendig, um z. B. nach einer Organtransplantation eine Abstoßungsreaktion des Körpers gegen körperfremde Antigene zu unterdrücken.

Merke

- Aktive Immunisierung: Gabe von Antigenen → Organismus bildet Antikörper
- Passive Immunisierung: Gabe von Antikörpern

2.6.3.3 T-Lymphozyten

Zelluläre Immunität

Klonale Expansion

T-Lymphozyten sind Träger der zellulären Immunität. Sie werden unter dem Einfluss von Wachstumsfaktoren im Thymus immunologisch geprägt und reagieren beim Kontakt mit einem durch Makrophagen präsentierten Antigen mit Zellteilung und Vermehrung. Alle aus dieser klonalen Expansion (Klon = Zellgruppe aus genetisch identischen Zellen) hervorgegangenen Zellen tragen auf ihrer Oberfläche den gleichen Antigenrezeptor, der das zellständige Äquivalent eines Antikörpermoleküls ist. Dieser **T-Zell-Rezeptor** gleicht in seinem Aufbau einem Arm des Fab-Teils von Immunglobulinen (► Kap. 2.6.3.4, ► Abb. 2.10). Ziel der klonalen Expansion ist die Eliminierung des Antigens. Alle Zellen eines Klons reagieren spezifisch auf das Antigen, das die Entstehung des Klons ursprünglich getriggert hatte.

Gedächtniszellen

Einige dieser T-Lymphozyten persistieren im Körper und stehen bei erneutem Kontakt mit dem Antigen noch Jahre später als Gedächtniszellen für die schnellere und effektivere sekundäre Immunantwort zur Verfügung.

T-Zell-Typen

Nach ihrer Funktion werden **3 Gruppen** von T-Zellen unterschieden:

Zytotoxische T-Zellen

Zytotoxische T-Zellen (T_C-Zellen) erkennen körperfremde Antigene, die ihnen von Makrophagen in Verbindung mit MHC-I-Molekülen präsentiert werden (► Kap. 2.6.1.1). Die wichtigste Aufgabe von T_C-Zellen ist die Eliminierung viral infizierter Zellen. Die Killerwirkung wird dabei über drei Mechanismen vermittelt:

- Freisetzung von **lytischen Enzymen** aus Zellgranula: Das funktionell und strukturell dem Komplementfaktor 9 (► Kap. 2.6.1.3) verwandte Enzym Perforin perforiert die Zellmembran der Zielzellen.
- Rezeptorvermittelte Aktivierung eines **Selbstzerstörungsprogramms** in der Zielzelle: Apoptose (► Kap. 1.5.3.2).
- Freisetzung von **zytotoxischen Zytokinen,** z. B. TNFβ.

Tab. 2.9 T4- und T8-Lymphozyten

Bezeichnung	Oberflächenprotein	MHC-Bindung	Funktionelle Klasse	Funktion
T4	CD4	MHC-II	T-Helferzellen	Förderung des Wachstums von B-Lymphozyten, Stimulierung von Makrophagen und anderen Lymphozyten
T8	CD8	MHC-I	Zytotoxische T-Zellen	Direkte Zerstörung von Zellen mit „fremden" Oberflächenstrukturen

T-Helferzellen

Man unterscheidet 2 Arten von T-Helferzellen: **T_{H1}-Zellen,** die vor allem die zellvermittelte Immunantwort stärken, und **T_{H2}-Zellen,** welche die humorale Immunantwort unterstützen.

Entstehung Beide T-Helferzell-Subgruppen entstehen durch zytokinvermittelte Polarisierung im Rahmen der Antigenpräsentation:

- T_{H1}-Zellen entstehen, wenn vor allem durch Viren und einige intrazelluläre Bakterien stimulierte antigenpräsentierende Zellen IL-12 (Makrophagen) und IFNγ (NK-Zellen) sezernieren.
- T_{H2}-Zellen bilden sich, wenn die antigenpräsentierenden Zellen IL-4 und IL-6 ausschütten.

Zytokinproduktion T_{H1}- und T_{H2}-Zellen produzieren jeweils eine charakteristische Mischung von Zytokinen (Zytokinmuster):

- T_{H1}-Zellen sezernieren hauptsächlich IL-2 und IFNγ.
- T_{H2}-Zellen produzieren dagegen vor allem die Zytokine IL-4, IL-5, IL-6, IL-10 und IL-13.

Wirkungen Durch ihr unterschiedliches Zytokinmuster unterscheiden sich die Wirkungen von T_{H1}-Zellen und T_{H2}-Zellen in typischer Weise:

- T_{H1}-Zellen aktivieren Makrophagen und zytotoxische T-Zellen. Störungen des T_{H1}-Zell-Systems sind z. B. an der Entstehung von autoimmunologischen Erkrankungen des rheumatischen Formenkreises beteiligt.
- T_{H2}-Zellen stimulieren vor allem B-Zellen, Mastzellen und eosinophile Granulozyten. Das von ihnen sezernierte IL-4 ist für den **Antikörperswitch,** d. h. den Wechsel von IgM-Antikörpern (frühe Abwehrphase) zu IgG-Antikörpern (späte Abwehrphase) verantwortlich. Störungen des T_{H2}-Zell-Systems liegen allergischen Erkrankungen zugrunde.

Zwischen T_{H1}- und T_{H2}-Zellen besteht eine Kreuzhemmung: Die sezernierten Zytokine hemmen Proliferation und Aktivierung des jeweils anderen T-Helfer-Subtyps.

Regulatorische T-Zellen

Regulatorische T-Zellen (= T-Suppressorzellen) sind in der Lage, die Immunantwort gegen Antigene zu unterdrücken, z. B. durch die Freisetzung von IL-10 und Hemmung der IL-2-Wirkungen (► Kap. 2.6.2). Es resultiert eine Immuntoleranz durch Hemmung der Aktivität von T- und B-Zellen. Dadurch wird eine überschießende Immunantwort gegen Fremdantigene verhindert. Auch an der Aufrechterhaltung der Immuntoleranz gegenüber körpereigenen Antigenen sind regulatorische T-Zellen beteiligt (► Kap. 2.6.5.2).

Oberflächeneigenschaften der T-Lymphozyten

T-Lymphozyten lassen sich hinsichtlich der von ihnen exprimierten Oberflächenproteine in 2 große Gruppen einteilen: CD4- und CD8-T-Lymphozyten. Die Verteilung der oben dargestellten funktionellen Klassen der T-Lymphozyten auf die beiden Oberflächentypen CD4 und CD8 zeigt ► Tab. 2.9.

Klinik

Die durch das **HI-Virus** verursachte Erkrankung ist u. a. durch eine virusinduzierte Zerstörung der T4-Helferzellen gekennzeichnet. Dadurch sinkt der Quotient von T4- zu T8-Zellen auf unter 1,2 ab (normal: 2). Folge ist eine vermehrte Infektneigung. Die Patienten sind gehäuft von parasitären, viralen und Pilzinfektionen betroffen.

2.6.3.4 B-Lymphozyten

B-Lymphozyten sind für die humorale spezifische Abwehr verantwortlich.

Klonale Expansion

Sie werden in den lymphatischen Anteilen des Knochenmarks immunologisch geprägt und reagieren wie die T-Zellen auf Antigenkontakt mit Vermehrung durch Zellteilung in Form einer klonalen Expansion. Dabei exprimieren B-Zellen den von ihnen produzierten Antikörper auf der Zelloberfläche als Antigenrezeptor. Solche B-Zell-Rezeptoren sind gering modifizierte Immunglobuline der Klasse IgM oder IgD. Bindet ein passendes Antigen an diesen Antigenrezeptor, werden Antigen und Rezeptor zusammen in die Zelle aufgenommen. Dadurch wird die B-Zelle zur Reifung und Proliferation angeregt.

Plasmazellen

Ein Teil der antigenstimulierten B-Lymphozyten wandelt sich nach der Stimulation zu Plasmazellen um, die **Antikörper** produzieren. Alle Plasmazellen eines Klons sezernieren den gleichen Antikörper, der spezifisch für das auslösende Antigen ist. Sie stellen dem Organismus dadurch denjenigen Antikörper in großen Mengen zur Verfügung, der zur Bekämpfung dieses spezifischen Antigens besonders geeignet ist.

Unter normalen Bedingungen zirkulieren Plasmazellen nicht im Blut, sondern sind gewebsständig. Die von den Plasmazellen produzierten Antikörper zeigen die gleiche immunologische Beschaffenheit wie die zellständigen Antigenrezeptoren der T- und B-Lymphozyten, liegen jedoch zellunabhängig in Form von Immunglobulinen im Plasma vor (► Abb. 2.10, ► Tab. 2.10).

Immunglobuline, die nur gegen ein bestimmtes Epitop eines Antigens gerichtet sind und von einem identischen Klon von B-Zellen abstammen, bezeichnet man als **monoklonale Antikörper.**

Gedächtniszellen

Auch bei den B-Lymphozyten wandelt sich ein Teil der stimulierten Zellen nach Antigenkontakt in Gedächtniszellen um.

Klinik

Das Hodgkin-Lymphom ist ein bösartiges, monoklonales B-Zell-Lymphom, das zunächst lokal auf die Lymphknoten beschränkt ist, sich aber später zu einer systemischen Krankheit mit extralymphatischem Befall entwickelt. Neben der Lymphknotenschwellung kann eine sog. B-Symptomatik auftreten: Fieber, Nachtschweiß und Gewichtsverlust.

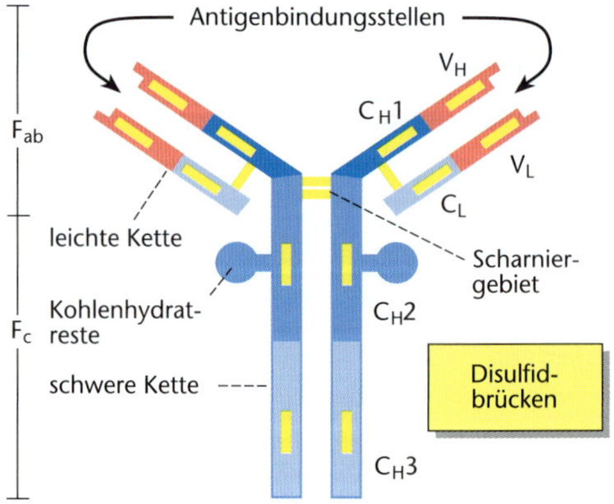

Abb. 2.10 Grundstruktur eines Immunglobulinmoleküls der IgG-Klasse.
V_L = variabler Anteil der leichten Ketten
V_H = variabler Anteil der schweren Ketten
C_L = konstanter Anteil der leichten Ketten
C_{H1-3} = konstante Anteile der schweren Ketten
F_{ab} = antigenbindendes Fragment
F_c = crystallizable Fragment (s. Text)

2.6.3.5 Immunglobuline

Antikörper sind chemisch gesehen Immunglobuline (Ig) und finden sich in der Serumelektrophorese in der γ-Globulin-Fraktion: γ-Globuline. Sie bilden die Grundlage der humoralen Immunität, die sich im Rahmen der passiven Immunisierung deshalb auch zellfrei übertragen lässt.

Die Bindung eines Antikörpers an ein Antigen führt zur Aktivierung des Komplementsystems und zum Anlocken von Phagozyten und lymphozytären Killerzellen sowie schließlich zur Vernichtung des Antigens. Bereits die Bindung eines Antikörpers z. B. an einen Giftstoff kann das Antigen unschädlich machen.

Aufbau der Immunglobuline

Antikörper sind Glykoproteine mit einer Molekülmasse zwischen 150.000 und 900.000 Dalton.

H- und L-Ketten

Immunglobuline bestehen in ihrer einfachsten Form aus 4 Ketten: 2 schweren (heavy, **H-Ketten**) und 2 leichten (light, **L-Ketten,** ► Abb. 2.10). Jede Kette besteht aus verschiedenen, durch Disulfidbrücken verbundenen Domänen. Am N-terminalen Ende der beiden Schenkel des Y-förmigen Immunglobulinmoleküls bilden je eine H- und eine L-Kette die beiden variablen Regionen des Immunglobulins. Diese beiden Schenkel mit ihren variab-

Tab. 2.10 Immunglobuline: Untergruppen, Eigenschaften und Funktion

Immunglobulinklasse	Molekülmasse (Dalton)	Chemische Struktur	Funktion	Plazentagängigkeit
IgG	150.000	Monomer	• Opsonierung • Späte Abwehrphase • Komplementaktivierung (klassischer Weg) • Überwiegendes Ig im Plasma • Rhesusantikörper	+
IgM	900.000	Pentamer	• Agglutination • Neutralisierung • Frühe Abwehrphase • Komplementaktivierung (klassischer Weg) • Antikörper des AB0-Systems • Oberflächenrezeptor von B-Lymphozyten	–
IgA	160.000 oder 320.000	Monomer im Plasma, Dimer in Sekreten	• Neutralisierung • Lokale Abwehr an Schleimhäuten	–
IgE	170.000	Monomer	• Bindung an Mastzellen und Basophile • Allergische Reaktionen • Abwehr von Wurm- und Parasitenerkrankungen	–
IgD	160.000	Monomer	• Oberflächenrezeptor von B-Lymphozyten	–

len Endstücken binden die Antigene. Bei chemischer Abspaltung dieser beiden Molekülschenkel erhält man die antigenbindenden Fragmente: **Fab.**

F_C-Fragment

Der „Stiel" des Antikörpermoleküls wird auch als F_C-Fragment bezeichnet (c = crystallizable). Das F_C-Fragment ist die Bindungsstelle für Makrophagen, Komplement oder Lymphozyten.

Immunglobulinklassen

Die 5 Immunglobulinklassen der Antikörper unterscheiden sich in ihrer Aminosäuresequenz und ihrem Kohlenhydratanteil, speziell in den konstanten Regionen ihrer schweren Ketten (C_H-Regionen) sowie in ihrer räumlichen Konfiguration. Einen Überblick dieser Immunglobulinklassen, ihres Vorkommens und ihrer Funktion gibt ► Tab. 2.10.

Klinik

Plasmazellen können maligne entarten und sich dadurch unkontrolliert vermehren. Sie produzieren dann massenhaft den für sie spezifischen Antikörper, der in der Fraktion der γ-Globuline wandert. Diese monoklonale Gammopathie wird auch als **Plasmozytom** oder **multiples Myelom** bezeichnet. In der Elektrophorese wird das Plasmozytom durch eine abnorm hohe Zacke im Bereich der γ-Bande auffällig. Die klinischen Symptome beruhen vor allem auf der Erhöhung des Bluteiweißgehalts (Bluteindickung, Nierenschädigung) und der Verdrängung der normalen Blutbildung im Knochenmark (Anämie, Infektanfälligkeit, Knochenschmerzen, Frakturen).

Merke

- IgM-Antikörper: frühe Abwehrphase, Plasmahalbwertszeit 5 Tage
- IgG-Antikörper: späte Abwehrphase, Plasmahalbwertszeit 24 Tage

Genetische Basis der Antikörpervielfalt

Jede Plasmazelle produziert jeweils nur einen bestimmten Antikörper. Die Vielfalt der dem Organismus zur Verfügung stehenden Antikörper beruht auf der genetischen Vielfalt der für die variablen Anteile der schweren und leichten Ketten (V_L und V_H) kodierenden Gensequenzen. Diese genetische Vielfalt der V_L- und V_H-Regionen wird durch 5 Faktoren sichergestellt:

- Multiple Gene (V_1–V_n) für jeweils eine Domäne der V-Region
- Somatische Hypermutationen in den V-Genen
- Rekombination von Gensegmenten der V-Gene (V-, J- und D-Segmente)
- Genumwandlung (Gene Conversion) der V-Gene, d. h. die Einfügung von Gensequenzen aus benachbarten Pseudo-Genen (= DNA-Regionen, die kein Protein kodieren)
- Einfügen neuer Nucleotide in die V-Gene bei der DNA-Aufspaltung.

Durch Kombination dieser Faktoren können mehr als 10^8 verschiedene Antikörper mit unterschiedlicher Bindungsspezifität produziert werden, sodass Antigene mit den unterschiedlichsten Oberflächenstrukturen erkannt und gebunden werden können.

2.6.4 Blutgruppen

Lerntipp

Klein, aber oho! Diese Kapitel ist erstaunlicherweise der Liebling des IMPP. Gut für Sie, denn wenn Sie das AB0- und Rhesussystem verstanden haben, können Sie ganz leicht punkten. Sehen Sie sich besonders die Vererbung und die Rhesus-Inkompatibilität an!

Die Zellmembran menschlicher Erythrozyten enthält Blutgruppenantigene. Bei einem ersten Kontakt zwischen dem eigenen Immunsystem und fremden Erythrozyten kann dies zur Bildung von Antikörpern gegen die fremden Blutgruppenantigene führen. Beim zweiten Kontakt binden dann die gebildeten Antikörper an die fremden Blutgruppenantigene und bewirken eine Agglutination der Fremderythrozyten mit nachfolgender Hämolyse.

2.6.4.1 AB0-System

Antigene

Antigene des AB0-Systems finden sich auf den Oberflächen von fast allen Körperzellen, so auch auf den Erythrozyten. Aus der Kombination der beiden Antigene A und B resultieren 4 verschiedene Blutgruppen (► Tab. 2.11): A, B, AB und 0. 0 bedeutet, dass die Erythrozyten weder A- noch B-Antigene an der Oberfläche tragen. 0-Erythrozyten besitzen lediglich die Oberflächeneigenschaft H, die allen Blutzellen gemeinsam ist.

Antikörper

Die den beiden Antigenen zugeordneten Antikörper werden als Anti-A und Anti-B bezeichnet. Sie gehören überwiegend der IgM-Antikörperklasse an. Anti-A- und/oder Anti-B-Antikörper werden von Säuglingen der Blutgruppen A, B und 0 in den ersten Lebensmonaten auch ohne Kontakt mit fremden Erythrozyten gebildet. Ursache hierfür ist vermutlich eine immunologische Reaktion auf Oberflächenantigene von Darmbakterien, die den AB-Antigenen ähnlich sind.

Vererbung

Die Blutgruppeneigenschaften des Organismus sind genetisch determiniert. Dabei kann jedes der beiden Allele eines Chromosomensatzes für A-Antigene, für B-Antigene oder für keines der beiden Antigene kodieren. Beim Zusammentreffen der Allele aus dem mütterlichen bzw. väterlichen Chromosomensatz ist A oder B gegenüber dem fehlenden Antigen (0) dominant. Deshalb kann der Phänotyp Blutgruppe 0 nur auftreten, wenn weder das mütterliche noch das väterliche Allel im Chromosomensatz für das A- oder B-Antigen kodiert. Umgekehrt resultiert aus der

Tab. 2.11 AB0-Blutgruppen, prozentuale Verteilung für Mitteleuropa

Blutgruppe (= Antigene)	Genotyp	Antikörper	Anteil der Bevölkerung (%)
A	0A oder AA	Anti-B	45
B	0B oder BB	Anti-A	10
AB	AB	Keine	5
0 (keine)	00	Anti-A und Anti-B	40

genetischen Kombination von A und 0 der Phänotyp Blutgruppe A, während aus dem Zusammentreffen von B und 0 die Blutgruppe B entsteht. Die Allele A und B sind kodominant, d. h., ihre Kombination führt zur Blutgruppe AB, welche die Oberflächeneigenschaften beider Antigene (A und B) aufweist.

Blutgruppentestung

Getestet werden die Blutgruppen mittels Testseren, die entweder Anti-A, Anti-B oder beide Antikörper beinhalten. Auf einer Testunterlage, ähnlich einem Objektträger, werden jeweils ein Tropfen des zu untersuchenden Blutes mit je einem Tropfen Anti-A-, Anti-B- und Anti-AB-Serum zusammengebracht. Nach Vermischen und Schwenken des Trägers kann das Ergebnis einige Minuten später abgelesen werden: Bedside-Test (► Abb. 2.11).

2.6.4.2 Rhesus-System

Eine weitere Antigeneigenschaft der Erythrozyten zeigt sich im sog. Rhesus-System. Den Namen hat dieses System vom Versuch, bei Kaninchen Antikörper gegen das Blut von Rhesus-Affen zu erzeugen. Das auf diese Weise gewonnene Kaninchenserum bewirkt bei den Erythrozyten von etwa 85 % der europäischen Bevölkerung eine Hämagglutination, d. h. diese Erythrozyten reagieren Rhesus-positiv (Rh+).

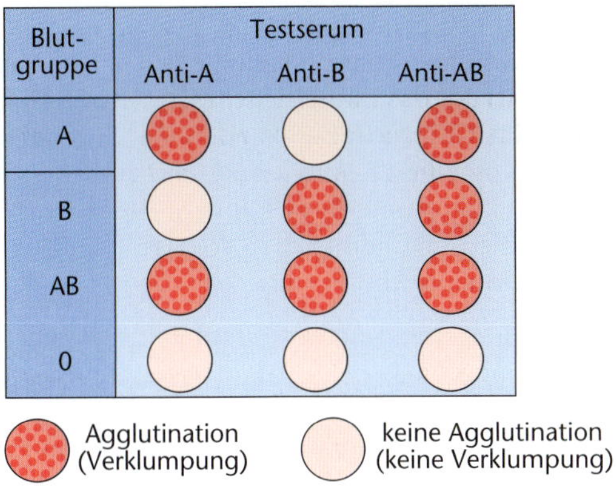

Abb. 2.11 Blutgruppenbestimmung im AB0-System. Die gepunkteten Felder stehen für Hämagglutination, d. h. eine Antigen-Antikörper-Reaktion.

Antigene

Die Rhesus-Eigenschaft der Erythrozytenoberfläche setzt sich aus einer Reihe einzelner Antigene zusammen. Es lassen sich 6 Antigene unterscheiden, die mit großen und kleinen Buchstaben als C, D, E, c, d und e bezeichnet werden. Die größte antigene Wirksamkeit hat das D-Antigen. Erythrozyten mit dem Antigen D sind Rh-positiv, solche mit dem Antigen d sind rh-negativ. Die Eigenschaft Rh-positiv ist gegenüber rh-negativ dominant.

Antikörper

Antikörper gegen den Rhesus-Faktor (D-Antigen) werden erst nach Exposition mit (Rh+)-Blut gebildet. Praktisch bedeutet dies, dass eine rh-negative Person erst nach Kontakt mit Rh-positivem Blut Anti-D-Antikörper bildet. Deshalb kommt es auch nicht gleich beim ersten Kontakt mit Blut einer anderen Rh-Gruppe zu einer Transfusionsreaktion, sondern erst bei weiteren Übertragungen, nachdem der Organismus die entsprechenden Antikörper gebildet hat.

Rhesus-Inkompatibilität

Außer bei Bluttransfusionen kann das Problem der Rhesus-Inkompatibilität auch bei rh-negativen Müttern auftreten, die ein Rh-positives Kind austragen. Da im Allgemeinen geringe Mengen des kindlichen, Rh-positiven Blutes während der Schwangerschaft und beim Geburtsvorgang in den mütterlichen Kreislauf gelangen, regen sie dort die Bildung von Anti-D-Antikörpern der Klasse IgG an. Diese IgG-Antikörper können bei der nächsten Schwangerschaft mit einem Rh-positiven Fetus aufgrund ihrer Struktur die Plazenta in Richtung des Kindes passieren. Die Folge ist eine Auflösung der kindlichen Erythrozyten durch die Anti-D-Antikörper der Mutter mit nachfolgender Anämie und Ikterus bis hin zum Absterben der Frucht. Um diesem **Morbus haemolyticus neonatorum** vorzubeugen, gibt man rh-negativen Müttern prophylaktisch Anti-D-Antikörper: **Anti-D-Prophylaxe.** Anti-D-Antikörper fangen die Rh-positiven kindlichen Erythrozyten im mütterlichen Kreislauf ab und zerstören sie, bevor sie im mütterlichen Organismus die Bildung von Antikörpern und entsprechenden Gedächtnis-B-Lymphozyten induzieren können.

Klinik

AB0-Inkompatibilität von Neugeborenen: Mütter der Blutgruppe 0 können in seltenen Fällen IgG-Antikörper gegen das Blutgruppenantigen A (seltener B) auf Erythrozyten bilden. So kann es bei der Konstellation Mutter mit Blutgruppe 0 und Neugeborenes mit Blutgruppe A (seltener B) zu einer Hämolyse der kindlichen Erythrozyten kommen, da die gebildeten IgG-Antikörper plazentagängig sind. In Ländern mit konsequenter Anti-D-Prophylaxe ist die AB0-Inkompatibilität eine der häufigsten Ursachen eines Morbus haemolyticus neonatorum.

2.6.4.3 Bluttransfusion

Für eine Bluttransfusion werden heute fast ausschließlich AB0- und Rhesus-kompatible Präparate benutzt. Bezüglich des Rhesus-Systems wird hauptsächlich das D-Antigen berücksichtigt, bei Frauen im gebärfähigen Alter oder bei Personen, die wiederholt Transfusionen benötigen, sollten auch die Rhesus-Untergruppen übereinstimmen, um Sensibilisierungen vorzubeugen.
Praktisch führt man die Blutgruppenbestimmung mit einer sog. **Kreuzprobe** durch: Man testet zuerst Spendererythrozyten mit Empfängerserum im **Major-Test** und anschließend Spenderserum mit Empfängererythrozyten im **Minor-Test.** Tritt in einem der beiden Tests eine Agglutination auf, darf die Transfusion nicht durchgeführt werden.

Klinik

Eine Transfusion mit gruppenungleichem Blut kann einen lebensbedrohlichen Transfusionszwischenfall mit Agglutination der Erythrozyten im Empfängerorganismus und anschließender Hämolyse auslösen. Ein solcher Transfusionszwischenfall zeigt sich klinisch zuerst als Fieber und Schüttelfrost. Im Verlauf kann er zu Nierenversagen, Kreislaufschock und Tod führen.

Merke

- Major-Test: Spendererythrozyten mit Empfängerserum (Merkhilfe: Spendererythrozyten sind für die Transfusion „wichtiger", daher „Major")
- Minor-Test: Spenderserum mit Empfängererythrozyten

2.6.5 Pathophysiologie

2.6.5.1 Überempfindlichkeitsreaktion (Allergie)

Als Überempfindlichkeitsreaktionen werden überschießende Antigen-Antikörper-Reaktionen bezeichnet. Sie sind Ausdruck einer gesteigerten Reaktionsbereitschaft (Allergie) des Organismus. 4 Reaktionstypen werden unterschieden:

Typ I: anaphylaktische Hypersensibilität

Ursache der Typ-I-Reaktion ist die Reaktion von Antigenen mit IgE-Antikörpern, die auf den Zellmembranen von basophilen Granulozyten und Mastzellen verankert sind. Dadurch kommt es u. a. zur Freisetzung von Heparin und Histamin. Diese Substanzen führen zu erhöhter Kapillarpermeabilität, Gefäßerweiterungen, vermehrter Durchblutung von Haut und Schleimhäuten, Quaddelbildungen auf der Haut und Bronchospasmen. Im Extremfall entwickelt sich ein anaphylaktischer Schock (► Kap. 4.3.4.3). Auslöser dieser Art der Überempfindlichkeitsreaktion können Medikamente sein. Auch der Heuschnupfen und das allergische Asthma bronchiale beruhen auf einer Typ-I-Allergie.

Typ II: zytotoxische Hypersensibilität

Bei einer zytotoxischen Hypersensibilität reagieren zellständige Antigene und freie Antikörper miteinander. Dadurch wird Komplement aktiviert, was zur Zellauflösung führt. Transfusionsreaktionen oder der Morbus haemolyticus neonatorum folgen diesem Reaktionstyp.

Typ III: Hypersensibilität durch Immunkomplexbildung

Hier finden sich Ablagerungen von Antigen-Antikörper-Komplexen in Kapillarwänden, die wiederum zur Komplementaktivierung und zu Zell- und Gefäßschädigungen führen können. Typisches Beispiel ist die Entzündung der Glomeruli der Niere: Glomerulonephritis.

Typ IV: Überempfindlichkeit vom verzögerten Typ

Diese Spätreaktion unterscheidet sich von den oben genannten Formen dadurch, dass sie an spezifisch sensibilisierte T4-Helfer-Lymphozyten gebunden ist und daher erst etwa 48 Stunden nach Antigenapplikation ihren Höhepunkt erreicht. Beispiele sind die Kontaktallergien gegen bestimmte

Metalle (Nickel, Chrom), die Tuberkulin-Hautreaktion, aber auch die Abstoßungsreaktionen gegen Transplantate.

Lerntipp

Die Typ-I-Allergie wird besonders gerne abgefragt. Histamin erhöht die Gefäßpermeabilität, reizt Nozizeptoren (► Kap. 16.4.1.2) und wirkt vasodilatierend!

2.6.5.2 Autoimmunerkrankungen

Normalerweise bildet ein Organismus gegen seine eigenen Strukturen keine Antikörper. Körpereigene Strukturen sind durch die genetisch festgelegten, für jedes Individuum charakteristischen Histokompatibilitätsantigene (MHC-Antigene, ► Kap. 1.5.2) gekennzeichnet. Es gibt jedoch Erkrankungen, die durch einen Zusammenbruch der Immuntoleranz des Körpers gegen das eigene Gewebe gekennzeichnet sind. Für die Entstehung solcher Autoimmunerkrankungen sind vor allem 3 Arten von pathologischen Veränderungen verantwortlich:

- Körpereigene Zellen weisen nach einer Infektion mit Viren oder Bakterien oft eine veränderte Oberflächenstruktur auf. Dadurch werden sie vom Immunsystem als unbekanntes, fremdes Antigen erkannt und angegriffen.
- Die Verbindung eines an sich nicht antigen wirksamen, körperfremden Haptens (z. B. Arzneimittel) mit einem körpereigenen Protein kann zu einem vollständigen, als körperfremd angesehenen Antigen führen.
- Auch die mangelhafte Funktion regulatorischer T-Zellen kann die Ursache einer Autoimmunerkrankung sein.

Klinik

Folge einer solchen Fehlfunktion des Immunsystems ist eine Autoaggression mit Zerstörung körpereigener Zellen.

- So entsteht z. B. der **Diabetes mellitus Typ 1** durch eine über Autoantikörper ausgelöste Zerstörung der Inselzellen des Pankreas.
- Beim **Morbus Basedow** werden Autoantikörper gegen den TSH-Rezeptor der Schilddrüsenzellen produziert, wodurch dieser aktiviert wird. Die Folge ist eine Schilddrüsenüberfunktion.
- Bei der **Myasthenia gravis** richten sich Autoantikörper gegen die Acetylcholinrezeptoren von Muskelzellen. Die Folge sind Muskelschwäche und Lähmungen.

Herz

03

IMPP-Hits

- Elektromechanische Kopplung (► Abb. 3.5!)
- EKG: Lagetypen, AV-Blockierungen
- Herzdynamik: Druck-Volumen-Diagramme, Fick-Prinzip (► Kap. 3.4.4.1)
- Pathophysiologie, vor allem Mitralklappenstenose

3.1 Wegweiser

In diesem Kapitel wird die Herzphysiologie besprochen, ausgehend von den elementaren elektrischen Vorgängen auf zellulärer Ebene (► Kap. 3.2.1). Am Anfang der Herzaktion stehen Schrittmacherzellen (► Kap. 3.2.2.1), die für die autonomen Herzaktionen verantwortlich sind. Die Ausbreitung der von den Schrittmacherzellen generierten elektrischen Herzerregung im Erregungsleitungssystem (► Kap. 3.2.2.2) und die hierauf beruhenden physiologischen Grundlagen des Elektrokardiogramms (► Kap. 3.3) sind klinisch besonders wichtig.

Die elektrischen Herzaktionen werden über den Mechanismus der elektromechanischen Kopplung (► Kap. 3.2.3) in Herzmuskelaktionen umgesetzt.

Die Pumpfunktion des Herzens wird anschließend im ► Kap. 3.4 (Herzmechanik) besprochen. Die me-

chanischen Herzaktionen von Systole und Diastole (► Kap. 3.4.1) sind für die Pumpleistung des Herzens verantwortlich. Sie liegen auch den klinisch durch Auskultation wahrnehmbaren Herztönen und Herzgeräuschen (► Kap. 3.4.3) zugrunde. Die Beziehungen zwischen Pumpdruck und Schlagvolumen (► Kap. 3.4.4) erlauben es, die Herzarbeit abzuschätzen (► Kap. 3.4.5), und geben ein besseres Verständnis der für diese Arbeit erforderlichen Regulation der Durchblutung im Koronarkreislauf (► Kap. 3.5.1) und der Steuerung des Energieumsatzes (► Kap. 3.5.2). Kontrolliert wird die Herzfunktion vom vegetativen Nervensystem und von einer Reihe kardialer Reflexe (► Kap. 3.6.2).
Einen Ausblick auf die Klinik der Inneren Medizin gibt die Pathophysiologie des Herzens mit einer knappen Darstellung der physiologischen Veränderungen bei Herzinsuffizienz und Klappenfehlern (► Kap. 3.7).

3.2 Elektrophysiologie des Herzens

3.2.1 Ruhemembran- und Aktionspotenzial der Herzmuskelzelle

Lerntipp

Zum Verständnis dieses Kapitels sind Grundkenntnisse zum Thema Ruhepotenzial und Aktionspotenzial sehr hilfreich, die in ► Kap. 12 vermittelt werden. Wenn Ihnen der Aufbau der Zellmembran mit Ionenpumpen, Ionenkanälen und die hierdurch entstehenden Ionenströme und Potenzialdifferenzen noch nicht vertraut sind, sollten sie zunächst ► Kap. 12.2.1 und ► Kap. 12.2.2 (Ruhepotenzial) sowie ► Kap. 12.3.3 (Aktionspotenzial) lesen.

3.2.1.1 Ruhemembranpotenzial

Grundlage der Erregbarkeit von Herzmuskelzellen ist die elektrische Spannung über der Zellmembran, das sog. Ruhemembranpotenzial (► Kap. 12.2). Bei Herzmuskelzellen beträgt das Ruhemembranpotenzial ca. –90 mV (intrazellulär zu extrazellulär).
Eine Verschiebung des intrazellulär negativen Ruhepotenzials zu positiveren intrazellulären Werten bezeichnet man als **Depolarisation,** die Rückkehr in Richtung des negativen intrazellulären Ausgangswerts von –90 mV als **Repolarisation.**

Lerntipp

Die **R**epolarisation führt zum **R**uhepotenzial zurück.

3.2.1.2 Aktionspotenzial

Als Aktionspotenzial bezeichnet man eine vorübergehende Änderung des Ruhemembranpotenzials. Das Aktionspotenzial unterscheidet sich in den verschiedenen erregbaren Strukturen des Herzmuskels (Schrittmacherzellen, Vorhofmyokard, Purkinje-Fasern und Kammermyokard) nach Verlauf und Form.
Die wesentlichen Abläufe sind aber identisch. Daher wird zunächst die Entstehung des Aktionspotenzials am Beispiel einer Herzmuskelzelle des Kammermyokards dargestellt. Besonderheiten der einzelnen Zellgruppen und das herzspezifische Phänomen der spontanen Depolarisation in Schrittmacherzellen werden im Anschluss besprochen.

Zeitverlauf des Aktionspotenzials

Das Aktionspotenzial lässt sich in **5 Phasen** unterteilen (► Abb. 3.1). Durch die ausgedehnte Plateauphase beträgt die Dauer des Aktionspotenzials der Herzmuskelzelle zwischen 200 und 400 ms und ist damit mehr als 100-mal länger als ein Aktionspotenzial an Skelettmuskel- und Nervenzellen. Mit zunehmender Erregungsfrequenz nimmt jedoch die Dauer des Aktionspotenzials der Herzmuskelzelle ab.

Ionenströme während des Aktionspotenzials

Während des Aktionspotenzials fließen Ionenströme durch die Zellmembran (► Tab. 3.1), welche die Ladungsverschiebungen in Depolarisation und Repolarisation auslösen (► Abb. 3.1).

Depolarisation

Phase 0 Zu Beginn des Aktionspotenzials erhöht sich durch die Öffnung **schneller spannungsaktivierter Na^+-Kanäle** ab einem Potenzial von ca. –70 mV (Schwellenpotenzial) die Durchlässigkeit der Zellmembran für Na^+-Ionen sprungartig. Dem Konzentrationsgefälle folgend, strömen Na^+-Ionen von außen in die Zelle ein. Die erhöhte Na^+-Leitfähigkeit ist für die rasche Depolarisation verantwortlich. Ab einem Membranpotenzial von ca. –40 mV werden die schnellen Na^+-Kanäle zunehmend inaktiviert.

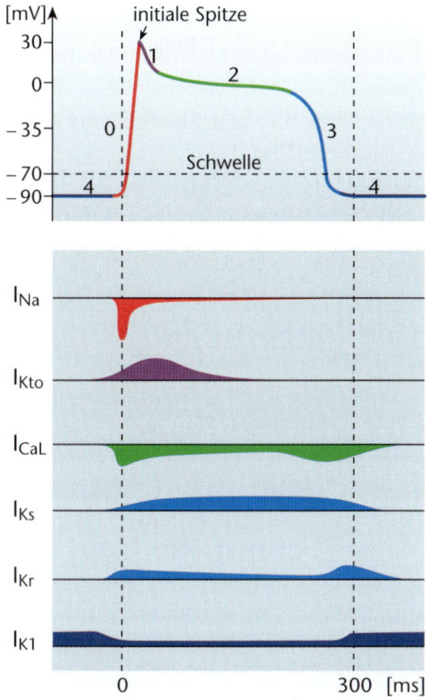

Abb. 3.1 Aktionspotenzial und Ionenleitfähigkeit einer Herzmuskelzelle des Kammermyokards. Phase 0 = rasche Depolarisation = Aufstrich mit initialer Spitze (Overshoot), Phase 1 = frühe geringe Repolarisation, Phase 2 = Plateau (charakteristisch für Herzmuskelzellen), Phase 3 = endgültige Repolarisation, Phase 4 = Ruhepotenzial; I = Ionenstrom, Na = Na^+-Kanal, Kto = K^+-Kanal des frühen, vorübergehenden Ausstroms (transient outward), CaL = langsamer Ca^{2+}-Kanal, Ks = langsamer K^+-Kanal, Kr = schneller K^+-Kanal, K1 = einwärts gleichrichtender K^+-Kanal (inward rectifying). Nach [3]

Phase 1 Die frühe, geringe Repolarisation der Phase 1 wird durch eine **vorübergehend erhöhte Leitfähigkeit für K^+-Ionen** verursacht: Es kommt für kurze Zeit zu einem Ausstrom von K^+-Ionen: I_{Kto} (I = Strom; to = transient outward).

Phase 2 Als Besonderheit der Herzmuskelzelle folgt dann ein **langsamer, depolarisierender Einstrom von Ca^{2+}-Ionen** ins Zytosol. Dieser langsame Ca^{2+}-Einstrom ist für die charakteristische positive Plateauphase des Aktionspotenzials (Phase 2) von Herzmuskelzellen verantwortlich. Er wird durch die Öffnung von L-Typ-Ca^{2+}-Kanälen hervorgerufen. Diese Ca^{2+}-Kanäle werden bei einem Membranpotenzial oberhalb −40 mV aktiviert und sind während der gesamten Plateauphase geöffnet.

Repolarisation

Phase 3 Die Repolarisation beruht auf einer **Wiederabnahme der Ca^{2+}-Leitfähigkeit** mit einer Verlangsamung des Einstroms positiver Ca^{2+}-Ionen und einem **Wiederanstieg der K^+-Leitfähigkeit** mit einem vermehrten Ausstrom von K^+-Ionen in den Extrazellularraum. Hierfür sind 2 Typen von K^+-Kanälen verantwortlich: die schnellen K^+_r-Kanäle (r = rapid) und die langsamen K^+_s-Kanäle (s = slow). Diese **erhöhte K^+-Leitfähigkeit** bleibt auch einige Zeit nach Beendigung des Aktionspotenzials bestehen. Bei rasch aufeinanderfolgenden Aktionspotenzialen kommt es deshalb durch die noch erhöhte K^+-Leitfähigkeit zu einem rascheren K^+-Ausstrom, d. h. zu einer schnelleren Repolarisation. Dieser Mechanismus erklärt die Beobachtung, dass

Tab. 3.1 Wichtige spannungsgesteuerte Ionenkanäle des Herzmuskels

Kanaltyp	Zeitpunkt	Funktion
Na^+-Kanäle (schnell)	Phase 0	Rascher Na^+-Einstrom: I_{Na}
K^+_{to}-Kanäle	Phase 1	Früher, vorübergehender Ausstrom von K^+-Ionen: I_{Kto}
Ca^{2+}-Kanäle (L-Typ, langsam)	Phase 2	Langsamer Einstrom von Ca^{2+}-Ionen: I_{CaL}
K^+_r-Kanäle (schnell)	Phase 3	Schneller Ausstrom von K^+-Ionen: I_{Kr}
K^+_s-Kanäle (langsam)	Phase 3	Langsamer Ausstrom von K^+-Ionen: I_{Ks}
K^+_{ir}-Kanäle	Phase 4	Überwiegender Einwärtsstrom von K^+-Ionen: I_{K1}

to = transient outward, r = rapid, s = slow, ir = inward rectifiying = einwärts gleichrichtend; I = Ionenstrom, CaL = langsamer Ca^{2+}-Kanal, K1 = einwärts gleichrichtender K^+-Kanal rasch hintereinander ausgelöste Aktionspotenziale von kürzerer Dauer sind als solche von normaler Frequenz. Das Phänomen wird auch als **Frequenzabhängigkeit der Aktionspotenzialdauer** bezeichnet.

Phase 4 Für diese Phase sind **einwärts gleichrichtende K^+-Kanäle** (K_{ir}-Kanäle, ir = inward rectifying) verantwortlich. Bei diesem Kanaltyp verhindert eine Blockade der intrazellulären Kanalöffnung durch positiv geladene Moleküle (Spermine) einen depolarisierenden Ausstrom von K^+-Molekülen in den Extrazellularraum. Extrazelluläre K^+-Ionen können dagegen den Kanal in Richtung Zellinneres passieren. Die Leitfähigkeit der K_{ir}-Kanäle ist beim Ruhepotenzial (–90 mV) am größten. Beim Schwellenpotenzial von –70 mV sind sie bereits inaktiviert.

Refraktärphase

Absolute Refraktärphase

Ein Aktionspotenzial kann nur entstehen, wenn die Herzmuskelzelle in der Lage ist, die Leitfähigkeit ihrer Zellmembran für Na^+ (schneller Einstrom) zu verändern. Bei einem Membranpotenzial, das positiver als –40 mV ist, sind die Kanäle des schnellen Na^+-Systems vollständig inaktiviert. Deshalb kann durch keinen auch noch so starken Reiz ein Aktionspotenzial ausgelöst werden. Diese Phase, die mit der Plateauphase des Aktionspotenzials zusammenfällt, ist die absolute Refraktärphase der Herzmuskelzelle.

Relative Refraktärphase

Im mittleren Drittel der Repolarisationsphase (Phase 3) bildet sich die Inaktivierung des schnellen Na^+-Systems wieder zurück, sodass es ab einem Membranpotenzial von ca. –40 mV gelingt, mit entsprechend starken Reizen einen Na^+-Einstrom und damit ein Aktionspotenzial auszulösen. Dieser Zeitabschnitt ist die relative Refraktärphase der Herzmuskelzelle. Aktionspotenziale, die in dieser relativen Refraktärphase entstehen, sind aufgrund der noch unvollständigen Aktivierung des Na^+-Systems durch 3 Besonderheiten gekennzeichnet:

- Trägerer Anstieg
- Geringere Amplitude
- Kürzere Dauer

Dauer der Refraktärphase

Die Dauer der Refraktärphase ist also mit der Dauer des Aktionspotenzials, insbesondere mit der Dauer der Plateauphase, eng verknüpft. Medikamente, welche die Aktionspotenzialdauer verlängern (z. B. bestimmte Antiarrhythmika), verlängern deswegen auch die Refraktärzeit. Die Refraktärphase schützt die Herzmuskelzelle vor zu rascher Wiedererregung.

Vulnerable Phase

Als vulnerable Phase wird die Zeit des Erregungsgeschehens bezeichnet, in der Teile des Herzens **absolut** refraktär, andere Teile aber nur noch **relativ** refraktär, d. h. grundsätzlich schon wieder erregbar sind: **inhomogene Erregbarkeit.** Diese vulnerable Phase des Myokards liegt im Repolarisationsbereich zwischen absoluter und relativer Refraktärphase (im Bereich der ansteigenden Flanke der T-Welle im EKG, ► Kap. 3.3.2.2) und dauert etwa 20–40 ms. Die Bedeutung der vulnerablen Phase liegt darin, dass Erregungen, die in dieser Zeit einfallen, Aktionspotenziale von kürzerer Dauer auslösen, die aufgrund ihres trägen Anstiegs auch langsamer fortgeleitet werden. Solche verkürzten und verlangsamten Aktionspotenziale treffen leichter immer wieder auf erregbares Myokard, sodass im Myokard „kreisende Erregungen" entstehen können: **Reentry-Mechanismus.** Diese kreisenden Erregungen können schwere Herzrhythmusstörungen wie Kammerflimmern (► Kap. 3.3.6.4) auslösen.

Klinik

Ein **Elektrounfall** ist besonders dann gefährlich, wenn der Zeitpunkt des Stromeintritts in den Körper mit der vulnerablen Phase des Herzmuskels zusammenfällt, die etwa $^1/_{10}$ der Dauer der Herzaktion ausmacht. Zu diesem Zeitpunkt ist die Wahrscheinlichkeit der Auslösung von kreisenden Erregungen und Kammerflimmern besonders hoch.

Merke

Ein in der relativen Refraktärzeit ausgelöstes Aktionspotenzial ist durch folgende Eigenschaften gekennzeichnet:

- Höhere Reizschwelle
- Langsamerer Aufstrich
- Niedrigere Amplitude
- Verkürzte Dauer

Besonderheiten des Aktionspotenzials in den einzelnen Herzregionen

In den verschiedenen Regionen des Herzens ist das Aktionspotenzial unterschiedlich lang. Die Unterschiede beruhen vor allem auf der Dauer der Plateauphase, d. h. auf der Länge der Refraktärzeit. Wie aus ▸ Abb. 3.2 ersichtlich, dauert die Plateauphase und damit die Refraktärität bei **Purkinje-Fasern** am längsten. Im **Kammermyokard** hält sie länger an als im **Vorhofmyokard.** Der physiologische Sinn dieser abgestuften Refraktärität ist ein Schutz des Kammermyokards vor zu raschen Erregungsfrequenzen durch die Vorhöfe. Hierbei wirken insbesondere die Purkinje-Fasern als **Frequenzfilter,** da Erregungswellen oberhalb einer bestimmten Frequenz auf refraktäre Fasern treffen und deshalb nicht an das Kammermyokard weitergegeben werden.

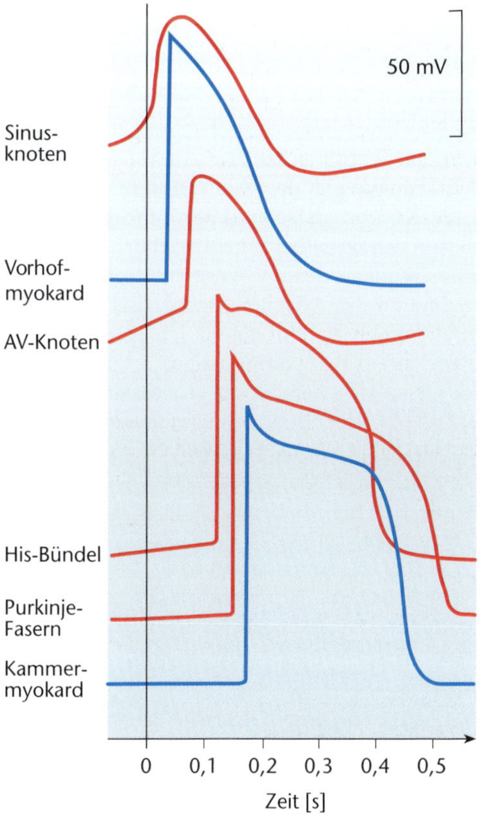

Abb. 3.2 Aktionspotenzialformen in verschiedenen Herzregionen.

3.2.2 Erregungsbildung und Erregungsleitung

3.2.2.1 Erregungsbildungssystem

Schrittmacherzellen

In den Zellen des Arbeitsmyokards ist das Ruhemembranpotenzial stabil.

Normale Herzmuskelzellen benötigen daher einen Impuls von außen, der die Zellmembran zum Schwellenpotenzial depolarisiert. Hierfür verfügt das Herzmuskelgewebe über spezialisierte Zellen, die durch Veränderungen ihrer Membranpermeabilität in der Lage sind, sich selbst bis zum Schwellenpotenzial zu depolarisieren und damit ein Aktionspotenzial auszulösen. Diese Zellen werden als Schrittmacherzellen bezeichnet. Sie sind für die regelmäßige, **autorhythmische Herztätigkeit** verantwortlich.

Prinzipiell können alle Herzmuskelzellen sich selbst depolarisieren und damit Schrittmacherfunktion übernehmen. Spezialisierte Schrittmacherzellen weisen allerdings folgende typische Charakteristika auf:

- Anders als Zellen des Arbeitsmyokards sind in den Schrittmacherzellen die für die Aufrechterhaltung eines stabilen Ruhepotenzials (Phase 4) verantwortlichen **primär einwärts gleichrichtenden K^+_{ir}-Kanäle** (I_{K1}) kaum ausgeprägt.
- Auch Kanäle für den schnellen Na^+-Einstrom sind in Schrittmacherzellen funktionell unbedeutend.
- Zusätzlich finden sich aber in Schrittmacherzellen nichtselektive Kationenkanäle, die sich bei negativem Membranpotenzial öffnen und so einen **Na^+-Einstrom** zulassen: **I_f-Schrittmacherkanäle** (Funny Channels).
- Anschließend öffnen sich spezielle **Ca^{2+}-Kanäle vom T-Typ,** die zusammen mit der bei etwa −40 mV einsetzenden Öffnung der langsamen **Ca^{2+}-Kanäle vom L-Typ** für den Aufstrich des Aktionspotenzials verantwortlich sind.

Das tiefste Potenzial in Schrittmacherzellen ist das **maximale diastolische Potenzial (MDP),** das bei etwa −60 mV liegt. Der von diesem MDP ausgehende Potenzialanstieg wird als **spontane diastolische Depolarisation** bezeichnet. Je steiler sie verläuft, desto schneller wird das Schwellenpotenzial erreicht. Die Steilheit der Depolarisation bestimmt daher die Schrittmacherfrequenz, die je nach Zelltyp unterschiedlich ist (▸ Abb. 3.2).

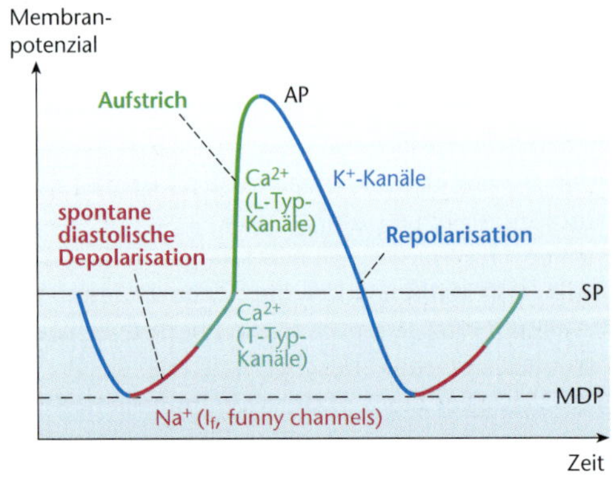

Abb. 3.3 Aktionspotenzial (AP) einer Schrittmacherzelle mit den Ionenströmen in den einzelnen Phasen; SP = Schwellenpotenzial; MDP = maximales diastolisches Potenzial.

Die **Repolarisation** der Schrittmacherzellen ist Folge einer Aktivierung von K^+-Kanälen mit Ausstrom von K^+-Ionen. Mit zunehmender Repolarisierung werden diese K^+-Kanäle zunehmend inaktiviert, sodass die Spontandepolarisation von neuem beginnen kann (► Abb. 3.3).

Klinik

Schädigungen der Zellmembran (z. B. durch medikamentöse Einflüsse oder Sauerstoffmangel) führen zu einer Erhöhung der Na^+-Permeabilität. So können auch Zellen des Arbeitsmyokards zur spontanen diastolischen Depolarisation befähigt und damit zu **ektopen Schrittmacherzentren** werden.

Merke

- Aufstrich im Arbeitsmyokard: Na^+-Einstrom
- Aufstrich in Schrittmacherzellen: Ca^{2+}-Einstrom

Normale und ektope Erregungsbildung

Eine Besonderheit des Herzmuskels ist die Tatsache, dass die Zellgrenzen zwischen den Myokardfasern durch Gap Junctions überbrückt werden und die Erregungsfortleitung daher nicht behindern. Das Myokard stellt ein funktionelles Synzytium dar. Deshalb antwortet der Herzmuskel unabhängig vom Reizort bei einem überschwelligen Reiz mit einer Erregung aller Fasern: **Alles-oder-Nichts-Prinzip.**

Primärer Schrittmacher

Unter physiologischen Bedingungen sind ausschließlich **Schrittmacherzellen des Sinusknotens** Ursprung der elektrischen Herzaktionen, da in diesen die spontane diastolische Depolarisation am schnellsten abläuft. Die vom Sinusknoten ausgehenden Impulse erregen so die übrigen Zellen des Herzmuskels, bevor deren langsamere diastolische Depolarisation das Schwellenpotenzial erreicht hat. Die Zellen des Sinusknotens sind also der aktuelle Schrittmacher, die anderen Herzmuskelzellen dagegen potenzielle Schrittmacher, sofern sie über eine spontane diastolische Depolarisation verfügen. Die resultierende Herzfrequenz liegt bei führendem Sinusrhythmus in Ruhe bei 60–80 Schlägen pro Minute.

Bei Jugendlichen und vagotonen Personen kann es bei Inspiration zu einer Zunahme und bei Exspiration zu einer Abnahme der Frequenz des Sinusrhythmus kommen. Dieses Phänomen wird als **respiratorische Sinusarrhythmie** bezeichnet. Die Ursache ist der inspiratorisch vermehrte Einstrom von venösem Blut in die rechte Herzhälfte. Um diesen gesteigerten Zufluss abzutransportieren, erhöht das Herz reflektorisch seine Schlagfrequenz (► Kap. 3.6.1.1, Frank-Starling-Mechanismus).

Sekundärer Schrittmacher

Bei Erkrankungen des Sinusknotens übernimmt der **AV-Knoten** als sekundärer Schrittmacher die Funktion des aktuellen Schrittmachers. Die Schrittmacherfrequenz des AV-Knotens liegt wegen der langsameren diastolischen Depolarisation bis zum Schwellenpotenzial mit 45–60 Schlägen pro Minute niedriger als beim Sinusknoten.

Klinik

Beim **Sinusknotensyndrom** (Sick Sinus Syndrome, SSS) kommt es zu Sinusbradykardien, sinuatrialer Blockierung oder zum Sinusknotenstillstand, teilweise aber auch zu vorübergehenden Tachykardien. Die Patienten klagen über mangelnde Belastbarkeit, Schwindel oder Ohnmacht und ggf. Herzrasen. Häufige Ursache ist eine koronare Herzerkrankung. Bei symptomatischen Bradykardien ist eine Schrittmachertherapie indiziert.

Tertiärer Schrittmacher

Fällt auch der AV-Knoten aus, übernehmen tertiäre Schrittmacher aus dem **Ventrikelmyokard** die elektrische Herzerregung. Die nur noch sehr flache spontane diastolische Depolarisation im Ventrikelmyokard ist für die mit 25–45 Schlägen pro Minute

noch niedrigere Frequenz dieses **Kammerersatzrhythmus** verantwortlich.
Durch die Bradykardie des Kammerersatzrhythmus reduziert sich die Pumpleistung des Herzens. Dies kann in gewissen Grenzen dadurch ausgeglichen werden, dass sich durch die bradykardiebedingt längere diastolische Füllungszeit das Schlagvolumen erhöht (► Kap. 3.4.4.2).

Merke

- Sinusrhythmus: 60–80 Schläge/min
- AV-Knoten-Rhythmus: 45–60 Schläge/min
- Kammerersatzrhythmus: 25–45 Schläge/min

Einfluss veränderter Plasmaelektrolyte

Veränderungen des Ionenmilieus im Blut können die elektrischen Phänomene an der Herzmuskelzellmembran erheblich beeinflussen. Dabei wirken die Auswirkungen von Veränderungen des K^+-Spiegels teilweise paradox, weil sie sich nicht allein aus der Nernst-Gleichung (► Kap. 12.2.3.1) erklären lassen.

Hyperkaliämie

Leichte Hyperkaliämie Erhöht sich die extrazelluläre K^+-Konzentration auf 6–8 mmol/l, strömen mehr K^+-Ionen in die Zelle und das Ruhemembranpotenzial steigt an (wird positiver). Durch diese Depolarisierung wird im Arbeitsmyokard das Schwellenpotenzial der schnellen Na^+-Kanäle schneller erreicht, sodass sich die Erregbarkeit des Herzmuskels erhöht: Es treten Extrasystolen auf (► Kap. 3.3.6.2).
Starke Hyperkaliämie Steigt der K^+-Spiegel über 8 mmol/l, werden die Herzmuskelzellen zunehmend stärker depolarisiert. Durch Inaktivierung der Na^+-Kanäle nehmen Erregbarkeit und Fortleitung der Erregung jetzt jedoch ab. Schließlich erlischt auch die Spontanaktivität des Sinusknotens in einer Dauerdepolarisation. Die Folge ist ein elektrischer Herzstillstand.

Hypokaliämie

Auch eine Erniedrigung des K^+-Spiegels unter 4 mmol/l führt (paradoxerweise) zu einer Depolarisation, obwohl hierdurch der K^+-Gradient über der Membran steigt und deshalb (nach der Nernst-Gleichung) eigentlich eine tiefere Hyperpolarisation zu erwarten wäre. Dies liegt daran, dass die Leitfähigkeit der K^+_{ir}-Kanäle bei einer Abnahme der extrazellulären K^+-Konzentration sinkt, wobei diese Abnahme der Leitfähigkeit den höheren K^+-Gradienten mehr als wettmacht. Deshalb werden bei einer Hypokaliämie (wie bei einer leichten Hyperkaliämie) vermehrt Extrasystolen ausgelöst.

Klinik

Veränderungen des Ionenmilieus werden in der Kardiochirurgie zur vorübergehenden Stilllegung des Herzens während einer Operation genutzt. Die dabei verwendeten **kardioplegen Lösungen** sind reich an K^+-Ionen (ca. 30 mmol/l) und relativ arm an Na^+-Ionen. Durch die hohe K^+-Konzentration entsteht eine Dauerdepolarisation mit Inaktivierung des Na^+-Systems. Zusätzlich stehen dem schnellen Na^+-System durch den geringen Gehalt an Na^+-Ionen nicht genügend Ladungsträger zur Verfügung. Durch beide Mechanismen wird der für die Initiierung des Aktionspotenzials erforderliche schnelle Na^+-Einwärtsstrom verhindert. Der daraus resultierende elektrische Herzstillstand ist nach Wechsel des Ionenmilieus rasch reversibel.

3.2.2.2 Erregungsleitungssystem

Erregungsausbreitung

Von den Schrittmacherzentren des Herzens breitet sich die zunächst lokale Erregung in Form einer Depolarisationswelle über das gesamte Myokard aus. Grundsätzlich leiten alle Herzmuskelzellen eine ankommende Erregung weiter.

Geschwindigkeit der Erregungsausbreitung

Die Leitungsgeschwindigkeiten im spezifischen Erregungsleitungssystem sind jedoch wesentlich höher als im gewöhnlichen Ventrikelmyokard. Während die höchste Leitungsgeschwindigkeit mit 2,5–5 m/s an den Purkinje-Fasern gemessen wird, beträgt sie im Arbeitsmyokard nur 0,5–2 m/s. Die geringste Leitungsgeschwindigkeit findet sich im AV-Knoten mit 0,05 m/s (► Tab. 3.2). Die Geschwindigkeit der Erregungsleitung hängt von der

Tab. 3.2 Leitungsgeschwindigkeiten im Erregungsleitungssystem des Herzens

Ort	Leitungsgeschwindigkeit
Vorhofmyokard	0,8–1 m/s
AV-Knoten	0,05 m/s
Kammerschenkel und Purkinje-Fasern	2,5–5 m/s
Kammermyokard (von innen nach außen)	0,5–2 m/s

Höhe des Ruhemembranpotenzials der Myokardzelle ab. Bei einem weniger negativen Ruhemembranpotenzial, z. B. durch Erhöhung der extrazellulären K^+-Ionen-Konzentration, wird das schnelle Na^+-System deaktiviert und die Leitungsgeschwindigkeit verringert sich. Eine stärkere Negativierung des Ruhepotenzials steigert dagegen die Leitungsgeschwindigkeit.

Die geringe Überleitungsgeschwindigkeit zwischen Vorhof und Kammern gewährleistet, dass die Kammern erst nach vollständiger Füllung durch die Vorhofkontraktion erregt werden, sodass eine koordinierte Pumpfunktion des Herzens garantiert ist. Eventuelle tachykarde Vorhofaktionen werden durch die langsame Überleitungsgeschwindigkeit ebenfalls verzögert.

Lerntipp

Achtung, hier stellt das IMPP gerne eine kleine Falle: Die **langsamste Überleitungszeit** hat der AV-Knoten mit 0,05 m/s (Arbeitsmyokardzelle 0,5–2 m/s; His-Bündel, Tawaraschenkel und Purkinje-Fasern 2,5–5 m/s). Die **längste Aktionspotenzialdauer** haben dagegen die Purkinje-Fasern (► Abb. 3.2), da die Aktionspotenzialdauer zur Endstrecke des Reizleitungssystems hin zunimmt.

Wege der Erregungsausbreitung

Wegen der unterschiedlichen Leitungsgeschwindigkeiten von Erregungsleitungssystem und Herzmuskelgewebe breitet sich die Erregung am gesunden Herzen, ausgehend vom Sinusknoten, auf charakteristische Weise aus (► Abb. 3.4):

- Der Ursprung der Erregung liegt im **Sinusknoten,** der von einer Ansammlung spontan depolarisierender Herzmuskelzellen im rechten Vorhof an der Einmündungsstelle der V. cava superior gebildet wird.
- Vom Sinusknoten greift die Erregungswelle auf die **Arbeitsmuskulatur beider Vorhöfe** über, bevor sie in den Zellen des **AV-Knotens** deutlich verlangsamt wird. Sauerstoffmangel oder ein erhöhter vagaler Tonus können die Überleitungsgeschwindigkeit am AV-Knoten weiter drosseln.
- Vom AV-Knoten aus erreicht die Erregungsfront über das **His-Bündel,** das sich in einen rechten und einen linken Schenkel aufteilt (Tawara-Schenkel) und in die **Purkinje-Fasern** mündet, die **Arbeitsmuskulatur der Herzkammern.** Am linken Schenkel des Erregungsleitungssystems lässt sich ein vorderer (anteriorer) von einem hinteren (posterioren) Schenkel unterscheiden.

Im Herzmuskelgewebe verläuft die Erregungswelle von den inneren, subendokardialen Muskelbereichen zu den äußeren, subepikardialen Muskelschichten, d. h., die Depolarisierung schreitet von innen nach außen fort. Diese Richtung der Erregungsausbreitung erklärt sich aus dem anatomischen Verlauf des Erregungsleitungssystems, das vorwiegend in den inneren, subendokardialen Bereichen des Herzmuskels gelegen ist.

Erregungsrückbildung

Etwa 150 ms nach der Erregung (Depolarisation) der Vorhöfe beginnt die Erregungsrückbildung (Repolarisation) auf Vorhofebene. Die Repolarisation der Vorhöfe fällt zeitlich mit der Depolarisation der Ventrikel zusammen. Die Erregungsrückbildung der Ventrikel folgt 200 ms nach der Erregungswelle. Hierbei verläuft die Erregungsrückbildung von außen nach innen, also entgegengesetzt der Erregungsausbreitung: Das äußere, nahe dem Epikard gelegene Herzmuskelgewebe wird vor den inneren, subendokardialen Herzmuskelzellen repolarisiert. Der Stromfluss der Repolarisationswelle beträgt lediglich 1 % des entsprechenden Flusses

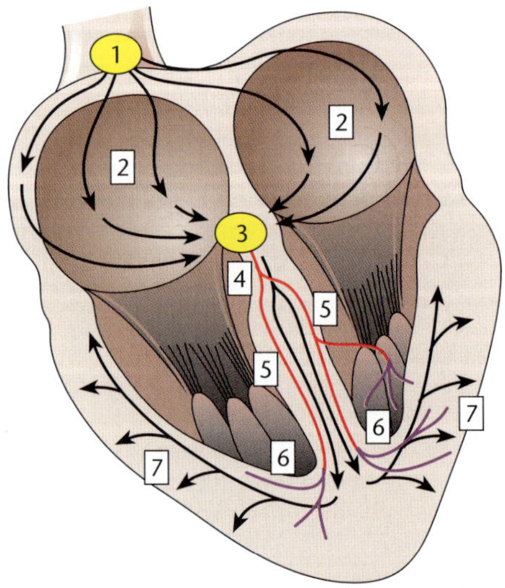

Abb. 3.4 Erregungsbildungs- und Erregungsleitungssystem des Herzens. Die Erregung vollzieht sich in dieser Reihenfolge: 1 = Sinusknoten, 2 = Vorhöfe, 3 = AV-Knoten, 4 = His-Bündel, 5 = rechter und linker Tawara-Schenkel, 6 = Purkinje-Fasern, 7 = Kammermyokard.

der Depolarisation und ist messtechnisch entsprechend schwerer nachzuweisen.

Merke

- Erregungsausbreitung (Depolarisation): von innen nach außen
- Erregungsrückbildung (Repolarisation): von außen nach innen

3.2.3 Elektromechanische Kopplung

3.2.3.1 Steigerung der Kontraktionskraft: Unterschiede zum Skelettmuskel

Hauptunterschied zwischen Skelettmuskel und Myokard ist die etwa 100-mal längere Aktionspotenzialdauer im Myokard. Im Myokard fällt das Aktionspotenzial mit der mechanischen Kontraktion des Herzmuskels zeitlich zusammen. Dem Ende des Aktionspotenzials entspricht die Erschlaffungsphase des Myokards. Deshalb kann der Herzmuskel eine rasche Folge von Aktionspotenzialen (tetanische Reizung) – im Gegensatz zum Skelettmuskel – nicht mit einer Steigerung der Kontraktionskraft durch Superposition von Einzelkontraktionen (Tetanus) beantworten (▸ Kap. 13.2.4.1): Der Herzmuskel ist **nicht tetanisierbar.**

Außerdem ist das Herzmuskelgewebe ein **funktionelles Synzytium,** in dem die Zellen über Kanalproteine (Connexone) miteinander verbunden sind (▸ Kap. 1.6). Daher ist auch eine Rekrutierung zusätzlicher motorischer Einheiten zur Steigerung der Kontraktionskraft nicht möglich – ebenfalls im Gegensatz zum Skelettmuskel.

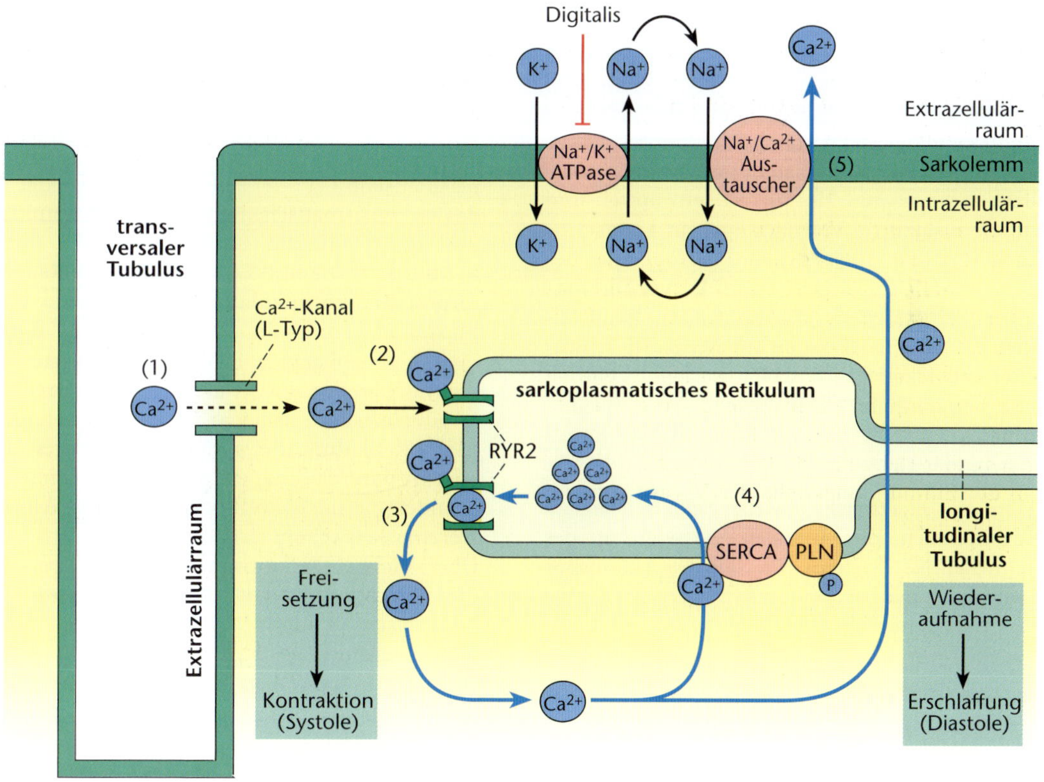

Abb. 3.5 Ionale Mechanismen der elektromechanischen Kopplung am Herzmuskel. Extrazelluläres Ca^{2+} strömt über Ca^{2+}-Kanäle vom L-Typ in die Zelle ein (1) und bindet an Typ-2-Ryanodinrezeptoren (RYR2) des sarkoplasmatischen Retikulums (SR) (2). Daraufhin strömt Ca^{2+} aus den Speichern des SR in den Intrazellularraum (3) und löst die Kontraktion aus. Schließlich wird das Ca^{2+} über die SERCA-Pumpe wieder ins SR aufgenommen (4). Phosphoryliertes (P) Phospholamban (PLN) fördert diese Wiederaufnahme. Ca^{2+} verlässt über einen Na^+/Ca^{2+}-Austauscher die Myokardzelle (5). Nach [3]

Die Steigerung der Kontraktionskraft des Herzens wird deshalb indirekt durch eine Verlängerung der **Aktionspotenzialdauer** erreicht. Zum Verständnis dieses Vorgangs werden zunächst die zugrunde liegenden Phänomene der elektromechanischen Kopplung im Myokard besprochen (► Abb. 3.5).

3.2.3.2 Mechanismus der elektromechanischen Kopplung

Lerntipp

Hier lohnt sich jedes Detail: Wenn Sie den Mechanismus der elektromechanischen Kopplung wirklich beherrschen, können Sie viele auf den ersten Blick kompliziert erscheinende Fragen im Physikum ganz einfach lösen.

Transversales und longitudinales System

Wie in der Skelettmuskulatur (► Kap. 13.2.1.2) dient das transversale Tubulussystem (T-System) auch im Herzmuskel der Weiterleitung der elektrischen Erregung von der Zelloberfläche ins Zellinnere. Entsprechend der größeren Bedeutung der elektrischen Erregungsvorgänge am Herzen ist das T-System im Myokard deutlich ausgeprägter als im Skelettmuskel und durch zusätzliche Verbindungen in Längsrichtung verstärkt. Das T-System verfügt über besonders viele Ca^{2+}-Kanäle vom L-Typ. Das longitudinale System des sarkoplasmatischen Retikulums (SR) ist dagegen im Myokard schwächer entwickelt als im Skelettmuskel. Es enthält eine beträchtliche **kontraktile Reserve** an Ca^{2+}-Ionen.

Calciumeinstrom

Wird das Herzmuskelgewebe elektrisch erregt, strömt nach der initialen Aktivierung des schnellen Na^+-Systems (Phase 1 des Aktionspotenzials) zunächst eine relativ geringe Menge von Ca^{2+}-Ionen über das T-System durch Ca^{2+}-Kanäle vom L-Typ (= Dihydropyridinrezeptoren) in die Herzmuskelzelle ein (1 in ► Abb. 3.5; Phase 2, Plateauphase des Aktionspotenzials). Die maximale Kontraktionsamplitude des Herzmuskels fällt mit dieser Plateauphase zusammen. Auf diesem Weg gelangt etwa ein Drittel der zu einer Kontraktionsauslösung am Myokard erforderlichen Menge an Ca^{2+}-Ionen vom Extrazellularraum in die Zelle.

Trigger-Effekt des Aktionspotenzials

Die eingeströmten Ca^{2+}-Ionen binden an Ryanodinrezeptoren vom Typ 2 (RYR2) des sarkoplasmatischen Retikulums, die membranständige Ca^{2+}-Kanäle darstellen und öffnet diese (2 in ► Abb. 3.5). Hierdurch wird ein geringer Anteil des im SR gespeicherten Ca^{2+} aus den sarkoplasmatischen Ca^{2+}-Speichern in den Intrazellularraum freigesetzt (3 in ► Abb. 3.5). Der initiale Ca^{2+}-Einstrom aus dem Extrazellularraum dient also als auslösender Stimulus zur Öffnung der sarkoplasmatischen Ca^{2+}-Kanäle.

Kontraktion

Im Intrazellularraum bindet das Ca^{2+} an das Regulatorprotein Troponin-C und aktiviert so den kontraktilen Apparat. Die weiteren Abläufe gleichen dann denjenigen am Skelettmuskel (► Kap. 13.2.2).

Calciumwiederaufnahme in das sarkoplasmatische Retikulum

In der Folge werden die aus dem sarkoplasmatischen Retikulum ausgeschütteten Ca^{2+}-Ionen sowie die während des Aktionspotenzials in die Zelle geströmten Ca^{2+}-Ionen durch eine sarkoplasmatische Ca^{2+}-ATPase (**SERCA**) wieder in das sarkoplasmatische Retikulum aufgenommen und die Kontraktion dadurch beendet (4 in ► Abb. 3.5). Die SERCA wird über das Regulatorprotein **Phospholamban** gesteuert: Eine Phosphorylierung des Phospholambans durch die cAMP-abhängige Proteinkinase A steigert die Aktivität der SERCA und erhöht dadurch die Wiederaufnahme von Ca^{2+} in das sarkoplasmatische Retikulum. Bei gesteigerter Aktivität der SERCA wird dadurch die Kontraktion schneller beendet und die Relaxationsgeschwindigkeit des Herzmuskels erhöht sich.

Über diesen Mechanismus steigert Adrenalin die Relaxationsgeschwindigkeit des Herzmuskels: Nach Bindung an β_1-Rezeptoren wird cAMP-vermittelt (► Kap. 1.7.1, cAMP-Kaskade) die Proteinkinase A aktiviert und in der Folge die Aktivität der SERCA erhöht.

Die Aufnahme der mit dem Aktionspotenzial eingeströmten Ca^{2+}-Ionen in das sarkoplasmatische Retikulum erhöht den intrazellulären Ca^{2+}-Vorrat für weitere Kontraktionen: **Auffülleffekt des Aktionspotenzials.**

Calciumauswärtstransport

Zusätzlich wird Ca^{2+} über einen Na^+-Ca^{2+}-Antiporter während der Diastole aus der Herzmuskelzelle auch wieder in den Extrazellularraum transportiert (5 in ▸ Abb. 3.5). Drei einströmende Na^+-Ionen liefern die Energie für den Transport eines Ca^{2+}-Ions. Jede Verringerung des Na^+-Gradienten über der Zellmembran verlangsamt diesen Na^+-Ca^{2+}-Antiporter und führt durch den verlangsamten Ca^{2+}-Abtransport zu einer Erhöhung der intrazellulären Ca^{2+}-Konzentration und damit zu einer Verstärkung der Kontraktionskraft.

Durch diese Transportvorgänge schwankt die intrazelluläre Ca^{2+}-Konzentration in der Herzmuskelzelle zwischen 10^{-7} mol/l in der Diastole und 10^{-5} mol/l in der Systole. Die extrazelluläre Ca^{2+}-Konzentration liegt bei 2×10^{-3} mol/l.

Klinik

Digitalisglykoside, die zur Behandlung einer Herzinsuffizienz eingesetzt werden, führen über eine **Hemmung der Na^+-K^+-ATPase** in der Herzmuskelzellmembran zum Anstieg der intrazellulären Na^+-Konzentration (▸ Abb. 3.5). Dadurch verringert sich das den Na^+-Einstrom unterstützende Konzentrationsgefälle über der Zellmembran. Hierdurch wird dann auch der auf die Energie des Na^+-Einstroms angewiesene Na^+-Ca^{2+}-Antiporter behindert und die intrazelluläre Ca^{2+}-Konzentration steigt an. Dies erklärt die gesteigerte Kontraktionskraft des Herzens unter Digitalis.

3.2.3.3 Beeinflussung der Kontraktionskraft: Inotropie

Positiv inotroper Effekt

Eine Erhöhung der intrazellulären Ca^{2+}-Konzentration führt über den Mechanismus der elektromechanischen Kopplung unmittelbar zu einer Steigerung der myokardialen Kontraktionskraft. Diese Steigerung der Kontraktionskraft des Herzens bezeichnet man auch als positiv inotropen Effekt (▸ Kap. 3.6.2.1).

Ein Anstieg der intrazellulären Ca^{2+}-Konzentration kann auf 2 Wegen erreicht werden:

- **Verlängerung des Aktionspotenzials:** länger anhaltender, langsamer Ca^{2+}-Einstrom
- **Erhöhung der Herzfrequenz:** Erhöhung der Anzahl von Erregungen pro Zeiteinheit mit einem dadurch pro Zeiteinheit gesteigerten Ca^{2+}-Einstrom: Frequenzinotropie

Negativ inotroper Effekt

Ein Abfall der intrazellulären Ca^{2+}-Konzentration führt umgekehrt zu einem negativ inotropen Effekt. Sinkt die intrazelluläre Ca^{2+}-Konzentration stark ab, finden im Extremfall keine mechanischen Herzaktionen mehr statt. Trotzdem kann noch ein von Na^+-Ionen getragenes Aktionspotenzial ausgelöst und dementsprechend auch ein EKG registriert werden. Der elektrischen Aktion folgt jedoch keine muskuläre Kontraktion mehr: **elektromechanische Entkopplung.**

Klinik

Calciumkanalantagonisten wie Verapamil blockieren den Ca^{2+}-Einstrom während des Aktionspotenzials. Ihre Hauptwirkung ist eine Verlangsamung der Überleitung im AV-Knoten. Sie können daher zur Behandlung von Herzrhythmusstörungen eingesetzt werden. Als Nebenwirkung tritt jedoch ein negativ inotroper Effekt auf, weil durch die Ca^{2+}-Kanal-Blockade weniger Ca^{2+}-Ionen in die Herzmuskelzelle einströmen können.

3.3 Elektrokardiogramm

Die elektrischen Ströme, die bei der Erregungsbildung und -rückbildung im Herzen entstehen, lassen sich mit geeigneten Apparaturen von der Körperoberfläche ableiten und sichtbar machen. Die Aufzeichnung dieser elektrischen Phänomene des Herzmuskels wird als **Elektrokardiogramm (EKG)** bezeichnet. Im Normalfall wird das EKG nach verschiedenen Standards von der Körperoberfläche abgeleitet und liefert so ein globales Bild der Depolarisations- und Repolarisationsvorgänge des Herzens: **Oberflächen-EKG.** Bei speziellen Fragestellungen können mit intrakardialen Sonden selektiv die elektrischen Ströme bestimmter Herzregionen, z. B. die der Vorhöfe, aufgezeichnet werden: **intrakardiales EKG.**

3.3.1 Nomenklatur und Normwerte des EKG

Lerntipp

Die EKG-Interpretation kann einem in der Klinik schon mal den Schweiß auf die Stirn treiben. Wenn die Basics gut sitzen, werden Sie später ewig dankbar sein!

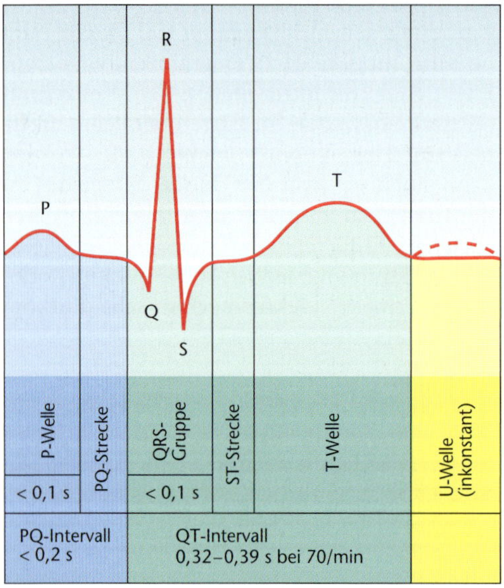

Abb. 3.6 Normalform des EKG in der Ableitung II nach Einthoven.

Das EKG ist Ausdruck der vom Herzen ausgehenden und die Körperoberfläche erreichenden elektrischen Aktivität. Dabei wird die Änderung der elektrischen Potenziale mit Elektroden zwischen 2 verschiedenen Punkten des Körpers abgeleitet. Je nach Lage der zur Aufzeichnung verwendeten Elektroden ist die Form der EKG-Kurve unterschiedlich. Die Nomenklatur des EKG wird daher zunächst anhand einer Standardableitung zwischen rechtem Arm und linkem Bein erklärt: Ableitung II nach Einthoven (► Abb. 3.6). Anschließend werden andere Ableitungsmöglichkeiten mit ihrer unterschiedlichen Gestalt und Aussagekraft besprochen (► Kap. 3.3.4).

3.3.1.1 Wellen und Zacken

In einer EKG-Ableitung finden sich zunächst Ausschläge nach oben oder unten, die als Zacken bzw. Wellen bezeichnet werden. Diese Ausschläge sind die summarische Wiedergabe der Erregungsbildung bzw. -rückbildung im Herzen. So spiegelt die **P-Welle** die Erregungsausbreitung über beide Vorhöfe wider. Der Komplex aus Q-Zacke, R-Zacke und S-Zacke, der **QRS-Komplex,** ist Ausdruck der Erregungsausbreitung in beiden Ventrikeln. Die **T-Welle** kennzeichnet die Erregungsrückbildung in den Ventrikeln.

Eine nicht immer zu beobachtende **U-Welle** wird ebenfalls mit der Erregungsrückbildung in Verbindung gebracht.
Die Spannung der Amplitude des QRS-Komplexes liegt in Ableitung II nach Einthoven zwischen 1 und 2 mV.

3.3.1.2 Strecken und Intervalle

Der zwischen 2 Zacken oder Wellen gelegene Abschnitt der EKG-Kurve wird als Strecke oder Segment bezeichnet und nach den beiden begrenzenden Ausschlägen benannt. Diese Strecken sind Ausdruck einer weitgehend zur Ruhe gekommenen elektrischen Aktivität des Herzmuskels. Die **PQ-Strecke** wird während der vollständigen Erregung der Vorhöfe aufgezeichnet. Die **ST-Strecke** entspricht der vollständigen Erregung der Ventrikel.
Zu unterscheiden von der Strecke zwischen 2 Zacken ist das Intervall, das sich z. B. als **PQ-Intervall** vom Beginn der P-Welle, d. h. vom Beginn der Vorhoferregung, bis zum Beginn der Q-Zacke (also bis zum Beginn der Kammererregung) erstreckt. Dieses PQ-Intervall ist demnach ein Maß für die Überleitungszeit der Erregung vom Vorhof auf die Kammer. Daneben wird noch ein **QT-Intervall** (Beginn Q-Zacke bis Ende T-Welle) abgegrenzt, das vor allem durch pharmakologische Einflüsse verändert werden kann (Verlängerung z. B. durch Antiarrhythmika). Das QT-Intervall ist ein Maß für die Zeit der Erregungsbildung und der Erregungsrückbildung im Ventrikel. Das QT-Intervall wird mit zunehmender Herzfrequenz kürzer.
Die **Herzfrequenz** kann aus dem EKG durch die Bestimmung der Dauer des RR-Intervalls, also des Abstands zweier R-Zacken voneinander, ermittelt werden. Liegt das RR-Intervall z. B. bei 1 s, beträgt die Herzfrequenz 60 Schläge/min. Für die Dauer der einzelnen Zacken, Wellen, Strecken oder Intervalle im EKG gelten beim Gesunden die im Folgenden angegebenen Normwerte. Verlängerungen oder Verkürzungen dieser Zeiten weisen auf Störungen des elektrischen Erregungsablaufs in den betreffenden Herzregionen hin.

Merke

Normwerte im EKG:
- P-Welle: < 0,10 s
- PQ-Intervall: < 0,20 s

- Q-Zacke: < 0,04 s
- QRS-Dauer: 0,06–0,10 s
- S-Zacke: < 0,04 s
- QT-Intervall: frequenzabhängig zwischen 0,2 und 0,5 s

3.3.2 Entstehung des EKG

3.3.2.1 Vektortheorie des EKG

Wie aus den Erregungsvorgängen an den einzelnen Herzmuskelfasern die an der Körperoberfläche aufgezeichnete EKG-Ableitung entsteht, wird am besten durch die Vektortheorie des EKG erklärt. Diese Theorie geht davon aus, dass bei der elektrischen Stimulation einer Herzmuskelzelle mit fortschreitender Erregung ein immer größerer Abschnitt der äußeren Zellwand dieser Zelle von der positiven Ruheladung zu einer negativen Ladung umgepolt wird. Während die Erregungsfront so über die Herzmuskelzelle hinwegläuft, trägt die Zelle an ihrer Außenseite in den erregten Abschnitten der Zellmembran negative Ladungen. Noch nicht oder nicht mehr erregte Zellmembranabschnitte sind positiv geladen.

Depolarisationsvektor

Die Herzmuskelzelle ist also Träger zweier elektrisch entgegengesetzter Ladungen und kann demnach als **Dipol** aufgefasst werden. In einem solchen Dipol findet ein gerichteter, d. h. vektorieller Ladungsaustausch in Richtung des Dipolvektors statt. Die Richtung des Dipolvektors zeigt dabei definitionsgemäß **vom erregten zum unerregten Bezirk,** d. h. von Minus nach Plus. Wird die elektrische Aktivität eines Dipols aufgezeichnet, entsteht ein positiver Ausschlag am Registriergerät, solange die Erregungswelle auf die positive Registrierelektrode zuläuft, d. h. solange der Dipolvektor in Richtung der positiven Registrierelektrode zeigt. Aufgezeichnet wird dabei der **Depolarisationsvektor** (► Abb. 3.7, 2+3).

Repolarisationsvektor

Sind alle Zellbereiche erregt, setzt die **Repolarisation** ein. Dabei werden – im Gegensatz zur Erregungsrückbildung am **ganzen** Herzen (► Kap. 3.2.2.2) – die bei der Depolarisation zuerst erregten Membranbezirke als Erste wieder repolarisiert, d. h., die Außenseite der Zellmembran in diesen Bezirken kehrt in den elektropositiven Ruhezustand zurück. Dementsprechend ist die Richtung des Repolarisationsvektors dem Depolarisationsvektor entgegengesetzt. Das Registriergerät zeichnet einen **negativen Ausschlag** auf (► Abb. 3.7, 5+6).

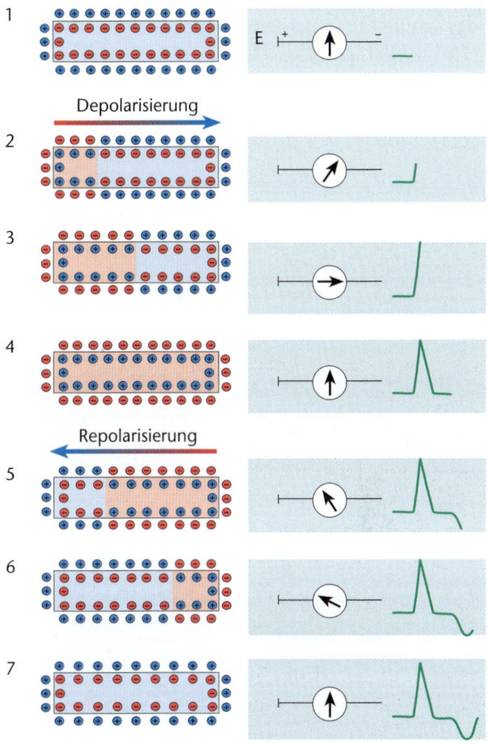

Abb. 3.7 Depolarisierung und Repolarisierung einer Herzmuskelfaser; rot = erregter, depolarisierter Bereich, blau = nicht erregter, repolarisierter Bereich.
1: Die gesamte äußere Zellwand weist eine positive Ruheladung auf; die Elektrode E registriert eine Nulllinie.
2–4: Die äußere Zellmembran wird fortschreitend depolarisiert (negativiert). Dieser von links nach rechts fortschreitende Dipol produziert ein auf die Elektrode zulaufendes elektrisches Feld. Der Dipolvektor zeigt in Richtung der Registrierelektrode: Depolarisationsvektor. Es ergibt sich ein positiver Elektrodenausschlag.
5–7: Die einsetzende Repolarisation (Positivierung der äußeren Zellwand) ist am zuerst erregten Myokardbezirk auch zuerst beendet. Dadurch entsteht eine relative Negativierung an der Elektrodenseite. Der Dipolvektor zeigt von der Registrierelektrode weg: Repolarisationsvektor. Es resultiert eine negative Elektrodenregistrierung.

Integralvektor

Die im Oberflächen-EKG registrierten Ausschläge setzen sich aus den Vektoren der einzelnen Herzmuskelfasern zusammen. Dabei summieren sich die Einzelvektoren nach Stärke und

Richtung zu einem Integralvektor. Die Größe des im EKG registrierten Ausschlags hängt dabei zum einen von der **Stärke** der Einzelvektoren, zum anderen von der **Richtung** des Integralvektors im Verhältnis zur Ableitungsrichtung der EKG-Elektroden ab.

Dabei gilt für den Integralvektor analog zu den in ► Abb. 3.7 dargestellten Verhältnissen an der einzelnen Faser:

- Stimmt die Ableitungsrichtung mit der Richtung des Integralvektors überein, sind die registrierten Ausschläge positiv.

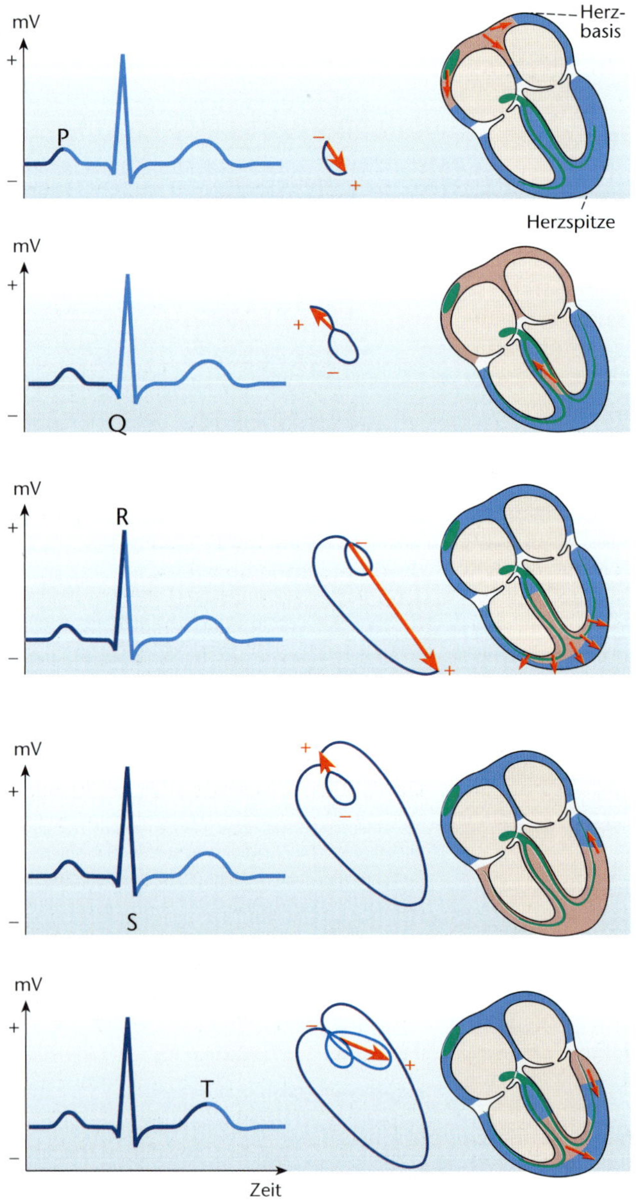

Abb. 3.8 Richtung und Stärke des Integralvektors und die korrespondierenden EKG-Ableitungen (II nach Einthoven) und Vektorschleifen bei der elektrischen Herzaktion. Nach [3]

- Steht der Integralvektor senkrecht zur Ableitungsrichtung, sind die registrierten Ausschläge gleich null.
- Ist die Ableitungsrichtung der Richtung des Integralvektors entgegengesetzt, sind die registrierten Ausschläge negativ.

3.3.2.2 Vektorielle Interpretation der EKG-Registrierung

Die verschiedenen Wellen, Zacken und Strecken im EKG erklären sich demnach aus der wechselnden Stärke und Richtung des Integralvektors im Verlauf der elektrischen Herzaktion (► Abb. 3.8).

P-Welle

Während der **Erregung der Vorhöfe** laufen die Erregungen im Herzen vorwiegend von oben nach unten, d. h. von der Herzbasis zur Herzspitze: Es resultiert ein herzspitzenwärts gerichteter Integralvektor. Die Richtung dieses Integralvektors stimmt mit der Ableitungsrichtung der Standardableitung (Einthoven II, ► Kap. 3.3.4.1) überein, bei welcher der rechte Arm die negative und das linke Bein die positive Elektrode darstellen. Folglich wird in dieser Ableitung ein positiver Ausschlag sichtbar: P-Welle.

PQ-Strecke

Nach **vollständiger Erregung beider Vorhöfe,** während die Erregungsfront im AV-Knoten verzögert wird, lässt sich an der Körperoberfläche keine elektrische Herzaktivität nachweisen, im EKG zeigt sich eine isoelektrische Linie: die PQ-Strecke.

Q-Zacke

Die Erregung des Ventrikelmyokards beginnt an der **linken Wand des Kammerseptums,** wobei der Integralvektor kurzzeitig nach oben, in Richtung Herzbasis, zeigt, also gegen die Ableitungsrichtung der Ableitung II nach Einthoven. Es resultiert ein negativer EKG-Ausschlag: Q-Zacke.

R-Zacke

Anschließend wird die große **Masse des Ventrikelmyokards** von oben nach unten erregt, der Integralvektor weist in Richtung Herzspitze. Die registrierte R-Zacke ist wegen der großen Menge gleichsinnig erregten Myokards die größte Zacke im Oberflächen-EKG.

S-Zacke

Zuletzt wird ein kleiner Bezirk an der **Basis des linken Ventrikels** erregt, der Integralvektor zeigt dorsal nach rechts. Die Projektion dieses Integralvektors auf die Ableitungsrichtung ergibt die negative S-Zacke.

ST-Strecke

Die im EKG folgende, im Normalfall isoelektrische ST-Strecke ist Ausdruck der vollständigen und gleichmäßigen **Erregung des Ventrikelmyokards.**

T-Welle

Die anschließende **Repolarisation des Ventrikelmyokards** ist für die T-Welle verantwortlich. Der Integralvektor der Repolarisation ist nach links unten gerichtet. Die Repolarisation schreitet von den zuerst repolarisierten subepikardialen zu den später repolarisierten subendokardialen Muskelschichten voran und ist also der Ausbreitungsrichtung der Depolarisation entgegengesetzt. Dadurch erklärt sich, dass die T-Welle ebenfalls einen positiven Ausschlag hat und nicht, wie bei gleicher Re- und Depolarisationsrichtung zu erwarten wäre, einen im Vergleich zur R-Zacke gegensinnigen Ausschlag aufweist. Die größere Breite der T-Welle im Vergleich zur R-Zacke erklärt sich durch die im Vergleich zur Depolarisation langsamere Geschwindigkeit der Repolarisation.

Alle im Oberflächen-EKG registrierten elektrischen Herzaktionen spiegeln aufgrund der deutlich größeren Muskelmasse in erster Linie die Verhältnisse im **linken Ventrikel** wider.

3.3.3 Vektorkardiografie

Durch 2 Paare von Ableitungselektroden kann der zeitliche Verlauf des Integralvektors während der elektrischen Herzaktion mit einem Oszillografen in Form einer **Vektorschleife** am Bildschirm sichtbar gemacht werden. Dabei beschreibt die Spitze des Integralvektors entsprechend der im Verlauf von De- und Repolarisation wechselnden Richtung des Integralvektors eine aus verschiedenen kreisförmigen Abschnitten zusammengesetzte Kurve. Die einzelnen Abschnitte lassen sich, wie aus ► Abb. 3.8 ersichtlich, den im normalen Oberflächen-EKG registrierten Wellen und Zacken zuordnen. Das Oberflächen-EKG ist die Projektion dieser Vektorschleife auf eine bestimmte Ableitungsrichtung.

3.3.4 Ableitungsformen des EKG

Wegen der aufwändigen Ableitungstechnik wird das Vektorkardiogramm in der klinischen Praxis kaum verwendet. Um dennoch eine möglichst vollständige Information über die elektrische Aktivität des Herzens zu erhalten, werden Ableitungen mit verschiedenen Ableitungsrichtungen zusammen betrachtet. So können alle wichtigen Herzregionen im EKG elektrisch abgebildet werden.
Man unterscheidet die folgenden Ableitungsrichtungen:

- Erregungsablauf in der **Frontalebene:** Einthoven- und Goldberger-Ableitungen
- Erregungsablauf in der **Horizontalebene:** Brustwandableitungen nach Wilson, Ableitungen nach Nehb

3.3.4.1 Ableitung nach Einthoven

Bei den bipolaren Extremitätenableitungen nach Einthoven werden 3 verschiedene EKG-Ableitungen (I, II und III) über Elektroden registriert, die an den Extremitäten befestigt sind. Arme und Beine können dabei als verlängerte Elektroden aufgefasst werden, sodass sich die eigentlichen Ableitungsrichtungen in Form des sog. **Einthoven-Dreiecks** auf die Brustwand projizieren lassen (► Abb. 3.9).

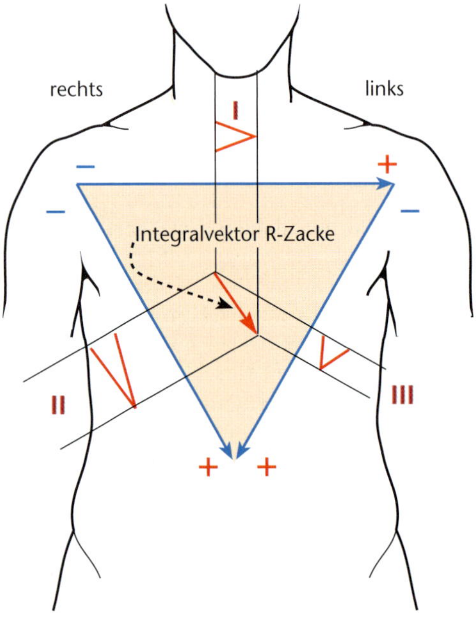

Abb. 3.9 Einthoven-Dreieck. Nach [3]

- Ableitung I liegt zwischen rechtem und linkem Arm (Horizontale des Einthoven-Dreiecks).
- Ableitung II liegt zwischen rechtem Arm und linkem Fuß.
- Ableitung III liegt zwischen linkem Arm und linkem Fuß.

Ableitung I und II registrieren durch ihre Richtung vorwiegend elektrische Phänomene der Vorderwand des linken Ventrikels, Ableitung III registriert die Erregungen der Hinterwand des linken Ventrikels.
Die Ausschläge in den verschiedenen Einthoven-Ableitungen entsprechen der Projektion des Integralvektors auf die Achse, die von den jeweils 2 Elektroden aufgespannt wird (► Abb. 3.10).

3.3.4.2 Ableitung nach Goldberger

Die Extremitätenableitungen nach Goldberger bilden ebenfalls die elektrische Frontalebene des Herzens ab. Sie verwenden aber eine unipolare Registriertechnik. Dabei werden die Ableitungen zwischen einer indifferenten Nullelektrode, die durch Zusammenschaltung zweier Extremitäten geschaffen wird, und einer differenten Elektrode an einer dritten Extremität aufgezeichnet. Dadurch werden die Potenzialschwankungen an dieser Extremität für sich registriert (► Abb. 3.11).

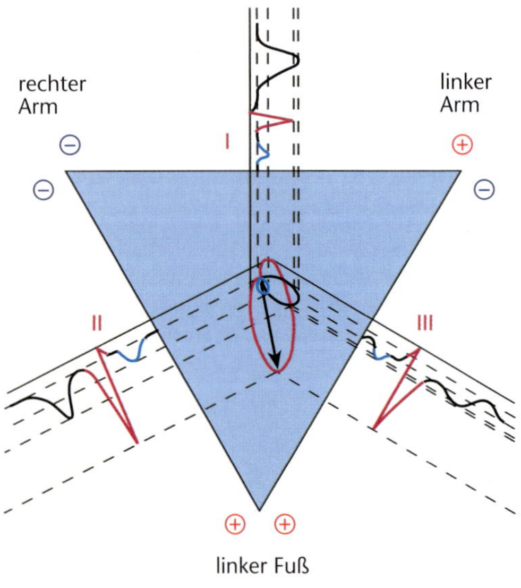

Abb. 3.10 Projektion der Vektorschleife in die Frontalebene und ihre Wiedergabe in den Einthoven-Ableitungen.

- Die Ableitung aVR (aV = augmented Voltage) registriert die Potenziale am rechten Arm.
- Die Ableitung aVL registriert die Potenziale am linken Arm.
- Durch Befestigung der differenten Elektrode am linken Fuß werden mit der Ableitung aVF die dort registrierbaren Erregungsphänomene aufgezeichnet.

Die Ableitungsrichtungen nach Goldberger ergänzen die Einthoven-Ableitungen, sodass eine vollständige Erfassung der elektrischen Herzaktionen in der Frontalebene möglich wird.

3.3.4.3 Ableitung nach Wilson

Die unipolaren Brustwandableitungen nach Wilson erfassen die Veränderungen des Integralvektors in der Horizontalebene (▸ Abb. 3.12).

Als Nullelektrode dient eine Sammelelektrode, die durch den Zusammenschluss der 3 Extremitätenableitungen entsteht. Die Anordnung der Ableitungen V_1–V_6 auf der vorderen Brustwand ist aus ▸ Tab. 3.3 zu ersehen. Die Ableitungen V_1–V_4 erfassen die Vorderwand, die Ableitungen V_5 und V_6 die Seitenwand des linken Ventrikels. Zusätzlich zu diesen Standardableitungen geben die weiter dorsal gelegenen Ableitungen V_7–V_9 Informationen über die Hinterwand des linken Ventrikels.

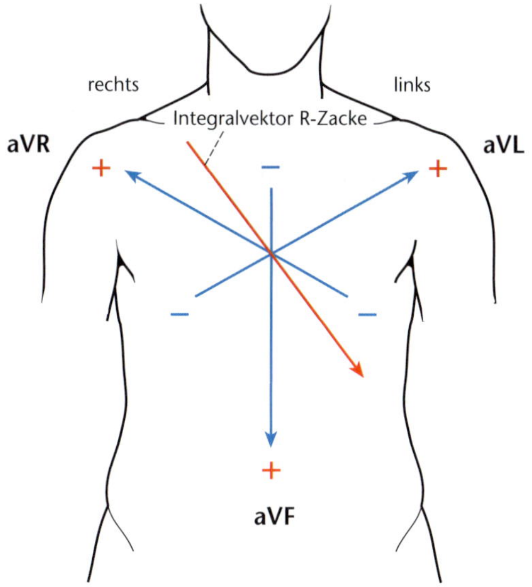

Abb. 3.11 Die unipolaren Goldberger-Ableitungen erfassen den Integralvektor in der Frontalebene.

3.2.4.4 Ableitung nach Nehb

Zur Beurteilung der Verhältnisse an der Herzhinterwand sind die bipolaren Ableitungen nach Nehb besonders geeignet (▸ Abb. 3.13).

Die Verschaltung der Ableitungen nach Nehb entspricht derjenigen der Einthoven-Ableitungen. Die 3 Elektroden werden am Sternalansatz der 2. rechten Rippe über dem Herzspitzenstoß und in Höhe des Herzspitzenstoßes in der hinteren Axillarlinie befestigt:

- Die Ableitung A (anterior) spiegelt die elektrischen Aktionen der Herzvorderwand wider.
- Ableitung I (inferior) registriert die Potenziale der zwerchfellnahen Herzabschnitte.
- Die dorsale Ableitung D registriert im Vergleich zu den Ableitungen nach Einthoven, Goldberger und Wilson zusätzliche Impulse der Herzhinter-

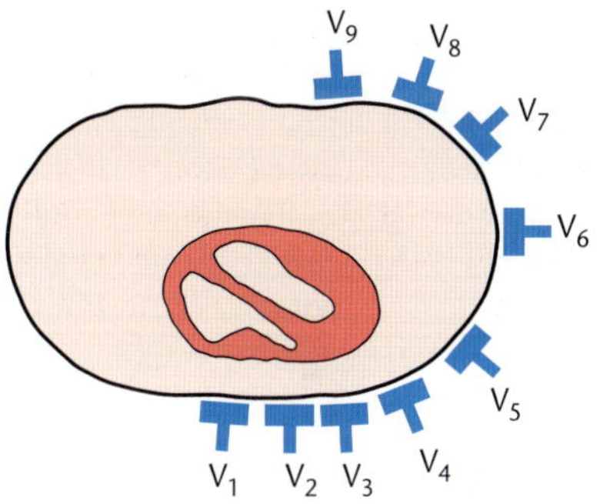

Abb. 3.12 Die unipolaren Brustwandableitungen nach Wilson erfassen den Integralvektor in der Horizontalebene.

Tab. 3.3 Brustwandableitungen nach Wilson

V_1	4. ICR rechter Sternalrand
V_2	4. ICR linker Sternalrand
V_3	Zwischen V_2 und V_4
V_4	5. ICR, linke Medioklavikularlinie
V_5	5. ICR, vordere Axillarlinie
V_6	5. ICR, mittlere Axillarlinie
V_7	5. ICR, hintere Axillarlinie
V_8	5. ICR, Skapularlinie
V_9	5. ICR, Paravertebrallinie

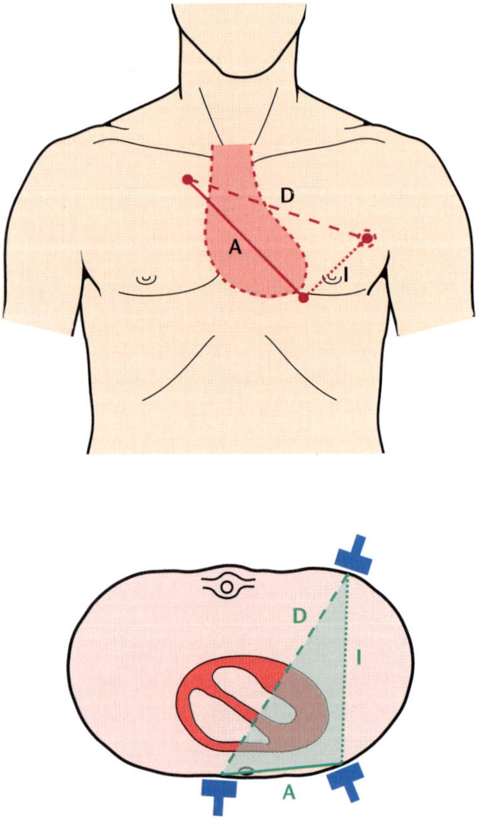

Abb. 3.13 „Kleines Herzdreieck" nach Nehb. Projektion auf die Brustwand und Schnitt in der Horizontalebene.

wand. Sie ist somit für die (oft schwierige) Diagnose eines Hinterwandinfarkts besonders hilfreich.

Die Ableitungen A und I überschneiden sich mit den Registriergebieten anderer Ableitungstechniken.

Merke

Einthoven:	Vorderwand (I, II) Hinterwand (III)
Goldberger:	Vorderwand
Wilson:	Vorderwand (V_1–V_4) Seitenwand (V_5–V_6) Hinterwand (V_7–V_9)
Nehb:	Vorderwand (A, I) Hinterwand (D)

3.3.5 Lagetypen des Herzens

3.3.5.1 Elektrische Herzachse

Aus den Standardableitungen lässt sich zunächst anhand von Richtung und Größe der R-Zacke die Richtung der elektrischen Herzachse, d.h. der Lagetyp des Herzens, bestimmen. Die elektrische Herzachse entspricht der Projektion des Integralvektors auf die Frontalebene und ist abhängig von der Verteilung der Muskelmasse im Herzen. Häufig stimmen elektrische und anatomische Herzachse überein.

3.3.5.2 Bestimmung des Lagetyps

Die praktische Bestimmung des Lagetyps orientiert sich am einfachsten am **Cabrera-Kreis,** der eine Projektion der Einthoven- und Goldberger-Ableitung auf die Brustwand darstellt (► Abb. 3.14). In den Extremitätenableitungen I, II, III, aVR, aVL und aVF werden zunächst die beiden Ableitungen mit der höchsten R-Zacke ermittelt und auf dem Cabrera-Kreis aufgesucht. Die Richtung des Integralvektors, und damit die elektrische Herzachse, liegt zwischen den im Cabrera-Kreis eingezeichneten Ableitungsrichtungen dieser beiden Ableitungen. Finden sich die höchsten R-Zacken z.B. in den Ableitungen II und aVF, verläuft der Integralvektor zwischen diesen beiden Ableitungsrichtungen, also zwischen +60° und +90° im Cabrera-Kreis. Es handelt sich daher definitionsgemäß um einen Steiltyp (► Tab. 3.4).

3.3.5.3 Inspiratorische Versteilerung

Der Lagetyp ist von den Atembewegungen abhängig: Bei der Inspiration tritt das Zwerchfell tiefer, hierdurch stellen sich das Herz und die Herzachse steiler. Diese inspiratorische Versteilerung der Herzachse lässt sich im EKG beobachten, etwa als atemabhängiger Übergang vom Indifferenztyp zum Steiltyp.

Lerntipp

Der Cabrera-Kreis muss sitzen! Nicht nur für das IMPP, das beinahe jedes Jahr einen Lagetyp bestimmen lässt, sondern auch für die Klinik.

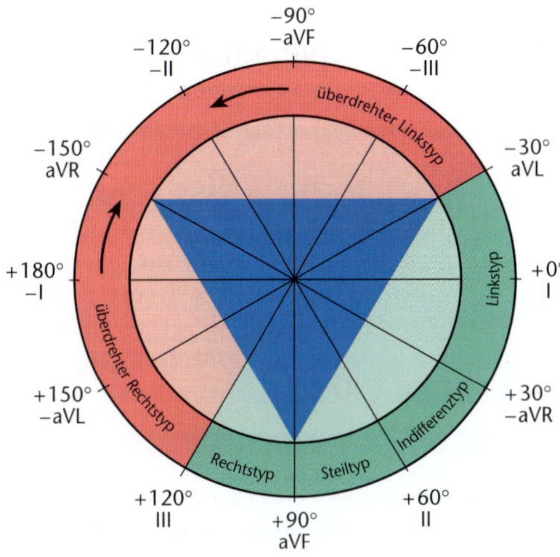

Abb. 3.14 Cabrera-Kreis. Eingezeichnet sind Ableitungsrichtungen und Lagetypen.

Tab. 3.4 Lagetypen des Herzens

Bezeichnung	Integralvektor im Cabrera-Kreis
Überdrehter Rechtstyp	≥ +120°
Rechtstyp	+120° bis +90°
Steiltyp	+90° bis +60°
Indifferenztyp	+60° bis +30°
Linkstyp	+30° bis −30°
Überdrehter Linkstyp	≤ −30°

Klinik

Klinische Bedeutung hat vor allem eine **Veränderung des Lagetyps.** So tritt im Rahmen einer Lungenembolie (akute Rechtsherzbelastung) oder auch bei chronischer Belastung des rechten Herzens (z. B. durch eine chronisch obstruktive Lungenerkrankung) eine Rechtsverschiebung des Lagetyps, etwa von einem Linkstyp zu einem Steil- oder Rechtstyp, auf. Auch die akute Blockierung eines Tawara-Schenkels führt zu einer Änderung des Lagetyps im EKG.

3.3.6 Pathologisches EKG

Bei Herzerkrankungen finden sich Abweichungen von der typischen Normalform der EKG-Kurve (► Abb. 3.6). Aus der Lage der Ableitungen, in denen diese Abweichungen beobachtet werden, lassen sich Rückschlüsse auf die Lokalisation der Störung ziehen (z. B. Vorderwand, Hinterwand, Seitenwand des Herzmuskels).

3.3.6.1 Veränderungen der ST-Strecke

ST-Hebung

Die wohl wichtigste EKG-Veränderung ist die ST-Hebung. Sie deutet in den meisten Fällen auf eine akute Minderdurchblutung des Herzens hin, i. d. R. verursacht durch den thrombotischen Verschluss eines Herzkranzgefäßes beim Myokardinfarkt (► Abb. 3.15a). Die ST-Hebung beruht auf einer Schädigung der Außenwand des linken Ventrikels durch Sauerstoffmangel. Geschädigte Zellen bleiben nicht so lange erregt wie gesunde Zellen, d. h., sie kehren schneller zur positiven Ruheladung ihrer äußeren Zellmembran zurück. Es resultiert ein zusätzlicher Vektor von den noch erregten negativen Innenschichten des Herzmuskels in Richtung der geschädigten, elektropositiven Außenschichten. Anstelle der isoelektrischen ST-Strecke als Ausdruck einer gleichmäßigen Ventrikelerregung kommt es zu einer positiven „Ausbeulung" der ST-Strecke durch diese verfrühte Erregungsrückbildung.

ST-Senkung

Die ST-Senkung ist dagegen Ausdruck einer Minderdurchblutung der besonders empfindlichen Innenschichten des Herzmuskels (► Abb. 3.15b). Eine solche Minderdurchblutung äußert sich klinisch als Angina-pectoris-Anfall und ist erstes Anzeichen für einen kritisch eingeschränkten Blutfluss in den Koronargefäßen.

Die Entstehung der ST-Senkung erklärt sich aus den spiegelbildlichen vektoriellen Veränderungen im Vergleich zur ST-Hebung des Außenschichtschadens. Ein zusätzlicher Vektor in Richtung der durch die Zellschädigung vorzeitig repolarisierten Innenschichten bewirkt eine Absenkung der ST-Strecke in den negativen Bereich in denjenigen Ableitungen, in denen er gegen die Ableitungsrichtung gerichtet ist (Ableitungen I und II in Abb. 3.15b). Eine Absenkung unter −0,1 mV gilt in den Extremitätenableitungen als signifikant.

Merke

- ST-Senkung: Innenschichtschaden, Angina pectoris
- ST-Hebung: Außenschichtschaden, Herzinfarkt

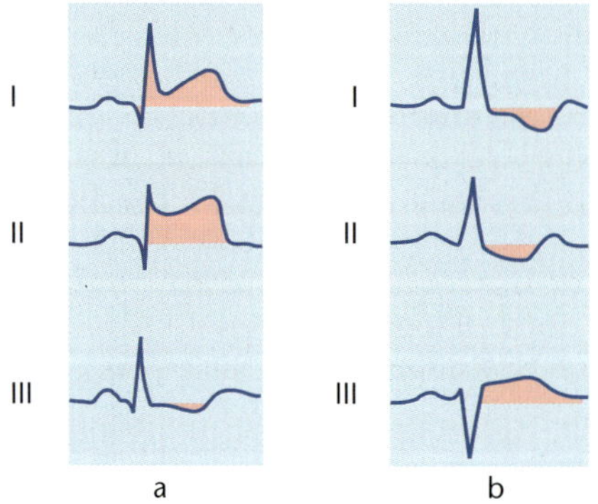

Abb. 3.15 Veränderungen der ST-Strecke in den Ableitungen I, II und III nach Einthoven. **a:** Frischer Vorderwandinfarkt. **b:** Innenschichtschädigung bei Angina-pectoris-Anfall.

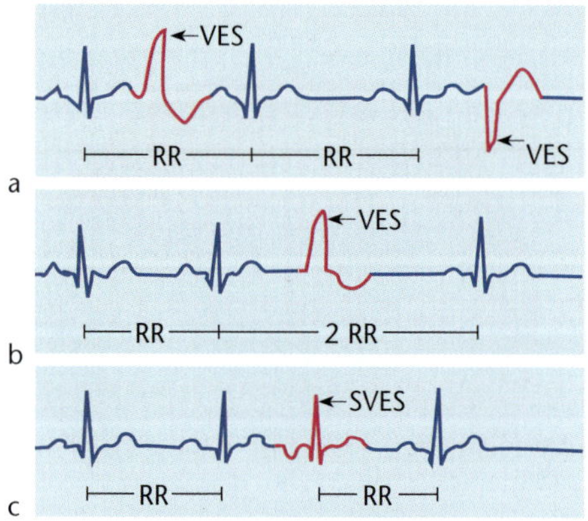

Abb. 3.16 Extrasystolen. **a:** Interponierte ventrikuläre Extrasystole (VES). **b:** Ventrikuläre Extrasystole (VES) mit voll kompensierender Pause. **c:** Supraventrikuläre Extrasystole (SVES) mit unvollständig kompensierender Pause.

3.3.6.2 Extrasystolen

Die während eines normalen Herzrhythmus einfallenden zusätzlichen Schläge werden als Extrasystolen bezeichnet. Je nach dem Ursprung dieser zusätzlichen Erregungen unterscheidet man:

- **Supraventrikuläre Extrasystolen:** Sie haben ihren Ursprung oberhalb der Bifurkation des His-Bündels und sind an einem im Wesentlichen unveränderten QRS-Komplex zu erkennen (► Abb. 3.16c). Die Form der P-Welle ist vom Entstehungsort im Vorhof abhängig, kann aber bei Ursprung in der Nähe des Sinusknotens vollkommen normal aussehen.
- **Ventrikuläre Extrasystolen:** Ihr Ursprung liegt unterhalb der Bifurkation des His-Bündels. Sie zeichnen sich durch einen charakteristisch verbreiterten QRS-Komplex aus, der Ausdruck der verzögerten und nicht über das normale Erregungsleitungssystem verlaufenden Erregungsausbreitung ist (► Abb. 3.16a und b). Eine P-Welle fehlt.

In beiden Fällen gehen die Extrasystolen von einem **ektopen Erregungsbildungszentrum** aus. Solche ektopen Zentren können durch Sympathikusaktivierung, Hypoxie, toxische oder medikamentöse Schädigungen und Elektrolytstörungen (z. B. Hypokaliämie) aktiviert werden.

Postextrasystolische Pause

Nach einer **ventrikulären Extrasystole** findet sich oft eine vollständige kompensatorische Pause: Die vom Sinusknoten ausgehende normale Herzerregung trifft aufgrund der vorausgegangenen Extrasystole auf refraktäres Ventrikelmyokard, sodass es zu keiner regulären Kammererregung kommt. Erst der folgende Impuls des Sinusknotens führt wieder zu einer normalen Kammererregung. Im EKG beträgt der Abstand zwischen dem letzten normalen QRS-Komplex vor der Extrasystole und dem ersten normalen QRS-Komplex nach der Extrasystole genau 2 RR-Intervalle (► Abb. 3.16b).

Insbesondere bei einem bradykarden Grundrhythmus kann es zu **interponierten ventrikulären Extrasystolen** kommen. Die zusätzliche Herzaktion ist dabei bereits abgeschlossen, wenn die nächste reguläre, vom Sinusknoten ausgehende Erregung erfolgt. Somit wird das RR-Intervall des Grundrhythmus beibehalten. Die Extrasystole ist lediglich dazwischengeschoben (interponiert).

Bei **supraventrikulären Extrasystolen** ist die postextrasystolische Pause dagegen oft nicht vollständig kompensierend, der Abstand von prä- und postextrasystolischer Normalaktion ist kleiner als 2 RR-Intervalle. Meist entspricht der Abstand der Extrasystole zur nächsten Normalaktion dem der Extrasystole vorausgehenden RR-Intervall (► Abb. 3.16c).

Prognostische Einschätzung von Extrasystolen

Die prognostische Einschätzung von Extrasystolen richtet sich nach ihrer Häufigkeit und vor allem nach der auslösenden Ursache (z. B. koronare Herzerkrankung). Auch bei Gesunden sind sporadische Extrasystolen häufig zu beobachten. Sie treten besonders bei niederfrequentem, vagotonem Grundrhythmus auf, da dieser es langsamer depolarisierenden ektopen Zentren ermöglicht, in den Vordergrund zu treten.

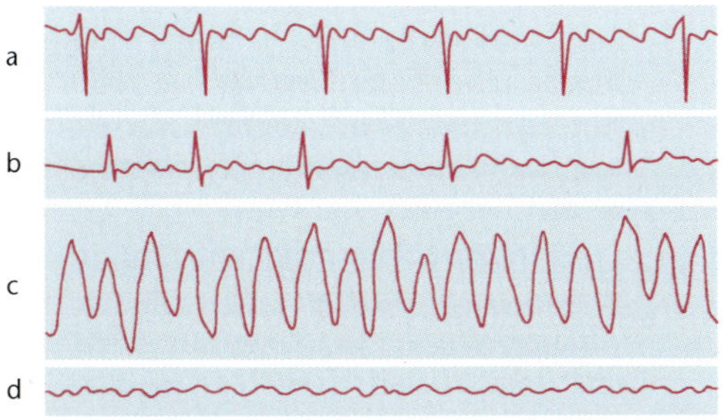

Abb. 3.17 Tachykarde Herzrhythmusstörungen. **a:** Vorhofflattern mit 3 : 1-Überleitung. **b:** Vorhofflimmern. **c:** Kammerflattern. **d:** Kammerflimmern.

3.3.6.3 Vorhofflattern und Vorhofflimmern

Von **Vorhofflattern** spricht man bei rascher elektrischer Erregung des Vorhofmyokards mit einer Frequenz von 220–350 Schlägen pro Minute. Im EKG treten anstelle der P-Wellen regelmäßige, sägezahnartige Flatterwellen auf. Als **Vorhofflimmern** bezeichnet man eine weitere Frequenzerhöhung der Vorhofaktionen auf über 350 Aktionen pro Minute (► Abb. 3.17a und b).

Überleitung auf die Kammern

Beim Vorhofflattern und Vorhofflimmern werden nicht alle Impulse auf die Kammer übergeleitet. Während beim Vorhofflattern oft regelmäßig jeder zweite und dritte Schlag über den AV-Knoten zu den Kammern weitergeleitet wird (partielle AV-Blockierung 2 : 1, 3 : 1), besteht beim Vorhofflimmern eine unregelmäßige Überleitung zum Kammermyokard (absolute Arrhythmie) mit Ventrikelfrequenzen zwischen 40 (Bradyarrhythmia absoluta) und 180 (Tachyarrhythmia absoluta) Schlägen/min.

Pathogenese

Zwei mögliche Mechanismen zur Pathogenese werden diskutiert:

- **Gesteigerte Automatie auf Vorhofebene:** Ein oder mehrere ektope Zentren im Vorhofmyokard erzeugen einen hochfrequenten Vorhofrhythmus.
- **Reentry-Mechanismus:** Auf Vorhofebene treten rasch kreisende Erregungen auf. Damit eine Erregungswelle in bereits kurz zuvor erregtes Myokard eintreten kann, muss die Refraktärzeit in den entsprechenden Myokardarealen pathologisch verkürzt sein (z. B. durch toxische Schädigungen wie Alkohol oder Hypoxie). Außerdem müssen unterschiedliche Refraktärzustände in verschiedenen Myokardarealen vorliegen.

Meist ist ein Reentry-Mechanismus Ursache von Vorhofflattern und Vorhofflimmern. Dies zeigt sich auch daran, dass es durch eine therapeutische, hochfrequente elektrische Stimulation der Vorhöfe über einen Herzkatheter (Atrial Overdriving) meist gelingt, solche Rhythmusstörungen zu durchbrechen. Durch die elektrische Stimulation wird eine Synchronisierung von Erregungen und Refraktärzeiten im Vorhofmyokard erreicht, sodass dem Reentry-Mechanismus die Grundlage entzogen wird.

> **Klinik**
>
> Vorhofflattern und Vorhofflimmern sind pathologische Rhythmusstörungen und bedürfen der Behandlung. Da aber i. d. R. die Kammerfrequenz durch den Frequenzfilter des AV-Knotens noch im physiologischen Bereich liegt, sind sie nicht unmittelbar lebensbedrohlich. Die Gefahr des Vorhofflimmerns besteht in der Ausbildung von **Thromben.** Diese können **Embolien** in Gefäßen des großen Kreislaufs verursachen. Besonders häufig und kritisch sind Embolien in den Hirngefäßen (Schlaganfall). Um dem vorzubeugen, werden Patienten mit Vorhofflimmern mit gerinnungshemmenden Mitteln behandelt, falls es durch medikamentöse oder elektrophysiologische Maßnahmen nicht gelingt, einen Sinusrhythmus wiederherzustellen.

3.3.6.4 Kammerflattern und Kammerflimmern

Von **Kammerflattern** spricht man bei elektrischen Aktionen des Ventrikelmyokards mit einer Frequenz von 180–250 Schlägen pro Minute. Die Pumpleistung des Herzens ist aufgrund der verkürzten diastolischen Füllungszeit erheblich eingeschränkt. Im unteren Frequenzbereich bestehen fließende Übergänge zur Kammertachykardie als einer raschen Folge ventrikulärer Extrasystolen. Nach oben kann das Kammerflattern in **Kammerflimmern** mit Frequenzen zwischen 250 und 400 Aktionen pro Minute degenerieren. Beim Kammerflimmern kommt die Pumpfunktion des Herzens zum Erliegen, da die zur Verfügung stehende Zeit für eine mechanische Herzaktion zu kurz ist. Man spricht von einem hyperdynamen Herzstillstand (► Abb. 3.17c und d).

Pathogenese

Kammerflattern und Kammerflimmern können in seltenen Fällen durch zusätzliche pathologische

Veränderungen, die eine direkte 1 : 1-Überleitung bewirken, aus Vorhofflattern und Vorhofflimmern hervorgehen. In den meisten Fällen entstehen sie aber direkt im Ventrikelmyokard, entweder durch **Reentry-Mechanismen** oder durch eine **gesteigerte ektope Automatie** des Ventrikels. Ursache ist in den meisten Fällen eine koronare Herzerkrankung oder eine Kardiomyopathie.

Klinik

Kammerflattern und Kammerflimmern sind akut lebensbedrohliche Rhythmusstörungen. Die Therapie des Kammerflimmerns besteht in der **Defibrillation,** also der kurzfristigen (2–30 ms) Applikation von Gleichstrom auf die Thoraxwand mittels zweier großflächiger Elektroden. Hierdurch werden alle Myokardzellen zum Zeitpunkt der Defibrillation synchron depolarisiert. Dies homogenisiert etwa unterschiedliche Refraktärzeiten und unterbricht kreisende Erregungen, die meist Ursache des Kammerflimmerns sind.

3.3.7 Blockbildungen

3.3.7.1 SA-Block

Die Erregungsleitung im Herzen kann bei Herzerkrankungen auf verschiedenen Ebenen unterbrochen sein. Ist der Austritt der Erregung aus dem Gewebe des Sinusknotens blockiert, spricht man von einem sinuatrialen Block (SA-Block). Im EKG ist ein solcher Block am vollständigen Ausfall einer EKG-Aktion zu erkennen.

3.3.7.2 AV-Block

Häufiger ist der atrioventrikuläre Block (AV-Block), bei dem die Überleitung der Erregung von den Vorhöfen auf die Kammer blockiert ist. Hierbei können 3 Schweregrade unterschieden werden (► Abb. 3.18):

- Beim **AV-Block I. Grades** ist lediglich die Überleitungszeit zum Ventrikel verlängert. Definitionsgemäß besteht ein AV-Block I. Grades, wenn die PQ-Zeit auf mehr als 0,20 Sekunden verlängert ist.
- Beim **AV-Block II. Grades** kommt es bereits zu einem Ausfall einer Kammererregung, da nicht mehr jede Vorhoferregung auf die Kammern übergeleitet wird. Es werden 2 Typen unterschieden:
  - **Typ Mobitz 1** (alte Bezeichnung: Typ Wenckebach): Hier beobachtet man im EKG-Verlauf eine zunehmende Verlängerung der PQ-Zeit (Ermüdung der AV-Überleitung), bis schließlich im Sinne eines AV-Blocks eine Kammererregung völlig ausfällt. Anschließend beginnt dieselbe Sequenz, die auch als **Wenckebach-Periodik** bezeichnet wird, von vorne.
  - **Typ Mobitz 2:** Hier fallen die Kammererregungen unmittelbar und ohne vorangehende Verlängerung der PQ-Zeiten aus. Ursache ist eine pathologisch erhöhte absolute Refraktärzeit im AV-Überleitungssystem. Meist findet sich ein fixes Verhältnis zwischen Vorhoferregung und noch übergeleiteter Kammererregung: Bei einer 2 : 1-Blockierung etwa folgt nur jeder zweiten P-Zacke ein Kammerkomplex, bei einer 3 : 1-Blockierung wird nur jede dritte Vorhofaktion übergeleitet.
- Lebensgefährlich ist vor allem der **AV-Block III. Grades** (kompletter AV-Block). Hierbei ist die Überleitung vom Vorhof auf die Ventrikel vollständig blockiert. Als Folge kommt es zu einem ventrikulären Eigenrhythmus, der jedoch aufgrund der deutlich langsameren Automatie der tertiären ventrikulären Schrittmacherzentren (geringe Steilheit der diastolischen Depolarisation) nur eine erheblich langsamere Schlagfrequenz zwischen 20 und 40 Schlägen pro Minute ermöglicht. Oft tritt der AV-Block III. Grades im Rahmen einer koronaren Herzerkrankung plötzlich auf. Dem Einsetzen des ventrikulären Eigenrhythmus nach vollständiger AV-Blockierung

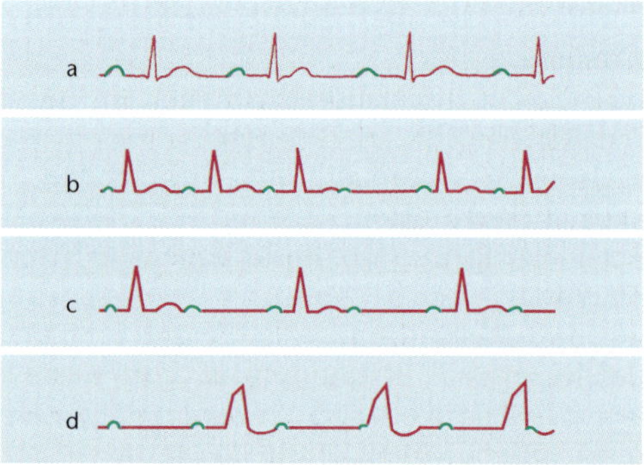

Abb. 3.18 Schweregrade des AV-Blocks. **a:** AV-Block I: Überleitungszeit > 0,20 Sekunden. **b:** AV-Block II Typ Mobitz 1 (= Wenckebach): zunehmende Verlängerung der PQ-Zeit. **c:** AV-Block II Typ Mobitz 2: konstante 2 : 1-Überleitung. **d:** AV-Block III: kompletter AV-Block.

geht hierbei eine gewisse Zeit des totalen Herzstillstands voraus. Klinisch kommt es zum Bewusstseinsverlust: **Adam-Stokes-Anfall.** Im EKG ist der totale AV-Block an den unabhängig vom QRS-Komplex auftretenden P-Wellen zu erkennen, die durch die QRS-Komplexe hindurchwandern: **AV-Dissoziation.**

Lerntipp

Die liebste Rhythmusstörung des IMPPs ist der AV-Block. Prägen Sie sich die Stadieneinteilung gut ein!

3.4 Herzmechanik

3.4.1 Phasen der Herztätigkeit

3.4.1.1 Systole

Die elektrische Herzerregung löst am Myokard eine mechanische Kontraktion des Herzmuskels aus: Systole. Die Systole wird in eine Anspannungs- und eine Austreibungsphase eingeteilt (► Abb. 3.19). In der Systole wird das Blut durch die Semilunarklappen (Taschenklappen) von Aorta und Pulmonalarterie in Herz- bzw. Lungenkreislauf gepumpt.

Anspannungsphase

In der Anspannungsphase zu Beginn der Kammersystole steigt der intraventrikuläre Druck steil an und führt zum passiven Verschluss der AV-Klappen. Bei noch geschlossenen Aorten- und Pulmonalklappen kontrahiert sich die Ventrikelmuskulatur isovolumetrisch (► Kap. 3.4.4.2) um einen inkompressiblen Inhalt.

Austreibungsphase

Sobald der intraventrikuläre Druck im linken Ventrikel den diastolischen Aortendruck von etwa 80 mmHg übertrifft, öffnen sich die Aortenklappen und die Austreibungsphase beginnt. Unter normalen Ruhebedingungen wirft der Ventrikel mit der Systole mehr als die Hälfte seines enddiastolischen Inhalts von etwa 120 ml in die Aorta aus. Die Auswurffraktion (Ejection Fraction) ist der Anteil des enddiastolischen Volumens, der in jeder Austreibungsphase ausgeworfen wird. Bei einem typischen Schlagvolumen von 70 ml liegt die Ejection Fraction bei 70 ml/120 ml, d. h. bei 0,58 (58 %).

Die Austreibungsphase endet mit dem Schluss von Aorten- und Pulmonalklappen. Der Schluss der Aortenklappen ist in der Aortendruckkurve an einem kurzzeitigen, raschen Abfall des Aortendrucks, der sog. **Inzisur,** zu erkennen (► Abb. 3.19). Während der systolischen Kontraktion der Austreibungsphase nimmt die Wanddicke des linken Ventrikels zu, dadurch sinkt nach dem Laplace-Gesetz (► Kap. 4.2.2.3) die Wandspannung im Myokard ab.

Merke

Systole:

- Anspannungsphase: alle Klappen geschlossen, Druckanstieg im Ventrikel
- Austreibungsphase: Aorten- und Pulmonalklappen offen

3.4.1.2 Diastole

Der Systole folgt eine Erschlaffungsphase der Muskulatur: Diastole. Man unterscheidet bei der Diastole eine Entspannungs- und eine Füllungsphase (► Abb. 3.19). Das Blut strömt durch die Atrioventrikularklappen (AV-Klappen) vom linken Vorhof durch die Mitralklappe, vom rechten durch die Trikuspidalklappe in die beiden Ventrikel ein.

Entspannungsphase

Die Diastole beginnt mit einer isovolumetrischen Entspannungsphase, in der wie in der Anspannungsphase alle 4 Klappen des Herzens geschlossen sind. Der Druck im Ventrikel geht gegen null und fällt unter den Vorhofdruck. Dadurch öffnen sich druckpassiv die AV-Klappen, Blut strömt aus den Vorhöfen in die Kammern ein.

Füllungsphase

Damit hat die Füllungsphase des Ventrikels begonnen. Der zunächst rasche Bluteinstrom verlangsamt sich. Die der P-Welle folgende Kontraktion des Vorhofs führt erneut zu einer Steigerung des Blutflusses in den Ventrikel und einem Anstieg des enddiastolischen Ventrikeldrucks: Atrial Booster Effect. Insgesamt ist die Vorhofkontraktion in Ruhe nur für 10–20 % der Ventrikelfüllung verantwortlich, bei hoher Herzfrequenz, etwa unter körperlicher Belastung, liegt jedoch der Beitrag der Vorhöfe zur Ventrikelfüllung mit bis zu 40 % deutlich höher. Unter Ruhebedingungen dauert die diastolische Füllungsphase etwa doppelt so lange wie die systolische Austreibungsphase. Die AV-Klappen sind deswegen länger geöffnet als die Taschenklappen.

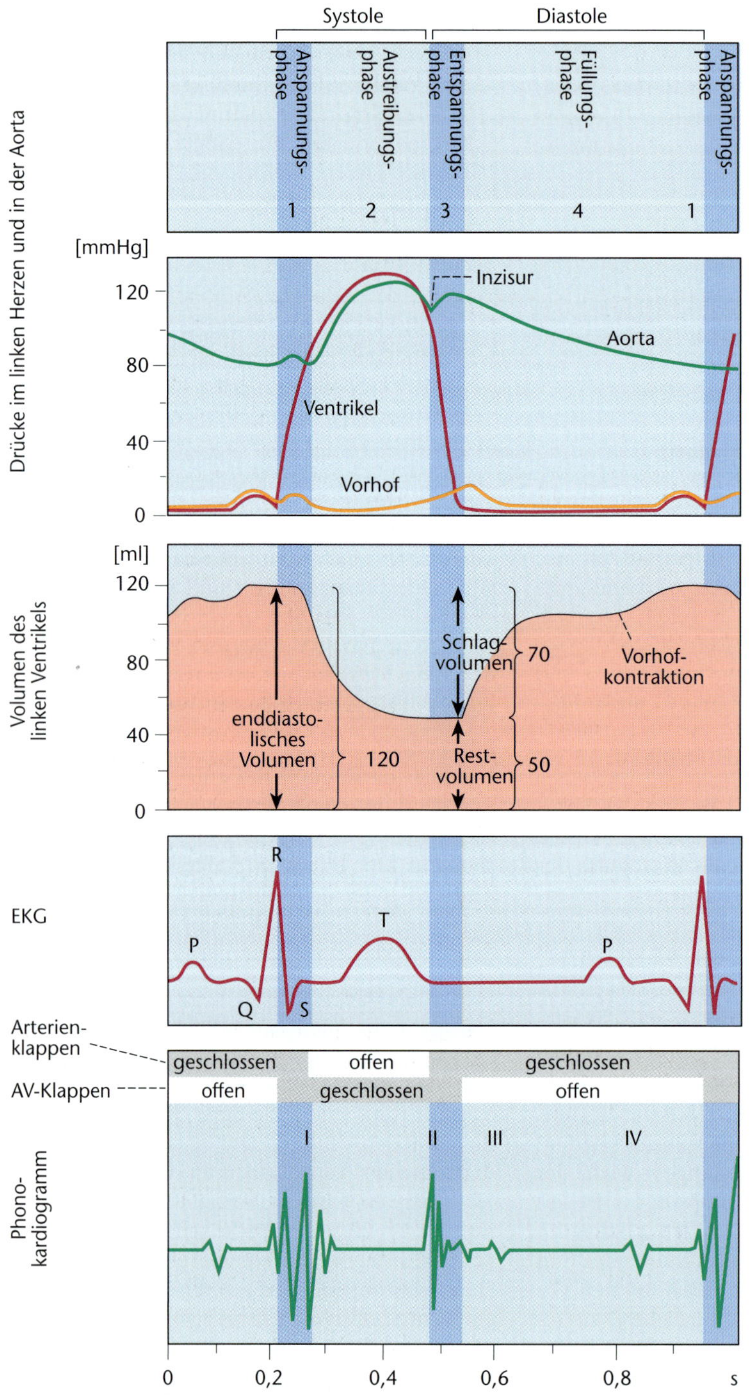

Abb. 3.19 Zeitverlauf von Druck und Volumen in Vorhöfen, Kammern und herznahen Gefäßen. Bezug zu EKG, Klappenfunktion und Herztönen; I–IV = I.–IV. Herzton.

Merke

Diastole:
- Entspannungsphase: alle Klappen geschlossen, Druckabfall im Ventrikel
- Füllungsphase: AV-Klappen offen

3.4.1.3 Herzklappen

Die Herzklappen haben bei den mechanischen Herzaktionen eine Ventilwirkung, d. h., ihre Öffnungs- und Verschlussbewegungen garantieren den gerichteten Blutfluss im Kreislaufsystem. Ihre Öffnung wird allein durch den Blutfluss und nicht etwa durch die Papillarmuskeln bewirkt.

3.4.2 Ventilebenenmechanismus

Durch die systolische Ventrikelkontraktion wird nicht nur arterielles Blut in die großen Arterien ausgeworfen, sondern auch venöses Blut in die beiden Vorhöfe „eingesaugt". Verantwortlich hierfür ist eine Dehnung der Vorhöfe durch die Ventrikelkontraktion. Hierbei verschiebt sich die Ventilebene des Herzens (die Grenzfläche zwischen Vorhöfen und Ventrikeln) mit zunehmender systolischer Verkürzung der Ventrikel in Richtung Herzspitze. Dadurch nimmt der Vorhofdruck während der Austreibungsphase zunächst ab und erreicht seinen tiefsten Wert. Während der Ventrikel sich systolisch so weit wie möglich entleert, werden die Vorhöfe aus den zuleitenden Gefäßen (V. cava und Vv. pulmonales) passiv aufgefüllt.

Mit Beginn der diastolischen Ventrikelerschlaffung und der zunehmenden Wiederausdehnung des Ventrikels in Richtung Herzbasis verschiebt sich auch die Ventilebene des Herzens wieder in diese Richtung. Durch die Verschiebung der Ventilebene gelangt das während der Systole in den Vorhöfen angesammelte Blut in die Ventrikel.

3.4.3 Äußere Zeichen der Herztätigkeit

Die während des Herzzyklus auftretenden Blut- und Klappenbewegungen können an der Körperoberfläche wahrgenommen und diagnostisch ausgewertet werden. Das einfachste Verfahren ist die Auskultation, d. h. das Abhorchen des Herzens mit einem Stethoskop.

Lerntipp

Die Auskultation ist ein schönes Thema und gleich doppelt relevant: Das IMPP fragt gerne nach der Entstehung der Herztöne und -geräusche, und klinisch ist sie ohne Zweifel ein Liebling in jeder mündlichen Prüfung.

3.4.3.1 Herztöne

Auskultation

Durch die Auskultation können normalerweise 2 Herztöne wahrgenommen werden:
- Der **I. Herzton** oder **Anspannungston** fällt in die Anspannungsphase des Herzens und wird durch die rasche Kontraktion des Ventrikels um einen inkompressiblen Inhalt hervorgerufen. Die besten Auskultationsstellen für den I. Herzton liegen im 5. ICR links medioklavikulär (linkes Herz) sowie im 4. ICR rechts parasternal (rechtes Herz).
- Der **II. Herzton** oder **Klappenton** beruht auf dem Schließgeräusch der Taschenklappen von Aorta und A pulmonalis. Er markiert das Ende der Austreibungsphase. Die besten Auskultationsstellen sind in Richtung des Blutflusses verschoben: für den Aortenklappenschluss im 2. ICR rechts parasternal, für den Pulmonalklappenschluss im 2. ICR links parasternal.

Bei Gesunden nur noch mit einem Mikrofon registrierbar (Phonokardiografie) sind ein III. Herzton (Einströmen des Blutes in der frühen Füllungsphase der Ventrikel) und ein IV. Herzton (Vorhofkontraktion).

Klinik

Ist der III. Herzton schon mit dem Stethoskop wahrnehmbar, weist dies auf einen überdehnten linken Ventrikel hin, z. B. bei Herzinsuffizienz.

Merke

Auskultationspunkte der Herzklappen:
- Aortenklappe: 2. ICR rechts
- Pulmonalklappe: 2. ICR links
- Trikuspidalklappe: 4. ICR rechts
- Mitralklappe: 5. ICR links

Zuordnung der Herztöne:
- 1. Herzton: Anspannungsphase
- 2. Herzton: Schließgeräusch der Aorten- und Pulmonalklappen, Ende der Austreibungsphase

3.4.3.2 Herzgeräusche

Im Gegensatz zu den Herztönen, die normale Schallereignisse am gesunden Herzen darstellen, weisen Herzgeräusche in der Regel auf **pathologische Veränderungen,** z. B. an den Herzklappen hin. Durch Engstellungen (Stenosen) oder Undichtigkeiten (Insuffizienzen) der Herzklappen entstehen höherfrequente Strömungsgeräusche, die durch Turbulenzen des Blutstroms hervorgerufen werden und als systolische oder diastolische Geräusche zwischen den Herztönen auskultiert werden können.

Klinik

Systolische Geräusche beruhen meist auf einer Stenose der Taschenklappen oder einer Insuffizienz der AV-Klappen. Zusätzlich können systolische Geräusche im Rahmen eines Ventrikelseptumdefekts oder bei Anämie auftreten. Selten sind systolische Geräusche als „akzidentelle systolische Geräusche" nichtpathologische Normvarianten bei gesunden, vorwiegend schlanken, „vagotonen" Personen. Diese akzidentellen systolischen Geräusche sind jedoch im Unterschied zu pathologischen Systolika nicht immer nachweisbar und verschwinden oft unter körperlicher Belastung.
Diastolische Geräusche werden durch Insuffizienzen der Taschenklappen oder Stenosen der AV-Klappen verursacht.

3.4.4 Herzdynamik

3.4.4.1 Schlagvolumen und Herzzeitvolumen

Mit jeder Systole wird ein **Schlagvolumen** aus dem Herzen ausgeworfen, das etwas mehr als die Hälfte der enddiastolischen Ventrikelfüllung beträgt. Die vom Herzen pro Minute geförderte Blutmenge, das sog. **Herzzeitvolumen,** errechnet sich aus diesem Schlagvolumen, multipliziert mit der Herzfrequenz. Beträgt das Schlagvolumen z. B. 60 ml und liegt die Herzfrequenz bei 60 Schlägen pro Minute (Ruhebedingungen), resultiert ein Herzzeitvolumen (Herzminutenvolumen HMV, Cardiac Output) von 3.600 ml/min. Unter maximaler körperlicher Belastung kann das Herzzeitvolumen auf bis zu 30 l/min ansteigen.

Bestimmung des Herzzeitvolumens

Die Bestimmung des Herzzeitvolumens stützt sich auf das **Fick-Prinzip,** eine Indikatorverdünnungsmethode. Als Indikator dient in diesem Fall der physiologisch im Blut vorkommende Sauerstoff. In seiner allgemeinen Form besagt das Fick-Prinzip, dass die Flussrate $\dot{Q}$ [ml/min] in einem System proportional der Aufnahme oder Abgabe einer Indikatorsubstanz $\dot{X}$ [ml/min] an einer Stelle des Systems und umgekehrt proportional der Konzentrationsdifferenz $c_1 - c_2$ [ml/ml] für den Indikator vor und hinter dieser Stelle ist:

$$\dot{Q}\frac{[\text{ml}]}{[\text{min}]} = \frac{\dot{X}\left[\frac{\text{ml}}{\text{min}}\right]}{c_1\left[\frac{\text{ml}}{\text{ml}}\right] - c_2\left[\frac{\text{ml}}{\text{ml}}\right]}$$

Zur Ermittlung des Herzzeitvolumens wird die Aufnahme des Indikators Sauerstoff ins Lungengewebe aus dem unterschiedlichen Sauerstoffgehalt der Ausatmungsluft im Vergleich zur Umgebungsluft mit einem Spirometer bestimmt. Die Konzentrationsdifferenz des Sauerstoffs vor und hinter der Lunge wird durch 2 Blutproben, zum einen aus der Pulmonalarterie (zentralvenöses Blut) und zum anderen aus einer peripheren Arterie, bestimmt. Die Entnahme zentralvenösen Mischblutes aus der A. pulmonalis mit einem Katheter (Rechtsherzkatheter) ist unumgänglich, weil die Sauerstoffkonzentrationen im peripher-venösen Blut aufgrund der unterschiedlichen O_2-Ausschöpfung der verschiedenen Organe zu variabel sind.
Liegt z. B. die Sauerstoffaufnahme der Lunge bei 220 ml/min, der zentralvenöse O_2-Gehalt bei 0,14 ml O_2/ml Blut und der arterielle O_2-Gehalt bei 0,18 ml O_2/ml Blut resultiert nach der Fick-Formel ein Herzzeitvolumen von:

$$\frac{220\,\frac{\text{ml}}{\text{min}}}{0{,}18\,\frac{\text{ml}}{\text{ml}} - 0{,}14\,\frac{\text{ml}}{\text{ml}}} = 5.500\,\frac{\text{ml}}{\text{min}}$$

Lerntipp

Nochmal zur Erinnerung: **Herzminutenvolumen = Herzfrequenz × Schlagvolumen.**
Fick-Prinzip in Kürze: Herzzeitvolumen = O_2-Aufnahme pro Zeiteinheit/arteriovenöse O_2-Konzentrationsdifferenz

- O_2-Aufnahme: Spirometer
- O_2-Konzentrationsdifferenz: Blutentnahme aus der A. pulmonalis (Rechtsherzkatheter) und der A. radialis

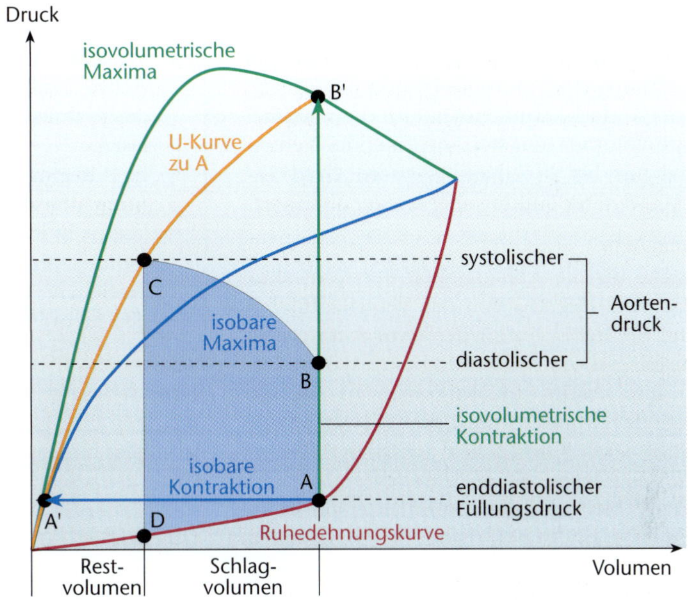

Abb. 3.20 Druck-Volumen-Diagramm des Herzens. Ruhedehnungskurve, Kurve der isobaren Maxima, Kurve der isovolumetrischen Maxima, Arbeitsdiagramm des Herzens.

3.4.4.2 Druck-Volumen-Diagramm des Herzmuskels

Kontraktionsformen des Herzmuskels

Wie ein normaler Skelettmuskel hat der Herzmuskel die Fähigkeit zur isotonischen Kontraktion, also zur Verkürzung bei gleichbleibender Belastung. Da sich die Belastung des Herzens als Druck angeben lässt, wird statt isotonischer Kontraktion der Ausdruck **isobare Kontraktion** verwendet. Außerdem kann sich der Herzmuskel isometrisch kontrahieren, d. h. bei gleichbleibender Muskellänge aktiv Kraft entwickeln. Aufgrund der kugelförmigen Gestalt des Herzmuskels spricht man allerdings nicht von einer isometrischen, sondern von einer **isovolumetrischen Kontraktion.**

Am isolierten Herzmuskel lassen sich die beiden Kontraktionsarten in Form eines Druck-Volumen-Diagramms verdeutlichen (► Abb. 3.20).

Bei der Kontraktion des Herzmuskels **in vivo** finden sich typischerweise 2 Kontraktionsformen:

- Die Systole beginnt mit einer Phase der **isovolumetrischen Anspannung** bei geschlossenen Herzklappen. Übersteigt der durch diese Anspannung entwickelte Innendruck des Herzens den Druck der Flüssigkeitssäule in den Arterien, öffnen sich die Klappen.
- In der Austreibungsphase (► Abb. 3.19) steigt unter der Kontraktion der Druck an, während das Volumen abnimmt. Man spricht von einer **auxobaren Kontraktion** (auxo = Zunahme).

Ruhedehnungskurve

In Ruhe, d. h. ohne aktive Kontraktion und bei rein passiver Dehnung des Herzmuskels durch ansteigende Volumenbelastung, wird die sog. Ruhedehnungskurve registriert (► Abb. 3.20). Sie verläuft zunehmend steiler, je größer die Volumenbelastung wird, d. h., die Herzmuskulatur ist bei zunehmender Volumenbelastung immer weniger dehnbar. Anders formuliert steigt der Druck in den Kammern umso steiler an, je mehr der Herzmuskel durch die Volumenbelastung bereits vorgedehnt ist.

Kurve der isovolumetrischen und isobaren Maxima

Ausgehend von jedem Punkt der Ruhedehnungskurve, d. h. von verschiedenen Graden der Vordehnung des Herzmuskels, können experimentell rein isobare bzw. rein isovolumetrische Kontraktionen ausgelöst werden und die Kurve der maximal erreichbaren Drücke (Kurve der isobaren Maxima) bzw. der maximal ausgeworfenen Volumina (Kurve der isovolumetrischen Maxima) bestimmt werden (► Abb. 3.20).

Abhängigkeit von der Ventrikelfüllung

Aus diesen beiden Kurven wird ersichtlich, dass der maximal erreichbare Druck und das maximal auswerfbare Volumen von der Ausgangsfüllung des

Ventrikels abhängen (► Abb. 3.20) Bei mittlerer Ventrikelfüllung (Punkt D der Ruhedehnungskurve) kann der Druck noch stark erhöht werden, bei weiterer Füllung des Ventrikels (Punkt A) dagegen nicht mehr so stark. Ähnliches gilt für das maximal förderbare Volumen, das bei zunehmender Ventrikelfüllung nur bis zu einem gewissen Grad zunimmt, bei weiterer Füllung aber wieder abnimmt.

Myosin und Aktin

Die Ursache für die Abhängigkeit der Kontraktionsleistung des Herzens von der Ventrikelfüllung und damit von der Dehnung der Myokardfasern ist in der histologischen Anordnung der Myofibrillen (Myosin und Aktin) im Sarkomer zu suchen. Grundlage der Kontraktion ist die ATP-abhängige Aktivierung von Querbrücken zwischen Myosin- und Aktinfilamenten, die auf eine optimale Überlappung von Myosin- und Aktinfilamenten angewiesen ist (► Kap. 13.2.4.3). Diese Überlappung ist bei mittlerer Vordehnung am besten. Bei übermäßiger Dehnung der Myofibrillen überlappen sich Myosin- und Aktinfilamente immer weniger und die Kontraktionsfähigkeit nimmt ab. Bei zu geringer Dehnung schieben sich die Aktinfilamente in der Mitte des Sarkomers übereinander und die Querbrückenbildung ist behindert, was die Kontraktionskraft ebenfalls reduziert.

Arbeitsdiagramm des Herzens

Grundlage für das Verständnis der Herzdynamik in vivo ist das Arbeitsdiagramm des Herzens, das zwischen den Punkten A, B, C und D in ► Abb. 3.20 dargestellt ist:

- Die mechanische Herzaktion beginnt an einem je nach Vordehnung verschiedenen Punkt auf der Ruhedehnungskurve, z. B. an Punkt A. Der an Punkt A der Ruhedehnungskurve herrschende Druck ist der **enddiastolische Füllungsdruck,** d. h. der Füllungsdruck des linken Ventrikels am Ende der Diastole.
- Ausgehend von Punkt A folgt in der Ventrikelsystole zunächst der isovolumetrische Druckanstieg der Anspannungsphase in Richtung B.
- Bei Erreichen des **diastolischen Aortendrucks** an Punkt B öffnet sich die Aortenklappe. Es beginnt die Austreibungsphase (BC), in der unter In-vivo-Bedingungen eine **auxobare Kontraktion** stattfindet, d. h., Druck und Volumen verändern sich gleichzeitig.
- An Punkt C ist der **systolische Aortendruck** und damit das Ende der Austreibungsphase erreicht. Wird diese Strecke BC auf die x-Achse (Volumen) projiziert, lässt sich dort das systolisch geförderte Schlagvolumen ablesen.
- In C beginnt die **isovolumetrische Entspannungsphase,** die bis zur Öffnung der Mitralklappe in Punkt D anhält. Es schließt sich die Füllungsphase (Strecke DA) bis zum Wiedererreichen des enddiastolischen Füllungsdrucks in Punkt A an.

Preload und Afterload

Nachlast des Herzens: Afterload

Aus dem Arbeitsdiagramm des Herzens wird deutlich, dass unter In-vivo-Bedingungen weder die Kurve der isovolumetrischen noch die der isobaren Maxima erreicht wird. Ursache hierfür ist der **Afterload,** die Nachbelastung, also die Beeinflussung der Pumpfunktion des Herzens durch den diastolischen Aortendruck. Je höher der Afterload ist, desto geringer ist das vom Herzen geförderte Schlagvolumen. Bei maximaler Nachbelastung resultiert folglich eine rein isovolumetrische Kontraktion (Punkt B' in ► Abb. 3.20). Bei fehlender Nachbelastung käme es zum entgegengesetzten Extrem einer rein isobaren Kontraktion ohne Druckanstieg im Ventrikel (Punkt A' in ► Abb. 3.20). Unter den physiologischen Bedingungen einer Kontraktion mit mittlerem Afterload liegen die erreichbaren Maxima je nach Höhe des Afterloads aber auf einer Kurve, die diese beiden Extrempunkte A' und B' verbindet, der sog. Kurve der Unterstützungsmaxima (= U-Kurve). Die Bezeichnung der Kurve bezieht sich auf die Unterstützungszuckung, eine Abfolge von isovolumetrischer und isobarer Kontraktion. Die In-vivo-Kontraktion des Herzmuskels entspricht allerdings einer **modifizierten Unterstützungskontraktion,** bei der die Austreibungsphase eine auxobare (und keine isobare) Kontraktion darstellt (BC in ► Abb. 3.20).

Vorlast des Herzens: Preload

Je nach Höhe des enddiastolischen Füllungsdrucks verschiebt sich das Arbeitsdiagramm auf der Ruhedehnungskurve nach rechts oder links, entsprechend ändert sich die Gestalt der zugehörigen U-Kurve, sodass jedem Punkt auf der Ruhedehnungskurve nicht nur ein charakteristisches Arbeitsdiagramm, sondern auch eine eigene U-Kurve zugeordnet werden kann (► Kap. 3.6.1).

Der enddiastolische Füllungsdruck im linken Ventrikel wird auch als Vorbelastung oder **Preload** bezeichnet (= Belastung vor der Ventrikelkontraktion).

3.4.5 Herzarbeit

Die vom Herzen geleistete Arbeit setzt sich aus 2 Komponenten zusammen:

- **Druck-Volumen-Arbeit** ($P \times V$): erbracht durch die Bewegung des Blutvolumens gegen einen Strömungswiderstand.
- **Beschleunigungsarbeit:** Die Blutmasse (m) wird auf die Auswurfgeschwindigkeit (v) beschleunigt.

3.4.5.1 Beschleunigungsarbeit

Die Beschleunigungsarbeit W berechnet sich nach der Formel der kinetischen Energie als $W = \frac{1}{2} mv^2$ und beträgt unter Ruhebedingungen nur 1 % der Druck-Volumen-Arbeit.

Mit zunehmender Auswurfleistung des Herzens oder der Abnahme der Aortenelastizität im Alter (Wegfall des Windkesseleffekts, ▸ Kap. 4.3.1.2) muss jedoch eine immer größere Blutmenge beschleunigt werden, wodurch die Beschleunigungsarbeit fast den Betrag der Druck-Volumen-Arbeit erreichen kann.

3.4.5.2 Größenordnung der Herzarbeit

Wie aus ▸ Tab. 3.5 ersichtlich, beträgt die gesamte Herzarbeit pro Herzzyklus etwa 1 Newtonmeter (Nm). Geht man von einer Systole pro 1 Sekunde (s) aus, errechnet sich eine Herzleistung von ca. 1 Watt (1 Watt = 1 Nm/s), die bei Belastung bis auf 5 Watt ansteigen kann. Da der Druck im rechten Ventrikel nur 15 % des Drucks im linken Ventrikel ausmacht, das von beiden Ventrikeln geförderte Blutvolumen jedoch identisch ist, beträgt die Herzarbeit des rechten Ventrikels 15 % der Herzarbeit des linken Ventrikels.

Tab. 3.5 Komponenten der Herzarbeit pro Herzzyklus

Ort	Druck-Volumen-Arbeit ($P \times V$)	Beschleunigungsarbeit ($\frac{1}{2} mv^2$)
Linker Ventrikel	0,94 Nm	0,01 Nm
Rechter Ventrikel	0,19 Nm	0,01 Nm
Gesamtes Herz	1,15 Nm	

3.5 Ernährung des Herzens

3.5.1 Koronardurchblutung

Unmittelbar oberhalb der Aortenklappe gehen die beiden Koronararterien von der Aorta ab.

- Die **rechte Koronararterie** versorgt das rechte Herz und die Hinterwand beider Ventrikel.
- Die **linke Koronararterie** versorgt das Septum und die Vorderwand des linken Ventrikels.

Die besondere Bedeutung des Blutflusses in den Koronararterien liegt in der Tatsache, dass eine adäquate Sauerstoffversorgung des Herzmuskels Voraussetzung für eine hinreichende Pumpfunktion ist. Sinkt die Koronardurchblutung unter einen Grenzwert ab (z. B. im Schock), kommt es rasch zu einem Circulus vitiosus: reduzierte Koronardurchblutung → sinkende Pumpleistung → weiter abnehmende Koronardurchblutung → vollständiges Pumpversagen.

3.5.1.1 Regulation der Koronardurchblutung

Die Koronardurchblutung macht unter **Ruhebedingungen** etwa 5 % des Herzminutenvolumens aus. Die Sauerstoffausschöpfung des Herzens aus dem Koronarblut ist schon in Ruhe erheblich größer als in anderen Organen. Von 200 ml O_2/l Blut entnimmt das Herz etwa 140 ml/l, d. h. 70 %. Bei **vermehrtem Sauerstoffbedarf,** etwa unter körperlicher Belastung, kann die Sauerstoffausschöpfung (O_2-Extraktion) kaum noch gesteigert werden: Der Maximalwert der O_2-Extraktion liegt bei etwa 80 %. Der vermehrte Sauerstoffbedarf wird daher fast ausschließlich durch eine Steigerung der Koronardurchblutung gedeckt, die bei starker körperlicher Belastung auf das 4- bis 5-Fache der Ruhedurchblutung erhöht werden kann.

Die Koronardurchblutung wird im Wesentlichen von 4 Faktoren beeinflusst:

Metabolische Veränderungen im Herzmuskel

Der stärkste Stimulus für eine Vasodilatation der Koronararterien ist Sauerstoffmangel. Die Erweiterung der Koronararterien wird in diesem Fall durch die Vermittlung von **Adenosin,** einem potenten Vasodilatator, ausgelöst. Adenosin entsteht als Endprodukt der ATP-Spaltung: Mit zunehmendem Verbrauch von ATP steigt der Adenosinspiegel im Myokard an, wenn die Resynthese aufgrund von Sauerstoffmangel beeinträchtigt ist.

Perfusionsdruck in den Koronarien

Bei Druckbereichen über 150 und unter 60 mmHg ist der Blutfluss in den Koronarien zusätzlich vom Perfusionsdruck abhängig. Bei einem Abfall des Perfusionsdrucks **unter 60 mmHg** nimmt die Koronardurchblutung ab. Die Sauerstoffversorgung des Myokards wird dadurch reduziert. Zwischen 60 und 150 mmHg verfügen die Koronargefäße über eine Autoregulation, die unabhängig vom Perfusionsdruck eine adäquate Durchblutung garantiert.

Systolische Kompression der Koronarien

Während der Systole werden die Koronararterien durch die Kontraktion der Herzmuskulatur – besonders im Bereich des linken Ventrikels – komprimiert. Der Blutfluss zu den inneren, subendokardialen Muskelschichten kommt während der Systole fast zum Erliegen. Diese Muskelschichten sind für ihre Durchblutung deshalb besonders auf die Diastole angewiesen.

Klinik

Verkürzt sich die Diastolendauer, wie etwa bei körperlicher Belastung, wird sich bei **vorgeschädigten Koronarien** (z. B. Arteriosklerose) eine Minderversorgung zuerst in diesen subendokardialen Bereichen bemerkbar machen. Dies kann an einer im Belastungs-EKG auftretenden ST-Strecken-Senkung erkannt werden, die im Ruhe-EKG, ohne Belastung, noch nicht sichtbar sein muss.

Einfluss des autonomen Nervensystems

Obwohl die lokalen metabolischen Einflüsse auf die Koronardurchblutung bei Weitem überwiegen, kann es durch **Aktivierung des Sympathikus** über die Stimulation von β_2-Rezeptoren zur Erweiterung der Koronarien kommen. In bestimmten Fällen ist jedoch über eine Aktivierung von α_1-Rezeptoren auch eine sympathikusinduzierte Vasokonstriktion im Koronarbett möglich. Dies dürfte insbesondere das Vorkommen von plötzlichen Engstellungen der Koronararterien im Rahmen einer Sympathikusaktivierung erklären: **Koronarspasmen.**

Klinik

Kokain hemmt u. a. die Wiederaufnahme von Noradrenalin. Es resultiert ein extrem gesteigerter Sympathikotonus. Dies führt zu Hypertonus und Tachykardie, wodurch die Herzarbeit und damit der Sauerstoffverbrauch des Herzens ansteigen. Zusätzlich treten typischerweise Koronarspasmen auf, sodass die Sauerstoffversorgung des Herzens beeinträchtigt wird. Dies erklärt die bei Kokainmissbrauch häufigen Myokardischämien auch bei sonst Herzgesunden: Bis zu 25 % der Herzinfarkte bei Patienten unter 45 Jahren sind durch Kokain bedingt.

3.5.1.2 Koronarreserve

Die Sauerstoffversorgung des Herzens ist ausreichend, wenn das Sauerstoffangebot dem Sauerstoffbedarf des Herzens entspricht. Ein Maß für die Güte der Koronardurchblutung ist das Verhältnis des arteriellen O_2-Gehalts (200 ml/l) zur Sauerstoffausschöpfung durch das Myokard in Ruhe (140 ml/l): $200/140 \approx 1{,}4$. Sinkt der Quotient unter 1,2, so ist die Koronardurchblutung kritisch eingeschränkt. Ein zusätzliches Maß zur Beurteilung der Koronardurchblutung ist die Koronarreserve, d. h. das Verhältnis zwischen maximalem O_2-Angebot bei maximaler Koronardurchblutung und dem aktuellen O_2-Verbrauch des Herzens. Unter Ruhebedingungen liegt die Koronarreserve beim gesunden Herzen zwischen 4 und 5, d. h., das maximal mögliche Angebot ist 4- bis 5-mal höher als der tatsächliche Verbrauch.

Merke

Ein erhöhter O_2-Bedarf wird fast ausschließlich über die Steigerung der Koronardurchblutung gedeckt (4- bis 5-fach), und praktisch kaum über eine erhöhte O_2-Extraktion, die schon in Ruhe bei 70 % liegt!

Klinik

Ein **Durchblutungsstillstand** in den Koronarien, wie er z. B. beim Myokardinfarkt oder durch einen Koronarspasmus entstehen kann, führt über den Sauerstoffmangel zu einer zunehmenden Verminderung der Kontraktionskraft und zur Dilatation des Herzmuskels. Der mechanische Herzstillstand tritt nach 6–10 Minuten ein. Hält die vollständige Ischämie länger als 30 Minuten an (Wiederbelebungszeit), kommt es zum Untergang von Herzmuskelzellen (Nekrosen).

3.5.2 Energieumsatz

3.5.2.1 Sauerstoffverbrauch

Der Sauerstoffverbrauch des Herzens errechnet sich aus der Differenz des Sauerstoffgehalts im arteriellen und im koronarvenösen Blut, multipliziert mit der Koronardurchblutung. Dabei ergibt sich, dass das Herz bei einem Gewichtsanteil von 0,5 % des Körpergewichts in Ruhe 10 % des Sauerstoffs benötigt. Bei körperlicher Arbeit kann dieser Sauerstoffverbrauch auf das 4-Fache ansteigen. Insbesondere unter **Druckbelastung** (z. B. durch arteriellen Hypertonus) steigt der Sauerstoffbedarf des Herzens deutlich an. Insgesamt ist der Wirkungsgrad des Herzens bei Druckbelastung geringer als bei Volumenbelastung.

Klinik

Aus diesem Grund führt der Einsatz von **Nitroglycerin** bei einem Angina-pectoris-Anfall, d. h. einer akuten koronaren Minderdurchblutung, oft zur Symptomlinderung: Nitroglycerin senkt den arteriellen Blutdruck und vermindert so den Sauerstoffverbrauch des Herzens. Die direkte vasodilatierende Wirkung von Nitroglycerin auf die Koronarien ist dagegen klinisch weniger wichtig.

3.5.2.2 Substratumsatz

Charakteristisch für den Nährstoffverbrauch des Herzmuskels ist, dass sowohl freie Fettsäuren als auch (im Unterschied zur Skelettmuskulatur) Lactat zur Energiegewinnung genutzt werden können. Das Herz baut dadurch das im Rahmen einer starken körperlichen Belastung in der Muskulatur durch anaerobe Glykolyse entstehende Lactat ab und trägt so zur Konstanthaltung des pH-Werts im Blut bei. Unter normalen Bedingungen ist die koronarvenöse Lactatkonzentration daher niedriger als die koronararterielle: **Lactataufnahme des Herzmuskels.**

Lerntipp

Achtung: Liegt die koronarvenöse Lactatkonzentration über der koronararteriellen (Netto-Lactatabgabe des Herzmuskels), ist ein O_2-Mangel die Ursache! Bei O_2-Mangel kann Lactat nicht zu Pyruvat oxidiert werden.

3.6 Steuerung der Herztätigkeit

Die Kontraktion des Herzmuskels wird im Wesentlichen von 4 Parametern beeinflusst:

- **Afterload** (Widerstand in der Auswurfbahn der Ventrikel)
- **Preload** (enddiastolischer Füllungsdruck des Ventrikels)
- Änderungen der **Herzfrequenz**
- **Positive oder negative Inotropie** (Veränderungen der Kontraktilität des Herzmuskels)

Auf Änderungen von Preload und Afterload reagiert das Herz über den **Frank-Starling-Mechanismus** ohne Beteiligung der Herznerven. Frequenz- und Kontraktilitätssteigerung des Herzmuskels werden über den sympathischen Anteil des Herznervensystems vermittelt.

3.6.1 Frank-Starling-Mechanismus

3.6.1.1 Akute Volumenbelastung

Auf vermehrte Volumenbelastung der Ventrikel (Preload ↑) reagiert das Herz innerhalb eines gewissen Bereichs automatisch, indem es das Schlagvolumen erhöht. Diese Reaktion wird auch als **Frank-Starling-Mechanismus** bezeichnet. Die vermehrte Volumenbelastung dehnt die Herzmuskulatur stärker, was einerseits die Ca^{2+}-Empfindlichkeit der kontraktilen Proteine erhöht und andererseits bewirkt, dass sich die Myofibrillen besser überlappen. Beides steigert die Kontraktilität.

Der Frank-Starling-Mechanismus kann im Druck-Volumen-Diagramm des Herzmuskels anschaulich gemacht werden. Neben dem normalen Arbeitsdiagramm (ABCD) ist in ▸ Abb. 3.21 ein Arbeitsdiagramm bei erhöhter Vorlast (A'B'C'D') dargestellt. Durch eine größere enddiastolische Ventrikelfüllung (bis A') resultiert bei gleichbleibendem diastolischem Aortendruck (B' = B) ein größeres Schlagvolumen (SV'). Allerdings ist auch das Restvolumen im Ventrikel (D') größer als bei geringerem Preload (D). Dem geänderten Ausgangspunkt (A') des Arbeitsdiagramms entspricht bei identischer Kurve der isovolumetrischen und isobaren Maxima eine neue Kurve der Unterstützungsmaxima (U').

Unter physiologischen Bedingungen ist der Frank-Starling-Mechanismus z. B. für die Bewältigung eines vermehrten venösen Rückflusses in die rechte Herzhälfte verantwortlich, wie er etwa bei Beinhochlagerung auftritt. Die Feinabstimmung der Schlagvolumina des rechten und linken Ventrikels wird ebenfalls über den

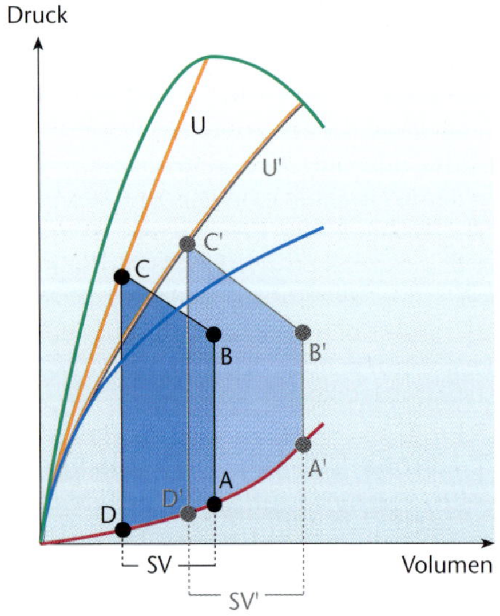

Abb. 3.21 Akute Volumenbelastung und Frank-Starling-Mechanismus. ABCD = Druck-Volumen-Diagramm in Ruhe, A'B'C'D' = Druck-Volumen-Diagramm bei erhöhter Vorlast (A'), U = Kurve der Unterstützungsmaxima in Ruhe, U' = Kurve der Unterstützungsmaxima bei erhöhter Vorlast A'.

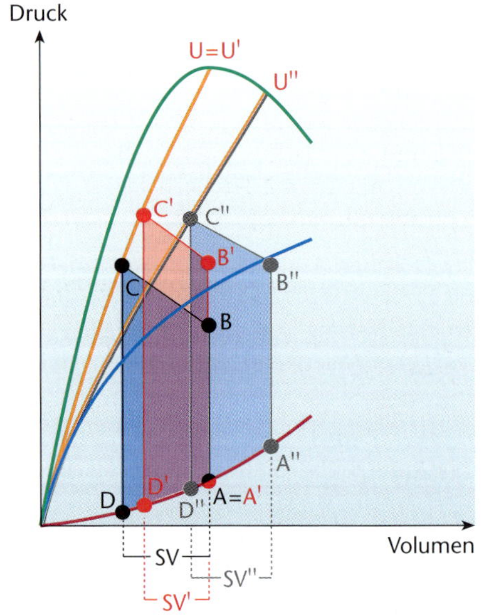

Abb. 3.22 Akute Druckbelastung und Frank-Starling-Mechanismus. ABCD = Druck-Volumen-Diagramm in Ruhe, A'B'C'D' = Druck-Volumen-Diagramm nach Erhöhung des diastolischen Aortendrucks von B auf B', A'', B'', C'', D'' = Druck-Volumen-Diagramm bei vermehrter enddiastolischer Füllung A''.

Frank-Starling-Mechanismus vermittelt. Der Frank-Starling-Mechanismus bleibt auch bei einer Steigerung der Kontraktilität des Herzens unter Sympathikuseinfluss wirksam.

3.6.1.2 Akute Druckbelastung

Bei einer plötzlichen Druckbelastung des linken Ventrikels (Afterload ↑) – z. B. durch Engstellung der peripheren Blutgefäße – nimmt das ausgeworfene Schlagvolumen zunächst ab (► Abb. 3.22, SV'). Es ergibt sich das neue Arbeitsdiagramm A'B'C'D'. Als Folge hiervon verbleibt jedoch am Ende der Systole ein größeres Restvolumen im linken Ventrikel (an Punkt D'). Da der rechte Ventrikel von der Erhöhung des Afterloads in der Aorta nicht betroffen ist, wirft er ein konstantes Schlagvolumen in die Lungenstrombahn aus. Daher bleibt der venöse Zustrom zum linken Ventrikel unabhängig von der Afterload-Erhöhung auf Normalniveau. Es resultiert dadurch, aufbauend auf dem erhöhten Restvolumen an Punkt D', eine stärkere diastolische Füllung des linken Ventrikels bis zum Punkt A" auf der Ruhedehnungskurve. Das erhöhte Afterload hat, über ein größeres Restvolumen, zu einem erhöhten Preload geführt. Hier greift jetzt der Frank-Starling-Mechanismus, indem durch die Rechtsverschiebung des Arbeitsdiagramms (A", B", C", D") das ursprüngliche Schlagvolumen nun auch gegen den höheren Aortendruck ausgeworfen werden kann (► Abb. 3.22) Das neue Schlagvolumen SV" hat dieselbe Größe wie das ursprüngliche Schlagvolumen SV.

Merke

Frank-Starling-Mechanismus:
- Feinabstimmung des Schlagvolumens von rechtem und linkem Ventrikel
- Anpassung an akute Druck- und Volumenbelastungen

3.6.2 Herznerven

Die Herzfunktion unterliegt einer **efferenten** nervalen Kontrolle vorwiegend durch das sympathische, in geringerem Maße auch durch das parasympathische Nervensystem. Daneben steuern **afferente** Impulse aus dem Bereich von Herzvorhöfen und Herzkammern eine Reihe kardialer Reflexe.

3.6.2.1 Einfluss des Sympathikus

Fasern des sympathischen Nervensystems erreichen als Nn. cardiaci alle Bereiche des Herzmuskels. Ihre präganglionären Neurone befinden sich in den Seitenhörnern der oberen thorakalen Segmente des Rückenmarks. Die Aktivierung der sympathischen Efferenzen wirkt

- positiv chronotrop: Steigerung der Herzfrequenz,
- positiv dromotrop: Beschleunigung der AV-Überleitung,
- positiv inotrop: Zunahme der Kontraktionskraft und
- positiv lusitrop: erhöhte Relaxationsgeschwindigkeit des Myokards nach einer Kontraktion.

Daneben steigert der Sympathikus auch die Durchblutung der Koronargefäße des Herzens.

Informationsübertragung an der Zelle

Diese Sympathikuswirkungen werden über die **β_1-Rezeptoren** des Herzens vermittelt. Dabei bindet **Noradrenalin** an den β_1-Rezeptor und aktiviert über ein stimulierendes G-Protein die Adenylatcyclase (▸ Kap. 1.7.1). Das hierdurch vermehrt gebildete cAMP aktiviert die Proteinkinase A, welche die Ca^{2+}-Kanäle der Zellmembran phosphoryliert. Diese Phosphorylierung erhöht die Offenwahrscheinlichkeit dieser Ca^{2+}-Kanäle, sodass als Noradrenalinwirkung vermehrt Ca^{2+} in die Herzmuskelzelle einströmen kann.

Zusätzlich steigern Catecholamine die Aktivität der SERCA (Ca^{2+}-ATPase im sarkoplasmatischen Retikulum, ▸ Kap. 3.2.3.2).

Neben dem aus der sympathischen Innervation freigesetzten Noradrenalin wirken auch die im Blut zirkulierenden **Catecholamine** (80 % Adrenalin, 20 % Noradrenalin) des Nebennierenmarks an diesen Rezeptoren und tragen so zur sympathischen Versorgung des Herzens bei.

Positiv chronotrope Wirkung

Eine **Steigerung der Herzfrequenz** stellt unter körperlicher Belastung den wichtigsten Faktor für die Steigerung des Herzzeitvolumens dar (▸ Kap. 6.2.2.1). Mit zunehmender Herzfrequenz verkürzt sich dabei die Dauer der einzelnen Herzaktionen vor allem auf Kosten der Diastole: Bei einer Ruhefrequenz von 70 Schlägen/min beträgt die Diastolendauer zwei Drittel der Dauer einer Herzaktion. Bei einer Tachykardie von 150 Schlägen/min nimmt die Diastolendauer auf weniger als die Hälfte der Dauer einer Herzaktion ab. Die Dauer der Systole bleibt mit etwa 0,25 Sekunden unabhängig von der Herzfrequenz weitgehend konstant.

Der Sympathikus wirkt positiv chronotrop, weil unter seinem Einfluss die diastolische Depolarisation steiler verläuft und so das Schwellenpotenzial im Sinusknoten schneller erreicht wird (▸ Kap. 3.2.2.1). Dieser Effekt des Sympathikus erstreckt sich allerdings nicht nur auf die Zellen des Sinusknotens, sondern in geringerem Maße auch auf alle übrigen Myokardzellen. So wird unter dem Einfluss des Sympathikus auch die diastolische Depolarisation ektoper Zentren beschleunigt und dadurch das Auftreten von Extrasystolen begünstigt.

Positiv dromotrope Wirkung

Die **raschere Überleitung am AV-Knoten** (positiv dromotrope Wirkung) erklärt sich durch die schnellere Depolarisation, d. h. einen rascheren Aktionspotenzialaufstrich in den Zellen des AV-Knotens unter dem Einfluss des Sympathikus. Wichtig hierbei ist, dass die Fasern des AV-Knotens im Ruhezustand ein relativ höheres diastolisches Membranpotenzial aufweisen (nur −50 mV im Vergleich zu −70 mV im Vorhofmyokard) und die Aufstrichgeschwindigkeit des Aktionspotenzials normalerweise ebenfalls gering ist (▸ Abb. 3.2). Die Auslösung des Aktionspotenzials wird bei diesen langsam reagierenden Zellen des AV-Knotens vorwiegend über den langsamen Ca^{2+}-Einstrom induziert. Das schnelle Na^{+}-System ist im AV-Knoten (wie im Sinusknoten) nur schwach ausgeprägt. Der Sympathikus erhöht die Ca^{2+}-Leitfähigkeit der Membran, was einen rascheren Aufstieg des von Ca^{2+}-Ionen getragenen Aktionspotenzials im AV-Knoten und damit eine raschere Überleitung ermöglicht.

Positiv inotrope Wirkung

Der **kontraktilitätssteigernde Einfluss** des Sympathikus (positive Inotropie) beruht ebenfalls auf einer Erhöhung der Ca^{2+}-Leitfähigkeit der Herzmuskelzellmembranen. Ein verstärkter langsamer Ca^{2+}-Einstrom führt zu einer Verbesserung der elektromechanischen Kopplung und dadurch zu einer Steigerung der systolischen Kraftentwicklung. Im Arbeitsdiagramm des Her-

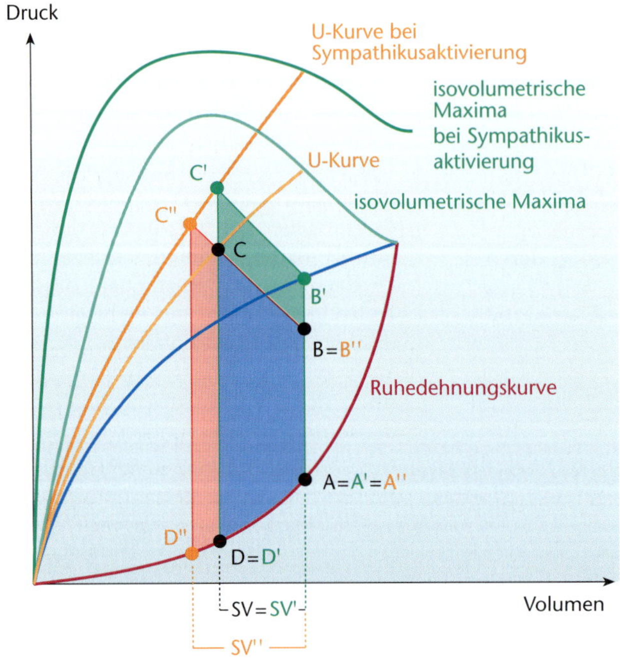

Abb. 3.23 Sympathikuswirkung auf die Pumpfunktion des Herzens. Verschiebung der Kurve der isovolumetrischen Maxima und der korrespondierenden U-Kurve zu höheren Drücken. Der Ventrikel kann vom gleichen Punkt der Ruhedehnungskurve (A = A' = A'') (1) ein höheres Schlagvolumen SV'' bei gleich bleibendem enddiastolischem Druck (B = B'') auswerfen (B'', C'', rote Fläche) oder (2) das gleiche Schlagvolumen (SV' = SV) gegen einen höheren enddiastolischen Druck (B') auswerfen (B'C', grüne Fläche).

zens äußert sich dies als eine Verschiebung der Kurve der isovolumetrischen Maxima nach oben, in Richtung höherer Druckwerte. Die korrespondierenden U-Kurven verlagern sich ebenfalls in diese Richtung (► Abb. 3.23).
Als Resultat ist der linke Ventrikel in der Lage, entweder einen höheren Druck aufzubauen oder ein größeres Schlagvolumen auszuwerfen, **ohne** auf den Frank-Starling-Mechanismus zurückgreifen zu müssen, d. h. ohne die enddiastolische Ventrikelfüllung zu verändern (► Abb. 3.23: A = A' = A''). Wird ein größeres Schlagvolumen gefördert, steigt die Auswurffraktion (Ejection Fraction) des linken Ventrikels, d. h., das Schlagvolumen vergrößert sich auf Kosten des Restvolumens, das endsystolische Volumen nimmt also ab.

Die Ejection Fraction kann mittels Herzkatheter bestimmt werden. Sie ist ein wichtiges Maß für den inotropen Status und für die Kontraktilität des Herzmuskels. Bei Gesunden liegt die Auswurffraktion zwischen 0,55 und 0,75, d. h., zwischen 55 und 75 % der enddiastolischen Ventrikelfüllung werden in der Systole ausgeworfen.

Merke

Der Sympathikus steigert das Herzzeitvolumen als Produkt aus Schlagfrequenz und Schlagvolumen und versetzt den Organismus hierdurch in die Lage, auf gesteigerte Leistungsanforderungen angemessen zu reagieren.

Klinik

Therapeutisch werden sog. **β-Sympathomimetika** wie Dopamin, Dobutamin oder Adrenalin zur Steigerung einer unzureichenden Herzleistung vor allem in der Notfallmedizin eingesetzt. Problematisch hierbei ist, dass alle diese positiv inotropen Substanzen zugleich den Sauerstoffverbrauch des Myokards erhöhen, was bei koronaren Durchblutungsstörungen mit ohnehin eingeschränkter myokardialer Sauerstoffversorgung eine unerwünschte Wirkung darstellt.
Umgekehrt können durch **β-Sympatholytika** (Betablocker, ► Tab. 14.1) die β_1-Rezeptoren des Herzmuskels blockiert werden. Dies wird zur Behandlung von Tachykardien oder Bluthochdruck ausgenutzt. Auch Extrasystolen lassen sich durch Betablockade mit Reduktion des Sympathikotonus am Herzen oft wirkungsvoll unterdrücken.

3.6.2.2 Einfluss des Parasympathikus

Der Parasympathikus versorgt mit den präganglionären Fasern der Rr. cardiaci des N. vagus vor allem die Vorhöfe, den Sinus- und den AV-Knoten. Dabei beeinflusst der rechte Herzvagus über den Sinusknoten die Herzfrequenz, der linke über den AV-Knoten vorwiegend die atrioventrikuläre Überleitung. Im Gegensatz zum Sympathikus innerviert der Parasympathikus nicht die Herzkammern.

Die Wirkungsweise des Parasympathikus ist negativ chronotrop und dromotrop. Auf die Inotropie hat er wegen der fehlenden Versorgung der Herzkammern kaum Einfluss.

Informationsübertragung an der Zelle

Die Parasympathikuswirkung am Herzen wird vorwiegend über muscarinerge **M2-Rezeptoren** vermittelt. Eine spezielle Population von K^+-Kanälen (G-Protein-aktivierte Kaliumkanäle = GIRK-Kanäle) wird durch die Bindung von Acetylcholin an diese M2-Rezeptoren geöffnet. sodass sich die Membranleitfähigkeit für K^+-Ionen erhöht. Dadurch wird das Membranpotenzial in Richtung des K^+-Ruhepotenzials verschoben, d. h. weiter negativiert: Die Auslösung von Aktionspotenzialen wird erschwert.

Negativ chronotrope Wirkung

Im Sinusknoten nimmt unter dem Einfluss des N. vagus die Steilheit der diastolischen Depolarisationen ab, das Schwellenpotenzial wird damit später erreicht, die Frequenz der ausgelösten Aktionspotenziale sinkt ab.

Negativ dromotrope Wirkung

Am AV-Knoten flacht der Vagus die Aufstrichphase des Aktionspotenzials weiter ab, die Überleitungsgeschwindigkeit verlangsamt sich. Im Extremfall wird das Schwellenpotenzial gar nicht mehr erreicht und die Überleitung dadurch vollständig blockiert: totaler AV-Block.

Merke

- Sympathikus: positiv chronotrop, dromotrop und inotrop
- Parasympathikus: negativ chronotrop und dromotrop; kein direkter Einfluss auf die Inotropie

3.6.2.3 Kardiale Reflexe

Durch A- und B-Sensoren vermittelte Reflexe

Die Herzaktion unterliegt auch einer reflektorischen Steuerung, die von Sensorafferenzen aus Vorhöfen und Kammermyokard ihren Ausgang nimmt.

Diese Sensoren lassen sich in 2 Typen unterteilen:

- **A-Sensoren** sind Spannungssensoren und werden bei Änderungen der Muskelspannung der Herzmuskulatur aktiviert.
- **B-Sensoren** erfassen als Dehnungssensoren passive Dehnungsänderungen im Myokard.

Über diese Sensoren werden 3 kardiale Reflexe vermittelt, die vom **Pressosensorenreflex** (Rezeptoren in Karotissinus und Aortenbogen, ▸ Kap. 4.3.3.1) zu unterscheiden sind:

- **Vorhofdehnungsreflex:** Bei einer Dehnung der Vorhöfe (Erregung von B-Rezeptoren) werden der Sympathikus gehemmt und der Parasympathikus aktiviert. Außerdem wird vom Vorhofmyokard das atriale natriuretische Peptid (ANP) freigesetzt, das als ein vom Herzen produziertes Hormon angesehen werden kann (▸ Kap. 10.8.4.1). ANP fördert die Ausscheidung von Wasser und NaCl über die Nieren und reduziert somit das intravasale Volumen, das ursprünglich für die Dehnung der Vorhöfe verantwortlich war.
- **Gauer-Henry-Reflex:** Umgekehrt nimmt bei einer verminderten Dehnung des Vorhofs die Sekretion von Adiuretin (ADH) zu. Dies führt zu einer vermehrten Wasserretention durch die Nieren (▸ Kap. 9.2.2.2) und zur Auffüllung eines reduzierten Intravasalvolumens.
- **Bainbridge-Reflex:** Eine rasche Dehnung des rechten Vorhofs (z. B. durch einen Ballonkatheter) führt neben der Freisetzung von ANP in vielen Fällen auch zu einer Tachykardie. Ursache hierfür ist möglicherweise die Aktivierung von A-Sensoren. Diskutiert wird auch die direkte Dehnung des Schrittmachergewebes im Sinusknoten.

Durch Chemosensoren vermittelte Reflexe

Chemosensoren reagieren vor allem auf die im Rahmen einer Ischämiereaktion des Herzens freigesetzten Substanzen (u. a. Bradykinin, Lactat, Prostaglandine).

- **Bezold-Jarisch-Reflex:** Eine Reizung von Chemosensoren im Ventrikelmyokard führt zu Bradykardie und Hypotonie. Dieser Reflex ist möglicherweise für die im Rahmen einer ischämischen Angina-pectoris-Attacke oft zu beobachtende Bradykardie verantwortlich.

Von diesen Chemosensoren nehmen auch subendokardial verlaufende **marklose Schmerzafferen-**

zen ihren Ausgang. Sie erreichen zusammen mit den sympathischen Fasern das Rückenmark. Die Information über eine Mangeldurchblutung des Herzens wird von dort in die Zentren der Schmerzwahrnehmung im ZNS weitergeleitet, wo sie als typischer **Angina-pectoris-Schmerz** empfunden wird.

3.7 Pathophysiologie

Im Rahmen der Pathophysiologie des Herzens soll die veränderte Hämodynamik bei Herzinsuffizienz und Klappenfehlern kurz dargestellt werden.

3.7.1 Herzinsuffizienz

3.7.1.1 Rechts- und Linksherzinsuffizienz

Bei Herzinsuffizienz, d. h. bei einer Pumpschwäche des Herzens, sinkt das vom linken Ventrikel ausgeworfene Herzzeitvolumen. Vor dem rechten Ventrikel staut sich das venöse Blut, der zentralvenöse Druck steigt an. Steht das verminderte Herzzeitvolumen des Herzens im Vordergrund, spricht man von **Vorwärtsversagen (Linksherzinsuffizienz),** ist der erhöhte zentralvenöse Druck dominierend, von **Rückwärtsversagen** des Herzens **(Rechtsherzinsuffizienz).** Meist sind jedoch beide Komponenten an der Herzinsuffizienz beteiligt. Ein anfänglich allein bestehendes Vorwärtsversagen führt über einen Rückstau des Blutes durch den linken Vorhof in Lungenvenen und Alveolen zu einem Lungenödem. In der Folge staut sich das Blut auch in die Lungenarterie zurück, was einen erhöhten pulmonalarteriellen Druck und damit eine erhöhte Belastung des rechten Ventrikels zur Folge hat. Bei einer Überlastung des rechten Ventrikels wird auch dieser insuffizient und es stellt sich das Bild einer **global dekompensierten Rechts- und Linksherzinsuffizienz** ein: Lungenödem und periphere Ödeme.

Mögliche Ursachen

Ursachen einer Herzinsuffizienz können Rhythmusstörungen (z.B. kompletter AV-Block), eine koronare Herzerkrankung oder ein diffuser Herzmuskelschaden durch Entzündungen oder toxische Reize (Kardiomyopathie) sein.

3.7.1.2 Kompensation

Die Pumpschwäche des Myokards kann auf 3 Weisen kompensiert werden:

- **Anstieg der Herzgröße:** Über den Frank-Starling-Mechanismus kann bei gleicher Kontraktilität ein erhöhtes Herzzeitvolumen ausgeworfen werden. Akut entwickelt sich zunächst eine Dilatation; bei länger bestehender chronischer Herzinsuffizienz (z. B. im Rahmen eines Klappenfehlers) kommt es auch zur Hypertrophie der Herzmuskulatur.
- **Verstärkung der sympathischen Stimulation:** Durch eine Steigerung von Kontraktilität und Schlagfrequenz kann die reduzierte Herzleistung ausgeglichen werden.
- **Erhöhung der Blutspiegel von Renin und Angiotensin** (► Kap. 10.5.2): Hierdurch wird versucht, trotz verminderten Schlagvolumens durch Konstriktion der peripheren Blutgefäße einen ausreichenden Blutdruck aufrechtzuerhalten. Nachteilig an diesem Kompensationsversuch ist, dass hierdurch die Wandspannung des linken Ventrikels (und damit sein Sauerstoffverbrauch) mit dem Blutdruck ansteigt.

3.7.2 Klappenfehler

3.7.2.1 Aortenklappenstenose

Bei der Aortenklappenstenose kommt es durch die Engstellung der Ausflussbahn im Bereich der stenosierten Klappe zu einer erhöhten Druckbelastung des linken Ventrikels. Dieser beantwortet eine solche Druckbelastung mit einer Dickenzunahme des Myokards, d. h. mit einer **konzentrischen Hypertrophie:** erhöhte Muskelmasse bei gleichbleibendem Ventrikelvolumen. Durch diese Dickenzunahme der Ventrikelwand kann der Herzmuskel ohne Steigerung der Kontraktilität einen höheren Druck aufbauen (nach dem Laplace-Gesetz ist der erreichbare Druck proportional der Wanddicke, ► Kap. 4.2.2.3). Mit zunehmender Wanddicke, d. h. zunehmender Hypertrophie der Myokardfasern, wird jedoch die Blutversorgung des Myokards immer kritischer, da diese für die angewachsene Muskelmasse nicht mehr ausreicht. Deshalb kann es bei starker Linksherzhypertrophie im Rahmen einer Aortenstenose auch bei völlig freien Koronargefäßen zu Angina-pectoris-Anfällen als Zeichen einer relativen Minderdurchblutung kommen.

Klinik

Typisch für die **Aortenklappenstenose** ist ein spindelförmiges, raues systolisches Herzgeräusch, das auch fortgeleitet über den Karotiden hörbar ist. Klinische Symptome treten erst bei höheren Stenosegraden auf: Schwindel, Synkopen, Atemnot bei Belastung, Angina pectoris und niedriger Blutdruck: Pulsus tardus et parvus (▸ Kap. 4.3.1.1).

3.7.2.2 Aortenklappeninsuffizienz

Bei der Aortenklappeninsuffizienz fließt ein Teil des vom linken Ventrikel ausgeworfenen Blutes durch die schlecht schließende Aortenklappe wieder in den Ventrikel zurück. Dies führt zu einer Volumenbelastung, da das zurückfließende Blut in der Systole nicht vollständig wieder ausgeworfen werden kann. Das enddiastolisch im Ventrikel verbleibende Volumen steigt an. Der linke Ventrikel beantwortet diese wachsende Volumenbelastung mit einer **exzentrischen Hypertrophie:** erhöhte Muskelmasse mit vergrößertem Ventrikelvolumen. Auf diese Weise kann der Ventrikel bei einer gleichen prozentualen Verkürzung der Myokardfasern ein höheres Schlagvolumen auswerfen und damit die erhöhte Volumenbelastung kompensieren. Bei chronischer Volumenbelastung kann das Schlagvolumen bis auf das Dreifache des Normalwerts gesteigert werden.

Klinik

Typisch für die **Aortenklappeninsuffizienz** sind eine große Blutdruckamplitude und ein Pulsus celer et magnus: „Wasserhammerpuls" (▸ Kap. 4.3.1.1).

3.7.2.3 Mitralklappenstenose

Bei einer Mitralklappenstenose wird der Blutfluss aus dem linken Vorhof in die linke Kammer behindert. Dadurch wird der linke Ventrikel bis zum Ende der Diastole nur unvollständig gefüllt: Abnahme des enddiastolischen Füllungsvolumens.

Außerdem wird der linke Vorhof gedehnt, wodurch ektope Erregungszentren aktiviert werden. Dies begünstigt die Ausbildung eines Vorhofflimmerns, das häufig mit einer Mitralstenose zusammen auftritt.

3.7.2.4 Mitralklappeninsuffizienz

Bei einer Mitralklappeninsuffizienz führt ein unvollständiger Schluss der Mitralklappe zu einem systolischen Rückfluss von Blut aus dem linken Ventrikel in den linken Vorhof: Regurgitation. Durch diesen Rückfluss staut sich das Blut in den Lungenvenen, wodurch sich bei akutem Auftreten ein Lungenödem entwickeln kann. Langfristig reagieren Vorhof und Ventrikel mit Anpassungsvorgängen: Vergrößerung des Vorhofvolumens und Hypertrophie des Ventrikelmyokards.

Blutkreislauf

04

IMPP-Hits

- Blutdruckregulation: vor allem Pressosensorenreflex und Orthostase
- Druckverhältnisse im Venensystem: Einflüsse der Schwerkraft, ZVD
- Mikrozirkulation: Filtrationsdruck, Starling-Formel
- Euler-Liljestrand-Mechanismus

4.1 Wegweiser

Der Blutkreislauf transportiert Sauerstoff und Nährstoffe zu den Organen hin und Kohlendioxid sowie Abbauprodukte des Stoffwechsels von ihnen weg. Im Hinblick auf diese Aufgabe lässt sich das Gefäßsystem in verschiedene funktionelle Abschnitte einteilen (► Kap. 4.2.1). Grundlage für das Verständnis des Kreislaufgeschehens sind Kenntnisse über die Beziehungen von Stromstärke und Gefäßwiderstand und den Einfluss von Blutviskosität und Gefäßeigenschaften auf die Organdurchblutung. Bei der Darstellung dieser physikalischen Grundlagen der Hämodynamik (► Kap. 4.2.2) kann – auch im Hinblick auf die Anforderungen der schriftlichen Prüfung – auf Formeln nicht ganz verzichtet werden. Die Physiologie des Hochdrucksystems (▸ Kap. 4.3) beschreibt Pulsformen im arteriellen Gefäßbett, arterielle Blutdruckwerte und Messverfahren sowie Regulationsmechanismen des Blutdrucks. Die Darstellung von Hypertonie, Hypotonie und Kreislaufschock (▸ Kap. 4.3.4) gibt pathophysiologische Ausblicke auf die klinische Praxis. Die Kenntnis der Druckverhältnisse im Niederdrucksystem (▸ Kap. 4.4.1) ist zum Verständnis kardialer und venöser Erkrankungen (▸ Kap. 4.4.2) wichtig. Der Stoff- und Flüssigkeitsaustausch in den Kapillaren und die bedarfsgerechte Regulation dieser kapillaren Durchblutung sind Themen in ▸ Kap. 4.5. Abschließend werden die Besonderheiten der einzelnen Organkreisläufe (▸ Kap. 4.6) sowie des fetalen und plazentaren Kreislaufs besprochen (▸ Kap. 4.7).

4.2 Grundlagen

4.2.1 Funktionelle Abschnitte des Gefäßsystems

Das Kreislaufsystem wird in den großen Körperkreislauf und den kleinen Lungenkreislauf eingeteilt. Der Körperkreislauf wird über den linken Ventrikel versorgt, der Lungenkreislauf über den rechten Ventrikel. Im arteriellen Schenkel des Körperkreislaufs, dem **Hochdrucksystem,** herrschen vorwiegend hohe Drücke um 100 mmHg. Im venösen Schenkel des Körperkreislaufs und im Lungenkreislauf, dem **Niederdrucksystem,** werden dagegen niedrigere Drücke von 5–25 mmHg gemessen (▸ Abb. 4.1).

4.2.1.1 Gefäßklassen

Die anatomischen Abschnitte der am Kreislauf beteiligten Gefäße (Arterien, Arteriolen, Kapillaren, Venolen, Venen) können nach ihrer Funktion 6 Gefäßklassen zugeordnet werden.

Windkesselgefäße

Zu dieser Gruppe gehören große Arterien mit hohem Anteil elastischer Fasern, wie die Aorta und die Aa. pulmonales. Durch die hohe Elastizität ihrer Wandstrukturen puffern sie die vom Herzen in der Systole ausgeworfene Blutwelle ab. Auf diese Weise werden Druck- und Strömungsspitzen gekappt und eine geglättete Blutwelle an die periphere Zirkulation weitergegeben (▸ Kap. 4.3.1.2).

Widerstandsgefäße

Terminale Arterien und Arteriolen

Der Widerstand dieser muskelstarken Gefäße, die dem Kapillarnetz vorgeschaltet sind, reduziert den arteriellen Druck des Blutes vor dem Übertritt in das Kapillarsystem auf Werte um 35 mmHg (▸ Abb. 4.1).

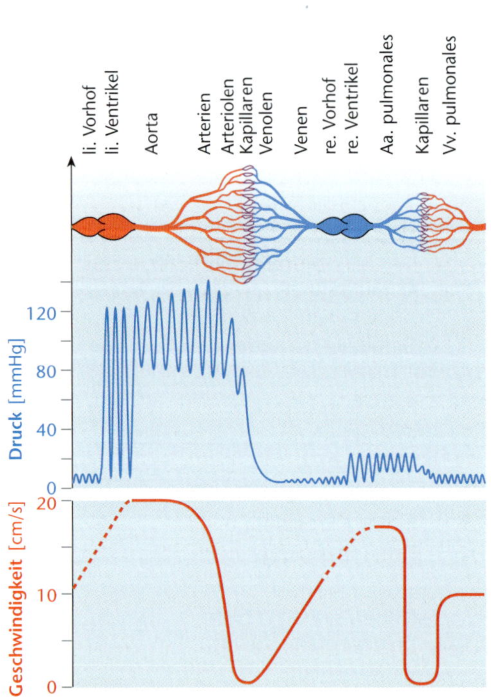

Abb. 4.1 Blutdruck, Strömungsgeschwindigkeit und Gefäßquerschnitt im Körperkreislauf. Nach [3]

Postkapilläre Venolen und Venen

Auch diese venösen Gefäße wirken als Widerstandsgefäße und bauen durch ihre Engstellung einen geringen Druck von etwa 10 mmHg auf. Das Verhältnis der beiden durch die prä- und postkapillären Widerstandsgefäße aufgebauten Drücke beeinflusst den hydrostatischen Druck in den zwischengeschalteten Kapillaren und damit den Übertritt von Plasmaflüssigkeit aus den Kapillaren ins Gewebe (▸ Kap. 4.5.1). Widerstandsgefäße sind durch einen hohen Strömungswiderstand bei geringer Blutfüllung (geringe Kapazität) gekennzeichnet.

Gesamtwiderstand des Kreislaufsystems

Quantitativ betrachtet beträgt der Anteil der terminalen Arterien und Arteriolen am Gesamtwiderstand des Kreislaufsystems (TPR = Total Peripheral Resistance) etwa 50 %. Der Anteil von Aorta und großen Arterien liegt bei ca. 20 %. Die Kapillaren beteiligen sich mit 23 %, Venolen mit 4 % und die übrigen Venen mit 3 % am Gesamtwiderstand. Der größte Strömungswiderstand

tritt also im unmittelbar präkapillären Bereich der Strombahn in den terminalen Arteriolen auf. Insgesamt beträgt der TPR bei körperlicher Ruhe etwa 20 mmHg × l^{-1} × min.
Die Durchblutungsmenge der einzelnen Organsysteme wird über die unterschiedlichen Widerstände der Organkreisläufe auf der Ebene der Widerstandsgefäße reguliert. Zusammen mit dem Herzzeitvolumen bestimmt der TPR die Höhe des Blutdrucks (▶ Kap. 4.3.3).

Sphinktergefäße

Sphinktergefäße sind Blutgefäße, die über einen Verschlussmechanismus aus ringförmig angeordneten glatten Muskelzellen verfügen. Durch Öffnen oder Schließen von Sphinktergefäßen im terminalen Bereich der präkapillären Arteriolen wird die Zahl der durchbluteten Kapillaren, d. h. die Größe der kapillären Austauschfläche, reguliert.

Austauschgefäße

In diesen Gefäßen, die morphologisch den Kapillaren entsprechen, vollzieht sich der Gas- und Stoffaustausch zwischen Blut und Gewebe durch Diffusion und Filtration. Die Austauschgefäße verfügen über keine Muskulatur. Ihre Gefäßweite folgt passiv den Druckänderungen der umgebenden Gefäßstrecken (prä- und postkapilläre Widerstands- und Sphinktergefäße).

Kapazitätsgefäße

Hierunter werden die als Blutdepot dienenden Venen funktionell zusammengefasst. Unter Normalbedingungen können die Venen insbesondere in Leber, Splanchnikusgebiet und im subpapillären Plexus der Haut eine große Blutmenge (etwa 1.000 ml) speichern und dem Kreislauf bei Bedarf durch Kontraktion der glatten Venenmuskulatur akut zur Verfügung stellen. Charakteristisch für die Kapazitätsgefäße ist eine hohe Kapazität bei niedrigen Strömungswiderständen.

Shunt-Gefäße

Als Shunt bezeichnet man einen Kurzschluss zwischen arteriellem und venösem System. Shunt-Gefäße erlauben eine direkte Überleitung des Blutes aus dem arteriellen in den venösen Schenkel unter Umgehung des Kapillarbetts, was unter bestimmten Bedingungen, z. B. bei Überversorgung des Kapillarbetts oder zur Verminderung der Wärmeabgabe im Bereich der Hautkapillaren bei kalter Umgebung, physiologisch sinnvoll ist.

Tab. 4.1 Verteilung des Blutvolumens

Gefäßbereich	Anteil am Blutvolumen (%)
Herz	7
Lungenkreislauf	9
Körperkreislauf	84
• Arterien	3
• Arteriolen und Kapillaren	7
• Venen, Venolen und venöse Sinus	64

Merke

Präkapilläre Gefäße (terminale Arterien und Arteriolen) haben am Strömungswiderstand den größten Anteil: 50 %.

4.2.1.2 Verteilung des Blutvolumens

Die unterschiedlichen Eigenschaften der verschiedenen Abschnitte des Gefäßsystems führen zu einer charakteristischen Verteilung des Blutvolumens (▶ Tab. 4.1).

4.2.2 Hämodynamik und Gefäßeigenschaften

4.2.2.1 Stromstärke und Gefäßwiderstand

Ohm-Gesetz

Stromstärke

Druckdifferenz und Strömungswiderstand Die Stromstärke in einem geschlossenen System ist direkt proportional der treibenden Druckdifferenz und umgekehrt proportional dem Strömungswiderstand. Diese Beziehung des **Ohm-Gesetzes** gilt auch für den Blutkreislauf:

$$\dot{V} = \frac{\Delta P}{R} \qquad [1]$$

$\dot{V}$ = Stromstärke (Volumenstrom) in l/min

ΔP = Druckdifferenz

R = Strömungswiderstand

Hierbei ist wichtig zu beachten, dass nicht die **absolute Höhe** des in einem Gefäß herrschenden Drucks die Stromstärke bestimmt, sondern die **Druckdifferenz** (ΔP) zwischen Anfangs- und Endpunkt der Gefäßstrecke.

Gefäßquerschnitt und Strömungsgeschwindigkeit Die Stromstärke ist außerdem abhängig vom Querschnitt des Gefäßes (Q) und von der über den Querschnitt gemittelten Strömungsgeschwindigkeit ($\overline{v}$) des Blutes:

$$\dot{V} = Q \times \overline{v} \qquad [2]$$

Nach dem **Kontinuitätsgesetz** ist nun aber in einem System verbundener Röhren – wie dem Blutgefäßsystem – die Stromstärke (als Produkt aus Strömungsgeschwindigkeit und Querschnitt) in jedem Abschnitt des Systems konstant.
Dies bedeutet, dass bei einer Abnahme des Querschnitts eines Blutgefäßes die Strömungsgeschwindigkeit zwangsläufig ansteigen muss. In dünnlumigen Gefäßen fließt daher bei gleichem Druck das Blut schneller als in weitlumigen Gefäßen. Im Kapillarsystem ist zwar der Querschnitt jeder einzelnen Kapillare sehr gering, der Gesamtquerschnitt des Kapillarbetts wegen der Vielzahl parallel geschalteter Kapillaren jedoch sehr hoch: Die Strömungsgeschwindigkeit ist daher im Kapillarsystem maximal verlangsamt (► Abb. 4.1).

Merke

Je größer der Querschnitt des Gefäßes oder je größer die Strömungsgeschwindigkeit des Blutes, desto größer die Stromstärke.

Gefäßwiderstand

Den Strömungswiderstand (R) in einem Gefäß erhält man durch Umformung der Gleichung [1]:

$$R = \frac{\Delta P}{\dot{V}} \qquad [3]$$

Für die Berechnung des Gesamtwiderstands in einem System aus mehreren Gefäßen gelten die beiden Kirchhoff-Gesetze:

- **1. Kirchhoff-Gesetz:** Bei hintereinander geschalteten Gefäßen addieren sich deren Einzelwiderstände R_n.

$$R_{gesamt} = R_1 + R_2[\ldots] + R_n \qquad [4]$$

- **2. Kirchhoff-Gesetz:** Bei parallel geschalteten Gefäßen ist der Gesamtwiderstand erheblich kleiner als der Widerstand des einzelnen Gefäßes, da sich nicht die Widerstände, sondern die Leitfähigkeiten ($L = 1/R$) addieren.

$$1/R_{gesamt} = L_1 + L_2[\ldots] + L_n \qquad [5]$$

Dies bedeutet, dass die **Leitfähigkeit** eines Systems parallel geschalteter Blutgefäße mit jedem weiteren parallel geschalteten Gefäß zunimmt (da jedes Gefäß, selbst das englumigste, über eine zumindest minimale Leitfähigkeit verfügt) und der Gesamtwiderstand entsprechend abnimmt.

Laminare Strömung und Hagen-Poiseuille-Gesetz

Laminare Strömung

In Wirklichkeit strömt menschliches Blut nicht nach den idealen Bedingungen des Ohm-Gesetzes. Das Ohm-Gesetz bedarf einer Erweiterung, bei der die besonderen Strömungseigenschaften der viskösen Blutflüssigkeit berücksichtigt werden müssen. Unter Normalbedingungen strömt Blut in einem Gefäß in Form von konzentrischen, laminaren Schichten. Die Schichten nahe der Gefäßwand strömen dabei wegen des stärkeren Reibungswiderstands mit der Wand am langsamsten (► Abb. 4.2a). Die höchste Strömungsgeschwindigkeit findet sich in der Gefäßmitte, im axialen Bereich. Diese Strömungsform bringt es mit sich, dass der Gefäßdurchmesser für die Strömungsgeschwindigkeit eine entscheidende Rolle spielt: Bei kleinen Gefäßen sind fast alle konzentrischen Strömungszylinder von Reibungsverlusten mit der Gefäßwand betroffen; dicklumige Gefäße bieten mehr Raum für den schnellen axialen Strom.

Stromstärke

Berechnung Integriert man die Strömungsgeschwindigkeiten aller konzentrischen Blutzylinder unter Berücksichtigung ihres Volumens, erhält man das Hagen-Poiseuille-Gesetz, das die Abhängigkeit der Stromstärke ($\dot{V}$) von Gefäßradius (r), Gefäßlänge (l), Druckdifferenz (ΔP) und Blutviskosität (η) widerspiegelt:

$$\dot{V} = \frac{\pi \times r^4}{8 \times \eta \times l} \times \Delta P \qquad [6]$$

Bedeutung Die Stromstärke ($\dot{V}$) [l/min] ist nach [6] direkt proportional zur 4. Potenz des Gefäßradius, d.h., eine Zunahme des Gefäßradius um den Faktor 2 führt zu einer 16-fach höheren Stromstärke. Andererseits führen schon geringe Einengungen des Gefäßdurchmessers zu einer spürbar reduzierten Durchblutung. Ist z.B. der Gefäßradius einer 5 mm starken Arterie um nur 0,5 mm auf 4,5 mm, also auf 90 % des Ausgangsdurchmessers, eingeschränkt, geht diese Rea

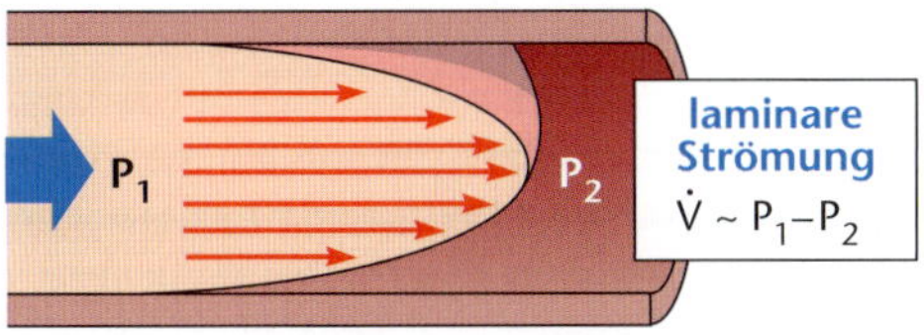

b

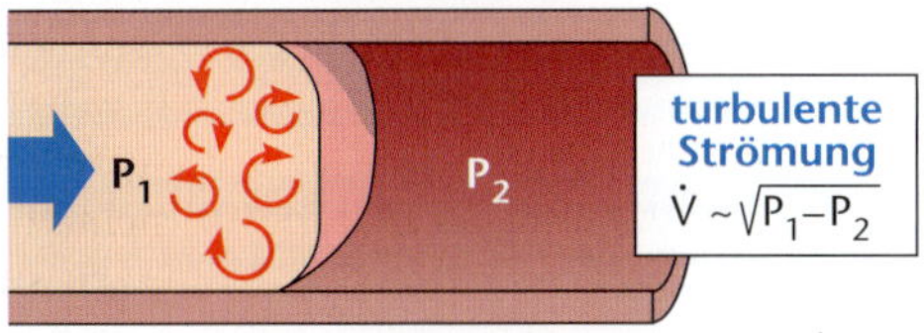

Abb. 4.2 Laminare **(a)** und turbulente **(b)** Strömung. Der blaue Pfeil zeigt die Strömungsrichtung der Flüssigkeit, die roten Pfeile zeigen die Bewegungsrichtung und -geschwindigkeit einzelner Flüssigkeitsteilchen an. Die Stromstärke ($\dot{V}$) ist bei laminarer Strömung dem Perfusionsdruck ($\Delta P = P_1 - P_2$) und bei turbulenter Strömung der Quadratwurzel aus dem Perfusionsdruck proportional, d. h., bei gleichem Perfusionsdruck ist die Stromstärke bei laminarer Strömung deutlich höher als bei turbulenter. Nach [3]

duktion nach dem Hagen-Poiseuille-Gesetz mit der 4. Potenz in die Berechnung der Stromstärke ein. Die Durchblutung beträgt in diesem Fall nur noch $0{,}9^4 = 0{,}66 = 66\,\%$ des Ausgangswerts.

Gefäßwiderstand

Berechnung Im Vergleich zum Ohm-Gesetz (Gleichung [1]) ist der Faktor $1/R$ durch den Komplex

$$\frac{\pi \times r^4}{8 \times \eta \times l}$$

ersetzt. Das heißt, für den Gefäßwiderstand R gilt durch einfache Umkehrung:

$$R = \frac{8 \times \eta \times l}{\pi \times r^4} \qquad [7]$$

Bedeutung Es wird deutlich, dass sich der Gefäßwiderstand (R) umgekehrt proportional zur 4. Potenz des Radius (r^4) verhält. Das heißt z. B.: Eine Zunahme des Radius um den Faktor 2 führt zu einer Abnahme des Gefäßwiderstands R um den Faktor $2^4 = 16$. Über eine Änderung des Gefäßdurchmessers lassen sich also außerordentlich wirkungsvoll der Gefäßwiderstand und damit die Durchblutung einer Gefäßregion steuern.

Klinik

Durch radiologische Untersuchungen mit Kontrastmittel können die **Koronargefäße des Herzens** dargestellt werden. Wird hierbei z. B. eine 90-prozentige Stenose des R. interventricularis anterior (RIVA) der linken Herzkranzarterie gesehen, bedeutet das eine Einschränkung des Blutflusses durch die verbleibenden 10 % des Restlumens auf lediglich $0{,}1^4 = 0{,}01\,\%$ des normalen Blutflusses. Durch die Aufdehnung des Gefäßes mit einem Ballonkatheter (Koronarangioplastie) kann in vielen Fällen eine ausreichende Erweiterung der Engstelle erreicht werden.

Einschränkungen

Das Hagen-Poiseuille-Gesetz beschreibt die Strömung im Blutkreislauf ebenfalls unter gewissen Einschränkungen. Es gilt lediglich für

- starre Röhren,
- laminare Strömung,
- homogene Flüssigkeiten,
- benetzbare Gefäßwände,
- konstante Strömung.

Diese Voraussetzungen sind bei dem aus elastischen Röhren bestehenden menschlichen Gefäßsystem mit nicht immer laminarem Strömungsverlauf von inhomogenen Flüssigkeiten unter rhythmisch mit dem Herzschlag wechselnden Stromstärken nicht erfüllt. Dennoch kann das Hagen-Poiseuille-Gesetz als eine gute und klinisch ausreichende Näherung angesehen werden.

Klinik

Die **Doppler-Sonografie** dient der Diagnostik von Strömungsveränderungen im Herz-Kreislaufsystem, z. B. bei Verdacht auf Herzklappenfehler oder arteriosklerotische Stenosen. Der Doppler-Effekt besagt, dass sich die beim Empfänger eintreffende Schallfrequenz verändert, wenn sich eine Schallquelle relativ zum Empfänger bewegt (z. B. Martinshorn eines Einsatzwagens). Trifft der vom Schallkopf ausgesandte Ultraschall auf Erythrozyten, die sich vom Schallkopf entfernen, ist die Frequenz des zurückgesendeten Schalls tiefer als die Ausgangsfrequenz, beim Blutfluss zum Schallkopf hin dagegen höher. Die Doppler-Frequenz wird aber auch vom Winkel des Schallkopfes zum Gefäß beeinflusst: je flacher der Winkel, desto größer der Doppler-Effekt. Bei senkrecht zum Gefäß stehendem Schallkopf wird kein Doppler-Effekt registriert. Aus den vom Schallkopf registrierten Frequenzmustern lassen sich die Strö mungsgeschwindigkeit und die Strömungsrichtung des

Blutes berechnen und an einem Monitor grafisch darstellen.

Turbulente Strömung und Reynolds-Zahl

Turbulente Strömung

Während im Normalfall das Blut im Gefäßsystem – wie beim Hagen-Poiseuille-Gesetz vorausgesetzt – in Form von konzentrischen, unterschiedlich schnellen Blutzylindern laminar strömt, kann es unter bestimmten Bedingungen zu einer Wirbelbildung im Blutfluss kommen, bei der sich die Flüssigkeit nicht mehr streng parallel zur Gefäßwand, sondern auch quer zu dieser bewegt (► Abb. 4.2b). Eine solche turbulente Strömung tritt vorwiegend auf

- in großen Gefäßen (unter Normalbedingungen nur in den proximalen Abschnitten von Aorta und A. pulmonalis),
- an arteriellen Gefäßbifurkationen,
- bei hohen Strömungsgeschwindigkeiten,
- bei hoher Massendichte,
- bei niedriger Viskosität des Blutes,
- bei erniedrigter Erythrozytenzahl (Viskosität ↓).

Reynolds-Zahl

Zur Abschätzung der Turbulenz einer Strömung dient die dimensionslose Reynolds-Zahl (Re), die alle diese Einflüsse auf die Strömung berücksichtigt:

$$Re = \frac{d \times \overline{v} \times \rho}{\eta} \qquad [8]$$

d	=	Innendurchmesser des Gefäßes [m]
$\overline{v}$	=	mittlere Strömungsgeschwindigkeit [m/s]
ρ	=	Massendichte des Blutes [kg/m^3]
η	=	Blutviskosität [Pa/s]

Liegt die Reynolds-Zahl über 200, werden einzelne lokale Turbulenzen an Gefäßabgängen beobachtet, bei Werten über 2.000 geht die laminare Strömung vollständig in eine turbulente Strömung über.

Bedeutung

Die Bedeutung der turbulenten Strömung liegt darin, dass durch die entstehenden Wirbel der innere Reibungswiderstand der Blutsäule beträchtlich zunimmt. Die Stromstärke steigt daher nicht mehr linear mit der Druckdifferenz (Ohm-Gesetz [1]), sondern lediglich noch mit der Quadratwurzel der Druckdifferenz (► Abb. 4.2b). Für eine Verdopplung der Stromstärke ist also eine Vervierfachung der Druckdifferenz erforderlich, was mit einer entsprechend erhöhten Pumpbelastung des Herzens einhergeht.

Klinik

Ein **systolisches Herzgeräusch bei Anämie** entsteht, weil bei einer Anämie die Blutviskosität erniedrigt ist. Dadurch steigt nach Gleichung [8] die Reynolds-Zahl. In praktisch allen großen Arterien und auch im Bereich der Herzklappen wird ein Wert von 1.000 überschritten. Die entstehenden Turbulenzen werden als Strömungsgeräusche über dem Herz (und über den großen Arterien) hörbar.

4.2.2.2 Einfluss der Blutviskosität auf den Blutfluss

Viskosität

Aus dem Hagen-Poiseuille-Gesetz [6] lässt sich die Bedeutung der Viskosität für das Strömungsverhalten des Blutes ablesen: Mit steigender Viskosität nimmt der Strömungswiderstand zu. Die Viskosität (η) ist eine temperaturabhängige Materialkonstante. Sie ist ein Maß für die innere Reibung zwischen benachbarten Schichten in einer laminar strömenden Flüssigkeit. Die Viskosität ist definiert als Quotient aus Schubspannung τ und Schergrad γ:

$$\eta = \frac{\tau}{\gamma} \qquad [9]$$

Die **Schubspannung** ist die Kraft (F), die pro Flächeneinheit (A) nötig ist, um Flüssigkeitsschichten gegeneinander zu verschieben: F/A. Der **Schergrad** ist das Geschwindigkeitsgefälle, das sich zwischen einer ruhenden Flüssigkeitsschicht und den durch die Schubspannung in Bewegung versetzten Flüssigkeitsschichten ausbildet.

Einschränkungen Diese Viskositätsformel gilt nur für sog. Newton-Flüssigkeiten (z. B. Wasser oder Plasma), deren Viskosität lediglich von der Temperatur abhängt. Blut ist jedoch eine inhomogene Nicht-Newton-Flüssigkeit, deren Viskosität bei langsamen Strömungsgeschwindigkeiten stark zunimmt.

Relative Blutviskosität

Die Viskosität wird oft in relativen Einheiten im Vergleich zu Wasser (Viskosität = 1) angegeben. Die relative Viskosität von Blut liegt bei 3–5, die von Plasma bei 1,9–2,3. Daraus wird deutlich, dass die **Erythrozyten** für die höhere Viskosität von Blut im Vergleich zu Plasma verantwortlich sind:

- Sinkt die Erythrozytenzahl, z. B. bei Anämie oder im Rahmen eines therapeutischen Aderlasses, bei dem lediglich der reine Flüssigkeitsverlust ersetzt wird, vermindert sich daher auch die Blutviskosität.
- Umgekehrt führt ein Anstieg der Erythrozytenzahl (z. B. bei Wassermangel oder übermäßiger Erythrozytenbildung) zu einem Anstieg der Viskosität, die bei einem Hämatokriten von 65 den relativen Wert von 10 im Vergleich zu Wasser erreichen kann.

Blutviskosität in der Mikrozirkulation

In der Mikrozirkulation verändert sich die Blutviskosität im Vergleich zu größeren Gefäßen:

Fåhraeus-Lindqvist-Effekt

Sinkt der Gefäßdurchmesser unter 1 mm, nimmt die Blutviskosität um etwa 50 % ab, in Gefäßen unter 10 µm werden Viskositätswerte wie in reinem Plasma gemessen. Dies beruht darauf, dass der geringe Gefäßdurchmesser eine schlangenförmige Anordnung der Erythrozyten in der Gefäßmitte erzwingt, sodass ein Erythrozytenzylinder in einem Plasmamantel gleitet. Die internen Reibungswiderstände der Erythrozyten untereinander fallen weg, wodurch die scheinbare oder **apparente Viskosität** des Blutes abnimmt.

Geldrollenphänomen

Unter normalen Bedingungen wird der Fåhraeus-Lindqvist-Effekt im Kapillarbett aber mehr als ausgeglichen durch den starken Anstieg der Blutviskosität bei Verlangsamung der Strömungsgeschwindigkeit. Da die Strömungsgeschwindigkeit insbesondere in kleinen Gefäßen sehr langsam ist (oft unter 1 mm/s, ► Abb. 4.1), kommt es dort zu einer reversiblen Vernetzung der strömenden Erythrozyten mit Plasmaproteinen (Geldrollenphänomen), welche die erhöhte Viskosität bei langsamer Strömungsgeschwindigkeit verursacht.

4.2.2.3 Gefäßeigenschaften des Kreislaufsystems

Transmuraler Druck

Die Gefäße des Kreislaufsystems sind durch die Pumpleistung des Herzens Druckbelastungen ausgesetzt, auf die sie je nach Elastizität ihrer Wandstrukturen unterschiedlich reagieren.

Ist der Blutdruck im Inneren des Gefäßes (P_i) größer als der Umgebungsdruck des Gewebes (P_a), wird das Gefäß gedehnt. Die Druckdifferenz zwischen innen und außen (P_i–P_a) wird als transmuraler Druck (P_{tm}) bezeichnet. Je höher der transmurale Druck, desto stärker wird das Gefäß geweitet (► Abb. 4.3).

Laplace-Gesetz

Der transmurale Druck (P_{tm}) erzeugt so im Gefäß eine tangentiale Wandspannung (σ_t), die umso geringer ausfällt, je kleiner der Innenradius des Gefäßes (r_i) oder je dicker die Gefäßwand (h) ist. Diese Beziehung wird durch das Laplace-Gesetz beschrieben:

$$\sigma_t = P_{tm} \times \frac{r_i}{h} \quad [10]$$

Die Wandspannung entspricht dabei der Kraft in der Gefäßwand, die dem transmuralen Druck entgegenwirkt. Bei konstantem Druck muss nach dem Laplace-Gesetz die Wandspannung umso höher sein, je größer der Gefäßradius r_i ist. Auch bei dünnerer Gefäßwand h muss die Wandspannung steigen, um dem transmuralen Druck zu widerstehen. Aus dem Laplace-Gesetz wird verständlich, warum auch kleine Gefäße dem Blutdruck widerstehen können. Durch ihren geringen Durchmesser und die im Verhältnis dazu dicke Gefäßwand ist die Wandspannung in ihnen viel geringer als z. B. in der dicklumigen Aorta.

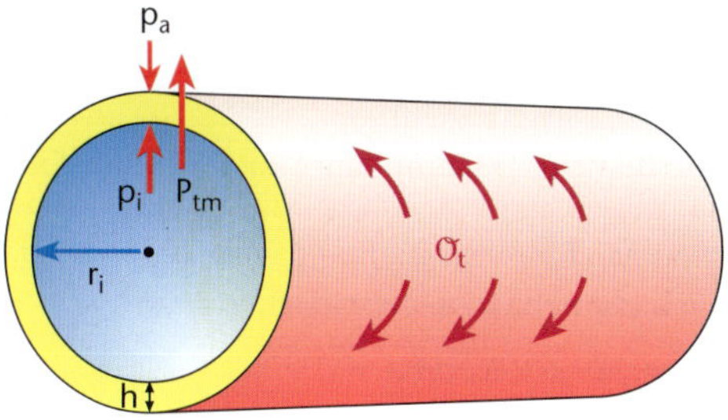

Abb. 4.3 Einflussfaktoren auf den transmuralen Druck. P_i = Druck im Gefäßinneren, P_a = Druck im Gewebe, P_{tm} = transmuraler Druck, σ_t = tangentiale Wandspannung, h = Dicke der Gefäßwand, r_i = Innenradius des Gefäßes. Nach [3]

Klinik

Bei arteriosklerotischen Gefäßveränderungen können sich in der Gefäßwand Aussackungen bilden: **Aneurysmen.** Diese Aneurysmen sind aufgrund des Laplace-Gesetzes aus 2 Gründen von einer Ruptur bedroht: (1) Ihr Durchmesser ist größer und (2) ihre Wanddicke ist geringer als bei einem normalen Gefäß. Beide Faktoren führen zu einer Erhöhung der Wandspannung und verstärken dadurch die tangential in Richtung einer Gefäßruptur wirkenden Kräfte in den Wandstrukturen des Aneurysmas.

Compliance und Volumenelastizitätskoeffizient

Compliance

Auf die Druckbelastung des Blutdrucks reagieren Arterien und Venen unterschiedlich. Aufgrund ihrer muskulären, weniger elastischen Wandstruktur sind Arterien durch den gleichen Druck etwa 6- bis 10-mal weniger dehnbar als Venen. Das Maß für die Dehnbarkeit (C = Compliance) eines Gefäßes ist die durch eine Drucksteigerung ausgelöste Volumenzunahme:

$$C = \frac{\Delta V}{\Delta P} \qquad [11]$$

Wenn z. B. ein sehr großes einströmendes Volumen in einem Gefäß den Druck nur geringfügig erhöht, dann ist die Compliance des Gefäßes hoch, d. h., das Gefäß ist stark dehnbar: ΔV in Gleichung [11] ist groß, ΔP ist klein. Die Compliance des Venensystems (= kapazitives System) ist 200-mal größer als die des arteriellen Systems. Würden z. B. 500 ml Flüssigkeit infundiert, erhielte das arterielle System hiervon – gleiche Druckänderung ΔP in beiden Systemen vorausgesetzt – nur den 200. Teil, d. h. in diesem Fall 2,5 ml.

Volumenelastizitätskoeffizient

Der Kehrwert der Compliance ist der Volumenelastizitätskoeffizient E' ($\Delta P/\Delta V$). Der Volumenelastizitätskoeffizient ist folglich im venösen System erheblich kleiner als im arteriellen System.

Volumen-Druck-Kurven

Die in Gleichung [11] wiedergegebene Compliance-Beziehung zwischen Volumen und Druckänderung im Gefäßsystem lässt sich grafisch in Form von Volumen-Druck-Kurven darstellen (► Abb. 4.4).

- Im **arteriellen System** erzeugen geringe Volumenänderungen große Druckänderungen, d. h., die Compliance ist niedrig. Bei einem arteriellen Blutvolumen von z. B. 750 ml ist der Blutdruck mit 100 mmHg noch normal, bei 500 ml fällt er bereits auf 0 mmHg ab. Die Volumen-Druck-Kurve verläuft dementsprechend steil.
- Im **venösen System** verläuft die Volumen-Druck-Beziehung flach. Selbst große Volumenzunahmen führen nur zu einem geringen Anstieg des venösen Drucks, die Compliance ist hoch.

Eine **sympathische Stimulation** mit nachfolgender Kontraktion der arteriellen Gefäßwände verschiebt die Volumen-Druck-Beziehung im arteriellen System nach links. Der gleiche Blutdruck kann bereits mit einem geringeren Blutvolumen aufgebaut werden. Im venösen System führt die sympathikusinduzierte Vasokonstriktion ebenfalls zu einer Linksverschiebung der Volumen-Druck-Kurve: Bei gleichbleibendem venösem Druck wird im venösen System gespeichertes Blutvolumen an die Zirkulation abgegeben.

Klinik

Diese Mechanismen sind bei einem **akuten Blutverlust** von entscheidender Bedeutung: Trotz des reduzierten Blutvolumens kann so für eine gewisse Zeit ein ausreichender Blutdruck aufrechterhalten werden.

Stressrelaxation: Delayed Compliance

Nach Injektion eines zusätzlichen Blutvolumens in ein abgeschlossenes venöses Gefäß reagiert dieses

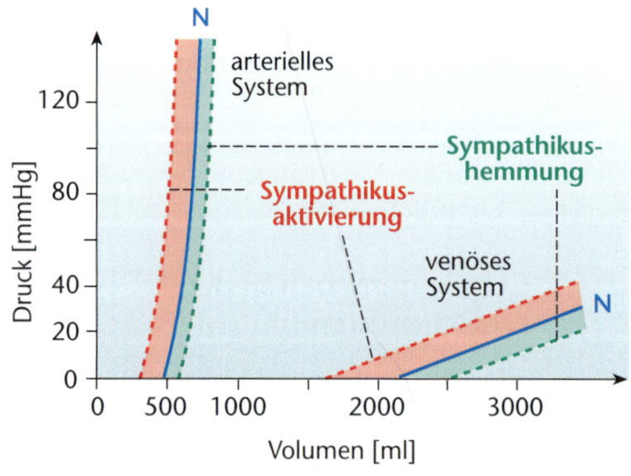

Abb. 4.4 Volumen-Druck-Kurven im arteriellen und im venösen Gefäßsystem. Die gestrichelten Kurven verdeutlichen den Einfluss von sympathischer Stimulation oder Hemmung. Die Linie N markiert jeweils die normale Volumen-Druck-Beziehung im arteriellen und venösen System.

zunächst mit einer dem Volumenzuwachs entsprechenden sofortigen Drucksteigerung. Im weiteren Zeitverlauf passen sich die Aktin- und Myosinfilamente der glatten Venenmuskulatur der zusätzlichen Dehnung an und reduzieren durch ein allmähliches Auseinandergleiten die Wandspannung und damit den Druck im Gefäß (► Abb. 4.5). Diese hier an einem venösen Blutgefäß beobachtete und als Stressrelaxation oder Delayed Compliance bezeichnete gleitende Anpassungsfähigkeit ist ein generelles Charakteristikum glatter Muskelfasern (► Kap. 13.3.3.2).

Druck-Stromstärke-Kurven

Nach dem in starren Röhren geltenden Hagen-Poiseuille-Gesetz (Gleichung [6]) steigt die Stromstärke in einem Gefäß linear an, wenn der Druck erhöht wird und der Gefäßdurchmesser gleich bleibt (c in ► Abb. 4.6).

Druckpassives Gefäßverhalten

Da Gefäßwände jedoch dehnbar und nicht starr sind, nimmt bei einer Druckerhöhung im Gefäßsystem auch der Gefäßdurchmesser zu, wenn das jeweilige Gefäß diese Druckerhöhung und die daraus resultierende Lumenaufweitung passiv hinnimmt. Dadurch steigt dann die Stromstärke erheblich stärker an als in starren Röhren mit unverändertem Gefäßdurchmesser (Gleichung [6]). Lungengefäße z. B. reagieren auf die Zunahme des Blutdrucks druckpassiv mit einer Dilatation. Die Stromstärke steigt dementsprechend wesentlich stärker an, als es nach dem Hagen-Poiseuille-Gesetz zu erwarten wäre (a in ► Abb. 4.6).

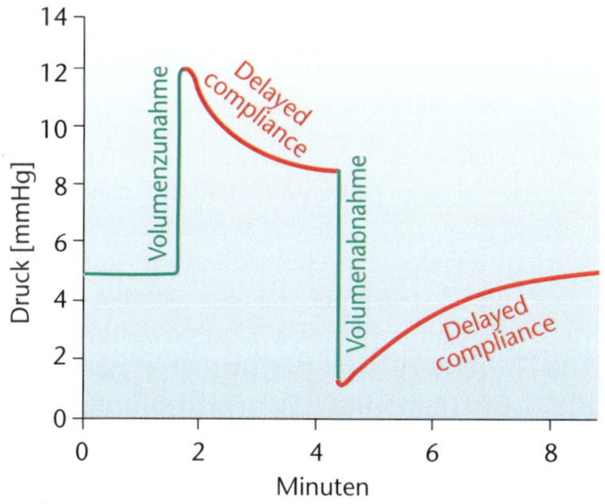

Abb. 4.5 Stressrelaxation in einem venösen Blutgefäß. Effekte von plötzlicher Volumenzunahme und Volumenabnahme auf den Druckverlauf im Gefäßbett.

Autoregulation der Durchblutung

Nieren und Gehirn sind auf eine von Blutdruckschwankungen möglichst unabhängige Durchblutung angewiesen. Dies wird durch eine Autoregulation der betreffenden Gefäßabschnitte erreicht. Die glatte Muskulatur von Nieren- und Hirnarterien reagiert auf Druckerhöhung mit einer reflektorischen Kontraktion und wirkt so der druckpassiven Lumenvergrößerung entgegen. Diese als **Bayliss-Effekt** bezeichnete Reaktion wird über Calciumkanäle vermittelt, die durch Zugkräfte aktiviert werden: je größer der Druckanstieg, desto stärker die Kontraktion der Gefäßmuskulatur. Auf diese Weise bleibt in einem bestimmten Druckbereich (zwischen etwa 120 und 200 mmHg) die Stromstärke im Gefäß relativ konstant (b in ► Abb. 4.6).

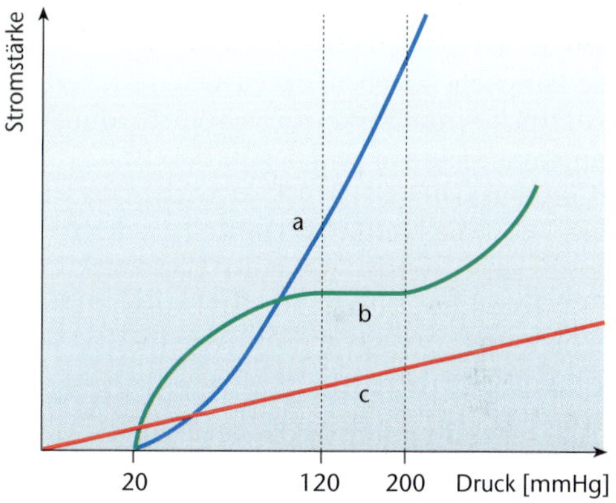

Abb. 4.6 Druck-Stromstärke-Beziehung verschiedener Gefäßtypen. **a:** Rein druckpassives Gefäßverhalten, z. B. Lungengefäße. **b:** Aktive Gegenregulation des Gefäßes aufgrund des Bayliss-Effekts, z. B. Niere, Hirngefäße. **c:** Idealisierte Druck-Stromstärke-Beziehungen in einem starren Rohr (Hagen-Poiseuille-Gesetz).

Dieses autoregulative Verhalten der glatten Gefäßmuskulatur auf der Grundlage eines autonomen, basalen Gefäßtonus ist von der vegetativen Innervation unabhängig. Es bleibt deshalb auch nach Durchtrennung der entsprechenden vasomotorischen Nerven erhalten. Erst bei Gabe von Papaverin (im Rahmen physiologischer Untersuchungen) wird durch Lähmung der glatten Gefäßmuskulatur auch dieser basale Gefäßtonus und mit ihm die Autoregulation der Blutgefäße aufgehoben.

Merke

Bayliss-Effekt = Blutdruckautoregulation: Blutdruckanstieg → erhöhte Wanddehnung → Öffnung von zugaktivierten Calciumkanälen → Kontraktion der glatten Gefäßmuskulatur.

Sonderfälle des starren Rohrs

Aus Abb. 4.6 wird deutlich, dass die Druck-Stromstärke-Beziehungen von druckpassiven und autoregulativen Gefäßen Sonderfälle des Verhaltens eines starren Rohrs (c in ▸ Abb. 4.6) sind, die sich als Parabelkurven beschreiben lassen. Bei druckpassiven Gefäßen ist der Druckdifferenz ΔP aus der Hagen-Poiseuille-Gleichung ein Exponent größer 1 hinzuzufügen (nach links offene Parabel, a in ▸ Abb. 4.6), während der Exponent der Druckdifferenz bei autoregulativen Gefäßen kleiner 1 ist (nach rechts offene Parabel, b in ▸ Abb. 4.6).

Kritischer Verschlussdruck

Wie in ▸ Abb. 4.6 ebenfalls zu sehen ist, verlaufen die Druck-Stromstärke-Kurven nicht durch den Nullpunkt; vielmehr geht bereits bei etwa 20 mmHg der Blutfluss auf null zurück: kritischer Verschlussdruck. Ursache hierfür ist ein Kollaps der Arteriolen, der dann eintritt, wenn der Blutdruck im Gefäßinneren kleiner wird als der Umgebungsdruck des Gewebes.

4.3 Hochdrucksystem

Das Hochdrucksystem besteht aus dem arteriellen Schenkel des Körperkreislaufs. Die Arterien der Lunge sind einem geringeren Druck ausgesetzt und werden deshalb, wie die Venen, dem Niederdrucksystem zugeordnet.
Der Strömungswiderstand im Hochdrucksystem liegt etwa zehnmal höher als im Niederdrucksystem.

4.3.1 Charakteristika des arteriellen Gefäßbettes

4.3.1.1 Arterielle Pulsphänomene

Der rhythmische Auswurf von Blut durch den linken Ventrikel in der Austreibungsphase führt zu 2 Pulsphänomenen im Gefäßbett:

- dem Strompuls, der den zeitlichen Verlauf der Blutströmung wiedergibt
- dem Druckpuls, der durch rhythmische Veränderungen des Blutdrucks hervorgerufen wird

Strompuls

Der Strompuls ist durch raschen, steilen Anstieg und kurzen, negativen Rückfluss in den linken Ventrikel vor dem Schluss der Aortenklappen gekennzeichnet. Die Spitzengeschwindigkeit des Blutflusses in der herznahen Aorta liegt über 100 cm/s, sodass dort aufgrund der hohen Strömungsgeschwindigkeit eine sehr hohe Reynolds-Zahl (▸ Kap. 4.2.2.1, Gleichung [8]) erreicht wird und eine turbulente Blutströmung entsteht.
In Richtung Peripherie nimmt die Strömungsgeschwindigkeit und damit die Amplitude des Strompulses immer weiter ab. Im Bereich der Kapillaren liegt sie bei 0,03 cm/s.

Druckpuls

Während der Strompuls also in Richtung Peripherie stark abnimmt, steigt der Druckpuls mit zunehmender Entfernung vom Herzen an. In der Aorta tritt das Maximum des Druckpulses aufgrund der Massenträgheit des Blutes später auf als das Maximum des Strompulses. Die Amplitude des Druckpulses fällt langsamer ab als die des Strompulses. Der Druckpuls sinkt dabei im Gegensatz zum Strompuls (der sogar negative Werte erreicht) nicht auf null ab. Ursachen sind:

- Gleichrichterwirkung der Aortenklappen
- Elastische Eigenschaften des Gefäßbettes
- Peripherer Widerstand

Inzisur

In herznahen Gefäßen (Aorta, A. carotis) verursacht der plötzliche Schluss der Aortenklappe endsystolisch einen zusätzlichen kurzen, scharfen Druckabfall, der in der Druckpulskurve als sog. Inzisur sichtbar ist. Diese Inzisur ist in herzfernen Gefäßen (z. B. der A. femoralis) aufgrund der elastischen Dämpfungen des Gefäßbettes nicht mehr nachweisbar.

Dikrote Welle

Dafür treten im peripheren Gefäßbett, insbesondere im Bereich der präkapillären Sphinkteren durch den rasch ansteigenden Gefäßwiderstand Reflexionen der Blutdruckwelle auf, die die orthograde Blutdruckwelle überlagern und dadurch die Blutdruckwelle in den peripheren Gefäßen überhöhen. Diese reflektierten Blutdruckwellen werden unter starker Dämpfung von den Aortenklappen erneut reflektiert und sind für eine zweite, schwache, auf die systolische Druckpulswelle folgende dikrote (= zweigipflige) Welle in den peripheren Gefäßen verantwortlich (▸ Abb. 4.7).

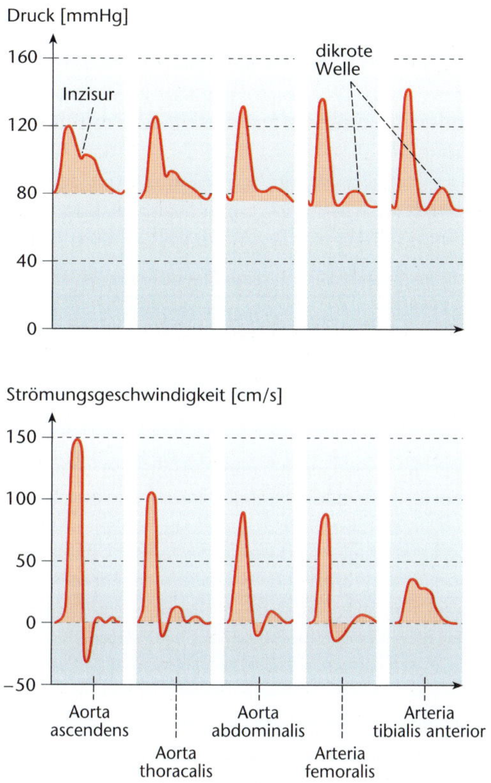

Abb. 4.7 Druck- und Strompuls in Aorta und Beinarterien. Nach [3]

Merke

- Der Strompuls nimmt zur Peripherie hin ab.
- Der Druckpuls nimmt zur Peripherie hin zu.

Pulswellengeschwindigkeit (PWG)

Die Pulswellengeschwindigkeit (PWG) ist als die Ausbreitungsgeschwindigkeit der Pulswelle definiert. Sie ist erheblich größer als die in der Strompulskurve (► Abb. 4.7) aufgetragene Strömungsgeschwindigkeit des Blutes. Die Pulswellengeschwindigkeit ist umso größer, je starrer oder je dicker die Gefäßwand und je kleiner der Gefäßradius ist. In der Aorta beträgt die PWG 4–6 m/s (zum Vergleich: Strömungsgeschwindigkeit in der Aorta: 1 m/s). In dünnlumigeren Gefäßen, z. B. in der A. radialis, ist die PWG höher und liegt zwischen 8 und 12 m/s. Die PWG nimmt mit höherem Alter (starrere Gefäßwände aufgrund von Arteriosklerose) und mit zunehmendem Blutdruck zu.

Volumenelastizitätsmodul

Die Pulswellengeschwindigkeit gibt also einen Hinweis auf die Elastizität des Gefäßbetts. Eine hohe Pulswellengeschwindigkeit steht dabei für eine geringe Gefäßelastizität. Diese Gefäßelastizität wird durch das sog. Volumenelastizitätsmodul *K* beschrieben, in das neben der Pulswellengeschwindigkeit (c) noch die Massendichte (ρ) der Flüssigkeit eingeht:

$$K = \rho\,[\mathrm{kg/m^3}] \times c^2\,[\mathrm{m/s}] \qquad [12]$$

Beträgt z. B. die Blutdichte 1 g/ml (= 1.000 kg/m^3) und die Pulswellengeschwindigkeit in der Aorta 7 m/s, errechnet sich ein Volumenelastizitätsmodul *K* von:

$$K = \frac{1.000\ \mathrm{kg}}{\mathrm{m}^3} \times \left(7\frac{\mathrm{m}}{\mathrm{s}}\right)^2 = 49.000\frac{\mathrm{kg}}{\mathrm{m} \times \mathrm{s}^2} = 49.000\,\mathrm{Pa}$$

(= 369 mmHG)

Merke

Anstieg der Pulswellengeschwindigkeit (PWG) bei:

- Dünnlumigen Gefäßen
- Wandstarken Gefäßen
- Sklerotischen Gefäßen (Alter)
- Zunehmendem Blutdruck

Druckpulskurve

Über die Erfassung von Druckänderungen (Sphygmogramm) oder von Volumenänderungen (Plethysmogramm) kann eine Druckpulskurve aufgezeichnet werden, deren Form wichtige Hinweise gibt auf

- das Schlagvolumen des Herzens,
- die Elastizität der Gefäße,
- die Höhe des peripheren Widerstands.

Bei arteriosklerotisch veränderten Gefäßen oder bei Aortenklappeninsuffizienz (hohes Schlagvolumen) sind das systolische Druckmaximum und die Geschwindigkeit des systolischen Druckanstiegs in der Pulskurve deutlich erhöht. Bei niedrigen Schlagvolumina (z. B. durch Herzinsuffizienz oder Aortenklappenstenose) sind das erreichbare Druckmaximum und die Druckanstiegsgeschwindigkeit stark erniedrigt.

Pulsqualitäten

Diese Veränderungen der Pulswelle lassen sich (bei großer Erfahrung) qualitativ während der Palpation des Radialispulses wahrnehmen. So steht die gefühlte „Größe“ des Pulses (Pulsus magnus oder Pulsus parvus) für ein erhöhtes oder erniedrigtes

Schlagvolumen, die „Steilheit" des Pulses (Pulsus celer oder Pulsus tardus) für die Geschwindigkeit des Druckanstiegs bzw. Druckabfalls.
Palpatorisch einfacher differenzierbar ist die Pulsfrequenz (Pulsus frequens oder Pulsus rarus) und der Pulsrhythmus (Pulsus regularis oder irregularis).

Klinik

Eine **Aortenklappeninsuffizienz** ist typischerweise durch einen Pulsus magnus (durch die Insuffizienz erhöhtes Schlagvolumen) et celer (rasche Druckanstiegsgeschwindigkeit) gekennzeichnet.
Ein Pulsus irregularis kann Ausdruck einer **respiratorischen Arrhythmie** sein, d. h. der physiologischen Zunahme der Herzfrequenz bei Inspiration (erhöhter Blutrückfluss zum Herzen); er kann aber auch auf **Rhythmusstörungen** des Herzens (Extrasystolen) hinweisen.

4.3.1.2 Windkesselfunktion der Aorta

Prinzip

Die großen elastischen Gefäße, insbesondere die Aorta, glätten den vom Herzen diskontinuierlich in der Systole geförderten Blutstrom zu einem gleichmäßigeren, kontinuierlich in Systole und Diastole fließenden Strom. Die elastischen Gefäßwände der Aorta dehnen sich unter dem systolisch von der linken Kammer ausgeworfenen Blutvolumen und wandeln dadurch die kinetische Energie der bewegten Blutsäule in potenzielle Energie ihrer elastischen Wandstrukturen um. Fällt nun der Druck in der Systole allmählich ab, wird durch Entspannung dieser elastischen Strukturen das im Druckmaximum gespeicherte Blutvolumen wieder in die Zirkulation abgegeben und die gespeicherte potenzielle Energie in kinetische Energie zurückverwandelt. Der Verlauf der Druckkurve wird durch diesen sog. Windkesseleffekt der Aorta geglättet.

Bedeutung

Vorteil dieser gleichmäßigeren Blutströmung ist eine reduzierte Herzarbeit, da auch in der Diastole die Blutsäule im Gefäßsystem kontinuierlich in Richtung Peripherie in Bewegung bleibt, sodass das Herz nicht mit jeder Systole die Blutsäule aus dem Stillstand heraus beschleunigen muss. Je geringer die Elastizität der Aorta, desto geringer die Speicherungsmöglichkeit der Aortenwand für die systolischen Druckspitzen und desto geringer der Windkesseleffekt. Die Elastizität der Aorta, d. h. ihre Dehnbarkeit (Compliance), nimmt mit dem Alter ab, wodurch der Windkesseleffekt zunehmend kleiner wird. Die vom Herzen zu erbringende Pumpleistung nimmt auf diese Weise mit dem Alter zu.

Klinik

Aufgrund der nachlassenden Windkesselfunktion der Aorta wird im Alter häufig ein **isolierter systolischer Hypertonus** (ISH) beobachtet: systolischer Blutdruck ≥ 140, diastolischer Blutdruck < 90. Der ISH ist die häufigste Hochdruckform bei über 60-Jährigen und keine benigne Alterserscheinung, sondern eine behandlungsbedürftige Erkrankung.
Eine konsequente Therapie reduziert beim ISH die Häufigkeit von Schlaganfällen und Herzinfarkten. Allerdings ist die Senkung der Herzinfarktrate nicht so ausgeprägt wie beim systolisch-diastolischen Hochdruck. Mögliche Ursache hierfür ist die Absenkung auch des (normalen) diastolischen Blutdrucks durch die antihypertensive Therapie des ISH. Durch den erniedrigten diastolischen Druck wird die Durchblutung des Herzmuskels vermindert. Diese Nebenwirkung reduziert die positive Wirkung der systolischen Blutdrucksenkung auf den Sauerstoffverbrauch des Herzens (► Kap. 3.5.2.1).

4.3.2 Systemarterieller Druck

4.3.2.1 Systolischer, diastolischer und mittlerer Blutdruck

Systolischer und diastolischer Druck

In der Klinik sind 2 Kennwerte der Druckpulskurve besonders wichtig:

- Systolischer Blutdruck: systolisches Maximum der Druckpulskurve
- Diastolischer Blutdruck: diastolisches Minimum der Druckpulskurve

Der systolische Blutdruck liegt bei Gesunden unter 140 mmHg, der diastolische unter 90 mmHg: **Normotonie.** Die Druckdifferenz zwischen systolischem und diastolischem Blutdruck ist die Blutdruckamplitude.

Mittlerer arterieller Druck

Der mittlere arterielle Blutdruck ist der über den zeitlichen Verlauf von Systole und Diastole gemittelte arterielle Blutdruck. Da die Diastole länger dauert als die Systole, ist er nicht der einfache Mittelwert von systolischem und diastolischem Blutdruck (► Abb. 4.8). In zentralen Arterien ergibt sich der mittlere arterielle Druck näherungsweise aus dem diastolischen Blutdruck plus der halben Blutdruckamplitude. Bei peripheren Gefäßen entspricht er dem diastolischen Blutdruck plus einem Drittel der Blutdruckamplitude. Bei einem systolischen Druck von 120 mmHg und einem diastolischen Druck von 80 mmHg ergäbe sich so in den zentralen Gefäßen ein arterieller Mitteldruck von 80 mmHg + 0,5 × 40 = 100 mmHg.

Druckverlauf

Durch die Reflexion der Pulswelle in der Peripherie (► Kap. 4.3.1.1, dikrote Welle) nimmt der systolische Blutdruck (auch im Liegen!) mit zunehmender Entfernung vom Herzen zu und liegt z. B. in der A. dorsalis pedis um 40 mmHg über dem systolischen Druck in der Aorta ascendens. Parallel hierzu nehmen allerdings der diastolische Blutdruck und der mittlere Blutdruck in Richtung Peripherie ab, sodass periphere Gefäße durch eine höhere Blutdruckamplitude gekennzeichnet sind.
Hinter den als Druckreduzierer anzusehenden terminalen Arteriolen fällt der Blutdruck auf einer kurzen Strecke dann auf etwa 30–35 mmHg ab, der Blutfluss wird zunehmend kontinuierlicher. Die Unterschiede zwischen systolischen und diastolischen Drücken sind im Bereich der nachfolgenden terminalen Zirkulation aufgehoben.

Merke

Je peripherer die Arterien, desto höher sind systolischer Blutdruck und Blutdruckamplitude.

4.3.2.2 Blutdruckrhythmik

Schwankungen

Die Blutdruckwerte unterliegen regelmäßigen Schwankungen. Während die Druckpulswellen mit ihrer Abfolge von Systole und Diastole als Blutdruckschwankungen I. Ordnung angesehen werden, kommt es durch die Atmung zu Blutdruckschwankungen II. Ordnung: Während der Inspiration dehnen sich mit dem Brustkorb auch die Gefäße der Lunge. Dadurch sinkt inspiratorisch der Zufluss aus den Lungenvenen zum linken Herzen, das auf den geringeren Zufluss mit einer Verminderung des Schlagvolumens (► Kap. 3.6.1.1, Frank-Starling-Mechanismus) reagiert. Ein niedrigeres Schlagvolumen führt aber auch zu einem niedrigeren Blutdruck. Die Blutdruckschwankungen II. Ordnung sind demnach durch einen geringeren inspiratorischen und einen höheren exspiratorischen Blutdruck gekennzeichnet. Blutdruckschwankungen III. Ordnung, die sog. Mayer-Wellen, entstehen durch Schwankungen des peripheren Gefäßtonus. Sie haben eine Periodik von etwa 10 Sekunden.

Zirkadiane Rhythmik

Daneben folgt der Blutdruck einer endogenen zirkadianen Rhythmik, die sich durch eine 24-Stunden-

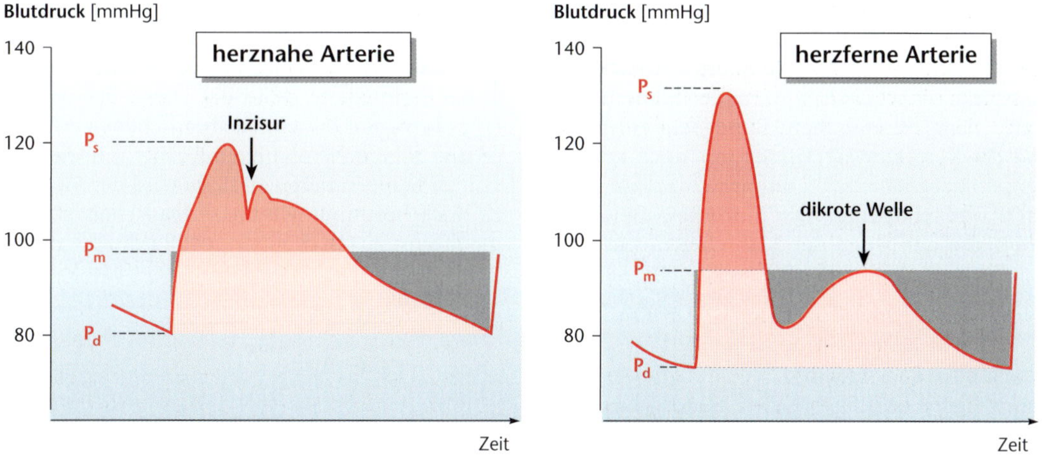

Abb. 4.8 Blutdruckverläufe: systolischer (P_s), mittlerer (P_m) und diastolischer (P_d) Blutdruck. Nach [2]

Blutdruckmessung erfassen lässt. Maximalwerte werden um 15 Uhr, Minimalwerte um 3 Uhr gemessen.

4.3.2.3 Bestimmung des Blutdrucks

Die Höhe des Blutdrucks kann auf direktem oder auf indirektem Wege bestimmt werden.

Direkte Blutdruckmessung

Die in der Intensivmedizin oft angewandte direkte, blutige Blutdruckmessung erlaubt eine kontinuierliche Überwachung des Verlaufs der Blutdruckkurve über eine z. B. in die A. radialis eingebrachte Kanüle, die mit einem Manometer verbunden ist.

Indirekte Blutdruckmessung

Unblutig kann der Blutdruck mit der indirekten Methode nach Riva-Rocci gemessen werden (daher RR als Abkürzung für den Blutdruck). Hierbei wird eine mit einem Manometer verbundene Gummimanschette am Oberarm des Patienten angebracht und mittels einer Handpumpe auf einen Druck aufgeblasen, der sicher über dem zu erwartenden arteriellen Blutdruck des Patienten liegt.

Korotkow-Geräusche

Mit einem in der Ellenbeuge über der A. brachialis aufgesetzten Stethoskop sind dann zunächst keine Pulstöne mehr auskultierbar. Senkt man den Manschettendruck langsam ab, werden beim Erreichen des systolischen Blutdrucks in der Ellenbeuge mit jedem Pulsschlag die sog. Korotkow-Geräusche hörbar. Diese pulssynchronen Geräuschphänomene beruhen vermutlich auf systolischen Turbulenzphänomenen in der unvollständig verschlossenen A. brachialis. Bei weiterer Senkung des Manschettendrucks können die Korotkow-Geräusche vorübergehend leiser werden (auskultatorische Lücke), bevor sie wieder die ursprüngliche Lautstärke erreichen. Erst wenn der Manschettendruck dem diastolischen Blutdruck entspricht, sind die Korotkow-Geräusche nur noch sehr gedämpft wahrnehmbar und verschwinden dann rasch und endgültig. Die Korotkow-Geräusche treten also auf, wenn der Manschettendruck den systolischen Blutdruck unterschreitet, sie verschwinden, wenn der diastolische Blutdruck erreicht wird (► Abb. 4.9).

Palpation des Radialispulses

Neben dieser auskultatorischen Blutdruckmessung kann mit der Blutdruckmanschette der systolische Blutdruck auch durch bloße Palpation des Radialispulses bestimmt werden. Der systolische Blutdruck

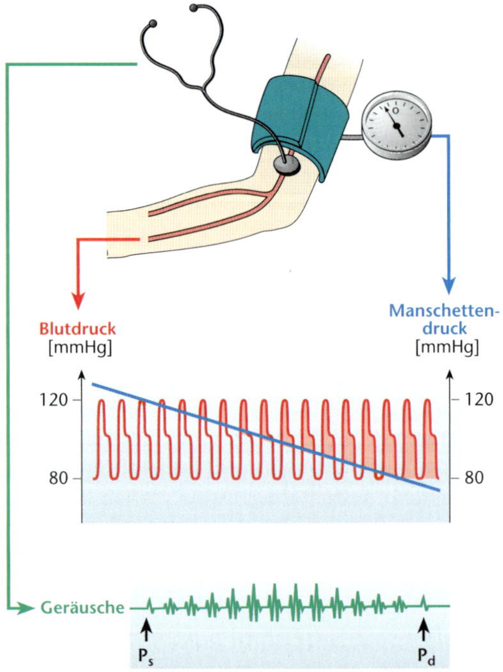

Abb. 4.9 Unblutige Blutdruckmessung nach Riva-Rocci und Korotkow. Nach [2]

entspricht dann dem Manschettendruck, bei dem der Radialispuls gerade eben wieder tastbar wird.

Einschränkungen

Bei der indirekten Blutdruckmessung nach Riva-Rocci ist zu beachten, dass die Manschette in Herzhöhe angebracht sein muss, damit eine hydrostatische Beeinflussung der Messergebnisse ausgeschlossen ist. Außerdem ist für jeden Armumfang eine passende Manschette zu verwenden: Die Breite der Manschette sollte die Hälfte des Armumfangs betragen. Zu schmale Manschetten erfordern relativ höhere Manschettendrücke, um die Arterien zu komprimieren, deshalb wird der Blutdruck zu hoch bestimmt. Zu breite Manschetten führen umgekehrt zu falsch niedrigen Blutdruckwerten.

Klinik

Die erste Blutdruckmessung sollte immer an beiden Armen durchgeführt werden, um Seitendifferenzen zu erkennen. Diese können z. B. bei einem proximalen Verschluss der A. subclavia (**Subclavian-steal-Syndrom**) auftreten. Auch Blutdruckdifferenzen zwischen den oberen und den unteren Extremitäten können diagnostisch aufschlussreich sein. Bei einer **Aortenisthmusstenose** ist der Blutdruck in den Armen gegenüber dem Druck in den Beinen deutlich erhöht.

4.3.3 Blutdruckregulation

Die Höhe des Blutdrucks hängt von zwei Faktoren ab:

- Totaler peripherer Widerstand
- Herzzeitvolumen

Über eine Veränderung dieser beiden Parameter steuern die **Kreislaufzentren in der Medulla oblongata** den arteriellen Blutdruck (Regelgröße, ► Abb. 4.10). Nehmen der totale periphere Widerstand und das Herzzeitvolumen ab, sinkt der Blutdruck, während er bei entsprechenden Zunahmen ansteigt. Dabei wird der Blutdruck über kurz-, mittel- und langfristige Regulationsmechanismen an die Anforderungen des Organismus angepasst.

4.3.3.1 Kurzfristige Regulationsmechanismen

Die kurzfristigen Mechanismen zur Blutdruckregulation wirken **innerhalb von Sekunden.** Die folgenden nervalen und hormonalen Mechanismen werden unterschieden:

- Pressosensorenreflex
- Reflexe kardialer Sensoren
- Chemosensorenreflexe
- Ischämiereaktion des ZNS
- Adrenalin- und Noradrenalinwirkungen

Pressosensorenreflex

Der Pressosensorenreflex lässt sich als Regelkreis verstehen und damit in der Sprache der Regeltechnik beschreiben (► Abb. 4.10):

- **Fühler:** Pressosensoren im Aortenbogen und in der A. carotis (Karotissinus) melden den arteriellen Blutdruck an die Kreislaufzentren in Medulla oblongata und Rhombencephalon. Die afferenten Impulse laufen dabei über den N. vagus (vom Aortenbogen) und über den N. glossopharyngeus (vom Karotissinus). Pressosensoren registrieren allerdings nicht nur die Höhe des Blutdrucks, sondern auch die Geschwindigkeit des Druckanstiegs (= Differenzialquotient des Drucks nach der Zeit), sie sind also Proportional-Differenzial-Fühler (► Kap. 12.6.1.1). Ihre Impulsrate wird deshalb nicht nur vom mittleren arteriellen Blutdruck, sondern auch von der arteriellen Blutdruckamplitude und der Herzfrequenz beeinflusst.
- **Regler:** Die Kreislaufzentren reagieren auf eine Blutdrucksteigerung mit einer Hemmung des Sympathikus und einer Aktivierung des Parasympathikus.
- **Stellglieder:** Im Gefäßbett nimmt der totale periphere Widerstand durch Weitung der arteriellen Widerstandsgefäße ab und die Kapazität des venösen Systems zu. Herzfrequenz und Kontraktionskraft des Herzmuskels nehmen ab.
- **Regelgröße:** Dadurch fließt weniger Blut zum Herzen zurück (zentraler Venendruck sinkt) und das Schlagvolumen des Herzens nimmt ab. Der arterielle Blutdruck sinkt.

Klinik

Durch die kurzzeitige Massage eines Karotissinus werden die Pressosensoren verstärkt aktiviert. Bei **supraventrikulären Tachykardien** kann hierdurch in manchen Fällen die Tachykardie durchbrochen werden (Senkung des Sympathikustonus). Die Massage sollte nicht länger als 5 Sekunden (Klingelknopfdruckstärke) und nie gleichzeitig auf beiden Seiten durchgeführt werden. Vor der Massage muss die A. carotis auskultiert werden, um eine Arteriosklerose auszuschließen (kein Strömungsgeräusch). In diesem Fall wäre eine Massage kontraindiziert.

Die hemmenden Einflüsse der arteriellen Pressosensoren sind bereits bei normalen Blutdruckwerten wirksam, sodass ihnen auch in physiologischen Druckbereichen eine Rolle als „Blutdruckzügler" zufällt. Für die langfristige Blutdruckregulation spielen Pressosensoren allerdings keine Rolle, da sie sich innerhalb von 1–2 Tagen an praktisch jedes Blutdruckniveau adaptieren.

Merke

Aktivierung der Pressosensoren:

- Hemmung des Sympathikus
- Aktivierung des Parasympathikus

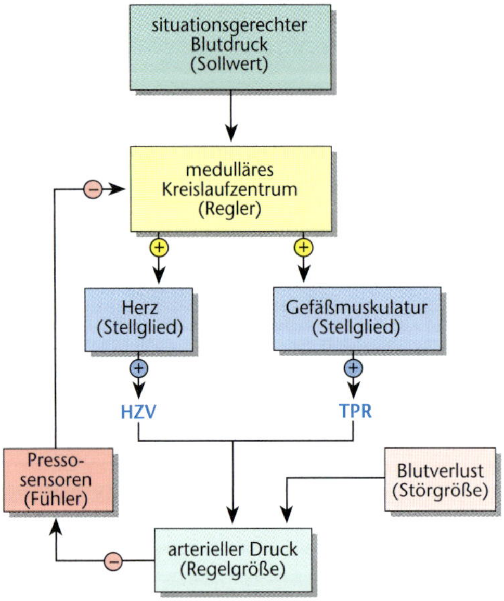

Abb. 4.10 Blutdruckregulation über den Pressosensorenreflex. HZV = Herzzeitvolumen; TPR = peripherer Gesamtwiderstand.

Lerntipp

Der **Pressosensorenreflex** ist ein echter Liebling des IMPP. Wichtig zu wissen ist, dass die Sensoren auch bei normalem, stabilem Blutdruck **regelmäßig Aktionspotenziale** an die Medulla senden. Fallen diese Signale aus (z. B. durch Denervierung der Afferenz), kommt es zu einer Gegenregulation wie bei starkem Blutdruckabfall. Umgekehrt führen **Störungen der Efferenz des autonomen Nervensystems** (z. B. bei diabetischer Polyneuropathie oder Morbus Parkinson) zu einer reduzierten Sympathikusaktivität trotz aktivierter Pressosensoren. Eine orthostatische Hypotonie mit Synkope kann die Folge sein.

Reflexe kardialer Dehnungs- und Spannungssensoren

A- und B-Sensoren

Auch in den Vorhöfen und Kammern des Herzens finden sich Spannungssensoren (A-Sensoren) und Dehnungssensoren (B-Sensoren). Die von ihnen ausgehenden Reflexbögen (Vorhofdehnungsreflex, Gauer-Henry-Reflex, Bainbridge-Reflex) werden in ► Kap. 3.6.2.3 besprochen.

Effekte

B-Sensoren reagieren, ähnlich wie die Pressosensoren von Aortenbogen und Karotissinus, auf eine Blutdrucksteigerung mit Hemmung von sympathischen und Erregung von parasympathischen Zentren und wirken auf diese Weise blutdrucksenkend. Die Aktivierung von A-Sensoren hat den umgekehrten Effekt.

Chemosensorenreflexe

Chemosensoren

Den Drucksensoren benachbart finden sich im Glomus aorticum und im Glomus caroticum auch Chemosensoren, die Abnahmen des O_2-Partialdrucks an Atem- und an Kreislaufzentren der Medulla oblongata melden.

Effekte

Fällt der O_2-Partialdruck in diesen stark vaskularisierten Glomusorganen unter einen kritischen Wert ab, lösen die Chemosensoren über die Kreislaufzentren der Medulla oblongata eine Blutdrucksteigerung aus.

Bedeutung

Die Chemosensoren der Glomusorgane reagieren erst bei einem deutlichen Blutdruckabfall unter ca. 80 mmHg. Sie sind daher vor allem für die kurzfristige Blutdruckregulation in niedrigen Blutdruckbereichen wichtig. Wichtiger als die Blutdrucksteigerung durch Glomus aorticum und caroticum ist aber im physiologischen Bereich die Stimulation der Atmung (► Kap. 5.8.1.2).

Ischämiereaktion des ZNS

Neurone der Kreislaufzentren in Medulla oblongata und Rhombencephalon werden aktiviert, wenn sie unter einer Ischämie, d. h. unter unzureichender Durchblutung, leiden. Hauptreiz für eine solche direkte Ischämiereaktion des ZNS ist ein Anstieg der lokalen CO_2-Konzentration im Bereich dieser Kreislaufzentren.

Wirkung

Die Neuronen der Kreislaufzentren aktivieren unmittelbar den Sympathikus und führen dadurch zu einer starken Erhöhung des Blutdrucks. Die Ischämiereaktion des ZNS ist einer der kräftigsten Stimuli der sympathischen Vasokonstriktion. Der arterielle Blutdruck kann hierbei auf über 250 mmHg ansteigen.

Bedeutung

Unter normalen Bedingungen wird der Blutdruck vorwiegend über die peripheren Druck- und Chemosensoren reguliert. Eine Ischämie der Kreislaufzentren tritt erst bei Blutdruckwerten unter 60 mmHg auf, sodass diese Ischämiereaktion vorwiegend für die Notfallkontrolle des Blutdrucks bei sehr niedrigen Blutdruckwerten eine Rolle spielt.

Klinik

Klinisch wichtig ist, dass auch ein **gesteigerter Hirndruck** (z. B. durch einen Hirntumor oder ein Hirnödem) eine Minderdurchblutung des Gehirns und dadurch eine Ischämiereaktion des ZNS mit krisenhaften Blutdruckanstiegen auslösen kann.

Wirkungen von Adrenalin und Noradrenalin

Für die Blutdruckregulation ist im Wesentlichen der sympathische Anteil des autonomen Nervensystems von Bedeutung, der über Vasokonstriktion und die Zunahme von Herzfrequenz und Herzkraft den Blutdruck steigert. Der parasympathische Anteil kann dagegen nur über eine Verlangsamung der Herzfrequenz wirksam werden. Der Einfluss auf die Blutgefäße ist gegenüber dem Sympathikus von untergeordneter Bedeutung.

Noradrenalin

Ausgehend von den vasomotorischen Kreislaufzentren im Hirnstamm bewirkt Noradrenalin als Überträgerstoff der sympathischen Fasern über eine Interaktion mit α_1-adrenergen Rezeptoren in den Gefäßwänden eine Engstellung der arteriellen Widerstandsgefäße und einen Blutdruckanstieg. Die sympathikusinduzierte Zunahme des Herzzeitvolumens wirkt in gleicher Richtung.

Adrenalin

Die vom Hirnstamm ausgehenden sympathischen Fasern innervieren auch das Nebennierenmark, wo neben Noradrenalin überwiegend Adrenalin freigesetzt wird. Da Adrenalin auch eine deutliche Wirkung auf vasodilatatorische β_2-Rezeptoren hat, kann es durch Adrenalin auch zu einer über β_2-Rezeptoren vermittelten lokalen Vasodilatation – vor allem in den Skelettmuskelgefäßen – kommen. Insgesamt überwiegt aber, insbesondere bei hohen Adrenalinkonzentrationen, die vasokonstriktorische Adrenalinwirkung auf die α_1-Rezeptoren (▸ Kap. 14.3.2.2).

Merke

Die sympathischen vasokonstriktorischen Fasern sind die eigentlichen „ausführenden Organe" der kurzfristigen Blutdruckregulation. Sie bilden den efferenten Schenkel der oben geschilderten Reflexbögen.

4.3.3.2 Mittelfristige Regulationsmechanismen

Mittelfristige Blutdruckregulationsmechanismen, die im Verlauf von Minuten oder Stunden wirksam werden, sind:

- Transkapilläre Volumenverschiebungen
- Stressrelaxation der Blutgefäße (Delayed Compliance)
- Renin-Angiotensin-System

Transkapilläre Volumenverschiebungen

Eine über einen mittleren Zeitraum anhaltende Steigerung des arteriellen Blutdrucks führt zu einer Erhöhung des Filtrationsdrucks im Kapillarsystem. Dadurch wird vermehrt Plasmaflüssigkeit in den interstitiellen Raum filtriert. Über diese transkapillären Volumenverschiebungen nimmt das intravasale Volumen ab und der venöse Rückfluss zum Herzen sinkt. So reduzieren sich das Schlagvolumen des Herzens und dadurch auch der arterielle Blutdruck.

Stressrelaxation

Die Stressrelaxation der Gefäßwandmuskulatur ermöglicht es dem Gefäßbett, mittelfristige Erhöhungen des intravasalen Volumens ohne dauerhaften Blutdruckanstieg zu verkraften. Dies beruht auf einer besonderen Eigenschaft der glatten Gefäßmuskulatur, die auf einen (Volumen-)Dehnungsreiz zwar initial mit einem Druckanstieg reagiert, sich im Verlauf dann aber durch Dehnung der Muskelstrukturen dem größeren Volumen anpasst (▸ Kap. 4.2.2.3), wobei der ursprüngliche Ausgangsdruck im Gefäßsystem langsam wieder erreicht wird (▸ Abb. 4.5).

Renin-Angiotensin-System

Jedes Absinken der Nierendurchblutung (z. B. im Rahmen eines Blutdruckabfalls) löst eine Reninfreisetzung aus (▸ Abb. 10.4, ▸ Kap. 10.5.2). Renin wandelt das in der Leber gebildete Angiotensinogen in Angiotensin I um, das durch das Angiotensin-Converting-Enzym (ACE) zu Angiotensin II umgeformt wird. Angiotensin II ist eine der am stärksten vasokonstriktorisch wirksamen

Substanzen und führt über die Erhöhung des totalen peripheren Widerstands zu einem deutlichen Blutdruckanstieg.

Klinik

Eine Minderdurchblutung der Niere entsteht nicht nur durch einen systemischen Blutdruckabfall, sondern auch durch die Verengung einer Nierenarterie: Nierenarterienstenose. Die Verengung ist in 70 % der Fälle durch eine Arteriosklerose bedingt. Das Renin-Angiotensin-System der Niere erhöht aufgrund der lokalen Minderdurchblutung den Blutdruck. Es entsteht ein **renaler Hochdruck** (ca. 1 % der Hypertoniker).

4.3.3.3 Langfristige Regulationsmechanismen

Die langfristige Blutdruckregulation ist Aufgabe der Niere. Während bei den kurz- und mittelfristigen Regulationsmechanismen vasomotorische Anpassungen im Vordergrund stehen, werden langfristige Blutdruckänderungen über eine Anpassung des Flüssigkeitshaushalts gesteuert:

- **Akute** Flüssigkeitszufuhr wird durch kurzfristige reflektorische Gegenregulationen zumeist unmittelbar ausgeglichen.
- **Chronische** Zunahmen des Extrazellularvolumens können jedoch nicht mehr ausgeglichen werden und führen zu Blutdrucksteigerungen.

Umgekehrt reagiert die Niere auf einen Anstieg des Blutdrucks mit einer deutlichen Steigerung der renalen Flüssigkeitsausscheidung. Diese langfristigen Blutdruckregulationsmechanismen der Nieren werden über 3 Systeme vermittelt:

- Adiuretin (ADH)-System (▶ Kap. 9.3.4.3)
- Aldosteronsystem (▶ Kap. 9.3.4.3)
- Natriuretische Peptide (▶ Kap. 10.8.4)

ADH-System

Gauer-Henry-Reflex

Im ADH-System bewirkt eine Zunahme des intravasalen Volumens eine Hemmung der ADH-Ausschüttung der Neurohypophyse (▶ Kap. 10.3.3.2) und führt so zu einer vermehrten Flüssigkeitsausscheidung durch die Niere. Dies wirkt dem blutdrucksteigernden Effekt von Flüssigkeitsbelastungen entgegen.

Vasokonstriktion

Adiuretin wirkt in höheren Dosen auch vasokonstriktorisch auf die arteriellen Widerstandsgefäße (daher der alte Name: Vasopressin). Die verringerte ADH-Ausschüttung bei Volumenbelastung oder die erhöhte ADH-Ausschüttung bei Volumenmangel reguliert also auch über die Beeinflussung des peripheren Widerstands den arteriellen Blutdruck.

Aldosteronsystem

Aldosteron, dessen Freisetzung von Angiotensin II stimuliert wird, steigert durch vermehrten Einbau epithelialer Na^+-Kanäle (ENaC) die tubuläre Na^+-Rückresorption in der Niere und sekundär dadurch auch die Wasserresorption. Dadurch erhöht sich der Flüssigkeitsbestand des Körpers. Dies führt langfristig zu einer Blutdruckerhöhung. Die durch eine Minderdurchblutung der Nieren ausgelöste Reninfreisetzung erhöht also mittelfristig durch Angiotensin II (Vasokonstriktion) und langfristig durch Aldosteron (Wasserretention) den arteriellen Blutdruck. Daneben steigert Aldosteron auch die Empfindlichkeit der glatten Gefäßmuskulatur auf vasokonstriktorische Reize.

Natriuretische Peptide

ANP (atriales natriuretisches Peptid) wird in den Herzvorhöfen, BNP (Brain-natriuretisches Peptid) im Hypothalamus und in den Muskelzellen der Herzventrikel gebildet. Beide werden bei Dehnung der Vorhöfe des Herzens ausgeschüttet. An der Niere steigern ANP und BNP die Durchblutung und führen zu einer verminderten Na^+-Rückresorption, sodass aus osmotischen Gründen auch vermehrt Wasser ausgeschieden und das Blutvolumen reduziert wird.

4.3.3.4 Zentrale Kontrolle des Blutdrucks

Das Kreislaufsystem wird auf 3 Ebenen vom ZNS kontrolliert:

Medulläre Kreislaufzentren

Als medulläre Kreislaufzentren werden die in der Formatio reticularis von Medulla oblongata und dem unteren Drittel der Pons gelegenen Neuronenverbände zusammengefasst. Hier lassen sich verschiedene Funktionsgebiete abgrenzen:

- Ein **Vasomotorenzentrum** steuert die Aktivität der vasokonstriktorischen Sympathikusfasern und steigert über sympathische Efferenzen zusätzlich die Herzfrequenz.
- Daneben existiert in unmittelbarer Nachbarschaft auch ein **Vasodilatatorenzentrum,** das mit dem vasokonstriktorisch wirkenden Vasomotorenzentrum über Rückkopplungskreise verbunden ist.

- Parasympathisch hemmende Effekte auf die Herzfrequenz werden über ein **kardioinhibitorisches Zentrum** im Nucleus ambiguus vermittelt, das die Aktivität des Herzvagus beeinflusst.

Diese medullären Kreislaufzentren können unter Ruhebedingungen ohne Einschaltung anderer ZNS-Strukturen bereits eine Kreislaufhomöostase aufrechterhalten.

Hypothalamus

Die zweite, nächsthöhere Kontrollinstanz der Kreislaufregulation ist der Hypothalamus.

- Die **posterolateralen** Anteile des Hypothalamus steigern Blutdruck, Herzfrequenz und Herzzeitvolumen: **ergotrope Zonen.**
- Die Reizung **anteriorer** Hypothalamusabschnitte hat dagegen überwiegend hemmende Einflüsse auf das Kreislaufsystem: Blutdruck und Herzfrequenz nehmen ab: **trophotrope Zonen.**

Kortex

In dritter Instanz steuert auch der Kortex das Kreislaufgeschehen. Je nach Reizort ist die Richtung der Blutdruckbeeinflussung unterschiedlich. Bei Reizung des **Motorkortex** z. B. steigt der Blutdruck durch periphere Vasokonstriktion. Gleichzeitig kommt es aber in den innervierten Skelettmuskelarealen zu einer lokalen Weitstellung der Blutgefäße, um die Versorgung des Muskels während der erwarteten Kontraktion sicherzustellen. Die Aktivierung motorischer Bewegungsmuster durch den Motorkortex ist also auf diese Weise von vegetativen Blutdruckreaktionen begleitet.

Die Gesamtheit dieser Aktivierungsmechanismen des Organismus wird auch als Erwartungs- oder Startreaktion bezeichnet.

4.3.3.5 Äußere Einflüsse auf den Blutdruck

Die Steuerungsmechanismen der Kreislaufregulation dienen der Anpassung des Blutdrucks im Körper an die wechselnden Anforderungen der Umgebung. Im Einzelnen kommt es als Antwort auf äußere Einflüsse zu den folgenden Kreislaufreaktionen.

Orthostase

Blutdruckabfall

Beim Übergang vom Liegen zum Stehen (Orthostase) versacken schwerkraftbedingt innerhalb weniger Sekunden etwa 400–600 ml Blut in den Kapazitätsgefäßen der Beine. Als Folge nehmen der venöse Rückstrom zum Herzen und damit auch der zentrale Venendruck und das Schlagvolumen des Herzens ab (▸ Abb. 4.11). Dadurch sinkt kurzfristig der arterielle Blutdruck.

Gegenreaktion

Dies löst jedoch über eine verminderte Erregung der Pressosensoren in Aorta und Karotiden eine Gegenregulation aus, durch die der Blutdruck wieder ansteigt:

- Arterielle Widerstands- und venöse Kapazitätsgefäße kontrahieren sich.
- Die Herzfrequenz steigt.
- Das Nebennierenmark schüttet vermehrt Catecholamine aus (▸ Kap. 14.3.6).

Zusätzlich fördert der Blutdruckabfall über eine Minderperfusion der Nierenarterien die Reninausschüttung. Diese Aktivierung des Renin-Angiotensin-Aldosteron-Systems wirkt ebenfalls blutdrucksteigernd.

Orthostatische Synkope

Die Gehirndurchblutung wird normalerweise auch beim orthostatischen Blutdruckabfall durch lokale Autoregulation der Gehirngefäße konstant gehalten. Bei entsprechender Disposition kann es jedoch, besonders bei niedrigem Ausgangsblutdruck, durch eine nicht voll kompensierte Orthostasereaktion zu einem kritischen Abfall der Hirndurchblutung mit einer orthostatischen Synkope (Ohnmacht) kommen. Durch prophylaktische Betätigung der Muskelpumpe der Beinmuskulatur (Zehenstand) kann u. U. einer drohenden orthostatischen Synkope durch Erhöhung des venösen Rückstroms aus den unteren Extremitäten vorgebeugt werden (▸ Kap. 4.4.1.4).

Lerntipp

Auslöser der Orthostasereaktion ist ein verminderter venöser Rückstrom zum Herzen. Den weiteren Ablauf können Sie sich jetzt selbst herleiten! Durch den Blutdruckabfall wird der Pressosensorreflex ausgelöst und folglich der Sympathikus aktiviert. Dieser schüttet Catecholamine aus. Und wenn Sie jetzt noch wissen, dass diese über β_1-Rezeptoren (Herz) die Herzfrequenz steigern und über α_1-Rezeptoren eine Vasokonstriktion bewirken, können Sie jede der zahlreichen Fragen zu diesem Thema ganz einfach beantworten.

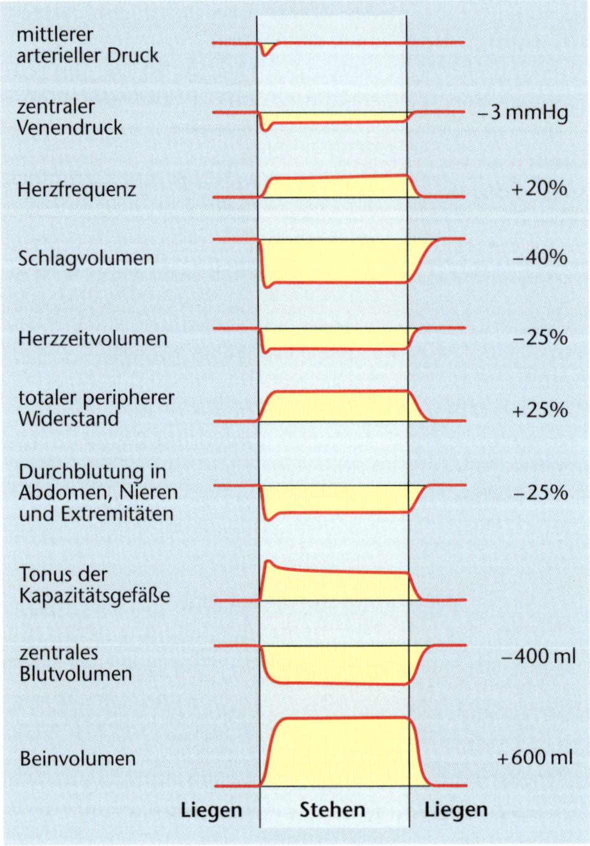

Abb. 4.11 Veränderung der Kreislaufparameter beim Übergang vom Liegen zum Stehen (Orthostase-Reaktion). Nach [6]

Klinik

Die klinische Prüfung der Orthostasereaktion erfolgt durch den **Schellong-Test.** Blutdruck und Herzfrequenz werden im Liegen und im Stehen gemessen. Ein zu starkes Absinken des Blutdrucks im Stehen deutet auf eine fehlende Kompensation im Sinne einer orthostatischen Hypotonie hin.

Volumenbelastung

Eine **akute** Volumenbelastung, z. B. durch intravenöse Infusion von 500 ml Flüssigkeit, führt zu einem Anstieg des zentralen Venendrucks und des Herzschlagvolumens. Eine akute Volumenbelastung wird über eine gesteigerte renale Flüssigkeitsausscheidung (durch Hemmung der ADH-Ausschüttung) rasch ausgeglichen.

Ein **chronisch** erhöhtes extrazelluläres Volumen führt jedoch zum arteriellen Hypertonus, der deshalb auf die Behandlung mit entwässernden Medikamenten (Diuretika) anspricht.

Muskelarbeit

Umverteilung

Bei Muskelarbeit wird das Herzzeitvolumen von den anderen Organkreisläufen auf die Skelettmuskulatur umverteilt. Während sich die peripheren Widerstandsgefäße des Körpers durch die Sympathikusaktivierung unter der Muskelarbeit kontrahieren, dilatieren sich die Gefäße der Arbeitsmuskulatur, vorwiegend unter dem Einfluss lokaler metabolischer Mechanismen. Insgesamt überwiegt die Vasodilatation der arbeitenden Muskulatur gegenüber der Vasokonstriktion in ruhenden Muskelgebieten sowie in Splanchnikus- und Nierengefäßen. Deshalb sinkt bei Muskelarbeit der totale periphere Widerstand. Da jedoch das Herzzeitvolumen in Abhängigkeit von der körperlichen Belastung ansteigt, nimmt der arterielle Blutdruck unter Belastung trotzdem zu. Dabei steigt der systolische Druck stärker an als der diastolische.

Organdurchblutung

Die Durchblutung des Gehirns bleibt unter körperlicher Belastung konstant, die Koronardurchblutung steigt in Abhängigkeit von der Belastungsintensität. Die Hautdurchblutung reagiert unterschiedlich:

- Bei **leichter** Arbeit wird sie zugunsten der Muskulatur gedrosselt.
- Bei **schwerer** Arbeit steigt sie wieder an, um eine Abfuhr der durch die Arbeit produzierten Wärme zu ermöglichen.
- Bei **maximaler** Arbeit fällt die Hautdurchblutung später jedoch wieder ab.

Hitze- und Kältebelastung

Wärmebelastung führt zum Absinken des diastolischen Blutdrucks. Verantwortlich hierfür ist vor allem ein Anstieg der Hautdurchblutung mit Dilatation der Kapazitätsgefäße der Haut. Reflektorisch steigen Herzfrequenz und Schlagvolumen des Herzens an. Der systolische Blutdruck kann dadurch meist konstant gehalten werden. Orthostatische Regulationsstörungen treten jedoch bei Wärmebelastung deutlich häufiger auf.

Bei **Kältebelastung** kommt es zu einer Vasokonstriktion der Gefäße. Eine zu erwartende Blutdrucksteigerung wird durch die reflektorische Abnahme von Herzfrequenz und Schlagvolumen vermieden. Bei extremen Kältereizen kann es dennoch zu kurzfristigen Blutdruckspitzen kommen.

Blutverlust

Blutdruckabfall

Ein Blutverlust führt über das Absinken des venösen Rückstroms zum Herzen zur Verminderung des Herzschlagvolumens. Bis zu 15 ml Blutverlust pro kg Körpergewicht werden im Allgemeinen ohne Blutdruckabfall toleriert, danach sinkt der Blutdruck rasch ab.

Gegenmaßnahmen

Zur Aufrechterhaltung eines hinreichenden Herzzeitvolumens stehen dem Organismus 3 Mechanismen zur Verfügung:

- **Vasokonstriktion:** Betroffen sind hiervon die arteriellen Widerstandsgefäße im Bereich von Haut, Viszera und Nieren, nicht aber der Hirn- oder der Koronarkreislauf. Auch die venösen Kapazitätsgefäße kontrahieren sich und erhöhen so den venösen Rückstrom zum Herzen.
- **Erhöhung der Herzfrequenz:** Durch die Steigerung der Herzfrequenz kann das Herzzeitvolumen trotz absinkendem Schlagvolumen zunächst konstant gehalten werden.
- **Flüssigkeitsverschiebungen aus dem Interstitium:** Durch den Blutverlust sinkt der Druck im venösen Gefäßsystem und damit auch im Kapillarbett. Dadurch tritt vermehrt Flüssigkeit aus dem Interstitium durch die Kapillarwände ins Gefäßbett ein (▸ Kap. 4.5.1.4). So sind 20 Minuten nach einem Blutverlust von 500 ml auf diese Weise praktisch 100 % der Plasmaverluste durch interstitielle Flüssigkeit ersetzt.

4.3.4 Pathophysiologie

4.3.4.1 Hypertonie

Arterielle Blutdruckwerte ab 140 mmHg systolisch und/oder ab 90 mmHg diastolisch werden per Definition als arterieller Hypertonus bezeichnet (▸ Tab. 4.2).

Ursachen

Ein arterieller Hypertonus kann sowohl durch Erhöhung des Herzzeitvolumens (Minutenvolumenhochdruck) als auch durch Anstieg des totalen peripheren Widerstands entstehen (Widerstandshochdruck). In der Praxis bleibt die Genese von über 85 % der Hypertonieformen unklar und die entsprechende Hypertonie wird als primäre oder essenzielle Hypertonie bezeichnet. Nur bei 15 % der Hypertonien, den sog. sekundären Hypertonien, findet sich eine auslösende Ursache. Die häufigste Form der sekundären Hypertonie ist die renale Hypertonie. Hierbei ist die Nierendurchblutung entweder durch eine Nierenarterienstenose (1 %) oder durch eine Erkrankung des Nierengewebes selbst (5 %) vermindert. Dies führt zu einer erhöhten Reninausschüttung mit Aktivierung des Renin-Angiotensin-Aldosteron-Systems, die den Blutdruckanstieg durch Vasokonstriktion (Angiotensin II) mit Na^+- und Wasserretention (Aldosteron) verursacht. Eine seltene Ursache für eine sekundäre Hypertonie ist das Phäochromozytom, ein Catecholamin produzierender Tumor.

Folgen

Der erhöhte arterielle Blutdruck belastet bei allen Hypertonieformen das Gefäßsystem und fördert degenerative Gefäßveränderungen im Rahmen der Arteriosklerose.

Tab. 4.2 Klassifikation der Hypertonie nach der Leitlinie der Deutschen Hochdruckliga

Kategorie*	Systolischer Blutdruck	Diastolischer Blutdruck
Optimal	< 120 mmHg	< 80 mmHg
Normal	120–129 mmHg	80–84 mmHg
Hoch-normal	130–139 mmHg	85–89 mmHg
Hypertonie Grad 1 (leicht)	140–159 mmHg	90–99 mmHg
Hypertonie Grad 2 (mittelschwer)	160–179 mmHg	100–109 mmHg
Hypertonie Grad 3 (schwer)	≥ 180 mmHg	≥ 110 mmHg
Isolierte systolische Hypertonie	≥ 140 mmHg	< 90 mmHg

* Die Einstufung in eine Kategorie darf sich nicht nur nach den gemessenen Werten richten, sondern muss auch andere kardiovaskuläre Risikofaktoren berücksichtigen; hochnormale Blutdruckwerte gelten z. B. bereits als Hypertonie, wenn weitere kardiovaskuläre Risikofaktoren vorliegen.

Klinik

Eine **Therapie** der Hypertonie ist durch Reduktion des extrazellulären Volumens (kochsalzarme Kost und Diuretika), Dämpfung des sympathischen Nervensystems (β-adrenerge Rezeptorenblocker), Hemmung der Angiotensin-II-Bildung (Angiotensin-Converting-Enzym-Blocker, ACE-Hemmer) oder Blockade der Angiotensin-II-Rezeptoren (Sartane) möglich (▸ Kap. 10.5.2).

Merke

Hypertonus: RR ≥ 140 mmHg systolisch und/oder ≥ 90 mmHg diastolisch.

4.3.4.2 Hypotonie

Blutdruckwerte unter 100 mmHg systolisch werden als Hypotonus bezeichnet. Ein isolierter Hypotonus hat in den meisten Fällen keinen Krankheitswert.

Primäre Hypotonie

Schädliche Auswirkungen zeigen sich erst in einem noch niedrigeren Blutdruckbereich unter 70 mmHg, bei dem die Autoregulation der Hirngefäße eine adäquate Durchblutung des Gehirns nicht mehr aufrechterhalten kann. Dann ist, vor allem bei orthostatischer Belastung, mit Synkopen zu rechnen. In diesen Fällen kann bei schwerer Symptomatik u. U. eine Behandlung mit Sympathomimetika indiziert sein.

Sekundäre Hypotonie

Die sekundären Hypotonien, bei denen endokrine, kardiovaskuläre oder infektiös-toxische Einflüsse den niedrigen Blutdruck bedingen, sind als Symptom einer meist schweren Grunderkrankung gefährlicher.

4.3.4.3 Kreislaufschock

Im Gegensatz zum Alltagsgebrauch hat der Begriff „Kreislaufschock“ in der Physiologie eine fest umschriebene Bedeutung. Schock ist definiert als akutes Missverhältnis zwischen Sauerstoffangebot und Sauerstoffbedarf in einem lebenswichtigen Organsystem.

Ursache und Formen

Ursache eines solchen Kreislaufschocks ist zumeist eine unzureichende Durchblutung des Organsystems. Typische Schockorgane, die auf entsprechenden Sauerstoffmangel besonders empfindlich reagieren, sind Niere und Lunge. Nach der Ursache dieser Minderdurchblutung lassen sich die folgenden Schockformen abgrenzen:

- **Hypovolämischer Schock:** zu geringes intravasales Blutvolumen (z. B. akuter Blutverlust).
- **Kardiogener Schock:** unzureichende Pumpleistung des Herzens (z. B. akuter Herzinfarkt).
- **Neurogener Schock:** Tonusverlust der arteriellen Widerstandsgefäße und der venösen Kapazitätsgefäße (z. B. zu hoch aufgestiegene Spinalanästhesie mit Lähmung des Vasomotorenzentrums in der Medulla oblongata).

- **Septischer Schock:** generalisierte Vasodilatation durch bakterielle Toxine, vermittelt über das Komplementsystem (► Kap. 2.6.1.3).
- **Anaphylaktischer Schock:** allergische Reaktion des Körpers auf Umweltstoffe. Die hierbei freigesetzten Substanzen (Histamin, Serotonin, Bradykinin) führen über eine generalisierte Vasodilatation ebenfalls zu einem Blutdruckabfall (z. B. bei Medikamentenunverträglichkeit).

4.4 Niederdrucksystem

Das Niederdrucksystem besteht aus:

- Venensystem
- Lungengefäßsystem
- Rechtem Herzen
- Linkem Herzen während der Diastole

4.4.1 Druckverhältnisse im Venensystem

4.4.1.1 Druckwerte

Im Niederdrucksystem liegt der Druck unmittelbar hinter dem Kapillarbett bei 15–20 mmHg, in kleinen Venen bei 12–15 mmHg, in großen extrathorakalen Venen bei 5–6 mmHg und im rechten Vorhof dann nur noch bei 2–4 mmHg.

Zentraler Venendruck

Der Druck im rechten Vorhof wird auch als zentraler Venendruck bezeichnet: **ZVD.** Er schwankt atem- und pulssynchron und kann negative Werte annehmen. Da jedoch auch im Thorax selbst negative Druckwerte zwischen -3 und -5 mmHg herrschen, bleibt der effektive, transmurale venöse Füllungsdruck des rechten Vorhofs physiologischerweise stets positiv.

Mittlerer Füllungsdruck

Ohne regelmäßige Herztätigkeit liegt der Druck im Gefäßsystem bei etwa 6 mmHg: mittlerer Füllungsdruck oder statischer Blutdruck. Der mittlere Füllungsdruck zeigt den Füllungszustand des Gefäßsystems an. Da dieser Druckwert sich in vivo nicht ermitteln lässt, wird in der Klinik der ZVD als indirektes Maß des Füllungszustands verwendet.

Venöser Rückstrom

Da der ZVD unter Normalbedingungen nur 2–4 mmHg beträgt, entsteht ein Druckgradient zwischen mittlerem Füllungsdruck und ZVD. Er ist die treibende Kraft für den venösen Rückstrom zum rechten Herzen. Sinkt der ZVD, nimmt der Druckgradient zu – und damit der venöse Rückstrom zum Herzen. Dieser vermehrte Rückstrom gleicht dann nach wenigen Herzschlägen den initial erniedrigten zentralen Venendruck aus.
Die Größe des venösen Rückstroms beeinflusst über den Frank-Starling-Mechanismus (► Kap. 3.6.1.1) unmittelbar das Schlagvolumen des rechten Ventrikels und damit auch die Pumpleistung des linken Ventrikels.

Klinik

Bei Pumpschwäche des rechten Ventrikels (**Rechtsherzinsuffizienz**) kann das über den venösen Rückstrom anflutende Blut nicht vollständig in den Lungenkreislauf weitergeleitet werden. Als Folge steigt der zentrale Venendruck auf pathologisch erhöhte Werte (> 10 mmHg) an. Die Halsvenen werden deutlich sichtbar, das Blut staut sich in der Leber, Ödeme werden begünstigt.

4.4.1.2 Venenpulskurve

Die periodischen Druck- und Volumenschwankungen der herznahen Venen können als Venenpuls sichtbar gemacht werden. Die Wellen der Venenpulskurve stehen dabei in fester zeitlicher Beziehung zu den z. B. über ein EKG registrierten Herzaktionen (► Abb. 4.12).
Der ersten positiven **a-Welle** liegt die Vorhofkontraktion zugrunde, die zweite positive **c-Welle** bildet sich während der Anspannungsphase des Ventrikels durch die Vorwölbung der Trikuspidalklappe in den rechten Vorhof. Der Abfall des Venendrucks auf das Tief der negativen **x-Welle** entsteht während der Austreibungszeit durch die Verschiebung der Ventilebene des Herzens in Richtung Herzspitze, wodurch eine Sogwirkung auf die herznahen Venen ausgeübt wird. Da zu Beginn der Entspannungsphase die Atrioventrikularklappen zunächst geschlossen bleiben, steigt der venöse Druck vor der Trikuspidalklappe wieder an: positive **v-Welle**. Die anschließende Öffnung der Trikuspidalklappe führt zu einem Bluteinstrom in den rechten Ventrikel mit darauf folgendem Druckabfall im venösen System: negative **y-Welle.**

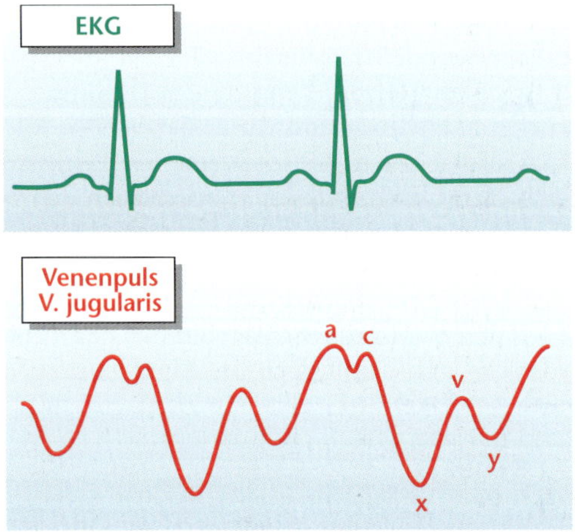

Abb. 4.12 Venendruckkurve und ihre Beziehung zur Herzaktion. a, c, x, v und y bezeichnen die einzelnen Wellen der Venendruckkurve.

Lerntipp

Die Venenpulskurve wird im Physikum gerne abgefragt. Sie können einfach punkten, wenn Sie die Wellen und ihre Beziehung zur Herzaktion gut beherrschen.

4.4.1.3 Einfluss der Schwerkraft

Hydrostatische Drücke

Die Drücke im Venensystem werden durch die Erdgravitation beeinflusst. Im Stehen werden die venösen Drücke in Herzhöhe durch die Pumpleistung des Herzens auf 0 mmHg gehalten. Durch das Gewicht der Blutsäule entstehen aber im übrigen Gefäßbett zusätzliche hydrostatische Drücke, sodass der venöse Druck in den Fußvenen bereits 90 mmHg beträgt (► Abb. 4.13). Oberhalb des Herzniveaus werden negative Druckwerte gemessen, im Sinus sagittalis z. B. -10 mmHg.

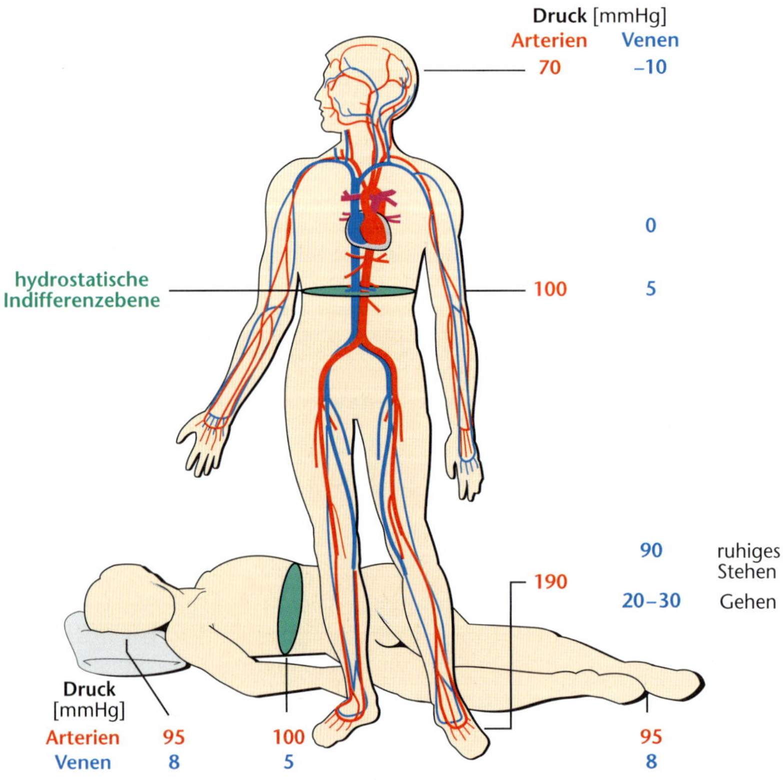

Abb. 4.13 Einfluss des hydrostatischen Drucks auf venöse und arterielle Druckwerte im Stehen und Liegen. Nach [2]

Hydrostatische Indifferenzebene

Die hydrostatische Indifferenzebene ist eine durch den Körper laufende horizontale Ebene, in deren Bereich sich der Gefäßdruck bei Lagewechsel nicht ändert. Sie liegt 5–10 cm unterhalb des Zwerchfells (▸ Abb. 4.13). Der arterielle Druck in Höhe der hydrostatischen Indifferenzebene liegt bei 100 mmHg, der venöse Druck bei 5 mmHg. In allen Gefäßen oberhalb dieser Indifferenzebene ist der Druck im Stehen niedriger als im Liegen.

Arteriendrücke

Auch die Arteriendrücke werden durch den hydrostatischen Druck im Gefäßbett beeinflusst. So liegt z. B. im Stehen der mittlere arterielle Druck in der A. dorsalis pedis etwa 120 mmHg höher als in einer Hirnarterie. Der Unterschied zwischen venösem und arteriellem Druck (die arteriovenöse Druckdifferenz) als treibende Kraft des Blutflusses bleibt jedoch unabhängig von den hydrostatischen Druckveränderungen erhalten, da diese auf beide Schenkel des Gefäßsystems gleichermaßen einwirken.

Merke

- Venöser Druck in den Fußvenen: +90 mmHg
- Venöser Druck im Sinus sagittalis: -10 mmHg

4.4.1.4 Steuerung des venösen Rückstroms

Aufgrund der hohen hydrostatischen Drücke unterhalb des Herzniveaus ist eine aktive Förderung des venösen Rückstroms zum Herzen erforderlich. Hierfür verfügt der Organismus über 3 Mechanismen:

- Muskel-Venen-Pumpe
- Saug-Druck-Pumpeneffekte der Atmung
- Ventilebenenmechanismus des Herzens

Muskel-Venen-Pumpe

Die Venen, besonders die der unteren Extremitäten, verfügen über im Lumen gelegene Ventilmechanismen, die **Venenklappen,** die einen Blutstrom nur in Herzrichtung zulassen. Hierauf beruht die Muskel-Venen-Pumpe, bei der die in den Venen stehende Blutsäule durch Anspannung der umgebenden Muskulatur der unteren Extremität in Richtung Herz gepumpt wird. Durch die Ventilwirkung der Venenklappen wird ein Rückfluss des venösen Blutes nach Entspannung der Muskulatur vermieden. Ein geregelter venöser Blutfluss in Richtung Herz setzt daher die Funktionstüchtigkeit der Venenklappen voraus (▸ Kap. 4.4.2).

Saug-Druck-Pumpeneffekte der Atmung

Periphere Venen

Auch die Atemexkursionen des Thorax fördern den venösen Rückstrom zum Herzen. Mit jeder Inspiration saugt der abnehmende intrathorakale Druck, der sich auf die großen intrathorakalen Venen überträgt, Blut aus der Peripherie in die herznahen Venengebiete. Durch die Senkung des Zwerchfells bei der Inspiration erhöht sich zusätzlich der intraabdominale Druck, wodurch die intraabdominal gelegenen Venenabschnitte komprimiert werden und sich in Richtung der thorakalen Venen entleeren. Ein Rückfluss des venösen Blutes aus dem Bauchraum in den Bereich der Beingefäße wird durch die Venenklappen verhindert.

Lungenvenen

Bei Inspiration erhöht sich also der venöse Rückfluss zum rechten Herzen, das Schlagvolumen des rechten Ventrikels steigt deshalb an. Die Lungengefäße jedoch werden bei der Inspiration gedehnt, der venöse Rückfluss zum Vorhof des linken Herzens nimmt daher inspiratorisch ab, entsprechend sinkt das Schlagvolumen des linken Ventrikels. Die Inspiration hat also auf die Schlagvolumina des rechten und des linken Ventrikels entgegengesetzte Wirkungen.

Valsalva-Versuch

Beim Valsalva-Versuch werden die Effekte der Exspiration auf den Kreislauf besonders deutlich. Nach zunächst tiefer Inspiration (Steigerung des venösen Rückflusses und des rechtsventrikulären Schlagvolumens) spannt der Proband bei geschlossenen Atemwegen die Exspirations- und Bauchmuskeln maximal an, wie bei forcierter Exspiration. Da die Atemluft durch die verschlossenen Atemwege nicht entweichen kann, steigt der intrathorakale Druck noch stärker an als bei einem normalen Exspirationsvorgang. Dadurch kommt der venöse Rückstrom zum Herzen praktisch vollständig zum Erliegen. Der zentrale Venendruck kann bis auf 100 mmHg ansteigen, das Schlagvolumen des rechten Herzens sinkt ab. Durch den hohen intrathorakalen Druck werden jedoch die Lungengefäße stärker in die linke Herzhälfte ausgepresst, sodass das Schlagvolumen des linken Ventrikels zunächst stark ansteigt, was eine entsprechende Erhöhung des arteriellen Blutdrucks zur Folge hat. Nach kurzer Zeit sinkt aber der arterielle Druck aufgrund des fehlenden Zustroms von Blut aus dem rechten Ventrikel in Lungengefäße und linke Herzhälfte wieder ab. Bei entsprechend disponierten Personen kann dieser Blutdruckabfall eine Synkope (Ohnmacht) auslösen.

Ventilebenenmechanismus des Herzens

Schließlich fördert auch der Ventilebenenmechanismus des Herzens den venösen Rückstrom. Durch eine Verschiebung der Ventilebene in Richtung Herzspitze während der Austreibungszeit der Ventrikel wird venöses Blut aus den herznahen Venen in die Herzvorhöfe gesaugt (► Kap. 3.4.2).

4.4.2 Pathophysiologie: Venenklappeninsuffizienz

Die Effizienz des venösen Rückstroms zum Herzen beruht zum großen Teil auf der uneingeschränkten Funktionsfähigkeit der Venenklappen, insbesondere in den Beinvenen, da diese eine Gleichrichterfunktion auf den venösen Blutfluss in Richtung Herzen ausüben. Durch **Schädigung der Venenklappen,** wie sie z. B. durch Überlastung bei lang anhaltender stehender Tätigkeit auftreten kann, wird ihre Ventilwirkung beeinträchtigt. Die Venenklappen schließen nicht länger vollständig, die Kompression der abdominalen Venen bei Inspiration löst in den Beinvenen einen retrograden venösen Fluss in Richtung der Füße aus. Dadurch entsteht leicht ein Circulus vitiosus, weil durch den unvollständigen Schluss der Venenklappen der Druck in den peripherwärts gelegenen Venengebieten zusätzlich ansteigt und dieser erhöhte Druck die dort gelegenen Venenklappen weiter schädigt. Schließlich werden auch diejenigen Venenklappen insuffizient, die tiefe und oberflächliche Beinvenen trennen. Das Blut staut sich in die oberflächlichen Beinvenen zurück und führt dort zu einer varikösen Aufweitung dieser Gefäße: **Krampfadern** (Varikosis).

4.5 Gewebedurchblutung

4.5.1 Mikrozirkulation

4.5.1.1 Aufbau der terminalen Strombahn

Gefäße

Die Arterien liefern den Körpergeweben nährstoff- und sauerstoffreiches Blut. Von den Arterien gelangt das Blut über die noch muskulären Arteriolen in die Kapillaren, deren Wand keine glatten Muskelzellen mehr enthält. Die Durchblutung des Kapillarbetts wird durch eine Vasokonstriktion der terminalen Arteriolen reguliert. Aus dem Kapillarbett fließt das Blut über die nichtkontraktilen Venolen in die Venen ab.

Arteriovenöse Anastomosen

Direkte, kurze Verbindungen zwischen Arteriolen und Venolen, von denen keine Kapillaren abgehen, sind die arteriovenösen Anastomosen. Ihre Wände enthalten zahlreiche glatte Muskelfasern. Durch Öffnung von arteriovenösen Anastomosen kann das Kapillarbett umgangen werden. Sie finden sich vor allem in der Haut, wo sie der Thermoregulation dienen (► Abb. 4.14).

4.5.1.2 Struktur der Kapillarwand

Die Kapillarwand besteht aus einer einschichtigen Lage von Endothelzellen, die auf der Außenseite von einer Basalmembran umgeben sind. Die Dicke der Kapillarwand liegt bei 0,5 µm, der mittlere Kapillardurchmesser bei 6 µm. Man unterscheidet 3 Kapillartypen:

Kontinuierliche Kapillaren

Bei den am weitesten verbreiteten Kapillaren vom kontinuierlichen Typ bilden die nur teilweise durch Tight Junctions verschlossenen **Interzellularspalten** den Passageweg für Wasser und hydrophile Substanzen. Dieser Kapillartyp findet sich in Muskel-, Fett- und Bindegewebe sowie im Lungenkreislauf.

Fenestrierte Kapillaren

Kapillaren vom fenestrierten Typ, die in den Glomeruli der Nieren und in der Magen- und Darm-

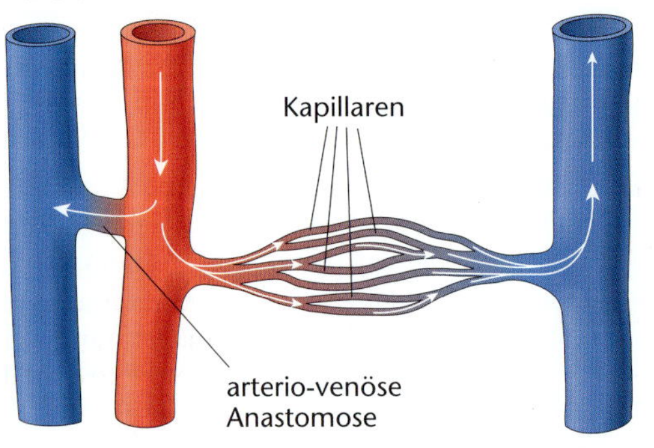

Abb. 4.14 Aufbau der terminalen Strombahn. Glatte Muskelfasern finden sich in Arteriolen und arteriovenösen Anastomosen.

schleimhaut anzutreffen sind, verfügen im Endothel über 50–60 nm breite Fenestrationen der Kapillarwände, die durch eine dünne, perforierte Membran von 4–5 nm Dicke verschlossen sind. Für die Ausbildung der Fenestrierung scheint vor allem der Vaskuläre Endotheliale Wachstumsfaktor (Vascular Endothelial Growth Factor, VEGF) wichtig zu sein. Die Basalmembran ist nicht unterbrochen. Diese Kapillaren vom fenestrierten Typ sind für Wasser und hydrophile Moleküle um den Faktor 10^1–10^3 durchlässiger als Kapillaren vom kontinuierlichen Typ.

Diskontinuierliche Kapillaren

Bei den diskontinuierlichen Kapillaren ist die gesamte Kapillarwand einschließlich der Basalmembran durch große Zwischenräume unterbrochen, sodass ein weitgehend ungehinderter Stoffaustausch zwischen Kapillaren und Umgebung möglich ist. Diskontinuierliche Kapillaren sind typisch für das Kapillarbett von Leber, Knochenmark und Milz. Sie gestatten auch den Durchtritt von Makromolekülen und korpuskulären Blutbestandteilen.

4.5.1.3 Blut-Hirn-Schranke

Die Hirnkapillaren sind grundsätzlich **Kapillaren vom kontinuierlichen Typ.** Allerdings sind hier die Interzellularspalten durch eine deutlich höhere Zahl von interzellulären Tight Junctions vollständig verschlossen. Diese Tight Junctions bilden das morphologische Korrelat der Blut-Hirn-Schranke. Die Blut-Hirn-Schranke dient der besonders exakten Aufrechterhaltung des inneren Milieus des Liquorraums und dem Schutz vor möglicherweise schädlichen Fremdstoffen, die mit dem Blut transportiert werden. Fettlösliche Substanzen können durch die Endothelzellen (und nicht durch die Interzellularräume) vom Blut ins Gewebe gelangen. Ihr Austausch wird daher durch die Blut-Hirn-Schranke nicht beeinträchtigt. Ein ähnlicher Schutz findet sich an den Hodengefäßen: Blut-Hoden-Schranke.

4.5.1.4 Stoff- und Flüssigkeitsaustausch zwischen Kapillaren und Interstitium

Austausch durch Diffusion

Der Hauptteil des Stoffaustauschs zwischen Kapillarlumen und Gewebe vollzieht sich über Diffusion (► Kap. 1.4.2.3). Treibende Kräfte sind dabei vor allem die Konzentrationsgradienten.

- **Wasserlösliche Substanzen** (z. B. Elektrolyte, Glucose) diffundieren durch die Interzellularräume der Kapillaren vom Plasma in die interstitielle Flüssigkeit. Die Diffusionsgeschwindigkeit ist hierbei etwa 80-mal höher als die Geschwindigkeit des Plasmaflusses innerhalb der Kapillaren.
- **Fettlösliche Substanzen** können unmittelbar durch die Endothelzellen der Kapillaren diffundieren und sind nicht auf Interzellularspalten oder Fenestrationen angewiesen. Dadurch ist ihre Transportrate noch erheblich größer als die der wasserlöslichen Substanzen.
- **Größere Moleküle** wie Albumin können die Kapillarwand nicht passieren und werden im Plasma zurückgehalten. Dies erklärt den deutlich höheren Proteingehalt des Plasmas im Vergleich zur interstitiellen Flüssigkeit. Die relative Permeabilität solcher Plasmabestandteile ist sehr gering (► Tab. 4.3).

Tab. 4.3 Relative Permeabilität der Kapillarwand für wichtige Plasmabestandteile

Substanz	Molekülmasse (Dalton)	Permeabilität
Wasser	18	1
NaCl	58,5	0,96
Harnstoff	60	0,8
Glucose	180	0,6
Inulin	5.000	0,2
Hämoglobin	68.000	0,01
Albumin	69.000	0,0001

Austausch durch Filtration

Außer durch reine Diffusion werden Stoffe auch über eine druckabhängige Filtration zwischen Kapillaren und Interstitium ausgetauscht. Dabei besteht zwischen der im arteriellen Kapillarschenkel filtrierten und der im venösen Kapillarschenkel sowie im Lymphsystem reabsorbierten Flüssigkeit unter physiologischen Bedingungen ein Fließgleichgewicht (► Abb. 4.15).

Filtration und Reabsorption werden von den folgenden 4 Druckwerten beeinflusst:

- hydrostatischer Druck in den Kapillaren: P_c
- hydrostatischer Druck in der interstitiellen Flüssigkeit: P_{if}
- kolloidosmotischer Druck (► Kap. 1.3.3) in den Kapillaren: π_c
- kolloidosmotischer Druck in der interstitiellen Flüssigkeit: π_{if}

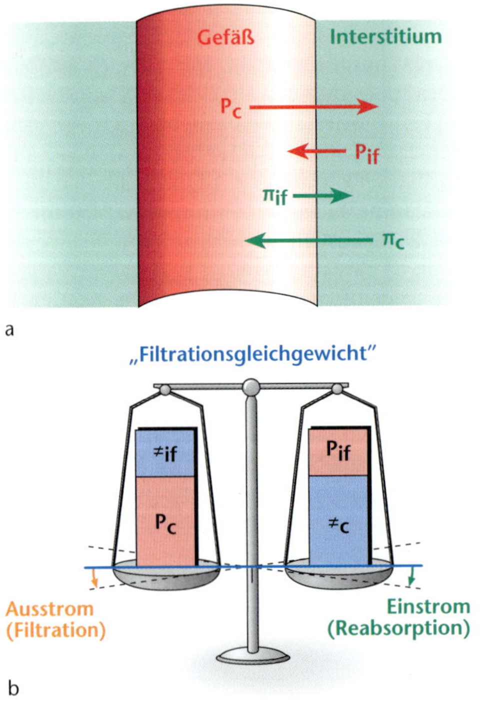

Abb. 4.15 Flüssigkeitsaustausch zwischen Plasma und Interstitium. **a:** Faktoren, die den Flüssigkeitsaustausch beeinflussen. **b:** Filtrationsgleichgewicht ohne Nettofluss.

Starling-Filtrationsformel

Das pro Minute aus dem Kapillarbett filtrierte Volumen ($\dot{V}$) lässt sich aus diesen 4 Druckwerten wie folgt ermitteln:

$$\dot{V} = (P_c + \pi_{if} - P_{if} - \pi_c) \times K \qquad [13]$$

K ist hierbei der Filtrationskoeffizient, der die Permeabilität der Kapillarwand und die Temperatur berücksichtigt. Diese Starling-Filtrationsformel besagt also, dass eine Zunahme des hydrostatischen Kapillardrucks (P_c) oder des interstitiellen kolloidosmotischen Drucks (π_{if}) zu einer Zunahme der Filtration führt, während eine Zunahme des interstitiellen hydrostatischen oder des kapillären kolloidosmotischen Drucks die Filtration vermindert. Ein positives $\dot{V}$ steht dabei für eine Nettofiltration aus dem Kapillarbett, ein negatives $\dot{V}$ für eine Nettoreabsorption in die Kapillaren.

Merke

Zunahme der Filtration durch:

- Kapillardruck ↑
- interstitieller osmotischer Druck ↑

Lerntipp

Der effektive Filtrationsdruck nach Starling ist eigentlich ganz einfach herzuleiten:
Hydrostatische Druckdifferenz minus kolloidosmotische Druckdifferenz – und dann nur noch mit dem Filtrationskoeffizienten multiplizieren.

Verschiedene Druckwerte in den Kapillaren

Die unterschiedlichen Druckwerte im Kapillarbereich lassen sich auf direkte oder indirekte Weise bestimmen. Dabei erhält man folgende Durchschnittswerte:

- Hydrostatischer Kapillardruck im arteriellen Kapillarschenkel (P_{cart}): **30 mmHg**
- Hydrostatischer Kapillardruck im venösen Kapillarschenkel (P_{cven}): **10 mmHg**
- Hydrostatischer Druck der interstitiellen Flüssigkeit (P_{if}): **0 mmHg**
- Kolloidosmotischer Druck in den Kapillaren (π_c): **25 mmHg**
- Kolloidosmotischer Druck in der interstitiellen Flüssigkeit (π_{if}): **8 mmHg**

Filtrationsdruck

Druck nach außen Am arteriellen Kapillarschenkel herrscht also ein nach außen gerichteter Druck von 38 mmHg. Dies ergibt sich aus dem hydrostatischen Kapillardruck P_{cart} von 30 mmHg und aus dem in gleiche Richtung wirkenden interstitiellen kolloidosmotischen Druck π_{if} von 8 mmHg.

Druck nach innen Dem steht nach der Starling-Formel ein nach innen gerichteter Druck von 25 mmHg gegenüber, der aus dem kolloidosmotischen Druck in den Kapillaren (π_c) von 25 mmHg resultiert.

Bilanz In der Bilanz herrscht also am arteriellen Kapillarbeginn ein effektiver Filtrationsdruck von 13 mmHg (38–25 mmHg). Durch diesen Filtrationsdruck werden etwa 0,5 % des Plasmavolumens am arteriellen Kapillarende ins Interstitium filtriert.

Reabsorptionsdruck

Am venösen Kapillarschenkel lässt sich eine ähnliche Bilanz erstellen, wobei der niedrigere hydrostatische Kapillardruck dort eine Reabsorption von Flüssigkeit zur Folge hat.

Druck nach außen Der nach außen gerichtete Druck beträgt dort nur noch 18 mmHg: 10 mmHg hydrostatischer Kapillardruck P_{cven} + 8 mmHg interstitieller kolloidosmotischer Druck π_{if}.

Druck nach innen Der nach innen gerichtete Druck beruht auf dem kolloidosmotischen Druck des Plasmas (π_c) und liegt unverändert bei 25 mmHg.

Bilanz Dadurch ergibt sich am venösen Kapillarschenkel ein effektiver Reabsorptionsdruck von 7 mmHg. In der Bilanz werden 90 % der im arteriellen Kapillarschenkel filtrierten Flüssigkeit von 20 Liter pro Tag im venösen Kapillarschenkel wieder reabsorbiert. Die restlichen 10 % (2 l/Tag) werden über das lymphatische System (► Kap. 4.5.1.5) abtransportiert (► Abb. 4.16).

Merke

Flüssigkeitsreabsorption pro Tag:
- Venöser Kapillarschenkel: 18 l (90 %)
- Lymphsystem: 2 l (10 %)

Ödembildung

Filtration Diese Beziehungen des Starling-Filtrationsgesetzes machen es verständlich, dass eine verstärkte Filtration beim Überschreiten der Transportkapazität der Lymphgefäße eine Wasseransammlung im Gewebe (Ödem) zur Folge haben kann. Zu einer solchen verstärkten Nettokapillarfiltration kommt es bei:

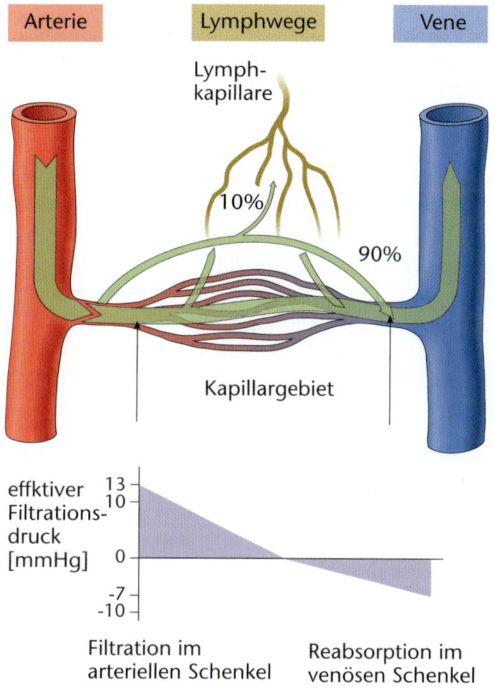

Abb. 4.16 Flüssigkeitsbewegungen im Kapillarbereich.

- Blutdruckanstieg
- Orthostase
- Erhöhung des Blutvolumens
- Weitung der arteriellen Widerstandsgefäße
- Abflusshindernissen im venösen Schenkel mit Erhöhung des venösen Kapillardrucks (z. B. Herzinsuffizienz, Venenerkrankungen)
- Eiweißmangel mit Abnahme des kolloidosmotischen Kapillardrucks (Hungerödeme)

Kapillarpermeabilität Schließlich kann auch eine gesteigerte Kapillarpermeabilität (Erhöhung des Filtrationskoeffizienten *K*), z. B. durch Histaminfreisetzung im Rahmen einer Allergie, zu einer vermehrten Filtration mit Ödembildung führen.

Klinik

Klinisches Zeichen einer dekompensierten **Rechtsherzinsuffizienz** sind Beinödeme. Ursache ist ein erhöhter hydrostatischer Druck im venösen Kapillarschenkel, der durch die Pumpschwäche des rechten Herzens entsteht (Rückstau des venösen Blutes in die Peripherie). Hierdurch wird weniger Gewebeflüssigkeit aus dem Interstitium in die Kapillaren aufgenommen. Die Flüssigkeit sammelt sich vor allem in den abhängigen Körperpartien und verursacht Schwellungen, die zuerst als Knöchelödeme klinisch sichtbar werden.

4.5.1.5 Lymphatisches System

Täglich müssen etwa 2 Liter im Kapillarbett filtrierter, aber nicht reabsorbierter Flüssigkeit über das Lymphgefäßsystem abtransportiert werden. Dafür verfügen fast alle Gewebe des Körpers über Lymphkapillaren. Ausnahmen: oberflächliche Hautschichten, ZNS und Knochen.

Morphologie

Die Lymphkapillarwände bestehen aus einer einschichtigen Endothelschicht. Sie haben eine spezielle Struktur, die sie (im Gegensatz zu den Blutkapillaren) auch für größere Proteine oder die Chylomikronen des Intestinaltrakts permeabel macht: Die Endothelzellen der Lymphkapillaren sind dabei über Ankerfasern mit dem umgebenden Bindegewebe verbunden, wobei sich jeweils 2 Endothelzellen an ihren Rändern überlappen, sodass eine Klappe entsteht, die durch Flüssigkeitsstrom aus dem interstitiellen Raum aufgedrückt werden kann.

Transportmechanismus

Die in die Lymphgefäße aufgenommene Flüssigkeit wird durch Kontraktion glatter Muskelzellen und den Umgebungsdruck in Richtung Ductus thoracicus befördert. Ein Klappensystem in den Lymphgefäßen verhindert dabei einen Rückfluss der Lymphflüssigkeit: **Lymphpumpe.** Die Kontraktionen der glatten Muskulatur ziehen im Ruhezustand etwa 4- bis 5-mal pro Minute in Form peristaltischer Wellen über die Lymphgefäße hinweg.

Klinik

Eine Unterbrechung oder Verstopfung der Lymphbahnen im Gewebe, z. B. durch Verletzungen, Operationen oder Parasiten, behindert die lymphatische Drainagefunktion und führt so zum **Lymphödem,** einer Flüssigkeitsansammlung im abhängigen Gewebe.

4.5.2 Regulation der regionalen Durchblutung

Die regionale Durchblutung wird durch eine Reihe verschiedener Mechanismen kontrolliert, wobei je nach Gefäßgebiet bestimmte Mechanismen vorherrschen können.

4.5.2.1 Myogene Autoregulation

Druckreflektorische Kontraktion

Zwischen einem systemarteriellen Druck von etwa 80 und 180 mmHg systolisch hält das Gefäßsystem den Blutfluss weitgehend konstant, sodass Änderungen der Flussrate von nicht mehr als 30 % auftreten. Diese myogene Anpassung der Durchblutung beruht auf einer druckreflektorischen Kontraktion der Gefäßmuskulatur, wodurch die bei Drucksteigerungen sonst zu erwartende Zunahme der Flussrate begrenzt wird.

Bedeutung

Dieser myogene Mechanismus schützt die Gefäße vor exzessiv hohen Blutdruckwerten und entsprechend erhöhten Flussraten. Besonders ausgeprägt ist die myogene Autoregulation in den Nieren-, Hirn-, Koronar-, Leber-, Mesenterial- und Skelettmuskelgefäßen. Sie fehlt dagegen in den Hautgefäßen.

4.5.2.2 Nervale Regulation

Sympathikus

Die nervale Kontrolle der Durchblutung ist überwiegend Aufgabe des sympathischen Nervensystems. Noradrenerge vasokonstriktorische Fasern innervieren Arterien und Arteriolen und in geringem Maße auch Venen und Venolen. Dabei stehen diese Gefäße unter einem ständigen vasokonstriktorischen Ruhetonus von 1–3 Impulsen pro Minute. Eine maximale Vasokonstriktion wird bei 10 Impulsen pro Minute erreicht. Durch eine Absenkung des vasomotorischen Ruhetonus können auch vasodilatatorische Effekte erzielt werden. Eine völlige Ausschaltung des basalen Vasokonstriktorentonus führt zu einem starken Blutdruckabfall auf 40–60 mmHg und damit zum neurogenen Schock (► Kap. 4.3.4.3).

Parasympathikus

Parasympathische, cholinerge Fasern dilatieren die Gefäße der äußeren Genitalorgane bei sexueller Erregung. In anderen Gefäßgebieten beruhen vasodilatatorische Reaktionen dagegen auf humoralen und hormonellen Faktoren.

4.5.2.3 Humorale Regulation

Catecholamine

Rezeptorabhängigkeit

Die aus dem Nebennierenmark freigesetzten Catecholamine Adrenalin und Noradrenalin üben je nach Rezeptorbesetzung der Zielorgane unterschiedliche Wirkungen aus: Überwiegen die α-Rezeptoren, treten vasokonstriktorische Effekte auf, bei Überwiegen der β-Rezeptoren dagegen vasodilatatorische Effekte.
Noradrenalin wirkt überwiegend an α-Rezeptoren, Adrenalin dagegen sowohl an α- als auch an β-Rezeptoren. Da die Erregungsschwelle der β-Rezeptoren niedriger ist als die der α-Rezeptoren, wirken niedrige (physiologische) Adrenalindosen über β-Rezeptoren vorwiegend vasodilatatorisch, wohingegen hohe (pharmakologische) Adrenalindosen über die α-Rezeptoren vasokonstriktorisch wirken.

Antizipatorische Vasodilatation

In der Muskulatur verursacht im Blut zirkulierendes Adrenalin über eine Stimulation der β_2-Rezeptoren vorwiegend eine Vasodilatation und damit eine Durchblutungssteigerung. Diese Durchblutungssteigerung durch Adrenalin ist vor allem zu Beginn einer körperlichen Belastung wichtig, wenn lokale metabolische Faktoren noch keine Durchblutungsförderung bewirken können.

Merke

- Noradrenalin:
  - α-Rezeptoren → Vasokonstriktion
- Adrenalin:
  - α-Rezeptoren → Vasokonstriktion (hohe Dosen)
  - β-Rezeptoren → Vasodilatation (niedrige Dosen)

Kinine

Wirkungen

Substanzen aus der Gruppe der Kinine (z. B. Bradykinin) führen zu einer deutlichen Vasodilatation und erhöhen die Kapillarpermeabilität.

Synthese und Abbau von Bradykinin

Das Nonapeptid Bradykinin entsteht im Blut durch Abspaltung von Lysin aus dem Dekapeptid Kallidin, das ebenfalls kininartige Wirkungen entfaltet. Kallidin selbst entsteht durch proteolytische Spaltung aus einer im Plasma zirkulierenden Vorstufe, dem Kininogen. Hierfür ist das Enzym Kallikrein verantwortlich. Deshalb spricht man auch vom **Kallikrein-Kinin-System.**
Die Wirkdauer von Bradykinin beträgt nur wenige Minuten. Es wird durch die Kininasen I und II abgebaut (Kininase II = Angiotensin-Converting-Enzym, ACE, ▸ Kap. 10.5.2).

Bedeutung

Die Kinine sind für den gesteigerten Blutfluss und die erhöhte Kapillarpermeabilität bei Entzündungsreaktionen verantwortlich. Außerdem steigern sie in den gastrointestinalen Drüsen den lokalen Blutfluss und damit die Sekretproduktion.

Prostaglandine

Wirkungen

Die wichtigsten gefäßwirksamen Prostaglandine (PG, ▸ Kap. 10.8.5) haben die folgenden Effekte:

- **PGI_2** wirkt an allen glatten Gefäßmuskelzellen vasodilatierend.
- **PGE_2** wirkt vasodilatierend, indem es die Effekte von Bradykinin und Histamin verstärkt.
- **$PGF_{2\alpha}$** dilatiert vor allem die Nierengefäße. Daneben steigert es die Reninproduktion.
- **Thromboxan-A_2** (TXA_2) ist ein potenter Vasokonstriktor. Außerdem fördert TXA_2 die Plättchenaggregation (▸ Kap. 2.5.2.1).

Synthese und Abbau

Prostaglandine werden von praktisch allen Körperzellen gebildet. Sie haben eine kurze Halbwertszeit (Sekunden bis 10 Minuten) und werden zum großen Teil in der Lunge inaktiviert. Daher sind sie für die regionale Durchblutungsregulation gut geeignet.

Andere Substanzen

Histamin

Histamin wird bei allergischen Reaktionen freigesetzt. Es wirkt wie die Kinine vasodilatierend und erhöht die Permeabilität der Gefäßwand.

Serotonin

Serotonin kommt in hohen Konzentrationen im Darm und in Thrombozyten vor. Es wirkt überwiegend vasokonstriktorisch und erhöht die Kapillarpermeabilität. Bei Verletzungen der Gefäße führt aus den Thrombozyten freigesetztes Serotonin zu einer Vasokonstriktion und damit zu einer Abdichtung der Gefäßverletzung.

Klinik

Auch an den meningealen Arterien bewirkt Serotonin eine Vasokonstriktion. Dies erklärt die gute Wirkung von Serotoninrezeptor-Agonisten (z. B. von Sumatriptan und anderen Triptanen) bei **Migräne.** Die dem Migränekopfschmerz zugrunde liegende Vasodilatation meningealer Gefäße wird durch die serotoninagonistische, vasokonstriktorische Wirkung der Triptane aufgehoben.

Endotheline

Endotheline werden vorwiegend aus Endothelzellen freigesetzt und bewirken eine starke Vasokonstriktion. Sie dienen der lokalen Durchblutungsregulation. Ihre Freisetzung wird durch eine Erhöhung der endothelialen Ca^{2+}-Konzentration getriggert.

4.5.2.4 Metabolische Regulation

Bedarfsgesteuert wird die lokale Durchblutung vorwiegend durch metabolische Faktoren, die den lokalen Nährstoffbedarf und -verbrauch widerspiegeln.

Direkte Vasodilatation

Faktoren

Eine Abnahme des O_2-Partialdrucks führt zu einer Vasodilatation mit Erhöhung der Durchblutung. Auf gleiche Weise vasodilatatorisch wirken Erhöhungen des CO_2-Partialdrucks und der H^+-Ionen-Konzentration. Auch Adenosin, das als Endprodukt bei ATP-Verbrauch entsteht, wirkt sehr stark vasodilatatorisch, was besonders im Koronarsystem von physiologischer Bedeutung ist.

Bedeutung

Der vermehrte Blutfluss nach einer vorübergehenden Unterbrechung der Durchblutung (reaktive Hyperämie) erklärt sich durch diese metabolischen Mechanismen. Dabei wird durch die reaktive Hyperämie die unter gedrosselter Durchblutung eingegangene Sauerstoffschuld ausgeglichen.

Sekundäre Vasodilatation durch Stickstoffmonoxid (NO)

Die metabolischen Mechanismen der direkten Vasodilatation wirken zunächst nur im Bereich der Mikrozirkulation. Steigt die Durchblutung hier an, führt dies jedoch sekundär auch zu einer Vasodilatation von Arteriolen und terminalen Arterien zentralwärts der Gebiete mit gesteigerter Mikrozirkulation. Diese sekundäre Vasodilatation wird über Stickstoffmonoxid (NO) vermittelt.

NO-Freisetzung

Mit dem Anstieg der Stromstärke im Gefäßsystem geht eine erhöhte Schubspannung im Kontaktbereich Blut/Endothel einher. Diese Schubspannung wird von Sensoren in den Endothelien registriert und führt so zur Freisetzung des nur wenige Sekunden stabilen NO aus dem Endothel. NO führt zur vermehrten Bildung von cGMP und bewirkt dadurch eine Erschlaffung von Gefäßmuskelzellen mit nachfolgender Vasodilatation (► Kap. 1.7.3).
Auch die vasodilatatorischen Wirkungen anderer Substanzen wie Acetylcholin, Bradykinin, Serotonin und ADP werden über eine Steigerung der NO-Freisetzung vermittelt.

Aszendierende Dilatation

Die durch NO-Freisetzung hervorgerufene Vasodilatation kann die Durchblutung auch in „höher" gelegenen Gefäßgebieten (Arteriolen, terminale Arterien) steigern, in denen metabolische vasodilatierende Faktoren weniger wirksam sind als in den distalen Ästen der Mikrozirkulation. Die schubspannungsgesteuerte Vasodilatation wird deshalb auch als aszendierende Dilatation bezeichnet.

Merke

Einen Überblick über die humorale und metabolische Steuerung von Vasokonstriktion und Vasodilatation gibt ► Tab. 4.4.

Tab. 4.4 Vasokonstriktion und Vasodilatation

Vasokonstriktion	Vasodilatation
• Noradrenalin an α_1-Rezeptoren • Hohe Dosen von Adrenalin an α_1-Rezeptoren • Serotonin • Thromboxan-A_2 • Endotheline	• Adrenalin an β_2-Rezeptoren • Bradykinin • Histamin • Prostaglandin E_2 • Prostaglandin I_2 • Stickstoffmonoxid (NO) • Adenosin • Abnahme des O_2-Partialdrucks • Anstieg des CO_2-Partialdrucks • Anstieg der H^+-Ionen-Konzentration

4.5.2.5 Langzeitregulation

Langfristig wird die regionale Durchblutung über die vermehrte Kapillarisierung eines Gewebegebietes gesteigert. Der stärkste Stimulus für eine solche Kapillarneubildung ist **chronischer Sauerstoffmangel.** Die Aussprossung neuer Gefäße, die **Angiogenese,** wird vorwiegend durch in den Gefäßen selbst gebildete Faktoren, z. B. durch das Zytokin VEGF (Vascular Endothelial Growth Factor, ▸ Kap. 2.6.2), angeregt. Auf diese Weise können sich bei chronischer Minderdurchblutung Kollateralkreisläufe neu bilden und so eine adäquate Sauerstoffversorgung sicherstellen.

4.6 Organkreisläufe

Die bislang besprochenen Charakteristika des Kreislaufsystems galten im Wesentlichen für alle Teilkreisläufe. In den einzelnen Organkreisläufen gibt es jedoch eine Reihe von Besonderheiten, die im Folgenden zusammenfassend dargestellt werden sollen. Die Partialkreisläufe von Niere und Herz werden in ▸ Kap. 3 und ▸ Kap. 9 ausführlich behandelt.

Unter Ruhebedingungen lässt sich eine typische Rangfolge der **spezifischen Durchblutung** (Durchblutung bezogen auf das Organgewicht) feststellen: Niere > Myokard > Skelettmuskel.

Die wichtigsten Durchblutungsparameter der einzelnen Organkreisläufe gibt ▸ Tab. 4.5 wieder.

4.6.1 Lunge

4.6.1.1 Druck und Strömung in den Lungengefäßen

Drücke

In der Lungenstrombahn herrschen deutlich niedrigere Drücke als im Körperkreislauf. Der Druck in der A. pulmonalis (die sauerstoffarmes, venöses Blut enthält) liegt systolisch bei 20 mmHg, diastolisch bei 8 mmHg, der mittlere Druck beträgt 13 mmHg. In den Lungenkapillaren herrschen mittlere Drücke von 6,5 mmHg, in den Lungenvenen und im linken Vorhof dann nur noch 5,5 mmHg.

Gesamtwiderstand

Der Gesamtwiderstand im Lungenkreislauf beträgt nur knapp ⅒ des Widerstands im Körperkreislauf. Typische muskelstarke arterielle Widerstandsgefäße fehlen.

Strömung

Wie im Körperkreislauf wird im Lungengefäßkreislauf der pulsierende Blutfluss durch die elastischen Eigenschaften der Lungengefäße in eine kontinuierliche Strömung umgewandelt.

> **Merke**
>
> Blutdruck im Lungenkreislauf: 20/8 mmHg.

4.6.1.2 Funktionelle Besonderheiten

Der Lungenkreislauf ist durch 3 physiologische Besonderheiten gekennzeichnet:

Blutreservoir

Die Lunge enthält etwa 450 ml Blut, d. h. etwa 9 % des gesamten Blutvolumens des Körpers. Aus diesem Blutreservoir können bei Bedarf bis zu 250 ml kurzfristig an den systemischen Kreislauf abgegeben werden.

Hydrostatische Druckdifferenz

Wegen der niedrigen Drücke im Lungenkreislauf wirken sich die hydrostatischen Drücke in stärkerer Weise auf die Durchblutungsverteilung in der Lunge aus, als dies in den Gefäßgebieten des Hoch-

Tab. 4.5 Wichtige Organkreisläufe.

Organ	Anteil des HZV (in %)	Spezifische Durchblutung (ml × 100 g^{-1} × min^{-1})
Leber	30 (A. hepatica und Pfortader)	100
Skelettmuskel	20 (in Ruhe)	3 (in Ruhe), 100 (bei Belastung)
Niere	20	400
Gehirn	15	20 (Mark), 100 (Rinde)
Herz	5 (in Ruhe)	80 (in Ruhe), 300 (bei Belastung)

drucksystems der Fall ist. Der Druck in den Pulmonalarterienästen der Lungenspitze liegt durch die hydrostatische Druckdifferenz beim stehenden Menschen um 15 mmHg niedriger als in Herzhöhe, an der zwerchfellnahen Lungenbasis dagegen um 8 mmHg höher. Dadurch werden die Kapillaren der Lungenspitze im Stehen kaum durchblutet.

Pulmonalarterieller Druckanstieg

Die Druckwerte in den Pulmonalarterien hängen auch vom intrapleuralen und intraalveolären Druck ab. Bei tiefer Exspiration verkleinern sich die Lungen und die intrapulmonalen Gefäßlumina werden komprimiert: Der Druck in den Lungenarterien steigt an. Bei tiefer Inspiration werden die extraalveolären pulmonalen Gefäße gedehnt, die alveolären Gefäße aber gleichzeitig komprimiert. Insgesamt überwiegt der Kompressionseffekt auf die alveolären Gefäße, sodass auch bei tiefer Inspiration der pulmonalarterielle Druck ansteigt.

Klinik

Positive intraalveoläre Drücke, wie sie z. B. bei der **künstlichen Beatmung** entstehen können, führen durch die Kompression alveolärer Gefäße zu einem Anstieg des pulmonalarteriellen Widerstands und damit des pulmonalarteriellen Drucks. Bei vorgeschädigtem Herzen kann diese vermehrte Druckbelastung zu einer Überlastung des rechten Herzens (Cor pulmonale) führen. Folge sind periphere Ödeme.

4.6.1.3 Kontrolle der Lungendurchblutung

Konstanter Blutdruck

Der Blutfluss durch die Lungen wird im Allgemeinen durch dieselben Faktoren bestimmt, die auch das Herzzeitvolumen im Gesamtkreislauf beeinflussen (► Kap. 4.3.3). Die Pulmonalgefäße reagieren dabei druckpassiv auf vermehrte Durchblutung mit Vasodilatation und auf Druckabfall mit Vasokonstriktion, sodass ein konstanter pulmonaler Blutdruck aufrechterhalten wird. Auch bei starker körperlicher Belastung mit einer Verdopplung des Herzzeitvolumens steigt daher der mittlere pulmonalarterielle Druck durch die Weitstellung der Lungenarterien nicht über 25 mmHg an.

Euler-Liljestrand-Mechanismus

Bei lokalem Abfall der O_2-Konzentration in den Lungenalveolen wird die Durchblutung der betroffenen Alveolarabschnitte durch Vasokonstriktion gedrosselt (Euler-Liljestrand-Mechanismus, ► Kap. 5.5.3.1). Hierbei verhalten sich die Gefäße der Lungenstrombahn exakt spiegelbildlich zu den mikrozirkulatorischen Gefäßen des Körperkreislaufs, die bei Sauerstoffmangel dilatieren. Ziel dieser gedrosselten Durchblutung von schlecht mit Sauerstoff versorgten Alveolargebieten ist eine Umverteilung des pulmonalen Blutflusses zugunsten von Gebieten mit besserer Belüftung und höherem alveolären O_2-Partialdruck. Hierdurch wird der funktionelle Totraum reduziert und die Sauerstoffaufnahme effektiver gestaltet.
Gegenüber diesen lokalen Mechanismen ist die Innervation der Lungengefäße durch sympathische vasokonstriktorische Fasern von untergeordneter Bedeutung.

Merke

Sauerstoffmangel:
- Vasokonstriktion der Lungenstrombahn
- Vasodilatation der mikrozirkulatorischen Gefäße des Körperkreislaufs

Lerntipp

Ein sehr gerne geprüftes Thema: der Euler-Liljestrand-Mechanismus. Gleich nochmal ansehen!

4.6.2 Gehirn

Die Gehirndurchblutung liegt bei 750 ml/min, d. h. bei 15 % des Herzzeitvolumens, die spezifische Gehirndurchblutung zwischen $20\,ml \times 100\,g^{-1} \times min^{-1}$ (weiße Substanz) und $100\,ml \times 100\,g^{-1} \times min^{-1}$ (graue Substanz). Bei gesteigerter neuronaler Aktivität kann die Durchblutung um bis zu 50 % steigen.
Auch regionale Durchblutungssteigerungen können bei bestimmten Partialleistungen auftreten und mithilfe der Positronenemissionstomografie (PET) sichtbar gemacht werden.

4.6.3 Haut

Temperaturabhängige Durchblutung

Die Hautdurchblutung hängt stark von der Wärme- oder Kältebelastung des Organismus ab. Während bei Indifferenzbedingungen eine regional unterschiedliche Hautdurchblutung zwischen 150 und 500 ml × 100 g^{-1} × min^{-1} gefunden wird, kann bei extremer Hitzebelastung die Gesamtdurchblutung auf bis zu 3 l/min und mehr ansteigen.

Regulation

Die Hautdurchblutung wird über 2 unterschiedliche Mechanismen reguliert:

- In **distalen, akralen Hautarealen** (z. B. Hände, Füße, Ohren) herrscht schon unter Ruhebedingungen ein relativ starker vasokonstriktorischer Tonus noradrenerger sympathischer Fasern. Bei Stress (auch bei psychischer Belastung) steigt der Sympathikotonus weiter. Hände und Füße werden blass und kalt. Lässt dieser Vasokonstriktorentonus nach, kommt es zur Vasodilatation.
- In **mehr zum Körperstamm hin gelegenen Hautgebieten** wird die Vasodilatation dagegen vorwiegend durch Ausschüttung von Bradykinin ausgelöst, das bei der Erregung der zu den Schweißdrüsen ziehenden cholinergen sympathischen Fasern freigesetzt wird.

Blutdepot

Auch die Hautgefäße dienen als Blutdepot: In den subpapillären Venenplexus sind etwa 1.500 ml Blut gespeichert, die bei Bedarf dem Kreislauf zur Verfügung gestellt werden können.

4.6.4 Skelettmuskel

Belastungsabhängige Durchblutung

Die Durchblutung der Skelettmuskulatur erfordert 15–20 % des Herzzeitvolumens oder etwa 1.000 ml/min. Die spezifische Durchblutung liegt in Ruhe bei 3 ml × 100 g^{-1} × min^{-1}. Bei maximaler Muskelarbeit kann die Durchblutung der Muskulatur Werte von über 20 l/min erreichen (100 ml × 100 g^{-1} × min^{-1}).

Reaktive Hyperämie

Andererseits werden vor allem bei isometrischer Muskelanspannung die Muskelgefäße während der Kontraktion komprimiert, was den Blutfluss behindert. Ab einer isometrischen Kontraktion von 40–50 % der Maximalkraft ist deshalb z. B. im M. biceps brachii die Muskeldurchblutung für die Sauerstoffversorgung nicht ausreichend. Dies führt im Anschluss an die Kontraktion zu einer reaktiven Hyperämie, wodurch die Sauerstoffschuld ausgeglichen wird. Rhythmische Muskelarbeit mit Wechsel von Kontraktion und Entspannung ist somit weniger ermüdend als rein isometrische Haltearbeit, da in der Entspannungsphase die Muskelgefäße nicht komprimiert sind und eine ausreichende Durchblutung des arbeitenden Muskels sichergestellt ist.

> **Klinik**
>
> Bei der **peripheren arteriellen Verschlusskrankheit (pAVK)** ist die ausreichende Durchblutung der Extremitätenmuskulatur aufgrund von zumeist arteriosklerotisch bedingten Stenosen nicht mehr gewährleistet. Dadurch kommt es ab einer gewissen Wegstrecke zu ischämischen Schmerzen in der Beinmuskulatur. Die Patienten bleiben so lange stehen, bis die schmerzhafte Sauerstoffschuld wieder ausgeglichen ist: Claudicatio intermittens (Schaufensterkrankheit).

4.6.5 Splanchnikusgebiet

Die Gefäßgebiete von Mesenterium, Pankreas, Milz und Leber werden wegen ihrer gemeinsamen sympathischen Innervation durch die Nn. splanchnici als Splanchnikusgebiet zusammengefasst. Die Splanchnikusgefäße enthalten etwa 20 % des gesamten Blutvolumens.

Durchblutung der Leber

Die Leber ist das am stärksten durchblutete Organ der Splanchnikusregion: Sie erhält über die A. hepatica und die Pfortader 1.500 ml/min oder etwa 30 % des Herzzeitvolumens, die spezifische Durchblutung beträgt 100 ml × 100 g^{-1} × min^{-1}. Bei schwerer körperlicher Arbeit kann die Leberdurchblutung zugunsten der Muskulatur um mehr als die Hälfte gedrosselt werden.

Ihren Sauerstoffbedarf deckt die Leber nur zu 40 % aus der A. hepatica, die restlichen 60 % extrahiert sie aus dem unterschiedlich stark sauerstoffhaltigen Blut der Pfortader. Daher bleibt eine Unterbindung der A. hepatica meist ohne Folgen für die Sauerstoffversorgung der Leber.

Blutspeicher

Auch die Leber wird vom Körper als Blutspeicher genutzt: Bei Belastungen kann sie etwa 350 ml ihres Blutvolumens an den Kreislauf abgeben.

> **Klinik**
>
> Bei einer Leberzirrhose entsteht durch die Schädigung des Lebergewebes und der hepatischen Mikrozirkulation (Erhöhung des intrahepatischen Widerstands) ein **Pfortaderhochdruck.** Typische Folgen sind Aszites

(„Bauchwassersucht“) und venöse Umgehungskreisläufe (z. B. Ösophagusvarizen, Caput medusae).

4.7 Fetaler und plazentarer Kreislauf

4.7.1 Organisation

4.7.1.1 Plazentakreislauf

O_2- und CO_2-Austausch

Die Mutter stellt über die Plazenta Nahrungsmittel und Sauerstoff zur Verfügung, die über die Umbilikalvene zum Fetus gelangen. Umgekehrt gelangen im Feten anfallende Abbauprodukte sowie entstandenes CO_2 über die Umbilikalarterien in die Plazenta und dann zur Entsorgung in die mütterliche Zirkulation. Für die Diffusion von Sauerstoff und Kohlendioxid gelten an der plazentaren Schranke die gleichen Diffusionsgesetze wie in der Lunge (► Kap. 5.6.2).

Sauerstoffpartialdruck

Der Sauerstoffpartialdruck in den mütterlichen arteriellen Plazentagefäßen liegt bei 50 mmHg, der entsprechende Partialdruck des oxygenierten fetalen Blutes in der V. umbilicalis bei 30 mmHg.

Dass dieser relativ niedrige O_2-Partialdruck für eine adäquate Sauerstoffversorgung des Fetus ausreicht, liegt an 3 Besonderheiten des Plazentakreislaufs:

- **Fetales Hämoglobin (HbF):** Das HbF transportiert bei gleichem Sauerstoffpartialdruck 20–30 % mehr Sauerstoff als das normale Erwachsenenhämoglobin, weil die O_2-Affinität des fetalen HbF größer ist. So liegt der Halbsättigungswert des HbF, d. h. der Partialdruck, bei dem 50 % des Hämoglobin mit O_2 besetzt sind (P_{50}), bei lediglich 19 mmHg (P_{50} = 27 mmHg bei adultem HbA, ► Kap. 5.6.2.2).
- **Hämoglobinkonzentration:** Sie ist beim Fetus um 50 % höher als bei der Mutter. Auch hierdurch steigt die Sauerstofftransportkapazität.
- **Bohr-Effekt** (► Kap. 5.6.2.2): Die Sauerstoffbindungskapazität von Hämoglobin ist bei niedrigen CO_2-Partialdrücken im Blut erhöht. Die fetale Sauerstoffaufnahme wird durch diesen Effekt begünstigt, da das CO_2 des von den Aa. umbilicales angelieferten fetalen Blutes in der Plazenta rasch in Richtung der mütterlichen Gefäße diffundiert. Diese rasche Diffusion des CO_2 aus den fetalen in die mütterlichen Gefäße wird durch den unter der Schwangerschaft erniedrigten CO_2-Partialdruck im mütterlichen arteriellen Blut (unter 40 mmHg) erleichtert. Der niedrigere CO_2-Partialdruck der Mutter ist die Folge der progesteroninduzierten physiologischen Schwangerschaftshyperventilation.

4.7.1.2 Fetaler Kreislauf

Während der Schwangerschaft ist eine nennenswerte Durchblutung von Lunge oder Leber des Fetus nicht erforderlich, da deren Aufgaben von der Plazenta und dem mütterlichen Organismus übernommen werden. Deshalb wird das Blut über spezielle fetale Gefäße an Lunge und Leber vorbeigepumpt. Während der Schwangerschaft fließen 55 % der gesamten Blutmenge des Fetus über die Plazenta und nur 12 % des Blutes durch die fetalen Lungen. Der fetale arterielle Blutdruck in der Aorta beträgt gegen Ende der Schwangerschaft etwa 70 mmHg, die Herzfrequenz liegt bei 130 Schlägen/min.

Oxygeniertes Blut

Das in der mütterlichen Plazenta oxygenierte und mit Nährstoffen angereicherte Blut erreicht den Fetus über die (meist unpaarige) V. umbilicalis. Diese mündet über den Ductus venosus in die V. cava inferior und umgeht so fast vollständig den Leberkreislauf. In der V. cava inferior vermischt sich das sauerstoffreiche Blut aus der V. umbilicalis mit dem sauerstoffarmen Blut aus den unteren Körperregionen. Dieses Mischblut, das allerdings immer noch einen O_2-Gehalt von 60–65 % aufweist, gelangt über die untere Hohlvene in das rechte Atrium und fließt von dort fast vollständig durch das beim Fetus offene Foramen ovale in den linken Vorhof. Auf diese Weise erreicht das sauerstoffreiche mütterliche Blut, obwohl es zunächst in den venösen Kreislauf des Fetus eingespeist wird, relativ direkt dessen Körperkreislauf. Über die Aorta und die fetalen Arterien wird das sauerstoffreiche Blut dann in die Peripherie transportiert.

Sauerstoffarmes Blut

Über die obere Hohlvene gelangt sauerstoffarmes, venöses Blut aus dem Kopf- und Halsgebiet des Fetus in das rechte Atrium. Hier fließt es überwiegend direkt durch die Trikuspidalklappe in den rechten Ventrikel ab und mündet über Pulmonalarterie und den Ductus arteriosus (Botalli) unter Umgehung des Lungenkreislaufs in die Aorta descendens. Diese Flussrichtung des Blutes vom rechten Ventrikel über den Ductus arteriosus in die Aorta ist nur deshalb möglich, weil der Druck im Ductus arteriosus durch den hohen Gefäßwiderstand in der noch kollabierten Lunge über dem Aortendruck liegt. Zu beachten ist auch, dass der Ductus arteriosus, der ja sauerstoffarmes Blut transportiert, distal des Abgangs der großen Halsgefäße in die Aorta mündet. Auf diese Weise werden Kopf und vor allem Gehirn des Fetus noch mit dem sauerstoffreicheren Mischblut aus der V. cava inferior versorgt. Von den Aa. iliacae zweigen die 2 Aa. umbilicales ab, die das Gemisch aus desoxygeniertem und oxygeniertem Blut zur Sauerstoffanreicherung wieder der mütterlichen Plazenta zuführen (► Abb. 4.17).

Parallelschaltung der Ventrikel

Im fetalen Kreislauf sind rechter und linker Ventrikel durch die Verbindung zwischen beiden Vorhöfen (Foramen ovale) und zwischen den Ausflussbahnen beider Ventrikel (Ductus arteriosus) überwiegend parallel geschaltet.

Merke

Fetaler Kreislauf:
- Ductus venosus umgeht den Leberkreislauf.
- Ductus arteriosus umgeht den Lungenkreislauf.

4.7.2 Umstellungen nach der Geburt

Der Kreislauf nach der Geburt ist im Vergleich zum fetalen Kreislauf durch 2 Umstellungsvorgänge gekennzeichnet:

- **Drucksteigerung in linkem Herzen und Aorta:** Durch den Wegfall der Plazentadurchblutung verdoppelt sich der systemische Gefäßwider-

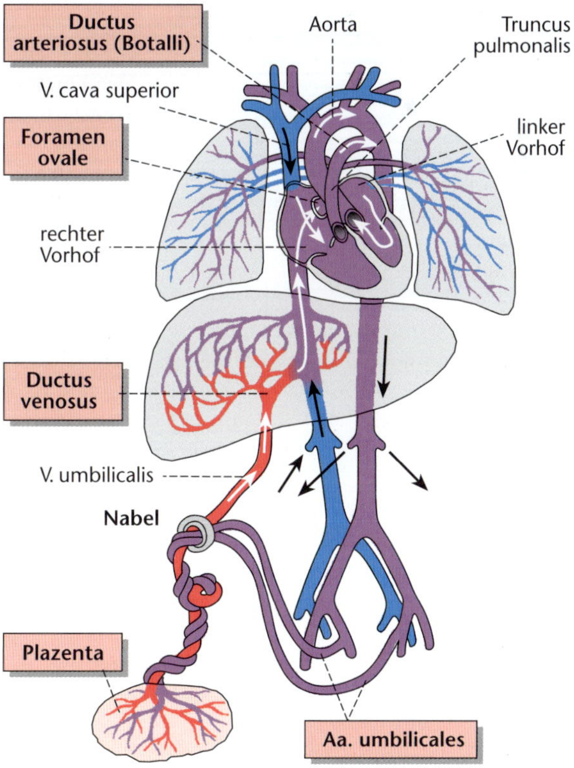

Abb. 4.17 Fetaler Kreislauf. Besonderheiten sind der Ductus arteriosus (Botalli), der zur Umgehung des Lungenkreislaufs die Ausflussbahn des rechten Ventrikels mit der Ausflussbahn des linken Ventrikels verbindet, und der Ductus venosus, der zur Umgehung des Leberkreislaufs von der Umbilikalvene ausgehend direkt in die V. cava inferior mündet.

stand bei der Geburt. Dies führt zu einem gesteigerten Druck im linken Atrium, im linken Ventrikel und in der Aorta.

- **Verminderung des pulmonalen Gefäßwiderstands:** Durch die Entfaltung der Lunge mit den ersten Atemzügen vermindert sich der pulmonale Gefäßwiderstand und mit ihm der Druck im rechten Atrium, im rechten Ventrikel und in der A. pulmonalis.

4.7.2.1 Foramen ovale

Verschluss

Das Foramen ovale verschließt sich aufgrund des postnatal geringen Drucks im rechten und des relativ höheren Drucks im linken Atrium. Durch diese Druckumkehr legt sich eine Klappe auf der linken Seite des Vorhofseptums vor die Öffnung des Foramen ovale und verhindert so einen weiteren Blutaustausch (Shunt) auf Vorhofebene.

Offenes Foramen ovale

Ein offen bleibendes Foramen ovale kann eine verstärkte Belastung des rechten Herzens durch das über den linken Vorhof einströmende Blutvolumen zur Folge haben und bedarf je nach Schweregrad einer operativen Korrektur.

4.7.2.2 Ductus arteriosus (Botalli)

Verschluss

Der Ductus arteriosus (Botalli) verschließt sich durch eine Kontraktion seiner Wandmuskulatur innerhalb der ersten Tage nach der Geburt. Dieser funktionelle Verschluss des Ductus arteriosus wird durch den plötzlichen starken Anstieg des O_2-Partialdrucks von 20 auf 100 mmHg im Ductus-arteriosus-Blut nach Belüftung der Lunge und durch die Hemmung der endothelialen Synthese des gefäßdilatierend wirkenden PGE_2 (► Kap. 10.8.5) hervorgerufen. Nach 1–4 Monaten verschließt sich der Ductus durch Bindegewebsstränge auch morphologisch.

Offener Ductus arteriosus

Ein offen bleibender Ductus arteriosus führt zu einer verstärkten Volumenbelastung des linken Ventrikels, da oft mehr als 50 % des Herzzeitvolumens über den offenen Ductus arteriosus in die Lunge gepumpt werden (Links-rechts-Shunt).

Klinik

Bei der Auskultation ist ein **offener Ductus arteriosus (Botalli)** an einem typischen systolisch-diastolischen Dauergeräusch („Maschinengeräusch") über der Brustwand erkennbar.

4.7.2.3 Ductus venosus

Der Ductus venosus verschließt sich auf ähnliche Weise wie der Ductus arteriosus durch aktive Kontraktion 1–3 Stunden nach der Geburt. In der Folge steigt der Pfortaderdruck von 0 auf 10 mmHg an und die Leberdurchblutung kommt in Gang.

Atmung

05

IMPP-Hits

- Lungenvolumina (► Abb. 5.1)
- Störungen des Säure-Basen-Haushalts (► Tab. 5.5)
- Sauerstofftransport im Blut
- O_2-Partialdruck-Bestimmung

5.1 Wegweiser

Einen Überblick der wichtigsten physikalischen Grundlagen der Atemphysiologie gibt ► Kap. 5.3. Die Atemmechanik (► Kap. 5.4) untersucht die Veränderungen der Lunge bei unterschiedlichen Druck- und Volumenbelastungen in Ruhe und bei typischen Atembewegungen. Diese physiologischen Grundkenntnisse erlauben es, Beatmungsgeräte zu entwickeln. Der Gasaustausch im Lungengewebe wird von der Belüftung (Ventilation), der Diffusion sowie von der Durchblutung (Perfusion und Verteilung) beeinflusst (► Kap. 5.5). Lungenerkrankungen sind typischerweise durch die Störung eines oder mehrerer dieser 3 Parameter gekennzeichnet. Der aus der Atemluft aufgenommene Sauerstoff wird im Blut an Hämoglobin gebunden transportiert. Das Kohlendioxid gelangt ebenfalls auf dem Blutweg zur Abatmung in die Lungen (► Kap. 5.6). Die Atmung wird über zentrale Regelkreisläufe gesteuert, die periphere Atemreize verarbeiten (► Kap. 5.7). Höhenphysiologie und Pathophysiologie geben Gelegenheit, die erworbenen Kenntnisse in der Praxis anzuwenden (► Kap. 5.8). Auch zur Vermeidung von Tauchunfällen ist ein Verständnis der Physiologie des Atemgastransports im Blut unentbehrlich. Nicht nur die Lunge, sondern auch das Gewebe „atmet“ (► Kap. 5.9): Es verbraucht den gelieferten Sauerstoff und ist auf den Abtransport des Verbrennungsprodukts CO_2 angewiesen. Neben der Niere ist die Lunge das wichtigste Organ im Säure-Basen-Haushalt des Organismus (► Kap. 5.10). Im Blut gepufferte saure Valenzen können über das „Abrauchen“ des Säureanhydrids CO_2 aus dem Körper entfernt werden. Das Lungengewebe nimmt auch nichtrespiratorische, metabolische Aufgaben wahr. Da es intensivem Kontakt zur Außenluft ausgesetzt ist, bedarf es spezifischer Schutzmechanismen (► Kap. 5.2). Tief durchatmen, und los geht's!

5.2 Nichtrespiratorische Lungenfunktionen

Die Atemwege sind unterhalb des Larynx normalerweise steril. Eine Besiedlung mit Krankheitserregern und damit eine mögliche Infektion werden durch Schutzreflexe und durch die Selbstreinigungsfunktion der Atemwege verhindert.

5.2.1 Schutzreflexe der Atemwege

5.2.1.1 Hustenreflex

Berühren Fremdkörper die Schleimhäute der Atemwege, lösen sie den Hustenreflex aus. Die afferenten Impulse dieses Reflexes laufen über den **N. vagus** zur Medulla oblongata. Dies führt zu einer Reflexantwort, die durch folgende Komponenten gekennzeichnet ist:

- Inspiration von etwa 2 Liter Luft.
- Verschluss von Stimmritze und Epiglottis: Das erhöhte Luftvolumen in der Lunge ist gegen die Außenwelt abgeschlossen.
- Kontraktion der exspiratorischen Muskulatur und der Bauchmuskeln: Der Druck im Bronchialsystem steigt auf Werte um 100 mmHg.
- Plötzliche Öffnung von Stimmritze und Epiglottis.

Der hierdurch entstehende rasche und kräftige Luftstrom in den Atemwegen entfernt die eingedrungenen Fremdkörper.

5.2.1.2 Niesreflex

Der Niesreflex ist das Äquivalent des Hustenreflexes im Bereich der nasalen Luftwege. Die afferenten Impulse werden hierbei über den **N. trigeminus** zur Medulla geleitet.

5.2.2 Reinigungsfunktion der Atemwege

5.2.2.1 Bronchialepithel

Bereits in der Nase werden kleinere Staubpartikel zurückgehalten. Die tieferen Atemwege sind von einem respiratorischen Epithel ausgekleidet, das durch Schleim sezernierende Becherzellen und zilientragende Epithelzellen charakterisiert ist. Durch den Zilienschlag wird der von den Becherzellen produzierte Schleimfilm ständig in Richtung Epiglottis vorgeschoben. Eingedrungene Fremdkörper werden in diesem Schleimfilm festgehalten und aus den Atemwegen abtransportiert. Schädigungen der Zilien (z. B. durch Rauchen) stören den Schleimabtransport und damit die Selbstreinigungsfunktion der Atemwege, was durch vermehrtes Abhusten („Raucherhusten“) nur teilweise ausgeglichen werden kann.

5.2.2.2 Schleimproduktion und Schleimrückresorption

Produktion

Wichtig für die Schleimproduktion im Bronchialepithel sind sind Cl^--Kanäle vom **CFTR-Typ** (Cystic Fibrosis Transmembrane Regulator), die in der apikalen Zellmembran von Bronchien und anderen sekretorischen Epithelzellen (z. B. Speicheldrüsen, Schweißdrüsen und Pankreas) liegen. Durch diese Kanäle strömt Cl^- ins Bronchiallumen, Na^+ und H_2O folgen über den parazellulären Weg.

Rückresorption

Auch eine Rückresorption des Schleims ist möglich: Hierzu strömt Na^+ durch **epitheliale Na^+-Kanäle** (ENaC = Epithelial Na^+-Channel) in die Zellen, dem Cl^- und Wasser parazellulär folgen.

5.2.2.3 Spezifische und unspezifische Abwehr

Die Schleimhaut der Atemwege ist außerdem durch eine hohe Konzentration des Immunglobulins A gekennzeichnet, das der lokalen Abwehr eingedrungener Erreger dient (▸ Kap. 2.6.3.4). Daneben phagozytieren in den Alveolarwänden vorhandene Alveolarmakrophagen Fremdkörper, die trotz aller Verteidigungslinien bis in die Alveolen vordringen konnten.

5.2.3 Metabolische Funktionen der Lunge

Neben ihrer Rolle beim Gasaustausch erfüllt die Lunge auch eine Reihe von metabolischen Aufgaben, für die sie besonders geeignet ist, da die gesamte Blutmenge des Kreislaufs die Lungen passiert. Dabei konnten bis heute u. a. folgende metabolische Teilfunktionen aufgedeckt werden:

- Umwandlung von Angiotensin I in die vasokonstriktorisch wirkende Substanz Angiotensin II (▸ Kap. 10.5.2). Das die Umwandlung katalysierende Angiotensin-Converting-Enzym (ACE) findet sich in den Endothelzellen der Lungenkapillaren.
- Inaktivierung von Bradykinin und Substanz P, ebenfalls durch ACE.
- Inaktivierung von Serotonin durch Aufnahme von Serotonin in die Kapillarendothelien.
- Inaktivierung der Prostaglandine E_1, E_2 und $F_{2\alpha}$.

Klinik

Unter Therapie mit **ACE-Hemmern** (z. B. aufgrund von Hypertonus) tritt bei 5–35 % der Patienten ein trockener Reizhusten auf. Ursache ist die reduzierte Inaktivierung von Bradykinin und Substanz P in der Lunge.

5.3 Physikalische Grundlagen

5.3.1 Ideales Gasgesetz

Nach der Zustandsgleichung idealer Gase hängt das Volumen (V) eines Gases einerseits von der Stoffmenge, d. h. der Molanzahl (n) des Gases, andererseits aber auch von Druck (P) und Umgebungstemperatur (T) ab. Diese Beziehung formuliert das ideale Gasgesetz:

$$V = \frac{n \times T}{P} \times R \qquad [1]$$

Die Konstante R ist eine Naturkonstante, die **allgemeine Gaskonstante.**

5.3.2 Volumenmessbedingungen

5.3.2.1 Standardbedingungen

Wegen der Abhängigkeit des Gasvolumens von Druck- und Temperaturänderungen müssen eindeutige Standardbedingungen definiert werden, um Messergebnisse miteinander vergleichen zu können. Diese Standardbedingungen berücksichtigen auch den Wasserdampfpartialdruck, der außerhalb und innerhalb des Atmungstrakts unterschiedliche Werte annehmen kann.

Man unterscheidet 3 definierte Volumenmessbedingungen:

- **STPD-Bedingungen** (**S**tandard **T**emperature, **P**ressure, **D**ry): die physikalischen Normalbedingungen von 273 K (0 °C), 760 mmHg atmosphärischem Normaldruck und 0 mmHg Wasserdampfdruck (Trockenheit)
- **BTPS-Bedingungen** (**B**ody **T**emperature, **P**ressure, **S**aturated): die physiologischen Bedingungen in der Lunge mit 310 K (37 °C), aktueller atmosphärischer Druck (P_B) und 47 mmHg Wasserdampfdruck (= 100 % Wasserdampfsättigung)
- **ATPS-Bedingungen** (**A**mbient **T**emperature, **P**ressure, **S**aturated): im Spirometer herrschende Bedingungen, die den BTPS-Bedingungen bei Umgebungstemperatur (20 °C) entsprechen.

Da mit abnehmender Temperatur das Volumen eines Gases ebenfalls abnimmt, gilt für die 3 Bedingungen folgende Größenbeziehung hinsichtlich der Volumina (V):

$$V_{BTPS} > V_{ATPS} > V_{STPD}$$

5.3.2.2 Umrechnung

Eine Umrechnung von Volumenmessungen aus STPD-Bedingungen in BTPS-Bedingungen ist über die ideale Gasgleichung (Formel [1]) möglich. Setzt man die STPD-Bedingungen und die BTPS-Bedingungen in die ideale Gasgleichung ein, erhält man:

$$V_{STPD} = \frac{n \times 273}{760} \times R \qquad [2]$$

Tab. 5.1 Zusammensetzung

Gas	Vol.-%	Fraktioneller Anteil
Stickstoff (N_2, einschließlich eines geringen Anteils Argon)	79,02	0,790
Sauerstoff	20,94	0,209
Kohlendioxid (CO_2)	0,04	0,0004

und

$$V_{\mathrm{BTPS}} = \frac{n \times 310}{P_{\mathrm{B}} - 47} \times R \qquad [3]$$

Daraus ergibt sich der für die Umrechnung von STPD-Volumina in BTPS-Volumina erforderliche Umrechnungsfaktor als:

$$\frac{V_{\mathrm{STPD}}}{V_{\mathrm{BTPS}}} = \frac{273}{310} \times \frac{P_{\mathrm{B}} - 47}{760} = \frac{P_{\mathrm{B}} - 47}{863} \qquad [4]$$

d. h.

$$V_{\mathrm{STPD}} = V_{\mathrm{BTPS}} \times \frac{P_{\mathrm{B}} - 47}{863} \qquad [5]$$

Bei einem angenommenen atmosphärischen Druck (P_{B}) von 770 mmHg (= 1.026 mbar) würde ein unter Körperbedingungen gemessenes BTPS-Volumen von 1 Liter also zu einem STPD-Volumen von

$$V_{\mathrm{STPD}} = 1\,\mathrm{l} \times \frac{770 - 47}{863} = 0{,}84\,\mathrm{l} \qquad [6]$$

5.3.3 Zusammensetzung der atmosphärischen Luft

Die Gaskonzentrationen und die fraktionellen Anteile der einzelnen Gase an trockener atmosphärischer Luft zeigt ► Tab. 5.1. In der Physiologie werden die Konzentrationen i. d. R. als fraktionelle Anteile angegeben. Dabei entspricht eine Fraktion von 0,01 (dimensionslos) einem prozentualen Anteil von 1 %.

5.4 Atemmechanik

5.4.1 Lungenvolumina und Statik des Atemapparats

5.4.1.1 Lungenvolumina

Die Lungenvolumina sind von Alter, Größe, Geschlecht, Training und Konstitution abhängig und können daher interindividuell sehr unterschiedlich sein. Die folgenden Werte gelten für einen 25 Jahre alten und 1,80 m großen männlichen Probanden.

Vitalkapazität

Im Verhältnis zum gesamten Lungenvolumen ist das Volumen eines einzelnen normalen Atemzugs, das **Atemzugvolumen,** mit 0,5 l relativ klein (► Abb. 5.1). Bei maximaler Inspiration können zusätzlich 3,3 l eingeatmet werden: **inspiratorisches Reservevolumen.** Ebenso ist eine zusätzliche maximale Exspiration von 1,8 l möglich: **exspiratorisches Reservevolumen.** Aus der Addition dieser 3 Volumina ergibt sich die Vitalkapazität von 5,6 l. Die Vitalkapazität kann über die Messung des nach einer maximalen Inspiration maximal ausgeatmeten Volumens bestimmt werden.

Bedeutung und Normwerte

Die Vitalkapazität ist ein Maß für die Ausdehnungsfähigkeit von Lunge und Thorax und nimmt mit zunehmendem Alter ab. Die Vitalkapazität von Frauen liegt um etwa 25 % unter der von Männern. Trainierte Sportler haben eine erheblich höhere Vitalkapazität als Untrainierte (bis zu 8 l).

Merke

Vitalkapazität = Atemzugvolumen + inspiratorisches + exspiratorisches Reservevolumen.

Residualvolumen und Totalkapazität

Nach maximaler Exspiration verbleibt in der Lunge ein Volumen, das durch die Atmung nicht mobilisiert werden kann: das **Residualvolumen** (1,4 l). Aus Residualvolumen und Vitalkapazität ergibt sich die Totalkapazität von 7,0 l als Volumen, das nach einer maximalen Inspiration in der Lunge enthalten ist (► Abb. 5.1). Das Volumen, das sich nach einer normalen Exspiration (d. h. in Atemruhelage) noch in der Lunge befindet und das sich aus exspiratorischem Reservevolumen und Residualvolumen zusammensetzt, wird als **funktionelle Residualkapazität** bezeichnet.

Bedeutung der funktionellen Residualkapazität

Die funktionelle Residualkapazität liegt bei 3,2 Litern. Das Volumen der funktionellen Residualkapazität ist also erheblich größer als das

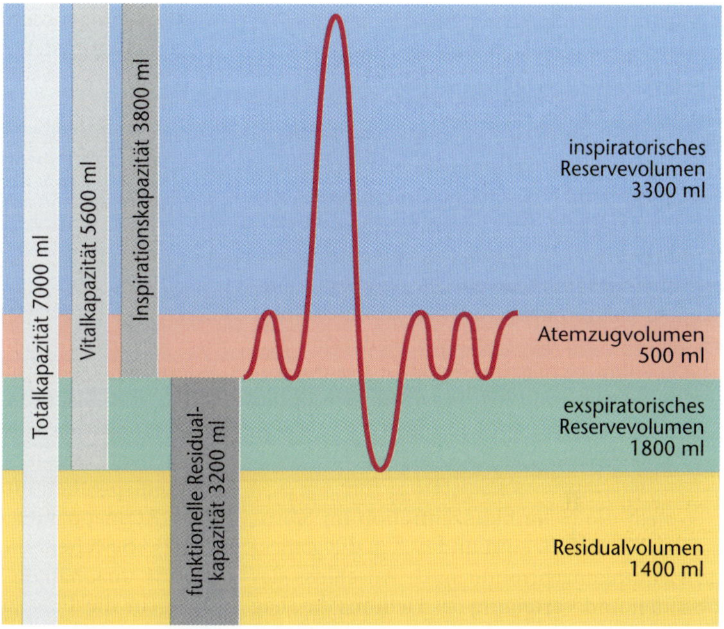

Abb. 5.1 Lungenvolumina. Werte für einen 25-jährigen, 1,80 m großen, männlichen Probanden.

Atemzugvolumen, sodass durch die Vermischung dieser beiden Volumina die inspiratorisch und exspiratorisch unterschiedlichen O_2- und CO_2-Konzentrationen der Atemluft im Alveolarraum ausgeglichen werden: Pufferfunktion der funktionellen Residualkapazität. Auf diese Weise unterliegen die alveolären Atemgaskonzentrationen praktisch keinen respiratorischen Schwankungen.

Klinik

Eine erhöhte funktionelle Residualkapazität findet sich beim **Lungenemphysem.** Ursache des Lungenemphysems sind entzündliche Prozesse, die durch exogene Schadstoffe (Tabak, Feinstäube) ausgelöst werden. Alveolarsepten werden hierdurch irreversibel zerstört, die Lunge verliert ihre Elastizität. Eingeatmete Luft bleibt in funktionslosen, durch die Entzündung entstandenen Hohlräumen gefangen: Trapped Air, Überblähung. Bei der Inspektion kann ein „Fassthorax" auffallen.

5.4.1.2 Bestimmung der Lungenvolumina

Die direkt messbaren Lungenvolumina können über die Spirometrie oder mit dem Pneumotachografen bestimmt werden. Zur Ermittlung der funktionellen Residualkapazität, die das nichtmobilisierbare Residualvolumen umfasst, ist man auf die indirekte Helium-Einwaschmethode angewiesen.

Spirometrie

Bei der Spirometrie ist der Proband über einen Schlauch mit einem geschlossenen Luftraum, zumeist einer in Wasser getauchten zylindrischen Glocke, verbunden. Über dieses System können die Volumenänderungen bei Ein- und Ausatmung, die zu entsprechenden Glockenbewegungen führen, mit einem Schreiber registriert werden. Da es sich um ein geschlossenes System handelt, ist eine Registrierung der Atemexkursionen über eine längere Zeit nicht möglich.

Pneumotachygrafie

Bei der Pneumotachygrafie werden in einem offenen System nicht die Atemvolumina, sondern die Atemstromstärken bestimmt, aus denen sich dann die Atemvolumina rechnerisch ermitteln lassen. Dabei ist im Mundstück des Probanden, das zur Außenwelt hin offen ist, ein kleiner Strömungswiderstand eingebaut. Bestimmt werden die Atemdrücke vor und hinter diesem Strömungswiderstand, wobei die Atemstromstärke der Druckdifferenz proportional ist. Aus der (elektronischen) Integration der Atemstromstärke $\Delta V/\Delta t$ über die Zeit erhält man dann die Atemvolumina.

Helium-Einwaschmethode

Bei der Helium-Einwaschmethode (► Abb. 5.2) wird der Proband am Ende der Exspiration an ein geschlossenes Spirometersystem angeschlossen, dessen Gasgemisch eine genau bekannte Menge an Helium enthält. Da Helium nicht über die Alveolen ins Kapillarblut diffundieren kann, verteilt es sich mit den Atemzügen des Probanden lediglich in die Volumina der funktionellen Residualkapazität (= Lungenvolumen nach normaler Exspiration). Nach vollständiger Verteilung muss die Heliumkonzentration im Spirometer niedriger liegen als zu Beginn, da sich eine konstante Heliummenge auf ein größeres Volumen, nämlich auf das Spirometervolumen (V_{Sp}) und das Volumen der funktionellen Residualkapazität (V_{FRK}), verteilt hat. Dies lässt sich in der folgenden Beziehung ausdrücken:

$$V_{Sp} \times c_{He\text{-}Anf} = (V_{Sp} + V_{FRK}) \times c_{He\text{-}End} \qquad [7]$$

$c_{He\text{-}Anf}$ stellt die Heliumkonzentration im Spirometer zu Versuchsbeginn und $c_{He\text{-}End}$ die gemessene Heliumkonzentration nach Anschluss des Probanden und Verteilung des Heliums dar. Lag die anfängliche Heliumkonzentration z. B. bei 10 %, das Spirometervolumen bei 2 Litern und die nach Anschluss des Probanden im System gemessene Heliumkonzentration bei 4 %, so erhält man:

$$2\,l \times 10\% = (2\,l + V_{FRK}) \times 4\% \qquad [8]$$

und durch Umformung:

$$V_{FRK} = \frac{2\,l \times (10\% - 4\%)}{4\%} = 3\,\text{Liter} \qquad [9]$$

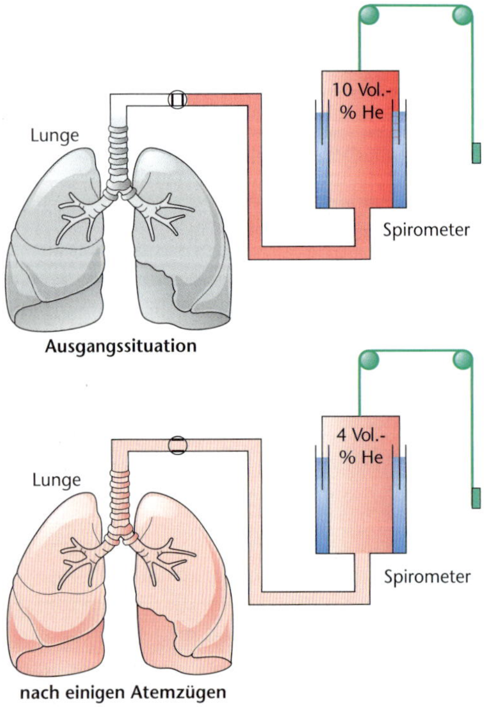

Abb. 5.2 Bestimmung der funktionellen Residualkapazität mit der Helium-Einwaschmethode.

5.4.1.3 Elastische Atemwegswiderstände

Bei der Atmung müssen elastische und visköse Atemwegswiderstände überwunden werden. Während die viskösen Atemwegswiderstände (z. B. Strömungswiderstand) nur bei aktiver Atmung unter Mitwirkung der Atemmuskeln auftreten und sie dementsprechend im Abschnitt über die Dynamik des Atemapparats besprochen werden (► Kap. 5.4.2), bestehen die elastischen Atemwegswiderstände unabhängig von Ein- und Ausatmung. Sie spiegeln die Elastizität, d. h. die Dehnbarkeit von Lunge und Thorax wider.

Ruhedehnungskurve

In Analogie zur Ruhedehnungskurve des Herzens (► Kap. 3.4.4.2) lässt sich auch eine Ruhedehnungskurve des ventilatorischen Systems (Lunge und Thorax) bestimmen. Dabei werden nach vollständiger Entspannung der Atemmuskulatur, z. B. durch Muskelrelaxanzien, die Lungen mit definierten Volumina gefüllt und die entstehenden Drücke registriert. Bei entsprechend trainierten Probanden können die durch eine Volumenbelastung intrapulmonal entstehenden Drücke auch mit einem Spirometer registriert werden. Der Proband atmet jeweils definierte Luftvolumina aus dem Spirometer, anschließend wird das Mundstück verschlossen. Gelingt es dem Probanden, seine Atemmuskulatur vollständig zu entspannen, lässt sich mit einem Druckmesser am Mundstück der intrapulmonal herrschende Druck bestimmen. Der intrapulmonale Druck ist hierbei die Differenz zwischen dem Alveolardruck und dem äußeren Atmosphärendruck.

Lunge und Thorax

Auf diese Weise werden die Ruhedehnungskurven von Lunge und Thorax zusammen bestimmt, die einen S-förmigen Verlauf aufweisen, wobei im Bereich der normalen Atemzugvolumina weitgehende Linearität herrscht (► Abb. 5.3). Der Druck im ventilatorischen System aus Lunge und Thorax (P_{pul}) ist im Ruhezustand gleich 0 (Ende der Ausatmung). Dabei ist dann genau die funktionelle Residualkapazität in der Lunge enthalten.

Thorax

Wird unter zunehmender Volumenbelastung der intrapleurale und nicht der intrapulmonale Druck bestimmt, resultiert die Ruhedehnungskurve des Thorax allein. Die Steilheit dieser Ruhedehnungskurve nimmt im Bereich negativer intrapleuraler Drücke mit zunehmender Volumenbelastung zu (▸ Abb. 5.3). Der Thorax setzt der Volumenbelastung in diesem Bereich also einen abnehmenden Widerstand entgegen.

Lungen

Subtrahiert man diese intrapleuralen Druckwerte der Thoraxruhedehnungskurve von den intrapulmonalen Druckwerten (Lunge-Thorax-Ruhedehnungskurve), erhält man die Ruhedehnungskurve des Lungengewebes. Die Steilheit der Lungen-Ruhedehnungskurve nimmt mit zunehmender Volumenbelastung ab, die Lunge setzt also einer Volumenbelastung einen immer stärkeren Widerstand entgegen (▸ Abb. 5.3).

Statische Compliance

Die Steilheit der Ruhedehnungskurven, d. h. das Verhältnis von Volumen- zu Druckänderung (ΔV zu ΔP), gibt die Dehnbarkeit (Compliance) der einzelnen Bestandteile des ventilatorischen Systems wieder.

Die Compliance von Lunge und Thorax zusammen beträgt demnach:

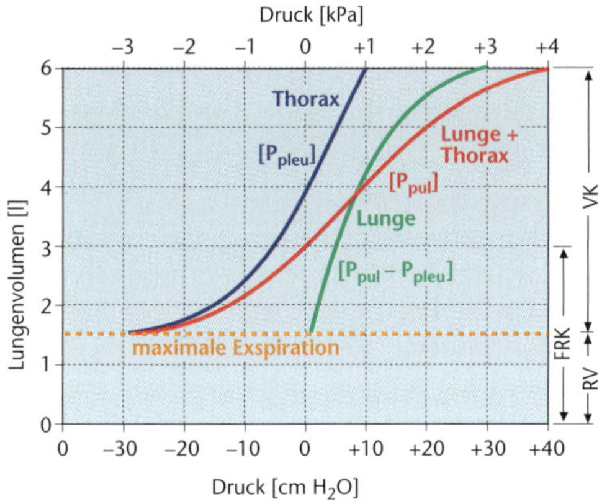

Abb. 5.3 Ruhedehnungskurven von Lunge, Thorax sowie von Lunge und Thorax zusammen. P_{pul} = intrapulmonaler Druck, P_{pleu} = intrapleuraler Druck, FRK = funktionelle Residualkapazität, RV = Residualvolumen, VK = Vitalkapazität.

$$C_{TH+L} = \frac{\Delta V}{\Delta P_{pul}} \quad [10]$$

Die Compliance des Thorax allein:

$$C_{TH} = \frac{\Delta V}{\Delta P_{pleu}} \quad [11]$$

Und die Compliance der Lunge allein:

$$C_L = \frac{\Delta V}{\Delta (P_{pul} - P_{pleu})} \quad [12]$$

Steifheit

Der Kehrwert der Gesamtcompliance von Lunge und Thorax, der Gesamtwiderstand des Atemapparats, d. h. seine Steifheit (Elastance), kann durch die Addition der „in Reihe geschalteten" Widerstände von Lunge und Thorax erhalten werden:

$$\frac{1}{C_{Th+L}} = \frac{1}{C_{Th}} + \frac{1}{C_L} \quad [13]$$

Normalwerte

Die Compliance der Lunge allein (C_L) liegt unter Normalbedingungen bei 0,2 l/cm H_2O, d. h., eine Volumenzunahme um 0,2 l hat eine Zunahme von (P_{pul} – P_{pleu}) um 1 cm Wassersäule zur Folge.

> **Klinik**
>
> Eine Abnahme der statischen Compliance findet sich bei allen Lungenerkrankungen, die mit einer verminderten Lungendehnbarkeit einhergehen, so z. B. bei der **Lungenfibrose.**

Bestimmung

Die Bestimmung der statischen Compliance der Lunge (C_L) erfolgt am einfachsten bei einem intrapulmonalen Druck P_{pul} von null, da dann lediglich der intrapleurale Druck ermittelt werden muss, der aufgrund der anatomischen Beziehungen in gewissen Grenzen mit dem Ösophagusdruck identisch ist. $P_{pul} = 0$, wenn der Druck in den Alveolen dem äußeren Atmosphärendruck entspricht, was z. B. dadurch erreicht werden kann, dass ein Proband nach Einatmung eines bestimmten Luftvolumens die dadurch erreichte Thoraxstellung mit der Atemmuskulatur fixiert. Auf diese Weise kann die statische Compliance der Lunge aus dem intraösophagealen Druck und dem Atemzugvolumen (ΔV) bestimmt werden.

5.4.1.4 Oberflächenspannung in den Alveolen

Regentropfenprinzip

Die über die Lungencompliance bestimmte elastische Dehnbarkeit der Lunge beruht zu ⅓ auf dem Gehalt des Lungengewebes an elastischen und kollagenen Fasern. Für die restlichen ⅔ des elastischen Bestrebens der Lunge, sich zusammenzuziehen, ist jedoch die Oberflächenspannung in den Alveolen verantwortlich. Diese Oberflächenspannung basiert auf dem physikalischen Phänomen, dass auf Flüssigkeitsmoleküle an den Grenzflächen von Flüssigkeit und Luft eine Anziehungskraft durch die übrigen Flüssigkeitsmoleküle wirkt. Deswegen streben Flüssigkeiten danach, unter Energiegewinn ihre Oberfläche zu verkleinern: Regentropfenprinzip. Auch die Wasserschicht, die in den Lungen die Alveolarwände auskleidet, hat diese Tendenz zur Verringerung ihrer Oberfläche. Die einzelnen wasserausgekleideten Alveolen streben also danach, sich zu verkleinern. Auf die ganze Lunge bezogen, verstärkt dies die retraktile Tendenz des Lungengewebes.

Surfactant-Faktor

Allerdings ist die Oberflächenspannung in den Alveolen geringer, als bei einer rein wässrigen Auskleidung zu erwarten wäre. Verantwortlich hierfür ist eine oberflächenaktive Substanz, der Surfactant-Faktor. Ähnlich einem Spülmittel reduziert dieser von den Typ-II-Alveolarepithelzellen produzierte Faktor aus Phospholipiden, Proteinen und Ca^{2+}-Ionen die Oberflächenspannung des die Alveolen auskleidenden Wasserfilms um etwa den Faktor 10.

Klinik

Ein **Mangel an Surfactant-Faktor,** z. B. bei unreifen Frühgeborenen (< 28. Schwangerschaftswoche), führt durch die erhöhte Oberflächenspannung der Alveolen zu einem Kollaps des Lungengewebes und der Entwicklung eines Atemnotsyndroms. Die seit den 1990er Jahren mögliche kausale Behandlung mit modifiziertem tierischem Surfactant hat die Mortalität dieses Atemnotsyndroms bei Frühgeborenen deutlich reduziert.

Lerntipp

Ein kleiner Absatz mit großer Bedeutung: Der Zusammenhang von Compliance und Surfactant-Faktor ist die Grundlage sehr vieler Fragen im Physikum. Schön für Sie!

5.4.2 Dynamik des Atemapparats

5.4.2.1 Wirkungsweise der Atemmuskeln

Abdominale Atmung

Unter normalen Ruhebedingungen gehen die Atemexkursionen praktisch ausschließlich auf das Heben und Senken des Zwerchfells zurück. Dabei bewirkt die Zwerchfellkontraktion die Inspiration. Bei der Exspiration erschlafft das Zwerchfell, sodass Lunge und Thorax ihren elastischen Verkleinerungstendenzen folgen und passiv in die Ruhelage zurückkehren.

Thorakale Atmung

Durch das Heben oder Senken der Rippen vergrößert oder verkleinert sich der Thoraxraum vorwiegend in sagittaler Richtung. Ausgelöst wird die Inspiration durch die Mm. intercostales externi, die durch ihren Verlauf jeweils die untere von 2 Rippen heben, sodass insgesamt eine inspiratorische Thoraxhebung mit Aufweitung der Thoraxhöhle resultiert.

Lunge

Die Lunge, die über die Kapillarhaftung des Pleuraspaltes am Thorax befestigt ist und dadurch gehindert wird, ihrer Tendenz zum elastischen Kollaps nachzugeben, folgt passiv den durch die Atemmuskeln verursachten Thoraxexkursionen.

Inspiratorische Hilfsmuskeln

Als inspiratorische Hilfsmuskeln, die vor allem bei starken Atemanstrengungen (Luftnot) eingesetzt werden, dienen alle Muskeln, die durch ihren Ansatz in der Lage sind, die Rippen zu heben, also die Mm. pectorales major und minor, die Mm. scaleni, der M. sternocleidomastoideus und die Mm. serrati anteriores.

Exspiratorische Hilfsmuskeln

Exspiratorisch wirken die Mm. intercostales interni, sie nähern die Rippen einander und senken dadurch den Thorax. Ist dies bei hoher Atemfrequenz nicht ausreichend, werden zusätzlich die Bauchmuskeln (Mm. recti) als exspiratorische Hilfsmuskeln hinzugezogen, deren Kontraktion die Baucheingeweide gegen das Zwerchfell drückt und so die Exspiration beschleunigt. Zum forcierten Husten kann außerdem der M. latissimus dorsi rekrutiert werden.

Merke

- Inspiratorische Hilfsmuskeln: Rippenheber, Mm. Intercostales externi
- Exspiratorische Hilfsmuskeln: Bauchmuskeln, Mm. Intercostales interni

5.4.2.2 Nichtelastische Atemwegswiderstände

Mit der Aktivierung der Atemmuskulatur, also bei aktiver Ein- und Ausatmung, kommen zu den elastischen Atemwegswiderständen, die auf der elastischen Struktur von Lunge und Thorax selbst beruhen, die nichtelastischen (= viskösen) Atemwegswiderstände hinzu.

Man unterscheidet:

- Strömungswiderstände in den Atemwegen (85 %)
- Gewebewiderstand, der durch Reibung der Gewebe in Brust- und Bauchraum entsteht (15 %)
- Trägheitswiderstände (vernachlässigbar klein)

Merke

Nichtelastische Atemwegswiderstände:

- 85 % Strömungswiderstände
- 15 % Gewebewiderstände

Strömungswiderstand = Resistance

In der Praxis ist von den nichtelastischen Atemwegswiderständen vor allem der Strömungswiderstand in den Atemwegen wichtig. Dabei tragen die oberen Atemwege (proximal der kleinen Bronchien) prozentual am meisten zum Atemwegswiderstand bei.

In vereinfachter Form kann der Strömungswiderstand der Atemwege (R = Resistance) nach dem Ohm-Gesetz (▸ Kap. 4.2.2.1, Formel [3]) aus der Luftströmung bei In- und Exspiration ($\dot{V}$ in l/s) und aus dem intrapulmonalen Druck (P_{pul} = Differenz von intraalveolärem und Umgebungsdruck) berechnet werden:

$$R = \frac{\Delta P_{pul}}{\dot{V}} \qquad [14]$$

Normalwert

Bei ruhiger Mundatmung liegt die Resistance der Atemwege bei 1–2 $cmH_2O \times s \times l^{-1}$ (0,1–0,2 $kPa \times s \times l^{-1}$).

Bestimmung des intrapulmonalen Drucks und der Resistance

Bodyplethysmografie

Die kontinuierliche Bestimmung der intrapulmonalen Druckwerte wird indirekt über den Bodyplethysmografen vorgenommen. Dabei sitzt der Proband in einer luftdicht abgeschlossenen Kammer und atmet über ein mit einem Atembeutel verbundenes Mundstück, das Atemstromstärke und Munddruck registriert, regelmäßig ein und aus. Parallel dazu werden die Veränderungen des Kammerdrucks registriert, die durch die Atemexkursionen des Probanden entstehen und die ein negatives Spiegelbild der alveolären Druckänderungen sind. Werden die so ermittelten alveolären Druckänderungen gegen die Atemstromstärke in In- und Exspiration aufgetragen, resultiert ein Druck-Stromstärke-Diagramm wie in ▸ Abb. 5.4.

Resistance

Aus diesem Druck-Stromstärke-Diagramm kann der Atemwegswiderstand (die Resistance) als Steigung der in- und exspiratorischen Kurve abgelesen werden. Beim Lungengesunden sind inspiratorischer und exspiratorischer Atemwegswiderstand praktisch gleich groß. Bei bestimmten Lungenerkrankungen (z. B. Asthma bronchiale) sind die exspiratorischen Atemwegswiderstände jedoch deutlich erhöht. In

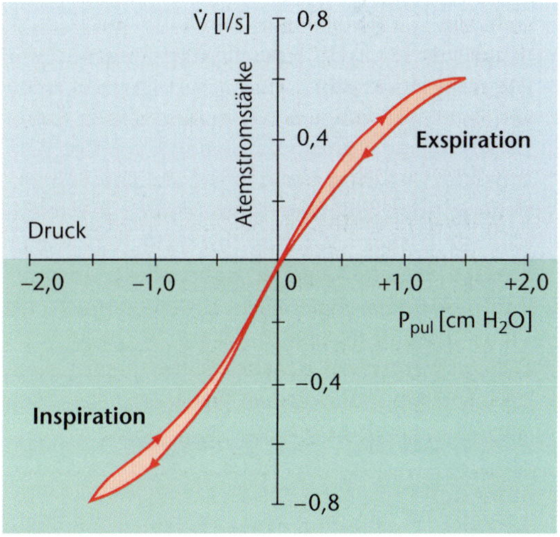

Abb. 5.4 Druck-Stromstärke-Beziehung bei In- und Exspiration. In- und exspiratorische Kurve haben beim Lungengesunden einen fast identischen Verlauf. Die Steigung der Atemschleife gibt die Resistance der Atemwege an.

diesem Fall nimmt das Druck-Strömungs-Diagramm eine mehr keulenförmige Form an, der exspiratorische Schenkel verläuft flacher (höhere Resistance) und ist nach rechts verschoben.

5.4.2.3 Intrapulmonale und intrapleurale Druckänderungen

Statischer Ruhedruck

Im flüssigkeitsgefüllten, kapillären Pleuraspalt, der die Lunge mit dem Thorax gleitend verbindet, herrscht unter Ruhebedingungen vor Beginn der Inspiration ein negativer Druck von -4 cmH_2O. Dieser negative, intrapleurale statische Ruhedruck $P_{pleu(stat)}$ beruht auf der elastischen Retraktionstendenz der Lunge, die eine „Saugwirkung" auf den Pleuraspalt ausübt und damit die negativen Druckwerte hervorruft.

Inspiration

Mit zunehmender Einatmung nimmt dieser negative Ruhedruck weiter ab, da durch die inspiratorische Dehnung des Lungengewebes dessen elastische Rückstellungskräfte ebenfalls wachsen (zunehmende Saugwirkung). Am Ende einer normalen Inspiration beträgt der intrapleurale Druck daher -6,5 cmH_2O. Zusätzlich negativierend auf den intrapleuralen Druck während der Inspiration wirkt der inspiratorisch negative intrapulmonale Druck: Bei jeder Inspiration entsteht im Lungengewebe zunächst ein Unterdruck von -1 cmH_2O, da die Luft aufgrund der Atemwegswiderstände inspiratorisch nicht rasch genug in das Lungengewebe einströmen kann. Dieser negative intrapulmonale Druck übt vom Inneren der Lunge her eine zusätzliche Sogwirkung auf den Pleuraspalt aus, sodass der intrapleurale Druck dadurch inspiratorisch weiter absinkt (► Abb. 5.5). Der während der Inspiration, also unter dynamischen Bedingungen, im Pleuraspalt herrschende Druck $P_{pleu(dyn)}$ setzt sich zusammen aus dem statischen Pleuradruck und dem intrapulmonalen Druck P_{pul}:

$$P_{pleu(dyn)} = P_{pleu(stat)} + P_{pul} \quad [15]$$

Exspiration

Bei der Exspiration werden spiegelbildliche Druckveränderungen beobachtet. Durch den Druck des Thorax auf die Lunge während der Ausatmungsbewegung steigt der intrapulmonale Druck an und wird positiv (bis +1 cmH_2O). Dadurch vermindert sich der exspiratorisch herrschende intrapleurale Druck um diesen positiven intrapulmonalen Druck, sodass der unter dynamischen Bedingungen bestimmte intrapleurale Druck ($P_{pleu[dyn]}$) weniger negativ ist als der stationäre Pleuradruck im Ruhezustand ($P_{pleu[stat]}$, ► Abb. 5.5).

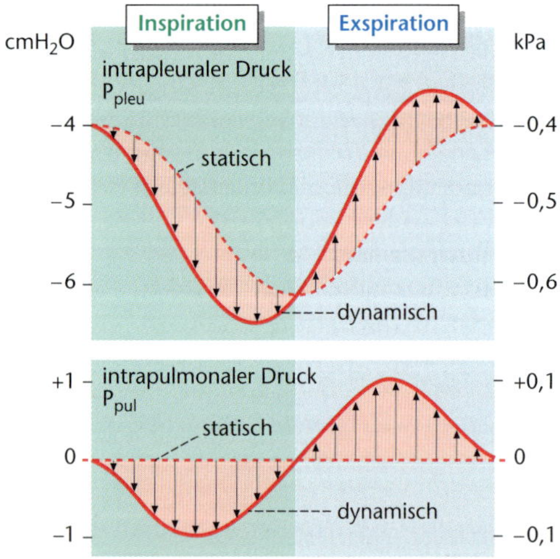

Abb. 5.5 Intrapulmonaler und intrapleuraler Druck bei statischen und dynamischen Bedingungen. Rein statische Bedingungen (gestrichelte Linien) würden gelten, wenn nur elastische und keine viskösen Atemwegswiderstände aufträten.

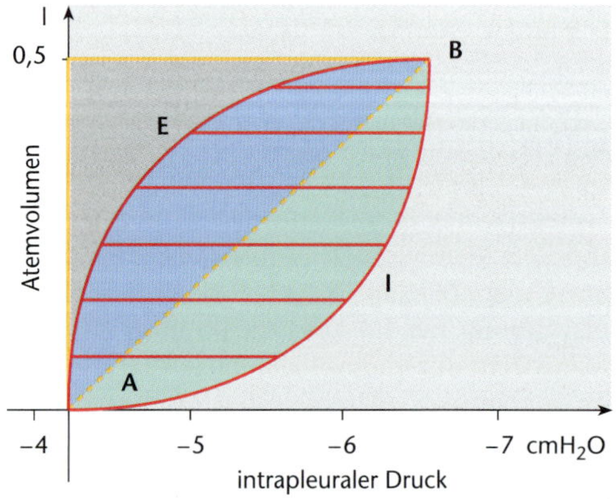

Abb. 5.6 Druck-Volumen-Diagramm der Lunge bei normaler Ruheatmung. Die gelb gestrichelte Gerade gibt den idealisierten „statischen" Verlauf ohne Berücksichtigung der viskösen Atemwiderstände wieder. I = Inspiration; E = Exspiration; A = Ausgangspunkt der Einatmung; B = Endpunkt der Einatmung. Erläuterungen im Text.

Klinik

Entsteht eine Verbindung des Pleuraspaltes zur Umgebung (z. B. durch Stichverletzungen), wird aufgrund des negativen intrapleuralen Drucks Luft aus der Umgebung in den Pleuraspalt hineingesaugt: **Pneumothorax.** Hierdurch löst sich die Lunge vom parietalen Pleurablatt, folgt ihrer elastischen Retraktionstendenz und kollabiert. Durch diese Volumenreduktion nehmen Vitalkapazität und Diffusionskapazität des betroffenen Lungenflügels ab. Je nach Ausmaß des Pneumothorax resultiert ein mehr oder weniger ausgeprägter Abfall des arteriellen O_2-Partialdrucks (▸ Kap. 5.6.1.1) mit Atemnot (Dyspnoe).

5.4.2.4 Druck-Volumen-Diagramme

Trägt man die dynamischen intrapleuralen Druckveränderungen gegen das ein- und ausgeatmete Lungenvolumen auf, so erhält man Druck-Volumen-Beziehungen bei In- und Exspiration.
Aufgrund der viskösen Atemwegswiderstände ist die Druck-Volumen-Beziehung nicht linear (▸ Abb. 5.6). Vielmehr zeigt sich bei gleichen Atemvolumina inspiratorisch eine größere Abnahme, exspiratorisch eine größere Zunahme des intrapleuralen Drucks als unter statischen Bedingungen. Aufgrund der typischen Form wird das dynamische Druck-Volumen-Diagramm der Atmung, das z. B. mit einem Pneumotachografen bestimmt werden kann, auch als **Atemschleife** bezeichnet.

Merke

Intrapulmonaler Druck:
- In Ruhe ±0 cmH_2O
- Bei Inspiration −1 cmH_2O
- Bei Exspiration +1 cmH_2O

5.4.2.5 Atemarbeit

Aus dem Druck-Volumen-Diagramm lässt sich unmittelbar die Atemarbeit ablesen, die als Produkt aus Druck und Volumen definiert und demnach als Fläche in der Druck-Volumen-Kurve darstellbar ist. Unter statischen Bedingungen, bei fiktiver Atmung gegen rein elastische Widerstände, entspricht die Atemarbeit der Fläche zwischen der Geraden der linearen Druck-Volumen-Beziehung und der y-Achse (▸ Abb. 5.6: Fläche innerhalb der gelben Linien). Unter dynamischen Bedingungen ergibt sich die Atemarbeit aus der von der Atemschleife in In- und Exspiration umfahrenen Fläche (rot schraffiert in ▸ Abb. 5.6). Bei hoher Atemfrequenz beulen sich die in- und exspiratorischen Flanken der Atemschleife stärker aus, was auf den Anstieg des Atemwegswiderstands bei hoher Atemfrequenz zurückzuführen ist. Auf diese Weise wird von der Atemschleife eine größere Fläche umschlossen, d. h., die zu leistende Atemarbeit nimmt bei einer Steigerung der Atemfrequenz zu. Analoges gilt bei einer Zunahme der Atemtiefe, die zu einer Ausziehung der Atemschleife in Richtung höherer Volumina führt und damit ebenfalls eine Flächenzunahme verursacht.

Klinik

Beim **Asthma bronchiale** ist die Atemarbeit vor allem durch die erschwerte Exspiration stark erhöht.

5.4.3 Künstliche Beatmung

Die Spontanatmung ist eine sog. Unterdruckatmung, d. h., die Atemluft folgt dem durch die inspiratorische Dehnung von Thorax und Lunge im Inneren der Lunge entstehenden Unterdruck: Sie wird in die Lunge hineingesogen. Das Gegenteil ist bei der maschinellen Beatmung der Fall. Hier wird dem Patienten über einen in die Trachea eingebrachten Tubus mit Überdruck Atemluft in die Lungen insuffliert. Die Weitung des Thorax unter der Atmung ist bei der Überdruckbeatmung ein sekundäres Phänomen. Aus dieser Überdruckbeatmung ergeben sich eine Reihe unphysiologischer Auswirkungen auf den Gesamtorganismus:
- Durch die im Vergleich zur Spontanatmung höheren intrapulmonalen Drücke werden kleinere Pulmonalarterienäste komprimiert, wodurch der Widerstand in der Lungenstrombahn und damit der pulmonalarterielle Druck ansteigt.
- Durch die Überdruckbeatmung nimmt der Druck im rechten Vorhof inspiratorisch zu und nicht ab (▸ Kap. 4.4.1.1). Dadurch wird der venöse Rückstrom zum Herzen vermindert und das Herzzeitvolumen kann abfallen.
- Durch die Behinderung des venösen Rückstroms wird auch der Abfluss aus den venösen Sinus des Gehirns vermindert. Bei neurochirurgischen Patienten kann die hierdurch ausgelöste Erhöhung des intrakraniellen Drucks problematisch sein.

- Die Urinausscheidung sinkt ab. Verantwortlich hierfür ist der Abfall des Herzzeitvolumens mit vermindertem renalem Perfusionsdruck und einer dadurch reduzierten Filtrationsleistung der Nieren.

5.5 Gasaustausch

Der Gasaustausch zwischen der Luft und dem Blut des Organismus lässt sich in 3 Teilprozesse gliedern: Die **Ventilation** transportiert sauerstoffreiche Luft in die Alveolen und das kohlendioxidreiche alveoläre Gasgemisch in die Umgebung. Bei der anschließenden **Diffusion** werden die Atemgase O_2 und CO_2 zwischen Alveolarraum und dem Blut der Alveolarkapillaren ausgetauscht. Die **Perfusion** (=Durchblutung) der Lunge und die **Verteilung** von Perfusion, Ventilation und Diffusion innerhalb der Lunge entscheiden schließlich über den endgültig erreichten Arterialisierungsgrad des in den linken Vorhof strömenden pulmonalvenösen Blutes.

5.5.1 Ventilation

5.5.1.1 Atemzeitvolumen

Das Atemzeitvolumen ist die wichtigste globale Kenngröße der Ventilation. Bestimmt wird es aus dem **exspiratorischen Atemzugvolumen** V_E (~0,5 l beim Erwachsenen) und der **Atemfrequenz** (~14 Atemzüge/min beim Erwachsenen in Ruhe).

Normalwerte

In Ruhe beträgt das Atemzeitvolumen 7 l/min. Bei Belastung steigen sowohl die Atemfrequenz als auch das Atemzugvolumen an: Dann sind Atemzeitvolumina von mehr als 120 l/min möglich. Kinder kompensieren ihr geringeres Atemzugvolumen durch eine höhere Atemfrequenz von 20–30/min (Neugeborene: 40–50/min).

5.5.1.2 Totraumventilation und alveoläre Ventilation

Die Größe des Atemzeitvolumens sagt jedoch noch nichts über die Effektivität des Gasaustauschs im respiratorischen System aus, da nur der Anteil des Atemzeitvolumens entscheidend ist, der die zum Gasaustausch befähigten Alveolen erreicht. Alle übrigen Strukturen des Atemtrakts, also Trachea, Bronchien und Bronchiolen, stellen im Hinblick auf die Gasaustauschfunktion **Totraum** dar, der bei Ein- und Ausatmung überwunden werden muss, ohne einen Beitrag zum Gasaustausch leisten zu können.

Bestimmung des Totraumvolumens

Das Totraumvolumen kann über eine indirekte Messung mittels Massenbilanz ähnlich der Helium-Einwaschmethode (► Kap. 5.4.1.2) bestimmt werden. Dabei geht man davon aus, dass sich das ausgeatmete Atemzugvolumen (V_E) aus Totraumvolumen (V_D) und einem Volumenanteil aus dem Alveolarraum (V_A) zusammensetzt:

$$V_E = V_D + V_A \qquad [16]$$

Anstelle des Heliums bedient man sich eines Atemgases (CO_2 oder O_2).

Berechnung

Aufgrund der Massenbilanz muss die ausgeatmete Exspirationsmenge des Atemgases der Totraummenge plus der Alveolarmenge des Gases entsprechen:

$$\text{Exspirationsmenge} = \text{Totraummenge} + \text{Alveolarmenge}$$

- Die **Exspirationsmenge** ergibt sich aus der Multiplikation des Exspirationsvolumens mit der fraktionellen Konzentration des Gases in der Exspirationsluft (F_E)
- Die **Totraummenge** entspricht dem Totraumvolumen V_D multipliziert mit der fraktionellen Atemgaskonzentration im Totraum. Die Totraumkonzentration ist mit der Konzentration des Gases in der inspiratorischen Atmosphärenluft (F_I) identisch, da der Totraum am Gasaustausch der Lungen definitionsgemäß nicht teilnimmt.
- Die **Alveolarmenge** ergibt sich analog aus dem Alveolarvolumenanteil an der Exspiration und der Atemgaskonzentration im Alveolarraum.

Daraus erhält man:

$$V_E \times F_E = V_D \times F_I + V_A \times F_A \qquad [18]$$

Bohr-Formel

Hieraus ergibt sich durch Umformung und unter Einbeziehung der Gleichung [16] die Bohr-Formel, die das Verhältnis des Totraumvolumens (V_D) zum gesamten Exspirationsvolumen (V_E) angibt und die für alle Atemgase gilt:

$$\frac{V_D}{V_E} = \frac{F_E - F_A}{F_I - F_A} \qquad [19]$$

Verwendet man zur Berechnung des Totraums das CO_2, kann dessen sehr geringe inspiratorische

Konzentration ($F = 0{,}0004$) gleich null gesetzt werden, wodurch sich eine Vereinfachung ergibt:

$$\frac{V_D}{V_E} = \frac{F_{ACO_2} - F_{ECO_2}}{F_{ACO_2}} \qquad [20]$$

Normalwert

Bei einer normalen alveolären CO_2-Konzentration von 0,056 (F_{ACO_2}) und einem gemessenen CO_2-Anteil an der Exspirationsluft von 0,039 (F_{ECO_2}) erhält man einen Totraumanteil am Exspirationsvolumen V_D/V_E von 0,3, d.h. von 30 %. Dies entspricht einem normalen Totraumanteil.

Funktioneller und anatomischer Totraum

Wichtig ist, dass mit der Bohr-Formel der **funktionelle (physiologische) Totraum** bestimmt wird, d.h. der Teil der Atemwege, der nicht am Atemaustausch teilnimmt. Dazu gehören neben dem **anatomischen Totraum** auch diejenigen Alveolarbezirke, die zwar belüftet, aber nicht durchblutet sind und die daher nicht am Gasaustausch teilnehmen können. Beim Gesunden ist der physiologische Totraum nicht wesentlich größer als der anatomische. Bei Lungenerkrankungen wie dem Emphysem entstehen durch Zerstörung der Alveolarwände große luftgefüllte „Blasen" in der Lunge, die zwar noch belüftet, aber durch das Fehlen der Alveolarwände nicht mehr adäquat durchblutet werden. Bei solchen Lungenerkrankungen ist daher der physiologische Totraum erheblich größer als der anatomische.

Totraum und Atemzugvolumen

Bei normalem Totraumanteil am Atemzugvolumen (bei gesunden Erwachsenen 30 %) erreichen von jedem Atemzugvolumen (500 ml) nur 350 ml den Alveolarraum, während 150 ml lediglich den Totraum belüften, ohne am Gasaustausch teilzunehmen. Folglich belüftet eine flache Atmung mit kleinem Atemzugvolumen fast ausschließlich den Totraum und ist deswegen sehr ineffektiv. Umgekehrt führt eine tiefere Atmung mit größerem Atemzugvolumen zu einer Zunahme der Belüftung der Alveolen und dadurch zu einem besseren Gasaustausch.

Merke

Der Totraum beträgt ca. 150 ml.

5.5.1.3 Alveoläre Atemgasfraktionen und Partialdrücke

Konzentrationen und Partialdrücke

O_2- und CO_2-Konzentrationen

In den Alveolen beträgt die fraktionelle O_2-Konzentration 0,14 (= 14 Vol.-%) und die fraktionelle CO_2-Konzentration 0,056 (= 5,6 Vol.-%). Die alveolären O_2- und CO_2-Konzentrationen können aus dem endexspiratorischen Gasstrom berechnet werden, da nach Abatmung des Totraumvolumens die Zusammensetzung der Ausatmungsluft der des alveolären Gasgemischs entspricht.

Partialdruck der Atemgase

Die für den Gasaustausch durch Diffusion entscheidende Größe ist jedoch nicht die Konzentration, sondern der Partialdruck der Atemgase, d.h. nicht ihr Volumenanteil, sondern ihr Druckanteil am alveolären Gasgemisch. Nach dem **Dalton-Gesetz** entspricht der Partialdruck eines Gases am Gesamtdruck seinem Anteil am Gasvolumen. Der Partialdruck p_{Gas} eines Gases errechnet sich also aus der Multiplikation seiner fraktionellen Konzentration f_{Gas} mit dem atmosphärischen Gesamtdruck p_B von 760 mmHg. Da die Alveolarluft zu 100 % mit Wasserdampf gesättigt ist, muss der Druckanteil des Wasserdampfes (47 mmHg) vom atmosphärischen Gesamtdruck abgezogen werden, wenn man die Partialdrücke der alveolären Gase erhalten will:

$$p_{Gas} = f_{Gas} \times (p_B - p_{H_2O}) = f_{Gas} \times (p_B - 47\,\text{mmHg}) \qquad [21]$$

Setzt man die fraktionellen alveolären Konzentrationen von 0,14 für O_2 und 0,056 für CO_2 in Gleichung [21] ein, erhält man die alveolären Partialdrücke von:

$$p_{AO_2} = \sim 100\,\text{mmHg}$$
$$p_{ACO_2} = \sim 40\,\text{mmHg}$$

Alveolärer Sauerstoffpartialdruck

Die Höhe des alveolären Sauerstoffpartialdrucks (p_{AO_2}) hängt von folgenden Faktoren ab:

- Inspiratorischer Sauerstoffpartialdruck: p_{IO_2}
- Alveolärer Sauerstoffverbrauch durch Abtransport ins Blut: $\dot{V}_{O_2}$

- Alveoläre Ventilation: $\dot{V}_A$

Dabei wird der alveoläre Sauerstoffpartialdruck umso höher liegen, je höher der inspiratorische O_2-Partialdruck und die alveoläre Ventilation (Sauerstoffangebot) sind und je niedriger der Sauerstoffverbrauch ist:

$$p_{AO_2} = p_{IO_2} - \frac{\dot{V}_{O_2}\,(STPD)}{\dot{V}_A\,(BTPS)} \times 863\,[mmHg] \quad [22]$$

Der Faktor 863 berücksichtigt die unterschiedlichen Umgebungsbedingungen in Umgebungsluft (STPD) und im Alveolarraum (BTPS) nach Gleichung [5].

Klinisch wichtig ist, dass sowohl eine Erhöhung des inspiratorischen O_2-Partialdrucks (z. B. durch O_2-Gabe) als auch eine Steigerung der alveolären Ventilation ($\dot{V}_A$), z. B. durch Vergrößerung des Atemzugvolumens, den alveolären O_2-Partialdruck erhöhen und dadurch bessere Arterialisierungsbedingungen im Bereich der alveolären Kapillaren schaffen.

Alveolärer Kohlendioxidpartialdruck

Eine analoge Gleichung gilt für den alveolären CO_2-Partialdruck, wobei der geringe inspiratorische CO_2-Partialdruck nicht berücksichtigt zu werden braucht:

$$p_{ACO_2} = \frac{\dot{V}_{CO_2}\,(STPD)}{\dot{V}_A\,(BTPS)} \times 863\,[mmHg] \quad [23]$$

Der alveoläre CO_2-Partialdruck ist also umso höher, je größer die CO_2-Produktion des Organismus ($\dot{V}_{CO_2}$) und je geringer die alveoläre Ventilation ($\dot{V}_A$) ist.

Die Formeln [22] und [23] erlauben es, den alveolären Partialdruck unter verschiedenen äußeren Bedingungen zu berechnen, und werden deswegen auch als **Alveolarformeln** bezeichnet.

Die gegenläufige Abhängigkeit von alveolärem O_2- und CO_2-Partialdruck bei Änderung der alveolären Ventilation zeigt ► Abb. 5.7.

Merke

„Flache Atmung" = kleine Atemzugvolumina:
- Vermehrte Totraumbelüftung
- Abnahme des alveolären O_2-Partialdrucks
- Anstieg des alveolären CO_2-Partialdrucks

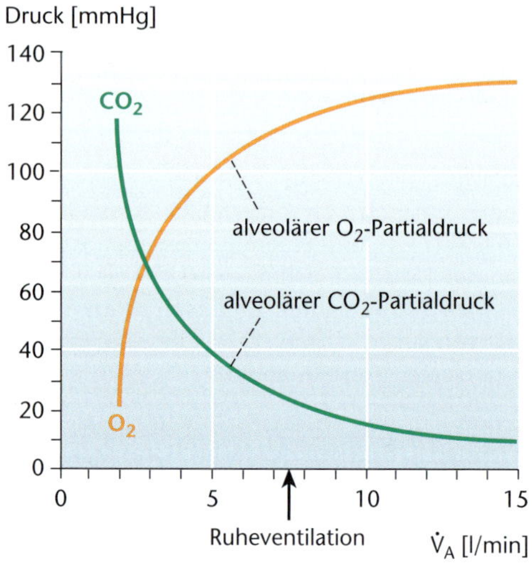

Abb. 5.7 Alveoläre Ventilation und Partialdrücke. $\dot{V}_A$ = alveoläre Ventilation.

Lerntipp

Das IMPP lässt sehr gerne Partialdrücke bestimmen – diesen Abschnitt sollten Sie also gut verstanden haben. Am besten, Sie trainieren direkt nach diesem Kapitel mit ein paar Altfragen, dann verfestigen sich die Formeln gleich zu angewandtem Wissen.

5.5.2 Diffusion

5.5.2.1 Gesetzmäßigkeiten des pulmonalen Gasaustauschs

Partialdruckdifferenzen

Der Gasaustausch zwischen Alveolen und dem Blut der Lungenkapillaren vollzieht sich über Diffusion (► Abb. 5.8). Treibende Kräfte sind hierbei die Partialdruckdifferenzen zwischen dem Alveolarraum und dem Kapillarblut. Während das alveoläre Gasgemisch einen O_2-Partialdruck von 100 mmHg und einen CO_2-Partialdruck von 40 mmHg aufweist, liegen die Partialdrücke im venösen Blut, das die Lungenkapillaren über die Äste der A. pulmonalis erreicht, bei 40 mmHg für O_2 und bei 46 mmHg für CO_2.

Fick-Diffusionsgesetz

Die Gesetzmäßigkeiten der Diffusion werden durch das 1. Fick-Diffusionsgesetz beschrieben (► Kap. 1.4.2.3). Danach ist bei der Diffusion der

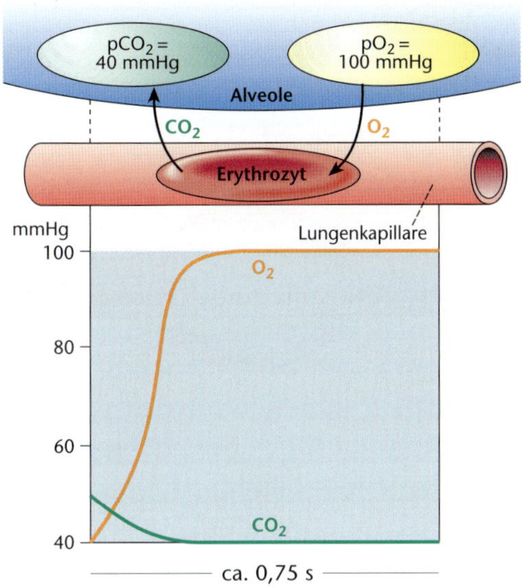

Abb. 5.8 Gasaustausch in der Alveole.

Gasfluss ($\dot{V}$) über eine Membran proportional zur Partialdruckdifferenz der Gase über der Membran und zur Diffusionsfläche (*F*) sowie umgekehrt proportional zur Dicke der Membran (*d*), d. h. der Diffusionsstrecke:

$$\dot{V} = \frac{F \times (p_{alv} - p_{cap})}{d} \times K \qquad [24]$$

p_{alv} = Gaspartialdruck in den Alveolen

p_{cap} = Gaspartialdruck in den Lungenkapillaren

Klinik

Inhalierte Schadstoffe (z. B. Steinstäube) können eine **chronische Entzündung der Alveolen** (Alveolitis) unterhalten. Hierdurch fibrosieren im Laufe der Jahre die Alveolarmembranen: Die Diffusionsstrecke für O_2 wird länger (*d* in Formel [24]). Dadurch sinkt der O_2-Partialdruck im Blut, zuerst nur unter Belastung, dann auch in Ruhe, auf Werte unter 75 mmHg ab. Klinisch leiden die Patienten unter Luftnot.

Diffusionsleitfähigkeit

Die Konstante *K*, die vom Diffusionsmedium und von der Art der diffundierenden Teilchen abhängt, wird als Krogh-Diffusionskoeffizient oder als Diffusionsleitfähigkeit bezeichnet. Diese Diffusionsleitfähigkeit ist für CO_2 etwa 20-mal größer als für O_2, d. h., bei gleichen Partialdruckdifferenzen und auch sonst gleichen äußeren Bedingungen diffundiert 20-mal mehr CO_2 als O_2 über die Membran.

5.5.2.2 Diffusionskapazität der Lunge

Diffusionswege

Die Diffusionswege in den Lungenkapillaren sind außerordentlich kurz und liegen zwischen 1 und 2 µm. Wegen dieser kurzen Wege genügt es, wenn der Erythrozyt nur etwa 0,5 Sekunden lang Kontakt zum alveolären Gasgemisch hat, um die Atemgaspartialdrücke in Alveolarraum und Kapillarblut vollständig anzugleichen.

Diffusionsrate

Im Verlauf des Gasaustauschs nimmt die Diffusionsrate kontinuierlich ab. Dies entspricht der stetigen Abnahme der Partialdruckdifferenzen zwischen Alveolarraum und Kapillarblut, die nach dem Fick-Diffusionsgesetz mit einer Abnahme des diffundierenden Gasflusses einhergeht.

Bestimmung der Diffusionskapazität

Die Diffusionskapazität der Lunge für ein bestimmtes Atemgas lässt sich durch eine Vereinfachung der Fick-Gleichung [24] bestimmen. Hierbei werden die Dicke (*d*) und die Fläche (*F*) der Diffusionsmembran mit der Diffusionskonstanten *K* in einer neuen Konstante *D* zusammengefasst:

$$D = \frac{\dot{V}}{(P_{alv} - P_{cap})} \qquad [25]$$

Die Konstante *D* bezeichnet nun substanzspezifisch die Diffusionskapazität der Lunge, d. h. ihre Fähigkeit zum Gasaustausch. Diese Diffusionskapazität ist umso höher, je größer der Gasfluss über die Membran ($\dot{V}$) und je kleiner die dafür erforderliche Partialdruckdifferenz ($p_{alv} - p_{cap}$) ist.

Kohlenmonoxid

Auch für Kohlenmonoxid (CO) gilt die Gleichung [25]. Bei einer CO-Diffusionskapazität (D_{CO}) von 300 ml × min^{-1} × kPa^{-1} und einem alveolären p_{CO} von 0,2 kPa resultiert eine CO-Aufnahme ($\dot{V}_{CO}$) von:

$$\dot{V}_{CO} = 300 \frac{ml}{min \times kPa} \times 0{,}20\,kPa = 60 \frac{ml}{min}$$

5.5.3 Perfusion und Verteilung

5.5.3.1 Lungenperfusion und ihre regionale Verteilung

Neben Ventilation und Diffusion bestimmt auch die Durchblutung (Perfusion) der Lunge den Wirkungsgrad der Arterialisierung. In Ruhe werden nur 50 % der Lungenkapillaren durchblutet. Bei steigender Belastung steigt die Anzahl der durchbluteten Gefäße an: Reservekapillaren werden durch Dilatation der arteriellen Lungengefäßäste eröffnet. Die Dilatation der Pulmonalarterienäste erklärt die Beobachtung, dass eine belastungsinduzierte Steigerung der Lungendurchblutung auf das 4-Fache nur eine Verdopplung des pulmonalarteriellen Drucks zur Folge hat.

Die Lungenperfusion ist aber je nach Lungengebiet unterschiedlich verteilt: Beim stehenden Menschen sind die Lungenspitzen aufgrund der hydrostatischen Druckdifferenz schlechter durchblutet.

Euler-Liljestrand-Mechanismus

In Gebieten mit niedrigem alveolärem O_2-Partialdruck kontrahieren sich die Pulmonalarterienäste. Diese hypoxiebedingte Vasokonstriktion wird als Euler-Liljestrand-Mechanismus bezeichnet und drosselt die Durchblutung von Lungengebieten, in denen wegen des niedrigen O_2-Partialdrucks ohnehin kein effektiver Gasaustausch zu erwarten wäre. Der regionale pulmonale Blutfluss ($\dot{Q}$) wird auf diese Weise der alveolären Ventilation ($\dot{V}_A$) angepasst.

Merke

Euler-Liljestrand-Mechanismus: Vasokonstriktion der Pulmonalarterienäste bei Hypoxie.

Shunt-Blut

Ein (kleiner) Teil des Herzzeitvolumens durchläuft nicht den Lungenkreislauf, sondern gelangt direkt vom venösen Gefäßsystem in den arteriellen Schenkel. Dieses Kurzschlussblut oder Shunt-Blut besteht aus dem sauerstoffarmen Blut in den Vv. bronchiales. Die Vv. bronchiales münden direkt in die Lungenvenen (die sauerstoffreiches Blut transportieren) und erreichen so unter Umgehung der Lungen das System des Körperkreislaufs. Dieses Shunt-Blutvolumen beträgt beim Gesunden etwa 2 %. Es ist dafür verantwortlich, dass der Sauerstoffpartialdruck in den peripheren Arterien um 5–8 mmHg unter dem am Ende der Lungenkapillaren maximal erreichten Sauerstoffpartialdruck liegt.

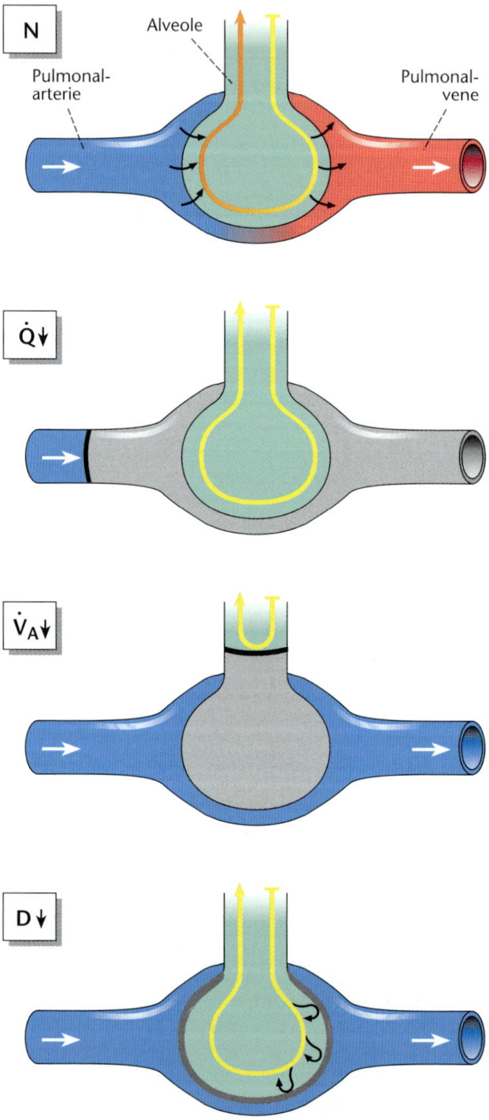

Abb. 5.9 Verteilungsstörungen in der Lungenstrombahn. Eingezeichnet sind eine normale (N) und 3 pathologisch veränderte Alveolen:

$\dot{V}_A$ ↓ = Alveole belüftet, aber nicht durchblutet

$\dot{Q}$ ↓ = Alveole durchblutet, aber nicht belüftet

D ↓ = Alveole belüftet und durchblutet, aber Diffusionskapazität eingeschränkt

5.5.3.2 Arterialisierung des Blutes

Einflussfaktoren

Die von den Lungen erreichte Arterialisierung des venösen Blutes wird also bestimmt von alveolärer Ventilation ($\dot{V}_A$), Diffusionskapazität (D) und Lungenperfusion ($\dot{Q}$). Dabei ist nicht der Absolutwert einer dieser Größen entscheidend, sondern das Verhältnis von Ventilation und Diffusion zur jeweiligen Lungenperfusion, d. h. die Quotienten:

$\frac{\dot{V}_A}{\dot{Q}}$ Ventilations-Perfusions-Verhältnis

$\frac{D}{\dot{Q}}$ Diffusions-Perfusions-Verhältnis

Verteilungsstörungen

Werden z. B. die Alveolen bei normaler Belüftung oder Diffusion aufgrund pathologischer Veränderungen nur teilweise durchblutet ($\dot{Q}$ erniedrigt, $\dot{V}_A$ und D normal), nimmt die Arterialisierung des Blutes ab; man spricht von einer **Perfusionsstörung.** Nehmen Ventilation ($\dot{V}_A$) oder Diffusionskapazität (D) bei normaler Perfusion ($\dot{Q}$) ab, handelt es sich um eine **Ventilationsstörung** bzw. eine **Diffusionsstörung** (▸ Abb. 5.9). Außerdem können Diffusion, Perfusion und Ventilation im Lungengewebe **regional** unterschiedlich verteilt sein. Während das globale Ventilations/Perfusions-Verhältnis in der Lunge etwa bei 1 liegt, beträgt es in der Lungenspitze 3 und in den basalen Anteilen der Lunge 0,6. Diese regionalen Verteilungsstörungen führen dazu, dass der durch das Shunt-Blut schon reduzierte arterielle O_2-Partialdruck noch weiter gegenüber dem alveolären Partialdruck absinkt. Der arterielle O_2-Partialdruck liegt beim Jugendlichen um 95 mmHg, beim 70-Jährigen, aufgrund der altersbedingten Zunahme der Verteilungsstörungen in der Lunge, nur noch bei 70 mmHg.

5.5.4 Pathophysiologie

5.5.4.1 Ventilationsstörungen

Da die Lunge auf die verschiedensten Schädigungen mit relativ einförmigen Krankheitsbildern reagiert, lassen sich 2 große Klassen von Ventilationsstörungen beobachten, die jeweils durch eine Vielzahl von Auslösern hervorgerufen werden können:

Obstruktive Ventilationsstörungen

Sie machen 90 % aller Lungenerkrankungen aus und beruhen auf einer Zunahme des Strömungswiderstands in den Atemwegen, z. B. durch Schleim oder Kontraktion der Bronchialmuskulatur. Dadurch muss der Patient mehr Atemarbeit leisten, die sich in schweren Fällen klinisch als Atemnot (Dyspnoe) bemerkbar macht. Die Verlegung der Bronchien führt zu einer Überblähung der Lunge mit Vergrößerung der Residualkapazität, da die Obstruktion die Ausatmung stärker behindert als die Einatmung. Ursachen einer obstruktiven Ventilationsstörung können allergische Einflüsse (z. B. beim Asthma bronchiale) oder toxische Schädigungen der Bronchialwand (Rauchen) sein.

Restriktive Ventilationsstörungen

Bei restriktiven Störungen ist die Dehnbarkeit des Lungengewebes (Compliance) eingeschränkt. Dadurch ist die maximal bei der Atmung mobilisierbare Austauschfläche des Lungengewebes reduziert. Ursachen sind z. B. Lungenfibrosen, Thoraxdeformitäten oder ausgeprägte Adipositas.

5.5.4.2 Lungenfunktionsdiagnostik

Obstruktive und restriktive Ventilationsstörungen lassen sich über Lungenfunktionsprüfungen nachweisen.

Obstruktive Störung

Typisch für eine obstruktive Störung ist die **Erhöhung des Atemwegswiderstands** (Resistance). Dieser kann z. B. mit dem Spirometer bestimmt werden. Auf einfachere Weise lässt sich eine Obstruktion auch mit dem **Tiffeneau-Test** (Bestimmung der Sekundenkapazität) nachweisen. Dabei wird mit einem Spirometer das Volumen ermittelt, das der Proband nach maximaler Inspiration in einer Sekunde ausatmen kann (▸ Abb. 5.10a). Bei einer obstruktiven Ventilationsstörung ist die Ausatmung durch die Engstellung des Bronchialsystems beeinträchtigt, die Sekundenkapazität (= forciertes exspiratorisches Volumen in 1 Sekunde: FEV_1) ist herabgesetzt. Zur besseren Vergleichbarkeit wird die Sekundenkapazität meist auf die Vitalkapazität bezogen: Liegt die Sekundenkapazität unter 70 % der Vitalkapazität, kann man von einer obstruktiven Ventilationsstörung ausgehen (▸ Abb. 5.10b).

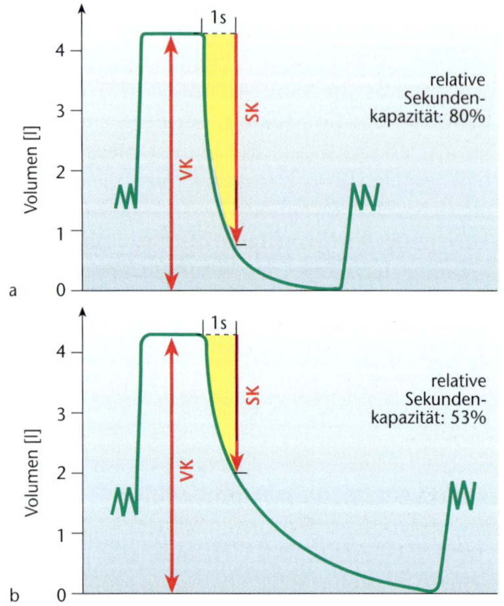

Abb. 5.10 Bestimmung der Sekundenkapazität. Aufgetragen sind die Sekundenkapazität (SK) und die Vitalkapazität (VK); angegeben ist die relative Sekundenkapazität als Verhältnis der Sekundenkapazität zur Vitalkapazität. **a:** Bei einem Lungengesunden (80 %). **b:** Bei obstruktiver Ventilationsstörung (53 %).

Tab. 5.2 Ventilationsstörungen

Parameter	Obstruktive Störung	Restriktive Störung
Vitalkapazität (VC)	normal	↓
Residualvolumen	↑	↓
Sekundenkapazität (FEV_1)	↓	normal
Atemwegswiderstand (Resistance)	↑	normal
Atemgrenzwert	↓	↓

Restriktive Ventilationsstörung

Eine restriktive Ventilationsstörung ist durch eine **Verminderung der Vitalkapazität** gekennzeichnet. Dabei ist zu bedenken, dass die Vitalkapazität sowohl von der Dehnungsfähigkeit (Compliance) der Lunge als auch von der des Thorax abhängt. Eine restriktive Ventilationsstörung mit Einschränkung der Vitalkapazität kann also thorakale oder pulmonale Ursachen haben. Neben der Vitalkapazität ist aufgrund der generell eingeschränkten Lungenkapazität bei restriktiven Störungen auch das Residualvolumen der Lungen vermindert.

Der **Atemgrenzwert** ist das Atemzeitvolumen bei willkürlich maximal gesteigerter Atmung. Er wird über 10 Sekunden bestimmt. Während dieser Zeit atmet der Proband mit einer Atemfrequenz von 40–60/min am Spirometer. Beim Erwachsenen liegt der Atemgrenzwert um 150 l/min. Sowohl bei restriktiven als auch bei obstruktiven Ventilationsstörungen ist er vermindert.

Eine Zusammenfassung der Veränderungen bei obstruktiven und restriktiven Ventilationsstörungen gibt ► Tab. 5.2.

Merke

Wichtig, vor allem auch für die Klinik:

- Obstruktive Ventilationsstörung: Resistance ↑, FEV_1 ↑ (z. B. Asthma, chronisch obstruktive Lungenerkrankung)
- Restriktive Ventilationsstörung: Vitalkapazität ↓ (z. B. Lungenfibrose, Skoliose)

5.6 Atemgastransport im Blut

5.6.1 Grundlagen

Im Blut werden die Atemgase z. T. physikalisch gelöst, z. T. chemisch gebunden an Hämoglobin oder andere Substanzen transportiert. Die physikalische Löslichkeit wird von den Löslichkeitsgesetzen beschrieben. Die chemische Bindung beruht auf den speziellen Eigenschaften des Sauerstoffträgers Hämoglobin.

5.6.1.1 Löslichkeitsgesetze von Gasen im Blut

Henry-Dalton-Gesetz

Für die Löslichkeit eines Gases in einer Flüssigkeit gilt das Henry-Dalton-Gesetz, wonach die Konzentration eines Gases (c_{Gas}) in einer Flüssigkeit dem Partialdruck des Gases über der Flüssigkeitsschicht proportional ist:

$$c_{Gas} = p_{Gas} \times \alpha \qquad [26]$$

α ist dabei der Bunsen-Löslichkeitskoeffizient, der für die einzelnen Gase und Flüssigkeiten jeweils spezifisch ist. Der Löslichkeitskoeffizient gibt an, wie viel Milliliter Gas bei einem Partialdruck von

1 atm (= 760 mmHg = 101 kPa) in 1 ml Flüssigkeit gelöst sind. Für CO_2 im Blut liegt er mit 0,49 etwa 20-mal höher als für O_2 (0,028).

Beispiel Arterielles Blut mit einem O_2-Partialdruck von 90 mmHg enthält 90 × 0,028/760 = 0,003 ml O_2 pro ml Blut in physikalischer Lösung. Die physikalisch gelöste CO_2-Menge beträgt dagegen 40 × 0,49/760 = 0,026 ml/ml Blut. Trotz niedrigeren CO_2-Partialdrucks ist aufgrund der höheren Löslichkeit von CO_2 etwa 9-mal mehr CO_2 als O_2 physikalisch im Plasma gelöst.

5.6.1.2 Funktioneller Aufbau des Hämoglobins

Hämoglobin ist ein Protein, das aus 4 Polypeptidketten besteht. Jede der 4 Ketten des Hämoglobintetramers enthält eine Häm-Gruppe mit einem Eisenatom im Zentrum. An jedes dieser 4 Eisenatome kann sich ein Sauerstoffmolekül reversibel anlagern, ohne dass das Eisen dabei oxidiert wird.

Oxygenierung und Oxidation

Während die physiologische, reversible Sauerstoffanlagerung als Oxygenierung bezeichnet wird, kann unter dem Einfluss von bestimmten Giftstoffen auch eine echte, irreversible Oxidation des Eisenatoms stattfinden. Durch eine solche Oxidation entsteht **Hämiglobin** (= Methämoglobin), das den irreversibel gebundenen Sauerstoff im Gewebe nicht mehr abgeben kann.

Hämoglobinformen

Die 4 Polypeptidketten, die den Globinanteil des Hämoglobins bilden, gehören beim Erwachsenen 2 verschiedenen Familien an: α-Ketten (141 Aminosäuren) und β-Ketten (146 Aminosäuren). Normales Erwachsenenhämoglobin (HbA) besteht aus jeweils 2 α- und 2 β-Ketten: $HbA\alpha_2\beta_2$. Das bis zum 2. Embryonalmonat gebildete embryonale Hämoglobin (HbE) enthält anstelle der β-Ketten 2 ε-Ketten. Anschließend wird fetales Hämoglobin (HbF) gebildet, das anstelle der β-Ketten 2 γ-Ketten enthält. Das Neugeborene verfügt bei der Geburt noch über 70–90 % fetales Hämoglobin, das eine höhere Sauerstoffaffinität als adultes Hämoglobin aufweist (▸ Kap. 4.7.1.1).

Klinik

Bei der **Thalassämie** (Mittelmeeranämie) werden durch Genmutationen nicht genügend α- oder β-Ketten produziert. Häufigste Form ist die β-Thalassämie. Bei der homozygoten Form (Thalassaemia major) kann kein HbA_1 gebildet werden. Die Erythrozyten sind empfindlich, hämolysieren früher und werden in der Milz rasch abgebaut. Es entsteht eine ausgeprägte Anämie. Die Therapie besteht in regelmäßigen Bluttransfusionen und einer begleitenden eisenausschleusenden Therapie mit Chelaten zur Reduktion der transfusionsbedingten Eisenüberladung.

Der **Sichelzellanämie** liegt eine Punktmutation zugrunde. Dadurch wird eine falsche Aminosäure (Valin statt Glutamat) in das Hämoglobin eingebaut: HbS. In seiner desoxygenierten Form neigt HbS zur Aggregation. Die Erythrozyten nehmen dann eine sichelförmige Form an, können kleine Gefäße verstopfen und werden ebenfalls früh abgebaut. Die Betroffenen leiden unter anfallsartigen, schmerzhaften Durchblutungsstörungen: Sichelzellkrisen.

Heterozygote Träger der Thalassämie- oder Sichelzellmutationen verfügen über einen besseren Schutz gegenüber Malariainfektionen. Deshalb blieben diese Mutationen trotz der schweren Erkrankungen bei homozygoten Trägern im Genpool der Bevölkerung von aktuellen oder ehemaligen Malariagebieten erhalten.

5.6.2 Sauerstofftransport im Blut

5.6.2.1 Bindung an den Sauerstoffträger

Hämoglobin

Der größte Teil des im Blut transportierten Sauerstoffs ist reversibel an das Hämoglobin angelagert. Nur 1–1,5 % des Sauerstoffs im arteriellen Blut liegen in physikalischer Lösung vor. Durch den tetrameren Aufbau des Hämoglobins kann jedes Hämoglobinmolekül 4 Moleküle O_2 binden.

Hüfner-Zahl

Hieraus ergibt sich unter Berücksichtigung der molaren Masse von Hämoglobin (64.000 g/mol) und des Volumens von 4 mol O_2 (= 4 × 22,4 l; O_2 ist ein ideales Gas), dass 1 g Hämoglobin in vitro 1,39 ml O_2 binden kann. Da im Organismus nicht das gesamte Hämoglobin „bindungsfähig" vorliegt, ergibt sich in vivo eine etwas geringere Sauerstoffbindung von 1,34 ml/g Hämoglobin (Hüfner-Zahl). Bei einem durchschnittlichen Hämoglobingehalt des Blutes von 150 g/l erhält man eine O_2-Bindungskapazität des Blutes von ~200 ml/l Blut. Pro Liter Blut sind also bis zu 200 ml O_2 an Hämoglobin gebunden und nur ~3 ml physikalisch gelöst.

Sauerstoffsättigung

Unter normalen Bedingungen liegt jedoch nicht alles Hämoglobin in oxygenierter Form vor. Der Grad der Oxygenierung hängt vom O_2-Partialdruck im Blut ab, der meist in einem relativen Maß, als Verhältnis von oxygeniertem Hämoglobin zum Gesamthämoglobin angegeben wird: Sauerstoffsättigung [%]. Trägt man diese Sauerstoffsättigung gegen den O_2-Partialdruck auf, erhält man die S-förmige O_2-Bindungskurve des Hämoglobins (► Abb. 5.11).

Myoglobin

Skelett- und Herzmuskelgewebe verfügen über einen eigenen O_2-Träger, das Myoglobin (► Kap. 5.9.1.2). Der Unterschied zwischen den Sauerstoffbindungskurven von Hämoglobin und Myoglobin (► Abb. 5.11) erklärt sich aus dem unterschiedlichen Aufbau dieser beiden Sauerstoffträgermoleküle. Myoglobin kann nur ein Sauerstoffmolekül binden, es ähnelt in seinem Gesamtaufbau einer Untereinheit des Hämoglobins. Seine Reaktionskinetik mit Sauerstoff folgt einem hyperbelförmigen Verlauf, d.h., mit zunehmender Sauerstoffsättigung des Myoglobins sinkt die O_2-Affinität rasch ab. Insbesondere im Bereich mittlerer O_2-Partialdrücke geht die O_2-Affinität deutlich zurück.

S-förmiger Kurvenverlauf

Kooperativer Effekt

Die Reaktionskinetik von Hämoglobin mit Sauerstoff zeigt einen S-förmigen Verlauf, mit einer weitgehend linearen Abhängigkeit von O_2-Partialdruck und Sauerstoffsättigung in einem mittleren O_2-Partialdruckbereich zwischen 20 und 40 mmHg. In diesem Bereich nimmt also die Sauerstoffaffinität bei zusätzlicher Sättigung nicht ab, wie bei einer klassischen Sättigungskinetik zu erwarten wäre. Die Ursache für diesen flachen Verlauf der Sauerstoffbindungskurve liegt im **kooperativen Effekt** des tetrameren Hämoglobinmoleküls: Die Bindung des ersten O_2-Moleküls erleichtert die Bindung der weiteren O_2-Moleküle.

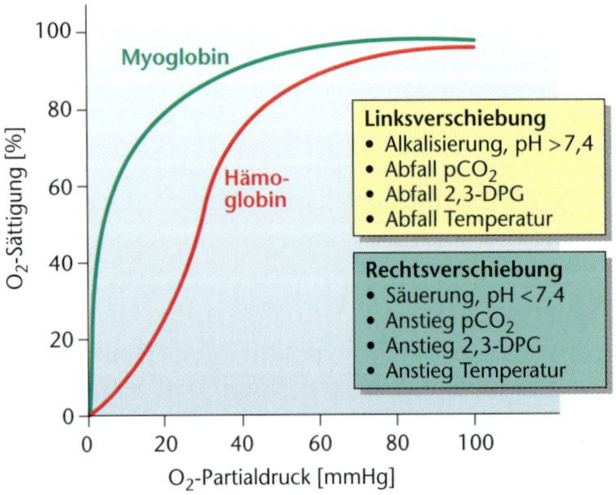

Abb. 5.11 Sauerstoffbindungskurven von Hämoglobin und Myoglobin.

T- und R-Struktur

Ursache des kooperativen Effekts ist eine Änderung der molekularen Konfiguration des Hämoglobins nach der Bindung von O_2. Desoxygeniertes Hämoglobin liegt in einer weniger sauerstoffaffinen T-Struktur (tense) vor. Durch Anlagerung des ersten O_2-Moleküls werden nichtkovalente Bindungen in der T-Struktur gelöst, sodass diese in eine „entspanntere" R-Struktur (relaxed) übergeht. Die R-Struktur des Hämoglobins weist eine etwa 70-mal höhere O_2-Affinität auf, sodass in einem mittleren pO_2-Bereich trotz steigender O_2-Beladung die O_2-Affinität nicht abnimmt.

Sauerstoffabgabe

Der lineare, steile Verlauf der Sauerstoffbindungskurve bei mittleren Partialdrücken ist besonders für die Regulation der Sauerstoffabgabe im venösen Kapillarbereich vorteilhaft: Dort herrschen in körperlicher Ruhe O_2-Partialdrücke von 40 mmHg. Sinkt der O_2-Partialdruck durch erhöhten Sauerstoffverbrauch weiter ab, geht auch die Sauerstoffsättigung deutlich zurück (► Abb. 5.11): Es wird mehr Sauerstoff ans Gewebe abgegeben, als es nach der Bindungskinetik des Myoglobins der Fall wäre.

Sauerstoffaufnahme

Der flache Teil der Sauerstoffbindungskurve bei hohen O_2-Partialdrücken ist dagegen für die Sauerstoffaufnahme in der Lunge von Vorteil. Durch die praktisch gleichbleibend hohe Sauerstoffsättigung bei O_2-Partialdrücken zwischen 100 und 80 mmHg wird in diesem Bereich trotz eines Absinkens des in der Lunge erreichten O_2-Partialdrucks (etwa durch Lungenfunktionsstörungen) noch eine gleichbleibend hohe Sauerstoffsättigung des Hämoglobins gewährleistet.

Merke

S-förmiger Verlauf der O_2-Bindungskurve durch kooperativen Effekt des tetrameren Hämoglobinmoleküls.

5.6.2.2 Beeinflussung der Sauerstoffbindungskurve

Rechtsverschiebung

Eine Reihe von Faktoren kann die Sauerstoffbindungskapazität des Hämoglobins beeinflussen, was sich in einer Verschiebung der O_2-Bindungskurve zeigt. Dabei führt eine sinkende Sauerstoffaffinität, d. h. eine leichtere Sauerstoffabgabe, zu einer Rechtsverschiebung der O_2-Bindungskurve. Bei der rechtsverschobenen O_2-Bindungskurve liegt die O_2-Sättigung im Vergleich zur normalen O_2-Bindungskurve bei gleichen O_2-Partialdrücken niedriger: Das Hämoglobin besitzt eine geringere O_2-Affinität. Das bedeutet umgekehrt, dass bei gleichem O_2-Partialdruck mehr O_2 in die Gewebe abgegeben wird: erleichterte Sauerstoffabgabe. Eine solche Rechtsverschiebung tritt folgerichtig dann auf, wenn die Gewebe einen erhöhten Sauerstoffbedarf haben:

- **Anstieg der CO_2- oder der H^+-Ionen-Konzentration,** d. h. Abfall des pH. Bei respiratorisch bedingtem Abfall des pH-Werts im Blut (durch CO_2-Anstieg) wird die O_2-Bindungskurve stärker nach rechts verschoben als bei einer erhöhten H^+-Ionen-Konzentration allein, da in diesem Fall die erhöhten Konzentrationen von CO_2 und H^+ unabhängig voneinander die Sauerstoffaffinität des Hämoglobins vermindern.
- **Erhöhte Körpertemperatur.**
- **Erhöhte Blutspiegel von 2,3-Diphosphoglycerol** (2,3-DPG): Diese Substanz wird von den Erythrozyten bei Sauerstoffmangel (z. B. durch Anämie oder Höhenaufenthalt) vermehrt gebildet.

Linksverschiebung

Bei gegenläufigen Veränderungen von CO_2, H^+ (pH), Temperatur oder 2,3-DPG-Gehalt des Blutes tritt entsprechend eine Linksverschiebung der O_2-Bindungskurve mit vermehrter Sauerstoffaffinität des Hämoglobins und erschwerter O_2-Abgabe auf (▸ Abb. 5.12).

O_2-Halbsättigungsdruck

Ein Maß für die Lage der O_2-Bindungskurve ist der O_2-Halbsättigungsdruck: $\mathbf{P_{50}}$. Er ist definiert als derjenige O_2-Partialdruck, der für eine 50-prozentige O_2-Sättigung des Hämoglobins erforderlich ist. Der P_{50} nimmt bei einer Rechtsverschiebung der O_2-Bindungskurve zu und bei einer Linksverschiebung ab (▸ Abb. 5.12).

> **Merke**
>
> Rechtsverschiebung = erleichterte O_2-Abgabe:
> - $CO_2\uparrow$, $H^+\uparrow$, 2,3-DPG↑, Temperatur↑
> - Linksverschiebung = erschwerte O_2-Abgabe
> - $CO_2\downarrow$, $H^+\downarrow$, 2,3-DPG↓, Temperatur↓

Bohr-Effekt

Die Abhängigkeit der Sauerstoffbindungskurve vom CO_2- und H^+-Ionen-Gehalt des Blutes wird als Bohr-Effekt bezeichnet. Dieser Bohr-Effekt erleichtert die Sauerstoffaufnahme in der Lunge, da mit ventilationsbedingt abnehmendem CO_2-Gehalt in den Lungenkapillaren die Sauerstoffaffinität des Hämoglobins steigt: Linksverschiebung der O_2-Bindungskurve.

Umgekehrt erleichtert der Bohr-Effekt die Sauerstoffabgabe im Gewebe, da hier durch die ansteigenden CO_2-Werte des kapillären Blutes die Sauerstoffaffinität des Hämoglobins gesenkt wird: Rechtsverschiebung der O_2-Bindungskurve.

> **Merke**
>
> Bohr-Effekt: Abhängigkeit der O_2-Affinität von pH-Wert und pCO_2:
> - Leichtere O_2-Aufnahme in der Lunge
> - Leichtere O_2-Abgabe im Gewebe

5.6.2.3 Arteriovenöse Sauerstoffdifferenz

Sauerstoffgehalt

Die Sauerstoffsättigung im arteriellen Blut ($pO_{2\,art}$ = 100 mmHg) liegt bei etwa 97 %, im venösen Blut ($pO_{2\,ven}$ = 40 mmHg) noch bei 73 % (▸ Abb. 5.11). Unter Verwendung der Hüfner-Zahl liegt der Sauerstoffgehalt im arteriellen Blut daher bei einem normalen Hämoglobinwert von 150 g/l Blut ($O_{2\,art}$) bei:

$$[O_{2art}] = 1{,}34\ \text{ml}\ O_2/\text{g Hb} \times 150\text{g Hb/l Blut} \times 0{,}97 \sim 0{,}20\ \text{l}\ O_2/\text{l Blut} \qquad [27]$$

Für den Sauerstoffgehalt im venösen Blut gilt entsprechend:

$$[O_{2ven}] = 1{,}34\ \text{ml}\ O_2/\text{g Hb} \times 150\text{g Hb/l Blut} \times 0{,}73 \sim 0{,}15\ \text{l}\ O_2/\text{l Blut} \qquad [28]$$

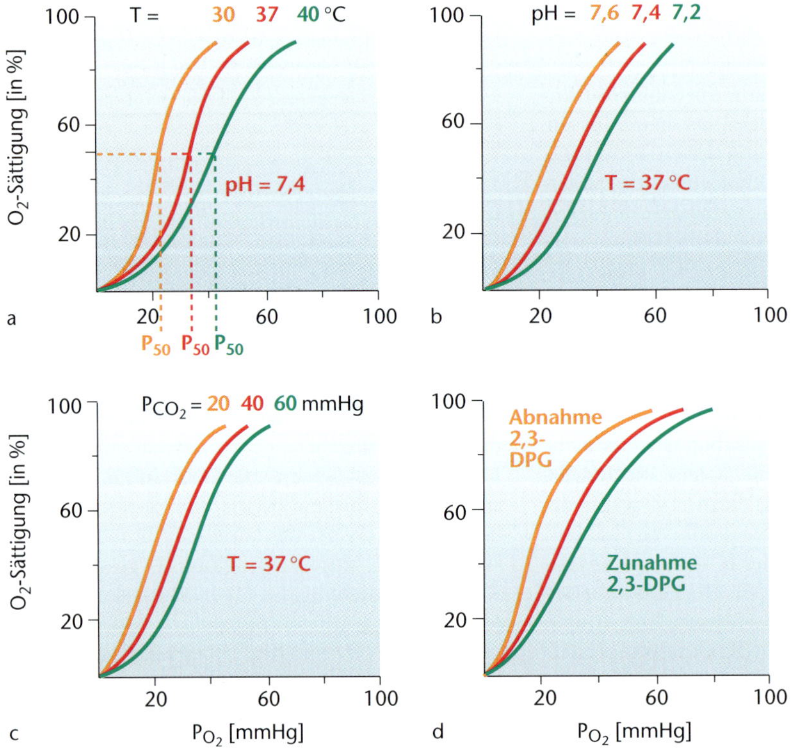

Abb. 5.12 Abhängigkeit der O_2-Bindungskurve. **a:** Temperatur, **b:** H^+-Ionen-Konzentration (pH), **c:** pCO_2, **d:** 2,3-DPG-Gehalt des Blutes. Rechtsverschiebung = erhöhter P_{50} → erleichterte Sauerstoffabgabe; Linksverschiebung = erniedrigter P_{50} → erschwerte Sauerstoffabgabe.

Sauerstoffausschöpfung

Vom Sauerstoffgehalt des arteriellen Blutes von 0,20 l O_2/l Blut werden vom Organismus bis zum Erreichen des venösen Sauerstoffgehalts von 0,15 l O_2/l Blut insgesamt also nur rund 0,05 l O_2/l Blut, d. h. nur 25 % verbraucht. Diese Sauerstoffausschöpfung des arteriellen Blutes wird als arteriovenöse O_2-Differenz ($avDO_2$) bezeichnet und liegt in Ruhe im venösen Mischblut bei 0,05. Bei starker körperlicher Arbeit werden bis zu 0,15 l O_2/l Blut von den Geweben verbraucht, sodass ein $avDO_2$ von 0,15 resultiert.

Die regionale Sauerstoffausschöpfung, d. h. die regionale $avDO_2$, kann je nach Sauerstoffverbrauch des Gewebes sehr unterschiedlich sein (▶ Tab. 5.3).

5.6.2.4 Inaktiviertes Hämoglobin: (Hb)CO

Kohlenmonoxid, das bei unvollständigen Verbrennungsprozessen entsteht, hat eine etwa 200-mal höhere Affinität zu den Häm-Gruppen des Hämoglobins als Sauerstoff, d. h., die CO-Bindungskurve für Hämoglobin verläuft viel steiler als die O_2-Bindungskurve. Dadurch werden schon bei niedrigen CO-Konzentrationen in der Atemluft viele Hämoglobinmoleküle vom Kohlenmonoxid besetzt und stehen dem Sauerstofftransport nicht mehr zur Verfügung. Unter Normalbedingungen liegt der (Hb)CO-Anteil im Blut bei 1 %, bei Rauchern kann er bis auf 10 % (Hb)CO ansteigen.

Klinik

Eine **Kohlenmonoxidvergiftung** ist an der kirschroten Farbe des Blutes erkennbar. Durch die Blockierung des Hämoglobins ist der Sauerstoffaustausch im Gewebe eingeschränkt, wodurch hypoxische Schädigungen entstehen. Therapie der Wahl ist die Beatmung mit reinem Sauerstoff: Der O_2-Partialdruck wird in der Alveolarluft und damit auch im arteriellen Blut erhöht und CO auf diese Weise aus seiner Hämoglobinbindung verdrängt. Zu beachten ist, dass bei CO-Vergifteten der **O_2-Partialdruck** im arteriellen Blut normal ist, da dieser durch die physikalisch im Blut gelöste Menge aufgebaut wird und von den CO-bedingten Veränderungen im Erythrozyten nicht beeinflusst wird. Dagegen ist der gemischt-venöse pO_2 erniedrigt, da der Körper vermehrt versucht, das physikalisch gelöste O_2 zu extrahieren.

Tab. 5.3 Durchblutung, arteriovenöse Sauerstoffdifferenz (avDO_2) und Sauerstoffverbrauch

Organ	Durchblutung* (ml × 100 g^{-1} × min^{-1})	avDO_2	O_2-Verbrauch (ml × 100 g^{-1} × min^{-1})
Skelettmuskel (Ruhe)	3	0,10	0,3
Skelettmuskel (Arbeit)	50–130	0,15	15,0
Milz	100	0,01	1,0
Gehirn (Rinde)	100	0,10	10,0
Gehirn (Mark)	20	0,05	1,0
Leber	100	0,05	5,0
Niere	400	0,02	8,0
Herz (Ruhe)	80	0,10	8,0
Herz (Arbeit)	300	0,15	45,0

* sog. „spezifische" Durchblutung = Durchblutung pro 100 g Gewebe

Die **O_2-Konzentration** im arteriellen Blut, als Summe von physikalisch und chemisch gelöstem O_2, ist erniedrigt. Die O_2-Konzentrationsdifferenz zwischen arteriellem und venösem Blut bleibt trotzdem im Wesentlichen gleich, da das vermehrt extrahierte physikalisch gelöste O_2 im Verhältnis zur Gesamtkonzentration kaum ins Gewicht fällt.

Merke

CO-Vergiftung:
- Normaler arterieller pO_2
- Erniedrigter gemischt-venöser pO_2

5.6.2.5 Oxidiertes Hämoglobin: Methämoglobin

Wird das zweiwertige Eisen des Hämoglobins zu dreiwertigem Eisen oxidiert (z. B. durch Nitrit) so entsteht **Methämoglobin** (Hämiglobin), das keinen Sauerstoff mehr transportieren kann. Unter normalen Bedingungen liegen nie mehr als 1–2 % des Hämoglobins als Hämiglobin vor, da eine im Erythrozyten lokalisierte NADH-abhängige Methämoglobinreduktase oxidiertes Hämiglobin stets wieder in normales Hämoglobin umwandelt.

Klinik

Säuglinge, deren Methämoglobinreduktase noch nicht ausgereift ist, sind gegenüber Methämoglobin bildenden Substanzen besonders empfindlich. Die im Trinkwasser maximal zulässige Nitritmenge von weniger als 0,1 mg Nitrit/l ist allerdings ungefährlich. Gesundheitsgefahren entstehen erst dann, wenn aufgrund unhygienischer Nahrungszubereitung Bakterien das im Trinkwasser ebenfalls enthaltene Nitrat (Grenzwert: < 50 mg/l) reduzieren und so vermehrt Nitrit gebildet wird.

5.6.3 CO_2-Transport im Blut

5.6.3.1 CO_2-Transportformen

Während Sauerstoff im Blut fast ausschließlich an Hämoglobin gebunden transportiert wird, sind für den CO_2-Transport 3 Transportformen wichtig:

Physikalische Lösung

10 % des CO_2 werden physikalisch im Blut gelöst transportiert. Dabei gilt das Henry-Dalton-Gesetz (▸ Kap. 5.6.1.1, Gleichung [26]). Vorteilhaft ist hierbei der hohe Löslichkeitskoeffizient von CO_2 im Blut.

Chemische Bindung an Hämoglobin

Weitere 10 % des CO_2 gehen eine direkte Verbindung mit Aminogruppen des Hämoglobinmoleküls ein. Dabei entsteht **Carbamino-Hämoglobin.** Pro gebundenem CO_2-Molekül wird ein Proton freigesetzt:

$$(Hb)\,NH_2 + CO_2 \leftrightarrow (Hb)\,NHCOO^- + H^+ \quad [29]$$

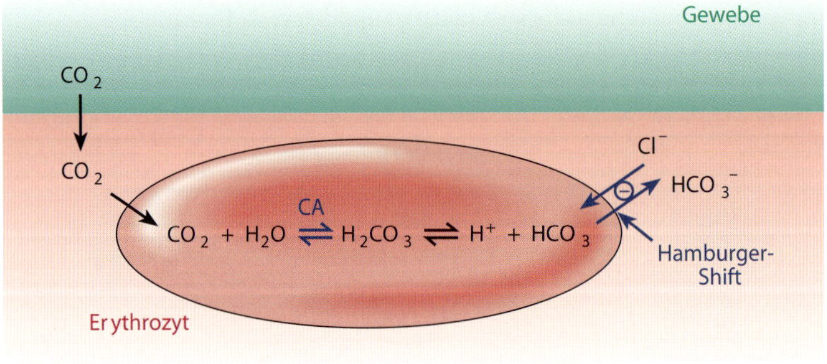

Abb. 5.13 Chemische Umsetzung von CO_2 zu HCO_3^-. CA = Carboanhydrase.

Chemische Umsetzung zu HCO_3

80 % des CO_2 werden nach chemischer Umsetzung als HCO_3^- (Bicarbonat) im Blut gelöst transportiert. Zunächst reagiert CO_2 mit Wasser zu Kohlensäure (Hydratation):

$$CO_2 + H_2O \leftrightarrow H_2CO_3 \quad [30]$$

Im Plasma verläuft diese Reaktion langsam, im Erythrozyten unter dem Einfluss des Enzyms **Carboanhydrase** etwa 10.000-mal schneller. Die entstehende Kohlensäure dissoziiert spontan in Bicarbonat und ein Proton:

$$H_2CO_3 \leftrightarrow HCO_3^- + H^+ \quad [31]$$

Dieses HCO_3^- verlässt den Erythrozyten zum größten Teil wieder in Richtung Plasma, aus Gründen der Elektroneutralität im Austausch gegen Chlorid-Ionen. Dieser Austausch wird als **Hamburger-Shift** bezeichnet (► Abb. 5.13). Die entstehenden Protonen werden vom Hämoglobin gepuffert. Letztlich gelangen 45 % des produzierten HCO_3^- ins Plasma, 35 % verbleiben im Erythrozyten.

Merke

CO_2-Transport:
- 10 % physikalisch gelöst
- 10 % Carbamino-Verbindungen
- 80 % als Bicarbonat (45 % im Plasma, 35 % in den Erythrozyten)

5.6.3.2 CO_2-Bindungskurve

Wie für Sauerstoff lässt sich auch für CO_2 eine Bindungskurve erstellen, bei der die CO_2-Konzentration im Blut gegen die CO_2-Partialdrücke aufgetragen wird. Dabei erhält man für oxygeniertes und desoxygeniertes Blut jeweils eine unterschiedliche Bindungskurve. Die CO_2-Bindungskurve zeigt (im Gegensatz zur O_2-Bindungskurve) keine Sättigungskinetik (► Abb. 5.14).

Merke

- O_2-Bindung ist sättigbar: Abszisse = % der O_2-Sättigung
- CO_2-Bindung ist nicht sättigbar: Abszisse = CO_2-Konzentration

Haldane-Effekt

Die CO_2-Bindungskapazität von desoxygeniertem Hämoglobin ist höher: linksverschobene CO_2-Bindungskurve. Diese höhere CO_2-Bindungskapazität von desoxygeniertem Hämoglobin erklärt sich aus der besseren Pufferkapazität von desoxygeniertem Hämoglobin für die bei der Bicarbonatbildung anfallenden Protonen. Dadurch kann mehr CO_2 in Form von Bicarbonat im Blut transportiert werden. Auch kann desoxygeniertes Hämoglobin CO_2 leichter als Carbamino-Hämoglobin binden, was ebenfalls die CO_2-Transportkapazität erhöht. Diese Abhängigkeit der CO_2-Transportkapazität vom Oxygenierungsgrad des Hämoglobins wird als (Christiansen-Douglas-)Haldane-Effekt bezeichnet. Die physiologische Bedeutung des Haldane-Effekts besteht darin, dass er am venösen Ende des Kapillarschenkels, wo das Hämoglobin überwiegend desoxygeniert vorliegt, die CO_2-Aufnahme ins Blut erleichtert.

Physiologische CO_2-Bindungskurve

Als physiologische oder effektive CO_2-Bindungskurve bezeichnet man die Kurvenstrecke zwischen den pCO_2-Werten für arterielles und denen für venöses Blut (Strecke zwischen a und v in ► Abb. 5.14).

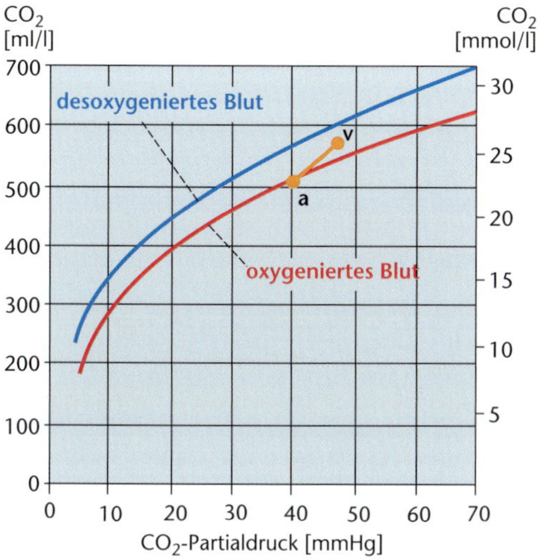

Abb. 5.14 CO_2-Bindungskurven für oxygeniertes und desoxygeniertes Blut. a = arterielles Blut, v = venöses Blut.

> **Merke**
>
> Haldane-Effekt: Abhängigkeit der CO_2-Bindungskapazität vom Oxygenierungsgrad des Hämoglobins:
> - Leichtere CO_2-Aufnahme im Gewebe
> - Leichtere CO_2-Abgabe in der Lunge

5.7 Atmungsregulation

5.7.1 Atemzentren und Atemreize

5.7.1.1 Neuronengruppen in der Medulla oblongata

Ventrale respiratorische Gruppe

Die Atmung wird zentral über ein neuronales Netzwerk in der Medulla oblongata gesteuert. Der Atemrhythmus entsteht im Atemzentrum, das von Neuronen der ventralen respiratorischen Gruppe (VRG) im Bereich des Nucleus ambiguus gebildet wird (► Abb. 5.15). In unmittelbarer Nachbarschaft liegen auch die zentralen chemosensiblen Areale und die sympathischen und parasympathischen Neurone (N. vagus) zur Steuerung des Herz-Kreislauf-Systems. Es bestehen hier enge Verknüpfungen zwischen kardialen und respiratorischen Neuronengruppen. So führt die Inspiration zu einer Aktivierung des Sympathikus, die Ausatmung aktiviert den Parasympathikus. Dies erklärt die respiratorische Arrhythmie, also den Anstieg der Herzfrequenz bei Inspiration und den Frequenzabfall in der Exspiration.

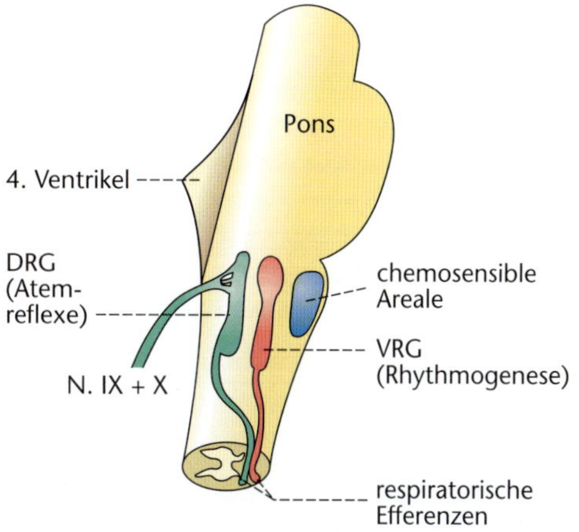

Abb. 5.15 Zentrale Kontrolle der Atmung in der Medulla oblongata. DRG = dorsale respiratorische Gruppe, VRG = ventrale respiratorische Gruppe. Die chemosensiblen Areale sind den respiratorischen Gruppen unmittelbar benachbart.

Die respiratorischen Neurone der VRG haben selbst keine Schrittmachereigenschaften. Sie erzeugen den Atemrhythmus durch die Integration von erregenden und hemmenden Zuflüssen aus der Formatio reticularis und chemosensiblen Arealen.

Dorsale respiratorische Gruppe

Außer der ventralen existiert noch eine dorsale respiratorische Gruppe (DRG) neben dem Nucleus tractus solitarii, die nicht der Rhythmogenese dient, sondern die Atemreflexe steuert. Sie erhält afferente Impulse aus den Atem- und Kreislauforganen (► Abb. 5.15).

5.7.1.2 Atmungskontrolle und Atmungsantrieb

Reflektorische Kontrolle

Hering-Breuer-Reflex

Dehnungsrezeptoren im Lungenparenchym melden den jeweiligen Dehnungszustand der Lunge über den N. vagus an die dorsale respiratorische Gruppe. Bei zunehmender Dehnung der Lunge wird die Inspiration gestoppt, bei Erschlaffung der Lunge eine Inspiration eingeleitet. Auf diese Weise wird die Amplitude der Atemexkursionen reflektorisch begrenzt.

Muskeleigenreflexe

Auch die Muskeleigenreflexe der Atemmuskulatur, die über die Muskelspindeln gesteuert werden (► Kap. 15.2.4), kontrollieren reflektorisch die Atemexkursionen des Thorax.

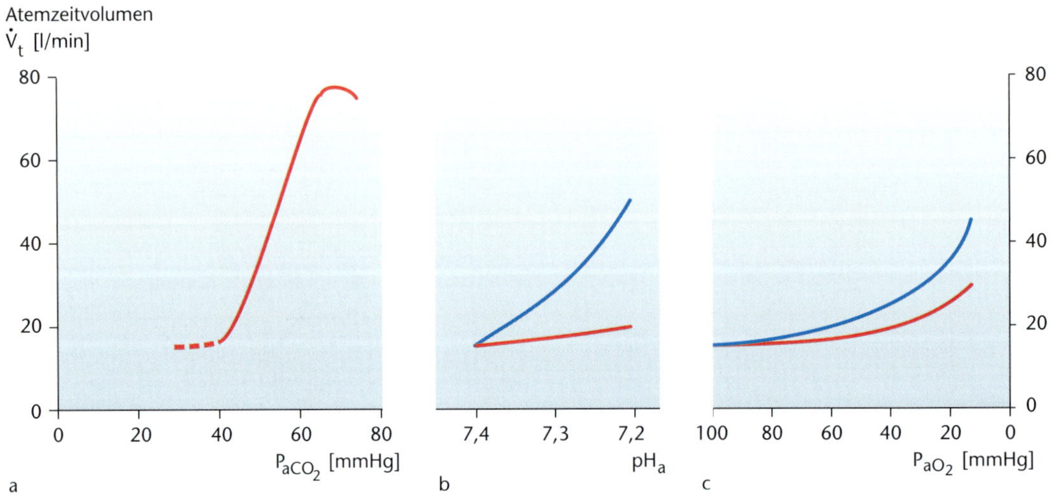

Abb. 5.16 Chemische Stimulation des Atemantriebs unter physiologischen Bedingungen (rot) und bei künstlich konstant gehaltenem CO_2-Partialdruck (blau in **b** und **c**). Nach [2]

Chemische Kontrolle

Periphere Chemorezeptoren im Glomus caroticum und in den Glomera aortica informieren das Atemzentrum über die CO_2-, O_2- und H^+-Ionen-Konzentrationen im Blut. Diese Afferenzen laufen über den N. glossopharyngeus (R. sinus carotici) und den N. vagus und ziehen zum Nucleus tractus solitarii im Hirnstamm. Daneben existieren zentrale chemosensible Areale an der ventralen Oberfläche des Hirnstamms (► Abb. 5.15).

Während die O_2-Konzentrationsänderungen überwiegend durch die peripheren Chemorezeptoren erfasst werden, registrieren die zentralen chemosensiblen Areale vor allem Änderungen der CO_2- und H^+-Ionen-Konzentration in der Extrazellularflüssigkeit des Hirnstamms.

CO_2-Partialdruck

Unter Normalbedingungen steht der Einfluss des CO_2-Partialdrucks auf den Atemantrieb im Vordergrund: Ein Anstieg vergrößert das Atemzugvolumen und erhöht die Atemfrequenz. Ab einem CO_2-Partialdruck von etwa 70 mmHg nimmt jedoch das Atemzeitvolumen wieder ab, da CO_2 in dieser hohen Konzentration das Atemzentrum lähmt (► Abb. 5.16a).

H^+-Ionen-Konzentration

Eine Erhöhung der H^+-Ionen-Konzentration wirkt atemstimulierend. Auch ein Abfall des O_2-Partialdrucks, z. B. bei Höhenaufenthalt, führt zu einer gesteigerten Atmung. Da hierbei vermehrt CO_2 abgeatmet wird, steigt der Atemantrieb unter physiologischen Bedingungen insgesamt nicht so stark. Erst wenn der CO_2-Partialdruck künstlich konstant gehalten wird, zeigt sich die volle Wirkung von sinkendem pH-Wert und pO_2 (► Abb. 5.16).

Klinik

Unter normalen Bedingungen überwiegt der CO_2-Antrieb auf die Atmung. Bei Erkrankungen, die mit einer chronischen Erhöhung des pCO_2 einhergehen (z. B. **chronisch obstruktive Lungenerkrankungen**), wird jedoch auch der O_2-Atemantrieb wichtig, weil durch die chronisch erhöhten CO_2-Partialdrücke der CO_2-Antrieb zunehmend inaktiviert wird und der O_2-Antrieb so als einziger Atemstimulus verbleibt. Gibt man in diesen Fällen ohne Kontrolle Sauerstoff, kann durch den Wegfall des letzten Atemantriebs ein Atemstillstand eintreten.

Merke

Drei Atmungsantriebe: CO_2 ↑, H^+ ↑, O_2 ↓

5.7.1.3 Sonstige Atmungsantriebe

Neben diesen 3 klassischen Atmungsantrieben (pCO_2, H^+-Ionen, pO_2) lassen sich noch eine Reihe unspezifischer Atemantriebe identifizieren (► Abb. 5.17). So führen

- Fieber,
- geringe Hypothermie,
- Schmerz,

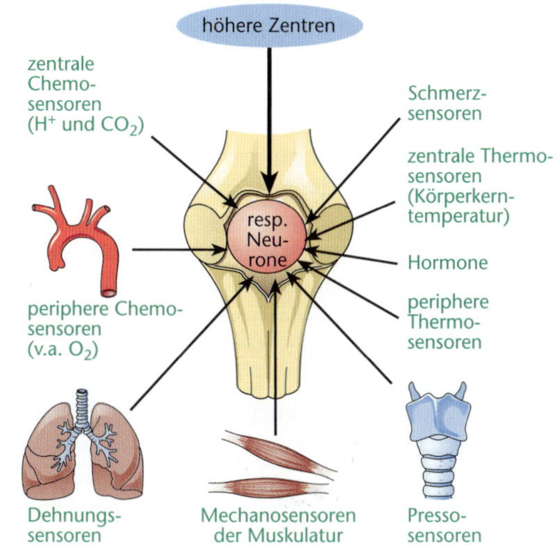

Abb. 5.17 Atmungsantriebe und ihre Sensoren.

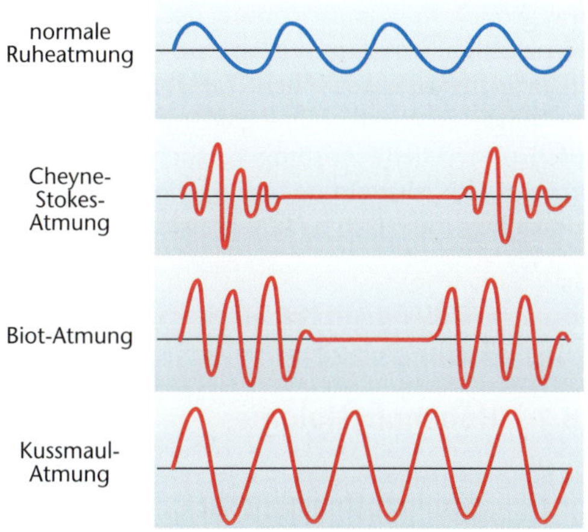

Abb. 5.18 Pathologische Atmungsformen im Vergleich zur normalen Ruheatmung.

- Adrenalin und
- Progesteron (Schwangerschaft)

zu einer Vertiefung der Atmung. Eine Erhöhung des arteriellen Blutdrucks hat dagegen eine Verminderung von Atemtiefe und Atemfrequenz zur Folge.

5.7.2 Normale und pathologische Atmungsformen

5.7.2.1 Beschreibung der Atmungsformen

Zur Charakterisierung der Atemfunktion sind die folgenden Begriffe gebräuchlich:

- **Eupnoe:** normale Ruheatmung
- **Hyperpnoe:** erhöhtes Atemzugvolumen bei normaler Atemfrequenz
- **Hypopnoe:** erniedrigtes Atemzugvolumen bei normaler Atemfrequenz
- **Tachypnoe:** gesteigerte Atemfrequenz
- **Bradypnoe:** verminderte Atemfrequenz
- **Apnoe:** Atemstillstand
- **Dyspnoe:** erschwerte Atmung mit dem subjektiven Gefühl der Luftnot
- **Orthopnoe:** starke Dyspnoe, die den Patienten zum aufrechten Sitzen zwingt
- **Hyperventilation:** Steigerung der alveolären Ventilation, die über die jeweiligen Stoffwechselbedürfnisse hinausgeht: $pCO_2 < 40$ mmHg = **Hypokapnie.** Die Hypokapnie tritt auf, weil das Atemzugvolumen ansteigt und hierdurch der Anteil der Totraumventilation relativ abnimmt, sodass die Alveolen vermehrt belüftet werden. Ein Anstieg der Atemfrequenz allein (Tachypnoe) führt dagegen nicht zu einer vermehrten alveolären Ventilation und daher auch zu keinem Abfall des CO_2.
- **Hypoventilation:** Rückgang der alveolären Ventilation unter die Stoffwechselbedürfnisse: $pCO_2 > 40$ mmHg: **Hyperkapnie**
- **Mehrventilation:** einfache Steigerung der alveolären Ventilation, entsprechend den gesteigerten Bedürfnissen, z. B. bei Muskelarbeit

5.7.2.2 Pathologische Atmungsformen

Von der normalen Ruheatmung lassen sich eine Reihe pathologischer Atmungsformen abgrenzen, die meist Symptom einer Allgemeinerkrankung sind (▸ Abb. 5.18).

Cheyne-Stokes-Atmung

Eine Atempause tritt nach wenigen, immer schwächer werdenden Atemzügen auf. Die Cheyne-Stokes-Atmung kann beim Schlaf in großer Höhe (Hypoxie), aber auch bei einer Schädigung des Atemzentrums (z. B. durch Schlaganfall) auftreten.

Biot-Atmung

Eine Reihe gleichmäßig tiefer Atemzüge wird von plötzlich auftretenden Pausen unterbrochen. Die Biot-Atmung wird bei Hirnverletzungen oder erhöhtem Hirndruck beobachtet.

Kussmaul-Atmung

Die „große" Kussmaul-Atmung ist eine vertiefte und beschleunigte Atmung, wie sie typischerweise bei der nichtrespiratorischen (metabolischen) Azidose eines entgleisten Diabetes mellitus auftritt. Durch die vertiefte Atmung versucht der Körper, vermehrt CO_2 abzuatmen, um so die metabolische Azidose respiratorisch zu kompensieren.

5.8 Atmung unter speziellen Bedingungen

5.8.1 Höhenphysiologie

5.8.1.1 Luftdruck und Sauerstoffpartialdruck

Mit zunehmender Höhe nehmen Luftdruck und Sauerstoffpartialdruck ab (► Tab. 5.4). Dabei berechnen sich inspiratorischer und alveolärer O_2-Partialdruck nach dem Dalton-Gesetz (► Kap. 5.6.1.1) als Anteil des Sauerstoffs am Gesamtdruck der Atmosphäre. Beim alveolären O_2-Partialdruck ist dabei zu berücksichtigen, dass vom Atmosphärendruck noch der Wasserdampfdruck in den Alveolen von 47 mmHg abzuziehen ist (Gleichung [21]). Auf dem Mount Everest ergibt sich z. B.:

- Inspiratorischer O_2-Partialdruck: 0,21 (fraktionelle O_2-Konzentration in der Atmosphäre) × 210 mmHg = 44,1 mmHg
- Alveolärer O_2-Partialdruck: 0,14 (fraktionelle O_2-Konzentration in den Alveolen) × (210–47 mmHg) = 22,8 mmHg

Alveolärer Sauerstoffverbrauch und alveoläre Ventilation als Faktoren, die den alveolären Sauerstoffpartialdruck beeinflussen (► Kap. 5.5.1.3), sind dabei nicht berücksichtigt.

Tab. 5.4 Luftdruck und pO_2 in der Höhe

Höhe über NN	Luftdruck	Inspiratorischer O_2-Partialdruck	Alveolärer O_2-Partialdruck
Meeresspiegel	760 mmHg	160 mmHg	100 mmHg
4.000 m	462 mmHg	87 mmHg	50 mmHg
Mt. Everest (8.848 m)	210 mmHg	44 mmHg	23 mmHg

5.8.1.2 Höhenumstellung

Kurzfristige Anpassungsversuche des Organismus an den niedrigen O_2-Partialdruck werden als Höhenumstellung bezeichnet. Hierbei treten die folgende Veränderungen auf:

- Leichte **Hyperventilation** in Ruhe (bei 5.000 m plus 10 %), starke Hyperventilation bei körperlicher Belastung.
- Die Hyperventilation verursacht eine **respiratorische Alkalose** mit Linksverschiebung der O_2-Bindungskurve. Die Sauerstoffaufnahme in der Lunge wird begünstigt, die Sauerstoffabgabe im Gewebe jedoch erschwert.
- Die O_2-Partialdruckdifferenz zwischen Alveolarraum und arteriellem Blut steigt bei körperlicher Arbeit stark an. Dadurch sinkt die maximal mögliche körperliche Leistung mit zunehmender Höhe (in 2.000 m um 10 %).
- Die Pulsfrequenz nimmt zu.
- Der Druck in der A. pulmonalis steigt. Verantwortlich hierfür ist wahrscheinlich die pulmonale Vasokonstriktion bei Sauerstoffmangel (Euler-Liljestrand-Mechanismus, ► Kap. 5.5.3.1).

5.8.1.3 Höhenakklimatisation

Bei andauerndem Höhenaufenthalt (Tage bis Monate) kommt es zur Höhenakklimatisation. Hierbei werden längerfristige Adaptationsmechanismen ausgebildet:

- Erythropoetin bewirkt eine Erythrozytenneubildung, d. h., Erythrozytenzahl und Hämoglobingehalt des Blutes steigen. Dabei können Hämoglobinwerte bis 25 g/dl erreicht werden. Durch diesen Hämoglobinanstieg kann der Sauerstofftransport bis auf Höhen von etwa 5.000 m konstant gehalten werden.
- Der 2,3-DPG-Gehalt der Erythrozyten nimmt zu. Dadurch wird die Sauerstoffbindungskurve nach rechts verschoben, was der durch die respiratorische Alkalose bewirkten Linksverschiebung entgegenwirkt.
- Die Niere scheidet zur Kompensation der respiratorischen Alkalose vermehrt Bicarbonat aus.
- Die Kapillarisierung der Muskulatur nimmt zu.
- Die Ruhepulsfrequenz kehrt in den Normalbereich zurück.

5.8.1.4 Höhenkrankheit

Misslingt die Höhenadaptation, bildet sich die Höhenkrankheit aus. Dabei unterscheidet man die akute von der chronischen Höhenkrankheit.

- **Akute Höhenkrankheit:** Die akute Höhenkrankheit, die Stunden bis Tage nach der Höhenexposition auftritt, ist durch ein akutes Hirnödem und/oder ein akutes Lungenödem gekennzeichnet. Beide entstehen durch hypoxiebedingte Fehlregulation der Blutgefäße. Symptome sind Ataxie, Leistungsabfall, Höhenkopfschmerz, Verwirrtheit und Luftnot. Unter Sauerstoffgabe bildet sich die Symptomatik rasch zurück.
- **Chronische Höhenkrankheit:** Bei der chronischen Höhenkrankheit nehmen Erythrozytenzahl und Hämatokrit übermäßig stark zu, der pulmonalarterielle Druck steigt stärker als bei einer normalen Adaptation an. Es resultiert eine Überlastung des rechten Herzens, die über ein generalisiertes Herzversagen zum Tode führen kann.

5.8.2 Tauchphysiologie

5.8.2.1 Wasserdruck und Partialdrücke

Beim Tauchen steigt mit zunehmender Tauchtiefe der Wasserdruck: Pro 10 Meter Tauchtiefe erhöht sich dabei der Druck um 1 bar, in 30 m Tiefe liegt er z. B. bei 4 bar (3 bar Wasserdruck + 1 bar Atmosphärendruck). Dadurch steigt auch der auf den Körper und die Gase in den Körperhöhlen einwirkende Druck. Es ergeben sich die folgenden physiologischen Konsequenzen:

- Thorax- und Lungenvolumen nehmen druckbedingt bis zu einer Tauchtiefe von etwa 30 m ab. Danach ist die Lunge nicht weiter komprimierbar. Bei weiterem Abstieg presst daher der extrathorakale Druck zunehmend Blut in die Thoraxorgane, was zu Überdehnungsschäden an den Lungengefäßen und am Herz führen kann.
- Kann die unter stärkeren Druck geratene Luft im Mittelohr nicht auf normalem Weg über die Eustachi-Röhre entweichen (z. B. bei Erkältungen), führt der Druckanstieg im Mittelohr zum Einriss des Trommelfells.
- Beim Auftauchen sinkt der auf der Lunge lastende Druck ab. Dadurch geht aber auch der durch die fehlende Ventilation ohnehin schon erniedrigte alveoläre O_2-Partialdruck weiter zurück. Beim Unterschreiten der Hypoxieschwelle (O_2-Partialdruck von 30–35 mmHg) kann es dann zur Bewusstlosigkeit kommen.

5.8.2.2 Tauchen mit Schnorchel

Das Tauchen mit Schnorchel ist durch die folgenden physiologischen Besonderheiten gekennzeichnet:

- Der intrapulmonale Druck entspricht dem atmosphärischen Druck, während der auf dem Thorax lastende hydrostatische Druck mit zunehmender Tauchtiefe steigt. Unter diesen Bedingungen ist die Atemmuskulatur schon bei einer Tiefe von 1 m zu einer ausreichenden Inspiration nicht mehr fähig.
- Der zunehmende hydrostatische Druck auf den Thorax führt außerdem zu einer Kompression der Venen in Thorax- und Bauchraum. Dadurch sinkt der venöse Rückfluss zum Herzen, der arterielle Blutdruck geht zurück, Bewusstlosigkeit droht.

Aus diesen Gründen darf die übliche Schnorchellänge von 30–35 cm auf keinen Fall verlängert werden. Die durch eine Verlängerung bewirkte geringe Zunahme des alveolären Totraums ist dagegen für die Atmung ohne Bedeutung.

5.8.2.3 Gerätetauchen

Unter den Bedingungen des Gerätetauchens müssen zusätzlich die folgenden physiologischen Gegebenheiten berücksichtigt werden:

- Bei **reiner Sauerstoffatmung** (die lange Tauchzeiten erlaubt) treten ab etwa 7 m Tauchtiefe bei einem alveolären O_2-Partialdruck von 1.300 mmHg Symptome einer akuten Sauerstoffvergiftung in Form von Übelkeit, Krämpfen und Bewusstlosigkeit auf. Ursache dieser akuten Sauerstoffvergiftung ist eine Oxidierung von Fettsäuren in den Membranstrukturen des ZNS.
- Bei Atmung von **Pressluft** kann ab 30–50 m durch den im Blut gelösten Stickstoff der sog. Tiefenrausch auftreten, der durch Euphorie oder Angstzustände gekennzeichnet ist. Ursache ist eine Veränderung an der Zellmembran von Nervenzellen: Inertgasnarkose. Der Tiefenrausch kann durch die Verwendung eines Gasgemischs aus Helium und Sauerstoff vermieden werden, das Tauchtiefen bis 70 m erlaubt.
- Bei Tauchgängen von mehr als 10 m Tiefe muss auf ein langsames Wiederauftauchen geachtet werden. Nur so können die vermehrt im Gewebe gelösten Gase (vor allem Stickstoff) dem abfallenden äußeren Druck folgend langsam wieder aus den Geweben abdiffundieren: kontrollierte **Dekompression.** Bei raschem Wiederauftau-

chen kommt es zur Gasblasenbildung im Gewebe, die vor allem durch einen Verschluss von kleinen Blutgefäßen eine Vielzahl von Krankheitserscheinungen wie Gelenkschmerzen, Lähmungen und ein Lungenödem zur Folge haben kann: Dekompressionskrankheit.

5.9 Gewebeatmung

5.9.1 Sauerstoffverbrauch

5.9.1.1 Aerobe und anaerobe Energiegewinnung

Die Atmung dient der Versorgung der Körperzellen mit Sauerstoff. In Anwesenheit von Sauerstoff können diese ihren Energiebedarf durch oxidativen Abbau von Kohlenhydraten, Fetten oder Eiweiß decken. Diese aerobe Energiegewinnung ist etwa 15-mal effektiver als die bei Sauerstoffmangel alternativ mögliche anaerobe Energiegewinnung über die Glykolyse.

5.9.1.2 Sauerstoffvorräte der Gewebe

Die meisten Gewebe haben keine Sauerstoffspeicher und sind deshalb von der Sauerstoffversorgung über Atmung und Kreislauf vollständig abhängig.

Myoglobin

Im Muskelgewebe steht dagegen das Myoglobin als kurzfristiger Sauerstoffspeicher zur Verfügung, der für einige Sekunden Sauerstoff liefern kann.

- Im **Myokard** sichert das Myoglobin dadurch die Sauerstoffversorgung der Herzmuskelzellen während der Systole, in der die Koronardurchblutung durch die Kontraktion des Herzmuskels unterbrochen ist.
- Im **Skelettmuskel** stellt das Myoglobin zu Beginn der Muskelarbeit O_2 zur Verfügung, der als eingegangene Sauerstoffschuld in der Erholungsphase wieder aufgenommen wird (▸ Kap. 6.2.3.1).

Sauerstoffangebot

Das Sauerstoffangebot in einem Organgebiet errechnet sich aus der arteriellen Sauerstoffkonzentration (C_{artO_2}) und der Durchblutung ($\dot{Q}$):

$$O_2\text{-Angebot [ml/min]} = C_{artO_2}\,[\text{ml } O_2/\text{ml Blut}] \times \dot{Q}\,[\text{ml/min}] \quad [32]$$

Sauerstoffverbrauch

Der Sauerstoffverbrauch errechnet sich aus dem Unterschied zwischen der Sauerstoffkonzentration im arteriellen und der im venösen Blut ($C_{artO_2} - C_{ven\,O_2}$), der sog. arteriovenösen Sauerstoffdifferenz ($avDO_2$), ebenfalls mit der Durchblutung ($\dot{Q}$) multipliziert:

$$O_2\text{-Verbrauch [ml/min]} = (C_{artO_2} - C_{venO_2}) \times \dot{Q} = avDO_2 \times \dot{Q} \quad [33]$$

Der O_2-Verbrauch der Gewebe steigt mit zunehmender und sinkt bei abnehmender Temperatur. Zwischen 20 und 40 °C Körpertemperatur nimmt bei einer Senkung der Körpertemperatur um je 10 °C der Sauerstoffbedarf um den Faktor 2–3 ab. Deshalb ist die Überlebenszeit der Gewebe bei einem Kreislaufstillstand unter niedrigen Temperaturen deutlich höher.

Klinik

Bei **unterkühlten Patienten** (z. B. Ertrinken in Eiswasser) sind Wiederbelebungsmaßnahmen deshalb grundsätzlich bis zur Erwärmung in der Klinik durchzuführen: No one is dead, until warm and dead.
Umgekehrt kann eine Hypothermie auch therapeutisch genutzt werden: Durch Absenkung der Körperkerntemperatur auf 32–34 °C über 24 Stunden lässt sich die Mortalität von Patienten nach erfolgreicher Reanimation bei Kammerflimmern signifikant senken. Durch die Kühlung werden die nach der ursprünglichen hypoxischen Schädigung durch die Auslösung von Entzündungskaskaden und Apoptose-Mechanismen auftretenden sekundären Zellschäden reduziert.

Sauerstoffutilisation

Die Sauerstoffutilisation eines Gewebes ist der Anteil des Sauerstoffangebots, der tatsächlich verbraucht wurde, d. h. das Verhältnis von Sauerstoffverbrauch (Gleichung [33]) zu Sauerstoffangebot (Gleichung [32]):

$$O_2\text{-Utilisation}[\%] = \frac{avDO_2 \times \dot{Q}}{C_{artO_2} \times \dot{Q}} = \frac{avDO_2}{C_{artO_2}} \quad [34]$$

Großhirnrinde, Myokard und Skelettmuskulatur verbrauchen unter Ruhebedingungen zwischen 40 und 60 % des angebotenen Sauerstoffs. Skelettmuskulatur und Myokard können unter starker körperlicher Belastung ihre Sauerstoffutilisation bis auf 90 % steigern. Gering ist die Sauerstoffutilisation z. B. in Niere und Milz, da beide Organe aufgrund ihrer Funktion erheblich stärker durchblutet werden, als für die reine Versorgung mit Sauerstoff erforderlich wäre.

5.9.2 Gasaustausch im Gewebe

5.9.2.1 Diffusion der Atemgase

Aus dem Kapillarblut gelangen die Atemgase über Diffusion zu den Gewebszellen. Die treibende Kraft dieser Diffusion ist dabei das Partialdruckgefälle von CO_2und O_2 zwischen Blut und Gewebe.

Sauerstoff

Sauerstoff erreicht mit einem Partialdruck von 95 mmHg aus den Arteriolen die Gewebskapillaren. Dieser pO_2 liegt deutlich höher als der pO_2 der interstitiellen Flüssigkeit mit 40 mmHg. Aus dem Interstitium diffundiert der Sauerstoff dann in die Zellen, in denen der Sauerstoffpartialdruck bei 23 mmHg liegt. Zur aeroben Energiegewinnung genügt bereits ein O_2-Partialdruck von 1–3 mmHg: **kritischer O_2-Partialdruck** in den Mitochondrien (► Abb. 5.19a).

Kohlendioxid

Der Partialdruck von Kohlendioxid in den Zellen liegt bei 46 mmHg, im interstitiellen Gewebe bei 45 mmHg und im arteriellen Schenkel des Kapillarbetts bei 40 mmHg. Trotz dieses geringen Partialdruckgefälles ist der CO_2-Austausch durch die 20-mal bessere Diffusionsfähigkeit von CO_2 ebenso effektiv wie der Sauerstoffaustausch (► Abb. 5.19b).

5.9.2.2 Kapillarisierung

Außer dem Partialdruckgefälle bestimmt auch die Kapillardichte im Gewebe, wie effektiv der Gasaustausch ist. Je höher die Kapillardichte, desto größer die kapillären Austauschflächen und desto geringer die Diffusionsstrecken im Gewebe.

Die Kapillardichte lässt sich durch den Abstand der Kapillaren im Gewebeschnitt quantifizieren. Im Myokard beträgt der mittlere Kapillarabstand 25 µm, in der Hirnrinde 40 µm, im Skelettmuskel 80 µm.

Durch Neubildung von Kapillaren lässt sich der Sauerstoffaustausch im Gewebe langfristig verbessern.

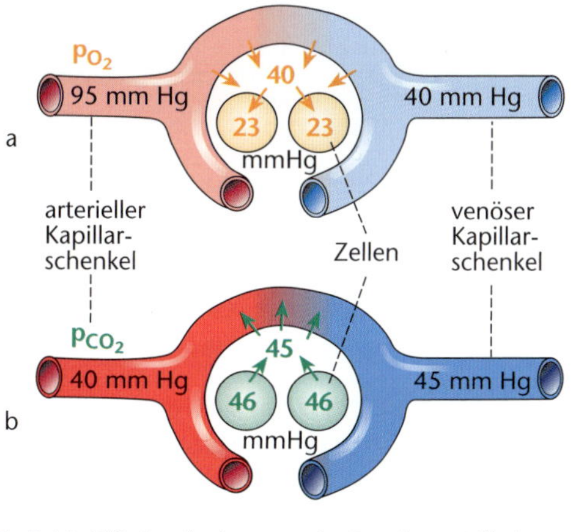

Abb. 5.19 Diffusion der Atemgase im Gewebe. **a:** Diffusion von Sauerstoff. **b:** Diffusion von CO_2.

5.9.3 Störungen der Gewebeatmung

5.9.3.1 Unzureichende Sauerstoffversorgung

Eine unzureichende Versorgung der Gewebe mit Sauerstoff führt zur Gewebehypoxie oder zur Gewebeanoxie.

Ursachen

Nach der Ursache lassen sich die Gewebehypoxien in 3 Gruppen einteilen:

- **Arterielle Hypoxie:** Ursache ist ein erniedrigter O_2-Partialdruck des arteriellen Blutes (► Abb. 5.20a). Daraus resultiert eine niedrigere O_2-Konzentration im arteriellen Blut.
- **Anämische Hypoxie:** Ursache ist ein Mangel oder eine Funktionsstörung des Sauerstoffträgers Hämoglobin (► Abb. 5.20b); der O_2-Partialdruck ist normal.
- **Ischämische Hypoxie:** Ursache ist eine verminderte Gewebedurchblutung (► Abb. 5.20c). Als Kompensationsversuch steigt die Sauerstoffausschöpfung (avDO_2) des Gewebes.

Mögliche Störungen

Im Einzelnen können folgende Störungen zu einer Gewebehypoxie führen:

- **Äußere Einflüsse:**
  - Niedriger atmosphärischer O_2-Partialdruck, z. B. in großer Höhe
  - Alveoläre Hypoventilation durch unzureichende Inspiration, z. B. bei Lähmung der Atemmuskulatur
- **Lungenerkrankungen:**
  - Alveoläre Hypoventilation durch erhöhten Atemwegswiderstand, z. B. bei obstruktiven Ventilationsstörungen
  - Ventilations/Perfusions-Verteilungsstörung, z. B. beim Lungenemphysem
  - Erschwerte O_2-Diffusion in der Lunge, z. B. bei Lungenfibrosen mit Vergrößerung der

Diffusionsstrecke durch fibröse Verdickung der Alveolarwand
- **Shunt-Blut:**
  - Direkter Kurzschluss zwischen venösem und arteriellem Gefäßsystem (Shunt), z. B. bei Herzfehlern; dadurch erniedrigter O_2-Partialdruck im Mischblut
- **Störungen des Sauerstofftransports zum Gewebe:**
  - Anämie
  - Hämoglobinstörungen (Hämoglobinopathien)
  - Allgemeines Kreislaufversagen („Schock")
  - Lokalisierte Minderdurchblutung, z. B. beim Verschluss eines Blutgefäßes
- **Störungen der Sauerstoffverwertung im Gewebe:**
  - Toxische Enzymblockaden im aeroben Sauerstoffstoffwechsel

Merke

Ursachen einer Gewebehypoxie:
- Arterielle Hypoxie
- Anämische Hypoxie
- Ischämische Hypoxie

5.9.3.2 Anoxische Gewebeschäden

Bei Hypoxie können die Zellen nach dem Verbrauch der geringen Sauerstoffvorräte ihren Energiebedarf nicht mehr decken. Zunächst kommt dabei die Zellfunktion zum Erliegen: Der Tätigkeitsumsatz (► Kap. 8.2.1) wird unterschritten. Die eintretenden Störungen sind über einen gewissen Zeitraum noch reversibel. Erst wenn der Erhaltungsumsatz der Zelle nicht mehr gewährleistet ist, treten irreversible Strukturschädigungen auf.

Lähmungs- und Wiederbelebungszeit

Die Empfindlichkeit der einzelnen Organe auf Unterbrechungen der Sauerstoffversorgung (Hypoxietoleranz) ist recht unterschiedlich. Die **Lähmungszeit** gibt die Zeit vom Eintreten der Anoxie bis zum Funktionsausfall wieder, die **Wiederbelebungszeit** (= Strukturerhaltungszeit) den maximalen Zeitraum, bis zu dem eine Wiederbelebung noch erfolgreich sein kann, d. h. den Zeitpunkt, bis zu dem noch keine irreversiblen Strukturveränderungen aufgetreten sind.

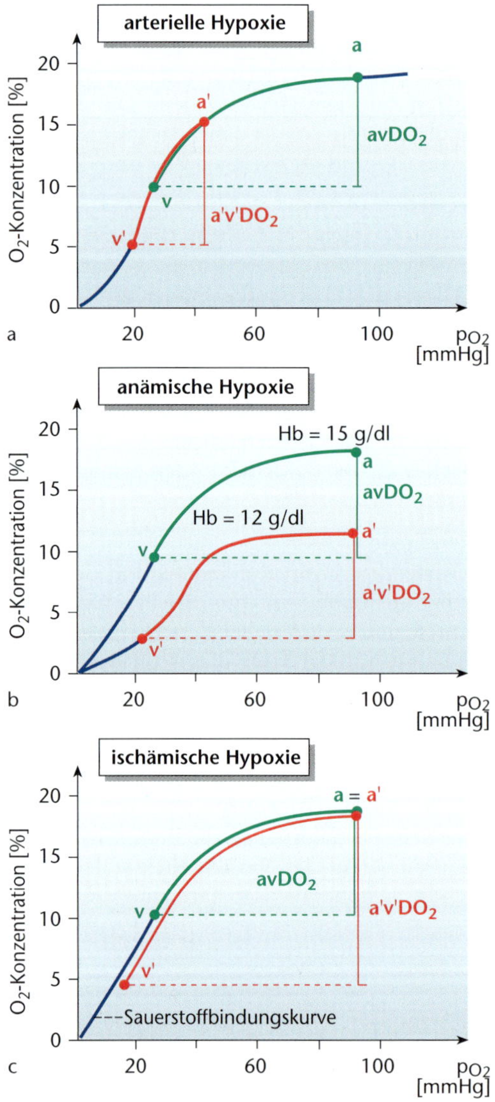

Abb. 5.20 Sauerstoffbindungskurven bei verschiedenen Hypoxieformen. **a, b:** Bei arterieller und anämischer Hypoxie sind die arteriovenösen O_2-Differenzen nicht verändert: $avDO_2 = a'v'DO_2$.
c: Bei ischämischer Hypoxie (Mangeldurchblutung) wird vermehrt Sauerstoff aus dem Blut entnommen: $a'v'DO_2 > avDO_2$.

Kreislaufstillstand

Die Lähmungszeit des Gehirns liegt bei etwa 10 Sekunden, seine Wiederbelebungszeit bei 5–10 Minuten. Die Lähmungszeit des Herzens schwankt zwischen 2 und 12 Minuten, die Wiederbelebungszeit beträgt 15–30 Minuten. In der Praxis ist bei einem plötzlichen Kreislaufstillstand mit nachfolgender

ischämischer Hypoxie die Strukturerhaltungszeit des Gehirns von etwa 5–10 Minuten der limitierende Faktor. Bei Reanimation nach dieser Zeitspanne ist mit mehr oder weniger starken hypoxischen Schädigungen des ZNS zu rechnen.
Bei Kälte ist allerdings der Sauerstoffbedarf des Gewebes geringer, sodass die Strukturerhaltungszeit unter diesen Bedingungen deutlich höher liegt. Auch Säuglinge und Kleinkinder haben eine erheblich größere Hypoxietoleranz.

5.9.3.3 Sauerstofftherapie

Medikament der Wahl bei den verschiedenen Hypoxieformen ist Sauerstoff. Durch die Sauerstoffgabe steigt der inspiratorische O_2-Partialdruck. Bei 100 % Sauerstoffatmung können so maximale alveoläre O_2-Partialdrücke bis zu 670 mmHg (normal: 100 mmHg) erreicht werden.

Arterielle Hypoxie

O_2-Gabe wirkt bei allen Formen der arteriellen Hypoxie besonders gut, da hierbei ja ein erniedrigter O_2-Partialdruck im Blut die Ursache ist. Die Erhöhung des alveolären O_2-Partialdrucks durch die O_2-Gabe führt zu einem Anstieg des arteriellen O_2-Partialdrucks und dadurch zu einer besseren Sauerstoffsättigung des Hämoglobins.

Anämische oder ischämische Hypoxie

Bei anämischer oder ischämischer Hypoxie ist der Nutzen einer O_2-Therapie geringer, da nicht ein Mangel an Sauerstoff, sondern ein Mangel an Sauerstoffträgern bzw. eine Störung des Sauerstofftransports über den Blutweg die Ursache ist. Dennoch kann der Sauerstoffgehalt im Blut durch die Gabe von hohen inspiratorischen O_2-Konzentrationen auch in diesen Fällen – über die physikalische Lösung des Sauerstoffs – gesteigert werden, was zumindest als unterstützende Maßnahme sinnvoll sein kann. Auch im besten Fall, bei Atmung von 100 % Sauerstoff und einem arteriellen pO_2von 600 mmHg, könnte diese physikalisch gelöste O_2-Menge aber auf maximal 18 ml O_2/l Blut zunehmen (▸ Kap. 5.6.1.1) und läge damit immer noch um den Faktor 10 niedriger als die an Hämoglobin gebundene Sauerstoffmenge (200 ml O_2/l Blut).

Sauerstoffvergiftung

Eine kurzfristige hoch dosierte O_2-Therapie in Notfallsituationen ist im Allgemeinen risikolos (Ausnahme: Patienten mit chronisch erhöhtem pCO_2, ▸ Kap. 5.7.1.2). Bei langfristiger Sauerstoffgabe können jedoch Symptome einer Sauerstoffvergiftung auftreten. Diese beruht auf einer pathologischen Aktivität zellulärer Enzyme bei über längere Zeit erhöhten intrazellulären pO_2-Werten (Hyperoxie). Die Sauerstoffvergiftung ist gekennzeichnet durch Schwindel und Krämpfe. Außerdem kommt es zur Ansammlung von Flüssigkeit in den Alveolen (Lungenödem), was auf eine Schädigung der Alveolarmembran durch Sauerstoff zurückzuführen ist. Bei Neugeborenen treten nach zu langer und zu hoch dosierter Sauerstoffgabe Gefäßneubildungen in der Retina auf, die Einschränkungen der Sehkraft oder Blindheit zur Folge haben können.

5.10 Säure-Basen-Gleichgewicht und Pufferung

Durch die Fähigkeit, CO_2 mit der Atemluft auszuscheiden, ist die Lunge neben der Niere das wichtigste Steuerorgan des Säure-Basen-Haushalts. Deshalb werden im folgenden Abschnitt der Säure-Basen-Haushalt und die Pufferungs- und Kompensationsmechanismen des Organismus im Zusammenhang besprochen.

5.10.1 H^+-Ionen und Pufferung

5.10.1.1 H^+-Ionen-Konzentration und pH-Wert

Der pH-Wert im arteriellen Blut liegt unter physiologischen Bedingungen erstaunlich konstant bei 7,40 (7,37–7,43). Der pH-Wert im venösen Mischblut (z. B. in der A. pulmonalis) liegt wegen des höheren CO_2-Gehalts mit 7,37 niedriger als der des arteriellen Blutes. Da der pH-Wert der negative dekadische Logarithmus der H^+-Ionen-Konzentration ist, entspricht der arterielle pH-Wert von 7,40 einer H^+-Ionen-Konzentration von $10^{-7{,}40}$ mol/l (≈40 nmol/l).
Für die Konstanthaltung des pH-Werts sind neben den Ausscheidungsfähigkeiten von Niere und Lunge vor allem die Puffereigenschaften des Blutes verantwortlich.

5.10.1.2 Puffersysteme des Blutes

Als **Puffer** bezeichnet man ein chemisches System, dessen pH-Wert sich beim Zufügen kleiner Mengen von Säuren oder Basen nicht ändert. Ein Puffersystem besteht dabei aus einer schwachen Säure und den dissoziierten Bestandteilen dieser schwa-

chen Säure, d. h. dem H^+-Ion und der korrespondierenden Base.
Die 3 wichtigsten Puffersysteme des Blutes sind das Bicarbonat-, das Phosphat- und das Proteinat-Puffersystem.

Bicarbonat-Puffersystem

Das wichtigste Puffersystem des Körpers enthält als schwache Säure die Kohlensäure (H_2CO_3) und ihre dissoziierten Bestandteile, nämlich ein H^+-Ion und Bicarbonat (HCO_3^-) als korrespondierende Base.

Henderson-Hasselbalch-Gleichung

Zwischen der undissoziierten Kohlensäure und den dissoziierten Bestandteilen des Puffersystems herrscht ein Gleichgewicht, dessen Lage durch die Dissoziationskonstante *K* bestimmt ist:

$$\frac{H^+ \times HCO_3^-}{H_2CO_3} = K \qquad [35]$$

Je größer die Dissoziationskonstante *K*, desto größer ist der dissoziierte Anteil des Puffersystems (H^+-Ion und Bicarbonat). Von größerem Interesse als die Kenntnis des Dissoziationsgrades eines Puffersystems ist aber die H^+-Ionen-Konzentration bzw. der durch die Pufferung erzielte pH-Wert. Deshalb löst man die Gleichung [35] zur H^+-Ionen-Konzentration hin auf und ersetzt außerdem die schwer bestimmbare Konzentration von H_2CO_3 durch die leichter bestimmbare, proportionale Konzentration von CO_2 und erhält:

$$H^+ = K' \times \frac{CO_2}{HCO_3^-} \qquad [36]$$

K' hat wegen der im Vergleich zur H_2CO_3-Konzentration 400-mal höheren CO_2-Konzentration einen anderen numerischen Wert als *K* aus Gleichung [35]. Um schließlich Aussagen über den pH-Wert des Puffersystems machen zu können, muss die Gleichung [36] noch logarithmiert und mit -1 multipliziert werden:

$$-\log H^+ = \log K' - \log \frac{CO_2}{HCO_3^-} \qquad [37]$$

Jetzt entspricht –log H^+ definitionsgemäß dem pH-Wert, der negative Logarithmus der Dissoziationskonstante *K'* wird in Analogie hierzu als pK-Wert des Puffersystems bezeichnet: Er stellt für jedes System eine charakteristische Konstante dar. Der einfacheren Darstellung wegen wird das letzte Glied aus Gleichung [37] invertiert, wobei statt des negativen ein positiver Logarithmus resultiert:

$$pH = pK + \log \frac{HCO_3^-}{CO_2} \qquad [38]$$

Diese hier für das Kohlendioxid-Bicarbonat-Puffersystem wiedergegebene Abhängigkeitsbeziehung zwischen pH-Wert, pK-Wert und den Konzentrationen von Pufferbase (HCO_3^-) und Puffersäure (CO_2) wird als Henderson-Hasselbalch-Gleichung bezeichnet. Der pK-Wert des Bicarbonat-Puffersystems liegt bei 6,1. Für verschiedene Konzentrationen von HCO_3^- und CO_2 kann damit der jeweils resultierende pH-Wert ermittelt werden. Es wird deutlich, dass der pH-Wert umso höher liegen muss, je größer die Konzentration der Pufferbase HCO_3^- ist. Umgekehrt wird der pH-Wert zunehmend geringer, je stärker die Konzentration der Puffersäure CO_2 ansteigt.

Pufferkapazität

Wie sich in Titrationsuntersuchungen zeigen lässt, ist die Pufferkapazität eines Puffersystems umso höher, je näher der pK-Wert am pH-Wert der gepufferten Lösung liegt. Ein ideales Puffersystem müsste also einen pK-Wert aufweisen, der möglichst nahe am physiologischen pH-Wert von 7,4 läge. In dieser Hinsicht ist das Bicarbonat-Puffersystem mit seinem pK von 6,1 nicht ideal. Sein großer Vorteil ist aber, dass durch die Verbindung mit der Atmung (CO_2-Ausscheidung) und der Niere (HCO_3^--Ausscheidung) seine Effektivität stark gesteigert werden kann: **offenes Puffersystem.**

Proteinat-Puffersystem

Auch ionisierbare Seitengruppen von Proteinen, insbesondere von Hämoglobin und Albumin, können mit den korrespondierenden, nichtdissoziierten Proteinen Puffersysteme bilden.

Bedeutung

Die pK-Werte dieser Puffersysteme liegen um 7,4, also in einem für die Pufferkapazität günstigen Bereich. Desoxygeniertes Hämoglobin weist eine stärkere Affinität für Protonen auf. Deshalb steigt die Pufferwirkung des Hämoglobins mit der Sauerstoffabgabe im Gewebe, sodass die durch die Kohlendioxidaufnahme ins Blut entstehenden Protonen besser abgepuffert werden können.

Phosphat-Puffersysteme

Ein weiteres Puffersystem des Blutes besteht aus primärem Phosphat als Säure ($H_2PO_4^-$) und sekundärem Phosphat als korrespondierende Base (HPO_4^{2-}).

Bedeutung

Wegen der geringen Konzentrationen von Pufferbase und Puffersäure hat dieses System jedoch trotz seines günstigen pK-Werts von 6,8 nur einen relativ kleinen Anteil am Puffereffekt des Blutes.

> **Merke**
>
> Die wichtigsten Puffersysteme des Blutes:
> - Bicarbonat-Puffersystem
> - Proteinat-Puffersystem

5.10.1.3 Gesamtpufferbasen: Basenüberschuss und Basendefizit

Gesamtpufferbasen

Bicarbonat-, Phosphat- und Proteinat-Puffersystem können sich auch gegenseitig puffern, d. h., bei Erschöpfung der Pufferkapazität eines Systems können Protonen zwischen den Systemen verschoben werden, sodass sich die Pufferkapazitäten der 3 Systeme addieren. Im Plasma überwiegen die Bicarbonat-Pufferbasen, während im Erythrozyten die Proteinat-Puffer mengenmäßig vorherrschen. Insgesamt liegt die Konzentration der Pufferbasen (Proteinat$^-$ und HCO_3^-) im arteriellen Blut bei 48 mmol/l. Die geringe Phosphatkonzentration spielt in der Praxis keine Rolle.

Einfluss der CO_2-Konzentration

Die Konzentration der Gesamtpufferbasen ist relativ unabhängig von Veränderungen der CO_2-Konzentration im Blut: Steigt diese an, wird zwar vermehrt HCO_3^- gebildet, die zugleich entstehenden H^+-Ionen binden jedoch an das Proteinat, sodass sich dessen verfügbare Konzentration entsprechend vermindert. Die Konzentration der Gesamtpufferbasen bleibt konstant und stellt deshalb einen guten Indikator für Veränderungen im Säure-Basen-Haushalt dar, die unabhängig von den Atmungsvorgängen bestehen.

Einfluss nichtrespiratorischer Störungen

Anders ist dies bei nichtrespiratorischen Störungen: Bei einer Zunahme von sauren Valenzen wird die Gesamtpufferbasen-Konzentration reduziert, bei einer Abnahme gesteigert. Ein Anstieg der Gesamtpufferbasen über 48 mmol/l bezeichnet man als Basenüberschuss (BE = Base Excess), eine Abnahme als Basendefizit.

Standardbicarbonat

Zur Vereinfachung kann anstelle der Gesamtpufferbasen auch das sog. Standardbicarbonat bestimmt werden. Dabei wird unter Vernachlässigung des Proteinat-Anteils an den Puffersystemen des Blutes nur die „standardisierte“ Bicarbonatkonzentration im Plasma bei einem pCO_2 von 40 mmHg, einer Temperatur von 37 °C und vollständiger Sauerstoffsättigung des Hämoglobins bestimmt. Die normale Konzentration des Standardbicarbonats liegt bei 24 mmol/l (21–28 mmol/l).

> **Merke**
>
> Die Konzentration der Gesamtpufferbasen ist unabhängig von Veränderungen der CO_2-Konzentration im Blut! Die Konzentration des Standardbicarbonats ebenfalls, da sie ja definitionsgemäß bei einem pCO_2 von 40 mmHg bestimmt wird.

5.10.2 Säure-Basen-Haushalt

5.10.2.1 pH-Wert-Regulation

Die Puffersysteme des Blutes können pH-Veränderungen im Organismus nur innerhalb gewisser Grenzen ausgleichen. Für eine dauerhafte pH-Wert-Regulation ist die Ausscheidung der im Organismus anfallenden Säuren über Lunge und Niere erforderlich (Übersicht ▸ Tab. 5.5).

CO_2-Ausscheidung über die Lunge

Die Lunge eliminiert pro Tag etwa 15 mol CO_2, das bei der Energiegewinnung im Körper als Abfallprodukt anfällt. Dadurch wird nach der Henderson-Hasselbalch-Gleichung [38] einem Abfall des pH-Werts bei ansteigenden CO_2-Konzentrationen wirksam begegnet. Steigt der CO_2-Gehalt im Blut an, wird dies über Chemorezeptoren an die Atemzentren weitergegeben und die Atmung entsprechend gesteigert, sodass CO_2vermehrt abgeatmet werden kann (▸ Kap. 5.7.1.2). Auch eine Erhöhung der H^+-Ionen-Konzentration führt zu einer verstärkten Atmung. Durch die Ausscheidung des CO_2 wird das Reaktionsgleichgewicht der Beziehung

$$HCO_3 + H^+ \leftrightarrow H_2CO_3 \leftrightarrow H_2O + CO_2 \qquad [39]$$

nach rechts verschoben, sodass letztlich H^+-Ionen vermehrt als Wasser gebunden werden, während CO_2 als Säureanhydrid der Kohlensäure den Organismus verlässt.

Tab. 5.5 Störungen des Säure-Basen-Haushalts im Überblick

Primäre Störung	Ursache	pH	pCO_2	Aktuelles HCO_3^-	Standard-HCO_3^- und Pufferbasen	BE
Respiratorische Azidose	Alveoläre Hypoventilation (z. B. durch Lungenemphysem, Atelektasen, Asthma bronchiale, Narkose, Atemmuskellähmung)	↓	↑	↑	normal	0
Respiratorische Alkalose	Alveoläre Hyperventilation (z. B. bei Höhenaufenthalt oder psychogen bei emotionaler Belastung)	↑	↓	↓	normal	0
Nichtrespiratorische Azidose	Diabetes mellitus, Diarrhö (Verlust alkalischer Darmflüssigkeit), Niereninsuffizienz	↓	normal	↓	↓	negativ
Nichtrespiratorische Alkalose	Verlust von saurem Magensaft nach Erbrechen oder Magenspülungen	↑	normal	↑	↑	positiv

Bei Störungen der Ausscheidungsfunktion von CO_2 steigt der pCO_2 im Plasma an. Folglich verschiebt sich das Reaktionsgleichgewicht aus Gleichung [39] nach links; es werden vermehrt Protonen freigesetzt. Diese durch Überlastung des Bicarbonat-Puffersystems entstehenden Protonen können dann von Proteinat-Puffern gebunden werden.

H^+-Ausscheidung über die Niere

Die Niere eliminiert pro Tag etwa 50 mmol H^+-Ionen, indem sie diese aktiv in das Tubuluslumen sezerniert. Dabei ist die Protonenausscheidung an eine Rückresorption von Bicarbonat gekoppelt (► Kap. 9.3.5.1). Dadurch werden dem Organismus neben der Ausscheidung saurer Valenzen auch Bicarbonat-Pufferbasen erhalten: **Basensparmechanismus** der Niere. Bei alkalischem pH-Wert des Blutes kann die Niere aber auch Bicarbonat ausscheiden und dadurch einen alkalischen Harn produzieren.

5.10.2.2 Azidosen und Alkalosen

Bei einem Absinken des pH-Werts im Blut unter 7,37 spricht man von Azidose, ein Anstieg des pH-Werts über 7,43 wird als Alkalose bezeichnet. Nach den Ursachen von Azidosen und Alkalosen unterscheidet man Störungen, die durch die Atmung bedingt sind, von nichtrespiratorischen Störungen, die in Stoffwechselungleichgewichten oder Nierenerkrankungen ihre Ursache haben.

Respiratorische Azidose

Bei der respiratorischen Azidose sinkt der pH-Wert des Blutes, weil CO_2 (und damit saure Valenzen, Gleichung [39]) von der Lunge nur unzureichend aus dem Organismus entfernt wird. Ursache ist eine alveoläre Hypoventilation, z. B. bei Atemwegserkrankungen. Der pCO_2 des Blutes ist demnach erhöht, die Konzentration der Pufferbasen, bestimmt als Basenüberschuss (BE), zunächst unverändert.

Respiratorische Alkalose

Bei einer respiratorischen Alkalose steigt umgekehrt der pH-Wert des Blutes an, weil durch gesteigerte Atmung (Hyperventilation) zu viel CO_2 von der Lunge an die Umgebung abgegeben wird. Der pCO_2 des Blutes ist erniedrigt, die Pufferbasen sind normal. Eine solche respiratorische Alkalose kann z. B. bei Hyperventilation unter emotionaler Belastung auftreten.

Nichtrespiratorische Azidose

Eine nichtrespiratorische Azidose ist durch einen Überschuss von im Stoffwechsel des Organismus entstandenen Protonen gekennzeichnet. Sie tritt z. B. bei schlecht eingestelltem Diabetes mellitus durch die unter Insulinmangel gesteigerte Produktion von sauren Ketonkörpern auf. Die Pufferbasen sind durch den Überschuss saurer Valenzen vermindert, der pCO_2-Wert ist normal.

Nichtrespiratorische Alkalose

Eine nichtrespiratorische Alkalose entsteht z. B. durch den Verlust von saurem Magensaft beim Erbrechen. Die Pufferbasen sind hierbei erhöht, der pCO_2-Wert liegt im Normbereich.

Einfluss auf die Kaliumkonzentration

Klinisch wichtig ist, dass ein Anstieg der H^+-Ionen-Konzentration im Extrazellularraum von einem parallelen Anstieg der K^+-Ionen-Konzentration begleitet ist. Dies beruht darauf, dass die H^+-Ionen, dem Konzentrationsgefälle folgend ($[H^+_{extrazellulär}] > [H^+_{intrazellulär}]$), vermehrt in die Zellen einströmen, wobei aus Gründen der Elektroneutralität K^+-Ionen aus der Zelle in den Extrazellularraum abgegeben werden müssen.

5.10.2.3 Kompensationsmechanismen

Der Körper versucht, die pH-Wert-Veränderungen bei Azidosen und Alkalosen zu kompensieren. Dabei werden primär respiratorische Störungen durch nichtrespiratorische Kompensationsmechanismen, primär nichtrespiratorische durch respiratorische Kompensationsmechanismen ausgeglichen.

- Bei der **respiratorischen Azidose** steigert die Niere die Rückresorption von basischem Bicarbonat, was zu einem Anstieg der Gesamtpufferbasen und einem Wiederansteigen des pH-Werts führt: kompensierte respiratorische Azidose.
- Bei der **respiratorischen Alkalose** versucht die Niere vermehrt Bicarbonat mit dem Harn auszuscheiden: kompensierte respiratorische Alkalose.
- Der pH-Wert-Abfall bei der **nichtrespiratorischen Azidose** stellt einen starken Atemantrieb dar. Die Lunge versucht über eine verstärkte Abatmung von CO_2 saure Valenzen aus dem Körper zu entfernen. Der pCO_2 im Blut sinkt, der pH-Wert steigt wieder an: kompensierte nichtrespiratorische Azidose.
- Umgekehrt wird bei einer **nichtrespiratorischen Alkalose** die Atmung gedrosselt. Der resultierende pCO_2-Anstieg senkt den pH-Wert: kompensierte nichtrespiratorische Alkalose. Da jedoch die Atmung aufgrund des Sauerstoffbedarfs des Organismus nicht beliebig reduziert werden kann, sind die respiratorischen Kompensationsmechanismen bei der nichtrespiratorischen Alkalose limitiert.

Klinik

Häufige Ursache einer respiratorischen Alkalose ist die durch Stress oder psychische Erkrankungen ausgelöste (unwillkürliche) **Hyperventilation** mit gesteigerter CO_2-Abgabe. Klinisch ist das Krankheitsbild oft eindrucksvoll: von Kribbeln, Taubheit und Lähmungsgefühlen der Extremitäten bis zu Schwindel, Sehstörungen (zerebrale Vasokonstriktion durch starken CO_2-Abfall) und Ohnmacht. Therapie ist die (behutsam vorzuschlagende) Rückatmung der Ausatmungsluft in eine Plastiktüte: Erhöhung der Totraumventilation mit Wiederanstieg des CO_2 und promptem Rückgang der Symptomatik.

5.10.2.4 Diagnostik des Säure-Basen-Status

Bei der Diagnostik von Störungen des Säure-Basen-Haushalts empfiehlt sich ein schematisches Vorgehen:

- pH-Wert: < 7,37 Azidose, > 7,43 Alkalose
- pCO_2 verändert? (Normwerte 35–45 mmHg) → primär respiratorische Störung
- BE (Basenüberschuss) verändert? (Normbereich –2,5 bis + 2,5 BE) → primär nichtrespiratorische Störung.

Sind sowohl pCO_2 als auch BE verändert, haben Kompensationsmechanismen den ursprünglichen Zustand bereits modifiziert. Da die Kompensation zumeist nicht vollständig ist, gibt der pH-Wert die Richtung der ursprünglichen Störung an. Bei einem pH-Wert von 7,5, einem BE von +12 BE und einem CO_2-Partialdruck von 50 mmHg handelt es sich demnach um eine Alkalose (pH-Wert 7,5), die nur durch die erhöhten Gesamtpufferbasen (+12 BE) entstanden sein kann (nichtrespiratorische Alkalose) und die durch einen Anstieg des CO_2-Partialdrucks respiratorisch teilweise kompensiert werden konnte.

Klinik

Fallbeispiel: Bei einem jungen Mann mit Typ-1-Diabetes findet sich folgender Säure-Basen-Status: pH 7,2, pCO_2 30 mmHg, BE = -15 mmol/l. Der pH-Wert zeigt eine ausgeprägte Azidose. Der pCO_2 ist erniedrigt, kann also nicht die Ursache der Azidose sein, sondern deutet vielmehr auf den Versuch einer respiratorischen Kompensation hin. Das hohe Basendefizit erklärt die Azidose. Es handelt sich also um eine nichtrespiratorische Azidose, die respiratorisch teilkompensiert ist. Wahrscheinlich liegt eine Ketoazidose bei entgleistem Typ-1-Diabetes vor.

Lerntipp

Üben, üben, üben. Es lohnt sich! Die Störungen des Säure-Basen-Haushalts werden in so gut wie jedem Examen gefragt und peinlich wird es in der Klinik, wenn man die Blutgasanalyse nicht beurteilen kann. Die ► Tab. 5.5 sollten Sie deshalb im Schlaf aufsagen können! Kleiner Tipp: der erste Blick gilt dem pH-Wert (Azidose oder Alkalose?), der zweite dem Base Excess (BE). Ist dieser null, kann es sich nur um eine respiratorische Störung handeln.

Arbeits- und Leistungsphysiologie

mediscript Online

IMPP-Hits

- Arbeit oberhalb der Dauerleistungsgrenze: Atemminutenvolumen und Herzzeitvolumen
- Trainingseffekte auf Herzfrequenz (↓) und Schlagvolumen (↑)
- Muskelstoffwechsel bei Arbeit (► Abb. 6.1)

6.1 Wegweiser

Körperliche Arbeit über einen bestimmten Zeitraum ist im physikalischen Sinne eine Leistung: Leistung = Arbeit pro Zeiteinheit. Die Einheit der Leistung ist Watt (W): 1 W = 1 J/s. Man unterscheidet

- dynamische Arbeit, bei der ein Weg zurückgelegt wird (z. B. Laufen), von
- statischer Arbeit (z. B. Gewichthalten).

Während der Leistung des Organismus kommt es zu Veränderungen des Muskelstoffwechsels und zu Anpassungsreaktionen des Herz-Kreislauf-Systems, der Atmung und des allgemeinen Körperstoffwechsels (► Kap. 6.2). Das Ausmaß der erbrachten Leistung und die Grenzen der Leistungsfähigkeit können über die Bestimmung von physiologischen Parametern quantitativ erfasst werden (► Kap. 6.3). Schneller Ermüdung bei physischer oder psychischer Belastung (► Kap. 6.4) kann durch geeignetes Training (► Kap. 6.5) begegnet werden.

6.2 Umstellungsreaktionen bei gesteigerter Muskeltätigkeit

6.2.1 Muskelstoffwechsel

6.2.1.1 Energieträger

Muskelzellen gewinnen die zur Arbeit erforderliche Energie während der ersten Sekunden ihrer Aktivität ausschließlich aus Adenosintriphosphat (**ATP**).

Danach ist für etwa 25 Sekunden **Kreatinphosphat** der Hauptenergielieferant, wobei die Energie dem Körper dadurch zugänglich gemacht wird, dass die Phosphatgruppe auf ADP übertragen wird, um wieder ATP zu bilden.
Ab etwa 30 Sekunden nach Arbeitsbeginn stellt hauptsächlich die **anaerobe Glykolyse** Energie bereit. Hierbei wird 1 mol Glucose unter Gewinnung von 2 mol ATP zu Lactat verstoffwechselt.
Erst nach etwa 30 Sekunden beginnt die Zunahme der Muskeldurchblutung. Jetzt wird von anaerober auf **aerobe Glykolyse** umgestellt, die etwa 2 Minuten nach Aktivitätsbeginn ihr Maximum erreicht (► Abb. 6.1). Die Energiegewinnung über die aerobe Glykolyse ist erheblich effektiver: Pro mol Glucose werden auf aerobem Weg im Zitronensäurezyklus 38 mol ATP gewonnen. Nach 60–90 Minuten sind jedoch die Glykogenspeicher und damit die Glucosevorräte des Körpers aufgebraucht.

Fettsäureoxidation Auch aus Fettsäuren kann in den Mitochondrien durch β-Oxidation und den Zitronensäurezyklus auf aerobem Weg Energie gewonnen werden. Dies ist wegen des großen Fettvorrats des Organismus (ca. 12 kg) vor allem für einen lang anhaltenden, hohen Energiebedarf wichtig.

6.2.1.2 Muskeldurchblutung

In Ruhe beträgt die Muskeldurchblutung 3 ml × 100 g^{-1} × min^{-1}, bei maximaler Arbeitsbelastung kann sie auf 100 ml × 100 g^{-1} × min^{-1} steigen (► Tab. 4.5). Bei schwerster Arbeitsbelastung reicht trotz Steigerung der Durchblutung die Versorgung des Muskels mit Sauerstoff nicht aus, sodass zusätzlich die anaerobe Energiegewinnung fortgesetzt wird und die hieraus resultierende Lactatbildung zur Ermüdung des Muskels beiträgt.

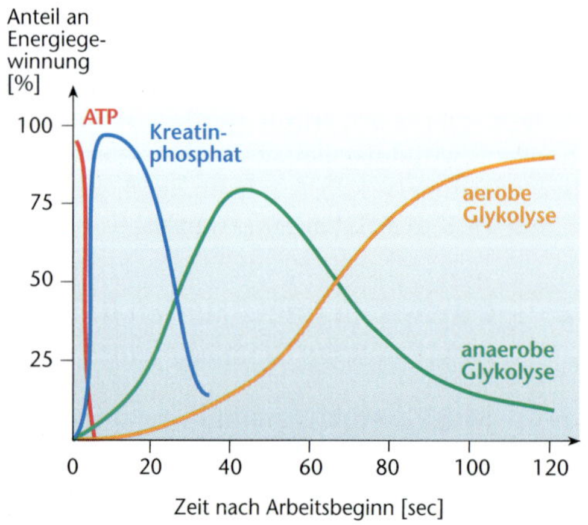

Abb. 6.1 Energiebereitstellung in einer Muskelzelle während der ersten 120 Sekunden einer Beanspruchung.

Lokale Vasodilatation

Die nach 30 Sekunden einsetzende Zunahme der Muskeldurchblutung ist eine Folge lokaler, vasodilatatorisch wirkender Faktoren. Hierzu gehören:

- Abnahme des O_2-Partialdrucks
- Zunahme des CO_2-Partialdrucks
- Zunahme der H^+-Konzentration

Diese lokale Regulation ermöglicht eine bedarfsgesteuerte Regulation der Durchblutung vor Ort, d. h. im jeweils aktiven Muskel.

Durchblutungseinschränkung bei statischer Arbeit

Bei statischer Muskelarbeit mit isometrischer Kontraktion und ohne Entspannungsphasen kann die Muskeldurchblutung während der Arbeit dagegen abnehmen. Dies wird ab einer Muskelkontraktion von 30 % der Maximalkraft beobachtet. Der intramuskuläre Druck führt zu einem mechanischen Verschluss der Kapillaren und dadurch zu einer Durchblutungseinschränkung. Ab einer Kontraktionsstärke von 70 % der Maximalkraft kommt die Muskeldurchblutung völlig zum Erliegen. Schon bei einer Kontraktion von 10 % der Maximalkraft ist die Muskeldurchblutung für eine rein aerobe Energiegewinnung unzureichend.
Die Fähigkeit zu statischer Muskelarbeit ist daher limitiert, da entweder nur ein Teil der maximalen Kontraktionskraft eingesetzt wird oder die Kontraktion nur kurzfristig durchgehalten werden kann.

Merke

Energielieferanten bei Muskelarbeit:
- ATP: 0–2 s
- Kreatinphosphat: 2–25 s
- Anaerobe Glykolyse: 10–100 s
- Aerobe Glykolyse: ab 30 s

Aerobe Glykolyse ist deutlich effektiver als die anaerobe Glykolyse: 38 mol ATP vs. 2 mol ATP pro mol Glucose.

6.2.2 Herz und Kreislauf

6.2.2.1 Hämodynamische Anpassungen

Direkte Sympathikuswirkungen

Dynamische Arbeit aktiviert über das zentrale Nervensystem den Sympathikus, weshalb die Catecholaminsekretion aus dem Nebennierenmark ansteigt. Dies führt zu den folgenden Anpassungsreaktionen:

Vasokonstriktion

Adrenalin stimuliert arterielle α-Rezeptoren (vorwiegend Typ α_1) und bewirkt dadurch eine Vasokonstriktion, insbesondere in der Haut und im Splanchnikusgebiet. Im aktiven Muskel kommt die durch Catecholamine bewirkte Vasokonstriktion nicht zum Zuge, da die vasodilatatorische Wirkung der oben aufgeführten lokalen Faktoren überwiegt. Da die Gefäße der Muskulatur durch diese Mechanismen weitgestellt sind, sinkt bei dynamischer Muskelarbeit der periphere Gesamtwiderstand.

Erhöhung des venösen Rückstroms

Ebenso vermitteln α-Rezeptoren eine Vasokonstriktion der Venen, wodurch sich der venöse Rückstrom erhöht. Die Zunahme des venösen Rückstroms wird durch vertiefte und vermehrte Atmung mit entsprechend größerer thorakaler Sogwirkung noch verstärkt.

Steigerung von Frequenz und Kontraktilität

Die Steigerung von Frequenz und Kontraktilität des Herzmuskels unter Belastung ist z. T. auf die Sympathikusaktivierung zurückzuführen. Außerdem melden spezielle Ergosensoren im Muskel (wahrscheinlich freie Nervenendigungen) die Muskelaktivität an das Kreislaufzentrum in der Medulla oblongata, das dann einen Anstieg der Herzfrequenz auslöst.

Steigerung des Herzzeitvolumens

Schlagvolumen und Herzfrequenz

Durch den vermehrten venösen Rückstrom erhöht sich die enddiastolische Füllung des Herzens, wodurch das Schlagvolumen ansteigt: Frank-Starling-Mechanismus (▸ Kap. 3.6.1.1). Es nimmt zu Beginn der Arbeit um 20–30 % zu, bleibt dann aber konstant. Jede weitere Steigerung des Herzzeitvolumens ist dann allein auf die Zunahme der Herzfrequenz zurückzuführen. Mit zunehmender Herzfrequenz verkürzt sich hierbei die Diastolendauer, was zu einer zunehmenden Beeinträchtigung der Ventrikelfüllung führt. Zusammen mit der zunehmenden Einschränkung der Koronarperfusion im linken Ventrikel, die ebenfalls bei hohen Herzfrequenzen beobachtet wird, sind diese beiden Faktoren die wichtigste Ursache für die Begrenzung der maximalen Leistungsfähigkeit. Maximal steigt das Herzminutenvolumen von 5 l in Ruhe auf 20–25 l bei schwerster Arbeit, d. h. auf das 4- bis 5-Fache. Hochleistungssportler können als Trainingseffekt (▸ Kap. 6.5) eine Steigerung des Herzminutenvolumens auf bis zu 35 l erreichen.

Energielieferanten

Die Energie für diese vermehrte Pumpleistung des Herzmuskels wird bei schwerer körperlicher Arbeit (200 W) vor allem durch Oxidation von Lactat gedeckt. In Ruhe verbrennt der Herzmuskel vorwiegend Fettsäuren und Glucose.

Anpassung anderer Kreislauffunktionen

Anstieg des systolischen Blutdrucks

Das gesteigerte Herzzeitvolumen bewirkt einen Anstieg des systolischen Blutdrucks, der parallel zur Leistung zunimmt und bei einer Leistung von 200 Watt 220 mmHg erreichen kann. Der diastolische Blutdruck bleibt unverändert oder sinkt geringfügig, sodass der mittlere arterielle Druck nur wenig ansteigt.

Durchblutungsänderungen

Aufgrund der Vasokonstriktion nimmt die Hautdurchblutung bei Muskelarbeit initial ab. Später nimmt sie jedoch aus thermoregulatorischen Gründen wieder zu, damit die im Muskel entstehende Wärme durch Konvektion über die Haut abgegeben werden kann. Der hierzu eingesetzte Teil des Herzminutenvolumens fehlt dann dem Muskel. Die Durchblutung der Koronargefäße nimmt mit der Herzleistung zu, während die Durchblutung des Gehirns bei Muskelarbeit konstant bleibt.

6.2.2.2 Dauerleistung und Ermüdung

Dauerleistungsgrenze

Je nachdem, wie sich die Herzfrequenz verändert, kann man 2 Leistungsformen unterscheiden (▸ Abb. 6.2):

- Bei Arbeit unterhalb der Dauerleistungsgrenze steigt die Herzfrequenz bis zum Erreichen einer Plateauphase, dem sog. Steady-State-Niveau, an und bleibt bis zur Beendigung der Arbeit konstant auf diesem Niveau. Je höher die Belastung, desto höher liegt auch dieses Plateau.

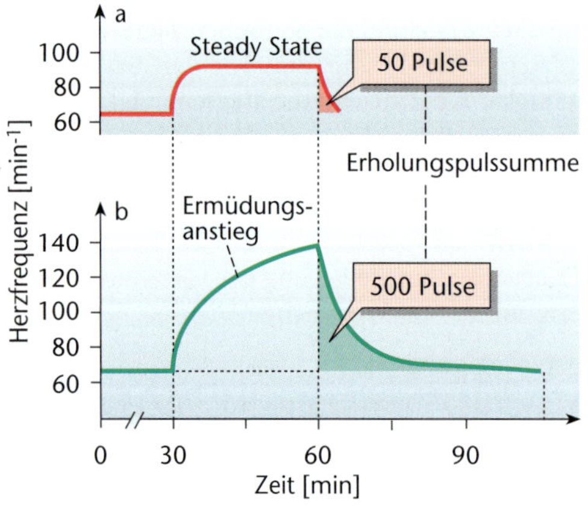

Abb. 6.2 Herzfrequenzänderungen bei Anstrengung. **a:** Bei einer Arbeit unterhalb der Dauerleistungsgrenze liegt die Erholungspulssumme z. B. bei 50 Pulsschlägen. **b:** Bei einer Arbeit oberhalb der Dauerleistungsgrenze wird kein Steady-State mehr erreicht; die Erholungspulssumme liegt in diesem Beispiel bei ca. 500 Pulsschlägen.

- Wird die Dauerleistungsgrenze überschritten, steigt die Herzfrequenz in der Folge kontinuierlich an, ohne dass sich ein neues Plateau einstellt. Dieser Herzfrequenzanstieg wird als Ermüdungsanstieg bezeichnet.

Erholungszeit

Je nach Belastung ist auch die Erholungszeit unterschiedlich. Unterhalb der Dauerleistungsgrenze wird innerhalb von 5 Minuten nach Beendigung der Leistung die Ruhefrequenz des Herzens erreicht. Die Anzahl der über die ursprüngliche Ruhefrequenz hinausgehenden Herzschläge, die in der Erholungsphase bis zum Wiedererreichen der Ruhefrequenz gezählt werden können, wird als **Erholungspulssumme** bezeichnet. Sie soll bei Arbeit innerhalb des Dauerleistungsbereichs unter 100 Schlägen liegen.

Merke

Kontinuierlicher Herzfrequenzanstieg → Überschreitung der Dauerleistungsgrenze.

6.2.3 Atmung

6.2.3.1 Sauerstoffdefizit

Der Sauerstoffbedarf steigt in Abhängigkeit von der Leistung. Da die Sauerstoffaufnahme erst mit einer leichten zeitlichen Verzögerung von 3–5 Minuten dem Sauerstoffbedarf entspricht, wird bei Arbeitsbeginn innerhalb der ersten Minuten ein Sauerstoffdefizit eingegangen: **Sauerstoffschuld.** In der Erholungsphase wird die gesteigerte Sauerstoffaufnahme kurzfristig fortgeführt und kehrt erst langsam wieder auf den Ruhewert zurück. So wird das anfänglich eingegangene Sauerstoffdefizit ausgeglichen (► Abb. 6.3).

Bei Arbeit unterhalb der Dauerleistungsgrenze bleibt das zu Beginn der Arbeit eingegangene Sauerstoffdefizit konstant (Steady-State, ► Abb. 6.3a), während bei Arbeit oberhalb der Dauerleistungsgrenze das Sauerstoffdefizit kontinuierlich zunimmt (► Abb. 6.3b).

6.2.3.2 Atemminutenvolumen

Um dem gesteigerten Sauerstoffbedarf gerecht zu werden, steigt das Atemminutenvolumen an. Hierzu nehmen das Atemzugvolumen und die Atemfrequenz durch zentrale Stimulation zu. Das Atemminutenvolumen kann bei maximaler Belastung 100 l/min erreichen (in Ruhe: 6–8 l/min). Die O_2-Aufnahme kann so von 0,25 l/min in Ruhe auf 2–5 l/min gesteigert werden. Die maximale O_2-Aufnahme des Organismus ist allerdings nicht pulmonal, d. h. durch das Atemminutenvolumen, sondern kardial, d. h. durch das maximal erreichbare Herzminutenvolumen, limitiert (► Kap. 6.2.2.1).

6.2.3.3 Ventilation

Die Ventilation wird darüber hinaus durch die Bronchodilatation verbessert, die der aktivierte Sympathikus über β_2-Rezeptoren vermittelt. Die gesteigerte Ventilation vermindert den alveolären CO_2-Partialdruck. Die stärkere Entfaltung der Lunge durch die Erhöhung der Atemtiefe führt gemeinsam mit der stärkeren pulmonalen Durchblutung zu einer Zunahme der am Gasaustausch beteiligten Alveolaroberfläche, sodass die Diffusionskapazität steigt.

6.2.3.4 Arterielle Blutgase

Die arteriellen Blutgase ändern sich bei körperlicher Arbeit nur wenig. Der O_2-Partialdruck im venösen Blut und damit auch in der A. pulmonalis nimmt jedoch mit zunehmender Leistung ab, da die Sauerstoffausschöpfung des Blutes durch den Muskel steigt: Die $avDO_2$ (► Kap. 5.6.2.3) nimmt von 0,05 auf 0,15 zu. Außerdem steigt die maximale

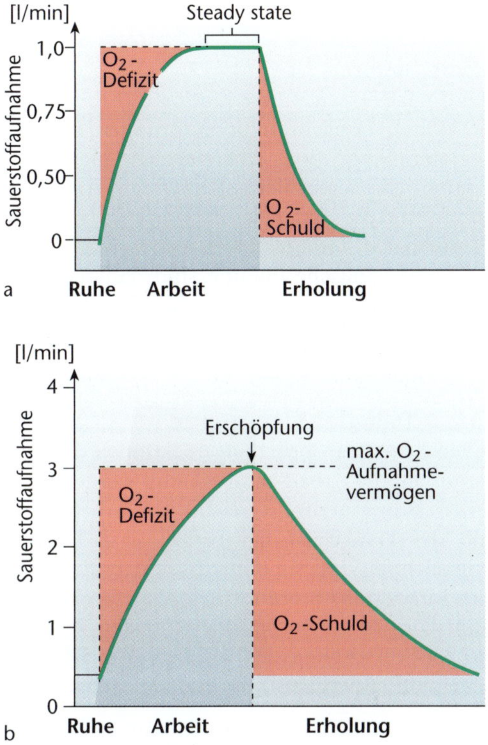

Abb. 6.3 Sauerstoffaufnahme (in l/min). **a:** O_2-Aufnahme bei Arbeit unterhalb der Dauerleistungsgrenze. **b:** O_2-Aufnahme bei Arbeit oberhalb der Dauerleistungsgrenze.

Sauerstoffaufnahme von 0,25 l/min in Ruhe auf bis zu maximal 5 l/min bei Trainierten.

6.2.4 Stoffwechsel

6.2.4.1 Hormonelle Veränderungen

Hormonelle Anpassungen sichern die Bereitstellung von Energieträgern:

Catecholamine

Die Catecholaminsekretion führt über die Stimulation von β-Rezeptoren zum Anstieg von freien Fettsäuren (Lipolyse im Fettgewebe), Glucose und Lactat (Glykogenolyse in der Leber) im Blut.

Wachstumshormon

Aus der Hypophyse wird vermehrt Wachstumshormon freigesetzt (► Kap. 10.3.2.4), das Lipolyse und Gluconeogenese steigert.

ACTH

Durch Freisetzung von ACTH (adrenocorticotropes Hormon; ► Kap. 10.3.2.1) wird der Anstieg der Glucosekonzentration verstärkt, da dieses in der Nebenniere die Freisetzung von Glucocorticoiden stimuliert, die gluconeogenetisch wirken.

Insulin

Der Insulinspiegel im Blut sinkt bei Muskeltätigkeit. Hierdurch wird der Verbrauch der Glucose zur Glykogenbildung in der Leber gesenkt und der Glucosespiegel im Blut gesteigert.

Glucagon

Das katabole Hormon Glucagon wird dagegen vermehrt aus den Langerhans-Inselzellen des Pankreas freigesetzt. Es fördert Glykogenolyse und Lipolyse.

6.2.4.2 Lactatproduktion

Bei schwerer körperlicher Arbeit steigt die Lactatkonzentration im Blut von 0,6–1,8 mmol/l bis über 15 mmol/l an. In Abhängigkeit von der Höhe des Anstiegs kann eine **metabolische Azidose** entstehen. Zum Ausgleich dieser Azidose werden über die Nieren anstelle von K^+-Ionen vermehrt H^+-Ionen ausgeschieden. Dadurch steigt die Kaliumkonzentration im Blut leicht an. Die metabolische Lactatazidose steigert die Ventilation und wirkt so über ein vermehrtes Abatmen von CO_2 der Azidose entgegen. Das anfallende Lactat wird von Herz, Leber und Niere verstoffwechselt.

Merke

Körperliche Arbeit → Lactatanstieg → metabolische Azidose.

6.2.4.3 Plasmavolumen und Hämatokrit

Da bei körperlicher Arbeit über die Kapillaren des Gefäßsystems vermehrt Flüssigkeit filtriert wird, nimmt das Plasmavolumen leicht ab. Außerdem geht durch Schwitzen Flüssigkeit verloren. Gleichzeitig werden vermehrt Erythrozyten und Leukozyten aus dem Knochenmark freigesetzt. Hierdurch steigt der Hämatokrit bei Arbeit an.

6.3 Leistungsdiagnostik und Grenzen der Leistungsfähigkeit

6.3.1 Leistungsdiagnostik

Die Leistungsdiagnostik (Ergometrie) dient zur Erfassung der Leistungsfähigkeit. Die erbrachte Leistung wird in Bezug gesetzt zu den **Beanspruchungsreaktionen** (z. B. Herzfrequenz, Blutdruck).

Fahrradergometrie

Die Fahrradergometrie ist das gebräuchlichste Verfahren. Beim Fahrradergometer setzt der Proband ein Schwungrad in Bewegung, das gebremst wird. Üblicherweise wird die Leistung vom Fahrradergometer direkt in Watt angezeigt.

Klinik

In der Klinik dient das **Belastungs-EKG** dem Nachweis von Ischämiereaktionen, belastungsinduzierten Rhythmusstörungen und der Beurteilung der kardiopulmonalen Belastbarkeit. Während der stufenweise gesteigerten Belastung auf dem Fahrradergometer werden EKG und Blutdruck registriert. Eine Senkung der ST-Strecke (► Kap. 3.3.6.1) im EKG um mehr als 0,10 mV ist ein Hinweis auf eine koronare Herzkrankheit.

6.3.2 Grenzen der Leistungsfähigkeit

6.3.2.1 Einflussfaktoren

Energie

Die Leistungsfähigkeit des Organismus ist durch die Verfügbarkeit von Energie und Sauerstoff für den Muskel begrenzt.

- Bei Kurzzeitleistungen (< 20 Sekunden) sind der intrazelluläre Gehalt an ATP und Kreatinphosphat entscheidend.
- Bei kurzen Mittelzeitleistungen (< 1 min) begrenzen anaerobe Glykolyse und Lactatazidose die Leistungsfähigkeit.
- Längere Mittelzeitleistungen (bis 6 min) und Langzeitleistungen werden durch die aerobe Energiegewinnung limitiert, die auf die Glykogenvorräte der Muskelzelle zurückgreift und von der Versorgung mit Sauerstoff abhängt.

Herzminutenvolumen

Bei dynamischer Arbeit ist immer das maximal erreichbare Herzminutenvolumen (HMV), nicht etwa das Atemminutenvolumen oder die O_2-Aufnahme im Muskel der leistungsbegrenzende Faktor.

Äußere Faktoren

Allerdings können äußere Einflüsse (Arbeit in großer Höhe), Lungenfunktionsstörungen oder Hämoglobinmangel (z. B. Anämie) die Sauerstoffversorgung reduzieren. Bei hohen Umgebungstemperaturen sind die Hautgefäße weniger eng gestellt als bei normalen Temperaturen. Venöser Rückstrom und enddiastolische Füllung sind daher geringer, was zu einem niedrigeren Schlagvolumen führt und die Leistungsfähigkeit im Vergleich zu normalen Temperaturen mindert.

6.3.2.2 Dauerleistungsgrenze

Anhand der Beanspruchungsreaktionen des Organismus auf die Arbeit kann erkannt werden, ob die Dauerleistungsgrenze erreicht ist. Arbeit **unterhalb der Dauerleistungsgrenze** ist dadurch gekennzeichnet, dass sie ohne muskuläre Ermüdung über mindestens 8 Stunden durchgeführt werden kann. Dies ist nur möglich, wenn der Verbrauch und die Versorgung des Muskels mit Substraten (Sauerstoff, Energieträger) im Gleichgewicht liegen.

Merkmale von Arbeit unterhalb der Dauerleistungsgrenze sind:

- Herzfrequenz bleibt auf einem Plateau < 130 Schlägen/min
- Herzminutenvolumen < 10 l
- Sauerstoffaufnahme konstant
- Sauerstoffschuld < 4 l
- Lactat im Blut < 2 mmol/l
- Erholungszeit < 5 min
- < 100 Erholungspulse bis zum Wiedererreichen der Ruheherzfrequenz

Im Gegensatz hierzu ist Arbeit **oberhalb der Dauerleistungsgrenze** zeitlich begrenzt, da kein Gleichgewicht zwischen Bedarf und Versorgung besteht.

Bei Arbeit **oberhalb der Dauerleistungsgrenze** steigt die Herzfrequenz kontinuierlich an (Ermüdungsanstieg). Das Atemzeitvolumen steigt stärker an als die O_2-Aufnahme, die vom maximalen Herzminutenvolumen begrenzt wird. Ursache für den überproportionalen Anstieg des Atemzeitvolumens ist die metabolische Lactatazidose im Blut (► Kap. 6.2.4.2), die zur Stimulation der Atemzentren führt.

Merke

Bei untrainierten jungen Männern liegt die Dauerleistungsgrenze für dynamische Arbeit bei etwa 100 W (= 1,5 W/kg KG).

6.4 Ermüdung und Erholung

Ermüdung ist gekennzeichnet durch eine Abnahme der Leistungsfähigkeit.

6.4.1 Physische Ermüdung

Physische Ermüdung beruht auf dem Verbrauch der Energievorräte und der Ansammlung von Lactat im Muskel. Im arbeitenden Muskel kann eine Regeneration nur in der Erschlaffungsphase erfolgen, da im kontrahierten Zustand der Innendruck im Muskel die Kapillaren komprimiert und die Durchblutung einschränkt. Bei dynamischer Arbeit oberhalb der Dauerleistungsgrenze reicht die Zeit in der Erschlaffungsphase des Muskels zur Regeneration der Energie und zum Abtransport von Lactat nicht aus, sodass die Energievorräte zur Neige gehen und immer mehr Lactat angehäuft wird. Bei Arbeit unterhalb der Dauerleistungsgrenze regenerieren sich in den Erschlaffungsphasen die Energieträger und anfallendes Lactat wird abtransportiert, sodass keine Ermüdung eintritt.
Anhand der Lactatspiegel im Blut lassen sich 3 Bereiche der Leistungsfähigkeit abgrenzen:

- **Aerobe Schwelle:**
  - Lactatkonzentration < 2 mmol/l
  - Energiegewinnung durch aerobe Glykolyse
  - Dauerleistung möglich
- **Aerob-anaerober Übergangsbereich:**
  - Lactatkonzentration zwischen 2 und 4 mmol/l
  - Energiegewinnung sowohl durch aerobe als auch durch anaerobe Glykolyse
- **Anaerobe Schwelle:**
  - Lactatkonzentration um 4 mmol/l
  - Energiegewinnung ausschließlich über anaerobe Glykolyse
  - Erschöpfung, keine Leistungssteigerung mehr möglich

Entgegen früheren Ansichten ist der **Muskelkater** nicht eine Folge der Lactatanhäufung im Muskel, sondern eine Folge von Mikrotraumen der Sarkomere mit Strukturdefekten der Z-Scheiben (► Kap. 13.2.1.2).

6.4.2 Psychische Ermüdung

Psychische Ermüdung tritt bei intensiver Konzentration, monotoner Arbeit, schwerer körperlicher Arbeit, störenden äußeren Einflüssen (Lärm, Hitze) und Belastung durch Sorgen oder Schmerzen auf. Sie führt zur Beeinträchtigung der zentralnervösen Funktion, bewirkt eine Verlangsamung der Informationsverarbeitung und eine Minderung der Wahrnehmung. Die Entstehung der psychischen Ermüdung ist noch unklar, sie kann aber im Gegensatz zur physischen Ermüdung schlagartig aufgehoben werden, wenn die ursächlichen Faktoren beseitigt sind.

6.5 Training

Training ist die regelmäßige Wiederholung einer physischen oder psychischen Belastung mit dem Ziel, Anpassungsvorgänge zu bewirken, die zu einer Zunahme der Leistungsfähigkeit führen. Man unterscheidet Ausdauertraining und Krafttraining.

6.5.1 Ausdauertraining

Ausdauertraining erfordert eine regelmäßige, z. B. 3- bis 5-mal wöchentliche Belastung, die eine Steigerung der Herzfrequenz auf 60–90 % des Maximalwerts für 15–60 Minuten bewirkt.

Folgende Veränderungen treten bei regelmäßigem Training auf:

- Das Herzgewicht steigt von 250–300 g auf bis zu 500 g. Bei dieser durch körperliches Training hervorgerufenen Hypertrophie des Herzmuskels bleibt die Anzahl der Herzmuskelzellen konstant: Die Gewichtssteigerung beruht auf einer Längen- und Dickenzunahme der vorhandenen Muskelzellen.
- Das Schlagvolumen kann bis auf das Doppelte im Vergleich zum Untrainierten zunehmen.
- Die maximale Herzfrequenz nimmt nicht zu, im Gegenteil: In Ruhe ist die Herzfrequenz bei Trainierten deutlich erniedrigt. Das erhöhte Schlagvolumen gewährleistet, dass auch bei reduzierter Herzfrequenz das gleiche Herzzeitvolumen erreicht wird (► Tab. 6.1).

Da auch das Atemzeitvolumen und die Sauerstoffaufnahme durch Ausdauertraining deutlich steigen und eine intensivere Kapillarisierung des Muskels besteht, wird der Muskel wesentlich besser durchblutet und mit Sauerstoff versorgt. Dies führt zu

Tab. 6.1 Trainingseffekte

Trainingsstand	Schlagvolumen (ml)	Herzfrequenz (Schläge/min)
In Ruhe		
Untrainierter	60	70
Marathonläufer	120	45
Maximal		
Untrainierter	110	195
Marathonläufer	200	185

einer deutlichen Steigerung der Dauerleistungsgrenze wie auch der maximalen Leistung.

Lerntipp

Ausdauertraining: Schlagvolumen ↑, Herzfrequenz ↓

6.5.2 Krafttraining

Beim Krafttraining werden einzelne Muskeln für kurze Zeit maximal belastet. Dies bewirkt eine **Zunahme des Muskelquerschnitts** aufgrund einer Hypertrophie der Muskelfasern mit entsprechender Steigerung der Muskelkraft. Die Kapillarisierung des Muskels scheint durch Krafttraining nicht gefördert zu werden.

6.5.2.1 Isometrisches Krafttraining

Beim isometrischen Krafttraining kontrahiert sich der Muskel, ohne seine Länge zu verändern, z. B. beim (vergeblichen) Versuch, eine zu schwere Hantel zu heben. Der Trainingseffekt beruht auf der für die Haltearbeit erforderlichen Spannungsentwicklung der Muskelfasern. Vorteile des isometrischen Krafttrainings sind, dass gezielt einzelne Muskelgruppen trainiert werden können und dass die Gelenke geschont werden.

6.5.2.2 Isotonisches Krafttraining

Beim dynamischen (isotonischen) Krafttraining verkürzt sich der Muskel bei gleichbleibender Spannung, z. B. beim Heben von Hanteln, bei Klimmzügen oder Liegestützen.

6.5.2.3 Isokinetisches Krafttraining

Beim isokinetischen Krafttraining wird die Geschwindigkeit der Bewegung durch spezielle Geräte konstant gehalten; der Widerstand passt sich der Kraftentfaltung des Muskels in der jeweiligen Gelenkstellung an.

07

Ernährung, Verdauungstrakt, Leber

IMPP-Hits

- Regulation der Magensekretion, vor allem: Gastrinsekretion
- Pankreasenzyme und ihre hormonelle Steuerung
- Eisenhaushalt

7.1 Wegweiser

Die richtige Zusammensetzung der Nahrung ist für die Gesundheit entscheidend, wenn man Erkrankungen durch inadäquate Ernährung vermeiden will (► Kap. 7.2). Die Motorik (► Kap. 7.3) und die Sekretion (► Kap. 7.4) im Magen-Darm-Trakt schaffen optimale Voraussetzungen für den Aufschluss der Nahrung (► Kap. 7.5) und die Nahrungsresorption (► Kap. 7.6).

7.2 Ernährung

7.2.1 Nahrungsmittel

7.2.1.1 Zusammensetzung der Nahrung

Die Nahrung besteht aus **Energiespendern** (Kohlenhydrate, Eiweiße, Fette) und den zusätzlich für die Funktion des Organismus unverzichtbaren **Vitaminen** und **Spurenelementen. Ballaststoffe** (wie z. B. die nichtabbaubare Cellulose in pflanzlicher Nahrung) sind zwar nicht lebensnotwendig, können aber die Darmfunktion durch Anregung der Peristaltik beschleunigen.

Prinzipiell sind die einzelnen Energieträger (Kohlenhydrate, Eiweiße, Fette) gegeneinander austauschbar: **Isodynamie** der Nährstoffe. Dies gilt jedoch nur im Hinblick auf den Betriebsstoffwechsel. Für den Aufbau von Körpergewebe (Baustoffwechsel) werden dagegen bestimmte Mindestmengen aller 3 Stoffe benötigt.

7.2.1.2 Kohlenhydrate

Die Kohlenhydrate werden nach der Anzahl der enthaltenen Zuckerbausteine in Monosaccharide (Einfachzucker), Disaccharide (2 Zuckerbausteine), Oligosaccharide (wenige Zuckerbausteine) und Polysaccharide (viele Zuckerbausteine) eingeteilt.

Vorkommen in der Nahrung

In der Nahrung sind Kohlenhydrate vorwiegend in den Polysacchariden der pflanzlichen Stärke und der tierischen Stärke (Glykogen) enthalten. Daneben werden Kohlenhydrate in Form der Disaccharide Lactose (1 Molekül Glucose + 1 Molekül Galaktose) und Saccharose (Rohrzucker: 1 Molekül Glucose + 1 Molekül Fructose) aufgenommen. Das pflanzliche Polysaccharid Cellulose kann von den menschlichen Verdauungsenzymen nicht abgebaut werden – wohl aber von den anaeroben Bakterien in Kolon und Rektum (► Kap. 7.4.6.2).

Funktion

Kohlenhydrate sind die Energielieferanten des Körpers. Das Gehirn ist für seine Energieversorgung fast ausschließlich auf Glucose angewiesen. Bei kohlenhydratfreier Ernährung werden Proteine zur Glucosegewinnung abgebaut. Unter Hungerbedingungen kann das Gehirn auch Ketonkörper (Abbauprodukte des Fettstoffwechsels) verstoffwechseln.

Bedarf

Der Kohlenhydratbedarf liegt bei mindestens 100 g/Tag (für das Gehirn). Falls Glucose alternativ aus Proteinen gewonnen werden soll, sind mindestens 200 g zusätzliches Eiweiß zur Gluconeogenese erforderlich. Etwa 50–55 % der gesamten Energiezufuhr sollten über Kohlenhydrate gedeckt werden.

Vorrat

Der Körper verfügt mit dem vorwiegend in der Leber gespeicherten Glykogen über einen Kohlenhydratvorrat von etwa 350 g.

> **Merke**
>
> Kohlenhydrate:
> - Bedarf des Gehirns 100 g/Tag
> - Körpereigene Vorräte (als Glykogen) 350 g

7.2.1.3 Eiweiß

Vorkommen in der Nahrung

Über die Aufnahme von Proteinen (= Eiweiß) erhält der Körper die zum Aufbau seiner Strukturen (z. B. Muskeln, Enzyme, Plasmaproteine) erforderlichen Aminosäuren. Auch wird mit den Proteinen der zur Synthese von stickstoffhaltigen Substanzen (Purinen, Pyrimidinen, Porphyrinen) erforderliche organische Stickstoff aufgenommen. Nach der Herkunft unterscheidet man:

- **Pflanzliche Proteine:** vor allem in Brot, Hülsenfrüchten und Kartoffeln
- **Tierische Proteine:** in Fleisch, Fisch, Milch, Milchprodukten und Eiern

Biologische Wertigkeit

Nicht alle Nahrungsproteine können den Stickstoff- und Aminosäurebedarf des Organismus gleich gut decken. Dies beruht auf der unterschiedlichen Aminosäurezusammensetzung der Nahrungsproteine. Proteine, deren spezielle Aminosäurezusammensetzung für den Organismus optimal verwertbar ist, werden als Proteine mit hoher biologischer Wertigkeit, solche, deren Aminosäuremuster dem Bedarf des Organismus nicht voll entspricht, als Proteine mit niedriger biologischer Wertigkeit bezeichnet.

Als Bezugsgröße hat Volleiprotein eine biologische Wertigkeit von 100, d. h., 100 g Volleiprotein können 100 g Körperprotein ersetzen. Pflanzliche Proteine haben biologische Wertigkeiten zwischen 60 und 70, tierische Proteine zwischen 80 und 100. In der Praxis resultiert die biologische Wertigkeit eines Proteingemischs in der Nahrung jedoch vor allem aus der Kombination der verschiedenen Einzelproteine. Eine optimale Kombination in dieser Hinsicht ist eine Kartoffel-Ei-Diät: Sie weist eine biologische Wertigkeit von 136 auf.

Merke

- Hohe biologische Wertigkeit: tierische Proteine (Fleisch, Fisch, Milch, Eier)
- Niedrige biologische Wertigkeit: pflanzliche Proteine

Bedarf

Der über die Stickstoffausscheidung bestimmte Proteinbedarf eines Erwachsenen, d. h. die zur Aufrechterhaltung eines Stickstoffgleichgewichts (Stickstoffzufuhr = Stickstoffabgabe) minimal erforderliche Proteinmenge liegt bei etwa 0,5 g/kg KG/Tag. Die deutsche Gesellschaft für Ernährung empfiehlt für den Erwachsenen bei gemischter Ernährung jedoch eine Eiweißzufuhr von 1 g/kg KG/Tag, um die unterschiedlichen biologischen Wertigkeiten der Nahrungsmittel zu berücksichtigen.

Der Bedarf an **essenziellen Aminosäuren,** d. h. an Aminosäuren, die der Körper nicht selbst synthetisieren kann und die für die Aufrechterhaltung der Körperstrukturen unverzichtbar sind, wird mit dieser empfohlenen Proteinzufuhr (bei normaler Proteinmischkost) ausreichend abgedeckt, da die meisten Nahrungsproteine etwa 40 % essenzielle Aminosäuren enthalten.

Vorrat

Der kurzfristig mobilisierbare Eiweißvorrat des Körpers beträgt 45 g. Allerdings enthält der Körper insgesamt in seinen Strukturen etwa 10 kg Protein. Bei Proteinmangel können durch Umverteilungen dieser körpereigenen Proteine Funktionsstörungen über eine gewisse Zeit vermieden werden.

7.2.1.4 Fette

Vorkommen in der Nahrung

Die mit der Nahrung aufgenommenen Fette sind vorwiegend Triglyceride, d. h. Ester aus Glycerin und Fettsäuren. Fettsäuren, die vom Organismus nicht synthetisiert werden können, aber für ihn erforderlich sind, werden als **essenzielle Fettsäuren** bezeichnet. Wichtigste essenzielle Fettsäure ist die **Linolsäure.**

Fette finden sich als Beimischung fast aller tierischen Nahrungsmittel. Daneben kommen sie in Pflanzensamen vor, wobei sich diese pflanzlichen Fette durch einen hohen Gehalt an mehrfach ungesättigten Fettsäuren auszeichnen.

Funktion

Fette dienen vor allem als

- Energielieferanten
- Kohlenstoffquelle für Biosynthesen (Acetyl-CoA)
- Träger der fettlöslichen Vitamine

Fettzufuhr

Die empfohlene Fettzufuhr sollte 30–35 % der gesamten Energiezufuhr nicht überschreiten. In den industrialisierten Ländern liegt sie jedoch mit etwa 40 % konstant höher, was die Entstehung von Arteriosklerose begünstigt (► Kap. 7.6.4.4).

Fettvorrat

Der Fettvorrat eines normalen Erwachsenen liegt bei etwa 12 kg – bei Übergewicht deutlich höher.

7.2.1.5 Vitamine

Vitamine sind für den Organismus lebensnotwendige Stoffe, die nicht von ihm selbst produziert werden können und deren Energiegehalt für die biologische Funktion ohne Bedeutung ist. Man unterscheidet 2 große Gruppen:

- **Fettlösliche Vitamine:** A, D, E und K (Merkwort: EDEKA, ► Tab. 7.1)
- **Wasserlösliche Vitamine:** Vitamine der B-Gruppe, Vitamin C u. a. (► Tab. 7.2)

Lerntipp

Das IMPP fragt besonders gern nach den Vitaminen D (Rachitis), K (Gerinnungsstörungen) und B_{12} (makrozytäre, hypochrome Anämie). Erfreulicherweise sind dies auch die 3 wichtigsten Vitamine für die Klinik.

Klinik

Bei einem **Verschlussikterus** kommt es durch die fehlende Galle im Darm und die dadurch bedingte Störung der Fettresorption (► Kap. 7.4.5.2) auch zu einer geringeren Aufnahme des fettlöslichen Vitamin K. Da die Gerinnungsfaktoren II, VII, IX und X (= Prothrombinkomplex) Vitamin-K-abhängig sind, wird ihre Synthese dadurch beeinträchtigt. Bei einem **hepatozellulären Ikterus,** der auf einer Schädigung der Leberzellen, z. B. durch Viren oder Alkohol, beruht, ist der Prothrombinkomplex ebenfalls vermindert – allerdings nicht wegen einer Resorptionsstörung (wie beim Verschlussikterus), sondern aufgrund einer Synthesestörung (Schädigung der Leberzellen). Durch i. v. Gabe von Vitamin K und die anschließende Bestimmung des Quick-Werts (► Kap. 2.5.2.2) kann die Ursache einer Verminderung der Vitamin-K-abhängigen Gerinnungsfaktoren ermittelt werden: Normalisiert sich der Quick-Wert nach Gabe von Vitamin K, liegt eine Resorptionsstörung vor. Bleibt der Quick-Wert unverändert, handelt es sich um eine Leberzellschädigung.

7.2.1.6 Spurenelemente

Essenzielle Spurenelemente

Spurenelemente sind für die Funktion des Körpers erforderliche Elemente, die nur in äußerst geringen Konzentrationen (10^{-12}–10^{-6} g/g Organgewicht) im Organismus vorliegen. Elf Spurenelemente, die essenziellen Spurenelemente, sind zum Überleben notwendig (► Tab. 7.3).

Tab. 7.1 Fettlösliche Vitamine im Überblick

Vitamin	Funktion	Mangelerscheinungen	Quellen	Depots	Bedarf/Tag
Vitamin A, Retinol	Bestandteil des Sehpigments, Erhaltung der strukturellen Integrität von Membranen	Nachtblindheit, atypische Epithelverhornung, Verhornung der Kornea mit Blindheit (Xerophthalmie)	Gelbe Gemüse und Früchte, Blätter grüner Pflanzen	Große Mengen in der Leber (für Monate)	1 mg
Vitamin D, Cholecalciferol	Steigerung des Ca^{2+}-Spiegels im Plasma	Rachitis, Störungen der Knochenverkalkung	Lebertran, Fisch, Eigelb; Eigensynthese bei ausreichender UV-Bestrahlung der Haut möglich	Geringe Mengen	5 µg
Vitamin E, Tocopherol	Schutz der Membranlipide vor Oxidation	Mangelsyndrom beim Menschen fraglich; Embryopathie? Hämolyseneigung?	Pflanzen, besonders Keimlinge	Mehrere Gramm in Leber und Fettgewebe	10 mg
Vitamin K, Phyllochinon	Kofaktor für die Biosynthese der Gerinnungsfaktoren II, VII, IX und X	Spontane Blutungen bei verzögerter Blutgerinnung	Alle grünen Pflanzen, Darmbakterien	Geringe Mengen	70 µg

Tab. 7.2 Wasserlösliche Vitamine im Überblick

Vitamin	Funktion	Mangelerscheinungen	Quellen	Depots	Bedarf/Tag
Vitamin C, Ascorbinsäure	Mitwirkung bei der Synthese von Kollagen, Steroidhormonen, Noradrenalin und Serotonin	Skorbut: Bindegewebsstörungen, Zahnfleischbluten, Zahnausfall	Gemüse, Obst (v. a. Zitrusfrüchte)	1,5 g in Gehirn, Nieren, Nebennieren, Leber	75 mg
Vitamin B_1, Thiamin	Coenzym der dehydrierenden Decarboxylierung von Pyruvat	Beriberi: Nerven- und Muskelschäden, Enzephalopathie, Müdigkeit, Übelkeit und Erbrechen	In geringen Mengen in allen Nahrungsstoffen	10 mg in Leber, Herz und Gehirn	1,5 mg

Tab. 7.2 Wasserlösliche Vitamine im Überblick (Forts.)

Vitamin	Funktion	Mangelerscheinungen	Quellen	Depots	Bedarf/Tag
Vitamin B_2, Riboflavin	Bestandteil Wasserstoff übertragender Flavoproteine	Mundwinkeleinrisse (Rhagaden), Gesichtsdermatitis, Landkartenzunge (Lingua geographica), Augenstörungen	Milch, Leber, Nieren, Herz, viele Gemüse	10 mg in Leber und Muskeln	1,6 mg
Vitamin B_6, Pyridoxin	Wichtigstes Coenzym des Aminosäure-Stoffwechsels	Dermatitis, Anämie, Ataxie, Nervenschädigungen mit Lähmungen	Hefe, Weizen, Mais, Leber, grüne Gemüse	100 mg in Muskeln, Leber und Gehirn	2 mg
Vitamin B_{12}, Cobalamin	Katalyse der Umlagerung von Alkylresten	Perniziöse Anämie: makrozytäre, hyperchrome Anämie	Tierische Nahrungsmittel; Vit. B_{12} wird von den Bakterien der Darmflora synthetisiert; die Vit-B_{12}-Aufnahme ist vom im Magen gebildeten Intrinsic-Faktor abhängig	2 mg in der Leber (Vorräte für etwa 1–2 Jahre)	3 µg
Biotin, Vitamin B_7	Coenzym für Carboxylierungen	Müdigkeit, Appetitlosigkeit, EKG-Veränderungen	Leber, Niere, Eigelb und Hefe, in großen Mengen von Darmbakterien synthetisiert	0,4 mg in Leber und Nieren	70 µg
Folsäure, früher Vitamin B_9,	Übertragung von Ein-Kohlenstoff-Resten	Makrozytäre, hyperchrome Anämie, generelle Störungen von Wachstum und Zellteilung; häufigster Vitaminmangel in den Industrieländern	Leber, Nieren, dunkelgrünes Blattgemüse, Hefe	12–15 mg in der Leber	0,3 mg
Nicotinsäure (= Niacin)	Bestandteil von NAD^+ und $NADP^+$	„Pellagra" (= kranke Haut): Dermatitis	Hefe, Fleisch, Leber, gerösteter Kaffee; Niacin kann aus Tryptophan gebildet werden	150 mg in der Leber	18 mg
Pantothensäure	Bestandteil von Coenzym A (z. B. in Acetyl-CoA)	ZNS-Störungen	In (fast) allen Nahrungsmitteln	50 mg in Nebennieren, Nieren, Leber, Gehirn	6 mg

Eisen

Klinisch wichtig ist vor allem das Spurenelement Eisen:

- Es ist Bestandteil der Proteine Hämoglobin und Myoglobin sowie der eisenhaltigen Cytochrome, Katalasen und Peroxidasen. Eisenmangel führt zu einer Anämie!
- Der Gesamtkörperbestand von Eisen beim Erwachsenen liegt zwischen 3–5 g, davon sind 65 % im Hämoglobin gebunden, 4,5 % im Myoglobin.
- Der durchschnittliche tägliche Eisengehalt der Nahrung liegt in Deutschland zwischen

Tab. 7.3 Essenzielle Spurenelemente beim Erwachsenen mit Plasmaspiegel und Depotmenge

Spurenelement	Mittlerer Plasmaspiegel (µg/100 ml)	Depotmenge (mg)
Kupfer	116	100
Eisen	114	4.000–5.000
Zink	98	3.000
Iod	8,7	10
Chrom	2,8	2
Selen	1,1	13
Vanadium	1,0	18
Mangan	0,83	12
Nickel	0,42	10
Molybdän	0,40	9,5
Kobalt	0,018	1,5

10 und 20 mg/Tag. Der durchschnittliche tägliche Eisenbedarf liegt bei 10 mg pro Tag.

- Je nach Eisenbedarf des Organismus können nur zwischen 10 % und maximal 40 % des oral zugeführten Eisens in Magen und Duodenum aktiv resorbiert werden. Die Eisenaufnahme erfolgt über einen sekundär aktiven H^+-Fe^{2+}-Ko-Transporter (DMT1, Divalent Metal Transporter). Vitamin C, das als Redoxsystem Fe^{3+} in Fe^{2+} umwandelt, fördert die Eisenresorption, weil nur zweiwertiges Eisen über DMT1 resorbiert werden kann. Durch die gleichzeitige Einnahme von Komplexbildnern, wie z. B. Phosphat, wird die Eisenresorption vermindert.
- Im Blutplasma wird Eisen in dreiwertiger Form (Fe^{3+}) an Transferrin gebunden transportiert. An Transferrin sind nur 0,15 % des Körpereisens gebunden.
- Im Gewebe wird Eisen zunächst als **Ferritin** und bei Absättigung des Ferritinspeichers als **Hämosiderin** gespeichert. Die Eisenspeicher befinden sich hierbei vor allem in Leber, Knochenmark und Milz. Diese Speicher enthalten 15–30 % des Körpereisenbestands.

Die Eisenausscheidung des Organismus erfolgt vorwiegend über den Stuhl (durch die Abschilferung von Darmepithelien) und liegt bei Männern zwischen 0,5–1 mg pro Tag. Bei menstruierenden Frauen gehen über die Monatsblutung zusätzlich etwa 20 mg Eisen pro Monat verloren. In der Schwangerschaft stellt der mütterliche Organismus dem Fetus 300 mg Eisen zur Verfügung, sodass hinsichtlich des Eisenbedarfs zwischen Männern, menstruierenden Frauen und Schwangeren deutliche Unterschiede bestehen.

Klinik

Bei der **hereditären Hämochromatose** kommt es zu einer Eisenüberladung des Organismus. Ursache ist in den meisten Fällen eine Mutation des HFE-Gens, wodurch die Eisenaufnahme unabhängig vom Eisenbedarf im Duodenum um den Faktor 3 gesteigert wird. Da der Körper die Eisenausscheidung kaum erhöhen kann, wird das vermehrt aufgenommene Eisen in Parenchymzellen (als Ferritin) oder in Makrophagen (als Hämosiderin) eingelagert und schädigt die Zellfunktionen. Klinisch typisch ist die Trias von Leberzirrhose, Diabetes mellitus und dunkler Hautpigmentierung durch Melanin- und Eisenablagerungen bei 40–50-jährigen Männern. Therapie der Wahl sind regelmäßige Aderlässe bei eisenarmer Diät und Alkoholkarenz (Alkohol potenziert die eisenbedingten Leberschäden). Die hereditäre Hämochromatose ist die häufigste autosomal-rezessiv vererbte Krankheit: Prävalenz von Homozygoten 1 : 300, Prävalenz von Carriern 1 : 10 (!).

Merke

- Zweiwertiges Eisen ist besser resorbierbar.
- 65 % des Körpereisens (3–5 g) sind an Hämoglobin gebunden.
- Eisentransport im Blut: Transferrin.
- Eisenspeicher im Gewebe: Ferritin, Hämosiderin.

Lerntipp

Nach dem Eisenstoffwechsel wird im Physikum sehr häufig gefragt. Sie sollten sich auch die Details gut einprägen!

7.2.2 Inadäquate Ernährung

7.2.2.1 Positive Energiebilanz: Fettsucht

Überschüssige Energie speichert der Körper als Fett. Dabei entspricht eine positive Energiebilanz von etwa 9.000 kcal 1 kg Fettgewebe. Normalerweise informieren die Adipositassignale Leptin und Insulin den Hypothalamus über ausreichende Energiereserven des Organismus (► Kap. 20.9.1.2), sodass eine weitere Nahrungszufuhr unterbleibt. Bei der Fettsucht (Adipositas) ist dieser Regulationsmechanismus gestört. Hierfür sind in den meisten Fällen psychogene Ursachen (Stress, Trauer) oder erlernte Verhaltensmuster („sich 3-mal täglich satt essen") verantwortlich. Sehr selten finden sich hypothalamische Schädigungen. Auch genetisch determinierte Besonderheiten bei der Fettspeicherung tragen zur Ausbildung einer Adipositas bei: Getrennt aufgezogene eineiige Zwillinge weisen mit Abweichungen von lediglich 2–3 kg das gleiche Körpergewicht auf.

7.2.2.2 Negative Energiebilanz: Hunger und Unterernährung

Nüchternzustand

Im Nüchternzustand werden pro Tag etwa 75 g Protein (vor allem aus der Muskulatur) und 160 g Triglyceride (aus dem Fettgewebe) oxidiert. Die Leber stellt dem Organismus außerdem pro Tag 140 g Glucose zur Verfügung, die aus den bei der Proteolyse anfallenden Aminosäuren synthetisiert werden. Die Energie für diese Gluconeogenese stammt dabei aus der Fettsäureoxidation.

Hungerzustand

Im Hungerzustand, wenn Proteine, Fette und Kohlenhydrate nicht von außen zugeführt werden, kann die hydrolytische Spaltung von 75 g Protein/Tag nicht beliebig lange fortgesetzt werden, da sonst in wenigen Wochen die Strukturproteine des Körpers abgebaut werden würden. Der Proteinstoffwechsel wird daher im Hunger reduziert, was an einem Rückgang der Harnstoffausscheidung erkennbar ist. Auch die Gluconeogenese in der Leber geht zurück. Hierdurch steht dem Gehirn nicht mehr genügend Glucose zur Verfügung. Dieses adaptiert sich deshalb an Ketonkörper als Energielieferanten.

Auch in den übrigen Geweben wird der Glucoseverbrauch reduziert, stattdessen werden vermehrt und schließlich fast ausschließlich **Fettsäuren verbrannt.** Auf diese Weise können, von der Energiebilanz her, mehrwöchige Fastenperioden überstanden werden. Schon nach einwöchigem Fasten ist allerdings mit Vitaminmangelerscheinungen besonders der wasserlöslichen Vitamine der B-Gruppe und des Vitamins C zu rechnen.

Ist der Fettvorrat des Organismus erschöpft, werden auch **Proteine zur Energiegewinnung** verbraucht (u. a. das Albumin im Blutplasma). Durch die Hypoproteinämie im Plasma tritt Plasmaflüssigkeit osmotisch bedingt ins Gewebe aus und es entstehen Hungerödeme. Auch die Zellen der Darmmukosa und die Zellen der Verdauungsdrüsen, die eine hohe Umsatzrate haben, können sich nicht mehr regenerieren. Jetzt treten zusätzlich Resorptionsstörungen auf, die eine erneute Nahrungsaufnahme erschweren und so einen Circulus vitiosus einleiten. Auch die Lipoproteinsynthese (► Kap. 7.6.4.3) ist bei Proteinmangel gestört. Dadurch sammeln sich Lipide in den Leberzellen an und es kommt zur Ausbildung einer Fettleber.

7.2.3 Parenterale Ernährung

Ist eine orale Nahrungsaufnahme nicht möglich (z. B. nach Bauchoperationen), können Nahrungsmittel auch über einen venösen Zugang infundiert werden. Dabei wird der normale Magen-Darm-Trakt umgangen: parenterale Ernährung. Hierbei entfällt die Pufferfunktion der Leber, die bei normaler, enteraler Ernährung eine geregelte Plasmakonzentration der zugeführten Nährstoffe garantiert. Deshalb ist eine individuelle Berechnung des Nährstoffbedarfs bei der parenteralen Ernährung erforderlich.

7.2.3.1 Kohlenhydrate

Wichtigster Nährstoff bei der parenteralen Ernährung sind die Kohlenhydrate, die im Allgemeinen als Glucose zugeführt werden. 100–200 g Glucose pro Tag verhindern eine Hungerketose und den Abbau von Körperproteinen.

7.2.3.2 Proteine

Zusätzlich müssen für den Proteinstoffwechsel Aminosäuregemische gegeben werden, die einen hinreichend hohen Anteil (40–50 %) an essenziellen Aminosäuren enthalten sollten. Außerdem muss das Aminosäureverhältnis des Gemischs eine hohe biologische Wertigkeit (Kartoffel-Ei-Prinzip, ► Kap. 7.2.1.3) garantieren. Proteine direkt parenteral zu verabreichen ist nicht möglich, da die antigenen Eigenschaften der körperfremden Proteine schwerste immunologische Abwehrreaktionen auslösen würden.

7.2.3.3 Fette

Zur Sicherung des Energiebedarfs und der Zufuhr von essenziellen Fettsäuren kann bei längerer parenteraler Ernährung die Gabe von Fettemulsionen erforderlich werden. Besonderer Vorteil der Fettemulsionen ist es, dass mit einem kleinen Lösungsvolumen eine große Energiemenge zugeführt werden kann.

7.3 Motorik des Magen-Darm-Trakts

7.3.1 Nervale Steuerung

7.3.1.1 Enterisches (intrinsisches) Darmnervensystem

Der Darm verfügt über ein eigenes Darmnervensystem, das aus den beiden Ganglienzellschichten des **Plexus myentericus** (Auerbach) und des **Plexus submucosus** (Meissner) besteht: enterisches oder intrinsisches Darmnervensystem. Der Plexus myentericus innerviert hierbei vorwiegend die glatte Darmmuskulatur, während der Plexus submucosus Sekretion und Absorption der Darmepithelien steuert.

7.3.1.2 Extrinsisches Darmnervensystem

Das intrinsische Darmnervensystem unterliegt der Steuerung von Sympathikus (hemmend) und Parasympathikus (anregend), die als extrinsisches Darmnervensystem zusammengefasst werden (► Kap. 14.4.2.2).

7.3.2 Grundtypen gastrointestinaler Motilität

Im Magen-Darm-Trakt lassen sich 4 physiologische Grundtypen der gastrointestinalen Motorik unterscheiden:

- **Basaler elektrischer Rhythmus (BER):** Grundlage der rhythmischen gastrointestinalen Motilität sind Spontandepolarisationen der glatten Muskelzellen (Slow Waves), auf deren Basis in regelmäßigen Abständen Aktionspotenziale ausgelöst werden (► Kap. 13.3.2.2, ► Abb. 13.15b). Die Frequenz dieser langsamen Potenzialwellen beträgt 3/min im Magen, 12/min im Duodenum und 8/min im Ileum. Auslöser dieser Slow Waves sind die als Schrittmacher fungierenden **Cajal-Zellen** zwischen Längs- und Ringmuskulatur, die über Gap Junctions mit den glatten Muskelzellen verbunden sind.
- **Propulsive Peristaltik:** Eine wellenförmig von oral nach aboral fortschreitende Kontraktion der glatten Ringmuskulatur der Darmwand verschiebt den Darminhalt in Richtung Anus. Ihr geht eine Erschlaffungswelle voraus.
- **Nichtpropulsive Peristaltik** (Segmentation): Durch gleichzeitige Kontraktion benachbarter Bezirke der Ringmuskulatur kommt es zur Auftrennung des Darminhalts in kleinere Einheiten (Segmentation) und zur Durchmischung mit den Verdauungssäften.
- **Tonische Dauerkontraktionen:** Sie finden an den Sphinkteren des Magen-Darm-Trakts (Ösophagussphinkter, Bauhin-Klappe) statt und garantieren einen gerichteten Transport ohne Rückfluss.

Propulsive Peristaltik, nichtpropulsive Peristaltik und tonische Dauerkontraktionen werden überwiegend vom enterischen Darmnervensystem in Zusammenarbeit mit dem vegetativen Nervensystem gesteuert.

7.3.3 Kauen und Schlucken

7.3.3.1 Kauen

Das Kauen dient der Zerkleinerung der Nahrung. Dadurch wird die weitere Verdauungsarbeit erheblich erleichtert, da sich durch die Zerkleinerung die Oberfläche für die angreifenden Verdauungssäfte erhöht. Der Kauvorgang wird reflektorisch gesteuert. Im Bereich der Molaren treten dabei Kräfte bis zu 1.500 N auf. Durch das Kauen wird auch der Speichelfluss gefördert.

7.3.3.2 Schluckakt

Beim Schlucken lässt sich die willkürlich gesteuerte orale Phase von der pharyngealen und der ösophagealen Phase abgrenzen, die beide unwillkürlich ablaufen:

Orale Phase

Durch willkürliches Drücken mit der Zunge wird der Nahrungsbissen in den Bereich des Pharynx verschoben.

Pharyngeale Phase

Die im Pharynx angekommene Nahrung reizt die dort lokalisierten Schluckrezeptoren und löst dadurch den Schluckreflex aus. Die afferenten Impulse des Schluckreflexes laufen über den N. vagus und den N. glossopharyngeus in das Schluckzentrum der Medulla oblongata.

Der **Schluckreflex** besteht aus folgenden Komponenten:

- Eine Kontraktion der palatopharyngealen Muskeln schließt den Nasen-Rachen-Raum von der Mundhöhle ab.
- Die Stimmbänder nähern sich, der Kehlkopf wird nach oben und nach vorne gezogen, die Epiglottis verschließt den Larynxeingang, indem sie nach dorsokaudal abknickt. Dadurch wird ein „Verschlucken" der Nahrung in die Luftröhre verhindert.
- Der obere Ösophagussphinkter, dessen Ruheverschlussdruck von 50–100 mmHg ein Eindringen von Luft in den Gastrointestinaltrakt verhindert, entspannt sich.
- Die Muskelwand des Pharynx kontrahiert sich und schiebt den Nahrungsbissen in den Ösophagus.

Ösophageale Phase

Im Ösophagus wird die Nahrung mit der primären Peristaltik in etwa 5–10 Sekunden zum unteren Ösophagussphinkter an der Grenze zur Kardia des Magens transportiert. Die Erschlaffung des unteren Ösophagussphinkters wird bereits mit Beginn des Schluckaktes reflektorisch über den N. vagus ausgelöst.

Den Tonus des unteren Ösophagussphinkters senken außerdem Sekretin, Cholecystokinin, GIP (Gastric Inhibitory Peptide) VIP (Vasoactive Intestinal Peptide) und Progesteron. Eine Erhöhung des Sphinktertonus wird durch Motilin, Gastrin und Substanz P ausgelöst.

Klinik

Eine Tonussenkung des unteren Ösophagussphinkters führt zu einer Verschlussstörung und ist für das **Sodbrennen** verantwortlich, das auf einem Reflux von Magensäure in den Ösophagus beruht. Bei länger anhaltenden Verschlussstörungen kann eine **Refluxösophagitis,** d. h. eine Entzündung der Speiseröhre durch den zurücklaufenden Magensaft, entstehen. Tonussenkend am unteren Ösophagussphinkter wirken u. a. Fett, Alkohol, Kaffee und Nikotin. Der in der Schwangerschaft erhöhte Progesteronspiegel senkt ebenfalls den Tonus des unteren Ösophagussphinkters und kann so ein Schwangerschaftssodbrennen auslösen.

7.3.4 Magenmotorik

7.3.4.1 Akkommodationsreflex

Im Magenfundus gibt es keine Peristaltik; er dient vorwiegend der Aufnahme und Speicherung der angelieferten Nahrung. Bei Eintritt von Nahrung in den Magen erschlafft der Magen zunächst reflektorisch: Akkommodationsreflex. So steigt der Magendruck auch bei vermehrter Füllung nicht nennenswert an. Dieser Akkommodationsreflex umfasst vorwiegend Fundus und oberen Korpus und wird über den N. vagus vermittelt. Für den Weitertransport der Nahrung sorgen im Magenkorpus gelegene myogene Schrittmacher, die mit einer Frequenz von 3/min Slow-Wave-Potenziale erzeugen. Dadurch wird eine zum Pylorus (Magenpförtner) wandernde Peristaltik unterhalten.

7.3.4.2 Förderung der Magenentleerung

Die Magenentleerung wird vom Kontraktionsgrad des Pylorus gesteuert, der zwar keinen eigentlichen Sphinkter darstellt, aber im Vergleich zum Magenkorpus eine deutlich verdickte Muskelwand aufweist. In Ruhe ist er meist so stark kontrahiert, dass nur Flüssigkeit passieren kann. Der Übertritt des Speisebreis ins Duodenum beruht auf einer verstärkten Kontraktion der Antrummuskulatur (Pyloruspumpe) bei gleichzeitiger Erschlaffung der Pylorusmuskulatur.

Klinik

Die **hypertrophe Pylorusstenose** bei Neugeborenen beruht auf einer Verdickung der Ringmuskulatur des Pylorus. Es kommt zu schwallartigem Erbrechen (meist ab der 2. Woche nach der Geburt), was eine Dehydratation, eine metabolische Alkalose und eine Gedeihstörung zur Folge hat. Klinisch kann die Magenperistaltik im Oberbauch sichtbar werden. Die Diagnose lässt sich sonografisch sichern. Therapie der Wahl ist die chirurgische Durchtrennung der hypertrophierten Muskelfasern: Pyloromyotomie.

7.3.4.3 Hemmung der Magenentleerung

Die Hemmung der Magenentleerung durch duodenale Faktoren verhindert eine „Überladung" des Dünndarms mit Mageninhalt und garantiert eine möglichst vollständige Nahrungsresorption.

Merke

- Förderung der Magenentleerung:
  - Parasympathikus
  - Dehnung des Magens
  - Gastrin
- Hemmung der Magenentleerung:
  - Sympathikus
  - Dehnung des Duodenums
  - Cholecystokinin und GIP (Gastric Inhibitory Peptide), freigesetzt bei hoher Fettkonzentration im Bulbus duodeni
  - Sekretin, freigesetzt bei pH-Wert < 4 im Bulbus duodeni
  - Hohe Osmolarität im Bulbus duodeni

Klinik

Patienten, denen, z. B. wegen eines Karzinoms der Magen ganz oder teilweise entfernt werden musste (totale oder subtotale Gastrektomie), leiden oft an einem **Dumpingsyndrom.** Durch das Fehlen des Magens „fällt" der hyperosmolare Speisebrei unmittelbar ins Duodenum und von da rasch weiter ins Jejunum. Dies führt zu einem massiven osmotisch induzierten Flüssigkeitseinstrom aus dem Gewebe ins Darmlumen. Als Folge sinken das intravasale Volumen und der Blutdruck ab. Etwa 15–30 Minuten nach der Nahrungsaufnahme klagen die betroffenen Patienten über Herzklopfen (Kompensationsversuch des Blutdruckabfalls), Müdigkeit und Schweißausbrüche. Diese Symptome beruhen auch auf der plötzlichen Freisetzung motilitätsfördernder Darmpeptide. Etwa 1–3 Stunden später können hypoglykämische Symptome auftreten (Heißhunger, Unruhe, Schwitzen, Zittern), die auf eine überschießende Insulinsekretion zurückzuführen sind.

7.3.5 Erbrechen

Auf eine Irritation von Magen und Duodenum reagiert der obere Gastrointestinaltrakt reflektorisch mit Erbrechen.

Ursachen

Eine solche Irritation wird von Noxen ausgelöst, die zu einer Schleimhautschädigung im oberen Gastrointestinaltrakt führen, z. B. bakterielle Toxine in Lebensmitteln oder Zytostatika. Durch diese Schleimhautschädigung wird aus den enterochromaffinen Zellen der Schleimhaut **Serotonin** freigesetzt, das spezifische Serotoninrezeptoren an den Endigungen von afferenten Vagusfasern und an afferenten Fasern des sympathischen N. splanchnicus aktiviert: **5-HT$_3$-Rezeptoren.** Über den N. vagus und den N. splanchnicus erreichen die Impulse dann das Brechzentrum in der Medulla oblongata. Hier werden sie auf den efferenten Schenkel des Brechreflexes umgeschaltet. Erbrechen kann nicht nur durch Irritation der gastrointestinalen Schleimhäute, sondern auch durch eine Reizung der **Chemosensoren-Triggerzone** im Gehirn am Boden des IV. Ventrikels (Area postrema) eingeleitet werden. Apomorphin z. B. löst Erbrechen durch direkte Stimulation dieser Triggerzone aus. Auch hier wird das Erbrechen vermutlich durch die Aktivierung von 5-HT$_3$-Serotonin-Rezeptoren vermittelt.

Brechakt

Das Erbrechen beginnt mit einer antiperistaltischen Phase von einigen Minuten, die, ausgehend vom Ileum, den Darminhalt in Richtung Duodenum und Magen verschiebt. Hierdurch entsteht eine Überdehnung von Magen und Duodenum, die den eigentlichen Brechakt auslöst.

7.3.6 Dünn- und Dickdarm

7.3.6.1 Dünndarm

Im Dünndarm wird der Speisebrei des Magens (Chymus) mit den Sekreten von Bauchspeicheldrüse und Leber (Galle) vermischt. Dies ist die Voraussetzung für eine adäquate Verdauung der Nahrung und eine Resorption der Nahrungsbestandteile, die zum größten Teil im Dünndarm stattfindet. Außerdem wird der Darminhalt in Richtung Kolon transportiert. Diesem Transport dienen propulsive und nichtpropulsive Peristaltikwellen (► Abb. 7.1).

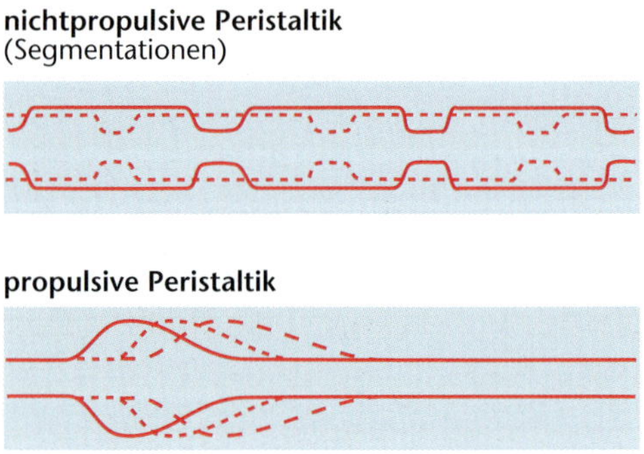

Abb. 7.1 Propulsive und nichtpropulsive Peristaltik.

Nichtpropulsive Peristaltik

Nichtpropulsive, rhythmische Segmentations- und Pendelbewegungen, die den Darminhalt durchmischen, treten vorwiegend in der sog. digestiven Phase der Dünndarmmotorik, d. h. bei Füllung des Dünndarms mit Nahrungsbrei, auf. Die Frequenz dieser rhythmischen Segmentationsbewegungen nimmt vom Duodenum (16/min) bis zum Ileum (10/min) kontinuierlich ab.

Propulsive Peristaltik

Die propulsive Peristaltik im Dünndarm wird überwiegend durch das enterische Darmnervensystem (► Kap. 7.3.1.1), vor allem durch den Plexus myentericus (Auerbach), gesteuert. Dieser hemmt mit seinem Überträgerstoff Acetylcholin die glatte Ringmuskulatur der Darmwand. An einer propulsiven Peristaltikwelle sind 3 Reflexe beteiligt:

- Die Dehnung der Darmmukosa durch Speisebrei führt auf der aboralen (analwärts gelegenen) Seite zu einer Erschlaffung der Ringmuskulatur.
- Parallel hierzu kontrahiert sich im gleichen Darmsegment die Längsmuskulatur.
- Durch eine Kontraktion der Ringmuskulatur im oralwärts gelegenen Segment wird dem Darminhalt der Rückweg abgeschnitten.

Für die Kontraktion der Ringmuskulatur ist das **vasoaktive intestinale Peptid** (VIP) verantwortlich, das die cholinerge Hemmung des Plexus myentericus aufhebt. Die Kontraktion der Längsmuskulatur wird durch **Acetylcholin** ausgelöst.

Wandernder myoelektrischer Motorkomplex (MMC)

Auch zwischen den Mahlzeiten, wenn in Magen und Dünndarm nur noch Speisereste vorhanden sind, lassen sich gezielte motorische Aktivitäten der Darmmuskulatur beobachten; man spricht vom interdigestiven wandernden („migrierenden") myoelektrischen Motorkomplex (MMC). Der MMC setzt 4–5 Stunden nach einer Mahlzeit ein. Ihm gehen eine Ruhephase und eine Phase ungeordneter Kontraktionen voraus. Er ist charakterisiert durch Wellen einer starken propulsiven Peristaltik, die vom Magen bis zum Ileum ziehen. Gleichzeitig ist die Sekretion der Verdauungssekrete in Magen und Pankreas gesteigert. Der MMC ist eine Eigenaktivität des intrinsischen Darmnervensystems. Er wird durch das gastrointestinale Peptid **Motilin** gesteigert (s. ► Tab. 7.9). Dem MMC, der bei ausbleibender Nahrungsaufnahme alle 90–120 Minuten auftritt, dürfte eine Reinigungsfunktion zukommen.

Klinik

Jede Erkrankung, die mit einer Störung der propulsiven Peristaltik und speziell des MMC einhergeht, hat eine **verstärkte pathologische Bakterienbesiedlung** des Dünndarms zur Folge. Die Bakterien dekonjugieren die im Darmlumen befindlichen Gallensäuren. Der hierdurch entstehende Gallensäuremangel führt zu einer verminderten Fettresorption (► Kap. 7.4.5.2), die in Fettstühlen (Steatorrhö) klinisch sichtbar wird. Das **Antibiotikum Erythromycin** fördert als Motilinagonist die Ausbildung von MMC-Wellen. Diese Wirkung erklärt die gastrointestinalen Nebenwirkungen von Erythromycin: Übelkeit, Diarrhö, Erbrechen, Darmkoliken.

Das extrinsische Darmnervensystem hat auf die Steuerung der Dünndarmmotorik nur wenig Einfluss.

Transitzeit

Die durchschnittliche Passagegeschwindigkeit im Dünndarm liegt zwischen 1 und 4 cm/min. Insgesamt erreicht der Darminhalt nach 2–10 Stunden das Zäkum. Kohlenhydratreiche Nahrung wird am schnellsten, proteinreiche mittelschnell und fettreiche am langsamsten transportiert.

Am Übergang vom Ileum zum Zäkum findet sich eine Zone hohen Drucks, die zusammen mit der Ileozäkalklappe den Übertritt des Darminhalts vom Ileum ins Zäkum kontrolliert. Dieser „Sphinkter" hat eine Ventilwirkung und schützt vor dem Rückfluss von Zäkuminhalt in den Dünndarm.

7.3.6.2 Dickdarm

Der Dickdarm dient hauptsächlich der Rückresorption von Wasser und Elektrolyten aus dem Chymus sowie der Speicherung und Ausscheidung des restlichen, nicht verwertbaren Darminhalts als Kot.

Kontrolle der Motorik

Die Dickdarmmotorik steht stärker als die des Dünndarms unter der Kontrolle des autonomen extrinsischen Nervensystems: Eine Aktivierung des Parasympathikus stimuliert die Kolonmotorik, der Sympathikus hemmt sie (► Kap. 14.4.2.2). Daneben ist aber auch die Aktivität des enterischen Darmnervensystems, vor allem die Hemmwirkung des Plexus myentericus (Auerbach) auf die Ringmuskulatur, entscheidend.

Klinik

Beim **Morbus Hirschsprung** fehlen anlagebedingt in einem umschriebenen Segment des Rektums die Ganglienzellen des Plexus myentericus. Folge ist eine Dauerkontraktion dieses Segments, die zu einem praktisch vollständigen Stuhlverhalt mit Ausbildung eines enorm vergrößerten Kolons führt: kongenitales Megakolon.

Peristaltik

Als Peristaltik überwiegt eine nichtpropulsive Mischperistaltik, bei der sich jeweils nur ein oder zwei benachbarte Haustren kontrahieren. Die Fortbewegung des Darminhalts wird vor allem durch ein- oder zweimal täglich ablaufende propulsive Massenbewegungen sichergestellt, die den Chymus in einer propulsiven Peristaltikwelle vom Transversum bis zum Sigma befördern: **Holzknecht-Bewegungen.** Die Einleitung dieser Massenbewegung wird durch den gastrokolischen und den duodenokolischen Reflex gefördert. Ausgelöst werden diese Reflexe durch Dehnung von Magen und Duodenum bei der Nahrungsaufnahme. Auch die basale Mischperistaltik des Kolons wird durch die Nahrungsaufnahme reflektorisch gesteigert.

Gelangt der Stuhl ins Rektum, wird der über den Parasympathikus gesteuerte Defäkationsreflex ausgelöst (► Kap. 14.4.2.2).

Transitzeit

Die Transitzeit des Chymus im Kolon liegt bei der typischen faserstoffarmen westlichen Mischdiät bei 2–3 Tagen. Faserreiche Nahrung beschleunigt die Darmpassage.

Merke

Passagezeiten:
- Dünndarm 2–10 Stunden
- Kolon 2–3 Tage

7.3.7 Ileus

Ätiologie

Der Ileus (Darmverschluss) ist eine akut lebensbedrohliche Erkrankung. Er kann durch mechanische Verlegung des Darmlumens, z. B. durch postoperative Verwachsungsstränge (Briden), entstehen (mechanischer Ileus) oder durch metabolische (z. B. Hypokaliämie) bzw. toxische Einflüsse (z. B. Bauchfellentzündungen) ausgelöst werden (funktioneller oder paralytischer Ileus).

Pathophysiologie

Der Verschluss des Darmlumens in Dünn- oder Dickdarm führt zur Ansammlung von Darminhalt und Darmgasen. Durch vermehrtes Bakterienwachstum entstehen Toxine; die gedehnte Darmwand wird schlechter durchblutet und durch die Hypoxie geschädigt. Dies führt zum Austritt von Flüssigkeit durch die geschädigte Darmschleimhaut. Der ständige Flüssigkeitsverlust in den Darm hat relativ rasch (innerhalb von Stunden) Auswirkungen auf den Gesamtkreislauf: Der Blutdruck fällt ab. Hierdurch wird die Durchblutung der Darmwand zusätzlich reduziert und es entsteht ein Circulus vitiosus. Ohne Behandlung resultiert ein hypovolämischer Schock (► Kap. 4.3.4.3).

7.4 Sekretion

7.4.1 Grundlagen der gastrointestinalen Sekretion

7.4.1.1 Synthese der Verdauungssekrete

Die Verdauungssekrete werden in spezialisierten Drüsenzellen gebildet. Diese verfügen im basalen Zellbereich über eine Vielzahl von Mitochondrien, in denen das ATP produziert wird, das für die Energie verbrauchende Sekretion nötig ist. Die Synthese der Verdauungssekrete vollzieht sich im endoplasmatischen Retikulum. Die diesem anhaftenden Ribosomen setzen als multikatalytische Einheiten den genetischen Code der Messenger-RNA in die Aminosäuresequenz der zu synthetisierenden Proteine um. Aus dem endoplasmatischen Retikulum gelangen die Sekrete in die Vakuolen des Golgi-Apparats, wo sie verschiedenen Modifikationen unterworfen werden, bevor sie als sekretorische Vesikel in der Nähe der apikalen **Zellmembran gespeichert werden.**

7.4.1.2 Exozytose

Neurale oder humorale Signale führen dann zu einer Freisetzung der Vesikel. Dabei erhöht sich die Ca^{2+}-Permeabilität der Zellmembran, Calcium strömt in die Zelle ein. **SNARE-Komplexe** (= Soluble N-ethylmaleimide-sensitive-Factor Attachment Receptor) auf der Vesikelmembran und auf der Zellmembran vermitteln die Verschmelzung der beiden

Tab. 7.4 Verdauungssäfte

Sekret	ml/Tag	pH-Wert
Speichel	1.000	6,0–7,0
Magensaft	1.500	1,0–3,5
Pankreassaft	1.000	8,0–8,3
Galle	1.000	7,8
Dünndarmsekrete	1.800	7,5–8,0
Sekrete der Brunner-Drüsen	200	8,0–8,9
Dickdarmsekrete	200	7,5–8,0
Insgesamt	**6.700**	

Membranen, sodass der Vesikelinhalt nach außen abgegeben werden kann. Auf diese Weise werden im Verdauungstrakt pro Tag etwa 6.700 ml Verdauungssäfte produziert und sezerniert (► Tab. 7.4).

7.4.2 Speicheldrüsen

7.4.2.1 Vegetative Steuerung

Täglich wird von Glandula parotis, Glandula submandibularis und Glandula sublingualis etwa 1 Liter Speichel produziert. Die Glandula parotis ist eine seröse Drüse, die einen protein- und elektrolythaltigen Speichel herstellt. Glandula submandibularis und Glandula sublingualis sind gemischte Drüsen und sezernieren zusätzlich Mukopolysaccharide (Schleim).
Die Speichelsekretion wird von vegetativen Zentren in der Medulla gesteuert:

- Aktivierung des **Parasympathikus** führt zur vermehrten Produktion eines proteinarmen, serösen Speichels.
- Aktivierung des **Sympathikus** führt zur Sekretion von dickflüssigem, mukösem Speichel aus Glandula sublingualis und Glandula submandibularis (nicht aber aus der Glandula parotis).

7.4.2.2 Ionentransport und Speichelproduktion

Primärspeichel

Der in den Drüsenazini gebildete Speichel (Primärspeichel) ist zunächst blutisoton (290 mosmol/l). Die treibende Kraft der Speichelproduktion ist eine klassische Na^+-K^+-ATPase (► Kap. 1.4.2.4) in der dem Blut zugewandten (basalen) Zellmembran der Azinuszellen. Entlang dem von dieser ATPase aufgebauten Na^+-Gradienten werden Na^+, Cl^- und K^+-Ionen von den Zellen der Drüsenazini über einen Na^+-K^+-$2Cl^-$-Cotransport (NKCC-Symport) aus dem Blut in die Zelle aufgenommen. Chlorid wird anschließend sekundär aktiv über einen **CFTR-Cl^--Kanal** in das Azinuslumen sezerniert (► Kap. 1.4.2.3, Mukoviszidose). Natrium und Wasser folgen passiv auf parazellulärem Weg, Kalium verlässt die Azinuszelle wieder in Richtung Blutraum. In den Ausführungsgängen sinkt die Osmolarität des so gebildeten Primärspeichels auf bis zu 50 mosmol/l ab, da Na^+-Ionen aktiv und Cl^--Ionen passiv resorbiert werden, während die Ausführungsgänge für Wasser wenig permeabel sind. Diese Na^+-Resorption ist aldosteronabhängig (► Kap. 10.5.2). Zusätzlich werden in den Ausführungsgängen geringe Mengen von K^+ und HCO_3^- in den Speichel abgegeben (► Abb. 7.2).

Speichelzusammensetzung

Die endgültige Osmolalität und die Zusammensetzung des Speichels sind von der Sekretionsrate abhängig. Mit steigender Sekretionsrate kommt es zu den folgenden Veränderungen:

- Die Na^+- und Cl^--Konzentrationen im Speichel steigen an, da die zur Rückresorption dieser Ionen zur Verfügung stehende Zeit abnimmt.
- Die Osmolalität des Speichels erhöht sich dadurch.
- Die K^+- und HCO_3^--Konzentrationen sinken ab, da die zur Sekretion zur Verfügung stehende Zeit gleichfalls reduziert ist.

Der pH-Wert des Speichels liegt normalerweise zwischen 6 und 7. Speichel enthält Makromoleküle des spezifischen Immunsystems (Immunglobuline, vor allem IgA) und des unspezifischen Immunsystems (Lysozym).
Das wichtigste Enzym ist die α-Amylase, die vor allem von der Glandula parotis ausgeschieden wird und α-1,4-glykosidische Bindungen (z. B. von Stärke) hydrolysieren kann. Diese Speichelamylase hat ihr Wirkoptimum bei einem pH von 6,9; bei pH-Werten unter 4 (z. B. im Magen) ist sie vollständig inaktiviert.
Neben der α-Amylase findet man im Speichel auch eine saure Lipase, die vor allem bei Neugeborenen aber z. T. auch bei Erwachsenen nicht unerheblich zur Fettverdauung beiträgt.

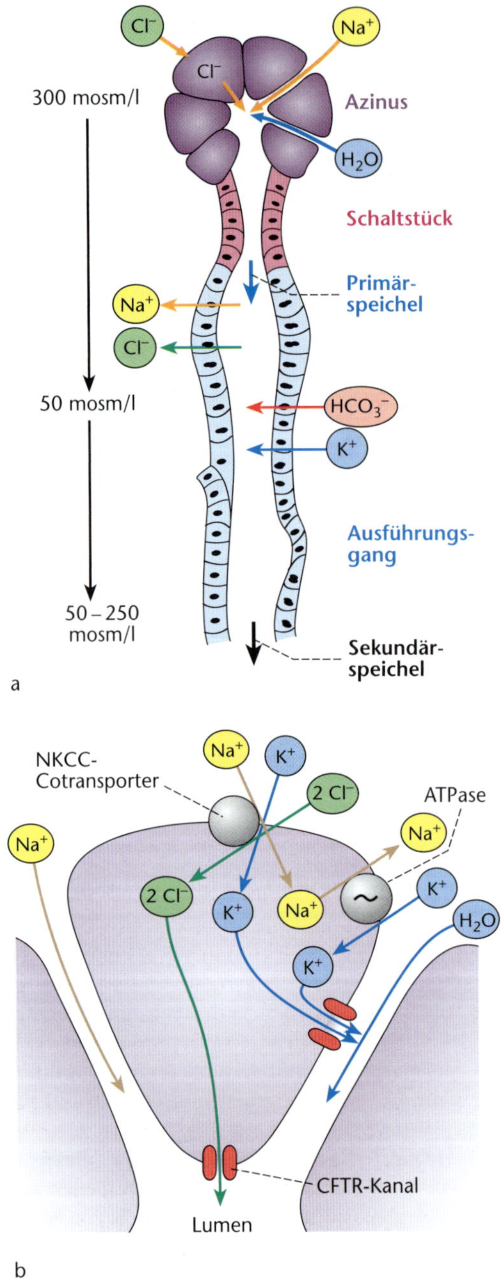

Abb. 7.2 Elektrolyttransporte bei der Speichelbildung. **a:** Vorgänge in der Speicheldrüse im Überblick. **b:** Pumpensysteme im Azinus. Erklärung s. Text.

> **Merke**
>
> Hohe Speichelsekretionsrate:
> - Anstieg von Na^+ und Cl^- im Speichel
> - Abfall von K^+ und HCO_3^- im Speichel

7.4.3 Magen

> **Lerntipp**
>
> Heiß geliebt vom IMPP: die Magensaftsekretion und ihre Steuerung. Vor allem die Einflüsse auf die Gastrinsekretion (► Abb. 7.4) sollten sitzen.

7.4.3.1 Funktionelle Anatomie

Nach der Verteilung der sezernierenden Magendrüsen lassen sich 3 Magenregionen unterscheiden:

- **Kardiaregion:** tubuläre, stark geschlängelte Schleimdrüsen, die alkalischen Schleim produzieren
- **Fundus-Korpusregion:** Schleim bildende Nebenzellen, Säure produzierende Belegzellen und Pepsinogen produzierende Hauptzellen
- **Pylorus-Region:** Gastrin produzierende G-Zellen und einfach verzweigte tubuläre Schleimdrüsen

7.4.3.2 Salzsäuresekretion

Belegzellen

Die Salzsäureproduktion und -sekretion ist Aufgabe der Belegzellen in Fundus und Korpus der Magenschleimhaut, die eine isotone Lösung von 0,15-molarer Salzsäure mit einem pH von 0,8 sezernieren.

Ionentransport bei der Salzsäureproduktion

Charakteristisch für die Belegzellen sind die intrazellulären Canaliculi, die mit Mikrovilli besetzt sind. In diesen Mikrovilli sitzt das Schlüsselenzym der Salzsäuresekretion, die Energie verbrauchende **H^+-K^+-ATPase.** Sie sezerniert ein Proton ins Magenlumen und nimmt dafür ein K^+-Ion in die Zelle auf. Das Proton entsteht intrazellulär aus der Dissoziation von Kohlensäure, die mithilfe von Carboanhydrase aus H_2O und CO_2 gebildet wurde. Das anfallende Bicarbonat wird im Austausch gegen Chlorid über den Cl^-/HCO_3^--Antiport aus der Belegzelle ins Blut abgegeben. Das in die Zelle aufgenommene Chlorid gelangt über

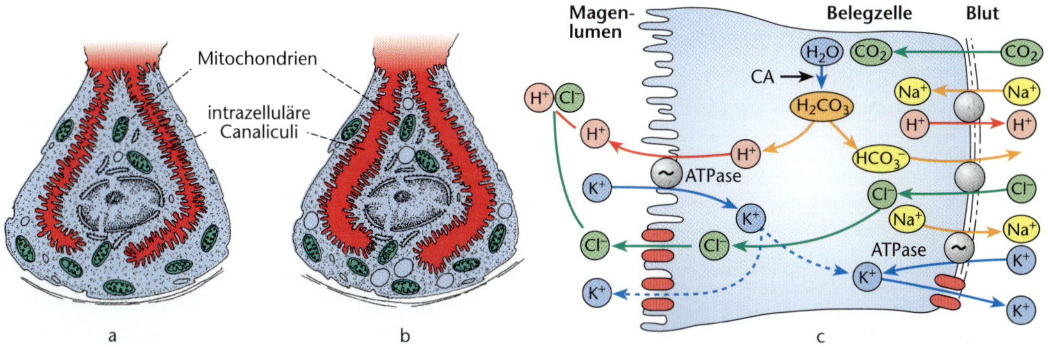

Abb. 7.3 Belegzelle und Salzsäureproduktion. **a:** Belegzelle der Magenschleimhaut im Ruhezustand. **b:** Stimulierte Belegzelle. **c:** Mechanismus des Salzsäuretransports. CA = Carboanhydrase.

Chloridkanäle an der luminalen Zellseite ins Magenlumen (► Abb. 7.3). Die durch diese Mechanismen aufgebaute H^+-Konzentration im Magenlumen liegt um den Faktor 10^6 höher als die H^+-Konzentration im Zellinneren.
Die Entstehung von Kohlensäure in der Belegzelle wird durch die Carboanhydrase katalysiert. Eine Hemmung der Carboanhydrase (z. B. durch Acetazolamid) hemmt somit auch die H^+-Ionen-Produktion der Belegzelle.

Klinik

Die H^+-K^+-ATPase an der luminalen Wand der Belegzellen kann durch **Protonenpumpeninhibitoren** wie z. B. Omeprazol irreversibel gehemmt werden. Die dadurch verminderte Salzsäuresekretion des Magens fördert die Abheilung eines Magengeschwürs oder einer Refluxösophagitis (Sodbrennen). Protonenpumpenhemmer sind weltweit eine der am meisten verkauften Medikamentengruppen!

7.4.3.3 Bicarbonatsekretion

Die **Nebenzellen** der Magenschleimhaut produzieren ein bicarbonatreiches, alkalisches Sekret. Dieses alkalische Sekret bildet zusammen mit dem im Magen reichlich sezernierten Schleim eine dünne alkalische Schleimschicht als Schutzfilm auf der Oberfläche der Magenschleimhaut. Dadurch beträgt der pH-Wert an der Zelloberfläche nicht 2 (wie im Magenlumen), sondern etwa 7.

7.4.3.4 Pepsinogensekretion

Pepsinogen, die inaktive Vorstufe des proteolytischen Enzyms Pepsin, wird von den **Hauptzellen** sezerniert. Es gibt mindestens 8 Pepsinogenvarianten, die jedoch alle durch Salzsäure und vor allem durch die Kombination von Salzsäure und bereits vorhandenem Pepsin aktiviert werden. Das Wirkoptimum von Pepsin liegt im pH-Bereich zwischen 1,8 und 3,5. Bei einem pH-Wert > 5 ist es nicht mehr proteolytisch wirksam.
Die Pepsinogensekretion unterliegt den gleichen Steuerungen wie die HCl-Sekretion.

7.4.3.5 Sekretion von Intrinsic-Faktor

Außer Salzsäure sezernieren die Belegzellen noch den **Intrinsic-Faktor,** ein Glykoprotein, das zusammen mit einem weiteren Protein, dem **R-Protein** (= Haptocorrin), für die Vitamin-B_{12}-Resorption im Ileum unverzichtbar ist. Vitamin B_{12} aus der Nahrung bindet im Magen zunächst an das R-Protein. Durch Pankreasenzyme wird diese Verbindung im oberen Dünndarm gespalten und Vitamin B_{12} geht einen Komplex mit dem Intrinsic-Faktor ein. Dieser bindet dann an ein spezielles Rezeptormolekül im Ileum und wird so ins Blut aufgenommen.
Ein **Vitamin-B_{12}-Mangel** ist fast nie durch Mangelernährung bedingt. Nur bei jahrelang durchgehaltener streng vegetarischer Diät (ohne Milch und Fleisch) wird meist zu wenig Vitamin B_{12} aufgenommen.

Klinik

Ein Vitamin-B_{12}-Mangel kann nach einer **Operation** entstehen, bei welcher der Magen (Produktionsort des Intrinsic-Faktors) oder das Ileum (Resorptionsort) entfernt wurde.
Auch eine **chronisch atrophische Gastritis** mit Zerstörung der den Intrinsic-Faktor produzierenden Belegzellen hat häufig einen Vitamin-B_{12}-Mangel zur Folge.
Sehr selten ist er Folge eines **Transcobalaminmangels** (Transportprotein für Vitamin B_{12} im Blut).
Klinisch äußert sich der Vitamin-B_{12}-Mangel zunächst als Blutarmut: **perniziöse Anämie.** Die Reifung von Erythrozyten, Leukozyten und Thrombozyten ist gestört. Neurologisch stehen Entmarkungssymptome in den Hintersträngen (Ataxie) und in der Pyramidenbahn (Lähmungen) im Vordergrund: **funikuläre Myelose.** Zusätzlich entwickelt sich eine Polyneuropathie mit brennenden Missempfindungen an Händen und Füßen.

Merke

- Belegzellen: Sekretion von Salzsäure und Intrinsic-Faktor
- Nebenzellen: Bicarbonatsekretion
- Hauptzellen: Pepsinsekretion

7.4.3.6 Gastrinsekretion

Die **G-Zellen** des Antrums sezernieren das Hormon Gastrin (► Abb. 7.4), ein Polypeptid, das ein starker Stimulus der HCl-Freisetzung aus den Belegzellen ist. Zu seinem Wirkort, den Belegzellen, gelangt Gastrin auf dem Blutweg. An den Belegzellen bindet Gastrin an ein G-Protein und aktiviert so die IP_3-Kaskade (► Kap. 1.7.2).
Somatostatin (= SIH, Somatotropin Inhibiting Hormone), das von den δ-Zellen des Pankreas gebildet wird (► Kap. 10.7.3, ► Tab. 7.9), hemmt die Gastrinsekretion, die Sekretion von Pankreasenzymen und Pankreashormonen (Insulin und Glucagon) sowie die Motilität des Magen-Darm-Trakts und der Gallenblase. Somatostatin bremst dadurch die Verdauungsaktivität (zur Hemmwirkung von Somatostatin auf die Sekretion des Wachstumshormons GH ► Kap. 10.3.2.4).

Klinik

Ein **Gastrinom** ist ein meist maligner Tumor, der unkontrolliert Gastrin bildet und der in 80 % der Fälle im Pankreas liegt. Durch die Gastrinüberproduktion kommt es

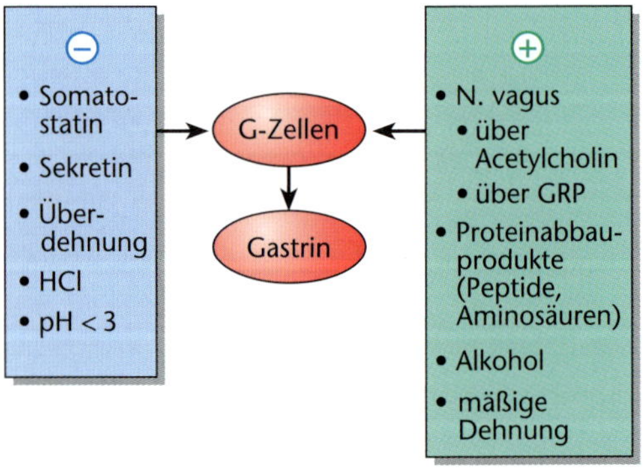

Abb. 7.4 Gastrinsekretion: fördernde und hemmende Einflüsse. GRP = Gastrin Releasing Peptide.

zum sog. Zollinger-Ellison-Syndrom mit rezidivierenden und therapieresistenten Ulzera in Magen und Dünndarm.

7.4.3.7 Steuerung der Magensaftsekretion

Phasen

Im Nüchternzustand schöpft der Magen nur 10 % seiner Sekretionskapazität aus. Im Rahmen der Nahrungsaufnahme kommt es zur Stimulation der Magensaftsekretion, wobei sich 3 typische Phasen unterscheiden lassen:

- **Zephalische Phase:** Bereits durch Anblick und Geruch des Essens steigt (über den N. vagus vermittelt) die Magensaftsekretion. Die Hälfte des insgesamt bei der Nahrungsaufnahme produzierten Magensaftes wird in dieser Phase sezerniert. Die Wirkung des N. vagus wird auf zwei Wegen vermittelt: Direkte Aktivierung von muscarinergen Rezeptoren an den Belegzellen und Freisetzung von Gastrin Releasing Peptide (GRP), das über die Stimulierung von G-Zellen die Gastrinsekretion fördert.
- **Gastrale Phase:** Die Dehnung des Magens führt über den N. vagus zu einer Stimulation der Magensaftsekretion. Chemische Reize von Nahrungsmitteln, besonders Eiweißabbauprodukte (Peptide, Aminosäuren) sowie Alkohol und Koffein, fördern die Gastrinfreisetzung und steigern so ebenfalls den Magensaftausstoß.
- **Intestinale Phase:** Auch Dehnung und Eiweißabbauprodukte im Dünndarm können die Magensaftsekretion stimulieren. Insgesamt

überwiegt jedoch in der intestinalen Phase die Hemmung der Magensaftausschüttung durch ein saures Milieu (pH < 3) oder die Anwesenheit von Fetten und hyperosmolarem Speisebrei im Dünndarm. Aufgrund dieser beiden Stimuli werden die intestinalen Hormone **Sekretin** und **Bulbogastron** aus der Dünndarmschleimhaut freigesetzt, welche die Magensaftsekretion reduzieren.

Beeinflussung der Belegzellen

Auf der Ebene der Belegzelle wird die HCl-Sekretion durch Acetylcholin (N. vagus), Histamin (ECL-Zellen = Enterochromaffin-like Cells) und Gastrin (G-Zellen) gesteigert. Für jede dieser 3 Substanzen finden sich spezifische Rezeptoren an der Oberfläche der Belegzellen (► Abb. 7.5):

- Muscarinerge M_3-Acetylcholinrezeptoren (IP_3-vermittelt, ► Kap. 14.3.2.1)
- H_2-Histaminrezeptoren (cAMP-vermittelt)
- CCK_B-/Gastrinrezeptoren (IP_3-vermittelt)

Zwischen Gastrin- und Histaminrezeptor besteht eine obligate Wechselwirkung, d. h., die HCl-Freisetzung wird nur stimuliert, wenn beide Rezeptoren aktiviert werden. Auch zwischen Acetylcholin- und Histaminrezeptor besteht eine solche Wechselwirkung, die allerdings nicht obligat ist, d. h., auch bei getrennter Stimulation wird HCl freigesetzt, wenn auch in geringerem Ausmaß als bei gleichzeitiger Aktivierung.

Somatostatin und Prostaglandin E_2 hemmen die Adenylatcyclaseaktivität der Belegzellen und dadurch die HCl-Sekretion.

Klinik

Für eine optimale Stimulation der Belegzelle ist eine gemeinsame Aktivierung von H_2- und Gastrinrezeptoren erforderlich. Deshalb lässt sich mit Pharmaka, die isoliert die H_2-Rezeptoren blockieren (**H_2-Rezeptoren-Blocker,** z. B. Cimetidin), bereits eine deutliche Reduktion der Magensäuresekretion erreichen (Therapie von Sodbrennen oder Magengeschwüren).

pH-Wert

Die Salzsäuresekretion wird durch einen niedrigen pH-Wert im Magen gehemmt. Auch ein niedriger pH-Wert im Duodenum und ein hoher Fettgehalt in diesem Bereich bremsen die Salzsäuresekretion, da hierdurch gastrointestinale Peptidhormone (Sekretin, GIP, VIP, Somatostatin, s. ► Tab. 7.9) freigesetzt werden, welche die Belegzellen hemmen.

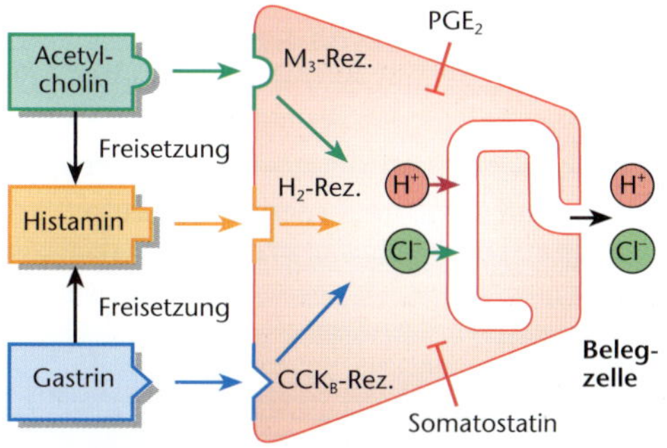

Abb. 7.5 Rezeptorenbesetzung der Belegzelle.

Merke

- Gesteigerte Salzsäuresekretion durch:
  - Acetylcholin
  - Histamin
  - Gastrin
- Verminderte Salzsäuresekretion durch:
  - pH-Wert ↓ in Magen und Duodenum
  - Fettgehalt ↑ im Duodenum
  - Somatostatin
  - Sekretin
  - Prostaglandin E_2

7.4.3.8 Schutzmechanismen der Magenschleimhaut

Mukosabarriere

Interzelluläre Tight Junctions machen die Magenschleimhaut unter normalen Bedingungen undurchdringlich für die ins Magenlumen sezernierten Protonen: Mukosabarriere. Ausdruck der Intaktheit der Mukosabarriere ist eine Potenzialdifferenz zwischen Magenlumen (negativ) und Schleimhaut (positiv) von etwa 50 mV. Verschiedene Stoffe wie Gallensäuren, Acetylsalicylsäure oder Alkohol können jedoch die Integrität dieser Mukosabarriere zerstören und eine Rückdiffusion von Protonen in die Zellen der Magenschleimhaut ermöglichen, wo diese dann zellschädigende Entzündungsvorgänge auslösen: Gastritis.

Weitere Schutzfaktoren

Zwei weitere durch Prostaglandin E_2 geförderte Faktoren schützen die Magenschleimhaut:

- Ausreichende Schleimhautdurchblutung
- Alkalischer Film aus von den Nebenzellen sezerniertem HCO_3^- und Muzinen (Schleim)

Klinik

Magen- und Zwölffingerdarmgeschwüre (Ulcus ventriculi und Ulcus duodeni) sind häufige Erkrankungen. Aufgrund einer Schädigung der Magenschleimhaut durch „Selbstverdauung" liegt die unter der Schleimhaut befindliche Submukosa frei. Ein Geschwür entsteht, wenn die protektiven Faktoren (neutralisierender Magenschleim) den aggressiven Faktoren (Salzsäure, Pepsin, Alkohol, Nikotin) unterlegen sind. Die Besiedlung mit Helicobacter-pylori-Bakterien macht die Magenschleimhaut anfälliger für die Magensäure und ist die häufigste Ursache für Ulcera ventriculi und Ulcera duodeni. Therapie der Wahl ist die Eradikation von Helicobacter pylori bei gleichzeitiger Reduktion der Salzsäuresekretion durch die kombinierte Gabe von Antibiotika und einem Protonenpumpeninhibitor.
Helicobacter-negative Ulcera sind in den meisten Fällen durch Einnahme von Acetylsalicylsäure oder nichtsteroidalen Antirheumatika bedingt, welche die Synthese der protektiven Prostaglandine in der Magenschleimhaut hemmen (► Kap. 10.8.5).

7.4.4 Pankreas

7.4.4.1 Zusammensetzung des Pankreassekretes

Das alkalische Pankreassekret (1 Liter/Tag) besteht aus Bicarbonat und den Pankreasenzymen (► Tab. 7.5).

Bicarbonat wird von den Epithelien der Pankreasgänge zusammen mit Na^+-Ionen durch einen aktiven Transportmechanismus sezerniert.

Pankreasenzyme werden von den Azini der Bauchspeicheldrüse ausgeschieden. Sie sind überwiegend Hydrolasen, die Proteine, Stärke, Fette und Ribonukleinsäuren spalten können. **Trypsin** und **Chymotrypsin** werden in Form ihrer inaktiven Vorstufen als Trypsinogen und Chymotrypsinogen sezerniert. Durch die Einwirkung des von der Dünndarmmukosa produzierten Enzyms Enterokinase werden sie zu Trypsin und Chymotrypsin aktiviert, wobei Trypsin die Umwandlung weiterer inaktiver Proteasevorstufen katalysiert. So fördert Trypsin autokatalytisch die Umwandlung von Trypsinogen in Trypsin und auch die Umwandlung von Chymotrypsinogen in Chymotrypsin. Pankreaslipase, Pankreasamylase und die Ribonucleasen werden dagegen als bereits voll aktive Enzyme sezerniert.

Tab. 7.5 Enzyme des Pankreassaftes

Enzym	Angriffspunkt
Proteolytische Enzyme	
Endopeptidasen	„Innere" Peptidbindungen zwischen 2 benachbarten Aminosäuren
Exopeptidasen	„Äußere", terminale Peptidbindungen
Trypsin	Basische Reste von Proteinen und Polypeptiden
Chymotrypsin	Aromatische Reste von Proteinen und Polypeptiden
Elastase	Hydrophobe Reste von Elastin
Carboxypeptidasen (A und B)	C-terminale Aminosäuren von Proteinen
Amylasen	
α-Amylase	α-1,4-glykosidische Bindungen der Stärke
Lipolytische Enzyme	
Lipase	Esterbindungen von Triacylglyceriden
Phospholipase A	Esterbindungen von Phosphoglyceriden
Cholesterinase	Esterbindungen von Cholesterinestern
Nukleolytische Enzyme	
Ribonuclease	Phosphodiesterbindungen
Desoxyribonuclease	Phosphodiesterbindungen von DNA

7.4.4.2 Steuerung der Pankreassekretion

Die Pankreassekretion wird hauptsächlich von den beiden gastrointestinalen Hormonen Sekretin und Cholecystokinin (CCK) kontrolliert:

Sekretin

Sekretin stimuliert die Epithelien der Pankreasgänge zur Ausschüttung eines bicarbonatreichen, dünnflüssigen Sekrets. Diese Wirkung wird über Aktivierung der Adenylatcyclase und das cAMP-System vermittelt (► Kap. 1.7.1). Mit zunehmender Sekretionsrate steigt die Bicarbonatkonzentration im Pankreassaft, während die Chloridkonzentration zurückgeht. Die Chloridkonzentration im Pankreassekret kann dabei auf Werte um 30 mmol/l sinken, also weit unter die Chloridkonzentration im Plasma (110 mmol/l). Die Bicarbonatkonzentration liegt mit 125 mmol/l dagegen deutlich über der Plasmakonzentration von 24 mmol/l. Die Na^+-Konzentration bleibt unabhängig von der Sekretionsrate konstant. Mit einer Osmolalität von ca. 300 mosmol/kg ist der Pankreassaft isoton zum Blutplasma.

Cholecystokinin

Cholecystokinin stimuliert die Drüsenazini des Pankreas zur Bildung eines enzymreichen, dickflüssigen Sekretes.

Sonstige Faktoren

Daneben wirken auch das autonome Nervensystem sowie eine Reihe anderer gastrointestinaler Hormone auf die Pankreassekretion ein (► Abb. 7.6).

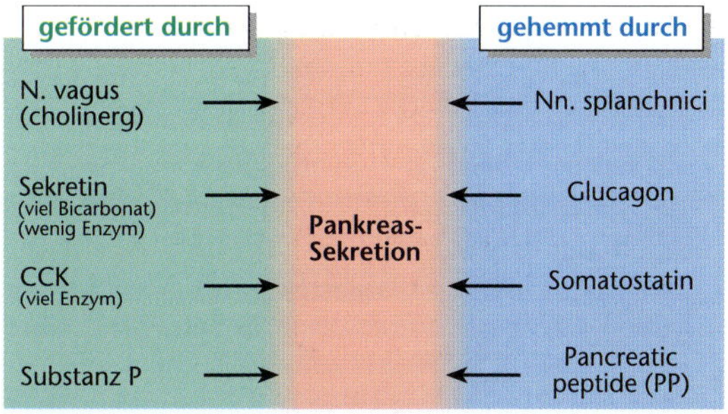

Abb. 7.6 Steuerung der Pankreassekretion.

Klinik

Wird Pankreasgewebe im Rahmen einer **chronischen Pankreatitis** zerstört, gehen Produktion und Ausscheidung der pankreatischen Verdauungsenzyme zurück: exokrine Pankreasinsuffizienz. In 60–80 % der Fälle ist ein chronischer Alkoholabusus die Ursache.
Auch im Rahmen einer **Mukoviszidose** kann sich eine Pankreatitis entwickeln: Der für die Mukoviszidose typische zähflüssige Schleim verstopft die Ausführungsgänge des Pankreas. Durch den Rückstau der Pankreasenzyme wird das Pankreasgewebe geschädigt, wodurch sich eine exokrine Pankreasinsuffizienz ausbildet.

7.4.5 Leber und Galle

7.4.5.1 Gallenbildung

Die Leber ist das wichtigste Stoffwechselorgan des Körpers. Sie produziert aber auch ein Verdauungssekret, die Galle, deren charakteristische Bestandteile die Gallensäuren (Cholsäure und Chenodesoxycholsäure) sowie der Gallenfarbstoff Bilirubin sind. Pro Tag wird von den Hepatozyten etwa 1 l Galle in die Gallengänge sezerniert. Neben Gallensäuren und Gallenfarbstoff enthält die Galle Cholesterin, Na^+-, K^+-, Ca^{2+}- und Bicarbonat-Ionen.

Leber- und Blasengalle Über das Gallengangsystem erreicht die Galle die Gallenblase, wo sie gespeichert und auf bis zu 20 % ihres Ursprungsvolumens eingedickt wird. Diese Gallenkonzentrierung in der Gallenblase beruht auf einem aktiven Auswärtstransport von Na^+- und Cl^--Ionen, denen Wasser passiv folgt. Die Konzentrationen der einzelnen Bestandteile in Lebergalle und Blasengalle sind deshalb unterschiedlich (► Tab. 7.6). In der Blasengalle sind im Vergleich zur Lebergalle die Gallensäuren am stärksten konzentriert.

Tab. 7.6 Leber- und Blasengalle

Bestandteil	Lebergalle [mmol/l]	Blasengalle [mmol/l]	Faktor
Gallensäuren	20	80	4
Bilirubin	1	5	5
Cholesterin	4	10	2,5
Lecithin	3	30	10
Na^+	145	130	0,9
K^+	5	9	1,8
Ca^{2+}	100	75	0,75
HCO_3^-	28	10	0,4

7.4.5.2 Aufgaben der Galle

Ausscheidung

Über die Galle werden Medikamente und Giftstoffe, aber auch z. B. Bilirubin als Abbauprodukt des Hämoglobinstoffwechsels ausgeschieden. Auch der Cholesterinhaushalt wird durch die Ausscheidung von Cholesterin mit der Galle reguliert.

Fettverdauung

Außerdem sind die Gallensäuren, die sowohl über hydrophile als auch über lipophile Gruppen verfügen, für die Fettverdauung unverzichtbar:

- Sie bilden zusammen mit Lecithin im Dünndarm aus den Nahrungsfetten eine **Emulsion,** wodurch diese Nahrungsfette für die Fett verdauenden Enzyme besser zugänglich werden.
- Die durch Lipolyse entstandenen Abbauprodukte der Nahrungsfette werden im Darmlumen in sog. **Mizellen** aus Gallensäuren transportiert (► Kap. 7.6.4.1). Hierbei handelt es sich um eine „Verpackung“ der Fette, bei denen die nach außen gerichteten hydrophilen Gruppen der Gallensäuren eine Lösung der Mizelle in Wasser ermöglichen, während die lipophilen Gruppen in Richtung der im Inneren der Mizelle gelegenen Fette weisen.

7.4.5.3 Ausschüttung der Galle ins Duodenum

Die Galle wird aus dem Zwischenspeicher der Gallenblase über die extrahepatischen Gallengänge ins Duodenum abgegeben. Der Schlüsselreiz für die Freisetzung der Galle aus der Gallenblase ist der Eintritt von fetthaltiger Nahrung ins Duodenum. Hierdurch wird Cholecystokinin sezerniert, das über eine lang anhaltende tonische Kontraktion und eine Reihe von phasischen Kontraktionen mit einer Frequenz von 2–6/min die Gallenblase entleert.

Auch über den N. vagus kann eine (schwache) Kontraktion der Gallenblase ausgelöst werden.

7.4.5.4 Enterohepatischer Kreislauf

Nach Resorption der Fette aus den Mizellen durch die Darmmukosa bleiben die Gallensäuren zunächst im Darmlumen zurück. 50 % der Gallensäuren werden anschließend passiv in Dünn- und Dickdarm aufgenommen.

Die aktive Rückresorption der Gallensäuren vollzieht sich (wie die von Vitamin B_{12}) im terminalen Ileum. Weniger als 10 % der über die Galle in den Darm abgegebenen Gallensäuren werden endgültig mit den Fäzes ausgeschieden (► Abb. 7.7). Die wiederaufgenommenen Gallensäuren gelangen über das Pfortaderblut erneut zur Leber, wo sie wieder in die Galle sezerniert werden können, sodass sich der Gallensäurekreislauf schließt. Je höher die Konzentration von Gallensäuren im Pfortaderblut, desto mehr Gallensäuren werden in die Leberzellen aufgenommen und anschließend in die Gallengänge sezerniert: **choleretische Wirkung** der Gallensäuren.

Wegen der relativ geringen Gesamtmenge an Gallensäuren von 2–4 g muss dieser enterohepatische Kreislauf in 24 Stunden 6- bis 10-mal durchlaufen werden, um ein ausreichendes Gallensäurenangebot zur Fettresorption im Dünndarm bereitzustellen.

Merke

Enterohepatischer Kreislauf: 90 % der Gallensäuren werden rückresorbiert.

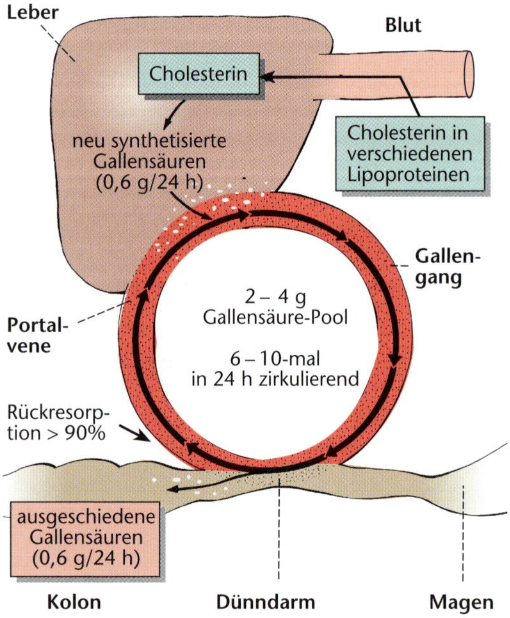

Abb. 7.7 Enterohepatischer Kreislauf der Gallensäuren.

7.4.5.5 Bilirubin

Der ebenfalls mit der Galle ausgeschiedene Gallenfarbstoff Bilirubin wird praktisch nicht aus dem Darm rückresorbiert. Durch Darmbakterien wird Bilirubin im terminalen Ileum und im Kolon zu Urobilinogen, Urobilin und Sterkobilin abgebaut. Von diesen Abbauprodukten werden etwa 20 % aus dem Darm resorbiert und gelangen zum größten Teil erneut in die Leber. Ein anderer Teil wird über die Niere ausgeschieden, wo das Urobilin für die typische Gelbfärbung des Urins verantwortlich ist.

7.4.6 Dünn- und Dickdarmsekrete, Darmflora, Stuhl

7.4.6.1 Sekrete von Dünn- und Dickdarm

Brunner-Drüsen

Die im ersten Abschnitt des Duodenums lokalisierten mukösen Brunner-Drüsen sezernieren auf Vagusreizung, Mukosadehnung oder Anregung durch Sekretin ein alkalisches Sekret, das vor allem den Bulbus duodeni vor dem sauren Magensekret schützt. Sympathische Stimulierung hemmt die Aktivität der Brunner-Drüsen.

Epithelzellen

Die Epithelzellen der Lieberkühn-Krypten, die sich im gesamten Dünndarmbereich finden, sezernieren pro Tag etwa 1,8 l Flüssigkeit, die in ihrer Zusammensetzung der Extrazellularflüssigkeit entspricht. Auf diese Weise entsteht im Dünndarm ein wässriges Medium, das für die Resorption der Nahrungsbestandteile wichtig ist.

Klinik

Das gramnegative Bakterium Vibrio cholerae produziert das Choleratoxin, welches u. a. den Einbau von CFTR-Chlorid-Kanälen in die Darmmukosa fördert. Dadurch gehen dem Körper bis zu 1 l NaCl-haltiges Sekret pro Stunde über den Darm verloren. Diese Wirkung wird über einen erhöhten cAMP-Gehalt der Zelle vermittelt (▸ Kap. 1.7.1).

Im Dickdarm sezernieren die Darmepithelzellen fast ausschließlich Schleim, der einen hohen Gehalt an Bicarbonat aufweist.

7.4.6.2 Darmflora

Das Kolon ist physiologischerweise von verschiedenen Bakterienspezies (u. a. Bifidus und Bacteroides) besiedelt: 10^{10}–10^{12} Bakterien pro ml Darminhalt. Diese produzieren durch ihre Stoffwechselaktivität einige vom menschlichen Organismus verwertbare Substanzen wie z. B. Vitamin K, Vitamin B_{12}, Thiamin und Riboflavin. Das von den Darmbakterien produzierte Vitamin K ist besonders wichtig, da die mit der Nahrung aufgenommene Menge oft nicht ausreicht. Das von den Darmbakterien im Kolon ebenfalls synthetisierte Vitamin B_{12} kann vom Organismus nicht in ausreichendem Maße resorbiert werden, sodass eine externe Zufuhr von Vitamin B_{12} erforderlich ist (▸ Kap. 7.4.3.5).

Klinik

Das durch den bakteriellen Abbau von Nahrungsproteinen im Darm entstehende **neurotoxische Ammoniak** (NH_3) wird aus dem Darm ins Blut resorbiert und beim Gesunden in der Leber entgiftet (u. a. im Harnstoffzyklus). Bei Patienten mit gestörter Leberfunktion (z. B. bei Leberzirrhose) ist diese Entgiftungsfunktion stark eingeschränkt. Nach Aufnahme proteinreicher Nahrung oder bei Blutungen in den Magen-Darm-Trakt (Proteinanteil des Hämoglobins) kann es daher bei diesen Patienten zu toxischen Symptomen im Bereich des ZNS kommen, die von Verwirrtheit über Benommenheit bis hin zum tiefen Koma gehen können: **hepatische Enzephalopathie.**

7.4.6.3 Gastrointestinale Gasbildung

Die Gasbildung im Kolon, die unter normalen Bedingungen etwa 600 ml/Tag beträgt, ist eine Folge der Aktivität der Darmbakterien. Die Gase, vorwiegend CO_2, H_2 und CH_4 (Methan), entstehen vor allem beim bakteriellen Celluloseabbau. Eine cellulosereiche Diät (Hülsenfrüchte) kann die Gasproduktion um das 10-Fache steigern.

7.4.6.4 Zusammensetzung des Stuhls

Stuhl besteht normalerweise zu 75 % aus Wasser. Die Trockenmasse enthält zwischen 10 und 20 % Fett, 30 % unverdaubare Nahrungsbestandteile (Ballaststoffe), 30–50 % abgestorbene Darmbakterien und 10–20 % anorganische Bestandteile. Der Stuhlgeruch entsteht durch die organischen Abbauprodukte Indol, Skatol, Mercaptan und Schwefelwasserstoff. Die typische Braunfärbung des Stuhls beruht auf der Anwesenheit von Sterkobilin, einem Abbauprodukt des Bilirubins.

Das Stuhlgewicht beträgt bei normaler mitteleuropäischer Kost 100–200 g/Tag.

7.4.7 Pathophysiologie: Gallensteine

7.4.7.1 Cholesterinsteine

Gallensteine sind sehr häufig und finden sich in westlichen Industrienationen bei etwa jeder 3. Frau und jedem 15. Mann. Sie bestehen in 90 % der Fälle aus Cholesterin. Normalerweise wird Cholesterin in der Galle durch Gallensäuren und Phospholipide in mizellärer Lösung gehalten. Während die normale Galle Gallensäuren, Phospholipide (Lecithin) und Cholesterin im Verhältnis von 60 : 30 : 10 enthält, herrscht in der Galle von Gallensteinträgern eine erhöhte Konzentration von Cholesterin und/oder eine erniedrigte Konzentration von Gallensäuren und Phospholipiden.

7.4.7.2 Bilirubinsteine

Selten finden sich auch Bilirubinsteine, vor allem bei Erkrankungen mit erhöhtem Anfall von Bilirubin, z. B. bei chronischen Hämolysen.

Klinik

Gallensteine machen sich durch Oberbauchschmerzen bemerkbar, die besonders nach fetthaltigen Mahlzeiten auftreten. Die Schmerzen entstehen dadurch, dass der Gallenfluss aus der Gallenblase durch die Steine gestört wird. Durch die Blockade des Gallenabflusses kann es zum Übertritt von Bilirubin ins Blut und dadurch zur Gelbfärbung der Skleren und der Haut kommen: **Ikterus.** Da zugleich das Bilirubinabbauprodukt Sterkobilin im Darm nicht mehr gebildet werden kann, ist der Stuhl bei einem solchen Verschlussikterus tonfarben oder vollständig entfärbt.

7.5 Aufschluss der Nahrung

Kohlenhydrate, Fette und Eiweiße können nicht als solche in den Körper aufgenommen werden, sondern müssen zerlegt werden, um die Darmmukosa passieren zu können.

Dieser Aufschluss der Nahrung beruht bei Kohlenhydraten, Fetten und Eiweißen gleichermaßen auf dem Prozess der **Hydrolyse,** d. h. auf der enzymatischen Aufspaltung von komplexen Verbindungen durch Reaktion mit Wasser.

7.5.1 Kohlenhydrate

Rohrzucker, Lactose und Stärke sind die hauptsächlichen Kohlenhydratquellen in der Nahrung. Die **α-Amylasen** des Speichels (Ptyalin) und des Pankreas spalten die α-1,4-glykosidische Bindung der Stärke, wobei das Disaccharid Maltose, Maltotriose und kleinere Glucosepolymere von 3–9 Glucosemolekülen entstehen. Bei genügend langem Kauen können bereits 50 % der Stärke im Mundbereich gespalten werden. Im oberen Jejunum liegen sämtliche mit der Nahrung aufgenommenen Kohlenhydrate dann praktisch ausschließlich in Form von Maltose oder kurzkettigen Oligosacchariden vor.

Der weitere Abbau zu Monosacchariden wird durch die **Oligosaccharidasen** Lactase, Sucrase, Maltase und die α-1,6-Glucosidase katalysiert. Diese Enzyme finden sich im Bürstensaum der Darmepithelien des Dünndarms. Die Kapazität dieser Enzyme ist so groß, dass nicht die enzymatische Spaltung, sondern die Resorption der hierbei entstehenden Monosaccharide den limitierenden Faktor bei der Kohlenhydratverwertung darstellt.

Eine Ausnahme hiervon bildet die **Lactase,** die, genetisch bedingt, oft nur in geringen Mengen im Bürstensaum gefunden werden kann. Bei Personen mit Lactasemangel kommt es nach Zufuhr von Lactose (z. B. mit Milchprodukten) zu einer Diarrhö. Verantwortlich hierfür ist die osmotische Wirkung der nicht resorbierbaren Lactose, die zur vermehrten Ausscheidung eines wässrigen Stuhls führt.

Merke

Bürstensaumenzyme: Lactase, Sucrase, Maltase, α-1,6-Glucosidase.

7.5.2 Proteine

Im Magen werden etwa 10–15 % des Nahrungseiweißes durch **Pepsin** hydrolysiert. Im Gegensatz zu den anderen Peptidasen des Darmtrakts kann Pepsin auch Kollagen, einen Hauptbestandteil des Bindegewebes, gut verdauen. Quantitativ gesehen wird der Hauptanteil der Nahrungsproteine von den verschiedenen Pankreaspeptidasen hydrolysiert (► Tab. 7.5). Dabei entstehen zu 70 % kurzkettige Polypeptide, hauptsächlich Di- und Tripeptide, zu 30 % bereits einzelne Aminosäuren.

Die endgültige Aufspaltung der verbleibenden Polypeptide übernehmen Peptidasen im Bürstensaum, aber auch im Zytosol von Duodenum- oder Jejunumzellen. 90 % der Di- und Tripeptide werden dabei über spezielle Transportsysteme ins Zytosol der Zelle geschleust und erst dort endgültig in Aminosäuren aufgespalten (► Kap. 7.6.3).

Werden Proteine nicht im normalen Umfang in Magen und Darm verdaut, spricht man von **Proteinmaldigestion.** Zu einer Maldigestion von Proteinen kann es im Rahmen einer exokrinen Pankreasinsuffizienz kommen. Meist treten jedoch Störungen der Fettverdauung („Fettstühle" = Steatorrhö) bei der Pankreasinsuffizienz früher auf als Störungen der Proteinverdauung. Werden ausreichend verdaute Nahrungsbestandteile anschließend nicht resorbiert, spricht man von einer **Malabsorption.** Die häufigste Ursache ist eine Schädigung der Dünndarmschleimhaut.

7.5.3 Lipide

Fett wird zu 90 % in Form von Triglyceriden aufgenommen. Daneben enthalten die Nahrungsfette zu etwa 10 % Phospholipide und Cholesterinester.
Die Fettverdauung vollzieht sich im Dünndarm in 3 Schritten:

- Lecithin und Gallensäuren verwandeln die Nahrungsfette in eine **Fettemulsion** aus etwa 5 nm großen Fetttröpfchen. Diese Emulgierung der Nahrungsfette in Wasser ist die Voraussetzung dafür, dass die wasserlöslichen Lipasen die Fette von der wässrigen Oberfläche dieser emulgierten Fetttropfen her angreifen können.
- Die **Pankreaslipase** spaltet durch Hydrolyse die 2 äußeren Fettsäuren der Triglyceride ab, sodass ein 2-Monoglycerid und 2 freie Fettsäuren entstehen.
- Dieses Monoglycerid und die freien Fettsäuren werden in den von den Gallensäuren gebildeten **Mizellen** zur Resorption in Richtung Darmmukosa transportiert (► Kap. 7.6.4.1).

Lecithin wird durch die Phospholipase A in Anwesenheit von Ca^{2+}-Ionen und Gallensäuren in Lysolecithin gespalten. Aus den Cholesterinestern entsteht durch die Cholesterinesterase freies Cholesterin. Auch Lysolecithin und Cholesterin werden in Gallensäuremizellen transportiert.

7.6 Nahrungsresorption

7.6.1 Gastrointestinaler Transport

Der Darm dient der Resorption von Nährstoffen, Wasser und Elektrolyten. Dabei gibt es für die einzelnen Substanzen bestimmte Orte, an denen sie vorzugsweise resorbiert werden (► Tab. 7.7). Im Allgemeinen werden die Nährstoffe vorwiegend im Dünndarm, Wasser und Elektrolyte vorwiegend im Dickdarm resorbiert.
Für die Aufnahme von Nahrungsbestandteilen über die Darmmukosa stehen 2 Wege zur Verfügung:

- **Passiver parazellulärer Transport:** Hierbei gelangen Wasser oder in Wasser gelöste Substanzen passiv über Diffusion durch die interzellulären Spalten zwischen den Darmepithelzellen ins Gewebe. Die Weite dieser interzellulären Spalten nimmt im Darm von proximal nach distal ab.
- **Aktiv transzellulärer Transport:** Die Substanzen werden über die luminale, d. h. darmwärts gelegene Membran des Enterozyten aufgenommen, durch das Zytosol geschleust und an der basalen Zellmembran in das Interstitium abgegeben. Die Energie für den Transport liefert die Na^+-K^+-ATPase an der zur Blutseite hin gelegenen basolateralen Zellmembran. Sie hält die Na^+-Konzentration im Enterozyten niedrig, sodass Na^+-gekoppelte sekundär aktive Symporter die Nahrungsbestandteile in die Zellen transportieren können (► Kap. 7.6.3).

Tab. 7.7 Resorption im Gastrointestinaltrakt

Stoffe	Magen	Duodenum (30 cm)	Jejunum (120 cm)	Ileum (130 cm)
Fett	–	+	+++	Reserve
Eiweiß	–	(+)	+++	Reserve
Kohlenhydrate	Reserve	+	+++	(+)
Sonstige	–	Eisen, Ca^{2+}	Folsäure, Vit. E, D, K, A	Vit. B_{12}, Gallensäuren, Ca^{2+}

7.6.2 Monosaccharide

Kohlenhydrate können über sekundär aktive Transportmechanismen (▶ Kap. 1.4.2.4) oder passiv über Carrier-Proteine (▶ Kap. 1.4.2.3) in den Organismus aufgenommen werden.

Sekundär-aktiv: Natrium-Glucose-Symport

Der Transport von Glucose und Galaktose ist an den gleichzeitigen Transport von Natrium-Ionen gekoppelt: Beide Zucker werden in Verbindung mit jeweils einem Na^+-Ion in die Enterozyten aufgenommen. Dabei liefert die Na^+-Konzentrations-Differenz zwischen Darmlumen und Enterozyt die Energie für diesen gekoppelten Transportvorgang über den **SGLT1 Natrium-Glucose-Symport** (▶ Abb. 7.8): sekundär aktiver Glucosetransport (▶ Kap. 1.4.2.3). Von der Darmzelle aus gelangt die Glucose dann passiv durch Diffusion über Glucosetransporter Typ 2 (GLUT2) ins Gewebe und damit ins Blut: erleichterte Diffusion (▶ Kap. 1.4.2.3).

Passiv: Fructose

Anders als die übrigen Zucker wird Fructose überwiegend nicht durch einen Energie verbrauchenden Transport, sondern durch erleichterte Diffusion über den **GLUT5-Uniport** (luminale Zellmembran) und den GLUT2-Uniport (basale Zellmembran) aufgenommen, d. h., sie folgt lediglich passiv ihrem Konzentrationsgefälle (▶ Abb. 7.8).

Merke

Glucose- und Galaktoseaufnahme: sekundär aktiver Na^+-Symport.

7.6.3 Aminosäuren und Oligopeptide

Tertiär aktiver H^+-Symport

Ein Drittel der Aminosäuren wird in Form von Di- und Tripeptiden über einen tertiär aktiven H^+-Symport (▶ Kap. 1.4.2.4) aufgenommen. Diese Di- und Tripeptide werden erst in den Zellen der Darmschleimhaut zu Aminosäuren hydrolysiert.

Sekundär aktiver Na^+-Symport

Freie Aminosäuren werden meist in Form eines Energie verbrauchenden, sekundär aktiven Transports im Verbund mit Na^+-Ionen in die Darmschleimhaut aufgenommen: Natrium-Symport.
Es existieren mindestens 4 sekundär aktive Na^+-Symporter, die jeweils eine bestimmte Gruppe von Aminosäuren transportieren (▶ Tab. 7.8).

50–60 % der Nahrungsproteine werden auf diese Weise bereits im Duodenum resorbiert. Nach der Passage durch das Ileum sind dann bis zu 90 % des zugeführten Eiweißes aufgenommen. Die restlichen 10 % werden überwiegend durch die Darmbakterien im Kolon abgebaut.
Nur in ganz geringem Ausmaß werden intakte Proteine über **Pinozytose** resorbiert. Diese spielen für die Ernährung keine Rolle, werden aber als mögliche Auslöser von Nahrungsmittelallergien diskutiert.

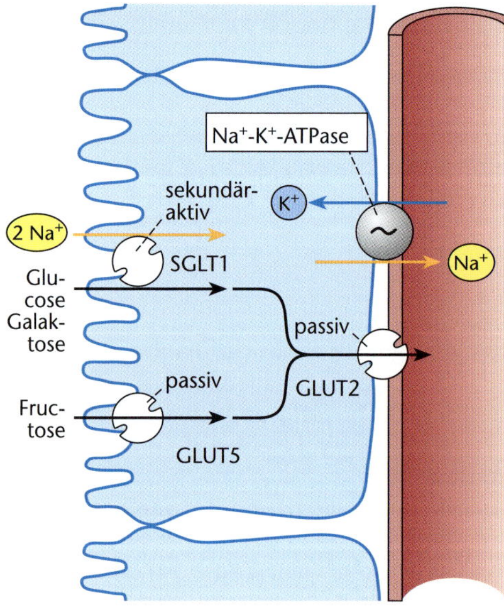

Abb. 7.8 Kohlenhydrataufnahme in der Darmschleimhaut. SGLT1 = Sodium-dependent Glucose Transporter 1; GLUT 2 = Glucosetransporter 2; GLUT 5 = „Glucosetransporter" 5, der aber, wie erst nach der Namensgebung nachgewiesen werden konnte, ausschließlich Fructose transportiert.

Tab. 7.8 Natriumabhängige Transportsysteme für Aminosäuren

Transportsystem für	Transportierte Aminosäuren
Neutrale Aminosäuren	Valin, Phenylalanin, Alanin
Basische Aminosäuren	Arginin, Cystein, Lysin, Ornithin
Iminosäuren und Glycin	Glycin, Prolin, Hydroxyprolin
Amino-Dicarbonsäuren	Glutaminsäure, Asparaginsäure

7.6.4 Lipide

7.6.4.1 Fettresorption

Die Fettresorption ist an die Anwesenheit von Gallensäuren gebunden: Mit deren Hilfe werden die Spaltprodukte der Fettverdauung (Monoglyceride, freie Fettsäuren, Cholesterin, Lysolecithin) in Form von Mizellen bis in den Bürstensaum der Darmschleimhaut transportiert. Dort diffundieren die Abbauprodukte passiv aus den Mizellen durch die (lipophile) Zellmembran in den Enterozyten. Die „leeren“ Mizellen bleiben im Darmlumen und stehen dort für den weiteren Fetttransport zur Verfügung. Bei ausreichender Konzentration von Gallensäuren werden 97 % des mit der Nahrung zugeführten Fettes aufgenommen, ohne Gallensäuren nur noch etwa 50 %.

Die Fettresorption erfolgt hauptsächlich im Duodenum und im oberen Jejunum. Nur 5–7 g Fett werden pro Tag mit dem Stuhl ausgeschieden.

7.6.4.2 Intrazelluläre Lipidresynthese

Die in die Enterozyten diffundierten Spaltprodukte der Fette werden dort in das endoplasmatische Retikulum aufgenommen und zu neuen Triglyceriden verbunden. Auch die Phospholipide (Lecithin) und die Cholesterinester werden aus ihren Spaltprodukten (Lysolecithin, Cholesterin) erneut synthetisiert: Lipidresynthese.

7.6.4.3 Bildung von Lipoproteinen

Das endoplasmatische Retikulum „verpackt“ diese neu synthetisierten Fette zusammen mit Glykoproteinen zu speziellen Lipoproteinen, die dem Fetttransport dienen (▸ Abb. 7.9):

- **Chylomikronen** bestehen aus dem Glykoprotein Apolipoprotein B-48 und etwa 90 % Triglyceriden, 7 % Phospholipiden und 2 % Cholesterin. Sie werden von der Darmzelle in die umliegenden Lymphkapillaren abgegeben. Von dort gelangen sie über den Ductus thoracicus ins Venensystem. Ein Großteil der in den Chylomikronen transportierten Triglyceride wird nach Abbau der Chylomikronen durch die im Plasma vorhandene Lipoproteinlipase der Muskulatur und dem Fettgewebe als freie Fettsäuren zugeführt. Der Rest, die Chylomikronen-Remnants, binden an LDL-Rezeptoren der Leber.

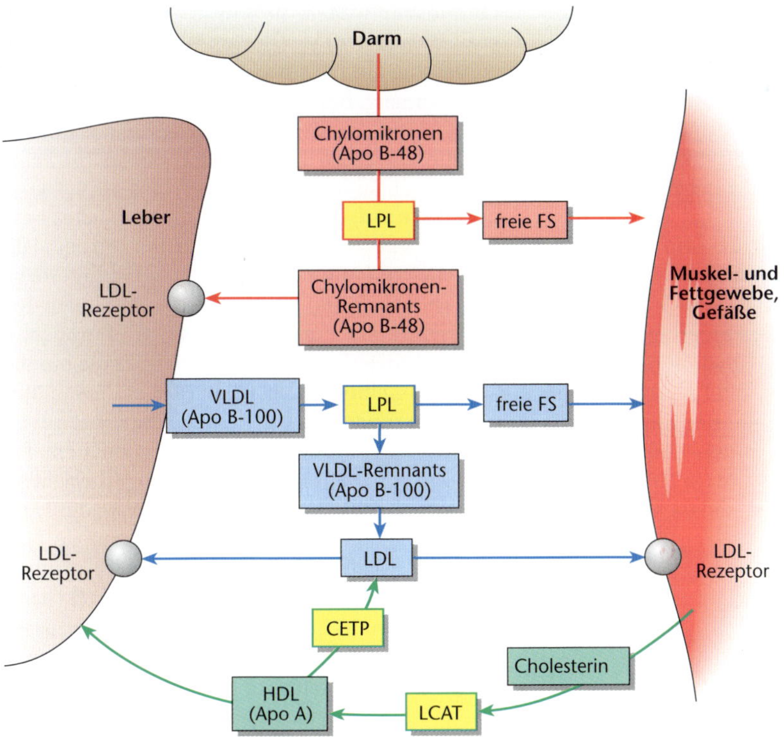

Abb. 7.9 Lipoproteinstoffwechselwege (Erklärung s. Text). Apo = Apolipoprotein, FS = Fettsäuren, LPL = Lipoproteinlipase, LCAT = Lecithin-Cholesterin-Acyltransferase, CETP = Cholesterinester-Transferprotein.

- In der Leber werden die kleineren **VLDL** (Very Low Density Liproproteins) synthetisiert, die das Apolipoprotein B-100 als Wandbestandteil enthalten. Diese Apolipoproteinhülle umschließt eine Fettmischung von 60 % Triglyceriden, 20 % Cholesterin und 20 % Phospholipiden. So können Cholesterin und Triglyceride aus der Leber in den Kreislauf gelangen. VLDL werden von der Lipoproteinlipase hydrolysiert und den verschiedenen Geweben zur Verfügung gestellt, wobei VLDL-Remnants übrig bleiben.
- Mit einem Cholesterinanteil von 50 % sind die **LDL** (Low Density Lipoproteins) noch cholesterinreicher. Sie entstehen aus den VLDL-Remnants. LDL werden von speziellen LDL-Rezeptoren, die sich in praktisch allen Geweben finden, aus dem Blut in die Zellen aufgenommen.
- **HDL** (High Density Lipoproteins) enthalten vorwiegend Apolipoprotein A1 als Wandbestandteil und dienen dem Rücktransport von Cholesterin aus den peripheren Geweben in die Leber. Apolipoprotein A1 aktiviert eine Lecithin-Cholesterin-Acyltransferase (LCAT), die Cholesterin verestert, sodass es in die HDL-Partikel gelangen kann. Die Cholesterinester werden dann entweder direkt mit den HDL-Partikeln in die Leber aufgenommen oder unter Vermittlung des Cholesterinester-Transferproteins (CETP) auf LDL-Partikel übertragen. Mit diesen werden sie in die Leber befördert.

7.6.4.4 Resorption von mittel- und kurzkettigen Triglyceriden

Für die Aufnahme von mittel- und kurzkettigen Triglyceriden gelten einige Besonderheiten: Bis zu 30 % werden ohne vorherige hydrolytische Spaltung aus dem Darmlumen in die Enterozyten aufgenommen. Ebenso werden die nach intrazellulärer Hydrolyse entstehenden mittel- und kurzkettigen Fettsäuren in das Kapillarsystem (und nicht in das Lymphsystem) abgegeben, sodass sie mit dem Pfortaderblut direkt zur Leber gelangen.

Klinik

Hohe Konzentrationen von Cholesterin im Blut sind mit einem erhöhten **Arteriosklerose-Risiko** verbunden. Diese „Arterienverkalkung" liegt der koronaren Herzerkrankung (Verschluss: Herzinfarkt), der Zerebralsklerose (Verschluss: Hirninfarkt) und der peripheren Verschlusskrankheit der Beingefäße zugrunde. Die Höhe der cholesterinreichen LDL-Fraktion ist hierbei für das Risiko maßgeblich, während hohe HDL-Spiegel mit einem deutlich reduzierten Arteriosklerose-Risiko einhergehen. Bei der **erblichen Hypercholesterinämie,** die in ihrer heterozygoten Form mit einer Erkrankungshäufigkeit von 1 : 500 auftritt, ist das für den LDL-Rezeptor kodierende Gen durch eine Mutation defekt. Dadurch werden weniger LDL-Rezeptoren gebildet; die LDL-Aufnahme in die Gewebe ist gestört, die LDL-Konzentration im Serum erhöht. Die Betroffenen leiden an einer schon früh auftretenden Arteriosklerose: 70 % der Männer und 50 % der Frauen erleiden bereits bis zum Alter von 60 Jahren einen Myokardinfarkt. Bei homozygoten Genträgern (Häufigkeit 1 : 1 Million) treten arteriosklerotische Komplikationen bereits in der Kindheit auf; Unbehandelt sterben die Patienten meist schon vor dem 30. Lebensjahr an einem Myokardinfarkt.

7.6.5 Wasser und Elektrolyte

Etwa 9 Liter Wasser erreichen täglich den Darm: 2 Liter aus der Nahrung und knapp 7 Liter aus den Verdauungssekreten. 80 % hiervon werden im Dünndarm, weitere 19 % im Kolon resorbiert. Nur etwa 100 ml (1 %) werden als Wasser mit dem Stuhl ausgeschieden. Die Wasserresorption ist ein Diffusionsvorgang, bei dem das Wasser den resorbierten Elektrolyten passiv folgt. Die Transportvorgänge für die einzelnen Elektrolyte gleichen im Prinzip denjenigen an den Nierentubuli (► Kap. 9.3.4).

- **Natrium:** Natrium diffundiert zunächst passiv, seinem Konzentrationsgefälle folgend, über die luminale Zellmembran in den Enterozyten (► Abb. 7.10a). Dort wird die Na^+-Ionen-Konzentration durch aktive Na^+-K^+-Pumpen, die das eingedrungene Natrium über die basolaterale Zellmembran (Blutseite) ins Interstitium abpumpen, niedrig gehalten (► Abb. 7.10f). Im Kolon verhindern die relativ dichten Tight Junctions zwischen den Darmepithelzellen einen Rückstrom der Na^+-Ionen in die Darmflüssigkeit, sodass dort eine maximale Natriumresorption auch bei niedrigem Natriumgehalt der Darmflüssigkeit gewährleistet ist.
- **Kalium:** Kalium diffundiert in geringem Ausmaß aus den Enterozyten ins Darmlumen. Die K^+-Ausscheidung mit den Fäzes liegt bei 0,4 g/24 h (zum Vergleich: die K^+-Ausscheidung über die Nieren beträgt 3–4 g/24 h). Die

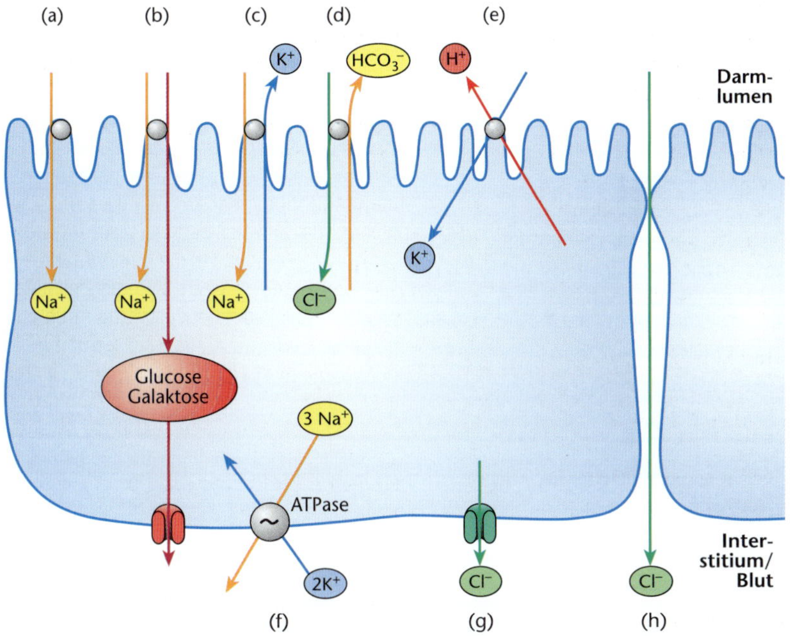

Abb. 7.10 Elektrolytresorption im Darm. Na^+-Resorption im proximalen Kolon über Na^+-Kanäle **(a).** Durch den über die Konzentrationsdifferenz für Na^+ getriebenen Na^+-Einstrom in die Zellen wird das Darmlumen negativ geladen. Hierdurch strömen Cl^--Ionen, dem elektrischen Gradienten folgend, parazellulär ins Interstitium ein **(h).** Na^+ gelangt außerdem über einen Symport mit Glucose oder Galaktose (vor allem im Jejunum) in die Zelle **(b).** Auch durch die Kombination eines Na^+-K^+-Antiports **(c)** mit einem $HCO_3^-$$Cl^-$-Antiport **(d)** gelangen Na^+ und Cl^- ohne Energieverbrauch in die Zelle (Jejunum). Das Cl^- strömt über Chloridkanäle **(g)** aus der Zelle ins Interstitium ab, während Na^+ entgegen seinem Konzentrationsgradienten durch die an der basalen Zellmembran gelegenen Na^+-K^+-ATPase **(f)** die Zelle verlässt und ins Blut gelangt. Eine K^+-H^+-ATPase **(e)** dient im Magen der H^+-Ionen-Ausscheidung und im Kolon der K^+-Resorption.

Resorptions- und Sekretionsvorgänge von Natrium und Kalium werden in gleicher Weise wie in der Niere von Aldosteron beeinflusst: Aldosteron steigert die Na^+-Resorption und die K^+-Sekretion der Darmmukosa (► Abb. 7.10c).

- **Chlorid, Bicarbonat:** Chlorid- und Bicarbonat-Ionen werden überwiegend bereits in Duodenum und Jejunum resorbiert.
  - **Calcium:** Die Calciumresorption erfolgt vorwiegend im oberen Dünndarm und wird durch Anwesenheit von 1,25-Dihydroxycholecalciferol (1,25$[OH]_2$-Vitamin-D_3, Calcitriol) gesteigert (► Kap. 10.6.3).

Merke

Wasserresorption:
- 80 % im Dünndarm
- 19 % im Dickdarm

7.7 Humorale Steuerung der Magen-Darm-Funktion

Neben dem enterischen Nervensystem und dem autonomen Nervensystem (► Kap. 7.3.1; ► Kap. 14.4.2.2) sind eine Vielzahl von gastrointestinalen Hormonen und Peptiden an der Steuerung der Magen-Darm-Funktionen beteiligt. Chemisch handelt es sich bei allen diesen Substanzen um Polypeptide. Traditionell werden jedoch die länger bekannten Peptide Gastrin, Sekretin, Cholecystokinin und GIP (Gastric Inhibitory Peptide) als gastrointestinale Hormone bezeichnet (► Tab. 7.9).

Lerntipp

Gastrointestinale Hormone und Peptide werden gerne gefragt. In ► Tab. 7.9 sind die wichtigsten Funktionen zusammenfassend dargestellt. Gut einprägen!

Tab. 7.9 Funktionen gastrointestinaler Hormone und Peptide

Substanzen	Funktion	Auslöser	Bildungsort
Hormone			
Gastrin	Magensaftsekretion ↑ Magenmotilität ↑	Proteine im Magen, Magendehnung, Vagusaktivierung (► Kap. 7.4.3.6)	G-Zellen in Magen und Duodenum
Hormone			
Cholecystokinin (CCK)	Enzymsekretion des Pankreas ↑ HCl-Sekretion ↓ Pepsinogensekretion ↑ Magenmotilität ↓ → „Sättigungshormon"	Proteinfragmente und Fettsäuren im Duodenum (► Kap. 7.4.4.2)	I-Zellen in Duodenum und Jejunum
Sekretin	Bicarbonatsekretion des Pankreas ↑	pH < 4 im Duodenum, Anstieg der Gallensalze im Duodenum (► Kap. 7.4.4.2)	S-Zellen in Duodenum und Jejunum
GIP (Gastric Inhibitory Peptide = Glucose-dependent Insulin-releasing Peptide)	Insulinsekretion ↑ HCl-Sekretion ↓ Magenmotilität ↓	Glucose, Fettsäuren und Aminosäuren im Jejunum	K-Zellen im gesamten Dünndarm
Somatostatin (= SIH, Somatotropin Inhibitory Hormone)	Gastrinsekretion ↓ VIP-Sekretion ↓ Sekretinsekretion ↓ Motilinsekretion ↓ Pankreassekretion ↓ Magensäurebildung ↓ Magenmotilität ↓ Gallenblasenkontraktion ↓ Resorption von Glucose, Aminosäuren und Triglyceriden ↓	pH-Abfall im Magen	D-Zellen in Pankreas, Dünndarm, Nervenendigungen
Biologisch aktive Peptide			
GLP-1 (Glucagon-like Peptide-1, Enteroglucagon)	Insulinsekretion ↑ HCl-Sekretion und Pankreassekretion ↓ Darmmotilität ↓	Glucose und Fettsäuren im Ileum	L-Zellen in Ileum und Kolon
GLP-2 (Glucagon-like Peptide-2)	Proliferation intestinaler Epithelien ↑	Glucose und Fettsäuren im Ileum	L-Zellen in Ileum und Kolon
VIP (vasoaktives intestinales Polypeptid)	Gallensekretion und Pankreassaftsekretion ↑ HCl-Sekretion ↓ gastrointestinale Motilität ↓	Neurotransmitter im Darmnervensystem (► Kap. 7.3.6.1)	Nervenendigungen im Gastrointestinaltrakt
GRP (Gastrin Releasing Peptide)	Gastrinsekretion	Vagusreizung	G-Zellen im Magenantrum

Tab. 7.9 Funktionen gastrointestinaler Hormone und Peptide (Forts.)

Substanzen	Funktion	Auslöser	Bildungsort
Motilin	Interdigestive Motilität (interdigestiver „migrierender" myoelektrischer Motor-Komplex, MMC, ► Kap. 7.3.6.1) ↑	pH-Abfall und Fettsäuren im Duodenum	M-Zellen im Duodenum
Substanz P	Gastrointestinale Motilität ↑	Neurotransmitter im Darmnervensystem	Endokrine Zellen und Nervenendigungen des Gastrointestinal-trakts

08 Energie- und Wärmehaushalt

mediscript Online

IMPP-Hits

- Temperaturregulation: Fieber und braunes Fettgewebe
- Ermittlung des Energieumsatzes: Brennwert, kalorisches Äquivalent, respiratorischer Quotient

8.1 Wegweiser

Energie kann entweder in Arbeit umgesetzt werden oder als Wärme verpuffen. Der Energieumsatz des Organismus lässt sich aus der Sauerstoffaufnahme ermitteln (► Kap. 8.2). Die neben der Arbeit erzeugte Wärme dient der Aufrechterhaltung der Körpertemperatur, die von zentralen Strukturen im Hypothalamus gesteuert wird (► Kap. 8.3).

8.2 Energiehaushalt

8.2.1 Energieumsatz der Zelle

Man unterscheidet:

- **Erhaltungsumsatz:** Der Stoffwechsel, der für die Erhaltung der Zellstruktur erforderlich ist. Eine Unterschreitung des Erhaltungsumsatzes hat den Zelltod zur Folge.
- **Bereitschaftsumsatz:** Der zur Aufrechterhaltung einer Aktivitätsbereitschaft der Zelle erforderliche Energieumsatz.
- **Tätigkeitsumsatz:** Energieumsatz während der Zellaktivität.

Merke

Nervenzellen tolerieren eine Unterschreitung des Erhaltungsumsatzes, z. B. als Folge einer Ischämie, nur etwa 5 Minuten, Muskelzellen bis zu etwa 120 Minuten.

8.2.2 Energieumsatz des Organismus

8.2.2.1 Grundumsatz

Der Energieumsatz bei körperlicher und geistiger Ruhe (**Ruheumsatz**) ist keine exakt definierte Größe, da einige Organe immer aktiv sind (u. a. Leber, Lunge, Herz, Niere) und der Energieumsatz auch von äußeren Faktoren abhängt. Daher wurde als Maß des Energieumsatzes der Begriff **Grundumsatz** definiert. Er ist der Energieumsatz des gesamten Organismus unter den folgenden standardisierten Bedingungen:

- **Nüchtern:** Nahrungszufuhr steigert den Energieumsatz.
- **Morgens:** Der Energieumsatz unterliegt tageszeitlichen Schwankungen mit einem Abfall in der Nacht und einem Anstieg gegen Mittag.
- **In Ruhe:** Körperliche und geistige Arbeit erhöhen den Energieumsatz.
- **Bei Indifferenztemperatur** (▸ Kap. 8.3.4.2): Hitze wie Kälte erhöhen den Energieumsatz.
- **Bei normaler Körpertemperatur:** Fieber erhöht, Hypothermie senkt den Energieumsatz.

Der Grundumsatz entspricht der **Wärmebildung** des Organismus und ist damit auch ein Maß für die Wärmemenge, die der Organismus über die verschiedenen Mechanismen der **Wärmeabgabe** (▸ Kap. 8.3.3, ▸ Abb. 8.3) an die Umgebung wieder abführen muss. Leber und Muskulatur weisen den größten Anteil am Grundumsatz auf (▸ Tab. 8.1).

Durch die Vorgabe standardisierter Bedingungen wird ein Teil der Einflussgrößen auf den Grundumsatz normalisiert, sodass als wesentliche und nicht beeinflussbare Faktoren noch Geschlecht, Körpergewicht, Körpergröße und Alter des Untersuchten bestehen bleiben. Im Durchschnitt beträgt der Grundumsatz bei gesunden Frauen und Männern etwa 3,8 bzw. 4,2 kJ/kg KG pro Stunde, also etwa **100 kJ/kg/24 Stunden (1,2 W/kg).** Bei einem Körpergewicht von 70 kg entspricht dies einem täglichen Energiebedarf von etwa 6.400 kJ bei Frauen (75 W) und 7.100 kJ bei Männern (85 W). Der Geschlechtsunterschied beruht überwiegend auf dem höheren Anteil des wenig stoffwechselaktiven Fettgewebes an der Körpermasse bei Frauen.

Tab. 8.1 Anteil verschiedener Gewebe an Grundumsatz und Körpergewicht

Gewebe	Anteil am Grundumsatz (%)	Anteil an der Körpermasse (%)
Leber	26,4	2,1
Muskel	25,6	39,7
Gehirn	18,3	2,0
Herz	9,2	0,4
Nieren	7,2	0,4
Übrige	13,3	55,4

8.2.2.2 Freizeitumsatz

Körperliche und geistige Aktivität erhöhen den Grundumsatz in Abhängigkeit von der Schwere der Tätigkeit. Die Zunahme des Energieumsatzes bei geistiger Arbeit ist auf die reflektorische Erhöhung des Muskeltonus bei einer Aktivitätssteigerung des Gehirns zurückzuführen, nicht jedoch auf eine gesteigerte Stoffwechselaktivität des zentralen Nervensystems (ZNS) selbst.

Bei nicht körperlich arbeitenden Menschen („Schreibtischarbeiter") liegt der Energiebedarf bei 8.400 kJ/Tag bei Frauen (100 W) bzw. 9.600 kJ/Tag bei Männern (115 W).

8.2.2.3 Arbeitsumsatz

Durch körperliche Aktivität wird der Freizeitumsatz teilweise beträchtlich gesteigert: Arbeitsumsatz. Zur ungefähren Abschätzung des Arbeitsumsatzes kann zum Freizeitumsatz folgender Energiebedarf addiert werden:

- Leichte körperliche Tätigkeit: + 2.000 kJ/Tag
- Mäßige körperliche Tätigkeit: + 4.000 kJ/Tag
- Mittelschwere körperliche Tätigkeit: + 6.000 kJ/Tag
- Schwere körperliche Tätigkeit: + 8.000 kJ/Tag
- Schwerste körperliche Tätigkeit: + 10.000 kJ/Tag

8.2.2.4 Spezifisch dynamische Wirkung der Nahrung

Auch durch die Nahrungsaufnahme selbst steigt der Energieumsatz des Organismus. Diese spezifisch dynamische Wirkung der Nahrungsstoffe ist von der Art der zugeführten Nahrung abhängig. So werden bei Aufnahme von Mischkost 6 % der zugeführten Kalorienmenge aufgrund der spezifisch dynamischen Wirkung der Nahrung als Wärme im Organismus freigesetzt und stehen zur Deckung des Grundumsatzes nicht mehr zur Verfügung. Bei reiner Eiweißkost liegt die spezifisch dynamische Wirkung bei 30 %.

Klinik

Eine **Schilddrüsenüberfunktion** (Hyperthyreose) steigert den Grundumsatz. Daher kommt es trotz gesteigerten Appetits und vermehrter Nahrungsaufnahme zur Gewichtsabnahme. Umgekehrt senkt eine **Schilddrüsenunterfunktion** (Hypothyreose) den Grundumsatz: Die Betroffenen nehmen zu.

8.2.3 Ermittlung des Energieumsatzes

8.2.3.1 Physikalischer und biologischer Brennwert

Biologischer Brennwert

Der Energieumsatz wird bestimmt, indem der aufgenommene Sauerstoff (O_2) mittels indirekter Kalorimetrie gemessen wird (▸ Kap. 8.2.4). Energie entsteht im Organismus durch die Oxidation von Nährstoffen unter Verbrauch von O_2. Die verschiedenen Nährstoffe weisen unterschiedliche biologische Brennwerte, d.h. einen unterschiedlich hohen Energiegehalt, auf (▸ Tab. 8.2).

Physikalischer Brennwert

Der physikalische Brennwert (= tatsächlicher Energiegehalt) der Nährstoffe ist höher als der biologische Brennwert, da die im Stoffwechsel anfallenden Endprodukte noch energiehaltig sind.

Klinik

Auch **Alkohol** hat mit 29,7 kJ/g einen hohen Brennwert, der nur von Fett übertroffen wird. Dies erklärt die Tatsache, dass hoher Alkoholkonsum oft mit Adipositas vergesellschaftet ist. Durch seinen hohen Energiegehalt ist Ethanol im Prinzip auch zur parenteralen Ernährung gut geeignet und wurde vor der Verfügbarkeit verträglicher Fettemulsionen auch in dieser Indikation eingesetzt.

8.2.3.2 Kalorisches Äquivalent

Da im Körper kaum O_2 gespeichert wird, ist die pro Zeiteinheit aufgenommene O_2-Menge proportional zum Energieumsatz. Das Verhältnis des aufgenommenen O_2 zur produzierten Energie hängt von den zur Energiegewinnung eingesetzten Nährstoffen ab und wird als Energieäquivalent oder kalorisches Äquivalent bezeichnet (▸ Tab. 8.2). Daher muss zur Berechnung der erzeugten Energie aus dem O_2-Verbrauch auch der Anteil der einzelnen Nährstoffe an der Nahrung bekannt sein. Ist die Nahrungszusammensetzung nicht bekannt, kann als kalorisches Äquivalent durchschnittlicher Mischkost 20 kJ/l O_2 angesetzt werden.

Beispiel Bei einem Atemzeitvolumen von 400 l pro Stunde, einem inspiratorischen Sauerstoffanteil von 20 % und einem exspiratorischen Sauerstoffanteil von 15 % beträgt die aufgenommene O_2-Menge 5 % von 400 l, also 20 l. Wird Mischkost verbrannt, so werden in dieser Stunde 400 kJ erzeugt (O_2-Aufnahme multipliziert mit dem kalorischen Äquivalent: 20 l O_2 × 20 kJ/l O_2 = 400 kJ).

8.2.3.3 Respiratorischer Quotient

Der respiratorische Quotient (RQ) ist definiert als das Verhältnis von CO_2-Abgabe zu O_2-Aufnahme:

$$RQ = \frac{CO_2 - \text{Abgabe}}{CO_2 - \text{Aufnahme}}$$

Aussagekraft

Bei der Energiegewinnung durch Oxidation wird nicht nur O_2 verbraucht, sondern auch CO_2 produziert, das ausgeatmet wird. Wie der O_2-Verbrauch hängt auch das Ausmaß der CO_2-Produktion von der Art der verbrannten Nährstoffe ab. Bei der Oxidation von Kohlenhydraten entsteht genau so viel CO_2, wie O_2 verbraucht wird, sodass der respiratorische Quotient 1 beträgt. Fette enthalten weniger Sauerstoff, sodass zur Verbrennung zusätzlich O_2 bereitgestellt werden muss und der respiratorische Quotient mit 0,7 niedriger ist als für Kohlenhydrate. So kann aus dem gemessenen respiratorischen Quotienten auf die Art des zur Energieerzeugung verbrannten Nährstoffes geschlossen werden.

Tab. 8.2 Brennwerte, kalorisches Äquivalent und respiratorischer Quotient von Nährstoffen

Nährstoff	Physikalischer Brennwert (kJ/g)	Biologischer Brennwert (kJ/g)	Kalorisches Äquivalent des O_2 (kJ/l O_2)	Respiratorischer Quotient
Kohlenhydrate	17,6	17,2	21,1	1,00
Eiweiß	23,2	17,2	18,8	0,81
Fette	38,9	38,9	19,6	0,70
Mischkost			20,0	0,87

Merke

Biologischer Brennwert:
- Fette: 39,8 kJ/g
- Alkohol: 29,7 kJ/g
- Eiweiß und Kohlenhydrate: 17,2 kJ/g

8.2.4 Kalorimetrie

Die früher angewendete **direkte Kalorimetrie** untersuchte die Wärmeabgabe einer Person in einer geschlossenen Kammer. Sie wird heute wegen des großen Aufwandes nicht mehr eingesetzt.

Die **indirekte Kalorimetrie** errechnet den Energieumsatz aus dem O_2-Verbrauch und der CO_2-Abgabe. Für diese Messungen stehen 2 verschiedene Systeme zur Verfügung:

- Im **geschlossenen System** ist die Versuchsperson an ein Spirometer angeschlossen, das mit O_2 gefüllt ist. Die ausgeatmete Luft wird nach Absorption des CO_2 an Kalk dem Reservoir wieder zugeführt. Durch den Verbrauch von O_2 nimmt das Volumen des Reservoirs ab. Die Abnahme des O_2-Reservoirs wird gemessen und erlaubt die Berechnung der erzeugten Energie. Der respiratorische Quotient kann mit diesem System nicht ermittelt werden, da die produzierte CO_2-Menge nicht gemessen wird. Von Vorteil ist, dass bei diesem Verfahren eine Messung von Gaspartialdrücken nicht erforderlich ist.
- Im **offenen System** atmet der Proband Raumluft ein. In der ausgeatmeten Luft werden O_2- und CO_2-Konzentrationen bestimmt und mit denen der Raumluft verglichen. Die Differenzen ergeben die verbrauchte O_2- und die erzeugte CO_2-Menge.

8.3 Wärmehaushalt

Der Mensch gehört zu den **homoiothermen** Lebewesen, die sich durch eine konstante, von der Umgebungstemperatur überwiegend unabhängige Körpertemperatur von den **poikilothermen** (wechselwarmen) Lebewesen unterscheiden. Bei poikilothermen Lebewesen folgt die Körpertemperatur den Veränderungen der Umgebungstemperatur.

8.3.1 Körpertemperatur

8.3.1.1 Temperatur in Körperkern und -schale

Die im Körper gebildete Wärme gelangt durch Konduktion (Wärmeleitung im Gewebe) und Konvektion (Wärmetransport auf dem Blutweg) an die Körperoberfläche. Dies führt zu einem Temperaturgefälle zwischen dem Körperkern (Inneres von Rumpf und Schädel) und der Körperschale (Haut und Extremitäten). Entsprechend nimmt die Körpertemperatur radial (von innen nach außen) und axial (entlang den Extremitäten) ab (► Abb. 8.1). Die Temperatur der Körperschale weist Schwankungen auf, die durch äußere und innere Einflüsse hervorgerufen werden. Die Temperatur des Körperkerns unterliegt nur relativ leichten Veränderungen. So bestehen Unterschiede zwischen den rektal, sublingual und axillär gemessenen Körperkerntemperaturen. Die höchste Körpertemperatur findet sich im Rektum, die sublinguale Temperatur liegt um 0,3 °C, die axilläre um 0,5 °C niedriger.

8.3.1.2 Zirkadiane Temperaturschwankungen

Kontinuierliche Messungen der Körperkerntemperaturen zeigen eine deutliche tageszeitliche Rhythmik, mit minimalen Werten zwischen Mitternacht und dem frühen Morgen und einem Maximum gegen Abend (► Abb. 8.2). Der Unterschied zwischen minimaler und maximaler Temperatur beträgt etwa 1 °C.

8.3.1.3 Menstruationszyklus

Bei Frauen steigt im Rahmen des Menstruationszyklus nach der Ovulation während der Lutealphase der Serumspiegel des Hormons Progesteron an. Dies hat eine Erhöhung der Körpertemperatur um 0,3–0,5 °C zur Folge, die durch eine Sollwertverstellung im Hypothalamus ausgelöst wird (► Abb. 8.2). Dadurch ist die Temperaturkurve bei Frauen in der Lutealphase nach oben verschoben (► Kap. 11.3). Über diesen Temperaturanstieg kann der Zeitpunkt des Eisprungs festgestellt werden. Beim Eintritt einer Schwangerschaft bleibt die Temperatur aufgrund der persistierenden Progesteronbildung auf dem postovulatorisch höheren Niveau.

Merke

Temperaturanstieg nach der Ovulation: Progesteroneffekt.

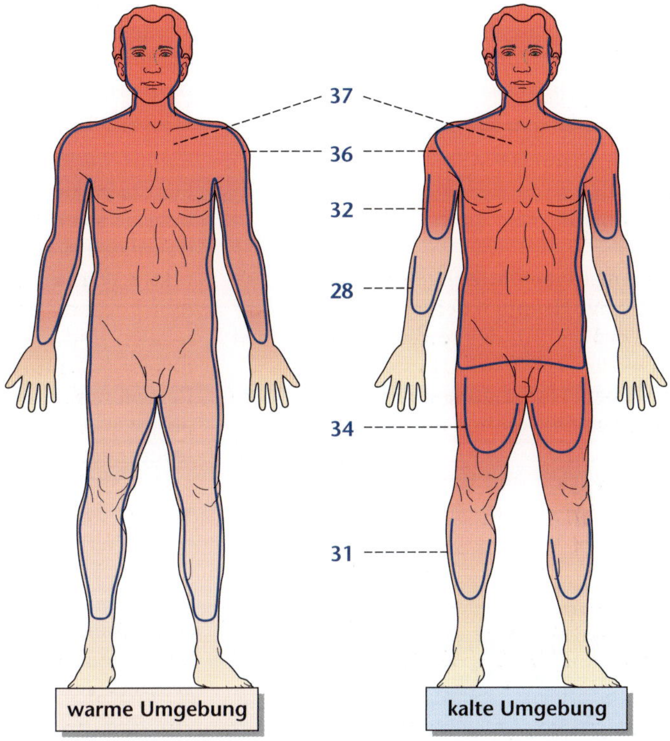

Abb. 8.1 Zonen gleicher Temperatur (Isotherme) eines Erwachsenen in warmer und kalter Umgebung.

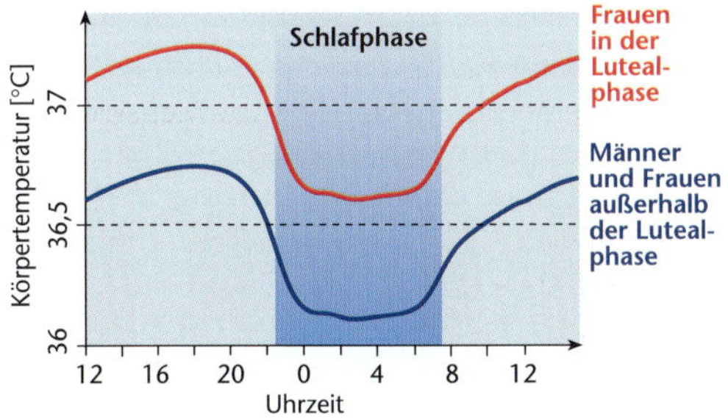

Abb. 8.2 Tageszeitliche Schwankungen der Körpertemperatur bei Männern und Frauen. In der Lutealphase wird der Sollwert der Körpertemperatur durch das Hormon Progesteron um 0,3–0,5 °C erhöht und die Temperaturkurve entsprechend verschoben.

8.3.1.4 Körperliche Arbeit

Körperliche Arbeit führt zu einem Anstieg der Körperkerntemperatur, die bei extremer Belastung bis auf 40 °C steigen kann. Dagegen reduziert sich die Hauttemperatur durch die einsetzende Schweißsekretion.

Klinik

Alkohol führt zu einer peripheren Vasodilatation. Dies erklärt, warum sich nach dem Konsum zunächst ein wohlig-warmes Gefühl einstellt. Dieses Gefühl täuscht allerdings, da dem Körper durch die vermehrte Hautdurchblutung sehr viel Wärme entzogen wird. Nicht selten kommt es zu Erfrierungen oder Todesfällen, wenn alkoholisierte Personen in der kalten Jahreszeit im Freien einschlafen.

8.3.2 Wärmebildung

Wärme entsteht im Körper zu einem wesentlichen Teil als Nebenprodukt des Energieumsatzes. Eine darüber hinaus erforderliche Wärmeproduktion ist über 3 Mechanismen möglich:

- **Willkürliche** Muskelbewegungen
- Unwillkürliche Muskelaktivität: **Kältezittern**
- **Zitterfreie Wärmebildung** im braunen Fettgewebe (beim Erwachsenen nur noch rudimentär)

Die Steigerung der Muskelaktivität ist der wichtigste Mechanismus zur zusätzlichen Wärmeproduktion beim Erwachsenen. Neugeborene setzen dagegen überwiegend die zitterfreie Wärmebildung durch Lipolyse im braunen Fettgewebe ein.

8.3.3 Wärmeabgabe

Zur Wärmeabgabe stehen dem Körper 4 Mechanismen zur Verfügung (▶ Abb. 8.3):

- Konvektion
- Konduktion
- Strahlung
- Verdunstung (Evaporation)

In Ruhe wird der Hauptteil der Wärme über Strahlung abgegeben (60 %), der restliche Wärmeanteil über Konvektion (15 %) und Evaporation (20 %). Bei körperlicher Anstrengung überwiegt die Wärmeabgabe durch Evaporation (70 %).

8.3.3.1 Konvektion und Konduktion

Konvektion

Bei einer Konvektion wird die Wärme zusammen mit einem Stoff transportiert. Im Körper geschieht dies z. B. durch Wärmetransport auf dem Blutweg an die Körperoberflächen. Dort wird die direkt an die Haut angrenzende Luftschicht erwärmt, steigt auf und wird von kälterer Luft ersetzt. Dieser konvektive Wärmeabstrom über die Haut wird durch eine Zunahme der Luftbewegungen (Wind, Ventilator) erheblich gesteigert.

Konduktion

Konduktion (Wärmeleitung) ist Wärmetransport ohne Stofftransport. Im Körper leiten die Gewebe Wärme weiter. Bei direktem Hautkontakt mit flüssigem oder festem Material kommt es ebenfalls zur Wärmeleitung. Das Ausmaß der Wärmeabgabe durch Konduktion hängt von der Temperaturdifferenz zwischen Haut und Material sowie von der Wärmeleitfähigkeit des Materials ab.

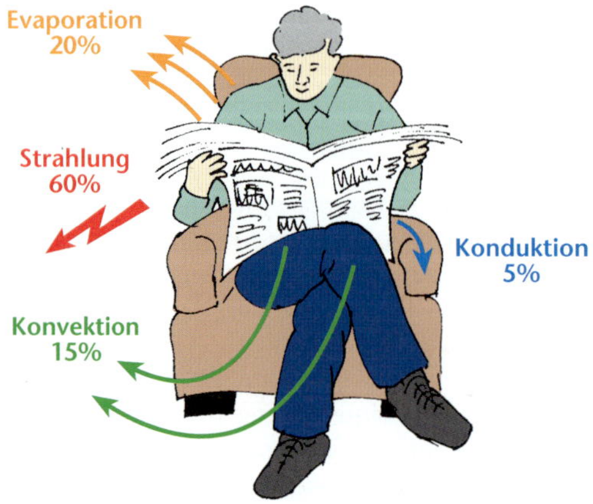

Abb. 8.3 Mechanismen der Wärmeabgabe: Strahlung, Konvektion, Schwitzen (Evaporation) und Konduktion.

Einflussfaktoren

Für die Wärmeabgabe durch Konvektion und Konduktion spielt die Durchblutung von Haut und Extremitäten die wesentliche Rolle, da das Blut konvektiv Wärme vom Körperkern zur Körperschale transportiert. Wird die Durchblutung von Extremitäten und Haut durch Aktivierung des Sympathikus (vermittelt durch Noradrenalin und α_1-Rezeptoren) vermindert, sinkt der Wärmetransport vom Körperkern zur Körperschale: Der Wärmedurchgangswiderstand zwischen Körperkern und Körperschale steigt. Dadurch wird weniger Wärme abgegeben. Zusätzlich ermöglicht der parallele Verlauf der großen Arterien und Venen in den Extremitäten den Übergang der Wärme von den Arterien zu den Venen. Durch dieses **Gegenstromprinzip** des arteriovenösen Wärmeaustauschs hat das in Richtung der Akren strömende arterielle Blut eine im Vergleich zum Körperkern zunehmend niedrigere Temperatur, während das zurückfließende venöse Blut zunehmend erwärmt wird (▶ Abb. 8.4a). Soll Wärme abgegeben werden, wird der Sympathikotonus gesenkt, was eine Dilatation der Gefäße und eine Öffnung arteriovenöser Anastomosen bewirkt. Dies hat zwei Folgen:

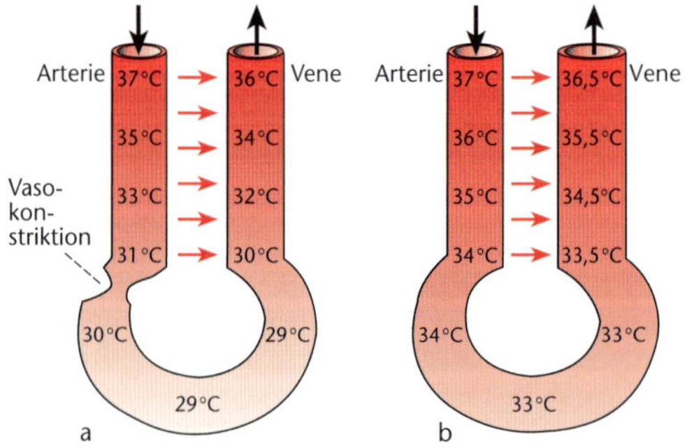

Abb. 8.4 Gegenstromprinzip des arteriovenösen Wärmeaustauschs. **a:** Bei Vasokonstriktion fließt weniger Blut durch die Akren und der Wärmeaustausch zwischen Arterie und Vene ist gesteigert. Dadurch wird die Temperatur des venösen Blutes erhöht. **b:** Bei Vasodilatation fließt pro Zeiteinheit mehr Blut durch die Akren. Hierdurch wird mehr Wärme in die Akren transportiert (Konvektion) und der Wärmeaustausch zwischen Arterie und Vene reduziert.

- Gesteigerte Durchblutung mit vermehrter Konvektion von Wärme (Wärmetransport) aus dem Körperkern in die Körperschale
- Reduktion des arteriovenösen Wärmeaustauschs, da mehr Blut durch die Extremitäten fließt und der venöse Rückstrom vermehrt über oberflächliche Venen erfolgt (► Abb. 8.4b)

8.3.3.2 Strahlung

Von der Haut geht langwellige Infrarotstrahlung aus. Eine Nettowärmeabgabe durch Strahlung ist nur möglich, wenn der Körper mehr Strahlung abgibt, als er aufnimmt.

8.3.3.3 Verdunstung

Perspiratio sensibilis

Ab einer Umgebungstemperatur von etwa 36 °C wird die Wärme fast ausschließlich über Verdunstung abgegeben. Die Wärmeabgabe durch Verdunstung ist aufgrund der hohen spezifischen Verdampfungswärme von Wasser sehr effektiv. Mit jedem verdunsteten Liter Wasser werden 2.430 kJ Wärme abgegeben. Cholinerge Sympathikusfasern regulieren die als Perspiratio sensibilis (Schwitzen) bezeichnete Produktion des hypotonen Schweißes. Eine solche Wärmeabgabe ist grundsätzlich auch noch bei einer Luftfeuchtigkeit von 100 % möglich. Entscheidend für die Möglichkeit der Wärmeabgabe durch Verdunstung ist die Differenz zwischen dem Dampfdruck für Wasser auf der Haut und dem Dampfdruck in der umgebenden Luft. Bei einer Hauttemperatur von 37 °C und schweißbedeckter Haut beträgt der Wasserdampfdruck auf der Haut etwa 6,3 kPa. Liegt der Dampfdruck der Umgebungsluft höher – z. B. unter Saunabedingungen (80 °C Lufttemperatur, 20 % relative Luftfeuchtigkeit, 8,2 kPa Wasserdampfpartialdruck) –, ist eine Wärmeabgabe durch Verdunstung nicht möglich.

Merke

Schwitzen (Perspiratio sensibilis): Regulation über cholinerge Sympathikusfasern (durch Atropin hemmbar).

Perspiratio insensibilis

Vom Schwitzen abzugrenzen ist die als Perspiratio insensibilis oder extraglanduläre Wasserabgabe bezeichnete Diffusion von etwa 300–400 ml Wasser pro m^2 Körperoberfläche pro Tag durch Haut und Schleimhäute. Die Perspiratio insensibilis trägt zur Temperaturregulation bei, kann jedoch nicht vom Körper beeinflusst werden, da sie nicht nerval reguliert ist. Sie ist allerdings wie die Perspiratio sensibilis von Luftfeuchtigkeit und Umgebungstemperatur abhängig, d. h., bei konstanter Lufttemperatur nimmt die Perspiratio insensibilis wie die Perspiratio sensibilis mit steigender Luftfeuchtigkeit ab.

8.3.4 Temperaturregulation

8.3.4.1 Regelkreis

Die Körpertemperatur wird durch ein kompliziertes Mess- und Regelsystem reguliert, bei dem der Hypothalamus der Regler, die Thermosensoren in Körperkern und Körperschale die Messfühler, die Mechanismen zur Wärmeproduktion und -abgabe die Stellgrößen und die Körpertemperatur die Regelgröße sind (► Abb. 8.5).

Thermosensoren

Innere Thermosensoren zur Erfassung der Körperkerntemperatur finden sich im vorderen Hypothalamus (Regio praeoptica), in der Medulla oblongata, im Rückenmark (dort besonders empfindlich) und in der dorsalen Wand des Abdomens. Äußere (kutane) Thermosensoren, die auch die Warm-kalt-Empfindung vermitteln, messen die Temperatur der Körperschale.

Hinterer Hypothalamus

Im posterioren Hypothalamus werden die von den inneren und äußeren Thermosensoren kommenden Signale verarbeitet und mit dem Sollwert verglichen. Bei Abweichungen vom Sollwert veranlasst der Hypothalamus die Stellgrößen Wärmeproduktion und -abgabe zur Gegenregulation.

Wärmeproduktion

Außer durch willkürliche Muskeltätigkeit kann der Organismus Wärme auf zwei Weisen produzieren:

- Die Aktivierung des **Muskelzitterns** wird über efferente Bahnen vom Hypothalamus zu den motorischen Kerngebieten im Mesencephalon und Rhombencephalon ausgelöst: Zitterbahn.
  - Im braunen Fettgewebe ist auch eine **zitterfreie Wärmeproduktion** möglich. Dabei steigert zunächst Noradrenalin über β_3-Rezeptoren cAMP-vermittelt die Lipolyse. Freie Fett-

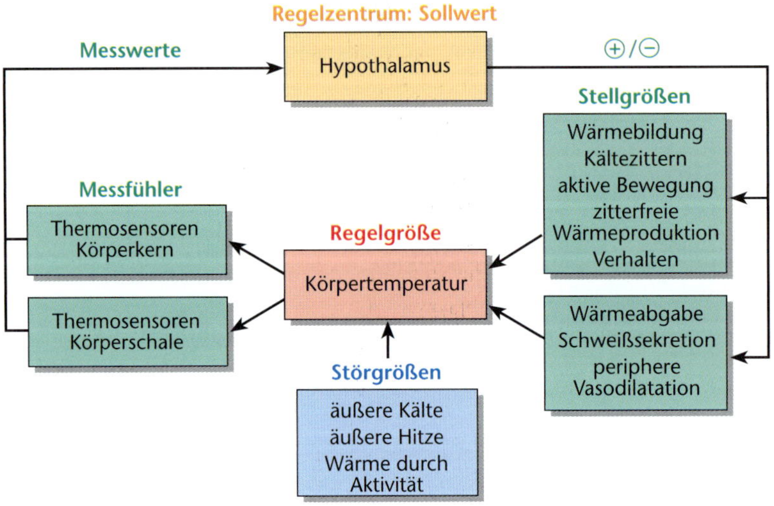

Abb. 8.5 Regelkreis der Temperaturregulation.

säuren aktivieren dann **Thermogenin,** einen Ionenkanal in der inneren Mitochondrienmembran (ältere Bezeichnung: Uncoupling Protein 1, UCP1). Über diesen Ionenkanal baut sich der Protonengradient über der inneren Mitochondrienmembran ab, auf den die ATP-Synthetase angewiesen ist (▶ Kap. 1.4.3.1, ▶ Abb. 1.7). Die in der Atmungskette gewonnene Energie kann so nicht mehr in ATP gespeichert werden, sondern wird direkt in Wärme umgesetzt: Dissipation.

Wärmeabgabe

Die Regulation der Wärmeabgabe (Vasodilatation, Schweißsekretion) wird über den Sympathikus vermittelt:

- Eine Verminderung des Sympathikotonus bewirkt eine Vasodilatation und eine Öffnung der arteriovenösen Anastomosen. Dies führt zu einer beträchtlichen Zunahme der Durchblutung der Extremitäten, wodurch der konvektive Wärmetransport steigt.
- Die Sekretion der Schweißdrüsen wird durch cholinerge (!) sympathische Nervenfasern stimuliert.

8.3.4.2 Temperaturregulation in verschiedenen Situationen

Wärme- und Kältebelastung

Wärmebelastung

Bei Wärmebelastung, z. B. durch körperliche Aktivität, signalisieren die inneren Thermosensoren eine Temperaturzunahme. Als Reaktion hierauf löst der Hypothalamus Mechanismen zur Gegenregulation aus: Vasodilatation und Schweißsekretion.

> **Klinik**
>
> Kann trotz maximaler Vasodilatation und Schweißsekretion keine ausreichende Wärmeabgabe erzielt werden, kommt es zur Hyperthermie mit Körperkerntemperaturen von über 39,5 °C, die zu einer schweren, oft tödlichen Schädigung des Gehirns mit Verwirrtheit, Krämpfen, Bewusstlosigkeit und Hirnödem führt. Dies wird als **Hitzschlag** bezeichnet.
>
> Der **Hitzekollaps** hingegen bezeichnet ein Kreislaufversagen durch Blutdruckabfall bei starker Vasodilatation im Rahmen der Wärmeabgabe.
>
> Der **Sonnenstich** ist eine Folge direkter Einwirkung von Sonnenstrahlung auf Kopf und Nacken. Es kommt zur Reizung der Hirnhäute (Meningismus), die Übelkeit, Erbrechen und eine schmerzhafte Nackensteifigkeit auslösen kann.

Kältebelastung

Kälte aktiviert kutane Kältesensoren, die lange vor den Thermosensoren im Körperkern den Hypothalamus zur Einleitung von Gegenregulationen veranlassen. Durch Vasokonstriktion wird die Durchblutung der Körperschale vermindert, die Muskulatur wird zur Wärmeproduktion durch Muskelzittern aktiviert. Sinkt die Körpertemperatur unter 35 °C, besteht eine **Hypothermie,** in deren weiterem Verlauf auch die Gegenregulationsmaßnahmen zunehmend versagen. Unter 32 °C tritt Bewusstlosigkeit ein, ab 28 °C muss mit dem Tod durch Herzkammerflimmern gerechnet werden.

Indifferenztemperatur

Neutralzone

Wenn weder eine Wärme- noch eine Kältebelastung vorliegt, herrscht Indifferenztemperatur, die als behaglich empfunden wird: thermische Neutralzone. Weder Muskelzittern noch Schweißsekretion sind aktiviert.

Einflussfaktoren

Die Indifferenztemperatur wird von 4 Faktoren beeinflusst:

- Lufttemperatur
- Relative Luftfeuchtigkeit
- Windgeschwindigkeit
- Strahlungswärme der Umgebung

Innerhalb gewisser Grenzen können sich diese Faktoren ausgleichen. Eine erhöhte Luftfeuchtigkeit wird bei niedrigerer Lufttemperatur behaglicher empfunden, bei höherer Windgeschwindigkeit muss die Lufttemperatur steigen, um Behaglichkeit zu erzeugen. Bei einem leicht bekleideten, sich in Ruhe befindlichen Menschen liegt die Indifferenztemperatur bei 25–26 °C (Luftfeuchtigkeit von 50 %, Strahlungswärme gleich Lufttemperatur, Windgeschwindigkeit 0).

Da Wasser eine wesentlich höhere Wärmekonduktion und -konvektion aufweist als Luft, ist bei Aufenthalt im Wasser die thermische Neutralzone im Vergleich zur Luft schmaler und zu höheren Temperaturen hin verschoben. Im Wasser beträgt die Indifferenztemperatur etwa 35–36 °C. Schon bei Wassertemperaturen von 10 °C entwickelt sich eine Hypothermie, weil trotz Aktivierung aller Gegenregulationsmechanismen der Wärmeentzug durch Konvektion und Konduktion die mögliche Wärmeproduktion übersteigt.

Fieber

Sollwertverstellung

Fieber ist eine Verstellung der vom Körper anzustrebenden Solltemperatur im Hypothalamus auf einen höheren Wert. Diese Sollwertverstellung wird durch aus Leukozyten freigesetzte endogene Pyrogene (u. a. Interleukine, Interferone) ausgelöst, deren Produktion z. B. durch Bakterientoxine stimuliert wird.

Fieberanstieg

Der Fieberanstieg ist der Versuch des Hypothalamus, die aktuelle Temperatur des Körperkerns auf den neuen, höheren Sollwert einzustellen. Die Sollwertverstellung wird im Hypothalamus über PGE_2 vermittelt. In der Folge werden Mechanismen zur Verminderung der Wärmeabgabe (Vasokonstriktion) und zur Erhöhung der Wärmeproduktion (Muskelzittern = „Schüttelfrost“) eingeleitet.

Fieberabfall

Beim Fieberabfall sind die Verhältnisse umgekehrt: Die Körperkerntemperatur muss auf den jetzt wieder niedrigeren Sollwert gesenkt werden. Hierzu werden die temperatursenkenden Mechanismen von Vasodilatation und Schweißsekretion aktiviert.

Klinik

Um die Phänomene im Rahmen des Fiebers zu verstehen, muss man sich stets vor Augen führen, welche Solltemperatur vom Hypothalamus angestrebt wird und wie die aktuelle Körpertemperatur ist. So erklärt sich, dass es initial trotz ansteigender Temperatur zum **„Schüttelfrost“** mit subjektiver Kälteempfindung kommt. Der Hypothalamus gibt nämlich eine Solltemperatur vor, die noch über der aktuellen Körpertemperatur liegt. Ist der Fiebergipfel überwunden, liegt die Körpertemperatur über der dann wieder reduzierten Solltemperatur des Hypothalamus. Dies erklärt die Schweißausbrüche und das subjektive Hitzeempfinden.

8.3.4.3 Temperaturregulation bei Neugeborenen

Bei Neugeborenen verhält sich die Temperaturregulation prinzipiell wie beim Erwachsenen. Allerdings ist bei Neugeborenen das Verhältnis von Körperoberfläche zu Körpervolumen dreifach höher und damit ungünstiger, weil die im Verhältnis zum relativ kleinen Körperkern größere Oberfläche mehr Wärme abgibt. Die Körperschale ist kleiner und dünner, sodass die Isolation des Körperkerns weniger ausgeprägt ist. Daher sind Neugeborene in deutlich stärkerem Maße als Erwachsene von Unterkühlung bedroht.

Dem wirkt die spezielle Temperaturregulation des Neugeborenen entgegen. Schon bei für den Erwachsenen relativ hohen Umgebungstemperaturen wird bei ihnen die zitterfreie Wärmeproduktion aktiviert, d. h., die untere Grenze der

Indifferenztemperatur ist nach oben verschoben. Der Bereich der Umgebungstemperatur, innerhalb deren das Neugeborene seine Körpertemperatur aufrechterhalten kann, ist kleiner als beim Erwachsenen.

8.3.5 Akklimatisation

Langfristige Anpassungen an klimatische Bedingungen werden zur Unterscheidung von den kurzfristigeren regulatorischen Maßnahmen als Adaptation oder Akklimatisation bezeichnet. Eine Adaptation tritt erst nach lang anhaltender oder wiederholter intensiver thermischer Belastung ein.

8.3.5.1 Hitzeadaptation

Hitzeadaptation beruht überwiegend auf Veränderungen der Schweißsekretion. Es wird mehr Schweiß produziert, d. h., die Schweißdrüsen werden trainiert. Außerdem tritt Schwitzen schon bei tieferen Temperaturen auf: Die Schwitzschwelle wird gesenkt. Durch eine aldosterongesteuerte vermehrte Rückresorption von Na^+ und Cl^- in den Schweißdrüsenepithelien nimmt der Elektrolytgehalt des Schweißes ab. Darüber hinaus steigt das Durstgefühl, sodass mehr Flüssigkeit aufgenommen wird und das Plasmavolumen leicht zunimmt. Dies schützt, wie auch die Einsparung der Elektrolyte, vor dem Hitzekollaps, da bei Vasodilatation (zur Wärmeabgabe) der Blutdruck nicht so stark abfällt.

Merke

Der Hitzeadaptierte
- schwitzt früher und mehr,
- spart durch die Ausscheidung eines hypotoneren Schweißes Elektrolyte ein und
- trinkt mehr Flüssigkeit als der Nichtadaptierte.

8.3.5.2 Kälteadaptation

Die Mechanismen zur Kälteadaptation sind weniger gut gesichert. Es gibt Hinweise auf eine erhebliche Steigerung des Grundumsatzes bei ausschließlich in extrem kaltem Klima lebenden Völkern. Diese **metabolische Kälteadaptation** führt zur Steigerung der Wärmeproduktion.
Andere Untersuchungen zeigen Adaptation an niedrigere Temperaturen mit einer Senkung der Zitterschwelle, sodass beim Absinken der Körpertemperatur das Kältezittern erst bei niedrigeren Temperaturen einsetzt. Dies wird als **hypotherme Kälteadaptation** bezeichnet.

Lerntipp

Das Kapitel zu Energie- und Wärmehaushalt können Sie ganz entspannt angehen – es wird im Physikum selten abgeprüft. Das Thema Fieber lohnt dennoch einen zweiten Blick, hier handelt es sich schließlich um ein enorm wichtiges klinisches Symptom.

09 Wasser- und Elektrolythaushalt, Nierenfunktion

mediscript Online

IMPP-Hits

- ADH- und Aldosteron-Wirkungen
- Berechnungen zur Nierenfunktion: Clearance, GFR, fraktionelle Ausscheidung
- Störungen des Wasserhaushalts (▸ Tab. 9.2)

9.1 Wegweiser

Die Nieren regulieren den Wasser- und Elektrolythaushalt (▸ Kap. 9.2) und die Ausscheidung von Stoffwechselprodukten und Medikamenten. Darüber hinaus produzieren sie Hormone, die auf den Blutdruck, den Elektrolythaushalt und die Blutbildung Einfluss nehmen.

Für das Verständnis der Nierenphysiologie sind Kenntnisse der funktionellen Nierenanatomie und -histologie (▸ Kap. 9.3.1) sowie der Nierendurchblutung (▸ Kap. 9.3.2) Voraussetzung. Das Blut wird in den Glomeruli der Niere zunächst filtriert (▸ Kap. 9.3.3). Dieses Filtrat wird in den Nierentubuli weiter bearbeitet (▸ Kap. 9.3.4). Im proximalen Tubulus steht die Rückresorption des Hauptanteils von Elektrolyten, Glucose und Aminosäuren im Vordergrund. In der Henle-Schleife wird der Harn über Gegenstrommechanismen konzentriert. Im distalen Tubulus und in den Sammelrohren wird Wasser rückresorbiert und die Feineinstellung der Elektrolytresorption vorgenommen. Die Niere kann als Organ des Säure-Basen-Haushalts Säuren und Basen mit dem Harn ausscheiden (▸ Kap. 9.3.5). Zur Beurteilung der Nierenfunktion (▸ Kap. 9.3.6) dienen die glomeruläre Filtrationsrate, der renale Blutfluss, die Filtrationsfraktion und die fraktionelle Ausscheidung.

9.2 Wasser- und Elektrolythaushalt

9.2.1 Wasserbestand und Verteilungsräume

9.2.1.1 Wasserbestand

Der Körper des Säuglings besteht zu 75 % aus Wasser. Mit zunehmendem Lebensalter sinkt der

Wassergehalt, wobei Frauen aufgrund des höheren (wasserarmen) Fettgewebeanteils prozentual einen etwas geringeren Wasseranteil aufweisen als Männer (► Tab. 9.1). Wird der Wasserbestand des Körpers auf die fettfreie Körpermasse bezogen, beträgt der Wasseranteil ohne Geschlechtsunterschied 73 %.

Tab. 9.1 Wasseranteil am Gesamtkörpergewicht bei Frauen und Männern

Alter	Männer	Frauen
Jung	65 %	55 %
Alt	55 %	45 %

9.2.1.2 Flüssigkeitsräume

Das Gesamtkörperwasser verteilt sich auf 4 verschiedene Räume:

- **Intrazelluläre Flüssigkeit:** Wasser in den Zellen
- **Interstitielle Flüssigkeit:** Wasser zwischen den Zellen
- **Plasmavolumen:** Wasser in den Blutgefäßen
- **Transzelluläre Flüssigkeit:** Wasser in Liquor, Gallenblase, Augenkammer, Nierentubuli

Interstitielle und transzelluläre Flüssigkeit werden mit dem Plasmavolumen zur **Extrazellularflüssigkeit** zusammengefasst.

9.2.1.3 Messung des Körperwasserbestands

Der Wasserbestand des Körpers wird gemessen, indem eine bekannte Menge einer Indikatorsubstanz verabreicht wird, die sich im gesamten Körperwasser gleichmäßig verteilt (► Abb. 9.1). Hat sich eine gleichmäßige Verteilung eingestellt, kann aus der Konzentration im Plasma das Verteilungsvolumen *V* errechnet werden:

$$V[\text{l}] = \frac{\text{applizierte Menge [g]}}{\text{Konzentration im Plasma [g/l]}}$$

Werden z. B. einem 70 kg schweren Mann 10.000 Becquerel (statt der Menge wird hier die Aktivität des Stoffes in die Formel eingesetzt) **Tritium** intravenös injiziert und nach 2 Stunden in einem Liter Plasma 240 Becquerel gemessen, so hat sich das Tritium auf etwa 42 Liter verteilt, was dem Gesamtwasserbestand entspricht.

Wird **Inulin** als Indikatorsubstanz verabreicht, entspricht das errechnete Verteilungsvolumen lediglich dem Extrazellularraum, da Inulin nicht in die Zelle eindringt. Die Differenz der Verteilungsräume für Tritium (Gesamtwasserbestand) und für Inulin (Extrazellularraum) ergibt das intrazelluläre Flüssigkeitsvolumen. Der Farbstoff **Evans Blue** bindet an Plasmaproteine und verlässt daher die Gefäßbahn nicht. Er ist, wie radioaktiv markiertes Albumin, eine Indikatorsubstanz für das Plasmavolumen (► Kap. 2.2.1).

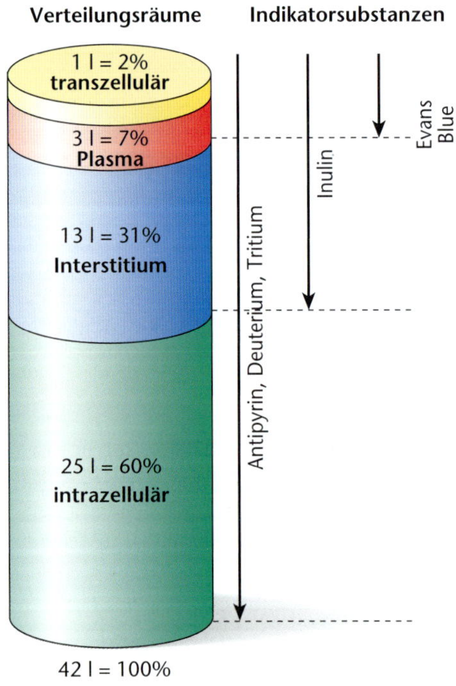

Abb. 9.1 Wasserbestand eines Erwachsenen.

9.2.2 Regulation der Wasseraufnahme und -ausscheidung

9.2.2.1 Wasserverlust und -zufuhr

- Der minimale tägliche **Wasserverlust** des gesunden Erwachsenen beträgt etwa 2 Liter. Er setzt sich aus 1 Liter Urin, 100 ml Wasser im Kot und 900 ml Perspiratio insensibilis (extraglanduläre Wasserabgabe über Haut- und Schleimhäute, ► Kap. 8.3.3.3) zusammen.
- Die **Wasserzufuhr** besteht aus der Trinkmenge (ca. 1 l), präformiertem Wasser in der Nahrung (ca. 700 ml) und Oxidationswasser aus dem Nahrungsabbau (ca. 300 ml).

9.2.2.2 Regulationsmechanismen

Der Wasserbestand des Körpers wird in sehr engen Grenzen konstant gehalten. Die Wasserzufuhr wird über das Durstempfinden, die Wasserausscheidung über die Niere gesteuert. Der Wasserbedarf des Organismus wird an mehreren Stellen erfasst:

- **Dehnungssensoren** in den Wänden von Herzvorhöfen und V. cava thoracalis melden den Füllungszustand der Gefäße über afferente Bahnen an den Hypothalamus und beeinflussen die Sekretion des hypothalamischen Hormons Adiuretin (antidiuretisches Hormon, ADH): **Gauer-Henry-Reflex** (► Kap. 3.6.2.3). Über eine Erhöhung des ADH-Spiegels wird die Wasserrückresorption in der Niere gesteigert.
- Die **Dehnung der Herzvorhöfe** löst die Sekretion des im Herzen gebildeten atrialen natriuretischen Peptids (ANP) aus: **Vorhofdehnungsreflex** (► Kap. 3.6.2.3). ANP steigert die Natrium- und Wasserausscheidung in der Niere.
- **Drucksensoren** in den Nieren steuern die Freisetzung des in der Niere gebildeten Hormons Renin. Renin fördert die Produktion von Angiotensin II, das die glomeruläre Filtrationsrate (GFR) senkt, allgemein vasokonstriktorisch wirkt, die Freisetzung von Aldosteron fördert und Durst auslöst: **Renin-Angiotensin-Aldosteron-System** (► Kap. 10.5.2)
- **Osmosensoren** in Pfortadergefäßsystem, Leber und Hypothalamus steuern die Sekretion von ADH und lösen über afferente Bahnen Durstempfinden aus.

Die Regelgröße Wasserbestand wird also durch Sensoren erfasst, die über die Hormone ADH, ANP und Angiotensin II sowie durch unmittelbare nervale Einflüsse die Stellgrößen Durst (→ Wasserzufuhr) und renale Wasserausscheidung regulieren (► Abb. 9.2, auch ► Kap. 20.9.1.1).

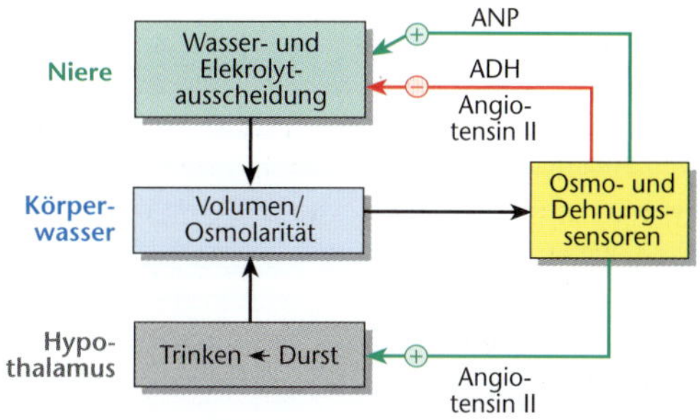

Abb. 9.2 Hormonelle Regulation des Wasserbestands durch Osmo- und Dehnungssensoren. Angiotensin II als Endstrecke des Renin-Angiotensin-Systems. ANP = atriales natriuretisches Peptid, ADH = antidiuretisches Hormon (Adiuretin). Nach [2]

9.2.3 Störungen des Wasserhaushalts und Gegenregulationsmaßnahmen

Störungen des Wasserhaushalts werden in **Dehydratation** (Wassermangel) und **Hyperhydratation** (Überwässerung) unterteilt. In Abhängigkeit von der Osmolarität des Plasmas wird bei Dehydratation und Hyperhydratation weiter zwischen **hypotonen, isotonen** oder **hypertonen** Störungen unterschieden (► Tab. 9.2). Bei den isotonen De- oder Hyperhydratationen verändert sich nur das Extrazellularvolumen. Hypo- und hypertone Störungen des Wasserbestands beeinflussen durch osmotisch bedingten Wasserfluss auch den intrazellulären Wassergehalt:

- Eine **hypertone** Störung führt zum Ausstrom von Wasser aus der Zelle und damit zur Zellschrumpfung.
- **Hypotone** Veränderungen bewirken einen Wassereinstrom in die Zelle, d.h. eine Zellschwellung.

9.2.3.1 Hypotone Hyperhydratation

Zufuhr von hypotonem Wasser, z.B. durch Trinken von Wasser mit geringer Osmolarität, verursacht eine hypotone Hyperhydratation. Dies aktiviert Osmosensoren in Leber und Hypothalamus, welche die Freisetzung von ADH hemmen und das Durstgefühl mindern. Der Mangel an ADH führt zu vermehrter Ausscheidung von hypotonem Harn durch die Nieren: **Wasserdiurese.** Außerdem wird weiteres Trinken durch die Hemmung des Durstgefühls reduziert.

9.2.3.2 Isotone Hyperhydratation

Aufnahme von isotoner Flüssigkeit führt zur isotonen Hyperhydratation und aktiviert Druck- und Volumensensoren, welche die Zunahme des Flüssigkeitsvolumens registrieren. Die aktivierten Volumensensoren hemmen die Freisetzung von ADH und Renin und fördern die Sekretion von ANP:

Tab. 9.2 Störungen des Wasserhaushalts

Störung	Ursache	extrazellulär		intrazellulär	
		Volumen	Osmolarität	Volumen	Osmolarität
Hypertone Dehydratation	Verlust hypotoner Flüssigkeit	↓	↑	↓	↑
Hypertone Hyperhydratation	Zufuhr hypertoner Flüssigkeit	↑	↑	↓	↑
Hypotone Dehydratation	Verlust hypertoner Flüssigkeit	↓	↓	↑	↓
Hypotone Hyperhydratation	Zufuhr hypotoner Flüssigkeit	↑	↓	↑	↓
Isotone Dehydratation	Verlust isotoner Flüssigkeit	↓	–	–	–
Isotone Hyperhydratation	Zufuhr isotoner Flüssigkeit	↑	–	–	–

- Der erniedrigte ADH-Spiegel steigert die Wasserausscheidung, da die Wasserrückresorption in den Sammelrohren der Niere reduziert wird (► Kap. 9.3.4.3).
- Der erniedrigte Reninspiegel führt zu einer geringeren Bildung von Aldosteron, wodurch die Rückresorption von Na^+ und in der Folge von Cl^- vermindert wird (► Kap. 9.3.4.3).
- Auch ANP senkt die tubuläre Rückresorption von Na^+ und Cl^-

Durch diese Effekte wird vermehrt ein isotoner Harn ausgeschieden.

9.2.3.3 Hypertone Hyperhydratation

Wird sehr stark hypertone Flüssigkeit aufgenommen (z. B. Meerwasser), resultiert eine hypertone Hyperhydratation. In diesem Fall wird ADH weniger stark gehemmt als Renin. Dies führt in Verbindung mit einer Steigerung der ANP-Sekretion (Dehnung der Herzvorhöfe durch die Hyperhydratation, ► Kap. 10.8.4.1) zur Ausscheidung eines hypertonen Harns. Darüber hinaus stimulieren die hypothalamischen Osmosensoren das Durstzentrum: Durch das Trinken von iso- oder hypotoner Flüssigkeit wird die Osmolarität im Plasma gesenkt. Dies wird allerdings zunächst mit einer weiteren Volumenzufuhr (bei bestehender Hyperhydratation) erkauft, die in einem zweiten Schritt, nach Wiederherstellung der physiologischen Plasmaosmolarität wieder ausgeschieden werden muss.

9.2.3.4 Hypertone Dehydratation

Der Verlust von hypotonem Wasser (z. B. bei vermehrtem Schwitzen) verursacht eine hypertone Dehydratation und steigert über Stimulation von Osmo- und Dehnungssensoren die ADH-Sekretion. Dies erhöht die Rückresorption von Wasser in der Niere. Gleichzeitig wird von den Osmosensoren im Hypothalamus das Durstzentrum stimuliert und so die Flüssigkeitszufuhr gesteigert.

9.2.3.5 Isotone Dehydratation

Eine isotone Dehydratation ist Folge des Verlusts von isotoner Flüssigkeit, z. B. bei Blutungen. Die Dehnungssensoren stimulieren die Freisetzung von Renin, was, vermittelt über Angiotensin II und Aldosteron, die Na^+-, Cl^-- und Wasserresorption steigert. ADH wird ebenfalls stimuliert, allerdings weniger stark als bei einer hypertonen Dehydratation. Die Anregung des Durstzentrums durch Angiotensin II führt zu einer vermehrten Flüssigkeitsaufnahme.

9.2.3.6 Hypotone Dehydratation

Durchfälle und Erbrechen können über den Verlust hypertoner Flüssigkeiten aus dem Magen-Darm-Bereich eine hypotone Dehydratation verursachen. Wie bei der isotonen Dehydratation werden insbesondere Renin, aber auch ADH und das Durstzentrum stimuliert.

Lerntipp

Die Störungen des Wasserhaushalts und ihre Regulation werden gerne gefragt und sind eigentlich leicht zu verstehen. Einmal durchdenken und sichere Punkte kassieren!

Tab. 9.3 Intravasale und intrazelluläre Ionenkonzentrationen (in mval/l)

Ionen	Intravasale Flüssigkeit	Intrazelluläre Flüssigkeit
Anionen		
Chlorid	104	4
Bicarbonat	25	12
Kationen		
Natrium	143	12
Kalium	4,5	150
Calcium	5	10^{-5}–10^{-4}

9.2.4 Elektrolythaushalt

► Tab. 9.3 gibt einen Überblick über die Verteilung der Ionen im Plasma und in den Zellen. Die einzelnen Ionen und ihre physiologische Bedeutung werden im Folgenden erörtert.

9.2.4.1 Natrium

Bedeutung und Bestand

Natrium ist das mengenmäßig wichtigste Kation des extrazellulären Raums. Beim Erwachsenen beträgt der Natriumbestand 60 mmol/kg KG, von denen 40 % im Knochen gespeichert sind.

Aufnahme und Ausscheidung

Zwischen 50 und 300 mmol Natriumchlorid (3–17 g) werden täglich mit der Nahrung durch Resorption im unteren Ileum aufgenommen. Ausgeschieden wird Natrium zu über 95 % durch die Nieren und unterliegt dort der Regulation durch die Hormone Aldosteron (Na^+-Ausscheidung ↓) und atriales natriuretisches Peptid (Na^+-Ausscheidung ↑). Die restlichen 5 % werden mit dem Stuhl und dem Schweiß ausgeschieden.

Klinik

In Deutschland wird etwa doppelt so viel NaCl mit der Nahrung aufgenommen wie nötig: 12 g/Tag statt 6 g/Tag. Der Mindestbedarf an NaCl liegt sogar nur bei 1–2 g/Tag. Die weitverbreitete Hyperalimentation mit Kochsalz wird mit der Entstehung von **Bluthochdruck** in Verbindung gebracht. Es wird vermutet, dass das zugeführte Natrium nicht mehr vollständig ausgeschieden werden kann und sich dadurch das Extrazellularvolumen erhöht. So kommt es in einem ersten Schritt zu einem reversiblen **Volumenhochdruck.** Dieser führt langfristig zu Umbauprozessen in den Gefäßwänden, die den arteriellen Hypertonus verfestigen: **Widerstandshochdruck.** Eine Diät mit Na^+-Restriktion wird zur Therapie empfohlen. Bei immerhin einem Drittel der Patienten, den sog. salzsensitiven Hypertonikern, kann so der Blutdruck gesenkt werden.

9.2.4.2 Kalium

Bedeutung und Bestand

K^+ ist das mengenmäßig wichtigste intrazelluläre Kation und ist an der Aufrechterhaltung des zellulären Ruhemembranpotenzials beteiligt. Der Gesamtbestand im Organismus beträgt etwa 50 mmol/kg KG und ist bei Männern etwas höher als bei Frauen, da diese einen höheren Anteil an kaliumärmerem Fettgewebe am Körpergewicht aufweisen. Nur 2 % des Kaliums liegen extrazellulär vor, 98 % sind intrazellulär gespeichert.

Aufnahme und Ausscheidung

Die tägliche Zufuhr ist stark nahrungsabhängig und sollte 25 mmol/Tag nicht unterschreiten. Die Nieren eliminieren über 90 % des zugeführten K^+ mit dem Harn, die restlichen 10 % werden enteral ausgeschieden. Der K^+-Haushalt wird durch Aldosteron reguliert. Die Konzentration von K^+ im Urin hängt von der Diurese ab: Bei maximaler Antidiurese kann die K^+-Konzentration im Urin auf bis zu 50 mmol/l ansteigen (von 2 mmol/l bei maximaler Diurese).

Klinik

Eine ausgeprägte **Hyperkaliämie** ($K^+ > 6{,}5$ mmol/l), die z. B. iatrogen durch Kombination von ACE-Hemmern (Angiotensin-Converting-Enzym; ► Kap. 10.5.2) mit Kalium sparenden Diuretika ausgelöst werden kann, ist wegen der resultierenden Herzrhythmusstörungen akut lebensbedrohlich. Der K^+-Spiegel im Serum ist allerdings nur ein unzureichender Parameter des Kaliumhaushalts, da 98 % des Kaliums intrazellulär gespeichert sind. Bei Verdacht auf Störungen des Kaliumhaushalts sollte daher ein EKG angefertigt werden: Typisch sind eine hohe zeltförmige T-Welle und eine PQ-Verlängerung: Hyperkaliämie wirkt am Herzen negativ dromotrop (► Kap. 3.6.2.2). In der Folge treten Kammerflattern/Kammerflimmern oder eine Asystolie auf. Eine kombinierte Infusion von Insulin und Glucose kann den extrazellulären K^+-Spiegel rasch senken, da Insulin den Einstrom von K^+ in die Zellen fördert.

9.2.4.3 Calcium

Bedeutung und Bestand

Ca^{2+} ist von großer Bedeutung für die Erregbarkeit von Zellen. Schon relativ geringe Steigerungen der Ca^{2+}-Konzentration heben die Erregungsschwelle an und stabilisieren so die Membran. Nimmt die Ca^{2+}-Konzentration jedoch ab, sinkt die Erregungsschwelle und es können tetanische Krämpfe entstehen. Daher unterliegt die Ca^{2+}-Konzentration im Plasma einer sehr präzisen Regulation. 99 % des Gesamtbestandes an Ca^{2+} sind als Calciumphosphat im Knochen eingelagert, der ein Reservoir zum Ausgleich von Schwankungen des Serum-Ca^{2+} darstellt. Im Serum sind 46 % des Ca^{2+} an Proteine und 6 % an Phosphat (HPO_4^-) gebunden. Biologisch wirksam sind nur die freien, ungebundenen 48 % des Gesamt-Ca^{2+}. Daher ist bei einer Beurteilung des Serum-Ca^{2+} immer die Serumeiweißkonzentration zu berücksichtigen.

Aufnahme und Ausscheidung

Die Hormone Parathormon, Calcitonin und 1,25-Dihydroxycholecalciferol (Calcitriol) regulieren die Ca^{2+}-Konzentration im Serum (► Kap. 10.6). Erwachsene benötigen ca. 0,8 g Calcium am Tag, Kinder und Schwangere bis zu etwa 1,5 g/Tag. Davon werden etwa 30 % im Darm resorbiert, der Rest geht mit dem Stuhl verloren.

Klinik

Bei Aufregung, Angst, Wut und Stress ist die Atmung vertieft und beschleunigt: Hyperventilation (► Kap. 5.7.2.1) Es wird vermehrt CO_2 abgeatmet: Der pH-Wert im Blut steigt an. Durch diese respiratorische Alkalose (► Kap. 5.10.2.2) wird Ca^{2+} verstärkt an Proteine gebunden, und die Konzentration von freiem Ca^{2+} sinkt. Dadurch entsteht eine neuromuskuläre Übererregbarkeit mit Muskelkrämpfen, Kribbeln an Lippen, Händen und Füßen, Kussmundstellung und Krämpfen der Unterarmmuskulatur (Pfötchenstellung der Hände): **Hyperventilationstetanie.**

9.2.4.4 Magnesium

Mg^{2+} ist ein wichtiger Cofaktor vieler Enzyme und hemmt die calciuminduzierte Acetylcholinfreisetzung an der motorischen Endplatte. Der Gesamtbestand an Mg^{2+} beträgt beim Erwachsenen etwa 16 mmol/kg KG, wovon sich etwa 52 % im Knochen und 43 % intrazellulär finden. Die Konzentration im Plasma beträgt 1 mmol/l, zu 50 % in freier, ionisierter Form, 35 % sind an Albumin und 15 % an Komplexbildner gebunden.

Klinik

Mg^{2+} hemmt die durch Ca^{2+} induzierte Freisetzung von Acetylcholin an der motorischen Endplatte. Bei einem Mangel an Magnesium wird daher mehr Acetylcholin ausgeschüttet: Die **neuromuskuläre Erregbarkeit** steigt. Dadurch kann es auch zu tetanischen Krämpfen kommen.

9.3 Niere

Die Niere hat Ausscheidungs- und Regulationsaufgaben:

- Ausscheidung
  - Stoffwechselabbauprodukte: Harnstoff, Kreatinin, Harnsäure
  - Fremdstoffe: Medikamente, Gifte
- Regulation
  - Wasserhaushalt
  - Mineralhaushalt
  - Säure-Basen-Haushalt
  - Blutdruck und Blutvolumen
  - Erythrozytenhaushalt über Erythropoetin

Im Folgenden werden nach einer kurzen Rekapitulation des histologischen Feinbaus der Niere, der für ein Verständnis der Nierenphysiologie unverzichtbar ist, die Ausscheidungs- und Regulationsfunktionen der Niere im Detail dargestellt. Vor allem bei den regulatorischen Funktionen sind jedoch immer auch weitere Organsysteme beteiligt, die in anderen Kapiteln besprochen werden:

- Blutdruckregulation: ► Kap. 4.3.3, ► Kap. 10.5.2 (Renin-Angiotensin-Aldosteron-System)
- Mineralhaushalt: ► Kap. 10.5.2, ► Kap. 10.6
- Säure-Basen-Haushalt: ► Kap. 5.10
- Erythrozytenhaushalt: ► Kap. 2.3.2

9.3.1 Bau und Funktion

Funktionseinheit der Niere ist das **Nephron,** das aus einem Glomerulus mit Bowman-Kapsel und dem Tubulussystem besteht. Die Glomeruli liegen in der Nierenrinde, das Tubulussystem durchzieht das Nierenmark.

9.3.1.1 Tubulussystem

Das Tubulussystem wird funktionell-anatomisch in 4 Abschnitte eingeteilt (► Abb. 9.3):

- **Proximaler Tubulus** (Hauptstück): proximales Konvolut (Pars convoluta) und gerader Teil des proximalen Tubulus (Pars recta)

- **Intermediärtubulus** (Mittelstück): dünner absteigender und dünner aufsteigender Schenkel
- **Distaler Tubulus** (Mittelstück): distales Konvolut (Pars convoluta) und gerader Teil des distalen Tubulus (Pars recta)
- **Sammelrohre:** Spät-distaler Tubulus und Sammelrohre im engeren Sinn

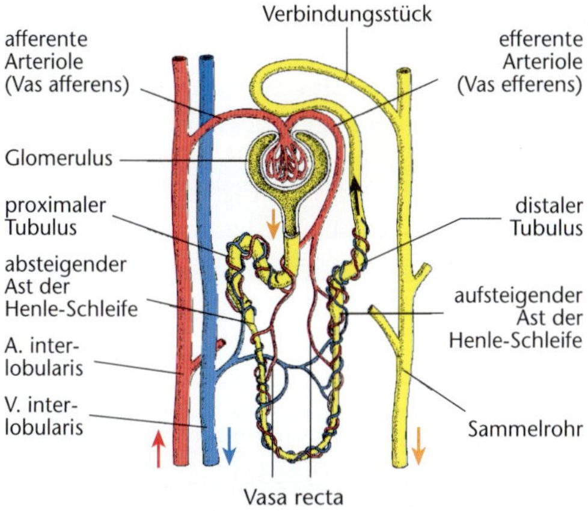

Abb. 9.3 Juxtamedulläres Nephron mit den zugehörigen Gefäßen.

Die geraden, dicken Anteile von proximalem und distalem Tubulus bilden zusammen mit den dünnen absteigenden und aufsteigenden Schenkeln des Intermediärtubulus die Henle-Schleife

9.3.1.2 Glomerulus

Der Glomerulus besteht aus einem Kapillarnetz, das sich in den blindsackartigen Ursprung des Tubulussystems einstülpt. Hierdurch entsteht aus der eingestülpten Wand des Tubulussystems die Bowman-Kapsel, die den Glomerulus umhüllt (► Abb. 9.4).

Oberflächliche, dicht unter der Kapsel gelegene Glomeruli bilden mit ihren Tubuli kurze Schleifen, die nur bis ins äußere Mark der Niere reichen. Von tief in der Rinde, nahe dem Mark gelegenen (= juxtamedullären) Glomeruli ziehen jedoch die Tubuli in sehr lange Schleifen bis ins innere Nierenmark und erreichen annähernd die Papillenspitze.

Die Tubulusschleife kehrt immer zum Ausgangsglomerulus zurück und bildet an der Berührungsstelle mit ihrem Glomerulus die Macula densa (► Abb. 9.4).

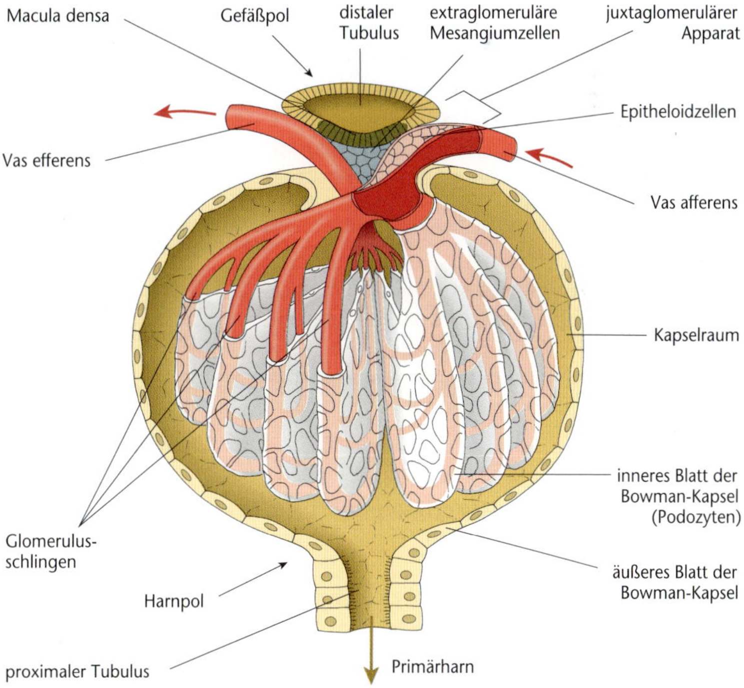

Abb. 9.4 Glomerulus mit Vas afferens und Vas efferens.

9.3.1.3 Vas afferens und efferens

Zur Versorgung der Kapillarschlingen des Glomerulus entspringt aus der A. interlobularis das Vas afferens (afferente Arteriole). Nach der Verzweigung im Glomerulus sammeln sich die Kapillaren wieder und münden in das Vas efferens (efferente Arteriole), das den Glomerulus verlässt. Die Vasa efferentia bilden dann ein weiteres Kapillarnetz, das als peritubuläre Kapillaren die Tubuli begleitet. Die Vasa efferentia und die peritubulären Kapillaren gelten noch als arterielle Gefäße.

9.3.1.4 Vasa recta

Die von den juxtamedullären Glomeruli abgehenden Vasa efferentia bilden parallel zu den Tubuli durch das Nierenmark bis in die Papillenspitze ziehende arterielle Vasa recta, die sich kaum verzweigen und als venöse Vasa recta im gleichen Gefäßbündel wieder zurückführen. Die venösen peritubulären Kapillaren und die Vasa recta münden dann in die Vv. interlobulares und Vv. arcuatae (► Abb. 9.3).

9.3.2 Regulation der Nierendurchblutung

9.3.2.1 Renaler Blutfluss und glomeruläre Filtrationsrate

Renaler Blutfluss

Der Blutfluss durch beide Nieren, der renale Blutfluss (RBF), beträgt beim Erwachsenen etwa 1.200 ml/min, was 20 % des Herzzeitvolumens entspricht. Pro Gewichtseinheit ist damit die Durchblutung der Nieren deutlich höher als die von Herz, Gehirn oder Leber (► Kap. 4.6). Sie beträgt 400 ml/min pro 100 g Nierengewebe.

Die sehr intensive Durchblutung der Nieren erklärt sich nicht durch einen hohen Sauerstoffbedarf, sondern durch die Filterfunktion der Nieren und deren Aufgabe, eine möglichst große Menge des Blutes möglichst rasch von den angefallenen Stoffwechselendprodukten zu reinigen.

Verteilung des RBF

Etwa 92 % des renalen Blutflusses werden der Nierenrinde, in der die Glomeruli liegen, zugeführt. Die äußere Markzone erhält etwa 7 %, die Papillenregion nur 1 % des renalen Blutflusses. Diese unterschiedliche Verteilung der Durchblutung auf die einzelnen Anteile des Nierengewebes ermöglicht zum einen die enorme Filtrationsleistung der Glomeruli, zum anderen ist die im Vergleich zur Nierenrinde geringe Durchblutung des Nierenmarks Voraussetzung für die harnkonzentrierenden Mechanismen.

Glomeruläre Filtrationsrate

Unter glomerulärer Filtration versteht man die Filtration des Blutes durch die Wand der Glomeruluskapillaren in den von der Bowman-Kapsel gebildeten Hohlraum (► Abb. 9.4). Das Maß der glomerulären Filtration ist die glomeruläre Filtrationsrate (GFR). Sie ist definiert als das pro Zeiteinheit von allen Glomeruli beider Nieren aus dem Blut filtrierte Volumen. Die GFR beträgt beim gesunden Erwachsenen im Mittel 125 ml/min (= 180 l/24 Stunden) und weist deutliche tageszeitliche Schwankungen mit höheren Werten am Tag und niedrigeren in der Nacht auf.

Merke

- Renaler Blutfluss (RBF):
  - 1.200 ml/min (= 400 ml/min pro 100 g Nierengewebe).
  - 92 % des RBF erhält die Nierenrinde mit den Glomeruli.
- Glomeruläre Filtrationsrate (GFR): 120 ml/min

9.3.2.2 Durchblutung der Nierenrinde

Myogene Autoregulation

Vas afferens und efferens

Die Durchblutung wird durch die zuführende und die abführende Arteriole als hintereinander geschaltete Widerstandsgefäße reguliert (► Abb. 9.3). In der zuführenden Arteriole, dem Vas afferens, wird der Blutdruck auf etwas mehr als 50 mmHg (6,7 kPa) gesenkt, in der abführenden Arteriole noch einmal auf etwa 23 mmHg (3 kPa). Über die Strömungswiderstände der beiden Arteriolen werden die Nierendurchblutung und damit auch die Filtration (► Kap. 9.3.3) beeinflusst.

Anpassung des Strömungswiderstands

Die Vasa afferentia weisen eine Autoregulation auf: Unabhängig von der Regulation des Blutdrucks im Gesamtorganismus und der Innervation der Niere passen sie den Strömungswiderstand dem aktuellen Blutdruck an. Steigt der Blutdruck, führt dies in den Vasa afferentia zur Vasokonstriktion, umgekehrt reagieren sie auf Blutdruckabfall mit Vasodilatation. Eine solche reflektorische Kontraktion der glatten Gefäßmuskulatur bei Anstieg des transmuralen Drucks im Gefäß wird als **Bayliss-Effekt** bezeichnet (▸ Kap. 4.2.2.3).

Konstanter Perfusionsdruck
Durch den Bayliss-Effekt gelingt es, den renalen Blutfluss bei systolischen Blutdrücken zwischen 90 und 180 mmHg (12 bis 24 kPa) konstant zu halten. Der Perfusionsdruck in den nachfolgenden Glomeruluskapillaren beträgt dann konstant etwa 50 mmHg (6,7 kPa). Die glomeruläre Filtrationsrate (GFR) ist dadurch weitgehend unabhängig von kurzfristigen Blutdruckschwankungen.

Blutdruckabfall
Bei einem sehr starken Abfall des systolischen Blutdrucks auf Werte um 60 mmHg kommt es dagegen zu einer deutlichen Reduktion der glomerulären Filtrationsrate, die sich klinisch als akutes Nierenversagen äußert. Die Harnausscheidung geht dabei auf weniger als 100 ml pro Tag zurück: Anurie.

Merke

- Anurie: < 100 ml/24 h
- Oligurie: < 500 ml/24 h
- Polyurie: > 4.000 ml/24 h

Renin-Angiotensin-Aldosteron-System

An der intrarenalen Blutdruckregulation ist auch das Renin-Angiotensin-Aldosteron-System beteiligt (Übersicht ▸ Kap. 10.5.2). Im juxtaglomerulären Apparat (Kontaktstelle des distalen Konvoluts mit dem Vas afferens, ▸ Abb. 9.4) produzieren Epitheloidzellen das proteolytisch wirkende Hormon Renin. Renin wird bei erniedrigtem Perfusionsdruck vermehrt ins Blut abgegeben und führt dort über mehrere Zwischenschritte zur Bildung von Angiotensin II. Angiotensin II ist einer der stärksten körpereigenen Vasokonstriktoren und erhöht dadurch den systemischen Blutdruck. Es gelangt aber auch über das Blut zurück zu den Vasa efferentia, wo es ebenfalls den Gefäßtonus erhöht. Durch beide Anpassungen erhöht sich der Filtrationsdruck im Bereich der Glomeruli, sodass die Nierenfunktion auch bei erniedrigtem Perfusionsdruck sichergestellt werden kann.

Tubuloglomeruläres Feedback

Ein Anstieg des NaCl-Gehalts und ein Anstieg der Flussrate im distalen Tubulus fördern die Freisetzung von Renin. Dadurch wird die glomeruläre Filtrationsrate (GFR) gesenkt. Dieser Rückkopplungsmechanismus vom Tubulus zum Vas afferens und damit zum Glomerulus wird auch als tubuloglomeruläres Feedback (TGF) bezeichnet. Die Möglichkeit dieses tubuloglomerulären Feedbacks beruht auf der Tatsache, dass die in der Wand des distalen Tubulus gelegenen Zellen der Macula densa direkten Kontakt zum Glomerulus ihres Nephrons haben (▸ Abb. 9.4). Durch das TGF wird die renale Filtration an die tubuläre Transportkapazität angepasst: Sinkt die tubuläre Resorptionsfähigkeit für NaCl (z. B. bei einer Nierenschädigung), wird auch die Filtrationsrate gedrosselt. Ein unkontrollierter Elektrolytverlust kann so vermieden werden.

9.3.2.3 Durchblutung des Nierenmarks

Gegenstromechanismen im Nierenmark

Während in den Glomeruluskapillaren selbst kein wesentlicher Abfall des Blutdrucks eintritt, wird eine erneute Drucksenkung durch das zweite Widerstandsgefäß, das **Vas efferens,** bewirkt. Die Vasa efferentia senken den Blutdruck in den arteriellen und venösen **Vasa recta,** die parallel zu den Tubuli verlaufen, auf den im Tubuluslumen herrschenden Druck. Hierdurch werden Austauschvorgänge zwischen den Tubuli, dem Interstitium und den Kapillaren sowie zwischen den dicht nebeneinanderliegenden arteriellen und venösen Vasa recta erleichtert. Diese Austauschvorgänge ermöglichen Gegenstromdiffusionsmechanismen, die für die Harnkonzentrierung von Bedeutung sind (▸ Kap. 9.3.4.2).

Druckdiurese

Die juxtamedullären Glomeruli, von denen die ins Nierenmark ziehenden Vasa recta ausgehen (▸ Kap. 9.3.1.4), unterliegen nur in geringerem Maße den Autoregulationsmechanismen, die für die oberflächlichen, in der Nierenrinde liegenden Glomeruli typisch sind. Ein erhöhter systemischer Blutdruck führt daher zu einer verstärkten Durchblutung des Nierenmarks. Durch diese Durchblutungssteigerung wird aber die von den Gegenstrommechanismen aufgebaute Hyperosmolarität im Nierenmark zunehmend ausgewaschen: Die Konzentrationsfähigkeit der Nieren sinkt (▸ Kap. 9.3.4.2). So kommt es bei einer Blutdruckerhöhung zu einer Steigerung der Ausscheidung von Wasser und Elektrolyten, obwohl die glomeruläre Filtrationsrate durch die Autoregulationsmechanismen weitgehend konstant gehalten wird: Druckdiurese.

Merke

Bayliss-Effekt im vas afferens: konstanter Druck von 50 mmHg in den Glomerulusschlingen bei systolischem Blutdruck zwischen 90 und 180 mmHg.

9.3.3 Glomeruläre Filtration

9.3.3.1 Glomerulusfilter

Schichten

Der Glomerulusfilter besteht aus 3 Schichten. Man unterscheidet von innen nach außen:

- die **Endothelschicht** der Kapillaren, die zelluläre Bestandteile zurückhält: Porengröße 50–100 nm
- die **Basalmembran,** bestehend aus einem dichten Netzwerk fibrillärer, negativ geladener Proteine von gelartigem Charakter, in der keine Durchtrittsstellen im Sinne von Poren nachweisbar sind. Sie hält Makromoleküle mit einer Molekülmasse > 50.000 Dalton zurück.
- das Epithel der Bowman-Kapsel mit ineinander verzahnten **Podozyten,** deren Kontaktstellen (Filtrationsschlitze) durch ein sehr dünnes Häutchen überspannt werden. Dieses Häutchen lässt lediglich Moleküle mit einer Größe unter 5 nm passieren und stellt somit den wesentlichen begrenzenden Faktor des Glomerulusfilters dar.

Molekülgröße und Ladung

Moleküle bis zur Größe von Inulin (5.500 Dalton) werden zu 100 % filtriert, größere Moleküle werden in Abhängigkeit von ihrer Größe zunehmend zurückgehalten, sodass z. B. Albumin (69.000 Dalton) kaum noch im Filtrat erscheint. Neben der Molekülgröße beeinflusst allerdings auch die elektrische Ladung der Moleküle ihre Filtrierbarkeit. Negativ geladene Proteine der Basalmembran behindern aufgrund elektrostatischer Abstoßung den Durchtritt von negativ geladenen Makromolekülen wie z. B. Albumin.

Merke

Durchlässigkeit des Glomerulusfilters:

- Kapillarendothel: < 50–100 nm
- Basalmembran: < 12–25 nm
- Podozyten: < 5 nm

Siebungskoeffizient

Ein Maß für die glomeruläre Filtrierbarkeit einer Substanz ist ihr Siebungskoeffizient (► Tab. 9.4), der als das Verhältnis ihrer Konzentration im Ultrafiltrat zu ihrer Plasmakonzentration definiert wird. Ist eine Substanz vollständig filtrierbar, wie z. B. Glucose, beträgt der Siebungskoeffizient 1. Wird sie vom Glomerulusfilter fast vollständig zurückgehalten, wie Albumin, geht der Siebungskoeffizient gegen 0.

Tab. 9.4 Siebungskoeffizient

Substanz	Molekülmasse (Dalton)	Durchmesser (nm)	Siebungskoeffizient
Wasser	18	0,10	1
Harnstoff	60	0,16	1
Glucose	180	0,36	1
Inulin	5.500	1,48	0,98
Myoglobin	17.000	1,95	0,75
Hämoglobin	68.000	3,25	0,03
Albumin	69.000	3,55	< 0,001

Klinik

Glomerulonephritiden, d. h. Entzündungen der Glomeruli, beeinträchtigen die Filterfunktion des Glomerulus. Das Erscheinen von Makromolekülen wie z. B. Albumin im Urin (Proteinurie) ist daher oft erstes Zeichen einer Glomerulonephritis. Die Patienten berichten über einen schäumenden Urin. Die Schaumbildung ist auf den höheren Eiweißgehalt zurückzuführen. Im fortgeschrittenen Stadium wird der Glomerulusfilter auch für zelluläre Bestandteile durchlässig. Dann finden sich z. B. auch Erythrozyten im Urin: Erythrozyturie.

9.3.3.2 Effektiver Filtrationsdruck

Einflussfaktoren

Die Filtration durch die porenhaltige Wand der Glomeruluskapillaren ist ein passiver Vorgang, der keine Energie verbraucht und durch den effektiven Filtrationsdruck (P_{eff}), die Filtrationsfläche und die Durchlässigkeit des Filters beeinflusst wird. Der effektive Filtrationsdruck (P_{eff}) hängt zunächst vom hydrostatischen Druck in den Glomeruluskapillaren ab: P_{glo} (► Kap. 9.3.2.2). Weitere Einflussfaktoren sind der onkotische Druck in den Glomeruluskapillaren (π_{glo}) und der hydrostatische Druck in der Bowman-Kapsel (P_{bow}). Bei gesunden Nieren ist der onkotische Druck in der Bowman-Kapsel praktisch gleich 0, da das Filtrat eiweißfrei ist; er kann daher vernachlässigt werden. Es resultiert für den effektiven Filtrationsdruck die Formel:

$$P_{eff} = P_{glo} - \pi_{glo} - P_{bow}$$

Berechnung

Der hydrostatische Druck in den Glomeruluskapillaren (P_{glo}) liegt bei etwa 45 mmHg (5,9 kPa) und nimmt bis zum Vas efferens praktisch nicht ab. Der hydrostatische Druck in der Bowman-Kapsel (P_{bow}) beträgt etwa 10 mmHg (1,3 kPa). Der onkotische Druck in den Glomeruluskapillaren beträgt am Anfang der Glomeruluskapillaren 25 mmHg (3,3 kPa). Entsprechend ergibt sich der effektive Filtrationsdruck als

$$P_{eff} = P_{glo} - \pi_{glo} - P_{bow} = 45 - 25 - 10 \\ = 10 \text{ mmHg } (1{,}3 \text{ kPa}).$$

Filtrationsgleichgewicht

Da aus den Glomeruluskapillaren eiweißfreie Flüssigkeit in den Bowman-Kapselraum filtriert wird, steigt im Verlauf der Glomeruluskapillaren der onkotische Kapillardruck in diesen langsam an und erreicht noch vor dem Ende der Kapillarstrecke Werte von mehr als 30 mmHg (4 kPa). Dadurch sinkt der effektive Filtrationsdruck (P_{eff}) im letzten Drittel der Glomeruluskapillaren bis auf 0 mmHg ab. Im Verlauf des Blutflusses durch die Glomeruluskapillaren stellt sich also ein Filtrationsgleichgewicht ein, bei dem die Filtration in Richtung des efferenten Schenkels der Glomeruluskapillaren schließlich zum Erliegen kommt (► Abb. 9.5).

Bei einer Erhöhung der Nierendurchblutung sinkt der onkotische Druck im Verlauf des efferenten Schenkels weniger stark ab, weil durch den vermehrten Blutfluss relativ weniger eiweißfreie Flüssigkeit filtriert wird. Dadurch wird bei hoher Nierendurchblutung auch das letzte Drittel der Glomerulusschlingen in die Filtration einbezogen. Durch diese Vergrößerung der Filtrationsfläche steigt die GFR, ohne dass sich der hydrostatische Druck in den Glomeruluskapillaren (P_{glo}) erhöhen muss.

Filtrationskoeffizient

Neben dem effektiven Filtrationsdruck (P_{eff}) beeinflussen die Filtrationsfläche (F) und die Leitfähigkeit (L, vereinfacht: Durchlässigkeit) des Glomerulusfilters für Wasser die GFR. Die Filtrationsfläche und die Leitfähigkeit der Glomerulusfilter werden oft zum Filtrationskoeffizienten (K_F) zusammengefasst. Die glomeruläre Filtrationsrate GFR ergibt sich dann wie folgt:

$$GFR = P_{eff} \times F \times L = P_{eff} \times K_F$$

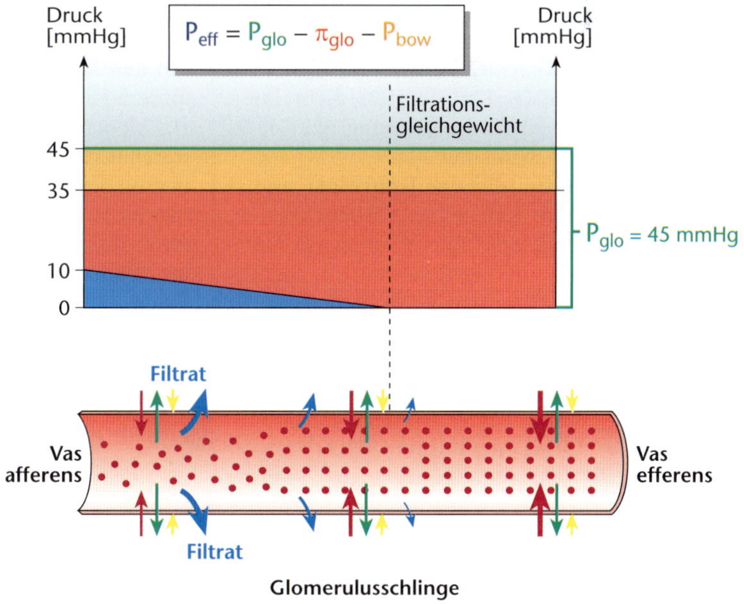

Abb. 9.5 Glomeruläre Filtration. Wirkende Drücke und Filtrationsgleichgewicht.

9.3.3.3 Ultrafiltrat

Bestandteile

Das im Glomerulus erzeugte Filtrat wird als Primärharn oder Ultrafiltrat bezeichnet: 180 l/24 Stunden. Das Ultrafiltrat ist frei von Blutzellen und Makromolekülen. Alle anderen Substanzen (z. B. Elektrolyte, sehr kleine Proteine) finden sich in ihm in derselben Konzentration wie im Plasma.

Gibbs-Donnan-Gleichgewicht

Die Konzentration löslicher, negativer Anionen (z. B. Cl^-) ist im Ultrafiltrat um etwa 5 % höher, die Konzentration entsprechender Kationen im Ultrafiltrat (z. B. Na^+) um 5 % niedriger als im Plasma. Dies beruht darauf, dass negativ geladene, nicht filtrierbare Proteine im Blut zurückgehalten werden, und daher im Ultrafiltrat fehlen. Hierdurch baut sich ein blutnegatives Potenzial von 1,5 mV über dem Glomerulusfilter auf. Zum Ladungsausgleich werden Kationen im Blut zurückgehalten.

9.3.4 Tubulärer Transport

Das Tubulussystem wird in 3 Abschnitte aufgeteilt, die unterschiedliche Aufgaben haben:

- Der **proximale Tubulus (proximales Konvolut)** (► Kap. 9.3.4.1) verrichtet bei der Rückresorption von Substanzen (z. B. Elektrolyten, Wasser) die Hauptarbeit und kann große Substanzmengen transportieren. Allerdings ist der Transport im proximalen Tubulus nur wenig reguliert und nur über geringe Konzentrationsgefälle möglich.
- Die **Henle-Schleife** (► Kap. 9.3.4.2) dient im Wesentlichen der Harnkonzentrierung über einen Gegenstrommechanismus.
- Der **distale Tubulus (distales Konvolut) und die Sammelrohre** (► Kap. 9.3.4.3) übernehmen die Feineinstellung der Rückresorption. Sie transportieren nur geringe Substanzmengen, dies jedoch gut reguliert und auch gegen große Konzentrationsgefälle. Hierzu greifen im distalen Tubulus und den Sammelrohren zahlreiche außerhalb der Niere gebildete Hormone (z. B. Aldosteron, Adiuretin [ADH], atriales natriuretisches Peptid [ANP], Parathormon [PTH], Vitamin D) an, welche Zusammensetzung und Menge des Harns beeinflussen.

Einen Überblick über die Resorption und die Sekretion der wichtigsten Substanzen in den einzelnen Tubulusabschnitten gibt ► Abb. 9.7.

9.3.4.1 Proximaler Tubulus

Glomerulotubuläre Balance

Im proximalen Tubulus werden konstant etwa 65 % des Ultrafiltrats rückresorbiert (ca. 110 l/24 h), wobei der resorbierte prozentuale Anteil unabhängig von der GFR ist, d. h., bei einer Steigerung der GFR werden durch eine entsprechende Steigerung der tubulären Resorption unverändert 65 % resorbiert. Dieses konstante Verhältnis zwischen tubulärer Rückresorption und GFR wird als glomerulotubuläre Balance bezeichnet.

Natriumresorption

Zentrales Element der Rückresorption im proximalen Tubulus ist der sekundär aktive Transport von Na^+ aus dem Tubuluslumen ins Interstitium der Niere, dem dann viele andere filtrierte Elektrolyte und Stoffe sowie Wasser passiv folgen. Im proximalen Tubulus werden etwa 65 % der filtrierten Na^+-Menge wieder aufgenommen. Die resorbierte Flüssigkeit ist im proximalen Tubulus im Gegensatz zu anderen Tubulusabschnitten isoosmotisch zum Plasma: isoosmotische Resorption.

Triebkraft: Na^+-K^+-ATPase

In der basalen, d. h. den Blutgefäßen zugewandten Membran der Tubuluszellen ist eine Na^+-K^+-ATPase lokalisiert (► Abb. 9.6), die in einem aktiven, Energie verbrauchenden Transport (► Kap. 1.4.2.4) Na^+ aus der Zelle in das Interstitium und K^+ aus dem Interstitium in die Zelle befördert. Für je 3 ausgeschleuste Na^+-Ionen werden 2 K^+-Ionen eingeschleust. Hierdurch wird die intrazelluläre Na^+-Konzentration niedrig und die von K^+ hoch gehalten. So entsteht an der Zellmembran eine elektrische Potenzialdifferenz von etwa –73 mV zwischen Zytosol (negativ) und Interstitium (positiv) zu Beginn des proximalen Tubulus.

Sekundär aktive Na^+-Resorption

Na^+-H^+-Antiport Aufgrund der durch die Na^+-K^+-ATPase aufgebauten Potenzialdifferenz und der niedrigen intrazellulären Na^+-Konzentration strömt Na^+ sekundär aktiv über den Na^+-H^+-Antiport (► Kap. 1.4.2.3) aus dem Tubuluslumen in die Tubuluszelle ein.

Na^+-Symport Auch gekoppelt an andere Substanzen wie Glucose, Aminosäuren oder Phosphat wird Na^+ über einen Na^+-Symport (► Kap. 1.4.2.3)

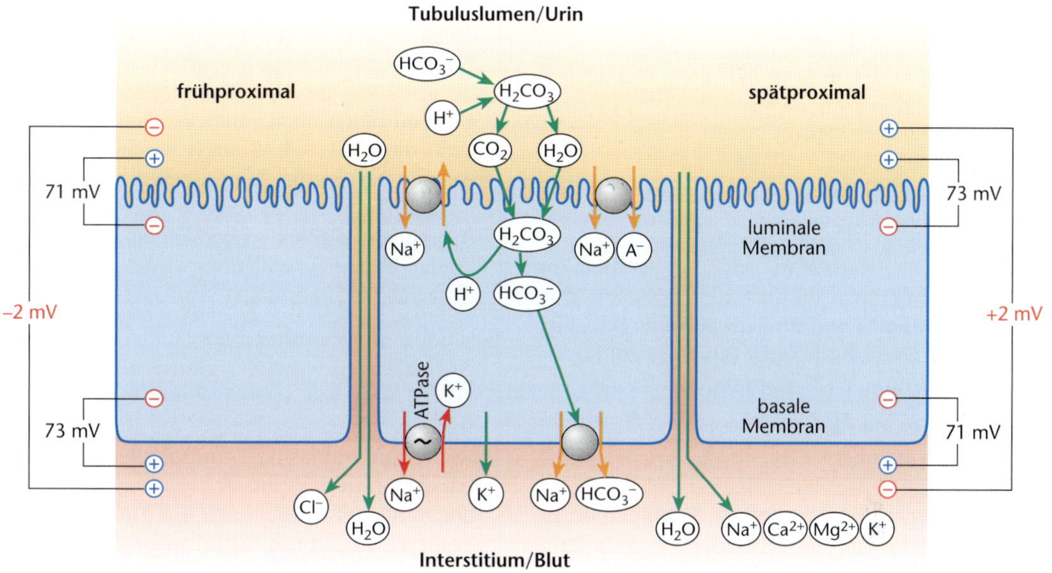

Abb. 9.6 Elektrolytresorption im proximalen Tubulus. Na^+ wird über sekundär aktive Symporte mit verschiedenen Anionen (A^-) wie Cl^- oder PO_4^- und über einen sekundär aktiven Antiport gegen H^+-Ionen in die Zelle aufgenommen. Die Energie für diese Symport-/Antiport-Mechanismen wird von der Na^+-K^+-ATPase an der Blutseite der Zelle geliefert, welche die Na^+-Konzentration in der Zelle niedrig hält. Durch die rasche Resorption von Na^+-Ionen aus dem Tubulus entsteht im frühproximalen Tubulus ein lumennegatives Potenzial von −2 mV (linke Zelle). Dieses lumennegative transepitheliale Potenzial (LNTP) begünstigt den parazellulären Ausstrom von Cl^--Ionen aus dem Tubulus ins Interstitium: Durch fortgesetzten Chlorid-Ausstrom kommt es spätproximal zu einer Potenzialumkehr mit lumenpositiven Werten von +2 mV (rechte Zelle). Durch dieses lumenpositive transepitheliale Potenzial (LPTP) wird die parazelluläre Aufnahme von Kationen wie Na^+, Ca^{2+}, Mg^{2+}, K^+ ins Interstitium gefördert. Zum Mechanismus der HCO_3^--Resorption s. Text.

ohne Energieverbrauch im Cotransport in die Tubuluszellen aufgenommen.

Abgabe ins Interstitium An der basalen Membran der Tubuluszelle trifft das Na^+ auf die Na^+-K^+-ATPase und wird wieder aus der Zelle hinaus an das Interstitium abgegeben, sodass die Triebkraft des Resorptionsprozesses erhalten bleibt. Die übrigen mit Na^+ aus dem Tubuluslumen in die Tubuluszelle resorbierten Stoffe diffundieren passiv entlang der Potenzialdifferenz oder eines Konzentrationsgefälles ins Interstitium.

Etwa ein Drittel des im proximalen Tubulus resorbierten Na^+ wird durch diese sekundär aktiven Mechanismen aufgenommen.

Parazelluläre Resorption

Ein weiteres Drittel des filtrierten Na^+ wird dadurch resorbiert, dass Na^+ durch die Spalten (Shunts) zwischen den Tubuluszellen ins Interstitium gelangt. Hierbei folgen die Na^+-Ionen den Cl^--Ionen, die in der Tubulusflüssigkeit in etwas höherer Konzentration als im Interstitium vorhanden sind. Auch das frühproximal lumennegative transepitheliale Potenzial (LNTP, ► Abb. 9.6) begünstigt den parazellulären Ausstrom von Cl^--Ionen. Durch diese parazellulären Shuntwege gelangen auch Mg^{2+}- und Ca^{2+}-Ionen mit den Cl^--Ionen aus dem Tubulus ins interstitielle Nierengewebe.

Solvent Drag

Der Elektrolytwanderung aus dem Tubuluslumen ins Interstitium folgt aus osmotischen Gründen der Einstrom von Wasser. Mit dem Wasserstrom werden weitere Elektrolyte und andere gelöste Stoffe (z. B. Harnstoff, Na^+, Cl^-) passiv mitgerissen. Dieses Phänomen wird als Solvent Drag bezeichnet. Über diesen Mechanismus wird das letzte Drittel des im proximalen Tubulus aufgenommenen Na^+ rückresorbiert.

Merke

Rückresorption von Na^+ im proximalen Tubulus:
- ⅓ sekundär aktiv (Triebkraft: Na^+-K^+-ATPase in der basalen Zellmembran)
- ⅓ über parazelluläre Shunts
- ⅓ über Solvent Drag

Bicarbonat- und Protonentransport

Etwa 90 % des Bicarbonats (HCO_3^-) werden im proximalen Tubulus resorbiert, die restlichen 10 % im distalen Tubulus und im Sammelrohr. Dabei ist die Resorption von Bicarbonat (HCO_3^-) an die Sekretion von Protonen (H^+) gebunden.

Carboanhydrase-Mechanismus

Lumen Mit einem Gegentransportmechanismus (Antiport) werden zunächst H^+-Ionen im Austausch gegen Na^+ von der Tubuluszelle in das Tubuluslumen ausgeschieden (► Abb. 9.6). Im Lumen bilden diese H^+-Ionen zusammen mit HCO_3^- Kohlensäure (H_2CO_3), die durch das im Bürstensaum der Tubuluszellen verankerte Enzym Carboanhydrase (Typ IV) in H_2O und CO_2 gespalten wird. Das hierbei gebildete CO_2 diffundiert passiv in die Tubuluszelle zurück.

Tubuluszelle Katalysiert durch eine zytoplasmatische Carboanhydrase (Typ II) reagiert dieses CO_2 mit H_2O zu H_2CO_3, das in H^+ und HCO_3^- dissoziiert. HCO_3^- wird dann über einen Na^+-$3HCO_3^-$-Symporter (NBC1-Transporter, Na^+-Bicarbonat-Cotransporter) zusammen mit Na^+-Ionen an der basolateralen Zellmembran ins Interstitium abgegeben. Der NBC1 transportiert dabei Na^+ und HCO_3^- gegen ihren Konzentrationsgradienten aus der Zelle. Treibende Kraft ist der durch die Na^+-K^+-ATPase aufgebaute elektrochemische Gradient für Na^+. Das bei der Dissoziation von H_2CO_3 entstandene H^+-Ion durchläuft den Zyklus erneut.

Na^+-Abhängigkeit Somit ist die Resorption von HCO_3^- an 2 Stellen von einem Na^+-Transport abhängig:
- Ausschleusung von H^+ aus der Tubuluszelle ins Tubuluslumen durch den Na^+-H^+-Antiport
- Ausschleusung von HCO_3^- aus der Tubuluszelle ins Interstitium über einen Na^+-Symport

Hemmung der Carboanhydrase Darüber hinaus ist die Resorption von HCO_3^- von der Aktivität der Carboanhydrase abhängig. Eine Hemmung der Carboanhydrase, z. B. durch Acetazolamid, führt zur Hemmung der HCO_3^--Resorption und damit zu einer erhöhten HCO_3^--Ausscheidung mit dem Urin. Durch die Carboanhydrase-Hemmung wird auch weniger H^+ gebildet, sodass die Sekretion von H^+ vermindert ist und der pH-Wert im Blut absinkt. Auch der Na^+-H^+-Antiport gerät durch den H^+-Mangel ins Stocken, sodass weniger Na^+ in die Tubuluszellen aufgenommen werden kann. Die gesteigerte Na^+- und HCO_3^--Ausscheidung führt schließlich auch zu einer erhöhten Wasserausscheidung (Acetazolamid wurde früher als Diuretikum eingesetzt).

Bicarbonat-Transportmaximum

Normalerweise wird glomerulär filtriertes HCO_3^- im proximalen Tubulus zu 90 % rückresorbiert. Übersteigt jedoch die Bicarbonatkonzentration im Plasma 27 mmol/l, kann die Rückresorption im Tubulus mit dem erhöhten Bicarbonatangebot nicht mehr Schritt halten. Das Transportmaximum für Bicarbonat (HCO_3^-) im Tubulus ist erreicht, sodass HCO_3^- vermehrt mit dem Harn ausgeschieden wird. Dies ist ein entscheidender Mechanismus zur Regulation des Säure-Basen-Haushalts, da auf diese Weise bei einer metabolischen Alkalose Basen (Bicarbonat) renal eliminiert werden können.

Da die Rückresorption von HCO_3^- in zweifacher Weise an die Resorption von Na^+ gekoppelt ist (s. o.), wird das Transportmaximum von HCO_3^- von der tubulären Rückresorption des Na^+ beeinflusst. Wird viel Na^+ rückresorbiert, z. B. bei einer erhöhten GFR oder bei intravasalem Volumenmangel (Dehydratation), wird auch mehr HCO_3^- rückresorbiert.

Klinik

Bei einem Patienten mit **metabolischer Alkalose** und **Volumenmangel** kommt es zu einem Circulus vitiosus: Der Volumenmangel löst eine Steigerung der Na^+-Resorption aus, sodass trotz der bestehenden Alkalose zu viel HCO_3^- rückresorbiert wird. Die Verstärkung der Alkalose kann nur durchbrochen werden, wenn durch Ausgleich des Volumenmangels die Na^+-Resorption vermindert wird.

Merke

Rückresorption von HCO_3^-:
- 90 % im proximalen Tubulus
- an Na^+-Rückresorption gekoppelt
- sinkt bei Hemmung der Carboanhydrase

Kaliumresorption

K^+ wird mit 65 % im proximalen Tubulus in etwa gleichem Umfang wie Na^+ resorbiert. Der Hauptresorptionsweg läuft dabei über parazelluläre Shunts (▸ Abb. 9.6). Die Feinregulierung der K^+-Resorption findet dann über Aldosteron im distalen Tubulus statt (▸ Kap. 9.3.4.3).

Calciumresorption

Etwa 40 % des Plasmacalciums ist an Albumin gebunden und erscheint deshalb nicht im glomerulären Ultrafiltrat. Von den 60 % des filtrierbaren Plasmacalciums werden 90 % passiv parazellulär rückresorbiert, 60 % im proximalen Tubulus, 30 % im dicken aufsteigenden Teil der Henle-Schleife und 9 % im distalen Tubulus.

Kopplung an NaCl-Rückresorption

Wichtigste Triebkraft der Ca^{2+}-Resorption ist das lumenpositive transepitheliale Potenzial in den mittleren bis späten proximalen Tubulusabschnitten und im aufsteigenden Teil der Henle-Schleife. Dieses lumenpositive transepitheliale Potenzial wird durch die Na^+-Resorption und die anschließende Resorption von Cl^--Ionen aufgebaut (▸ Abb. 9.6). Auf diese Weise ist die Ca^{2+}-Resorption an die NaCl-Rückresorption gekoppelt: Sinkt die NaCl-Resorption, sinkt das lumenpositive transepitheliale Potenzial und damit auch die Ca^{2+}-Resorption.

> **Klinik**
>
> Dieser Zusammenhang wird bei der Behandlung von Patienten mit **Hyperkalzämie** (erhöhte Ca^{2+}-Konzentration im Plasma) ausgenutzt. Die Patienten erhalten reichlich (2–3 l/Tag) NaCl-haltige Flüssigkeit. Die erhöhte Zufuhr von NaCl vermindert die Rückresorption von Na^+ und Cl^- im Tubulus, wodurch gleichzeitig die Resorption von Ca^{2+} reduziert wird. Hierdurch wird vermehrt Ca^{2+} ausgeschieden, die Ca^{2+}-Konzentration im Plasma sinkt.

Regulation

Im proximalen Tubulus unterliegt die Ca^{2+}-Resorption keiner besonderen Regulation. Erst im aufsteigenden Schenkel der Henle-Schleife und im distalen Tubulus wird sie durch das in den Nebenschilddrüsen gebildete Hormon Parathormon (PTH) kontrolliert (▸ Kap. 9.3.4.3).

Phosphatresorption

Filtriertes Phosphat wird im proximalen Tubulus über einen Na^+-Phosphat-Symport sekundär aktiv in die Tubuluszelle aufgenommen und diffundiert von dort ins Interstitium. Die Aktivität des Na^+-Phosphat-Symports wird durch Parathormon (PTH) und die Phosphatkonzentration im Plasma reguliert. Niedrige Phosphatplasmaspiegel steigern die Aktivität des Na^+-Phosphat-Symports und senken somit die Ausscheidung von Phosphat. Parathormon und erhöhte Phosphatplasmaspiegel mindern die Aktivität des Na^+-Phosphat-Symports, sodass weniger Phosphat rückresorbiert wird und der Phosphatplasmaspiegel sinkt. Insgesamt werden zwischen 80 und 95 % des filtrierten Phosphats wieder aufgenommen.

> **Merke**
>
> - Calciumresorption:
>   - 90 % passiv parazellulär von der NaCl-Resorption abhängig
>   - 7–9,5 % aktiv und sekundär aktiv, PTH-gesteuert
> - Phosphatresorption:
>   - 80–95 % sekundär aktiv im proximalen Tubulus über Na^+-Phosphat-Symport

Glucoseresorption

Filtration

Glucose ist frei filtrierbar und daher im Ultrafiltrat in gleicher Konzentration wie im Plasma vorhanden. Die glomerulär filtrierte Menge von Glucose lässt sich deshalb aus der GFR (= 125 ml/min) und der Glucosekonzentration im Plasma (nüchtern beim Gesunden: 80 mg/100 ml) errechnen:

$$\begin{aligned}\text{Filtrierte Glucose} &= \text{GFR} \times \text{Glucosekonzentration}\\ &= 125\,\text{ml/min} \times 80\,\text{mg/100\,ml}\\ &= 100\,\text{mg/min}\end{aligned}$$

Resorption

Normalerweise wird fast 100 % der filtrierten Glucose im proximalen Tubulus über einen **Na^+-Glucose-Symport** in der luminalen Zellmembran sekundär aktiv resorbiert, sodass beim Gesunden keine Glucose mit dem Urin ausgeschieden wird. Die Glucose verlässt die Tubuluszellen über einen GLUT2-Uniporter an der basalen Zellmembran in Richtung Blut. Ab einer Schwellenkonzentration von etwa 180–200 mg Glucose pro 100 ml Plasma sind jedoch alle Na^+-Glucose-Symport-Komplexe besetzt, sodass Glucose nicht mehr zu 100 % resorbiert werden kann.

Klinik

Die **Glukosurie** (Ausscheidung von Glucose im Urin) ist ein typisches Symptom des **Diabetes mellitus.** Aus osmotischen Gründen wird auch vermehrt Wasser ausgeschieden: **Polyurie.** Der Wasserverlust wird über einen gesteigerten Durst durch vermehrtes Trinken ausgeglichen: **Polydipsie.** In sehr seltenen Fällen kann eine Glukosurie auch durch einen Defekt des Na^+-Glucose-Symports im Nierentubulus verursacht sein: renaler Diabetes mellitus.

Natriumabhängigkeit

Da durch den Na^+-Glucose-Symport die Resorption von Glucose an die Aufnahme von Na^+ gekoppelt ist, wird die Nierenschwelle von Glucose auch durch die Na^+-Konzentration im Ultrafiltrat beeinflusst. Bei einer Steigerung der glomerulären Filtrationsrate (GFR) erhöht sich die filtrierte Menge von Glucose. Das ebenfalls vermehrt anfallende Na^+ steht dann für den Na^+-Glucose-Symport zur Verfügung, sodass mehr Glucose resorbiert werden kann.

Merke

Glukosurie entsteht ab einer Plasma-Glucosekonzentration von 180–200 mg/dl.

Aminosäure- und Peptidresorption

Aminosäuren

Aminosäuren werden zu 98 % im proximalen Tubulus über sekundär aktive Na^+-Symporte resorbiert. Hierfür existieren wie in den Darmepithelien (► Kap. 7.6.3) mehrere verschiedene Na^+-Aminosäuren-Symporte, die unterschiedliche Aminosäuren transportieren. Aminosäuren mit ähnlicher Konfiguration, z. B. die zweibasischen Aminosäuren Arginin, Lysin, Ornithin und die neutrale Aminosäure Cystin, werden vom gleichen Symport-Carrier transportiert. Bei einem Überangebot von Arginin im Tubulus wird der gemeinsame Symport schneller gesättigt, sodass auch Lysin, Ornithin und Cystin durch kompetitive Hemmung der Aminosäureresorption vermehrt ausgeschieden werden.

Peptide

Kleine Peptide werden durch membranständige Enzyme im Bürstensaum der Tubuluszelle in Aminosäuren gespalten, die dann über die Aminosäuren-Symporte aufgenommen werden. Di- und Tripeptide können auch über einen Peptid-H^+-Symport resorbiert werden. Größere Peptide, wie z. B. Lysozym oder Hormone (Insulin), werden durch Endozytose in die Tubuluszelle aufgenommen und im Zytosol in Aminosäuren zerlegt, die dann in das Interstitium abgegeben werden.

Harnsäureresorption

Harnsäure spielt für die Ausscheidung von Stickstoff im Vergleich zum Harnstoff nur eine untergeordnete Rolle, da nur etwa 0,5 g Harnsäure, aber 20 g Harnstoff pro 24 Stunden ausgeschieden werden.

Auscheidungsbilanz

Zwar kann Harnsäure vom Tubulus auch aktiv sezerniert werden, in der Bilanz überwiegt jedoch die Resorption bei Weitem, sodass nach der Passage des proximalen Tubulus nur noch 10 % der filtrierten Harnsäure die Spitze der Henle-Schleife erreichen. Im aufsteigenden Schenkel der Henle-Schleife wie auch im distalen Konvolut und in den Sammelrohren wird Harnsäure nicht nennenswert resorbiert oder sezerniert, sodass letztlich 10 % der glomerulär filtrierten Harnsäure mit dem Endharn ausgeschieden werden.

Löslichkeit

Harnsäure weist eine relativ geringe, pH-abhängige Wasserlöslichkeit auf. Beim physiologischen pH-Wert von 7,4 liegt Harnsäure (pK_A-Wert 5,8) überwiegend dissoziiert als Urat-Anion vor, das wesentlich besser wasserlöslich ist als Harnsäure selbst. Harnsäure in hoher Konzentration kann im Interstitium des Nierenmarks bei sinkendem pH-Wert der Tubulusflüssigkeit ausfallen, wobei Uratkristalle entstehen, die die Nieren schädigen.

Klinik

Eine purinreiche Diät (viel Fleisch) in Kombination mit Alkohol kann zu einer **Hyperurikämie** führen: Serumspiegel der Harnsäure > 6,5 mg/dl. Betroffen sind ~25 % der Männer und ~2,5 % der Frauen. Harnsäure ist als Natriumurat im Plasma nur begrenzt löslich. Uratkristalle fallen daher in Gelenken aus übersättigter Synovialflüssigkeit aus und werden von Makrophagen phagozytiert, was eine Gelenkentzündung hervorruft: **Gicht.** Typische Auslöser sind Ess- oder Trinkexzesse, aber auch exzessive Diätversuche mit Abbau von purinreichem Körpergewebe: „Fasten und Feste". Die extrem schmerzhafte Gichtarthritis befällt in 60 % der Fälle das Großzehengrundgelenk, plötzlich und zumeist nachts.

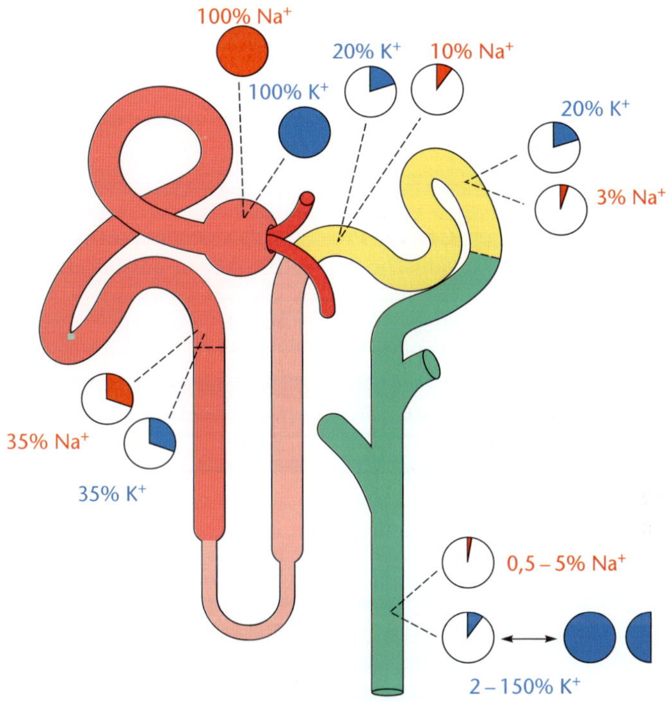

	Glomerulus	proximal	frühdistal	spätdistal	Sammelrohr	Regulation/Bemerkung
Glc	100%	4%	0%	0%	0%	sättigbarer Na^+-Kotransport
H_2O	100%	35%	25%	15%	0,5 – 12%	ADH, ANP …
Na^+	100%	35%	10–15%	3%	0,5 – 5%	Angiotensin, Aldosteron, ANP Sammelrohr
K^+	100%	35%	20%	20%	2 – 150%	Aldosteron, pH, Flussrate distal, Sammelrohr, Sekretion
Cl^-	100%	30%	10 – 15%	3%	< 1%	eng an Na^+ gekoppelt
HCO_3^-	100%	8%	5%	3%	0%	Säure-Basen-Haushalt proximal, Sammelrohr
Ca^{2+}	100%	45%	10%	5%	1%	PTH, Calcitonin, Vitamin D_3 dicke aufsteigende Henle-Schleife (abhängig vom LPTP)
Mg^{2+}	100%	70%	20%	10%	10%	PTH, Calcitonin dicke aufsteigende Henle-Schleife (abhängig vom LPTP)
HPO_4^{2-}	100%	5 – 25%	2 – 20%	2 – 20%	2 – 20%	PTH, Calcitonin, Vitamin D_3 proximaler Tubulus

Abb. 9.7 Resorptions- und Sekretionsvorgänge an den einzelnen Abschnitten des Nephrons im Überblick. Glc = Glucose, ADH = Adiuretin (antidiuretisches Hormon), ANP = atriales natriuretisches Peptid, PTH = Parathormon, LPTP = lumenpositives transepitheliales Potenzial (▸ Kap. 9.3.4.4). Angegeben sind die noch vorhandenen Anteile der Substanzen am Ende des jeweiligen Abschnitts, z. B. Na^+: 35 % am Ende des proximalen Tubulus noch vorhanden → 65 % bis dahin reabsorbiert.

Merke

- Aminosäuren: Resorption über Na^+-Symporter im proximalen Tubulus
- Harnsäure: Resorption und Sekretion im proximalen Tubulus: 90 % Nettoresorption

Sekretion von Fremdstoffen

Im proximalen Tubulus finden sich **Carrier-Proteine,** über die organische Säuren (organische Anionen) und Basen (organische Kationen) ins Tubuluslumen sezerniert werden können. Diese Carrier sind wenig substanzspezifisch. Medikamente und Fremdstoffe wie Penicillin, Barbiturate, Salicylsäure, Furosemid oder *p*-Aminohippursäure (PAH) werden über das Sekretionssystem für organische Anionen in den Tubulus abgegeben. Organische Kationen wie Acetylcholin, Adrenalin, Atropin, Dopamin, Histamin oder Serotonin werden über Kationentransporter ausgeschieden.

Aufnahme des Reabsorbats in die peritubulären Kapillaren

Der Einstrom der aus dem proximalen Tubulus ins Niereninterstitium rückresorbierten Flüssigkeit (Reabsorbat) in die peritubulären Kapillaren (► Abb. 9.3) ist von 5 Faktoren abhängig:

- Hydrostatischer Druck im Interstitium. Durch den Transport von NaCl und Wasser aus dem Tubuluslumen ins Interstitium ist dieser Druck erhöht. Dies begünstigt die Aufnahme des Reabsorbats in die peritubulären Kapillaren.
- Hydrostatischer Druck in den Kapillaren. Dieser ist wegen der beiden vorangestellten Widerstandsgefäße (Vas afferens und Vas efferens) mit etwa 10 mmHg sehr gering, was den Einstrom von Flüssigkeit aus dem Interstitium erleichtert.
- Onkotischer Druck in den Kapillaren. Dieser ist erhöht, da im Glomerulus eine eiweißfreie Flüssigkeit abfiltriert wurde und so die Konzentration von Proteinen in den Kapillaren relativ hoch ist. Auch hierdurch wird die Aufnahme des Reabsorbats begünstigt.
- Onkotischer Druck im Interstitium.
- Permeabilität der Kapillare.

9.3.4.2 Henle-Schleife und Gegenstrommechanismen

Elektrolytresorption

Nach der Passage des proximalen Tubulus gelangen noch etwa 35 % des im Verhältnis zum Plasma isoosmotischen Ultrafiltrats in die Henle-Schleife.

Absteigender Schenkel

Im absteigenden Schenkel der Henle-Schleife werden Elektrolyte in gleicher Form wie im proximalen Tubulus resorbiert, allerdings in wesentlich geringerer Menge.

Aufsteigender Schenkel

Im dicken aufsteigenden Schenkel werden dagegen wieder mehr Elektrolyte, vor allem Na^+, Cl^- und K^+, resorbiert. Insgesamt werden 25 % des filtrierten Na^+ und etwa 20 % des filtrierten K^+ in der Henle-Schleife resorbiert. Dabei wird Na^+ aus dem Tubuluslumen sekundär aktiv im Cotransport mit einem K^+- und 2 Cl^--Ionen in die Tubuluszelle aufgenommen. Auch für diesen Na^+-K^+-$2Cl^-$-Kosymport – **NKCC-Symport** – liefert die Na^+-K^+-ATPase in der basalen Zellmembran die Triebkräfte

Klinik

Auf einer Hemmung des NKCC-Transportsystems im aufsteigenden Schenkel der Henle-Schleife beruht die Steigerung von Wasser, Na^+- und K^+-Ausscheidung durch das Schleifendiuretikum **Furosemid.** Da die Ca^{2+}-Resorption von der NaCl-Resorption abhängig ist (► Kap. 9.3.4.1), führt die Hemmung der NaCl-Resorption durch Schleifendiuretika auch zu einer Hemmung der Ca^{2+}-Resorption und damit zu einer verstärkten Ca^{2+}-Diurese.

Gegenstrommechanismus der Henle-Schleife

Grundlage des Gegenstrommechanismus der Henle-Schleife ist es, dass die parazellulären Shuntwege im aufsteigenden Schenkel der Henle-Schleife, im Gegensatz zum absteigenden Schenkel, für Wasser fast völlig undurchlässig sind.

Durch die parallele Anordnung beider Schenkel der Henle-Schleife ergibt sich dadurch ein osmotischer Konzentrierungsseffekt. In einem statischen Einzelschritt ohne Berücksichtigung des Harnflusses lassen sich die folgenden Momente unterscheiden (► Abb. 9.8):

- Der in den absteigenden Schenkel der Henle-Schleife eintretende Harn ist mit 290 mosmol/l isoosmotisch zum Plasma (► Abb. 9.8a).
- Durch den NKCC-Symport im aufsteigenden Schenkel der Henle-Schleife werden Na^+, K^+ und Cl^- aus dem Tubuluslumen ins Interstitium transportiert (► Abb. 9.8b).

- Da der aufsteigende Schenkel fast vollständig impermeabel für Wasser ist, wird das Interstitium dadurch hyperton.
- Aus osmotischen Gründen strömt deswegen aus dem gut wasserdurchlässigen absteigenden Schenkel Wasser ins Interstitium (▸ Abb. 9.8c).
- Hierdurch gleichen sich die Osmolarität im absteigenden Schenkel und im Interstitium wieder an, wobei der Harn im absteigenden Schekel aber hypertoner ist als zu Beginn.

Durch die **Strömung des Harns** im Tubulus wird der Effekt dieses Einzelschritts multipliziert. Dadurch wird die Osmolarität am Übergang vom absteigenden in den aufsteigenden Teil der Henle-Schleife im Papillenbereich des Nierenmarks deutlich gesteigert (▸ Abb. 9.9).

Mithilfe dieses Gegenstrommechanismus kann im Interstitium des Nierenmarks eine Osmolarität von bis zu 1.400 mosmol/l erzeugt werden. Durch hohe Kapazität des NKCC-Symports im aufsteigenden Schenkel der Henle-Schleife weist der die Henle-Schleife verlassende und ins distale Konvolut eintretende Harn letztlich nur noch eine Osmolarität von 100 mosmol/l auf.

Harnstoff als Verstärker des Gegenstrommechanismus

Die Sammelrohre, die parallel zu absteigendem und aufsteigendem Schenkel der Henle-Schleife ins Nierenmark ziehen, verfügen über Harnstofftransporter. Über diese Transporter verlässt Harnstoff seinem Konzentrationsgradienten folgend das Sammelrohr und strömt ins Interstitium. Durch die erhöhte Harnstoffkonzentration im Interstitium wird dem absteigenden dünnen Teil der Henle-Schleife auf osmotischem Wege zusätzlich Wasser entzogen, das ins Interstitium strömt. Die NaCl-Konzentration in diesem absteigenden Teil der Henle-Schleife steigt dadurch weiter an. Dieser erhöhte NaCl-Konzentrationsgradient zwischen Henle-Schleife und Interstitium führt im aufsteigenden Teil der Henle-Schleife zu einem vermehrten Ausstrom von Na^+, Cl^- und K^+ über die NKCC-Symporter, sodass durch Harnstoff der Gegenstrommechanismus verstärkt wird.

Gegenstrommechanismus der Vasa recta

Durch ihre ebenfalls haarnadelförmige Anordnung tragen die Vasa recta zur Erhaltung der Hyperosmolarität im Nierenmark bei. Im absteigenden Vas rectum werden Elektrolyte und Harnstoff aufgenommen und Wasser abgegeben, während im aufsteigenden Schenkel die umgekehrten Transportvorgänge stattfinden (▸ Abb. 9.10). So wird durch diesen Gegenstrommechanismus der Vasa recta die vom Gegenstrommechanismus der Henle-Schleife aufgebaute Hyperosmolarität im Papillenbereich konserviert (▸ Abb. 9.10).

Bei einer Durchblutungssteigerung im Nierenmark wird dieser Gegenstrommechanimus jedoch ge-

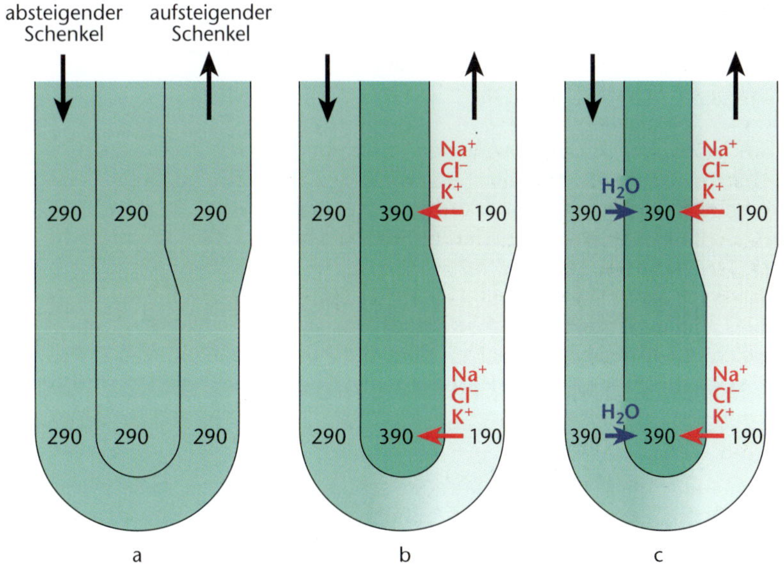

Abb. 9.8 Konzentrationseffekt im absteigenden Schenkel der Henle-Schleife. Erklärung s. Text.

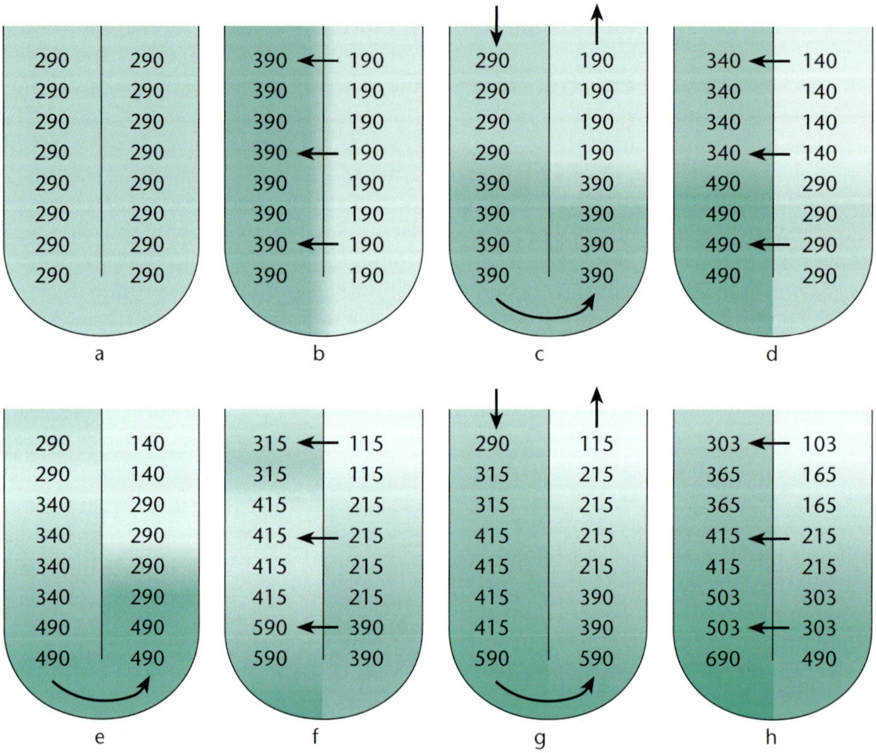

Abb. 9.9 Prinzip der Multiplikation von Einzelschritten des Ionen- und Wassertransports durch den Gegenstrommechanismus. Dargestellt sind absteigender (links) und aufsteigender Schenkel (rechts) der Henle-Schleife. Das Interstitium weist die gleiche Osmolarität wie der absteigende Schenkel auf und wurde zur Vereinfachung weggelassen. **a:** Im Ausgangszustand herrscht im absteigenden und aufsteigenden Schenkel der Henle-Schleife die gleiche Osmolarität. **b:** Durch Ausstrom von Na^+, K^+ und Cl^- im aufsteigenden Schenkel und Wasser im absteigenden Schenkel wird zwischen beiden Schenkeln ein Osmolaritätsunterschied von z. B. 200 mosmol/l aufgebaut. **c:** Mit der Strömung im Tubulus fließt hyperosmolarer Harn vom absteigenden in den aufsteigenden Schenkel. **d:** Im nächsten Schritt wird erneut zwischen beiden Schenkeln der Osmolaritätsunterschied von 200 mosmol/l hergestellt. **e–h:** Durch die Fortführung dieses Prozesses kann so aus vielen Einzelschritten im Bereich der Papille eine starke Hyperosmolarität erzeugt werden. **h:** Der Harn im aufsteigenden Schenkel wird dabei zunehmend hypoton.

schwächt, weil die Transportvorgänge bei erhöhter Flussrate weniger effektiv sind. So kommt es z. B. bei erhöhtem systemischem Blutdruck zu einer Auswaschung der Hyperosmolarität im Nierenmark: **Druckdiurese** (► Kap. 9.3.2.3).

9.3.4.3 Distaler Tubulus und Sammelrohre

Die wichtigste Aufgabe des distalen Konvoluts und der Sammelrohre ist die Harnkonzentrierung durch Resorption von Wasser.

H_2O-Resorption

Von den im Glomerulus pro 24 Stunden gebildeten 180 l Primärharn werden 99 % im Tubulussystem rückresorbiert, sodass letztlich nur 1,5–2 l Endharn in 24 Stunden ausgeschieden werden. 65 % des Ultrafiltrats werden bereits im proximalen Konvolut, also im Anfangsteil des Tubulussystems, rückresorbiert. Weitere 10 % werden in der Henle-Schleife aufgenommen, die restlichen 24 % im distalen Konvolut und in den Sammelrohren (► Abb. 9.11). Während Wasser im proximalen Tubulus ohne besondere Regulation als Folge der Elektrolytresorption parazellulär wiederaufgenommen wird, unterliegt die H_2O-Resorption im distalen Tubulus und den Sammelrohren einer bedarfsgesteuerten Regulation.

Harnkonzentrierung in distalem Tubulus und Sammelrohren

Ausgangspunkt der Harnkonzentrierung ist der von der Henle-Schleife an das distale Konvolut

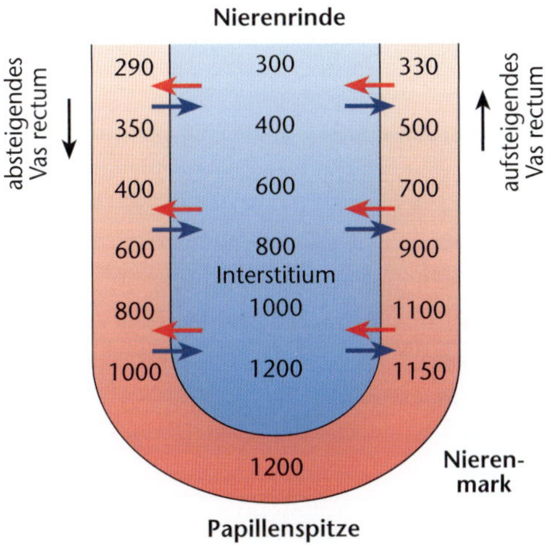

Abb. 9.10 Gegenstrommechanismus der Vasa recta im Nierenmark. Während im absteigenden Vas rectum Elektrolyte aus dem Interstitium in die Kapillare einströmen (rote Pfeile) und Wasser ausströmt (blaue Pfeile), finden im aufsteigenden Vas rectum die umgekehrten Transportprozesse statt, sodass als Resultat die Hyperosmolarität im Papillenbereich des Nierenmarks aufrechterhalten bleibt.

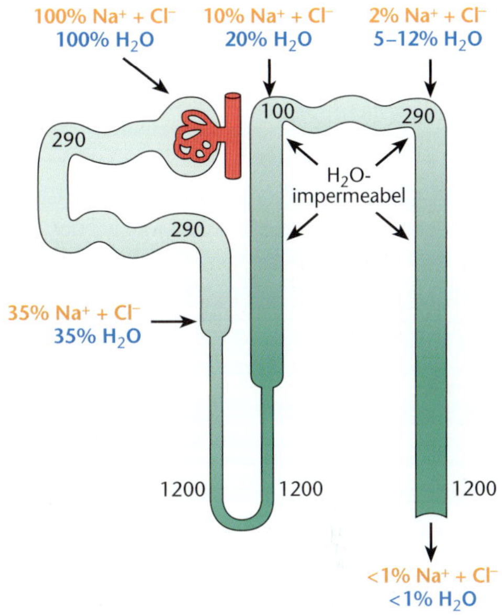

Abb. 9.11 Resorption von Wasser, Na^+ und Cl^- im Tubulussystem. Von der filtrierten Menge wird unter Normalbedingungen weniger als 1 % mit dem Endharn ausgeschieden. Im proximalen Tubulus werden ca. 65 % des Wassers unabhängig von jeder Regulation resorbiert. Die H_2O-Resorption im Bereich der Sammelrohre ist dagegen ADH-abhängig. Bei vollständig unterdrückter ADH-Sekretion (= totale Wasserundurchlässigkeit der Sammelrohre) können maximal 12 % der filtrierten Wassermenge ausgeschieden werden. Zahlen im Tubulussystem = Osmolalitäten in mosmol/kg.

übergebene Harn, der durch die Gegenstrommechanismen im Vergleich zum Interstitium hypoosmolar ist.

- Im distalen Konvolut ist die Tubuluszelle relativ undurchlässig für NaCl, sodass der Ausgleich des osmotischen Gradienten zwischen Interstitium (isoosmotisch zum Plasma, 290 mosmol/l), und Tubuluslumen zu Beginn des distalen Konvoluts (100 mosmol/l) durch den Ausstrom von Wasser aus dem Tubuluslumen ins Interstitium erfolgt. Hierdurch wird im distalen Konvolut etwa die Hälfte des noch vorhandenen Wassers rückresorbiert.
- Die Osmolarität des Harns steigt somit langsam wieder an. Sie ist nach der Passage des distalen Konvoluts am Anfang der Sammelrohre etwa isoosmotisch zum Plasma: 290 mosmol/l.
- Die Sammelrohre sind wie das distale Konvolut relativ undurchlässig für Elektrolyte, aber durchlässig für Wasser. Da die Sammelrohre zur Papillenspitze führen, wo das Interstitium durch den Gegenstrommechanismus sehr hyperton ist, besteht zwischen dem Harn im Sammelrohr und dem Interstitium ein osmotischer Gradient, der Wasser aus dem Lumen des Sammelrohrs ins hyperosmolare Interstitium zieht. Hierdurch gleichen sich die Osmolaritäten im Sammelrohr und im Interstitium zunehmend an.
- Letztlich wird hierdurch ein hyperosmolarer Harn ausgeschieden. Die maximale Urinosmolarität kann allerdings nicht über der des Interstitiums im Papillenbereich liegen, da diese die treibende Kraft des Wasserausstroms aus den Sammelrohren ist (► Abb. 9.12).

Deshalb kann auch Trinken von Meerwasser ein Wasserdefizit nicht ausgleichen, weil die NaCl-Konzentration im Meerwasser mit 30 g/l höher liegt als die maximal im Papillenbereich und damit im Urin erreichbare NaCl-Konzentration. Zur Ausscheidung des Meerwassersalzes muss der Körper zusätzliches Wasser bereitstellen: Die Dehydratation wird also durch Trinken von Meerwasser verschlimmert.

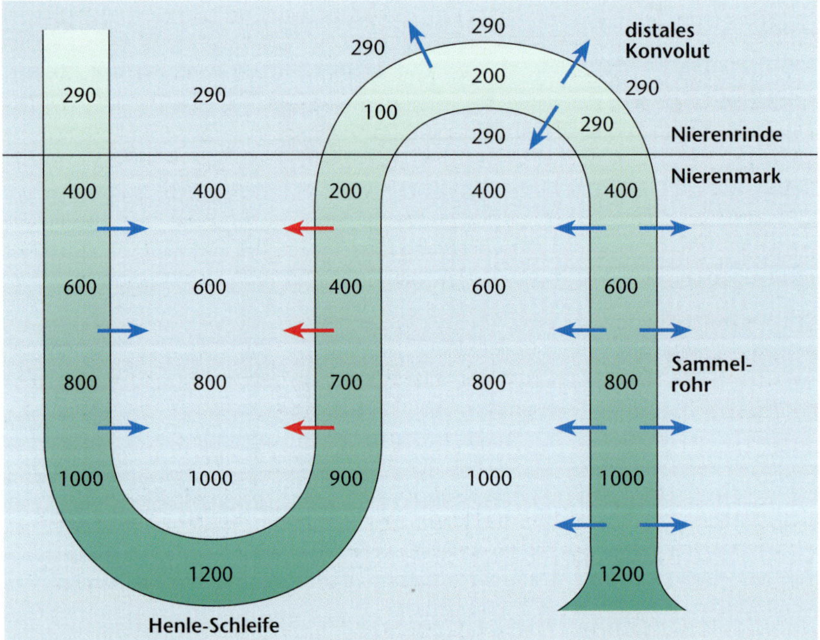

Abb. 9.12 Gegenstrommechanismus der Henle-Schleife und des Sammelrohrs. Durch den Gegenstrommechanismus verlässt ein hypoosmolarer Harn den aufsteigenden Schenkel der Henle-Schleife. Durch Wasserausstrom (blaue Pfeile) wird im distalen Konvolut wieder die Isoosmose hergestellt. Durch weiteren Wasserentzug wird die Harnkonzentrierung im Sammelrohr fortgesetzt. Treibende Kraft der Wasserresorption ist die durch den Gegenstrommechanismus aufgebaute Hyperosmolarität im Interstitium des Nierenmarks. Rote Pfeile = Na^+-Transport.

Regulation durch Adiuretin (ADH)

Der entscheidende Regulator der Wasserausscheidung ist das im Hypothalamus produzierte und von der Hypophyse sezernierte Hormon **Adiuretin** (ADH, alter Name: Vasopressin). Es steuert die Durchlässigkeit der Sammelrohre für Wasser in Abhängigkeit vom Wasserbedarf des Körpers.

Mechanismus

ADH bindet an V_2-Rezeptoren der Hauptzellen des Sammelrohrs und bewirkt cAMP-vermittelt einen Anstieg der intrazellulären Ca^{2+}-Konzentration. Dieser Anstieg triggert den Einbau von Wasserkanälen vom Typ **Aquaporin-2** (AQP2) in die dem Tubulus zugewandte Zellmembran. Dadurch kann vermehrt Wasser in die Zelle einströmen und über dauerhaft exprimierte Wasserkanäle vom Typ Aquaporin-3 und -4 auf der abluminalen Seite ins Interstitium abfließen.

Wasserdiurese und Antidiurese

Die ADH-Konzentration beeinflusst also die Wasserausscheidung des Körpers:

- Bei niedrigem ADH-Spiegel (z. B. bei Überwässerung des Körpers = **Hyperhydratation**) sind die Sammelrohre relativ undurchlässig für Wasser, sodass wenig Wasser die Sammelrohre in Richtung Interstitium verlässt und kein Ausgleich zwischen hypotonem Harn und hypertonem Interstitium stattfinden kann. Als Folge wird viel hypoosmolarer Harn ausgeschieden: **Wasserdiurese.**
- Hohe Konzentrationen von ADH (z. B. bei Wassermangel = **Dehydratation**) bewirken dagegen eine hohe Permeabilität der Sammelrohre für Wasser. Dies erlaubt den Ausstrom von Wasser aus dem Tubulus ins Interstitium und damit ins Körperinnere. Zwischen hypotonem Harn in den Sammelrohren und dem hypertonen Interstitium findet ein Ausgleich statt. Als Folge wird nur sehr wenig hyperosmolarer Harn ausgeschieden. Die Harnosmolarität kann dabei maximal die Osmolarität des Interstitiums im Nierenmark erreichen: **Antidiurese.**

Klinik

Beim **Diabetes insipidus** werden pro Tag bis zu 25 l eines hypotonen Urins (bis 50 mosmol/l) ausgeschieden. Ursachen hierfür sind entweder eine verminderte

ADH-Sekretion oder ein genetisch bedingter Defekt der Aquaporin-Kanäle in den Sammelrohrzellen.
Der nach übermäßigem **Alkoholkonsum** zu spürende Nachdurst ist auf eine Dehydratation durch Hemmung der ADH-Ausscheidung im Hypothalamus zurückzuführen. 50 g Alkohol (entspricht ~ ½ Flasche Wein) führen dabei zu einem Flüssigkeitsverlust von etwa 800–1.000 ml.

Regulation von K^+-, Na^+- und H^+-Transport durch Aldosteron

Im distalen Tubulus und den Sammelrohren unterliegen die Rückresorption von Na^+ und die Sekretion von H^+ und K^+ der Regulation durch das in der Nebenniere produzierte Mineralocorticoid Aldosteron. Die Regulation erfolgt auf 4 Wegen:

- **Na^+-K^+-ATPasen:** Aldosteron bindet an intrazelluläre Mineralocorticoidrezeptoren. In die zur Blutseite gelegene Zellmembran werden daraufhin vermehrt Na^+-K^+-ATPasen eingebaut. Der Energie verbrauchende Abtransport von intrazellulärem Natrium ins Blut wird dadurch gefördert (► Abb. 9.6).
- **Na^+-Kanäle:** Zusätzlich werden vermehrt Na^+-Kanäle vom Typ ENaC (Epithelial Sodium [Na] Channel) synthetisiert und in die zum Tubulus gelegene Zellmembran eingebaut. Hierdurch werden vermehrt Na^+ und damit auch Cl^- und Wasser rückresorbiert.
- **K^+-Kanäle:** Durch den aktiven Abtransport von Na^+ aus dem Tubuluslumen entsteht ein lumennegatives transepitheliales Potenzial, das die treibende Kraft für die Ausscheidung von K^+-Ionen darstellt. Die hierzu erforderlichen K^+-Kanäle vom Typ ROMK (Renal Outer Medullary Potassium [K] Channel) in der tubulären Zellmembran werden unter Aldosteroneinfluss ebenfalls verstärkt produziert.
- **Na^+-H^+-Antiport:** Da Aldosteron darüber hinaus auch die Aktivität des Na^+-H^+-Antiports steigert, wird vermehrt H^+ ausgeschieden. Die hierdurch entstehende Verarmung der Zellen an H^+ führt zu einer intrazellulären Alkalose und steigert die Permeabilität der zum Lumen gerichteten Tubulusmembran für K^+, sodass auch hierdurch vermehrt K^+ ins Tubuluslumen gelangt und mit dem Harn ausgeschieden wird.

Kopplung von Natriumresorption und Kaliumsekretion

Resorption von Na^+ und Sekretion von K^+ im distalen Tubulus und in den Sammelrohren sind aus elektrischen Gründen gekoppelt (lumennegatives transepitheliales Potenzial, LNTP, ► Abb. 9.6). Eine Erhöhung des Na^+-Gehalts in distalem Tubulus und Sammelrohren führt daher über eine dadurch ausgelöste verstärkte Na^+-Resorption zugleich zu einer erhöhten K^+-Ausscheidung.

Klinik

Schleifendiuretika (z. B. Furosemid) reduzieren im aufsteigenden Teil der Henle-Schleife die Na^+-Resorption. Dadurch steht im distalen Tubulus mehr Na^+ zur Verfügung. Wird dieses resorbiert, muss wegen der Kopplung von Na^+-Resorption und K^+-Sekretion auch mehr K^+ ausgeschieden werden. Daher kommt es unter Therapie mit Schleifendiuretika leicht zu einer Hypokaliämie.

Kaliumresorption bei Kaliummangel

Bei K^+-Mangel kann über die im spätdistalen Tubulus und in den Sammelrohren vorhandenen Zwischenzellen (Intercalated Cells) Kalium auch aktiv resorbiert werden. Hierzu verfügen die Zwischenzellen, wie die Belegzellen des Magens (► Kap. 7.4.3.2), über eine H^+-K^+-ATPase, die unter Energieverbrauch H^+ sezerniert und K^+ resorbiert.

Klinik

Aldosteronantagonisten wie z. B. Spironolacton werden als Diuretika eingesetzt. Sie hemmen die Effekte des Aldosterons, vor allem die Synthese und den Einbau des ENaC-Kanals. Über die vermehrte Ausscheidung von Na^+ führen sie zu einer Wasserdiurese. Im Gegensatz zu Schleifendiuretika erhalten sie jedoch dem Körper K^+, weil sie zugleich die K^+-Ausscheidung vermindern (Kopplung von Na^+-Resorption und K^+-Sekretion). Sie können daher gut in Kombination mit Schleifendiuretika (z. B. Furosemid) eingesetzt werden, um unerwünschte Veränderungen des K^+-Spiegels zu minimieren.
Die ebenfalls K^+-sparenden Diuretika **Triamteren und Amilorid** wirken nicht über einen Aldosteronantagonismus. Sie blockieren vielmehr direkt die epithelialen Na^+-Kanäle (ENaC) in den Hauptzellen der Sammelrohre. Dadurch wird die Na^+-Resorption in die Tubuluszellen vermindert, wodurch sich zugleich die Ausscheidung von K^+ reduziert.
Thiaziddiuretika blockieren den NaCl-Kotransporter (NCCT) im frühdistalen Tubulus. Sie steigern jedoch wie

Schleifendiuretika den K^+-Verlust in der Niere, weil sie das Na^+-Angebot in distalem Tubulus und Sammelrohren erhöhen, wodurch kompensatorisch vermehrt K^+ ausgeschieden wird.

Lerntipp

Die Hormone ADH und Aldosteron werden überaus gerne im Physikum gefragt, hier nochmal das Wichtigste im Überblick:

Aldosteron Einbau von Na^+-K^+-ATPasen und ENaC im distalen Tubulus

↑
- vermehrte Rückresorption von Na^+ und Cl^-
- vermehrte Ausscheidung von K^+ und H^+
- Klinik: Conn-Syndrom:
  - Hypertonie, Hypokaliämie, selten metabolische Alkalose
  - 5–10 % aller Hypertonie-Fälle (!)

↓
- verminderte Rückresorption von Na^+ und Cl^-
- verminderte Ausscheidung von K^+ und H^+
- Klinik: Morbus Addison:
  - Hyponatriämie, Hyperkaliämie, nicht-respiratorische Azidose

ADH Einbau von Aquaporinen Typ 2 im Sammelrohr

↑
- Wasserretention
- Klinik: SIADH (Syndrom der inadäquaten ADH-Sekretion, Schwartz-Bartter-Syndrom):
  - Hyponatriämie und Hypoosmolalität des Serums
  - Häufigste Ursache: kleinzelliges Bronchialkarzinom

↓
- Vermehrte Ausscheidung von Wasser
- Klinik: Diabetes insipidus:
  - Hypernatriämie und Hyperosmolarität des Serums

Harnstoffresorption

Die Harnstoffresorption findet zu etwa gleichen Teilen im proximalen sowie im distalen Tubulus und in den Sammelrohren statt.

- Wegen seiner kleinen Molekülgröße ist Harnstoff (► Abb. 9.13) frei filtrierbar.
- Im proximalen Tubulus steigt durch die Resorption von Wasser die Harnstoffkonzentration zunächst an.
- 50 % des filtrierten, gut membrangängigen Harnstoffs folgen dann dem so aufgebauten Konzentrationsgradienten und werden durch Diffusion (⅔) oder Solvent Drag (⅓) resorbiert.
- Der distale Tubulus und der Anfang der Sammelrohre sind dagegen für Harnstoff fast undurchlässig. Hier steigt die Harnstoffkonzentration wieder an, da zunehmend Wasser resorbiert wird.
- Der letzte Abschnitt der Sammelrohre ist dann wieder, besonders bei Antidiurese (ADH ↑), für Harnstoff gut permeabel. Hier folgt Harnstoff seinem Konzentrationsgradienten und diffundiert ins Interstitium des Nierenmarks.
- Vom Nierenmark diffundiert der Harnstoff z. T. zurück in die benachbarte Henle-Schleife. Dieser **Harnstoffkreislauf** leistet einen wesentlichen Beitrag zur Aufrechterhaltung der Hyperosmolarität im inneren Nierenmark (► Kap. 9.3.4.2).
- Die Harnstoffausscheidung ist mit der Wasserdiurese verknüpft: Wird viel Wasser ausgeschieden, ist auch die Harnstoffausscheidung hoch. Im Zustand der Antidiurese entstehen dagegen hohe Konzentrationen von Harnstoff im Bereich der distalen Sammelrohre. Bei Antidiurese wird so vermehrt Harnstoff ins Interstitium resorbiert. Von der filtrierten Menge Harnstoff werden daher zwischen 50 % bei Antidiurese (ADH ↑) und 80 % bei maximaler Diurese (Suppression von ADH) ausgeschieden.

Calciumresorption

Während 60 % der Ca^{2+}-Menge im proximalen Tubulus rückresorbiert werden, dienen die distale Henle-Schleife (30 %) und der distale Tubulus (9 %) der Feinregulation der Ca^{2+}-Resorption.

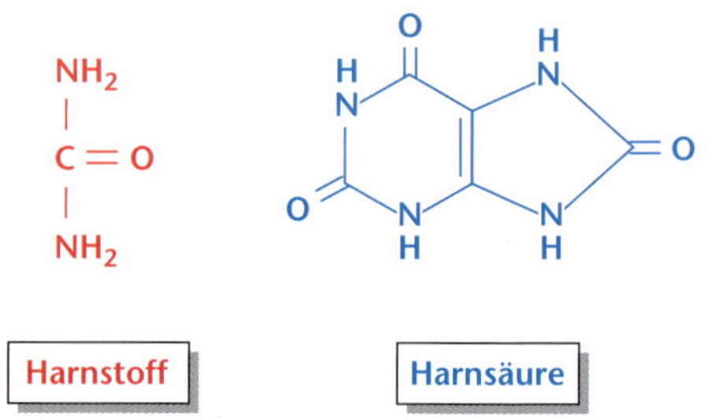

Abb. 9.13 Strukturformeln von Harnsäure und Harnstoff.

Parathormon

Im dicken aufsteigenden Schenkel der Henle-Schleife und im distalen Tubulus stimuliert Parathormon (PTH) eine Ca^{2+}-ATPase an der basalen Zellmembran, die Ca^{2+} unter Verbrauch von ATP aus der Zelle ins Interstitium befördert. Auch über einen sekundär aktiven $3Na^{+}$-Ca^{2+}-Antiport in der basalen Zellmembran gelangt Ca^{2+} ins Interstitium. Durch beide Transportprozesse wird die zytosolische Ca^{2+}-Konzentration erniedrigt. Dies bildet die Triebkraft für den Einstrom von Ca^{2+} aus dem Tubuluslumen über luminale Ca^{2+}-Kanäle (ECaC).

Im Zytosol wird Ca^{2+} gebunden an **Calbindin** transportiert, sodass die intrazelluläre Konzentration von freiem Ca^{2+} nicht ansteigt.

Je nach Aktivität des Parathormons werden nur noch 0,5–3 % des Ca^{2+} im Urin ausgeschieden.

Schon im proximalen Tubulus mindert PTH die Aktivität des Na^{+}-Phosphat-Symports, sodass die Reabsorption von Phosphat sinkt, d. h. vermehrt Phosphat ausgeschieden wird: Phosphaturie (► Kap. 9.3.4.1).

Klinik

Bei **Tumoren der Nebenschilddrüsen,** die mit einer übermäßigen Produktion von PTH einhergehen, führt die durch PTH stimulierte Freisetzung von Ca^{2+} aus dem Knochen zu erhöhten Konzentrationen von Ca^{2+} im Plasma. Dies bewirkt eine Zunahme der Ca^{2+}-Konzentration im Ultrafiltrat. Trotz der durch Parathormon induzierten vermehrten Reabsorption von Ca^{2+} im distalen Tubulus wird immer noch sehr viel mehr Ca^{2+} als unter Normalbedingungen mit dem Endharn ausgeschieden. Daher ist die **Hyperkalzurie** (erhöhte Ausscheidung von Ca^{2+} im Urin) das typische Zeichen eines Parathormon produzierenden Tumors (► Kap. 10.6.1).

Vitamin D3

1,25-Dihydroxycholecalciferol ($1{,}25[OH]_2$-Vitamin-D_3, Calcitriol) steigert die tubuläre Reabsorption von Ca^{2+} und von Phosphat gleichermaßen.

Calcitonin

In der Niere hemmt Calcitonin die Resorption von Ca^{2+} und Phosphat.

Magnesiumresorption

Resorptionsort

Magnesium liegt im Blut nur zu 50 % in freier, ionisierter Form vor, 35 % sind an Albumin und 15 % an Komplexbildner gebunden. Im Gegensatz zu Calcium wird Magnesium überwiegend im dicken aufsteigenden Teil der Henle-Schleife und nicht im proximalen Tubulus resorbiert: 50–60 % der im Ultrafiltrat enthaltenen Menge werden hier vor allem parazellulär resorbiert, und zwar umso mehr, je positiver das Lumen der Henle-Schleife gegenüber dem Interstitium ist, weil die zweifach positiv geladenen Magnesium-Ionen versuchen, die Spannungsdifferenz abzubauen, indem sie das Tubuluslumen verlassen.

Vermehrte Ausscheidung

Da diese lumenpositive Spannung durch den Na^{+}-K^{+}-$2Cl^{-}$-Symport im aufsteigenden Schenkel der Henle-Schleife aufgebaut wird, führt jede Hemmung dieses Transportsystems, etwa durch Furosemid (s. o.), zu einer Reduktion der Magnesiumresorption und damit zu einer erhöhten Ausscheidung von Magnesium: Magnesiurie.

9.3.4.4 Potenzialdifferenzen im Verlauf des Tubulussystems

Proximaler Tubulus

Tubuluszellen sind, wie andere Körperzellen auch, im Vergleich zur Umgebung negativ geladen. Zu Beginn des proximalen Tubulus liegt das intrazelluläre Potenzial der Tubuluszellen gegenüber dem Interstitium (Blutseite) bei -70 mV. Auch gegenüber dem Tubulusraum (Urinseite) herrscht zunächst eine Potenzialdifferenz von -70 mV. Zwischen Blut und Tubulusflüssigkeit besteht also keine Potenzialdifferenz: Das **transepitheliale Potenzial** liegt bei 0 mV. Durch die Resorption von Na^{+} zu Beginn des proximalen Tubulus, das durch die Tubuluszellen hindurch in die Blutgefäße transportiert wird, entsteht ein schwach lumennegatives transepitheliales Potenzial (LNTP) von -2 mV (► Abb. 9.6). Dies führt dazu, dass negativ geladene Chlorid-Ionen auf parazellulärem Weg den Tubulus verlassen, wodurch das transepitheliale Potenzial im weiteren Verlauf des proximalen Tubulus zum lumenpositiven transepithelialen Potenzial (LPTP, ► Abb. 9.6) wird. Es hat dann einen Wert von +2 mV.

Dicker aufsteigender Teil der Henle-Schleife

Im dicken aufsteigenden Teil der Henle-Schleife werden durch den Na^{+}-K^{+}-$2Cl^{-}$-Symport (NKCC) Na^{+}, K^{+} und Cl^{-} in die Tubuluszellen aufgenommen (s. o.). Die negativ geladenen Chlorid-Ionen strömen rasch über die basale Zellmembran in Richtung Blutgefäße ab, während die positiv geladenen Kalium-Ionen wieder zurück ins Tubuluslumen diffundieren. Durch diese **K^+-Rezirkulation** sammeln sich auf der Tubulusseite positive Kalium-Ionen, während die Blutseite der Tubuluszelle durch die Cl^--Ionen stärker negativiert wird. Auf diese Weise bildet sich ein lumenpositives transepitheliales Potenzial von +10 mV aus. Dieses Potenzial bildet die Triebkraft für die parazelluläre Resorption der Kationen Ca^{2+}, Mg^{2+}, Na^+ und K^+ im dicken aufsteigenden Teil der Henle-Schleife.

Das Schleifendiuretikum **Furosemid** hemmt den NKCC-Symport. Dadurch wird das lumenpositive Potenzial reduziert und Ca^{2+}, Mg^{2+}, Na^+ und K^+ werden vermehrt ausgeschieden.

Distaler Tubulus und Sammelrohre

Im distalen Tubulus und den Sammelrohren wird Na^+ über aldosteronabhängige Kanäle resorbiert (▶ Kap. 9.3.4.3). In den Sammelrohren sind die Schlussleisten praktisch undurchlässig. Ausgleichende, parazelluläre Resorptionsvorgänge sind daher kaum möglich, sodass sich dort durch die Resorption der Na^+-Ionen wieder ein lumennegatives transzelluläres Potenzial aufbaut: -40 mV bei starker Aldosteronwirkung. Dieses lumennegative Potenzial fördert den Ausstrom von K^+-Ionen aus der Zelle.

Merke

- Lumennegatives transepitheliales Potenzial (LNTP):
  - Anfang des proximalen Tubulus: -2 mV
  - Distaler Tubulus: -40 mV
- Lumenpositives transepitheliales Potenzial (LPTP):
  - Ende des proximalen Tubulus: +2 mV
  - Aufsteigender Teil der Henle-Schleife: +10 mV

9.3.5 Renale Regulation des Säure-Basen-Haushalts

9.3.5.1 Ausscheidung von Protonen

Bei normaler Ernährung fallen im Körper eines Erwachsenen pro Tag 40–80 mmol H^+-Ionen an, die zur Aufrechterhaltung eines ausgeglichenen Säure-Basen-Haushalts ausgeschieden werden müssen. Zur Ausscheidung stehen 3 Mechanismen zur Verfügung:

- Ausscheidung von freiem H^+ (0,1 mmol/Tag)
- Ausscheidung von H^+ in pH-neutraler Form über den Phosphatmechanismus als titrierbare Säure (10–30 mmol/Tag)
- Ausscheidung von H^+ über den ebenfalls pH-neutralen Ammoniakmechanismus (25–50 mmol/Tag)

Ausscheidung von freiem H^+

Für die direkte Ausscheidung von freien H^+-Ionen sind 3 Transportproteine verantwortlich:

- Ein Na^+-H^+-Antiporter im proximalen Tubulus
- Eine primär aktive H^+-ATPase in spätproximalen Tubuluszellen
- Eine primär aktive H^+-K^+-ATPase in den Typ-A-Schaltzellen der Sammelrohre

Durch diese H^+-Ausscheidung liegt der pH-Wert im ausgeschiedenen Urin unter 5.

Ausscheidung von H^+ über den Phosphatmechanismus

Bei der Ausscheidung von H^+ über den Phosphatmechanismus als titrierbare Säure sind die ausgeschiedenen H^+-Ionen an einen Puffer gebunden, der eine pH-neutrale Ausscheidung ermöglicht. Die ausgeschiedene Säuremenge lässt sich daher erst durch eine Titration des Harns mit NaOH bis zum pH-Wert des Plasmas (7,4) feststellen.

Der wichtigste Puffer ist Phosphat, das im proximalen Tubulus (pH-Wert 7,4) als HPO_4^{2-} vorliegt (sekundäres Phosphat) und mit sinkendem pH-Wert zum primären Phosphat $H_2PO_4^-$ übergeht. Hierdurch wird das der Kohlensäure entstammende und über den Na^+-H^+-Antiport ausgeschleuste Proton gepuffert und eliminiert. Pro ausgeschiedenem H^+-Ion werden hierbei ein Na^+-Ion und ein Molekül Bicarbonat resorbiert (▶ Abb. 9.14a). Andere, weniger bedeutsame Puffer sind Citrat und Urat.

Ausscheidung von H^+ über den Ammoniakmechanismus

In den Tubuluszellen der Niere wird die Aminosäure Glutamin durch das in den Mitochondrien vorhandene Enzym Glutaminase zu $Glutamat^-$ und $2\text{-}Oxoglutarat^{2-}$ (= α-Ketoglutarsäure) desaminiert. Hierbei werden 2 Moleküle NH_4^+ (Ammonium) freigesetzt, die intrazellulär überwiegend zu NH_3 und H^+ dissoziieren. Während H^+ über den Na^+-H^+-Antiport die Tubuluszelle verlässt, diffundiert NH_3 (Ammoniak) als freies Molekül ohne Carrier in das Tubuluslumen, wo sich beide wieder zu NH_4^+ verbinden (▶ Abb. 9.14b).

Darüber hinaus kann das an sich schlecht membrangängige NH_4^+ dank des hohen Konzentrationsgefälles zwischen dem Zellinneren und der Tubulusflüssigkeit (10-fach höhere intrazelluläre

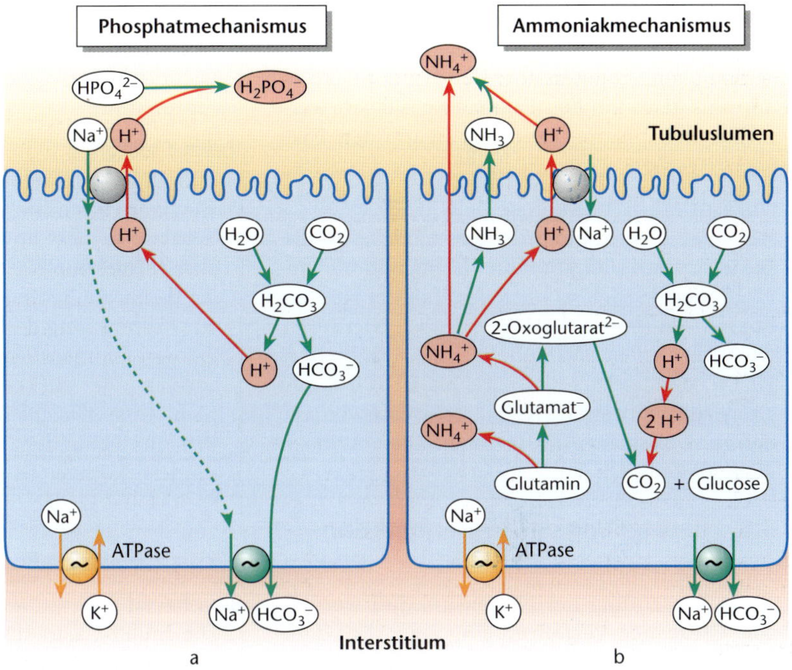

Abb. 9.14 Ausscheidung von Protonen (H^+-Ionen) durch die Niere. **a:** Über den Phosphatmechanismus **b:** Über den Ammoniakmechanismus.

Konzentration) auch direkt ins Lumen diffundieren. Eine Rückdiffusion von NH_4^+ ist aus demselben Grund fast unmöglich; das Ammonium wird nahezu vollständig mit dem Harn ausgeschieden. Das 2-Oxoglutarat (= α-Ketoglutarsäure) wird in der Tubuluszelle im Citratzyklus und durch Gluconeogenese zu Glucose und CO_2 weiterverarbeitet. Hierbei werden noch 2 weitere H^+ verbraucht und aus dem CO_2 ein HCO_3^- (Bicarbonat) regeneriert.
Da die Aktivität der Glutaminase im sauren Milieu steigt, führt ein vermehrter Anfall von H^+ zu einer gesteigerten Produktion von NH_4^+ (Ammonium), das für eine vermehrte Elimination von H^+ sorgt und gleichzeitig mehr HCO_3^- bereitstellt.

9.3.5.2 Renale Gegenregulation bei Störungen des Säure-Basen-Haushalts

Eine der wichtigsten Aufgaben der Niere ist die Beteiligung an der Regulation des Säure-Basen-Haushalts zur Aufrechterhaltung des pH-Werts im Organismus. Die beiden zentralen Mechanismen der Niere zur Beeinflussung des pH-Werts sind die Elimination von Protonen (H^+) und die Rückresorption von Bicarbonat (HCO_3^-).

Respiratorische Alkalose

Eine respiratorische Alkalose (z. B. bei Hyperventilation) führt zu erniedrigten CO_2-Konzentrationen in der Tubuluszelle, sodass über die Carboanhydrase weniger HCO_3^- und Protonen (H^+) gebildet werden. Entsprechend wird auch weniger H^+ in den Tubulus sezerniert, sodass auch weniger HCO_3^- resorbiert und mehr HCO_3^- ausgeschieden wird. Die Niere hält also H^+-Ionen zurück und scheidet vermehrt HCO_3^- aus, um die Alkalose auszugleichen.

Nichtrespiratorische Alkalose

Bei einer nichtrespiratorischen Alkalose mit erhöhten Bicarbonatkonzentrationen im Plasma ist auch die Menge des glomerulär filtrierten HCO_3^- gesteigert, sodass das tubuläre Transportmaximum für HCO_3^- überschritten wird und HCO_3^- unresorbiert im Tubulus verbleibt. Durch die Ausscheidung dieses alkalischen HCO_3^- versucht die Niere so weit wie möglich das Ausmaß der Alkalose zu begrenzen. Als Folge der metabolischen Alkalose kann der normalerweise saure Harn alkalisch werden.

Respiratorische Azidose

Eine respiratorische Azidose steigert die Protonenkonzentration in der Tubuluszelle, sodass mehr

Protonen (H^+) sezerniert werden und auch die Rückresorption von HCO_3^- gesteigert ist. Die Ausscheidung von Protonen über den Ammoniakmechanismus kann um den Faktor 10 gesteigert werden. Der Phosphatmechanismus ist um den Faktor 1,5 steigerbar.

Nichtrespiratorische Azidose

Bei einer nichtrespiratorischen Azidose ist die Bicarbonatkonzentration im Plasma und im Ultrafiltrat erniedrigt, wohingegen die tubuläre Sekretion von Protonen (H^+) erhöht ist. Hierdurch wird der Anteil des tubulär rückresorbierten HCO_3^- gesteigert, sodass fast bis zu 100 % des glomerulär filtrierten HCO_3^- resorbiert werden, das zum Ausgleich der metabolischen Azidose eingesetzt werden kann.

9.3.6 Beurteilung der Nierenfunktion

9.3.6.1 Clearance

Zur Überprüfung der Nierenfunktion werden sog. **Clearance-Verfahren** eingesetzt. Mit dem Begriff Clearance bezeichnet man das Volumen Blutplasma, das pro Minute durch die Nierentätigkeit von einer beliebigen Substanz (z. B. Kreatinin, Inulin oder *p*-Aminohippursäure) vollständig befreit, „geklärt" (englisch: to clear) wird. Die allgemeine Clearance-Formel lautet:

$$C_x = \frac{U_x \times \dot{V}}{P_x}$$

C_x = Clearance der Substanz x [ml/min]

U_x = Urinkonzentration der Substanz x [mg/100 ml]

$\dot{V}$ = Harnvolumen pro Zeiteinheit [ml/min]

P_x = Plasmakonzentration der Substanz x [mg/100 ml]

Merke

Die Clearance entspricht derjenigen Menge Plasma, die in einer gegebenen Zeit von einer bestimmten Substanz vollständig befreit wird. Einheit: ml/min.

9.3.6.2 Glomeruläre Filtrationsrate (GFR)

Die glomeruläre Filtrationsrate (GFR) ist der wichtigste Parameter zur Beurteilung der Nierenfunktion.

Inulin-Clearance

Die GFR kann sehr exakt mithilfe der Inulin-Clearance bestimmt werden. Inulin ist ein natürlicherweise nicht im Körper vorkommender Zucker (Molekülmasse 5.000 Dalton), der in idealer Weise die Bedingungen eines Indikatorstoffs zur Bestimmung der GFR erfüllt: Inulin passiert gut den Glomerulusfilter, wird nicht tubulär sezerniert oder rückresorbiert, wird in der Niere nicht verstoffwechselt und ist im Blut nicht an Proteine gebunden, was die Filtrierbarkeit behindern könnte. Die Clearance für Inulin entspricht daher der GFR, da der einzige Faktor, von dem die Ausscheidung von Inulin aus dem Körper abhängt, die glomeruläre Filtration ist.

Berechnung

Die Inulin-Clearance errechnet sich dabei nach der folgenden Formel:

$$C_{Inulin} = \frac{U_{Inulin} \times \dot{V}}{P_{Inulin}}$$

C_{Inulin} = Inulin-Clearance [ml/min]

U_{Inulin} = Urinkonzentration von Inulin [mg/100 ml]

$\dot{V}$ = Harnvolumen pro Zeiteinheit [ml/min]

P_{Inulin} = Plasmakonzentration von Inulin [mg/100 ml]

Normwert

Die so ermittelte Inulin-Clearance beträgt für Frauen 120 ml/min, für Männer 125 ml/min. Pro 24 Stunden werden also etwa 180 l filtriert.

Kreatinin-Clearance

In der klinischen Routine wird die Bestimmung der Kreatinin-Clearance vorgezogen, da Kreatinin als Abbauprodukt des Kreatins natürlicherweise im Organismus vorkommt und daher im Gegensatz zu Inulin nicht infundiert werden muss. Da Kreatinin zwar vollständig filtriert, im Gegensatz zu Inulin aber auch in geringem Maße tubulär sezerniert wird, ist die Bestimmung der GFR über die Kreatinin-Clearance nicht so exakt wie über die Inulin-Clearance.

Normwert

Die Kreatinin-Clearance liegt beim gesunden Erwachsenen abhängig von Alter und Gewicht bei Frauen zwischen 75 und 130 und bei Männern zwischen 80 und 160 ml/min. Die Kreatinin-Clearance wird nach der gleichen Formel wie die Inulin-Clearance berechnet.

Klinik

Der **Plasmakreatininspiegel** wird in der Klinik als grobes Schätzmaß der Nierenfunktion herangezogen. Allerdings wird der Wert erst bei einer bereits um etwa 50 % reduzierten GFR pathologisch (▸ Abb. 9.15).

Wertverfälschungen

- Bei **eingeschränkter GFR** (zunehmender Niereninsuffizienz) wird weniger Kreatinin filtriert, sodass die tubulär sezernierte Kreatininmenge zunehmend bedeutsam wird. Die über die Kreatinin-Clearance gemessene GFR wird dann **zu hoch** bestimmt.
- Bei **erhöhter Kreatininproduktion oder -aufnahme** wird bei der Berechnung der Kreatinin-Clearance die GFR (trotz normaler Nierenfunktion) **zu niedrig** bestimmt. Die Serumkreatininkonzentration (Nenner der Clearance-Gleichung) ist in diesem Fall durch die Mehrproduktion oder Aufnahme von Kreatinin erhöht und nicht durch die reduzierte Ausscheidung.

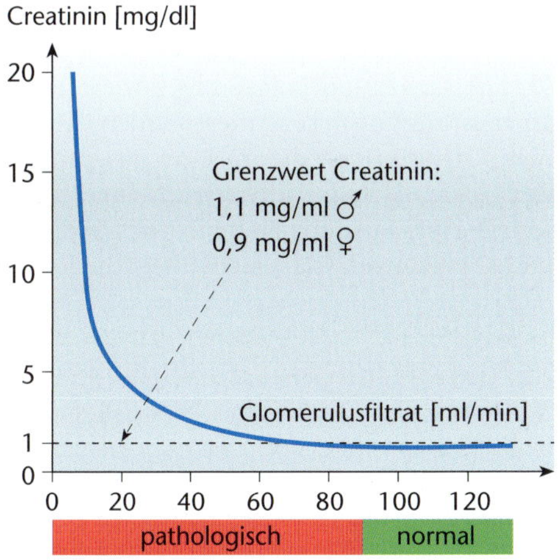

Abb. 9.15 Abhängigkeit des Plasmakreatininspiegels von der glomerulären Filtrationsrate. GFR-Werte unter 90 ml/min sind bereits pathologisch (Niereninsuffizienz Stadium II). Der Plasmakreatininspiegel bleibt aber bis zu einer GFR von ≈ 60 ml/min unauffällig.

Altersabhängigkeit

Inulin-Clearance und Kreatinin-Clearance sind altersabhängig. Mit zunehmendem Lebensalter nimmt die Anzahl funktionsfähiger Nephrone ab, sodass ab dem 40.–50. Lebensjahr die Clearance-Raten für Inulin und Kreatinin als Ausdruck der nachlassenden Nierenfunktion sinken.

9.3.6.3 Renaler Blutfluss (RBF)

PAH-Clearance

Der Blutfluss durch die Nieren kann über die Bestimmung der Clearance für *p*-Aminohippursäure (PAH) errechnet werden. PAH wird glomerulär filtriert und tubulär sezerniert, aber nicht rückresorbiert. So werden etwa 92 % des durch die Nieren strömenden Blutplasmas von PAH befreit. Daher entspricht die Clearance von PAH (C_{PAH}) in etwa dem Plasmavolumen, das pro Minute die Niere durchfließt.

Berechnung

Zur Berechnung der Clearance von *p*-Aminohippursäure wird folgende Formel verwendet:

$$C_{Pah} = \frac{U_{PAH} \times \dot{V}}{P_{PAH}}$$

C_{PAH}	=	PAH-Clearance [ml/min]
U_{PAH}	=	Urinkonzentration von PAH [mg/100 ml]
$\dot{V}$	=	Harnvolumen pro Zeiteinheit [ml/min]
P_{PAH}	=	Plasmakonzentration von PAH [mg/100 ml]

Da allerdings die PAH-Extraktion aus dem Plasma schwanken kann und nur im Durchschnitt 92 % des Plasmas von PAH befreit werden, muss zur exakten Berechnung des renalen Plasmaflusses der **renale Extraktionsfaktor** (E_{PAH}) durch die Bestimmung der PAH-Konzentration im arteriellen und venösen Blut errechnet werden. Der E_{PAH} gibt an, welche Fraktion des Plasmas von *p*-Aminohippursäure befreit wurde:

$$E_{PAH} = \frac{PAH_a - PAH_v}{PAH_a}$$

PAH_a	=	PAH-Konzentration im arteriellen Blut
PAH_v	=	PAH-Konzentration im venösen Blut

Berechnung des renalen Plasmaflusses

Aus der Clearance von PAH (C_{PAH}) und der renalen Extraktion von PAH (E_{PAH}) lässt sich dann der renale Plasmafluss (RPF) errechnen. Der **Normwert** für die PAH-Clearance beträgt etwa 600 ml/min und für die renale PAH-Extraktion 0,92.

$$RPF = \frac{C_{PAH}}{E_{PAH}}$$

Berechnung des renalen Blutflusses

Um die Gesamtnierendurchblutung, den renalen Blutfluss (RBF), zu erhalten, muss der renale Plasmafluss (RPF) noch um den Volumenanteil von festen Bestandteilen (Zellen) im Blut, den Hämatokriten (HKT), korrigiert werden:

$$RBF = \frac{RPF}{1\text{-}HKT}$$

Setzt man in die oben aufgeführten Formeln für die PAH-Clearance (C_{PAH}) den Normwert von 600 ml/min und für die renale PAH-Extraktion (E_{PAH}) 0,92 ein, errechnen sich für den renalen Plasmafluss 650 ml/min und für den renalen Blutfluss 1.200 ml/min bzw. 1.700 l/24 Stunden.

9.3.6.4 Filtrationsfraktion (FF)

Die Filtrationsfraktion (FF) bezeichnet das Verhältnis von glomerulärer Filtrationsrate (GFR) zum renalen Plasmafluss (RPF) und gibt an, welcher Anteil des renalen Plasmaflusses glomerulär filtriert wird. Die Filtrationsfraktion beträgt normalerweise 0,2, d. h., 20 % des die Niere bei einer Passage passierenden Blutplasmas werden filtriert.

Berechnung

Die Filtrationsfraktion (FF) kann aus der Clearance für Inulin und PAH berechnet werden:

$$FF = \frac{GFR}{RPF} = \frac{C_{Inulin}}{C_{PAH}}$$

Erhöht sich bei unveränderter Nierendurchblutung die Filtrationsfraktion z. B. von 0,2 auf 0,3, so kann eine Steigerung des Blutdrucks in den glomerulären Kapillaren die Ursache sein.

Eine weitere Möglichkeit zur Berechnung der Filtrationsfraktion besteht in der Bestimmung der Konzentration von Inulin in einer Arterie und der Nierenvene. Der Konzentrationsunterschied zwischen Arterie und Nierenvene gibt die Filtrationsfraktion an. Beträgt die Konzentration von Inulin in der Nierenvene z. B. nur noch 80 % der Konzentration von Inulin in einer Arterie, so beträgt die Filtrationsfraktion 20 % oder 0,2. Zur Bestimmung können auch andere Substanzen, die filtriert, aber nicht sezerniert und rückresorbiert werden, wie z. B. Kreatinin, eingesetzt werden.

Merke

- Herzzeitvolumen ~ 6.000 ml/min
- davon 20 %: renaler Blutfluss (RBF) ~ 1:200 ml/min
- je nach Hämatokriten: renaler Plasmafluss (RPF) ~ 650 ml/min
- je nach Filtrationsfraktion, gewöhnlich ca. 20 %: glomeruläre Filtrationsrate (GFR) ~ 120 ml/min.

9.3.6.5 Fraktionelle Ausscheidung

Für bestimmte Fragestellungen ist es von Interesse, die fraktionelle Ausscheidung einer Substanz zu bestimmen, d. h. das Verhältnis von im Urin ausgeschiedener zur glomerulär filtrierten Menge dieser Substanz pro Zeiteinheit. Die im Urin ausgeschiedene Menge einer Substanz x pro Zeit erhält man aus der Urinkonzentration U_x [mg/100 ml], multipliziert mit dem Urinvolumen pro Zeiteinheit $\dot{V}_x$ [ml/min]. Die glomerulär filtrierte Substanzmenge ergibt sich analog aus der Plasmakonzentration P_x [mg/100 ml] der Substanz, multipliziert mit der glomerulären Filtrationsrate GFR [ml/min]. Für die fraktionelle Ausscheidung (FA) ergibt sich dann:

$$FA_x = \frac{\dot{V}_x \times U_x}{GFR \times P_x}$$

Für Substanzen, die vollständig filtriert, aber weder resorbiert noch sezerniert werden (wie Inulin oder Kreatinin), ist die im Urin ausgeschiedene Menge identisch der filtrierten Menge, die fraktionelle Ausscheidung ist 1. Für vollständig resorbierte Substanzen wie Glucose liegt die FA bei 0.

Lerntipp

Leider lässt das IMPP gerne Nierenfunktionsparameter, v. a. die Clearance, verschiedener Stoffe berechnen.
Memo 1: Je höher die GFR, umso mehr Kreatinin wird mit dem Urin ausgeschieden und umso weniger Kreatinin verbleibt im Blut.
Memo 2: Die Ausscheidungsfraktion geht logischerweise bei für den Körper wichtigen Stoffen gegen 0 (vollständige Resorption, z. B. Glucose), bei unwichtigen Stoffen gegen 1 (vollständige Filtration, z. B. Kreatinin).

Hormonale Regulation

10

mediscript Online

IMPP-Hits

- Insulin: Wirkungen und Sekretionsmechanismus
- Calciumhaushalt, vor allem Parathormonwirkungen
- Renin-Angiotensin-Aldosteron-System
- Schilddrüsenhormone

10.1 Wegweiser

Über das endokrine System steuert der Organismus seine Organe und Gewebe. Informationsträger des endokrinen Systems sind die Hormone. Sie lösen nach Bindung an Hormonrezeptoren bestimmte Zellantworten aus, werden nach der Informationsübermittlung abgebaut und durch Regelkreise gesteuert (► Kap. 10.2). Übergeordnete Zentren des Hormonsystems sind Hypothalamus und Hypophyse (► Kap. 10.3). Sie steuern die nachgeordneten Hormone von Schilddrüse (► Kap. 10.4), Nebenniere (► Kap. 10.5) und Gonaden (► Kap. 11). Auch Calciumhaushalt und Knochenstoffwechsel werden von Hormonen gesteuert (► Kap. 10.6). Kohlenhydrat-, Fett- und Eiweißstoffwechsel sind auf die Regulation durch die endokrinen Pankreashormone Insulin und Glucagon angewiesen (► Kap. 10.7). Neben den klassischen Hormonen werden immer mehr hormonähnliche Steuersubstanzen im Organismus entdeckt (► Kap. 10.8), die wie z. B. Erythropoetin (Förderung der Erythrozytenbildung) auch klinisch-pharmakologische Bedeutung erlangt haben. Die Hormone des Magen-Darm-Trakts werden in ► Kap. 7.7 besprochen.

Lerntipp

Das IMPP fragt gerne und viel zu den Hormonen – kein Themengebiet ist mit mehr Fragen im Physikum vertreten. Ein guter Grund, jetzt richtig durchzustarten!

10.2 Grundlagen

10.2.1 Einteilung der Hormone

10.2.1.1 Einteilung nach Bildungsort

Glanduläre Hormone

Glanduläre (= Drüsen-)Hormone werden in den klassischen endokrinen Organen gebildet (u. a. Schilddrüse, Nebenschilddrüsen, Nebennieren, Ovarien, Testes, Inselzellen des Pankreas). Sie werden vom Drüsengewebe ans Blut abgegeben, zu ihrem Zielgewebe transportiert und lösen dort durch Bindung an Rezeptoren ihre spezifische Wirkung aus. Dieser Wirkmechanismus wird als endokrin bezeichnet.

Aglanduläre Hormone

Die aglandulären Hormone (Gewebshormone) wie Serotonin oder Histamin werden in Zellen verschiedener Gewebe des Körpers gebildet. Sie können auf drei Arten wirken:

- **Endokrin:** Sie gelangen wie die glandulären Hormone über den Blutweg zum Zielorgan.
- **Parakrin:** Sie diffundieren zum nahe gelegenen Zielorgan bzw. zu den Zielzellen.
- **Autokrin:** Sie wirken auf die Zelle selbst ein, die sie produziert hat.

Die Grenze zwischen Gewebshormonen und anderen Steuersubstanzen physiologischer Funktionen wie z. B. den Zytokinen (► Kap. 2.6.2) ist oft fließend.

10.2.1.2 Einteilung nach chemischer Struktur

Nach ihrem chemischen Aufbau werden 4 Hormongruppen unterschieden (zu den Abkürzungen siehe ► Tab. 10.1 und ► Tab. 10.2):

- **Steroidhormone:** Androgene, Östrogene, Gestagene, Glucocorticoide, Mineralocorticoide, Vitamin D
- **Peptid- und Proteinhormone:**
  - Oligopeptide: TRH, GnRH, ADH, Angiotensin, Oxytocin
  - Polypeptide: Prolactin, STH, ACTH, Parathormon, Calcitonin, Insulin, Glucagon, Renin, IGF, Leptin
  - Glykoproteine: TSH, LH, FSH, hCG, Erythropoetin, Angiotensinogen
- **Aminosäureabkömmlinge (biogene Amine):** Thyroxin, Triiodthyronin, Adrenalin, Noradrenalin, Dopamin, Serotonin, Histamin
- **Fettsäurederivate:** Prostaglandine, Prostacyclin, Thromboxan

10.2.2 Hormonrezeptoren

Die Zielzelle eines Hormons besitzt Rezeptoren, an die sich das Hormon bindet. Diese Rezeptoren können extrazellulär in der Zellmembran aber auch intrazellulär gelegen sein. Rezeptoren reagieren i. d. R. spezifisch nur auf ein einziges Hormon.

10.2.2.1 Signaltransduktion

Durch die Bindung des Hormons an den Rezeptor ändert sich die Struktur des Rezeptors. Hierdurch wird eine Antwort der Zelle hervorgerufen: Signaltransduktion (► Kap. 1.7). Dabei kann das Hormon die Zellantwort direkt auslösen oder zunächst die Bildung eines Botenstoffes (Second Messenger) stimulieren, der dann, über eine Kette chemischer Reaktionen, die eigentliche Hormonantwort vermittelt. Solche Second Messenger sind:

- cAMP (▸ Kap. 1.7.1)
- IP_3 (▸ Kap. 1.7.2)
- NO/cGMP (▸ Kap. 1.7.3)

10.2.2.2 Rezeptorregulation

Hormonsensitive Zellen verfügen über 2.000–100.000 Rezeptoren. Die Rezeptoranzahl ist jedoch nicht konstant, sondern Regulationsmechanismen unterworfen:

- **Down-Regulation:** Die Hormonrezeptoren werden reduziert, wenn das Hormonangebot hoch ist. Hierdurch wird die Zellantwort vermindert und an das hohe Hormonangebot angepasst.
- **Up-Regulation:** Bei niedrigem Hormonspiegel werden mehr Rezeptoren gebildet und aktiviert.

10.2.2.3 Membranrezeptoren

Membranrezeptoren vermitteln die Wirkung von Peptid- und Proteinhormonen sowie von biogenen Aminen. Man unterscheidet 3 Klassen von Membranrezeptoren:

- Ionenkanal-gekoppelte Rezeptoren
- G-Protein-gekoppelte Rezeptoren (GPCR)
- Enzym-gekoppelte Rezeptoren

Ionenkanal-gekoppelte Rezeptoren

Die Bindung des Hormons an seinen Rezeptor bewirkt direkt die Öffnung oder die Schließung von Ionenkanälen: ligandengesteuerte Kanäle (▸ Kap. 1.4.2.3). Beispiele sind der nicotinische Acetylcholinrezeptor sowie Ionenkanäle, die auf die Bindung von Serotonin, GABA, Glycin oder Glutamat reagieren.

G-Protein-gekoppelte Rezeptoren (GPCR)

Viele Hormone binden an Rezeptoren, welche die Hormonaktivität indirekt über die Aktivierung von G-Proteinen (= GTP-bindende Proteine) vermitteln (▸ Kap. 1.7.1 und ▸ Kap. 1.7.2). Es sind über 1.000 G-Protein-gekoppelte Rezeptoren bekannt, davon sind über 50 % Geruchssensoren (▸ Kap. 19.3.1.2). G-Protein-gekoppelte Rezeptoren vermitteln die Wirkungen von Catecholaminen (α_1-, α_2- und β-Rezeptoren), Acetylcholin (an muscarinischen Rezeptoren), Histamin, Dopamin, Angiotensin und Opioiden.

Klinik

Der **HI-Virus** befällt die T4-Helferzellen (▸ Kap. 2.6.3.3), indem er sich mit dem CD4-Rezeptor und einem weiteren Corezeptor, zumeist dem Chemokinrezeptor 5 (CCR5), verbindet. Der so missbrauchte CCR5 ist ein G-Protein-gekoppelter Rezeptor. Mutationen von CCR5 machen diesen für das HI-Virus unbrauchbar und blockieren so den Eintritt von HIV in die Zellen, was zu einem (relativen) Infektionsschutz und einem langsameren Verlauf der HIV-Erkrankung führt. Das vor diesem physiologischen Hintergrund als Entry-Inhibitor entwickelte Maraviroc blockiert CCR5 und führte in klinischen Studien zu einer deutlichen Reduktion der HI-Viruslast.

Enzym-gekoppelte Rezeptoren

Die Bindung des Hormons an einen enzymgekoppelten Rezeptor aktiviert (ohne Vermittlung über Second Messenger) ein Enzym im Inneren der Zelle. Das Enzym kann entweder in den intrazellulären Anteil des Rezeptors selbst integriert sein oder sich erst nach der Aktivierung mit dem intrazellulären Rezeptoranteil verbinden. Das am häufigsten gekoppelte Enzym ist eine **Tyrosinkinase,** die Tyrosin in Proteinen phosphoryliert und diese dadurch aktiviert oder inaktiviert. Hormone, die über das Tyrosinkinase-Rezeptorsystem wirken, sind u. a. Insulin, Leptin, Erythropoetin, Prolaktin und Wachstumshormon sowie Wachstumsfaktoren, z. B. EGF (Epidermal Growth Factor), NGF (Nerve Growth Factor) und PDGF (Platelet-derived Growth Factor).

10.2.2.4 Intrazelluläre Rezeptoren

Lipidlösliche Hormone sind auf Membranrezeptoren nicht angewiesen, da sie die Zellmembran durchdringen können. Sie binden an intrazelluläre Rezeptoren im Zytoplasma (Typ-1-Rezeptor) oder im Zellkern (Typ-2-Rezeptor). Der Hormon-Rezeptor-Komplex bindet dann in beiden Fällen im Zellkern an eine regulatorische DNA-Sequenz, das Hormone Response Element (HRE). Hierdurch werden die Transkription von spezifischen Genen und die Bildung von mRNA gefördert oder blockiert (▸ Abb. 10.1). Als Hormonwirkung wird dadurch die Syntheseleistung der Zelle für bestimmte Proteine erhöht oder vermindert.

Über intrazelluläre T1-Rezeptoren wirken z. B. die Steroidhormone der Nebennierenrinde (Glucocorticoide, Mineralocorticoide, Androgene). Über T2-Rezeptoren wirken vor allem Schilddrüsenhormone und Östrogene.

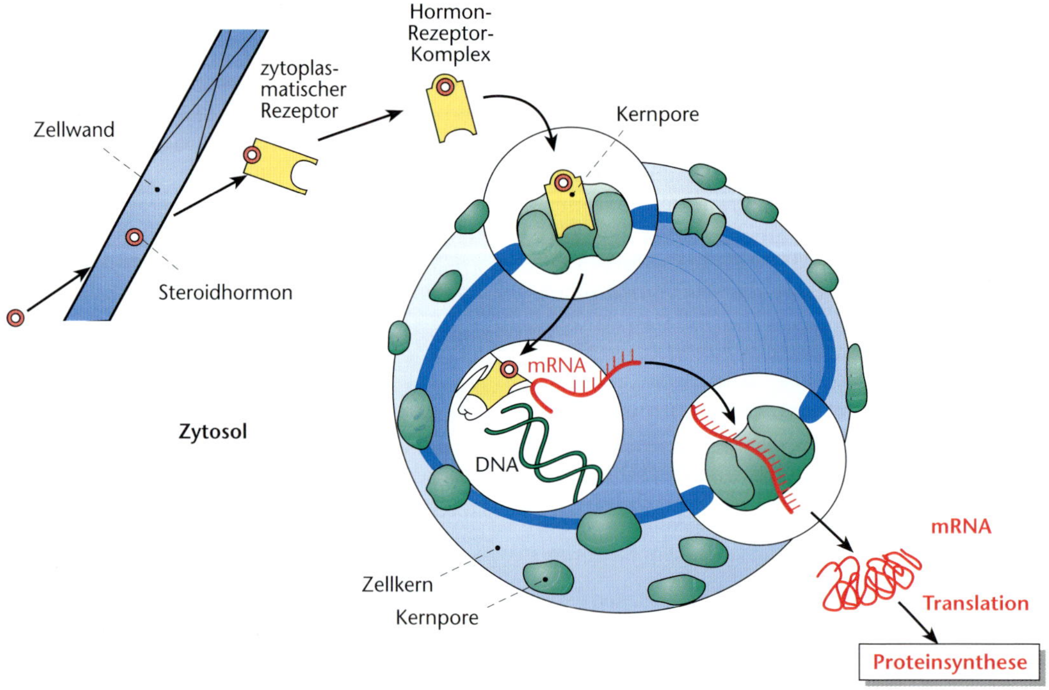

Abb. 10.1 Mechanismus der Hormonwirkung von Steroidhormonen. Nach Bindung an intrazelluläre Rezeptoren erreicht der Hormon-Rezeptor-Komplex durch Kernporen die DNA des Zellkerns, wo er die Transkription der mRNA beeinflusst.

10.2.3 Hormontransport und Hormonabbau

10.2.3.1 Hormontransport

Transportproteine

Hydrophile Hormone können frei im Blut zirkulieren. **Steroidhormone** und die **Schilddrüsenhormone** Thyroxin und Triiodthyronin sowie Vitamin D sind dagegen sehr lipophil. Sie sind daher in wässrigem Milieu nur schlecht löslich. Deshalb werden sie im Blut an große Transportproteine gebunden, z. B. an Albumin, das viele lipophile Hormone transportiert. Für andere lipophile Hormone gibt es spezialisierte Transportproteine (► Tab. 10.1). Transportproteine werden in der Leber produziert, sodass die Leberfunktion maßgeblich die Konzentration der zirkulierenden Hormonmenge beeinflusst.

Tab. 10.1 Wichtige Transportproteine

Transportiertes Hormon	Transportprotein
T_3, T_4	TBG (Thyroxin bindendes Globulin), TBPA (Thyroxin bindendes Präalbumin, Transthyretin)
Cortisol, Aldosteron, Progesteron	CBG (corticosteroidbindendes Globulin, Transcortin)
Androgene, Östrogene	SHBG (Sexualhormon-bindendes Globulin)
Wachstumshormon (GH)	GHBP (Growth-Hormon-bindendes Protein)
Calcitriol	DBP (Vitamin D bindendes Protein, Transcalciferin)
Vitamin A	RBP (Retinol bindendes Protein)
Steroidhormone, T_3, T_4, Calcitriol	Albumin

Freies Hormon

Biologisch wirksam ist nur freies, ungebundenes Hormon. Die Konzentration des freien Hormons ist im Vergleich zur Gesamtmenge des zirkulierenden Hormons meist gering und beträgt nur wenige Prozentanteile. Der Anteil des freien Hormons wird bei intaktem Regelkreis konstant gehalten.

10.2.3.2 Hormonabbau

Die Hormongruppen werden auf unterschiedlichen Wegen inaktiviert:

- **Peptidhormone** werden überwiegend durch Proteolyse in Leber und Niere abgebaut.
- **Biogene Amine** werden durch Desaminierung, Einbau von Methylgruppen (Catecholaminen) oder Deiodinierung (Schilddrüsenhormone) inaktiviert.
- **Steroidhormone** werden durch Konjugation mit Glucuronsäure oder Sulfat in der Leber wasserlöslich gemacht und können dann mit dem Harn ausgeschieden werden.

10.2.4 Regelkreise

Die Plasmakonzentration eines Hormons (Stellgröße) wird durch den vom Hormon veränderten Stoffwechselparameter (Regelgröße) beeinflusst:

- **Negative Rückkopplung.** Beispiel: Ein Anstieg des Blutglucosespiegels führt zur Ausschüttung von Insulin. Insulin senkt den Glucosespiegel und reduziert dadurch seine eigene Ausschüttung.
- **Positive Rückkopplung.** Beispiel: Ein Östrogenanstieg fördert die Freisetzung von LH, das seinerseits den Östrogenspiegel erhöht, wodurch ein steiler LH-Gipfel zum Zeitpunkt der Ovulation entsteht (► Kap. 11.3.1.2).

Einen neuroendokrinen Regelkreis mit negativen und positiven Rückkopplungen bildet das System aus hypothalamischen, hypophysären und glandulären Hormonen (► Kap. 10.3.1).

10.3 Hypothalamus und Hypophyse

10.3.1 Neuroendokrines System

Der Hypothalamus ist die zentrale Schaltstelle zur Umsetzung zentralnervöser Informationen in endokrine Signale. Der Hypothalamus kommuniziert dafür über afferente und efferente Bündel mit zahlreichen Hirnregionen, u. a. dem limbischen System, der Großhirnrinde und der Formatio reticularis. Gleichzeitig verfügen zahlreiche Kerngebiete des Hypothalamus über Hormonrezeptoren und

Tab. 10.2 Hormone des Hypothalamus: Nomenklatur und Funktion

Name	Abkürzung	Wirkung
Releasing-Hormone		
Corticotropin-RH/Corticoliberin	CRH	Adrenocorticotropes Hormon (ACTH) ↑
Thyreotropin-RH/Thyreoliberin	TRH	Thyreotropin (= Thyreoidea-stimulierendes Hormon, TSH) ↑ Prolaktin (PRL) ↑
Gonadotropin-RH*/Gonadoliberin	GnRH*	Luteinisierendes Hormon (LH) ↑ Follikelstimulierendes Hormon (FSH) ↑
Growth-Hormon-RH/Somatoliberin	GHRH	Wachstumshormon (GH) ↑
Inhibiting-Hormone		
Somatostatin (Growth-Hormon-Inhibiting-Hormon)	SMS, GHIH	Wachstumshormon (GH) ↓
Dopamin (Prolaktin-Inhibiting-Hormon)	PIH, PIF	Prolaktin (PRL) ↓
Effektorhormone		
Adiuretin	ADH	Wasserreabsorption in der Niere ↑
Oxytocin	OT	Kontraktionen der Uterusmuskulatur ↑

* ebenfalls gebräuchlich ist die Bezeichnung luteinisierendes-Hormon-Releasing-Hormon (LHRH); RH = Releasing-Hormon
↑ = Stimulation der Sekretion in der Hypophyse
↓ = Hemmung der Sekretion in der Hypophyse

können so endokrine Rückkopplungen und Signale empfangen. Die Hypophyse ist dem Hypothalamus in der Steuerung des Hormonhaushalts nachgeschaltet. Hypothalamus und Hypophyse bilden als funktionelle Einheit die übergeordnete Zentrale des endokrinen Systems.
Im Hypothalamus werden in verschiedenen Kerngebieten unter dem Einfluss von Neurotransmittern 2 unterschiedliche Hormongruppen gebildet (► Tab. 10.2):

- Die **Steuerungshormone** (Releasing- und Inhibiting-Hormone) zur Regulation des Hypophysenvorderlappens und
- die beiden **Effektorhormone** Adiuretin (ADH) und Oxytocin, die im Hypophysenhinterlappen gespeichert werden.

10.3.1.1 Steuerungshormone

Hormonproduktion

Die Releasing- und Inhibiting-Hormone (► Tab. 10.2) werden in parvozellulären Kerngebieten der hypophysiotropen Zone des Hypothalamus gebildet. Die Axone der hormonproduzierenden Neurone vereinigen sich zum Tractus tuberoinfundibularis, der im Bereich der Eminentia mediana und im Hypophysenstiel an Kapillaren der A. hypophysea superior endet. Die aus den Axonen freigesetzten Hormone werden von einem primären Kapillarnetz aufgenommen und über das Pfortadersystem der Hypophyse und ein sekundäres Kapillarnetz auf dem Blutweg an den Hypophysenvorderlappen weitergeleitet.

Pulsierende Abgabe

Die Releasing-Hormone werden meist nicht kontinuierlich, sondern pulsierend in periodischen Abständen abgegeben, das Gonadotropin-Releasing-Hormon (GnRH) z. B. etwa alle 90–120 Minuten.

10.3.1.2 Effektorhormone

Die im Hypophysenhinterlappen gespeicherten Hormone ADH und Oxytocin werden von 2 magnozellulären Kerngebieten des Hypothalamus produziert, dem Nucleus supraopticus und dem Nucleus paraventricularis. Sie gelangen über axonalen Transport (► Kap. 1.4.3.3) in die Neurohypophyse und werden von dort ins Blut abgegeben.

10.3.1.3 Regelkreis

Die hypothalamischen Releasing-Hormone stehen mit den glandotropen Hormonen der Hypophyse und den glandulären Hormonen von Schilddrüse, Nebenniere und Gonaden (Hoden, Ovar) in einem dynamischen Gleichgewicht. Durch in der Regel negative Rückkopplung (Feedback) wird ein Regelkreis aufrechterhalten (► Abb. 10.2):

- Das **Releasing-Hormon** (Freisetzungshormon) des Hypothalamus (z. B. Thyreotropin-Releasing-Hormon) stimuliert das
- **glandotrope Hormon** der Hypophyse (z. B. Thyreotropin). Dieses fördert die Bildung der
- **glandulären Hormone** (z. B. Triiodthyronin und Thyroxin).

Die glandulären Hormone gelangen auf dem Blutweg zum Hypothalamus und zur Hypophyse und vermindern dort die Freisetzung der Releasing-Hormone (Hypothalamus) und der glandotropen Hormone (Hypophyse) über eine Rückkopplungshemmung. So wird Hypothalamus und Hypophyse signalisiert, dass ausreichende Blutspiegel der glandulären Hormone vorliegen.

10.3.2 Hypophysenvorderlappen (Adenohypophyse)

Der Hypophysenvorderlappen bildet glandotrope und nichtglandotrope Hormone (► Tab. 10.3):

- **Glandotrope Hormone** werden in spezifischen Zellen unter dem Einfluss der hypothalamischen Steuerung gebildet. Sie regeln die peripheren, hormonproduzierenden Drüsen.
- **Nichtglandotrope Hormone** entfalten direkt in den peripheren Zielgeweben ihre Wirkung.

Alle Hormone des Hypophysenvorderlappens werden direkt an das zirkulierende Blut abgegeben.

10.3.2.1 Adrenocorticotropes Hormon (ACTH)

Bildung, Regulation und Ausschüttung

Bildung CRH bindet sich in der Adenohypophyse an POMC-Zellen und stimuliert diese cAMP-vermittelt zur Bildung des Prohormons Proopiomelanocortin (POMC). POMC wird dann durch proteolytische Spaltung in ACTH und β-Lipotropin aufgespalten. Aus POMC können durch abweichende Spaltung auch melanozytenstimulierende Hormone (MSH) gebildet werden (► Kap. 10.3.2.5).

Regulation Glucocorticoide hemmen in der Hypophyse die Bildung von POMC und im Hypothalamus die Produktion von CRH.

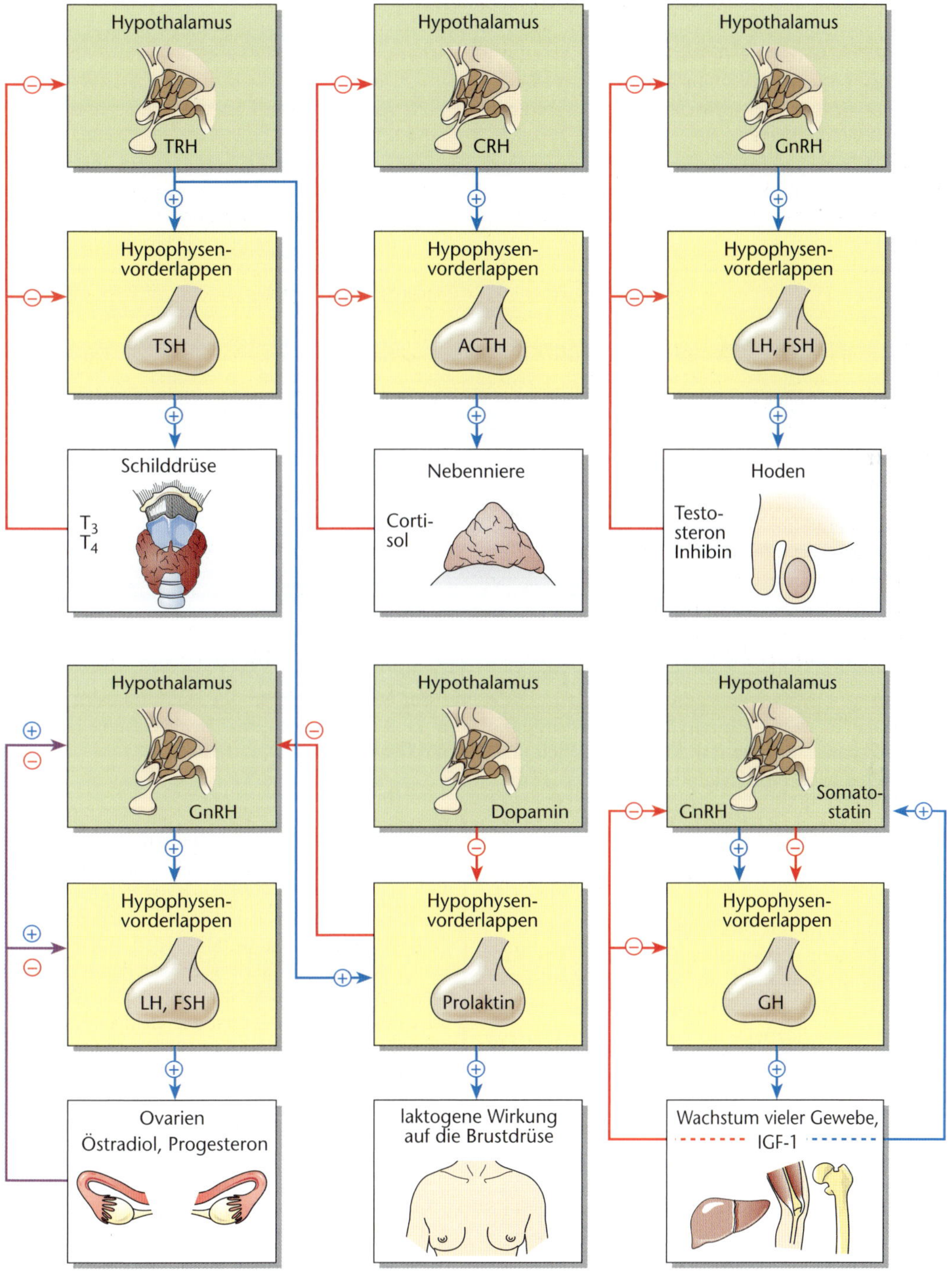

Abb. 10.2 Regelkreis von hypothalamischen Releasing-Hormonen, glandotropen Hormonen der Hypophyse und glandulären Hormonen. Durch zumeist negative Rückkopplung entsteht ein dynamisches Gleichgewicht.

Tab. 10.3 Hypophysäre Hormone: Nomenklatur und wichtigste Wirkungen

Name	Abkürzung	Wirkung
Glandotrope Hormone		
Adrenocorticotropes Hormon/ Adrenocorticotropin	ACTH	Glucocorticoide ↑, Androgene der Nebenniere ↑
Thyreoidea-stimulierendes Hormon/ Thyreotropin	TSH	Thyroxin ↑, Triiodthyronin ↑, Iodaufnahme + Wachstum der Schilddrüse ↑
Follikelstimulierendes Hormon/Follitropin	FSH	Frau: Follikelreifung, Östrogene ↑ Mann: Spermatogenese ↑
Luteinisierendes Hormon/Lutropin	LH	Frau: Ovulation, Progesteron ↑ Mann: Testosteron ↑
Nichtglandotrope, peripher wirkende Effektorhormone		
Prolaktin	PRL	Milchbildung ↑
Somatotropes Hormon/Soma(to)tropin/ Wachstumshormon (Growth-Hormon)	STH/GH	Wachstum ↑, Blutzucker ↑, Lipolyse ↑, Insulin-like Growth-Faktor (IGF-1) ↑
Melanozytenstimulierende Hormone/ Melanotropine	α-MSH, u. a.	Melaninsynthese der Melanozyten ↑

Ausschüttung Die Sekretion des ACTH folgt in ihrer Rhythmik der Ausschüttung des CRH, das in 1–3 Pulsen pro Stunde ausgeschüttet wird. Die höchsten Werte werden in den frühen Morgenstunden erreicht; sie fallen dann kontinuierlich ab. Externe Reize wie Hypoglykämie, Schmerz, Trauma, Schock und Stress stimulieren die CRH- und damit die ACTH-Sekretion.

Wirkungen

Steroidgenese

ACTH stimuliert nach Bindung an seinen spezifischen G-Protein-gekoppelten Rezeptor MCR2 (Melanocortinrezeptor 2) auf der Zellmembran von Zellen der Nebennierenrinde cAMP-vermittelt die Steroidgenese. Dabei wird vor allem die Cortisolproduktion gesteigert, in geringem Maß auch die adrenale Androgenproduktion, die Aldosteronproduktion nur sehr wenig.

20,22-Desmolase-Aktivierung

Die ACTH-Wirkung wird über die Aktivierung der **20,22-Desmolase,** des Schlüsselenzyms der Steroidbiosynthese, vermittelt. Die 20,22-Desmolase ist für die Umwandlung von Cholesterin zu Pregnenolon, den geschwindigkeitslimitierenden Schritt der Steroidsynthese, verantwortlich.

Melanozytenstimulierung

Darüber hinaus ist ACTH ein schwacher Stimulator der Melanozyten in der Haut, da es in den ersten 13 Aminosäuren mit der Sequenz des MSH übereinstimmt.

Klinik

Bei einer **Nebennierenrindeninsuffizienz** (Morbus Addison) ist die Produktion von ACTH maximal gesteigert, weil die Feedbackhemmung des hypothalamisch-hypophysären Systems durch das zu wenig produzierte Cortisol vermindert ist (► Abb. 10.2). Patienten mit Morbus Addison sind auch durch eine dunkle Pigmentierung von Haut und Schleimhäuten gekennzeichnet, die auf der melanozytenstimulierenden Nebenwirkung des ACTH beruht. Ursache eines Morbus Addison sind in 70 % der Fälle gegen Nebennierenrindenzellen gerichtete Autoantikörper.
Auch der Na^+-Spiegel im Serum ist aufgrund des Aldosteronmangels erniedrigt (► Kap. 9.3.4.3).

Lerntipp

Der Morbus Addison ist mit einer Häufigkeit von 5 auf 100.000 Einwohnern eher selten. Wegen seines interessanten physiologischen Hintergrunds (MSH-Wirkung von ACTH, Aldosteron ↓) wird vom IMPP dennoch gerne nach ihm gefragt.

10.3.2.2 Hypophysäre Glykoproteine: TSH, FSH und LH

Bildung, Regulation und Ausschüttung

Bildung Thyreotropin (TSH), follikelstimulierendes Hormon (FSH) und luteinisierendes Hormon (LH) sind Glykoproteine, die aus 2 Untereinheiten, den Peptidketten α und β, bestehen. Die α-Untereinheiten von TSH, FSH und LH sind identisch, lediglich die β-Untereinheiten unterscheiden sich und sind für die spezifischen Hormonwirkungen verantwortlich. FSH und LH werden in ▸ Kap. 11.3 und ▸ Kap. 11.4 behandelt.

Regulation Der wichtigste Regulator der TSH-Produktion ist TRH, das die Produktion der β-Kette des TSH, die Kombination mit der α-Kette und die Sekretion des fertigen TSH stimuliert.

Ausschüttung TSH folgt dem Sekretionsmuster von TRH mit Pulsen etwa alle 2 Stunden. Ab etwa 20 Uhr steigt die TSH-Sekretion steil an und erreicht zwischen Mitternacht und 4 Uhr morgens ihr Maximum.

Wirkungen

TSH bindet an spezifische TSH-Rezeptoren der Thyreozyten. Seine Wirkungen auf die Schilddrüsenzellen sind cAMP- und IP_3-vermittelt. TSH steigert alle Funktionen der Schilddrüsenzellen (▸ Kap. 10.4):

- Freisetzung der Schilddrüsenhormone
- Aktivität der Natrium-Iodid-Symporter
- Iodisation von Tyrosin zu Thyroxin
- Zellgröße und Anzahl der Schilddrüsenzellen

10.3.2.3 Prolaktin (PRL)

Bildung, Regulation und Ausschüttung

Bildung Prolaktin wird in den laktotropen Zellen des Hypophysenvorderlappens gebildet. Es weist eine strukturelle Ähnlichkeit zu GH auf.

Regulation Die Prolaktinsekretion wird hauptsächlich durch Dopamin, den Prolaktin inhibierenden Faktor (PIF), reguliert (▸ Abb. 10.3). Entfällt die hypothalamische Dopaminbremse (z. B. nach Hypophysenstieldurchtrennung), resultiert eine Hyperprolaktinämie.

Als Prolaktin-Releasing-Hormon (PRH) können TRH, VIP, Angiotensin II und β-Endorphin wirken. Auch Östrogene stimulieren die Prolaktinsekretion, weshalb Frauen etwas höhere Prolaktinspiegel im Serum aufweisen als Männer.

Klinik

Bei der **primären Hypothyreose,** einer Störung des Schilddrüsenhormonsystems auf Ebene der Schilddrüse, sind reaktiv TSH- und TRH-Spiegel im Serum erhöht. Da TRH aber neben seiner Wirkung auf das Schilddrüsensystem auch die Prolaktinfreisetzung steigert (▸ Abb. 10.2), finden sich bei primärer Hypothyreose auch erhöhte Prolaktinspiegel im Serum

Ausschüttung Prolaktin wird episodisch etwa alle 90 Minuten ausgeschüttet. Während der Schwangerschaft und der Laktation sind die Prolaktinspiegel erhöht.

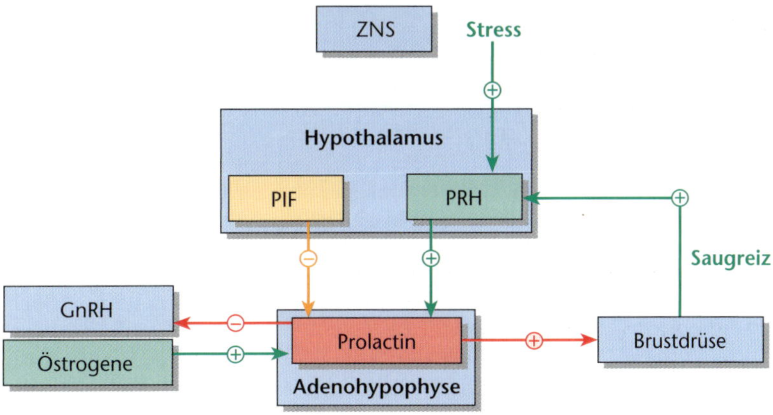

Abb. 10.3 Regulation der Prolaktinsekretion. PIF = Prolaktin inhibierender Faktor = Dopamin, GnRH = Gonadotropin-Releasing-Hormon, PRH = Prolaktin-Releasing-Hormon.

Wirkungen

Milchbildung und Laktation

Das wichtigste Zielorgan von Prolaktin (PRL) ist die weibliche Brustdrüse. Hier stimuliert es die Milchproduktion.

Während der Schwangerschaft wird infolge der kontinuierlich steigenden Östrogenkonzentrationen auch eine stetige Zunahme der Prolaktinspiegel beobachtet. In Kombination mit Östrogenen, Progesteron und Insulin fördert dies die Entwicklung der Brust. Der abrupte Abfall der Östrogen- und Progesteronkonzentrationen mit dem Ende der Schwangerschaft führt bei noch erhöhten Prolaktinkonzentrationen zum Milcheinschuss.

Während der Laktation bewirken taktile Stimuli der Mamille (Saugreiz) einen Anstieg der Prolaktinkonzentration im Serum. Hierdurch wird die Milchproduktion während der Stillphase aufrechterhalten.

GnRH-Hemmung

Erhöhte Konzentrationen von Prolaktin hemmen die Freisetzung des Gonadotropin-Releasing-Hormons (GnRH) und reduzieren so die Produktion von follikelstimulierendem Hormon (FSH) und luteinisierendem Hormon (LH). Dies ist die Ursache der während der Stillphase ausbleibenden Regelblutung: Still-Amenorrhö.

Orgasmus

Nach einem Orgasmus wird bei Frauen und Männern vermehrt Prolaktin ausgeschüttet. Dabei hemmt Prolaktin die Wirkung von Dopamin, das für den sexuellen Erregungszustand verantwortlich war. Diese Dopaminhemmung durch Prolaktin ist auch die Ursache für die Refraktärperiode nach einem Orgasmus.

> **Klinik**
>
> Das häufigste Hypophysenadenom ist das **Prolaktinom,** das zu deutlich erhöhten Prolaktinspiegeln im Blut führt. Dadurch wird GnRH gehemmt und FSH- sowie LH-Sekretion gehen zurück. Bei Frauen verursacht ein Prolaktinom daher eine sekundäre Amenorrhö, eine Galaktorrhö und einen Libidoverlust. Bei Männern vermindert sich die Spermienproduktion, der Testosteronspiegel sinkt ab, es kommt zu einem Libidoverlust und einer erektilen Dysfunktion. Die Therapie erfolgt primär medikamentös durch Gabe von Dopaminrezeptoragonisten (z. B. Bromocriptin) mit einer Erfolgsrate von 95 %.

10.3.2.4 Wachstumshormon (GH)

Bildung, Regulation und Ausschüttung

Bildung Wachstumshormon (GH = somatotropes Hormon, STH) wird in den eosinophilen Zellen des Hypophysenvorderlappens gebildet.

Regulation Das hypothalamische **GHRH** (Growth-Hormon-Releasing-Hormon) fördert die Freisetzung von GH. Synergistisch mit GHRH wirkt das im Hypothalamus, aber auch im Magen gebildete Hormon **Ghrelin.** Das ebenfalls im Hypothalamus gebildete **Somatostatin** (= GHIH, Growth-Hormon-Inhibiting-Hormon) hemmt die Freisetzung von GH.

Ausschüttung GH wird in Pulsen sezerniert, wobei die Sekretionsmaxima nachts erreicht werden. Eine charakteristische Tagesrhythmik fehlt, jedoch sind die Schlafstadien III und IV mit hohen GH-Pulsen assoziiert. Darüber hinaus führen zahlreiche endogene und exogene Reize zur Stimulation oder Hemmung der GH-Sekretion. Besonders empfindlich reagiert die GH-Sekretion auf **Veränderungen des Blutzuckers:**

- Ein Blutzuckerabfall führt zum Anstieg des Serum-GH, noch bevor eine Hypoglykämie eintritt.
- Umgekehrt supprimiert ein Anstieg des Blutzuckers die GH-Sekretion sehr effektiv.

Mit zunehmendem Lebensalter sinkt die GH-Produktion. Das Maximum der Sekretion liegt in der Pubertät, danach geht die Produktion kontinuierlich zurück. Menschen über 60 Jahre weisen nur noch sehr geringe GH-Spiegel im Blut auf.

Wirkungen

GH-Rezeptor, IGF-1

Die Wirkungen von GH werden über einen spezifischen GH-Rezeptor vermittelt, der von fast allen Geweben exprimiert wird. Daneben wirkt GH aber auch über die Bildung von IGF-1 (Insulin-like Growth-Faktor = Somatomedin C).

IGF-1 ist strukturell dem Insulin ähnlich und ist im Blut zum größten Teil an ein spezifisches Transportprotein gebunden, das IGFBP-3 (IGF-Binding Protein). IGF-1 wird unter dem Einfluss von GH in der Leber produziert, in das Blut abgegeben und wirkt dann an verschiedenen Zielorganen: endokrine Wirkung. Darüber hinaus wird IGF-1 auch in vielen anderen Geweben unter dem Einfluss von Wachstumshormon synthetisiert. Es wirkt dort direkt auf die umgebenden Gewebe, ohne vorher in die Zirkulation zu gelangen: para- und autokrine Wirkungen.

GH und IGF-1 verfügen über wachstumsfördernde und metabolische Wirkungen:

Längenwachstum des Körpers

Für das fetale Wachstum scheint GH entbehrlich zu sein, da Neugeborene mit kongenitalem GH-Mangel normal groß sind. Postnatal entsteht jedoch bereits in den ersten Lebensjahren ein hypophysärer Zwergwuchs, d.h., das Wachstum ist deutlich verzögert, wenn unzureichend GH vorhanden ist. Das Längenwachstum der Knochen beruht auf dem synergistischen Effekt von GH und IGF-1. GH bewirkt in der Epiphysenplatte die Differenzierung von Prächondrozyten zu frühen Chondrozyten. Diese sezernieren GH-induziert IGF-1, das auto- und parakrin die klonale Expansion und weitere Differenzierung zu reifen Chondrozyten fördert. Vor dem Schluss der Epiphysenfugen in der Pubertät fördern GH/IGF-1 das Längenwachstum (enchondrale Mineralisierung), nach der Pubertät das apophysäre und periostale Knochenwachstum (Dickenwachstum).

Organwachstum und Zellproliferation

GH und IGF-1 fördern das Wachstum der inneren Organe wie Herz, Leber, Milz, Schilddrüse und Thymus. Auch die Erythropoese, die Entwicklung und Differenzierung lymphatischer Zellreihen sowie das Wachstum von Knorpelgewebe wird durch GH/IGF-1 gesteigert.

Metabolische Wirkungen

Im Stoffwechsel sind die Wirkungen von GH und IGF-1 teils antagonistisch, teils agonistisch:

- Im **Proteinstoffwechsel** wirken GH und IGF-1 anabolisch. Sie fördern die Proteinsynthese, indem sie die Aufnahme von Aminosäuren in Muskeln, Knorpel und Bindegewebe erleichtern, und hemmen gleichzeitig den Proteinabbau. Die proteinanabolen Effekte von GH werden in der Tiermast und im Doping eingesetzt.
- Im **Glucosestoffwechsel** senkt IGF-1 durch seine insulinagonistische Wirkung den Blutzucker. Dies wird durch die diabetogenen Wirkungen des GH jedoch mehr als ausgeglichen. GH steigert die Glucoseproduktion in der Leber, vermindert die Glucoseaufnahme in Muskel- und Fettgewebe und hemmt die Glykolyse.
- Im **Fettstoffwechsel** fördert GH die Freisetzung von Fettsäuren aus dem Fettgewebe (Lipolyse), sodass der Organismus seine Energie vorzugsweise aus Fettsäuren gewinnt. Neben dieser direkten Wirkung sensibilisiert GH das Fettgewebe gegenüber dem lipolytischen Effekt der Catecholamine. IGF-1 hemmt zwar die Lipolyse und fördert das Fettzellwachstum – im Effekt überwiegt jedoch die lipolytische Wirkung von GH.
- Im **Elektrolyt- und Wasserstoffwechsel** fördern GH und IGF-1 über die Bildung von Calcitriol die Calciumresorption aus dem Darm und unterstützen so die Mineralisierung des Knochens. In der Niere führen GH/IGF-1 zu einer Retention von Na^+, was eine Zunahme des intravasalen und interstitiellen Flüssigkeitsvolumens zur Folge hat.

Klinik

Mangel an GH führt bei Kindern zum **Kleinwuchs,** der heute durch die Gabe von gentechnologisch hergestelltem GH behandelt werden kann. Ein Adenom des Hypophysenvorderlappens kann zu einer Überproduktion von GH führen. Tritt dies vor Abschluss des Längenwachstums auf, ist ein **Gigantismus** (Riesenwuchs) die Folge. Die Körpergröße liegt dabei, je nach Definition, 3–5 Standardabweichungen über dem Mittelwert: ♀~2,00 m, ♂~2,10 m.
Nach Abschluss des Wachstums führt der GH-Überschuss zu einer **Akromegalie.** Bei schleichendem Krankheitsbeginn verändert sich zuerst die Physiognomie: Vergröberung der Gesichtszüge, dicke, faltige Haut. Die Körperakren vergrößern sich: Finger, Zehen, Nasenspitze, Lippen, Kinn, Kiefer und Schädelkalotte. Handschuhe und Hüte passen nicht mehr. Eine Größenzunahme der Zunge ist für die kloßige Sprache verantwortlich. Auch die inneren Organe sind vergrößert: Splanchnomegalie. Die fehlende Supprimierbarkeit von GH nach einer Glucosebelastung (oraler Glucosetoleranztest) sichert die Diagnose. Die Therapie besteht in der chirurgischen oder strahlentherapeutischen Beseitigung des Adenoms. Symptomatisch können GH-Rezeptor-Antagonisten oder Somatostatin-Analoga gegeben werden.

Lerntipp

Die sehr seltene Akromegalie (3–4 Fälle pro 1.000.000 Einwohner) wird vom IMPP als klinischer Aufhänger für Fragen zu den GH-Wirkungen verwendet.

10.3.2.5 Melanozytenstimulierende Hormone (MSH)

Melanozytenstimulierende Hormone (= Melanotropine) sind eine Gruppe von Peptidhormonen,

Tab. 10.4 Wichtige Melanocortinrezeptoren (MCR)

Rezeptor	Ligand	Vorkommen	Funktion
MCR1	α-MSH	Melanozyten	Melaninsynthese
MCR2	ACTH	Nebenniere	Steroidogenese
MCR4	α-MSH	Nuclei paraventriculares des Hypothalamus	Nahrungsaufnahme ↓ Stoffwechselaktivität ↑

die in der Hypophyse aber auch z. B. in Haut aus Proopiomelanocortin (POMC) abgespalten werden: α-MSH, β-MSH, γ-MSH u. a., wobei α-MSH das wichtigste Hormon dieser Gruppe ist.

Wirkungen

Melanozytenstimulation

α-MSH stimuliert über den MCR1-Rezeptor der Melanozyten die Melaninsynthese und fördert dadurch die Hautpigmentierung.

Nahrungsregulation

Daneben ist α-MSH auch ein zentrales Regulationshormon der Nahrungsaufnahme. Es stimuliert MCR4-Rezeptoren (► Tab. 10.4) in den Nuclei paraventriculares des Hypothalamus und führt dadurch zu einer reduzierten Nahrungsaufnahme und einer erhöhten Sympathikusaktivität mit gesteigertem Energieverbrauch.

10.3.3 Hypophysenhinterlappen (Neurohypophyse)

10.3.3.1 Bildung von Adiuretin und Oxytocin

Im Hypothalamus produzieren spezialisierte Neurone der magnozellulären Kerngebiete in den Nuclei supraopticus und paraventricularis die strukturell sehr ähnlichen Hormone Adiuretin und Oxytocin.

Oxytocin und Adiuretin werden aus höhermolekularen Vorläuferhormonen abgespalten und unterscheiden sich nur in 2 Aminosäuren. Ein Neuron kann jeweils nur eines der beiden Hormone produzieren. An **Trägerproteine (Neurophysine)** gebunden, werden sie in den markscheidenlosen bzw. -armen Axonen zu den Axonendigungen transportiert und in den Granula der Neurohypophyse gespeichert.

10.3.3.2 Adiuretin (ADH)

Wirkungen

Wasserhaushalt

Adiuretin (ADH) ist einer der wichtigsten Regulatoren des Wasserhaushalts und bewirkt in den Nieren eine Steigerung der Rückresorption von Wasser durch Erhöhung der Wasserpermeabilität in distalen Tubuli und Sammelrohren (► Kap. 9.3.4.3). Die Permeabilitätssteigerung wird über V_2-Rezeptoren und cAMP vermittelt. Sie beruht auf einem vermehrten Einbau von Wasserkanälen vom Typ Aquaporin-2 in die luminale Zellmembran der distalen Tubuli.

Kontraktion der glatten Gefäßmuskulatur

Neben dieser Wirkung auf den Wasserhaushalt bewirkt ADH über V_{1A}-Rezeptoren auch eine Kontraktion der glatten Gefäßmuskulatur vor allem im Magen-Darm-Trakt – daher der alte Name Vasopressin.

Regulation

Die Freisetzung von Adiuretin wird über Sensoren gesteuert:

- **Osmosensoren** im III. Hirnventrikel: stimulierender Effekt auf die Freisetzung
- **Dehnungssensoren** (Volumensensoren) in linkem Herzvorhof, Karotissinus und Aortenbogen: inhibierender Effekt auf die Freisetzung

Nimmt die Osmolarität des Blutes zu oder das Plasmavolumen ab, steigt die ADH-Sekretion.

Eine Überwässerung (erhöhtes Plasmavolumen) und eine verminderte Osmolalität reduzieren die ADH-Sekretion.

Klinik

Wird ADH übermäßig ausgeschüttet, spricht man vom Syndrom der inadäquaten ADH-Sekretion: **SIADH.** In 80 % der Fälle ist hierfür ein kleinzelliges Bronchialkarzinom verantwortlich, aber auch bei Schädel-Hirn-Traumen oder nach Operationen kann es zu einem SIADH kommen. Dabei finden sich eine Hyponatriämie und eine Hypoosmolarität des Serums aufgrund der erhöhten Wasserretention durch ADH: hypotone Hyperhydratation. Gleichzeitig wird ein hyperosmolarer Urin ausgeschieden. Im Extremfall kann eine Wasserintoxikation mit neurologischen Symptomen auftreten: Bewusstseinsstörungen, Krämpfe. Ursache der neurologischen Symptome ist ein Hirnödem, das auf der Schwellung der Nervenzellen durch osmotischen Wassereinstrom beruht. Die Therapie besteht in der langsamen Infusion isotoner oder hypertoner NaCl-Lösung unter gleichzeitiger Stimulierung der Diurese durch Furosemid.

10.3.3.3 Oxytocin (OT)

Wirkungen

Oxytocin hat 2 Hauptwirkungen:
- Kontraktion des Myometriums während der Geburt: **Wehentätigkeit**
- Kontraktion der glatten Muskulatur der Brustdrüse während des Stillens: **Milchejektion**

Beide Wirkungen werden über einen spezifischen Oxytocinrezeptor und intrazellulär über das IP_3-System vermittelt.

Wehentätigkeit

Die Produktion von Oxytocin nimmt bereits in der Schwangerschaft zu, vermutlich induziert durch Östrogen. Allerdings verhindern die hohen Progesteronspiegel die Expression der OT-Rezeptoren im Myometrium und somit eine vorzeitige Wirkung von OT. Der Abfall des Progesterons zum Ende der Schwangerschaft initiiert den Beginn der Wehen, zunächst noch ohne einen Anstieg von OT im Plasma. Erst die Kontraktionen des Uterus und die Dehnung der Zervix unter der Geburt lösen dann auch eine zunehmende Sekretion von OT aus, dessen Plasmaspiegel bis zur Entbindung kontinuierlich ansteigt.

Milchejektion

Saugen an der Mamille führt innerhalb von wenigen Sekunden zum Milchaustritt. Grundlage hierfür ist ein neurohumoraler Reflex. Afferente Nerven der Mamille leiten über Rückenmark und Mittelhirn Signale an den Hypothalamus, die eine Sekretion von OT auslösen. In der Brust führt OT zur Kontraktion myoepithelialer Zellen, welche die epithelialen Drüsenazini umgeben. Hierdurch wird die Milch in die Milchgänge und zur Mamille gedrückt.

Klinik

Therapeutisch wird Oxytocin zur Steigerung der Wehentätigkeit unter der Geburt und zur Verbesserung der Uterusrückbildung nach der Geburt eingesetzt.

Regulation

Die Wirkung von OT ist abhängig vom Konzentrationsverhältnis der Steroidhormone Progesteron und Östrogen:
- Östrogene fördern die uterine Ansprechbarkeit auf Oxytocin.
- Gestagene hemmen die Oxytocinwirkungen am Uterus.

10.4 Schilddrüse

10.4.1 Wirkungen und Regulation

Wirkungen

Schilddrüsenhormone aktivieren den gesamten Stoffwechsel. Thyroxin (T_4) ist das Prohormon für Triiodthyronin (T_3) und wirkt erst, nachdem es durch Deiodinierung zu T_3 umgewandelt wurde. T_3 ist das aktive, biologisch wirksame Schilddrüsenhormon. Im Einzelnen wirken die Schilddrüsenhormone wie folgt:
- Sie steigern dosisabhängig den **Energieumsatz.** Dieser auch als kalorigene Wirkung bezeichnete Effekt beruht auf einer Steigerung des intrazellulären ATP-Verbrauchs, vor allem durch Stimulierung der Na^+-K^+-ATPase. Die kalorigene Wirkung tritt erst Stunden bis Tage nach Gabe von Schilddrüsenhormonen auf.
- Auf den **Kohlenhydratstoffwechsel** wirken Schilddrüsenhormone glykogenolytisch, indem sie den Glykogengehalt der Leber durch vermehrten Abbau senken. Durch eine Steigerung der hepatischen Glucoseproduktion wirken sie auch gluconeogenetisch. Sie sind somit Insulinantagonisten.
- Im **Fettstoffwechsel** wirken Schilddrüsenhormone lipolytisch.
- Physiologische Schilddrüsenhormonkonzentrationen führen im **Proteinstoffwechsel** zu einer positiven Stickstoffbilanz und sind somit anabol. Erhöhte Schilddrüsenhormonkonzentrationen sind dagegen katabol und fördern den Proteinabbau.
- Schilddrüsenhormone steigern die **Expression von β-Rezeptoren** in Herz, Skelettmuskel, Leber und Fettgewebe, sodass die Ansprechbarkeit auf **Catecholamine** erhöht wird: permissiver Effekt.

Klinik

Eine **Schilddrüsenüberfunktion** (Hyperthyreose) ist durch folgende Symptome gekennzeichnet:

- Gewichtsverlust trotz vermehrter Kalorienzufuhr
- Tachykardie
- Feinschlägiger Fingertremor
- Leicht erhöhte Körpertemperatur mit vermehrtem Schwitzen
- Nervosität, Schlafstörungen und innere Unruhe

Eine **Schilddrüsenunterfunktion** (Hypothyreose), wie sie z. B. bei schwerem Iodmangel entstehen kann, führt zu den entgegengesetzten Symptomen:

- Gewichtszunahme
- Obstipation
- Bradykardie
- Müdigkeit, Lethargie, Depression
- Blasse trockene Haut
- Struppiges, sprödes Haar

Regulation

Das hypophysäre Thyreotropin (TSH) stimuliert in den Epithelzellen der Schilddrüsenfollikel die Iodaufnahme aus dem Blut und die Synthese von Thyreoglobulin sowie der Schilddrüsenhormone Thyroxin (T_4) und Triiodthyronin (T_3). Auch die Abgabe von Thyroxin und Triiodthyronin an das Blut nimmt unter TSH-Einfluss zu. T_4 und T_3 üben auf Hypothalamus und Hypophyse eine negative Rückkopplung aus und hemmen die Freisetzung von TSH, sodass durch diesen Regelkreis normale Blutkonzentrationen von T_4 und T_3 gewährleistet werden: **Euthyreose.**

Klinik

Beim **Morbus Basedow** bildet der Organismus Autoantikörper gegen TSH-Rezeptoren: TRAK. Diese wirken am TSH-Rezeptor wie TSH selbst und führen zu einer vermehrten Freisetzung von T_3 und T_4. Im Blut sind daher T_3 und T_4 erhöht, TSH ist wegen der negativen Rückkopplung durch die erhöhten Schilddrüsenhormone erniedrigt. Klinisch bestehen die Symptome einer Hyperthyreose.

10.4.2 Synthese und Transport der Schilddrüsenhormone

10.4.2.1 Iodination, Iodisation und Kopplung

Iodination

Über den Iodfangmechanismus der Schilddrüse wird Iodid durch aktiven Transport entgegen einem Konzentrationsgefälle aus dem Blut in die Zelle aufgenommen: Iodination. Hierfür ist ein **Na^+-I^--Symporter** verantwortlich, der unter dem Einfluss von TSH vermehrt produziert wird.

Iodisation

Das Iodid wird anschließend durch den **I^--Cl^-** Anionenaustauscher **Pendrin** an der apikalen Membran der Schilddrüsenepithelzellen in den Follikelraum transportiert. Dort wird es durch das Enzym **Thyreoperoxidase** zu reaktiven Iod-Radikalen oxidiert und dann durch die Iodtransferase an die Aminosäure Tyrosin angelagert: Iodisation.

Hierbei sind die Tyrosinmoleküle an das Polypeptid Thyreoglobulin gebunden, ein großes Protein mit vielen reaktionsbereiten Tyrosin-Radikalen. Dabei entstehen an Thyreoglobulin gebundenes Monoiodtyrosin (MIT) und Diiodtyrosin (DIT).

Kopplung

Durch Verbindung von zwei DIT-Molekülen wird T_4 gebildet, aus DIT und MIT entsteht T_3: Kopplung. T_3 und T_4 bleiben zunächst an Thyreoglobulin gebunden. Thyreoglobulin wird in den Schilddrüsenfollikeln gespeichert.

10.4.2.2 Freisetzung und Transport

Freisetzung

Zur Freisetzung der Schilddrüsenhormone wird das Thyreoglobulin aus dem Follikel mittels Endozytose wieder in die Schilddrüsenzelle aufgenommen und zur basalen Zellmembran transportiert. Dort wird das Thyreoglobulin-Trägermolekül durch lysosomale Enzyme abgespalten, sodass freies Thyroxin und Triiodthyronin (T_3) im Verhältnis 10–20 : 1 an das Blut abgegeben werden. T_3 entsteht aus T_4 durch Monodeiodinierung am Phenolring und ist das biologisch wirksame Schilddrüsenhormon. T_4 ist biologisch weitgehend unwirksam. Das durch Monodeiodinierung am Tyrosinring entstehende reverse T_3 (rT_3) hat keine biologische Wirkung.

Proteinbindung

Im Blut sind Thyroxin (T_4) und Triiodthyronin (T_3) zu über 99 % an Proteine gebunden und damit biologisch unwirksam. Das Transportprotein **Thyroxin bindendes Globulin (TBG)** transportiert etwa ⅔ der Schilddrüsenhormone, der Rest wird gebunden an Thyroxin bindendes Präalbumin (TBPA) und an Albumin transportiert. Nur 0,03 % des T_4 und 0,3 % des T_3 liegen in ungebundener, biologisch aktiver Form im Blut vor. Die Halbwertszeit von proteingebundenem T_4 im Blut beträgt 190 Stunden, die von T_3 19 Stunden.

10.4.2.3 Wirkung und Abbau

Wirkung

Seine Wirkung entfaltet T_3 nach Aufnahme in die Zielzelle und Bindung an den T_3-Rezeptor im Zellkern. Dort modifiziert T_3 die Transkription von Genen und beeinflusst dadurch die Proteinsynthese (▸ Kap. 10.2.2.4). Dabei entstammen aber nur 10–20 % des im Blut vorhandenen Triiodthyronins (T_3) direkt der Schilddrüse, 80–90 % des T_3 entstehen in der Körperperipherie durch die Monodeiodinierung von Thyroxin (T_4). Das Enzym **Deiodinase** kommt in fast jedem Gewebe vor. Thyroxin ist also das ständig im Blut zirkulierende Prohormon (Hormonvorstufe) von Triiodthyronin, aus dem sich jedes Organ dann bedarfsgerecht selbst durch Deiodinierung aktives T_3 herstellt.

Inaktivierung

T_3 wird durch weitere Deiodinierung in Leber und Niere inaktiviert. Das freigesetzte Iod wird wieder dem Einbau in der Schilddrüse zugeführt.

Klinik

Aufgrund des endemischen Iodmangels in Deutschland sind gutartige Vergrößerungen der Schilddrüse häufig: **Kropf, Struma.** Iodmangel aktiviert intrathyreoidale Wachstumsfaktoren und führt zu einer Hyperplasie der Thyreozyten. Die Therapie der euthyreoten Struma besteht daher in der Iodidsubstitution. Bei einem zusätzlichen peripheren Mangel an Schilddrüsenhormon kommt es zu einer Hypertrophie der Thyreozyten. Hierfür ist die Wirkung von TSH auf die Schilddrüse verantwortlich. In diesen Fällen führt eine Substitution mit T_4 zu einem Rückgang der Struma.

Lerntipp

Gerne orientiert sich das IMPP bei seinen Fragen zum Thema Schilddrüse an klinischen Erkrankungen. Die Klinik-Kästen zu Hypothyreose, Hyperthyreose, Morbus Basedow und Struma helfen hier weiter.

10.5 Nebenniere

10.5.1 Funktionelle Anatomie

Die Nebennieren sind paarig angelegte Organe, die den oberen Nierenpolen aufliegen. Funktionell und anatomisch bestehen sie aus 2 Abschnitten, die phylogenetisch unterschiedlichen Ursprungs sind:

- Nebennierenrinde (90 %)
- Nebennierenmark (10 %)

Die Nebennierenrinde ist histologisch in 3 Schichten gegliedert. Jede dieser Schichten produziert überwiegend eine Hormonklasse:

- Zona glomerulosa: Mineralocorticoide
- Zona fasciculata: Glucocorticoide
- Zona reticularis: Androgene

In geringem Ausmaß wird auch Progesteron von der Nebennierenrinde gebildet. Die Produktion von Androgenen und Glucocorticoiden steht unter dem Einfluss von ACTH. Das Renin-Angiotensin-System reguliert die Produktion der Mineralocorticoide.

Die Funktionen des Nebennierenmarks werden in ▸ Kap. 14.3.6 (vegetatives Nervensystem) besprochen.

10.5.2 Mineralocorticoide

Wirkungen

Das wichtigste Mineralocorticoid ist **Aldosteron,** einer der entscheidenden Regulatoren des Elektrolythaushalts. Hauptzielorgan von Aldosteron ist die Niere, wo es über einen Na^+-H^+-Antiport im distalen Konvolut und den Sammelrohren die Rückresorption von Na^+- und die Sekretion von H^+-Ionen bewirkt. Zusätzlich werden über ROMK-Kanäle K^+-Ionen, dem lumennegativen elektrischen Potenzial folgend, in die Nierentubuli ausgeschieden. (▸ Kap. 9.3.4.3).

Regulation

Die Produktion von Aldosteron wird im Rahmen des Renin-Angiotensin-Aldosteron-Systems und durch die Plasmakonzentration von Natrium- und Kalium-Ionen reguliert, wobei **Angiotensin II** und **Kalium** die wichtigsten Stimuli für die Freisetzung von Aldosteron sind.

Kalium

Schon geringe Änderungen der Kaliumkonzentration im Blut beeinflussen durch eine direkte Wirkung auf die Zellen der Zona glomerulosa die Aldosteronproduktion. Eine Erhöhung der Kaliumkonzentration steigert, eine Erniedrigung senkt die Aldosteronproduktion.

ACTH

ACTH hat nur einen geringen und klinisch normalerweise nicht bedeutsamen Effekt auf die Aldosteronproduktion. Daher müssen bei Ausfall der Hypophysenfunktion mit Mangel an ACTH lediglich

Glucocorticoide, nicht jedoch Mineralocorticoide verabreicht werden.

Renin-Angiotensin-Aldosteron-System

Bildung von Angiotensin II

Das Renin-Angiotensin-Aldosteron-System, ein System hintereinandergeschalteter Hormone, ist eines der wichtigsten Regulatoren des Blutdrucks (► Abb. 10.4, ► Kap. 4.3.3.3).

- Das im juxtaglomerulären Apparat der Nieren gebildete Hormon **Renin** spaltet als proteolytisches Enzym vom in der Leber gebildete α_2-Glykoprotein Angiotensinogen das Dekapeptid Angiotensin I ab.
- **Angiotensin I** wird durch das im Blut und in der Lunge vorhandene Angiotensin-Converting-Enzym (ACE) zum Oktapeptid Angiotensin II umgewandelt.
- **Angiotensin II,** das von Angiotensinasen im Blut abgebaut wird, hat eine Halbwertszeit von etwa einer Minute.

Wirkungen von Angiotensin II

Angiotensin II weist eine Vielzahl von Wirkungen auf, die alle dem Ziel dienen, den Blutdruck zu erhöhen. Die Wirkung von Angiotensin II wird über eine Bindung an Angiotensinrezeptoren der Zellmembranen vermittelt. Die wichtigsten Effekte von Angiotensin II sind:

- Steigerung der Aldosteronproduktion
- Vasokonstriktion der Arteriolen mit kräftiger Steigerung des peripheren Gefäßwiderstands
- Verminderung des renalen Blutflusses und der glomerulären Filtrationsrate
- Freisetzung von Adiuretin
- Auslösung von Durstgefühl

Daneben hemmt Angiotensin II über einen Rückkopplungsmechanismus die Ausschüttung von Renin.

Steigerung der Reninsekretion

Die Sekretion von Renin wird durch die folgenden Faktoren gesteigert:

- Niedriger Blutdruck oder Blutdruckabfall, registriert durch renale Barosensoren. Ein niedriger Blutdruck kann z. B. auch hinter einer Nierenarterienstenose oder einer Aortenisthmusstenose herrschen, oder aber durch starken Blutverlust verursacht sein.

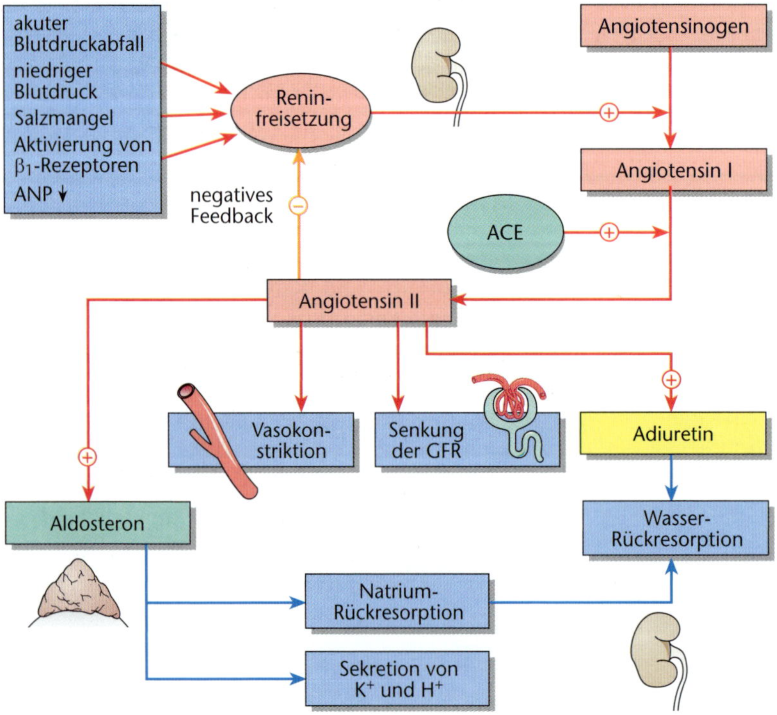

Abb. 10.4 Regulation und Wirkungen des Renin-Angiotensin-Aldosteron-Systems. Niedriger Blutdruck, Blutdruckabfall, Salzmangel, Stimulation durch Sympathomimetika oder Abfall von ANP (atriales natriuretisches Peptid) fördern die Freisetzung von Renin. Dies setzt eine Kaskade von enzymatischen Umwandlungen in Gang, die schließlich durch die Hormone Angiotensin II, Aldosteron und Adiuretin blutdrucksteigernd wirken. Angiotensin II begrenzt diese reaktive Blutdrucksteigerung durch ein negatives Feedback auf Renin. ACE = Angiotensin-Converting-Enzym; GFR = glomeruläre Filtrationsrate.

- Salzmangel über einen intrarenalen Mechanismus: tubuloglomeruläres Feedback (▸ Kap. 9.3.2.2)
- Aktivierung von β_1-Rezeptoren im juxtaglomerulären Apparat
- Abfall von atrialem natriuretischem Peptid (ANP) bei erniedrigtem Druck in den Herzvorhöfen (▸ Kap. 3.6.2.3)

Merke

RR↓ → Renin↑ → Angiotensin↑ → Aldosteron↑ → RR↑.

10.5.3 Glucocorticoide

Das wichtigste Glucocorticoid ist das **Cortisol,** das 95 % der in der Zona fasciculata gebildeten Glucocorticoide ausmacht.

Wirkungen

Glucocorticoide wurden nach ihrer Wirkung auf den Kohlenhydratstoffwechsel benannt, sie beeinflussen aber auch viele andere Bereiche des Stoffwechsels:

- Sie steigern die **Gluconeogenese** durch Neubildung von Glucose aus Aminosäuren. Die entstehende Glucose wird teils als Leberglykogen gespeichert, teils an das Blut abgegeben, sodass der Blutzuckerspiegel steigt: Glucocorticoide wirken insulinantagonistisch.
- Die blutzuckersteigernde Wirkung beruht darüber hinaus auf einer durch Glucocorticoide bedingten **verminderten Glucoseaufnahme in die Zellen,** insbesondere des Fettgewebes.
- Im **Muskel** werden als Wirkung der Glucocorticoide Proteine abgebaut und Aminosäuren für die Gluconeogenese bereitgestellt. Hier wirkt Cortisol also katabol und verursacht eine negative Stickstoffbilanz. Dies wirkt sich klinisch erst bei pathologisch erhöhten Glucocorticoidkonzentrationen im Blut aus, wodurch dann allerdings eine ausgeprägte **Muskelschwäche** entstehen kann: Adynamie.
  - Der katabole Effekt führt in den Knochen zu einem verstärkten Abbau von Knochensubstanz: **Osteoporose.**
- Glucocorticoide **steigern die Konzentration von Fettsäuren** und Lipoproteinen im Blut. Diese Wirkung beruht auf 2 Effekten:
  - Hemmung der Lipogenese, u. a. durch Hemmung der Glucoseaufnahme in die Fettzellen.
  - Verstärkung der lipolytischen Effekte von Catecholaminen: Glucocorticoide erhöhen die Ansprechbarkeit des Fettgewebes auf Adrenalin und Noradrenalin.
  - Die Wirkungsverstärkung der Catecholamine durch Glucocorticoide betrifft auch die Catecholaminwirkungen im **Gefäßsystem,** sodass bei Gabe von Glucocorticoiden der Blutdruck ansteigen kann. Bei akuter Nebennierenunterfunktion mit ausgeprägter Hypotonie wirken die Catecholamine erst blutdrucksteigernd, nachdem Glucocorticoide gegeben und die Gefäße auf diese Weise für Catecholamine sensibilisiert wurden.
- Glucocorticoide wirken **antientzündlich, antiallergisch** und **immunsuppressiv.** Sie üben einen hemmenden Effekt auf Lymphozyten aus, indem sie deren Zellteilung verlangsamen, die Immunantwort unterdrücken und die Antikörperbildung reduzieren. Über eine Hemmung der Phospholipase A_2 reduzieren Glucocorticoide auch die Prostaglandinsynthese.

Klinik

Synthetische Glucocorticoide wie z. B. Prednison oder Dexamethason werden wegen ihrer immunsuppressiven Wirkung pharmakologisch zur Unterdrückung von allergischen oder entzündlichen Reaktionen eingesetzt.

- Im Magen stimulieren Glucocorticoide die **Sekretion von Salzsäure** und hemmen die Produktion der protektiven Schleimschicht (▸ Kap. 7.4.3.3).

Regulation

ACTH

Der wichtigste Sekretionsreiz für Glucocorticoide ist das in der Hypophyse gebildete ACTH. Es aktiviert das Schlüsselenzym der Steroidogenese, die 20,22-Desmolase, die den entscheidenden Schritt in der Biosynthese von Glucocorticoiden, die Umwandlung von Cholesterin zu Pregnenolon, fördert (▸ Kap. 10.3.2.1).

Der Tagesverlauf der Blutspiegel von Glucocorticoiden folgt der Ausschüttung von ACTH mit einem Tiefpunkt gegen Mitternacht und einem Maximum gegen 6 Uhr morgens.

CRH

Die Freisetzung von ACTH wird durch das hypothalamische Corticotropin-Releasing-Hormon (CRH) gesteuert. CRH wird bei psychischem oder physischem Stress vermehrt freigesetzt. Bei einigen psychischen Erkrankungen, z. B. Depressionen, wird deshalb eine vermehrte Freisetzung von CRH und ACTH beobachtet.

Merke

Glucocorticoidwirkungen:
- Gluconeogenese ↑
- Glykogenspeicherung ↑
- Verminderte Glucoseaufnahme in die Zellen → Glucosespiegel im Blut ↑
- Gesteigerte Lipolyse, reduzierte Lipogenese → freie Fettsäuren im Blut ↑
- Gesteigerte Proteolyse in Muskelzellen → negative Stickstoffbilanz
- Hemmung von Lymphozyten und Prostaglandinsynthese → Immunsuppression, antientzündliche Wirkung
- Verstärkung der Catecholaminwirkung

Klinik

Das **Cushing-Syndrom** ist durch verstärkte Cortisolwirkungen (Hyperkortisolismus) gekennzeichnet. Klinisch finden sich:
- Umverteilung der Fettdepots: Stiernacken, Vollmondgesicht, Stammfettsucht
- Adynamie
- Muskelschwund
- Diabetogene Stoffwechsellage
- Hypertonie
- Hautatrophie

Die Ursache ist in den meisten Fällen eine Langzeitbehandlung mit Glucocorticoiden. Auch ein ACTH produzierendes Adenom im Hypophysenvorderlappen verursacht dieses Syndrom: Morbus Cushing.
Eine übermäßige ACTH-Produktion kann auch von Tumoren, vor allem von kleinzelligen Bronchialkarzinomen, ausgehen: paraneoplastisches Cushing-Syndrom.

Lerntipp

Die klinischen Symptome des Cushing-Syndroms als Folgen des Hyperkortisolismus werden bei mündlichen und schriftlichen Prüfungen gerne abgefragt!

10.5.4 Androgene der Nebenniere

Das wichtigste in der Nebenniere produzierte Steroid mit überwiegend androgener Wirkung ist das **Dehydroepiandrosteron (DHEA).** Die Produktion von DHEA wird durch ACTH stimuliert. DHEA ist bei Frauen zusammen mit Androgenen aus den Ovarien ab der Pubertät für die Ausprägung der Scham- und Achselbehaarung verantwortlich.
Eine erhöhte Konzentration, z. B. bei Nebennierenadenomen mit übermäßiger DHEA-Produktion, fördert das Wachstum von Körperhaaren auch an anderen Stellen, z. B. Bart, Brust und Bauch. Dieser männliche Behaarungstyp bei einer Frau wird als **Hirsutismus** bezeichnet. Eine vermehrte Androgenproduktion in der Nebennierenrinde kann außerdem **Zyklusstörungen** bis hin zu einer Amenorrhö auslösen.
DHEA ist im Vergleich zum Testosteron ein sehr schwaches Androgen, sodass es beim Mann keine Bedeutung hat.

10.6 Calciumhaushalt

Ein exakt kontrollierter Calciumspiegel im Blut ist für den Organismus von großer Bedeutung. Eine Verminderung des Calciumspiegels kann Muskelkrämpfe verursachen, die unbehandelt über eine Dauerkontraktion der Kehlkopf- und Atemmuskulatur zum Tod führen. Umgekehrt lösen schon leicht erhöhte Calciumspiegel im Blut neurologische und psychiatrische Symptome aus, z. B. Verlangsamung, verwaschene Sprache, Depression und Verwirrtheit. Bei einer stärkeren Hyperkalzämie kommt es zu Lähmungen, die, wenn sie die Atemmuskulatur betreffen, ebenfalls tödlich sein können. Daher wird die Blutkonzentration des Calciums in einem sehr engen Rahmen konstant gehalten.
Drei Hormone steuern die Calciumhomöostase (► Abb. 10.5, ► Tab. 10.5):

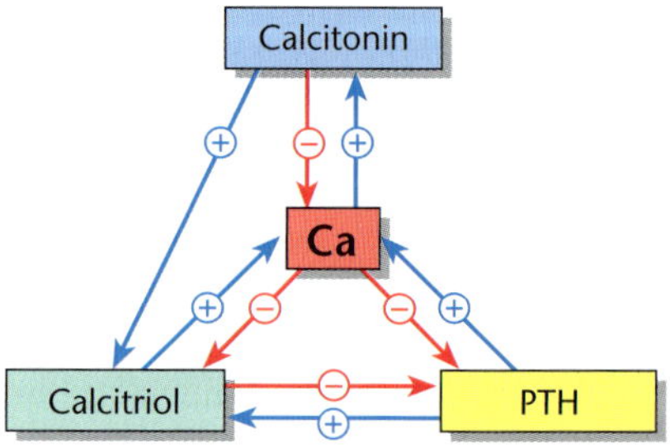

Abb. 10.5 Regulation des Calciumspiegels im Blut durch Calcitonin, Parathormon und Calcitriol (1,25(OH)$_2$-Vitamin-D$_3$).

- Parathormon
- Calcitonin
- Calcitriol (= 1,25[OH]$_2$-Vitamin-D_3)

10.6.1 Parathormon

Wirkungen

Parathormon (PTH) wird in den 4 paarig angelegten Nebenschilddrüsen (Epithelkörperchen) produziert, die typischerweise an den oberen und unteren Polen beider Schilddrüsenlappen liegen. PTH hat 3 Wirkungen:

- Es stimuliert die Aktivität der Osteoklasten im Knochen. Dadurch wird die Mobilisierung von Calcium und Phosphat aus den Knochen gefördert.
- Es erhöht die Reabsorption von Calcium in der Niere, während es die Reabsorption von Phosphat in der Niere senkt (► Kap. 9.3.4.1).
- Es steigert die Aktivität des Enzyms 1α-Hydroxylase in den Nierentubuli, das für den letzten Schritt der Umwandlung von 25(OH)-Vitamin-D_3 zu 1,25(OH)$_2$-Vitamin-D_3, dem aktiven Vitamin D_3 (= Calcitriol), verantwortlich ist. Calcitriol fördert dann wiederum die Ca^{2+}-Aufnahme auch im Darm.

Durch diese Wirkungen erhöht PTH den Calciumserumspiegel, während der Phosphatserumspiegel normal bleibt oder sinkt.

Regulation

Ca^{2+} bindet an spezifische G-Protein-gekoppelte Ca^{2+}-Rezeptoren in den Zellmembranen der Nebenschilddrüsenzellen. Dadurch wird weniger PTH freigesetzt. Dies wird über 2 Effekte vermittelt:

- Ca^{2+}-Kanäle werden IP_3-vermittelt geöffnet und die intrazelluläre Ca^{2+}-Konzentration steigt an. Hierdurch wird die Exozytose von PTH-Vesikeln aus den Zellen unterdrückt.
- Die Zellproliferation der Nebenschilddrüsenzellen wird gehemmt. Hierdurch sinkt längerfristig die PTH-Sekretion.

Niedrige Calciumserumspiegel fördern also die Parathormonsekretion, hohe hemmen sie. Auch Calcitriol hemmt die Parathormonsekretion (► Abb. 10.5).

Klinik

Die Überfunktion der Nebenschilddrüsen wird als **Hyperparathyreoidismus** bezeichnet. Geht diese Überfunktion, also die erhöhte Parathormonaktivität, auf Adenome der Nebenschilddrüsen (oder Hyperplasien) zurück, spricht man vom primären Hyperparathyreoidismus. Laborchemisch finden sich Hyperkalzämie, Hypophosphatämie und Hyperkalzurie, radiologisch eine diffus verminderte Knochendichte. Klinisch leiden die Patienten häufig an Nierensteinen (Calciumphosphat oder Calciumoxalat), Wirbelsäulen- oder Gliederschmerzen und Magengeschwüren: Stein-, Bein- und Magenpein.

10.6.2 Calcitonin

Wirkungen

Calcitonin hat folgende Wirkungen:

- Es hemmt die Osteoklastenaktivität und reduziert daher die Freisetzung von Calcium und Phosphat aus dem Knochen.
- Es hemmt die tubuläre Wiederaufnahme von Ca^{2+} und Phosphat in den Nieren. (► Kap. 9.3.4.3).
- Es stimuliert die Calcitriolbildung in der Niere und erhöht dadurch die Ca^{2+}- und Phosphatresorption im Darm.

Tab. 10.5 Wirkungen der 3 wichtigsten Regulatoren der Calciumhomöostase

Hormon	Blutspiegel		Renale Reabsorption		Freisetzung aus Knochen		Enterale Resorption	
	Ca^{2+}	Phosphat	Ca^{2+}	Phosphat	Ca^{2+}	Phosphat	Ca^{2+}	Phosphat
Calcitonin	↓	↓	↓	↓	↓	↓	(↑)*	(↑)*
Parathormon	↑	↓/=	↑	↓	↑	↑	↑	Ø
Calcitriol	↑	↑	↑	↑	↑	↑	↑	↑

* Indirekte Wirkung durch Stimulierung der 1α-Hydroxylase mit vermehrter Bildung von Calcitriol

Bildung und Regulation

Bildung Calcitonin ist ein von den C-Zellen der Schilddrüse gebildetes Polypeptid. Es ist in den meisten Fällen ein direkter Gegenspieler des Parathormons. Die C-Zellen sind während der Embryonalphase in die Schilddrüse eingewandert und liegen wie Inseln zwischen den Schilddrüsenfollikeln. Funktionell besteht keine Beziehung zu Schilddrüsenzellen.

Regulation Die Sekretion von Calcitonin wird durch kurzzeitig erhöhte Calciumspiegel im Blut ausgelöst. Bei längerer Hyperkalzämie tritt jedoch ein **Calcitonin-Escape** auf: An den Rezeptoren der Zielzellen wird eine Down-Regulation beobachtet und die Calcitoninausschüttung geht zurück.

Die Bedeutung von Calcitonin zur Regulation der Ca^{2+}-Konzentration im Plasma scheint gering zu sein: Selbst eine vollständige Entfernung der Schilddrüse (mit den Calcitonin produzierenden C-Zellen) ändert die Plasma-Ca^{2+}-Konzentration nicht.

10.6.3 Calcitriol

Wirkungen

Calcitriol (1,25[OH]$_2$-Vitamin-D$_3$ = 1,25-Dihydroxycholecalciferol) beeinflusst nach der Bindung an einen intrazellulären Vitamin-D-Rezeptor im Zellkern die Gentranskription und dadurch die Proteinbiosynthese der Zielzellen. Im Einzelnen werden folgende Wirkungen beobachtet:

- Steigerung der Ca^{2+}-Resorption im Duodenum durch vermehrte Synthese des zytosolischen Calcium bindenden Proteins **Calbindin,** das für den geschwindigkeitslimitierenden Transport des Ca^{2+} von der luminalen zur basolateralen Seite der Enterozyten verantwortlich ist.
- Stimulierung des Knochenaufbaus durch Förderung des Calciumeinbaus (Osteoblasten) und Hemmung des Knochenabbaus (Osteoklasten). Die hemmende Wirkung auf Osteoklasten ist vor allem indirekt und beruht auf einer Reduzierung der PTH-Sekretion und der erhöhten enteralen Resorption von Ca^{2+} und Phosphat. Isoliert betrachtet fördert Calcitriol sowohl die Osteoblasten- als auch die Osteoklastenfunktionen und ist daher vor allem bei Knochenumbauprozessen wichtig.
- Steigerung der Reabsorption von Ca^{2+} und Phosphat in der Niere.
- Stimulation verschiedener Ca^{2+}-Kanäle und Ca^{2+}-Transporter.
- Förderung der Erythropoese: Anämie bei Vitamin-D$_3$-Mangel.
- Hemmung der Proliferation von Keratinozyten: calcitriolhaltige Salben zur Behandlung der Psoriasis.
- Hemmung von proinflammatorischen Zytokinen und T-Lymphozyten.

Bildung und Regulation

Bildung Das Steroid Calcitriol (1,25[OH]$_2$-Vitamin D$_3$) wird aus dem Prohormon Vitamin D$_3$ gebildet. Die Vorstufe Pro-Vitamin-D wird zu 85 % mit der Nahrung aufgenommen und zu 15 % im Körper selbst synthetisiert. Vitamin D$_3$ wird in der Leber enzymatisch an Position 25 zu 25(OH)-Vitamin D$_3$ hydroxyliert. Der letzte Schritt in der Synthese des Calcitriols, die Umwandlung von 25(OH)-Vitamin D$_3$ zu 1,25(OH)$_2$-Vitamin D$_3$, erfolgt in den Nierentubuli durch das Enzym 1α-Hydroxylase. Im Blut wird das lipophile Calcitriol an Transcalciferin gebunden transportiert.

Klinik

Ein Mangel an Calcitriol führt beim Erwachsenen zur **Osteomalazie,** bei Kindern zur **Rachitis.** Ursachen des Vitamin-D$_3$-Mangels sind zu geringe Zufuhr mit der Nahrung, gestörte intestinale Absorption oder fehlende Sonnenexposition. Auch eine chronische Niereninsuffizienz kann durch die mangelnde Bildung von Calcitriol in den Nierentubuli (s. u.) zu Mangelerscheinungen führen.

Typische Symptome sind Knochenschmerzen und Knochenverformungen aufgrund mangelnder Kalzifizierung: Osteoid wird nicht zu Hydroxylapatit umgewandelt. Typische radiologische Veränderungen bei Rachitis sind das sog. Kartenherzbecken und der Rosenkranzthorax: Auftreibungen an der Knorpel-Knochen-Übergangszone der Rippen. Bei Osteomalazie werden bandförmige Aufhellungen von unverkalktem Osteoid sichtbar, die sog. Looser-Umbauzonen. Klinisch fallen ein Watschelgang mit O-Beinen und Muskelschwäche auf.

Säuglinge erhalten zur Rachitis-Prophylaxe nach der Geburt Vitamin-D$_3$-Tabletten.

Lerntipp

Gern gefragt: Rachitis beruht auf Calcitriol-Mangel → Vitamin-D$_3$ zur postnatalen Prophylaxe.

Regulation Die Bildung von Calcitriol ist einem klassischen Rückkopplungsmechanismus unterworfen (► Abb. 10.5):

- Erhöhte Calciumserumspiegel hemmen die 1α-Hydroxylase der Nierentubuli und mindern so die Serumkonzentration von Calcitriol.
- Erniedrigte Calciumserumspiegel, Parathormon und auch Calcitonin stimulieren die 1α-Hydroxylase und fördern die Umwandlung zu Calcitriol.

Umgekehrt hemmt Calcitriol die PTH-Freisetzung.

Lerntipp

PTH:
- Resorption in der Niere: $Ca^{2+}\uparrow$, Phosphat ↓
- Osteoklastenaktivierung

Calcitonin:
- Resorption in der Niere: $Ca^{2+}\downarrow$, Phosphat ↓
- Osteoklastenhemmung

Calcitriol:
- Niere und Duodenum: $Ca^{2+}\uparrow$, Phosphat ↑
- Osteoblastenaktivierung

10.7 Endokrines Pankreas

Die Inselzellen des Pankreas werden nach ihrer Funktion unterteilt in:

- A-Zellen: Produktion von **Glucagon**
- B-Zellen: Produktion von **Insulin**
- D-Zellen: Produktion von **Somatostatin**

Eine Insel besteht zu etwa 75 % aus B-Zellen, zu 20 % aus A-Zellen und zu ca. 5 % aus D-Zellen. Insulin und Glucagon sind wichtige Regulatoren des Kohlenhydrat-, Fett- und Eiweißstoffwechsels mit gegensätzlicher Wirkung (► Abb. 10.6).

10.7.1 Insulin

Wirkungen

Insulin ist ein in allen Bereichen anaboles Hormon: Es fördert die Einlagerung von Kohlenhydraten und Fetten sowie die Proteinbiosynthese. Die Hauptwirkorte von Insulin sind Leber, Muskel und Fettgewebe. Die biologische Halbwertszeit des Insulins im Blut liegt bei 3–5 Minuten.

Senkung des Blutzuckers

Die bekannteste Wirkung des Polypeptidhormons Insulin ist die Senkung des Blutzuckers. Dieser Effekt wird durch mehrere Teilwirkungen erreicht:

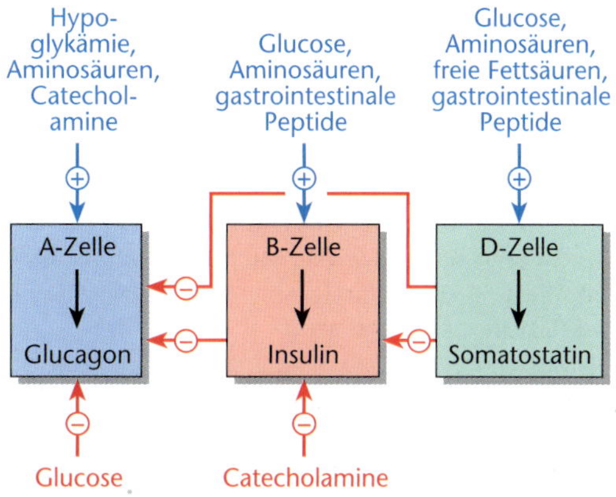

Abb. 10.6 Steuerung der Inselzellen. Die parakrin inhibierende Wirkung von Somatostatin auf A- und B-Zellen wird über die Aktivierung eines hemmenden G-Proteins und eine cAMP-Kaskade vermittelt (► Kap. 1.7.1).

- Insulin steigert vor allem in der Leber, aber auch im Muskel durch Enzymaktivierung Glykolyse und Glykogensynthese und hemmt die Synthese der für die Gluconeogenese erforderlichen Enzyme.
- Auch der Verbrauch von Glucose im Pentosephosphatzyklus wird durch Insulin beträchtlich gesteigert.
- Gleichzeitig erhöht Insulin die Zellpermeabilität von Muskel- und Fettgewebe für Glucose, andere Monosaccharide, Aminosäuren und Fettsäuren. Die Glucoseaufnahme in diese Gewebe wird durch den insulinabhängigen Glucosetransporter GLUT4 gefördert. Leberzellen, Neurone, Endothelzellen im ZNS und die B-Zellen des Pankreas verfügen jedoch auch über den insulinunabhängigen GLUT2-Glucosetransporter, sodass eine kontinuierliche Versorgung dieser Gewebe mit Glucose gewährleistet ist.

Fett-, Eiweiß-, Elektrolythaushalt

- Im **Fettgewebe** wirkt Insulin lipidanabol und stimuliert die Fettsäuresynthese. Gleichzeitig hemmt Insulin die Lipolyse, durch Minderung der Aktivität von Lipasen.
- Auf den **Eiweißstoffwechsel** wirkt Insulin ebenfalls anabol und stimuliert die Proteinbiosynthese. Hierzu fördert Insulin den aktiven Transport von Aminosäuren in die Zellen.

- Insulin stimuliert die **Na^+-K^+-Pumpe** der Zellmembran in Leber-, Muskel- und Fettgewebszellen. Dadurch wird K^+ vermehrt in die Zellen gepumpt und der extrazelluläre K^+-Spiegel sinkt.

Klinik

Die kaliumsenkende Wirkung des Insulins wird zur **Therapie der Hyperkaliämie** genutzt: gleichzeitige Gabe von Glucoselösung und Insulin.

Signaltransduktion an den Zielzellen

Die Wirkung von Insulin wird über einen enzymgekoppelten Insulinrezeptor auf den Zellmembranen der Zielzellen vermittelt. Die hierdurch ausgelöste Signaltransduktionskaskade fördert den Einbau von GLUT4-Transportern in die Zellmembranen.

Regulation

Insulinfreisetzung aus der B-Zelle

Bei steigendem Blutzuckerspiegel gelangt über den insulinunabhängigen GLUT2-Transporter vermehrt Glucose in die B-Zellen. Durch die Oxidation dieser Glucose im Zellstoffwechsel steigt der zytoplasmatische Spiegel von ATP. Der ansteigende ATP-Spiegel führt zur zunehmenden Inaktivierung eines K^+-Kanals in der Zellwand, was eine Depolarisation der B-Zelle zur Folge hat. Durch diese Depolarisation werden spannungsabhängige Ca^{2+}-Kanäle geöffnet: Ca^{2+} strömt in die B-Zelle ein und löst die Exozytose des Insulins aus (► Abb. 10.7).

Durch diese Kopplung der Insulinsekretion an den Blutglucosespiegel wird der Blutzucker auf einen Sollwertbereich zwischen 80 und 100 mg/dl eingestellt.

C-Peptid

Bei der Insulinproduktion entsteht durch Abspaltung aus dem Prohormon Proinsulin das C-Peptid (Connecting-Peptid), das zusammen mit Insulin in äquimolaren Mengen durch Exozytose freigesetzt wird. Die Bestimmung von C-Peptid im Blut erlaubt daher einen Rückschluss auch auf die Insulinsekretionsleistung der B-Zellen, unbeeinflusst von exogener Insulinzufuhr.

Steuerung der Insulinsekretion

Die Freisetzung von Insulin wird durch die gastrointestinalen Hormone GIP (Glucose-dependent Insulin-releasing Peptid) und GLP-1 (Glucagon-like Peptid-1, Enteroglucon) gefördert, die bei der Nahrungsaufnahme aus spezialisierten Zellen in Dünn- und Dickdarm sezerniert werden:

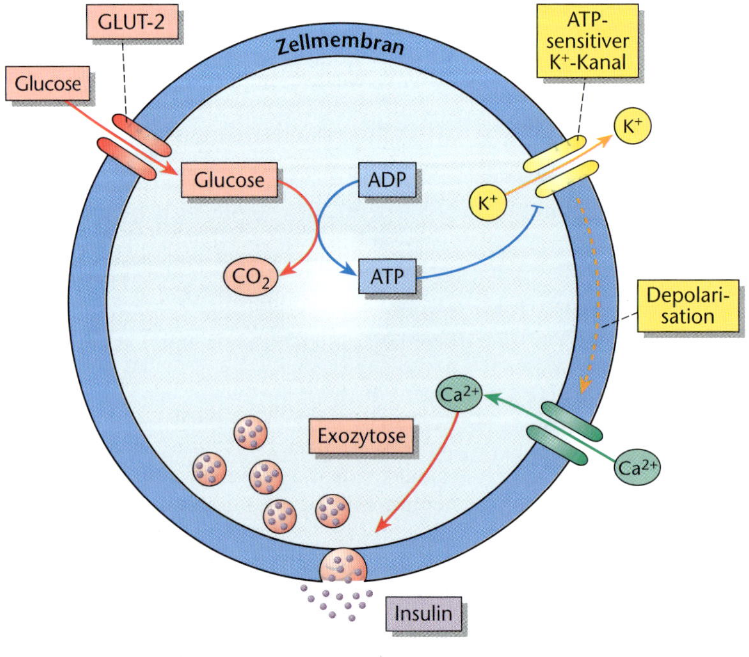

Abb. 10.7 Regulation der Insulinsekretion in der B-Zelle.

- K-Zellen im Jejunum für GIP und
- L-Zellen in Ileum und Kolon für GLP-1

Außerdem führt eine Aktivierung des Vagus (durch Nahrungsaufnahme) über eine Acetylcholinwirkung am M_3-Rezeptor der B-Zellen zu einer vermehrten Insulinausschüttung.

Die Aktivierung von β_2-Adrenozeptoren fördert die Insulinfreisetzung, die Aktivierung von α_2-Adrenozeptoren hemmt sie.

Auch Leptin sowie Somatostatin unterdrücken die Insulinfreisetzung (▸ Tab. 10.6).

Diabetes mellitus

Beim Diabetes mellitus ist die Insulinwirkung unzureichend. Als Kardinalsymptom ist der Blutzuckerspiegel erhöht. Man unterscheidet 2 Typen des Diabetes mellitus.

Diabetes mellitus Typ 1

Beim Typ-1-Diabetes-mellitus (juvenile Form, insulinabhängiger Diabetes mellitus, IDDM) gehen infolge einer **Autoimmunerkrankung** mit Bildung von Antikörpern gegen die B-Zellen diese B-Zellen zugrunde, sodass zunehmend weniger Insulin produziert wird. So besteht beim Diabetes mellitus Typ 1 fast immer die Notwendigkeit, mit Insulin zu behandeln.

Diabetes mellitus Typ 2

Der Typ 2 des Diabetes mellitus (nichtinsulinabhängiger Diabetes mellitus, NIDDM) beruht dagegen auf einem **gesteigerten Bedarf an Insulin,** der durch eine starke Vermehrung des Fettgewebes verursacht wird. Die meisten Typ-2-Diabetiker sind übergewichtig. Darüber hinaus spricht beim Diabetes mellitus Typ 2 das Zielgewebe weniger gut auf Insulin an. Ursache hierfür kann eine Down-Regulation der Insulinrezeptoren oder eine Störung der anschließenden Signaltransduktion sein: **Insulinresistenz.** Typisch für den Diabetes mellitus Typ 2 ist die Hyperinsulinämie, die das Hungergefühl steigert und dadurch eine weitere Zunahme der schon bestehenden Adipositas im Sinne eines Circulus vitiosus auslösen kann. Dies kann zur Erschöpfung der B-Zellen führen, sodass dann auch beim Typ-2-Diabetes die Gabe von Insulin notwendig wird.

Wichtigstes Therapieprinzip des Diabetes mellitus Typ 2 ist daher die Ernährungsoptimierung: Kalorienreduktion und Vermeidung rasch resorbierbarer Kohlenhydrate. Zusätzlich können orale Antidiabetika zur Steigerung der Insulinproduktion gegeben werden.

Tab. 10.6 Steuerung der Insulinausschüttung (in Auswahl)

Stimulation	Hemmung
• GLP-1 (Glucagon-like Peptid-1) • GIP (Glucose-dependent Insulin-releasing Peptid) • β_2-Adrenozeptoren (Catecholamine) • M_3-Rezeptoren (Acetylcholin) • Glucagon • Andere gastrointestinale Hormone wie VIP, Cholecystokinin oder Sekretin	• Leptin • Somatostatin • α_2-Adrenozeptoren (Catecholamine)

Klinik

Als orale Antidiabetika bei **Typ-2-Diabetes-mellitus** werden u. a. Sulfonylharnstoffe (z. B. Glibenclamid) eingesetzt. Sie steigern die Insulinausschüttung aus den B-Zellen, indem sie an Untereinheiten der ATP-sensitiven K^+-Kanäle von B-Zellen binden und diese schließen. In der Folge depolarisiert die B-Zelle, sodass vermehrt Insulin ausgeschüttet wird (▸ Abb. 10.7)

Folgen

Mögliche Folgen des Diabetes sind:

- **Polyurie und Polydipsie:** Ab etwa 180 mg/dl Glucose im Blut wird im proximalen Tubulus die Nierenschwelle für Glucose überschritten und Glucose im Urin ausgeschieden (▸ Kap. 9.3.4.1). Dies führt zur osmotischen Diurese mit sekundär gesteigerter Ausscheidung von Wasser und Elektrolyten.
- **Negative Stickstoffbilanz:** Da intrazellulär ein Glucosemangel besteht, ist die Gluconeogenese gesteigert, wozu Proteine abgebaut werden.
- **Ketonkörperbildung:** Da intrazellulär weniger Glucose zur Verfügung steht, wird Energie verstärkt durch Lipolyse und Fettsäureoxidation gewonnen. Das hierbei entstehende Acetyl-CoA kann beim Diabetes mellitus zum weit überwiegenden Teil nicht in den Citratzyklus eingebracht werden, weil das hierzu erforderliche Oxalacetat nicht in ausreichender Menge zur Verfügung steht: Es wird wegen des intrazellulären Glucosemangels zur Gluconeogenese einge-

setzt. Acetyl-CoA wird deshalb vermehrt zu Acetacetat, β-Hydroxybutyrat und Aceton, den sog. Ketonkörpern umgewandelt. Die Ketonkörper werden ans Blut abgegeben und über die Atemluft und den Urin ausgeschieden: acetonämischer Atem von schlecht eingestellten Diabetikern.

- **Metabolische Azidose:** Zu hohe Konzentrationen der sauren Ketonkörper senken den pH-Wert im Blut und können von der Niere auf Dauer nicht kompensiert werden, sodass eine nichtrespiratorische, metabolische Azidose entsteht. Die nichtrespiratorische Azidose kann in Verbindung mit der Dehydratation bei osmotischer Diurese durch Glucose und Ketonkörper zum diabetischen Koma führen.

HbA1c

Durch den erhöhten Glucosespiegel verbindet sich bei Diabetes mellitus Glucose mit den N-terminalen Aminogruppen von Proteinen: **Glykierung.** Das glykierte Hämoglobin HbA1c ist dabei ein Maß für die mittlere Höhe des Blutzuckerspiegels in den letzten 8–12 Wochen. Wegen der langen Lebensdauer von Erythrozyten (100 Tage) wird es auch bei aktuell normalisiertem Blutzuckerspiegel vermehrt im Blut nachgewiesen, wenn der Spiegel in der Vergangenheit erhöht war.

Lerntipp

Insulin fördert die Aufnahme von Kalium in die Skelettmuskelzellen und senkt dadurch den Kaliumspiegel im Serum. Das wird so oft abgeprüft, dass es fast schon langweilig wird …

Wer jetzt noch den Sekretionsmechanismus beherrscht, die klinischen Zeichen des Diabetes kennt und weiß, dass die Halbwertszeit von Insulin ca. 3–5 Minuten beträgt, kann satte Punkte einstreichen!

Klinik

Hypoglykämien treten am häufigsten bei einer relativen Überdosierung von Insulin oder oralen Antidiabetika auf, z. B. geringere Nahrungszufuhr bei gleichbleibender Medikation. Klinische Zeichen sind:

- Heißhunger
- Unruhe
- Schwitzen
- Tachykardie
- Tremor

Zusätzlich können zentralnervöse Symptome des Glucosemangels auftreten:

- Primitive Automatismen: Grimassieren, Schmatzen
- Krämpfe
- Lähmungen
- Verwirrtheit

Bei plötzlich auftretenden neurologischen oder psychiatrischen Symptomen sollte daher immer der Blutzuckerspiegel kontrolliert werden!

10.7.2 Glucagon

Wirkungen

Glucagon hat katabole Wirkungen auf den Kohlenhydrat-, Fett- und Eiweißstoffwechsel und ist damit ein **Insulinantagonist.** Es bindet an einen membranständigen Rezeptor und löst die cAMP-Kaskade aus (► Kap. 1.7.1). In der Leber (nicht jedoch im Muskel) steigert Glucagon die Glykogenolyse und Gluconeogenese und hemmt zugleich die Glykogensynthese. Hierdurch steigt der Blutzuckerspiegel an.

Glucagon fördert den Proteinabbau, wobei die freigesetzten glucoplastischen Aminosäuren der Gluconeogenese zugeführt werden. Aufgrund des **Proteinkatabolismus** führt Glucagon zu einer Abnahme der Muskelmasse und des Körpergewichts und steigert die Bildung von Harnstoff, Kreatinin und Harnsäure: **negative Stickstoffbilanz.** Darüber hinaus fördert Glucagon in der Leber die **Ketonkörperbildung.**

Bildung und Regulation

Glucagon wird in den A-Zellen der Langerhans-Inseln produziert und ist ein Polypeptid aus 29 Aminosäuren. Die Sekretion von Glucagon wird stimuliert, wenn zu wenig Glucose im Blut vorhanden ist oder die Aminosäurekonzentration ansteigt. Auch Gastrin, Fasten, Stress und proteinreiche Mahlzeiten können die Glucagonsekretion stimulieren.

Das komplexe Zusammenspiel der den Energiehaushalt regulierenden Hormone, bei dem neben Insulin und Glucagon auch Catecholamine, Glucocorticoide, Wachstumshormon und die Schilddrüsenhormone beteiligt sind, ist in ► Tab. 10.7 zusammenfassend dargestellt.

10.7.3 Somatostatin

Somatostatin, ein Peptid aus 14 Aminosäuren, ist ein Hormon mit zahlreichen Wirkungen, und ver-

Tab. 10.7 Hormonelle Regulation des Kohlenhydrat- und Lipidstoffwechsels

Hormon	Blutzucker	Gluconeogenese	Glucoseaufnahme	Glykogensynthese	Glykogenolyse	Lipolyse	Lipidsynthese
Insulin	↓	↓	↑	↑	↓	∅	↑
Insulinantagonisten							
Glucagon	↑	↑	∅	↓	↑	↑	∅
Catecholamine	↑	∅	↓	∅	↑	↑	∅
Glucocorticoide	↑	↑	↓	↑	∅	↑	∅
Wachstumshormon	↑	↑	↓	∅	∅	↑	↓
Schilddrüsenhormone (T_3, T_4)	↑	↑	∅	∅	↑	↑	∅

schiedenen Produktionsorten. Es wirkt generell hemmend auf die Aktivität des Verdauungssystems:

- Das hypothalamisch produzierte Somatostatin hemmt die Freisetzung von Wachstumshormon (► Kap. 10.3.2.4).
  - Das Somatostatin der Langerhans-Inseln (D-Zellen) wirkt parakrin hemmend auf die Sekretion von Insulin und Glucagon.
- Somatostatin hemmt die exokrine Aktivität von Pankreas und Magen.
- Somatostatin wirkt hemmend auf die Kontraktilität der Gallenblase und die Motilität des Gastrointestinaltrakts.

10.8 Sonstige Hormone

Viele weitere endokrin aktive Substanzen werden nicht in den klassischen endokrinen Drüsen gebildet. Die wichtigsten Hormone oder Hormonklassen sollen hier kurz dargestellt werden.

10.8.1 Diffuses neuroendokrines System

Als diffuses neuroendokrines System (DNES) wird ein System endokriner Zellen bezeichnet, die zugleich Merkmale neuronaler Zellen besitzen. Diese Zellen stammen z. T. ontogenetisch von der Neuralleiste ab. Die wichtigste Funktion des DNES ist die Produktion von Hormonen oder hormonähnlich wirkenden biogenen Aminen oder Peptiden. Teile des DNES-Systems wurden früher als APUD-System (Amine Precursor Uptake and Decarboxylation) zusammengefasst. Zum DNES-System gehören (u. a.)

- die endokrinen Zellen des Hypophysenvorderlappens,
- die C-Zellen der Schilddrüse,
- die Inselzellen des Pankreas,
- die gastrointestinalen endokrinen Zellen,
- das Nebennierenmark,
- endokrin aktive Zellen des Bronchialsystems (Kultschitzky-Zellen).

Klinik

Tumoren des DNES werden als **neuroendokrine Tumoren** (früher: Karzinoide) bezeichnet. Hauptsächlich treten sie im Bereich des gastroenteropankreatischen Systems auf. Etwa die Hälfte produziert Hormone, wie z. B. Gastrin, VIP, Insulin oder Glucagon. Kurative Operationen sind nur in 20 % der Fälle möglich. Zur Linderung der Symptome können langwirkende Somatostatin-Analoga gegeben werden. Auch das kleinzellige Bronchialkarzinom ist ein neuroendokriner Tumor und kann z. B. ACTH (Cushing-Syndrom) oder ADH produzieren (SIADH, ► Kap. 9.3.4.3).

10.8.2 Histamin, Serotonin

10.8.2.1 Histamin

Histamin ist das biogene Amin des L-Histidins und in jedem Gewebe enthalten. Bei allergischen Reaktionen wird lokal Histamin freigesetzt, das die folgenden Wirkungen hervorruft:

- Dilatation der Gefäße: Blutdruckabfall
- Steigerung der Gefäßpermeabilität: Ödem
- Bronchokonstriktion: Luftnot, Asthma
- Starke Steigerung der Säureproduktion im Magen

10.8.2.2 Serotonin

Serotonin ist ein wichtiger Neurotransmitter im zentralen Nervensystem, hat aber auch periphere Wirkungen, wie die Beeinflussung von Gefäßmuskulatur, Bronchien und Darm. Stark vermehrte Produktion von Serotonin, z. B. durch einen neuroendokrinen Tumor, verursacht

- krisenhafte Blutdruckanstiege,
- Rötung des Gesichts durch Dilatation der Hautgefäße („Flush"),
- Spasmen der Bronchien und
- Durchfälle.

Serotonin wird in neuroendokrinen Zellen produziert, die ubiquitär in der Mukosa des Gastrointestinaltrakts und im Bronchialsystem lokalisiert sind.

10.8.3 Erythropoetin

Erythropoetin ist ein Glykoprotein, das in der Niere und zu einem sehr geringen Teil auch in der Leber produziert wird. Es stimuliert im Knochenmark die Erythropoese und führt so zu einem Anstieg der Erythrozytenzahl im Blut. Bei Hypoxie wird vermehrt Erythropoetin ausgeschüttet. Die gesteigerte Synthese von Erythropoetin wird dabei über einen Hypoxie-induzierten Faktor (HIF) vermittelt, der die Transkription des Erythropoetin-Gens im Zellkern stimuliert.

Mangel an Erythropoetin verursacht eine normozytäre, normochrome Anämie. Häufigste Ursache ist eine chronische Niereninsuffizienz. Therapie der Wahl ist die Gabe von gentechnisch hergestelltem Erythropoetin.

Klinik

Da sich die Sauerstofftransportkapazität des Blutes in gewissen Grenzen durch eine Anhebung der Erythrozytenzahl steigern lässt, wird Erythropoetin (EPO) in Ausdauersportarten auch als **Dopingmittel** eingesetzt. Besonders bei lang anhaltenden Höchstleistungen (z. B. Radrennen) stehen den Muskeln so mehr Sauerstoffträger zur Verfügung (► Kap. 6.3.2). Eine Steigerung der maximalen Sauerstoffaufnahme VO_2max (HMV × $avDO_2$, ► Kap. 6.2.3.4, ► Kap. 5.6.2.3) um 6–9 % ist so möglich. Diese Art des Dopings ist aber äußerst gefährlich. Mit zunehmender Erythrozytenzahl steigt nämlich auch die Blutviskosität (► Kap. 4.2.2.2) und dadurch das Risiko einer Thrombosebildung. Wegen mehrerer tödlicher Zwischenfälle (mit Hämatokritwerten teils > 60 %) wurde für viele Ausdauersportarten ein maximal zulässiger Hämatokritwert festgelegt, der im Radsport bei 50 % liegt.

10.8.4 Natriuretische Peptide

Zu den natriuretischen Peptiden zählen u. a. das atriale natriuretische Peptid (ANP, atrionatriuretischer Faktor, Atriopeptin) und das Brain-natriuretische Peptid (BNP).

10.8.4.1 Atriales natriuretisches Peptid (ANP)

Wirkungen

ANP wirkt blutdrucksenkend, indem es die Natriumausscheidung durch die Niere steigert. Dies führt zu einer Abnahme des intravasalen Flüssigkeitsvolumens.

In Verbindung mit der gefäßdilatatorischen Wirkung des ANP sinkt dadurch der Blutdruck. Darüber hinaus steigert ANP die glomeruläre Filtrationsrate und hemmt die Freisetzung von Renin, Aldosteron und Adiuretin. Auch diese Effekte setzen den Blutdruck herab. ANP ist dadurch ein Gegenspieler von Angiotensin II.

Bildung und Regulation

ANP wird in Myozyten des linken und rechten Herzvorhofs gebildet. Die Sekretion von ANP wird durch eine zunehmende Dehnung der Vorhöfe bei verstärkter Vorhoffüllung ausgelöst. (► Kap. 4.3.3.3).

10.8.4.2 Brain-natriuretisches Peptid (BNP)

Wirkungen

Das Brain-natriuretische Peptid (BNP) ist ein Analogon des ANP. Seine Wirkungen gleichen denen des ANP: Vasodilatation und Antagonisierung des Renin-Angiotensin-Aldosteron-Systems.

Bildung und Regulation

BNP wird im Hypothalamus und in den Muskelzellen der Herzventrikel gebildet. Der BNP-Spiegel im Blut korreliert dabei gut mit der Dehnung von Vorhöfen und Ventrikeln und mit der linksventrikulären Auswurffraktion.

Klinik

Da bei **Herzinsuffizienz** infolge der Pumpschwäche des Herzens der Körperwasserbestand erhöht ist und dadurch auch das intravasale Flüssigkeitsvolumen zunimmt, sind ANP und BNP in dieser Situation erhöht, um das Flüssigkeitsvolumen zu senken. Ein erhöhter BNP-Spiegel weist dabei mit hoher Spezifität eine Herzinsuffizienz nach und kann in Zweifelsfällen (z. B. polymorbide Patienten mit zusätzlicher Lungenerkrankung) die Diagnose sichern.

10.8.5 Prostaglandine

Mit dem Oberbegriff Prostaglandine (oder Eicosanoide) bezeichnet man eine große Gruppe von Abkömmlingen langkettiger, ungesättigter Fettsäuren mit 20 Kohlenstoffatomen und einem Ring aus 5 Kohlenstoffatomen, deren gemeinsame Vorstufe Arachidonsäure ist.

Prostaglandine sind im Organismus weit verbreitet und weisen vielfältige Wirkungen auf, wobei das gleiche Prostaglandin in verschiedenen Geweben oft unterschiedliche oder sogar gegensätzliche Effekte auslöst (► Abb. 10.8, ► Tab. 10.8).

Die Halbwertszeit der Prostaglandine im Blut ist sehr kurz (Sekunden bis Minuten). Sie werden direkt am Wirkungsort gebildet und wirken parakrin oder autokrin. Ihre Inaktivierung erfolgt vorwie-

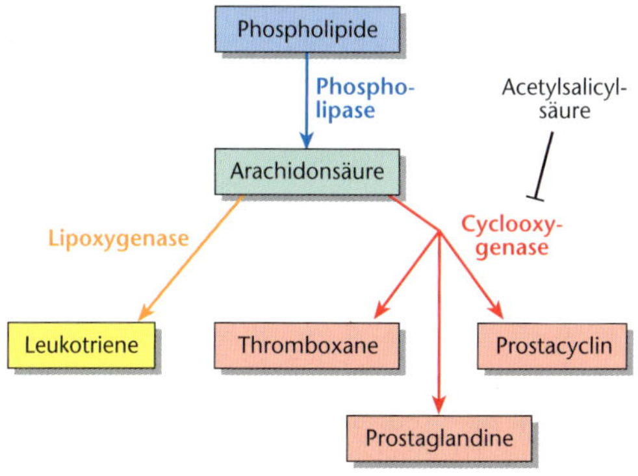

Abb. 10.8 Eicosanoidstoffwechsel.

Tab. 10.8 Wichtige Prostaglandine

Prostaglandin	Organ	Wirkung
PGA_1	Hirngefäße	Vasokonstriktion
PGA_2	Nierengefäße	Vasodilatation
PGD_2	Bronchialmuskulatur	Bronchokonstriktion
PGE_1	Uterus	Erschlaffung der Zervixmuskulatur
	Niere	Reninsekretion
PGE_2	Uterus	Erschlaffung der Zervixmuskulatur
	Eileiter	Kontraktion der Muskulatur
	Gefäße	Steigerung von Bradykinin und Histaminwirkungen
	Hypothalamus	Fieber
	Magen	Schleimproduktion
	Tubulussystem der Niere	Na^+-Reabsorption
	Bronchialmuskulatur	Erschlaffung
	Ductus arteriosus Botalli	Vasodilatation
	Gewebe	Senkung der Schwelle von Nozizeptoren: erhöhte Schmerzempfindlichkeit
$PGF_{2\alpha}$	Bronchialmuskulatur	Kontraktion
	Niere	Gefäßdilatation, Reninsekretion
	Uterus	Kontraktion des Myometriums
PGI_2 (= Prostacyclin)	Gefäße	Vasodilatation
	Thrombozyten	Hemmung der Aggregation
	Niere	Reninsekretion

Tab. 10.8 Wichtige Prostaglandine (Forts.)

Prostaglandin	Organ	Wirkung
TXA_2	Thrombozyten	Förderung der Aggregation
	Gefäße (inkl. Nierengefäße)	Vasokonstriktion

gend in der Lunge. Sie spielen u. a. eine wesentliche Rolle bei Entzündungen.

Klinik

Acetylsalicylsäure (ASS) und andere nichtsteroidale Antirheumatika (NSAR) hemmen das für die Umwandlung der Prostaglandinvorstufe Arachidonsäure in die aktiven Prostaglandine verantwortliche Enzym Cyclooxygenase (COX). Durch die Prostaglandinsynthesehemmung wirken diese Substanzen entzündungshemmend, analgetisch, fiebersenkend und antithrombotisch.

Lerntipp

Zielorgane und Wirkungen der Prostaglandine PGE_2 und PGI_2, (► Tab. 10.8) sowie der Mechanismus der ASS-Wirkung sind beliebte IMPP-Fragen.

10.8.6 Hormone der Fettgewebszellen

Fettgewebszellen (Adipozyten) dienen nicht nur als Energiespeicher, sondern steuern über die Sekretion von Hormonen aktiv den Kohlenhydrat- und Fettstoffwechsel und damit den Energiehaushalt.

10.8.6.1 Leptin

Wirkungen

Das Hormon Leptin (von griech. leptos = schlank) steuert (zusammen mit Insulin) im Hypothalamus die Langzeitregulation der Nahrungsaufnahme (► Kap. 20.9.1.2). Es hat dort eine **anorektische Wirkung,** d. h., es bewirkt die Umstellung des Stoffwechsels auf den Abbau von körpereigenen Energiereserven und die Reduktion der Nahrungsaufnahme. Außerdem reduziert Leptin die periphere Wirksamkeit von Insulin und hemmt die Insulinausschüttung in den B-Zellen des Pankreas.

Bildung und Regulation

Leptin wird von Adipozyten gebildet. Seine Konzentration hängt von der Fettgewebsmasse ab: Je mehr Fettgewebe vorhanden ist, desto höher sind die Leptinkonzentrationen im Serum. Leptin dient auf diese Weise als Adipositassignal.

Klinik

Bei (sehr seltenen) Mutationen der Gene für Leptin (ob-Gen) oder den Leptinrezeptor (db-Gen) wird der Leptinregelkreis unterbrochen: Es resultiert bei homozygoten Patienten ein starkes Übergewicht: **Adipositas.** In der Regel ist die zunehmende Häufigkeit von starker Fettleibigkeit in Industrienationen aber nicht durch monogene Mutationen bedingt. Ursache ist vielmehr ein Zusammentreffen von Überernährung, Bewegungsmangel und allgemeiner genetischer Disposition. Bei adipösen Patienten sind die Plasmaleptinspiegel erhöht, weil Leptin seine anorektische Wirkung nicht vermitteln kann und deswegen vermehrt sezerniert wird. Ursache dieser Leptinresistenz ist wahrscheinlich eine Down-Regulation der Leptinrezeptoren im Hypothalamus.

10.8.6.2 Adipokine

Adiponectin

Das Polypeptid Adiponectin ist ein Hormon der Fettgewebszellen und wird umgekehrt proportional zur Menge des Fettgewebes sezerniert, d. h., je mehr Fettgewebe vorhanden ist, desto weniger Adiponectin wird sezerniert. Die Höhe des im Blut zirkulierenden Adiponectins korreliert negativ mit dem Body Mass Index (BMI) und dem Ausmaß der Insulinresistenz, sodass Adiponectin wahrscheinlich die Insulinsensitivität der Insulinzielzellen fördert. So wirkt es der Insulinresistenz und damit einem Diabetes mellitus Typ 2 entgegen.

Resistin

Ein weiteres Polypeptid der Adipozyten ist Resistin, ein Hormon, dessen Blutspiegel positiv mit der Menge des Fettgewebes korreliert und – zumindest bei Mäusen – die Insulinresistenz erhöht.

10.8.7 Melatonin

Melatonin ist ein biogenes Amin, das in der Zirbeldrüse (Corpus pineale), einer Ausstülpung des Daches des III. Ventrikels, produziert wird. Die Zirbeldrüse erhält über Umwege vom retinohypothalamischen Trakt Informationen über den Hell-

Dunkel-Zyklus. Entsprechend wird die Melatoninproduktion durch Licht gehemmt und im Dunkeln gesteigert (► Kap. 20.6.1.2): Die Melatoninblutspiegel steigen mit Beginn der Nacht an und nehmen morgens ab.
Bei Tieren hat Melatonin wichtige Funktionen für den Fellwechsel, das Winterschlafverhalten und die Auslösung der Brunft. Für den Menschen ist lediglich gesichert, dass es auf physiologische Weise schlaffördernde Wirkungen aufweist. Mit zunehmendem Lebensalter lässt die Melatoninproduktion nach. Ob dies an den im Alter häufig zu findenden Schlafstörungen ursächlich beteiligt ist, ist unklar.

Klinik

Melatonin wird zur Behandlung des **Jetlag** auch therapeutisch eingesetzt. Beim Jet Lag kommt es durch die fehlende Synchronisierung von innerer Uhr und Ortszeit zu Schlafstörungen, Schwindel, Stimmungsschwankungen und verminderter Leistungsfähigkeit. Die Einnahme von Melatonin zur angestrebten Einschlafzeit am Zielort (22–24 Uhr) reduziert bei Flügen über mehr als 5 Zeitzonen, vor allem in östlicher Richtung, die Symptome des Jet Lags deutlich.

11

Sexualentwicklung, Reproduktionsphysiologie und Alter

mediscript Online

IMPP-Hits

- Schwangerschaft: physiologische Veränderungen von Atmung und Kreislauf, hCG-Wirkungen
- Laktation: Oxytocin- und Prolaktinwirkungen
- Menstruationszyklus: Kurven von Temperatur und Hormonen

11.1 Wegweiser

In diesem Kapitel werden die vorwiegend hormonell gesteuerte weibliche und männliche Reproduktionsphysiologie, die physiologischen Veränderungen bei Geschlechtsverkehr (► Kap. 11.5), Schwangerschaft (► Kap. 11.6) und Laktation (► Kap. 11.7) sowie die Entwicklung der sexuellen Differenzierung des Embryos (► Kap. 11.8) besprochen.

Für die weibliche Reproduktionsphysiologie sind Kenntnisse der hormonellen Wirkungen von Ös-

trogenen, Gestagenen und Androgenen (► Kap. 11.2) sowie die Veränderungen physiologischer Parameter während des Menstruationszyklus wichtig (► Kap. 11.3). Beim Mann produziert der Hoden (► Kap. 11.4) als Sexualorgan neben dem Hormon Testosteron (endokrine Funktion) auch die Spermien (exokrine Funktion).
Abgerundet wird das Kapitel mit einem kurzen Einblick in die Physiologie des Alterns (► Kap. 11.9). Während zu den Ursachen des Alterns noch erheblicher Forschungsbedarf besteht (► Kap. 11.9.2), sind die unausweichlichen, altersbedingten Veränderungen aller Organsysteme ärztlicher Alltag der klinischen Medizin (► Kap. 11.9.3).

11.2 Weibliche Sexualhormone

Zu Beginn der **Pubertät** bei einem Mädchen werden Hypothalamus und Hypophyse aktiviert. Mit etwa dem 10. bis 11. Lebensjahr steigen dadurch die Konzentrationen von luteinisierendem Hormon (LH) und follikelstimulierendem Hormon (FSH) im Blut an:

- FSH stimuliert im Ovar die Bildung von Östrogenen.
- Die Östrogene bewirken die Ausprägung der weiblichen Geschlechtsmerkmale mit Wachstum von
  - Brustdrüse (Mamma),
  - Eileiter (Tube),
  - Gebärmutter (Uterus),
  - Scheide (Vagina) und
  - kleinen Schamlippen (Labia minora).
- Androgene sind für die Ausbildung der Scham- und Achselbehaarung sowie das Wachstum der großen Schamlippen (Labia majora) verantwortlich. Sie werden überwiegend in den Nebennieren gebildet (► Kap. 10.5.4).

11.3 Menstruationszyklus

Die **Menarche** ist der Zeitpunkt der ersten Menstruationsblutung. In der Folge bildet sich der Menstruationszyklus aus. Der Menstruationszyklus beruht auf sich regelmäßig wiederholenden Wechselwirkungen von hypothalamischem GnRH, hypophysärem LH und FSH sowie den ovariellen Östrogenen und Gestagenen.

11.3.1 Zeitlicher Ablauf

Der Menstruationszyklus wird in 4 Phasen eingeteilt (► Abb. 11.1):

1. Follikelphase
2. Ovulation
3. Lutealphase
4. Menstruation

11.3.1.1 Follikelphase

Im Ovar befinden sich gleichzeitig viele Follikel unterschiedlicher Reifegrade. Der in der Entwicklung am weitesten fortgeschrittene Follikel (= dominanter Follikel) spricht auf die während der Menstruation und in der Follikelphase relativ hohen Blutspiegel von FSH an und beginnt verstärkt zu wachsen. Aufgrund der Stimulation durch FSH produzieren die Granulosazellen dieses Follikels vermehrt Östrogene, hauptsächlich Östradiol. Die Östrogenspiegel im Blut steigen an. Hierdurch wird über eine negative Rückkopplung der FSH-Spiegel gesenkt.

11.3.1.2 Ovulation

Wenn die Östrogenkonzentration im Blut für 2 Tage deutlich erhöht ist (> 200 pg/ml), kommt es jedoch zu einer positiven (!) Rückkopplung von Östrogen auf die Freisetzung von LH aus der Hypophyse: Ovulationsgipfel von LH. Durch diesen LH-Anstieg wird die Ovulation ausgelöst.

11.3.1.3 Lutealphase

LH aktiviert Enzyme, welche die Follikelwand andauen und so die Freisetzung der reifen Eizelle ermöglichen: Ovulation (Eisprung). Nach der Ovulation entsteht aus dem Follikel das Corpus luteum (der Gelbkörper), Theka- und Granulosazellen wandeln sich in Lutealzellen um. Unter dem Einfluss von LH beginnen die Lutealzellen des Gelbkörpers Progesteron zu produzieren: Lutealphase. Die Östradiolproduktion geht dagegen nach der Ovulation vorübergehend zurück.

11.3.1.4 Menstruation

Im Verlauf der Lutealphase kommt es dann zu einem erneuten Anstieg der Östrogene, die jetzt den Lutealzellen entstammen. Zusammen mit Progesteron üben sie nun eine negative Rückkopplung auf LH und FSH aus: Die Blutspiegel

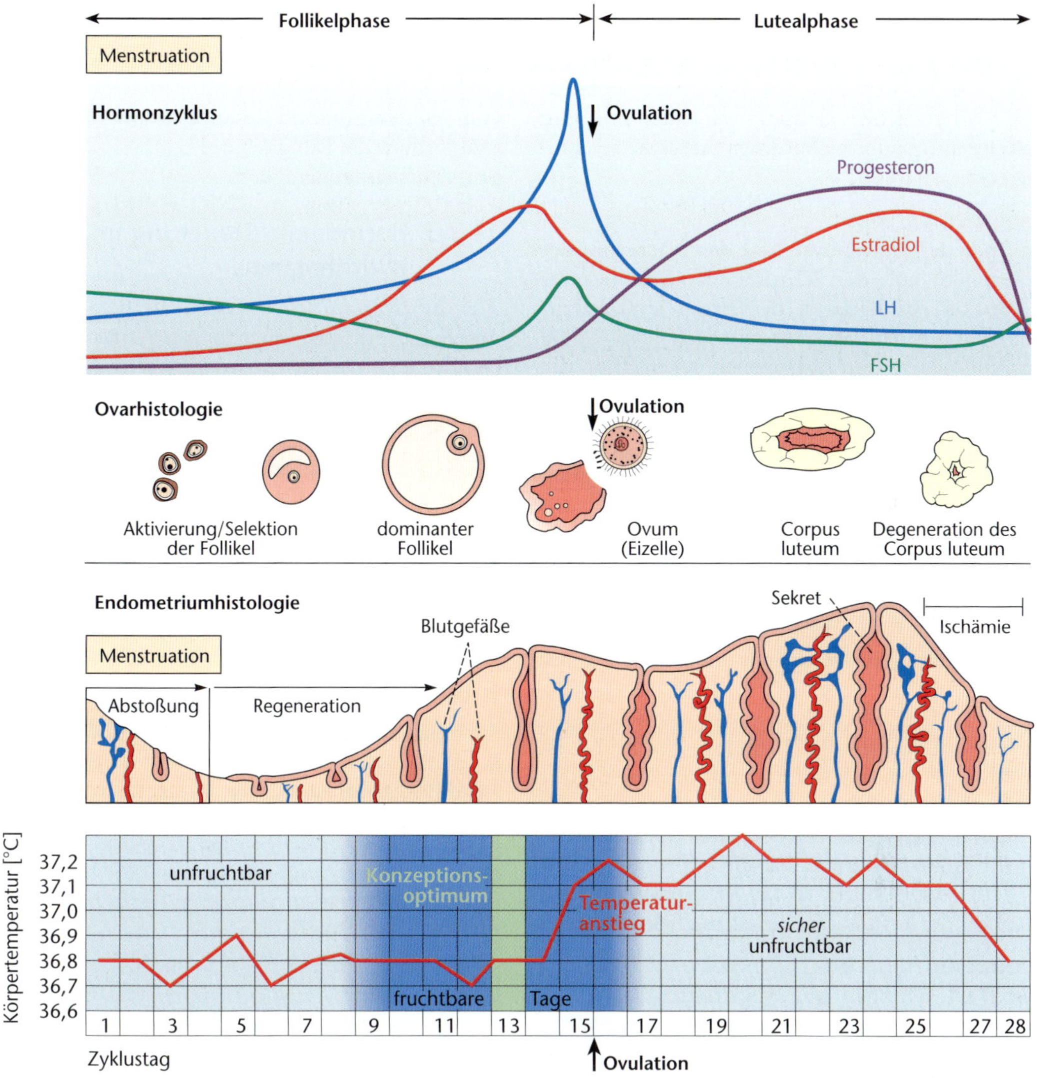

Abb. 11.1 Zyklische Veränderungen von Endometrium und Ovar in Abhängigkeit von den Hormonspiegeln im Blut. Nach [4]

von FSH und LH sinken. Dieser Abfall von LH und FSH führt zur Regression des Corpus luteum. Dadurch sinkt die Produktion von Progesteron und Östradiol zum Ende der Lutealphase rasch ab und die Menstruation wird ausgelöst (▸ Abb. 11.1).

11.3.2 Zyklische Veränderungen

Die zyklische Veränderung der Blutspiegel von Östradiol und Progesteron bewirkt entsprechende zyklische Veränderungen der Schleimhäute von Gebärmutter und Scheide sowie der Körpertemperatur (▸ Tab. 11.1).

11.3.2.1 Schleimhautveränderungen

Proliferationsphase

In der Follikelphase regeneriert sich die Gebärmutterschleimhaut (Endometrium) unter dem Einfluss von Östrogenen. Dabei nehmen Schleimhautdicke sowie Größe und Anzahl der Schleimhautzellen zu.

Sekretionsphase

In der Lutealphase wandelt sich die Schleimhaut unter dem Einfluss des Progesterons in eine sekretorische Schleimhaut um. Die in der Schleimhaut vorhandenen Drüsen wachsen mit der Schleimhaut, bleiben allerdings unverzweigt und gestreckt.

Desquamationsphase

Am Ende der Lutealphyse hört das Wachstum der Schleimhaut auf, die Schleimhaut wird lockerer und stärker vaskularisiert, die Drüsen sind zunehmend korkenzieherartig geschlängelt. Der Abfall von Progesteron und Östrogenen gegen Ende des Zyklus leitet die Menstruation, d.h. die Abstoßung des Endometriums und damit die Desquamationsphase ein. Die Menstruation beruht also auf einem rasch eintretenden Mangel an Sexualsteroiden: Entzugsblutung.

11.3.2.2 Sekretveränderungen

Im Gebärmutterhals (Zervix) erfährt das dort unter dem Einfluss von Östrogenen produzierte Sekret zyklische Veränderungen, die eine große Bedeutung für die mögliche Befruchtung der Eizelle haben. In der Follikelphase steigt die Sekretproduktion um das 10- bis 30-Fache, das Sekret ist dünnflüssig, die Viskosität nimmt ab. Die Spinnbarkeit des Sekrets erreicht zum Zeitpunkt der Ovulation (Zeitpunkt der höchsten Östrogenspiegel) ihr größtes Ausmaß. Zu diesem Zeitpunkt ist das Zervixsekret maximal für Spermien durchlässig. Nach der Ovulation nimmt die Sekretbildung der Zervix mit steigendem Progesteronspiegel wieder ab; das produzierte Sekret wird zunehmend zähflüssiger.

In der Scheide bewirken Östrogene eine Zunahme von Proliferation und Keratinisierung des Epithels und fördern die Fähigkeit des Epithels zur Produktion der Vaginalflüssigkeit.

Tab. 11.1 Östrogen- und Progesteron

Östrogen	Progesteron
• Proliferationsphase des Endometriums • Verflüssigung des Zervixschleimpfropfes • Wasser- und NaCl-Retention in der Niere • Erhöhte Gerinnungsneigung des Blutes • Reifung von Ei und Follikel • Bremsung des Längenwachstums • Senkung des Cholesterinspiegels	• Sekretionsphase des Endometriums • Verfestigung des Zervixschleimpfropfes • Vermehrte NaCl-Ausscheidung in der Niere • Wachstum der Uterusmuskulatur • Entwicklung des Milchgangsystems der Brustdrüsen • Körpertemperaturanstieg um 0,5–1 °C

11.3.3 Hormonelle Steuerung im Hypothalamus

Auf hypothalamischer Ebene wird der Zyklus durch die pulsatile Abgabe von GnRH gesteuert (► Kap. 10.3.1.1). Dabei wird GnRH in der Follikelphase alle 60–90 Minuten und in der Lutealphase alle 120–180 Minuten freigesetzt. Die Bindung von GnRH an den GnRH-Rezeptor in der Hypophyse führt über einen Ca^{2+}-Ionen-Einstrom zur Exozytose von FSH und LH enthaltenden Granula. Östrogene und Gestagene hemmen normalerweise über eine negative Rückkopplung die Freisetzung von GnRH, FSH und LH. Vor der Ovulation allerdings wird eine positive Rückkopplung des Östrogenspiegels auf die GnRH- und LH-Freisetzung beobachtet.

Klinik

GnRH-Antagonisten binden kompetitiv und reversibel an die GnRH-Rezeptoren im Hypothalamus. Hierdurch wird die Freisetzung von LH und FSH und damit auch die Östrogensekretion im Ovar bei Frauen oder die Testosteronproduktion im Hoden beim Mann (► Kap. 11.4) supprimiert. GnRH-Antagonisten werden u.a. in der Fertilitätsbehandlung eingesetzt. Hier dienen sie der Unterdrückung einer Spontanovulation durch Blockierung der LH-Wirkungen. So kann die Ovulation durch die Injektion des LH-Analogons hCG (► Kap. 11.6.2) zum gewünschten Zeitpunkt gezielt ausgelöst werden.

11.3.4 Kontrazeption

11.3.4.1 Temperaturmethode

Der nach der Ovulation ansteigende Progesteronspiegel führt durch eine Verstellung des Sollwerts zu einer Zunahme der Körpertemperatur um 0,3–0,5 °C. Dieser Effekt kann zur Feststellung des Ovulationszeitpunkts ausgenutzt werden, worauf die sog. Temperaturmethode zur Schwangerschaftsverhütung beruht.

11.3.4.2 Hormonelle Kontrazeption

Höhere Sicherheit als dieses Verfahren bietet die hormonelle Kontrazeption. Hierbei wird durch die Einnahme von Östrogenen und Gestagenen über eine negative Rückkopplung die Freisetzung von luteinisierendem Hormon (LH) und follikelstimulierendem Hormon (FSH) verhindert. Dadurch unterbleibt die Ovulation.

11.3.4.3 Pearl-Index

Ein Maß für die Zuverlässigkeit einer Methode zur Schwangerschaftsverhütung ist der Pearl-Index: Zahl der Schwangerschaften auf 1.200 Menstruationszyklen (= 100 Anwenderjahre), während deren die Methode eingesetzt wurde. Die Temperaturmethode zur Schwangerschaftsverhütung weist einen Pearl-Index von 10–30 auf, der Pearl-Index der hormonellen Verhütungsmethoden liegt zwischen 0,16 und 1,2.

Merke

Der weibliche Zyklus in Kurzform:
- FSH → Follikelwachstum → Östrogenproduktion ↑ → LH ↑ → Ovulation
- Corpus luteum → Progesteronproduktion → LH ↓, FSH ↓ → Östrogen ↓, Progesteron ↓ → Menstruation

11.4 Hodenfunktion

Die Hoden haben eine Doppelfunktion:
- Sie sind ein **endokrines Organ** und synthetisieren in den Leydig-Zellen das männliche Sexualhormon Testosteron
- Sie sind eine **exokrine Drüse** und produzieren in den Tubuli seminiferi die Spermien.

11.4.1 Testosteronwirkung

11.4.1.1 Embryonalphase

Testosteron ist das wichtigste Androgen. In der Embryonalphase fördert es gemeinsam mit 5α-Dihydrotestosteron die Ausprägung der inneren und äußeren Geschlechtsorgane, wobei Testosteron die Entwicklung der Derivate des Wolff-Gangs (Nebenhoden, Vas deferens, Samenblase) fördert, 5α-Dihydrotestosteron dagegen die Entwicklung von Penis und Skrotum. In der anschließenden präpubertären Phase ruht die Androgenproduktion.

11.4.1.2 Pubertät

Mit Beginn der Pubertät setzt infolge der Aktivierung von Hypothalamus und Hypophyse und dem Anstieg des luteinisierenden Hormons (LH) im Blut eine langsame, stetig zunehmende Produktion von Testosteron ein, die zur **Virilisierung** des Jungen führt.

Die Androgene bewirken nicht nur ein Wachstum von Penis und Skrotum, sondern auch des Kehlkopfs: Stimmbruch mit Ausbildung einer tieferen Stimme. Testosteron ist für die Ausbildung der männlichen Sekundärbehaarung verantwortlich: Bartwuchs, Brust- und Bauchhaare. In der Haut steigert Testosteron die Talgproduktion, was zu Akne führen kann (▸ Tab. 11.2).

11.4.1.3 Erwachsenenalter

Am Kopfhaar fördert Testosteron den Haarausfall: androgene Alopezie. Auf Knochen und Muskeln hat Testosteron anabole Wirkung. Dadurch ist die Muskel- und Knochenmasse größer und die Stickstoffausscheidung im Urin niedriger als bei Frauen.

Tab. 11.2 Androgene: Zielgewebe und Wirkungen

Zielgewebe	Wirkungen	Entwicklungsphase	Aktives Steroid
Wolff-Gang	Stimulation von Wachstum und Differenzierung	Embryonal	Testosteron
Äußere Genitalien	Maskulinisierung und Wachstum	Embryonal, Pubertät	DHT
Sinus urogenitalis	Maskulinisierung und Wachstum	Embryonal, Pubertät	DHT
Knochen	Schluss der Epiphysenfugen, anabole Wirkung	Pubertät, Erwachsene	Östradiol
Kehlkopf	Wachstum mit Verlängerung der Stimmbänder	Pubertät	Testosteron, DHT

DHT = Dihydrotestosteron

Tab. 11.2 Androgene: Zielgewebe und Wirkungen (Forts.)

Zielgewebe	Wirkungen	Entwicklungsphase	Aktives Steroid
Haut	Stimulation der Talgproduktion, Stimulation der Körperbehaarung und des Bartwuchses, Reduktion des Haupthaares (androgene Alopezie)	Pubertät, Erwachsene	DHT
Niere	Stimulation der Erythropoetinproduktion	Pubertät, Erwachsene	Testosteron, DHT
Leber	Enzyminduktion, Beeinflussung der Proteinsynthese	Pubertät, Erwachsene	Testosteron, DHT
Fettstoffwechsel	HDL-Cholesterin ↓, LDL-Cholesterin ↑	Pubertät, Erwachsene	Testosteron, DHT
Knochenmark	Stimulation der Erythropoese	Pubertät, Erwachsene	Testosteron, DHT
Muskulatur	Anabole Wirkung	Pubertät, Erwachsene	Testosteron
Hoden	Stimulation und Aufrechterhaltung der Spermatogenese	Pubertät, Erwachsene	DHT, Östradiol
Prostata	Stimulation von Wachstum und Funktion	Pubertät, Erwachsene	DHT, Östradiol
Brustdrüse	Inhibierung des Wachstums	Pubertät, Erwachsene	Testosteron, DHT
Hypophyse	Negatives Feedback auf die FSH- und LH-Sekretion	Pubertät, Erwachsene	Testosteron, DHT
Hypothalamus	Negatives Feedback auf die GnRH-Sekretion	Pubertät, Erwachsene	Testosteron, Östradiol
Gehirn	Psychische Aktivierung und Libido	Pubertät, Erwachsene	Testosteron, DHT, Östradiol

DHT = Dihydrotestosteron

Testosteron stimuliert die Erythropoese. Daher haben Männer einen höheren Hämoglobinwert als Frauen. Darüber hinaus fördert Testosteron Libido und Potenz und steuert Produktion und Zusammensetzung der Sekrete von Nebenhoden, Samenblase und Prostata.

Klinik

Durch synthetisch hergestellte Testosteronderivate lässt sich ein deutlicher Zuwachs an Muskelmasse und -kraft erreichen. Als Nebenwirkungen dieser **anabolen Steroide** können Leberschäden, Hypertonie und Psychosen auftreten. Langfristig führt ein Anabolikamissbrauch über die Wirkungen der Androgene auf den Fettstoffwechsel mit Senkung von HDL-Cholesterin und Steigerung von LDL-Cholesterin zu einer beschleunigten Arteriosklerose. Bei Jugendlichen wird unter Anabolika ein vorzeitiger Wachstumsstopp beobachtet. Bei Frauen tritt zusätzlich eine Virilisierung mit irreversiblen Stimmveränderungen auf.

Merke

Wirkungen des Testosterons auf die Entwicklung:
- Embryonalzeit
  - Sexuelle Differenzierung
- Pubertät
  - Virilisierung
- Erwachsenenalter
  - Aufrechterhaltung des Phänotyps
  - Sexualfunktionen
  - Anabole Effekte

11.4.2 Regulation der Testosteronbildung

Die Produktion von Testosteron wird durch das luteinisierende Hormon (LH) der Hypophyse gesteuert. Dieses bindet an Membranrezeptoren der Leydig-Zellen des Hodens und stimuliert dort die Produktion von Testosteron durch Aktivierung des Schlüsselenzyms der Steroidogenese, der 20,22-Desmolase (Umwandlung von Cholesterin zu Pregnenolon). Testosteron hemmt über ein negatives Feedback die Freisetzung von LH und FSH in der Hypophyse sowie von GnRH im Hypothalamus.

11.4.3 Testosteronumwandlung

11.4.3.1 Aromatase

Die Wirkungen von Testosteron werden überwiegend direkt von Testosteron ausgeübt. Zahlreiche Gewebe verfügen jedoch über Enzyme, die Testosteron zu anderen Steroiden umwandeln und dann wieder an das Blut abgeben. So findet sich z. B. in Fettgewebe, ZNS und Knochen das Enzym Aromatase, das Testosteron zu Östradiol metabolisiert. Auf diese Weise werden speziell die knochenanabolen Effekte und vermutlich auch ein Teil der psychischen Wirkung (z. B. auf die Libido) von Östradiol vermittelt.

11.4.3.2 5α-Reduktase

Ferner werden etwa 10 % des Testosterons durch das Enzym 5α-Reduktase zu 5α-Dihydrotestosteron (DHT) reduziert. DHT ist ein wesentlich potenteres Androgen als Testosteron, da es mit 10-fach höherer Affinität an den Androgenrezeptor bindet. DHT ist besonders wichtig für die Ausprägung der Körperbehaarung und die Prostatafunktion.

11.4.3.3 Testosteronmetaboliten

Die durch die Aromatase und die 5α-Reduktase produzierten Testosteronmetaboliten Östradiol und DHT tragen zum Wirkspektrum von Testosteron bei. Ungefähr 80 % des zirkulierenden DHT und 75 % des Östradiols entstammen aus der Umwandlung von Testosteron in der Peripherie. Der Rest wird jeweils vom Hoden selbst sezerniert.

11.4.4 Spermienproduktion

Gemeinsam mit FSH führt Testosteron in der Pubertät zum Beginn der Spermienproduktion. FSH bindet an Rezeptoren der Sertoli-Zellen in den Tubuli seminiferi der Hoden und fördert dort die Produktion verschiedener Peptide, u. a. von Transferrin, Inhibin und Androgen bindendem Protein (ABP):

- **Inhibin** hemmt über einen Rückkopplungsmechanismus die FSH-Freisetzung im Hypophysenvorderlappen.
- **ABP** ist für den Transport und die Aufrechterhaltung ausreichender Testosteronkonzentrationen in den Tubuli seminiferi verantwortlich.

Gemeinsam stimulieren Testosteron (direkt) und FSH (über die Sertoli-Zelle vermittelt) die Spermienbildung (Spermatogenese).

Blut-Hoden-Schranke

Tight Junctions zwischen den Sertoli-Zellen bilden die sog. Blut-Hoden-Schranke. Sie verhindert, dass Spermien in den Blutkreislauf gelangen und so eine Autoimmunreaktion auslösen. Infektionen oder Traumen können die Blut-Hoden-Schranke verletzen und so zur Ursache einer autoimmunen Infertilität werden.

Merke

Wirkungen von Testosteron:
- Primäre und sekundäre Geschlechtsmerkmale, u. a. Stimmbruch, Behaarung, Talgproduktion, Libido, Potenz, Spermienproduktion, Wachstum und Sekretion von Prostata, Nebenhoden, Samenblase
- Proteinanabol
- Knochenanabol
- Stimulation der Erythropoese

11.5 Kohabitation

11.5.1 Genitalreflexe bei der Frau

Die Genitalreflexe unterliegen einer komplexen Steuerung des vegetativen und des somatischen Nervensystems sowie psychischer Stimuli.
Man unterteilt den sexuellen Reaktionszyklus in 3 Phasen:
- Erektion
- Transsudation
- Orgasmus

Afferenzen aus allen Bereichen der Sexualorgane (Vulva, Vagina, perineale Region, Mammae) sind geeignet, die sexuelle Stimulation auszulösen. Besonders reich an afferenten Fasern ist die Klitoris, die darin das Äquivalent zur Glans penis beim Mann darstellt.
Durch lokale Stimulation der Klitoris ausgelöste Afferenzen erreichen das Sakralmark über den N. pudendus und werden dort auf efferente parasympathische Neurone umgeschaltet. Parallel dazu werden diese Informationen an supraspinale Zentren weitergeleitet.

11.5.1.1 Erektion

Vergleichbar der Erektion des Mannes verändert sich bei sexueller Stimulation das erektile Gewebe der Frau. Es handelt sich dabei besonders um das den vaginalen Introitus umgebende Gewebe einschließlich der Labia majora et minora sowie die Klitoris. Die durch Vasokongestion vergrößerten Labia minora verlängern den Vaginalzylinder. Die Labia majora weichen nach lateral aus und schwellen durch Blutfüllung an. Die Klitoris vergrößert sich und verschiebt sich in Symphysenrichtung.
Diese Veränderungen beruhen auf parasympathischen Efferenzen aus dem Sakralmark.

11.5.1.2 Transsudation

Parasympathische Impulse sind wahrscheinlich auch für die Transsudation der Vaginalflüssigkeit verantwortlich, die durch ein Zusammenwirken von Bartholini-Drüsen und Vaginalepithel zustande kommt. Die Transsudation setzt kurze Zeit nach Beginn der sexuellen Stimulation ein.

11.5.1.3 Orgasmus

Die sich während der Transsudationsphase ausbildende orgastische Manschette entsteht durch Verlängerung und Erweiterung des Vaginalschlauches. Der Höhepunkt der sexuellen Erregung der Frau (Orgasmus) geht mit rhythmischen Kontraktionen dieser Region einher, die wahrscheinlich sympathisch vermittelt sind. Diese Phase ist der Emissions- und Ejakulationsphase des Mannes vergleichbar.

11.5.2 Genitalreflexe beim Mann

Auch der sexuelle Reaktionszyklus beim Mann durchläuft 3 Phasen:
- Erektion
- Emission
- Ejakulation

11.5.2.1 Erektion

Beim Mann stellt die mit vielen dicht beieinander liegenden Rezeptoren versehene Glans penis neben der psychischen Stimulation die wichtigste Quelle sexueller Erregung dar. Hierbei laufen die Afferenzen ebenfalls über den N. pudendus zum Erektionszentrum im Sakralmark. Vor allem parasympathische efferente Neurone im N. pelvicus lösen dann die vasomotorischen Reaktionen aus, die zur Erektion führen (s. u.).

Bei zerstörtem Sakralmark können etwa 25 % der Männer eine Erektion psychisch auslösen. Die dabei entscheidenden vegetativen Efferenzen stammen vom Sympathikus, dessen genaue Rolle beim Gesunden nicht bekannt ist.

Dilatation der Arteriolen

Wie bei der Frau beruht die Vergrößerung der äußeren Geschlechtsorgane auf einer Vasokongestion. Die Erektion wird eingeleitet durch die Dilatation der Arteriolen der Corpora cavernosa mit vermehrtem Bluteinstrom. Dadurch werden die venösen Sinus vermehrt gefüllt. Die Dilatation der Arteriolen erfordert die initiale Erschlaffung ihrer glatten Gefäßmuskulatur. Dies wird u. a. durch Stickstoffmonoxid (NO) (► Kap. 4.5.2.4) hervorgerufen, dessen Wirkung über ein cGMP-System vermittelt wird. cGMP wird in den Corpora cavernosa von einer Phosphodiesterase Typ 5 (PDE-5) abgebaut.

Kompression der Venen

Da die Corpora cavernosa von einer festen Bindegewebsmembran umgeben sind, werden durch die Füllung allmählich zahlreiche kleinere Venen, die das Blut aus den Corpora ableiten, durch die Bindegewebsmembran mechanisch abgedrückt. Hierdurch verringert sich der Blutabfluss, sodass bei unverändertem Einstrom die Füllung ansteigt und Schwellung und Rigidität des Penis zunehmen.

Klinik

PDE-5-Hemmer (z. B. Sildenafil, Tadalafil, Vardenafil) hemmen den Abbau von cGMP und verstärken so die Wirkung von NO an der glatten Gefäßmuskulatur. Dadurch können sie zur Verbesserung der Erektion bei Erektionsstörungen beitragen. Da die PDE-5-Hemmer sehr selektiv nur die in den Corpora cavernosa lokalisierte PDE-5 hemmen, ist eine generalisiert gefäßdilatierende Wirkung nur dann festzustellen, wenn gleichzeitig Stickstoffdonatoren (z. B. Nitrate, Molsidomin) eingenommen werden.

11.5.2.2 Emission

Sympathische Efferenzen führen zur Kontraktion von Epididymis, Ductus deferens, Vesicula seminalis und Prostata. Die Sekrete der Drüsen treten in die Urethra ein. Durch Erregung sympathischer Fasern kontrahiert sich reflektorisch der M. sphincter vesicae internus, um einen Rückfluss der Sekrete in die Blase zu verhindern.

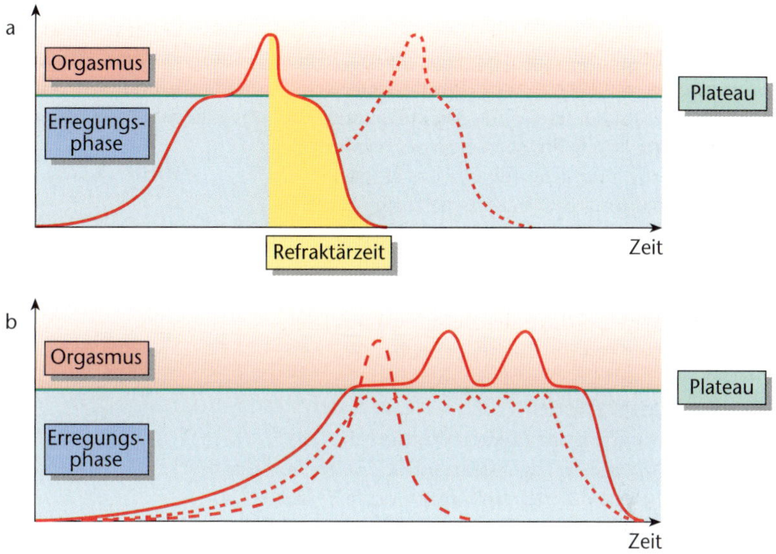

Abb. 11.2 Sexueller Reaktionszyklus bei Mann **(a)** und Frau **(b)**. Während der Verlauf beim Mann recht einheitlich ist, können bei der Frau sehr unterschiedliche Formen vorkommen.

11.5.2.3 Ejakulation

Der Orgasmus des Mannes beginnt mit der Emission und endet nach der Ejakulation. Zur Ejakulation kommt es durch Reizung von Afferenzen in Urethra, Prostata, Nebenhoden, Ductus deferens und Vesicula seminalis, die zum Thorakolumbalmark geleitet werden.

Die Ejakulation wird sympathisch vom Thorakolumbalmark (L_2/L_3) vermittelt. Die begleitenden tonisch-klonischen Kontraktionen der Mm. bulbo- und ischiocavernosus sowie der Beckenbodenmuskulatur werden dagegen durch somatische Efferenzen des Sakralmarks ausgelöst.

Auf den Orgasmus folgt eine Refraktärzeit von individuell unterschiedlicher Länge, in der durch sexuelle Stimulation kein weiterer Orgasmus erreicht werden kann (▸ Abb. 11.2).

Klinik

Männer mit zerstörtem Sakralmark können, wenn sie psychisch eine Erektion auslösen konnten, auch eine Emission und Ejakulation mit begleitendem Orgasmus haben, da ja das dafür notwendige Thorakolumbalmark (Sympathikus) noch intakt ist.

11.5.2.4 Neurovegetative Begleitreaktionen

Neben den genannten Vorgängen im Bereich der Sexualorgane kommt es zu einer Reihe von neurovegetativen Begleitreflexen: Herzfrequenz, Blutdruck und Atemfrequenz steigen an, die Skelettmuskulatur kontrahiert sich, die Hautarteriolen werden erweitern: Sexflush.

11.6 Schwangerschaft

Lerntipp

Physiologische Veränderungen in der Schwangerschaft sind der IMPP-Schwerpunkt dieses Kapitels. Die häufig gefragten Themen Schwangerschaftshydrämie, Schwangerschaftshyperventilation, hCG und fetoplazentare Einheit sollten Ihnen daher nach dem Studium der folgenden Abschnitte vertraut sein.

11.6.1 Befruchtung und Implantation

11.6.1.1 Befruchtung

Vom Zeitpunkt der Ovulation an gerechnet ist die Eizelle nur etwa 12–18 Stunden befruchtungsfähig. Nach einem Geschlechtsverkehr dringen die männlichen Spermien durch den dünnflüssigen Zervixschleim in den Uterus ein und erreichen nach 4–6 Stunden den Eileiter. Auf ihrem Weg dorthin reifen die Spermien durch Östrogeneinfluss: **Kapazitation.** Hierbei wird der Glykoproteinüberzug des Spermienkopfes entfernt und das Spermium zur Befruchtung der Eizelle befähigt. Die Befruchtung erfolgt in der Regel im ampullären Teil der Tuba uterina.

Das Spermium bindet dabei an speziesspezifische Rezeptoren der die Eizelle umgebenden Zona pellucida. Dies löst die Akrosom-Reaktion aus, die dem Spermium durch Freisetzung von Hyaluronidasen und Phospholipasen die Durchdringung der Zona pellucida und die Verschmelzung mit der Plasmamembran der Eizelle ermöglicht.

Eine Konzeption ist auch bei einem Verkehr bis zu 5 Tage vor dem Eisprung möglich, da die Spermien im Zervixschleim 2–5 Tage befruchtungsfähig bleiben und in dieser Zeit die Eileiter erreichen können.

11.6.1.2 Implantation

Nach der Befruchtung im Eileiter wandert die Morula innerhalb von 3–4 Tagen durch die Eileiter in die Gebärmutter und nistet sich am 6. oder 7. Tag nach der Ovulation – dann bereits zur Blastozyste entwickelt – in die Gebärmutterschleimhaut ein, die sich zu diesem Zeitpunkt in der Sekretionsphase befindet: Implantation oder Nidation.

11.6.2 Choriongonadotropin

Wirkung

Schon vor der Einnistung (Nidation) beginnt die Produktion des Hormons Choriongonadotropin (hCG, h = human) durch spezialisierte Zellen der Blastozyste, die später den Synzytiotrophoblasten bilden und sich mit dem mütterlichen Endometrium verbinden. Dieses hCG übernimmt die Funktion des luteinisierenden Hormons (LH) und stimuliert das Corpus luteum (Gelbkörper) zur Fortführung und Steigerung der Produktion von Progesteron, was die Einnistung des Eies fördert. Durch Aufrechterhaltung eines ausreichenden Progesteronspiegels wird die Abstoßung des Endometriums mit dem Trophoblasten verhindert.

Der Gelbkörper ist für die Progesteronproduktion im ersten Drittel der Schwangerschaft verantwortlich. Im weiteren Verlauf der Schwangerschaft wird die Progesteronproduktion von der Plazenta übernommen. Die hCG-Bildung geht daher ab der 10. Schwangerschaftswoche zurück.

Struktur

Humanes Choriongonadotropin ist ein Glykoprotein (wie auch die Hypophysenhormone TSH, FSH und LH) und weist die den Hypophysenhormonen gemeinsame α-Untereinheit auf. Die β-Untereinheit des Choriongonadotropins, welche die Glykoproteine unterscheidet und für die spezifische Wirkung verantwortlich ist, ist der β-Untereinheit des luteinisierenden Hormons sehr ähnlich. Daher wirkt hCG wie luteinisierendes Hormon.

> **Klinik**
>
> Der frühzeitige Anstieg des humanen Choriongonadotropins zu Beginn der Schwangerschaft erlaubt es, die hCG-Bestimmung im Urin als **Schwangerschaftstest** einzusetzen: positive Ergebnisse 8–10 Tage nach ausgebliebener Menstruation. Der hCG-Test im Serum kann schon 1 Woche nach Konzeption positiv ausfallen. Bis zur 10. SSW steigt das hCG kontinuierlich an, danach sinken die Blutspiegel allmählich und erreichen um die 16. SSW einen Plateauwert.

11.6.3 Humanes plazentares Laktogen (hPL)

Wirkung

Ab der 5. SSW ist humanes plazentares Laktogen (hPL), das ebenfalls vom Trophoblasten gebildet wird, im Serum nachweisbar (► Abb. 11.3). Das hPL steigt bis zum Ende der Schwangerschaft kontinuierlich an. Es ist nach seiner Wirkung auf die mütterliche Brustdrüse benannt, wo es wie Prolaktin wirkt und die Entwicklung des Drüsengewebes fördert. Darüber hinaus wirkt hPL antagonistisch zum Insulin, erhöht somit den Blutzuckerspiegel der Mutter und steigert die Lipolyse. Daher vermutet man eine Verbindung zwischen hPL und einer sich gelegentlich während einer

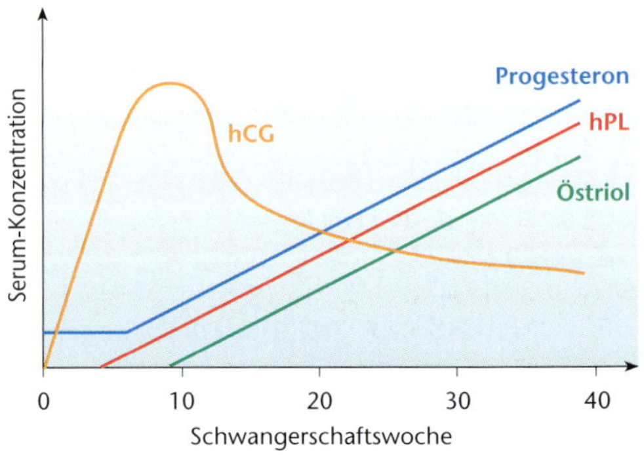

Abb. 11.3 Serumkonzentrationen von humanem Choriongonadotropin (hCG), humanem plazentarem Laktogen (hPL), Progesteron und Östriol während der Schwangerschaft.

Schwangerschaft entwickelnden diabetischen Stoffwechsellage.

Struktur

Das hPL ist strukturell dem Wachstumshormon (GH, STH) sehr ähnlich. Wegen seiner kurzen Halbwertszeit (10–20 min) eignet es sich während der Schwangerschaft zur Beurteilung der Plazentafunktion.

11.6.4 Plazenta

11.6.4.1 Plazentahormone

Ab der 6. bis 8. SSW hat die Plazenta die Produktion von Progesteron voll übernommen. Der Progesteronspiegel steigt während der Schwangerschaft kontinuierlich an und erreicht zur Geburt hin maximale Werte (► Abb. 11.3). Zur Synthese des Progesterons setzt die Plazenta zu über 90 % von der Mutter bereitgestelltes Cholesterin ein.

Neben Progesteron produziert die Plazenta große Mengen von Östrogenen, deren Plasmaspiegel ebenfalls bis zum Ende der Schwangerschaft kontinuierlich ansteigen. Da der Plazenta allerdings die Enzyme fehlen, um aus Gestagenen Östrogene herzustellen, muss die Plazenta mit Östrogenvorstufen versorgt werden. Dies geschieht im Rahmen der sog. **fetoplazentaren Einheit:** Die fetale Nebenniere produziert aus Cholesterol u. a. Dehydroepiandrosteron, das über das Nabelschnurblut zur Plazenta gelangt, dort aufgenommen wird und zu Östrogenen, bevorzugt zu Östriol, umgewandelt wird. Östriol wird von der Plazenta zum größten Teil in den mütterlichen Organismus abgegeben.

11.6.4.2 IgG

Aufgrund der **Plazentaschranke** können größere Moleküle in der Regel nicht von der Mutter in den kindlichen Blutkreislauf gelangen. IgG-Antikörper werden jedoch über einen speziellen Transportmechanismus durch die Plazentaschranke in das fetale Blut aufgenommen, sodass das Neugeborene über eine von der Mutter stammende IgG-Leihimmunität verfügt.

11.6.5 Veränderungen von Herz-Kreislauf und Atmung

11.6.5.1 Kreislauf

Progesteron bewirkt eine Erschlaffung der glatten Gefäßmuskulatur: Abnahme des totalen peripheren Widerstands. Kompensatorisch steigt das Plasmavolumen um 40 % an, sodass der Blutdruck nicht abfällt.

Die Erythrozytenzahl nimmt nur um ca. 25 % zu, sodass durch das im Verhältnis stärker erhöhte Plasmavolumen der Hämoglobingehalt des Blutes bei Schwangeren erniedrigt ist: **Schwangerschaftshydrämie** (physiologische Schwangerschafts„anämie“) mit Hb-Werten von 10–11 g/dl gegen Ende der Schwangerschaft.

Das Herz-Zeit-Volumen steigt in der Schwangerschaft um 30–40 % an. Hierfür ist die Zunahme der Herzfrequenz um 20 % und die Zunahme des Schlagvolumens um 10 % verantwortlich

Klinik

Von der physiologischen **Schwangerschaftshydrämie** ist die echte Anämie in der Schwangerschaft abzugrenzen. Vor Einführung der Anämieprophylaxe durch Gabe von Eisen war eine Anämie in der Schwangerschaft meist durch einen Eisenmangel aufgrund des erhöhten Eisenbedarfs von Plazenta und Fetus verursacht. Der Mehrbedarf an Eisen in der Schwangerschaft liegt bei 700–1.400 mg, bei einem Gesamtbestand an Eisen im Körper von 3.000–5.000 mg (► Kap. 7.2.1.6).

11.6.5.2 Atmung

Das Atemminutenvolumen steigt während der Schwangerschaft um bis zu 50 % an. Dabei ist vor allem das Atemzugvolumen erhöht, die Atemfrequenz ändert ist nur wenig: **physiologische Schwangerschaftshyperventilation.** Hierdurch ist der pCO_2 im mütterlichen Blut erniedrigt, was für die CO_2-Abgabe des Fetus vorteilhaft ist (► Kap. 4.7.1.1). Eine respiratorische Alkalose tritt dabei nicht auf, weil kompensatorisch vermehrt Bicarbonat über die Nieren ausgeschieden wird. Die Ventilationssteigerung beruht darauf, dass Progesteron die Empfindlichkeit des Atemzentrums für CO_2 erhöht.

11.7 Laktation

Die Entwicklung der Brustdrüse verläuft in der Schwangerschaft in 3 Phasen:

- In der ersten Schwangerschaftshälfte wird aufgrund der steigenden Konzentrationen der Sexualsteroide das Wachstum der Brustdrüsen stimuliert.

- In der zweiten Schwangerschaftshälfte überwiegen unter dem Einfluss von Prolaktin (▶ Kap. 10.3.2.3) und hPL die Zelldifferenzierung und die Aktivierung der Sekretionsfähigkeit.
- Mit dem abrupten Abfall von Östrogenen und Progesteron unter der Geburt wird die Ansprechbarkeit des Drüsengewebes auf Prolaktin stark erhöht, sodass der **Milcheinschuss** erfolgt.

Die mechanische Manipulation an der Mamille während des Saugaktes stimuliert über einen neurogenen Reflexbogen die Freisetzung von Prolaktin und Oxytocin:

- **Oxytocin** bewirkt eine Kontraktion der myoepithelialen Zellen der Brustdrüse. Es entsteht eine Drucksteigerung in den Milchkanälchen, welche die Milchabgabe fördert: Laktation. Auch die Kontraktion der Uterusmuskulatur wird durch Oxytocin stimuliert. Hierdurch wird die Rückbildung des Uterus nach der Geburt unterstützt.
- **Prolaktin** erhält die Milchproduktion aufrecht. Gleichzeitig verhindert es die Freisetzung von LH und FSH, indem es das hypothalamische GnRH hemmt. Daher bleibt der Menstruations- und Ovulationszyklus während der Stillzeit unterdrückt: **Stillamenorrhö.**

IgA Muttermilch enthält IgA-Antikörper, die nach Bindung an Immunglobulinrezeptoren spezialisierter Epithelzellen im Dünndarm ins kindliche Blut aufgenommen werden. Sie stehen so dem Neugeborenen während der Stillzeit für die Immunabwehr zur Verfügung.

Bei gestillten Kindern treten Infekte vor allem der Atemwege und des Gastrointestinaltrakts deswegen seltener auf.

11.8 Sexuelle Differenzierung

Die sexuelle Differenzierung beruht auf einem komplizierten Zusammenspiel genetischer und hormoneller Einflüsse auf den Embryo. Die Anlagen der Gonaden, der Keimleiter und der äußeren Genitalien sind bei beiden Geschlechtern bis zur 6. Gestationswoche identisch und können sich in weibliche oder männliche Richtung entwickeln.

Die biologische „Standardvorgabe" aller 3 Anlagen ist immer die Entwicklung zum weiblichen Phänotyp. Die Differenzierung zum männlichen Erscheinungsbild erfordert zusätzliche genetische und hormonelle Faktoren. Fehlen diese Differenzierungsfaktoren oder reagieren die Zielgewebe nicht adäquat, wird das betroffene Gewebe automatisch im weiblichen Typus angelegt.

Das Geschlecht wird nach 3 Kriterien beurteilt:

- Chromosomales (genetisches) Geschlecht
- Gonadales (Keimdrüsen-)Geschlecht
- Somatisches (phänotypisches) Geschlecht

Das chromosomale Geschlecht ist mit der Fusion der Gameten festgelegt. Beim Menschen wie bei den meisten Säugetieren ist das homogametische Geschlecht (XX) weiblich und das heterogametische Geschlecht (XY) männlich. Das Y-Chromosom induziert die Differenzierung der gonadalen Anlage zum Hoden, wodurch das gonadale Geschlecht determiniert wird. Die Hormone des Hodens bewirken dann die Etablierung des somatischen Geschlechts durch Induktion der Differenzierung zum männlichen Phänotyp.

11.8.1 Differenzierung der Gonadenanlage

11.8.1.1 SRY-Gen

Sobald ein intaktes Y-Chromosom im Karyotyp vorhanden ist, differenziert sich die Gonadenanlage zum Hoden – unabhängig von der Anzahl zusätzlicher X-Chromosomen. Hierfür ist ein Gen distal auf dem kurzen Arm des Y-Chromosoms verantwortlich, das SRY-Gen (SRY = Sex Determining Region Y).

11.8.1.2 Differenzierung ab der 7. Woche

Nach morphologischen Kriterien kann bis etwa zum 42. Gestationstag eines Embryos nicht zwischen männlichen und weiblichen Gonaden unterschieden werden. Vermutlich induziert SRY in der 7. Gestationswoche die Differenzierung der **Sertoli-Zellen,** die dann zusammen mit den primordialen Keimzellen tubuläre Strukturen bilden, die Vorläufer der Tubuli seminiferi. **Leydig-Zellen** werden im embryonalen Hoden erst gegen Ende der 8. Gestationswoche beobachtet. In der 9. Gestationswoche setzt die Testosteronsynthese ein.

Mit der Differenzierung der endokrin aktiven Sertoli- und Leydig-Zellen sind die Voraussetzungen für die Differenzierung des somatischen Geschlechts zum männlichen Phänotyp geschaffen.

11.8.2 Differenzierung des somatischen Geschlechts

Die Ausprägung der inneren und äußeren Genitalien kennzeichnet das somatische Geschlecht.

3 Hormone sind zur Differenzierung der bei beiden Geschlechtern gleich angelegten Keimleiter (Wolff-Gang und Müller-Gang) und des Sinus urogenitalis in einen männlichen Phänotyp erforderlich:

- Anti-Müller-Hormon (AMH, frühere Bezeichnung Müllerian-Inhibiting Factor, MIF)
- Testosteron
- Der Testosteronmetabolit 5α-Dihydrotestosteron (DHT)

AMH und Testosteron steuern die Differenzierung der Keimleiter. DHT bestimmt zusammen mit Testosteron die Ausprägung des Sinus urogenitalis.

11.8.2.1 Anti-Müller-Hormon

Bis zur 7. Gestationswoche weist der Embryo beide Keimleiter, den Müller-Gang und den Wolff-Gang, auf. Aus den Müller-Gängen gehen im weiteren Verlauf die Gebärmutter und die Eileiter hervor, während die Wolff-Gänge die Anlage des Nebenhodens, Samenleiters und der Samenblase darstellen. Die Differenzierung des Müller-Gangs zur Gebärmutter und zum Eileiter erfolgt automatisch auch bei fehlenden Ovarien oder Hoden. Sind dagegen Hoden angelegt, atrophiert der Müller-Gang durch die Wirkung von AMH. AMH wird in den Sertoli-Zellen des Hodens gebildet. Es ist ein Glykoprotein mit strukturellen Ähnlichkeiten zu Inhibin und Transforming-Growth-Faktor β.

11.8.2.2 Testosteron

Im Gegensatz zur negativen Regulierung des Müller-Gangs (Inhibierung durch AMH) unterliegt der Wolff-Gang einer positiven Regulierung durch Testosteron. Unter dem Einfluss des mütterlichen hCG beginnt in der 9. Gestationswoche die Testosteronsynthese in den Leydig-Zellen. Das Serumtestosteron erreicht seine maximale Konzentration in der 9. bis 14. SSW und sinkt nach der 24. Woche auf das gleiche Niveau wie in weiblichen Feten.

Da die hepatische Produktion des sexualhormonbindenden Globulins (SHBG) im Embryo niedrig ist, überschreitet die Konzentration des freien, biologisch aktiven Testosterons im männlichen Embryo zum Zeitpunkt der sexuellen Differenzierung diejenige eines erwachsenen Mannes. Testosteron gelangt endokrin und parakrin zum Wolff-Gang und induziert dessen Differenzierung zu Nebenhoden, Samenleiter und Samenblase.

11.8.3 Differenzierung der äußeren Genitalien und des Sinus urogenitalis

11.8.3.1 5α-Dihydrotestosteron (DHT)

Bis zur 8. Gestationswoche ist das äußere Genitale bei beiden Geschlechtern identisch und kann sich in weibliche oder männliche Richtung entwickeln. Der **Genitalhöcker** (Anlage der Klitoris und der Glans penis mit Corpus cavernosum) ist von den Genitalwülsten (Anlage der Labia majora und des Skrotums) umgeben. Die Unterseite des Genitalhöckers weist paarige Genitalfalten (Anlage der Labia minora und des Corpus spongiosum) auf, welche die Urogenitalrinne umschließen. Unter dem Einfluss von DHT differenzieren sich die bipotenten Anlagen zum männlichen Phänotyp. Gleichzeitig bewirkt DHT die Differenzierung der Prostata, die aus dem Sinus urogenitalis entsteht.

Nach dem Abschluss der Differenzierung etwa in der 14. Gestationswoche wachsen die äußeren Geschlechtsorgane unter dem Einfluss von DHT. Bis zur 14. Gestationswoche hat der Penis noch die gleiche Größe wie die Klitoris.

11.8.3.2 Reduzierte DHT-Wirkung

Die DHT-Wirkung kann aus mehreren Gründen vermindert sein:

- Reduzierte DHT-Produktion
  - Nicht-Anlage der Hoden
  - Gestörte Testosteronproduktion
  - Gestörte Umwandlung von Testosteron zu DHT: 5α-Reduktase-Mangel
- Androgenrezeptordefekt

Durch die reduzierte DHT-Wirkung kommt es zu einer unzureichenden Maskulinisierung. Das klinische Bild einer solchen Störung reicht von einer diskreten Hypospadie bis zur vollständigen phänotypischen Feminisierung.

11.9 Alter

11.9.1 Demografie

11.9.1.1 Durchschnittliche Lebenserwartung

Die durchschnittliche Lebenserwartung hat sich seit dem 18. Jahrhundert in den entwickelten Ländern mehr als verdoppelt (► Tab. 11.3). Die Lebenserwartung ist dabei definiert als die für ein Individuum eines bestimmten Alters statistisch zu erwartende Anzahl der Lebensjahre unter der An-

Tab. 11.3 Durchschnittliche Lebenserwartung

Zeit	Lebenserwartung bei Geburt in Jahren	Kindersterblichkeit [%]
Prähistorisch	25	25,0
1750 (Schweden)	37	21,0
1900 (USA)	48	13,3
1950 (Frankreich)	66	5,2
1996 (Japan)	80	0,4

nahme, dass die aktuelle Mortalitätsrate unverändert bleibt. Da sich diese Mortalitätsrate in Zukunft mit Sicherheit verändern wird, hat die so berechnete Lebenserwartung für kein konkretes, heute lebendes Individuum prognostische Gültigkeit. Die Zunahme der durchschnittlichen Lebenserwartung ist vor allem auf die Verbesserung der hygienischen Verhältnisse und der medizinischen Versorgung zurückzuführen.

11.9.1.2 Unterschiede zwischen Frauen und Männern

Die mittlere Lebenserwartung von Frauen ist in entwickelten Ländern um etwa 5–8 Jahre höher als die Lebenserwartung der Männer. Dies führt dazu, dass in der Altersgruppe der über 75-Jährigen auf 100 Männer 180 Frauen kommen. Für die geringere Lebenserwartung der Männer wird eine Reihe von Faktoren verantwortlich gemacht:

- Höhere Zahl von tödlichen Unfällen, besonders in der Gruppe der unter 24-Jährigen
- Höherer Alkohol- und Nikotinkonsum mit entsprechenden Folgeerkrankungen
- Protektive Wirkung der Östrogene auf das kardiovaskuläre System

Studien konnten zudem zeigen, dass Männer weniger gesundheitsbewusst sind als Frauen und das Gesundheitssystem nicht so stark in Anspruch nehmen. So gehen Frauen z. B. mehr als doppelt so häufig wie Männer zu Vorsorgeuntersuchungen.

11.9.1.3 Maximale Lebensdauer

Die maximale menschliche Lebensspanne der Gattung Homo sapiens hat sich, wie evolutionsbiologische Untersuchungen zeigen, seit 100.000 Jahren nicht verändert. Sie liegt bei etwa 120 Jahren.

11.9.2 Ursachen des Alterns

Das menschliche Leben scheint also, unabhängig von den Umgebungsbedingungen, einem natürlichen Alterungsprozess zu unterliegen. Zur Erklärung dieses Alterungsprozesses wurde eine Vielzahl von Theorien vorgeschlagen. Zwei davon ließen sich in den letzten Jahren experimentell stützen.

11.9.2.1 Genregulationstheorie

Altern ist nach dieser Auffassung das Resultat einer Veränderung in der Genexpression. Zu einem bestimmten, genetisch determinierten Zeitpunkt werden von der Zelle Gene aktiviert, die den Alterungsvorgang einleiten.

Für die Genregulationstherapie spricht die Beobachtung, dass sich menschliche Zellen in Kultur nur etwa 50-mal teilen können. Diese Zahl der maximal möglichen Zellteilungen wird durch die Länge der Telomeren bestimmt. Telomere sind repetitive DNA-Sequenzen an den Enden der Chromosomen, welche die Chromosomenstabilität gewährleisten. Mit jeder Zellteilung verkürzen sich die Telomere, bis bei einer bestimmten Telomerenlänge das „Alterungsprogramm" der Zelle gestartet wird. Das Enzym Telomerase kann diese Telomerenverkürzung korrigieren – ein Mechanismus, der für die „Unsterblichkeit" von Tumorzellen oder frühen embryonalen Stammzellen verantwortlich ist.

11.9.2.2 Theorie der freien Radikale

Nach dieser zellulären Alterungstheorie ist Altern das Resultat einer Akkumulation von Schädigungen zellulärer Strukturen durch freie Radikale vor allem O_2^- (Hyperoxid-Anion) und $^{\bullet}OH$ (Hydroxyl-Radikal). Freie Radikale führen zur Zerstörung von Lipidmembranen, Enzymen und DNA. Jede Zelle verfügt über die Enzyme Superoxiddismutase, Katalase und Glutathionperoxidase, welche die freien Radikale zu O_2 und H_2O neutralisieren. Auch Antioxidanzien in Nahrungsmitteln, wie z. B. die Vitamine C und E, vermögen die Zelle vor freien Radikalen zu schützen. Diese Neutralisationsmechanismen können jedoch nicht völlig verhindern, dass sich mit zunehmendem Alter Schädigungen durch „oxidativen Stress" in den Zellen anhäufen, die auf Dauer zu Funktionsstörungen führen. Vor allem Schädigungen der mitochondrialen DNA (mtDNA) können nicht kompensiert werden, da die mtDNA im Vergleich zur DNA des Zellkerns über weniger effektive Reparaturmechanismen verfügt.

Für die Theorie der freien Radikale spricht die Beobachtung, dass Mäuse bei 60-prozentiger Einschränkung der Kalorienzufuhr (und damit verringerter Produktion freier Radikale) um bis zu 60 % länger lebten als Mäuse, die Futter ad libitum erhielten. Wurde die Kalorienzufuhr nur um 20 % reduziert, lebten die Mäuse immerhin noch 20 % länger.

Klinik

Tierexperimentelle, klinische und epidemiologische Studien konnten zeigen, dass eine Vitamin-C- und Vitamin-E-reiche Ernährung **(Obst und Gemüse)** altersbedingte Veränderungen im Herz-Kreislauf-System und im Immunsystem, die auf oxidativem Stress durch freie Radikale beruhen, verlangsamen kann. Ob auch eine medikamentöse Zufuhr dieser Antioxidanzien eine „Anti-Aging"-Wirkung aufweist, ist umstritten.

11.9.3 Organveränderungen

Der Alterungsprozess ist durch eine Reduktion von Körperfunktionen gekennzeichnet. Diese reduzierten Funktionen (Altersschwäche) sind selbst noch keine Krankheit; sie bilden aber die Grundlage, auf der sich Krankheiten leichter entwickeln können. Viele der sog. „Alterungsvorgänge" sind die Folge reduzierter körperlicher Aktivität. So finden sich nach dreiwöchiger Bettruhe auch bei jüngeren Menschen „Altersveränderungen" am Bewegungsapparat wie Muskel- und Knochenabbau sowie eine reduzierte kardiovaskuläre Leistungsfähigkeit.
In den Organsystemen werden die folgenden Veränderungen beobachtet:

11.9.3.1 Skelett

Knorpel

Das Knorpelgewebe verliert Wasser. Parallel hierzu kommt es zu einer vermehrten Produktion von Kollagenfasern, die auch stärker vernetzt sind. Die Folgen sind ein Verlust an Elastizität und eine Fibrosierung des Knorpels.

Knochen

Die Knochen verlieren ab dem 40. Lebensjahr jährlich etwa 1% ihres Calciumphosphats. Ursache hierfür ist ein Ungleichgewicht zwischen Knochenauf- und -abbau mit einem Überwiegen des Knochenabbaus durch die Osteoklasten.

Klinik

Diese Verminderung der Knochenmasse durch vermehrten Knochenabbau wird als **Osteoporose** bezeichnet. Ein Drittel aller Frauen entwickeln nach der Menopause eine Osteoporose, weil durch die Abnahme des Östrogenspiegels die Aktivität der Osteoklasten gesteigert wird und dadurch der Knochenmassenverlust für 3–4 Jahre jährlich etwa 3–5 % beträgt. Da Männer diesen abrupten Verlust der Sexualsteroide nicht erleiden, tritt eine Osteoporose bei ihnen meist erst nach dem 60. Lebensjahr auf.

11.9.3.2 Muskulatur

Das Muskelgewebe nimmt zwischen dem 30. und dem 80. Lebensjahr infolge einer Reduktion der Muskelfaserzellen und der Fasergröße um 30 % ab. Der Gehalt der Muskelzellen an ATP und Glykogen ist reduziert. Der altersassoziierte Verlust der Muskelmasse wird als **Sarkopenie** bezeichnet und scheint maßgeblichen Anteil an der Gebrechlichkeit im hohen Alter zu haben. Kontinuierliche körperliche Aktivität kann der Sarkopenie entgegenwirken.

11.9.3.3 Haut und Anhangsgebilde

In der Haut geht die Zahl der Melanozyten zurück; auch ihre Funktion ist vermindert. Die Folge sind Pigmentationsstörungen und graue Haare. Reduziert ist im Alter auch die Zahl der in der Haut gelegenen Langerhans-Zellen, die Teil des antigenpräsentierenden Makrophagensystems sind (► Kap. 2.6.1.1). Da auch die Anzahl und die Funktion der Talg- und Schweißdrüsen abnehmen (höhere Durchlässigkeit des Säureschutzmantels), treten Hautinfektionen im Alter häufiger auf.

11.9.3.4 Herz-Kreislauf-System

Herz

Das Herz spricht mit zunehmendem Alter auf β-adrenerge Reize schwächer an. Im Erregungsleitungssystem kommt es zu Fibrosierungen mit deutlichem Zellverlust: bis zu 90 % der Zellen im Sinusknoten bei 80-Jährigen. Dies erklärt u. a., warum Herzrhythmusstörungen und Störungen der Erregungsleitung (Blockbilder) im Alter häufiger auftreten.

Gefäße

An den Gefäßen nimmt die Elastizität der Gefäßwand ab. Dies zeigt sich an einer Verdoppelung der

Pulswellengeschwindigkeit (► Kap. 4.3.1.1) zwischen dem 20. und dem 60. Lebensjahr.

11.9.3.5 Respiratorisches System

Diffusionskapazität

In den Lungen vermindert sich durch den Verlust von Alveolarsepten die Zahl der Alveolen. Da die Kapillaren in den Alveolarsepten liegen, geht auch die Kapillarisierung der Lunge zurück. Insgesamt nimmt hierdurch die Diffusionskapazität der Lunge ab (► Kap. 5.5.2.2).

Elastizität

Durch einen Verlust an Elastizität im Lungengewebe und eine zunehmende Versteifung der Rippengelenke und der Thoraxwand sinken Vitalkapazität und Compliance. Die funktionelle Residualkapazität steigt an (► Kap. 5.4.1.1).

Zilien

Außerdem sind die Beweglichkeit und die Zahl der Zilien des respiratorischen Epithels vermindert (► Kap. 5.2.2.1), was die Reinigungsfunktion der Atemwege beeinträchtigt.

11.9.3.6 Verdauungssystem

Ösophagus

Im Ösophagus ist die für den Schluckakt erforderliche Koordination der motorischen Reflexaktivität zunehmend gestört (► Kap. 7.3.3.2). Die Ösophagusmuskulatur kontrahiert sich in Form von diffusen Spasmen, was klinisch zu Schluckbeschwerden führt.

Magen

Die Schleimhaut im Magen atrophiert. Als Folge sinken die Sekretion von Intrinsic-Faktor, Magensäure und Pepsin, was zu entsprechenden Funktionsstörungen führen kann (► Kap. 7.4.3). Klinisch am häufigsten ist eine makrozytäre Anämie durch Vitamin-B_{12}-Mangel (► Kap. 2.3.3.1, ► Tab. 2.3).

Darm

Im enterischen Nervensystem (► Kap. 7.3.1.1) gehen Zellen zugrunde. Das erklärt, warum im Alter die Frequenz der intestinalen Peristaltik sinkt.

Leber

In der Leber ist die Entgiftungsaktivität der Leberenzyme (mikrosomale Oxidasen) vermindert.

11.9.3.7 Nieren

In den Nieren nimmt die Zahl der Nephrone ab (minus 30 % mit 80 Jahren). Dadurch sinkt die glomeruläre Filtrationsrate, die mit 80 Jahren nur noch 50 % der Rate eines jugendlichen Erwachsenen beträgt. Der Untergang juxtamedullärer Nephrone führt zu einer Reduktion der Konzentrationsfähigkeit durch Beeinträchtigung des Gegenstrommechanismus in den Vasa recta (► Kap. 9.3.4.3).

> **Klinik**
>
> Weil die Entgiftungsfunktionen von Leber und Niere im Alter vermindert sind, muss die **Dosierung für Medikamente,** die über diese Organe verstoffwechselt und aus dem Körper entfernt werden, angepasst werden. Für über die Niere eliminierte Arzneimittel kann die erforderliche Dosisreduktion aus der Kreatinin-Clearance berechnet werden (► Kap. 9.3.6.1).

11.9.3.8 Nervensystem

Im Nervensystem kommt es mit dem Altern zu einem Verlust von etwa 50.000 Zellen pro Tag. Hierbei ist jedoch zu bedenken, dass dieser Zellverlust Teil der normalen neuronalen Umbauprozesse ist. Während des Gehirnwachstums ist er am stärksten ausgeprägt. Über das ganze Leben gerechnet, betrifft dieser „physiologische“ Nervenzellverlust lediglich 3 % der Neurone und bleibt ohne klinische Folgen. Die Nervenleitungsgeschwindigkeit nimmt zwischen 30 und 70 Jahren um 20 % ab, was eine Verlängerung der Reaktionszeiten zur Folge hat.

> **Klinik**
>
> Bei der **Alzheimer-Krankheit** ist der Untergang von Nervenzellen vor allem im Hippocampus, im Temporal- und im Parietallappen pathologisch gesteigert. Klinisch führt dies zum Verlust des Erinnerungs- und Konzentrationsvermögens, des Erkennens und der räumlichen Orientierung. In den Neuronen treten histologisch sichtbare Veränderungen der neurofibrillären Bündel auf. Im Extrazellularbereich finden sich typische Plaques (= Flecken) aus dem Protein β-Amyloid.

11.9.3.9 Sinnesorgane

Schmecken und Riechen

Ausgeprägt ist auch der Verlust von Geschmackssensoren in der Zunge: Mit 80 Jahren sind nur

noch 30 % der ursprünglichen Population vorhanden. Die verminderte Schmeckfähigkeit wird durch die reduzierte Speichelbildung noch verstärkt.
Auch die Zahl der Neurone der Riechbahn im Bulbus olfactorius nimmt mit dem Alter ab, sodass die Unterscheidungsfähigkeit für Gerüche sinkt.

Fühlen

Die Berührungssensoren der Haut sind bei 90-Jährigen um 30 % reduziert, die Vibrationswahrnehmung ist noch deutlicher eingeschränkt: In den Zehen ist sie um den Faktor 10 vermindert.

Hören

Im Corti-Organ kommt es zu einer Versteifung der Basilarmembran und zur Atrophie der Stria vascularis. Der Verlust von Haarzellen im Corti-Organ beginnt schon in der Kindheit (Optimum mit 10 Jahren). Im Alter fallen zunehmend auch Neuronen in der Hörbahn aus, was mit einem Verlust der Hörorientierung einhergeht.

Sehen

Die durch den zunehmenden Elastizitätsverlust der Augenlinse hervorgerufene Presbyopie (Altersweitsicht, ► Kap. 17.2.3.5) ist die typische Altersveränderung im Auge. Im Foveabereich der Netzhaut gehen aber auch Rezeptoren verloren, sodass die Sehschärfe abnimmt.

11.9.3.10 Altersveränderungen im endokrinen System

Menopause

Schon zur Zeit der Menarche enthalten die Ovarien nur noch 10 % der ursprünglich angelegten Primärfollikel, die dann im Rahmen der normalen Menstruationszyklen aufgebraucht werden. Gegen Ende der reproduktiven Phase werden immer weniger Follikel rekrutiert. Schließlich sind keine funktionsfähigen Follikel mehr vorhanden, die auf die hypophysäre Stimulation reagieren könnten.
Zwischen dem 40. und 55. Lebensjahr kommt es über einen Zeitraum von 2–5 Jahren zunächst zu unregelmäßigen Ovulationen und schließlich zum Sistieren der Regelblutung: Menopause. Im Mittel tritt in Deutschland die letzte Regelblutung im 51. Lebensjahr auf. Obwohl sich das Lebensalter zunehmend verlängert, bleibt seit Beginn guter Dokumentationen das mittlere Alter, in dem die Menopause erfolgt, gleich.

Postmenopause

Dementsprechend verlängert sich zunehmend der Zeitraum nach der Menopause. Heute verbringt eine Frau fast die Hälfte ihres Erwachsenenalters in einem Zustand des Östrogendefizits. In den letzten 2 Jahren vor der Menopause fallen zunächst die Progesteronspiegel ab, später dann auch die Östrogenspiegel.
Östrogene werden zwar in geringem Umfang auch weiterhin durch Umwandlung von in der Nebenniere produzierten Androgenen im Fettgewebe synthetisiert. Diese Mengen reichen jedoch bei weitem nicht aus, um die frühere ovarielle Produktion zu ersetzen.

Wichtige Folgen der reduzierten Östrogenspiegel sind:

- Zunahme des Knochenabbaus: Osteoporose
- Erhöhtes Risiko von arteriosklerotisch bedingten kardiovaskulären Erkrankungen: jetzt gleiches Risiko wie für Männer

In der Übergangsphase zur Postmenopause (Zeitraum nach der letzten Blutung) treten auch zahlreiche vegetative und psychische Symptome auf, z. B. Hitzewellen und depressive Verstimmung. Ferner leiden viele Frauen in der Postmenopause unter einer Atrophie der Vaginalschleimhaut, die zu Schmerzen beim Geschlechtsverkehr (Dyspareunie) und gehäuften Infektionen führt.

Klinik

Trotz der nachteiligen Effekte des Östrogenmangels in der Postmenopause wird die **Hormonersatztherapie** aufgrund negativer Ergebnisse großer klinischer Studien heute zurückhaltend eingesetzt, da gehäuft Karzinome der Brustdrüse und Lungenembolien auftraten.

Altersassoziierter Hypogonadismus des Mannes

Bei vielen Männern sinkt der Spiegel des Sexualhormons Testosteron nach dem 45. Lebensjahr allmählich ab: etwa 1 % pro Jahr. Bei etwa 20 % der 60-jährigen Männer liegen die Testosteronspiegel im erniedrigten Bereich, wenn die Normwerte junger Männer angewandt werden (► Tab. 11.4). Der sinkende Testosteronspiegel ist auf eine verminderte Produktion von LH zurückzuführen, die am ehesten auf einer nachlassenden Produktion des hypothalamischen GnRH (► Kap. 11.4.2) beruht. Auch die Zahl der Leydig-Zellen nimmt ab. Fettleibigkeit verstärkt den Testosteronabfall.

Tab. 11.4 Menopause und altersassoziierter Hypogonadismus des Mannes

	Menopause	Altersassoziierter Hypogonadismus des Mannes
Beginn	Abrupt, innerhalb von 1–2 Jahren	Schleichend über Jahrzehnte
Ausmaß	Vollständiger Verlust von Progesteron und Östradiol	Partieller Verlust von Testosteron
Häufigkeit	Alle Frauen	Etwa 20–30 % der Männer
Ursache	Primäres Ovarialversagen	Nachlassende hypothalamische Funktion

Mögliche **Symptome** des Testosteronmangels sind Kraftlosigkeit, Muskelschwäche, Osteoporose, Anämie, Libidoverlust, Hitzewellen und Depressionen. Pilotstudien zum Ersatz des Testosterons bei älteren Männern zeigen positive Effekte, größere klinische Untersuchungen fehlen aber, sodass die Nutzen-Risiko-Bilanz einer solchen Therapie noch unklar ist.

11.9.3.11 Altersassoziierte Veränderungen der Schilddrüsenfunktion

Im Alter reagieren fast alle Gewebe empfindlicher auf Schilddrüsenhormone. Daher können Schilddrüsenhormonkonzentrationen, die bei jungen Erwachsenen völlig normal sind und keine Symptome hervorrufen, für alte Menschen bereits zu hoch sein und klinische Zeichen einer Schilddrüsenüberfunktion verursachen.

12 Funktionsprinzipien des Nervensystems

IMPP-Hits

- Nernst-Gleichung: Berechnungen von Gleichgewichtspotenzialen
- Aktionspotenzial: Schwelle, Refraktärität
- Motorische Endplatte:
  - Acetylcholinfreisetzung (SNARE-Komplex)
  - Gift- und Pharmakawirkungen (► Tab. 12.4)

12.1 Wegweiser

Grundlage aller Erregungsvorgänge ist das Ruhemembranpotenzial der Zelle (► Kap. 12.2), das in jeder Körperzelle durch aktive, Energie verbrauchende Ionenpumpen (► Kap. 1.4.2.4) aufrechterhalten wird. Die Besonderheit erregbarer Zellen (Nerven-, Sinnes-, Muskelzellen) besteht darin, dass eine Abnahme des Ruhemembranpotenzials (Depolarisation) über die Aktivierung von Ionenkanälen ein Aktionspotenzial auslösen kann (► Kap. 12.3.3). Voraussetzung dafür ist, dass die Depolarisation ein bestimmtes Schwellenpotenzial erreicht. Eine solche Abnahme des Ruhemembran-

potenzials wird z. B. durch adäquate Reizung von Sensoren ausgelöst (▸ Kap. 12.6.1).
Die in Form von Aktionspotenzialen entstehende Erregung kann entweder kontinuierlich oder sprunghaft entlang der Nervenfortsätze (Axonen) fortgeleitet werden (▸ Kap. 12.3.4). Erreicht die Erregung auf diesem Weg den Verbindungsbereich des Nerven mit einer weiteren Zelle, werden an dieser Synapse Überträgerstoffe ausgeschüttet und die Erregung dadurch auf die zweite Zelle übertragen (▸ Kap. 12.4). So dienen Aktionspotenziale der Informationsübermittlung im Organismus.
Untereinander sind Nervenzellen in charakteristischer Weise vernetzt. Diese elementaren neuronalen Verschaltungen (▸ Kap. 12.5) bilden die Grundlage für die höheren sinnesphysiologischen Funktionen sensorischer Systeme (▸ Kap. 12.6).

12.2 Ruhemembranpotenzial

Das Ruhemembranpotenzial ist die Potenzialdifferenz zwischen Innen- und Außenseite einer Zelle im Ruhezustand. Diese Potenzialdifferenz wird durch unterschiedliche Ionenkonzentrationen auf beiden Seiten der Zellmembran hervorgerufen. Die Konzentrationsunterschiede werden durch Energie verbrauchende Transportprozesse aufrechterhalten.

12.2.1 Einflussfaktoren

Für das Ruhemembranpotenzial sind Na^+- und K^+-Ionen als Kationen und Cl^-- und Protein-Ionen als Anionen relevant. Ihre Konzentrationen sind intra- und extrazellulär unterschiedlich (▸ Tab. 12.1). So finden sich K^+-Ionen intrazellulär in ca. 30-fach höherer Konzentration als im Extrazellularraum, während die intrazelluläre Na^+-Konzentration ca. 10-mal niedriger ist als die extrazelluläre (▸ Abb. 12.1).
Solche Konzentrationsunterschiede (Gradienten) würden sich bei freier Diffusion sehr schnell ausgleichen. In den Körperzellen werden sie aber durch die Zellmembran und die in ihr gelegenen Ionenpumpen und Ionenkanäle aufrechterhalten:

- Die **Membran** jeder Körperzelle besteht aus einer Phospholipiddoppelschicht und ist ca. 4–5 nm dick (▸ Kap. 1.4.2.1, ▸ Abb. 1.2). Sie ist für Ionen praktisch undurchlässig.
- **Ionenpumpen** (ATPasen) leisten unter ATP-Verbrauch aktive Transportprozesse gegen einen Konzentrationsgradienten (▸ Kap. 1.4.2.4).
- **Ionenkanäle** sind spezialisierte Proteine der Zellmembran, die nur bestimmte Ionen passieren lassen. Sie können geöffnet oder geschlossen sein (▸ Kap. 1.4.2.3).

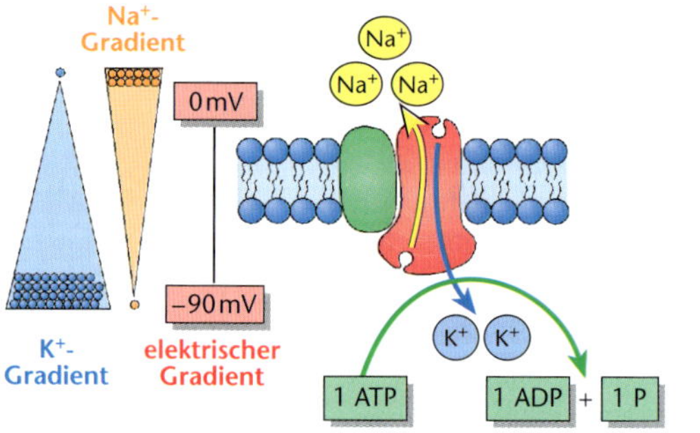

Abb. 12.1 Entstehung des Ruhemembranpotenzials. Einfluss auf die Gleichgewichtseinstellung des Ruhemembranpotenzials haben vor allem: Na^+-Gradient, K^+-Gradient, elektrischer Gradient und die Aktivität der Na^+-K^+-ATPase

Tab. 12.1 Konzentrationen und Gleichgewichtspotenziale bei wichtigen Ionen (gerundet)

Ion	Konzentration (mmol/l)		Verhältnis	Gleichgewichtspotenzial
	Extrazellulär	Intrazellulär		
Na^+	145	10–15	~10 : 1	+60 mV
K^+	3,5–5	150	~1 : 30	−95 mV
Ca^{2+}	1*	10^{-4}**	~10^4 : 1	+120 mV
Cl^-	120	6	~20 : 1	−80 mV

* Konzentration des freien, ionisierten Ca^{2+}
** In der ruhenden Zelle

12.2.2 Entstehung des Ruhemembranpotenzials

Lerntipp

Zum Verständnis der Entstehung des Ruhemembranpotenzials sind Grundkenntnisse zur Funktion von Ionenkanälen und Ionenpumpen sehr hilfreich. Wenn diese noch fehlen, sollten Sie sich vor dem Weiterlesen zunächst ► Kap. 1.4 anschauen.

12.2.2.1 Na^+-K^+-ATPase

Die Na^+-K^+-ATPase baut durch ihre ATP verbrauchende Pumpleistung zwei Ionengradienten und einen elektrischen Gradienten über der Zellmembran auf:

- Sie transportiert 3 Na^+ aus der Zelle hinaus und 2 K^+ in die Zelle hinein.
- Dadurch steigt die Na^+-Konzentration im Extrazellularraum, während die extrazelluläre K^+-Konzentration sinkt: **Konzentrationsgradienten** für Na^+ und K^+ (► Abb. 12.1).
- Die Na^+-K^+-ATPase ist zudem elektrogen, weil sie mehr positive Ladungen nach außen (3 Na^+) als ins Zellinnere (2 K^+) transportiert. Dadurch wird das Zellinnere elektrisch negativiert: **elektrischer Gradient.**

12.2.2.2 Ionenkanäle und Gleichgewichtspotenziale

Die durch die Na^+-K^+-ATPase aufgebauten Gradienten sind die treibende Kraft für Ionenbewegungen, die wegen der Undurchlässigkeit der Zellmembran für geladene Teilchen auf Ionenkanäle angewiesen sind. Für die Entstehung des Ruhemembranpotenzials sind vor allem die K^+- und die Na^+-Kanäle wichtig.

K^+-Kanäle

Vor allem zwei Typen von K^+-Kanälen sind in Ruhe geöffnet und daher für die Entstehung des Ruhemembranpotenzials von Bedeutung:

- K_{ir}-Kanäle (inward rectifying, einwärts gleichrichtend)
- K_{2P}-Kanäle (Tandem-Poren-Kanäle)

Weil die intrazelluläre Konzentration von K^+ durch die Na^+-K^+-ATPase höher gehalten wird als die extrazelluläre (► Tab. 12.1), strömen K^+-Ionen aus der Zelle aus. Die zu den K^+-Kationen gehörenden negativ geladenen Anionen können die Zellmembran nicht passieren, sodass mit zunehmendem K^+-Ausstrom das Zellinnere immer negativer wird. Dieses negative Zellinnere zieht die K^+-Ionen elektrostatisch an und wirkt dadurch dem durch den K^+-Konzentrationsunterschied getragenen osmotischen K^+-Ausstrom entgegen.

Zwischen dem osmotischen Gradienten für den K^+-Ausstrom und dem elektrischem Gradienten für den K^+-Einstrom stellt sich dabei ein Gleichgewicht ein (► Abb. 12.1).

Das dazugehörige elektrische Potenzial über der Zellmembran wird als **K^+-Gleichgewichtspotenzial** bezeichnet. Es liegt bei -90 mV und kann nach der Nernst-Gleichung berechnet werden (► Kap. 12.2.3.1).

Na^+-Kanäle

Auch für Na^+-Ionen gilt, dass sich bei geöffneten Kanälen ein Gleichgewicht aus osmotischem und elektrischem Gradient einstellt. Der Tendenz zum Na^+-Einstrom (Konzentrationsgradient) wirkt ein zunehmender elektrischer Gradient entgegen. Das sich bei geöffneten Na^+-Kanälen einstellende **Na^+-Gleichgewichtspotenzial** liegt bei +61 mV.

Merke

Beim Gleichgewichtspotenzial ist die elektrochemische Potenzialdifferenz für das betreffende Ion = 0. Ein Nettotransport für dieses Ion über die Membran findet nicht (mehr) statt, d. h., es strömen genauso viele Ionen in die Zelle hinein wie aus der Zelle heraus.

12.2.2.3 Ruhemembranpotenzial als Mischpotenzial

Das Ruhemembranpotenzial einer Zelle ist ein Mischpotenzial, das aus den Gleichgewichtspotenzialen aller relevanten Ionen gebildet wird. Neben K^+- und Na^+- haben auch Cl^--Ionen einen Einfluss auf das Ruhemembranpotenzial. Die Höhe des Einflusses wird durch die Konzentrationsdifferenzen und die relative Permeabilität der Zellmembran für die einzelnen Ionen in Ruhe bestimmt. Wird die K^+-Permeabilität mit 1 angenommen, beträgt die relative Permeabilität für Cl^- lediglich 0,45 und für Na^+ nur 0,04.

Das Ruhemembranpotenzial unterscheidet sich je nach Zelltyp. Für Nervenzellen liegt es bei ~ -70 mV, für Glia- Herz- und Skelettmuskelzellen bei ~ -90 mV.

Eine Verminderung des Ruhemembranpotenzials auf weniger negative Werte wird als **Depolarisa-**

tion bezeichnet, eine Erhöhung zu stärker negativen Werten als **Hyperpolarisation.**

Merke

- Ruhemembranpotenzial: ~ -70 mV (Nervenzellen) ~ -90 mV (Glia-, Herz- und Skelettmuskelzellen)
- K^+-Ionen-Konzentration intrazellulär ~ 30-mal höher als extrazellulär
- Na^+-Ionen-Konzentration intrazellulär ~ 10-mal niedriger als extrazellulär

12.2.3 Berechnung von Gleichgewichts- und Ruhepotenzial

12.2.3.1 Nernst-Gleichung: Gleichgewichtspotenzial

Das aus dem Abgleich von osmotischem und elektrischem Gradienten für ein bestimmtes Ion resultierende Gleichgewichtspotenzial über einer Membran lässt sich durch die Nernst-Gleichung aus den Konzentrationen dieses Ions innerhalb (c_i) und außerhalb der Zelle (c_a) bestimmen:

$$E = \frac{R \times T}{z \times F} \times \ln \frac{c_a}{c_i}$$

Hierbei bedeuten *E* die Spannung des Membranpotenzials [mV], *z* die Wertigkeit des Ions (negativ bei Anionen), *R* ist die allgemeine Gaskonstante, *T* die absolute Temperatur in Kelvin und *F* die Faraday-Konstante. Diese kompliziert anmutende Formel lässt sich durch das Einsetzen aller Konstanten, die Umwandlung in den dekadischen Logarithmus sowie die Annahme von Körpertemperatur (37 °C = 310 K) und eines einwertigen, positiven Kations (z. B. Na^+) deutlich vereinfachen:

$$E = 61\,\text{mV} \times \log \frac{c_a}{c_i}$$

Die Ionenkonzentration an der Außenseite der Membran (c_a) steht bei diesen Formulierungen der Nernst-Gleichung im Zähler. Manchmal wird der Logarithmus oder die ganze rechte Seite der Gleichung mit negativem Vorzeichen angegeben. Dabei muss dann der Logarithmus entsprechend invertiert werden, und c_a wandert in den Nenner (Prinzip: log x/y = –log y/x). Die resultierenden Ergebnisse sind natürlich identisch.

Beispiel Bei Körpertemperatur liege die extrazelluläre Konzentration eines positiven Kations c_a 10-mal höher als die intrazelluläre Konzentration c_i. Dies gibt z. B. das Konzentrationsverhältnis der Na^+-Ionen beidseits der Zellmembran wieder. Man erhält:

$$E = 61\,\text{mV} \times \log \frac{10}{1} = 61\,\text{mV} \times (1 - 0) = 61\,\text{mV}$$

Das Gleichgewichtspotenzial für Na^+-Ionen liegt also bei +61 mV.

Lerntipp

Mit Vorliebe lässt das IMPP im Physikum Gleichgewichtspotenziale berechnen. Also: Ruhemembranpotenzial nochmal durchlesen und dann üben, üben, üben mit der Nernst-Gleichung – das gibt ein Viertel aller Punkte zu diesem Kapitel!

12.2.3.2 Goldman-Gleichung: Ruhemembranpotenzial

Da das Ruhemembranpotenzial ein Mischpotenzial der relevanten Gleichgewichtspotenziale ist, muss zur Berechnung die Nernst-Gleichung erweitert werden. Dabei werden die einzelnen Ionenarten und ihre jeweilige Membranpermeabilität (*P*) berücksichtigt. Es ergibt sich die Goldman-(Hodgkin-Katz)-Gleichung. Für die 3 wichtigsten Ionen Na^+, K^+ und Cl^- beträgt das Ruhemembranpotenzial E_M demnach:

$$E_M = 61\,\text{mV} \times \log \frac{P_{K^+} \times [K^+]_a \times P_{Na^+} \times [Na^+]_a \times P_{Cl^-} \times [Cl^-]_i}{P_{K^+} \times [K^+]_i \times P_{Na^+} \times [Na^+]_i \times P_{Cl^-} \times [Cl^-]_a}$$

Wegen der negativen Ladung der Cl^--Ionen gehen ihre Konzentrationen in umgekehrtem Verhältnis in die Gleichung ein: Die intrazelluläre Konzentration $[Cl^-]_i$ steht im Zähler, die extrazelluläre Konzentration $[Cl^-]_a$ im Nenner.

12.3 Signalübertragung in Zellen

12.3.1 Funktionelle Anatomie

12.3.1.1 Axone

Die vom Zellleib wegführenden Ausläufer einer Nervenzelle sind die Axone. Sie können wenige Millimeter, aber auch über einen Meter lang sein, wie z. B. die Axone der die Füße innervierenden

Motoneurone im Rückenmark. Die Durchmesser der Axone liegen im Mikrometerbereich (1–15 µm).

12.3.1.2 Myelinscheiden

Vielfach sind die Axone von Markscheiden (Myelinscheiden) umhüllt (► Abb. 12.2). Die Myelinscheiden werden im peripheren Nervensystem von Schwann-Zellen und im ZNS von Gliazellen gebildet. Myelinisierte Axone werden auch als markhaltigen Fasern bezeichnet. Das Myelin wirkt wie eine Isolierschicht, die einen gut leitenden Kern, das Axoplasma, umhüllt. Als Internodien bezeichnet man die myelinisierten Abschnitte der Nervenfaser, als Ranvier-Schnürringe die myelinfreien Bezirke dazwischen, die in Abständen von 2–3 mm auftreten.

12.3.2 Elektrotonische Erregungsausbreitung

Die Erregungsausbreitung in marklosen und markhaltigen Nervenfasern beruht darauf, dass von erregten zu nichterregten Membranabschnitten depolarisierende elektrische Ströme fließen. So wird die Erregung entlang des Nerven fortgeleitet: elektrotonische Erregungsausbreitung (► Kap. 12.6.1, ► Abb. 12.12). Die elektrotonische Erregungsausbreitung ist annähernd vergleichbar mit der Stromleitung in einem Kabel.

12.3.2.1 Geschwindigkeit der elektrotonischen Erregungsausbreitung

Die Geschwindigkeit der elektrotonischen Erregungsausbreitung wird vom Membran- und vom Längswiderstand der Nervenfaser beeinflusst:

- Der **Membranwiderstand** ist in Nerven mit dicken Myelinscheiden höher, weil die Myelinschichten gute elektrische Isolatoren sind. So wird die Erregung innerhalb der Nervenfaser besser „festgehalten" und breitet sich schneller aus als in wenig oder gar nicht myelinisierten Fasern.
- Der **Längswiderstand** im Axon ist umso geringer, je dicker die Faser ist, wobei der Längswiderstand mit zunehmendem Durchmesser der Nervenfaser im Quadrat abnimmt. Geringerer Längswiderstand bedeutet eine schnellere elektrotonische Erregungsleitung.

Merke

Die Erregung breitet sich am schnellsten in dicken, gut myelinisierten Axonen aus.

12.3.2.2 Membranlängskonstante

Ein Maß für die elektrotonische Ausbreitung eines Stroms im Nerven ist die Membranlängskonstante λ.

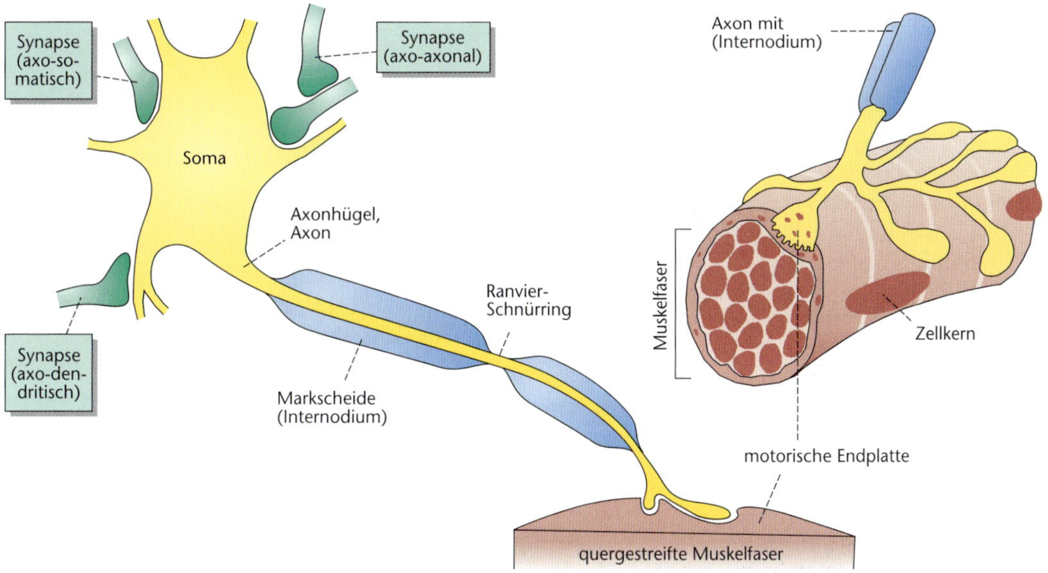

Abb. 12.2 Neuron mit 3 verschiedenen Synapsentypen, markhaltigem Axon und motorischer Endplatte.

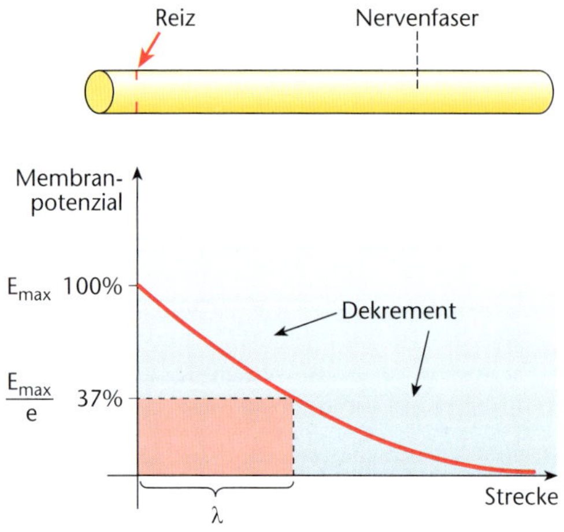

Abb. 12.3 Dekrement des Membranpotenzials in Abhängigkeit von der Entfernung zum Reizort. E_{max} = maximale Membranpotenzialänderung, e = Basis des natürlichen Logarithmus, λ = Membranlängskonstante.

Sie gibt die Entfernung vom Reizort an (in mm), in der noch 37 % der Amplitude des ursprünglichen Reizpotenzials nachweisbar sind. Die Membranlängskonstante liegt zwischen 0,1 und 5 mm und ist umso größer, je besser die elektrotonische Leitfähigkeit der Nervenfaser ist, d. h., sie steigt mit dem Grad der Myelinisierung und der Faserdicke. Je größer λ, desto geringer ist das sog. **Dekrement,** d. h. die Amplitudenabnahme des Stroms im Nerv (► Abb. 12.3).

12.3.3 Aktionspotenzial

Informationen werden im Organismus durch Veränderungen des Ruhemembranpotenzials registriert und weitergegeben. Dabei werden Veränderungen des Ruhemembranpotenzials ab einem gewissen Ausmaß durch die kurzzeitige Aktivierung von spannungsgesteuerten Na^+-Kanälen (► Kap. 1.4.2.3) deutlich verstärkt. Durch spannungsgesteuerte K^+-Kanäle wird das Ruhemembranpotenzial anschließend wiederhergestellt. Diese Veränderungen des Ruhemembranpotenzials werden als Aktionspotenzial bezeichnet. Aktionspotenziale dienen auf diese Weise der Kodierung von Informationen.

12.3.3.1 Schnelles Na^+-System

Aktivierung

Bei normalem Ruhemembranpotenzial (-70 mV) sind die spannungsgesteuerten Na^+-Kanäle

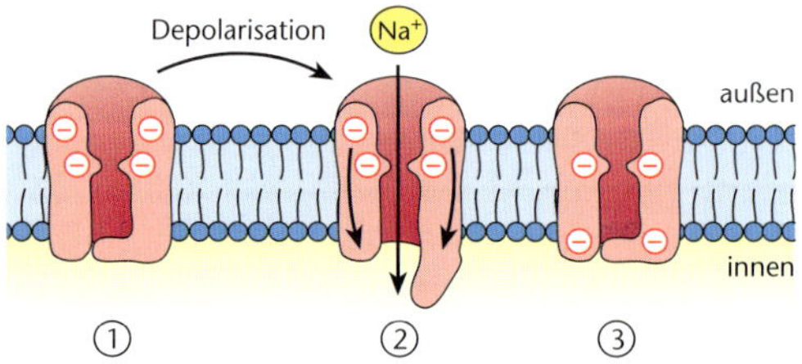

Abb. 12.4 Funktionszustände des Na^+-Kanals. Der Kanal kann geschlossen, aber aktivierbar sein (1). Dies ist im Ruhezustand oder in der späten Repolarisationsphase der Fall. Während der Depolarisation ist der Kanal offen (2), am Ende der Depolarisation oder bei einer Dauerdepolarisation inaktiviert (3), d. h. geschlossen und nicht aktivierbar. Aus dem inaktivierten Zustand kann er dann bei negativen Membranpotenzialen wieder in den geöffneten Zustand übergehen.

geschlossen, aber aktivierbar (► Abb. 12.4). Wird die Membran über das Schwellenpotenzial hinaus depolarisiert, kommt es zur schnellen Öffnung dieser Na^+-Kanäle. Das Schwellenpotenzial ist in der Regel 10–30 mV positiver als das Ruhemembranpotenzial.

Beeinflussung der Aktivierung

Die Aktivierung der Na^+-Kanäle kann durch bestimmte Einflüsse modifiziert werden:

- Eine **langsame Depolarisation** mit allmählichem Anstieg des Membranpotenzials vom Ruhepotenzial auf Werte von ca. -50 mV (Vordepolarisation), z. B. als Summation unterschwelliger Reize, führt zu einer **zunehmenden Inaktivierung** der Na^+-Kanäle und damit zu einer reduzierten Erregbarkeit.
- Eine vorherige **Hyperpolarisation** der Membran (stärkere Negativierung auf etwa -100 mV) steigert die anschließende Na^+-Kanal-Öffnung maximal.
- Bestimmte **Pharmaka oder Gifte** wie z. B. Tetrodotoxin (TTX) oder Succinylcholin (f in ► Abb. 12.8) können zur völligen Inaktivierung des Na^+-Systems führen.
  - **Lokalanästhetika** (Mittel zur örtlichen Betäubung) blockieren reversibel die Na^+-Kanäle und verhindern damit vorübergehend die Weiterleitung von sensiblen und nozizeptiven Reizen.
- Auch durch die extrazelluläre **Ca^{2+}-Konzentration** wird die Aktivität der schnellen Na^+-Kanäle beeinflusst:
  - Bei einer hohen extrazellulären Ca^{2+}-Konzentration ist die Membran stärker depolarisiert. Die Aktivierbarkeit der Na^+-Kanäle nimmt

dadurch ab: **membranstabilisierende Wirkung von Calcium.**
- Ein Abfall der extrazellulären Ca^{2+}-Konzentration führt zu einer Hyperpolarisation der Membran und dadurch zu einer verstärkten Aktivität des Na^+-Systems. Die Folge ist eine **neuronale Übererregbarkeit** mit unkontrollierten Muskelkontraktionen und Parästhesien: **Tetanie.**

- Schließlich ist die **Stärke der reizbedingten Depolarisation** von Bedeutung: Ein unterschwelliger Reiz bewirkt lediglich eine lokale Erregung, also eine umschriebene Membrandepolarisation mit nur geringer Erhöhung der Na^+-Leitfähigkeit.

12.3.3.2 Ionenströme

Natrium

Bei einer Aktivierung des Na^+-Systems steigt die Na^+-Permeabilität durch rasche und massenhafte Öffnung von Na^+-Kanälen in weniger als 1 ms auf das 400-Fache des Ausgangswerts. Für die rasche Öffnung sind positive Rückkoppelungen verantwortlich: Die Öffnung jedes Na^+-Kanals fördert die Öffnung weiterer Kanäle. Durch den depolarisierenden Natriumeinstrom wird das Membranpotenzial vorübergehend positiv, ohne allerdings das Na^+-Gleichgewichtspotenzial von +61 mV (▶ Kap. 12.2.2.2) zu erreichen.

Kalium

Schon nach einer Millisekunde setzen gegenregulatorische Prozesse ein: Das schnelle Na^+-System wird inaktiviert und spannungsabhängige K^+-Kanäle werden geöffnet, sodass die K^+-Leitfähigkeit steigt (▶ Abb. 12.5). Der hierdurch erhöhte K^+-Ausstrom leitet die Repolarisation, d. h. die Rückkehr zum Ruhemembranpotenzial, ein.

12.3.3.3 Zeitverlauf des Aktionspotenzials

Stellt man die mit der Aktivierung des schnellen Na^+-Systems beginnenden Potenzialänderungen in Abhängigkeit von der Zeit dar, ergibt sich der charakteristische Ablauf des Aktionspotenzials (▶ Abb. 12.6):

- Am Beginn steht eine rasche Depolarisierung mit einem Potenzialanstieg auf etwa +30 mV. Dieser ca. 0,2–0,5 ms dauernde Abschnitt wird als **Aufstrich** bezeichnet. Er entspricht der Aktivierung des schnellen Na^+-Systems. Der über die Nulllinie hinausgehende positive Anteil des Aktionspotenzials ist der **Overshoot.**

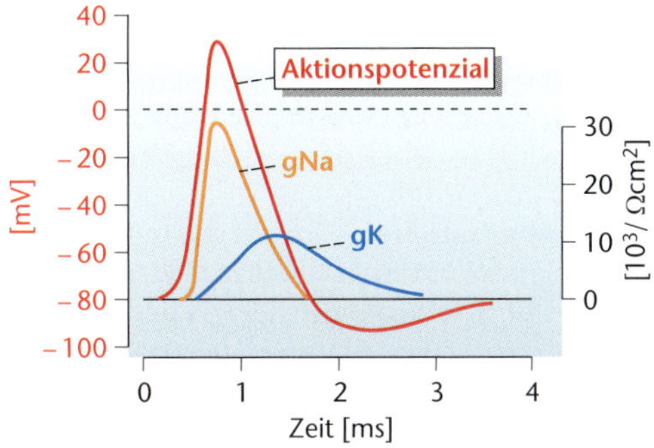

Abb. 12.5 Veränderungen der Membranleitfähigkeit für Na^+ (gNa) und K^+ (gK) im Verlauf eines Aktionspotenzials.

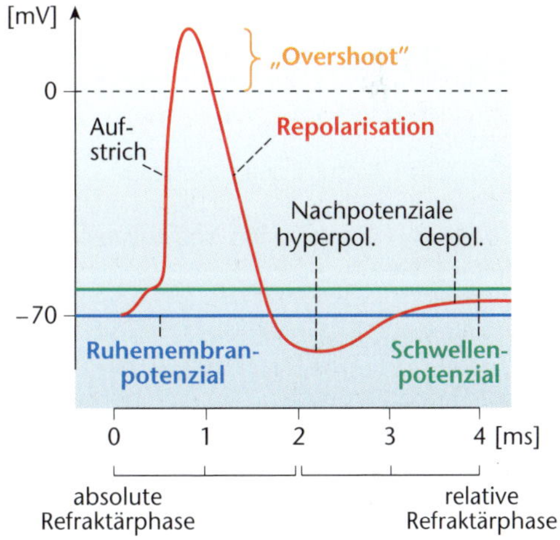

Abb. 12.6 Zeitverlauf des Aktionspotenzials.

- In der anschließenden **Repolarisationsphase** kehrt die Zelle zum ursprünglichen Ruhepotenzial zurück, bedingt durch die rasche Inaktivierung des Na^+-Systems und die allmählich einsetzende Erhöhung der Membranleitfähigkeit für K^+-Ionen.
- Variabel in Art und Ausprägung sind die Potenzialverläufe nach Ende des Aktionspotenzials, die sog. **Nachpotenziale,** die zunächst hyperpolarisierend (aufgrund einer anhaltend erhöhten Membranleitfähigkeit für K^+-Ionen) und dann depolarisierend sein können.
- Die Gesamtdauer eines Aktionspotenzials beträgt ca. 1–2 ms (in der Herzmuskelzelle jedoch 200–400 ms; ▶ Kap. 3.2.1.2).

Alles-oder-Nichts-Verhalten Alle überschwelligen Reize bewirken ein in Form und Verlauf von Reizart und Reizintensität unabhängiges Aktionspotenzial. Diese Gleichförmigkeit des Aktionspotenzials wird als Alles-oder-Nichts-Verhalten bezeichnet.

Ionenkonzentrationen Im Verhältnis zur Gesamtmenge der Ionen auf beiden Seiten der Zellmembran ist die Anzahl der bei Re- und Depolarisation während eines Aktionspotenzials durch die Membran strömenden Na^+- oder K^+-Ionen vernachlässigbar klein. Auch durch wiederholte Auslösung von Aktionspotenzialen werden die Na^+- und K^+-Konzentrationen innerhalb und außerhalb der Zelle daher praktisch nicht verändert.

Merke

Ablauf des Aktionspotenzials:
- Schwellendepolarisation
- Aktivierung des schnellen Na^+-Systems → Depolarisation (Aufstrich und Overshoot)
- Aktivierung von K^+-Kanälen und Deaktivierung des Na^+-Systems → Repolarisation, Nachpotenziale.

12.3.3.4 Refraktärität

Absolute Refraktärphase

Die Phase der Nichterregbarkeit nach einem überschwelligen depolarisierenden Reiz ist die absolute Refraktärphase (► Abb. 12.6). Sie hält bis ca. 2 ms nach Beginn des Aktionspotenzials an. Die absolute Refraktärzeit entspricht damit in etwa der Dauer des Aktionspotenzials. In diesem Zeitraum ist die Auslösung eines weiteren Aktionspotenzials auch bei maximaler Erregung unmöglich: Das schnelle Na^+-System ist vollständig inaktiviert. Aus der Dauer der absoluten Refraktärphase ergibt sich rechnerisch eine Frequenzlimitierung der Aktionspotenziale auf 500/s.

Relative Refraktärphase

In der relativen Refraktärphase, die auf die absolute Refraktärphase folgt und weitere 2–3 ms anhält (► Abb. 12.6), ist das Schwellenpotenzial zur Auslösung eines neuen Aktionspotenzials noch deutlich erhöht: partielle Aktivierbarkeit des schnellen Na^+-Systems. Die in dieser Phase durch stärkere Reize auslösbaren Aktionspotenziale weisen deutlich kleinere Amplituden auf, wobei aber die typische Gestalt des Aktionspotenzials erhalten bleibt.

12.3.4 Fortleitung des Aktionspotenzials

Im Nerv fließende elektrotonische Ströme (► Kap. 12.3.2) können ein Aktionspotenzial auslösen, wenn sie die dafür nötige Reizschwelle überschreiten. Der **Axonhügel** eines Neurons (► Abb. 12.2), auch **Initialsegment** genannt, ist die bevorzugte Stelle für die Auslösung eines solchen Aktionspotenzials. Die Richtung, in der sich das Aktionspotenzial fortpflanzt, wird durch die Refraktärität der zuvor erregten Bezirke erzwungen.

12.3.4.1 Typen von Nervenfasern

Nicht nur bei der elektrotonischen Erregungsausbreitung, sondern auch bei der Fortleitung von Aktionspotenzialen erzielen markhaltige Fasern höhere Geschwindigkeiten als marklose:
- Bei marklosen Nervenfasern entstehen Aktionspotenziale kontinuierlich über der (marklosen) Membran, wann immer der elektrotonische Strom den Schwellenwert erreicht. Durch diesen ständigen Aufbau von Aktionspotenzialen bleibt die Leitungsgeschwindigkeit relativ gering.
- Bei markhaltigen Fasern dagegen können Aktionspotenziale nur an den Ranvier-Schnürringen aufgebaut werden, da nur hier schnelle Na^+-Kanäle existieren. Im Bereich der myelinisierten Internodien wird die Erregung dagegen rein elektrotonisch, praktisch verlustlos und schnell zum nächsten Schnürring transportiert. Weil die Aktionspotenziale die Internodien überspringen, spricht man von **saltatorischer Erregungsleitung.**

Entsprechend ihrer Leitungsgeschwindigkeit werden Nervenfasern in verschiedene Klassen eingeteilt (► Tab. 12.2). Die Einteilung nach Lloyd und Hunt berücksichtigt dabei nur sensorische Fasern, die nach Erlanger und Gasser sensorische, somatomotorische und vegetative Fasern.

Lerntipp

Die Einteilung nach Lloyd/Hunt bzw. Erlanger/Gasser (► Tab. 12.2) läßt sich gut abfragen – wovon auch das IMPP gerne Gebrauch macht.

12.3.4.2 Pathophysiologie

Bei Krankheitsprozessen, die zu einer Zerstörung der Markscheiden, d. h. zu einer Demyelinisierung peripherer Nerven führen, kommt es zu motorischen und sensiblen Ausfällen bzw. Störungen: Pa-

Tab. 12.2 Einteilung der Nervenfasern

Fasergruppe Lloyd/ Hunt (Erlanger/Gasser)	Durchmesser (µm)	Leitungsgeschwindigkeit (m/s)	Versorgte Struktur
I (Aα) markhaltig	15	70–120	Muskelspindeln
II (Aβ) markhaltig	5–10	30–70	Mechanosensoren (Haut)
III (Aδ) markhaltig	ca. 3	10–30	Thermosensoren (Kälte) Schmerzsensoren (Sofortschmerz)
IV (C) marklos	1	0,5–2	Thermosensoren (Wärme) Schmerzsensoren (Spätschmerz)

resen, Parästhesien, Dysästhesien. Diese Nervenschädigungen lassen sich an einer Verlangsamung der Leitungsgeschwindigkeit im Elektroneurogramm (ENG) erkennen. Die Messung der peripheren Nervenleitgeschwindigkeit (NLG) dient u. a. der Diagnostik metabolischer (z. B. diabetischer), alkoholtoxischer und immunologisch bedingter Polyneuropathien.

Klinik

Die **multiple Sklerose** (Encephalomyelitis disseminata) ist eine Autoimmunerkrankung, die durch zentrale Demyelinisierungsherde gekennzeichnet ist. Frauen sind doppelt so häufig wie Männer betroffen. Die Krankheit verläuft schubweise, typisch sind Remissionen und Rückfälle. Klinisch sind Lähmungen der Augenmuskeln mit Doppelbildern ein charakteristisches Frühzeichen. Im Verlauf können weitere Muskellähmungen und Sensibilitätsstörungen auftreten. Die Diagnose wird durch Magnetresonanztomografie (MRT) und Liquoranalyse gestellt.

12.3.5 Elektrische Reizung

Die elektrische Reizung von Nervenfaserbündeln wird in der Medizin experimentell, diagnostisch und therapeutisch eingesetzt und betrifft dabei i. d. R. viele erregbare Zellen oder Nervenfasern zugleich. Zumeist wird **Gleichstrom** verwendet. Aufgrund der positiven Ladung der Membranaußenseite entsteht an der negativen Elektrode (Kathode) eine Membrandepolarisation: **Katelektrotonus.** Die positive Elektrode (Anode) bewirkt dagegen eine Hyperpolarisation: **Anelektrotonus.**
Nach überschwelliger elektrischer Reizung einer Nervenfaser wird das entstehende Aktionspotenzial in 2 Richtungen weitergeleitet:

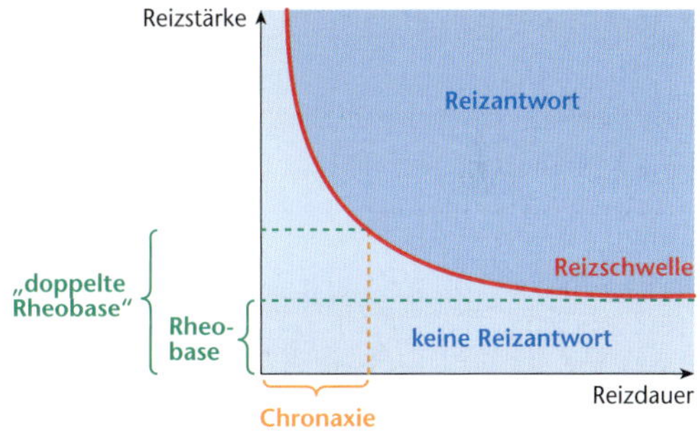

Abb. 12.7 Abhängigkeit der Reizschwelle von der Reizstärke und der Reizdauer.

- **orthodrom:** in der physiologischen Fortleitungsrichtung des betreffenden Nervs
- **antidrom:** entgegen der normalen Fortleitungsrichtung

Um die jeweilige Ansprechbarkeit einer erregbaren Struktur (z. B. peripherer Nerv, Myokard) präzise zu beschreiben, hat man die Beziehung von erforderlicher Reizstärke und Reizzeit mithilfe der Begriffe Rheobase und Chronaxie charakterisiert (► Abb. 12.7):

- Die **Rheobase** ist die (Schwellen-)Stromstärke, die bei extrem langer Reizzeit gerade noch eine Reizantwort hervorrufen würde.
- Die **Chronaxie** ist die Zeit, während der ein Reizstrom mit doppelter Rheobasenstärke wirken muss, um eine Nervenerregung auszulösen. Sie ist eine temperaturabhängige, aber nicht vom Hautwiderstand abhängige Größe.
- Als **Grenzwert der Reizantwort** bezeichnet man das Produkt aus Chronaxie und doppelter Rheobase.

Die Ermittlung der genannten Parameter hat in der Medizin praktische Bedeutung z. B. bei der Herstellung und Anpassung von Herzschrittmachern sowie für die Elektrotherapie partieller Nervenausfälle (Paresen), etwa nach traumatischer Schädigung.

Hochfrequenter Wechselstrom bewirkt keine Nervenerregung, da die Dauer der negativen Halbwelle des Stroms zu kurz ist, um eine Schwellendepolarisation zu erreichen (Frequenzlimitierung des Aktionspotenzials, ► Kap. 12.3.3.4). Stattdessen sind unter Bedingungen der Hochfrequenz (und Hochspannung) vor allem **thermische Schädigungen** (Hitzekoagulation) zu erwarten.

Klinik

Medizinisch genutzt wird hochfrequenter Wechselstrom z. B. bei der **Hochfrequenzkauterisation,** bei der die thermische Koagulation umschriebener Gewebeareale zur Blutstillung eingesetzt wird.

12.4 Signalübertragung zwischen Zellen

12.4.1 Synapsen

Als Synapse bezeichnet man den Kontaktbereich eines Neurons mit einer Effektorzelle (Muskel, Drüse) oder einem anderen Neuron. Über Synapsen werden die in Aktionspotenzialen kodierten Informationen von einer Zelle auf die andere übertragen. Morphologisch finden sich axoaxonale, axodendritische, axosomatische oder dendrodendritische Synapsen (► Abb. 12.2). Funktionell werden elektrische von chemischen Synapsen unterschieden.

12.4.1.1 Elektrische Synapsen

Elektrische Synapsen oder Gap Junctions verbinden benachbarte Zellen über Tunnelproteine: **Connexine.** Sie finden sich z. B. zwischen Gliazellen oder Zellen der Synzytien von Myokard und glatter Muskulatur. So können Ionen und niedermolekulare Substanzen in die jeweils verbundene Zelle gelangen. Auch eine elektrotonische Erregungsübertragung von Zelle zu Zelle ist möglich.

12.4.1.2 Chemische Synapsen

Struktur

Bei chemischen Synapsen sind die Zellmembranen der beiden beteiligten Zellen eng benachbart: Der sie trennende synaptische Spalt hat eine Weite von nur 10–100 nm. Über diesen Spalt hinweg wird die Information durch einen chemischen Botenstoff (Transmitter, ► Kap. 12.4.2) übertragen. Er wird an der Zellmembran des ankommenden Neurons (präsynaptische Membran) freigesetzt und bindet an Rezeptoren auf der Zellmembran des weiterführenden Neurons (subsynaptische Membran). Die als Aktionspotenzial präsynaptisch ankommende Information wird dekodiert, d. h. in chemische Signale umgesetzt, und im postsynaptischen Neuron neu kodiert, d. h. wieder in ein Aktionspotenzial umgewandelt.

Synaptische Latenz

Die Zeit vom Eintreffen des Aktionspotenzials an der präsynaptischen Endigung bis zur Auslösung von Ladungsverschiebungen an der subsynaptischen Membran der Zielzelle wird als synaptische Latenz bezeichnet. Sie beträgt für die meisten Synapsen 0,5 ms und mehr.

12.4.2 Transmitter

Die für die Informationsübertragung an Synapsen verwendeten Transmitter werden im präsynaptischen Fortsatz des Axons in Vesikeln gespeichert. Über Exozytose gelangen sie in den synaptischen Spalt, binden an der subsynaptischen Membran an Rezeptoren und werden anschließend inaktiviert.

Jedes Neuron verwendet an allen seinen Synapsen den gleichen Transmitter: **Dale-Prinzip.** An manchen Synapsen können jedoch gleichzeitig mit dem Transmitter **Cotransmitter** wie z. B. ATP oder bestimmte Peptide ausgeschüttet werden, sodass das Dale-Prinzip keine absolute Gültigkeit hat. Transmitter können in ihrer chemischen Struktur ganz verschieden sein: Aminosäuren, Oligopeptide, Monoamine, Acetylcholin oder opiatähnliche Substanzen.

12.4.2.1 Freisetzung

Die Transmitter werden synapsennah in präsynaptischen Vesikeln gespeichert. Ein Acetylcholin-Vesikel z. B. enthält 5.000–10.000 Moleküle Acetylcholin. Der Inhalt eines solchen Vesikels entspricht einem **Transmitterquantum,** d. h. der kleinsten freisetzbaren Transmittermenge.

Für die Freisetzung sind Ca^{2+}-Ionen erforderlich, die im Verlauf der Depolarisation durch spannungsabhängige Ca^{2+}-Kanäle in die präsynaptische Nervenregion einströmen. Je mehr Ca^{2+}-Ionen einströmen, umso mehr Transmitterquanten werden freigesetzt. Damit kann die synaptische Erregungsübertragung abgestuft werden. Verlängert sich z. B. die präsynaptische Depolarisationsdauer oder wird die Aktionspotenzialfrequenz gesteigert, strömen vermehrt Ca^{2+}-Ionen in die präsynaptische Nervenendigung ein.

Bei einem Anstieg der extrazellulären Mg^{2+}-Konzentration strömen weniger Ca^{2+}-Ionen ein, da Ca^{2+} und Mg^{2+} um dieselben Ionenkanäle konkurrieren.

Auch präsynaptische Hemmung und Bahnung (► Kap. 12.5.1) werden über eine Beeinflussung der präsynaptischen Ca^{2+}-Aufnahme gesteuert.

12.4.2.2 Bindung

Der freigesetzte Transmitter bindet an Rezeptoren der nachgeschalteten Zelle. Dadurch erhöht sich die Öffnungswahrscheinlichkeit von Na^+- und K^+-Kanälen in der postsynaptischen Membran. Zwei Rezeptortypen sind zu unterscheiden:

Ionotrope Rezeptoren

Die Bindung des Transmitters (= Ligand) an den Rezeptor öffnet einen Ionenkanal. Rezeptorfunktion und Ionenkanal sind in einem Molekül vereinigt, sodass es sich um **direkt ligandengesteuerte Kanäle** handelt. Ionotrope Rezeptoren sind durch eine schnelle Aktivierung gekennzeichnet.

- Rezeptoren, die **Na^+-Kanäle** öffnen, führen zur Erregung der subsynaptischen Zelle. Liganden solcher exzitatorischen ionotropen Rezeptoren sind Acetylcholin (nicotinerger Rezeptor an der motorischen Endplatte, s. u.), Glutamat (NMDA-Rezeptoren, ► Kap. 20.5.2.3) und Serotonin.
- Rezeptoren, die **Cl^--Kanäle** öffnen, hemmen die subsynaptische Zelle. Typische Liganden solcher inhibitorischer ionotroper Rezeptoren sind GABA und Glycin.

Metabotrope Rezeptoren

Die Bindung des Transmitters an den Rezeptor aktiviert ein G-Protein, das in der Folge entweder selbst unmittelbar Ionenkanäle öffnet oder eine Kaskade chemischer Reaktionen auslöst, die zur Öffnung von Ionenkanälen über Second-Messenger-Mechanismen (cAMP, IP_3, ► Kap. 1.7.1, ► Kap. 1.7.2) führen.

Diese **indirekt ligandengesteuerten Kanäle** finden sich z. B. bei der Bindung von Acetylcholin (ACh) an muscarinerge ACh-Rezeptoren. Dabei wird ein G-Protein aktiviert, das zu einem benachbarten K^+-Kanal diffundiert und diesen öffnet.

Eine längere Folge metabolischer Reaktionen (cAMP-Kaskade) führt nach der Aktivierung von β-adrenergen Rezeptoren durch Noradrenalin (z. B. am Herzen, ► Kap. 3.6.2.1) zu einer Phosphorylierung von Ca^{2+}-Kanälen. Hierdurch wird der Ca^{2+}-Einstrom erhöht.

Autoinhibition

Unter Autoinhibition versteht man die Hemmung der Transmitterausschüttung durch Bindung des Transmitters an seine Rezeptoren auf der präsynaptischen Membran.

12.4.2.3 Wirkungen

Nach Bindung an den Rezeptor und der dadurch meist ausgelösten Permeabilitätserhöhung der postsynaptischen Membran für Na^+- und/oder K^+-Ionen hängt der resultierende Gesamteffekt nur von der Effektorzelle bzw. von ihrer Rezeptorzone ab. Der gleiche Transmitter kann also unterschiedliche Wirkungen haben (► Tab. 12.3).

Acetylcholin

Acetylcholin (ACh) aktiviert die motorische Endplatte (► Kap. 12.4.3.1), hat aber auch eine erregende Wirkung an den Motoneuronen des Rückenmarks. Zusätzlich zu diesen nicotinergen Wirkungen hat Acetylcholin zahlreiche muscarinische Effekte im postganglionären Bereich des N. vagus (► Kap. 14.3.2.1).

Noradrenalin

Noradrenalin wirkt peripher aktivierend auf postganglionäre sympathische Fasern (► Kap. 14.3.2.2). Daneben wirkt Noradrenalin im ZNS aber auch psychisch stimulierend. Ein relativer Mangel an Noradrenalin und Serotonin im ZNS wird für die Entstehung von Depressionen mitverantwortlich gemacht („Amin-Hypothese“ der Depression).

Klinik

Trizyklische Antidepressiva sind Medikamente zur Behandlung der **Depression.** Ihre Wirkung beruht darauf, dass sie die präsynaptische Wiederaufnahme von Noradrenalin, Serotonin und Dopamin hemmen, die Konzentrationen dieser Transmitter im synaptischen Spalt also erhöhen. Durch diese generalisierte Aktivierung

Tab. 12.3 Transmittersubstanzen mit Vorkommen und lokaler Wirkung

Transmitter	Vorkommen, Wirkort	Lokale Wirkung
Acetylcholin	Motorische Endplatte	Erregend (▸ Kap. 12.4.3.1)
	Motoneurone des Rückenmarks	Erregend (EPSP)
	Zentrale Neurone in Großhirn, motorischen Kernen und Basalganglien	Renshaw-Hemmung (▸ Kap. 12.5.2.2, ▸ Abb. 12.11, und ▸ Kap. 15.2.4.5)
	Präganglionäre vegetative Fasern	Erregend
	Postganglionäre parasympathische Fasern	Erregend (▸ Kap. 14.3)
	Spezialisierte sympathische Fasern	Komplex (▸ Kap. 14.3)
Noradrenalin	Postganglionäre sympathische Fasern	Komplex (▸ Kap. 14.3)
	Zentrale Neurone (Hirnstamm)	Aktivierend
Dopamin	Zentrale Neurone (Hypothalamus, Basalganglien [▸ Kap. 15.4.3.2], Mittelhirn)	Komplex
Serotonin	Zentrale Neurone (Hypothalamus, Hirnstamm)	Komplex
Glutamat	Zentrale Neurone (Frontalhirn, Kleinhirn, zentrales Höhlengrau, Hinterwurzeln des Rückenmarks)	Erregend, „Schmerzgedächtnis", Engrammbildung (▸ Kap. 20.5.2.3)
Glycin	Interneurone des Rückenmarks	Postsynaptische Hemmung (IPSP)
GABA	Supraspinale Interneurone (Großhirn, Nucleus vestibularis lateralis)	Präsynaptische und postsynaptische Hemmung

von Transmittern haben sie relativ viele, vor allem vegetative Nebenwirkungen, u. a. Mundtrockenheit, Akkommodationsstörungen, Miktionsstörungen, Tachykardien und Sedierung. Neuere Antidepressiva wirken als selektive Serotoninwiederaufnahmehemmer (SSRI = selektive Serotonin-Re-Uptake-Inhibitoren) und haben wegen dieser Selektivität weniger Nebenwirkungen. Typische Substanzen sind z. B. Fluoxetin oder Citalopram.

Dopamin

Dopamin reguliert im Striatum die extrapyramidale Motorik (▸ Kap. 15.4.3.1) und hemmt in der Hypophyse die Freisetzung von Prolaktin (▸ Kap. 10.3.2.3). Es spielt aber auch eine wesentliche Rolle bei der Steuerung von Wahrnehmungs- und Denkprozessen im mesolimbischen Verstärkersystem und im präfrontalen Kortex (▸ Kap. 20.9.2.2).

12.4.2.4 Inaktivierung und Desensitierung

Inaktivierung

Die Rezeptorwirkung eines Transmitters wird durch seine Inaktivierung limitiert. Diese Inaktivierung ist durch Abbau (z. B. Acetylcholin durch das Enzym Cholinesterase) oder Abtransport und axonale Wiederaufnahme in die präsynaptische Nervenendigung möglich (z. B. Noradrenalin).

Desensitierung

Eine sinkende Offenwahrscheinlichkeit ligandengesteuerter Ionenkanäle trotz gleichbleibend hoher Transmitterkonzentrationen im synaptischen Spalt wird als Desensitierung des Rezeptors bezeichnet. Die Desensitierung dient als Schutz vor zu starken oder zu lang andauernden Aktivierungen der Synapsen.

12.4.2.5 Pharmakologische Beeinflussung

Zahlreiche Pharmaka können in den Transmitterstoffwechsel eingreifen (▸ Tab. 12.4):

- **α-Methyldopa** wird im Gehirn zum „falschen Transmitter" α-Methyl-Noradrenalin umgewandelt, das (wie das Pharmakon Clonidin) zentrale α_2-Rezeptoren aktiviert. Es besitzt eine deutlich höhere Affinität zum α_2-Rezeptor als der physio-

Tab. 12.4 Pharmakon- und Giftwirkungen an Synapsen

Pharmakon bzw. toxische Substanz	Angriffsort	Wirkungsmechanismus
Strychnin (► Kap. 12.4.4.2)	Rückenmark	Verdrängt Glycin von den subsynaptischen Rezeptoren → relative Enthemmung der Motoneurone, Muskelkrämpfe
Tetanustoxin (► Kap. 12.4.4.2)	Rückenmark	Verhindert die Glycinfreisetzung aus inhibitorischen Interneuronen → Effekt wie bei Strychnin
Botulinustoxin	Motorische Endplatte (präsynaptische Faser)	Hemmt die Freisetzung von Acetylcholin aus präsynaptischen Speichervesikeln → schlaffe Lähmung
Alkylphosphate (z.B. E 605)	Motorische Endplatte (synaptischer Spalt)	Irreversible Hemmung der Cholinesterase → Krämpfe
Curare	Motorische Endplatte (synaptischer Spalt)	Verdrängt Acetylcholin vom Rezeptor → keine depolarisierende Wirkung, schlaffe Lähmung
Neostigmin, Physostigmin	Motorische Endplatte (synaptischer Spalt)	Reversible Hemmung der Cholinesterase → Aufhebung der Curarewirkung, bei hoher Dosierung Krämpfe
Succinylcholin	Motorische Endplatte (synaptischer Spalt)	Dauerdepolarisation der Endplatte → schlaffe Lähmung

logische Transmitter Noradrenalin. Dadurch wird das zentrale sympathische Vasomotorenzentrum gehemmt, der totale periphere Widerstand und damit der Blutdruck sinken ab.

- **Reserpin,** ebenfalls ein blutdrucksenkendes Mittel, beeinträchtigt die Speicherung von Noradrenalin in den präsynaptischen Vesikeln zentraler und peripherer Neurone. Das gebildete Noradrenalin wird dadurch von der intrazytoplasmatischen Monoaminooxidase abgebaut, die verfügbare Transmittermenge wird reduziert und die Aktivität der adrenergen Neurone gehemmt.
- **Cholinesterasehemmer** wie Neostigmin verlangsamen den Abbau von Acetylcholin im synaptischen Spalt (► Kap. 12.4.3.2).
- **Wiederaufnahmehemmer** hemmen die Wiederaufnahme von Transmittern wie Noradrenalin, Dopamin oder Serotonin in die präsynaptische Faser und sind dadurch antidepressiv wirksam.
- **β-Rezeptoren-Blocker** konkurrieren als kompetitive Antagonisten mit Adrenalin um die Bindung an Adrenozeptoren.

12.4.3 Erregungsübertragung an der motorischen Endplatte

12.4.3.1 Physiologie der Endplatten

Eine spezielle und besonders gut untersuchte Synapsenform ist die motorische Endplatte der quergestreiften Muskulatur. Das innervierende Motoneuron eines Skelettmuskels teilt sich auf und versorgt jede einzelne Muskelfaser mit einer solchen Endplatte. Der synaptische Spalt hat eine vergleichsweise geringe Weite von 10–20 nm, die synaptische Latenz beträgt 0,2 ms.

Transmitterfreisetzung

In der präsynaptischen Endigung werden bei einer Depolarisation potenzialgesteuerte Ca^{2+}-Kanäle geöffnet, über die Ca^{2+} in die Endigung einströmt. Diese Ca^{2+}-Ionen binden sich an den Ca^{2+}-Sensor **Synaptotagmin,** wodurch der so genannte **SNARE-Proteinkomplex** aktiviert wird. Der SNARE-Komplex zieht acetylcholinhaltige Vesikel an die präsynaptische Membran heran, sodass sich eine Fusionspore ausbilden kann, durch die Acetylcholin in den synaptischen Spalt ausströmt. Acetylcholin wird auf diese Weise in Quanten freigesetzt, die jeweils dem Inhalt eines Acetylcholinvesikels entsprechen (ca. 5.000–10.000 Moleküle Acetylcholin).

Endplattenpotenzial

Acetylcholin bindet dann an die spezifischen nicotinischen ionotropen ACh-Rezeptoren der subsynaptischen Membran. Dadurch werden die zum Rezeptor gehörenden Ionenkanäle geöffnet: die Na^+- und K^+-Permeabilität steigt. Durch das einströ-

mende Na^+ und das ausströmende K^+ wird die subsynaptische Membran depolarisiert. Es resultiert ein **Endplattenpotenzial (EPP),** das 5–20 ms andauert, eine Amplitude von 50 mV hat und sich elektrotonisch ausbreitet. Zur Auslösung eines EPP ist eine Vielzahl von Acetylcholin-Quanten erforderlich. Das EPP aktiviert spannungsgesteuerte Na^+- und K^+-Kanäle in der Membran der Muskelzellen. Hierdurch entsteht das Muskelaktionspotenzial, das durch eine deutlich höhere Amplitude von 130 mV gekennzeichnet ist und 10 ms anhält.
In unregelmäßigen Abständen können in der Nähe der Endplatte Potenziale mit einer sehr geringen Amplitude (1–2 mV) registriert werden: **Miniatur-Endplattenpotenziale.** Sie beruhen auf der Freisetzung jeweils eines Acetylcholin-Quantums.

Inaktivierung

Im synaptischen Spalt befindet sich eine Acetylcholinesterase, die das ACh relativ rasch aufspaltet und dadurch inaktiviert. Außerdem diffundiert ACh aus dem synaptischen Spalt, sodass die ACh-Konzentration auch hierdurch rasch sinkt.

12.4.3.2 Pharmakologische Beeinflussung

Muskelrelaxanzien

Muskelrelaxanzien sind Pharmaka, die zur Muskelerschlaffung führen, was bei operativen Eingriffen und bei der Beatmung oft erwünscht ist. Ihre Wirkung entfalten sie, indem sie die motorischen Endplatten postsynaptisch beeinflussen. Prinzipiell können die folgenden Wirkprinzipien unterschieden werden:

- Reversible Blockade mit Depolarisation: Succinylcholin
- Reversible Blockade ohne Depolarisation: Curare

Succinylcholin

Succinylcholin (Suxamethonium) bewirkt eine Dauerdepolarisation der postsynaptischen Endplattenmembran. Es entsteht ein **Depolarisationsblock,** da durch die Dauerdepolarisation die Na^+-Kanäle inaktiviert werden (f in ► Abb. 12.8).

Curare

Curare verdrängt als kompetitiver Antagonist von Acetylcholin die Acetylcholinmoleküle von den Rezeptoren der motorischen Endplatte. Curare bindet dabei zwar an den Rezeptor, entfaltet aber keine Wirkung. Auf diese Weise wird der Aufbau eines depolarisierenden Endplattenpotenzials erschwert. (b in ► Abb. 12.8).

Acetylcholinesterasehemmer

Neostigmin, Physostigmin

Durch die reversible Hemmung der Acetylcholinesterase (AChE) wird weniger ACh gespalten und die Konzentration von ACh im synaptischen Spalt steigt. Eine Rezeptorblockade durch Curare können Neostigmin und Physostigmin also aufheben, weil sie die ACh-Konzentration steigern und die ACh-Moleküle somit das Curare aus seiner Bindung am Rezeptor verdrängen (c in ► Abb. 12.8). Bei einer Überdosierung kommt es allerdings zu einer Dauerdepolarisation an der motorischen Endplatte, die ihrerseits durch eine Inaktivierung des Na^+-Systems die weitere Auslösung von Aktionspotenzialen unmöglich macht und dadurch eine Muskellähmung zur Folge hat (d in ► Abb. 12.8). Bei höheren Dosen wirken diese AChE-Hemmer auch an den nicotinergen Acetylcholinrezeptoren der vegetativen Ganglien (► Kap. 14.3.2.1). Folgen sind Tränen- und Speichelfluss, Bronchospasmen, Pupillenverengung (Miosis) und Bradykardie.

Organische Phosphorsäureester

Auch organische Phosphorsäureester (Alkylphosphate wie z. B. das Insektizid E 605) sind Cholinesterasehemmer. Allerdings ist ihre Hemmwirkung irreversibel (e in ► Abb. 12.8). Wie Neostigmin und Physostigmin wirken sie sowohl an der Skelettmuskulatur als auch an den vegetativen Ganglien.

Botulinustoxin

Botulinustoxin (produziert vom Bakterium *Clostridium botulinum,* z. B. in verdorbenen Konserven) zerstört Proteine des SNARE-Komplexes. So werden die Verschmelzung von Acetylcholinvesikeln mit der präsynaptischen Membran und dadurch die Freisetzung von Acetylcholin verhindert (g in ► Abb. 12.8). Eine Muskellähmung ist die Folge. Botulinustoxin ist extrem giftig. Bereits 10 µg sind bei oraler Anwendung für einen Erwachsenen tödlich.

Klinik

Die muskellähmende Wirkung von **Botulinustoxin** (Botox®) kann durch lokale Injektion in spastische Muskelanteile auch therapeutisch genutzt werden, z. B. bei infantiler Zerebralparese oder beim „Schiefhals" (Torticollis spasticus). Darüber hinaus wird es in der kosmetischen Chirurgie zur Behandlung von Falten eingesetzt.

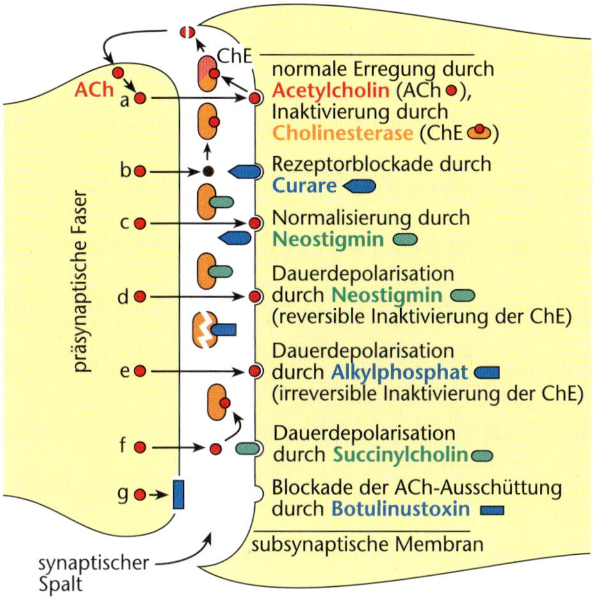

Abb. 12.8 Pharmakologische und toxikologische Wirkungen an der motorischen Endplatte. ChE = Cholinesterase, ACh = Acetylcholin.

12.4.4 Postsynaptische Potenziale

Die vom Transmitter postsynaptisch ausgelösten Potenzialveränderungen lassen sich in 2 Klassen unterteilen: exzitatorische und inhibitorische postsynaptische Potenziale.

12.4.4.1 Exzitatorisches postsynaptisches Potenzial (EPSP)

Beim EPSP wird die subsynaptische Membran vorwiegend für Na^+, in geringerem Maß für K^+ vermehrt permeabel. Es kommt zu einer **Depolarisation** der subsynaptischen Membran und weiterer postsynaptischer Areale, sodass sich das Potenzial der Reizschwelle nähert und Aktionspotenziale leichter ausgelöst werden können. Zum Überschreiten der Reizschwelle ist die Summation mehrerer exzitatorischer postsynaptischer Potenziale erforderlich. Typischer Transmitter für die Auslösung von EPSP ist **Glutamat.** Synapsen, an denen EPSP ausgelöst werden können, sind exzitatorische Synapsen.

12.4.4.2 Inhibitorisches postsynaptisches Potenzial (IPSP)

Beim IPSP bewirken Transmitter und Rezeptor eine Permeabilitätssteigerung der postsynaptischen Membran für K^+- oder Cl^--Ionen, was eine **Hyperpolarisation** sub- und postsynaptischer Membrananteile zur Folge hat. Diese Hyperpolarisation erschwert die Erregungsweiterleitung über die Synapse. Typische IPSP-auslösende Transmitter sind **GABA** und **Glycin.** Synapsen, an denen IPSP ausgelöst werden können, sind inhibitorische Synapsen.

Klinik

GABA ist der wichtigste inhibitorische Neurotransmitter im ZNS. Die sedierenden, angstlösenden und muskelrelaxierenden Wirkungen der **Benzodiazepine** (klassischer Vertreter: Diazepam) erklären sich aus ihrer agonistischen Wirkung auf den $GABA_A$-Rezeptor. Die Substanz Bicucullin ist ein $GABA_A$-Antagonist: Auslösung von Muskelkrämpfen. Das zentrale Muskelrelaxans **Baclofen,** ein GABA-Derivat, wirkt über die Aktivierung von $GABA_B$-Rezeptoren inhibitorisch (► Abb. 12.9). Es wird zur Behandlung spastischer Bewegungsstörungen eingesetzt.

Das **Tetanustoxin** und das Gift **Strychnin** sind Gegenspieler des hemmenden Transmitters Glycin (► Tab. 12.3). Sie verhindern die über Glycin vermittelte postsynaptische Hemmung an Motoneuronen im Rückenmark, indem sie die Glycinfreisetzung blockieren (Tetanustoxin) bzw. kompetitiv glycinantagonistisch wirken (Strychnin).

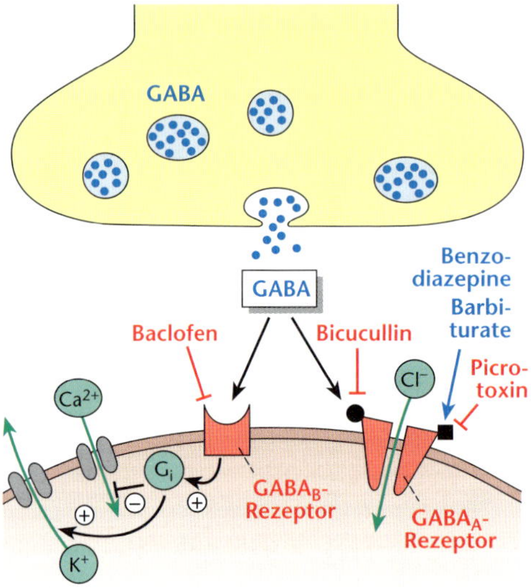

Abb. 12.9 Synaptische Übertragung durch GABA. $GABA_A$-Rezeptoren sind ionotrope Rezeptoren, die Cl^--Ionen passieren lassen. Sie sind der wichtigste inhibitorische Rezeptor im ZNS. $GABA_B$-Rezeptoren sind metabotrope Rezeptoren. Sie steigern postsynaptisch K^+-Ausstrom und Ca^{2+}-Einstrom und wirken so ebenfalls inhibitorisch.

12.4.5 Synaptische Plastizität

12.4.5.1 Potenzierung

Die Verstärkung der Erregungsreaktion durch vorangehende gleichartige Reize lässt sich im postsynaptischen Bereich am Phänomen der **tetanischen Potenzierung** nachweisen. Nach einem tetanischen Reiz, d.h. einer hochfrequenten Serie von Reizimpulsen, ist die Amplitude der am Ende der Reizserie registrierten exzitatorischen postsynaptischen Potenziale pro Einzelreiz deutlich höher als vorher. Überdauert diese Potenzierung der Reizantwort den tetanischen Reiz, spricht man von **posttetanischer Potenzierung.** Hierbei handelt es sich um den Effekt einer erhöhten präsynaptischen Ca^{2+}-Konzentration. Diese Ca^{2+}-Speichervorgänge bilden die zelluläre Grundlage des Gedächtnisses (► Kap. 20.5.2.3).

12.4.5.2 Depression

Bei Erschöpfung der Ca^{2+}- oder der Transmittervorräte kann anstelle der Potenzierung eine tetanische bzw. posttetanische Depression auftreten: Pro Reiz wird dann eine geringere Transmittermenge freigesetzt als bei einem isolierten Einzelreiz.

12.4.5.3 Langzeitpotenzierungen

Langzeitpotenzierungen, die auf wiederholter Aktivierung glutamaterger zentraler Synapsen mit Amplitudenzunahme der EPSP beruhen, führen zu einer **Engrammbildung:** neuronales Lernen. Diese Glutamatwirkung ist an postsynaptische AMPA- und NMDA-Rezeptoren gebunden (► Kap. 20.5.2.3), die z.B. in der Hippocampus-Region, aber auch in den Hinterhörnern des Rückenmarks vorkommen.

Es wird vermutet, dass Glutamat auf dem geschilderten Weg auch zur **Chronifizierung von Schmerzzuständen** durch anhaltende Übererregung nozizeptiver Neurone (► Kap. 16.4.2.1) beiträgt.

12.5 Signalverarbeitung im Nervensystem

12.5.1 Elementarmechanismen

Durch das Zusammenwirken verschiedener Synapsen und durch die Wechselwirkungen der an einer Nervenzelle einlaufenden Erregungen werden die komplexeren neuronalen Reaktionen des Organismus gesteuert. Vier Grundphänomene lassen sich hierbei unterscheiden:

- Bahnung
- Summation
- Okklusion
- Hemmung

12.5.1.1 Bahnung

Treffen Aktionspotenziale in hoher Frequenz im präsynaptischen Bereich ein, kommt es zu einer Steigerung der Transmitterfreisetzung pro Aktionspotenzial. Dieser Vorgang wird als präsynaptische Bahnung bezeichnet und beruht auf einer **Ca^{2+}-Anreicherung** in der präsynaptischen Endigung.

12.5.1.2 Summation

Bei der Summation handelt es sich um eine Überlagerung postsynaptischer Potenziale.

- **Räumliche Summation:** Wird ein Neuron über mehrere Synapsen an verschiedenen Stellen aktiviert, vergrößert sich das entstehende subsynaptische Potenzial. Ein Beispiel für räumliche Summation ist die Vergrößerung der Zentren der rezeptiven Felder beim Übergang vom Hell- zum Dunkelsehen (► Kap. 17.3.2.3).

- **Zeitliche Summation:** Werden Synapsen mehrfach in kurzem zeitlichem Abstand (wenige ms) aktiviert, summieren sich die entstehenden postsynaptischen Potenziale ebenfalls.

Wird durch eine räumliche oder zeitliche Summation die Schwelle erreicht, löst dies ein Aktionspotenzial aus, das bevorzugt am Axonhügel entsteht: hohe Dichte von Na^+-Kanälen.

12.5.1.3 Okklusion

Im Gegensatz zur Bahnung spricht man von Okklusion, wenn der Reizerfolg mehrerer kurz hintereinander einlaufender Reize kleiner ist als die Summe der Reizerfolge von Einzelreizen in größerem Abstand. Hierbei stören sich die gleichzeitig einlaufenden Einzelreize, während sie sich bei der Bahnung gegenseitig verstärken.

12.5.1.4 Hemmung

Die neuronale Hemmung synaptischer Übertragungen greift prä- und postsynaptisch an.

Präsynaptische Hemmung

Die präsynaptische Hemmung ist über axoaxonale Synapsen realisiert (▸ Abb. 12.2). Das hemmende Neuron bewirkt, dass ein zweites Neuron weniger Transmitter freigesetzt. Beispiel einer solchen präsynaptischen Hemmung ist die axoaxonale Hemmung der Erregungsübertragung von Ia-Fasern auf α-Motoneurone im Rückenmark (▸ Kap. 15.2.4.5). Hemmender Transmitter an der axoaxonalen Synapse ist in diesem Fall GABA, das in der präsynaptischen Endigung der Ia-Faser die Leitfähigkeit für Ca^{2+} und Na^+ herabsetzt.

Postsynaptische Hemmung

Bei der postsynaptischen Hemmung erzeugt ein hemmendes Neuron an der postsynaptischen Membran eines zweiten Neurons eine Hyperpolarisation. Es entsteht ein inhibitorisches postsynaptisches Potenzial. Dadurch wird die Erregung dieser postsynaptischen Membran erschwert.

Deszendierende Hemmung

Als deszendierende Hemmung bezeichnet man einen Hemmungstyp, bei dem die Reizschwelle eines Sensors durch zentrale efferente Impulse angehoben wird. Dadurch wird die Empfindlichkeit des Fühlers erniedrigt, z. B. bei Mechano-, Thermo- und Schmerzsensoren (▸ Kap. 16), den Haarzellen des Innenohrs (▸ Kap. 18.3.3.2) und den Geruchssensoren (▸ Kap. 19.3.1.2).

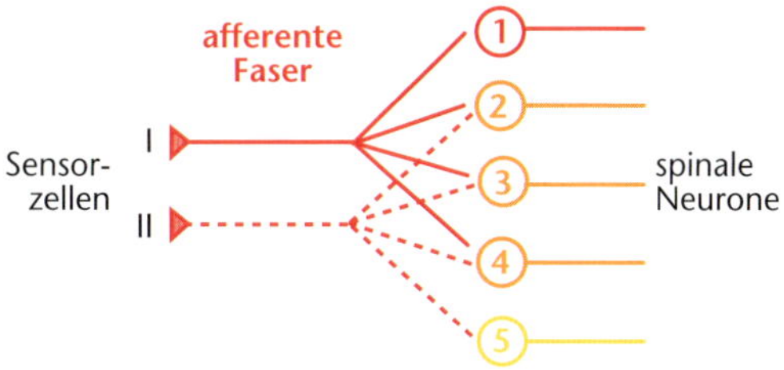

Abb. 12.10 Divergenz- und Konvergenzprinzip. Die Zellen I und II geben ihre Erregungen jeweils an 4 Neurone weiter (Divergenz), dabei erhalten die Neurone 2–4 jeweils Impulse von beiden Sensorzellen (Konvergenz).

12.5.2 Erregungsvorgänge in kleinen neuronalen Netzen

An kleinen Neuronenverbänden lassen sich Grundmuster der neuronalen Verschaltung studieren, die das Verständnis der komplexeren Leistungen erleichtern.

12.5.2.1 Divergenz und Konvergenz

Divergenz

Von Divergenz einer Erregung spricht man, wenn diese von einer Nerven- oder Sinneszelle auf weitere Nervenzellen übergreift (▸ Abb. 12.10). Die Divergenz von Erregungen verteilt Informationen einzelner Zellen auf einen größeren Nervenzellenverband.

Konvergenz

Die Erregung konvergiert, wenn viele Afferenzen ein gemeinsames Neuron erreichen. Ein Beispiel hierfür ist das α-Motoneuron, auf das, als gemeinsame Endstrecke der Motorik, etwa 6.000 Afferenzen konvergieren (▸ Kap. 15.2.3.1).

12.5.2.2 Neuronale Hemmung

2 Typen neuronaler Hemmung werden unterschieden, die Vorwärtshemmung (anterograde Hemmung) und die Rückwärtshemmung (rekurrente Hemmung).

Vorwärtshemmung

Bei der Vorwärtshemmung werden die zu hemmenden Neurone unabhängig von ihrem Erregungszustand gehemmt. Ein typisches Beispiel für eine Vorwärtshemmung ist die sog. Antagonisten-Hemmung (reziproke Hemmung) der Extremitätenmuskulatur. Hierbei werden durch die Innervierung eines Beugerneurons gleichzeitig über Interneurone hemmende Impulse an die Neurone

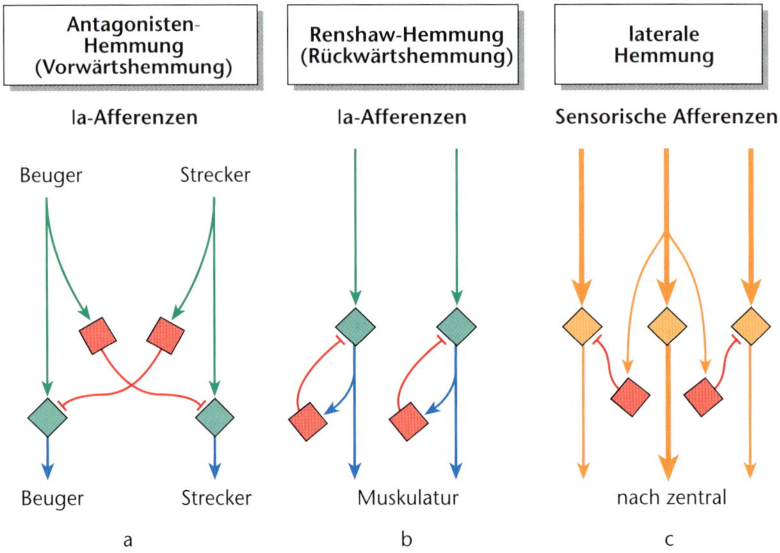

Abb. 12.11 Typen neuronaler Hemmung. **a:** Antagonisten-Hemmung. **b:** Renshaw-Hemmung. **c:** Laterale Hemmung (präsynaptisch und postsynaptisch). ◆ α-Motoneurone, ◆ hemmende Interneurone, ◆ sekundäre sensorische Neurone.

der antagonistisch wirkenden Streckermuskulatur gegeben (▸ Abb. 12.11a, ▸ Kap. 15.2.4.3).

Rückwärtshemmung

Die Rückwärtshemmung berücksichtigt den Erregungszustand der zu hemmenden Neurone: Sie werden umso stärker gehemmt, je stärker sie aktiviert sind. Dieses Rückkopplungsprinzip setzt voraus, dass die hemmenden Neurone eine Rückmeldung über den aktuellen Erregungszustand der zu hemmenden Neurone erhalten.

Eine Rückwärtshemmung ist ebenfalls auf der Ebene der Motoneurone in der **Renshaw-Hemmung** realisiert: Die α-Motoneurone innervieren schon im Rückenmark über Kollateralen Interneurone, die mit hemmenden Synapsen am Zellkörper der Motoneurone enden (Transmitter: Glycin). Durch diesen Rückkopplungskreis wird die Renshaw-Hemmung der Motoneurone umso größer, je stärker ihre eigene Impulsaktivität ist (▸ Abb. 12.11b).

Laterale Hemmung

Wirken im Rahmen einer Hemmung die hemmenden Interneurone nicht auf die sie innervierende Zelle (wie bei der Renshaw-Hemmung), sondern vorwiegend auf benachbarte Zellen inhibierend, spricht man von einer lateralen oder einer Umfeld-Hemmung. Auf diese Weise entsteht ein Erregungszentrum, das von einem Hemmungsfeld umgeben ist (▸ Abb. 12.11c). Eine solche Hemmungsform findet man z. B. in den neuronalen Netzen der Retina, wo sie der Kontrastverstärkung dient.

12.6 Funktionsprinzipien sensorischer Systeme

12.6.1 Sensoren

Sinnes-„Rezeptoren" werden besser als Sensoren bezeichnet, um sie terminologisch von den Rezeptoren für Überträgerstoffe abzugrenzen.

12.6.1.1 Sensoreigenschaften

Reiztransduktion

Der Sensor, als erstes Glied der Informationskette eines Sinnessystems, kann als Wandler (Transducer) aufgefasst werden, der Reize aus Außen- und Innenwelt des Organismus in eine für das Nervensystem verständliche Sprache übersetzt. Diese Reiztransduktion wird dadurch erreicht, dass bestimmte physikalische oder chemische Reize durch Öffnung von Ionenkanälen eine Änderung des Ruhemembranpotenzials am Sensor auslösen. Man unterscheidet hierbei z. B. eine mechanisch ausgelöste (**Mechanosensoren**) von einer ligandenvermittelten Ionenkanalöffnung (**Chemosensoren**).

Adäquate Reize

Unter adäquaten Reizen versteht man die spezifische Reizart (z. B. Wärme, Licht, Schall), durch die

Tab. 12.5 Sensortypen

Proportionalsensoren	Differenzialsensoren	Proportional-Differenzial-Sensoren
• Merkel-Zellen (unbehaarte Haut) • Ruffini-Endkörperchen (Haut, Gelenkkapseln) • Nozizeptoren (weit verbreitet)	• Meissner-Körperchen (unbehaarte Haut) • Haarfollikelsensoren (behaarte Haut) • Vater-Pacini-Körperchen (subkutanes Fettgewebe)	• Warmsensoren (weit verbreitet) • Kaltsensoren (weit verbreitet)

ein bestimmter Sensortyp optimal erregt wird. Nach ihrer adäquaten Reizart lassen sich die folgenden Sensortypen unterscheiden:
- Fotosensoren
- Mechanosensoren
- Thermosensoren
- Chemosensoren

Schmerzsensoren sind durch unterschiedliche Reizmodalitäten erregbar, sie sind polymodal.

Sensormorphologie
Hinsichtlich der Sensormorphologie unterscheidet man:
- Freie Nervenfasern, z. B. Schmerzsensoren (► Kap. 16.4.1)
- Spezialisierte Sensorendigungen von Nervenfasern, z. B. Mechanosensoren der Haut (► Kap. 16.2.1)
- Spezialisierte Sinneszellen

Sensortypen
Hinsichtlich der Charakteristik des von den Sensoren registrierten Reizes lassen sich verschiedene Sensortypen unterscheiden (► Tab. 12.5):
- **Intensitäts- oder Proportionalsensoren:** Das Antwortverhalten ist direkt proportional zur Reizintensität. Intensitätssensoren, wie die Drucksensoren der Haut, werden deshalb auch als Proportionalsensoren bezeichnet: P-Sensoren. Intensitätssensoren gehören zu der Gruppe der langsam adaptierenden, tonischen Sensoren.
- **Geschwindigkeits- oder Differenzialsensoren** registrieren nicht die Reizintensität, sondern deren erste Ableitung (Differenzial) nach der Zeit, d. h. die Geschwindigkeit der Reizänderung: D-Sensoren. Solche Sensoren finden sich z. B. in den Haarfollikeln. D-Sensoren sind im Allgemeinen schnell adaptierende, phasische Sensoren.
- **Proportional-Differenzial-Sensoren** registrieren als Mischtypen sowohl Reizintensität als auch Reizgeschwindigkeit: PD-Sensoren.

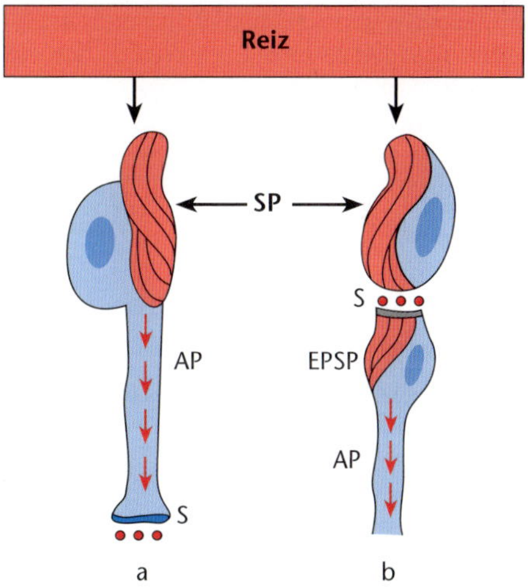

Abb. 12.12 Weg vom Reiz zum Aktionspotenzial. **a:** Primäre Sinneszellen. **b:** Sekundäre Sinneszellen. SP = Sensorpotenzial, AP = Aktionspotenzial, S = Synapse, EPSP = exzitatorisches postsynaptisches Potenzial.

Merke
- Intensitätssensoren = Proportionalsensoren, z. B. Drucksensoren
- Geschwindigkeitssensoren = Differenzialsensoren, z. B. Haarfollikelsensoren

12.6.1.2 Primäre und sekundäre Sinneszellen

Primäre Sinneszellen
Bei den primären Sinneszellen ist die Sensorzone Teil eines Neurons oder elektrisch mit einem solchen gekoppelt, z. B. Geruchszellen, Sinnessensoren der Haut. Die Erregung des Sensors führt am Axonhügel derselben Zelle zur Auslösung von Aktionspotenzialen (► Abb. 12.12a).

Sekundäre Sinneszellen

Bei sekundären Sinneszellen ist die synaptische Übertragung von der Sensorzelle auf ein zweites, afferentes Neuron erforderlich, z. B. Geschmackssensoren, Sensoren des Innenohrs. Das Aktionspotenzial entsteht erst Im zweiten Neuron (► Abb. 12.12b).

Merke

- **Primäre Sinneszellen:**
  - Fotosensoren (► Abb. 17.8)
  - Geruchssensoren (► Abb. 19.3)
  - Spinalganglienzellen mit Sensoren der somatoviszeralen Sensibilität (► Abb. 16.1)
- **Sekundäre Sinneszellen:**
  - Sensoren des Innenohrs (► Abb. 18.6)
  - Geschmackssensoren (► Abb. 19.2)

12.6.2 Reizkodierung und rezeptive Felder

12.6.2.1 Sensorpotenzial: Amplitudenkodierung

Sensorpotenziale sind graduierte (abgestufte) Potenziale, d. h., die von einem Reiz im Sensor ausgelöste Depolarisation ist in ihrer Höhe der Reizstärke proportional. Da die Amplitude des Sensorpotenzials daher mit der Reizstärke zunimmt spricht man von einer Amplitudenkodierung der Reizintensität. Verantwortlich hierfür ist eine der Höhe des Reizes angepasste Aktivierung nicht selektiver Kationenkanäle. Das Sensorpotenzial breitet sich zunächst elektrotonisch aus.

Lerntipp

Unterscheide!

- Aktionspotenzial:
  - Amplitude unabhängig von der Reizintensität
  - Schwellenpotenzial 10–30 mV, Öffnung spannungsabhängiger Na^+-Kanäle
  - Alles-oder-Nichts-Prinzip, stereotype Reaktion
- Sensorpotenzial:
  - Amplitude entsprechend der Reizintensität
  - Kein Schwellenpotenzial
  - Graduierte Öffnung nichtselektiver Kationenkanäle

12.6.2.2 Reizweiterleitung: Frequenzkodierung

Das Sensorpotenzial wird bei Überschreiten der Schwelle in eine Folge von Aktionspotenzialen umkodiert: Transformation. Je höher das Sensorpotenzial, desto mehr Aktionspotenziale pro Zeiteinheit werden ausgelöst: Frequenzkodierung.

Merke

- **Transduktion:** Umwandlung eines externen Reizes in eine nach der Reizstärke abgestufte Änderung des Membranpotenzials in der Sensorzelle: Sensorpotenzial
- **Transformation:** Umwandlung der entstandenen Membranpotenzialänderung in ein Aktionspotenzial
- **Konduktion:** Weiterleitung des Aktionspotenzials an die nächste Synapse

12.6.2.3 Rezeptive Felder

Primäre rezeptive Felder

Das Axon einer Sensorzelle ist oft verzweigt und jede dieser Verzweigungen (Kollateralen) kann über eigene Sensorstrukturen verfügen. Das gesamte Gebiet, über das die Sensorzelle auf diese Weise Informationen erhält, wird als primäres rezeptives Feld dieser Zelle bezeichnet. Es kann z. B. bei einem Mechanosensor aus verschiedenen, nicht notwendig unmittelbar benachbarten Hautarealen bestehen.

Zentrale rezeptive Felder

Die Größe von zentralen rezeptiven Feldern wird durch die Zahl der auf ein zentrales Neuron konvergierenden primär afferenten Nervenfasern bestimmt. Erhält das zentrale Neuron Afferenzen von vielen Nervenfasern, ist das rezeptive Feld groß und das sensorische Auflösungsvermögen gering, z. B. bei Rumpfneuronen im primär sensorischen Kortex. Konvergieren Informationen von nur wenigen Afferenzen auf das zentrale Neuron, resultiert ein kleines zentrales rezeptives Feld, das hohe räumliche Auflösungen ermöglicht, z. B. bei Fingerspitzenneuronen.

12.6.3 Adaptation

Adaptation ist die Gewöhnung eines Sinnesorgans an einen Dauerreiz. Solche Gewöhnungsvorgänge gibt es auf 3 Ebenen:

- Im ZNS (Habituation, ► Kap. 20.5.1.1)
- An peripheren Synapsen (► Kap. 12.4.2.4)
- An Sensoren

Tab. 12.6 Einteilung der Sinne nach Modalitäten und Qualitäten (Beispiele)

Empfindungsmodalität	Empfindungsqualität	Sensortyp
Gesichtssinn	Helligkeit bzw. Dunkelheit und Farben	Fotosensor
Gehörsinn	unterschiedliche Tonhöhen	Zilientragender Mechanosensor
Geruchssinn	unterschiedliche Duftnoten	Chemosensor
Geschmackssinn	sauer, salzig, süß, bitter, umami	Chemosensor

Einen entscheidenden Anteil an der Gesamtadaptation haben bereits die Sensoren. Nach der Adaptationscharakteristik unterscheidet man:

- **Tonische Sensoren** (SA-Sensoren, Slowly Adapting Sensors), z. B. Dehnungssensoren, Barosensoren und Schmerzsensoren
- **Phasische Sensoren** (RA-Sensoren, Rapidly Adapting Sensors), z. B. die Vater-Pacini-Körperchen der Haut (► Kap. 16.2.1.2)

12.6.4 Empfindung und Wahrnehmung

12.6.4.1 Sinnessysteme

Informationen über Vorgänge im Körperinneren und in der Außenwelt werden dem Organismus über spezialisierte Sinnessysteme vermittelt. Ein Sinnessystem ist die funktionelle Einheit von Sensor, zuführenden Afferenzen (zentripetale Leitungsbahnen), Strukturen im ZNS und vom ZNS wegführenden Efferenzen (zentrifugale Leitungsbahnen).

12.6.4.2 Sinnesmodalitäten

Fünf Sinne Die klassischen 5 Sinne sind Sehen, Hören, Riechen, Schmecken und Fühlen. Solche Sinnesmodalitäten sind als Gruppen ähnlicher Sinneseindrücke zu verstehen, die jeweils durch ein bestimmtes Organ vermittelt werden.

Differenzierung Das klassische Konzept der 5 Sinne wird heute weiter differenziert. Zum einen werden diesen exterozeptiven Sinnen die enterozeptiven (viszerale Sensibilität) und propriozeptiven Sinne (Lage- und Bewegungssinn, Gleichgewichtssinn) an die Seite gestellt. Zum anderen umfasst das unspezifische „Fühlen" Tastsinn, Temperatursinn und Schmerzsinn, die eigene Sinnesmodalitäten vermitteln (► Kap. 16).

12.6.4.3 Sinneswahrnehmung

Mit dem Begriff der Sinneswahrnehmung wird im physiologischen Sprachgebrauch das Bewusstwerden von durch Reize ausgelösten sensorischen Vorgängen beschrieben.

Grunddimensionen der Sinneswahrnehmung sind:

- **Qualität:** Differenzierung innerhalb der Modalität, z. B. süß oder sauer innerhalb des Geschmackssinns (► Tab. 12.6)
- **Intensität:** Quantität, Reizstärke (z. B. Lautstärke eines Tons)
- **Extensität:** zeitliche, örtliche Ausdehnung

12.6.4.4 Psychophysikalische Zusammenhänge

Die Psychophysik erforscht und beschreibt den Zusammenhang zwischen Reizintensität und Empfindungsstärke.

Absolut- und Unterschiedsschwelle

Psychophysikalische Messungen sind nicht „objektiv" wie z. B. EEG-Registrierungen bei akustischer oder optischer Reizung, sondern auf subjektive Mitarbeit angewiesen.

Absolutschwelle Bei der Bestimmung der Absolutschwelle wird diejenige objektive Reizintensität ermittelt, die gerade noch eine Empfindung auslöst.

Unterschiedsschwelle Die Unterschiedsschwelle beschreibt den Betrag einer Reizänderung, der zur subjektiven Empfindung eines Unterschiedes zweier Reize nötig ist. Die Unterschiedsschwelle ist nicht proportional zur Reizstärke, sondern zum relativen Reizzuwachs.

Weber-Regel

Die Weber-Regel besagt, dass der relative Reizzuwachs, bei dem ein Unterschied wahrgenommen wird, für jede einzelne Sinnesmodalität im Bereich mittlerer Reizstärken konstant ist. So wird ein Tonhöhenunterschied schon bei 0,3 % Tonhöhenänderung im Vergleich zum Ausgangswert als Unterschied wahrgenommen, die Lichtstärke muss sich um mindestens 1–2 % verändern, um als unterschiedlich wahrgenommen zu werden. Die entsprechenden Werte für Mechanosensoren, Geschmack und Geruch liegen deutlich höher.

Fechner- und Stevens-Gesetz

Weber-Fechner-Gesetz In einer Verallgemeinerung der Weber-Regel formulierte Fechner das

Grundgesetz der Psychophysik. Es besagt, dass die subjektive Empfindung (E) dem Logarithmus der objektiven Reizstärke (*S*) proportional ist, wobei *k* eine von der Sinnesmodalität abhängige Konstante darstellt:

$$E = k \times \log S$$

Mit diesem Gesetz lässt sich z. B. die Beziehung zwischen Lautstärkeempfindung (E) und real einwirkendem Schalldruck (*S*) gut beschreiben.

Stevens-Gesetz Dieser von Fechner gefundene Zusammenhang zwischen Reizstärke und Empfindungsstärke wurde von Stevens auf der Basis einer kontinuierlichen Rationalskala im Stevens-Gesetz präziser ausgedrückt. Danach hängt die Empfindungsstärke E in Form einer Potenzfunktion von der Differenz zwischen Reizstärke (*S*) und Reizschwelle (S_0) ab:

$$E = (S - S_0)^a \times k$$

Hierbei ist *k* eine Konstante, die von der Skalierung des Reizes abhängt. Der Exponent a nimmt für jede Sinnesmodalität charakteristische Werte an (zwischen 0,33 und 7,0). Je größer der Exponent, desto größer sind die schon durch kleine Reizänderungen ausgelösten Empfindungsänderungen. So reagiert der Temperatursinn mit einem Exponenten von 0,96 bereits auf kleine Temperaturänderungen mit deutlichen Empfindungsänderungen.

Empfindungsmessung

Die Empfindungen können dabei mit verschiedenen Verfahren registriert werden, z. B. über ein Handdynamometer, das es dem Probanden ermöglicht, seine Empfindung durch mehr oder weniger starken Druck auf das Dynamometer zu quantifizieren. Untersucht man verschiedene Sinnesmodalitäten und trägt die gefundenen Potenzfunktionen in einem logarithmischen System als Geraden auf (Steigung der Geraden = Exponent der Potenzfunktion), so erhält man die in ► Abb. 12.13 dargestellten Beziehungen.

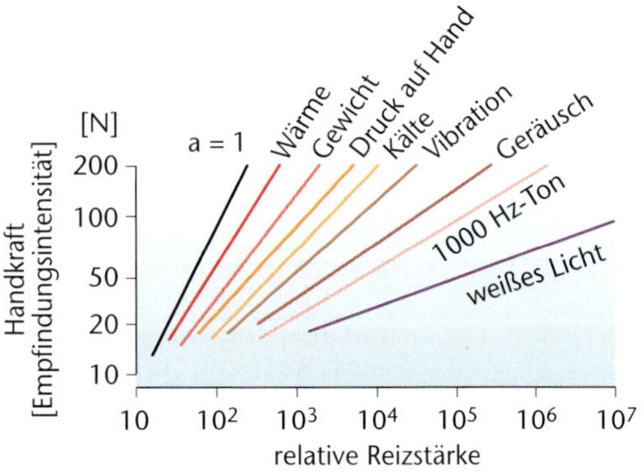

Abb. 12.13 Reizstärke und Empfindungsintensität bei verschiedenen Sinnesmodalitäten. Die Empfindungsintensität wurde durch die auf ein Handdynamometer ausgeübte Kraft (in Newton [N]) gemessen. Zum Vergleich ist der Verlauf für den Exponenten a = 1 gezeigt.

Es wird deutlich, dass der Lichtsinn mit 4 Zehnerpotenzen den größten Bereich der relativen Reizintensität in noch unterschiedlich wahrgenommene Empfindungen umsetzen kann: Sein Arbeitsbereich ist von allen Sinnen am größten. Auch die Zuordnung von physikalischen Tonschwingungen zu empfundenen Tonhöhen erstreckt sich über einen weiten Intensitätsbereich. Temperatur- und Gewichtssinn dagegen reagieren schon auf geringe Änderungen der Reizintensität mit großen Änderungen der Empfindung innerhalb eines schmalen Empfindungsbereichs.

Es ist nicht verwunderlich, dass die Präzision und die interindividuelle Konstanz solcher Empfindungsmessungen recht gering sind – was deutlich macht, dass die subjektiven Empfindungen nicht nur durch den objektiven Reiz, sondern auch durch subjektiv unterschiedliche erlernte Reaktionsweisen und zentralnervöse Modifikationen beeinflusst werden.

13 Muskelphysiologie

mediscript Online

IMPP-Hits

- Elektromechanische Kopplung in der glatten Muskulatur
- Muskelmechanik: Kraft, Leistung, Verkürzungsgeschwindigkeit
- Fasertypen der Skelettmuskulatur
- Elektromechanische Kopplung in der Skelettmuskulatur

13.1 Wegweiser

Muskeln sind nicht nur an mehr oder weniger sportlichen Bewegungen (quergestreifte Muskulatur), sondern auch an unspektakulärer Haltearbeit z. B. in den muskulären Wandschichten der Blutgefäße (glatte Muskulatur) beteiligt. Für das Verständnis des Ablaufs dieser Kontraktionsvorgänge sind genauere histologisch-anatomische Kenntnisse erforderlich (► Kap. 13.2.1). Ausgelöst wird eine Muskelkontraktion durch Aktionspotenziale an der motorischen Endplatte (► Kap. 12.4.3.1), die zu einer Erhöhung der Ca^{2+}-Konzentration in der Muskelzelle führen: elektromechanische Kopplung (► Kap. 13.2.2). Die Muskelkontraktion beruht auf einer aktiven, ATP-verbrauchenden Verschiebung der fadenförmigen, zellulären Proteine Aktin und Myosin: Filamentgleitmechanismus (► Kap. 13.2.3).

Der Abschnitt zur Muskelmechanik (► Kap. 13.2.4) beschreibt Kraftentwicklung, elastische Eigenschaften (Ruhedehnungskurve) und Kontraktionsformen des Muskels sowie die Berechnung von Muskelarbeit und Muskelleistung. Die auf verschiedene Aufgaben spezialisierten Muskelfasertypen werden in ► Kap. 13.2.5 dargestellt. Eine Einführung in die Pathophysiologie klinisch wichtiger Erkrankungen wie der Myasthenia gravis gibt ► Kap. 13.2.6.

Die Physiologie der glatten Muskulatur (► Kap. 13.3) wird im Vergleich zur Physiologie der Skelettmuskulatur oft nur kurz behandelt. Kenntnisse ihres charakteristischen Kontraktionsablaufs sind jedoch für die Klinik besonders wichtig. Alle inneren Organe, der Magen-Darm-Trakt, das Gefäßsystem oder auch die Harnwege, verfügen über glatte Muskulatur, deren Kontraktion unter pathologischen Bedingungen wellenförmige, „wehenartige“ Schmerzen auslösen kann: Koliken.

13.2 Quergestreifte Muskulatur

Die quergestreifte Muskulatur oder Skelettmuskulatur macht etwa 40 % des Körpergewichts aus. Sie verbraucht in Ruhe 20 % des aufgenommenen Sauerstoffs. Neben der Bewegung übernimmt sie auch wichtige Stütz- und Haltefunktionen.

13.2.1 Feinbau der Skelettmuskulatur

13.2.1.1 Innervation

Motoneurone

Die Skelettmuskulatur wird von den motorischen Fasern der Spinalnerven segmental innerviert. Die Gesichtsmuskeln werden durch motorische Fasern der Hirnnerven versorgt. Das motorische Neuron (Motoneuron) nimmt seinen Ursprung in den Vorderhornzellen des Rückenmarks bzw. in den motorischen Kernen der Hirnnerven im Hirnstamm. Die Gesamtheit der von einem Motoneuron innervierten Muskelfasern wird als **motorische Einheit** bezeichnet.

Erregungsübertragung

Die Erregungsübertragung vom motorischen Neuron auf den Skelettmuskel erfolgt über die motorische Endplatte. Die Freisetzung von Acetylcholin bewirkt zunächst ein Endplattenpotenzial, das beim Erreichen der Schwelle ein Muskelaktionspotenzial auslöst. (► Kap. 12.4.3.1).

13.2.1.2 Zellulärer Aufbau

Muskelfaser Die Muskelzelle der Skelettmuskulatur wird auch als Muskelfaser bezeichnet (► Abb. 13.1). Diese anatomisch-histologische Muskelfaser, die als Synzytium aus mehreren miteinander verschmolzenen Zellen besteht und daher mehrere Zellkerne beinhaltet, ist von der umgangssprachlich so bezeichneten sichtbaren „Muskelfaser“ zu unterscheiden. Die makroskopisch sichtbare „Muskelfaser“ ist immer ein Muskelbündel, also eine Einheit von vielen anatomisch-histologischen Muskelfasern.

Unter dem Lichtmikroskop erkennt man die typische Querstreifung der Skelettmuskelfaser, die auf der regelmäßigen Anordnung ihrer kontraktilen Proteine Aktin und Myosin beruht. Der Faserdurchmesser liegt bei 15–200 µm, die Länge kann bis 15 cm betragen.

Sarkolemm Die Zellmembran der Muskelfaser, das Sarkolemm, besteht aus einer Plasmamembran und einer kollagenhaltigen Schicht, die an den Enden in die Sehnen übergeht.

Sarkoplasma Das Sarkolemm umschließt das Sarkoplasma (Zytoplasma der Muskelzelle), in dem sich außer den Myofibrillen das sarkoplasmatische Retikulum (= endoplasmatisches Retikulum der Skelettmuskelzelle), mehrere Zellkerne, reichlich Mitochondrien (Sarkosomen) und andere sarkoplasmatische Einschlüsse wie Lysosomen, Fetttröpfchen oder Glykogen befinden.

Myofibrillen Jede Skelettmuskelfaser enthält mehrere hundert bis einige tausend Myofibrillen. Diese bestehen hauptsächlich aus den kontraktilen Proteinen Aktin und Myosin, den Myofilamenten sowie dem nicht kontraktilen Strukturprotein Titin (3. Filament), dem größten bekannten menschlichen Protein mit ca. 30.000 Aminosäuren (Molekülmasse 3.600 kDa).

Lerntipp

Die alphabetische Ordnung entspricht der hierarchischen Ordnung:
- Faser = Muskelzelle (Synzytium)
- Fibrille = von Tubuli umgebenes Filamentbündel
- Filament = Aktin- und Myosinmoleküle

Myofibrillen

Sarkomere

Die Myofibrillen werden durch proteinhaltige Haltestrukturen, die lichtmikroskopisch sichtbaren Z-Scheiben (im Schnittbild: Z-Streifen), in ca. 2 µm lange Sarkomere unterteilt (► Abb. 13.2). Das Sarkomer ist die kleinste kontraktile Einheit des Muskels, die sich durch Verschieben der Myofilamente gegeneinander verkürzen kann. Durch synchrone Verkürzung aller Sarkomere verkürzen sich die Myofibrille, die Muskelfaser, das Muskelbündel und schließlich der gesamte Muskel.

Mikroskopischer Aufbau

Die dünnen Aktinfilamente werden durch das Protein **α-Aktinin** in den Z-Streifen verankert. Sie ragen wie ein Kamm zwischen die im Zentrum des Sarkomers parallel zu ihnen liegenden dicken Myosinfilamente. Ausgehend von

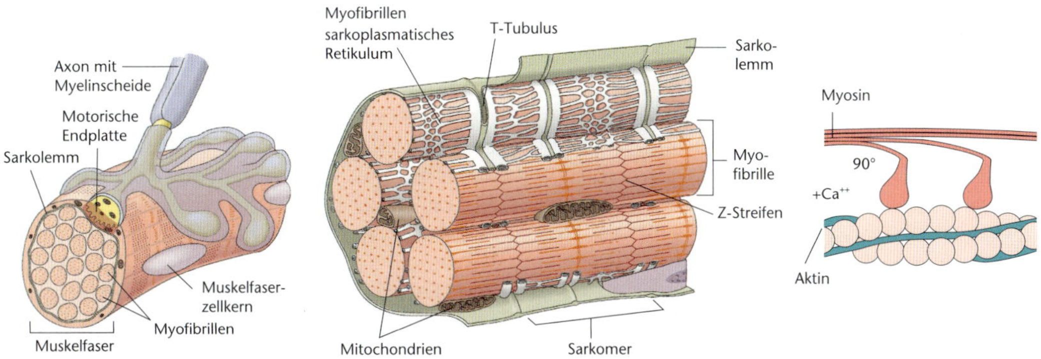

Abb. 13.1 Aufbau der Skelettmuskelfaser. Die Muskelfaser enthält u. a. Myofibrillen, die aus Aktin, Myosin und Titin gebildet werden. Die Myofibrillen werden durch Z-Scheiben in Sarkomere unterteilt.

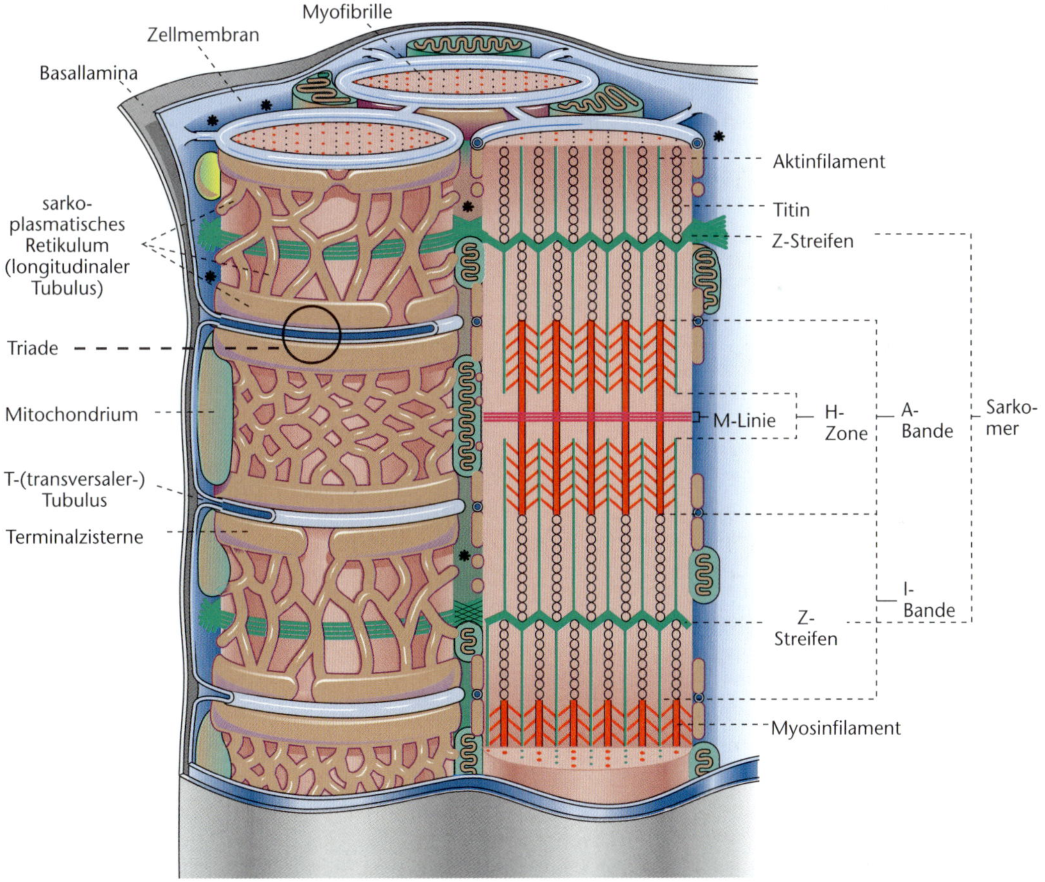

Abb. 13.2 Aufbau der Myofibrillen. Außenansicht mit longitudinalem und transversalem Tubulus (links), Längsschnitt mit Darstellung der Anordnung von Aktin, Myosin und Titin sowie der Gliederung des Sarkomers in Zonen und Banden (rechts).

den Z-Streifen zieht auch **Titin** zur Sarkomermitte. Titin verbindet so die dicken Myosinfilamente mit den Z-Streifen. Im Bereich der Aktinfilamente ist es elastisch, im Bereich der Myosinfilamente mit diesen fest verbunden. Es dient als elastische Feder und als Gerüstprotein und macht 10 % der Gesamtproteinmasse des Muskels aus.

Die regelmäßige Anordnung der Filamente führt zu einer typischen Querstreifung der Skelettmuskulatur, die lichtmikroskopisch in Form von Banden sichtbar wird (► Abb. 13.2):

- **A-Bande:** (anisotrop = doppelbrechend): Bereich der dicken Myosinfilamente in Sarkomermitte
- **I-Bande:** (isotrop = einfachbrechend) Bereich der dünnen Aktinfilamente an beiden Enden des Sarkomers

Weiter unterscheidet man:

- **H-Zone:** Die von Aktinfilamenten freie mittlere Zone der A-Bande.
- **M-Linie:** Bereich in der Mitte der H-Zone, in dem das Protein **Myomesin** elastische Querverbindungen zwischen den Myosinfilamenten herstellt. Hier ist auch Titin verankert.

Lerntipp

Ende der 1970er Jahre entdeckt, aber erst Mitte der 1990er Jahre in seiner Bedeutung erkannt, ist Titin und seine Funktion als molekulare Feder zwischen Z-Streifen und M-Linie mittlerweile bei den IMPP-Fragen der Prüfungsschwerpunkt zu diesem Abschnitt.

Myofilamente

Myosinfilament

Das Myosinfilament besteht aus ca. 200 länglichen Myosinmolekülen, die spiralförmig umeinander gedreht sind. Die Schwanzteile der Moleküle bilden zusammen den Körper des Myosinfilaments; die nach außen ragenden Myosinköpfe stellen die für die Kontraktion wichtigen **Querbrücken** dar. Die Querbrücken verbinden sich während einer Kontraktion mit den Aktinfilamenten und ziehen diese an sich entlang zur Sarkomermitte (► Abb. 13.1).

Aktinfilament

Das Aktinfilament ist aus den 3 Proteinen Aktin, Tropomyosin und Troponin aufgebaut (► Abb. 13.3).

- Das **Aktinprotein** besteht aus 2 spiralförmig ineinander verdrillten Ketten, den F-Aktin-Molekülen. Diese F-Aktin-Moleküle sind ihrerseits aus kleineren kugelförmigen Untereinheiten, den G-Aktin-Molekülen, zusammengesetzt. Das Aktinprotein ähnelt also 2 umeinander gedrehten Perlenketten, deren einzelne Perlen die G-Aktin-Moleküle sind. An diesen G-Aktin-Molekülen greifen die Myosin-Querbrücken im Rahmen der Muskelkontraktion an. Über das Protein **Dystrophin** sind die Aktinmoleküle mit der Zellmembran und dem umgebenden Bindegewebe verbunden.

Klinik

Bei der X-chromosomal übertragbaren **Muskeldystrophie Typ Duchenne,** der häufigsten erblichen Muskelerkrankung (Häufigkeit 1 : 5.000), wird das zur Stabilisierung des Sarkomers erforderliche Protein Dystrophin gar nicht oder zu wenig gebildet. Dadurch kommt es zu Muskelzellnekrosen. Die abgestorbenen Muskelzellen werden durch Fettgewebe ersetzt: Pseudohypertrophie der Muskulatur. Klinisch leiden die Betroffenen mit 3–5 Jahren zunächst unter einer Schwäche der Bein- und Beckenmuskulatur: häufiges Stolpern, erschwertes Treppensteigen. Im weiteren Verlauf kommt es dann zur progredienten Muskelschwäche mit vollständiger Lähmung der Skelettmuskulatur. Mit 8–12 Jahren sind die Kinder auf einen Rollstuhl angewiesen. Durch die Lähmung der Atemmuskulatur bildet sich eine restriktive Ventilationsstörung aus (► Kap. 5.5.4.1). Die Lebenserwartung liegt zwischen 20 und 40 Jahren.

- **Tropomyosin** liegt in den Windungen des F-Aktin-Moleküls. Im Ruhezustand bedeckt es die Bindungsstellen für die Myosin-Querbrücken, sodass keine Verbindung zwischen Aktin und Myosin hergestellt werden kann.
- **Troponin** ist ein aus 3 Untereinheiten bestehendes Molekül, das dem Aktin und dem Tropomy-

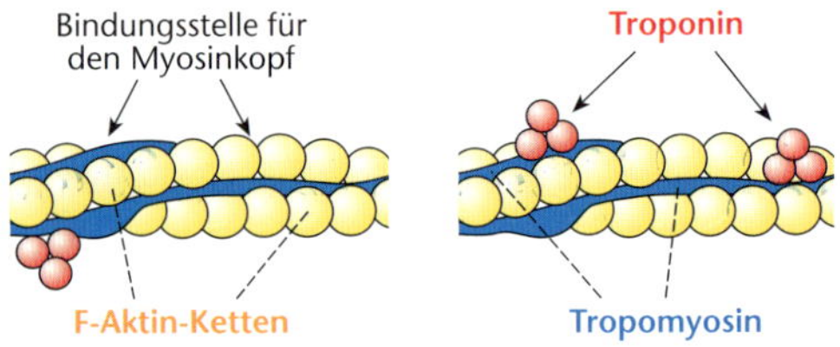

Abb. 13.3 Aufbau des Aktinfilaments aus Aktin, Tropomyosin und Troponin.

osin aufliegt. Jede der 3 Troponinuntereinheiten hat eine spezielle Funktion:
- Troponin-T (TnT) verbindet Troponin mit Tropomyosin.
- Troponin-I (TnI) hemmt die Bindung von Myosin an Aktin.
- Troponin-C (TnC) bindet Calciumionen.

Klinik

Bei einem Herzinfarkt gelangen die kardialen Troponine cTnT und cTnI durch den Untergang von Herzmuskelzellen ins Blut. Sie können 3–8 Stunden nach dem Infarktereignis nachgewiesen werden. Die Bestimmung der kardialen Troponine ist wegen ihrer hohen Sensitivität und Spezifität (90–95 %) der wichtigste Bluttest in der Diagnostik des Herzinfarkts.

Merke

Das Aktinfilament besteht aus:
- F-Aktin-Ketten: „Perlenketten"
- Tropomysosin: bedeckt die Myosin-Bindungsstellen
- Troponin: 3 Untereinheiten, Ca^{2+}-Bindestelle

Longitudinales und transversales System

Sarkoplasmatisches Retikulum

Aufbau Das endoplasmatische Retikulum des Skelettmuskels, das sarkoplasmatische Retikulum, verläuft in Muskelfaserlängsrichtung und wird daher auch als **longitudinales System** bezeichnet (► Abb. 13.2). Es ist ein geschlossenes System ohne Verbindung zum Extrazellulärraum. Seine aufgetriebenen Endbläschen bezeichnet man als terminale Zisternen. Die Myofibrillen sind im Zellinneren vollständig vom sarkoplasmatischen Retikulum umgeben.

Funktion Das longitudinale System dient als Calciumspeicher für die Muskelkontraktion. Im Inneren des sarkoplasmatischen Retikulums ist die Calciumkonzentration ca. 10.000-fach höher als im Sarkoplasma. Dies ist eine Leistung der Energie verbrauchenden Calciumpumpe in der Membran des sarkoplasmatischen Retikulums. Zusätzlich reichert **Calsequestrin,** ein Protein mit hoher Calciumbindungskapazität, Calcium im Inneren des sarkoplasmatischen Retikulums an.

Aufgabe des sarkoplasmatischen Retikulums speziell im Bereich der terminalen Zisternen ist die rasche Freisetzung von Ca^{2+} für die Muskelkontraktion nach Eintreffen eines Aktionspotenzials.

Merke

Sarkoplasmatisches Retikulum: Calciumspeicher.

Transversales System

Aufbau Einstülpungen des Sarkolemms quer zur Muskelfaser bilden das transversale System: **T-Tubuli.** Sie durchziehen die gesamte Muskelfaser (► Abb. 13.2) und stehen, da es sich ja um eine Einstülpung der Plasmamembran handelt, mit dem Extrazellulärraum in Verbindung (im Gegensatz zum longitudinalen System!). Der Skelettmuskel verfügt anders als der Herzmuskel über 2 T-Tubuli pro Sarkomer, jeweils an der Grenze von A- und I-Bande. Im Herzmuskel dagegen findet man pro Sarkomer nur einen T-Tubulus.

Funktion Die T-Tubuli des transversalen Systems ermöglichen die rasche Ausbreitung der Aktionspotenziale über die gesamte Muskelfaser.

Triade

An der Grenze von A- und I-Bande kommen die T-Tubuli des transversalen Systems in engen Kontakt mit den terminalen Zisternen des longitudinalen Systems (sarkoplasmatisches Retikulum) und bilden im Muskelfaserlängsschnitt eine Triade: in der Mitte der T-Tubulus, zu beiden Seiten jeweils die terminale Zisterne des sarkoplasmatischen Retikulums (► Abb. 13.2).

13.2.2 Elektromechanische Kopplung

13.2.2.1 Erregungsausbreitung

Ein über das Motoneuron und die motorische Endplatte zum Muskel gelangtes Aktionspotenzial führt zur Depolarisation des Sarkolemms. Entlang der Zellmembraneinstülpung des transversalen Systems breitet sich das Aktionspotenzial rasch über die gesamte Muskelfaser aus.

13.2.2.2 Erregungsübertragung

In Höhe der Triade liegen die T-Tubuli (transversales System) und das sarkoplasmatische Retikulum (longitudinales System) sehr eng nebeneinander. Die Übertragung der Erregung vom transversalen auf das longitudinale System vollzieht sich über eine direkte Protein-Protein-Interaktion zwischen einem Dihydropyridinrezeptor (DHP) des T-Systems und einem Typ-1-Ryanodinrezeptor (RYR1) des L-Systems (► Abb. 13.4).

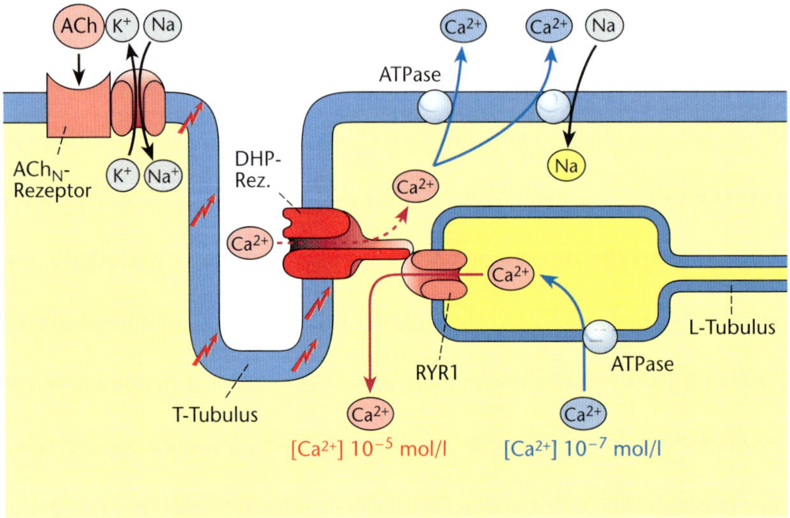

Abb. 13.4 Elektromechanische Kopplung. Das Aktionspotenzial wird über den nicotinergen ACh-Rezeptor an der motorischen Endplatte (ACh_N-Rezeptor) auf das Sarkolemm übertragen und breitet sich schnell aus. Der spannungsempfindliche Dihydropyridinrezeptor (DHP-Rez.) in der Membran des transversalen Tubulus ändert daraufhin seine Konfiguration. Der DHP-Rezeptor ist im Skelettmuskel kaum Ca^{2+}-durchlässig, daher strömt nur wenig Ca^{2+} in die Zelle ein. Die Konfigurationsänderung des DHP-Rezeptors wird aber über eine direkte Protein-Protein-Interaktion von einem Typ-1-Ryanodinrezeptor (RYR1) in der Wand des sarkoplasmatischen Retikulums (SR) registriert. Durch den RYR1 strömen dann Ca^{2+}-Ionen aus dem SR ins Sarkoplasma und lösen dort die Kontraktion aus. Treffen keine weiteren Aktionspotenziale mehr ein, wird Calcium unter ATP-Verbrauch wieder in das SR zurücktransportiert.

13.2.2.3 Calciumionenausstrom

Durch den Kontakt mit dem DHP-Rezeptor wird der RYR1-Rezeptor aktiviert. Über seinen Ca^{2+}-Kanal strömt Ca^{2+} aus den Speichern des longitudinalen Systems ins Sarkoplasma. Dadurch steigt die sarkoplasmatische Calciumkonzentration von 0,01–0,1 auf 1–10 µmol/l.

13.2.2.4 Kontraktion

Das freigesetzte Calcium diffundiert zu den Myofilamenten und lagert sich dort an Troponin-C als Ca^{2+}-Bindungsstelle an. Hierdurch ändert sich die Konformation des Troponinkomplexes: Das die Myosin-Aktin-Interaktion hemmende Troponin-I ändert seine Lage, was über Troponin-T an das Tropomyosinmolekül weitergegeben wird. Dadurch verlagert sich auch das Tropomyosinmolekül und gibt die Bindungsstellen für die Myosinköpfe am G-Aktin-Molekül frei. Nun können sich die Myosinköpfe an das Aktinmolekül anlagern. Dies ist die Voraussetzung für die eigentliche Muskelverkürzung, die nach dem im folgenden Abschnitt geschilderten Filamentgleitmechanismus abläuft.

Merke

Ca^{2+} bindet an Troponin-C → Tropomyosin gibt Myosin-Bindungsstellen am Aktin frei.

13.2.2.5 Unterschied zur Herzmuskulatur

Die Mechanismen der elektromechanischen Kopplung im Skelettmuskel und im Herzmuskel sind unterschiedlich: Im Herzmuskel aktivieren die in die Zelle einströmenden Ca^{2+}-Ionen einen Ryanodinrezeptor Typ 2 (► Kap. 3.2.3.2). Im Skelettmuskel wird der Ryanodinrezeptor durch die direkte Protein-Interaktion zwischen Dihydropyridin- und Ryanodinrezeptor aktiviert.

13.2.3 Kontraktionsmechanismus

13.2.3.1 Filamentgleitmechanismus

Der Filamentgleitmechanismus lässt sich in die folgenden Schritte zerlegen:

- Die Myosinbindungsstelle am G-Aktin wird mithilfe von Calcium freigelegt, sodass sich dort ein Myosinkopf anlagern kann.

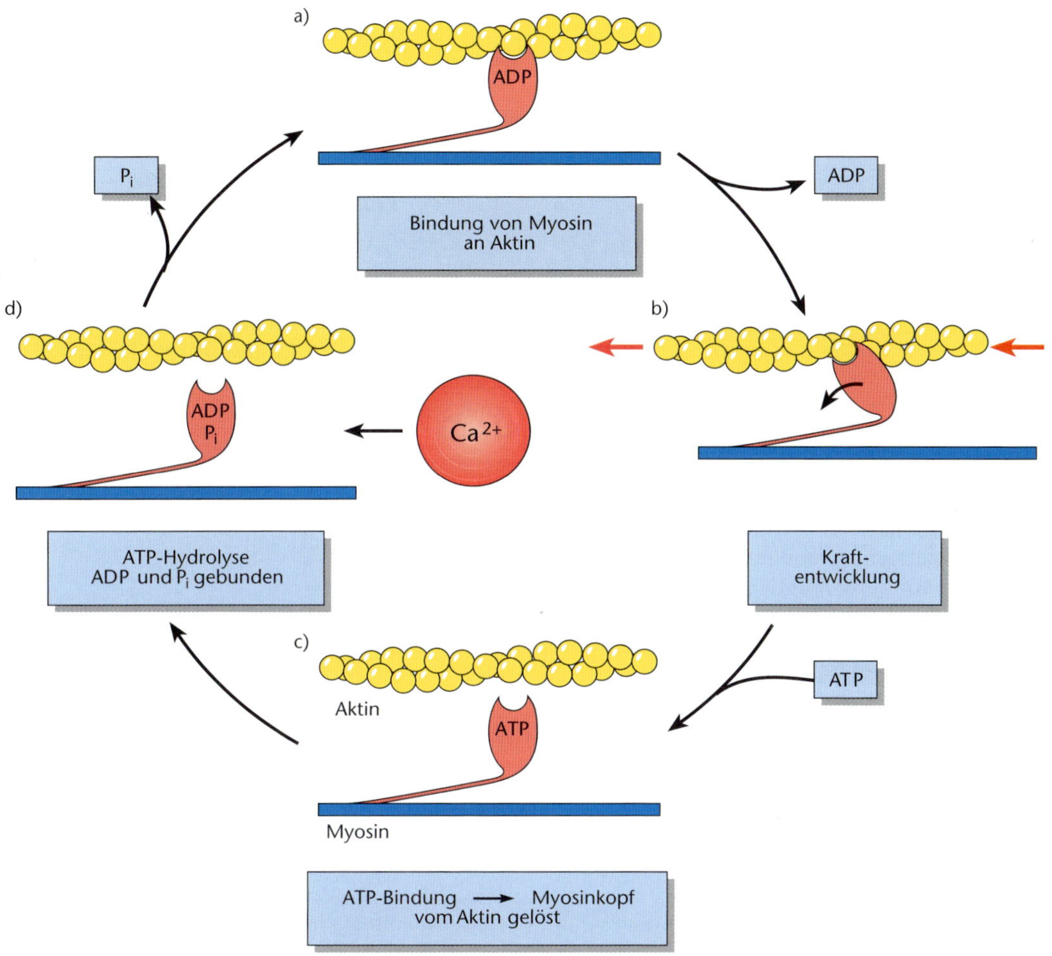

Abb. 13.5 Querbrückenbildung und Filamentgleitmechanismus. Myosin bindet an Aktin **(a).** Unter Abgabe des ADP legt sich der Myosinkopf um und verschiebt dabei das Aktin relativ zum Myosin, wodurch eine elementare Muskelbewegung entsteht **(b).** Unter Aufnahme von ATP kann sich der Myosinkopf wieder vom Aktin lösen **(c).** Die ATPase im Myosinkopf hydrolysiert ATP. Dabei wird ein anorganisches Phosphat (P_i) freigesetzt **(d).** Daraufhin bindet Myosin erneut an Aktin und der Querbrückenzyklus beginnt von vorn. Nach [4]

- Der Myosinkopf muss jedoch vorher durch die Spaltung von gebundenem ATP aktiviert und auf ein höheres Energieniveau gehoben werden. Diese ATP-Spaltung übernimmt die im Myosinkopf lokalisierte ATPase.
- Die ATP-Spaltung bewirkt eine Konformationsänderung im Myosinkopf, durch die Energie im Myosinkopf gespeichert wird – ähnlich wie in einer gespannten Spiralfeder.
- Der auf diese Weise aktivierte Myosinkopf bindet nun an die Bindungsstellen des Aktinfilaments. Dieser Vorgang wird auch als **Querbrückenbildung** zwischen Aktin- und Myosinfilament bezeichnet (► Abb. 13.5a).
- Der Myosinkopf bindet zunächst in einem Winkel von 90° an das Aktinfilament, kippt dann um 45° ab und zieht dadurch das Aktinfilament in Richtung Sarkomermitte (► Abb. 13.5b).
- Nach der Verkippung ändert sich die Konformation des Myosinkopfes. Dadurch nimmt er einen energieärmeren, entspannten Zustand ein. Dies erlaubt die erneute Bindung eines ATP-Moleküls (► Abb. 13.5c).

- Durch die Bindung dieses neuen ATP-Moleküls löst sich der Myosinkopf vom Aktinfilament, bevor durch Spaltung des ATP der Kontraktionszyklus erneut beginnt (► Abb. 13.5d).

Die makroskopisch sichtbare Muskelkontraktion setzt sich aus einer Vielzahl dieser elementaren Myosinkopf-Verkippungen zusammen. Dadurch gleiten die Aktinfilamente, gezogen von den Myosinfilamenten, nach und nach zur Mitte des Sarkomers, wodurch sich über die Verkürzung einer Vielzahl von Sarkomeren der Muskel insgesamt verkürzt.

Merke

Energie zur Muskelkontraktion:
ATP-Spaltung durch ATPase im Myosinkopf.

Beachtet werden sollte, dass die Breite der A-Bande, welche die Myosinfilamente enthält, sich während der Kontraktion nicht verändert. Im Gegensatz dazu wird die aus Aktinfilamenten bestehende I-Bande verkürzt, da die dünnen Aktinfilamente während des Kontraktionsvorgangs zwischen die dicken Myosinfilamente gezogen werden.
Wichtig ist auch, dass erst die erneute Bindung eines ATP-Moleküls die Verbindung von Myosinkopf und Aktinfilament löst. Falls kein ATP zur Verfügung stehen sollte, wie z. B. nach dem Tod, verharren die am Aktin gebundenen Myosinköpfe in ihrer Stellung.

Klinik

Die **Totenstarre,** die durch eine während des Kontraktionsvorgangs erstarrte Muskulatur mit fixierten Aktin-Myosin-Querbrücken gekennzeichnet ist, beruht auf einem ATP-Mangel. Die fixierten Aktin-Myosin-Verbindungen werden erst durch enzymatische Andauung der Proteine aufgelöst.

Bei ausreichend hoher Ca^{2+}-Konzentration (> 1 µmol/l) im Sarkoplasma beginnt der Zyklus des Filamentgleitmechanismus mit der Bindung des Myosinkopfes an G-Aktin erneut. Sonst kommt der Kontraktionsvorgang so lange zum Erliegen, bis hinreichend hohe Ca^{2+}-Konzentrationen die Zugänglichkeit der Myosinbindestellen am G-Aktin-Molekül sicherstellen.

Das Anheften und Loslösen geschieht nicht bei allen Myosinköpfen gleichzeitig, da es sonst zu ruckartigen Bewegungen kommen würde. Vielmehr sind zu jedem Zeitpunkt etwa gleich viele Köpfe gebunden, die aber jeweils nur einen Teil der Gesamtmenge darstellen.

13.2.3.2 Calciumwiederaufnahme

Wenn keine weiteren Aktionspotenziale eintreffen, wird Calcium aktiv unter ATP-Verbrauch mit einer Calciumpumpe (Ca^{2+}-ATPase) aus dem Sarkoplasma in das sarkoplasmatische Retikulum (longitudinales System) zurücktransportiert. Der abfallende Ca^{2+}-Spiegel bringt den Filamentgleitmechanismus zum Stillstand (► Abb. 13.6).

Merke

Voraussetzung der Muskelkontraktion:
Ca^{2+} intrazellulär > 1 µmol/l.

Klinik

Bei Mutationen des Typ1-Ryanodinrezeptors kann es unter einer Narkose (vor allem bei Verwendung von Halothan oder Succinylcholin) zu einer überschießenden Ca^{2+}-Freisetzung ins Sarkoplasma kommen. Folge ist eine starke Aktivierung der Skelettmuskulatur mit extremer Wärmebildung: **Maligne Hyperthermie.** Diese Komplikation ist selten (~ 1 : 20.000 Narkosen), aber lebensbedrohlich. Die Therapie besteht im sofortigen Abbruch der Narkose und der Gabe von Dantrolen, das die Freisetzung von Ca^{2+} aus dem sarkoplasmatischen Retikulum blockiert.

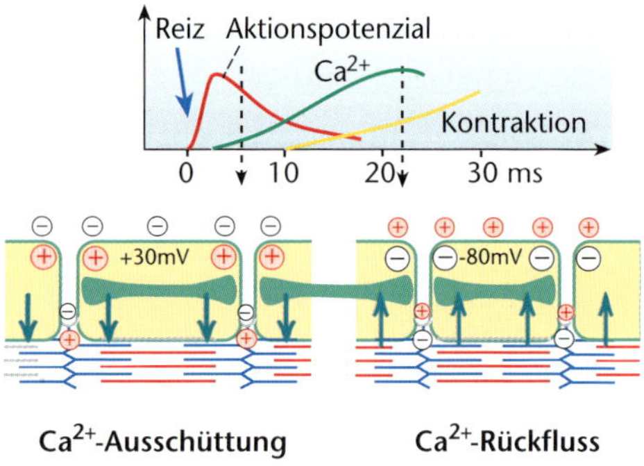

Abb. 13.6 Zeitlicher Ablauf vom Reiz zur Kontraktion. Reiz → Aktionspotenzial → Ca^{2+}-Freisetzung → Kontraktion. Grün = sarkoplasmatisches Retikulum. Nach [4]

13.2.4 Muskelmechanik

Nachdem bisher die Muskelkontraktion auf molekularer Ebene betrachtet wurde, sollen jetzt die Kontraktionseigenschaften des gesamten Muskels dargestellt werden.

13.2.4.1 Muskelkraft

Die Muskelkraft des Gesamtmuskels, also die Summe der Zugkräfte der einzelnen Muskelfasern, wird über 2 Mechanismen gesteuert:

- Durch Rekrutierung motorischer Einheiten
- Durch Änderung der Aktionspotenzialfrequenz

Rekrutierung motorischer Einheiten

Motorische Einheit

Als motorische Einheit werden die von einem Motoneuron versorgten Muskelfasern bezeichnet, die typischerweise nicht benachbart, sondern über den ganzen Muskel verteilt und zwischen die Muskelfasern anderer motorischer Einheiten eingeschoben sind. Zur Innervation der einzelnen Fasern einer motorischen Einheit spaltet sich das Motoneuron in eine Vielzahl von Kollateralen auf.

Rekrutierung

Die Kontraktionskraft eines Muskels wird dadurch gesteuert, dass je nach erforderlichem Kraftaufwand mehr oder weniger motorische Einheiten herangezogen („rekrutiert") werden. Je kleiner die motorischen Einheiten, d. h., je weniger Muskelfasern von einem Motoneuron versorgt werden, umso feiner kann die Muskelkraft reguliert werden. So versorgt z. B. ein Motoneuron der Augenmuskulatur nur wenige Muskelfasern. Die großen motorischen Einheiten der Rückenmuskulatur umfassen dagegen viele Muskelfasern, da bei ihnen die Feinregulierung eine untergeordnete Rolle spielt. Generell werden bei dieser Aktivierung motorischer Einheiten auf Rückenmarksebene kleine motorische Einheiten, die mit kleinen Motoneuronen verbunden sind, vor den größeren motorischen Einheiten aktiviert.

Änderung der Aktionspotenzialfrequenz

Alles-oder-Nichts-Regel

Ein weiterer Mechanismus zur Regulierung der Muskelkraft ist die Änderung der Aktionspotenzialfrequenz. Dabei ist zu beachten, dass die Muskelkraft der quergestreiften Skelettmuskulatur nicht wie im Herzmuskel über eine unterschiedlich hohe Calciumausschüttung reguliert wird (► Kap. 3.2.3.3). Vielmehr kommt es nach einem überschwelligen Aktionspotenzial stets zur maximalen Freisetzung von Calcium aus dem sarkoplasmatischen Retikulum und anschließend zu einer maximalen Einzelzuckung der Skelettmuskelfaser. Dies wird als die Alles-oder-Nichts-Regel der Skelettmuskulatur bezeichnet. Allerdings führt eine maximale Einzelzuckung nicht zu einer maximal möglichen Verkürzung der Muskelfaser, da eine Einzelzuckung zu kurz ist, um das Filamentgleiten bis zur maximal möglichen Endstellung in Gang zu halten. Zu einer weiteren Verkürzung kommt es, wenn ein zweiter Reiz eintrifft und die zweite Zuckung die erste überlagert: **Superposition** (► Abb. 13.7).

Tetanische Kontraktion

Von einer tetanischen Kontraktion spricht man, wenn die Frequenz der eintreffenden Reize so groß ist, dass die Einzelzuckungen verschmelzen (► Abb. 13.7). In einer tetanischen Kontraktion entwickelt eine Muskelfaser die maximal mögliche Kontraktionsspannung und Kontraktionskraft. Die entstandene Muskelkraft ist etwa viermal so groß wie bei einer Einzelzuckung. Im Gegensatz zur Superposition, wo die zytosolische Calciumkonzentration zwischen den Reizen immer wieder absinkt, bleibt sie beim Tetanus hoch. Die Fähigkeit zu tetanischen Kontraktionen ermöglicht es, die Kontraktionskraft durch Anpassung der Aktionspotenzialfrequenz abzustufen. Voraussetzung für eine tetanische Kontraktion ist allerdings, dass die Dauer des Aktionspotenzials wesentlich kürzer ist als die der Einzelzuckung. Das ist im Skelettmuskel der Fall, nicht jedoch im Herzmuskel, bei dem das Aktionspotenzial länger andauert und tetanische Kontraktionen daher nicht möglich sind.

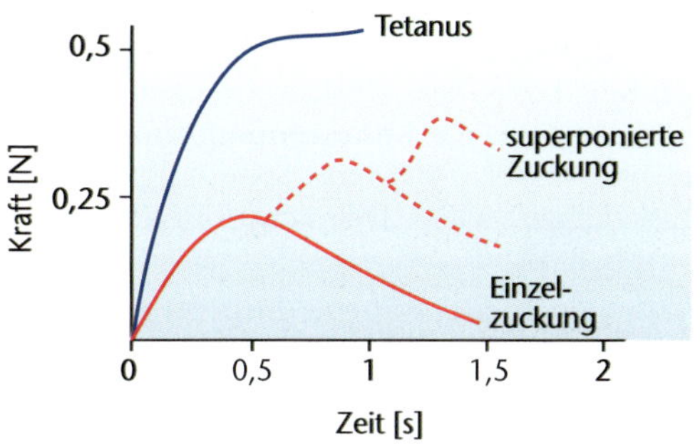

Abb. 13.7 Kraftentwicklung in Abhängigkeit von der Zeit bei Einzelzuckung, Superposition und tetanischer Kontraktion.

Kontraktur

Von der tetanischen Kontraktion ist die Kontraktur zu unterscheiden, unter der man eine reversible Dauerkontraktion des Muskels versteht, die nicht durch Aktionspotenziale ausgelöst wird. Ursache der Kontraktur ist eine Dauerdepolarisation der Muskelzellmembran, die z. B. durch Eintauchen in eine isotone (150 mmol/l) Kaliumlösung ausgelöst werden kann.

Merke

Tetanische Kontraktion: Superposition von Einzelzuckungen → Kraftsteigerung.

13.2.4.2 Elastische Eigenschaften des Skelettmuskels

Die in den Muskeln erzeugte Kraft wird über elastische Strukturen wie Sehnen, Sarkolemm, Querbrücken, Blutgefäße, Nerven und Bindegewebe auf das Skelett übertragen. Zum Verständnis der Muskelmechanik ist es deshalb wichtig, vor einer Betrachtung des aktiven Kontraktionsverhaltens der Skelettmuskulatur die passiven dehnungselastischen Eigenschaften des Muskels zu untersuchen.

Dehnt man den ruhenden Muskel, entsteht eine Spannung. Diese steigt mit zunehmender Dehnung des Muskels, also mit zunehmender Muskellänge. Im Gegensatz zu einem ideal elastischen Körper nimmt bei zunehmender Dehnung des Muskels die Spannung überproportional zu. Dieser überproportionale Spannungsanstieg im Verlauf einer passiven Muskeldehnung kommt durch elastische Strukturen zustande, die parallel oder in Serie zu den Myofibrillen angeordnet sind:

- Titin-Moleküle: Molekulare Federn
- Sarkolemm
- Bindegewebe

Die Spannung des Muskels bei zunehmender Dehnung zeigt die **Ruhedehnungskurve,** in der die im Muskel registrierte Spannung gegen die Muskellänge nach Dehnung aufgetragen ist (► Abb. 13.8).

13.2.4.3 Kontraktionsformen des Skelettmuskels

Der Skelettmuskel kann durch eine Kontraktion aktiv Kraft entwickeln. Man unterscheidet verschiedene Kontraktionsformen:

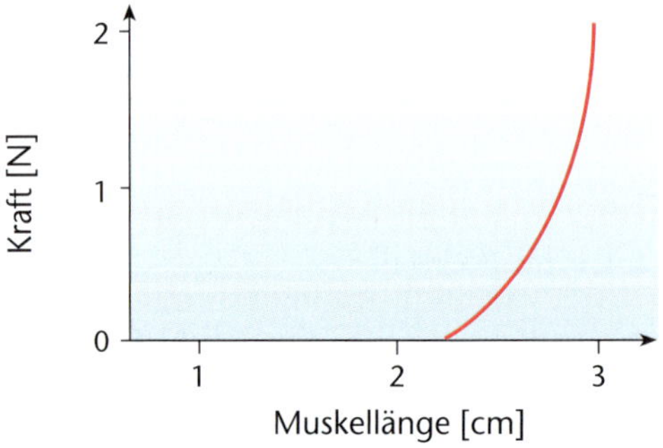

Abb. 13.8 Ruhedehnungskurve eines Muskels. Bei passiver Dehnung steigen die Spannung im Muskel und daher die für eine weitere Dehnung erforderliche Kraft überproportional an.

Isometrische Kontraktion

Definition

Wird ein Muskel an seinen beiden Enden fixiert und dann zu einer Kontraktion gereizt, kontrahiert er sich, ohne dass er sich verkürzt. Bei dieser isometrischen Kontraktion entsteht bei konstanter Muskellänge (Isometrie) im Muskelinneren durch die Kontraktion eine Spannung.

Kurve der isometrischen Maxima

Eine isometrische Kontraktion kann ausgehend von verschiedenen Graden der Vordehnung eines Muskels, d. h. von verschiedenen Punkten der Ruhedehnungskurve (► Abb. 13.9), ausgelöst werden. Die Kontraktionskraft eines Muskels ist dabei je nach Vordehnung des Muskels unterschiedlich stark. Misst man die maximale Kraft, die der Skelettmuskel bei verschiedener Vordehnung unter isometrischen Bedingungen entwickeln kann, und trägt diese in einem Koordinatensystem auf, erhält man die Kurve der isometrischen Maxima (► Abb. 13.9). Diese Kurve zeigt die Gesamtkraftentwicklung des Muskels.

Aktive Kontraktionskraft

Von der Gesamtkraft des Muskels muss die zur Vordehnung aufgewandte Kraft, die sich in der Ruhedehnungskurve widerspiegelt, abgezogen werden. Dann erhält man die aktive Kontraktionskraft, die ein Muskel bei einer bestimmten Vordehnung leisten kann.

Arbeit

Unabhängig von der Vordehnung und der Kraftentwicklung leistet ein sich isometrisch kontrahierender Muskel keine Arbeit (Arbeit = Kraft × Weg), da er sich nicht verkürzt und daher keinen „Weg“

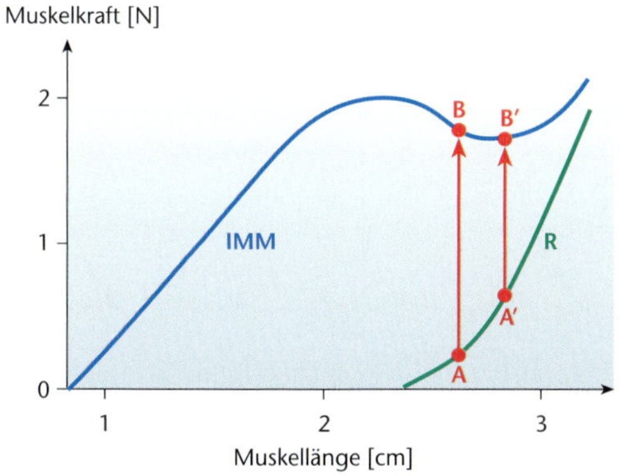

Abb. 13.9 Kurve der isometrischen Maxima (IMM) und Ruhedehnungskurve (R). Bei einer von Punkt A ausgelösten isometrischen Kontraktion entwickelt der Muskel aktiv die Kraft, die der Strecke AB entspricht. Die Kraft von A bis zum Nullpunkt der Kraftskala entspricht der Kraft, mit der der Muskel passiv vorgedehnt wurde (z. B. in der Versuchsanordnung). Bei größerer passiver Vordehnung, z. B. auf Punkt A' der Ruhedehnungskurve, resultiert eine niedrigere aktive isometrische Kraftentfaltung (B').

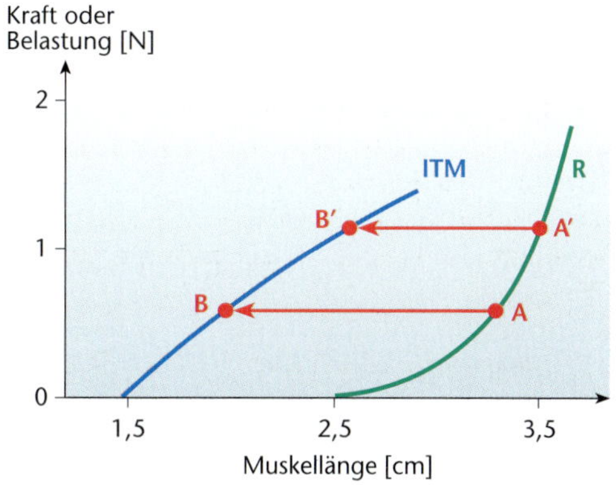

Abb. 13.10 Kurve der isotonischen Maxima (ITM) und Ruhedehnungskurve (R). Bei geringer Vordehnung (Punkt A auf der Ruhedehnungskurve) kann sich der Muskel isotonisch um die Strecke AB verkürzen. Bei größerer passiver Vordehnung, z. B. auf Punkt A' der Ruhedehnungskurve resultiert eine geringere isotonische Muskelverkürzung (Strecke A'B').

zurücklegt. Die vom Muskel bei einer isometrischen Kontraktion umgesetzte Energie wird daher ausschließlich als Wärme nach außen abgegeben.

Merke

Isometrische Kontraktion: keine Verkürzung → keine Arbeit, nur Wärmeentwicklung!

Isotonische Kontraktion

Definition

Während sich bei einer isometrischen Kontraktion die Muskellänge nicht verändert, verkürzt sich der Muskel bei einer isotonischen Kontraktion. Die Spannung im Inneren des Muskels bleibt dabei konstant.

Kurve der isotonischen Maxima

Die mögliche Muskelverkürzung bei der isotonischen Kontraktion hängt von der Vordehnung, d. h. von der Belastung des Muskels, ab. Je größer die Vordehnung, z. B. über ein an einem Muskelende angebrachtes Gewicht, desto geringer die mögliche Muskelverkürzung (Hubhöhe). Analog zu den Versuchen bei isometrischer Kontraktion lässt sich aus den bei verschiedenen Vordehnungen ausgelösten isotonischen Kontraktionen eine Kurve der maximal möglichen isotonischen Muskelverkürzungen bestimmen (► Abb. 13.10).

Unterstützungskontraktion

Definition

Bei der isotonischen Kontraktion beeinflusst die Vordehnung die maximal mögliche Muskelverkürzung. Will man die maximale Muskelverkürzung (Hubhöhe) des Muskels bei unterschiedlichen Gewichtsbelastungen unabhängig von der durch diese Gewichte verursachten Vordehnung bestimmen, muss das vom Muskel zu hebende Gewicht unterstützt werden, damit eine Vordehnung vermieden wird.

In dieser Versuchsanordnung kontrahiert sich der Muskel zunächst isometrisch, also ohne Verkürzung, bis die entwickelte Kraft dem zu hebenden Gewicht entspricht. Dann erst kommt es zu einer je nach Belastung unterschiedlich starken isotonischen Muskelverkürzung (► Abb. 13.11). Beispiel: Anheben eines wassergefüllten Eimers vom Boden.

Kurve der Unterstützungsmaxima

Auch für die maximal möglichen Unterstützungskontraktionen bei unterschiedlicher Gewichtsbelastung und (definitionsgemäß) konstanter Muskellänge lässt sich ein kurvenförmiger Verlauf bestimmen (Kurve der Unterstützungsmaxima, ► Abb. 13.12). Die Kurve der Unterstützungsmaxima zeigt, dass auch bei konstanter Vordehnung die maximal mögliche Muskelverkürzung mit zunehmender Gewichtsbelastung abnimmt.

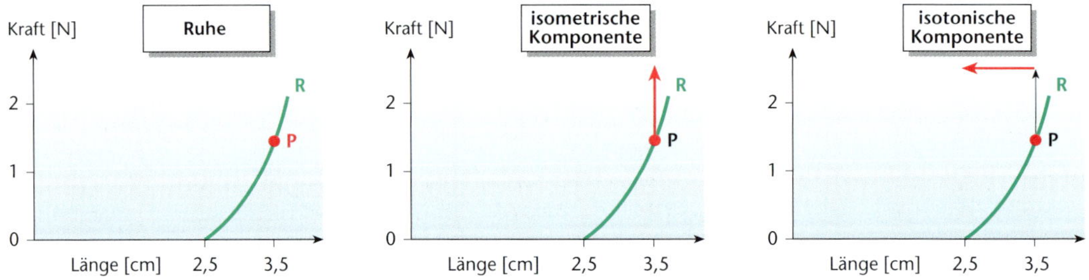

Abb. 13.11 Ablauf einer Unterstützungskontraktion, ausgehend von Punkt P der Ruhedehnungskurve (R).

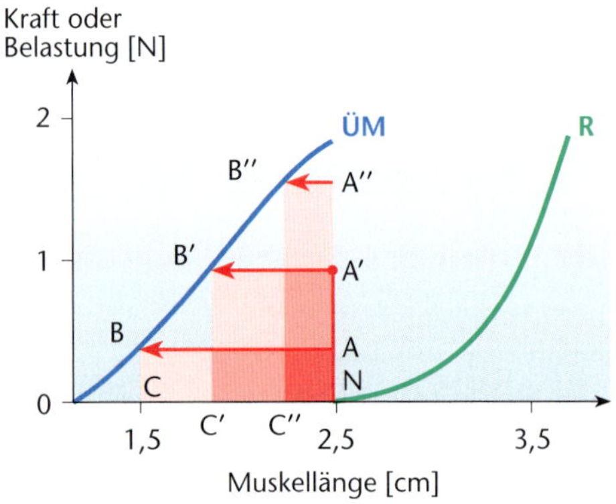

Abb. 13.12 Kurve der Unterstützungsmaxima (ÜM) bei einer konstanten Muskellänge von 2,5 cm an Punkt N der Ruhedehnungskurve R (Ruhelänge des Muskels). Untersucht wurden 3 Belastungsstufen A, A' und A', die mit steigender Belastung zu einer abnehmenden Muskelverkürzung B, B' und B' führen. Die eingezeichneten Rechtecke ABCN, A'B'C'N und A''B''C''N entsprechen der geleisteten Muskelarbeit (Kraft × Weg). Bei mittlerer Belastung ist die geleistete Arbeit am größten (A'B'C'N).

Anschlagskontraktion

Eine Muskelkontraktion, bei der auf eine erste isotonische Verkürzungsphase eine isometrische Anspannungsphase folgt, wird als Anschlagskontraktion oder Anschlagszuckung bezeichnet. Sie stellt also das Spiegelbild der Unterstützungszuckung dar. Beispiel einer Anschlagskontraktion ist der Kieferschluss: Ober- und Unterkiefer bewegen sich zunächst ohne Kraftentwicklung aufeinander zu: Muskelverkürzung. Wenn sich die Zahnreihen berühren, schließt sich eine isometrische Kontraktionskomponente an.

Auxotonische Kontraktion

Isometrische, isotonische, Unterstützungskontraktion und Anschlagskontraktion sind unter bestimmten experimentellen Bedingungen ermittelte Kontraktionsformen der Skelettmuskulatur. Unter In-vivo-Bedingungen kommen diese „reinen" Kontraktionsformen nur selten vor. In vivo ändern sich Muskelspannung und Muskellänge vielmehr fast immer gleichzeitig. Diese Kontraktionsform wird als auxotonische Kontraktion bezeichnet und ist von der Unterstützungskontraktion und der Anschlagskontraktion zu unterscheiden, bei der sich Muskelspannung und Muskellänge in der Versuchsapparatur nacheinander ändern.

Die gleichzeitige Änderung von Muskelspannung und Muskellänge beruht darauf, dass der Muskel auch über elastische Strukturen verfügt (▸ Kap. 13.2.4.2). Diese elastischen Strukturen wirken einerseits fixierend, erhöhen also im Sinne einer isometrischen Kontraktion die Spannung im Muskel; andererseits sind sie nachgiebig, d. h., der Muskel kann sich wie bei einer isotonischen Kontraktion zugleich auch verkürzen.

Merke

Auxotonische Kontraktion: gleichzeitige Veränderung von Muskellänge (isotonische Kontraktion) und Muskelspannung (isometrische Kontraktion).

Beziehung von Kontraktionskraft und Sarkomerlänge

Zeichnet man die gemessene Muskelkraft gegen die jeweilige Sarkomerlänge auf, so findet man ein Kraftmaximum bei einer Sarkomerlänge zwischen 2,0 und 2,2 µm (a in ▸ Abb. 13.13). Diese Sarkomerlänge von 2,0–2,2 µm entspricht der Ruhelänge des Sarkomers in einem nichtgedehnten Muskel, bei der sich die Aktin- und Myosinfilamente so weit wie möglich überlappen. In dieser Stellung kann

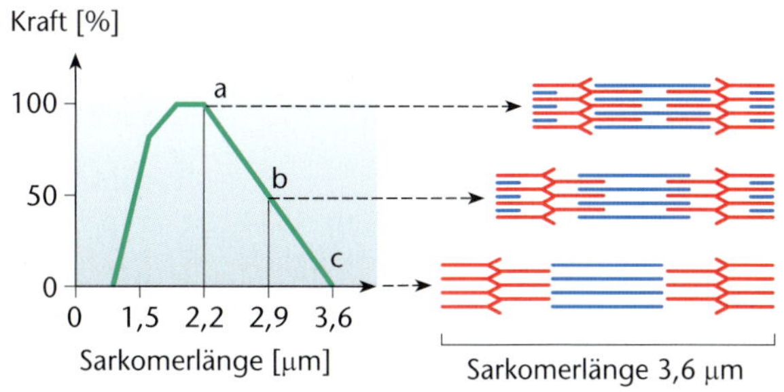

Abb. 13.13 Beziehung zwischen Sarkomerlänge, Kontraktionskraft und Filamentüberlappung.

eine maximale Anzahl von Myosin-Querbrücken eine Verbindung zum Aktinfilament eingehen und so eine maximale Spannung entwickeln.
Wird das Sarkomer vorgedehnt, überlagern sich Aktin- und Myosinfilamente nur noch teilweise (b in ► Abb. 13.13). Die Kraftentwicklung kann daher nicht maximal sein, weil weniger Querbrücken einen Angriffspunkt an den Aktinfilamenten haben, und die resultierende Gesamtkraft somit zwangsläufig geringer ausfällt.
Bei einer Vordehnung des Sarkomers auf über 3,6 µm (c in ► Abb. 13.13) ist eine Muskelkontraktion nicht möglich, da sich Aktin- und Myosinfilamente nicht mehr überlappen.

13.2.4.4 Muskelarbeit

Produkt von Kraft und Weg

Die Muskelarbeit ist, wie jede Arbeit, das Produkt von Kraft und Weg. Aus den Längen-Kraft-Diagrammen (► Abb. 13.10, ► Abb. 13.12) lässt sich also die vom Muskel im Rahmen der einzelnen Kontraktionsformen geleistete Arbeit als Fläche zwischen Längen- und Kraftänderung direkt ablesen. Die zugehörigen Rechtecke der Muskelarbeit bei 3 verschiedenen Unterstützungskontraktionen sind in ► Abb. 13.12 eingezeichnet. Man sieht, dass die geleistete Arbeit bei mittlerer Last größer ist als bei sehr kleiner oder sehr großer Belastung. Wenn sich der Muskel unbelastet verkürzt oder wenn sich der Muskel rein isometrisch kontrahiert und sich also nicht verkürzt (zu hebende Last > isometrischer Maximalkraft), ist die geleistete Arbeit gleich null.

Kraft-Geschwindigkeits-Relation

Die Verkürzungsgeschwindigkeit eines Muskels unter Belastung hängt ebenso wie die Hubhöhe von der Größe der Belastung ab. Die Verkürzungsgeschwindigkeit ist umso schneller, je geringer die Last ist: **Hill-Hyperbel** (► Abb. 13.14):

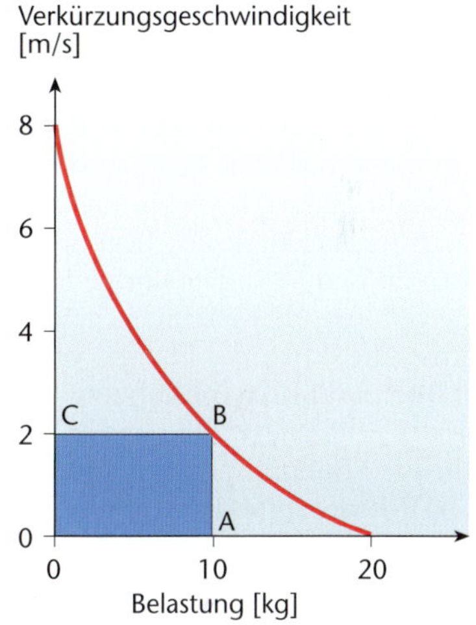

Abb. 13.14 Beziehung zwischen Gewichtsbelastung und Verkürzungsgeschwindigkeit. Das Rechteck ABC0 entspricht der Muskelleistung als Produkt aus Muskelkraft und Verkürzungsgeschwindigkeit.

Der vom Muskel während der Verkürzung zu hebenden Last setzt dieser mit seiner Kontraktion die entsprechende Kontraktionskraft entgegen. Der zu hebenden Last entspricht daher die Kontraktionskraft. Man kann also der ► Abb. 13.14 auch entnehmen, dass mit zunehmender Verkürzungsgeschwindigkeit die mögliche Kontraktionskraft abnimmt. Dies entspricht der Beobachtung, dass schwere Lasten nur entsprechend langsam gehoben werden können, während schnelle Bewegungen nur bei geringem Kraftaufwand möglich sind.

13.2.4.5 Muskelleistung und Wirkungsgrad

Muskelleistung

In ► Abb. 13.14 wird der Muskel mit zunehmenden Gewichten bis auf 20 kg belastet. Diese Belastung von 20 kg entspricht einer Kraft von ca. 200 N:

Kraft [N] = Masse [kg] × Erdbeschleunigung (ca. 10 m/s^2)

Die Muskelleistung (in Watt) ist das Produkt aus Muskelkraft [N] und Verkürzungsgeschwindigkeit [m/s].

Die Fläche des Rechtecks ABC0 in ► Abb. 13.14 (Belastung 10 kg, Verkürzungsgeschwindigkeit 2 m/s) entspricht daher einer Muskelleistung von:

$$100\ \text{N} \times 2\ \text{m/s} = 200\ \text{W}$$

Die maximal mögliche Leistung ist (wie die Arbeit) bei mittlerer Belastung bzw. bei einer mittleren Verkürzungsgeschwindigkeit am größten.

Wirkungsgrad

Der Wirkungsgrad eines Muskels ist derjenige Teil der von ihm verbrauchten Energie, der in Arbeit (Kraft × Weg) umgesetzt werden kann. Der Wirkungsgrad eines Skelettmuskels liegt normalerweise zwischen 20 und 30 %. Die übrige Energie geht als Wärme verloren. Hierbei unterscheidet man die Initialwärme, die durch die Energie verbrauchenden Prozesse der Muskelverkürzung selbst entsteht, von der Erholungswärme, die durch Energie verbrauchende Erholungsprozesse wie Ionenpumpen und ATP-Regeneration anfällt.

Merke

Wirkungsgrad des Skelettmuskels: 20–30 %.

13.2.5 Typen und Trophik der Skelettmuskulatur

Den unterschiedlichen Anforderungen an die Muskulatur entsprechen verschiedene Muskelfasertypen. So gibt es Muskeln, die hauptsächlich eine Haltefunktion ausüben (Rückenmuskulatur), und andere, die sehr schnelle und kräftige Bewegungen ausführen können (Extremitätenmuskulatur).

13.2.5.1 Einteilung

Typ I/Typ S

Dieser Muskeltyp verfügt nur über eine geringe Kontraktionskraft. Dafür kann die Kontraktion aber über lange Zeit aufrechterhalten werden, da die Muskelfasern ihre Energie aus dem aeroben Stoffwechsel beziehen und über eine hohe Zahl von Mitochondrien verfügen: oxidative Verbrennung von Glucose und Fettsäuren. Die Muskelkraft steigt bei einer Kontraktion langsam an, weshalb die Muskelfasern dieses Typs auch als Typ-S-Fasern (slow) bezeichnet werden.

Typ IIA/Typ FR

Typ-IIA-Muskeln sind durch eine mittlere Kontraktionskraft bei schneller Kraftentfaltung gekennzeichnet. Auch bei ihnen kann die Kontraktionskraft über längere Zeit aufrechterhalten werden, da sie sowohl auf aerobem als auch auf anaerobem Weg Energie gewinnen können. Da sie sich schnell kontrahieren, aber nur langsam ermüden, werden sie auch als Typ-FR-Fasern bezeichnet (fast, fatigue-resistant).

Typ IIX/Typ FF

Muskelfasern dieses Typs können eine hohe Kontraktionskraft entwickeln und diese auch schnell abrufen: sehr schneller Kraftanstieg. Allerdings ermüden sie auch rasch, da ihr Stoffwechsel überwiegend auf die anaerobe Glykolyse angewiesen ist, die durch einen größeren Glykogenvorrat und eine hohe Aktivität der Lactatdehydrogenase (LDH) unterstützt wird. Sie werden auch als Typ-FF-Fasern (fast, fatiguable) bezeichnet.
Typ IIB-Fasern sind noch schneller als Typ IIX-Fasern, kommen jedoch beim Menschen in den Extremitätenmuskeln nicht vor. Früher wurden Typ IIX Fasern als Typ IIB-Fasern bezeichnet.

13.2.5.2 ATPase-Aktivität

Ob eine Muskelfaser sich schnell oder langsam kontrahiert, hängt von der ATPase-Aktivität des Myosinkopfes ab. Schnelle Muskelfasern haben Myosinköpfe mit einer hohen ATPase-Aktivität. Die Filamentgleitzyklen können daher mit großer Geschwindigkeit ablaufen. Umgekehrt verhält es sich bei den langsamen Fasern, deren ATPase-Aktivität niedrig ist.
Je höher die ATPase-Aktivität, desto höher ist natürlich auch der ATP-Verbrauch. Dies erklärt den pro Zeiteinheit größeren ATP-Verbrauch der schnellen Fasern und auch, warum es nicht ökonomisch ist, schnelle Fasern zur Haltearbeit einzusetzen, die dann viel mehr ATP umsetzen, als für die Arbeit nötig wäre.

13.2.5.3 Myoglobingehalt

Die unterschiedlichen Muskelfasertypen unterscheiden sich nicht nur im Hinblick auf die ATPase-

Aktivität. Auch die Konzentration des Sauerstofftransportproteins Myoglobin ist in den einzelnen Muskelfasertypen unterschiedlich:

- **Typ-I-/Typ-S-Fasern** enthalten viel Myoglobin und haben deshalb eine kräftig rote Farbe, z. B. Muskelfasern der Rumpfmuskulatur. Das hochkonzentrierte Myoglobin unterstützt als zusätzlicher Sauerstoffträger den aeroben Stoffwechsel dieser Fasern.
- **Typ-IIX-/Typ-FF-Fasern** enthalten wenig Myoglobin und sind deswegen eher weiß oder hellrosa gefärbt (z. B. M. psoas).
- **Typ-IIA-/Typ-FR-Fasern** stellen auch im Hinblick auf den Myoglobingehalt einen Mischtyp dar.

13.2.5.4 Innervation

Die nervale Versorgung beeinflusst die in einer Muskelfaser ablaufenden enzymatischen Reaktionen und entscheidet so darüber, zu welchem Fasertyp eine motorische Einheit gehört. Ersetzt man z. B. das Motoneuron einer motorischen Einheit des Typs I durch das größere Motoneuron einer Typ-IIX-Einheit, passen sich die Muskelfasern den veränderten Innervationsverhältnissen an: Der sich zuvor langsam kontrahierende Muskel kontrahiert sich unter der neuen Innervation schnell und auch die Ausstattung mit Mitochondrien und Kapillaren sowie die Enzymausstattung ändern sich.

13.2.5.5 Leistungsanpassung

Das ZNS aktiviert die unterschiedlichen motorischen Einheiten gezielt, und zwar bewegungsabhängig und aufgabenspezifisch. Bei Kontraktionen, die nur eine geringe Kraft erfordern (z. B. Stehen), werden nur die Typ-I-Fasern (und einige Typ-IIA-Fasern) aktiviert. Für höhere Kontraktionskräfte (z. B. Gehen, Laufen) wird ein größerer Anteil vom Typ IIA rekrutiert. Bei Bewegungen mit hohem Kraftaufwand werden zusätzlich Fasern vom Typ IIX mobilisiert.

Tab. 13.1 Fasertypen im Skelettmuskel

Fasertyp	I (S)	IIA (FR)	IIX (FF)
Myoglobingehalt	+++	++	+
Farbe	Rot	Rosa	Weiß
ATPase-Aktivität	+	+++	+++
LDH-Aktivität	+	++/+++	+++
Kontraktion	Langsam	Schnell	Schnell
Ermüdbarkeit	+	++	+++
Stoffwechsel	Aerob	Aerob/ anaerob	Anaerob

Lerntipp

Die Eigenschaften der einzelnen Fasertypen der Skelettmuskulatur werden gerne abgefragt. Wer sich Tab. 13.1 gut einprägt, kann leicht punkten.

13.2.6 Grundzüge der Pathophysiologie am Skelettmuskel

13.2.6.1 Auswirkung einer Denervierung

Degeneration

Wird ein motorischer Nerv durchtrennt (Denervierung), geht der distale Anteil des Nervs bis zu den motorischen Endplatten zugrunde: absteigende Degeneration. Die betroffenen Muskelfasern sind schlaff gelähmt; sie atrophieren und werden auf der gesamten Oberfläche für Acetylcholin empfindlich, nicht nur, wie es physiologisch wäre, im subsynaptischen Bereich. Dadurch finden sich in denervierten Muskeln oft feine, mechanisch unwirksame spontane Kontraktionen einzelner Fasern: **Fibrillationen.** Bei elektrischer Reizung des durchtrennten motorischen Nervs zeigt sich eine Verlängerung der Chronaxie (► Kap. 12.3.5).

Regeneration

Bis zu 3 Monate nach der Denervierung kann sich der Nerv bei Wiederherstellung der Nervenkontinuität (z. B. durch neurochirurgische Nervennaht) vollständig regenerieren. Aus dem intakten proximalen Nervenende wächst das Axon im Bindegewebsschlauch des degenerierten Nervs mit einer Geschwindigkeit von etwa 1 mm/Tag in Richtung Peripherie und bildet bei Erreichen der Muskelfasern neue motorische Endplatten. Hält die Denervierung länger an, erlischt die Fähigkeit des Nervs, sich zu regenerieren.

13.2.6.2 Myotonien

Dekontraktionshemmung

Unter einer Myotonie versteht man das abnorme Andauern einer Muskelkontraktion über mehrere

Sekunden auch nach Beendigung des auslösenden Reizes: Dekontraktionshemmung. Grundlage der Myotonie sind die nach einer zunächst noch physiologischen Kontraktion der motorischen Einheit anhaltenden repetitiven Kontraktionen einzelner Muskelfasern, die unabhängig von jeder Innervation sind.

Ursachen

Die Myotonie kann als isolierte Krankheit oder auch nach Denervierung, nach Spinalanästhesie oder Blockade der motorischen Endplatte mit Curare auftreten. In der Regel sind vor allem die Extremitätenmuskeln befallen. Ursache sind genetische oder erworbene Fehlfunktionen von Ionenkanälen in der Muskelzellmembran.

Untersuchung

Man kann eine Myotonie durch Beklopfen des betroffenen Muskels (sehr eindrücklich auch an der Zunge) provozieren oder anhand des typisch verlängerten Handschlags testen. In kalter Umgebung und unter Stress verstärkt sich die Symptomatik. Meistens können die Betroffenen nach einigen myotonischen Kontraktionen anschließend wieder eine normale Bewegung durchführen.

13.2.6.3 Myasthenia gravis

Definition und Ursachen

Die Myasthenia gravis ist eine Erkrankung, bei der es als Folge einer gestörten neuromuskulären Überleitung zu abnormer Muskelermüdbarkeit und zu einer Lähmung der Skelettmuskulatur kommt. Die zunehmende Muskelschwäche mit schließlich vollständiger Lähmung erklärt sich durch die Produktion von Autoantikörpern gegen die Acetylcholinrezeptoren der motorischen Endplatte. Durch diese Antikörper werden die motorischen Endplatten zerstört. Solche Autoantikörper sind bei 80–90 % der Patienten mit Myasthenia gravis nachweisbar.

Symptomatik

Im Anfangsstadium der Erkrankung sind vor allem die Augenmuskeln betroffen, da sie über besonders viele Endplatten und kleine motorische Einheiten verfügen. Typisch sind Lidlähmung (Ptose) und Doppelbilder. Die Erkrankung breitet sich von proximal nach distal aus. Bei Befall der Interkostalmuskulatur und des Zwerchfells tritt der Tod durch Lähmung der Atemmuskulatur ein.

Klinik

Mithilfe der **Elektromyografie (EMG)** werden Potenzialschwankungen vom Muskel abgeleitet, die durch die Aktivierung von motorischen Einheiten entstehen. In den Muskel eingestochene Nadelelektroden registrieren diese elektrische Aktivität des Muskels. Die abgeleiteten Potenziale werden verstärkt und am Bildschirm sichtbar gemacht. Mit dem EMG können anhand unterschiedlicher Potenzialmuster z. B. neurogene Muskelatrophien von primär muskulären Störungen unterschieden werden.

13.3 Glatte Muskulatur

13.3.1 Feinbau der glatten Muskulatur

13.3.1.1 Single-Unit- und Multi-Unit-Typen

Die glatte Muskulatur besteht aus spindelförmigen Zellen, die mit einer Länge von 20–500 µm und einem Durchmesser von 2–5 µm um etwa den Faktor 20 kleiner sind als Skelettmuskelzellen. Man unterscheidet 2 verschiedene Typen:

- Single-Unit-Muskeltyp
- Multi-Unit-Muskeltyp

Single-Unit-Muskeltyp

Charakterisierung

Single-Unit-Muskelzellverbände kontrahieren sich auf eine Erregung praktisch zeitgleich. Einige hunderte bis Millionen Zellen reagieren als Einheit. Die einzelnen Zellen verfügen nicht wie die Skelettmuskelfasern über eine individuelle nervale Versorgung. Ihre Zellmembranen sind an vielen Stellen eng miteinander verknüpft. Zusätzlich können durch Nexus (Gap Junctions, elektrische Synapsen) Ionen von einer Zelle in die andere fließen, sodass Aktionspotenziale rasch und unmittelbar von Zelle zu Zelle fortgeleitet werden können.

Vorkommen

Diese Art glatter Muskulatur findet man vor allem in der Wand der viszeralen Organe, wie Darm, Gallengängen, Ureteren, Uterus und in vielen Blutgefäßen. Die Kontraktionssteuerung der Single-Unit-Muskelzellverbände wird vorwiegend durch hormonelle, mechanische und Umgebungsfaktoren kontrolliert. Die direkte nervale Kontrolle ist zweitrangig.

Multi-Unit-Muskeltyp

Charakterisierung

Dieser Typ glatter Muskulatur besteht aus Zellen, die ähnlich wie die Skelettmuskelfasern jeweils von einem eigenen Nervenast versorgt werden. Durch eine basalmembranähnliche Schicht sind sie elektrisch voneinander isoliert. Jede Zelle kann sich unabhängig von den anderen kontrahieren. Die Kontraktion wird anders als beim Single-Unit-Muskeltyp vor allem durch Nervenimpulse kontrolliert.

Vorkommen

Beispiele für den Multi-Unit-Muskeltyp findet man im Ziliarmuskel, in der Iris des Auges und in den Mm. arrectores pilorum.

13.3.1.2 Zellulärer Aufbau

Longitudinales und transversales System

Das sarkoplasmatische Retikulum ist in der glatten Muskulatur nur sehr spärlich entwickelt. Einige sarkoplasmatische Tubuli liegen membranständig in der Nähe von Caveoli. Diese Membraneinstülpungen, die eine den T-Tubuli vergleichbare Funktion übernehmen, sind jedoch ebenfalls nur rudimentär ausgebildet.

Filamentsystem

Auch in den glatten Muskelfasern sind Aktin und Myosin die kontraktilen Proteine. Sie sind den kontraktilen Proteinen in der Skelettmuskulatur ähnlich, aber nicht mit ihnen identisch:

Calmodulin

Troponin-C, das im Skelettmuskel die Kontraktion kontrolliert, ist in der glatten Muskulatur nicht vorhanden. Seine Funktion übernimmt das Calmodulin.

> **Merke**
>
> Glatte Muskulatur:
> Calciumbindung an Calmodulin statt an Troponin-C.

Aktin und Myosin

Anders als im Skelettmuskel sind Aktin und Myosin nicht regelmäßig angeordnet, sodass mikroskopisch keine Querstreifung sichtbar wird. Das Verhältnis von Aktin zu Myosin beträgt etwa 15 : 1. Auch sind Myosin- und Aktinfilamente viel länger als im Skelettmuskel, was die maximale Kontraktionsfähigkeit der glatten Muskulatur steigert.

Dense Bodies

Die Muskelzellen der glatten Muskulatur sind nicht in Sarkomere gegliedert. Eine den Z-Scheiben vergleichbare Struktur, an der die Aktinfilamente befestigt sind, findet sich jedoch auch in der glatten Muskulatur. Es handelt sich hierbei um die sog. Dense Bodies, Proteinstrukturen, die sowohl in der Nähe der Zellwand als auch verstreut im Zellinneren lokalisiert sind. Diese Dense Bodies sind z. T. untereinander verknüpft und können so die Kraft, die durch die Kontraktion entsteht, auf benachbarte Zellen übertragen.

Intermediäre Filamente

Die u. a. aus Desmin bestehenden intermediären Filamente verbinden die Dense Bodies zu einem intrazellulären Zytoskelett, an dem die Aktinfilamente befestigt sind. Hierdurch wird die Übertragung der Kontraktion auf das Sarkolemm sichergestellt.

13.3.1.3 Innervation

Vegetatives Nervensystem

Nerval wird die glatte Muskulatur vom vegetativen Nervensystem über die Transmitter Acetylcholin und Noradrenalin versorgt. Die einzelnen Zellen eines Multi-Unit-Zellverbandes werden i. d. R. jeweils durch eigene Nervenäste versorgt. Anders als z. B. beim Skelettmuskel gibt es keine besonderen neuromuskulären Synapsen wie die motorische Endplatte. Die Neurotransmitter des autonomen Nervensystems werden aus endständigen Auftreibungen der Nervenfasern in der Nähe der Muskelzellen, den sog. **Varikositäten,** ausgeschüttet. Dabei kann der synaptische Spalt einige nm bis einige µm breit sein. Bei den Multi-Unit-Muskeltypen ist er meist, wie bei der motorischen Endplatte, sehr eng (10–20 nm).

Umgebungsfaktoren und Hormone

In vielen Fällen wird eine Kontraktion der glatten Muskulatur jedoch nicht nerval, sondern durch Umgebungsfaktoren (pH-Wert, CO_2-Konzentration, Sauerstoffmangel) oder durch Hormone (z. B. Histamin, Serotonin, Oxytocin, Angiotensin) ausgelöst. Dabei können die lokalen und hormonalen Faktoren sowohl eine Muskelentspannung als auch eine Kontraktion auslösen. Entscheidend hierfür ist nicht die Art des Transmitters, sondern der am Zielorgan vorhandene Rezeptortyp (inhibitorisch oder exzitatorisch).

13.3.2 Kontraktionsauslösung

Eine Kontraktion der glatten Muskulatur kann durch folgende Einflüsse ausgelöst werden:

- Transmittersubstanzen
- Mechanische Faktoren
- Spontane autonome Kontraktion: Eigenrhythmus
- Metabolische Faktoren
- Hormonale Faktoren

13.3.2.1 Auslösung des Aktionspotenzials

In Ruhe liegt das Membranpotenzial der glatten Muskulatur bei etwa -50 bis -60 mV. Ein Aktionspotenzial wird hier nicht wie im Skelettmuskel durch den schnellen Na^+-Einstrom, sondern durch einen **Ca^{2+}-Einstrom** ausgelöst. Die Calciumkanäle öffnen sich aber viel langsamer als die Natriumkanäle des Skelettmuskels. So kommt es zu den langsamen Aktionspotenzialen, die typisch für die glatte Muskulatur sind. Eine Hyperpolarisation deaktiviert die Ca^{2+}-Kanäle und erschwert so die Auslösung von Aktionspotenzialen.

13.3.2.2 Formen von Aktionspotenzialen

Wenn ein Aktionspotenzial entsteht, hat es entweder die Form eines Spike-Potenzials oder die eines Aktionspotenzials mit Plateau (► Abb. 13.15).

- **Spike-Potenziale** gleichen den spitzen Aktionspotenzialen des Skelettmuskels, sie sind allerdings mit 50–100 ms deutlich länger (Skelettmuskel: 1–5 ms).
- **Aktionspotenziale mit Plateau** weisen wie die Aktionspotenziale des Herzmuskels eine verzögerte Repolarisation auf, die für die Plateauphase verantwortlich ist. Die Dauer des Aktionspotenzials beträgt einige Hundert bis einige Tausend Millisekunden. Diese langen Plateau-Aktionspotenziale sind die Grundlage lang anhaltender Muskelkontraktionen z. B. in den Ureteren oder im Uterus.

Daneben existiert eine dritte Art von Potenzialen in der glatten Single-Unit-Muskulatur: die **Slow-Wave-Potenziale.** Es handelt sich um langsame Potenzialschwankungen, die vorwiegend in sich autonom kontrahierender glatter Muskulatur auftreten (z. B. in der Darmwand). Überschreiten die langsamen Schwankungen das Schwellenpotenzial, wird ein Aktionspotenzial ausgelöst. Dadurch können regelmäßige rhythmische Kontraktionsabläufe, wie z. B. im Darm, entstehen (basaler elektrischer Rhythmus, ► Kap. 7.3.2).

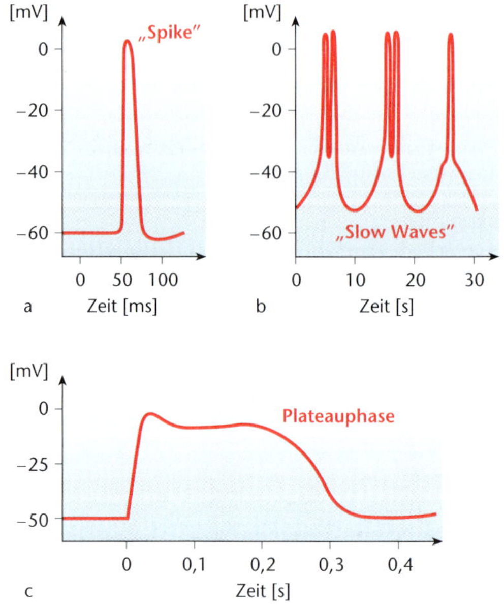

Abb. 13.15 Aktionspotenziale in der glatten Muskulatur. **a:** „Spike"-Aktionspotenzial. **b:** Aktionspotenziale auf dem Boden von Slow Waves. **c:** Aktionspotenzial mit Plateauphase.

13.3.2.3 Kontraktion ohne Aktionspotenzial

Nicht jede Depolarisation der glatten Muskelzelle löst jedoch ein Aktionspotenzial aus. Im Gegensatz zum Alles-oder-Nichts-Verhalten des Skelettmuskels können auch unterschwellige Erregungen der glatten Muskulatur durchaus eine Kontraktion bewirken. So entstehen z. B. an den Multi-Unit-Fasern der glatten Muskulatur eher selten Aktionspotenziale. Die mehr oder weniger starke Depolarisation zieht lediglich einen entsprechend starken Calciumeinstrom nach sich, der mit einer Kontraktion einhergeht.

13.3.3 Kontraktionsablauf

13.3.3.1 Elektromechanische Kopplung

Calciumeinstrom

Wie im Skelettmuskel wird im glatten Muskel Ca^{2+} für die Muskelkontraktion benötigt. Der Hauptcalciumvorrat der glatten Muskelzelle liegt extrazellulär. Auf drei Wegen gelangt Ca^{2+} ins Zellinnere (► Abb. 13.16):

- Spannungsgesteuerte Ca^{2+}-Kanäle
- Rezeptorgesteuerte unspezifische Kationenkanäle
- Dehnungsgesteuerte unspezifische Kationenkanäle

Zusätzlich wird Ca^{2+} auch aus dem sarkoplasmatischen Retikulum freigesetzt.

Latenzzeit

Diese Mechanismen sind deutlich langsamer als die durch T-System und sarkoplasmatisches Retikulum sehr schnelle elektromechanische Kopplung im Skelettmuskel: Die Latenzzeit vom Beginn des Calciumeinstroms bis zur Kontraktion ist mit ca. 300 ms um den Faktor 50 größer als beim Skelettmuskel.

Molekulare Kontraktion

Intrazellulär bindet das eingeströmte Ca^{2+} an das Protein Calmodulin, das in der glatten Muskulatur das Skelettmuskelprotein Troponin-C ersetzt. Auch der weitere molekulare Kontraktionsablauf unterscheidet sich vom Kontraktionsablauf in der Skelettmuskulatur. Im Einzelnen lassen sich die folgenden 5 Schritte abgrenzen (▸ Abb. 13.16):

1. Der Calmodulin-Calcium-Komplex verbindet sich mit einer am Myosinkopf gebundenen Myosin-Kinase (Myosin Light Chain Kinase, MLCK), die dadurch aktiviert wird.
2. Unter ATP-Verbrauch wird die leichte Kette des Myosinkopfes (MLC) durch die MLCK zu MLC-P phosphoryliert.
3. Diese Phosphorylierung erlaubt die Verbindung zwischen Aktin und dem Myosinkopf. So kommt es zu einer Querbrückenbildung mit Filamentgleiten ähnlich wie im Skelettmuskel, nur wesentlich langsamer.
4. Die Aktin-Myosin-Bindung wird durch Abspaltung des Phosphatmoleküls von MLC-P durch eine Myosin Light Chain Phosphatase (MLCP), wieder getrennt.
5. Der Kontraktionsvorgang wird beendet, indem Calcium über ATP-getriebene Ca^{2+}-Pumpen oder über Na^+/Ca^{2+}-Austauscher wieder in den Extrazellularraum befördert wird.

MLCK und MLCP

Die beiden gegenläufigen Enzyme MLCK und MLCP bestimmen durch ihre Aktivität die Stärke der Kontraktionskraft: Überwiegt die Aktivität der MLCK, steigt der Tonus der Muskulatur, überwiegt die Aktivität der MLCP, relaxiert die Muskulatur.

In vivo ist vor allem die Regulierung von MLCP wichtig. Über Signalkaskaden kann so unabhängig vom Ca^{2+}-Spiegel die Kontraktionskraft gesteigert oder vermindert werden:

- Kontraktile Agonisten wie Acetylcholin, Noradrenalin oder Angiotensin II bewirken eine MLCP-Deaktivierung und steigern dadurch die Kontraktionskraft: **Ca^{2+}-Sensitivierung,** d. h. stärkere Kontraktion bei gegebenem Ca^{2+}-Spiegel.
- Relaxierende Signalkaskaden werden durch einen Anstieg von cAMP (z. B. durch Adrenalin, Prostazyklin oder Adenosin, ▸ Kap. 1.7.1) oder cGMP (z. B. durch NO, ▸ Kap. 1.7.3) gestartet. Hierdurch werden die Proteinkinasen A bzw. G aktiviert, welche die Aktivität von MLCP steigern und die Konzentrationskraft dadurch ohne Änderung des Ca^{2+}-Spiegels vermindern: **Ca^{2+}-Desensitivierung.**

Lerntipp

MLCK und MLCP sind die absoluten Lieblingsenzyme des IMPP. Ihre Funktion bei der elektromechanischen Kopplung im glatten Muskel sollten Sie sich daher besonders gut einprägen: ▸ Abb. 13.16! Für das Verständnis sind auch das cAMP- und das cGMP/NO-System mit ihren Proteinkinasen wichtig: ▸ Kap. 1.7.1 und ▸ Kap. 1.7.3.

13.3.3.2 Besonderheiten der glatten Muskulatur

Insgesamt ist die Kontraktion der glatten Muskulatur durch folgende Besonderheiten im Vergleich zum Skelettmuskel gekennzeichnet:

- Der Filamentgleitmechanismus läuft wesentlich langsamer ab (Faktor 1 : 10 bis 1 : 300), da die ATPase-Aktivität des Myosins in der glatten Muskulatur viel geringer ist.
- Der Energieverbrauch ist daher ebenfalls um den Faktor 1 : 10 bis 1 : 300 geringer.
- Die Latenzzeit zwischen Exzitation und Kontraktion ist wesentlich länger.
- Die Kraftentwicklung kann durch eine verlängerte Verbindungszeit zwischen Aktin und Myosin oft größer sein.

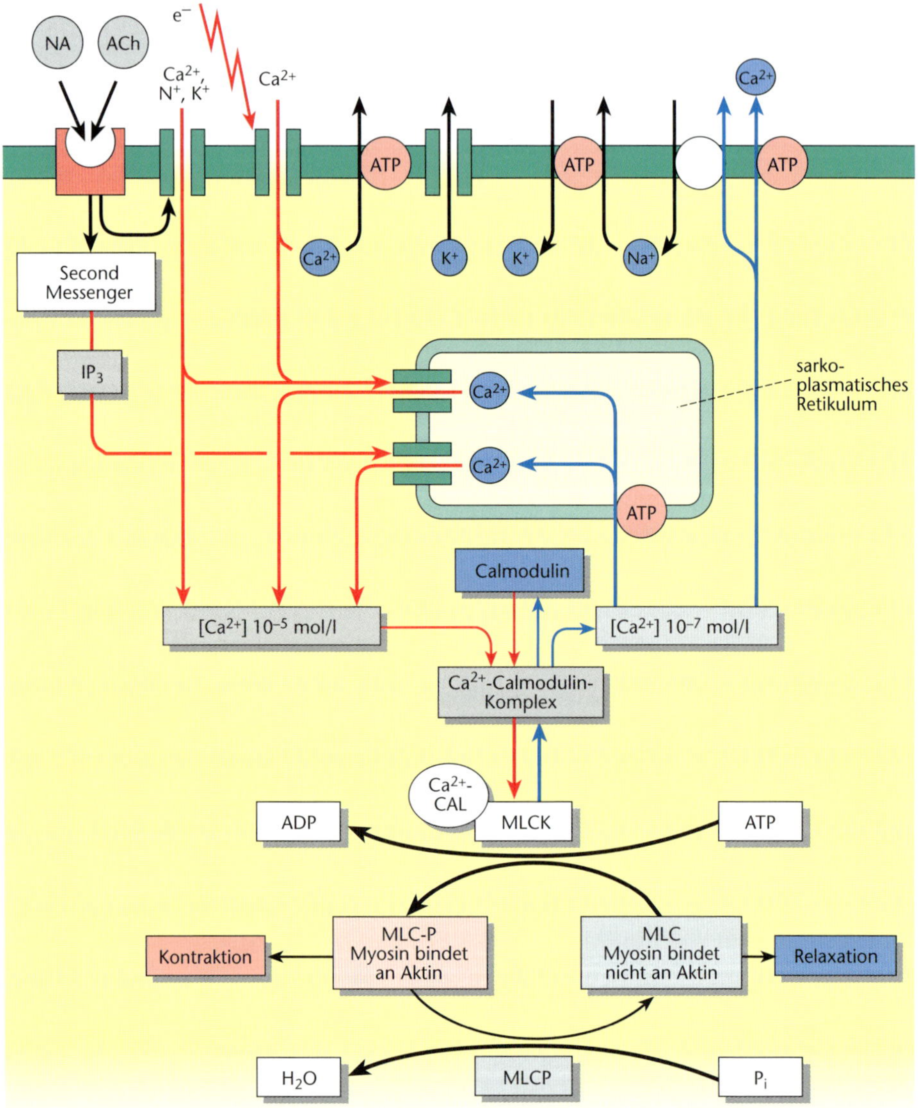

Abb. 13.16 Elektromechanische Kopplung in der glatten Muskulatur: Ionenkanäle und Mechanismen. Rote Pfeile: Zur Kontraktion führende Schritte. Blaue Pfeile: Zur Relaxation führende Schritte. MLC = leichte Myosin-Ketten, MLC-P = phosphorylierte MLC, MLCP = myosin light chain phosphatase, MLCK = myosin light chain kinase, Ca^{2+}-CAL = Ca^{2+}-Calmodulin-Komplex. Zum Ablauf der einzelnen Schritte 1–5 vgl. Text.

- Der glatte Muskel kann sich aufgrund der längeren Aktin- und Myosinfilamente viel stärker verkürzen als der Skelettmuskel.
- Die Aufrechterhaltung einer einmal aufgebauten Kontraktionsspannung benötigt nur noch einen Bruchteil der Anfangsenergie: Latch-Mechanismus (eng. latch = Riegel). Der Energieverbrauch der glatten Muskelzelle beträgt deshalb bei lang anhaltenden Dauerkontraktionen oft nur wenige Prozent der im Skelettmuskel für eine vergleichbare Kontraktion aufzuwendenden Energie.
- Die glatte Muskulatur passt sich einer anhaltenden Dehnung (z. B. durch Füllung eines Hohlorgans) flexibel und ohne lang anhaltende Druck-

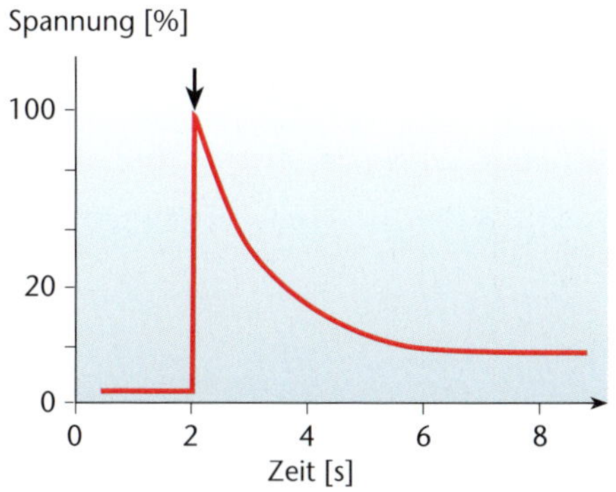

Abb. 13.17 Plastisches Verhalten eines glatten Muskels. Nach plötzlicher Dehnung (Pfeil) steigt die Spannung nur kurzzeitig an und kehrt dann fast zum Ausgangswert zurück.

erhöhung an: Nach einem kurzen initialen Druckanstieg herrscht bereits einige Sekunden nach der Dehnung wieder der Ausgangsdruck. Dieses Verhalten wird als Plastizität oder Stressrelaxation des glatten Muskels bezeichnet (▸ Abb. 13.17).

Diese Besonderheiten erlauben es der glatten Muskulatur, sich den speziellen Anforderungen ihres Einsatzgebietes anzupassen:

- Möglichst große Füllungsvolumina bei geringen Druckschwankungen in den Hohlorganen (z. B. Harnblase)
- Langes Aufrechterhalten eines Muskeltonus, oft über viele Stunden, wie in Magen, Blase, Sphinktermuskulatur etc. unter möglichst geringem Energieverbrauch
- Großes Verkürzungspotenzial z. B. für die peristaltischen Darmbewegungen

Klinik

Bei einer **Harnleiterkolik** kommt es zu starken, anfallsartigen Schmerzzuständen, die vom Rücken über den Unterbauch in die Leiste ausstrahlen. Ursache ist ein Abflusshindernis im Ureter, z. B. ein Harnleiterstein. Proximal des Hindernisses steigt der Druck im Ureter rasch an. Dieser Druckanstieg führt zu einer Dehnung der glatten Muskulatur mit einer Erhöhung der Ca^{2+}-Konzentration im Sarkoplasma. Folge ist eine gesteigerte Peristaltik des Ureters. Dehnung und Hyperperistaltik in Verbindung mit der lokalen Schleimhautreizung durch den Harnleiterstein sind die Ursache der Schmerzattacken. Bleibt die Obstruktion des Harnleiters längere Zeit bestehen, weitet sich der Ureter durch Stressrelaxation beträchtlich aus.

14 Vegetatives Nervensystem

mediscript Online

IMPP-Hits

- Rezeptortypen und Transmitterwirkungen an den Organen: ► Tab. 14.2
- Zelluläre Mechanismen der Rezeptorwirkung: ► Kap. 14.3.3

14.1 Wegweiser

Das vegetative Nervensystem innerviert die glatte Muskulatur in Gefäßen, viszeralen Organen und Drüsen. Durch die Regulierung von Stoffwechselprozessen passt es den Organismus wechselnden äußeren und inneren Bedingungen an.
Die anatomisch getrennten und funktionell verschiedenen Anteile des vegetativen Nervensystems werden als **Sympathikus** und als **Parasympathikus** bezeichnet. Zentraler Anteil (► Kap. 14.2.1) und peripherer Anteil (► Kap. 14.2.2) weisen jeweils charakteristische funktionelle Eigenschaften auf. Auch das in der Darmmuskulatur gelegene **enterische Nervensystem** (► Kap. 14.4.2.2) wird zum vegetativen Nervensystem gezählt.
Eingehende Kenntnisse der Signalübertragungsmechanismen im vegetativen Nervensystem (► Kap. 14.3) sind wegen der Möglichkeit gezielter pharmakologischer Eingriffe klinisch wichtig. Von spezieller Bedeutung sind die peripheren Rezeptortypen und Transmittersubstanzen, welche die einzelnen Organfunktionen aktivieren oder bremsen (► Tab. 14.2). Auch im vegetativen Nervensystem laufen Reflexe ab (► Kap. 14.4.1). Speziell behandelt werden die parasympathisch gesteuerten Defäkations- und Miktionsreflexe. Die ebenfalls sympathisch und parasympathisch gesteuerten Genitalreflexe werden in ► Kap. 11.5 im Zusammenhang der Reproduktionsphysiologie besprochen. Die Steuerung wichtiger Organsysteme durch das vegetative Nervensystem wird in ► Kap. 14.4.2 dargestellt.

14.2 Morphologische Grundlagen

14.2.1 Zentraler Anteil

Die zentralen Anteile von Sympathikus und Parasympathikus liegen im Rückenmark und im Hirnstamm.

14.2.1.1 Zentrale Ganglien

Sympathikus

Die zentralen Ganglien des Sympathikus finden sich im Nucleus intermediolateralis des thorakolumbalen Rückenmarks, d.h. im Bereich der Segmente T1–L3 (► Abb. 14.1).

Parasympathikus

Die zentralen Ganglien des Parasympathikus liegen

- in den Hirnnervenkernen des Hirnstamms und
- im Nucleus intermediolateralis des Sakralmarks im Bereich der Segmente S2–S4 (► Abb. 14.1).

Diese sympathischen und parasympathischen Ganglien in Hirnstamm und Rückenmark werden von übergeordneten Strukturen wie dem limbischen System, dem Hypothalamus, der Formatio reticularis und anderen vegetativen Zentren des Hirnstamms gesteuert.

14.2.1.2 Hypothalamus

Der Hypothalamus reguliert u.a. Herz-Kreislauf-System, Körpertemperatur, Flüssigkeitshaushalt, Nahrungsaufnahme, Sexualtrieb sowie Abwehr- und Fluchtverhalten. **Afferente Impulse** erreichen den Hypothalamus vom Thalamus, vom limbischen System und über die spinobulboretikulären Bahnen von Körperoberfläche und Körperinnerem. Mittels spezieller Neurone im medialen Hypothalamus werden wichtige Parameter des inneren Milieus gemessen: Temperatur, Ionen- und Glucosekonzentrationen, Hormonspiegel im Blut. Vom Hypothalamus ausgehende **Efferenzen** führen zum einen zur Hypophyse und damit zum Hormonsystem, zum anderen über polysynaptische Bahnen via Formatio reticularis in die vegetativen Zentren des Rückenmarks.

14.2.1.3 Limbisches System

Das vegetative Nervensystem unterliegt insgesamt viel weniger der willkürlichen Kontrolle als das somatische. Über das limbische System beeinflussen jedoch **Emotionen** und **affektives Verhalten** wie Wut, Angst oder Freude die körperlichen Vorgänge. So führt z.B. Angst über eine Aktivierung des sympathischen Anteils des vegetativen Nervensystems zu Reaktionen wie Schweißausbruch, Steigerung der Herzfrequenz, erhöhtem Blutdruck, vermehrter Muskeldurchblutung, Kontraktion der Sphinkteren der inneren Organe und Pupillendilatation.

Merke

- Sympathikus:
  - Thorakolumbales Rückenmark T1–L3
- Parasympathikus:
  - Sakralmark
  - Hirnnervenkerne

14.2.2 Peripherer Anteil

Im Gegensatz zum somatischen Nervensystem besteht die periphere Efferenz von Sympathikus und Parasympathikus aus 2 hintereinandergeschalteten Neuronen: dem präganglionären und dem postganglionären Neuron.

14.2.2.1 Sympathikus

Im sympathischen System liegt der Zellkörper des **präganglionären Neurons** in den Seitenhörnern der Rückenmarkssegmente T1–L3, also im Bereich von Brustmark und Lendenmark (► Abb. 14.1). Der Zellkörper des **postganglionären Neurons** befindet sich in den prävertebralen Ganglien oder im sog. Grenzstrang. Dieser Grenzstrang ist eine paarige Ganglienkette, die rechts und links der Wirbelsäule von der Hirnbasis bis zum Os sacrum verläuft.

Präganglionäre Neurone

Der periphere Anteil des Sympathikus verlässt als präganglionäres, myelinisiertes Neuron segmentweise das Seitenhorn von Brust- und Lendenmark. Dabei verläuft er ein kurzes Stück zusammen mit dem somatoefferenten Nerv im Spinalnerv. Über den R. communicans albus gelangt er zum Grenzstrang. Für die Verbindung zwischen prä- und postganglionärem Neuron gibt es dann 3 Möglichkeiten (► Abb. 14.2):

- Das präganglionäre Neuron kann im Grenzstrangganglion auf das postganglionäre Neuron umgeschaltet werden.
- Das präganglionäre Neuron kann den Grenzstrang ohne Umschaltung verlassen und erst in einem der unpaaren prävertebralen Ganglien des Plexus solaris (Ggl. coeliacum, Ggl. mesentericum superius et inferius) auf das postganglionäre Neuron umgeschaltet werden.
- Das präganglionäre Neuron wird zwar innerhalb des Grenzstrangs auf das postganglionäre Neu-

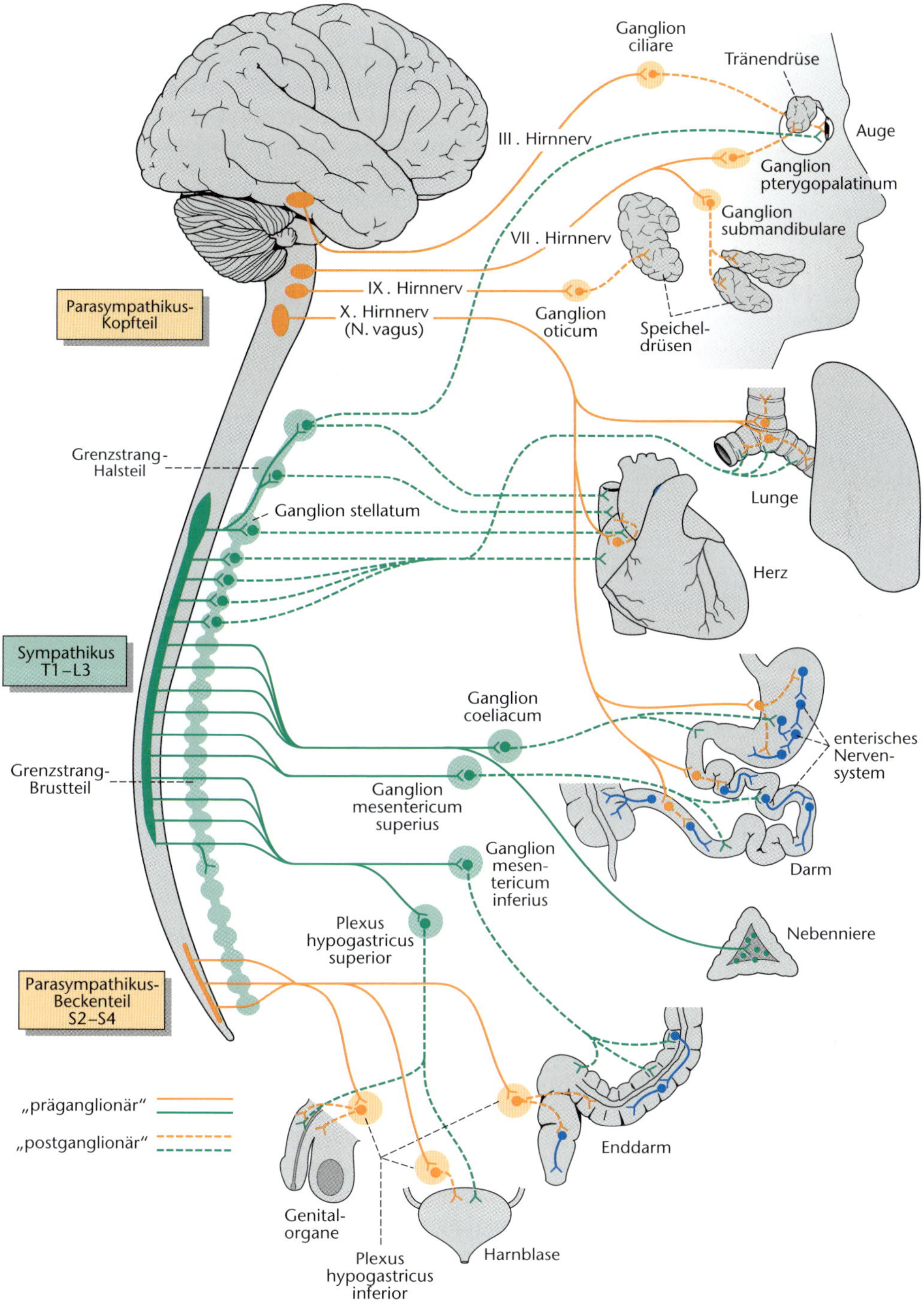

Abb. 14.1 Organisation des autonomen Nervensystems. Zentrale Ganglien des Parasympathikus (orange) liegen im Hirnstamm und im Sakralmark. Der Sympathikus (dunkelgrün) hat seine zentralen Ganglien in den thorakolumbalen Segmenten des Rückenmarks. Der dritte Bestandteil des autonomen Nervensystems ist das enterische Nervensystem (blau), das sowohl vom Sympathikus als auch vom Parasympathikus beeinflusst wird. Nach [4]

ron umgeschaltet, aber in einem höheren oder tieferen Grenzstrangganglion.

Postganglionäre Neurone

Die postganglionären Neurone, die entweder den Grenzstrang oder die prävertebralen Ganglien verlassen, versorgen in ihrem weiteren Verlauf unmittelbar die Endorgane des sympathischen Nervensystems und die glatte Muskulatur der verschiedenen Organe. Einige postganglionäre marklose Fasern verlaufen über den R. communicans griseus zurück zum Spinalnerv und versorgen vor allem die Blutgefäße, die Schweißdrüsen und die Mm. arrectores pilorum. Diese sympathischen Fasern machen ca. 8 % der Fasern eines somatischen Nervs aus.

14.2.2.2 Parasympathikus

Wie der Sympathikus besteht auch der Parasympathikus aus einem präganglionären und einem postganglionären Neuron. Jedoch sind im Vergleich zum Sympathikus die Axone der **präganglionären Neurone** wesentlich länger als die der postganglionären Neurone. Die parasympathischen Ganglien, in denen die präganglionären auf die postganglionären

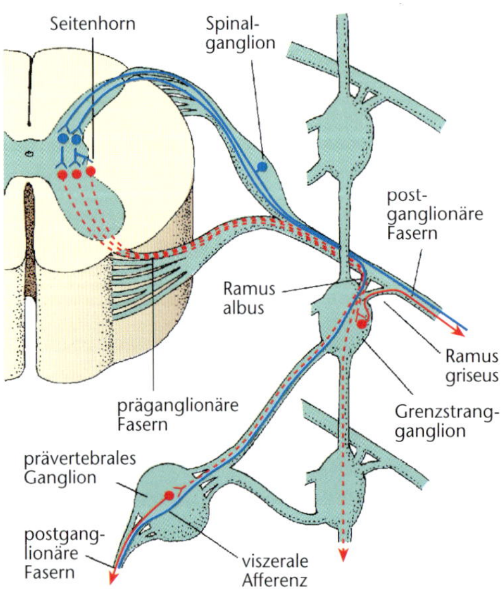

Abb. 14.2 Vegetativer spinaler Reflexbogen. Die viszerale Afferenz (blau) erreicht über die sensible Spinalganglienzelle das Hinterhorn. Über mehrere Interneurone gelangt sie zur vegetativen efferenten Ganglienzelle in den Seitenhörnern des Rückenmarks. Die präganglionären vegetativen Fasern (rot) verlassen über die Vorderwurzeln das Rückenmark und werden in den vegetativen Ganglien auf das postganglionäre Neuron umgeschaltet.

Fasern umgeschaltet werden, sind nämlich nicht rückenmarksnah (wie im Sympathikus), sondern überwiegend in Nähe der zu versorgenden Organe oder sogar in der Wand des Erfolgsorgans selbst gelegen (► Abb. 14.1). Die kurzen **postganglionären Axone** sind oft nur 1 mm bis einige Zentimeter lang. Der **periphere kraniale Anteil** des Parasympathikus (Hirnnervenkerne) verlässt den Hirnstamm mit den Hirnnerven:

- Der parasympathische Anteil des N. oculomotorius (III) versorgt den M. sphincter pupillae und den M. ciliaris.
- Der parasympathische Anteil des N. facialis (VII) versorgt die Tränendrüse, die Drüsen des Nasen-Rachen-Raums, die sublingualen und die submandibulären Drüsen.
- Der parasympathische Anteil des N. glossopharyngeus (IX) versorgt die Gl. parotis.
- Der parasympathische Anteil des N. vagus (X) versorgt die Brusteingeweide, die Oberbauchorgane und den Intestinaltrakt bis zum Cannon-Böhm-Punkt (Übergang vom linken zum mittleren Drittel des Colon transversum). Im N. vagus verlaufen ca. 75 % aller parasympathischen Fasern.
- Der periphere sakrale Anteil des Parasympathikus (S2-S4) zieht vom Sakralmark in den Plexus sacralis. Von dort versorgt er als N. pelvicus die Geschlechtsorgane, die Harnblase, den unteren Teil der Ureteren, das Rektum und das Colon descendens.

14.3 Signalübertragung

14.3.1 Prä- und postganglionäre Transmitter

Acetylcholin, Noradrenalin und Adrenalin sind die im vegetativen Nervensystem bei der Übertragung der Nervenimpulse eingesetzten Transmittersubstanzen. Die verschiedenen Synapsen (► Kap. 12.4.1) haben jeweils charakteristische Überträgersubstanzen:

- **Acetylcholin** ist der Transmitter aller präganglionärer Neurone im Sympathikus und im Parasympathikus sowie der postganglionären parasympathischen Neurone.
- **Noradrenalin** ist der Transmitter fast aller postganglionärer sympathischer Fasern.
- **Ausnahme:** Die postganglionäre sympathische Innervation der Schweißdrüsen nutzt Acetylcholin als Überträgersubstanz.

Klinik

Zur Therapie der **fokalen Hyperhidrose,** also der übermäßigen Schweißbildung in einem umschriebenen Hautbereich (z. B. Hände, Fußsohlen, Achsel), wird Botulinustoxin (▶ Kap. 12.4.2.5) eingesetzt. Dabei wird das Toxin unter die Haut, in die Nähe der Schweißdrüsen gespritzt. Es hemmt dort die Freisetzung des Transmitters Acetylcholin aus postganglionären Sympathikusfasern.

Merke

Präganglionärer Transmitter:
- Acetylcholin

Postganglionäre Transmitter:
- Parasympathisch: Acetylcholin
- Sympathisch: Noradrenalin
- Sympathisch innervierte Schweißdrüsen als Ausnahme: Acetylcholin

14.3.2 Rezeptortypen

Die Erregungsfortleitung zwischen prä- und postsynaptischem Neuron sowie zwischen postsynaptischem Neuron und Erfolgsorgan wird über ein Rezeptorprotein vermittelt. Die Bindung des Transmitters an den Rezeptor verändert das Membranpotenzial in der den Rezeptor tragenden Zelle und löst dadurch in dieser Zelle eine Erregung aus.
Durch die Aktivierung eines Rezeptorproteins kann auch eine enzymatische Reaktion im Zellinneren eingeleitet werden. So aktiviert z. B. die Bindung von Noradrenalin an einen entsprechenden Rezeptor das Enzym Adenylatcyclase. Dieses Enzym fördert die Bildung von cAMP (3,5-cyclo-Adenosinmonophosphat), das als Second Messenger verschiedene intrazelluläre Enzyme (vor allem Proteinkinasen) aktivieren kann (▶ Kap. 1.7.1).
Nach den an ihnen angreifenden Überträgersubstanzen werden die Rezeptoren in cholinerge (Acetylcholin) und adrenerge (Adrenalin, Noradrenalin) Rezeptoren eingeteilt.

14.3.2.1 Cholinerge Rezeptoren

Rezeptortypen

Es gibt 2 Typen cholinerger Rezeptoren: muscarinerge und nicotinerge. Diese Unterscheidung beruht auf der selektiven Aktivierung der Rezeptoren durch Muscarin (Gift des Fliegenpilzes) bzw. Nicotin im Rahmen pharmakologischer Untersuchungen.

Muscarinerge Rezeptoren
Die muscarinergen Rezeptoren (M-Rezeptoren) finden sich an allen Zielzellen, die von postganglionären parasympathischen Fasern innerviert werden. Außerdem sind auch die von cholinergen, postganglionären sympathischen Fasern innervierten Schweißdrüsen mit cholinergen Rezeptoren vom Muscarintyp besetzt. Es gibt mindestens 5 Subtypen: M_1-M_5-Rezeptoren. M-Rezeptoren geben die Acetylcholinwirkung über mit ihnen verbundene G-Proteine und Second-Messenger-Mechanismen (▶ Kap. 1.7) an die Zelle weiter: **metabotrope Rezeptoren** (▶ Kap. 12.4.2.2).

Nicotinerge Rezeptoren
Nicotinerge Rezeptoren (n-Cholinozeptoren) finden sich auf den Zellkörpern der postganglionären Neurone im Bereich der vegetativen Ganglien. Dies gilt sowohl im sympathischen als auch im parasympathischen System. Daneben sind auch die neuromuskulären Synapsen der quergestreiften Skelettmuskulatur (motorische Endplatten) nicotinerg. Nicotinerge Rezeptoren sind ligandengesteuerte Ionenkanäle (▶ Kap. 1.4.2.3). Bei Bindung von Acetylcholin als Ligand öffnen sie ihren Ionenkanal: **ionotrope Rezeptoren** (▶ Kap. 12.4.2.2).

Pharmakologische Beeinflussung

Die Unterscheidung in muscarinerge und nicotinerge Rezeptoren ist von klinischer Bedeutung: Jeder der beiden Rezeptortypen kann durch verschiedene Substanzen oder Pharmaka selektiv aktiviert oder blockiert werden. Die Agonisten an Acetylcholinrezeptoren, welche die Wirkung von Acetylcholin an den Rezeptoren imitieren, werden als Parasympathomimetika bezeichnet. Die Antagonisten hemmen oder blockieren die Wirkung von Acetylcholin und heißen Parasympatholytika (▶ Tab. 14.1).

Direkte Parasympathomimetika
Dies sind Substanzen, die anstelle von Acetylcholin direkt die Rezeptoren besetzen und die Wirkung des Acetylcholins unmittelbar imitieren. Je nach Struktur können die direkten Parasympathomimetika an muscarinergen, nicotinergen oder beiden Rezeptortypen angreifen.

Tab. 14.1 Parasympathomimetika und Parasympatholytika

Substanztyp	Muscarinerge Rezeptoren	Nicotinerge Rezeptoren
Direkte Parasympathomimetika	• Acetylcholin • Muscarin • Pilocarpin • Carbachol	• Acetylcholin • Nicotin
Indirekte Parasympathomimetika	Physostigmin, Neostigmin, Nitrostigmin (= E 605)	
Parasympatholytika	• Atropin • Scopolamin	• Hexamethonium (vegetative Ganglien) • Pancuronium (neuromuskuläre Endplatte) • „Curare"

Indirekte Parasympathomimetika

Sie hemmen die Acetylcholinesterase und dadurch den Abbau von Acetylcholin, das in erhöhter Konzentration im synaptischen Spalt verbleibt. Über diese Erhöhung der Acetylcholinkonzentration wirken indirekte Parasympathomimetika auf muscarinerge und nicotinerge Rezeptoren in gleicher Weise. Aufgrund ihres Wirkprinzips werden die indirekten Parasympathomimetika auch als Acetylcholinesterasehemmer (► Kap. 12.4.3.2) bezeichnet.

Merke

Indirekte Parasympathomimetika wirken auf muscarinerge und nicotinerge Rezeptoren.

Parasympatholytika

Parasympatholytika sind Substanzen, die eine starke Affinität zu den cholinergen Rezeptoren haben und diese besetzen, ohne dort eine Wirkung zu entfalten. Die Rezeptoren werden dadurch blockiert und die Wirkung von Acetylcholin behindert: kompetitive Hemmung.

Merke

Muscarinerge Rezeptoren finden sich an:
- Parasympathisch innervierten Organen
- Cholinerg-sympathisch innervierten Organen (Schweißdrüsen)

Nicotinerge Rezeptoren finden sich an:
- Vegetativen Ganglien (Sympathikus und Parasympathikus)
- Skelettmuskulatur

14.3.2.2 Adrenerge Rezeptoren

Rezeptortypen

Adrenerge Rezeptoren (Adrenozeptoren) werden durch Noradrenalin, Adrenalin und Dopamin aktiviert. Nach pharmakologischen Gesichtspunkten werden die adrenergen Rezeptoren in α-, β- und Dopaminrezeptoren (D-Rezeptoren) unterteilt.

Subtypen Alle 3 Rezeptortypen existieren in mehreren Subtypen. Am wichtigsten sind α_1-, α_2-, β_1-, β_2-, β_3 sowie D_1- und D_2-Rezeptoren. Die Unterscheidung gründet sich vor allem auf die unterschiedliche Erregbarkeit der einzelnen Rezeptoren gegenüber verschiedenen Pharmaka. Auch die „natürlichen" Sympathomimetika Adrenalin und Noradrenalin wirken unterschiedlich stark auf α- und β-Rezeptoren:
- α-Rezeptoren werden stärker durch Noradrenalin als durch Adrenalin,
- β-Rezeptoren stärker durch Adrenalin als durch Noradrenalin aktiviert.

Diese geringere Wirkung von Noradrenalin an β-Rezeptoren beruht darauf, dass Noradrenalin fast ausschließlich auf die β_1-Rezeptoren und nur sehr gering auf β_2-Rezeptoren wirkt, während Adrenalin beide β-Rezeptoren-Klassen aktivieren kann.

Rezeptorverteilung

Die sympathischen und parasympathischen Rezeptoren sind im Körper unterschiedlich verteilt und rufen bei Innervation entsprechende Reaktionen der Organe hervor (► Tab. 14.2).

Lerntipp

An ► Tab. 14.2 führt leider kein Weg vorbei – so gut wie alle IMPP-Fragen zu diesem Kapitel zielen auf die Kenntnis der Rezeptoren ab. Am besten man besinnt sich im Zweifel immer wieder auf die ursprünglichen Funktionen von Sympathikus („fight or flight") und Parasympathikus („rest and digest"): Welche Körperfunktionen braucht man im Angesicht eines angreifenden Mammuts – und welche sind eher hinderlich?
Ein kleiner (klinischer) Trost: Auch zur Abschätzungen von Wirkungen und Nebenwirkungen vieler Pharmaka ist die Kenntnis der Rezeptorbesetzung von Organen und Geweben unverzichtbar.

Tab. 14.2 Antwortverhalten vegetativ innervierter Organe

Organ bzw. Organsystem	Rezeptortyp	Sympathikus	Parasympathikus
Auge			
M. dilatator pupillae	α_1	Kontraktion	0
M. sphincter pupillae	0	0	Kontraktion
M. ciliaris	0	0	Kontraktion
Herz			
Sinusknoten	β_1	Positiv chronotrop	Negativ chronotrop
Vorhöfe	β_1	Positiv inotrop	Negativ inotrop
AV-Knoten und Reizleitungsgewebe	β_1	Positiv dromotrop	Negativ dromotrop
Ventrikel	β_1	Positiv inotrop	0
Blutgefäße			
Koronargefäße	$\beta_2 > \alpha_1$	Dilatation bei physiologischer Stimulierung durch Adrenalin	0
Gehirngefäße	α_1	Vasokonstriktion	Vasodilatation
Muskelgefäße	α_1 β_2 Cholinerg	Konstriktion Dilatation Dilatation	0
Hautgefäße	α_1	Konstriktion	0
Lunge			
Bronchialmuskulatur	β_2	Relaxation	Kontraktion
Intestinaltrakt			
Longitudinale und zirkuläre Muskulatur	β_1	Tonusabnahme	Tonussteigerung
Sphinkteren	α_1	Kontraktion	Relaxation
Harnblase			
M. detrusor vesicae	β_2	Relaxation	Kontraktion
M. sphincter internus	α_1	Kontraktion	0
Exokrine Drüsen			
Schweißdrüsen	Cholinerg	Sekretion	0
Speicheldrüsen	α_1	Dickflüssiger Speichel	Dünnflüssiger Speichel
Tränendrüsen	?	0	Sekretion
Verdauungsdrüsen	?	0?	Sekretion

Tab. 14.2 Antwortverhalten vegetativ innervierter Organe (Forts.)

Organ bzw. Organsystem	Rezeptortyp	Sympathikus	Parasympathikus
Exokrine Drüsen			
Bronchialdrüsen	?	0?	Sekretion
Weitere Organe			
Leber	β_2	Glykogenolyse, Gluconeogenese	0
Pankreas	α_2	Insulinsekretion ↓	0
Niere	β_1	Reninfreisetzung ↑	0
Uterus	β_2 α_1	Relaxation Kontraktion	0
Gewebe			
Muskel	β_2	Glykogenolyse	0
Fettgewebe	β_1	Lipolyse	0
Braunes Fettgewebe	β_3	Thermogenese	0
Mm. arrectores pilorum	α_1	Kontraktion → „Gänsehaut"	0

Tab. 14.3 Sympathomimetika und Sympatholytika

Substanzgruppe	α-Rezeptoren	β-Rezeptoren	Dopaminrezeptoren
Direkte Sympathomimetika	• Noradrenalin > Adrenalin (α_1 und α_2) • Methoxamin (α_1) • Clonidin (α_2)	• Adrenalin (β_1 und β_2) • Noradrenalin (β_1 sehr stark, β_2 sehr schwach) • Orciprenalin (β_1 und β_2) • Dobutamin (β_1) • Fenoterol (β_2) • Salbutamol (β_2) • Terbutalin (β_2)	• Dopamin • Noradrenalin (D_1 und D_2) • Apomorphin (D_1) • Bromocriptin (D_2)
Indirekte Sympathomimetika	Ephedrin, Amphetamin, Kokain		
Sympatholytika	• Phenoxybenzamin (α_1 und α_2) • Prazosin (α_1) • Yohimbin (α_2)	• Propranolol (β_1 und β_2) • Metoprolol (β_1) • Butoxamin (β_2)	• Metoclopramid (D_2)

Pharmakologische Beeinflussung

Wie beim parasympathischen Nervensystem lassen sich agonistisch wirkende Sympathomimetika von antagonistisch wirkenden Sympatholytika unterscheiden (► Tab. 14.3). Die Gruppe der Sympathomimetika umfasst:

Direkte Sympathomimetika

Substanzen, die aufgrund einer zu den natürlichen Transmittern (Adrenalin, Noradrenalin, Dopamin) ähnlichen Struktur direkt am Rezeptor wirken können.

Indirekte Sympathomimetika

Sie entfalten ihre mimetische Wirkung indirekt. Im Gegensatz zu den indirekten Parasympathomimetika beruht ihre Wirkung jedoch nicht auf einer Hemmung des Transmitterabbaus (Acetylcholinesterasehemmer), sondern auf einer verstärkten Ausschüttung der adrenergen Transmitter oder auf einer Hemmung ihrer inaktivierenden Wiederaufnahme in die Nervenendigungen: **Re-Uptake-Hemmung.**

Merke

- Adrenalin:
  - Niedrige (physiologische) Dosis → β-Rezeptoren aktiviert
  - Hohe (pharmakologische) Dosis → α-Rezeptoren aktiviert
- Noradrenalin → überwiegend α-Rezeptoren aktiviert

14.3.3 Zelluläre Mechanismen der Rezeptorwirkung

Nach der Bindung der Überträgersubstanz an cholinerge oder adrenerge Rezeptoren wird die Wirkung in unterschiedlicher Weise auf die Zielzellen übertragen:

- Aktivierung **nicotinerger Cholinozeptoren** führt zur direkten Öffnung von ligandengesteuerten Ionenkanälen. Durch den darauf folgenden Na^+-Ionen-Einstrom wird die Zielzelle depolarisiert.
- Aktivierung von **muscarinergen Cholinozeptoren** bewirkt über G-Proteine die Aktivierung unterschiedlicher Second-Messenger-Systeme.
- Aktivierung von **α_1-Adrenozeptoren** führt über stimulierende G-Proteine zur Aktivierung von Proteinkinase C (PKC) im Rahmen des IP_3-Systems (▶ Kap. 1.7.2). In glatten Muskelzellen fördert IP_3 die Ca^{2+}-Freisetzung aus dem sarkoplasmatischen Retikulum. PKC hemmt die Myosin Light Chain Phosphatase (MLCP). Beide Wirkungen führen zu einer verstärkten Kontraktion der glatten Muskulatur (▶ Kap. 13.3.3).
- Aktivierung von **α_2-Adrenozeptoren** führt über inhibitorische G-Proteine zu einer Hemmung der Adenylatcyclase und damit zu einem Abfall des intrazellulären cAMP-Spiegels: Hemmende Wirkung auf zelluläre Funktionen (▶ Kap. 1.7.1, cAMP-System).
- **β_1- und β_2-Adrenozeptoren** bewirken über stimulierende G-Proteine eine Aktivierung der Adenylatcyclase mit vermehrter Bildung von cAMP und erhöhter Aktivität der Proteinkinase A (PKA) (▶ Kap. 1.7.1, cAMP-System).
  - Die Stimulierung von **β_1-Rezeptoren** am Herzen öffnet PKA-vermittelt Ca^{2+}-Kanäle und bewirkt dadurch eine gesteigerte Kontraktilität: positive Inotropie.
  - Die Stimulierung von **β_2-Rezeptoren** an glatten Muskelzellen aktiviert PKA-vermittelt die MLCP (▶ Kap. 13.3.3.1) und führt dadurch zu einer Erschlaffung der Muskulatur.

14.3.4 Kontrolle der Transmitterfreisetzung

Die Freisetzung der Transmittersubstanzen des vegetativen Nervensystems (Adrenalin, Noradrenalin und Acetylcholin) unterliegt einer Rückkopplungsregulation auf synaptischer Ebene. Dabei wird die Freisetzung der Transmittersubstanzen aus der präsynaptischen Nervenendigung durch die Aktivierung von an dieser Nervenendigung lokalisierten präsynaptischen Rezeptoren reguliert.

14.3.4.1 Präsynaptische adrenerge Rezeptoren

Am präsynaptischen Anteil einer adrenergen Endigung finden sich adrenerge α_2- und β_2-Rezeptoren, die der Regulation der Transmitterausschüttung dienen:

- In den präsynaptischen Spalt freigesetztes Noradrenalin hemmt über eine Aktivierung der präsynaptischen α_2-Rezeptoren seine eigene Freisetzung: negative Rückkopplung.
- Niedrige Konzentrationen von Noradrenalin oder zirkulierendem Adrenalin aus dem Nebennierenmark wirken dagegen vorwiegend an den präsynaptischen β_2-Rezeptoren, die eine weitere Freisetzung von Noradrenalin aus den präsynaptischen Vesikeln fördern: positive Rückkopplung (▶ Abb. 14.3A).

14.3.4.2 Präsynaptische cholinerge Rezeptoren

Daneben trägt die präsynaptische adrenerge Endigung auch noch muscarinerge Rezeptoren. Auf diese Weise wirkt bei Organen, die sowohl sympathisch als auch parasympathisch innerviert sind, das von einem benachbarten cholinergen Neuron

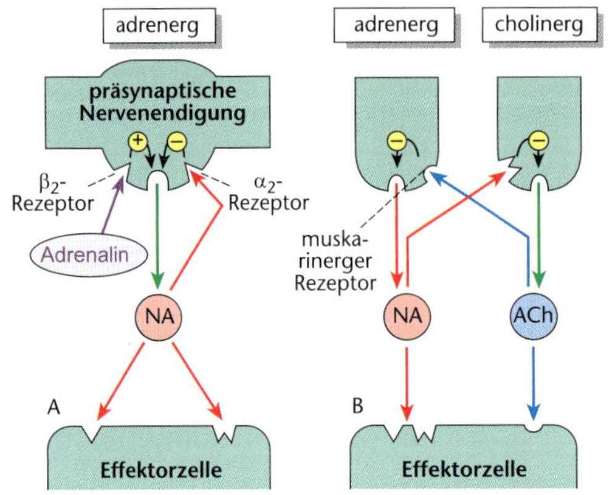

Abb. 14.3 Präsynaptische Kontrolle der Transmitterfreisetzung im vegetativen Nervensystem. NA = Noradrenalin, ACh = Acetylcholin.

freigesetzte Acetylcholin hemmend auf eine Noradrenalinausschüttung. Umgekehrt tragen präsynaptische cholinerge Endigungen adrenerge α_2-Rezeptoren, sodass von adrenergen Endigungen freigesetztes Noradrenalin die Ausschüttung von Acetylcholin aus diesen cholinergen Fasern blockieren kann. Auf diese Weise kommt es zwischen cholinergen und adrenergen Fasern zu einer wechselseitigen Hemmung der Transmitterfreisetzung (► Abb. 14.3B).

Merke

Präsynaptische α_2-Rezeptoren hemmen die Transmitterfreisetzung (Acetylcholin, Noradrenalin).

14.3.5 Abbau der Transmittersubstanzen

Nach der Reizweiterleitung auf das postganglionäre Neuron oder das jeweils zu versorgende Organ werden die Transmitter wieder abgebaut.

14.3.5.1 Acetylcholin

Acetylcholin wird durch das Enzym Acetylcholinesterase in Acetat und Cholin gespalten. Das Cholin wird anschließend in die präsynaptische Nervenendigung rückresorbiert.

14.3.5.2 Noradrenalin

Das in den Synapsenspalt sezernierte Noradrenalin wird dagegen zu 50–80 % unverändert von der präsynaptischen Endigung wieder aufgenommen. Das verbleibende Noradrenalin wird zum größten Teil über die Blutbahn abtransportiert. Ein kleinerer Teil wird durch die Enzyme Monoaminooxidase und Catechol-O-Methyl-Transferase abgebaut.

14.3.5.3 Adrenalin

Das von den Zellen des Nebennierenmarks sezernierte Adrenalin wird unmittelbar in die Blutbahn abgegeben und gelangt auf diesem Weg humoral zu seinen Effektorzellen. Sein Abbau entspricht demjenigen von Noradrenalin.

Klinik

Vergiftungen mit **Alkylphosphaten** (z. B. E 605), die als Insektizid eingesetzt werden, führen zur irreversiblen Hemmung der Cholinesterase und dadurch zu einer Überaktivität des Parasympathikus und einer Blockade der muskulären Übertragung (► Kap. 12.4.3.2). Dies führt zu Miosis, Schweißausbrüchen, Hyperperistaltik, Atemlähmungen und Krämpfen. Der Verkauf von E 605 („Schwiegermuttergift") ist in Deutschland wegen einer Vielzahl von Morden und Todesfällen seit 2002 verboten.

14.3.6 Nebennierenmark

Das Nebennierenmark (NNM) ist ein Bestandteil des vegetativen Nervensystems. Entwicklungsgeschichtlich handelt es sich um eine Ansammlung modifizierter, postganglionärer sympathischer Nervenzellen, deren Neurone nur noch rudimentär vorhanden sind. Die Zellen werden, wie die übrigen vegetativen Ganglien, präganglionär cholinerg innerviert.

14.3.6.1 Sekretion

Die von den NNM-Zellen sezernierten Catecholamine sind zu 80 % Adrenalin und zu 20 % Noradrenalin. Dies steht im Gegensatz zu den sonstigen postganglionären sympathischen Neuronen, die ausschließlich Noradrenalin ausschütten. Die Erfolgsorgane des NNM liegen weit von den Neuronen entfernt im gesamten Körper verteilt. Adrenalin und Noradrenalin erreichen diese über den Blutweg.

Adrenalin und Noradrenalin wirken auf diejenigen Organe, die nicht oder nur wenig durch postganglionäre Fasern innerviert sind. Sie regulieren vor

Tab. 14.4 Wichtigste Wirkungen der Catecholamine des Nebennierenmarks

Organ	Rezeptor	Wirkung	Übergeordneter Effekt
Herz	β_1	Positiv inotrop, chronotrop und dromotrop	Steigerung der Herzleistung, erhöhte Anfälligkeit für Herzrhythmusstörungen
Bronchien	β_2	Dilatation	Ventilation ↑ → Sauerstoffaufnahme ↑
Arterien			
Herz (Koronarien)	β_2	Dilatation	Durchblutung ↑ → höheres O_2- und Energieangebot
Muskel	β_2	Dilatation	Durchblutung ↑ → höheres O_2- und Energieangebot
Haut	α_1	Konstriktion	Durchblutung ↓ → bessere Versorgung anderer Gewebe
Viszera	α_1	Konstriktion	Durchblutung ↓ → bessere Versorgung anderer Gewebe
Venen	α_1	Konstriktion	venöser Rückstrom ↑ → Herzleistung ↑ (Frank-Starling)
Muskel	β_2	Glykogenolyse	Energieträger ↑ für Herz, Muskel und Hirn
Leber	β_2	Glykogenolyse	Energieträger ↑ für Herz, Muskel und Hirn
Fettgewebe	β_1	Lipolyse	Energieträger ↑
Niere	β_1	Reninfreisetzung	Blutdruck ↑ → Herzleistung ↑ (Frank-Starling)

allem auch metabolische Prozesse, wie die Mobilisierung freier Fettsäuren aus dem Fettgewebe und die Bereitstellung von Glucose und Lactat aus Leberglykogen (► Tab. 14.4). Diese Wirkungen werden durch β-Rezeptoren in Leber- (β_2) und Fettzellen (β_1) vermittelt.

14.3.6.2 Stressreaktion

In Notfallsituationen sowie unter körperlicher und seelischer Belastung beträgt die Catecholaminausschüttung ein Vielfaches der Ruheausschüttung. Zentren im ZNS wie das limbische System und der Hypothalamus sind maßgeblich an der Steuerung dieser Stressreaktion beteiligt. Hierbei werden Sauerstoff und oxidierbare Substanzen vermehrt in Richtung Herz, Gehirn und Skelettmuskulatur transportiert. Gleichzeitig werden die Arterien in der Muskulatur und im Herzen über β_2-Rezeptoren dilatiert sowie Arterien der Viszeralorgane und der Haut über α_1-Rezeptoren zur Konstriktion veranlasst. Neben einer allgemeinen Venokonstriktion kommt es zu einer Bronchodilatation und einer Steigerung des Herzminutenvolumens (► Tab. 14.4).

14.3.6.3 Unterschiede zu Catecholaminen aus sympathischen Fasern

Die vom NNM sezernierten Catecholamine unterscheiden sich in ihrer Wirkung auf die Erfolgsorgane nicht von den aus den postganglionären sympathischen Fasern freigesetzten Catecholaminen. Die Catecholamine des NNM haben jedoch eine 5- bis 10fach längere Wirkdauer, da sie mit dem Blut nur langsam abtransportiert werden. Weiterhin hat das vom NNM überwiegend ausgeschüttete Adrenalin eine wesentlich stärkere metabolische Wirkung als das von den postganglionären sympathischen Fasern sezernierte Noradrenalin. Insgesamt erfolgt die sympathische Versorgung des Organismus simultan auf beiden Wegen.

Merke

Das Nebennierenmark sezerniert zu 80 % Adrenalin und zu 20 % Noradrenalin.

14.4 Funktionelle Organisation

14.4.1 Vegetative Reflexe

Ähnlich wie im somatischen spricht man auch im vegetativen Nervensystem von Reflexen, wenn auf Rückenmarksebene eintreffende viszero- oder somatosensible Afferenzen vegetative efferente Reaktionen nach sich ziehen. Im Gegensatz zu den meist einfachen somatischen Reflexen (► Kap. 15.2.4.1) besteht der vegetative Reflexbogen aus mindestens 4 Neuronen: **polysynaptischer Reflex** (► Kap. 15.2.4.4). Vegetative Reflexe können segmental angeordnet sein oder auch mehrere Segmente überschreiten (► Abb. 14.2).

Es lassen sich die sog. Eingeweidereflexe (viszeroviszerale Reflexe) von den gemischten Reflexen unterscheiden. Gemischte Reflexe kommen durch Verbindungen zwischen vegetativen und somatischen Bahnen zustande. Dabei können somatische Afferenzen vegetative (viszerale) Efferenzen bewirken (kutiviszerale Reflexe) oder umgekehrt vegetative Afferenzen somatische oder Hautaffektionen zur Folge haben (viszerosomatische bzw. viszerokutane Reflexe).

14.4.1.1 Viszeroviszeraler Reflex

Ein Beispiel für einen viszeroviszeralen Reflex ist die reflektorische Blutdruckregulation. Dehnungsrezeptoren in den großen Blutgefäßen (Aorta und A. carotis) messen den arteriellen Blutdruck und geben ihre Information an vegetative Zentren im Hirnstamm weiter. Von dort werden über vegetative Efferenzen die Herzfrequenz und der Gefäßtonus der blutdruckregulierenden Arteriolen angepasst.

14.4.1.2 Kutiviszeraler Reflex

Eine Reizung von Temperatur-, Druck-, und Schmerzrezeptoren der Haut führt über das Spinalganglion, die Hinterwurzel und mehrere Interneurone zur Innervation der im Nucleus intermediolateralis liegenden, vegetativen präganglionären Zellkerne im Thorakolumbal- oder Sakralmark. Über den efferenten vegetativen Schenkel werden auf diese Weise die inneren Organe beeinflusst. So kommt es z. B. bei Zuführung von Wärme auf die Bauchhaut zu einer reflektorischen Entspannung der glatten Eingeweidemuskulatur: Wärmflaschenprinzip.

14.4.1.3 Viszerokutane Reflex

Hautrötung Umgekehrt können Reizungen innerer Organe, z. B. durch Entzündungen, sichtbare Hautrötungen nach sich ziehen: Über den Spinalnerv und das Spinalganglion tritt die viszerale Afferenz ins Rückenmark ein und leitet die Information über ein Interneuron zum vegetativen präganglionären Neuron, das seinerseits in einem vegetativen Ganglion auf postganglionäre Fasern verschaltet wird. Diese wiederum sorgen in dem zum Spinalnerv zugehörigen Segment für eine Gefäßerweiterung, die als Hautrötung sichtbar wird.

Hyperästhesie Auch die gesteigerte Berührungsempfindlichkeit (Hyperästhesie) eines umschriebenen Hautareals bei Erkrankungen innerer Organe wird als viszerokutaner Reflex aufgefasst. So kann eine Hyperästhesie in der rechten Schulter auf Erkrankungen der Gallenwege hinweisen. Man vermutet, dass viszerale Afferenzen (in diesem Fall aus der Gallenblase) zusammen mit nozizeptiven Afferenzen (aus dem Bereich der Schulter) auf dieselben Neurone des Tractus spinothalamicus konvergieren (► Kap. 16.8.3.2). Der auf die Hautoberfläche bezogene viszerale Schmerz wird als „übertragener Schmerz" bezeichnet (► Kap. 16.4.4.2). Die entsprechenden Hautareale heißen nach dem Erstbeschreiber **Head-Zonen.**

Spezielle viszerale Reflexe sind die Genitalreflexe (► Kap. 11.5.) und die Entleerungsreflexe von Darm und Blase (► Kap. 14.4.2.2 und ► Kap. 14.4.2.3).

14.4.2 Vegetative Steuerung der Organfunktionen

In der Folge sollen die wichtigsten Steuerungsfunktionen des vegetativen Nervensystems in den einzelnen Organbereichen besprochen werden. Die vegetative Steuerung des Herzens und des Kreislaufsystems werden in ► Kap. 3.6.2 und ► Kap. 4.3.3.1 geschildert.

14.4.2.1 Bronchien

Catecholamine

Die direkte Versorgung der Bronchien mit Fasern von Sympathikus oder Parasympathikus ist eher spärlich, vor allem in den peripheren Abschnitten. Dementsprechend spielen die Catecholamine des NNM bei der sympathischen Erregung der glatten Bronchialmuskulatur eine größere Rolle als die postganglionären Fasern.

Klinik

Catecholamine wirken im Bronchialbaum über eine Aktivierung von β_2-Rezeptoren bronchodilatatorisch. Daher werden β_2-Sympathomimetika in der Behandlung des **Asthma bronchiale** eingesetzt. Sie wirken (fast) selektiv auf β_2-Rezeptoren der Bronchien. Die β_1-Rezeptoren des Herzmuskels, deren Aktivierung eine Tachykardie auslösen würde, werden durch therapeutische Dosen nur wenig erregt.

Merke

β_2-Sympathomimetika wirken als Asthmamittel bronchodilatatorisch.

Parasympathikus

Der Parasympathikus hat nur geringe bronchokonstriktorische Wirkung, die jedoch bei einem hyperreagiblen Bronchialsystem (z. B. bei Allergien) von Bedeutung sein kann. Zusätzlich stimuliert der Parasympathikus die Sekretion der Bronchialdrüsen, deren im Übermaß sezernierter zäher Schleim ebenfalls für das Asthma bronchiale charakteristisch ist. Daher erklärt sich der Einsatz von Parasympatholytika wie Ipratropiumbromid als Aerosol bei Asthma bronchiale.

14.4.2.2 Verdauungstrakt

Enterisches Nervensystem

Der Verdauungstrakt wird von einem eigenen Darmnervensystem versorgt. Dieses besteht aus den Plexus myentericus und submucosus, die jeweils eine Ansammlung von Ganglien und Neuronen sind, welche die Darmwand in ihrer gesamten Länge durchziehen. Diese beiden Darmplexus werden zwar auch vom sympathischen und vom parasympathischen Nervensystem innerviert und in ihrer Aktivität moduliert, sie können aber auch weitgehend autonom arbeiten (► Kap. 7.3.6).

Plexus myentericus (Auerbach)

Er liegt zwischen der äußeren Längs- und der inneren Ringmuskulatur und sorgt vor allem für die Aufrechterhaltung des globalen Darmtonus, für die rhythmischen Darmbewegungen und für die Peristaltik.

Plexus submucosus (Meissner)

Er liegt in der Submukosa, nimmt besonders viele sensorische Signale aus der Darmwand auf und kontrolliert die kontraktile Aktivität der in der Schleimhaut liegenden Muskelzellen (Lamina muscularis mucosae). Weiterhin gewährleistet er durch die Koordination von Durchblutung, Sekretion von Verdauungsenzymen und Absorption von Nahrungsbestandteilen die regelrechte Verdauungsfunktion in den einzelnen Darmabschnitten (► Kap. 7.3.1.1).

Parasympathikus

N. vagus

Der kraniale Anteil des Parasympathikus versorgt den Verdauungstrakt hauptsächlich über den N. vagus, dessen Fasern vor allem zu Ösophagus, Magen, Pankreas und Kolon (bis zum Cannon-Böhm-Punkt) ziehen. Die vagale Versorgung des Dünndarms ist spärlich.
Die efferenten Neurone machen einen Anteil von etwa 20 % der Vagusfasern aus. 80 % sind Afferenzen aus dem Verdauungstrakt, die hauptsächlich Informationen an die vegetativen Zentren in der Medulla liefern und an vagalen Reflexen zur Kontrolle der gastrointestinalen Funktionen beteiligt sind.

N. pelvicus

Sakrale parasympathische Fasern ziehen im N. pelvicus zum distalen Kolonende, zu Sigmoid, Rektum und Anus. Sie steuern maßgeblich den **Defäkationsreflex** (s. u.).

Funktion

Die präganglionären parasympathischen Neurone ziehen in die Meissner- und Auerbach-Plexus und werden dort auf postganglionäre Neurone umgeschaltet. Sie stimulieren die Verdauungsvorgänge, indem sie die Peristaltik verstärken, die Sphinkteren öffnen, die Sekretion der Verdauungsenzyme fördern sowie die Durchblutung der Darmwand und damit die Absorptionsleistung erhöhen.

Sympathikus

Sympathische Fasern aus den Segmenten T5–L2 ziehen zu den verschiedenen prävertebralen Ganglien (Ggl. coeliacum, Ggl. mesentericum superius et inferius) und von dort als postganglionäre Fasern den Blutgefäßen folgend in die vegetativen Plexus der Darmwand. Eine Aktivierung der sympathischen Fasern hemmt die Verdauungsfunktionen:

- Die Peristaltik wird verlangsamt.
- Die Durchblutung der Arterien, vor allem aber der Venen wird vermindert, was in Schocksitua-

tionen dem Organismus einige hundert Milliliter Blut zusätzlich zur Verfügung stellen kann.
- Die Sphinkteren werden geschlossen.

Merke

Sympathische und parasympathische Innervation des Darms wirken über eine Beeinflussung des Darmnervensystems (Plexus myentericus und Plexus submucosus).

Defäkationsreflexe

Man unterscheidet einen intrinsischen von einem parasympathischen Defäkationsreflex:

Intrinsischer Defäkationsreflex

Beim intrinsischen Defäkationsreflex werden Dehnungsrezeptoren in der Darmwand aktiviert und senden ihre Impulse zum Plexus myentericus, der schwache peristaltische Wellen vom Kolon in Richtung Anus in Gang setzt. Inhibitorische Neurone lassen den internen Sphinkter erschlaffen. Der externe Sphinkter unterliegt dann wieder der willkürlichen Kontrolle. Seine Öffnung führt letztlich zur Defäkation.

Parasympathischer Defäkationsreflex

Beim parasympathischen Defäkationsreflex werden die von den Dehnungsrezeptoren der Darmwand ausgehenden afferenten Impulse ins anospinale Zentrum des Sakralmarks weitergeleitet. Efferente parasympathische Neurone verlassen im N. pelvicus das Rückenmark und innervieren den myenterischen Plexus in Kolon, Sigmoid, Rektum und Anus, was zu starken peristaltischen Kontraktionen in diesen Darmbereichen führt. Der weitere Ablauf ist dann wie beim intrinsischen Defäkationsreflex.

Pathophysiologie

Bei Rückenmarksdurchtrennung oberhalb des Sakralmarks bleibt der parasympathische Defäkationsreflex für mehrere Wochen bis Monate erloschen, um danach dauerhaft wiederzukehren. Die willkürliche Kontrolle des externen Sphinkters (quergestreifte Muskulatur) geht allerdings verloren. Eine Zerstörung des Sakralmarks führt jedoch zum bleibenden Verschwinden des parasympathischen Defäkationsreflexes. Lediglich der schwächere intrinsische Defäkationsreflex bleibt erhalten.

Weitere Darmreflexe

Außer dem Defäkationsreflex gibt es noch eine Reihe weiterer Reflexe, die inhibitorisch auf die Darmmotorik wirken und im Extremfall einen Ileus herbeiführen können. Gemeinsam ist diesen Reflexen, dass die Reizung innerer Organe eine Hemmung der Peristaltik bewirkt. Man unterscheidet
- **Peritoneo-intestinaler Reflex:** Affektion des Peritoneums, z. B. nach Bauchoperation
- **Reno-intestinaler Reflex:** Affektion der Niere, z. B. durch Nierensteine
- **Vesiko-intestinaler Reflex:** Affektion der Harnblase, z. B. im Rahmen einer Entzündung

Ein aktivierender Darmreflex ist der **gastrokolische Reflex,** der auf eine Magenfüllung reflektorisch mit einer verstärkten Kolonperistaltik reagiert.

14.4.2.3 Miktion

Die Entleerung der Harnblase ist ein durch den spinalen Miktionsreflex über den Parasympathikus gesteuerter Vorgang, der jedoch sowohl hemmenden als auch erregenden Impulsen übergeordneter Zentren in Hirnstamm und Kortex unterliegt.

Miktionsreflex

Parasympathikus

Der Parasympathikus ist für die Kontraktion des M. detrusor vesicae und die Erschlaffung des internen Sphinkters zuständig: Dehnungsrezeptoren in der Harnblasenwand werden durch die allmähliche Füllung der Blase aktiviert und senden ihre Afferenzen ins Sakralmark (S2–S3) und in supraspinale Zentren. Nach polysynaptischer Umschaltung ziehen die im N. pelvicus austretenden parasympathischen Efferenzen zurück zum Blasenkörper (M. detrusor vesicae) und zum Blasenhals, wo speziell angeordnete Muskeln den internen Blasensphinkter bilden (M. sphincter vesicae internus). Je nach Füllungsgrad der Blase nimmt die Frequenz der Blasenwandkontraktionen zu, der interne Sphinkter erschlafft. Bei ausreichender Blasenfüllung führt dann die willkürliche Erschlaffung des vom N. pudendus innervierten, quergestreiften M. sphincter vesicae externus zur Miktion.

Sympathikus

Der Sympathikus spielt bei der Kontrolle der Blasenfunktion eine untergeordnete Rolle. Seine Wirkung ist derjenigen des Parasympathikus entgegengesetzt, eine sympathische Stimulation bewirkt eine Erschlaffung des Blasenmuskels und eine Kontraktion des inneren Sphinkters.

Pathophysiologie

Bei Durchtrennung des Rückenmarks oberhalb des Sakralmarks kommt es nach dem anfänglichen spinalen Schock, der Wochen oder Monate dauern kann, zur Wiederherstellung des Blasenentleerungsreflexes. Dabei ist die Modulation durch supraspinale Zentren (willkürliche Kontraktion oder Erschlaffung des M. sphincter externus) jedoch dauerhaft unmöglich geworden.

Merke

Defäkations- und Miktionsreflex werden über das Sakralmark vom **Parasympathikus** gesteuert.

14.4.3 Pathophysiologie: Vegetative Folgen der Querschnittslähmung

14.4.3.1 Areflexie

Eine vollständige Durchtrennung des Rückenmarks (Querschnittslähmung, Spinalisation) führt neben sofortigen, bleibenden, motorischen und sensorischen Ausfällen kaudal der Störung (▸ Kap. 15.2.5) in den ersten 4–6 Wochen zu einer völligen Areflexie, die auch die vegetativen Reflexe betrifft. Außer dem Wiederauftreten motorischer Reflexe (vor allem Flexorreflexe erst der Zehen und Sprunggelenke, dann auch der Knie und Hüftgelenke) kommt es bei einigen vegetativen Reflexen ebenfalls zu einer Erholung, die therapeutisch von großer Bedeutung für den querschnittsgelähmten Patienten sein kann.

14.4.3.2 Viszeroviszerale Reflexe

Die sog. Reflexblase ist ein Beispiel für einen wiederkehrenden viszeroviszeralen Reflex. Nachdem in den ersten 6 Wochen nach der Querschnittslähmung das Bild einer atonischen schlaffen Blase vorherrscht, erholt sich im Anschluss die reflektorische Kontraktion des M. detrusor vesicae als Reaktion auf eine entsprechende Füllung der Harnblase. Dieser viszeroviszerale Reflex lässt sich durch entsprechende Konditionierung in einen kutiviszeralen Reflex umwandeln, wobei ein Beklopfen der Bauchhaut im entsprechenden Hautsegment eine Kontraktion des Detrusormuskels auslöst und auf diese Weise, trotz fehlender zentraler Steuerung, eine kontrollierte Harnblasenentleerung möglich wird.

14.4.3.3 Kutiviszerale Reflexe

Ein Beispiel für einen wiedergekehrten kutiviszeralen Reflex ist eine nach anfänglichem komplettem Ausfall zunächst überschießend starke Schweißreaktion bei Hautreizung, z. B. durch Bettwäsche.

15 Motorik

mediscript Online

IMPP-Hits

- Symptome der Kleinhirnschädigung (► Kap. 15.5.4)
- Pathophysiologie der Basalganglien (► Kap. 15.4.4)
- Funktionelle Anatomie des Kleinhirns: aktivierende und hemmende Zelltypen

15.1 Wegweiser

Die motorischen Systeme des Menschen sind hierarchisch organisiert. Das Rückenmark (► Kap. 15.2) stellt dem Organismus einen Vorrat an Reflexmechanismen zur Verfügung: Spinale Motorik. Der Hirnstamm (► Kap. 15.3) koordiniert die elementaren Haltungsfunktionen der Stützmotorik. Für Zielbewegungen und den Entwurf von Bewegungsprogrammen sind höhere Zentren verantwortlich: Basalganglien (► Kap. 15.4), Kleinhirn (► Kap. 15.5) und motorischer Kortex (► Kap. 15.6).

15.2 Spinale Motorik

Grundlage der spinalen Motorik ist der Reflex. Fühler im afferenten Schenkel des Reflexbogens sind Muskelspindeln und Sehnenorgane. Den ausführenden, efferenten Anteil des Reflexbogens bilden als „letzte gemeinsame Endstrecke“ (Sherrington) die α-Motoneurone in den Vorderhörnern des Rückenmarks.

15.2.1 Muskelspindeln

15.2.1.1 Feinbau und Innervation

Aufbau

Muskelspindeln bestehen aus spezialisierten Muskelzellen, den intrafusalen Fasern (lat. Fusus = Spindel), die in eine Bindegewebskapsel eingeschlossen und an beiden Enden über Bindegewebsfasern mit der umgebenden Arbeitsmuskulatur verbunden sind. Man unterscheidet:

- Kurze, dünne **Kernkettenfasern:** kettenförmige Anordnung der Zellkerne
- Lange, dickere **Kernsackfasern:** sackförmige Anordnung der Zellkerne (► Abb. 15.1)

Jede Muskelspindel enthält 2 Kernsackfasern und mehrere Kernkettenfasern.

Vorkommen

Muskelspindeln sind in kleinen Muskeln, die Präzisionsbewegungen ausführen müssen, besonders häufig, so z. B. in den Augenmuskeln. In großen, rumpfnahen Muskeln, die gröbere Bewegungsaufgaben zu erfüllen haben, kommen sie dagegen seltener vor.

Afferente Innervation

Jede Muskelspindel wird von dicken, markhaltigen **Ia-Fasern** sensibel versorgt (zu den Fasertypen vgl. ► Tab. 12.2). Die Aufzweigungen der Ia-Fasern sind in ringförmig-spiraliger Weise mit der Kernregion von Kernsackfasern verbunden: **anulospiralige Endigung.**

Neben dieser primären sensiblen Endigung findet sich in vielen Muskelspindeln eine zusätzliche sekundäre sensible Innervation durch dünnere **Fasern der Gruppe II.** Diese enden in Form von blütendoldenartigen Aufzweigungen fast ausschließlich an Kernkettenfasern: **Flower-Spray-Endigungen.** Die afferenten Fasern der Gruppe II haben eine niedrigere Leitungsgeschwindigkeit als die dicken, markhaltigen Ia-Fasern.

Efferente Innervation

Die efferente Innervation der Muskelspindeln besteht aus Aγ-Fasern, deren zugehörige Motoneurone im Vorderhorn als γ-Motoneurone bezeichnet werden. Diese γ-Fasern enden an den peripheren Abschnitten der intrafusalen Fasern, und zwar in

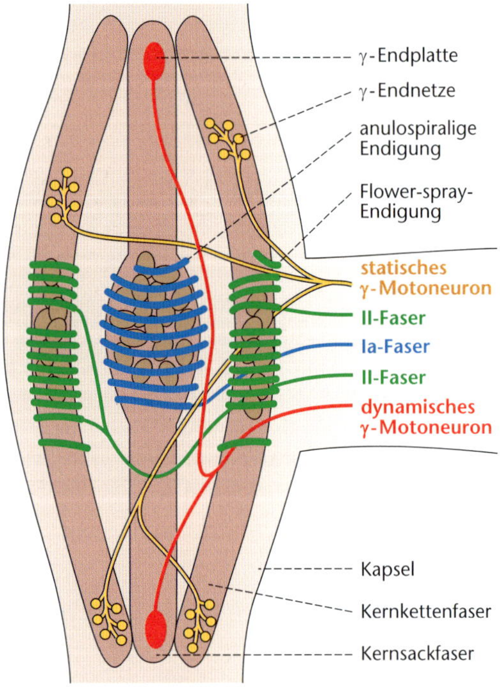

Abb. 15.1 Aufbau und Innervation einer Muskelspindel.

Form von **γ-Endplatten** an den Kernsackfasern und als **γ-Endnetze** an Kernkettenfasern.

> **Merke**
>
> Muskelspindelinnervation:
> - Afferenzen:
>   - Schnelle Ia-Fasern
>   - Langsamere Gruppe-II-Fasern
> - Efferenzen:
>   - Aγ-Fasern (γ-Motoneurone)

15.2.1.2 Sensorfunktion

Muskelspindeln arbeiten als **Dehnungssensoren** des Muskels und sind parallel zur Arbeitsmuskulatur angeordnet. Sie sind Proportional-Differenzial-Fühler: PD-Sensoren (► Kap. 12.6.1.1).

Klasse-Ia-Fasern

Längenmessung

Bei normaler Ruhelänge des Muskels fließen in einer langsamen Grundfrequenz afferente Impulse über die Ia-Fasern von den Muskelspindeln zum Rückenmark. Bei Dehnung des

Muskels nimmt die Entladungsfrequenz der Ia-Fasern zu, bei isotoner Kontraktion des Muskels dagegen ab. Muskelspindeln messen also überwiegend die Länge des Muskels. Bei isometrischer Kontraktion bleibt die Entladungsrate gleich oder nimmt etwas ab, da bei jeder isometrischen Kontraktion zwar die Gesamtlänge des Muskels konstant bleibt, kontraktile Elemente im Muskel jedoch geringfügig verkürzt und elastische Elemente etwas gedehnt werden.

Messung der Dehnungsgeschwindigkeit

Genauere Analysen zeigen, dass Muskelspindeln über die primären Ia-Fasern nicht nur die Länge, d.h. die Dehnung des Muskels, messen, sondern auch die Dehnungsgeschwindigkeit. So wird während eines Dehnungsreizes eine starke Zunahme der Entladungsaktivität beobachtet: dynamische Komponente. Wird die Dehnung des Muskels beendet, geht die Entladungsrate zurück. Jetzt ist sie in einem mittleren Dehnungsbereich proportional zur durch die Dehnung erreichten Muskellänge: statische Komponente.

Klasse-II-Fasern

Auch die doldenblütenartig endenden sekundären sensiblen Klasse-II-Fasern sind Dehnungssensoren. Sie haben jedoch eine niedrigere Leitungsgeschwindigkeit, eine höhere Reizschwelle und eine geringere dynamische Empfindlichkeit als die Klasse-I-Fasern.

Fusimotorische γ-Fasern

Die Entladungsrate der afferenten Fasern von Muskelspindeln kann nicht nur durch den Kontraktionszustand der extrafusalen Muskulatur, sondern auch durch die Kontraktion der intrafusalen Muskelfasern in den Muskelspindeln selbst modifiziert werden. Eine Aktivierung der in der Peripherie dieser intrafusalen Fasern endenden γ-Motoneurone führt zu einer Dehnung ihrer zentralen Anteile und damit zu einer Erregung der dort ansetzenden sensiblen Endigungen von Klasse-Ia- und Klasse-II-Fasern. Durch diese efferente Innervation der Muskelspindeln kann die intrafusale Vorspannung und damit die Empfindlichkeit des Dehnungssensors reguliert werden.

Bei den fusimotorischen γ-Fasern lassen sich dynamische Fasern von statischen Fasern unterscheiden (▸ Abb. 15.1):

- **Dynamische** fusimotorische γ-Fasern innervieren bevorzugt die Kernsackfasern. Ihre Aktivierung erhöht die Empfindlichkeit der Muskelspindel für Änderungen der Dehnungsgeschwindigkeit.
- **Statische** fusimotorische γ-Fasern innervieren insbesondere die Kernkettenfasern. Ihre höhere Impulsrate hat eine vermehrte Entladungsrate der Muskelspindel bei gegebener konstanter Dehnung zur Folge.

Merke

Muskelspindeln messen Muskellänge (= Muskeldehnung) und Dehnungsgeschwindigkeit: PD-Sensoren.

15.2.2 Andere Sensoren

15.2.2.1 Sehnenorgane

Sehnenorgane sind neben den Muskelspindeln der zweite Fühler, der Informationen über den Dehnungszustand der Muskulatur an das Rückenmark weiterleitet.

Aufbau

Sehnenorgane bestehen aus ungefähr 10 extrafusalen Muskelfasern, die nahe dem muskulären Ursprung der Sehne in einer Bindegewebskapsel zusammengefasst sind. Sie sind nicht wie die Muskelspindeln parallel zur Arbeitsmuskulatur, sondern in Serie zu ihr angeordnet.

Innervation

Sehnenorgane werden durch afferente Fasern der Klasse Ib innerviert.

Sensorfunktion

Verharrt der Muskel in seiner Ruhelänge, bleiben die Sehnenorgane stumm. Bei Dehnung dagegen erhöht sich die Aktivität der Sehnenorgane. Bei isotonischer Kontraktion des Muskels wird die Sehne während der Kontraktion stärker gedehnt, sodass die Entladungsrate der Sehnenorgane zunimmt. Auch nach Erreichen des Kontraktionszustands bleibt die Sehne jedoch gedehnt, d.h., die Sehnenorgane entladen weiter. Ebenso steigt bei isometrischer Kontraktion die Entladungsrate an (▸ Abb. 15.2). Die Sehnenorgane sind also Dehnungssensoren, die vorwiegend die **Muskelspannung** registrieren.

Hierbei ist ihre Empfindlichkeit überwiegend statischer Natur, sie arbeiten als Proportionalfühler: P-Sensoren. Zur Aktivierung der Sehnenorgane

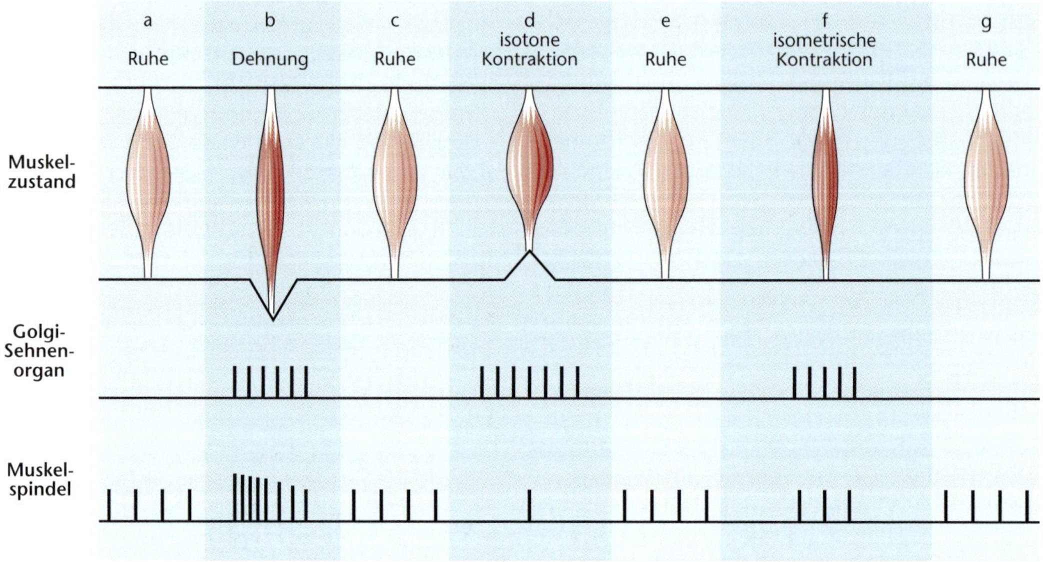

Abb. 15.2 Impulsverhalten der afferenten Ia-Fasern von Muskelspindeln und Golgi-Sehnenorganen. **a:** Skelettmuskel in Ruhe. **b:** Passive Dehnung führt zu einer Steigerung der Impulsfrequenz aus den Ia-Fasern der Muskelspindeln und der Golgi-Sehnenorgane. **c:** Entdehnung führt zu einem entsprechenden Rückgang der Impulsfrequenz. **d:** Bei isotonischer Kontraktion nimmt die Impulsrate der Muskelspindeln ab (vorausgesetzt, es findet keine γ-Koaktivierung statt, ► Kap. 15.2.4.2), die der Golgi-Sehnenorgane nimmt zu. **e:** Antwortverhalten in Ruhe. **f:** Bei isometrischer Kontraktion steigt die Impulsrate der Sehnenorgane, die der Muskelspindeln bleibt nahezu konstant. **g:** Antwortverhalten in Ruhe.

genügt bereits die Kontraktion weniger motorischer Einheiten.

15.2.2.2 Gelenksensoren

Die Gelenksensoren ähneln histologisch den Sehnensensoren. Sie entladen proportional zur Stellung eines Gelenks und zur Geschwindigkeit der Gelenkbewegungen: PD-Sensoren. Charakteristisch ist eine geringe Adaptation bei gleichbleibenden Gelenkstellungen. An jedem Gelenk gibt es unterschiedliche Sensorpopulationen, die jeweils bei bestimmten Gelenkbewegungen entladen, z. B. Außenrotation, Innenrotation. Die zentrale Verarbeitung dieser afferenten Impulse über die Gelenkstellungen vollzieht sich überwiegend in Neuronen des Thalamus.

15.2.2.3 Hautsensoren

Auch die verschiedenen Mechano- und Nozizeptoren der Haut sowie die freien Nervenendigungen der Muskulatur sind in die spinalen sensomotorischen Reflexbögen integriert. Sie sind über polysynaptische Reflexwege mit den motorischen Vorderhornzellen verbunden. Wegen der engen Verbindung mit dem polysynaptischen Flexorreflex werden die Afferenzen aus Hautsensoren, Gelenksensoren und freien Nervenendigungen, die über Klasse-III- und -IV-Fasern vermittelt werden, auch als **Flexorreflexafferenzen** bezeichnet.

15.2.3 Motoneurone

15.2.3.1 α-Motoneurone

Die Innervation der extrafusalen Muskulatur, d. h. der Arbeitsmuskulatur des Skelettmuskels, ist Aufgabe der α-Motoneurone in den Vorderhornzellen des Rückenmarks. Auf diese α-Motoneurone konvergieren eine Fülle von Impulsen. Hierbei handelt es sich nicht nur um die Afferenzen von Haut-, Muskel- und Gelenksensoren, sondern auch um zentrale steuernde Einflüsse kortikospinaler Bahnen. Zusätzlich bestehen enge polysynaptische Verbindungen zu verschiedenen Neuronen auf Rückenmarksebene. Die Aktivität eines α-Motoneurons wird durch die Integration dieser Zuflüsse bestimmt. Das α-Motoneuron bildet die **gemeinsame motorische Endstrecke** dieser Afferenzen. Die efferenten Fasern der α-Motoneurone sind durch einen großen Durchmesser und eine hohe Leitungsgeschwindigkeit von ~100 m/s charakterisiert: Aα-Fasern.

15.2.3.2 γ-Motoneurone

Die γ-Motoneurone im Vorderhorn des Rückenmarks innervieren ausschließlich die intrafusale Muskulatur der Muskelspindeln. Die Leitungsgeschwindigkeit ihrer Axone vom Typ Aγ liegt bei ~30 m/s. Es lassen sich dynamische γ-Motoneurone von statischen γ-Motoneuronen unterscheiden (▸ Kap. 15.2.1.2). Ihre jeweilige Aktivierung erhöht die Empfindlichkeit der Muskelspindeln für dynamische bzw. statische Reize.

Merke

γ-Motoneurone innervieren die intrafusalen Muskelfasern.

15.2.3.3 Motorische Einheit

Eine motorische Einheit besteht aus einem motorischen Neuron und den von ihm innervierten Muskelfasern. Je nach der Anzahl dieser von einem Neuron versorgten Muskelfasern können motorische Einheiten von ganz unterschiedlicher Größe sein. So bilden im M. rectus oculi lateralis nur 13 Fasern eine motorische Einheit, während im M. biceps brachii eine solche Einheit 750 Fasern umfasst. Je feiner die Bewegungen eines Muskels abgestimmt werden müssen, aus desto weniger Fasern bestehen seine motorischen Einheiten, d.h., desto mehr Motoneurone innervieren den betreffenden Muskel.

15.2.4 Reflexe

Ein Reflex ist die stereotype Antwort eines Organismus auf verschiedenste Reize.

15.2.4.1 Reflexbogen

Der Reflexbogen umfasst
- einen Sensor,
- einen afferenten Schenkel,
- ein oder mehrere zentrale Neurone,
- einen efferenten Schenkel,
- einen Effektor.

Den afferenten Schenkel bilden die afferenten Fasern der Sensoren, z.B. die Klasse-I-Neurone der Muskelspindeln. Den efferenten Schenkel bilden entweder die Axone der Motoneurone oder die postganglionären Fasern des autonomen Nervensystems. Als Effektoren bezeichnet man die verschiedenen Erfolgsorgane des Reflexes wie Muskulatur, Herz oder Drüsen.
Die Reflexzeit, die Zeit vom Beginn des Reizes bis zur Auslösung der Reflexaktion, ist überwiegend durch die Leitungszeit der beteiligten Strukturen bedingt.

15.2.4.2 Monosynaptische Reflexe

Der monosynaptische Reflex ist ein Reflexbogen, der nur eine zentrale Synapse enthält. Wichtigstes Beispiel für einen solchen Reflex ist der phasische Anteil des Muskeldehnungsreflexes.

Muskeldehnungsreflex

Reflexweg

Beim Muskeldehnungsreflex werden durch eine Dehnung Muskelspindelendigungen aktiviert. Über afferente Ia-Fasern wird diese Information an das Rückenmark weitergeleitet. Sie führt dort zu einer Aktivierung der Motoneurone dieses Muskels und zu einer Muskelkontraktion, die der Dehnung entgegenwirkt (▸ Abb. 15.3). Da Sensor und Effektor im selben Organ liegen, spricht man auch von einem **Muskeleigenreflex.**

Komponenten

Der Muskeldehnungsreflex besteht aus 2 Anteilen:
- **Phasische Komponente:** Eine mit einer kurzen Latenz von 30 ms nach dem Reiz auftretende und rasch Kraft entwickelnde Muskelkontraktion. Die phasische Komponente wird über eine Aktivierung der Kernsackfasern ausgelöst, die monosynaptisch im Rückenmark α-Motoneurone aktivieren.
- **Tonische Komponente:** Eine nach dem phasischen Anteil bei konstant bleibender Muskellänge zu beobachtende über längere Zeit erhöhte Muskelspannung. Ihr Spannungsmaximum liegt niedriger als das der phasischen Komponente. Der tonische Anteil des Muskeldehnungsreflexes wird über die Kernkettenfasern vermittelt. Sie aktivieren über ein im gleichen Segment gelegenes Interneuron ebenfalls die α-Motoneurone. Da hier 2 zentrale Synapsen beteiligt sind, spricht man von einem disynaptischen Reflex.

Funktion

Die Funktion des Muskeldehnungsreflexes ist es, durch Schwerkrafteinflüsse hervorgerufene Änderungen der Muskellänge zu korrigieren.

Merke

Muskeldehnungsreflex:
- Afferenzen über Ia-Fasern
- Efferenz über α-Motoneurone

Einflussfaktoren

Auch bei dieser einfachsten Reflexform ist die Reflexantwort nicht in jedem Fall obligatorisch, da das efferente α-Motoneuron neben der Afferenz aus dem Muskel auch eine Fülle weiterer Impulse von anderen neuronalen Systemen erhält, die seine Aktivität und damit die Reflexantwort modifizieren können.

T-Reflexe

Der phasische Anteil des Muskeldehnungsreflexes kann in der Klinik zur Diagnose neurologischer Erkrankungen überprüft werden. Typisches Beispiel ist der Patellarsehnenreflex. Obwohl die Auslösung dieses Reflexes durch einen Schlag auf die Patellarsehne geschieht, handelt es sich, wie bei allen „Sehnenreflexen", um einen echten Muskelreflex. Monosynaptische, phasische Dehnungsreflexe, die sich durch Beklopfen einer Sehne auslösen lassen, werden als T-Reflexe (lat. tendo, Sehne) bezeichnet.
Die klinische Bedeutung der T-Reflexe beruht darauf, dass die zentralen Neurone für jeden Reflex in genau abgrenzbaren Segmenten des Rückenmarks lokalisierbar sind. So finden sich die zentralen Neurone des Patellarsehnenreflexes in den Segmenten L2–L4 des Lumbalmarks. Weitere klinisch wichtige T-Reflexe sind:
- Achillessehnenreflex (ASR): Segment L5–S2
- Bizepssehnenreflex (BSR): Segment C5–C6
- Trizepssehnenreflex (TSR): Segment C6–C7

Reflexbahnung

Monosynaptische Dehnungsreflexe können durch willkürliche Innervation anderer Muskelgruppen verstärkt oder gebahnt werden. So kommt es während des sog. **Jendrassik-Handgriffs,** bei dem der Patient aufgefordert wird, seine vor der Brust ineinander gehakten Hände auseinanderzuziehen, zu einer bahnenden Mitinnervation der für den Patellarsehnenreflex verantwortlichen Motoneurone aus dem Lumbalmark.

Klinik

Gesteigerte T-Reflexe findet man bei kortikalen Schädigungen, die zu einer Enthemmung der spinalen Reflexschleife führen. So sind beim typischen Schlaganfall mit einer beinbetonten Hemiparese durch ischämische Schädigungen im Bereich des kontralateralen Gyrus praecentralis Patellarsehnenreflex und Achillessehnenreflex auf der gelähmten Seite stärker ausgeprägt als auf der gesunden Seite. Diagnostisch verwertbar sind nur **Seitendifferenzen,** da die Intensität der Reflexantwort individuell sehr unterschiedlich ausgeprägt ist.

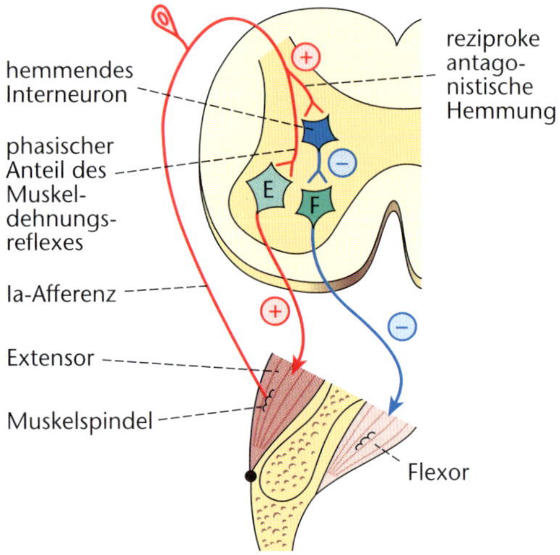

Abb. 15.3 Reflexbogen des Dehnungsreflexes der Muskulatur. Der Reflex wird über Ia-Afferenzen der Muskelspindeln vermittelt. Beim phasischen Anteil werden die Agonisten (Extensoren) monosynaptisch aktiviert, beim tonischen Anteil ist die Verbindung zu den Agonisten disynaptisch (nicht dargestellt). Gleichzeitig führen die Ia-Afferenzen zur disynaptischen, „direkten" Hemmung der Antagonisten (Flexoren). E = Extensorneuron, F = Flexorneuron.

Elektromyografie

H-Reflex

Auch durch direkte elektrische Reizung von in der Muskulatur verlaufenden afferenten Ia-Fasern aus den Muskelspindeln können Muskeleigenreflexe ausgelöst werden: H-Reflexe. Dies macht man sich in der Klinik bei der Elektromyografie zunutze. Über einem den Muskel verlassenden Nerv werden perkutan niedrige Stromreize (20–35 V) appliziert, welche die Ia-Fasern depolarisieren und mit einiger Latenz entsprechend der Laufstrecke (20–30 ms) einen Reflex auslösen: H-Antwort (► Abb. 15.4).

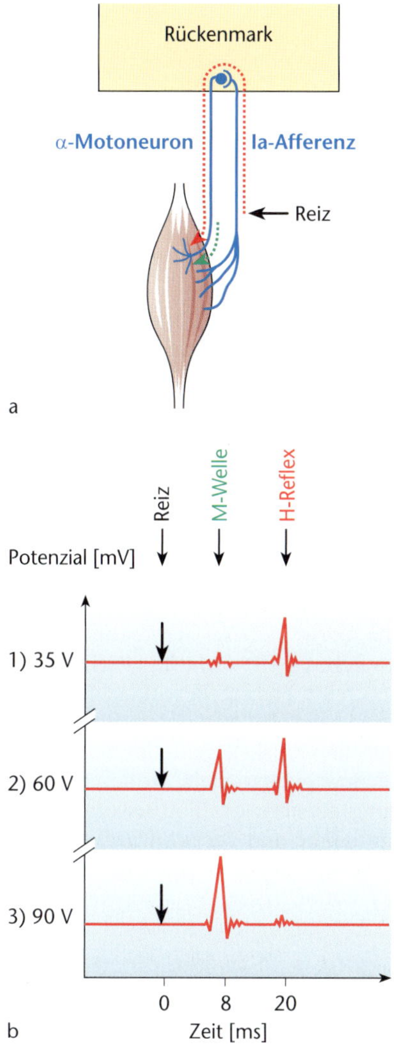

Abb. 15.4 H-Reflex und M-Wellen. **a:** Verschaltungsschema von H-Reflex (rot) und M-Welle (grün). **b:** Elektromyografische Registrierung.

M-Wellen

Bei höheren Reizstärken (ab 35 V) werden in zunehmendem Maße auch direkt die Axone der α-Motoneurone erregt: Eine unmittelbare Kontraktion der Muskulatur mit geringer Latenz (5–10 ms) ist die Folge: M-Antwort. Die dieser Kontraktion zuzuordnenden Ausschläge im Elektromyogramm werden als M-Wellen bezeichnet. Mit steigender direkter M-Antwort nimmt die reflektorische H-Antwort immer mehr ab, bis sie schließlich ganz ausgelöscht wird (▶ Abb. 15.4b).

γ-Spindelschleife

Ein Dehnungsreflex der Muskulatur kann nicht bloß durch eine Dehnung der extrafusalen Arbeitsmuskulatur, sondern auch durch die Aktivierung der γ-Motoneurone mit Kontraktion der intrafusalen Muskelfasern ausgelöst werden. Durch diese Kontraktion der intrafusalen Muskelfasern wird der zentrale Anteil der Muskelspindel gedehnt, die afferenten Ia-Fasern also aktiviert. In der Folge kommt es zu einer monosynaptisch-reflektorischen Aktivierung der α-Motoneurone und einer Kontraktion der extrafusalen Muskulatur.
Dieser Mechanismus, bei dem die Muskellänge der Muskelspindellänge folgt, wird auch als γ-Spindelschleife bezeichnet.
Neben der Aktivierung der agonistischen Muskulatur hemmt die γ-Spindelschleife über polysynaptische Reflexe die Antagonistenmuskulatur.

> **Merke**
>
> γ-Spindelschleife: Kontraktion der intrafusalen Muskelfasern (γ-Motoneurone) → Kontraktion der extrafusalen Muskulatur (α-Motoneurone).

α-γ-Koaktivierung

Prinzipiell kann die Muskellänge also auf 2 Arten verkürzt werden:

- Direkt durch die Aktivierung der α-Motoneurone.
- Indirekt über eine Aktivierung der γ-Motoneurone. Diese bewirkt über eine Kontraktion der intrafusalen Muskulatur und eine Aktivierung von afferenten Ia-Fasern letztlich ebenfalls eine Aktivierung von α-Motoneuronen.

Beide Systeme arbeiten eng zusammen. α- und γ-Motoneurone werden bei einer Muskelbewegung meist gleichzeitig innerviert: α-γ-Coaktivierung. Hierbei verhindert die γ-Innervation ein Erschlaffen der Muskelspindeln während der durch die α-Motoneurone induzierten Kontraktion der extrafusalen Muskulatur. Dadurch bleiben der Regelbereich der Muskelspindeln und ihre Empfindlichkeit zur Feinabstimmung der Muskellänge erhalten.

- Die Erregung **dynamischer γ-Motoneurone** erhöht die Empfindlichkeit für schnelle Längenänderungen: differenzielle Empfindlichkeit.
- Die Aktivierung **statischer γ-Motoneurone** steigert die Empfindlichkeit für Änderungen der Muskellänge: proportionale Empfindlichkeit.

Die indirekte Aktivierung von α-Motoneuronen über die γ-Spindelschleife fördert außerdem den ablaufenden Kontraktionsvorgang im Sinne einer verstärkenden Servounterstützung.

15.2.4.3 Disynaptische Hemmung

Antagonistenhemmung: Ia-Afferenzen der Muskelspindeln

Reflexbogen

Eine Aktivierung der afferenten Ia-Fasern führt nicht allein zu einer Kontraktion der agonistischen Muskulatur. Die Impulse dieser afferenten Ia-Fasern vermitteln über ein hemmendes Interneuron auch eine Hemmung der antagonistischen Motoneurone des gleichen Segments. Diese disynaptische, reziproke Hemmung der antagonistischen Muskulatur wird wegen der Kürze der neuronalen Verschaltung auch als direkte Hemmung bezeichnet.

Beispiel

Damit der Unterschenkel beim Beklopfen der Patellarsehne ausschlagen kann, ist also zum einen eine Aktivierung der streckenden Agonisten durch den monosynaptischen Muskeleigenreflex und zum anderen, über dieselben Ia-Afferenzen aus den Muskelspindeln, eine disynaptische Hemmung der beugenden Antagonisten, also ein Fremdreflex, erforderlich (► Abb. 15.3).

Autogene Hemmung: Ib-Afferenzen der Sehnenorgane

Reflexbogen

Die Verschaltung der Ib-Afferenzen aus den Golgi-Sehnenorganen verläuft spiegelbildlich zu derjenigen der Ia-Afferenzen aus den Muskelspindeln: Ib-Afferenzen hemmen über di- oder trisynaptische Verbindungen die agonistischen Motoneurone: Selbsthemmung oder autogene Hemmung (► Abb. 15.5). Daneben haben sie, wenn auch nicht konstant, disynaptische und polysynaptische erregende Verbindungen zu den antagonistischen Motoneuronen.

Funktion

Der Reflexbogen der Sehnenorgan-Afferenzen (Ib) hat die Aufgabe, die Spannung des Muskels zu begrenzen.

15.2.4.4 Polysynaptische Reflexe

Abgesehen von den oben geschilderten monosynaptischen und disynaptischen Muskelreflexen laufen alle anderen Reflexe des Körpers über mehrere

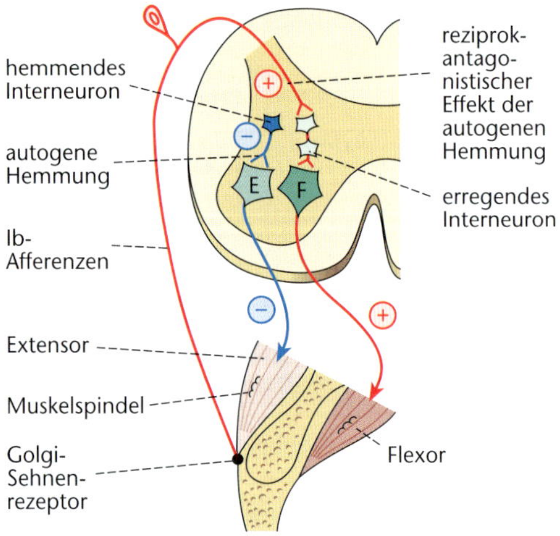

Abb. 15.5 Reflexe der Sehnenorgan-Afferenzen (Ib-Afferenzen). E = Extensorneuron, F = Flexorneuron.

hintereinandergeschaltete Neurone und sind also polysynaptische Reflexe. Sensor und Effektor des Reflexes liegen meist nicht im gleichen Organ, sodass es sich um Fremdreflexe handelt.

Polysynaptische Reflexe unterscheiden sich von den einfachen Muskeleigenreflexen auch durch die größere Bewegungsvielfalt. So liegen den basalen Bewegungsmustern der Fortbewegung, der Nahrungsaufnahme und des Schutzes vor schädlichen Umwelteinflüssen polysynaptische Reflexe zugrunde: Lokomotionsreflex, Nutritionsreflex, Schutzreflex.

Flexor- und gekreuzter Extensor-Schutzreflex

Flexorreflex

Eine schmerzhafte Reizung der Haut führt zu einem Wegziehen der betroffenen Extremität. Dieses Wegziehen erfordert eine Beugung (Flexion) in den entsprechenden Gelenken (z. B. Sprung-, Knie- und Hüftgelenk). Der entsprechende Reflex ist ein typischer polysynaptischer Schutzreflex und wird als Flexorreflex bezeichnet. Die Schmerzafferenzen werden dabei über Gruppe-III- und -IV-Fasern (► Tab. 12.2) zum Rückenmark geführt.

Gekreuzter Extensorreflex

Neben der Aktivierung der Flexoren kommt es über inhibitorische Interneurone zugleich zu einer Erschlaffung der Extensoren der betroffenen Extremität. Zusätzlich kreuzen dieselben Schmerzafferenzen auf Rückenmarksebene und bewirken dadurch eine Zunahme des Extensorentonus der kon-

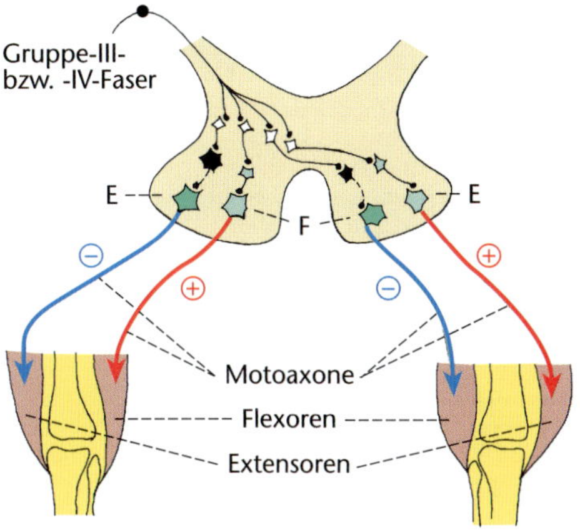

Abb. 15.6 Polysynaptischer Flexor- und gekreuzter Extensor-Schutzreflex. E = Extensorneuron, F = Flexorneuron.

tralateralen Extremität: gekreuzter Extensorreflex. Gleichzeitig nimmt der Flexorentonus auf der kontralateralen Seite ab (▸ Abb. 15.6).
Resultat dieser 4 Reflexbögen sind ein Wegziehen der durch den Schmerzreiz betroffenen Extremität und eine zusätzliche reflektorische Stützung der kontralateralen Extremität.

Bauchhaut- und Kremasterreflex

Weitere Beispiele für polysynaptische Reflexe sind der Bauchhaut- und der Kremasterreflex:

- Ein **Bestreichen der Bauchhaut** von lateral nach medial führt zur Kontraktion der Bauchmuskulatur: der Nabel wird zur gereizten Seite gezogen. Die Sensoren sitzen in den Mechanozeptoren der Haut, der Effektor ist die Bauchmuskulatur: Fremdreflex. Bei einer Schädigung im Bereich Rückenmarkssegmente T6–T12 ist der Reflex abgeschwächt oder erloschen.
- Ein **Bestreichen der Oberschenkelinnenseite** führt zum Hochziehen des ipsilateralen Hodens durch den M. cremaster. Am Reflexbogen beteiligt sind die Rückenmarksegmente L1–L2.

Besonderheiten der polysynaptischen Reflexe

Summation

Im Gegensatz zum monosynaptischen Reflex, bei dem ein unterschwelliger Reiz keinen Reflex auslöst, können sich beim polysynaptischen Reflex unterschwellige Reize durch Integration und Speicherung in den zwischengeschalteten Interneuronen zu einem überschwelligen Reiz summieren.

Reflexzeit

Bei überschwelligen Reizen kann durch eine Steigerung der Intensität die Reflexzeit, also die Zeit zwischen Reizbeginn und Reflexantwort, verkürzt werden. Die Reflexzeit hängt beim polysynaptischen Reflex somit von der Reizstärke ab. Beim monosynaptischen Reflex dagegen ist die Reflexzeit bei auslösenden Reizen verschiedener Stärke immer identisch.

Irradiation

Zusätzlich kann bei polysynaptischen Reflexen die Reflexantwort bei hohen Reizstärken auf bislang nicht beteiligte Muskelgruppen ausstrahlen: Irradiation.

Habituation

Reizwiederholung am gleichen Ort und mit gleicher Intensität bewirkt ein Nachlassen der Reflexaktivität, bei gleich bleibender Erregbarkeit der Sensoren (!).

15.2.4.5 Reflexhemmung

Renshaw-Hemmung

Die Reflexbahnen des Rückenmarks werden bereits auf Rückenmarksebene in ihrer Aktivität kontrolliert. So geben die Motoneurone Kollateralen an inhibitorische Interneurone ab, welche die Aktivität der Motoneurone hemmen. Diese hemmenden Interneurone werden als Renshaw-Zellen bezeichnet (▸ Abb. 12.11, ▸ Kap. 12.5.2.2). Ihr Transmitter ist **Glycin.**

Präsynaptische Hemmung

Neben den Renshaw-Zellen gibt es auch andere Typen von inhibitorischen Interneuronen, die z. B. im Bereich der präsynaptischen Endigung von Ia-Afferenzen an den α-Motoneuronen die Erregungsübertragung blockieren: präsynaptische Hemmung.

Disinhibition

Auch die hemmenden Zellen können ihrerseits gehemmt werden. Eine solche „Hemmung der Hemmung", die letztlich eine gesteigerte neuronale Aktivität zur Folge hat, wird als Disinhibition bezeichnet.

15.2.4.6 Intersegmentale Reflexe

Propriospinale Bahnen

Das Reflexgeschehen im Rückenmark bleibt nicht auf ein Segment beschränkt. Interneurone im Rückenmark senden auf- und absteigende Fasern an benachbarte Rückenmarkssegmente. Diese propriospinalen Bahnen ziehen sich über das gesamte Rückenmark und stehen mit spezialisierten Neuronenverbänden des Rückenmarks in Verbindung, welche die Rückenmarksautomatismen, d. h. die selbstständigen motorischen Leistungen des Rückenmarks, koordinieren.

Spinale Lokomotion

Zu diesen Rückenmarksautomatismen gehört z. B. die spinale Lokomotion, d. h. die selbstständige Lauftätigkeit ohne Mitwirkung höherer Zentren. Auch der Schreitreflex des Neugeborenen (Schreitbewegung beim Berühren einer Unterlage mit den Füßen) ist eine solche spinale Lokomotion, die in den ersten Monaten mit zunehmender Reifung der supraspinalen Kontrolle wieder verlorengeht, bevor nach etwa einem Jahr die endgültige supraspinal gesteuerte Fortbewegung einsetzt.

15.2.5 Pathophysiologie: Querschnittslähmung

Eine vollständige Durchtrennung des Rückenmarks wirkt sich kaudal des betroffenen Segments aus. Zu beobachten sind:

- Lähmung aller willkürlichen Muskelbewegungen
- Ausfall aller Empfindungen
- Komplette Areflexie aller autonomen (► Kap. 14.4.1) und motorischen Reflexe: spinaler Schock

Die ausgefallenen Reflexe erholen sich nach der Verletzung in einem typischen Vier-Stadien-Muster:

- Komplette Areflexie (1. Monat)
- Kleine reflektorische Bewegungen der Großzehe (2. Monat)
- Flexorreflexe, zuerst der Zehen (Babinski-Zeichen: Dorsalflexion der Großzehe, Fächerung der Zehen), dann von Knie- und Hüftgelenken (3.–6. Monat). Diese Flexorreflexe können von gekreuzten Extensorreflexen begleitet sein.
- Flexorreflexe und gesteigerte Extensorreflexe (Extensorspasmen). Hierdurch kann kurzfristiges, nicht unterstütztes Stehen (spinales Stehen) möglich werden (ab dem 6. Monat).

Der 4–6 Wochen anhaltende spinale Schock mit kompletter Areflexie beruht auf einer Hyperpolarisation der Motoneurone mit dadurch reduzierter Erregbarkeit. Die Hyperpolarisation entsteht durch den Verlust der aktivierenden Grunderregung durch supraspinale deszendierende Bahnen.

Merke

Querschnittslähmung:
- Zuerst: komplette Areflexie kaudal der Läsion: spinaler Schock
- Dann: Flexorreflexe
- Später: Flexor- und Extensorreflexe

15.3 Hirnstammmotorik

15.3.1 Funktionelle Anatomie

15.3.1.1 Anteile

Der Hirnstamm im physiologischen Sinn umfasst Medulla oblongata, Pons und Mesencephalon (Mittelhirn). Wichtige Kerngebiete des Hirnstamms, deren efferente Neurone die Motorik kontrollieren, sind der Nucleus ruber, die Vestibulariskerne (besonders der laterale Deiters-Kern) sowie pontine und medulläre Anteile der Formatio reticularis.

15.3.1.2 Hauptafferenzen und -efferenzen

Die Kerngebiete des Hirnstamms erhalten afferente Informationen

- vom Gleichgewichtsorgan,
- von den Propriozeptoren des Halses,
- vom Kleinhirn und
- vom Motorkortex.

Die Hauptefferenzen sind

- der Tractus rubrospinalis,
- der Tractus vestibulospinalis und
- der Tractus reticulospinalis.

Tractus rubrospinalis

Vom Nucleus ruber, der im Mesencephalon in Höhe der Vierhügelplatte liegt, zieht der Tractus rubrospinalis nach kaudal in Richtung Rückenmark. Unmittelbar nach Verlassen des Nucleus ruber kreuzt er zur Gegenseite, verläuft im Rückenmark ventral und endet in der grauen Substanz dorsal der motorischen Kerngebiete. Sein Einfluss ist erregend auf α- und γ-Flexormotoneurone und hemmend auf die entsprechenden Extensorneurone.

Tractus vestibulospinalis

Der Tractus vestibulospinalis, der seinen Ursprung im Deiters-Kern (Nucleus vestibularis lateralis) hat, verläuft ungekreuzt abwärts zum

Rückenmark und endet an den medialen Anteilen des Vorderhorns. Er wirkt entgegengesetzt zum Tractus rubrospinalis erregend auf die α- und γ-Extensormotoneurone und hemmend auf die Flexorneurone.

Tractus reticulospinales

Aus der Formatio reticularis ziehen 2 Bahnen abwärts:

- Der **Tractus reticulospinalis medialis** verläuft ungekreuzt zum Rückenmark. Er enthält Fasern aus dem pontinen Gebiet der Formatio reticularis. Sie wirken erregend auf α- und γ-Extensoren und hemmend auf die Flexoren.
- Der **Tractus reticulospinalis lateralis** führt sowohl gekreuzte als auch ungekreuzte Fasern aus dem medullären Anteil der Formatio reticularis. Seine Fasern erregen α- und γ-Flexormotoneurone und hemmen die Extensoren.

15.3.2 Motorische Funktionen des Hirnstamms

Aufgabe des Hirnstamms in der Motorik ist die Koordination der Muskelaktivität zur Aufrechterhaltung der Stellung des Körpers im Raum (statische und statokinetische Reflexe), aber auch die Kontrolle der Reflexe zur Nahrungsaufnahme und der Schutzreflexe. Erst dadurch werden die durch höhere Zentren gesteuerten gezielten Bewegungen (Zielmotorik) möglich. Der Hirnstamm beeinflusst direkt die spinalen Reflexe, vor allem über die Erregung und Hemmung von α- und γ-Motoneuronen durch deszendierende Bahnen (► Kap. 15.3.1).

Der Hirnstamm integriert aber auch Informationen aus höher gelegenen Hirnabschnitten (Kortex, Kleinhirn) und den Sinnesorganen, welche die Leistungen des Hirnstamms modifizieren und den aktuellen Erfordernissen des Organismus anpassen.

15.3.2.1 Statische Reflexe

Statische Reflexe sind Haltereflexe und Stellreflexe zusammen, deren Aufgabe es ist, die Körperhaltung und das Gleichgewicht im Liegen, Stehen und Sitzen aufrechtzuerhalten.

Haltereflexe

Propriozeptoren des Halses und Sensoren des Gleichgewichtsorgans melden den motorischen Zentren des Hirnstamms jede veränderte Haltung des Kopfes:

- Im Verhältnis zum Körper: **tonische Halsreflexe**
- Im Verhältnis zum umgebenden Raum: **tonische Labyrinthreflexe**

Diese tonischen Hals- und Labyrinthreflexe dienen dem Erhalt von Gleichgewicht und Körperhaltung bei Lageänderungen des Kopfes im Verhältnis zum Körper oder zum Raum. Daneben korrigieren sie auch die Tonusverteilung der Körpermuskulatur. Lageänderungen des Kopfes im Verhältnis zum Körper oder im Verhältnis zum umgebenden Raum führen zu Tonusänderungen der Extremitätenmuskulatur: Jede neu eingenommene Position muss durch einen ausreichenden Tonus der neu belasteten Muskeln stabilisiert werden. Muskeln, die nach der Lageänderung weniger belastet sind, können im Tonus nachlassen. Diese Anpassung übernehmen die Haltereflexe über die vom Hirnstamm deszendierenden erregenden oder hemmenden Impulse auf Flexoren- und Extensorenmuskulatur.

Stellreflexe

Reflexe, die für das Aufrichten in die normale Körperstellung aus verschiedenen Lagen heraus erforderlich sind, nennt man Stellreflexe. Der Körper richtet sich hierbei in einer typischen Reihenfolge auf:

- Der Kopf wird in Normalstellung gebracht: Labyrinth-Stellreflex.
- Der Rumpf folgt dem Kopf in die Normalstellung: Hals-Stellreflex.

> **Merke**
>
> Halte- und Stellreflexe dienen dem Einnehmen der Grundstellung und dem Aufrechterhalten einer bestimmten Haltung durch Aktivierung der entsprechenden Muskeln und Anpassung des Muskeltonus.

15.3.2.2 Statokinetische Reflexe

Statokinetische Reflexe sind Reflexe, die durch Bewegungen ausgelöst werden und wieder zu Bewegungen führen. Bei der Auslösung der statokinetischen Reflexe spielt das Vestibularsystem eine wesentliche Rolle.

Kopf- und Augenbewegungen

Beispiel eines statokinetischen Reflexes sind die reflektorischen Kopf- und Augenbewegungen bei Drehung des Körpers. Dabei drehen sich Kopf und Augen kompensatorisch im Gegensinn zur Drehbewegung des Körpers. Dieser Reflex dient der möglichst konstanten Aufrechterhaltung der optischen Sinneseindrücke.

Liftreaktion

Auch die sog. Liftreaktion, ein Reflex zur Aufrechterhaltung des Gleichgewichts bei Sprung und Lauf, ist ein statokinetischer Reflex. Hierbei kommt es bei einer Beschleunigung nach unten zu einem erhöhten Extensortonus (z. B. Durchstrecken der Beine im Aufzug bei plötzlichem Abwärtsfahren). Eine Beschleunigung nach oben führt umgekehrt zu einem erhöhten Flexortonus.

15.3.2.3 Nahrungsaufnahmereflexe

Vom Säuglingsalter an wird die Nahrungsaufnahme durch eine Vielzahl von Reflexen gesteuert.

Saugreflex

Der Saugreflex, ein polysynaptischer Reflex, ermöglicht den Saug- und Schluckvorgang in Koordination mit der normalen Atmung. Sensoren des Reflexbogens sind die Mechanosensoren der Lippen, Effektoren die Muskeln von Lippen, Zunge, Rachen, Brustkorb und Zwerchfell.

Reflektorische Speichelsekretion

Die Speichelsekretion wird durch unbedingte und bedingte Reflexe gesteuert. Der unbedingte Reflex wird ausgelöst, indem die Speise im Mund Mechanosensoren, Geschmacksknospen und Chemosensoren erregt. Hierbei kommt es zu einer reflexbedingten Zunahme der Speichelsekretion. Der bedingte Reflex zur Speichelsekretion ist eine erlernte Reaktionsweise auf der Basis des entsprechenden unbedingten Reflexes. Dabei nimmt, nach entsprechender Konditionierung, schon beim bloßen Gedanken an Nahrung die Speichelsekretion zu: „Das Wasser läuft im Mund zusammen" (► Kap. 20.5.1.2). Es handelt sich um vegetative Reflexe, da die Speicheldrüsen parasympathisch und sympathisch innerviert werden.

Kaureflexe

Der Kauvorgang ist ebenfalls reflexgesteuert und dient der Koordination von Kaumuskulatur, Zunge, Wangenmuskulatur, Mundbodenmuskulatur und Gaumen.

Schluckreflex

Der Schluckvorgang wird durch ein Reflexzentrum in der Medulla oblongata reguliert. Dabei laufen die afferenten Erregungen über den N. glossopharyngeus, die efferenten Impulse über N. hypoglossus, N. trigeminus, N. glossopharyngeus und N. vagus. Die Berührung des Gaumenbogens, des Zungengrundes oder der Rachenhinterwand durch die Nahrung löst den Schluckvorgang aus. Die Muskeln der Mundhöhle, des Rachens, des Kehlkopfes und des Ösophagus, die sich nach einem reflektorischen Programm koordinieren und in festgelegter Reihenfolge kontrahieren, befördern den Bissen in den Magen.

Merke

- Unbedingter Reflex: angeboren
- Bedingter Reflex: erlernt, konditionierbar

15.3.2.4 Schutzreflexe des Hirnstamms

Auch Schutzreflexe werden vom Hirnstamm koordiniert. Klinisch wichtig sind hier vor allem 2 Reflexe:

Kornealreflex

Berühren der Kornea führt zu einem Lidschlag. Afferenter Schenkel ist der N. trigeminus, die Efferenzen laufen über den N. facialis. Ein beidseitig fehlender Kornealreflex weist auf eine Hirnstammschädigung hin (► Kap. 20.3.2.2).

Klinik

Ist der Reflexbogen des Kornealreflexes z. B. durch **Fazialisparese** (efferenter Schenkel) oder **Trigeminusläsion** (afferenter Schenkel) gestört, wird das Auge nicht mehr adäquat geschützt. Es kommt zu einer Entzündung der Augenbindehaut (Konjunktivitis). Im weiteren Verlauf entzündet sich auch die untere, nicht mehr abgedeckte Hornhauthälfte (Keratitis). Ohne Behandlung bildet sich in diesem Bereich ein Hornhautulkus.

Hustenreflex

Eine Reizung der Trachea löst einen Hustenreiz aus. Die Afferenzen laufen über den N. vagus, die Efferenzen über N. vagus und N. glossopharyngeus. Ein fehlender Hustenreflex ist Zeichen einer Hirnstammschädigung.

Klinik

Ein fehlender Hustenreflex beim Absaugen eines beatmeten Patienten auf Intensivstation, der nicht durch die Gabe von Medikamenten zu erklären ist, weist auf eine Schädigung des Hirnstamms hin und sollte Anlass sein, eine **Hirntoddiagnostik** einzuleiten.

15.3.3 Pathophysiologie

Verletzungen im Bereich des Hirnstamms können zu charakteristischen Veränderungen der Motorik führen. Es entsteht ein Ungleichgewicht zwischen Erregung und Hemmung der Extremitätenmuskulatur, da durch Zerstörung oder Unterbrechung einzelner deszendierender Bahnen die verbleibenden Bahnen einen übermäßig starken Einfluss auf die Muskulatur haben.
Bei einer Unterbrechung der Verbindung zwischen Hirnstamm und Hirnrinde (z. B. durch schwere Gehirnblutungen oder Hirnverletzungen) kommt es zum Bild der **Dezerebrationsstarre.** Durch diese „Isolierung" des Hirnstamms ist eine modifizierende Wirkung der Hirnrinde und anderer höherer Hirnanteile auf die Leistung des Hirnstamms nicht mehr möglich: Der Organismus wird nur noch vom Hirnstamm gesteuert.

- Bei einer Unterbrechung **kaudal des Nucleus ruber** entsteht eine Tonuserhöhung der gesamten Extensormuskulatur, weil nach Abtrennung des Nucleus ruber die Erregung der Extensormotoneurone durch den Deiters-Kern überwiegt und der hemmende Einfluss des Nucleus ruber auf die Extensoren nicht mehr wirksam werden kann.
- Liegt die Unterbrechung **kaudal des Deiters-Kerngebiets,** löst sich die Dezerebrationsstarre wieder, da dann die überwiegende Aktivierung der Extensoren durch den Deiters-Kern ebenfalls wegfällt.

15.4 Basalganglien

15.4.1 Lage und Aufgaben

Als Basalganglien im physiologischen Sinn bezeichnet man

- das Striatum (= Nucleus caudatus und Putamen),
- den Globus pallidus,
- die Substantia nigra,
- den Nucleus subthalamicus.

Aus anatomischer Sicht zählen die Substantia nigra und der Nucleus subthalamicus nicht zu den Basalganglien.

15.4.1.1 Lage

Die Basalganglien sind subkortikale Kerngebiete in der Tiefe des Gehirns, die in unmittelbarer Nachbarschaft zum Thalamus liegen. Sie erhalten Informationen aus allen Teilen der Hirnrinde und projizieren über den Nucleus ventralis anterolateralis des Thalamus und über thalamokortikale Bahnen zur Hirnrinde zurück.

15.4.1.2 Aufgaben

Wichtige Aufgaben der Basalganglien sind die Kontrolle komplexer Bewegungen wie Schreiben, Papierschneiden, Ballspielen und andere Geschicklichkeitsbewegungen. Die Reihenfolge und das exakte Zusammenspiel der Bewegungen werden ebenso von den Basalganglien koordiniert wie die Bewegungsgeschwindigkeit und die Bewegungsausmaße. Die Basalganglien dienen dabei wie das Kleinhirn (► Kap. 15.5) der Erstellung eines Bewegungsprogramms, das den Aufgaben angepasst ist, die der Organismus zu erfüllen hat. Während das Kleinhirn vor allem schnelle Bewegungen kontrolliert, werden langsame und gleichmäßige („raupenförmige") Bewegungsabläufe vorwiegend von den Basalganglien reguliert.
Außerdem sind die Basalganglien auch an den höheren Steuerfunktionen des Gehirns (Executive Functions) beteiligt. Sie beeinflussen hier u. a. Bewegungsplanung, Bewegungsantrieb, und Motivation.

15.4.2 Afferenzen und Efferenzen

15.4.2.1 Verschaltungen

Afferenzen

Die wichtigsten Afferenzen der Basalganglien stammen von der Hirnrinde. Ihre Haupteintrittsstelle ist das Striatum mit seinen beiden Anteilen Nucleus caudatus und Putamen: **Eingang der Basalganglien.** Die Verbindungen sind streng topologisch organisiert.

Efferenzen

Die Efferenzen verlassen die Basalganglien vorwiegend über den Globus pallidus, Pars interna (GPi) und die Substantia nigra, Pars reticulata (SNr): **Ausgänge der Basalganglien.** Alle Efferenzen (bis auf einzelne Faserstränge, die direkt zum Tektum ziehen) werden im Nucleus ventralis anterior und im Nucleus ventralis lateralis des Thalamus umgeschaltet und laufen von dort wieder zur Hirnrinde.

Merke

Eingänge der Basalganglien:

- Putamen und Nucleus caudatus (= Striatum) → Zuflüsse aus dem Kortex.

> Ausgänge der Basalganglien:
> - Globus pallidus, Pars interna (GPi) und Substantia nigra, Pars reticulata (SNr) → Weiterleitung an den Thalamus (Nucleus ventralis anterolateralis)

15.4.2.2 Funktionsschleifen

Afferenzen und Efferenzen der Basalganglien sind in Funktionsschleifen organisiert. Das bedeutet, dass Informationen aus bestimmten Kortexarealen (▶ Kap. 15.6.2.1) in den zugehörigen Arealen der Basalganglien verschaltet und über den Thalamus wieder zurück zur Hirnrinde projiziert werden. Im Einzelnen lassen sich die folgenden Funktionsschleifen abgrenzen:

Skelettomotorische Funktionsschleife

Informationen aus prämotorischen, motorischen und somatosensorischen Hirngebieten treffen im Putamen ein, laufen über Pallidum oder Substantia nigra zu motorischen Thalamusgebieten und von dort zurück zur Area 6 der Großhirnrinde. Die Neurone dieser Schleife beeinflussen Bewegungsparameter wie Richtung, Kraft oder Bewegungsamplitude. Ein Teil dieser Schleife, die über spezialisierte motorische Thalamuskerne läuft, dient besonders der Kontrolle der Mund- und Gesichtsmotorik.

Okulomotorische Funktionsschleife

Die okulomotorische Schleife übernimmt die Kontrolle der Augenbewegungen. Hierbei kommen die Zuflüsse aus den Arealen, die für die Blickmotorik zuständig sind (Area 8 und Area 7 nach Brodmann). Über Nucleus caudatus, Pallidum, Substantia nigra und Thalamus projiziert die Schleife dann zurück zu den frontalen kortikalen Augenfeldern der Areae 7 und 8.

Weitere Funktionsschleifen

Die Basalganglien erhalten auch Informationen
- aus dem dorsolateralen Präfrontalkortex,
- dem orbitofrontalen Kortex und
- dem limbischen Kortex (▶ Kap. 20.9.2.1).

Diese Informationen werden in den Basalganglien verarbeitet und über den Thalamus zurück zum Kortex geleitet.
Die beiden Funktionsschleifen aus den frontalen Kortexbereichen sind an der Steuerung von Bewegungsplanung, Bewegungsantrieb und Motivation beteiligt. Die Verbindungen zwischen limbischem System und Basalganglien dienen der Integration von Motorik und Emotionen, wie sie z. B. für die mimische oder körpersprachliche Ausdrucksmotorik erforderlich ist.

15.4.3 Funktionelle Anatomie und Transmitter

15.4.3.1 Funktionelle Anatomie

Striatum

Das Striatum hat verschiedene funktionelle Abschnitte. Seine Wirkung auf die Motorik ist überwiegend hemmend.
Seine Afferenzen erhält es über
- erregende glutamaterge Nervenfasern aus dem Kortex sowie über
- überwiegend hemmende dopaminerge Fasern aus der Substantia nigra.

Diese Fasern können direkt oder über zwischengeschaltete cholinerge Neurone wirken.
Die Efferenzen des Striatums sind GABAerg und projizieren hemmend in das Pallidum sowie im Sinne einer Rückkopplung in die Substantia nigra (▶ Abb. 15.7).

Pallidum

Das Pallidum ist ein funktioneller Antagonist des Striatums. Es fördert oder bahnt Bewegungsimpulse. Im Pallidum gibt es aber neben den die Motorik

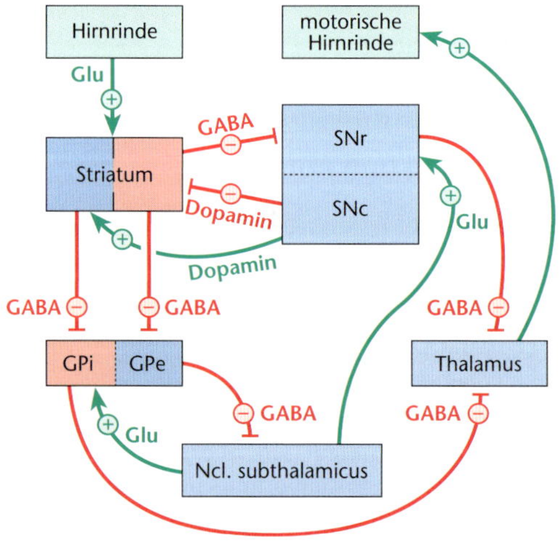

Abb. 15.7 Internes Verschaltungsschema der Basalganglien. GPi = Globus pallidus, Pars interna; GPe = Globus pallidus, Pars externa; SNr = Substantia nigra, Pars reticulata; SNc = Substantia nigra, Pars compacta; Glu = Glutamat; grün = exzitatorische Bahnen; rot = inhibitorische Bahnen.

fördernden Anteilen (Globus pallidus, Pars externa = GPe = laterales Pallidumsegment) auch hemmende Anteile (Globus pallidus, Pars interna = GPi = mediales Pallidumsegment), die weniger ausgeprägt sind. Neben den hemmenden Afferenzen aus dem Striatum erhält das Pallidum Zuflüsse aus dem Nucleus subthalamicus und dem Thalamus. Seine Efferenzen projizieren über den Thalamus (Nucleus ventralis anterolateralis) in die motorische Hirnrinde. Außerdem ziehen hemmende Fasern in den Nucleus subthalamicus.

Nucleus subthalamicus

Dem Nucleus subthalamicus kommt eine insgesamt eher die Bewegungsimpulse hemmende Funktion zu. Besonders Bewegungen der stammnahen Extremitätenmuskeln werden gehemmt. Der Nucleus subthalamicus erhält hemmende Impulse aus den Teilen des Pallidums, die die Motorik fördern, und sendet seinerseits erregende Impulse zu den die Motorik hemmenden Teilen des Pallidums. Weitere regulatorische Afferenzen stammen aus dem Kortex und den unspezifischen Thalamusbereichen. Ein Ausfall des Nucleus subthalamicus führt zum Krankheitsbild des Ballismus (▶ Kap. 15.4.4.2).

Merke

- Striatum: Motorik hemmend
- Pallidum: Motorik fördernd
- Nucleus subthalamicus: Motorik hemmend (besonders proximale Extremitäten)

15.4.3.2 Transmitter

Glutamat

Drei wichtige Fasersysteme der Basalganglien nutzen Glutamat als exzitatorischen Transmitter:

- Die von den Pyramidenzellen des Motorkortex ausgehenden Bahnen zum Corpus striatum
- Die vom Nucleus subthalamicus zur Pars interna des Globus pallidus (GPi) ziehenden Fasern (▶ Abb. 15.7)
- Die vom Nucleus subthalamicus zur Substantia nigra, pars reticulata (SNr) ziehenden Bahnen.

GABA und Kotransmitter

Der Transmitter der efferenten, vorwiegend inhibitorischen Bahnen zum Thalamus, die vom Globus pallidus, Pars interna, ausgehen, ist GABA (γ-Amino-Buttersäure).

Auch die hemmenden Impulse des Striatums werden über GABA vermittelt. Dabei wird die hemmende Wirkung von GABA durch Neuropeptide, die als Kotransmitter wirken, unterstützt:

- **Enkephalin** ist Kotransmitter bei der striatalen Hemmung der Pars externa des Globus pallidus (GPe).
- **Substanz P** ist Kotransmitter bei der striatalen Hemmung der Pars interna des Globus pallidus (GPi) sowie von Pars compacta und Pars reticularis der Substantia nigra (SNc und SNr).

Dopamin

Überträgersubstanz der aus der Substantia nigra, Pars compacta (SNc), entspringenden zum Striatum ziehenden exzitatorischen Fasersysteme ist Dopamin. Durch die Aktivierung des Striatums wird der Globus pallidus, Pars interna (GPi), stärker gehemmt. Dadurch werden die hemmenden Einflüsse des GPi auf den Thalamus geringer, sodass es im Effekt zu einer Enthemmung der motorischen Thalamuskerne kommt.

15.4.3.3 Steuerung des Thalamus

Die Anteile der Basalganglien sind komplex verschaltet (▶ Abb. 15.7). Im Ergebnis steuern sie die Funktion des Thalamus, in dem sie ihn aktivieren oder hemmen. Für Aktivierung und Hemmung sind zwei unterschiedliche Wege vom Eingang der Basalganglien (Striatum) zum Ausgang der Basalganglien (GPi und SNr) zuständig:

- **Direkter Weg:** über die Hemmung des GPi oder des SNr wird die von diesen Kerngebieten unterhaltene Ruhehemmung des Thalamus (tonische Inhibition) reduziert (Disinhibition): bewegungsfördernde Wirkung.
- **Indirekter Weg:** über die Hemmung des GPe wird zunächst die GPe-vermittelte Hemmung des Nucleus subthalamicus reduziert. Dadurch kann der Nucleus subthalamicus GPi in stärkerem Maße aktivieren, sodass die hemmende Wirkung des GPi auf den Thalamus weiter gesteigert wird: bewegungshemmende Wirkung.

15.4.4 Pathophysiologie

15.4.4.1 Plus- und Minussymptome

Die Bedeutung der Basalganglien für harmonisch ablaufende Bewegungen wird bei Krankheitsbildern sichtbar, die durch Störungen der Basalganglienfunktion verursacht sind. Man kann die Symptome, die bei diesen Basalganglienerkrankungen auftreten, in Plussymptome und ein Minussymptom einteilen.

Plussymptome:

- Rigor: erhöhter Muskeltonus
- Ballismus: unwillkürliche Schleuderbewegungen der Extremitäten
- Athetose: wurmförmige Bewegungen, vorwiegend der Rumpfmuskulatur
- Chorea: ticartige Zuckungen einzelner Muskelgruppen
- Ruhetremor: Zittern in Ruhe, auch ohne Bewegungsintention (im Gegensatz zum Intentionstremor bei Kleinhirnschäden)

Minussymptom:

- Akinese (Bewegungslosigkeit)

15.4.4.2 Krankheitsbilder

Morbus Parkinson

Der Morbus Parkinson ist eine häufige Erkrankung: Betroffen sind ~1 % der über 60-Jährigen.

Ursache

Die Parkinson-Krankheit entsteht durch eine Unterfunktion des Dopaminsystems in den Basalganglien. Ursache hierfür ist ein Untergang der Dopaminneurone in der Pars compacta der Substantia nigra. Als Folge sinkt auch der Dopamingehalt des Striatums stark ab, da die Zahl dort endender dopaminerger Neuriten aus der Substantia nigra durch Untergang ihrer Mutterzellen ebenfalls abnimmt.

Symptome treten erst auf wenn 70 % der Dopaminneurone ausgefallen sind. Bei 85 % der Patienten ist die Ursache für den Untergang der Neurone nicht genau zu ermitteln. In 15 % der Fälle sind erbliche Gendefekte für die Erkrankung verantwortlich.

Symptomatik

Typisch ist die Symptomentrias von Rigor, Tremor, Akinese:

- Der **Rigor** (muskuläre Hypertonie) zeigt sich in einer Verstärkung der tonischen (nicht der phasischen!) Komponente der Muskeldehnungsreflexe. Bei langsamen Bewegungen ist der Widerstand der Muskulatur verstärkt; typischerweise gibt der wächserne Widerstand nach einer bestimmten passiven Bewegungsstrecke plötzlich ruckartig nach: Zahnradphänomen.
- Der **Tremor** ist ein Ruhetremor mit groben Zitterbewegungen der Finger („Pillendrehen"), evtl. auch der Lippen und anderer Körperteile.
- Die **Akinese** äußert sich in der Schwierigkeit, eine Bewegung in Gang und zu Ende zu bringen. Es kann zum gelegentlichen „Einfrieren" der Motorik im Bewegungsablauf kommen. Auch die Mimik ist akinetisch, d. h. ausdrucksarm: mimische Starre.

Neben diesen klassischen motorischen Symptomen leiden die Patienten auch unter einer **posturalen Instabilität:** Beim Gehen oder Stehen sind sie unsicher und haben das Gefühl zu fallen. Ursache hierfür ist eine Störung in der Verarbeitung der Stellreflexe (► Kap. 15.3.2.1).

Depressive Störungen, eine Verlangsamung des Denkens (Bradyphrenie) und eine Störung von Planungs- und Entscheidungsfähigkeit sind als psychische Begleitsymptome häufig. Sie beruhen vermutlich auf einer Fehlfunktion der limbischen, präfrontalen und orbitofrontalen Funktionsschleifen.

Pathogenese

Der Ausfall der dopaminergen Hemmung des Striatums führt zu zwei gegenläufigen Effekten, die für die charakteristische Mischung von Plus- und Minussymptomen beim M. Parkinson verantwortlich sind:

- Auf dem **direkten Weg** wird der GPi stärker gehemmt und dadurch der Thalamus enthemmt: Plussymptome (Rigor, Ruhetremor).
- Über den **indirekten Weg** führt die fehlende Hemmung des Striatums zu einer Disinhibition des Nucleus subthalamicus und damit zu einer stärkeren Hemmung des Thalamus: Minussymptome (Akinese).

In der Summe beider Effekte überwiegt insgesamt die Hemmung des motorischen Thalamus.

Therapie

L-Dopa, das im Gegensatz zu Dopamin die Blut-Hirn-Schranke passiert, ist das klassische Therapeutikum. Eine Alternative sind Dopamin-Agonisten. Bei fortgeschrittener Erkrankung kann auch das Verfahren der tiefen Hirnstimulation eingesetzt werden: Dauerhaft implantierte Elektroden im Bereich des Nucleus subthalamicus oder des GPi werden elektrisch gereizt, sodass die dort gelegenen Neurone depolarisiert, d. h. gehemmt werden. Auf diese Weise ist es möglich, vor allem die Akinese des Morbus Parkinson zu korrigieren.

Chorea

Ursache

Bei der Chorea Huntington steht der Zelluntergang von GABAergen und cholinergen Zellen im Striatum im Vordergrund. Dadurch entfällt die Hemmung der Neurone, die vom Striatum zur Substantia nigra ziehen, und es entsteht eine überschießende Aktivität der dopaminergen Substantia-nigra-Neurone. Auch dieser Erkrankung liegt also ein Ungleichgewicht der verschiedenen Transmittersubstanzen zugrunde, diesmal mit einem Überwiegen der dopaminergen Impulse.

Symptomatik

Typisch sind ticartige Muskelzuckungen (z. B. Grimassieren der Gesichtsmuskulatur). Im weiteren Verlauf kommt es auch zu psychischen Veränderungen, affektiver Enthemmung und Demenz.

Athetose

Ursache

Bei der Athetose kommt es zu Degenerationen im Corpus striatum und im Pallidum. Dadurch ist der Erregungszufluss über den Thalamus zur Hirnrinde gestört.

Symptomatik

Symptome sind langsame, wurmförmige Hyperkinesien vor allem der distalen Extremitäten. Hände und Füße nehmen bizarre Stellungen ein. Die Gesichtsmimik ist grimassierend, das Sprechen schlecht artikuliert, da die Koordination von Sprech- und Atemmuskeln gestört ist.

Ballistisches Syndrom

Ursache

Das Syndrom tritt fast nur halbseitig auf, weswegen man auch von Hemiballismus spricht. Durch Läsionen im Nucleus subthalamicus und in den Bahnverbindungen zum Pallidum kommt es zu einer Enthemmung prämotorischer Rindenfelder.

Symptomatik

Als Symptome resultieren unwillkürliche, plötzlich einsetzende, schleudernde, weit ausfahrende Bewegungen auf der Gegenseite (Kreuzung der Pyramidenbahn!), die bei starken Sinnesreizen oder vor beabsichtigten Bewegungen stärker werden und so stark sein können, dass die Patienten das Gleichgewicht verlieren und umfallen. Diese Hyperkinesien betreffen vor allem den Schulter- und Beckengürtel.

15.5 Kleinhirn

Das Kleinhirn ist im Gegensatz zum Hirnstamm kein lebenswichtiges Organ. Es spielt jedoch eine entscheidende Rolle bei der Bewegungskoordination. Das Kleinhirn

- optimiert und korrigiert die Stützmotorik,
- koordiniert die Zusammenarbeit zwischen Stützmotorik und Zielmotorik,
- kontrolliert die langsame Zielmotorik,
- liefert die Bewegungsprogramme für die schnelle Zielmotorik.

Vom Kleinhirn ziehen wichtige Efferenzen zum Hirnstamm und koordinieren die von dort ausgehenden Impulse zu den Motoneuronen des Rückenmarks. Andere Efferenzen ziehen über den Thalamus zum Motorkortex und sind dort am Aufbau der Bewegungsprogramme beteiligt. Das Kleinhirn selbst empfängt Afferenzen vor allem aus dem Labyrinth, dem Rückenmark und dem motorischen Kortex.

15.5.1 Afferenzen und Efferenzen

Nach seinen Afferenzen und Efferenzen kann man das Kleinhirn (vereinfacht) in funktionelle Abschnitte einteilen (► Abb. 15.8).

15.5.1.1 Afferenzen

Die funktionale Gliederung nach den Afferenzen deckt sich im Wesentlichen mit der entwicklungsgeschichtlichen Einteilung des Kleinhirns in Archizerebellum, Paläozerebellum und Neozerebellum.

Vestibulozerebellum

Das Vestibulozerebellum (Archizerebellum) besteht hauptsächlich aus dem Flocculus und dem Nodulus des Kleinhirns und erhält über die Vestibulariskerne vor allem Gleichgewichts- und Beschleunigungsinformationen aus den Bogengangs- und den Makulaorganen.

Spinozerebellum

Im Spinozerebellum (Paläozerebellum), das aus Anteilen des Kleinhirnwurms und den paravermalen Zonen besteht, enden vom Rückenmark einlaufende Informationen aus Bewegungsapparat und Körperoberfläche. Weiterhin erreichen das Spinozerebellum „Kopien" der motorischen Efferenzen der Pyramidenbahn.

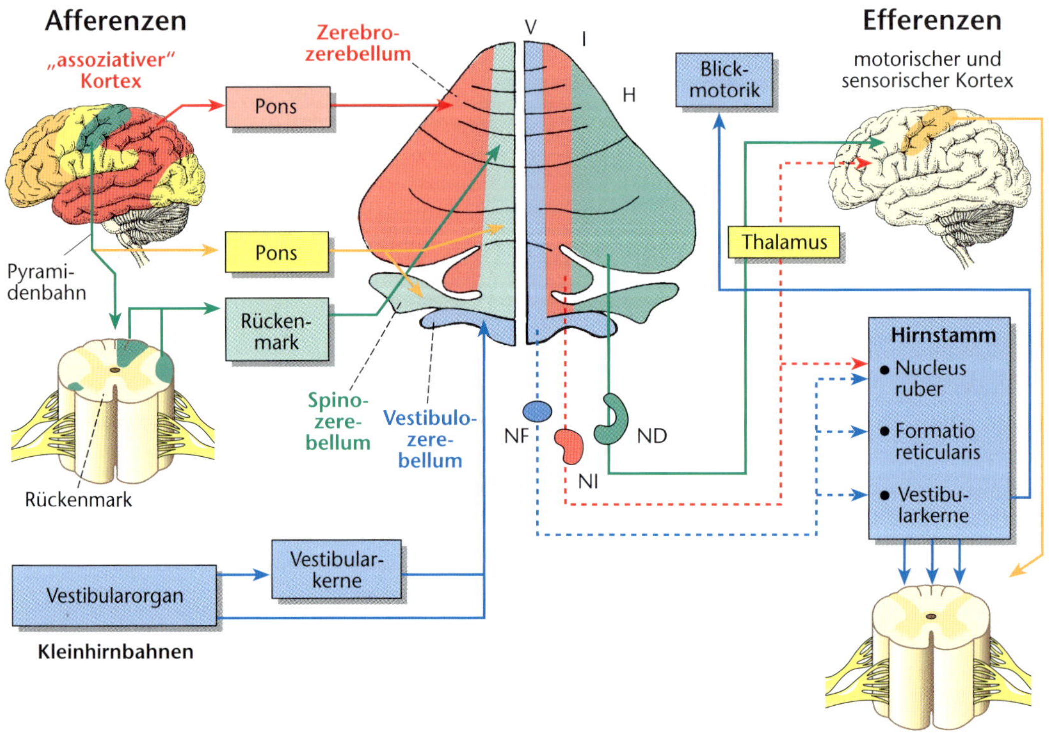

Abb. 15.8 Funktionelle Gliederung des Kleinhirns nach Afferenzen (links) und Efferenzen (rechts). NF = Nucleus fastigii, NI = Nucleus interpositus, ND = Nucleus dentatus, V = Vermis, I = Pars intermedia, H = Kleinhirnhemisphäre.

Zerebrozerebellum

Das die beiden Kleinhirnhemisphären umfassende Zerebrozerebellum (= Pontozerebellum, Neozerebellum) empfängt über die Brückenkerne Bewegungsentwürfe vom assoziativen motorischen Kortex.

15.5.1.2 Efferenzen

Nach den abgehenden Efferenzen können 3 Längszonen unterschieden werden: Vermis, Pars intermedia und die beiden Hemisphären.
Grundsätzlich ziehen alle Kleinhirnefferenzen erst zu den 3 Kleinhirnkernen (Nucleus fastigii, Nucleus interpositus, Nucleus dentatus) und erst von hier aus zu den weiteren Zielgebieten.

Vermis

Vom Vermis ausgehende Efferenzen ziehen über den Nucleus fastigii zu den motorischen Kernen des Hirnstamms.

Pars intermedia

Von der Pars intermedia ziehen die Efferenzen über den Nucleus interpositus zum Nucleus ruber und über den Thalamus zum motorischen Kortex.

Hemisphären

Die von den Hemisphären ausgehenden Efferenzen ziehen zum Nucleus dentatus. Von dort laufen sie wie die Efferenzen der Pars intermedia zum Nucleus ruber und zu Thalamus und Motorkortex.

15.5.2 Funktionelle Anatomie

15.5.2.1 Aufbau der Kleinhirnrinde

Man kann die Kleinhirnrinde in 3 Schichten einteilen, die jeweils typische Zellen enthalten und verschiedene Aufgaben haben:

- Äußere Molekularschicht
- Mittlere Purkinje-Zellschicht
- Innere Körnerschicht (► Abb. 15.9)

Molekularschicht

Diese äußere Schicht der Kleinhirnrinde enthält zwei wichtige Zelltypen:

- Korbzellen
- Sternzellen

Die Axone der Korbzellen und der Sternzellen ziehen in die mittlere Zellschicht zu den Purkinje-

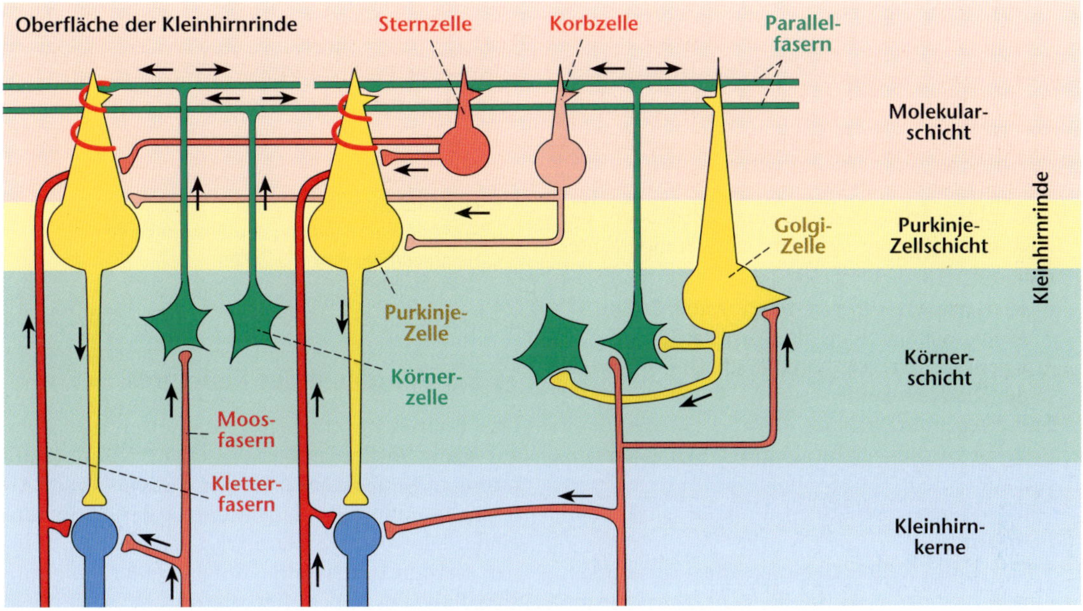

Abb. 15.9 Kleinhirnrinde: Zellschichten und neuronale Verknüpfungen.

Zellen, wobei die Sternzellen an den Dendriten und die Korbzellen am Zellkörper der Purkinje-Zellen enden.

Purkinje-Zellschicht

In der Purkinje-Zellschicht liegen die großen Purkinje-Zellen, deren Dendriten sich baumartig in der Molekularschicht verzweigen. Die Axone ziehen zu den Kleinhirn- und zu den Vestibulariskernen. Die Axone der Purkinje-Zellen sind die einzige Efferenz der Kleinhirnrinde.

Körnerschicht

In der inneren Körnerschicht findet man Körner- und Golgi-Zellen. Die Axone beider Zelltypen ziehen zur Molekularschicht und verzweigen sich dort. Die Axone der Körnerzellen bilden dort typische T-förmige Verzweigungen, die als sog. Parallelfasern in der Molekularschicht parallel zur Kleinhirnoberfläche verlaufen und Synapsen mit allen dortigen Nervenendigungen eingehen.

15.5.2.2 Kletterfasern und Moosfasern

Die aus der unteren Olive (Nucleus olivaris inferior) stammenden Afferenzen enden im Kleinhirn als Kletterfasern. Alle übrigen Afferenzen bilden die sog. Moosfasern, die von Neuronen in Rückenmark und Hirnstamm ausgehen.

Kletterfasern

Die Kletterfasern treten in der Körnerschicht in die Kleinhirnrinde ein und ziehen bis zur Molekularschicht, wo sie an den Dendriten der Purkinje-Zellen „emporklettern". Jede Kletterfaser versorgt bis zu 15 Purkinje-Zellen (Divergenz). Aber jede Purkinje-Zelle wird nur von einer Kletterfaser erreicht.

Moosfasern

Die Moosfasern, die ein Vielfaches der Kletterfasern ausmachen, enden an den Körnerzellen in der Körnerschicht. Durch Kollateralbildung erreicht eine einzelne Moosfaser sehr viele Kleinhirnrindenzellen.

Merke

- Einzige Efferenz der Kleinhirnrinde: Axone der Purkinje-Zellen
- Afferenzen aus der unteren Olive: Kletterfasern
- Alle übrigen Afferenzen: Moosfasern

15.5.2.3 Synaptische Verschaltungen in der Kleinhirnrinde

Hemmung und Aktivierung

Eine Besonderheit der synaptischen Verschaltung der Kleinhirnrindenzellen ist, dass sämtliche

in der Kleinhirnrinde gelegenen Neurone mit Ausnahme der Körnerzellen **hemmend** wirken. Alle erregenden Impulse werden dadurch nach höchstens 2 Synapsen wieder gehemmt. Man vermutet, dass dieses schnelle „Löschen" von Information für die Koordination schneller Bewegungen erforderlich ist.
Zusammen mit den afferenten Zuflüssen des Kleinhirns ergeben sich drei aktivierende Systeme:

- **Kletterfasern** erregen die Purkinje-Zellen.
- **Moosfasern** erregen die Körnerzellen.
- **Körnerzellen** erregen die übrigen Neurone der Kleinhirnrinde.

Die erregende Wirkung dieser 3 aktivierenden Systeme wird über **glutamaterge Synapsen** vermittelt.
Alle anderen neuronalen Impulse sind dann hemmend:

- Die **Golgi-Zellen** hemmen die Körnerzellen und blockieren so die über die Körnerzellen einlaufenden Moosfaser-Afferenzen.
- **Stern- und Korbzellen** hemmen die Purkinje-Zellen.
- **Purkinje-Zellen** hemmen die Kleinhirnkerne.

Die Überträgersubstanz dieser hemmenden Synapsen im Kleinhirn ist **GABA.**

Lerntipp

Eigentlich ganz leicht zu merken:
Welche Neurone im Kleinhirn sind erregend?
→ Körnerzellen
Welche sind hemmend?
→ alle übrigen
Was sind ihre Überträgersubstanzen?
→ Glutamat: erregend → GABA: hemmend?

Steuerung des Kleinhirnausgangs

Aus diesen hemmenden und aktivierenden Verschaltungen ergeben sich 4 wichtige Steuerungsmöglichkeiten der Kleinhirnkerne, d. h. des Kleinhirnausgangs:

- Die **Ruheentladung** der Purkinje-Zellen bewirkt eine tonische Hemmung der Kleinhirnkerne.
- **Erregung von Kletter- oder Moosfasern** führt zu einer Vertiefung dieser Hemmung.
- Die **direkte Hemmung der Purkinje-Zellen** über Stern- oder Korbzellen reduziert die Hemmung der Kleinhirnkerne: Disinhibition.
- Die **Blockade der Moosfaserafferenzen** durch Golgi-Zellen führt über eine reduzierte Aktivierung der Purkinje-Zellen ebenfalls zu einer Disinhibition der Kleinhirnkerne.

Merke

- Erregung der Purkinje-Zellen
  → verstärkte Hemmung der Kleinhirnkerne
- Hemmung der Purkinje-Zellen
  → Disinhibition der Kleinhirnkerne

15.5.3 Aufgaben des Kleinhirns

Das Kleinhirn verarbeitet Afferenzen vor allem aus den Vestibulariskernen, dem Rückenmark und dem Motorkortex. Etwa die Hälfte dieser Afferenzen endet als Moosfasern in der Kleinhirnrinde. Die vom Rückenmark aufsteigenden Bahnen werden in der Olive umgeschaltet (spinoolivare Bahnen) und ziehen als Kletterfasern bis in die Molekularschicht der Kleinhirnrinde. Die einlaufenden Informationen zur Stellung des Körpers im Raum, zur Stellung von Gelenken und Muskulatur sowie zu den geplanten Bewegungsentwürfen werden in den neuronalen Netzen des Kleinhirns verarbeitet. Hieraus resultieren Impulse zur Steuerung der Motorik, die das Kleinhirn über seine 3 efferenten Systeme und die Kleinhirnkerne verlassen (Vermis, Pars intermedia, Hemisphären).

15.5.3.1 Vermis: Stützmotorik

Hauptaufgabe des Vermis ist die Koordination der Stützmotorik und der Augenbewegungen. Hierfür hat er direkten Zugang zu den Augenmuskelkernen und den motorischen Zentren des Hirnstamms, die Haltung, Tonus, stützmotorische Bewegung und das Körpergleichgewicht kontrollieren.

15.5.3.2 Pars intermedia: Kurskorrektur

Die Kurskorrektur zielmotorischer Bewegungen und ihre Koordination mit der Stützmotorik sind Aufgaben der Pars intermedia. Kollateralen des Tractus corticospinalis (Efferenzkopie) und rückläufige Efferenzen zum Motorkortex gestatten es der Pars intermedia, die Stützmotorik mit der vom Motorkortex geplanten Zielmotorik zu koordinieren. Ebenso sind auf diesem Weg über den Nucleus ruber und durch die Rückmeldung zum Motorkortex Kurskorrekturen möglich.

15.5.3.3 Hemisphären: schnelle Zielmotorik

Die Kleinhirnhemisphären erhalten von assoziativen Kortexfeldern Informationen über die vom Organismus geplanten Bewegungsentwürfe: zerebrozerebelläre Bahnen. Aus diesen Bewegungsentwürfen des Kortex erstellen die Kleinhirnhemisphären dann ein Bewegungsprogramm, das über Nucleus dentatus und Thalamus schließlich dem spezifischen Motorkortex (Areae 4 und 6; ▸ Kap. 15.6.2.1) zur Ausführung übergeben wird.

Die Bewegungsprogramme der Kleinhirnhemisphären sind vor allem für die erlernte, schnelle Zielmotorik wichtig, wo somatosensorische Rückmeldungen nicht nötig oder wegen der großen Bewegungsgeschwindigkeit nicht möglich sind (z. B. Musizieren, Sport). Diese schnelle Zielmotorik ist ohne entsprechende Koordination mit der Stützmotorik nicht ausführbar. Deshalb bestehen auch hier Verbindungen zum Nucleus ruber und damit zum Hirnstamm.

Merke

- Vermis: Stützmotorik, Okulomotorik
- Pars intermedia: Kontrolle der Bewegungsdurchführung, Kurskorrektur
- Kleinhirnhemisphären: schnelle Zielmotorik, Umwandlung von Bewegungsentwürfen in Bewegungsprogramme

15.5.4 Pathophysiologie

15.5.4.1 Pathologische Symptome

Störungen der Kleinhirnfunktion führen typischerweise zu einer gestörten Muskelkoordination bei Bewegungen. Auch der Muskeltonus kann nicht mehr bedarfsgerecht reguliert werden. Es können die folgenden Symptome auftreten:

Asynergie

Störungen, bei denen die Muskelinnervation den Ansprüchen der Bewegungsentwürfe nicht entspricht, heißen Asynergien. Man beobachtet:

- **Bewegungsdekomposition:** Die Bewegungsanteile laufen nicht mehr gleichzeitig, sondern hintereinander ab.
- **Dysmetrie:** Das Ausmaß der Bewegungen ist unangepasst (zu kurz oder zu weit).
- **Zerebelläre Ataxie:** Der Gang ist breitbeinig und unsicher (griech. Ataxia = Unordnung).
- **Adiadochokinese:** Schnell aufeinander folgende Bewegungen mit wechselnder Richtung (z. B. Glühbirne einschrauben) sind nicht mehr möglich oder stark erschwert (Dysdiadochokinese).

Intentionstremor

Während einer Bewegung, nicht aber in Ruhe, tritt starkes Zittern der bewegten Extremitäten auf. Im Extremfall kann durch die starken Zitterausschläge jede gezielte Bewegung unmöglich werden, das intendierte Ziel wird verfehlt.

Hypotonus der Muskulatur

Bei einer Schädigung vor allem der Hemisphären wird ein erniedrigter Muskeltonus mit Muskelschwäche und rascher Ermüdbarkeit der Muskulatur beobachtet. Isolierte Vermisläsionen führen dagegen eher zu einem muskulären Hypertonus.

Pathologischer Nystagmus

Hierunter versteht man unwillkürliche, spontane, rhythmische Bulbusbewegungen in horizontaler oder vertikaler Schlagrichtung, mit rascher und langsamer Phase. Die Benennung des Nystagmus erfolgt nach der Schlagrichtung der schnellen Phase (▸ Kap. 17.2.8.3).

Skandierende Sprache

Der Sprachfluss ist stockend und mühsam, jede einzelne Silbe betont, die Artikulation verwaschen: **Dysarthrie.**

15.5.4.2 Syndrome

Je nach Ort der Schädigung treten die Symptome in typischen Kombinationen auf:

- Läsionen der **Kleinhirnhemisphären** führen zu Dysmetrie, Adiadochokinese und Intentionstremor.
- Für Schädigungen der **medialen Kleinhirnanteile** sind Ataxie und pathologischer Nystagmus typisch.

Die klassischen zerebellären Symptome der nach Charcot (1825–1893), dem Begründer der modernen Neurologie, benannten Charcot-Trias sind

- Nystagmus,
- Intentionstremor und
- skandierende Sprache.

Bei der Beurteilung zerebellärer Symptome muss bedacht werden, dass Kleinhirnausfälle vom ZNS zumeist gut kompensiert werden können, sodass ein Betroffener im Alltag relativ unauffällig sein kann – insbesondere, solange die Ausfälle durch optische Eindrücke ausgeglichen werden können.

Klinik

Chronischer Alkoholmissbrauch kann zu einer Kleinhirnschädigung führen. Pathophysiologische Grundlage ist die Zerstörung von Purkinje-Zellen im vorderen Vermis und in den angrenzenden Vorderlappen der Kleinhirnhemisphären. Klinisch ist dieses alkoholische „Lobus-anterior-Syndrom" durch eine Gangataxie gekennzeichnet.

Lerntipp

Aus diesem Kapitel fragt das IMPP am liebsten die Pathophysiologie des Kleinhirns und der Basalganglien (► Kap. 15.4.4) ab – gleich nochmal anschauen!

15.6 Motorischer Kortex

15.6.1 Aufgabe

Der motorische Kortex ist als letzte supraspinale Station das ausführende Organ, das alle Informationen über Bewegungsantrieb und Bewegungsentwurf sammelt und verarbeitet. Es ruft von Basalganglien und Kleinhirn die passenden Bewegungsprogramme ab und veranlasst die Bewegungsausführung.

- Der **Bewegungsantrieb** entsteht im limbischen System (Emotionen, Motivation und Triebe) und im Frontalhirn (situationsgerechte Verhaltenskoordination, ► Kap. 20.9.2.2).
- Der **Bewegungsentwurf** stammt aus den sog. assoziativen Rindenarealen. Das sind Rindenfelder, die weder motorische noch sensorische Projektionen haben, sondern „höheren Funktionen" zugeordnet sind und die u. a. an Raum- und Formerkennen von Körper und Außenwelt beteiligt sind.
- Von diesen assoziativen Rindenarealen gelangt der Bewegungsentwurf zum Kleinhirn und zu den Basalganglien. Dort werden die für die Verwirklichung des Entwurfs erforderlichen **Bewegungsprogramme** konzipiert. Die Bewegungsprogramme werden für schnelle Bewegungen im Kleinhirn und für langsame Bewegungen in den Basalganglien zusammengestellt.
- Über den Thalamus gelangen diese Programme zum motorischen Kortex, der dann die **Bewegungsausführung** veranlasst.

Merke

Bewegungsentwurf: Assoziationskortex → Kleinhirn und Basalganglien → Thalamus → Motorkortex.

15.6.2 Funktionelle Anatomie

15.6.2.1 Areale des Motorkortex

Brodmann-Areale

Die Hirnrinde wird aufgrund der unterschiedlichen Anordnung und Dichte der Neurone in einzelne Bezirke eingeteilt. Nach dieser zytoarchitektonischen Gliederung von Brodmann (1909) lassen sich 50 Areale (Felder) der Hirnrinde definieren, denen sich (z. T.) bestimmte Funktionen zuordnen lassen (► Abb. 15.10).

Primärer und sekundärer Motorkortex

Eine elektrische Reizung der Felder 4 und 6 (nach Brodmann), die im Gyrus praecentralis im Frontalhirn gelegen sind, führt im Experiment zu einer Bewegung von Muskelgruppen der kontralateralen Extremität. Diese Gebiete werden deshalb als motorische Areale der Großhirnrinde oder als Motorkortex bezeichnet:

- **Area 4** (M1) ist der primäre motorische Kortex. Er ist für die Weiterleitung des Bewegungsprogramms in die Peripherie verantwortlich.
- **Area 6** (M2) umfasst das supplementär-motorische Areal (SMA) und das prämotorische Areal (PMA). SMA und PMA erstellen in Zusammenarbeit mit Kleinhirn und Basalganglien das Be-

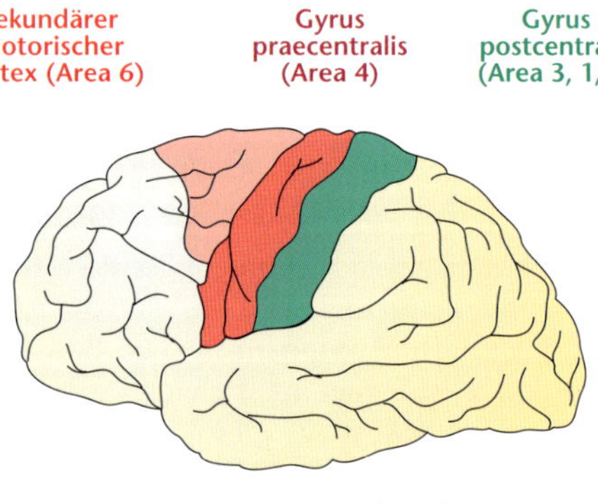

Abb. 15.10 Lage von Gyrus praecentralis und Gyrus postcentralis. Der Gyrus praecentralis entspricht in etwa der Area 4 nach Brodmann, der Gyrus postcentralis den Areae 3, 1, 2. Frontal des Gyrus praecentralis liegt das sekundär motorische Rindenfeld der Area 6.

wegungsprogramm und übergeben es an den primären motorischen Kortex.

15.6.2.2 Somatotopische Organisation

Aufgrund elektrischer Reizversuche und klinischer Beobachtungen können umschriebenen kortikalen Zellgebieten des Motorkortex genau definierte Muskelgebiete des Körpers zugeordnet werden: somatotopische Organisation des Kortex. Projiziert man die von den einzelnen Nervenzellarealen des Motorkortex versorgten peripheren Muskelgebiete auf den Gyrus praecentralis, entsteht das Bild eines **motorischen Homunkulus,** bei dem bestimmte Muskelgebiete entsprechend ihrer funktionellen Bedeutung durch überdurchschnittlich große Kortexareale repräsentiert werden, wie z. B. die Handmuskulatur (▸ Abb. 15.11). Eine analoge Somatotopie gilt für die sensorischen Areale 3, 1, 2 des Gyrus postcentralis (▸ Abb. 16.9).

15.6.3 Afferenzen und Efferenzen

15.6.3.1 Afferenzen

Zahlreiche afferente Verbindungen erreichen den motorischen Kortex von untergeordneten Hirnstrukturen. Dazu gehören Kleinhirn (▸ Kap. 15.5.1.1), Basalganglien (▸ Kap. 15.4.2.1) und Thalamus.

15.6.3.2 Efferenzen

Zielgebiete

Mächtige efferente Faserbündel verlassen die motorischen Areale der Hirnrinde. Diese motorischen Efferenzen erreichen nur zum kleineren Teil monosynaptisch, zum größeren Teil aber über Interneurone die Motoneurone des Rückenmarks. Andere Faserbahnen ziehen zum Hirnstamm, wo sie dann auf dessen absteigende Bahnen, z. B. den Tractus rubrospinalis oder die Tractus reticulares, umgeschaltet werden, um auf diesem Wege an den spinalen Motoneuronen zu enden. Weitere efferente Fasern ziehen zur Pons, zum Kleinhirn und zu den Hinterstrangkernen in der Medulla oblongata. Auch den Thalamus erreichen motorische Efferenzen, wodurch die Informationsübertragung in den Thalamuskernen modifiziert werden kann.

Damit ziehen die kortikalen motorischen Efferenzen zu praktisch allen wichtigen Hirnzentren (und nicht nur zu den Motoneuronen der Vorderhörner). Diese breite Vernetzung ist nötig, um das vom Motorkortex ausgeführte Bewegungsprogramm in Stärke, Richtung, Geschwindigkeit, Haltung etc. zu modifizieren und wechselnden Umgebungsbedingungen anzupassen.

Pyramidenbahn

Die klassische und am besten erforschte Efferenz des Motorkortex ist die sog. **Pyramidenbahn,** in der etwa eine Million efferenter Fasern über Capsula interna, Hirnschenkel, Pons, Pyramide und Pyramidenkreuzung zu den Hirnnervenkernen (Tractus corticonuclearis) und zum Rückenmark (Tractus corticospinalis) ziehen (▸ Abb. 15.12).

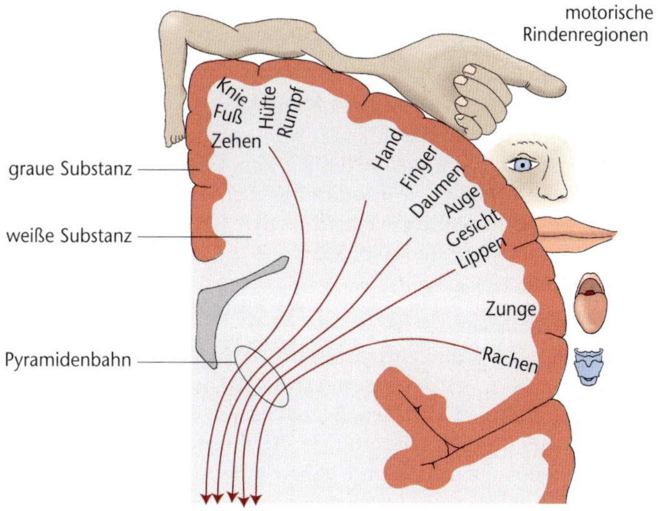

Abb. 15.11 Somatotopie: Repräsentation der Muskulatur im Gyrus praecentralis (motorische Rindenregionen). Funktionell wichtige Gebiete werden durch relativ größere Kortexareale versorgt (vgl. ▸ Abb. 16.9, Gyrus postcentralis [sensorische Rindenregion]).

Ursprung

Die efferenten Fasern entspringen zu 30 % aus den Pyramidenzellen der Area 4 (dem primären Motorkortex), zu 30 % aus der Area 6 (dem sekundären Motorkortex) und zu 40 % aus den sensomotorischen Arealen 1–3.

Verlauf

Die Fasern verlaufen über Capsula interna, Hirnschenkel, Pons und Pyramide zunächst zur Pyramidenkreuzung. 75–90 % der Fasern kreuzen hier zur Gegenseite und bilden anschließend den Tractus corticospinalis lateralis, der im dorsolateralen Rückenmarksquadranten abwärts zieht. Die restlichen ungekreuzten Fasern (Tractus corticospinalis anterior) steigen im anteromedialen Rückenmark ab, um meistens schon in Zervikal- oder Thorakalsegmenten zu enden, wo ein Teil dieser ipsilateralen Pyramidenbahnfasern auf segmentaler Ebene in der Commissura alba dann doch noch zur Gegenseite kreuzt.

Abzweigungen

Von der Pyramidenbahn zweigen Kollateralen zu anderen Hirnteilen ab: Thalamus, Nucleus ruber, Pons, Olive, Hinterstrangkerne.

Innerhalb der Pyramide verlässt ein Teil der Fasern den Tractus corticospinalis, um als **Tractus corticonuclearis** (= T. corticobulbaris) die Hirnnervenkerne zu versorgen. Die meisten dieser Hirnnervenkerne werden bilateral, d. h. über gekreuzte und ungekreuzte Fasern, innerviert. Lediglich der untere Anteil des Kerngebietes des N. facialis (untere Gesichtsmuskeln) und der Kern des N. hypoglossus (Zunge) erhalten überwiegend gekreuzte Zuflüsse aus der kontralateralen Hemisphäre.

Zielzellen

Im Rückenmark enden die Axone entweder an Interneuronen (die Mehrzahl) oder monosynaptisch an den Vorderhornzellen des Rückenmarks (der kleinere Anteil). Die monosynaptisch endenden Axone haben vorwiegend in den Betz-Zellen (Riesenpyramidenzellen) der Area 4 ihren Ursprung.

Leitungsgeschwindigkeit

Die Leitungsgeschwindigkeit beträgt für den kleineren, markhaltigen Teil der Fasern ca. 60–120 m/s. Diese Fasern kommen von den Betz-Riesenpyramidenzellen des Gyrus praecentralis. Die meisten Axone sind jedoch marklos und haben eine Leitungsgeschwindigkeit von 1 bis 25 m/s.

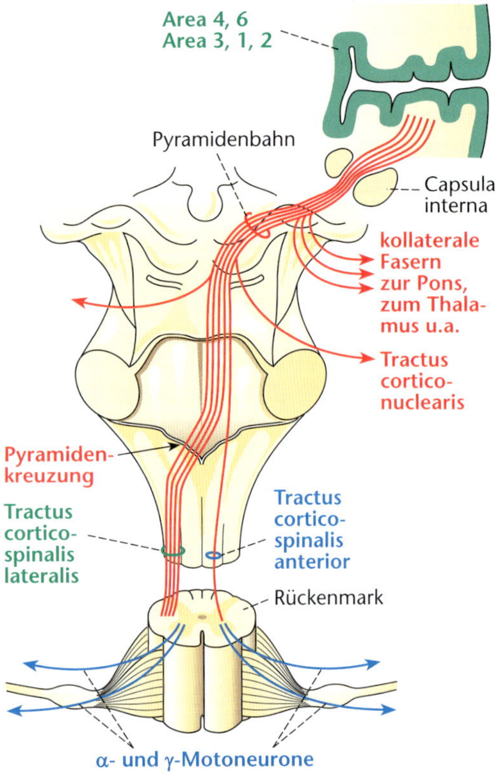

Abb. 15.12 Aufbau der Pyramidenbahn.

> **Merke**
>
> Quellgebiete der Pyramidenbahn:
> - 30 % primärer Motorkortex (Area 4)
> - 30 % sekundärer Motorkortex (Area 6)
> - 40 % sensomotorischer Kortex (Areae 1–3)
>
> In seinem Gesamteffekt wirkt der Tractus corticospinalis erregend auf die Muskulatur der Flexoren und hemmend auf die Extensorenmuskulatur.

Kortikale Efferenzen zum Hirnstamm

Die vom Kortex zum Hirnstamm ziehenden Tractus corticorubralis und corticoreticularis haben vor allem die Funktion, die Stützmotorik zu koordinieren. Sie unterstützen die vom Tractus corticospinalis ausgelöste Zielmotorik: Gezielte Bewegungen setzen eine kontrollierte Körperhaltung voraus. Die zum Hirnstamm laufenden Efferenzen stammen aus denselben motorischen Rindenarealen wie der Tractus corticospinalis. Sie werden immer noch aufgrund des anatomisch getrennten Verlaufs als **extrapyramidale motorische Bahnen** der Pyramidenbahn gegenübergestellt, was wegen der engen Verflechtung von Stütz- und Zielmotorik physiologisch gesehen wenig sinnvoll ist. Im Hirnstamm werden die kortikorubralen und kortikoretikulären Bahnen dann auf die zum Rückenmark absteigenden Tractus rubrospinalis und reticulospinalis umgeschaltet.

15.6.4 Pathophysiologie: Capsula-interna-Syndrom

Eine Schädigung im Bereich der Capsula interna führt zu einer schlaffen Halbseitenlähmung der kontralateralen Extremitäten: **Hemiplegie** (komplette Lähmung) oder **Hemiparese** (unvollständige Lähmung).

Ursache

Meistens ist ein Gefäßverschluss im Bereich der A. lenticulostriata, einem Ast der A. cerebri media, die Ursache. Auch eine Blutung in diesem Bereich kann das Capsula-interna-Syndrom auslösen.

Symptomatik

Die Symptome treten sehr rasch auf: **Schlaganfall.**

- Die **Extremitätenmuskulatur** der Gegenseite ist im akuten Stadium halbseitig gelähmt (Tractus corticospinalis kreuzt kaudal der Capsula interna). Da die Fasern des Tractus corticospinalis in der Capsula interna topographisch geordnet sind, können je nach dem Ort der Läsion bestimmte Körperabschnitte mehr als andere von der Lähmung betroffen sein: armbetonte oder beinbetonte Hemiparese.
- Der größte Teil der **Gesichtsmuskulatur,** die über den Tractus corticonuclearis versorgt wird, ist wegen der bilateralen Innervation nur geschwächt, aber nicht gelähmt: Stirnrunzeln und Augenschließen bleiben möglich. Die vom unteren Fazialiskern überwiegend kontralateral innervierte untere Gesichtsmuskulatur ist dagegen betroffen: Hängender Mundwinkel, vor allem beim Versuch zu lächeln.
- Auch die motorischen Fasern zum Nucleus ruber, zum Striatum, zur Olive und zum Kleinhirn laufen durch die Capsula interna. Beim Capsula-interna-Syndrom werden deshalb die subkortikalen motorischen Systeme (Hirnstamm, Basalganglien, Kleinhirn) nicht mehr hinreichend über die vom Motorkortex eingeleiteten Bewegungen unterrichtet. Ein Ungleichgewicht zwischen den die Motorik hemmenden und den erregenden Bahnen der Stützmotorik ist die Folge. Klinisch entsteht das Bild der **Spastik:** muskuläre Tonuserhöhung mit gesteigerten Eigenreflexen und dem Neuauftreten von pathologischen Reflexen. Von einer spastischen Lähmung sind vor allem die der Schwerkraft entgegengesetzten Muskeln betroffen. Es überwiegt die tonische Dauerinnervation von Armbeugern und Beinstreckern.
  - Die **Reflexe** sind pathologisch verstärkt, da durch die Schädigung des Tractus corticospinalis die supraspinale Hemmung aufgehoben ist.
- Typisch ist weiterhin ein **Verlust der Feinmotorik:** Beim Versuch einer gezielten Bewegung wird die ganze Extremität innerviert (Massenbewegungen). Auch die grobe Kraft ist gemindert.

16 Somatosensorisches System

mediscript Online

IMPP-Hits

- Hinterstrang- und Vorderseitenstrangsystem: vor allem Brown-Séquard-Syndrom
- Mechanosensoren: Meissner- und Vater-Pacini-Körperchen
- Schmerzsinn: Transduktion, Fasertypen, antinozizeptives System

16.1 Wegweiser

Das somatosensorische System umfasst 5 Sinnes-Submodalitäten:
- Tastsinn: Mechanorezeption (► Kap. 16.2),
- Temperatursinn: Thermorezeption (► Kap. 16.3)
- Schmerzsinn: Nozizeption (► Kap. 16.4) und Juckreiz (► Kap. 16.5).
- Propriozeption: Bewegungsapparat (► Kap. 15.2 und ► Kap. 16.6)
- Enterozeption: innere Organe, viszerale Sensorik (► Kap. 16.7)

Einen Überblick der wichtigsten Sensortypen des somatosensorischen Systems gibt ► Tab. 16.1.

Tab. 16.1 Sensortypen des somatosensorischen Systems und ihre Eigenschaften

Sensortyp	Sensor	Adäquater Reiz	Adaptation	Empfindung
Mechanosensor	• Merkel-Zelle • Pinkus-Iggo-Tastscheibe	Vertikaler Druck	Langsam	Druck
	Ruffini-Körperchen	Tangentiale Zugspannung, Abscherung	Langsam	Dehnung, Spannung
	Meissner-Körperchen	Druckänderung, niederfrequente Vibration	Rasch	Hautkontakt, Vibration
	Haarfollikelrezeptor	Haarbewegung	Rasch	Hautkontakt, Berührung
	Vater-Pacini-Körperchen	Höherfrequente Vibration	Sehr schnell	Vibration
	Freie Nervenendigung	Hautdeformation	Mittel	Grober Hautkontakt
Thermosensor	Warmsensor	40–45 °C	Mittel	Warm
	Kaltsensor	20–25 °C	Mittel	Kalt
Nozizeptor	Freie Nervenendigung	Gewebeschädigung	Langsam, nichtadaptierend	Schmerz
Propriozeptor	Primäre Muskelspindel	Muskeldehnung	Rasch	Propriozeption, Vibration
	Sekundäre Muskelspindel	Muskeldehnung	Langsam	Propriozeption
	Golgi-Sehnenorgan	Sehnenspannung	Langsam	Muskelkraft
	Gelenksensor	Gelenkbewegung, Druck	Langsam	Propriozeption

16.2 Tastsinn

16.2.1 Mechanosensoren

Mechanosensoren finden sich in der behaarten und unbehaarten Haut und in der Subkutis. Sie werden durch Reizung der Haut erregt und vermitteln die Sinnesqualitäten Druck, Berührung und Vibration.

16.2.1.1 Anatomie

Mechanosensoren von Kutis und Subkutis sind meist so aufgebaut, dass ein myelinfreies Axonende von nicht neuronalen Zellen umgeben ist. Es werden die folgenden Typen unterschieden (► Abb. 16.1):

- **Merkel-Zellen** sind rundliche, mit Flüssigkeit gefüllte Kapseln und liegen in der basalen Epidermis der unbehaarten Haut. Wenn sie in Clustern auftreten, heißen sie Merkel-Tastscheiben. Diese gibt es auch in der behaarten Haut, sie heißen dort **Pinkus-Iggo-Tastscheiben.**
- **Ruffini-Endkörperchen** liegen in den tieferen Schichten des Koriums und in der Subkutis und kommen auch in submukösem Bindegewebe und in Gelenkkapseln vor.
- **Meißner-Körperchen** liegen unmittelbar unter der Epidermis in den Papillen des Koriums der unbehaarten Haut.
- **Haarfollikelsensoren** liegen direkt an den Haarfollikeln.
- **Vater-Pacini-Körperchen:** liegen im subkutanen Fettgewebe (also nicht im Korium!). Ihre Nervenendigungen sind von Lamellenkörperchen umgeben. Sie finden sich auch im Bereich von Gelenken, Sehnen, Bändern, Faszien, Knochen, Blutgefäßen und im Bauchraum.

16.2.1.2 Reizaufnahme und -weiterleitung

Adäquate Reize

Die adäquaten Reize sind für die einzelnen Mechanosensoren unterschiedlich:

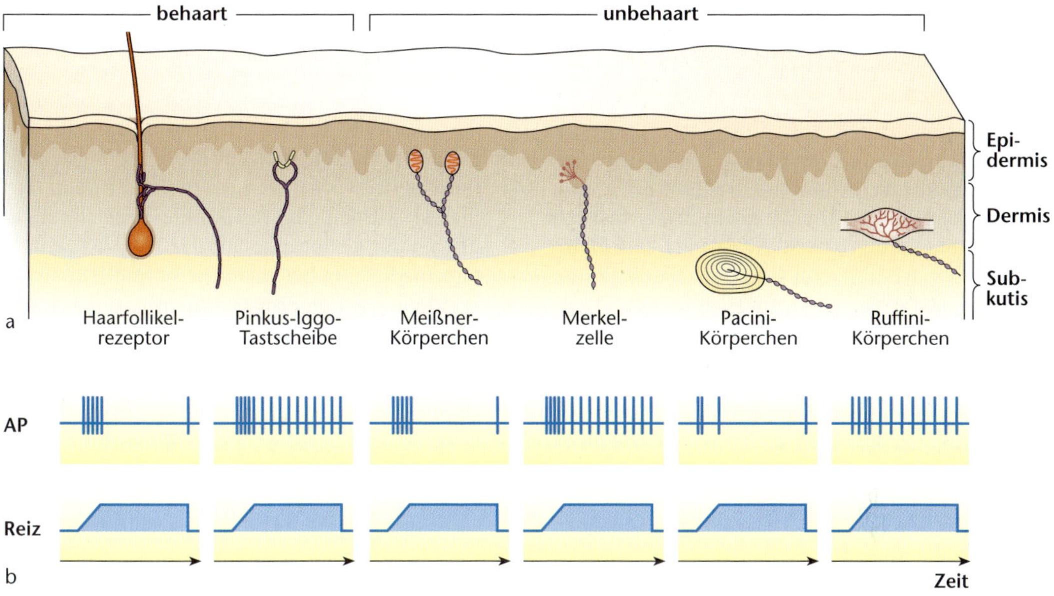

Abb. 16.1 Mechanosensoren von Haut und Subkutis **(a)** und ihre Entladungsmuster **(b)**. AP = Aktionspotenzial.

- **Merkel-Zellen** erfassen vertikalen Druck auf die Hautoberfläche. Dabei registrieren sie sowohl die Intensität des Drucks als auch die Geschwindigkeit der Druckänderung: Proportional-Differenzial-Sensoren (► Kap. 12.6.1.1).
- **Meißner-Körperchen** reagieren auf die Geschwindigkeit einer Druckänderung, also ausschließlich auf die dynamische Komponente der Berührung: Differenzialsensoren (► Kap. 12.6.1.1). Sie werden auch durch niederfrequente Vibrationen (25–50 Hz) erregt.
- **Ruffini-Endkörperchen** werden durch tangentiale Zugspannung und Scherbewegungen aktiviert.
- **Vater-Pacini-Körperchen** registrieren Vibrationen. Sie haben die niedrigste Reizschwelle aller Mechanosensoren.

Transduktion

Die Transduktion der mechanischen Reize erfolgt über Ionenkanäle aus der ENaC-Familie (ENaC = epitheliale Natriumkanäle). Sie sind über Proteine mit der extrazellulären Matrix und dem Zytoskelett verbunden (► Abb. 16.2). Bei mechanischer Reizung der sie umgebenden Strukturen öffnen sie sich und können so mechanische Einflüsse direkt und schnell in Ionenströme umsetzen: **mechanosensitive Ionenkanäle.**

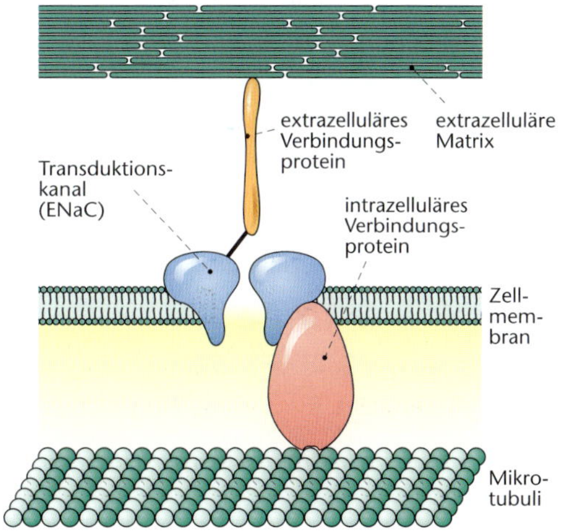

Abb. 16.2 Modell der mechanosensorischen Transduktion. Bei mechanischer Reizung öffnet sich der über Proteine mit der extrazellulären Matrix und dem Zytoskelett verbundene ENaC-Kanal und Na^+-Ionen strömen in die Zelle ein. Nach [3]

Transformation

Mechanosensoren sind primäre Sinneszellen. Die Transformation, also die Umwandlung der durch mechanische Einflüsse und Transduktion entstandenen Membranpotenzialänderung in eine Serie von Aktionspotenzialen, findet in der Sinneszelle selbst statt.

Antwortverhalten und Adaptation

SA-Sensoren

Merkel-Zellen und Ruffini-Endkörperchen sind Proportionalsensoren (► Kap. 12.6.1.1): Ihre Impulsrate ist direkt proportional der Reizintensität. Sie adaptieren sehr langsam bzw. fast gar nicht: SA-Sensoren (Slowly Adapting). Die Dauer ihrer Aktivität hängt von der Dauer des Druckreizes ab.

RA-Sensoren

Meissner-Körperchen, Vater-Pacini-Körperchen und Haarfollikelsensoren sind Differenzialsensoren: Sie reagieren auf die Geschwindigkeit einer Reizänderung, in diesem Fall auf die Geschwindigkeit, mit der eine Hautreizung oder eine Haarbewegung ausgelöst wird. Meissner-Körperchen haben ihr Frequenzoptimum bei 25–50 Hz, Vater-Pacini-Körperchen zwischen 200 und 300 Hz. Als RA-Sensoren (Rapidly Adapting) reagieren sie schnell oder im Fall der Vater-Pacini-Körperchen sehr schnell.

Merke

Vater-Pacini-Körperchen:
- Vibrationssensoren
- Subkutan gelegen
- Rasche Adaptation
- Niedrigste Reizschwelle
- Frequenzoptimum 200–300 Hz

Klinik

Polyneuropathien sind Erkrankungen der peripheren Nerven, die nicht durch ein Trauma erklärt werden können. Von den vielen möglichen Ursachen sind in Deutschland Alkoholmissbrauch und Diabetes am häufigsten. Es finden sich motorische, sensible und vegetative Symptome. Zuerst ist die Sensibilität an den distalen Extremitäten gestört. Die Patienten berichten über Missempfindungen mit strumpf- bzw. handschuhförmiger Ausbreitung. Das Vibrationsempfinden ist schon früh eingeschränkt: **Pallanästhesie.** Zur Diagnostik der Polyneuropathie kann daher eine standardisierte Stimmgabel eingesetzt werden: Rydel-und-Seiffer-Vibrationsgabel.

16.2.2 Tastpunkte und Empfindungsschwellen

16.2.2.1 Tastpunkte

Untersuchungen haben gezeigt, dass nicht überall, sondern nur an bestimmten Stellen der Hautoberfläche Druck- und Berührungsempfindungen hervorgerufen werden können. Diese Stellen werden als Tastpunkte bezeichnet. Die Dichte der Tastpunkte auf der Haut ist sehr unterschiedlich: In berührungsempfindlichen Hautregionen wie den Fingerkuppen und den Lippen gibt es deutlich mehr als z. B. am Rücken oder an Oberschenkeln und Oberarmen. So liegt die Tastpunktdichte an der Hand bei ~ $20/cm^2$, am Rücken findet sich nur ~ 1 Tastpunkt/cm^2. Die Tastpunkte entsprechen nicht den einzelnen Mechanosensoren, deren Dichte in der Haut wesentlich größer ist.

16.2.2.2 Raumschwellen

Je mehr Tastpunkte an einer Hautstelle vorhanden sind, desto besser ist das Auflösungsvermögen, wenn die Haut berührt wird. Dies lässt sich ermitteln, indem die räumliche Unterschiedsschwelle bestimmt wird: Raumschwelle. Dazu werden, z. B. mit einem Stechzirkel, entweder mit beiden Enden zugleich (simultane Raumschwelle) oder nacheinander (sukzessive Raumschwelle) auf der Haut benachbarte Reize gesetzt. Hautareale mit hoher Tastpunktdichte, z. B. die Fingerbeere, haben eine geringe Raumschwelle, d. h. ein hohes Auflösungsvermögen.
Die niedrigste simultane Raumschwelle findet sich auf der Zungenspitze (1–2 mm), während die Haut am Rücken mit 55–75 mm die höchste simultane Raumschwelle aufweist (► Abb. 16.3).

Die sukzessive Raumschwelle ist im Allgemeinen deutlich niedriger als die simultane. Deshalb kann eine Oberflächenstruktur viel genauer ertastet werden, wenn sich die Finger bewegen, als wenn sie passiv auf der Oberfläche liegen.

Lerntipp

Auf den Punkt gebracht: Meissner- und Vater-Pacini-Körperchen waren bisher die Stars unter den Mechanosensoren. Zumindest für das IMPP.

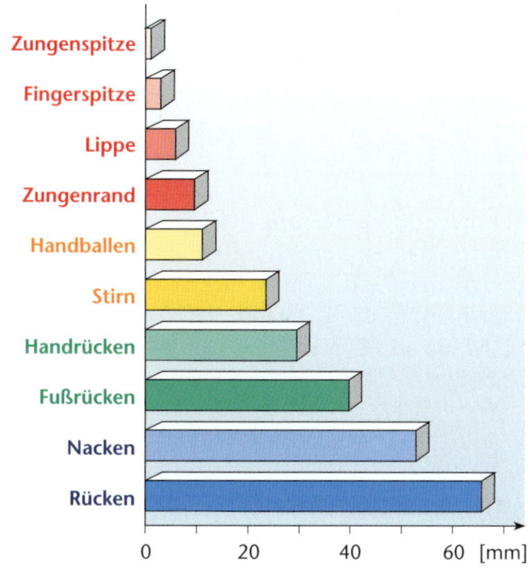

Abb. 16.3 Raumschwellen beim Erwachsenen.

16.3 Temperatursinn

16.3.1 Thermosensoren

16.3.1.1 Histologie

In der Haut verfügt der Organismus nicht über einen einheitlichen Thermosensor, der wie eine durchgehende Thermometerskala arbeitet, sondern über 2 Sensortypen: Warm- und Kaltsensoren. Beide sind freie Nervenendigungen, die über thermosensitive Ionenkanäle verfügen. Die von ihnen ausgehenden Warmfasern sind marklose Fasern der Faserklasse IV (► Tab. 12.2). Kaltfasern sind überwiegend markhaltige Klasse-III-Fasern. Kaltsensoren liegen in oder unmittelbar unterhalb der Epidermis, Warmsensoren liegen im Korium, also tiefer als die Kaltsensoren. Auch Mundschleimhaut, Ösophagus und Magen enthalten Thermosensoren.

16.3.1.2 Reizaufnahme und -weiterleitung

Adäquate Reize

Kaltsensoren

Das Maximum der Entladungsfrequenz von Kaltsensoren liegt zwischen 20 und 25 °C. Auch bei Temperaturen über 45 °C steigt die Entladungsfrequenz wieder an (► Abb. 16.4). Es kommt zu einer paradoxen Kälteempfindung, z. B. beim Eintauchen in ein zu heißes Bad.

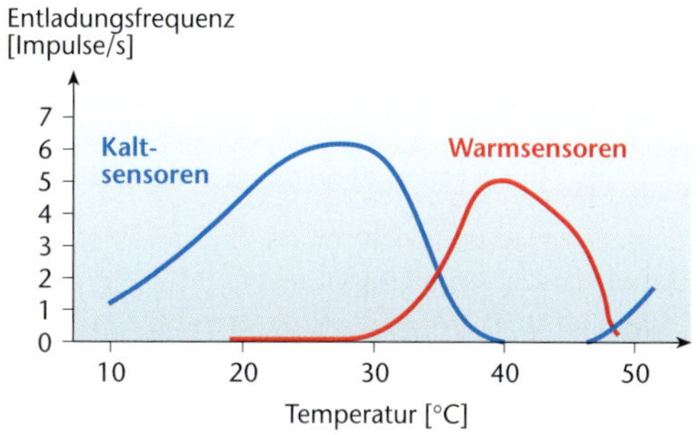

Abb. 16.4 Ansprechen von Kalt- und Warmsensoren auf unterschiedliche Temperaturreize.

Eine inadäquate Reizung der Kaltsensoren kann z. B. durch Mentholapplikation auf Haut oder Schleimhäute ausgelöst werden: kühlender Effekt vieler Salben.

Warmsensoren

Warmsensoren steigern ihre Impulsrate mit steigender Hauttemperatur. Ihre höchste Empfindlichkeit liegt oberhalb der Körperkerntemperatur zwischen 40 und 45 °C (► Abb. 16.4). Eine inadäquate Reizung von Warmsensoren mit Auslösung von Wärmegefühl ist z. B. durch scharfe, Capsaicin enthaltende Gewürze (Cayenne-Pfeffer, Chili-Schoten) möglich.

Transduktion

Bei den Thermosensoren übernehmen thermosensitive Ionenkanäle die Transduktion. Sie gehören zur Klasse der TRP-Kanäle (TRP = transientes Rezeptorpotenzial), die den spannungsabhängigen Kaliumkanälen ähnlich sind. Durch Wärme oder Kälte werden diese nichtselektiven Ionenkanäle geöffnet.

Adaptation

Sowohl Warm- als auch Kaltsensoren sind Proportional-Differenzial-Fühler:

- Bei unveränderter Hauttemperatur geben sie Impulse mit nahezu konstanter Frequenz ab, wobei eine proportionale Beziehung zwischen der Impulsrate und der absoluten Hauttemperatur besteht: Proportional-Verhalten.
- Auf eine rasche Änderung der Hauttemperatur reagieren die Sensoren mit einem überproportionalen Anstieg (oder Abfall) der Entladungsrate: Differenzialverhalten (► Abb. 16.5).
- Bei konstanter Indifferenztemperatur, d. h. einer Hauttemperatur, bei der weder Warm- noch

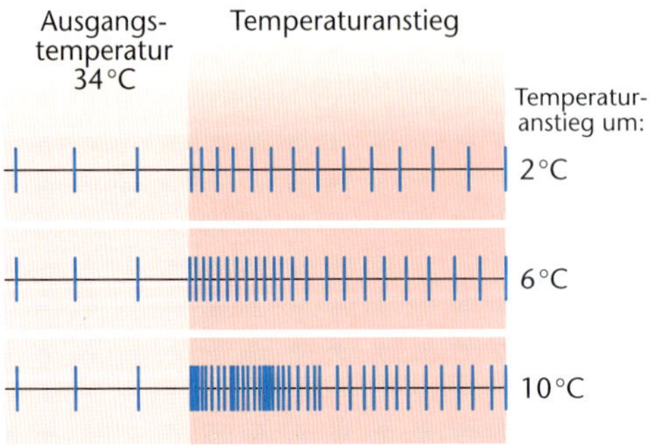

Abb. 16.5 Impulsrate eines Warmsensors bei Anstieg der Ausgangstemperatur von 34 °C um 2 °C, 6 °C und 10 °C. Die schnelle Impulsrate zu Beginn des Temperaturanstiegs ist Ausdruck des Differenzialverhaltens des Warmsensors: Empfindlichkeit auf Temperaturänderung. Die im weiteren Verlauf bei höherer Temperatur konstant höhere Impulsrate charakterisiert das Proportional-Verhalten: Impulsrate proportional zur Temperatur.

Kaltempfindung besteht (31–36 °C), arbeiten sowohl Kalt- als auch Warmsensoren mit einer konstanten, niedrigen Impulsrate.

Merke

- Warm- und Kaltsensoren sind PD-Fühler.
- Kaltsensoren finden sich in der Epidermis, Warmsensoren im Korium.

16.3.2 Temperaturempfindungen

16.3.2.1 Kalt- und Warmpunkte

Die Temperaturempfindung ist nicht in allen Hautarealen gleich stark ausgeprägt. Hierfür ist die unterschiedliche Verteilung und Dichte von Kalt- und Warmpunkten verantwortlich. Die höchste Dichte von Kalt- und Warmpunkten findet sich im Bereich um die Gesichtsöffnungen. Insgesamt gibt es deutlich mehr Kalt- als Warmpunkte.

16.3.2.2 Indifferenztemperatur

Obwohl sowohl Warm- als auch Kaltsensoren bei Indifferenztemperatur (31–36 °C) aktiv sind und nicht vollständig adaptieren, entsteht keine subjektive Temperaturempfindung. Dies erklärt sich durch eine Weiterverarbeitung im ZNS, welche die bewusste Wahrnehmung der für den Körper wenig bedeutsamen Indifferenztemperatur unterdrückt.

16.3.2.3 Kalt- und Warmempfindung

Die Thermosensoren der Haut vermitteln dem Organismus die Kalt- und Warmempfindung:

- Subjektiv wird bei einer Hauttemperatur von weniger als 32 °C Kälte empfunden, bei Temperaturen < 20 °C herrscht eine ständige Kaltempfindung. Sinkt die Temperatur unter 5 °C, tritt Schmerz durch Reizung der Nozizeptoren auf.
- Warmsensoren vermitteln ab 30 °C das Gefühl von Wärme. Ab > 40 °C herrscht eine ständige Warmempfindung. Steigt die Temperatur auf mehr als 45 °C, wird dies durch Nozizeptorenreizung als Hitzeschmerz wahrgenommen.

16.4 Nozizeption

16.4.1 Nozizeptoren

16.4.1.1 Histologie

Freie Nervenendigungen

Die Schmerzempfindung wird über freie Nervenendigungen vermittelt. Sie finden sich in Haut, Schleimhäuten, Bindegewebe, Skelettmuskulatur, Periost, Sehnen, Faszien, Gelenkkapseln, in der Wand von Blutgefäßen, in Hirnhäuten und in serösen Häuten (nicht jedoch in den parenchymatösen Organen selbst, auch nicht im Hirngewebe). Nozizeptoren sind primäre Sinneszellen, deren Zellkörper in den Spinalganglien und dem Ganglion des N. trigeminus liegen.

Nervenfasern

Weitergeleitet wird der Schmerz über markhaltige Fasern der Klasse III/Aδ (heller Sofortschmerz), und über marklose Fasern der Klasse IV/C (dumpfer Spätschmerz). Die Übermittlung des viszeralen Schmerzes übernehmen ebenfalls marklose Fasern der Klasse IV (C). Sie sind vorwiegend in den serösen Häuten, Organkapseln und Ausführungsgängen gelegen und laufen mit N. vagus, N. splanchnicus und den Nn. pelvici zentralwärts. Quantitativ überwiegen die markhaltigen Klasse-III-Fasern.

16.4.1.2 Reizaufnahme und -weiterleitung

Adäquate Reize

Jeder mechanische, chemische oder thermische Vorgang, der die Gewebeintegrität verletzt, und viele der (vorwiegend im Rahmen von Entzündungsvorgängen) im Gewebe entstehenden Substanzen, wie Acetylcholin, Histamin, Bradykinin,

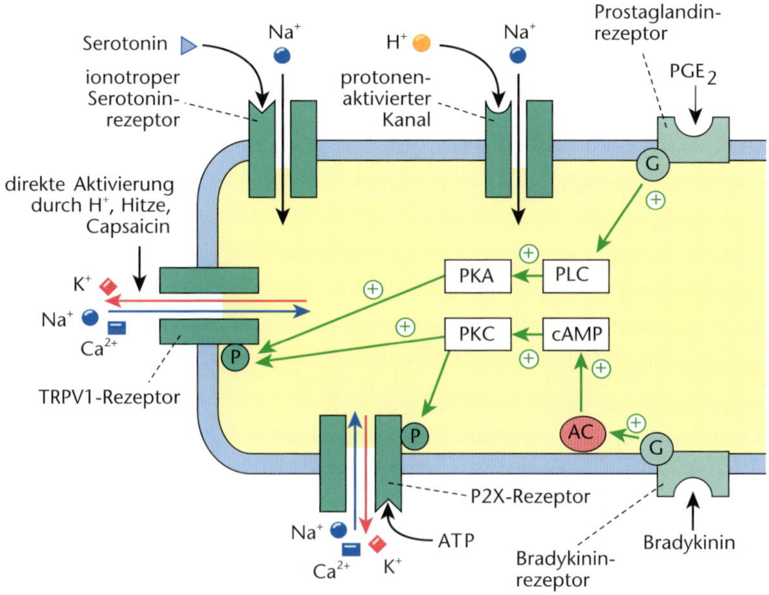

Abb. 16.6 Transduktion an einem Nozizeptor. Ionotrope (links) und metabotrope Rezeptoren (rechts) nehmen die verschiedenen nozizeptiven Reize auf. Metabotrope Rezeptoren können die Empfindlichkeit ionotroper Rezeptoren beeinflussen; AC = Adenylatcyclase, G = G-Protein, cAMP = zyklisches Adenosinmonophosphat, PKA = Proteinkinase A, PKC = Proteinkinase C, PLC = Phospholipase C, P2X = purinerger (P), ionotroper (X) Rezeptor der Klasse 2.

Serotonin, Prostaglandine, H^+-Ionen oder Substanz P, aber auch zahlreiche körperfremde Stoffe können einen Schmerzreiz auslösen: Nozizeptoren sind **polymodal,** d. h. durch unterschiedliche Reizarten erregbar.

Die viszeralen Nozizeptoren sprechen speziell auf Ischämie, passive Dehnung und Kontraktionen glatter Muskulatur an. Dabei reagiert das parietale Peritoneum auf alle Schmerzreize weit empfindlicher als das viszerale Peritoneum.

Merke

Reizung der Nozizeptoren durch Gewebeverletzung, Bradykinin, Serotonin, Substanz P, Prostaglandine, Leukotriene, H^+-Ionen, K^+-Ionen, Histamin, Acetylcholin.

Transduktion

Der Polymodalität der Nozizeptoren entspricht eine Vielzahl von Proteinen in der Membran der Nervenzelle, die der Reizaufnahme dienen. Sowohl ionotrope als auch metabotrope Rezeptoren sind an der nozizeptiven Transduktion beteiligt (▸ Abb. 16.6).

Ionotrope Sensoren

Der ionotrope **TRPV1-Rezeptor** reagiert auf Hitze über 43 °C, Kälte unter 15 °C, Protonen, kurzkettige Alkohole und verschiedene endogene Liganden. Auch Capsaicin wirkt über die Aktivierung des TRPV1-Rezeptors schmerzauslösend: Schmerzempfindung beim Verzehr einer Chili-Schote. Bei Aktivierung wird der Kanal für Ca^{2+}, Na^+ und K^+ vermehrt durchlässig.

Der ionotrope **P2X-Rezeptor** ist durch ATP aktivierbar, das bei Zellschädigungen in den Extrazellularraum freigesetzt wird. Weitere ionotrope Rezeptorkanäle werden durch H^+-Ionen oder Serotonin aktiviert.

Metabotrope Sensoren

Metabotrope Sensoren werden z. B. durch Bradykinin oder Prostaglandin E_2 stimuliert. Über die Aktivierung von Proteinkinasen (PKA und PKC) phosphorylisieren sie den TRPV1-Rezeptor. Hierdurch wird dessen Aktivität erhöht und die Empfindlichkeit für Schmerzreize gesteigert.

Adaptation

Wie die klinische Erfahrung zeigt, adaptieren Schmerzsensoren bei gleich bleibendem Schmerzreiz praktisch nicht. Die Schmerzempfindung lässt erst nach, wenn die Noxe sich abschwächt oder aufgehoben wird. Nozizeptoren arbeiten als reine Proportionalsensoren.

Sensibilisierung

Vor allem bei Entzündungsprozessen können die nozizeptiven Impulse mit zunehmender

Schmerzdauer sogar zunehmen. Für diese Sensibilisierung der Nozizeption ist u. a. eine Rekrutierung „schlafender" Nozizeptoren durch Bradykinin und Prostaglandin E_2 verantwortlich.

16.4.2 Schmerzempfindung

16.4.2.1 Spinale nozizeptive Neurone

Schmerzverstärkung

Die Schmerzempfindung ist keineswegs eine alleinige Funktion der peripheren Nozizeptorenaktivität. Eine Gewebeverletzung zieht die Freisetzung exzitatorischer Transmitter (Glutamat, Aspartat, Substanz P) nach sich und damit die Aktivierung von AMPA- und NMDA-Rezeptoren an nozizeptiven Neuronen im Hinterhorn des Rückenmarks. Diese Aktivierung führt zu einer Schmerzverstärkung und einer erhöhten Schmerzempfindlichkeit in der Umgebung der Gewebeverletzung (zum Mechanismus dieser synaptischen Lern- und Verstärkungsvorgänge an AMPA- und NMDA-Rezeptoren durch posttetanische Potenzierungen ► Kap. 20.5.2.3).

Schmerzhemmung

Nozizeptive Neurone können jedoch auch gehemmt werden. Hierfür sind die endogenen Opioide (Enkephaline, Endorphine, Dynorphine, u. a.) verantwortlich. Sie binden im Bereich der Substantia gelatinosa des Hinterhorns an Opioidrezeptoren der spinalen nozizeptiven Neurone. Durch die Blockade von Ca^{2+}-Kanälen wirken sie dort analgetisch.

Nozizeptive Reflexe

Die Stimulation spinaler nozizeptiver Neurone führt zur reflektorischen Aktivierung motorischer und vegetativer spinaler Neurone: Muskelverspannungen und Schwitzen. Auch der Wegziehreflex (Flexion von Hand oder Fuß bei Schmerzreiz) ist ein typischer spinaler Schmerzreflex.

16.4.2.2 Deszendierendes antinozizeptives System

Die Schmerzempfindung kann auch durch eine Aktivierung des deszendierenden antinozizeptiven Systems vermindert werden.

Ausgangspunkt des antinozizeptiven Systems ist das **zentrale Höhlengrau** im Mittelhirn (Periaqueductal Grey, PAG). Elektrische Stimulation des PAG führt zu einer tiefen Analgesie. Das PAG aktiviert den Nucleus raphe magnus im Hirnstamm, der über serotonerge schmerzhemmende Bahnen die Aktivität der Nozizeptoren im Rückenmark reduziert. Ausgehend vom Nucleus coeruleus im Bereich der Pons ziehen zusätzlich noradrenerge schmerzhemmende Fasern zu den Hinterhörnern des Rückenmarks und wirken dort ebenfalls hemmend auf die spinalen Nozizeptoren. Das deszendierende antinozizeptive System wird über Opioidrezeptoren im Bereich von Mittelhirn und Hirnstamm aktiviert. Endogene und pharmakologisch zugeführte Opioide wirken also direkt an den Hinterhörnern des Rückenmarks und indirekt über die Aktivierung des antinozizeptiven Systems.

Klinik

Nach einem Unfall werden auch schwere Verletzungen oft erst verzögert als schmerzhaft wahrgenommen. Ursache hierfür ist die Aktivierung des antinozizeptiven Systems, das Schmerzreaktionen eine gewisse Zeit unterdrücken kann, um die Handlungsfähigkeit des Organismus in Notsituationen sicherzustellen.
Auch die unterschiedliche Schmerzempfindlichkeit von Patienten wird vermutlich über eine unterschiedlich starke Aktivierung des antinozizeptiven Systems vermittelt.

16.4.2.3 Schmerzformen

Oberflächenschmerz

Der von der Haut ausgehende Oberflächenschmerz hat einen hellen Charakter und kann relativ genau lokalisiert werden. Nach Wegfall der Noxe klingt er rasch ab.

Tiefenschmerz

Der Tiefenschmerz entsteht in Muskeln, Gelenken, Knochenhaut oder Bindegewebsstrukturen. Er hat einen dumpfen Charakter und kann oft nicht genau lokalisiert werden.

Viszeraler Schmerz

Der viszerale Schmerz aus den Eingeweiden ähnelt dem Tiefenschmerz: dumpf, bohrend, schwer lokalisierbar. Nicht selten kommt es zu vegetativen Begleitreaktionen in Form von Blutdruckschwankungen, Übelkeit, Tränenfluss und Schweißausbrüchen.

16.4.3 Schmerzbewertung

16.4.3.1 Kognitive Schmerzbewertung

Der aktuelle Schmerz wird im präfrontalen Kortex mit bereits bekannten Schmerzformen verglichen und bewertet: Habe ich diesen Schmerz schon einmal erlebt? Ist er neu und bedrohlich?

16.4.3.2 Affektive Schmerzbewertung

Neben dieser kognitiven Schmerzbewertung hat der Schmerz immer auch eine affektive Komponente. Über den Tractus spinomesencephalicus ziehen nozizeptive Afferenzen zunächst in das zentrale Höhlengrau im Mittelhirn. Hier liegt ein erstes Schaltzentrum für angstgesteuerte Verhaltensreaktionen. Über Verbindungen zu den Corpora amygdaloidea erreichen die Schmerzreize das limbische System. Dort werden Schmerzreiz und affektive Informationen integriert, sodass der Schmerz von Angst- oder Vernichtungsgefühlen begleitet sein kann.

Klinik

Die Verknüpfung von Schmerz, Angst und negativen Emotionen im limbischen System könnte erklären, warum besonderes chronische Schmerzen auf eine Therapie mit **Antidepressiva** oft gut ansprechen.

16.4.4 Spezielle Schmerzformen

16.4.4.1 Projizierter Schmerz

Projizierter Schmerz entsteht durch inadäquate (mechanische, entzündliche) Reizung eines Nervenstamms oder eines Ganglions, wobei die zentralwärts weitergeleiteten Impulse eine Schmerzempfindung im weiter peripher gelegenen Innervationsbereich der gereizten Nervenfasern vortäuschen. Ein typisches Beispiel ist der **Bandscheibenvorfall.** Hierbei kommt es meist in Höhe von L4/L5 durch prolabiertes Bandscheibengewebe zur Kompression des zugehörigen Spinalnervs an der Hinterwurzel mit Reizung der nozizeptiven Fasern, die u. a. aus dem lateralen Ober- und Unterschenkel stammen. Dorthin wird der Schmerz im Rahmen der zentralen Verarbeitung der einlaufenden Impulse projiziert.
Auch der durch Anstoßen des Ellenbogens („Musikantenknochen") über eine Reizung des N. ulnaris ausgelöste Schmerz im Bereich der Finger ist ein projizierter Schmerz.

Klinik

In vielen Fällen von **Neuralgie** („Nervenschmerz"), z. B. bei der Trigeminusneuralgie, scheint dem Beschwerdebild ein solcher Projektionsmechanismus aufgrund der Irritation weiter zentral liegender Nervenstrukturen (z. B. Trigeminusganglion) zugrunde zu liegen. Der Patient klagt dabei über Schmerzen im peripheren Ausbreitungsgebiet des Nervs.

16.4.4.2 Übertragener Schmerz

Von übertragenem Schmerz spricht man, wenn nach nozizeptiver Reizung innerer Organe der Schmerz nicht oder nicht nur am Ort der Reizeinwirkung, sondern auch an der Hautoberfläche empfunden wird, z. B. Schmerzen im linken Arm bei Angina pectoris.

Mechanismus

Der Schmerz wird dabei in den Hautbereichen wahrgenommen, die Afferenzen in ein Rückenmarkssegment entsenden, das auch das betroffene innere Organ versorgt. Die Übertragung erfolgt also in das zugehörige **Dermatom.** Grundlage der Schmerzübertragung ist die Tatsache, dass viszerale und somatische Schmerzafferenzen aus demselben Rückenmarkssegment z. T. auf dieselben Neurone in den Hinterhörnern des Rückenmarks konvergieren. Hierbei können die an der Schmerzverarbeitung beteiligten höheren zentralnervösen Strukturen den einlaufenden Schmerzimpuls nicht eindeutig der Peripherie oder den inneren Organen zuordnen. Sie beziehen ihn deshalb im Sinne eines Plausibilitätsurteils auf die Körperperipherie, da Schmerzimpulse in der Vergangenheit ihre Ursache meist in peripheren Reizen hatten.

16.4.4.3 Head-Zonen

Als Head-Zonen bezeichnet man diejenigen Hautbezirke bzw. Dermatomanteile, die auf diese Weise bestimmten inneren Organen zugeordnet werden können (▸ Abb. 16.7). Ihre Kenntnis ist für die ärztliche Diagnostik von großer Bedeutung. Analog zu den Dermatomen sind die **Myotome** diejenigen Muskelgebiete, die motorisch aus demjenigen Rückenmarkssegment innerviert werden, in dem auch nozizeptive Afferenzen eintreffen.

Klinik

Die **muskuläre Abwehrspannung** bei Erkrankungen oder Verletzungen der Bauchorgane beruht auf einer schmerzreflektorischen Innervation der korrespondierenden Myotome.

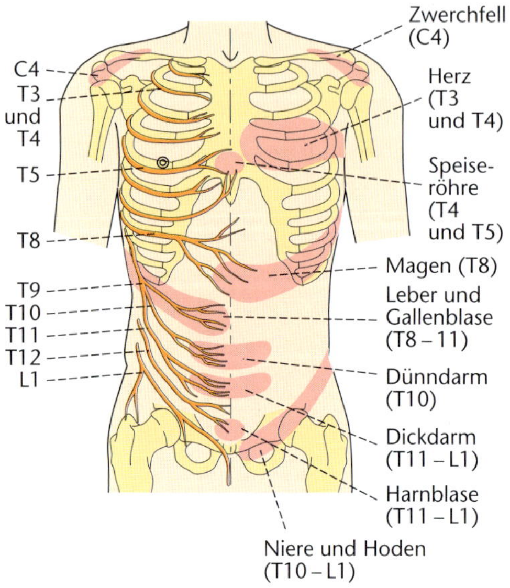

Abb. 16.7 Head-Zonen. Bei Erkrankungen der aufgeführten inneren Organe sind übertragene Schmerzen in den korrespondierenden Hautbezirken möglich. Nach [4]

16.4.5 Störungen der Schmerzempfindung

16.4.5.1 Hyper- und Hypalgesie

Hyperalgesie ist die erhöhte Empfindlichkeit auf Schmerzreize. Eine kutane Hyperalgesie kann zum Bild des übertragenen Schmerzes gehören.

Die Begriffe **Hypalgesie** und **Analgesie** bezeichnen eine herabgesetzte bzw. völlig aufgehobene Schmerzempfindlichkeit. Selten gibt es eine kongenitale Schmerzunempfindlichkeit: Die betroffenen Kinder ziehen sich durch das Fehlen der Schmerzempfindung rasch schwere, verstümmelnde Verletzungen zu und sterben meist früh.

Erworbene Ausfälle der Schmerzempfindung entstehen bei Verletzungen peripherer Nerven oder Rückenmarksläsionen (z. B. beim Brown-Séquard-Syndrom), sowie bei metabolisch-toxisch oder entzündlich bedingten Polyneuropathien. Sie treten jedoch stets in Kombination mit anderen Sensibilitätsdefekten auf.

16.4.5.2 Phantomschmerz

Der Phantomschmerz wird an nicht mehr vorhandenen (amputierten) Körperteilen empfunden. Er ist oft von Missempfindungen (Brennen, Kribbeln) begleitet, sehr belastend und tritt meistens intermittierend auf. Ursache ist vermutlich eine Reorganisation der Neurone im somatosensorischen Kortex des Gyrus postcentralis. Neuronale Bereiche, die der kortikalen Repräsentation des amputierten Gliedes auf dem sensorischen Homunculus (vgl. ► Abb. 16.9) benachbart sind, „übernehmen" dessen verwaiste Repräsentation, sodass das nicht mehr vorhandene Glied wieder empfunden werden kann. Schmerzen entstehen dann vermutlich durch sensorische Konflikte und Veränderungen im nozizeptiven System, die durch diese kortikale Reorganisation ausgelöst werden.

16.4.5.3 Zentraler Schmerz

Der Schmerz als bewusste Empfindung entsteht im ZNS. Deshalb kann er auch rein zentral ohne jede Mitwirkung von Nozizeptoren oder nozizeptiven Rückenmarksbahnen empfunden werden. Ein typisches Beispiel für einen zentralen Schmerz ist der Thalamusschmerz. Thalamusschmerzen entstehen bei Schädigung des Thalamus z. B. im Rahmen der Multiplen Sklerose oder eines Schlaganfalls. Die Behandlung ist schwierig, da die üblichen Analgetika aufgrund der zentralen Genese meist wirkungslos sind. Auch Opiate wirken nur in etwa 20 % der Fälle. Besser wirksam sind trizyklische Antidepressiva.

16.4.6 Schmerztherapie

Schmerzen können pharmakologisch vor allem auf 4 Wegen beeinflusst werden.

16.4.6.1 Nichtsteroidale Analgetika (NSAR)

Typische Vertreter dieser Substanzgruppe sind Acetylsalicylsäure, Ibuprofen oder Diclofenac. Sie hemmen die Cyclooxygenase (COX, ► Abb. 10.8), das geschwindigkeitsbestimmende Enzym der Prostaglandinsynthese. Durch die blockierte Prostaglandinsynthese werden Entzündungsreaktionen und die Sensibilisierung von Nozizeptoren reduziert (► Abb. 16.6).

In entzündeten Geweben wird COX-2, ein Isoenzym der Cyclooxygenase, vermehrt exprimiert. Selektive COX-2-Hemmer wirken daher bevorzugt auf Entzündungen und Schmerzen in diesen Geweben, ohne dass das von praktisch allen Körperzellen exprimierte COX-1-Isoenzym gehemmt wird. Vorteil der selektiven COX-2-Hemmung ist, dass die unter klassischen NSAR als häufige Nebenwirkung auftretenden Magengeschwüre seltener entstehen, weil die im Magen vorkommende COX-1 das gastroprotektive Prostaglandin E_2 (► Kap. 7.4.3.8) weiterhin produzieren kann.

Klinik

Im Jahr 2004 zeigte sich in einer Studie, dass die Einnahme des **COX-2-Hemmers** Rofecoxib zu einer zweimal höheren Rate an Herzinfarkten und Schlaganfällen führte. Die Studie wurde abgebrochen und das bis dahin kommerziell sehr erfolgreiche Rofecoxib weltweit vom Markt genommen. Die kardiovaskulären Komplikationen, die auch bei anderen COX-2-Hemmern vorkommen, beruhen wahrscheinlich auf der bei COX-2-Hemmern fehlenden TXA_2-Hemmung in Thrombozyten (COX-1) und einer PGI_2-Hemmung in Endothelien (COX-2). Beide Effekte führen zu einer verstärkten Vasokonstriktion und einer erhöhten Thrombozytenaggregation (► Tab. 10.8). Neuere Studien zeigen allerdings, dass unerwünschte thrombotische Ereignisse bei Patienten mit kardiovaskulären Vorerkrankungen auch unter den klassischen nichtselektiven NSAR deutlich häufiger auftreten.

16.4.6.2 Opiate

Die schmerzlindernde Wirkung von Opiaten beruht auf der Aktivierung von μ-Opioidrezeptoren im nozizeptiven System. Sie hemmen dabei G-Protein-vermittelt spannungsabhängige Ca^{2+}-Kanäle, sodass die Erregbarkeit der Zellen reduziert wird. μ-Opioidrezeptoren finden sich im Gehirn, im Rückenmark und an peripheren Neuronen. Wichtigste Nebenwirkung der Opiate ist die Atemdepression, die ebenfalls über μ-Opioidrezeptoren vermittelt wird. Medikamentös eingesetzte natürliche Opiumderivate sind vor allem Morphin und Codein. Synthetisch hergestellte Opiate (Opioide) wie z. B. Tilidin, Tramadol oder Fentanyl unterscheiden sich vor allem in Wirkstärke und Pharmakokinetik von Morphin.

Klinik

Die Schmerztherapie mit **Opiaten** ist leider immer noch mit Vorurteilen und Ängsten belastet. Eine Gefahr der Abhängigkeit besteht bei Gabe zur Linderung schwerer Schmerzen nicht. Chronisch Schmerzkranke brauchen ihr Analgetikum wie Diabetiker das Insulin – und nicht wie Süchtige ihr Heroin. Auch das Risiko einer Atemdepression unter Opiaten gibt es bei einer lege artis durchgeführten Schmerztherapie nicht, da Schmerzen ein unspezifischer Atemantrieb sind (► Kap. 5.7.1.3).

16.4.6.3 Antidepressiva

Antidepressive Substanzen erhöhen in unterschiedlichem Ausmaß die Konzentration der Transmitter Noradrenalin, Serotonin und Dopamin an den Synapsen des ZNS. Dadurch haben sie eine stimmungsaufhellende, angstlösende und aktivierende Wirkung. Die analgetische Wirkung der Antidepressiva wird aber nicht allein über ihre antidepressive Wirkkomponente vermittelt. Antidepressiva führen zusätzlich zu einer Aktivierung des antinozizeptiven Systems.

Klinik

Eine Schmerztherapie sollte sich am **WHO-Stufenschema** orientieren:

- Stufe 1: Nicht-Opioidanalgetika, wie NSAR, Paracetamol oder Metamizol
- Stufe 2: Nicht-Opioidanalgetika + schwache Opioide, wie Dihydrocodein oder Tramadol
- Stufe 3: Nicht-Opioidanalgetika + starke Opioide wie Morphin oder Fentanyl

Bei fehlender Wirksamkeit werden die Substanzen der jeweils höheren Stufe eingesetzt.
Ergänzend sollte in jeder Stufe der Einsatz von unterstützenden Medikamenten, z. B. von Antidepressiva, geprüft werden. Wegen der Häufigkeit NSAR-bedingter Nebenwirkungen kann auch in Stufe 1 schon ein Opioidanalgetikum gegeben werden.

16.4.6.4 Lokalanästhetika

Lokalanästhetika können entweder lokal im gewünschten Gebiet oder in der Umgebung eines Nervenstamms appliziert werden: Leitungsanästhesie. Lokalanästhetika hemmen den schnellen Na^+-Ionen-Einstrom über spannungsabhängige Na^+-Kanäle und damit die Ausbildung und Weiterleitung von Aktionspotenzialen, sodass anästhesierte Nerven keine Informationen nach zentral weiterleiten können. Die Leitungsblockade betrifft deshalb nicht nur die nozizeptiven, sondern auch sensorische und motorische Fasern.

16.5 Juckreiz

Jucken ist eine dem Schmerz verwandte, meist unangenehme Empfindung. Es entsteht ausschließlich in den oberflächlichen Hautschichten und scheint an das Vorhandensein chemischer Substanzen wie Histamin gebunden zu sein.

16.5.1 Sensoren des Juckreizes

Für die Vermittlung der Juckempfindung sind spezielle freie Nervenendigungen zuständig, die ihre Information über Fasern der Klasse IV (C) zum ZNS weiterleiten. Einige dieser Nervenendigungen sind eng mit Mastzellen assoziiert, die nach Stimulation Histamin und Tryptase freisetzen. Diese Substanzen können die Fasern des Juckreizes aktivieren.

16.5.2 Hemmung des Juckreizes

Juckreiz provoziert Kratzen und damit eine motorische Reaktion. Das Kratzen aktiviert Mechanosensoren und Nozizeptoren der Haut, die – auf spinaler Ebene – die Fortleitung des Juckreizes hemmen können.

16.6 Tiefensensibilität

Die Tiefensensibilität oder **Propriozeption** wird in Stellungs-, Bewegungs- und Kraftsinn unterteilt. Für die Orientierung im Raum (Raumlagesinn) ist die Mitwirkung des Vestibularapparats erforderlich (▸ Kap. 18.2). Der weit überwiegende Teil der kinästhetischen Sinnesinformationen erreicht das Bewusstsein nicht.
Sensoren der Tiefensensibilität sind Propriozeptoren im Bewegungsapparat: Muskelspindeln (▸ Kap. 15.2.1.2), Golgi-Sehnenorgane (▸ Kap. 15.2.2.1) und Gelenksensoren (▸ Kap. 15.2.2.2).

16.6.1 Stellungssinn

Der Mensch kann auch ohne visuelle Kontrolle recht genaue Angaben über die Position seiner Extremitäten und die Stellung seiner Gliedmaßen zueinander machen. Diese Qualität der Tiefensensibilität wird als Stellungssinn bezeichnet. Ihm zugrunde liegen Informationen über die Winkelstellung der Gelenke. Eine Adaptation findet nur in sehr geringem Maße statt.

16.6.2 Bewegungssinn

Der Bewegungssinn erlaubt die bewusste Wahrnehmung von Richtung und Geschwindigkeit einer Änderung von Gelenkstellungen, und zwar unabhängig davon, ob die Gelenkbewegung aktiv (durch eigene Muskelaktivität) oder passiv zustande kommt.

16.6.3 Kraftsinn

Der Kraftsinn gestattet es, die jeweils angemessene Muskelkraft einzusetzen, um eine bestimmte Gelenkbewegung auszuführen oder um eine bestehende Gelenkstellung aufrechtzuerhalten.

16.7 Viszerale Sensorik

Im Dienst der Aufrechterhaltung der Homöostase des inneren Milieus stehen die Sensoren für Blutgase, Blutdruck, Blut- und Lungenvolumen sowie osmotischen Druck.

- **Chemosensoren** liegen in Glomus aorticum und Glomus caroticum und reagieren vor allem auf einen Anstieg des CO_2-Partialdrucks bzw. der H^+-Ionen-Konzentration. Sie können über im N. glossopharyngeus und N. vagus laufende Afferenzen eine Steigerung der Atemtätigkeit auslösen (▸ Kap. 5.7.1.2).
- **Osmosensoren** im Hypothalamus veranlassen bei steigendem osmotischem Druck des Blutes die Freisetzung von ADH, das über eine verstärkte Wasserretention diesem Anstieg des osmotischen Drucks entgegenwirkt (▸ Kap. 10.3.3.2).
- **Pressosensoren** mit Proportional-Differenzial-Eigenschaften (PD-Fühler) finden sich in der Wand von Aorta, A. carotis communis und anderen Arterien. Die Afferenzen laufen zum Rautenhirn und zur Formatio reticularis (▸ Kap. 4.3.3.1).
- **Volumensensoren** in den Herzvorhöfen hemmen bei Reizung die ADH-Ausschüttung der Neurohypophyse und setzen das atriale natriuretische Peptid (ANP) frei (▸ Kap. 10.8.4.1).
- **Dehnungssensoren** in der Lunge steuern im Rahmen eines Reflexkreises den normalen Rhythmus von Ein- und Ausatmung (Hering-Breuer-Reflex, ▸ Kap. 5.7.1.2).

Viszerale Sensoren sind auch in vegetative Reflexbögen eingebunden (▸ Kap. 14.4.1).

16.8 Sensorische Informationsverarbeitung

16.8.1 Reizweiterleitung

Die Afferenzen der Sinnessensoren werden über unterschiedliche Nervenfasern zum ZNS weitergeleitet (▸ Tab. 12.2):

- Die Afferenzen der **Muskelspindeln** (Dehnungssensoren) laufen über sehr schnelle (dicke, markhaltige) Fasern der Klasse I/Aα.
- Die Aktionspotenziale der **Mechanosensoren** der Haut werden über markhaltige Fasern der Klasse II/Aβ geleitet.
- **Thermosensoren** und **Nozizeptoren** verfügen über relativ langsam leitende Axone der Klassen III/Aδ und IV/C.

16.8.2 Sensorische Bahnen im Rückenmark

Die sensiblen Fasern der Peripherie erreichen zunächst die pseudounipolaren Neurone der Spinalganglien, deren dendritische Fortsätze sie sind. Die Neuriten dieser Neurone treten dann über die Dorsalwurzel ins Rückenmark ein. Hier ziehen sie gebündelt in verschiedenen Strängen zentralwärts oder werden auf Interneurone umgeschaltet. Es lassen sich die folgenden Systeme unterscheiden:

- Im **Hinterstrang,** der in der Medulla oblongata an den Hinterstrangkernen endet, laufen die Neuriten von Mechanosensoren aus Muskeln, Haut, Gelenken und Viszera.
- In der **Kleinhirnseitenstrangbahn** ziehen die propriozeptiven Neuriten mit Informationen über die Tiefensensibilität.
- Die Neuriten der die Schmerz- und Temperaturempfindung registrierenden Neurone enden im Hinterhorn und werden dort auf Interneurone umgeschaltet. Die Neuriten dieser Interneurone ziehen dann im **Vorderseitenstrang** der Gegenseite zentralwärts.

Außerdem können die sensiblen Afferenzen unmittelbar (monosynaptisch) oder durch Einschaltung von Interneuronen (polysynaptisch) an Motoneuronen des entsprechenden Rückenmarkssegments enden. Dies ist die Basis der Muskelreflexe (► Kap. 15.2.4).

16.8.3 Hinterstrang- und Vorderseitenstrangsystem

Bei der Weiterleitung der somatosensorischen Afferenzen in Richtung Gehirn lassen sich 2 Systeme unterscheiden:

- Spezifisches Hinterstrangsystem (lemniskales System, phylogenetisch jünger): Es leitet spezifische Afferenzen einer jeweils exakt abgrenzbaren Sinnesmodalität.
- Unspezifisches Vorderseitenstrangsystem (phylogenetisch älter): Hier konvergieren Impulse verschiedener Sinnesmodalitäten (► Abb. 16.8).

16.8.3.1 Hinterstrangsystem

Das Hinterstrangsystem übermittelt mit dreimaliger synaptischer Umschaltung Informationen der kutanen Mechanosensoren und der Tiefensensibilität: **epikritische Sensibilität.**

1. Neuron Die Sinnesdaten von Druck, Berührung, Vibration und Propriozeption laufen zunächst in den Neuriten der Spinalganglien (1. Neuron) und der Hinterstrangbahn (Tractus spinobulbaris) ohne Umschaltung zu den Hinterstrangkernen der Medulla oblongata (Nucleus cuneatus und Nucleus gracilis), wo das 2. Neuron lokalisiert ist.

2. Neuron Im Lemniscus medialis (mittlere Schleifenbahn) kreuzen die Neuriten dieses 2. Neurons zur Gegenseite und ziehen, zusammen mit Afferenzen aus dem sensorischen Trigeminushauptkern, zum Thalamus.

3. Neuron Das dort gelegene 3. Neuron vermittelt die einlaufenden Afferenzen zum Kortex des Großhirns. Der Thalamus als „Tor zum Bewusstsein“ fungiert hier als Verteilerstation aller afferenten Systeme zum Neokortex. Sein Ventrobasalkern ist als spezifischer Thalamuskern somatotopisch aufgebaut, d. h., bestimmte Kerngebiete beziehen sich auf bestimmte Körperanteile. So ist im Nucleus ventralis posterolateralis der Körper als Ganzes, im Nucleus ventralis posteromedialis das Gesicht repräsentiert. Die spezifischen Thalamuskerne erhalten zusätzliche Afferenzen aus dem Nucleus dentatus des Kleinhirns.

Klinik

Eine Irritation oder Zerstörung der thalamokortikalen Verbindungen (z. B. durch Verletzungen oder Tumoren) führt u. a. zum Symptom der räumlichen Agnosie: **Stereoagnosie.** Sie ist durch die Unfähigkeit zur räumlichen Orientierung beim Wegfall optischer Informationen gekennzeichnet. Bei geschlossenen Augen kann z. B. ein Gegenstand nicht durch Betasten allein identifiziert oder ein Finger nicht zur Nasenspitze geführt werden.

Somatosensorische Kortexareale Auch die vom Thalamus versorgten sensorischen Kortexareale S1 (Gyrus postcentralis) und S2 bilden die Körper-

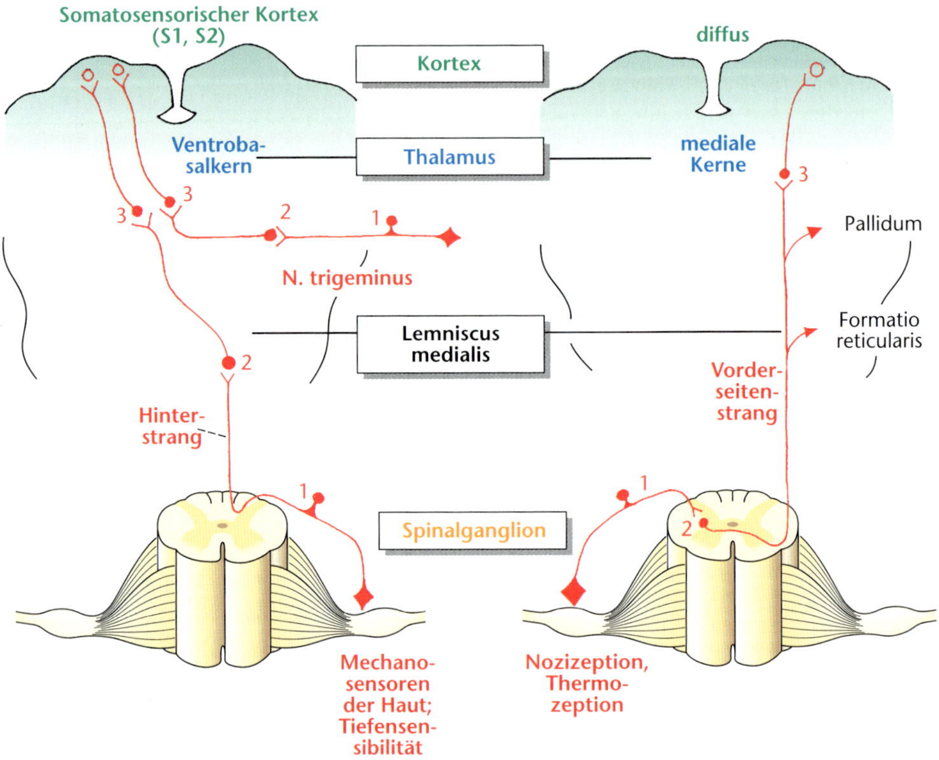

Abb. 16.8 Spezifisches Hinterstrangsystem und unspezifisches Vorderseitenstrangsystem der Somatosensorik. (1–3: Neurone, Erklärung im Text).

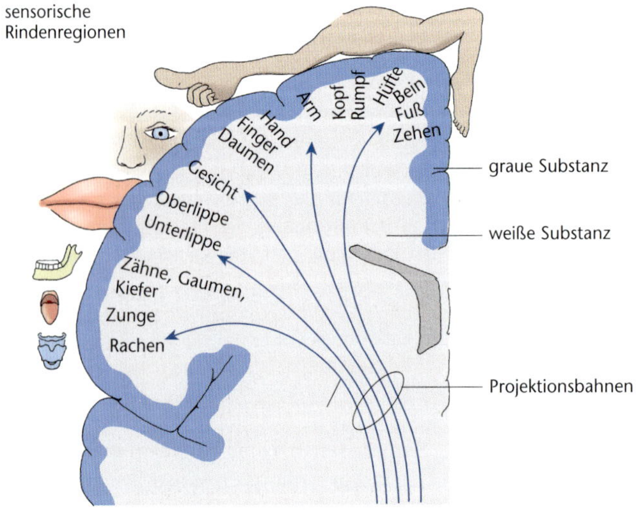

Abb. 16.9 Repräsentation des Körpers im Kortexareal S1. Körpergebiete mit hoher Sensordichte sind größere Kortex-Areale zugeordnet: sensorischer Homunkulus.

peripherie somatotop ab. Nachbarschaftsverhältnisse bleiben dabei gewahrt, nicht jedoch die realen Größenverhältnisse. Die peripher mit überproportionaler Sensordichte ausgestatteten Zonen wie Lippen und Finger sind auch im Kortex überproportional repräsentiert: **sensorischer Homunkulus** (► Abb. 16.9).

16.8.3.2 Vorderseitenstrangsystem

Im weniger leicht abgrenzbaren Vorderseitenstrangsystem (spinothalamisches System, ► Abb. 16.8) ziehen die Afferenzen von Thermo- und Nozizeption: **protopathische Sensibilität.** Im Gegensatz zum Hinterstrangsystem erreichen die Impulse aus der Peripherie die kortikalen Areale meist erst nach zahlreichen Umschaltungen. Auch eine klare Somatotopie, wie sie für das lemniskale System typisch ist, besteht nicht.

Umschaltung im Hinterhorn und Kreuzung

Die Afferenzen werden nach Eintritt über die Hinterwurzel im Hinterhorn des Rückenmarks umgeschaltet (2. Neuron). Das 2. Neuron kreuzt noch im gleichen Segment auf die Gegenseite und zieht dann im Vorderseitenstrang, speziell im Tractus spinothalamicus und im Tractus spinoreticularis, zentralwärts. Die Afferenzen erreichen über die Formatio reticularis unspezifische, mediale, intralaminäre Thalamuskerne. Sie versorgen diffus praktisch alle Bereiche des Kortex. Vom unspezifischen somatosensorischen System bestehen Verbindungen zu vegetativen Zentren und zum limbischen System (anteriorer cingulärer Kortex).

Umschaltung im Ventrobasalkern des Thalamus

Ein Teil der nozizeptiven Afferenzen aus dem Vorderseitenstrangsystem wird wie das Hinterstrangsystem im Ventrobasalkern (Nucleus ventralis posterolateralis) des Thalamus auf das 3. Neuron umgeschaltet und erhält damit Anschluss zum Gyrus postcentralis des Kortex. Auf diesem Weg kommt es zur bewussten Schmerzempfindung.

Merke

- Hinterstrangsystem: Oberflächen- und Tiefensensibilität: Ventrobasalkern des Thalamus
- Vorderseitenstrangsystem: Temperatur- und Schmerzempfindung: unspezifische Thalamuskerne

Klinik

Der teils gekreuzte (Schmerz, Temperatur), teils ungekreuzte (Berührung, Druck, Vibration) Verlauf sensibler Afferenzen auf spinaler Ebene ist die Erklärung, warum es nach halbseitiger Rückenmarksdurchtrennung zu einer dissoziierten Empfindungsstörung kommen kann: **Brown-Séquard-Syndrom** (► Abb. 16.10). Unterhalb der Läsion besteht auf der gleichen Seite (ipsilateral) neben einer Lähmung der Muskulatur eine Einschränkung der Berührungs-, Druck-, Vibrations- und Tiefenwahrnehmung: Unterbrechung des Hinterstrangs. Kontralateral findet sich dagegen eine eingeschränkte oder aufgehobene Temperatur- und Schmerzempfindung: Unterbrechung des Vorderseitenstrangs. Reflektorische Reaktionen auf Rückenmarksebene sind jedoch weiterhin auslösbar.

Lerntipp

Mit dem Brown-Séquard-Syndrom läßt sich der Verlauf der sensorischen Bahnsysteme gut abfragen. Nicht umsonst ist die im Jahr 1850 erstmals beschriebene dissoziierte Sensibilitätsstörung ein Liebling des IMPP in diesem Kapitel. ► Abb. 16.10 fasst die wichtigsten klinischen Symptome zusammen.

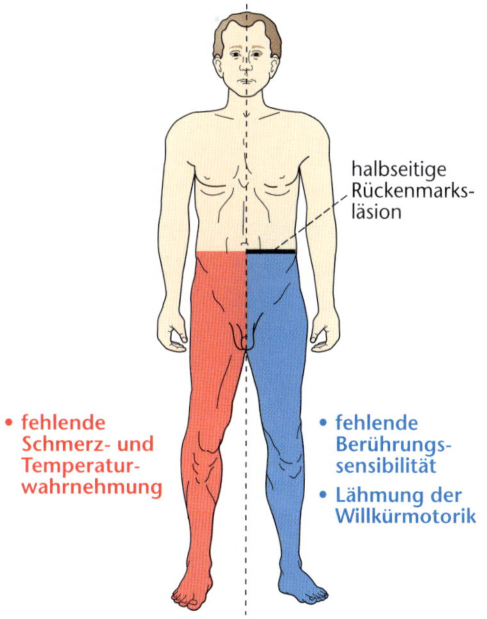

Abb. 16.10 Brown-Séquard-Syndrom.

Formatio reticularis

Über das Vorderseitenstrangsystem erreichen der Tractus spionoreticularis und der Tractus spinomesencephalicus die in Brücke und Mittelhirn gelegene Formatio reticularis. Es handelt sich um eine Gruppe von Kerngebieten, welche die kortikale Erregbarkeit steuert. Diese Gebiete werden auch als aufsteigendes retikuläres Aktivierungssystem (ARAS) bezeichnet und sind für die Bewusstseinslage (Arousal-Niveau) verantwortlich. Ihre Zerstörung führt zu einem Tiefschlaf, aus dem der Betroffene nicht mehr erweckbar ist. Über Efferenzen zum Hypothalamus und zum limbischen System kann die Formatio reticularis die zur jeweiligen Bewusstseinslage passenden vegetativen, endokrinen und emotionalen Reaktionen abrufen.

Lerntipp

Die 3 wichtigsten Stränge des Rückenmarks und ihre Kreuzungen:

- Vorderseitenstrang: Schmerz und Temperatur
  - Kreuzt auf Segmenthöhe im Rückenmark
- Hinterstrang: epikritische Sensibilität
  - Im Rückenmark ungekreuzt – kreuzt erst im Hirnstamm
- Pyramidenbahn: Willkürmotorik (► Kap. 15.6.3.2)
  - Im Rückenmark ungekreuzt – kreuzt erst im Hirnstamm

16.8.4 Regulierung der Sensorik

Von höheren Zentren des ZNS ausgehende Fasersysteme können in den Hinterhörnern des Rückenmarks die Umschaltung von Hautafferenzen auf das 2. Neuron hemmend oder fördernd beeinflussen: **deszendierende Hemmung oder Aktivierung.** Dadurch kann das Ausmaß der nach zentral weitergeleiteten Hautafferenzen auf Rückenmarksebene im Sinne einer zentralen efferenten Kontrolle gesteuert werden. Dieses auch bei Temperatur- und Schmerzafferenzen gültige Prinzip der **zentralen efferenten Modifizierung afferenter Zuflüsse** ist mitverantwortlich für die unterschiedliche Berührungs-, Temperatur- und Schmerzempfindlichkeit bei verschiedenen zentralnervösen Zuständen wie z. B. einer stärkeren Schmerzwahrnehmung bei Angst oder einer geringeren Schmerzwahrnehmung bei Wut.

Visuelles System

17

mediscript Online

IMPP-Hits

- Transduktion an Fotosensoren
- Steuerung der Pupillenmotorik
- Berechnung von Brechkraft und Akkommodationsbreite

17.1 Wegweiser

Der für die klinische Praxis relevanteste Teil der Sehphysiologie beschäftigt sich mit den Eigenschaften des Auges als dioptrischem Apparat (► Kap. 17.2). Wichtige Themen sind Brechkraft, Akkommodationsbreite und das Verständnis der Refraktionsanomalien: Kurzsichtigkeit, Weitsichtigkeit und Astigmatismus.

Die retinale Signalverarbeitung (► Kap. 17.3) ist aus physiologischer Sicht besonders interessant. Die Fotorezeption von Stäbchen und Zapfen ist bis auf die molekulare Ebene aufgeklärt (► Kap. 17.3.1). Die optischen Informationen werden in neuronalen Netzen schon in der Retina weiterverarbeitet (► Kap. 17.3.2). Die Kenntnis der Sehbahn (► Kap. 17.4) und der Informationsverarbeitung im visuellen System (► Kap. 17.5) gestattet u. a. die Lokalisation von Schädigungen im Bereich des ZNS. Weitere Aspekte des visuellen Systems sind die Berechnung der Sehschärfe (► Kap. 17.6), das Farbensehen (► Kap. 17.7) und das räumliche Sehen (► Kap. 17.8).

17.2 Dioptrischer Apparat

17.2.1 Anatomische Grundlagen

Der Augapfel hat annähernd die Form einer Kugel und besteht aus 3 Schichten (► Abb. 17.1):

- Äußere Augenhaut mit Sklera und Kornea
- Mittlere Augenhaut (Uvea) mit Aderhaut (Chorioidea) und Ziliarkörper
- Innere Augenhaut: Retina (= Netzhaut, ► Kap. 17.3)

Der Augapfel wird vom Glaskörper und in einem kleineren vorderen Teil von der Linse ausgefüllt. Kornea und Linse sind die brechenden Medien des Auges.

Der Sehnerv (N. opticus) tritt nasal der Stelle des schärfsten Sehens, der Fovea centralis, aus der Netzhaut aus. An diesem Austrittspunkt des N. opticus befinden sich keine lichtempfindlichen Strukturen, weshalb er auch als blinder Fleck bezeichnet wird (► Abb. 17.2). Er ist für die Lücke im temporalen Gesichtsfeld verantwortlich.

Klinik

Die den Bulbus oculi nach vorn begrenzende Hornhaut (Kornea) ist zur Erhaltung ihrer Struktur auf regelmäßige Vitamin-A-Zufuhr angewiesen. Bei **Vitamin-A-Mangel** (z. B. bei Unterernährung) kommt es zum Krankheitsbild der Xerophthalmie mit Hornhauttrübung und Hornhautnekrosen: Keratomalazie. Zugleich besteht bei Vitamin-A-Mangel Nachtblindheit (Hemeralopie), da dieses Vitamin zur Synthese von Sehfarbstoff benötigt wird (► Kap. 17.3.1.2).

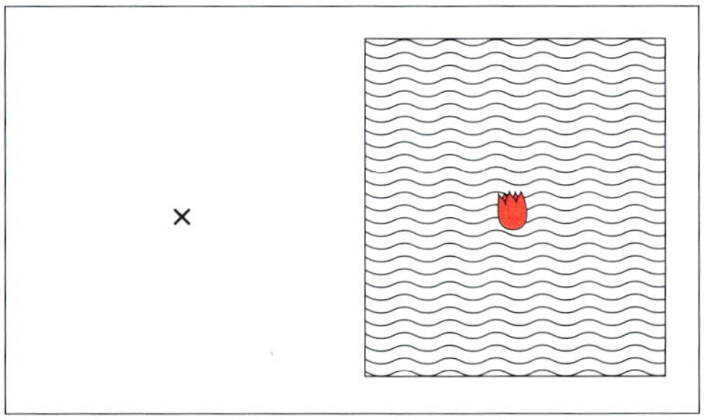

Abb. 17.2 Test des blinden Flecks. Fixiert man das Kreuz mit dem rechten Auge aus etwa 15 cm Entfernung, verschwindet die rote Figur rechts, weil sie auf den blinden Fleck der Netzhaut projiziert wird.

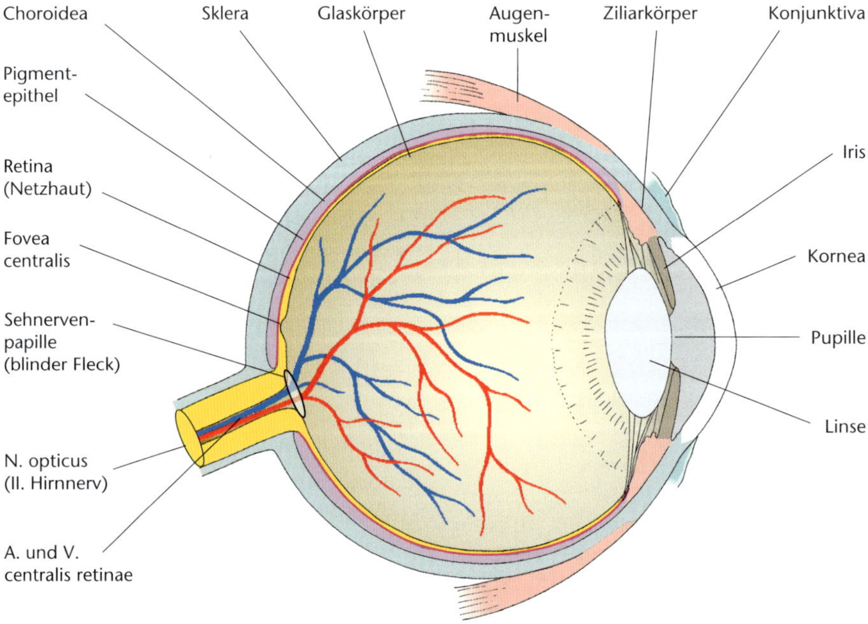

Abb. 17.1 Aufbau des Bulbus oculi.

17.2.2 Das Auge als optisches System

17.2.2.1 Zusammensetzung

Das menschliche Auge ist ein aus mehreren brechenden Medien und sphärischen Grenzflächen bestehendes optisches System, das mit einem nicht genau zentriert zusammengesetzten Linsensystem vergleichbar ist.

In guter Näherung kann man das Auge als optisches System mit 2 brechenden Flächen (Kornea und Linse) ansehen. In einem solchen optischen System unterscheidet man die folgenden Anteile (▸ Abb. 17.3):

- **Optische Achse:** Verbindungslinie zwischen den beiden Brennpunkten.
- **Hauptebenen (H_1, H_2):** die auf gedachte Ebenen reduzierten brechenden Medien. Die Schnittpunkte der Hauptebenen mit der optischen Achse heißen Hauptpunkte.
- **Brennpunkte (F_1, F_2):** Schnittpunkte der achsenparallel einfallenden Strahlen mit der optischen Achse.
- **Knotenpunkte (K_1, K_2):** Schnittpunkte der ungebrochen durch das Auge gehenden Strahlen mit der optischen Achse. Bildseitiger Winkel und gegenstandsseitiger Winkel zur optischen Achse sind bei Strahlen durch den Knotenpunkt identisch (keine Brechung), ihre Richtung ändert sich also nicht.

Bei 2 brechenden Medien lässt sich das Brechungsverhalten des Auges also mit insgesamt 6 Kardinalpunkten (2 Hauptpunkte, 2 Brennpunkte, 2 Knotenpunkte) beschreiben. In einem solchen Modell liegt das retinale Bild ca. 24 mm hinter der Korneavorderfläche. Die hintere Brennweite des Auges (H_2–F_2) ist mit 22,7 mm größer als die vordere Brennweite (H_1–F_1) mit 17,0 mm.

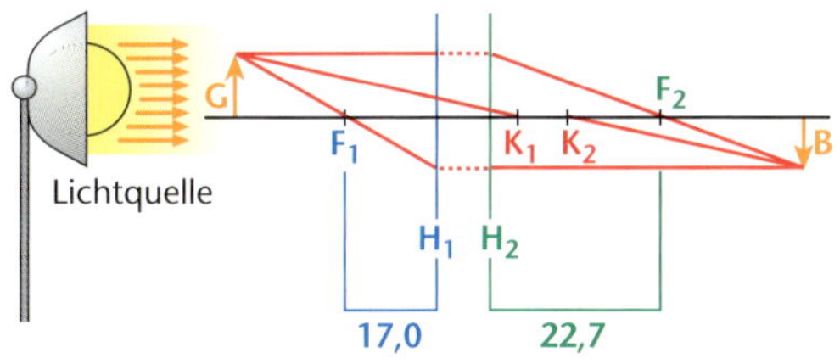

Abb. 17.3 Optisches System, das aus 2 brechenden Medien zusammengesetzt ist. G = Gegenstand; B = Bild; F_1 und F_2 sind die beiden Brennpunkte des Systems entsprechend den beiden brechenden Hauptebenen H_1 und H_2; K_1, K_2 = Knotenpunkte.

Ein noch weiter vereinfachtes, das sog. **reduzierte Auge,** besteht dann lediglich aus einer (fiktiven) brechenden Fläche mit einem Knotenpunkt und einem Hauptpunkt.

17.2.2.2 Dioptrischer Apparat

Im Auge entsteht ein verkleinertes, umgekehrtes Bild der Außenwelt. Der hierzu erforderliche **dioptrische Apparat** setzt sich zusammen aus

- **Kornea** (Hornhaut),
- vorderer und hinterer **Augenkammer** (mit Kammerwasser gefüllt),
- **Iris** (Regenbogenhaut), umschließt die **Pupille,**
- **Linse** und
- **Glaskörper** (nimmt den größten Teil des Augapfelvolumens ein).

Die Kornea mit der Linse bildet das Objektiv, die Iris die Blende und die Retina den Film der „Augenkamera".

Hornhaut, Kammerwasser, Linse und Glaskörper sind die brechenden Medien. Die 4 brechenden Grenzflächen dieser Medien sind:

- Luft/Kornea
- Kornea/Kammerwasser
- Kammerwasser/Linse
- Linse/Glaskörper

Eine Veränderung dieser Grenzflächen, z. B. von Luft/Kornea in Wasser/Kornea beim Unterwassersehen, verändert die Brechkraft und führt daher zu unscharfem Sehen. Beim Unterwassersehen nimmt die Brechkraft um etwa 65 % ab.

17.2.2.3 Bestimmung der Brechkraft

Die brechenden Medien des Auges sind durch 2 Charakteristika gekennzeichnet: den Brechungsindex und die Brechkraft.

- Der **Brechungsindex** eines Mediums gibt das Verhältnis der Lichtgeschwindigkeit im Vakuum zu der im jeweiligen Medium an. Er beträgt für Luft 1,0, für Wasser 1,33, für Kammerwasser und Glaskörper 1,336, für die Kornea 1,376 und für die Linse 1,41.
- Die **Brechkraft** (D) des Auges wird in Dioptrien (dpt) gemessen. Sie ist umgekehrt proportional der Brennweite (f) des optischen Systems in Metern:

$$D\,[\text{dpt}] = \frac{1}{f\,[\text{m}]}$$

Je kleiner also die Brennweite, d. h. der Abstand des Brennpunkts vom brechenden Medium, desto größer die Brechkraft.
Außerdem lässt sich die Brechkraft (*D*) eines optischen Systems aus der Kenntnis von **Gegenstandsweite** und **Bildweite** berechnen. Die Gegenstandsweite (*g*) ist die Entfernung des Gegenstands vom brechenden Medium in Metern, die Bildweite (*b*) entsprechend die Entfernung des Bildes im Auge vom brechenden Medium. Dabei gilt:

$$\frac{1}{g}+\frac{1}{b}=\frac{1}{f}=D$$

Befindet sich der Gegenstand in unendlicher oder sehr großer Entfernung, geht $1/g$ gegen null. Die Brechkraft *D* ist dann nur noch umgekehrt proportional zur Bildweite:

$$D=\frac{1}{b}$$

Auf diese Weise können Brennweite und Brechkraft durch Messung der Bildweite für unendlich entfernte Gegenstände ermittelt werden.
Die Brechkraft der Kornea beträgt 43 dpt, die der Linse 19 dpt im flachen Zustand und bis zu 31 dpt bei maximaler Kugelform. Nach der **Gullstrand-Formel,** welche die Brechkraft beider Medien, ihren Abstand und den Brechungsindex der zwischen ihnen gelegenen Kammerwasserflüssigkeit berücksichtigt, liegt die **Gesamtbrechkraft** des Auges in Ruhe bei 58 dpt.

17.2.3 Akkommodation

Das Auge passt seine Brechkraft der Entfernung des scharf abzubildenden Gegenstands an: Akkommodation. Grundlage der Akkommodation ist eine Veränderung der Brechkraft der Linse durch die Kontraktion des glatten, parasympathisch innervierten Ziliarmuskels.

17.2.3.1 Nahakkommodation

Durch Kontraktion des Ziliarmuskels entspannen sich die Zonulafasern, die an der Linse ansetzen. Die Linse folgt ihrer Eigenelastizität und wird kugeliger. Dadurch nimmt die Wölbung der Linsenvorderfläche zu und die Linsenbrechkraft steigt bis auf 31 dpt an. Durch diese Nahakkommodation können nahe gelegene Gegenstände scharf abgebildet werden.

17.2.3.2 Fernakkommodation

Umgekehrt führt die Erschlaffung des Ziliarmuskels zu einer passiven Anspannung der Zonulafasern. Dadurch wird die Linse in eine flachere Form gezogen, ihre Wölbung und damit ihre Brechkraft nehmen ab. Durch diese Fernakkommodation können „unendlich" weit entfernte Gegenstände scharf auf der Netzhaut abgebildet werden.

17.2.3.3 Bestimmung der Akkommodationsbreite

Die Akkommodationsbreite dieses Systems, d. h. der maximale Brechkraftunterschied zwischen Nah- und Fernakkommodation, beträgt im jugendlichen Alter etwa 12 dpt. Sie entscheidet darüber, in welchem Entfernungsbereich Gegenstände wahrgenommen werden können. Dabei ist der **Fernpunkt** der am weitesten entfernte und der **Nahpunkt** der augennächste Punkt, der noch scharf auf der Retina abgebildet werden kann. Der zwischen Fern- und Nahpunkt gelegene Bereich ist die **Akkommodationsstrecke.** Aus dem Abstand von Fern- und Nahpunkt des Auges in Metern lässt sich die Akkommodationsbreite des Auges in Dioptrien berechnen:

$$\text{Akkommodationsbreite}\,[\text{dpt}] = \frac{1}{\text{Nahpunkt}\,[\text{m}]} - \frac{1}{\text{Fernpunkt}\,[\text{m}]}$$

Bei Normalsichtigkeit (Emmetropie) liegt der Fernpunkt im Unendlichen, der Nahpunkt ist ca. 10–30 cm entfernt. Dazu ein Rechenbeispiel:

$$\text{Akkommodationsbreite}\ [\text{dpt}] = \frac{1}{0{,}1} - \frac{1}{\infty} = 10 - 1 = 10\,[\text{dpt}]$$

Lerntipp

Das IMPP lässt sehr gerne Akkommodationsbreite und Brechkraft berechnen → üben und punkten!

17.2.3.4 Chromatische Aberration

Im dioptrischen Apparat des Auges wird kurzwelliges (blaues) Licht stärker gebrochen als langwelliges (rotes) Licht: chromatische Aberration. Wenn ein roter Gegenstand scharf auf der Netzhaut abgebildet werden soll, muss daher stärker akkommodiert werden als für einen blauen Gegenstand.

Die zentralen bildverarbeitenden neuronalen Strukturen ziehen aus dem Maß der erforderlichen Akkommodation Rückschlüsse auf die Entfernung des Gegenstands: Je mehr akkommodiert werden muss, desto näher ist der Gegenstand. Deshalb erscheinen rote Gegenstände dem Betrachter – bei gleicher objektiver Distanz – näher als blaue. Diese physiologischen Gegebenheiten werden in der Malerei genutzt: Blaue oder bläuliche Gegenstände erscheinen weiter entfernt als rötliche: **Farbperspektive.**

17.2.3.5 Presbyopie

Mit zunehmendem Alter nimmt die Elastizität der Linse ab. Sie „kugelt" sich nicht mehr so gut zusammen, d. h., Gegenstände, die sich nahe am Auge befinden, können schlechter scharf wahrgenommen werden, der Nahpunkt entfernt sich vom Auge. Liegt er jenseits von 33 cm, spricht man von **Altersweitsichtigkeit** (Presbyopie), ein ab dem 50. Lebensjahr praktisch generalisiertes Phänomen (► Abb. 17.4). Die Akkommodationsbreite des presbyopen Auges ist deutlich eingeschränkt, während der Fernpunkt des Auges unverändert bleibtf. Dies ist der Grund, warum Kurzsichtigkeit (zu naher Fernpunkt) nicht durch Weitsichtigkeit (zu ferner Nahpunkt) ausgeglichen werden kann.

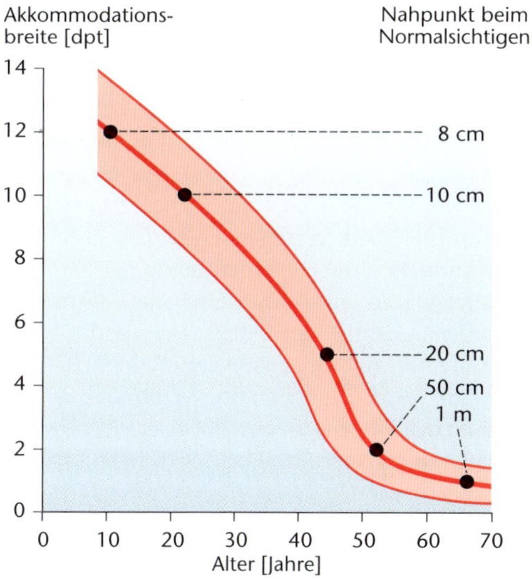

Abb. 17.4 Abnahme der Akkommodationsbreite im Alter. Die damit verbundene Veränderung des Nahpunkts ist für den Normalsichtigen eingetragen. Nach [6]

Auch hierzu ein Rechenbeispiel: Liegt der noch scharf wahrnehmbare Nahpunkt im presbyopen Auge z. B. bei 50 cm, berechnet sich bei normalem Fernpunkt (im Unendlichen) die Akkommodationsbreite als:

$$\text{Akkommodationsbreite [dpt]}$$
$$= \frac{1}{0{,}5} - \frac{1}{\infty} = 2 - 0 = 2\,[\text{dpt}]$$

In höherem Alter (> 70 Jahre) fällt die Akkommodationsbreite auf Werte um 0,5 dpt ab. Der Nahpunkt liegt dann bei 2 m.

17.2.3.6 Pharmakologische Beeinflussung

Da die Akkommodation über den M. ciliaris gesteuert wird, der parasympathisch innerviert ist, kann sie auch pharmakologisch leicht beeinflusst werden:

- **Parasympatholytika** wie Atropin blockieren die Parasympathikuswirkung am Ziliarmuskel. Der Muskel erschlafft, die Linse flacht sich durch die Zugwirkung der Zonulafasern ab, die Brechkraft wird schwächer und das Auge kann nahe Gegenstände nicht mehr scharf sehen.
- Durch **Parasympathomimetika** wie Neostigmin wird der Ziliarmuskel verstärkt stimuliert, die Zonulafasern erschlaffen, die Linse rundet sich und die Brechkraft nimmt zu. Weit entfernte Gegenstände werden nicht mehr scharf wahrgenommen.

17.2.4 Abbildungsfehler

17.2.4.1 Aberrationen

Verglichen mit einem idealen optischen System weist das Auge des Menschen schon physiologischerweise Abbildungsfehler auf:

- **Chromatische Aberration:** stärkere Brechung von kurzwelligem, blauem Licht (► Kap. 17.2.3.4).
- **Sphärische Aberration:** stärkere Brechung am Rand des Auges als in der Nähe der optischen Achse. Die sphärische Aberration kann durch Engstellung der Pupille reduziert werden.

17.2.4.2 Refraktionsanomalien

Die medizinisch wichtigsten Abbildungsstörungen sind Refraktionsanomalien oder **Ametropien.** Dabei ist die Brechungsfunktion des Auges gestört und somit die Schärfe des Netzhautbildes beeinträchtigt. Mögliche Ursachen sind (► Tab. 17.1):

- Der Bulbus ist bei normaler Brechkraft zu lang oder zu kurz: **Achsenametropie.**

Tab. 17.1 Refraktionsanomalien des Auges (Ametropien)

Anomalie	Krankheitsbild	Therapie
Achsen-ametropie	Myopie	Zerstreuungslinse
	Hyperopie	Sammellinse
Hornhaut-verkrümmung	Astigmatismus	Zylindergläser
Brechungs-ametropie	Aphakie	Sammellinse, Kunstlinse
	Presbyopie	Sammellinse

- Die Brechungsfähigkeit der Linse ist gestört: **Brechungsametropie.**
- Die Hornhaut ist ungleichmäßig gekrümmt: **Astigmatismus.**

Die objektive Quantifizierung einer Refraktionsanomalie gelingt (z. B. bei Kindern und unkooperativen Erwachsenen) durch die Skiaskopie (sog. Schattenprobe) oder die Refraktometrie (Scharfstellen einer auf die Netzhaut projizierten Strichfigur).

Kurzsichtigkeit (Myopie)

Bei der Kurzsichtigkeit ist der Augapfel im Verhältnis zur (normalen) Brechkraft zu lang. Der Bereich, in dem durch Akkommodation scharf gesehen werden kann, ist zum Auge hin verschoben. Bei Fernakkommodation entsteht das Bild des Gegenstands vor der Netzhaut und ist deswegen auf der Netzhaut bereits wieder zerstreut und daher unscharf. Bei einer Myopie von z. B. 5 dpt liegt der Fernpunkt bei lediglich ⅕ Meter statt, wie bei Emmetropie, im Unendlichen. Auch der Nahpunkt verlagert sich bei Kurzsichtigkeit weiter in Richtung Auge. Die Akkommodationsstrecke ist wegen des zu nahen Fernpunkts verkürzt. Die Korrektur erfolgt durch konkave Linsen, sog. Minusgläser (Zerstreuungslinsen), in diesem Beispiel durch eine Linse mit –5 Dioptrien (▶ Abb. 17.5).

Brillengläser haben üblicherweise alle eine konvexe Vorderfläche und eine konkave Hinterfläche; die Eigenschaften der Gesamtlinse (konkav, konvex) ergeben sich hierbei aus der Relation der beiden Krümmungsflächen.

Weitsichtigkeit (Hyperopie, Hypermetropie)

Bei der Weitsichtigkeit ist der Augapfel relativ zu kurz oder die Brechkraft des Auges zu schwach.

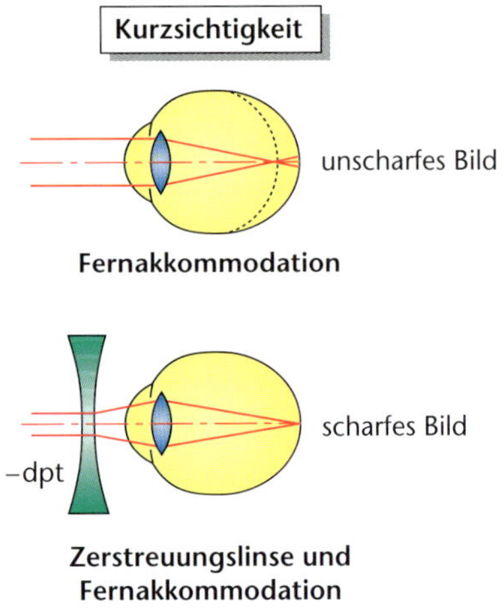

Abb. 17.5 Myopie und ihre Korrektur durch eine zerstreuende Linse: negative Dioptrien.

Einer Hyperopie kann daher eine Achsenametropie oder eine Brechungsametropie zugrunde liegen.

Die Presbyopie (▶ Kap. 17.2.3.5) ist eine Brechungsametropie, da die Linse aufgrund ihres altersbedingten Elastizitätsverlustes nicht mehr in der Lage ist, die erforderliche Brechkraft zur Nahakkommodation bereitzustellen.

In jedem Fall liegt das Bild beim hyperopen, fernakkommodierten Auge hinter der Netzhaut (▶ Abb. 17.6). Besteht noch eine hinreichende Nahakkommodationsfähigkeit, wie bei der Hyperopie aufgrund eines zu kurzen Bulbus, kann mit einer Steigerung der Brechkraft durch Akkommodation erreicht werden, dass das Bild ferner Gegenstände wieder scharf auf der Netzhaut erscheint. So versuchen hyperope Kinder, die noch über eine normale Akkommodationsfähigkeit verfügen, lange Zeit durch Nahakkommodation die Hyperopie auszugleichen. Kopfschmerzen und ein Einwärtsschielen (Strabismus convergens) können die Folge sein, da die Nahakkommodation mit einer konvergierenden Einwärtsbewegung beider Augenbulbi verbunden ist. Die Therapie der Hyperopie besteht in der Verwendung von Plusgläsern (konvexen bzw. Sammellinsen).

Merke

- Kurzsichtigkeit: Gegenstandsbild liegt vor der Netzhaut.
- Weitsichtigkeit: Gegenstandsbild liegt hinter der Netzhaut.

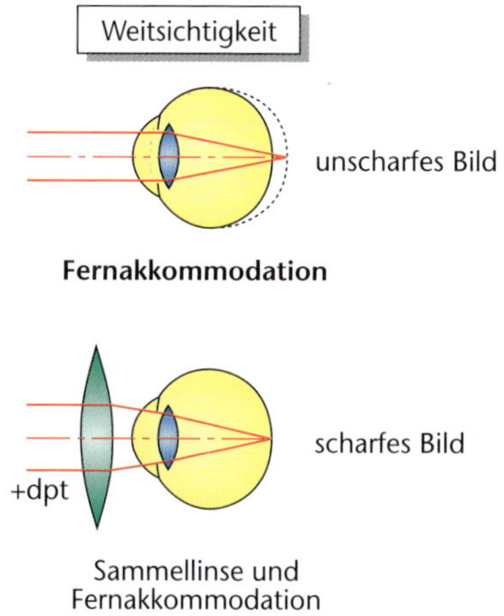

Abb. 17.6 Hyperopie und ihre Korrektur durch eine Sammellinse: positive Dioptrien.

Astigmatismus

Physiologischer Astigmatismus

Beim Astigmatismus beruht das unscharfe Retinabild auf einer Krümmungsanomalie der Hornhaut. Schon normalerweise ist die Kornea nicht ideal rotationssymmetrisch, sondern in vertikaler Richtung stärker als in horizontaler gekrümmt. Dieser Astigmatismus ist physiologisch, solange der daraus resultierende Brechkraftunterschied innerhalb der Kornea 0,5 dpt nicht überschreitet.

Pathologischer Astigmatismus

Krankheitswert hat ein Astigmatismus mit stärkerer oder irregulärer Ausprägung der regionalen Brechkraftdifferenzen, die durch das Ophthalmometer nachgewiesen werden können. Der Astigmatismus kann angeboren oder, z. B. durch narbige Schrumpfungsprozesse der Kornea, erworben sein. Die Bezeichnung **Stabsichtigkeit** verweist darauf, dass die parallel einfallenden Strahlen nicht punktförmig auf der Retina vereinigt werden können, weil durch die regional unterschiedliche Brechkraft der Kornea kein einheitlicher hinterer Brennpunkt, sondern eher eine „Brennlinie" entsteht.

Eine Korrektur des Astigmatismus ist durch Zylindergläser, die nur in einer Ebene (horizontal oder vertikal) sammelnde (Pluszylinder) oder zerstreuende (Minuszylinder) optische Wirkung haben, möglich. Bei irregulären Brechkraftunterschieden in der Kornea (**irregulärer Astigmatismus**) ist die Verordnung von Kontaktlinsen erforderlich.

Anisometropie und Aphakie

- Als **Anisometropie** bezeichnet man das Vorliegen verschiedener oder unterschiedlich ausgeprägter Refraktionsanomalien an beiden Augen.
- Bei **Linsenlosigkeit (Aphakie)** fehlt die Brechkraft der Linse. Der Brennpunkt des optischen Systems liegt deshalb weit hinter der Retina. Durch eine Sammellinse von +10 bis +12 dpt, entsprechend der normalen Linsenbrechkraft, kann die Anomalie korrigiert werden. Heute werden zumeist Intraokularlinsen zum Ausgleich eingesetzt.

Klinik

Der **graue Star** (Katarakt, Linsentrübung) ist eine in der Regel degenerativ bedingte Trübung der Augenlinse. Die Sehschärfe nimmt ab, die Blendempfindlichkeit zu. Die Patienten sehen ihre Umgebung „wie durch einen Nebel". Der graue Star wird durch den operativen Ersatz der getrübten Linse durch eine Intraokularlinse behandelt.

17.2.5 Pupille

17.2.5.1 Naheinstellungsreaktion

Pupillenweite, Linsenkrümmung (Akkommodation) und die Stellung der Bulbi werden reflektorisch aufeinander abgestimmt. Für die zentrale Steuerung dieser Vorgänge ist das Mittelhirndach (Tektum) verantwortlich.

Bei der Fixierung eines nahe gelegenen Objekts, z. B. der eigenen Nasenspitze, finden sich als Naheinstellungsreaktion die folgenden reflektorischen Anpassungen des **Pupillennahreflexes:**

- Miosis: eng gestellte Pupille
- Nahakkommodation mit maximaler Linsenkrümmung
- Konvergenzreaktion: Einwärtsbewegung beider Bulbi in Richtung Nase

Bei der Nahakkommodation kontrahieren sich also:

- Mm. sphincteres pupillae
- Ziliarmuskeln
- Mm. recti mediales

Beim Blick in die Ferne werden die entgegengesetzten Veränderungen beobachtet:

- Mydriasis: Weitstellung der Pupille
- Fernakkommodation mit Abflachung der Linse
- Divergenzreaktion: Auswärtsbewegung der Bulbi

Konvergenz- und Divergenzbewegungen der Augen werden auch als **Vergenzbewegungen** bezeichnet.

17.2.5.2 Lichtreaktion

Die **Pupillenweite** wird über die retinale Leuchtdichte geregelt, wobei die Beleuchtungsstärke im Verhältnis 1 : 16, die entsprechende Lichtmenge im Verhältnis 1 : 30 variiert werden kann. Der Pupillendurchmesser bewegt sich dabei zwischen 1,5 und 8 mm. Er unterliegt ständigen leichten Schwankungen in Abhängigkeit vom vegetativen Tonus. Beim Gesunden sind beide Pupillen rund und gleich weit. Bei Belichtung eines Auges verengt sich als **direkte Lichtreaktion** die Pupille des direkt beleuchteten Auges und reflektorisch die Pupille des nicht beleuchteten Auges: **konsensuelle Lichtreaktion.**

Miosis

Reflexweg

Die Engstellung der Pupille (Miosis) bei Belichtung erfolgt als rascher Blendschutz schneller als eine Pupillenerweiterung (Mydriasis). Die Miosis bewirkt der ringförmige M. sphincter pupillae, der vom **Edinger-Westphal-Kern** im Hirnstamm, dem vegetativen, parasympathischen Teil des Okulomotoriuskerns versorgt wird. Die präganglionären parasympathischen Fasern des Edinger-Westphal-Kerns werden im Ganglion ciliare umgeschaltet, bevor die postganglionären Fasern den M. sphincter pupillae (und den M. ciliaris) erreichen (► Abb. 17.7).

Kammerwasserabfluss

Eine geringe Pupillenweite fördert den Kammerwasserabfluss, da sich der Kammerwinkel durch die Entfaltung der Iris vergrößert und der dort beginnende **Schlemm-Kanal** als Abflussweg des Kammerwassers besser zugänglich wird.

Klinik

Beim **Engwinkelglaukom** kommt es durch einen gestörten Kammerwasserabfluss zur Erhöhung des Augeninnendrucks. Eine Behandlung ist mit Miotika (z. B. Parasympathomimetika wie Pilocarpin) als Augentropfen möglich. Die Pupille wird enggestellt, der Kammerwinkel vergrößert sich und das Kammerwasser kann besser abfließen. Bei Patienten mit Engwinkelglaukom sind die beim Augenarzt gemessenen Augendruckwerte oft normal (< 20 mmHg), da der erhöhte Druck nur nachts bei Weitstellung der Pupille auftritt. Eine medikamentöse Weitstellung der Pupille, z. B. durch Parasympatholytika vor der Augenspiegelung, kann bei diesen Patienten zu einer Erhöhung des Augendrucks führen und einen akuten Glaukomanfall auslösen.

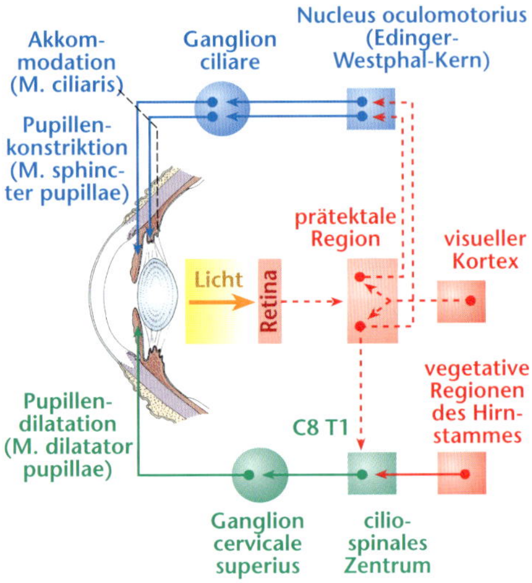

Abb. 17.7 Pupillenreflex.

Pharmakologische Beeinflussung

Zu auffälliger Miosis kommt es u. a. bei starken vestibulären Reizen sowie durch Pharmaka und Gifte: Alkylphosphate vom Typ des E 605, Morphinabkömmlinge und Parasympathomimetika.

Mydriasis

Reflexweg

Eine Weitstellung der Pupille (Mydriasis) wird durch den M. dilatator pupillae bewirkt, der von sympathischen Efferenzen aus dem ziliospinalen Zentrum des Rückenmarks in Höhe von C8/T1 innerviert wird. Bevor diese sympathischen Efferenzen den M. dilatator pupillae erreichen, werden sie im Ganglion cervicale superius umgeschaltet (► Abb. 17.7).

Klinik

Bei Schädigung des Ganglion cervicale superius, typisch z. B. durch ein benachbartes Bronchialkarzinom der Lungenspitze, wird die sympathische Innervation des Auges unterbrochen. Folge ist die sog. **Horner-Trias** mit:

- Miosis
- Ptosis: hängendes Lid durch fehlende Innervation des M. tarsalis superior
- Enophthalmus: Zurücksinken des Bulbus in die Augenhöhle durch den Ausfall des M. orbicularis

Pharmakologische Beeinflussung
Pharmakologisch kann eine Mydriasis durch Parasympatholytika wie Atropin und durch Sympathomimetika erreicht werden.

Merke

- Pupillenweitstellung (Mydriasis) durch:
  - Sympathikuswirkung
  - Atropin
- Pupillenengstellung (Miosis) durch:
  - Parasympathikuswirkung
  - Morphin
  - E 605 (Parasympathomimetikum)

Pupillenstarre

Eine Pupillenstarre (fehlende Engstellung bei Beleuchtung) kann 3 Ursachen haben:

- Erblindung des beleuchteten Auges, z. B. durch Retinaschädigung oder Sehnervenläsion: **amaurotische Pupillenstarre.** Die konsensuelle Lichtreaktion bei Belichtung des gesunden Auges und die von der Belichtung unabhängige Naheinstellungsmiosis sind jedoch erhalten.
- Schädigung im Verlauf des N. oculomotorius: **absolute Pupillenstarre,** meist verbunden mit einer Mydriasis. Ist nur ein Auge von dieser Efferenzstörung betroffen, verengt sich bei Belichtung dieses Auges jedoch konsensuell das Auge der Gegenseite. Bei einer beidseitigen absoluten Pupillenstarre liegt die Schädigung zumeist im parasympathischen Kerngebiet (Edinger-Westphal) des N. oculomotorius im Mittelhirn.
- Bei der **reflektorischen Pupillenstarre** (Argyll-Robertson) sind die direkte und die konsensuelle Lichtreaktion erloschen. Bei der Naheinstellungsreaktion ist die Miosis jedoch auslösbar. Ursache ist eine Störung der Reflexbahnen u. a. bei Neurosyphilis oder Multipler Sklerose.

Klinik

Eine absolute, ein- oder beidseitige Pupillenstarre bei bewusstlosen Patienten ist Zeichen einer zerebralen Schädigung im Bereich des Hirnstamms. Mögliche Ursachen: Trauma, Blutung, Tumor, erhöhten Hirndruck.

17.2.6 Augeninnendruck

Die Kugelgestalt des Bulbus wird durch den Augeninnendruck von ca. 15,5 mmHg aufrechterhalten. Der Augeninnendruck wird mithilfe der Tonometrie bestimmt. Grundlage des Augeninnendrucks ist die Produktion von Kammerwasser, einem Ultrafiltrat des Blutplasmas, das mit einer Geschwindigkeit von 2 µl/min vom Processus ciliaris der hinteren Augenkammer (zwischen Iris und Linse) sezerniert wird. Dieses Kammerwasser gelangt durch die Pupille in die vordere Augenkammer (zwischen Hornhaut und Iris) und fließt über das Trabekelwerk des Kammerwinkels in den Schlemm-Kanal ab.

Carboanhydrase Die Produktion des Kammerwassers ist auf die Aktivität der Carboanhydrase angewiesen, die den Zellen des Processus ciliaris Protonen für einen Na^+/H^+-Austauscher zur Verfügung stellt. Eine Hemmung der Carboanhydrase führt zu einem geringeren Na^+-Einstrom in die Zelle und damit zu einer verminderten Kammerwasserproduktion.

Merke

Normaler Augeninnendruck: 10–21 mmHg.

Klinik

Ist der Abfluss des stetig sezernierten Kammerwassers gestört, erhöht sich der Augeninnendruck: **Glaukom (grüner Star).** Dieses schleichend und schmerzlos verlaufende Krankheitsbild führt zu einer Druckatrophie des N. opticus mit zunächst vom Patienten nicht bemerkten bogenförmigen Ausfällen im mittleren Gesichtsfeld. Carboanhydrasehemmer wie Dorzolamid hemmen die Kammerwasserproduktion und können daher zur Therapie des Glaukoms eingesetzt werden.

Lerntipp

Die Pathophysiologie der Glaukomentstehung ist klinisch wichtig. Auch das IMPP fragt hier gerne nach: Wie wirken Parasympatholytika oder Carboanhydrasehemmer auf den Augeninnendruck?

17.2.7 Tränenflüssigkeit

Die Tränenproduktion (Lakrimation) wird parasympathisch über den N. facialis stimuliert.

Die Tränendrüse produziert kontinuierlich Tränenflüssigkeit, die ebenso wie das Kammerwasser ein Ultrafiltrat des Blutplasmas ist. Sie ernährt die vorderen Hornhautschichten, schützt sie vor Außeneinflüssen und verbessert die optischen Eigenschaften der Hornhaut durch den Ausgleich kleinerer Unregelmäßigkeiten. Außerdem wirkt sie durch ihren Gehalt an Lysozym und IgA bakterizid. Alle 10–20 Sekunden reißt der dünne Tränenfilm ab, wodurch – über afferente Fasern des N. trigeminus vermittelt – reflektorisch ein Lidschlag ausgelöst wird.

17.2.8 Okulomotorik

Die Wahrnehmungsleistung des Auges ist kein passiver Vorgang; sie ist vielmehr auf eine koordinierte Augenbewegung angewiesen: Okulomotorik. Hierbei sind die konjugierten Augenbewegungen, bei denen sich beide Bulbi in die gleiche Richtung bewegen, von den konvergenten oder divergenten Augenbewegungen zu unterscheiden, bei denen sich beide Bulbi gegensinnig einstellen.

17.2.8.1 Sakkaden

Beim normalen Umherblicken wandern die Augen mit raschen ruckförmigen Bewegungen (Sakkaden) von einem fixierten Punkt zum nächsten und erschließen dadurch das Blickfeld. Dieses ist vom Gesichtsfeld zu unterscheiden, das bei ruhenden Augen bestimmt wird. Zwischen den 10–80 ms dauernden Sakkaden sind Fixationsperioden von 0,2–0,6 Sekunden Dauer eingeschoben.

17.2.8.2 Augenfolgebewegungen

Das Bild eines bewegten Objekts wird durch gleitende Augenfolgebewegungen möglichst präzise in der Mitte der Fovea centralis gehalten. Ist die Objektgeschwindigkeit für langsame Augenfolgebewegungen zu groß, wird versucht, das Objekt durch rasche Korrektursakkaden und zusätzliche Kopfbewegungen möglichst lange im Bereich des zentralen Sehens zu halten.

17.2.8.3 Nystagmus

Die Kombination aus einer langsamen Augenfolgebewegung und einer schnellen Rückstellsakkade in Gegenrichtung wird als Nystagmus bezeichnet. Dabei gibt die Richtung der schnellen Rückstellsakkade definitionsgemäß die Richtung des Nystagmus an. Folgen die Augen also einem „bewegten" Objekt nach links, etwa beim Betrachten einer Rheinhöhenburg aus dem Fenster eines Zuges, so schließt sich beim Verschwinden der Burg aus dem Blickfeld an diese langsame Folgebewegung eine rasche Rückstellsakkade nach rechts an. Man spricht von einem Nystagmus nach rechts und aufgrund der Auslösung durch bewegte optische Reize von einem optokinetischen Nystagmus.

17.2.8.4 Zentrale Steuerung der Augenbewegungen

Die Bewegungsfolgen der Augen werden von den blickmotorischen Zentren des Hirnstamms koordiniert.

- Dabei werden die **horizontalen** Augenbewegungen von der paramedianen pontinen Formatio reticularis (PPFR) im Brückenbereich gesteuert. Läsionen in diesem Bereich führen zu einer horizontalen Blicklähmung zur Seite der Läsion.
- Die **vertikalen** Augenbewegungen gehen von Neuronen in der mesencephalen Formatio reticularis (MFR) aus.

Diese beiden Regionen der Formatio reticularis stehen mit den Kernen der 3 Hirnnerven in Verbindung, welche die Augenmuskeln versorgen: N. abducens, N. trochlearis, N. oculomotorius.

Klinik

Bei **Läsionen des Hirnstamms** (z. B. durch Tumor, Blutung oder Ischämie) können Störungen der Augenbewegungen erste Hinweise auf die Lokalisation der Schädigung geben.

17.3 Retina (Netzhaut)

17.3.1 Fotosensoren

17.3.1.1 Anatomie

Aufbau

Die Netzhaut (Retina) liegt als innere Augenhaut dem Glaskörper an. Ihre vordere Pars caeca bedeckt die Hinterwand der Iris und den Ziliarkörper und geht an der Ora serrata, noch relativ weit vorne im Auge, in die Pars optica über (► Abb. 17.1). Die Pars optica enthält Fotosensoren, Nervenzellen und ihre Verschaltungen. Es gibt 2 Typen von Fotosensoren, Zapfen und Stäbchen, die sich nach der Art der Sehpigmente, der Morphologie und der topografischen Anordnung unterscheiden (► Abb. 17.8 und ► Tab. 17.2).

Fotosensoren sind spezialisierte Sinneszellen, deren strahlenabsorbierende Außensegmente für die Lichtwahrnehmung verantwortlich sind. Diese Außensegmente sind dem durch die Pupille einfallenden Licht abgewandt. Sie bestehen aus > 1.000 Membranscheibchen (Stäbchen)

Tab. 17.2 Photopisches (Zapfen) und skotopisches (Stäbchen) Sehen

Sensortyp	Zapfen	Stäbchen
Häufigkeit	6–7 Millionen	120–130 Millionen
Lokalisation	Vorwiegend Fovea centralis	Vorwiegend Peripherie
Sehpigment	3 Typen	Rhodopsin
Farbensehen	Ja	Nein
Empfindlichkeitsmaximum bei	550 nm	510 nm
Rezeptive Felder	Antagonistisch	Einheitlich
Kontrast	Hoch	Gering
Sehschärfe	Normal	Erniedrigt
Dunkeladaptation in	1 min	2 h
Flimmerfusionsfrequenz	ca. 70/s	ca. 20/s

oder Membraneinfaltungen (Zapfen), welche die Sehpigmente enthalten. An der Spitze der Außensegmente werden Scheibchen und Einfaltungen regelmäßig abgestoßen und vom Pigmentepithel der Retina phagozytiert.

Klinik

Zur gefäßreichen Chorioidea hin wird die Retina vom melaninhaltigen Pigmentepithel begrenzt. Bei Trennung der retinalen Sensorenschicht vom Pigmentepithel spricht man von **Netzhautablösung.** Da die Chorioidea die Sensorenschicht versorgt, wird ihr Stoffwechsel durch eine solche Ablösung unterbrochen: Die Sensoren im betroffenen Netzhautbereich gehen zugrunde. Symptome der schmerzlosen Ablösung sind eine im Dunkeln auftretende Wahrnehmung von Blitzen, später von schwarzen Flecken (Rußregen) und wand- oder wolkenähnlichen Strukturen. Schon beim Sehen von Blitzen, die durch Zug an der Netzhaut entstehen, sollte umgehend eine augenärztliche Abklärung erfolgen.

Zapfen

Die Zapfen, insgesamt 6–7 Millionen, kommen in besonders hoher Konzentration in der Fovea centralis vor, wo jedem Zapfen eine eigene Ganglienzelle zugeordnet ist: 1 : 1-Verbindung. In anderen Netzhautbezirken konvergieren dagegen durchschnittlich 250 Zapfen auf eine Ganglienzelle.

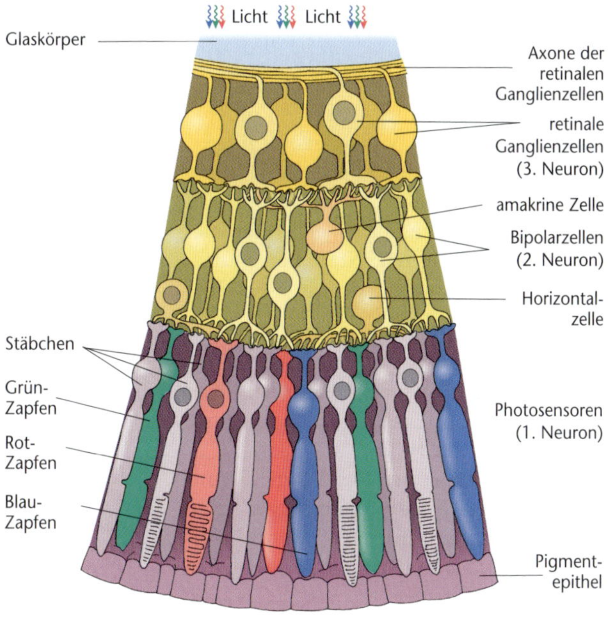

Abb. 17.8 Aufbau der Netzhaut. Die Pars optica der Retina enthält Fotosensoren, Nervenzellen und ihre Verschaltungen. Die Fotosensoren liegen auf der dem Lichteinfall abgewandten Seite der Retina.

Stäbchen

Die Anzahl der Stäbchen beträgt 120–130 Millionen. Sie finden sich vorwiegend in der retinalen Peripherie und nicht in der Fovea centralis.

Klinik

Werden die Sensoren der Fovea centralis selektiv geschädigt, z.B. durch Methylalkohol, Nikotin oder Blei, bildet sich ein zentraler Gesichtsfeldausfall aus: **Zentralskotom.**

17.3.1.2 Reizaufnahme und -weiterleitung

Adäquater Reiz

Adäquater Reiz für die Fotosensoren der Retina ist das Licht, d.h. elektromagnetische Schwingungen mit Wellenlängen von 400–760 nm. Die Fotosensoren haben den niedrigsten Exponenten aller Sinnesfühler in der Stevens-Potenzfunktion (▸ Kap. 12.6.4.4, ▸ Abb. 12.13). Dem entspricht ihr sehr großer Arbeitsbereich, der sich von Lichtstärken ab 10^{-6} Candela (bewölkter Nachthimmel) bis zu 10^{7} Candela (sonnenbestrahlte Schneefelder) erstreckt.

Transduktion und Reizweiterleitung

Sehpigmente

Die Fähigkeit zur Lichtwahrnehmung beruht auf dem Vorhandensein von Sehpigmenten, die aus einer Proteinkomponente sowie aus 11-cis-Retinal, einem Vitamin-A-Abkömmling, bestehen. Bei den **Zapfen** sind 3 Pigmente bekannt, die aus 11-cis-Retinal und einer jeweils unterschiedlichen Proteinkomponente, dem Zapfen-Opsin bestehen. Jeder Zapfen enthält jeweils nur eines dieser 3 Zapfenpigmente. Die Absorptionsmaxima der 3 Zapfenpigmente liegen bei 440 nm (Blau), 540 nm (Grün) und 570 nm (Rot). Dies ist die Grundlage des trichromatischen Farbensehens auf Sensorebene (▸ Kap. 17.7). Das Sehpigment der **Stäbchen** ist das Rhodopsin, sein Absorptionsmaximum liegt bei 510 nm.

Fotoelektrische Transduktion

Die Sehpigmente der Fotosensoren wandeln das einfallende Licht in ein elektrisches Signal um. Man unterscheidet die folgenden Schritte:

- Bei Belichtung reagiert das 11-cis-Retinal mit einer Konformationsänderung und lagert sich über All-trans-Retinal zu Metarhodopsin II um (▸ Abb. 17.9). Diesen Konformationsänderungen entspricht das erste, sehr kurze (< 1 ms) primäre Sensorpotenzial: Early Receptor Potential (ERP).
- Metarhodopsin II aktiviert nun ein spezielles G-Protein (▸ Kap. 1.7), das Transducin.
- Transducin stimuliert eine Phosphodiesterase, die vermehrt cGMP zu GMP hydrolysiert.
- Dieser **Abfall des cGMP-Spiegels unter Belichtung** führt zum Verschluss von cGMP-abhängigen Kationenkanälen. Dadurch wird der Einstrom von Na^+ und Ca^{2+}-Ionen, die im Dunkeln kontinuierlich in die Zelle einströmen (Dunkelstrom) unterbrochen, was eine Hyperpolarisation der Sensorzelle zur Folge hat.
- Die Hyperpolarisation ist der Auslöser des sekundären Sensorpotenzials: Late Receptor Potential (LRP). Die Fotosensoren sind damit die einzigen Sinneszellen, in denen ein hyperpolarisierendes Rezeptorpotenzial entsteht.
- Über einen Na^+-Ca^{2+}-Antiport werden anschließend wieder Na^+-Ionen in die Zelle aufgenommen, während Ca^{2+}-Ionen aus der Zelle entfernt werden. Da Ca^{2+}-Ionen die cGMP-Synthese hemmen, kann durch diesen Ca^{2+}-Abtransport wieder vermehrt cGMP gebildet werden. Dadurch öffnen sich die Kationenkanäle wieder: Der depolarisierende Dunkelstrom beginnt zu fließen und die Stäbchenzelle kehrt zum Ruhezustand zurück.
- Das im 1. Schritt durch Belichtung aus 11-cis-Retinal entstandenen All-trans-Retinal wird ins retinale Pigmentepithel transportiert und dort wieder in 11-cis-Retinal umgewandelt.

Die Konformationsänderung eines einzigen Rhodopsinmoleküls aktiviert viele Phosphodiesterasemoleküle, sodass die Signalkaskade das Eingangssignal massiv verstärkt.

Merke

Im Gegensatz zu allen anderen Sinneszellen werden Stäbchen und Zapfen bei Aktivierung (Belichtung) hyperpolarisiert und nicht depolarisiert.

Ruhemembranpotenzial der Sensoren

Der Kationen-Dunkelstrom hält das Ruhemembranpotenzial von Stäbchen und Zapfen in einem nur schwach negativen Bereich von -25 bis -40 mV (zum Vergleich: normales Ruhemembranpotenzial = –70 bis –90 mV, ▸ Kap. 12.2.2.3).

Reizweiterleitung

Die durch Belichtung ausgelöste Hyperpolarisation der Sensoren nimmt mit der Intensität der Lichtreize zu. Dadurch wird die Ausschüttung des Transmitters **Glutamat** an den Synapsen der Sensoren mit den bipolaren Ganglienzellen (► Kap. 17.3.2.1) vermindert.

Lerntipp

Die meisten Fragen zum visuellen System widmen sich dem Mechanismus der Fototransduktion! Also nochmal aufmerksam wiederholen:

- Belichtung: Rhodopsin zu Metarhodopsin II
- Metarhodopsin II aktiviert Transducin
- Transducin (ein G-Protein) aktiviert eine Phosphodiesterase: Hydrolyse von cGMP
- Abfall des cGMP schließt Kationen-Kanäle für Na^+ und Ca^{2+}
- Na^+ und Ca^{2+} ↓: Hyperpolarisation
- Hemmung der Glutamatausschüttung an Ganglienzellen
- Na^+/Ca^{2+}-Antiport: Ca^{2+} sinkt weiter ab → cGMP Neusynthese ↑

Dunkeladaptation

Zeitverlauf bei Zapfen und Stäbchen

Zapfen dienen dem farbigen Tageslichtsehen: **photopisches Sehen.** Sie adaptieren innerhalb von wenigen Minuten an eine dunklere Umgebung. Nimmt die Lichtstärke weiter ab, sind schließlich nur noch die Stäbchen aktiv: **skotopisches Sehen** (Nachtsehen). Dieser Übergang zu reinem Stäbchensehen wird in der Adaptationskurve durch den sog. **Kohlrausch-Knick** markiert (► Abb. 17.10). Vollständige Dunkeladaptation bedeutet eine Empfindlichkeitssteigerung um das 10^7-Fache und wird nach etwa 2 Stunden erreicht, innerhalb von 30 min kommt es bereits zu einer Anhebung auf das 10^5-Fache. Die erhöhte Lichtempfindlichkeit bei Dunkeladaptation geht allerdings wegen des Fehlens der Zapfen auf Kosten der Sehschärfe: Das räumliche Auflösungsvermögen ist geringer.

Mechanismen der Dunkeladaptation

Die Dunkeladaptation beruht auf 4 verschiedenen Mechanismen:

- **Weitstellung der Pupille:** Durch die Weitstellung der Pupille kann die ins Auge einfallende Lichtmenge um den Faktor 30 zunehmen.
- **Erhöhte Rhodopsinkonzentration:** Eine Erhöhung der Rhodopsinkonzentration in den Stäbchen steigert die Lichtempfindlichkeit der Sensoren. Hierbei regelt der Lichteinfall selbst, vor allem aus dem grün-blauen Bereich, die Konzentration des Sehfarbstoffs: Bei starkem Lichteinfall

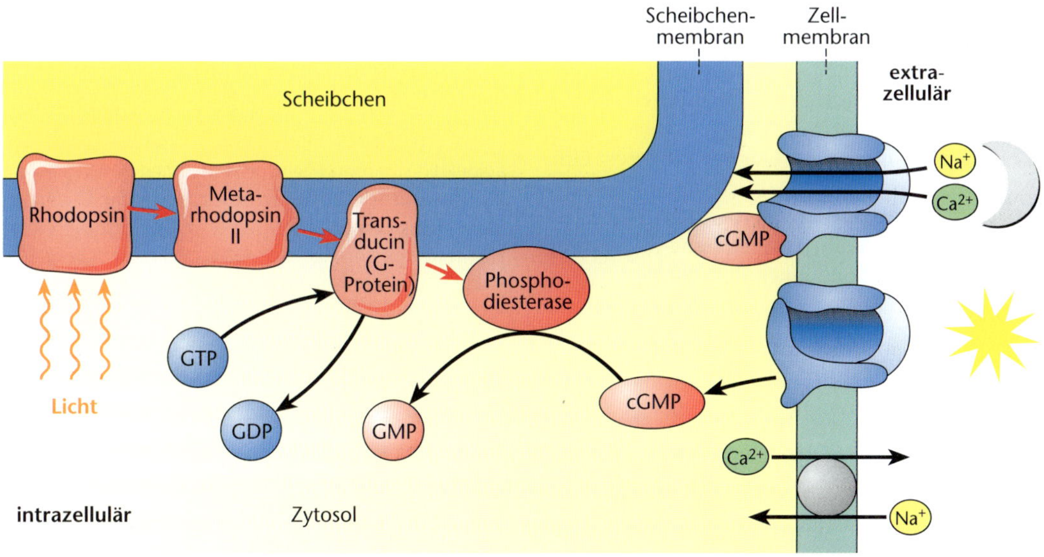

Abb. 17.9 Transduktion des Lichtreizes in den Stäbchen. Ausgangspunkt ist die Umwandlung des in der Scheibchenmembran der Stäbchen gelegenen Rhodopsins in Metarhodopsin II. Endpunkt ist der durch den Abfall des cGMP-Spiegels ausgelöste Verschluss von Na^+- und Ca^{2+}-Kanälen in der Zellmembran und eine Hyperpolarisation der Stäbchenzelle (Details siehe Text).

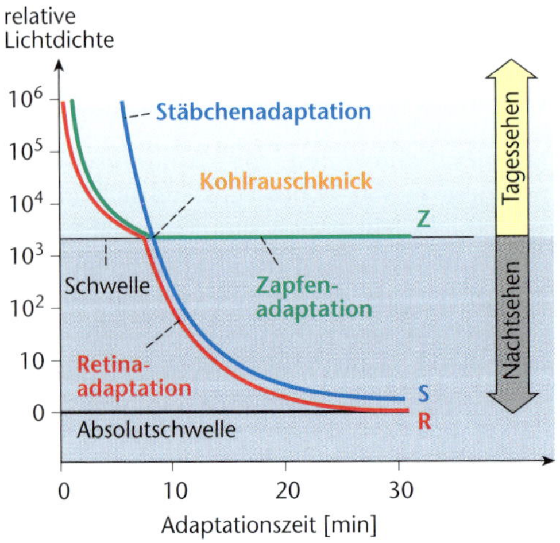

Abb. 17.10 Adaptationsverlauf von Stäbchen (S) und Zapfen (Z). Die Adaptationskurve der Retina (R) setzt sich aus den Adaptationskurven von Zapfen und Stäbchen zusammen.

zerfällt viel Rhodopsin, bei schwachem Lichteinfall steigt die Rhodopsinkonzentration und mit ihr die Lichtempfindlichkeit. Deshalb kann man sich mit einer bei Tageslicht getragenen roten Brille (wie früher von Radiologen verwendet), die nur für den roten Anteil des sichtbaren Lichts (> 600 nm) durchlässig ist, die hohen Rhodopsinkonzentrationen und damit die Dunkeladaptation der Stäbchen weitgehend erhalten.

- **Räumliche Summation:** Bei nachlassender Lichtstärke wird ein größerer Bereich der Netzhaut zur Aktivierung einer Ganglienzelle herangezogen.
- **Zeitliche Summation:** Durch „längeres Hinschauen" können kurze, noch unterschwellige Lichtreize überschwellig werden und eine Erregung auslösen. Auch diese zeitliche Summation steigert die Empfindlichkeit der Retina.

Nachtsehen

Folgende 4 Besonderheiten beim Nachtsehen sind zu beachten:

- **Purkinje-Phänomen:** Da die Sehleistung bei vollständiger Dunkeladaptation allein eine Stäbchenfunktion ist, verschiebt sich das spektrale Empfindlichkeitsmaximum des Auges bei Dunkeladaptation von 550 nm (mittlere Empfindlichkeit der 3 Zapfenpopulationen) zu 510 nm (Empfindlichkeitsmaximum der Stäbchen). Dadurch werden blaue Farbtöne im Dunkeln heller wahrgenommen.
- **Hemeralopie:** Bei Hemeralopie (Nachtblindheit), z. B. infolge eines Vitamin-A-Mangels, sind die nachtsichtigen Stäbchen geschädigt. Die Dunkeladaptation folgt deshalb lediglich der Adaptationskurve der Zapfen (Kurve Z in ► Abb. 17.10); der Kohlrausch-Knick beim Übergang zum Stäbchensehen fehlt.
- **Fixierung schwach leuchtender Objekte:** Die Fixierung schwach leuchtender Objekte, d. h. ihre Abbildung auf der Fovea centralis, ist bei Dunkeladaptation nicht möglich. Dies beruht darauf, dass die Fovea centralis nur Zapfen aufweist, die bei Dunkeladaptation inaktiv sind. Das schwach leuchtende Objekt, z. B. ein Stern am Nachthimmel, kann dagegen wieder sichtbar werden, wenn an ihm „vorbeigeschaut" wird, d. h. wenn sein Bild auf stäbchenhaltige, nachtaktive Netzhautbezirke in unmittelbarer Nachbarschaft der Fovea centralis fällt.
- **Abnehmende Flimmer-Verschmelzungsfrequenz:** Die Frequenz, bei der einfallende Lichtreize keinen Flimmereindruck mehr hervorrufen, nimmt mit zunehmender Dunkeladaptation von 65–80/s (Zapfensehen) auf 20–25/s (Stäbchensehen) ab.

Klinik

Bei der **Retinopathia pigmentosa** (Häufigkeit 1 : 4.000) kommt es zu einem zumeist im Jugendalter beginnenden Untergang von Stäbchen und Zapfen. Dieser verläuft typischerweise von peripher nach zentral. Dadurch wird das Gesichtsfeld tunnelartig eingeschränkt. Ein frühes Symptom ist die Nachtblindheit, weil die Stäbchenzellen zuerst untergehen. Die Sehkraft lässt durch den über Jahrzehnte anhaltenden Untergang der Fotosensoren immer weiter nach. Ursache dieses Untergangs sind erbliche Mutationen zumeist in Genen, die für die Sehpigmente kodieren.

17.3.2 Neuronale Verarbeitungsprozesse

17.3.2.1 Horizontales und vertikales System

Die Retina enthält neben den Fotosensoren weitere Nervenzellen (Neurone), die mit den Fotosensoren in Form eines vertikalen und eines horizontalen Systems verbunden sind (► Abb. 17.8).

Vertikales System

Vertikal organisiert ist der zentripetale Informationsfluss vom Auge in Richtung Sehbahn. Die Sensorpotenziale der Fotosensoren werden an **Bipolarzellen** (= 2. Neuron) der Netzhaut weitergeleitet. Die Bipolarzellen, mit der Fähigkeit zur Hyper- oder Depolarisation, verrechnen die von den Fotosensoren einlaufenden Erregungen. Es folgen als 3. Neuron die **Ganglienzellen.** Diese erzeugen ein Aktionspotenzial, das über ihre Axone, die den N. opticus bilden, weitergeleitet wird. An den Synapsen zwischen Bipolar- und Ganglienzellen enden Efferenzen aus dem Zwischenhirnbereich, sodass auch im Auge eine zentrale efferente Kontrolle der weitergeleiteten Information verwirklicht ist.

Horizontales System

In der Horizontalen sind die Bipolarzellen über **Horizontalzellen** parallel zur Retinaoberfläche vernetzt. Entsprechende Quervernetzungen der Ganglienzellen werden durch die **amakrinen Zellen** hergestellt. Sowohl Horizontal- als auch amakrine Zellen sind inhibitorische Interneurone.

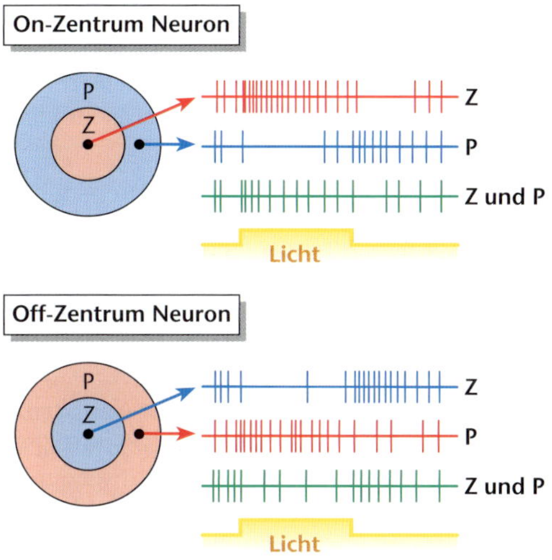

Abb. 17.11 Funktionelle Organisation retinaler Ganglienzellen. Z = Lichtreiz auf das Zentrum, P = Lichtreiz auf die Peripherie des rezeptiven Feldes.

17.3.2.2 Konvergenz und Divergenz

Signalkonvergenz

Der Aufbau des neuronalen Netzes der Retina ermöglicht bereits eine einfache Signalverarbeitung. So laufen durch die Verschaltung des Netzes Impulse von einer Vielzahl von Sensoren auf einer Ganglienzelle zusammen. Diese Signalkonvergenz ist umso größer, je weiter die Ganglienzelle in den Außenbezirken der Netzhaut liegt. Für die weniger wichtigen Informationen aus dem peripheren Gesichtsfeld stehen also im Verhältnis zu den Sensoren weniger Ganglienzellen zur Verfügung: Die neuronale Auflösungsfähigkeit ist geringer.

Signaldivergenz

Aber auch umgekehrt erreichen die Impulse der Sensorzellen aufgrund der Weiterleitung über die bipolaren Zellen nicht nur jeweils eine, sondern immer mehrere Ganglienzellen.

> **Merke**
>
> Insgesamt überwiegt jedoch die Signalkonvergenz von 120 Millionen Sensorzellen auf etwa 1 Million Ganglienzellen.

17.3.2.3 Rezeptive Felder

Durch die lateralen inhibitorischen Impulse der Horizontalzellen kommt es in der Retina zur Ausbildung rezeptiver Felder (RF). Diese rezeptiven Felder umfassen das Netzhautareal, durch dessen Reizung eine Ganglienzelle erregt oder gehemmt werden kann. Damit stellen sie das Einzugsgebiet dieser Ganglienzelle dar.

Zentrum und Peripherie

Rezeptive Felder haben charakteristischerweise eine konzentrische Gestalt mit kreisförmigem Zentrum und ringförmiger Peripherie, wobei Zentrum und Peripherie antagonistisch organisiert sind: Reizung der Peripherie und Reizung des Zentrums führen zu gegensätzlichen Effekten (► Abb. 17.11).

Größe

Ein rezeptives Feld in den Außenbezirken der Netzhaut ist wesentlich größer als in der Fovea centralis, da in der Netzhautperipherie sehr viele Sensoren auf eine Ganglienzelle konvergieren, wohingegen in der Fovea centralis eine 1 : 1-Verbindung zwischen Sensoren und Ganglienzellen besteht. Im Durchschnitt konvergieren ca. 130 Sensoren auf eine Ganglienzelle bzw. auf eine Optikusfaser, d. h., ein durchschnittliches rezeptives Feld umfasst ein Netzhautareal mit 130 Sensoren.

Bei Dunkeladaptation vergrößert sich das Zentrum der rezeptiven Felder auf Kosten der Peripherie: Die Lichtempfindlichkeit steigt, gleichzeitig wird aber die Sehschärfe geringer.

17.3.2.4 Einteilung der Ganglienzellen

Antwortverhalten auf Lichtreize

Die Ganglienzellen der rezeptiven Felder lassen sich nach ihrem Antwortverhalten auf Lichtreize in 3 Klassen einteilen:

- **On-Zentrum-Ganglienzellen** reagieren auf Belichtung des Feldzentrums mit Depolarisation und erhöhter Aktionspotenzialfrequenz. Eine Belichtung der Peripherie dagegen führt zur Hyperpolarisation mit Rückgang der Entladungsfrequenz. Diese Hyperpolarisation wird über die inhibitorischen Synapsen der Horizontalzellen und der amakrinen Zellen an den Ganglienzellen vermittelt. Bei gleichzeitiger Belichtung von Zentrum und Peripherie resultiert insgesamt eine erhöhte Aktionspotenzialrate, die jedoch geringer ist als bei alleiniger Belichtung des Zentrums (► Abb. 17.12).
- **Off-Zentrum-Ganglienzellen** reagieren in spiegelbildlicher Weise: Eine Abnahme der Leuchtdichte im Zentrum ihres rezeptiven Feldes ist ihr adäquater Reiz (► Abb. 17.12).
- **On-off-Ganglienzellen** reagieren auf Belichtung mit einer Erhöhung der Aktionspotenzialfrequenz im Sinne einer kurzen „On"-Antwort. Auch bei Verdunkelung steigt, kurzfristig, die Entladungsfrequenz („Off"-Antwort). On-off-Ganglienzellen reagieren deshalb besonders intensiv auf über ihr rezeptives Feld bewegte Hell-Dunkel-Kontraste.

Retinale Ganglienzellklassen

Retinale Ganglienzellen gehören verschiedenen Klassen mit unterschiedlichen Aufgaben an. Die 3 wichtigsten retinalen Ganglienzellklassen sind:

- **α-Zellen** (M-Zellen, 10 % der retinalen Ganglienzellen): Diese größten Ganglienzellen der Retina sind durch dicke, markhaltige und dadurch schnell leitende Axone charakterisiert: **magnozelluläres System.** Sie verfügen über große rezeptive Felder, antworten rasch, phasisch und unabhängig von der Wellenlänge des Lichts schon auf kleine Beleuchtungsunterschiede: helligkeitscodierende Neurone. Aufgabe der α-Zellen ist die Erfassung von bewegten Objekten im Raum.
- **β-Zellen** (P-Zellen, 80 %) bilden das **parvozelluläre System** und zeichnen sich durch kleinere Zellkörper mit dünneren, weniger markhaltigen und langsamer leitenden Axonen aus. Sie reagieren langsamer und tonisch auf Belichtung, sind farbempfindlich und ihre rezeptiven Felder sind klein. Sie dienen der Farb- und Detailwahrnehmung: farbcodierende Neurone.
- **γ-Zellen** (K-Zellen, 10 %) sind kleine, konische Zellen mit dünnen, markarmen Axonen: **koniozelluläres System.** Sie enthalten bewegungsempfindliche On-off-Neurone und Ganglienzellen zur Steuerung der Pupillenmotorik.

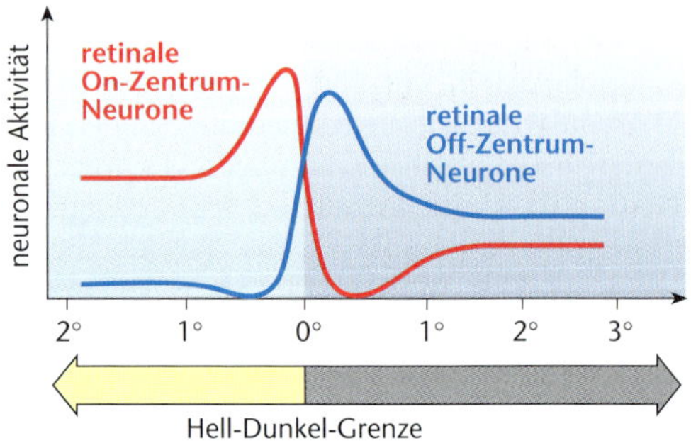

Abb. 17.12 Abhängigkeit des Aktivitätsniveaus retinaler Ganglienzellen (On-Zentrum- bzw. Off-Zentrum-Neurone) von der Lage ihrer rezeptiven Felder zur Hell-Dunkel-Grenze. Die maximale Impulsrate der Ganglienzellen wird in Nähe der Hell-Dunkel-Grenze erreicht, wo Peripherie und Zentrum ihrer rezeptiven Felder jeweils gegensinnig belichtet sind.

Neurone der α- und β-Zellen ziehen über das Corpus geniculatum laterale zur Area V1 (► Kap. 17.5.2.1), die K-Zellen projizieren ins Mittelhirn.

17.3.2.5 Simultankontrast

An einer Hell-Dunkel-Grenze wird die dunkle Seite dunkler und die helle Seite heller wahrgenommen als die grenzfernen Teile von heller oder dunkler Fläche. Auch erscheint ein grauer Kreis in heller Umgebung dunkler als in dunkler Umgebung: Simultankontrast (► Abb. 17.13).

Erklärung Diese Kontrastverstärkungen an Hell-Dunkel-Grenzflächen entstehen durch die gegensinnigen Reaktion von Peripherie und Zentrum der rezeptiven Felder bei Einwirkung von Licht, die auf lateralen neuronalen Hemmungen (► Kap. 12.5.2.2) beruht.

Am Beispiel eines On-Zentrum-Neurons lässt sich die für den Simultankontrast verantwortliche Kontrastverstärkung verdeutlichen (► Abb. 17.13). Der in beiden Fällen gleich helle graue Kreis aktiviert das Zentrum des rezeptiven Feldes eines On-Zentrum-Neurons mit gleicher Stärke. Wird jetzt zusätzlich die Peripherie des rezeptiven Feldes belich-

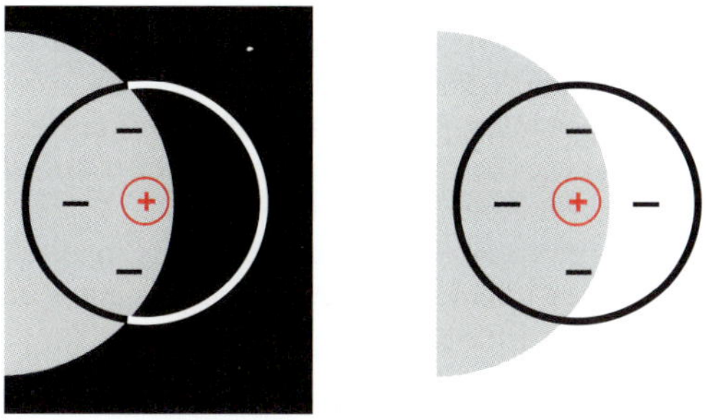

Abb. 17.13 Beispiel für Simultankontrast. Der hellgraue Kreis wirkt in schwarzer Umgebung deutlich heller. Erklärung am Beispiel eines On-Zentrum-Neurons (s. Text).

tet, geht die Impulsrate des On-Zentrum-Neurons zurück. Diese hemmende Belichtung der Peripherie ist aber bei hellerer Umgebung stärker als bei dunkler. Das On-Zentrum-Neuron wird also bei heller Umgebung mehr gehemmt als bei dunkler und der graue Kreis dadurch in heller Umgebung dunkler wahrgenommen.
Da bei Dunkeladaptation in den rezeptiven Feldern die Größe der Zentren auf Kosten der Peripherie zunimmt, ist die Kontrastverstärkung bei Dunkeladaptation deutlich geringer bzw. beim skotopischen Nachtsehen völlig aufgehoben.

17.3.2.6 Nachbilder

Die Projektion eines hellen Musters auf die Netzhaut senkt die Empfindlichkeit der auf diese Weise belichteten Netzhautareale. Beim anschließenden Blick auf eine weiße Wand erscheint deshalb ein schwarzes Negativbild des projizierten Musters als Nachbild und Ausdruck einer reduzierten Aktivität der Neurone. An der Entstehung dieses **Sukzessivkontrastes** sind neben den Adaptationsmechanismen der Netzhaut auch zentrale Anpassungsvorgänge beteiligt. Auch beim Farbensehen treten entsprechende Nachbilder in der Komplementärfarbe auf.

Klinik

Beim langen Schauen in einen blutigen Operationssitus entstehen beim anschließenden Blick auf weiße Flächen (z. B. Kittel) störende, grüne Nachbilder. Dies ist ein Grund für die grüne OP-Bekleidung, die diese Nachbilder kaschiert.

17.3.3 Augenspiegelung

Die Augenspiegeluntersuchung nutzt die retinale Lichtreflexion: Das durch die Pupille ins Auge geleitete Licht wird von der Retina reflektiert und kehrt auf gleichem Weg zurück. Durch die Lupenwirkung der brechenden Medien entsteht im Auge eines Beobachters ein vergrößertes Bild des leuchtend roten Augenhintergrunds.
Zur besseren Beurteilbarkeit kann die Pupille des Probanden durch ein Mydriatikum weit gestellt werden. Zur Beurteilung der Fovea centralis muss der Blick des Probanden geradeaus gerichtet sein, zur Betrachtung der Sehnervenpapille um etwa 15° nach nasal.

17.3.3.1 Beurteilbare Strukturen

Mit dem Augenspiegel können die folgenden Strukturen des Augenhintergrunds beurteilt werden:

- Sehnervenpapille
- Von der Papille ausstrahlende Blutgefäße der Netzhaut
- Die Retina selbst, speziell die Fovea centralis

Die Augenspiegelung gibt auch einen Eindruck vom **Zustand der kleinen Blutgefäße** und der **Mikrozirkulation.** Sichtbar werden Veränderungen der Netzhaut z. B. bei Bluthochdruck, Diabetes oder Arteriosklerose. Darüber hinaus kann die Inspektion der Sehnervenpapille erste Hinweise auf einen gesteigerten Hirndruck liefern: **Stauungspapille.**

17.3.3.2 Methoden

Man unterscheidet eine direkte und eine indirekte Methode:

- Direkte Augenspiegelung:
  - Ergibt ein aufrechtes Bild
  - Gestattet die Beurteilung von Details (15-fache Vergrößerung)
  - Erfordert Akkommodationsruhe und den Ausgleich bestehender Refraktionsanomalien
- Indirekte Augenspiegelung:
  - Ergibt ein umgekehrtes Bild
  - Gestattet einen guten Überblick (4-fache Vergrößerung)
  - Erfordert die Zwischenschaltung einer Sammellinse (13–15 dpt)
  - Erfordert die Nahakkommodation des Unterscherauges

17.4 Sehbahn

17.4.1 Retinotopie

Die räumliche Gestalt der Reizeinwirkung auf die Netzhaut bleibt auf allen Stationen der Sehbahn erhalten: Retinotopie. Die Projektion der Netzhautabbildung in höhere Hirnzentren ist jedoch nicht flächengetreu. Das kleine Gebiet der Fovea centralis hat eine erheblich größere zentrale Repräsentation als die flächenmäßig größere Netzhautperipherie.

17.4.2 Von den Sensoren bis zur Area V1

17.4.2.1 N. opticus

Die mit den 120 Millionen Sensoren der Retina wahrgenommene Information konvergiert über die Bipolarzellen (2. Neuron) auf etwa 1 Million Ganglienzellen (3. Neuron). Die Axone der Ganglienzellen bilden den N. opticus, dessen Durchtritt durch die Bulbuswand als Sehnervenpapille des Augenhintergrunds mit dem Augenspiegel sichtbar ist.

17.4.2.2 Chiasma opticum

Im Chiasma opticum, der Sehnervkreuzung, treffen sich die Nn. optici beider Seiten, wobei die temporalen Bündel ungekreuzt auf der gleichen Seite, die nasalen Fasern gekreuzt auf der Gegenseite weiterlaufen (► Abb. 17.14).

Aus der Chiasmaregion zweigen Fasern ab, die Informationen über Lichtreize an Hypothalamus und Hypophyse vermitteln.

Klinik

Durch einen Hypophysentumor (am häufigsten ein Prolaktinom) kann es zu einer Schädigung des benachbarten Chiasmas kommen. Dadurch werden die dort kreuzenden Fasern der nasalen Retinahälften unterbrochen. Klinisch führt dies zu einem Ausfall der temporalen Gesichtsfeldhälften: **bitemporale Hemianopsie.**

17.4.2.3 Tractus opticus

Der Tractus opticus führt die ungekreuzten Sehnervenfasern der gleichen Seite sowie die gekreuz-

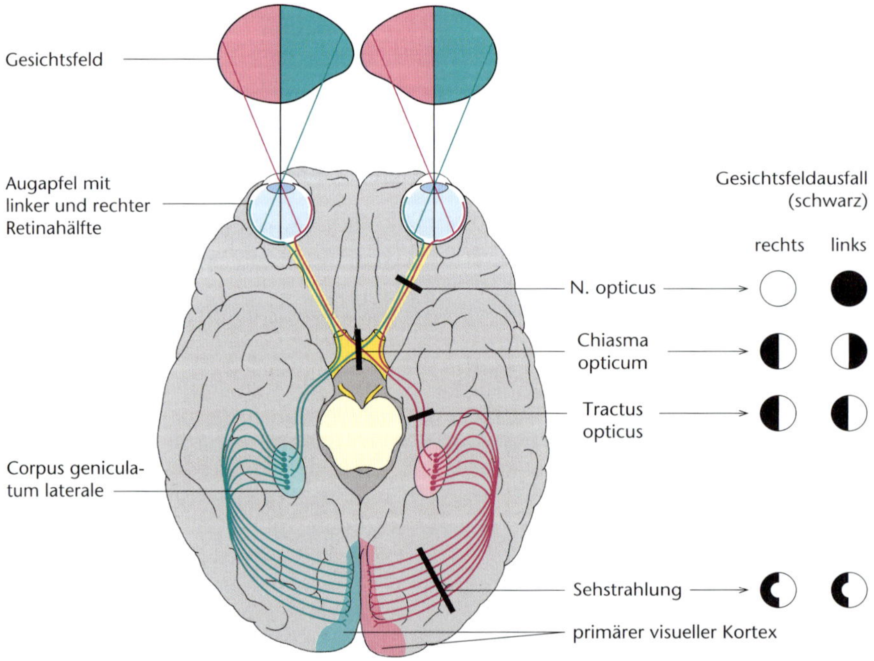

Abb. 17.14 Sehbahn. Eingezeichnet sind 4 mögliche Läsionen im Verlauf der Sehbahn: 1. Durchtrennung des Sehnervs mit einseitiger Amaurosis, 2. Chiasmaläsion mit bitemporaler Hemianopsie („Scheuklappenblindheit"), 3. Schädigung des Tractus opticus mit homonymer Hemianopsie der Gegenseite, 4. Schädigung der Sehstrahlung mit homonymer Hemianopsie der Gegenseite.

ten Fasern der Gegenseite zum Corpus geniculatum laterale ins Zwischenhirn. Jeder Traktus enthält die Sehinformation aus dem kontralateralen Gesichtsfeld. Eine Traktusschädigung drückt sich daher in einer kontralateralen homonymen Hemianopsie, d. h. in einem Ausfall beider Gesichtsfeldhälften der Gegenseite, aus. So führt eine Schädigung des rechten Tractus opticus zu einem Ausfall der linken Gesichtsfeldhälften beider Augen: der temporalen am linken und der nasalen am rechten Auge.

17.4.2.4 Corpus geniculatum laterale

Das Corpus geniculatum laterale (4. Neuron) ist ein erstes Integrationszentrum der Sehbahn. Es hat u. a. die Aufgabe, die einlaufenden optischen Informationen weiterzuleiten und zu filtern. Im Einzelnen lassen sich folgende von ihm ausgehende Faserzüge unterscheiden:

- **Projektionsfasern** zu den Colliculi superiores zur Steuerung der Augenmotorik.
- **Tractus geniculotectalis** mit Afferenzen der Retina für die Pupillomotorik; er zieht vom Corpus geniculatum laterale über die Nuclei praetectales (basal der Colliculi superiores) zum Edinger-Westphal-Kern. Über diese Bahn wird der Pupillenreflex gesteuert.
- **Sehstrahlung** (Radiatio optica) zu den Nervenzellen des primären visuellen Kortex (V1, Area 17) der Area striata des Okzipitallappens. Läsionen im Bereich der Sehstrahlung bewirken eine homonyme Hemianopsie. Der zentrale Bereich ist dabei meist ausgespart (► Abb. 17.14), weil die Fovea centralis bilateral im Kortex repräsentiert ist.

17.4.2.5 V1 (Area 17)

In V1 (Area 17), dem kortikalen Zielgebiet der Sehbahn, finden sich überwiegend Körnerzellen und nur wenig Pyramidenzellen. Eine solche granuläre Rinde ist typisch für ein primäres sensorisches Rindenfeld. Die großzelligen Schichten des visuellen Kortex erhalten Informationen aus dem skotopischen System, die kleinzelligen aus dem photopischen.

Die Area V1 ist als **primär visueller Kortex** das „Eingangstor" der visuellen Informationen im Kortex. Von dort werden die übrigen Areae (V2–V4) und visuelle Rindenfelder im Gebiet des Scheitellappens in den Prozess der Informationsverarbeitung einbezogen (► Kap. 17.5.2.1).

Lerntipp

Immer wieder gerne gefragt:

- Läsion des Chiasmas: bitemporale Hemianopsie
- Läsion des Tractus opticus: kontralaterale homonyme Hemianopsie

17.4.3 Bestimmung des Gesichtsfeldes

Gesichtsfeldausfälle, nämlich

- Zentralskotom (Fovea centralis),
- einseitige Amaurose (N. opticus),
- bitemporale Hemianopsie (Chiasma opticum) und
- homonyme Hemianopsie (Tractus opticus oder Radiatio optica)

lassen sich mit dem **Perimeter** nachweisen.

Die Gesichtsfeldbestimmung (Perimetrie) erfolgt monokular bei fixiertem Kopf und in Blickrichtung fixiertem Auge.

Das monokulare Gesichtsfeld erstreckt sich nasal bis 60° und temporal bis 100°. Binokular umfasst das Gesichtsfeld also 200°.

In den äußeren Randbezirken ist, wegen des überwiegenden Vorkommens von Stäbchen, keine Farberkennung möglich.

17.5 Informationsverarbeitung im visuellen System

17.5.1 Corpus geniculatum laterale

17.5.1.1 Retinotopie

Die Ganglienzellen in den 6 Schichten des Corpus geniculatum laterale (CGL) sind retinotop angeordnet, d. h., benachbarte Retinagebiete werden auf benachbarte Ganglienzellbereiche abgebildet. Wie die Ganglienzellen der Retina verfügen die Zellen des CGL über konzentrische rezeptive Felder.

17.5.1.2 Magnozelluläre Schichten

Die Neurone der magnozellulären Schichten verfügen über große rezeptive Felder und hohe Leitungsgeschwindigkeiten und sind dadurch besonders zur Bewegungsanalyse geeignet. Sie erhalten ihre Zuflüsse von den α-Ganglienzellen der Retina (► Kap. 17.3.2.4).

17.5.1.3 Parvozelluläre Schichten

Die Neurone der parvozellulären Schichten werden von den β-Ganglienzellen der Retina versorgt.

Sie sind durch kleinere, farbempfindliche rezeptive Felder, ausgeprägten Hell-Dunkel-Antagonismus und geringere Leitungsgeschwindigkeit charakterisiert. Ihre Aufgabe ist die Verstärkung von Hell-Dunkel-Kontrasten und die Analyse von Farben und Formen.

17.5.1.4 Regulierung

Die Aktivität der Neurone des CGL wird durch Zuflüsse aus dem visuellen Kortex (▶ Kap. 17.5.2) modifiziert. Neben dieser Feedbackschleife der visuellen Informationsverarbeitung nehmen auch Zuflüsse aus dem Hirnstammbereich Einfluss auf die Aktivität der Ganglienzellen: So kommt es zur Reduktion der Informationsverarbeitung im Schlaf und zur Steigerung bei Stressreaktionen.

17.5.2 Visueller Kortex

17.5.2.1 Zellen und Areale

Zelltypen

Die Nervenzellen des visuellen Kortex sind höher spezialisiert als die Neurone des Corpus geniculatum laterale. Sie reagieren spezifisch auf differenziertere Reize:

- **Einfache Zellen (Simple Cells),** deren rezeptive Felder aus streifenförmig angeordneten On-off-Zonen bestehen, werden am stärksten durch einen streifenförmigen Lichtbalken mit passender Orientierung erregt.
- **Komplexe Zellen** registrieren nicht nur die Orientierung, sondern auch die Bewegung eines Lichtimpulses in ihrem rezeptiven Feld.
- **Hyperkomplexe Zellen** werden nur dann aktiviert, wenn die bewegten Strukturen auch eine genau bestimmte Länge oder räumliche Konfiguration (Ecken, Kanten) aufweisen.

Kortikale Säulen

Diese Zelltypen des visuellen Kortex sind, wie in anderen Hirnregionen auch, in Form von etwa 1 mm starken kortikalen Säulen (Kolumnen) mit senkrechtem Verlauf durch alle Schichten der Hirnrinde organisiert. Dabei gibt es Säulen, die vorwiegend durch Impulse aus einem der beiden Augen erregt werden: okuläre Dominanzsäulen. Zwischen solchen Dominanzsäulen finden sich Neurone, die gleich stark vom linken und vom rechten Auge aktiviert werden und damit die binokulare Integration des Sehens übernehmen.

Visuelle Areale

Neben dem primär visuellen Kortex V1 (Area 17) dienen auch andere Kortexareale wie die Gebiete V2 (Area 18) und weitere Regionen wie V3 und V4, die sich nicht mehr mit den Grenzen der Brodmann-Areae decken, der visuellen Signalverarbeitung. Insgesamt sind etwa 30 % der kortikalen Neurone mit der Verarbeitung von optischen Informationen beschäftigt. Dabei übernehmen einzelne Regionen spezialisierte Aufgaben:

- **V2-Neurone** reagieren vorwiegend auf Konturen in bestimmter räumlicher Anordnung und auf Konturunterbrechungen.
- **V3-Neurone** werden vor allem von Bewegungen aktiviert.
- **V4-Neurone** sind durch farbspezifische rezeptive Felder gekennzeichnet.

Höhere visuelle Areale

Höhere visuelle Areale sind als visuelle Assoziationsfelder für weitergehende Wahrnehmungsleistungen verantwortlich:

- **Objektidentifikation und Gesichtserkennung** (was/wer ist das?): inferiorer Temporallappen. Die Gesichtserkennung ist im Bereich des Gyrus occipito-temporalis lateralis (= Gyrus fusiformis) lokalisiert.

Klinik

Eine Schädigung des inferioren Temporallappens (z. B. durch Ischämie, Blutung oder Tumor) kann eine Störung der Gesichtserkennung zur Folge haben: **Prosopagnosie.** Eine autosomal-dominant vererbte Form der „Gesichtsblindheit" ist deutlich häufiger als früher angenommen.

- **Räumliche Orientierung** (wo?): inferiorer Parietallappen.
- **Wahrnehmung von Bewegungen im Raum:** mediotemporaler Kortex (Area MT) und superiortemporaler Kortex (Area MST).

Klinik

Vom über der Sehrinde gelegenen Okzipitalbereich des Schädels lassen sich als Reaktion auf einen Lichtreiz wellenförmige Potenziale ableiten: **visuelle evozierte Potenziale** (VEP). Die VEP dienen der objektiven Diagnostik der visuellen Informationsverarbeitung in der Sehbahn. Sie werden durch die postsynaptischen exzitatorischen Potenziale der Neurone vorwiegend in den

Arealen V1–V3 hervorgerufen. Ein Potenzialgipfel findet sich nach 100 ms: P100. Die Latenz bis zum Auftreten von P100 ist z. B. bei einer Schädigung des N. opticus im Rahmen der Multiplen Sklerose deutlich erhöht.

Lerntipp

Prosopagnosie durch Läsionen des okzipitotemporalen Kortex: IMPP-verdächtig!

17.5.2.2 Gestaltwahrnehmung

Diese Spezialisierung kortikaler visueller Neurone ist Grundlage der abstrahierenden Leistungen des visuellen Kortex bei der Gestaltwahrnehmung. Eine solche aktive Abstraktionsleistung gestattet es uns z. B., einen komplexen Gegenstand in einer reduzierten Skizze wiederzuerkennen. Hierbei ergänzt der visuelle Kortex die Skizze, die etwa nur die Konturen eines Gegenstands enthält, zur vollständigen Gestalt: Gestaltergänzung. Auf dieser Gestaltergänzung beruhen viele optischen Täuschungen. Auch Gestaltwechsel zwischen Figur und Hintergrund erklären sich durch solche zentralen Gestaltergänzungen (▸ Abb. 17.15).

Klinik

Schädigungen verschiedener Areale des visuellen Kortex führen zu unterschiedlichen Störungen:

- Ist die primäre Sehrinde (Area 17) geschädigt, entsteht eine Rindenblindheit, d. h. ein je nach Größe der Läsion umschriebener Gesichtsfeldausfall.
- Bei einer Schädigung der extrastriären, sekundären optischen Zentren tritt keine Blindheit, sondern eine komplexe Störung der Wahrnehmungsfähigkeit auf.
- Bei Läsionen von V2 ist das Erkennen von Objekten (Objektagnosie) oder Schriftzeichen gestört (Alexie).
- Schädigungen von V4 führen zu einer kortikalen Farbwahrnehmungsstörung.

Abb. 17.15 Beispiel eines Gestaltwechsels. Bei Konzentration auf die Form zeigt sich eine Vase, bei Betrachtung des Hintergrundes sieht man zwei Gesichter im Profil.

17.6 Sehschärfe (Visus)

Der Visus oder das räumliche Auflösungsvermögen (Sehschärfe) ist definiert als der kleinste Sehwinkel, unter dem 2 Punkte noch getrennt wahrgenommen werden können. Der Visus-Normalwert von 1,0 (Einheit: Winkelminute^{-1}) bedeutet, dass der kleinste Abstand zweier noch getrennt wahrnehmbarer Punkte eine Winkelminute beträgt.

17.6.1 Bestimmung der Sehschärfe

Der Landolt-Ring (▸ Abb. 17.16) als das normierte Testobjekt der Sehschärfe weist eine Lücke auf, die bei entsprechender Entfernung der Testperson (5 m) eine Breite von einer Sehwinkelminute hat. Kann der Proband (unter den Bedingungen des fovealen Sehens) diese Lücke erkennen, ist sein Visus normal. Muss er sich aber der Tafel mit dem Landolt-Ring z. B. bis auf 1 m nähern, um die Lücke wahrzunehmen, beträgt sein Visus 1 m/5 m = 0,2.

17.6.2 Visusveränderungen

Der Visus ist bei Dunkeladaptation physiologischerweise verringert. Dies beruht auf dem reinen Stäbchensehen mit Wegfall der Fovea centralis als der Stelle schärfsten Sehens und auf der geringeren Kontrastverstärkung in der Retina durch die Umgestaltung der rezeptiven Felder bei skotopischem Sehen: Vergrößerung des Zentrums auf Kosten der Peripherie.

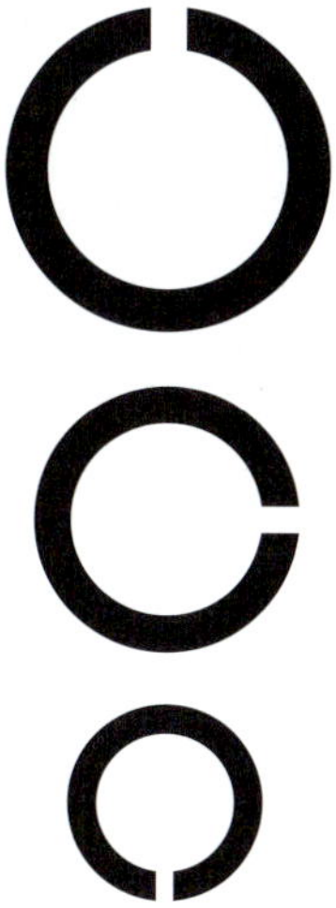

Abb. 17.16 Landolt-Ringe.

Klinik

Ein pathologisch eingeschränkter Visus beruht nicht immer auf einer Refraktionsanomalie. Auch Netzhauterkrankungen können die Sehschärfe vermindern.

17.7 Farbensehen

Die Sensoren des Farbensehens sind die Zapfen der Retina. Sie enthalten 3 Typen von Sehpigmenten, deren Absorptionsmaxima etwa im Bereich von Rot, Grün und Blau liegen. Die Gene für das Opsin der Rot- und Grünzapfen liegen auf dem X-Chromosom, die für das Opsin der Blauzapfen auf einem Autosom.

17.7.1 Farbtheorien

Zur Erklärung des Farbensehens wurden 2 Theorien entwickelt:

- Nach der **Dreifarbentheorie** entsteht die Farbwahrnehmung durch Mischung aus den Primärfarben Purpurrot, Blaugrün, Blauviolett, die in der Netzhaut durch die 3 Zapfentypen mit unterschiedlicher spektraler Empfindlichkeit repräsentiert werden.
- Die **Gegenfarbentheorie** stützt sich auf die Beobachtung, dass Rot und Grün, Gelb und Blau sowie Weiß und Schwarz in der Wahrnehmung jeweils als Gegensätze empfunden werden. Die Farbwahrnehmungen lassen sich dabei durch jeweils unterschiedliche Gleichgewichte zwischen diesen 3 Gegensatzpaaren erklären.

Beide Theorien haben teilweise Recht und lassen sich zur **Zonentheorie** zusammenfassen: Danach gilt die Dreifarbentheorie auf Sensorebene (3 Sehpigmente und 3 Rezeptortypen) und die Gegenfarbentheorie auf Ganglienzellebene: Farbantagonistisch aktivierbare Ganglienzellen sind als rezeptive Felder organisiert (► Kap. 17.3.2.3). Ein roter Lichtreiz z. B. kann im Zentrum eines rezeptiven Feldes gelegene Rotrezeptoren aktivieren, während die in der Peripherie gelegenen Grünrezeptoren gehemmt werden. Im Ergebnis kommt es zu einer Verstärkung des Farbkontrastes.

17.7.2 Störungen des Farbensinns

Das Farbensehen kann entweder völlig fehlen (Farbenblindheit, selten) oder eingeschränkt sein (Farbschwäche, häufiger). Blindheit (Anopie) oder Schwäche (Anomalie) können jedes der 3 Sehpigmente betreffen. Man unterscheidet:

- **Protanomalie** (Protanopie): Schwäche (Ausfall) der ersten, roten Komponente
- **Deuteranomalie** (Deuteranopie): Schwäche (Ausfall) der zweiten, grünen Komponente
- **Tritanomalie** (Tritanopie): Schwäche (Ausfall) der dritten, blauen Komponente

Auch Kombinationen dieser Störungen sind möglich. Am häufigsten ist dabei die Rot-Grün-Schwäche, die ca. 8 % der Männer und 0,4 % der Frauen betrifft (X-chromosomaler Erbgang). Dabei nehmen die Betroffenen durchaus Farben im Rot- und Grünbereich wahr, sie verwechseln sie jedoch oder können z. B. rote Farbtupfer vor grünem und braunem Hintergrund (Beeren im Strauch) erst erkennen, wenn sie relativ nahe sind.

Eine totale Farbenblindheit (Monochromasie) ist selten (< 0,01 %). Die Betroffenen haben zusätzlich eine Störung der Helladaptation und werden deshalb bei Tageslicht leicht geblendet. Auch ihr Visus ist vermindert. Zwar finden sich in der Retina Zapfen, diese enthalten jedoch als Sehpigment den Stäbchenfarbstoff Rhodopsin.

17.7.3 Prüfung der Farbtüchtigkeit

Die Ishihara-Farbtafeln enthalten mosaikartig aus Farbpunkten zusammengesetzte Zahlen, aber auch Farblinien, und können nur von Farbtüchtigen korrekt erkannt werden. Damit ist eine qualitative Farbtestung möglich.

Das Anomaloskop nach Nagel (ein Farbenmischgerät) basiert auf dem Prinzip, dass Protanomale mehr Rot, Deuteranomale mehr Grün zumischen, um den Farbton Gelb zu erhalten.

17.8 Räumliches Sehen

17.8.1 Binokulares räumliches Sehen

17.8.1.1 Horopterkreis

Die Wahrnehmung der dreidimensionalen Gestalt unserer Umwelt (räumliches Sehen) ist eine gemeinsame Leistung beider Augen. Durch den Abstand der Augen voneinander werden identische Gegenstände der äußeren Welt auf den beiden Netzhäuten jeweils unterschiedlich abgebildet. Eine Ausnahme bilden lediglich die Gegenstände, die auf einem gedachten Kreis liegen, der durch die Knotenpunkte beider Augen und den

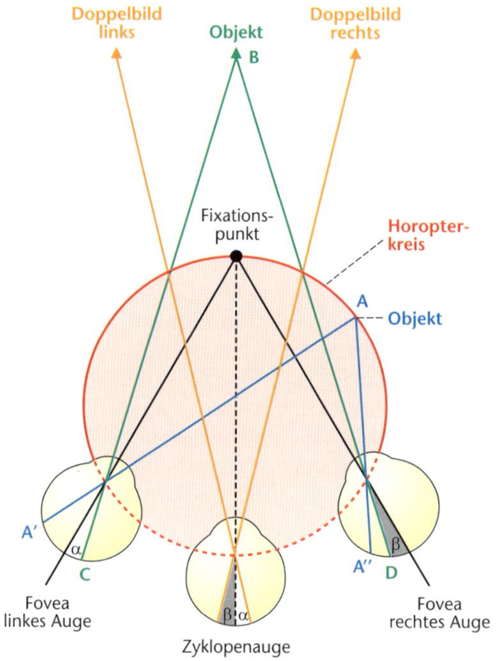

Abb. 17.17 Binokularsehen. Das auf dem Horopterkreis gelegene Objekt A projiziert sich auf die korrespondierenden Netzhautregionen A' und A'', beide auf der linken Seite der Fovea centralis. Das außerhalb des Horopterkreises gelegene Objekt B wird dagegen auf die nicht korrespondierenden Netzhautregionen C und D abgebildet. Summe der Winkel α und β = Querdisparation.

Fixationspunkt zieht: Horopterkreis. Diese auf dem Horopterkreis gelegenen Gegenstände werden auf korrespondierende Netzhautareale beider Augen abgebildet (Objekt A in ► Abb. 17.17). Dadurch kann das Objekt auch ohne Fusionsmechanismen als ein Gegenstand wahrgenommen werden. Dem entspricht die punktförmig eindeutige Projektion von Objekten auf dem Horopterkreis in die Retina des sog. **Zyklopenauges**, das als eine geometrisch konstruierte Zusammenfassung des Strahlengangs beider Augen angesehen werden kann.

17.8.1.2 Querdisparation

Bei außerhalb oder innerhalb des Horopterkreises gelegenen Objekten wird der Gegenstand auf nicht miteinander korrespondierende Netzhautareale abgebildet. Das Objekt B in ► Abb. 17.17 projiziert sich im linken Auge rechts der Fovea (Punkt C), im rechten Auge dagegen links der Fovea (Punkt D). Im Zyklopenauge resultiert daher keine einheitliche Projektion des Objekts. Vielmehr entstehen 2 Projektionsstrahlen, die zur Wahrnehmung von Doppelbildern führen, falls eine entsprechende zentrale Kompensation ausbleibt. Der Abstand dieser beiden Projektionsstrahlen setzt sich aus den disparaten Projektionswinkeln α und β beider Augen zusammen. Nimmt die Summe dieser beiden Winkel α + β, die auch als Querdisparation bezeichnet wird, über ein bestimmtes Maß hinaus zu, kann die binokulare Fusion die vom Auge gemeldeten querdisparaten Bildinformationen nicht länger unterdrücken: Die Doppelbilder werden wahrgenommen.

17.8.1.3 Binokulare Fusion

Die binokulare Fusion ist eine Leistung der Neurone des primären visuellen Kortex (V1, Area 17). Das räumliche Sehen beruht auf einer adäquaten zentralen Verarbeitung der Querdisparation von auf der Netzhaut abgebildeten Objekten. Je größer die vom visuellen Kortex noch zu einem Bild fusionierbare Querdisparation, desto stärker die räumliche Tiefenwahrnehmung. Da diese Querdisparation mit zunehmender Entfernung des Objekts vom Auge immer geringer wird und im Unendlichen gegen null geht, ist die binokulare räumliche Wahrnehmung bei Objekten der unmittelbaren Umgebung am stärksten.

Klinik

Eine **Diplopie,** d. h. das pathologische Sehen von Doppelbildern, tritt vor allem bei Lähmung von Augenmuskeln auf. Die Diplopie ist ein Frühsymptom der Muskellähmungen durch Botulinustoxin und wird auch bei Myasthenia gravis oder multipler Sklerose früh im Verlauf beobachtet.

17.8.2 Monokulares räumliches Sehen

Auch mit einem Auge allein können, in gewissen Grenzen, Informationen über die räumliche Anordnung von Objekten gewonnen werden. Die monokulare Tiefenwahrnehmung wird aus den folgenden Informationen gewonnen:

- Erforderliche Akkommodation zur Scharfstellung
- Erfahrung: Differenz von Bildgröße und wahrer Größe
- Wahrnehmung perspektivischer Verkürzungen
- Licht-Schatten-Effekte

- Verdeckung entfernter Gegenstände durch näher gelegene
- Berücksichtigung von Relativbewegungen der Objekte bei Kopfbewegungen des Betrachters
- Verminderung von Farbsättigung und Schärfe entfernter Gegenstände aufgrund von Luftschwebeteilchen

Mithilfe dieser Mechanismen kann auch die räumliche Lage von fernen Gegenständen, bei denen das binokulare Sehen (mangels Querdisparation) keine Rauminformationen liefert, erkannt werden.
Diese indirekt erschlossene Rauminformation reicht jedoch in der Regel für Tätigkeiten nicht aus, bei denen eine exakte räumliche Wahrnehmung im Nahbereich erforderlich ist (z. B. in der Chirurgie), die nur das echte Binokularsehen liefern kann.

17.8.3 Entwicklung des räumlichen Sehens

17.8.3.1 Normale Entwicklung

Die Entwicklung des beidäugigen Sehens beim Kind ist erst mit etwa 7–9 Jahren abgeschlossen. Voraussetzung ist eine normale Benutzung beider Augen, da die Sehrinde sonst nicht angemessen aktiviert wird.

17.8.3.2 Schielamblyopie

Tritt vor diesem Alter aufgrund einer Störung der binokularen Augenbewegung ein Schielen (Strabismus) auf, droht bei fehlender Behandlung die Gefahr der irreversiblen Schwachsichtigkeit (Amblyopie) eines Auges durch Nichtgebrauch. Hierbei beruht der Verlust der Sehfähigkeit des schielamblyopen Auges auf einer zentralen Inaktivierung der von diesem Auge einlaufenden Sinnesinformationen im visuellen Kortex. Die okulären Dominanzsäulen des inaktivierten Auges im Kortex sind deshalb schwächer entwickelt. Durch diese Inaktivierung eines Auges versucht das ZNS, die sonst beim Schielen auftretenden Doppelbilder zu unterdrücken, um so Konstanz und Eindeutigkeit der Wahrnehmungswelt zu sichern. Zur Therapie wird die gesunde Seite zeitweise mit einer Augenklappe verdeckt, um das betroffene Auge bzw. die entsprechenden Kortexareale zu fordern und dadurch zu fördern.

18 Vestibuläres und auditorisches System

IMPP-Hits

- Hörprüfungen: Weber, Rinne, BERA, OEA (► Kap. 18.3.6)
- Haarzellen: Funktion, Transduktion, endolymphatisches Potenzial
- Schalldruckpegel (dB) und Lautstärkepegel (phon)

18.1 Wegweiser

Gleichgewichtsorgan (► Kap. 18.2) und Hörorgan (► Kap. 18.3) liegen im häutigen Labyrinth, der Auskleidung des knöchernen Labyrinths im Felsenbein. Das Gleichgewichtsorgan bildet den vestibulären Anteil, das Hörorgan den kochleären Anteil des häutigen Labyrinths. Gleichgewichtsorgan und Hörorgan sind von Perilymphe umgeben und mit Endolymphe gefüllt. Der Endolymphraum des Vestibularapparats kommuniziert über den Sacculus mit dem Ductus cochlearis des Hörorgans. Das Vestibulum, ein erweiterter Perilymphraum am ovalen Fenster, stellt die Verbindung von vestibulärem und kochleärem Perilymphsystem her (► Abb. 18.1).

Die Sinnesrezeptoren des vestibulären Systems sind in den Makula- und Bogengangsorganen (► Kap. 18.2.1) lokalisiert, deren Informationen zentral weiterverarbeitet werden (► Kap. 18.2.2). Durch einfache Funktionsprüfungen können Störungen des vestibulären Systems erkannt werden (► Kap. 18.2.3).

Die Sinnesrezeptoren des auditorischen Systems liegen in der Kochlea (► Kap. 18.3.3). Der Umgebungsschall erreicht sie über das äußere Ohr, das Mittelohr und das Schallleitungssystem der Gehörknöchelchen (► Kap. 18.3.1, ► Kap. 18.3.2). Die auf-

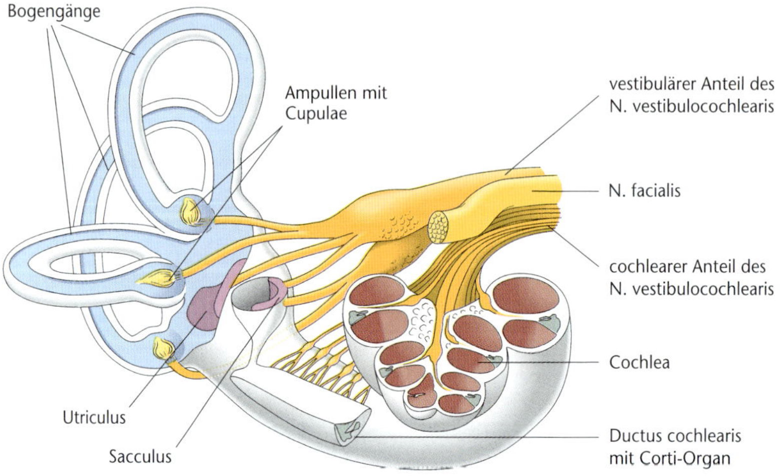

Abb. 18.1 Menschliches Innenohr (Schema) mit kochleärem und vestibulärem Anteil.

genommenen Informationen werden in der Hörbahn weiterverarbeitet (▶ Kap. 18.3.4).

Die Beziehungen zwischen akustischem Reiz und menschlicher Hörwahrnehmung werden in ▶ Kap. 18.3.5 dargestellt. Auch für das auditorische System gibt es einfache klinische Prüfungen, mit denen sich Funktionsstörungen erkennen und lokalisieren lassen (▶ Kap. 18.3.6).

Die Grundlagen zur Physiologie von Stimme und Sprache werden in ▶ Kap. 18.4 erläutert.

18.2 Vestibuläres System

Lerntipp

IMPP-Fragen zum vestibulären System sind eher selten: ~ 5 % der Fragen zu diesem Kapitel. Klinisch wichtig ist die subtile Physiologie der Gleichgewichtsorgane trotzdem: Sie erleichtert das Verständnis und die (schwierige) Differenzialdiagnose des Schwindels – einem vor allem im Alter sehr häufigen Symptom.

Fühler des Gleichgewichtssinnes sind die Makulaorgane von Sacculus und Utrikulus sowie die Bogengangsorgane (Ductus semicirculares) im horizontalen, im vorderen vertikalen und im hinteren vertikalen Bogengang. Sie enthalten Mechanosensoren. Ihre Funktion ist es,

- Informationen über die räumliche Lage und die Bewegung des Körpers zu liefern (zusammen mit Gesichtssinn und peripheren Mechanosensoren),
- durch Beteiligung der Makulaorgane an der Stützmotorik, die überwiegend vom Kleinhirn koordiniert wird, das körperliche Gleichgewicht zu wahren,
- durch Mitwirkung der Bogengangsorgane bei der Regulierung der Blickmotorik das Bild auf der Retina stabil zu halten.

18.2.1 Aufbau und Funktion des Vestibularapparats

18.2.1.1 Anatomie

Makulaorgane

Der annähernd vertikal gelagerte Sacculus und der annähernd horizontal liegende Utrikulus bilden mit ihren Makulaorganen den Statolithenapparat, der die Lage des Kopfes im Schwerefeld der Erde registriert. Die Zilien tragenden Sinnesepithelien der Makulaorgane sind von einer gallertigen Membran bedeckt. Die Dichte dieser Membran ist durch Calcit-Einlagerungen (Statolithen oder Otolithen) erhöht und dadurch etwa doppelt so hoch wie die Dichte der Endolymphe: Statolithenmembran.

Bogengangsorgane

Der Bogengangsapparat besteht aus 3 mit dem Utrikulus verbundenen Bogengängen, die ungefähr senkrecht zueinander stehen. Im Bereich der Ampulle der Bogengänge trägt die äußere Bogengangswand auf der Crista ampullaris ein ebenfalls mit Zilien ausgestattetes Sinnesepithel, bedeckt von einem Gallertgebilde, der Kupula. Im Gegensatz zur Statolithenmembran enthält die Kupula keine Kristalle. Kupula und Endolymphe haben vielmehr die gleiche Dichte.

Sinnesepithel

Das Sinnesepithel von Makula- und Bogengangsapparat besteht aus Haarzellen (Typ I und II) mit jeweils ca. 50 Stereozilien und einem längeren Kinozilium. Haarzellen sind sekundäre Sinneszellen (ohne eigenes Axon) und bilden an ihrem basalen Ende glutamaterge Synapsen mit den afferenten Nervenfasern.

18.2.1.2 Reizaufnahme und -weiterleitung

Adäquater Reiz

Makulaorgane: Translationsbeschleunigung

Die Dichte der Statolithenmembran ist in den Makulaorganen (durch die Calcit-Einlagerungen) höher als die der Endolymphe. Daher kommt es bei Translationsbeschleunigungen (Linearbeschleunigungen) wie z. B. der Gravitationsbeschleunigung zu einer Relativbewegung zwischen Sinnesepithel und Statolithenmembran (▸ Abb. 18.2).

- Die horizontal gelegene Macula utriculi registriert vorwiegend horizontale Translationsbeschleunigungen.
- Die senkrecht stehende Macula sacculi wird dagegen bevorzugt durch vertikale Translationsbeschleunigungen aktiviert.

Bogengangsorgane: Drehbeschleunigung

In den Bogengangsorganen haben Kupula und Endolymphe die gleiche Dichte. Deshalb sind einfache Translationsbeschleunigungen dort praktisch unwirksam. Die Trägheit der Endolymphe führt jedoch zu einer Kupulaablenkung bei Drehbeschleunigung (Winkelbeschleunigung, ▸ Abb. 18.3).

Abscherung der Stereozilien

Die jeweils ausgelösten Relativbewegungen führen in Makulaorganen und im Bogengangsapparat zu einer Abscherung der Stereozilien und damit zu einer Relativbewegung in Bezug zum längeren Kinozilium, die den adäquaten Reiz darstellt.

Merke

- Macula sacculi: vertikale Translationsbeschleunigungen
- Macula utriculi: horizontale Translationsbeschleunigungen
- Bogengangsorgane: Drehbeschleunigungen

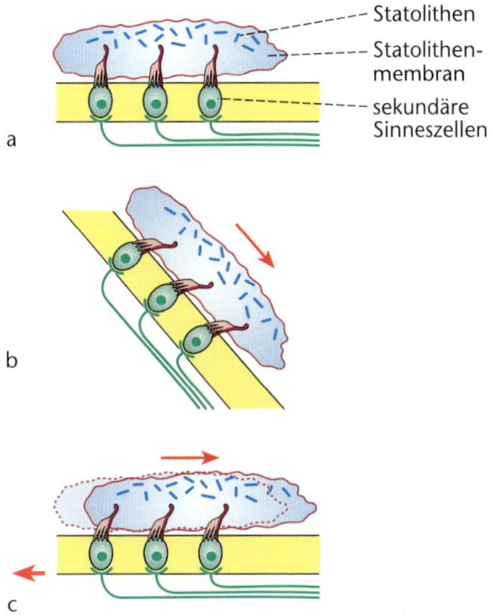

Abb. 18.2 Reizung der Makulaorgane. **a:** Macula utriculi in Ruhe. **b:** Statische Funktion der Macula utriculi: Registrierung des Schwerkrafteinflusses. **c:** Dynamische Funktion der Macula utriculi bei einer Translationsbeschleunigung in der Horizontalebene.

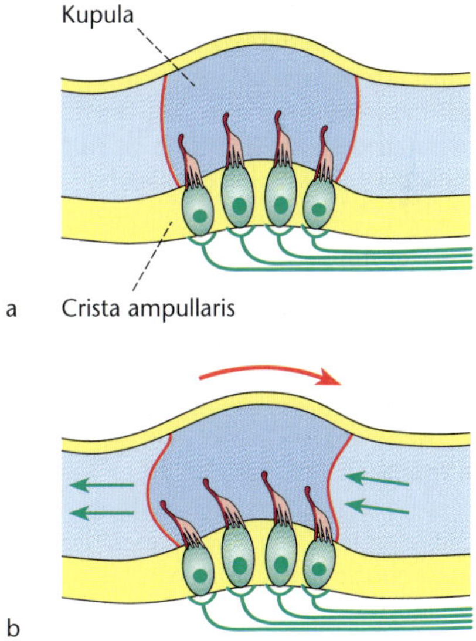

Abb. 18.3 Reizung der Bogengangsorgane. **a:** Kupula in Ruhe. **b:** Auslenkung der Kupula und der Haarzellen nach links durch eine Drehbewegung des Kopfes nach rechts.

Transduktion

Die Auslenkung der Stereozilien in Richtung des Kinoziliums dehnt die sog. **Tip-Links,** die als

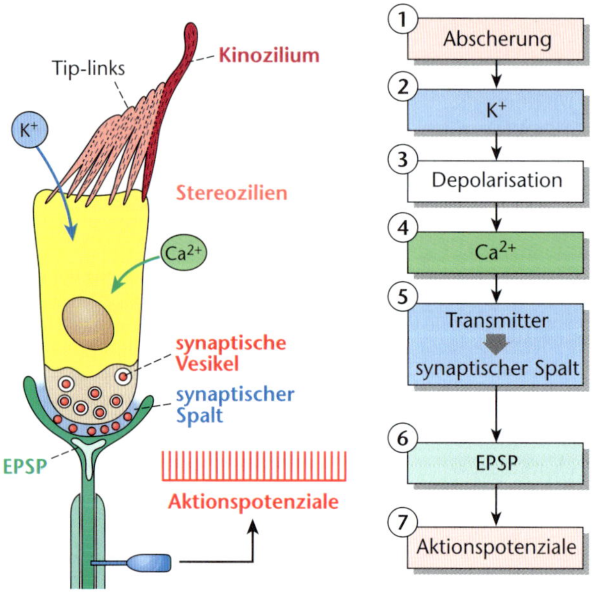

Abb. 18.4 Transduktion und Transformation an den Haarzellen des Vestibularapparats. EPSP = exzitatorisches postsynaptisches Potenzial (Erklärung siehe Text).

Verbindungen (Links) von der Spitze (Tip) eines Stereoziliums zum benachbarten Stereozilium ziehen (► Abb. 18.4). Hierdurch werden K^+-Kanäle geöffnet und die Haarzellen depolarisiert. Daraufhin strömen auch Ca^{2+}-Ionen in die Zelle ein und der erregend wirkende Transmitter Glutamat wird in den synaptischen Spalt freigesetzt. Eine Abscherung der Stereozilien vom Kinozilium weg führt zu einer Hyperpolarisation der Sensorzellen und dadurch zu einer Verringerung der Transmitterausschüttung. Auch ohne Reizung schütten die Haarzellen des Vestibularapparats (im Gegensatz zu denen der Kochlea, ► Kap. 18.3.3.2) relativ viel Transmitter aus: hohe Ruheaktivität.

Transformation

Die Sensoren des vestibulären Systems sind sekundäre Sinneszellen, d.h., sie haben kein eigenes Axon. Durch die Freisetzung von Glutamat erhöhen sie das exzitatorische postsynaptische Potenzial (EPSP; ► Kap. 12.4.4.1) der afferenten Nervenfasern des N. vestibularis. Bei Überschreitung der Schwelle werden Aktionspotenziale ausgelöst. Die hohe Ruheaktivität der Sensoren führt zu einer kontinuierlichen Aktivierung der afferenten Fasern. Durch die Auslenkung der Stereozilien wird diese Ruheaktivität modifiziert:

- Abscherung in Richtung des Kinoziliums steigert die Aktionspotenzialfrequenz.
- Abscherung vom Kinozilium weg reduziert die Aktionspotenzialfrequenz.

18.2.1.3 Antwortverhalten

Makulaorgane

Die Zilien des Sinnesepithels in den Makulaorganen weisen teilweise in einander entgegengesetzte Richtungen. Dadurch werden bei Kopfneigung immer einige Sinneszellen aktiviert, während andere inaktiviert werden. Es kann also keine Bewegungsrichtung angegeben werden, die alle Sinneszellen zur Aussendung von Aktionspotenzialen veranlasst.

Bogengangsorgane

Die Kinozilien in den Bogengangsorganen sind dagegen regelmäßig angeordnet. Beim horizontalen Bogengang liegen die Kinozilien auf der Seite des Utrikulus, beim vertikalen Bogengang auf der Gegenseite. Deshalb führt

- in den **horizontalen Bogengängen** eine utrikulopetale Kupulaauslenkung in Richtung Utrikulus zu einer erhöhten Impulsfrequenz.
- In den **vertikalen Bogengängen** steigt die Entladungsrate bei einer utrikulofugalen Kupulaauslenkung vom Utrikulus weg.

Hierbei verhalten sich die Entladungsraten der Bogengänge von rechtem und linkem Innenohr immer gegensinnig, d.h., hohe Entladungsraten z.B. des rechten horizontalen Bogengangs gehen mit niedrigen Entladungsraten des linken horizontalen Bogengangs einher.

Kurze und lange Drehbewegungen

Das Antwortverhalten der Bogengangsorgane unterscheidet sich, je nachdem, wie lange die Drehung anhält:

- Bei **kurz anhaltenden Winkelbeschleunigungen,** wie sie im Alltag z.B. bei Kopfdrehung überwiegend auftreten, wird der Kopf nach initialer Beschleunigung rasch wieder abgebremst. Die Kupula wird bei der Beschleunigung in eine Richtung ausgelenkt und erreicht beim Bremsen wieder die Ruhelage. Die Impulsrate der Sinneszellen ist dabei aufgrund der Dämpfung des Systems aus Kupula und Endolymphe der Winkelgeschwindigkeit proportional – obwohl die Winkelbeschleunigung der auslösende Reiz ist.
- Bei **lang anhaltenden Drehbewegungen** (z.B. im Drehstuhl) wird die Kupula durch die Drehbeschleunigung zu Beginn ebenfalls in eine Richtung ausgelenkt. Hält die Drehung jedoch länger an, bewegt sich die Kupula aufgrund ihrer Eigenelastizität trotz anhaltender Drehung wieder in die Ruhelage zurück: Die Aktionspotenzialfrequenz erreicht wieder ihren Ausgangswert. Wird die lang anhaltende Drehung dann plötzlich gestoppt, wird die wieder in Ruhelage befindliche Kupula in die Gegenrichtung ausgelenkt: Die Aktionspotenzialfrequenz sinkt dadurch unter den Ausgangswert ab (► Abb. 18.5). Der Organismus interpretiert diese Hemmung der Aktionspotenzialfrequenz beim Abbremsen als Drehung in die Gegenrichtung. Hierdurch kann ein Drehschwindel ausgelöst werden, wie er z.B. beim Abspringen von einem sich rasch drehenden Karussell empfunden wird.

Merke

- Linearbeschleunigung: Reizung der Makulaorgane
- Drehbeschleunigung: Reizung der Bogengangsorgane
- Erhöhte Impulsfrequenz:
  - Horizontale Bogengänge bei Kupulaauslenkung zum Utrikulus hin
  - Vertikale Bogengänge bei Kupulaauslenkung vom Utrikulus weg

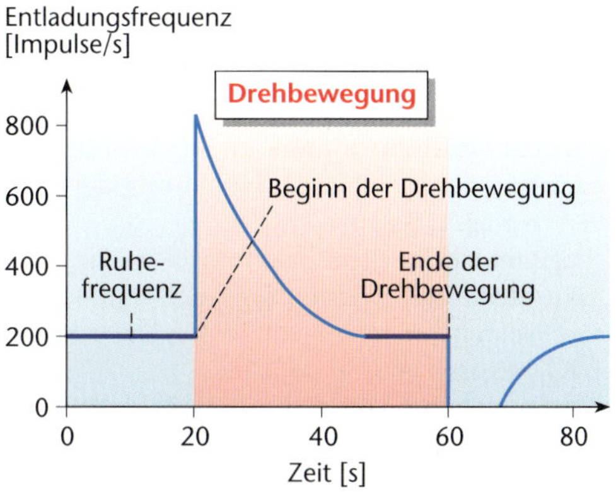

Abb. 18.5 Antwort einer Haarzelle auf einen länger anhaltenden Drehreiz. Die Impulsfrequenz steigt initial stark an, nähert sich aber mit der Zeit wieder der Ruhefrequenz. Nach dem Abstoppen der Bewegung fällt die Impulsfrequenz unter die Ruhefrequenz ab.

18.2.1.4 Funktion

Die senkrecht aufeinander stehenden Makulaorgane von Utrikulus und Sacculus geben dem Körper vorwiegend Informationen über die **Stellung des Kopfes im Raum.**

Die 3 annähernd senkrecht aufeinander stehenden Bogengänge registrieren die Winkelbeschleunigungen in den 3 Raumachsen, woraus in höheren Zentren die **Drehbewegungen des Kopfes** im Raum rekonstruiert werden können.

18.2.2 Informationsverarbeitung im vestibulären System

Von den sekundären Sinneszellen des vestibulären Systems laufen die Informationen nach synaptischer Übertragung auf afferente Fasern der Neurone des Ganglion vestibuli (1. Neuron) im N. vestibularis zentralwärts. Diese Fasern weisen eine hohe Ruheaktivität auf, die für die Regulation der Stützmotorik wichtig ist. Der Nerv läuft als Teil des N. vestibulocochlearis (VIII. Hirnnerv) zum 2. Neuron, das in den gleichseitigen 4 Vestibulariskernen (Nuclei vestibularis superior, medialis, lateralis und inferior) in der Rautengrube der Medulla oblongata gelegen ist. Hier treffen außerdem Afferenzen von den Hinterwurzeln des Rückenmarks ein.

Die aufbereiteten vestibulären Informationen werden anschließend weiterverteilt in Richtung:

- **Kleinhirn** (Archizerebellum): Steuerung der Stützmotorik (► Kap. 15.5.3)

- **Formatio reticularis:** von hier aus über den Tractus reticulospinalis zu α- und γ-Motoneuronen: Tonuskontrolle von Extensoren und Flexoren (▶ Kap. 15.3.2.1)
- **Tractus vestibulospinalis** im Rückenmark: Stimulation der Extensoren, Hemmung der Flexoren (▶ Kap. 15.3.1.2)
- **Augenmuskelkerne:** Blickmotorik (▶ Kap. 17.2.8)
- **Hypothalamus:** Verknüpfung mit dem vegetativen Nervensystem, vegetative Begleitreaktionen bei Kinetosen (▶ Kap. 18.2.4.1)
- **Thalamus und Gyrus postcentralis:** bewusste Raumorientierung.

Die vestibulären Impulse aus Makula- und Bogengangsorganen spielen eine wichtige Rolle für die motorische Reflextätigkeit (▶ Kap. 15.2.4.1, ▶ Kap. 15.3.2). Der **Deiters-Kern** (Nucleus vestibularis lateralis) ist der wichtigste Ausgangspunkt von rückläufigen Efferenzen zum Vestibularapparat, die etwa 10 % der Vestibularisfasern ausmachen und wahrscheinlich der Empfindlichkeitseinstellung dienen.

18.2.3 Funktionsprüfungen des vestibulären Systems

18.2.3.1 Vestibulärer Nystagmus

Ein in der klinischen Praxis besonders wichtiger statokinetischer Reflex ist der vestibuläre Nystagmus, dessen Untersuchung Auskunft über die Funktionsfähigkeit des vestibulären Systems geben kann. Aufgabe des physiologischen vestibulären Nystagmus ist eine Blickstabilisierung bei Drehbewegungen des Kopfes. Bei einer langsamen Drehbewegung des Kopfes versuchen die Augen zunächst den Fixationspunkt beizubehalten, indem sie eine langsame gegenläufige Bewegung ausführen. Kurz vor Erreichen der maximalen Auslenkung der Augen kommt es zu einer ruckartigen Augenbewegung (Sakkade) in Drehrichtung, sodass die Drehbewegung des Kopfes „eingeholt" wird. Die Nystagmusrichtung wird nach der Richtung dieser schnellen Einholbewegung benannt. Ein Nystagmus kann nicht nur in der horizontalen, sondern auch in der vertikalen Ebene oder kombiniert auftreten.

Klinik

Ein in Ruhe, ohne Drehbewegungen, auftretender **Spontannystagmus** ist zumeist pathologisch. Er ist ein Hinweis auf Erkrankungen des vestibulären Organs (Morbus Menière) oder des ZNS.

Ausschalten der visuellen Fixation

Wichtig ist, dass bei der Nystagmusprüfung die visuelle Fixation ausgeschaltet ist. Sonst könnte der Nystagmus unterdrückt werden, weil die visuellen Informationen die vestibulären Informationen überlagern. Diese Ausschaltung der visuellen Fixation wird durch die **Frenzel-Brille** erreicht, bei der starke Sammellinsen von +20 dpt eine künstliche, extreme Myopie ohne Fixierungsmöglichkeit erzeugen. Der Beobachter hingegen kann die Bewegungen der Bulbi wie unter einer Lupe wahrnehmen.

Reizung durch Drehung

Bei der rotatorischen Reizung wird der Kopf um 30° nach vorne gebeugt, wodurch der laterale Bogengang eine horizontale Lage erhält. Dann wird die Versuchsperson auf einem Drehstuhl gleichförmig gedreht und die Drehung anschließend plötzlich gestoppt. Die Richtung des jetzt unter der Frenzel-Brille zu beobachtenden postrotatorischen Nystagmus ist der Drehrichtung entgegengesetzt. Weist der Nystagmus dagegen nach dem Abstoppen in Rotationsrichtung oder ist gar kein Nystagmus nachweisbar, kann ein ein- bzw. beidseitiger Labyrinthausfall vorliegen.

18.2.3.2 Kalorischer Nystagmus

Bei der kalorischen Prüfung wird der Kopf im Sitzen um 60° nach hinten gelagert. Dadurch erhält der horizontale Bogengang eine vertikale Lage. Jetzt erzeugt eine **Warmspülung** des Gehörgangs durch Reizung der dem Gehörgang unmittelbar benachbarten Wand des horizontalen Bogengangs einen Nystagmus zur gereizten Seite. Eine **Kaltspülung** ruft dagegen einen Nystagmus zur Gegenseite hervor (▶ Tab. 18.1). Der Nystagmus wird hierbei durch eine temperaturinduzierte Endolymphströmung im horizontalen Bogengang ausgelöst.

Merke

Kalorischer Nystagmus:
- Warmspülung → Nystagmus zur gereizten Seite
- Kaltspülung → Nystagmus zur Gegenseite

Merkhilfe: kalorischer Nystagmus: Wärme suchend, Kälte meidend.

18.2.4 Pathophysiologie

18.2.4.1 Kinetosen

Bei starken Umweltbewegungen (z. B. auf See) oder passiven Bewegungen (z. B. beim Autofahren als

Tab. 18.1 Physiologische Nystagmusformen

Nystagmus	Reiz	Nystagmusrichtung
Optokinetisch (► Kap. 17.2.8.4)	Umweltbewegung, z. B. Rotation einer Streifentrommel um den Patienten	Gegen die Umweltbewegung, also gegen die Bewegungsrichtung der Trommel
Vestibulär	Drehbewegung	
	Beginn der Rotation: Andrehen des Stuhls	In Rotationsrichtung
	Ende der Rotation: Stoppen des Stuhls	Gegen die Rotationsrichtung
Kalorisch	Kältereiz	Von der gespülten Seite weg
	Wärmereiz	Zur gespülten Seite hin

Beifahrer auf einer kurvigen Straße) kann es zu einer Bewegungskrankheit mit vegetativen Störungen wie Übelkeit, Schweißausbruch und Erbrechen kommen: Kinetose. Man nimmt an, dass hierfür Diskrepanzen zwischen optischen und vestibulären Informationen verantwortlich sind. Über die Formatio reticularis und den N. vagus werden als Reaktion die vegetativen Symptome ausgelöst.

Therapie

Man kann zunächst versuchen, die Informationsdiskrepanzen zu reduzieren, indem man z. B. auf See den Horizont fixiert oder die Augen schließt. Die transdermale Gabe von Scopolamin, einem Parasympatholytikum an zentralen muscarinergen Rezeptoren, kann Kinetosen abmildern. Es blockiert vermutlich die cholinerge Übertragung der vestibulären Informationen an das Brechzentrum im Hirnstamm. Hauptsächliche Nebenwirkungen sind Müdigkeit (zentrale muscarinerge Rezeptoren), Akkomodationsstörungen (Hemmung des M. ciliaris) und Mundtrockenheit (geringere Speichelsekretion). Bei Engwinkelglaukom ist Scopolamin kontraindiziert: Mydriasis mit Anstieg des Augeninnendrucks.

18.2.4.2 Labyrinthausfall

- Bei **akutem einseitigem Ausfall** des Vestibularapparats kommt es zu Übelkeit und Erbrechen mit Drehschwindel und Nystagmus zur gesunden Seite. Es besteht eine Fallneigung meist in Richtung der erkrankten Seite. Reflektorisch sind der Flexorentonus der gleichen Seite und der Extensorentonus der Gegenseite erhöht.
- Ein **chronischer einseitiger Labyrinthausfall** kann dagegen durch zentrale Adaptationsvorgänge relativ gut kompensiert werden und bleibt im Hellen oft vollständig verborgen: Kompensation durch visuelle Informationen.
- Ein **doppelseitiger akuter Ausfall** des Vestibularapparats zeigt eine geringere Symptomatik als der einseitige Ausfall, da die Symmetrie der fehlenden Informationen einen zentralen Ausgleich erleichtert.

Klinik

Der **Morbus Menière** ist eine Erkrankung des vestibulokochleären Systems, bei der ein Überdruck im Endolymphschlauch besteht: endolymphatischer Hydrops. Die Ursache dieses Überdrucks ist nicht vollständig geklärt. Er entsteht entweder durch eine Störung der Rückresorption von Endolymphflüssigkeit oder durch eine gesteigerte Produktion dieser Flüssigkeit. Der Überdruck im Endolymphraum führt zu einer pathologischen Aktivierung der Haarzellen und der Neurone des N. vestibulocochlearis. Die Patienten leiden unter plötzlich auftretenden Schwindelattacken mit starker Übelkeit, Ohrgeräuschen (Tinnitus) sowie einer Hörminderung.

Beim **paroxysmalen Lagerungsschwindel** lösen sich Otolithen und treiben in der Endolymphe umher. Dies führt zur inadäquaten Reizung der Kupulaorgane bei Lageveränderungen, z. B. beim Hinlegen, was einen starken Schwindel verursachen kann.

18.3 Auditorisches System

Das Ohr enthält mit den Haarzellen im Innenohr die mit Abstand empfindlichsten Mechanosensoren des menschlichen Organismus. Sie reagieren auf Vibrationen.

Terminologisch bezeichnen „auditorisch/auditiv“ physiologische Phänomene, das Adjektiv „akustisch“ wird für physikalische Prozesse verwandt. Der physikalische Schalldruck ist ein akustischer, der physiologische Schwellenschalldruck des Gehörorgans ein auditorischer Begriff.

18.3.1 Anatomische Grundlagen

18.3.1.1 Äußeres Ohr

Zum äußeren Ohr gehört die Ohrmuschel, die für das Richtungshören wichtig ist (► Kap. 18.3.5.5) und den Schall wie ein Trichter bündelt, sowie der sich bis zum Trommelfell erstreckende äußere Gehörgang.

18.3.1.2 Mittelohr

Hinter dem Trommelfell beginnt das Mittelohr, das aus der Paukenhöhle und den Gehörknöchelchen Hammer (Malleus), Amboss (Incus) und Steigbügel (Stapes) besteht. Der Hammer ist fest mit dem Trommelfell verbunden und leitet über den Amboss die durch Schallereignisse ausgelösten Trommelfellschwingungen auf den ins ovale Fenster eingepassten Steigbügel weiter. Das ovale Fenster grenzt das luftgefüllte Mittelohr vom perilymphatischen Raum des Innenohrs ab. Die Tuba auditiva verbindet das Mittelohr mit dem Rachenraum und sorgt für die Angleichung des Mittelohrdrucks an den atmosphärischen Druck.

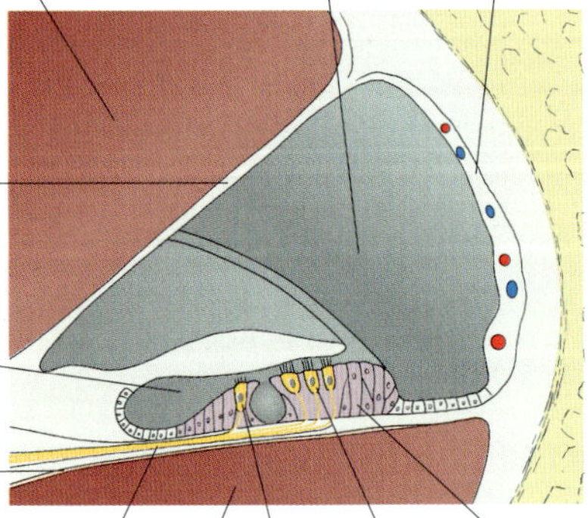

Abb. 18.6 Schnitt durch die Kochlea.

18.3.1.3 Innenohr

Kochlea

Das innere Ohr enthält neben dem Vestibularorgan das Hörorgan, das aufgrund seines Verlaufs in ansteigenden Windungen auch als Schnecke (Kochlea) bezeichnet wird. Die Kochlea (► Abb. 18.6) besteht aus 3 übereinanderliegenden, flüssigkeitsgefüllten Kanälen:

- Die untere **Scala tympani** und die obere **Scala vestibuli** enthalten die Perilymphe, eine transzelluläre Flüssigkeit, die in ihrer Zusammensetzung dem Liquor ähnelt. Sie kommunizieren an der Spitze der Schnecke im Helicotrema.
- Die **Scala media** (Ductus cochlearis, Endolymphschlauch) ist durch die Reissner-Membran von der Scala vestibuli und durch die Basilarmembran von der Scala tympani getrennt. Die Scala media ist mit Endolymphe gefüllt und enthält das Hörorgan: Corti-Organ. Dieses sitzt auf der Basilarmembran, einer biegungssteifen, innen am Knochen fixierten Platte, die sich vom ovalen Fenster bis zum Helicotrema hin wesentlich verbreitert. Die Endolymphe ist eine kaliumreiche, natriumarme Flüssigkeit. Ihre Zusammensetzung entspricht eher dem intrazellulären Ionenmilieu.

Stria vascularis

Die Stria vascularis, ein blutgefäßreicher Bezirk an der äußeren Zirkumferenz der Scala media, produziert die kaliumreiche Endolymphe. Sie verfügt hierzu u. a. über K^+-Kanäle und einen Na^+-K^+-$2Cl^-$-Carrier (NKCC-Symport), der sich auch im aufsteigenden Schenkel der Henle-Schleife in der Niere findet (► Kap. 9.3.4.2).

Die Stria vascularis baut so ein positives endokochleäres Potenzial von etwa +80 mV auf. Die dadurch entstehende hohe Potenzialdifferenz von 150 mV zwischen dem endokochleären Raum und dem negativen Membranpotenzial der Haarzellen (–70 mV) ist für die Transduktion der Hörreize erforderlich (► Kap. 18.3.3.2).

Klinik

Schleifendiuretika hemmen den NKCC-Symport nicht nur in der Niere, sondern auch in der Stria vascularis und reduzieren dadurch das positive endokochleäre Potenzial. Dies führt zu einer schlechteren Erregbarkeit der Haarzellen (► Kap. 18.3.3.2). Dadurch kann eine Hörstörung ausgelöst werden.

18.3.1.4 Nervenfasern

90 % der Nervenfasern der bipolaren Ganglienzellen des Ganglion spirale verlaufen zu den 3.500 inneren Haarzellen, wobei mehrere Fasern an einer Zelle enden. Nur 10 % der Fasern ziehen zu den 12.000 äußeren Haarzellen, wo eine Faser mehrere Rezeptoren versorgt. Der zweite Ast der bipolaren Neurone im Ganglion spirale bildet dann den Hörnerv, den N. cochlearis.

18.3.2 Schallleitung

18.3.2.1 Luftleitung

Impedanzanpassung

Die Einheit von Trommelfell und Gehörknöchelchen dient vor allem der Anpassung der unterschiedlichen Schallwellenwiderstände (Schallwellenimpedanzen) von Luft im Mittelohr (niedrig) und perilymphatischer Flüssigkeit im Innenohr (hoch). Schallwellen, die von einem Medium mit niedriger Schallwellenimpedanz auf ein Medium mit hoher Schallwellenimpedanz treffen, werden normalerweise zu einem großen Teil reflektiert. Die Kette der Gehörknöchelchen reduziert diese Reflexion, indem sie als Druckverstärker zwischen Trommelfell und ovalem Fenster wirkt. Schon durch das Flächenverhältnis von 90 mm^2 (Trommelfell) zu 3 mm^2 (ovales Fenster) ist der Druck am ovalen Fenster um den Faktor 30 höher als am Trommelfell: Druck = Kraft/Fläche. Zusätzlich wird der Druck am ovalen Fenster durch die Hebelwirkung der Gehörknöchelchenkette verstärkt. Im Ergebnis werden nicht mehr 99 %, sondern nur noch 35 % der am Trommelfell eintreffenden Schallenergie reflektiert. Dies entspricht einem Zuwachs an Hörvermögen von 10–20 dB.

Schallschutz

Die reflektorische Kontraktion der beiden Mittelohrmuskeln M. stapedius (N. facialis) und M. tensor tympani (N. trigeminus) reduziert die Impedanzanpassung im Mittelohr. Dieser Reflex (Stapediusreflex) schützt das Innenohr vor zu starken Schallreizen.

> **Klinik**
>
> Zu den Symptomen einer **Fazialislähmung** gehört deshalb die Hyperakusis: Überempfindlichkeit gegenüber normal lauten Geräuschen verbunden mit Reaktionen wie Blutdruckanstieg, Schweißausbruch oder Schmerzen im Ohrbereich.

18.3.2.2 Knochenleitung

Bei der Knochenleitung ist die Mitwirkung des Mittelohrs nicht erforderlich, die Schallenergie wird durch direkte Anregung des Innenohrs über die Schwingungen der Schädelknochen übertragen. Die Knochenleitung spielt bei der normalen Hörwahrnehmung eine untergeordnete Rolle. Allerdings kann sie wichtige diagnostische Informationen zur Unterscheidung von Mittelohr- und Innenohrschädigung liefern (▸ Kap. 18.3.6.1).

18.3.3 Kochleafunktion

18.3.3.1 Wanderwellen und Frequenzdispersion

Wellenbewegung der kochleären Trennwand

Vereinfacht betrachtet besteht die Kochlea aus zwei Flüssigkeitsräumen (Scala vestibuli und Scala tympani), die durch eine kochleäre Trennwand (Basilarmembran und Corti-Organ) voneinander getrennt sind (▸ Abb. 18.7). Durch Schalleinwirkung auf das Trommelfell wird ein wechselnd starker Druck auf das ovale Fenster ausgeübt. Dies führt zu Volumenverschiebungen in Scala vestibuli und Scala tympani. Dadurch deformiert sich die kochleäre Trennwand, und es entsteht eine zur Spitze der Schnecke wandernde Wellenbewegung der kochleären Trennwand: Wanderwelle. Die Steifigkeit der kochleären Trennwand nimmt zum Helicotrema hin deutlich ab. Die Ausbreitungsgeschwindigkeit der schallinduzierten Wanderwellen wird deshalb zur Spitze hin geringer, ihre Wellenlänge kürzer.

Ortsprinzip und Frequenzdispersion

> Für jeden Schallreiz gibt es einen Ort innerhalb des Endolymphschlauchs, wo seine Amplitude maximal ist, weil dort die Schallfrequenz und die Eigenfrequenz der kochleären Trennwand übereinstimmen: Ortsprinzip (Tonotopie). Der Ort dieses Amplitudenmaximums ist von der Frequenz des einwirkenden Schallreizes abhängig: Je niedriger die am ovalen Fenster einwirkende Frequenz, desto weiter wandert die Welle, bevor sie ihr Amplitudenmaximum erreicht und die kochleäre Trennwand maximal auslenkt. Für niedrige Frequenzen liegt das Amplitudenmaximum also näher am Helicotrema, für hohe Frequenzen näher am ovalen Fenster: Frequenzdispersion (▸ Abb. 18.7).

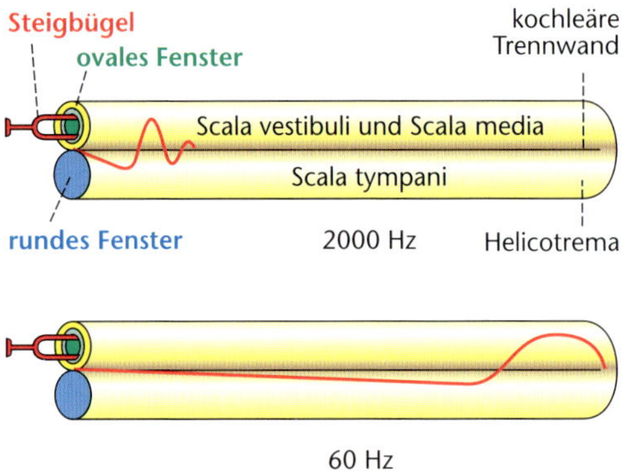

Abb. 18.7 Wanderwellen in der Kochlea (abgerolltes Modell): Hochfrequente Schallreize haben ihr Amplitudenmaximum nahe dem ovalen Fenster, niederfrequente Reize wandern weit in Richtung Helicotrema. Die kochleäre Trennwand besteht aus der Basilarmembran und dem Corti-Organ.

Merke

- Geschwindigkeit und Wellenlänge der Wanderwellen nehmen zum Helicotrema hin ab.
- Amplitudenmaximum für
  - niedrige Frequenzen: näher am Helicotrema
  - hohe Frequenzen: näher am ovalen Fenster

18.3.3.2 Reizaufnahme und -weiterleitung

Kochleäre Haarzellen

Sensoren des Corti-Organs sind die Zilien tragenden und von der Tektorialmembran bedeckten inneren und äußeren Haarzellen. Es gibt etwa 3.500 innere und 12.000 äußere Haarzellen. Die äußeren Haarzellen berühren die Tektorialmembran, die inneren berühren sie nicht (► Abb. 18.6). Haarzellen sind sekundäre Sinneszellen. Die Transmittersubstanz der inneren Haarzellen ist Glutamat. Die kochleären Haarzellen sind ähnlich aufgebaut wie die vestibulären (► Abb. 18.4). Allerdings bildet sich das Kinozilium bei den kochleären Haarzellen nach der Geburt zurück.

Adäquater Reiz

Adäquate Reize sind Schwingungen der Luft. Die dadurch bewirkte Auslenkung der Basilarmembran bewegt die Tektorialmembran und führt zu einer Abscherung der Zilien der äußeren Haarzellen (► Abb. 18.6). Die nicht mit der Tektorialmembran verbundenen Zilien der inneren Haarzellen werden durch die schallinduzierte Endolymphströmung ausgelenkt. Die Haarzellen werden am frequenzspezifischen Ort des Amplitudenmaximums jedes Schallreizes durch die Auslenkung der Basilarmembran maximal erregt (Ortsprinzip). Unterschiedlich hohe Frequenzen aktivieren daher jeweils räumlich getrennte Haarzell-Populationen.

Transduktion

Tip-Links und Transduktionskanäle

Durch Abscherung der Zilien werden K^+-Kanäle geöffnet. Hierbei spielen die Tip-Links (► Abb. 18.4) eine wichtige Rolle, weil sie unter leichter Vordehnung direkt mit den Transduktionskanälen verbunden sind. Eine weitere Dehnung der Tip-Links bewirkt, dass sich die Kanäle weiter öffnen und die Zelle depolarisiert, eine Lockerung dagegen, dass sich die Kanäle schließen und die Zelle hyperpolarisiert. Diese mechanoelektrische Reiztransduktion funktioniert extrem schnell.

K^+-Einwärtsstrom

Bei einer Öffnung der Kanäle strömen K^+-Ionen aus der K^+-reichen Endolymphflüssigkeit (140 mmol/l!) der Scala media in die Haarzellen ein. Dieser Einstrom wird durch die hohe Potenzialdifferenz von 150 mV zwischen der Endolymphe in der Scala media (endokochleäres Potenzial: +80 mV) und dem Haarzellmembranpotenzial (-70 mV) ermöglicht. Das Sensorpotenzial der Haarzelle ist der Zilienauslenkung proportional. Die Haarzellen können Frequenzen zwischen 16 Hz und 20 kHz schallsynchron als oszillatorische Sensorpotenziale abbilden.

Äußere Haarzellen: Kochleäre Verstärkung

Die äußeren Haarzellen haben eine besondere Funktion. Sie verkürzen sich bei Depolarisation und verlängern sich bei Hyperpolarisation: Elektromotilität. Verantwortlich hierfür ist das Motorprotein **Prestin,** das mit der seitlichen Wand der Haarzellen verbunden ist. Diese oszillierenden Längenänderungen von lediglich 3–4 nm können mit einer sehr hohen Frequenz auftreten (bis 20 kHz!) und dadurch jeder hörbaren Schallfrequenz folgen. Die äußeren Haarzellen generieren hierdurch zusätzliche Schwingungsenergie, die auf die Basilarmembran einwirkt und die Wanderwelle gezielt im Bereich ihres Amplitudenmaximums verstärkt.

So wird die Empfindlichkeit des Hörorgans bei niedrigen Schalldruckpegeln (< 80 dB) um

~ 50 dB erhöht. Vor allem aber verbessern sich durch die Verstärkung und Zuspitzung der Wanderwelle die Frequenzdispersion und damit die Frequenzselektivität der Kochlea.

Klinik

Schädigungen der äußeren Haarzellen, z. B. durch chronischen Lärm, führen zu einem Anstieg der Hörschwelle um 30–50 dB und zu einer verminderten Frequenzselektivität der Kochlea. Durch die verminderte Frequenzselektivität ist vor allem das Verstehen von Sprache gestört. Lauteres Sprechen kann zwar den Anstieg der Hörschwelle kompensieren, die reduzierte Frequenzselektivität bleibt jedoch bestehen, sodass sich das Sprachverständnis nicht bessert.

Transformation

Schallinformationen werden nur von den inneren Haarzellen weitergegeben. Auf die Depolarisation folgt ein Ca^{2+}-Ionen-Einstrom, wodurch (analog zu den Vorgängen an den Haarzellen des Gleichgewichtsorgans, ▸ Kap. 18.2.1.2) aus synaptischen Vesikeln der Transmitter Glutamat vermehrt freigesetzt wird. Dieser bindet an postsynaptische AMPA-Rezeptoren und erzeugt dadurch EPSPs (▸ Kap. 12.4.4.1) in den Nervenendigungen des Hörnervs. Als Folge werden Na^{+}-Kanäle geöffnet und Aktionspotenziale gebildet, die entlang der Hörbahn fortgeleitet werden (▸ Kap. 18.3.4.2).

Merke

- Äußere Haarzellen → Verstärkerfunktion
- Innere Haarzellen → Sensorfunktion

Schallcodierung

Schallamplitude

Die entstehenden Aktionspotenziale codieren mit ihrer Frequenz die Schallamplitude: Je größer der Schalldruckpegel (▸ Kap. 18.3.5.1), desto mehr Aktionspotenziale laufen über das Neuron. Um den großen hörbaren Schalldruckpegelbereich von 120 dB vollständig zu erfassen, ist eine Haarzelle mit mehreren Neuronen verbunden, die jeweils eine unterschiedliche Erregungsschwelle haben.

Bei hohen Schalldruckpegeln werden auch Fasern erregt, die unter Normalbedingungen für benachbarte Frequenzen zuständig sind: Rekrutierung. Deshalb liegt die Frequenzunterschiedsschwelle bei hohen Schalldruckpegeln höher.

Klinik

Schreit man Schwerhörige an, die aufgrund einer Schädigung der äußeren Haarzellen schon unter einer reduzierten Frequenzselektivität leiden, verschlechtert sich die Frequenzselektivität durch das Phänomen der Rekrutierung zusätzlich.

Schallfrequenz

Die Schallfrequenz wird vom ZNS auf zwei Wegen aus der Schallkodierung im Hörnerv ermittelt:

- **Ortskodierung:** Jeder Ort der Basilarmembran und jede innere Haarzelle wird durch eine bestimmte Frequenz am besten stimuliert: Frequenzdispersion nach dem Ortsprinzip (s. o.). Diese ortscodierte Erregung wird dann von den Haarzellen über die ihnen zugeordneten afferenten Nervenfasern des N. cochlearis weitergeleitet, sodass jede Nervenfaser durch eine charakteristische Frequenz am besten aktiviert wird: Bestfrequenz
- **Periodizitätsanalyse:** Zusätzlich nutzt das ZNS bei Frequenzen bis 5 kHz die Tatsache, dass die Frequenz der Aktionspotenziale an die Schallfrequenz gekoppelt ist: phasengekoppelte Entladungen. Aus der Frequenz der Aktionspotenziale kann daher die Schallfrequenz ermittelt werden: Periodizitätsanalyse.

18.3.3.3 Empfindlichkeitseinstellung

Die Empfindlichkeit der Schallwahrnehmung wird durch efferente Fasern aus dem olivokochleären Bündel des kontralateralen Nucleus olivaris im Mittelhirnbereich eingestellt. Diese Efferenzen können die äußeren Haarzellen durch eine Hyperpolarisation hemmen und so die kochleäre Verstärkung reduzieren. Überträgerstoff ist Acetylcholin.

Klinik

Auf dieser efferenten Hemmung der äußeren Haarzellen beruht die vorübergehend eingeschränkte Hörfunktion nach dem Verlassen eines Heavy-Metal-Konzerts, bei dem die Schalldruckpegel stilkonform über 130 dB erreichen können.

18.3.3.4 Mikrofonpotenziale

Vom Promontorium neben dem ovalen Fenster lassen sich mit einer dünnen Nadel Potenziale ableiten, die den Schallreiz exakt abbilden: Mikrofon-

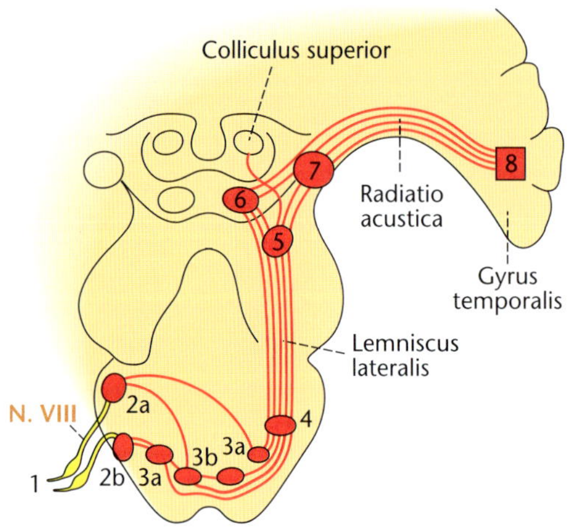

Abb. 18.8 Verlauf der Hörbahn (stark vereinfacht). 1 = Ganglion spirale; 2a = Nucleus cochlearis dorsalis; 2b = Nucleus cochlearis ventralis; 3a = Nucleus ventralis corporis trapezoidei; 3b = Nucleus dorsalis corporis trapezoidei; 4 = Nucleus olivaris superior; 5 = Nucleus lemnisci lateralis; 6 = Kerngebiet des Colliculus inferior; 7 = Corpus geniculatum mediale; 8 = primäre Hörrinde. Eingezeichnet sind der besseren Übersichtlichkeit halber nur die Kerngebiete einer Seite (mit Ausnahme der Kerne des Trapezkörpers).

potenziale. Nach Verstärkung und Wiedergabe über einen Lautsprecher wird der ursprüngliche Schallreiz reproduziert. Die Mikrofonpotenziale spiegeln die Schwankungen des endokochleären Potenzials, die durch die elektromechanische Transduktion an den Haarzellen ausgelöst werden.

18.3.4 Informationsverarbeitung im auditorischen System

18.3.4.1 Ganglion spirale

Die von den inneren Haarzellen kommenden afferenten Fasern sind zu 90 % myelinisiert. Das erste bipolare Neuron des afferenten Systems liegt im Ganglion spirale, dessen 30.000–40.000 Neuriten sich zum N. acusticus bündeln.

18.3.4.2 Hörbahn

In allen Abschnitten der Hörbahn ist das **tonotope Prinzip** verwirklicht. Von der Kochlea aus wird über 5–8 Neurone mit frühzeitiger Kreuzung (überwiegend auf dem Niveau des 2. Neurons) das primäre kortikale Projektionsfeld, der Gyrus temporalis transversus im Oberabschnitt des Temporallappens, erreicht (► Abb. 18.8). Die Hörbahn verläuft sowohl gekreuzt als auch ungekreuzt. Zahlenmäßig überwiegt der Anteil der gekreuzten Fasern. Zu einer maximalen Aktivierung aller Leitungsbahnanteile kommt es oft erst bei binauraler Beschallung. Wird die Hörrinde einer Hirnhälfte geschädigt, bleibt das Gehör wegen der Verbindung jeder Kochlea mit beiden akustischen Rindenfeldern erhalten.

- Erstes Neuron ist die bipolare Ganglienzelle im **Ganglion spirale** (1 in ► Abb. 18.8), deren Neurit als Teil des N. vestibulocochlearis zu den **Nuclei cochlearis dorsalis** (2a in ► Abb. 18.8) und **ventralis** (2b in ► Abb. 18.8) (2. Neuron) im Bereich der Rautengrube zieht. Die Neurone des ventralen Nucleus cochlearis zeigen noch ein ähnliches Antwortverhalten wie die Neurone des Ganglion spirale: optimale Erregung durch Töne mit charakteristischer Frequenz. Die Neurone des dorsalen Nucleus cochlearis dienen bereits der Mustererkennung: Anfang und Ende eines Schallreizes, Frequenzveränderungen.
- Vom dorsalen Nucleus cochlearis kreuzt die Stria acustica dorsalis zu den beiden Kernen des **Corpus trapezoideum** (Trapezkörper, 3a und 3b in ► Abb. 18.8) und zieht von dort zum ipsilateralen und zum kontralateralen Nucleus olivaris superior.
  - In den Kerngebieten des **Nucleus olivaris superior** (4 in ► Abb. 18.8) kommen erstmals Informationen aus beiden Ohren zusammen. Hier werden Laufzeit- und Intensitätsunterschiede zwischen beiden Ohren registriert, was die Grundlage für räumliches Hören und auditorische Raumorientierung darstellt.
- Vom Nucleus olivaris superior zieht die Hörbahn im **Lemniscus lateralis** (Schleifenbahn) zu den **Colliculi inferiores** (6 in ► Abb. 18.8) der Vierhügelplatte.
- Abzweigungen zu den Colliculi superiores stellen eine Verbindung mit der Sehbahn her, die für die Okulomotorik wichtig ist.
- Nächste Schaltstelle ist das **Corpus geniculatum mediale** (7 in ► Abb. 18.8). Von dort ziehen die Fasern als Radiatio acustica zu den Rindenneuronen der Gyri temporales transversi (Brodmann-Area 41; primäre Hörrinde, 8 in ► Abb. 18.8).

Nicht mehr zur Hörbahn im eigentlichen Sinne sind Fasersysteme zu zählen, welche die Verbindung von der primären Hörrinde zu den sekundären auditorischen Rindenfeldern, z. B. zur Area 42 (Speicherung von Hörempfindungen), und zu den tertiären akustischen Zentren, z. B. zum Wernicke-Sprachzentrum (► Kap. 20.8.2), herstellen.

Merke

Hörbahn:
- 5–8 Neurone
- Kreuzung überwiegend auf dem Niveau des 2. Neurons
- Zentrale präkortikale Schaltstelle: Corpus geniculatum mediale
- Steigende Reizspezifität der neuronalen Reaktion
- Räumliches Hören: Nucleus olivaris superior

18.3.5 Psychophysik des Hörens

Zum Verständnis der Leistungsfähigkeit des Hörorgans und deren klinischer Überprüfung ist die Kenntnis einiger physikalischer und physiologischer Messgrößen erforderlich.

18.3.5.1 Schalldruckpegel

Frequenz und Schalldruck

Frequenz

Die Frequenz eines Schalls, subjektiv als Tonhöhe wahrgenommen, wird in Hertz (Hz) gemessen. Eine Frequenzverdopplung bedeutet eine Veränderung der Tonhöhe um eine Oktave. Der Hörbereich junger Menschen liegt zwischen 18 Hz und 20 kHz.

Schalldruck

Der Schalldruck wird wie jeder physikalische Druck in Newton pro Quadratmeter (N/m^2), d. h. in Pascal (Pa), gemessen.

Bestimmung des Schalldruckpegels

Da die im Hörbereich auftretenden Schalldrücke recht klein sind, wird die Stärke eines Schallreizes meist nicht als Schalldruck, sondern als Schalldruckpegel (SPL = Sound pressure level) in Dezibel (dB) angegeben (▸ Tab. 18.2). Der Schalldruckpegel bezeichnet das Größenverhältnis zwischen dem gemessenen und dem kleinsten bei 1.000 Hz gerade noch wahrnehmbaren Schalldruck von 2×10^{-5} Pa: Bezugsschalldruck. Er ist also eine Verhältniszahl, die logarithmisch angegeben wird:

$$\mathrm{SPL} = \log_{10} \frac{\text{Schalldruck}}{\text{Bezugsschalldruck}} \times 20\,[\mathrm{dB}]$$

Einem Schalldruck von z. B. 2×10^{-2} Pa entspricht also ein Schalldruckpegel (SPL) von:

$$\log_{10} \frac{2 \times 10^{-2}}{2 \times 10^{-5}} \times 20 = \log_{10} 10^{3} \times 20 = 60\,[\mathrm{dB}]$$

Tab. 18.2 Schalldruckpegel typischer Schallquellen

Schalldruckpegel (dB)	Schallquelle
150	Düsenjet (25 m Abstand)
140	Gewehrschuss (1 m Abstand)
130	Manowar/Motörhead live
120	Vuvuzela (1 m Abstand)
110	Trillerpfeife (25 cm Abstand)
100	Club/Diskothek
95/90	Bierzelt mit/ohne Musik
80	Autobahn (25 m Abstand)
60	normale Unterhaltung
40	leise Unterhaltung
30	Flüstern
20	ländliche Stille
0	absolute Stille

Aufgrund des logarithmischen Maßes und der Multiplikation mit 20 entspricht eine Zunahme des Schalldruckpegels um 20 dB einer Verzehnfachung des Schalldrucks. Eine Verdopplung des Schalldrucks erhöht den Schalldruckpegel um 6 dB.

In dB angegeben werden auch audiometrisch ermittelte Hörverluste oder die Toleranzgrenzen für Lärmbelastung im Rahmen der Arbeitsmedizin. Ab einem Schalldruckpegel von 130 dB wird eine Beschallung als schmerzhaft empfunden: Schmerzschwelle.

Merke

Steigt der Schalldruckpegel um 20 dB/40 dB/60 dB nimmt der Schalldruck um den Faktor 10/100/1.000 zu.

18.3.5.2 Lautstärke

Phon und dB

Vom physikalischen Schalldruck ist die subjektiv empfundene Lautstärke eines Tons zu unterscheiden. Zur Quantifizierung der Lautstärkeempfindung wurde der Lautstärkepegel mit der Einheit Phon definiert:

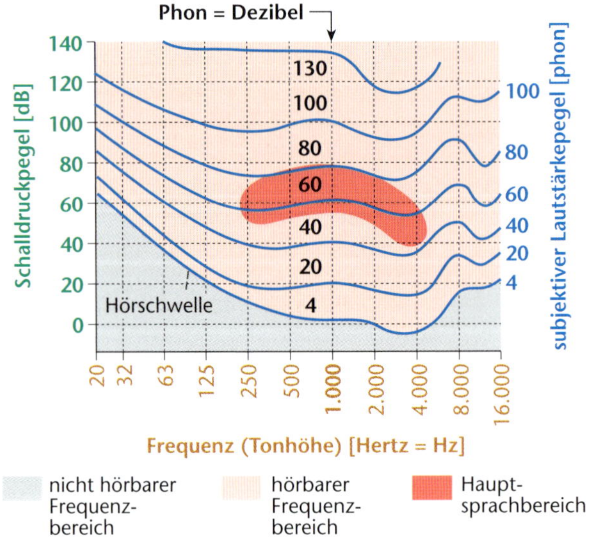

Abb. 18.9 Kurven als gleich empfundener Lautstärken (Isophone) bei unterschiedlichen Tonfrequenzen. Bezugspunkt der Lautstärkenmessung ist der Schalldruckpegel eines Tons von 1.000 Hz. Am empfindlichsten ist das Gehör zwischen 2.000 und 5.000 Hz (niedrigste Schalldruckpegel).

- Der Lautstärkepegel (in phon) eines Tons mit einer bestimmten Frequenz entspricht dem Schalldruckpegel (in dB) eines als gleich laut empfundenen Referenztons bei 1.000 Hz.

Bei 1.000 Hz sind Dezibel- und Phonskala also identisch: Ein 1.000-Hz-Ton mit einem Schalldruckpegel von 60 dB entspricht einem Lautstärkepegel von 60 Phon.

Isophone

Die Beziehung zwischen Lautstärke- und Schalldruckpegel über den hörbaren Frequenzbereich zeigen die in ► Abb. 18.9 eingezeichneten Linien gleichen Lautstärkepegels: Isophone. Alle Töne auf einer Isophone werden als gleich laut empfunden. Die unterste Isophone ist die Hörschwellenkurve. Weil der Schalldruckpegel eines gerade noch hörbaren Tons bei 1.000 Hz 4 dB beträgt, haben alle Töne auf der Hörschwellenkurve definitionsgemäß einen Lautstärkenpegel von 4 Phon.

Lerntipp

Fragen zu den Isophonen (► Abb. 18.9) werden vom IMPP gerne gestellt. Oft genügt es schon, sich an die Definition zu erinnern: Töne gleicher Phonstärke werden als gleich laut empfunden – auch wenn ihre Schalldruckpegel unterschiedlich hoch sind.

18.3.5.3 Schallintensität

Die Schallintensität (I) gibt die Schallenergie an, die in einer bestimmten Zeit auf eine bestimmte Fläche einwirkt. Sie wird in Watt/m^2 gemessen und ist proportional zum Quadrat des Schalldrucks (p):

$$I \sim p^2$$

Ein logarithmisches Maß für die Schallintensität I ist der Schallintensitätspegel (L_I), der ganz analog zum Schalldruckpegel als Verhältnis der Schallintensität I zu einer Bezugsschallintensität I_0 definiert ist und in Dezibel (dB) angegeben wird:

$$L_I = 10 \times \log_{10} \times \frac{I}{I_0} [\text{dB}]$$

Dabei ist die Bezugsschallintensität I_0 mit 1×10^{-12} W/m^2 diejenige Schallintensität, die für das menschliche Ohr bei einer Frequenz von 1.000 Hz gerade noch wahrnehmbar ist.

Merke

- Erhöhung des Schallintensitätspegels um 10 dB/20 dB/30 dB erhöht die Schallintensität um den Faktor 10/100/1.000 (= $10^1/10^2/10^3$).
- Erhöhung des Schalldrucks p um den Faktor 2/4/8 erhöht die Schallintensität I um den Faktor 4/16/64 (= $2^2/4^2/8^2$)
- Schalldruck = Kraft/Fläche, nicht verwechseln mit Schallintensität = Energie/Fläche.

18.3.5.4 Unterschiedsschwellen

Hörschwelle

Die Hörschwelle ist bei einer Frequenz von ~ 4.000 Hz am niedrigsten. Die Hörschwelle ist frequenzabhängig (► Abb. 18.9). Die niedrigsten Werte und damit die höchste Schallempfindlichkeit des Ohrs findet man zwischen 2.000 und 5.000 Hz.

Intensitätsunterschiedsschwelle

Die Intensitätsunterschiedsschwelle gibt an, ab welchem Unterschied im Schalldruckpegel 2 Töne als unterschiedlich laut empfunden werden. Sie liegt bei etwa 1 dB, wobei die sukzessive Unterschiedsschwelle (2 Töne nacheinander) niedriger ist als die simultane Unterschiedsschwelle (2 Töne zugleich).

Frequenzunterschiedsschwelle

Die Frequenzunterschiedsschwelle beträgt im optimalen Bereich (um 1.000 Hz) bei nacheinander angebotenen Tönen 0,3 %: sukzessive Frequenzunterschiedsschwelle. Bei 1.000 Hz genügen also bereits 3 Hz Frequenzunterschied zur Wahrnehmung einer unterschiedlichen Tonhöhe.

18.3.5.5 Richtungshören

Intensitäts- und Laufzeitdifferenzen

Das Richtungshören beruht auf Intensitäts- und Laufzeitdifferenzen, die sich ergeben, wenn ein Schallereignis auf beide Ohren einwirkt. Oberhalb von 500 Hz sind bereits Seitendifferenzen des Schalldruckpegels von 1 dB verwertbar, die schon allein durch den Schallschatten des Kopfes entstehen.

Auch Laufzeitunterschiede des Schalls zwischen beiden Ohren werden ausgewertet. Dabei können schon Schallverspätungen von 3×10^{-5} Sekunden (!) sicher unterschieden werden, was einer Schallquellenabweichung um 3° von der Mittellinie entspricht. Schalldruck- und Laufzeitdifferenzen werden im Nucleus olivaris superior zur Gewinnung eines räumlichen Eindrucks ausgewertet. Unter Mitwirkung von Colliculus inferior und auditorischem Kortex entsteht ein akustisches Raumbild. Zuflüsse aus dem visuellen System (Colliculus superior) vervollständigen die so gewonnene Orientierung im Raum.

Ohrmuschel

Zum räumlichen Hören trägt aber auch die Ohrmuschel bei. Je nach Einfallswinkel werden die Schallereignisse durch die Richtcharakteristik der Ohrmuschel mehr oder weniger stark verzerrt. Auch aus diesen unterschiedlichen Verzerrungen kann vom ZNS die Schallrichtung ermittelt werden.

18.3.6 Hörprüfungen

18.3.6.1 Versuche nach Weber und Rinne

Bei Schwerhörigkeit oder Taubheit ist die wichtigste Frage zunächst die nach dem Ort der Läsion:

- Innenohr → Schall**empfindungs**störung
- Mittelohr → Schall**leitungs**störung

Eine Unterscheidung dieser beiden Störungen gelingt klinisch auf einfache Weise mit den klassischen Versuchen nach Rinne und Weber.

Rinne-Versuch

Beim Rinne-Versuch wird eine angeschlagene Stimmgabel auf das Mastoid der Testperson gesetzt und dann, wenn der Ton über die Knochenleitung nicht mehr wahrnehmbar ist, vor den Gehörgang derselben Seite gehalten. Ein normaler Befund (positiver Rinne-Versuch) liegt vor, wenn die Schwingung über die Luftleitung wieder gehört wird, denn normalerweise hat die Luftleitung eine um ca. 40 dB niedrigere Hörschwelle als die Knochenleitung. Pathologisch (negativ) fällt der Versuch aus, wenn die Luftleitung gestört ist, also i. d. R. bei Mittelohrerkrankungen, welche die Schallleitung über Gehörknöchelchenkette und Trommelfell beeinträchtigen.

Weber-Versuch

Beim Weber-Versuch wird die Stimmgabel in der Medianlinie des Schädels aufgesetzt. Normalerweise wird der Ton in beiden Ohren gleich laut gehört. Seitendifferenzen sind pathologisch. Zur Interpretation einer Seitendifferenz muss bekannt sein, welches Ohr schwerhörig ist. Dabei spricht die Wahrnehmung des Tons auf der gesunden Seite für einen Innenohrschaden des schwerhörigen Ohrs, die Tonwahrnehmung auf der schwerhörigen Seite dagegen für einen Mittelohrprozess als Ursache der Schwerhörigkeit.
Die Lateralisation in das gesunde Ohr bei Innenohrschädigung beruht auf einer geringeren Empfindlichkeit des erkrankten Innenohrs für Schallreize, die in einen Richtungseindruck umgesetzt wird.

Dass bei Mittelohrprozessen in das erkrankte Ohr lateralisiert wird, beruht auf 2 Faktoren:

- Der Schallabtransport im erkrankten Mittelohr ist gestört. Dadurch geht im erkrankten Ohr weniger durch Knochenleitung übertragene Schallenergie verloren.
- Die Kochlea der erkrankten Seite ist an einen geringen Geräuschpegel adaptiert und dadurch empfindlicher.

Merke

- Negativer Rinne-Versuch → Mittelohrerkrankungen
- Seitendifferenz beim Weber-Versuch:
  - Tonwahrnehmung lateralisiert zum erkrankten Ohr → Mittelohrschaden
  - Tonwahrnehmung lateralisiert zum gesunden Ohr → Innenohrschaden

Lerntipp

Die Rinne- und Weber-Tests werden sehr gerne abgefragt. Da Schöne daran: einmal verstanden und sie fahren sichere Punkte ein!

18.3.6.2 Audiometrie

Die Prüfung der Hörleistung wird als Audiometrie bezeichnet. Man unterscheidet subjektive Methoden, die auf die Kooperation der Patienten angewiesen sind, von Methoden, welche die Hörleistung objektiv messen.

Subjektive Verfahren

Wichtigste subjektive Methode ist die **Schwellenaudiometrie.** Die Schwellenaudiometrie ist eine Tonaudiometrie (im Gegensatz zur Sprachaudiometrie, die z. B. bei der Anpassung von Hörgeräten Verwendung findet). Hierbei wird für eine Reihe von Frequenzen der Schwellenschalldruckpegel bestimmt, bei dem der Proband gerade eben eine Hörempfindung angibt. Dieses Audiogramm wird für Luft- und Knochenleitung ermittelt. Hörminderungen werden in Dezibel nach unten abgetragen (▶ Abb. 10.8).

Objektive Verfahren

Elektrische Reaktionsaudiometrie (ERA)

Die durch einen akustischen Reiz im ZNS ausgelösten (evozierten) Potenziale lassen sich elektroenzephalografisch aufzeichnen: elektrische Reaktionsaudiometrie (ERA). Diese Form der Audiometrie gestattet es, objektive Hörschwellen zu bestimmen und die auf den akustischen Reiz folgenden neuronalen Verarbeitungsprozesse zu beurteilen.

- Bei der **Hirnstamaudiometrie** (BERA, Brainstem Evoked Response Audiometry) zeigen sich 10 ms nach einem Klickreiz typischerweise 7 positive Wellengipfel: I–VII. Die Potenzialgipfel lassen sich den einzelnen Stationen der Hörbahn zuordnen: Gipfel I und II z. B. dem Nervus cochlearis, Gipfel VI und VII den Colliculi inferiores. Eine BERA lässt sich auch bei bewusstlosen Patienten registrieren, da sie nur die Hirnstamm- und nicht die Kortexantwort registriert.
- Mit der **Hirnrindenaudiometrie** (CERA, Cortical Evoked Response Audiometry) werden nach einem Tonreiz evozierte Potenziale von der Hirnrinde abgeleitet. Die Potenzialantworten sind frequenzspezifisch und können daher zur objektiven Bestimmung der Hörschwellen für unterschiedliche Frequenzen genutzt werden. Einsatzgebiete der CERA sind die Schwellenaudiometrie bei nicht kooperativen Patienten oder der Nachweis einer psychogenen Hörstörung.

Otoakustische Emissionen (OAE)

Die mechanische Aktivität der äußeren Haarzellen erzeugt eine retrograde Schallwelle, die über die Gehörknöchelchen und das Trommelfell den äußeren Gehörgang erreicht: otoakustische Emissionen (OAE). Dort können sie mit empfindlichen Mikrofonen aufgezeichnet werden. Die OAE überprüfen vor allem die Funktion der äußeren Haarzellen in der Kochlea.

Klinik

OAE oder BERA werden z. B. beim Hörscreening von Neugeborenen eingesetzt. Die Prävalenz von Hörstörungen bei Neugeborenen liegt bei 1–2 : 1.000 (!). Eine Therapie muss im ersten Lebensjahr erfolgen, um eine normale Sprachentwicklung zu ermöglichen.

18.3.7 Pathophysiologie

18.3.7.1 Schallleitungsstörungen

Die Schallleitungsschwerhörigkeit beruht auf einer Mittelohrschädigung durch traumatische, degenerative, infiltrative oder tumoröse Prozesse

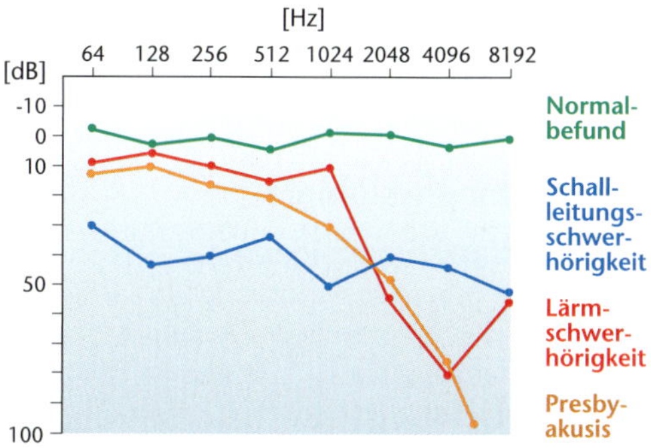

Abb. 18.10 Audiogramme bei Luftleitung.

wie z. B. bei Trommelfellperforation, Otosklerose, Otitis media oder Cholesteatom. Der Hörverlust betrifft besonders niedrige und mittlere Frequenzen (► Abb. 18.10).

18.3.7.2 Schallempfindungsstörungen

Eine Schallempfindungsstörung beruht entweder auf einer Schädigung des Innenohrs (Degeneration oder Untergang von Haarzellen) oder auf retrokochleären Krankheitsprozessen, die den N. acusticus bzw. das ZNS betreffen.

Haarzellschädigungen

Schädigung vom Haarzell-Typ können verursacht sein durch:

- Toxische Wirkungen bestimmter Pharmaka (Aminoglykosid-Antibiotika, Diuretika)
- Lärmschädigung

Es sind vor allem die hohen Frequenzen betroffen (im Alltag: die Verständlichkeit von Konsonanten). Als Temporary Threshold Shift (TTS) bezeichnet man hierbei die reversiblen, als Permanent Threshold Shift (PTS) die irreversiblen Höreinbußen. Die Lärmschädigung tritt meistens symmetrisch auf und beginnt mit Hörlücken bei 4.000 oder 6.000 Hz (Hochtonverlust), die sich später bis zur oberen Hörgrenze ausdehnen können. Die Hörschwelle für tiefe Frequenzen (bis 1.000 Hz) bleibt normal (► Abb. 18.10). Entscheidend für die Traumatisierung ist der Schalldruckpegel, nicht die Frequenz der einwirkenden Schallreize. 85 dB gelten als Grenze zum schädigenden Bereich: Am Arbeitsplatz muss ein Gehörschutz getragen werden. Geschädigt werden zuerst die äußeren, dann die inneren Haarzellen in der basalen Windung der Schnecke, wo die Amplitudenmaxima der hohen Frequenzen liegen (► Kap. 18.3.3.1).

Merke

Ein Schalldruck von 105 dB (MP3-Player über Kopfhörer bei Maximallautstärke) kann schon bei einer Einwirkung von einer Stunde pro Woche (!) die Haarzellen dauerhaft schädigen.

Klinik

Bei schweren Haarzellschädigungen kann ein **Kochlea-Implantat** die Hörleistung vor allem für Sprache verbessern. Der Schall wird hierbei über ein Mikrofon aufgenommen und in unterschiedliche Frequenzbereiche aufgespalten. Drahtlos wird diese Information an 20–50 Elektroden übertragen, die entlang der Kochlea implantiert wurden. Die Elektroden reizen dann elektrisch nach dem Ortsprinzip frequenzspezifische Abschnitte des N. cochlearis.

Retrokochleäre Schädigung

Bei einer retrokochleären Schädigung sind in erster Linie die hohen, aber auch die mittleren Frequenzen betroffen. Bei einer peripheren Schädigung im Bereich des N. acusticus, z. B. durch einen Tumor des N. acusticus (Akustikusneurinom), werden die Leitungsbahnen komprimiert und dadurch geschädigt. Bei einer im ZNS gelegenen zentralen Hörstörung treten praktisch immer auch andere neurologische Störungen auf.

Presbyakusis

Der Altersschwerhörigkeit oder Presbyakusis liegt eine Schädigung vom gemischt kochleär-retrokochleären Typ zugrunde. Unter anderem führen degenerative Prozesse im Corti-Organ zu einem Sinneszellverlust in den basalen Anteilen der Kochlea. Dadurch ist das Hörvermögen zuerst für hohe Frequenzen eingeschränkt (► Abb. 18.10); die obere Frequenzgrenze kann bis auf 5 kHz absinken.

Merke

Presbyakusis (Altersschwerhörigkeit): Degeneration von Sinneszellen in den basalen Kochleaabschnitten → eingeschränktes Hörvermögen besonders für hohe Frequenzen.

18.4 Stimme und Sprache

18.4.1 Phonationsorgane

In Analogie zu einem Musikinstrument kann man beim menschlichen Phonationsapparat einen Wind-

raum (Lungen, Bronchien, Trachea) von einem Ansatzrohr (Rachenraum, Gaumensegel, Mundhöhle, Zunge, Kaumuskulatur, Nasennebenhöhlen) unterscheiden. Das Ansatzrohr umschließt einen schwingungsfähigen, verformbaren Luftraum.
Dazwischen liegen die Stimmbänder. Sie begrenzen mit den Stimmlippen die spaltförmige, wandelbare Stimmritze (Glottis) des Kehlkopfs, durch welche die Ausatemluft des Windraums hindurchtritt. Von den Kehlkopfmuskeln ist der M. cricoarytaenoideus posterior („Postikus") besonders wichtig, weil er als einziger Muskel die Stimmritze erweitert.

18.4.2 Phonation und Artikulation

18.4.2.1 Phonation

Bei der Phonation (Stimmbildung) versetzt die Ausatemluft des Windraums die Stimmbänder in hörbare Schwingungen. Die durch den exspiratorischen Luftstrom angeregten Stimmbänder führen sog. **Bernoulli-Schwingungen** aus. Druck und Strömungsgeschwindigkeit ändern sich periodisch. Spannung und Öffnungsweite der Stimmlippen bestimmen dabei die Grundfrequenz der Sprechstimme. Die Sprechlagen von Mann und Frau differieren aufgrund der unterschiedlichen Kehlkopfgröße um ca. 1 Oktave. Der Stimmumfang beträgt normalerweise 2(–3) Oktaven, der Frequenzbereich insgesamt 70–1.200 Hz (Gesang). Von den Geräuschanteilen her sind Frequenzspitzen bis 15 kHz möglich. Beim Singen können Schalldruckpegel bis 100 dB erreicht werden.

18.4.2.2 Artikulation

Zur Artikulation trägt das Ansatzrohr bei.

- **Vokale** sind stimmhafte Laute, die durch **Formanten** ihren spezifischen Klangcharakter erhalten. Formanten entstehen als Resonanzschwingungen im Ansatzrohr durch charakteristische Konfigurationsänderungen der Mundhöhle und haben jeweils spezifische Frequenzbänder.
- **Konsonanten** sind dagegen Geräusche, d. h. Schallereignisse mit buntem Frequenzgemisch.

Bei den einzelnen Schallereignissen unterscheidet man:

- **Ton:** Schwingung mit nur einer Frequenz (Tonhöhe)
- **Klang:** Schall mit mehreren Frequenzen im Verhältnis einfacher ganzer Zahlen (Grundton, Obertöne)
- **Geräusch:** Gemisch von Schwingungen beliebiger Frequenzen (z. B. Konsonant)
- **Laut:** von den Sprachorganen hervorgebrachter Schall (Vokale und Konsonanten)

18.4.3 Pathophysiologie

18.4.3.1 Ersatzstimmbildung

Bei im Kehlkopfbereich wachsenden bösartigen Tumoren kann die Entfernung des Kehlkopfs (Laryngektomie) unumgänglich sein. In diesem Fall ist eine Ersatzstimmbildung erforderlich. Hier kann bei entsprechendem Training die Speiseröhre (Ösophagus) zum Windraum werden: Ösophagussprache.

18.4.3.2 Rekurrensparese

Bei einer doppelseitigen Parese des N. laryngeus inferior (Rekurrensparese) kommt es zur Stimmlosigkeit (Aphonie), da die Stimmritze durch Ausfall fast aller Kehlkopfmuskeln halb offen steht (Flüstersprache ist dabei möglich). Eine einseitige Lähmung hat eine mehr oder weniger starke Heiserkeit zur Folge.

18.4.3.3 Postikusparese

Bedrohlicher ist dagegen die Lähmung des M. cricoarytaenoideus posterior (Postikusparese), wie sie bei partieller Rekurrensparese vorkommt: Der „Postikus" ist der einzige Erweiterer der Stimmritze; sein doppelseitiger Ausfall gefährdet die Atmung.

18.4.3.4 Bulbärparalyse

Bei der Bulbärparalyse sind die motorischen Hirnnervenkerne im Hirnstamm geschädigt, welche die Zungen- und Rachenmuskulatur innervieren. Da eine korrekte Innervation dieser Muskeln für eine normale Artikulation unverzichtbar ist, findet sich bei den Betroffenen typischerweise eine kloßige Sprache.

18.4.3.5 Motorische Aphasie

Eine zentrale Sprachstörung ist die motorische Aphasie mit der Unfähigkeit zu Phonation und Artikulation bei erhaltenem Sprachverständnis. Es handelt sich um eine Apraxie, d. h. um eine Störung zentraler Handlungsprogramme bei intaktem Sinnes- und Erfolgsorgan. In diesem Fall ist das Broca-Sprachzentrum (► Kap. 20.8.1) geschädigt, z. B. durch einen Schlaganfall.

19 Geschmack und Geruch

mediscript Online

IMPP-Hits

- Transduktion an Geschmackssensoren (► Tab. 19.2)
- Transduktion an Geruchssensoren: cAMP-vermittelter Einstrom von Na^+ und Ca^{2+}
- Trigeminusreizung durch Ammoniak, Chlor und Capsaicin

19.1 Wegweiser

Geschmackssinn (► Kap. 19.2) und Geruchssinn (► Kap. 19.3) sind chemische Sinne. Sie registrieren im Unterschied zu den Chemosensoren der Blutbahn Reize der äußeren Umwelt: Exterosensoren.

19.2 Geschmack

19.2.1 Geschmacksqualitäten

Die Sinnesmodalität Geschmack umfasst 5 Qualitäten:

- Süß
- Salzig
- Sauer
- Bitter
- Umami

Die Geschmacksqualität umami (von jap. würzig, herzhaft) bezeichnet dabei die spezifische „fleischige" Geschmacksqualität proteinreicher Nahrung. Sie wird über das Proteinabbauprodukt Glutaminsäure vermittelt.

Alle 5 Geschmacksqualitäten können grundsätzlich überall auf der Zunge geschmeckt werden. Es gibt jedoch Zungenregionen, in denen sie geringfügig stärker wahrgenommen werden (► Abb. 19.1). Deutlich stärker ausgeprägt ist die Empfindlichkeit für „bitter" am Zungengrund.

Am Schmeckvorgang wesentlich beteiligt sind neben den Geschmackssensoren auch der Geruchssinn und der N. trigeminus mit Fasern von Thermosensoren und Nozizeptoren, die einen „scharfen" Geschmack registrieren (Capsaicin, ► Kap. 16.4.1.2).

Empfindlichkeit Die Empfindlichkeit ist für die einzelnen Geschmacksqualitäten sehr unterschiedlich. Am niedrigsten liegt sie für bittere Geschmacksempfindungen (► Tab. 19.1). Dies ist biologisch sinnvoll, da viele giftige Substanzen bitter schmecken.

Man unterscheidet:
- **Entdeckungsschwelle:** Es schmeckt nach etwas.
- **Erkennungsschwelle:** Es schmeckt süß, salzig, sauer, bitter oder umami. Die Erkennungsschwelle liegt um den Faktor 2–5 höher als die Entdeckungsschwelle.

19.2.2 Geschmackssensoren

19.2.2.1 Anatomie

Geschmackspapillen

Auf der Zunge sind mit bloßem Auge die folgenden Geschmackspapillen zu erkennen:
- Papillae fungiformes am Zungenrand und an der Zungenspitze (150–400 Stück)
- Papillae foliatae am hinteren Zungenrand (15–30 Stück)
- Papillae vallatae am Zungengrund (7–15 Stück)

Die Papillae filiformes des Zungenrückens sind keine Geschmackspapillen. Sie haben eine taktile Funktion.

Tab. 19.1 Entdeckungsschwellen verschiedener Geschmacksstoffe beim Menschen

Geschmacksqualität	Substanz	Schwelle (mol/l)
Süß	Glucose Saccharin	0,08 0,000023
Bitter	Chinin	0,000008
salzig	NaCl	0,01
sauer	Salzsäure	0,0009

Geschmacksknospen

In den Wänden der Geschmackspapillen liegen die Geschmacksknospen. Sie bilden die funktionelle Grundeinheit des Geschmackssinns. Eine Geschmacksknospe besteht aus etwa 50 Geschmacks- und Stützzellen. Über die wassergefüllte Öffnung der Geschmacksknospe (Porus) gelangen die Schmeckstoffe zu den Geschmackssensoren.

Geschmackszellen

Geschmackssensoren sind sekundäre Sinneszellen, d. h., sie haben kein eigenes Axon. Ihre Lebensdauer beträgt ~10 Tage. Jeder Geschmackssensor verfügt über etwa 50 kleine Fortsätze (Mikrovilli), die sich in Richtung Porus erstrecken. In den Membranen der Mikrovilli liegen die Rezeptormoleküle des Geschmackssinns.

19.2.2.2 Reizaufnahme und -weiterleitung

Transduktion

Für jede Geschmacksqualität konnte ein eigener Mechanismus der Signaltransduktion aufgedeckt werden (► Tab. 19.2, ► Abb. 19.2). Die Signaltransduktion wird dabei über 2 prinzipiell unterschiedliche Mechanismen vermittelt:
- **Ionenkanäle:** ENaC = epitheliale Na^+-Kanäle, K^+-Kanäle und Kationenkanäle: salzig und sauer
- **G-Protein gekoppelte T-Rezeptoren:**
  - T1-Rezeptoren (T1R1, T1R2, T1R3), codiert von 3 Genen: süß und umami
  - T2-Rezeptoren, kodiert von > 20 Genen: bitter

Das an die T1- und T2-Rezeptoren gekoppelte G-Protein **Gustducin** ist strukturell und funktionell dem G-Protein Transducin der Fotosensoren verwandt (► Kap. 17.3.1.2). Die Aktivierung von Gustducin führt zur Öffnung von **TRPM5-Kanälen**

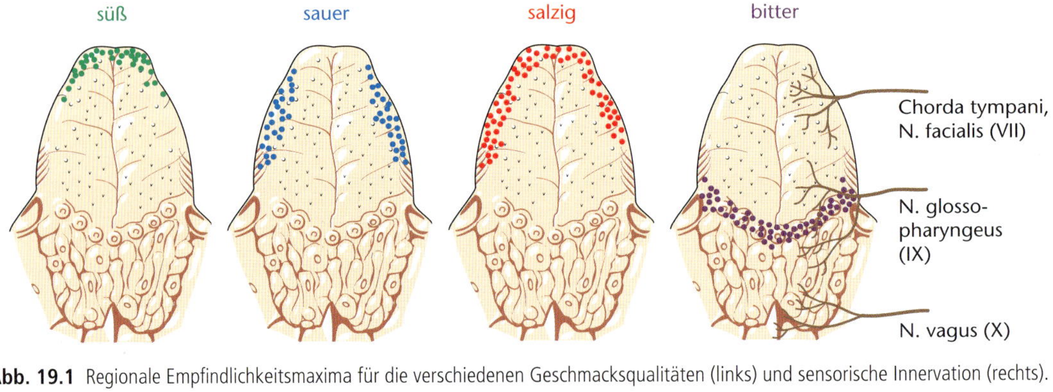

Abb. 19.1 Regionale Empfindlichkeitsmaxima für die verschiedenen Geschmacksqualitäten (links) und sensorische Innervation (rechts).

(Transient Receptor Potential Melastatin Channels) und dem Einstrom von Ca^{2+} in die Geschmackssensoren.
Einen Überblick der gustatorischen Signaltransduktion für die einzelnen Geschmacksqualitäten gibt ► Tab. 19.2.

Lerntipp

Immerhin ⅕ der IMPP-Fragen zu diesem Kapitel zielen auf die Mechanismen der Signaltransduktion an Geschmackssensoren (► Tab. 19.2, ► Abb. 19.2). Physiologisch faszinierend, aber schwer zu merken.
Zur Beantwortung der Fragen genügt jedoch ein radikal reduziertes Kernwissen:
- Salzig und Sauer: Ionenkanäle
- Süß, Umami, Bitter: G-Proteine (Gustducin)

Codierung

Die Sensorzellen reagieren auf Aktivierung ihrer Rezeptoren durch Geschmacksstoffe mit einer Depolarisation. Dadurch werden Transmitter aus der Sensorzelle freigesetzt und die Information auf das afferente Axon der Geschmacksbahn übertragen. Die meisten Sensorzellen reagieren spezifisch nur auf eine Geschmacksqualität (Spezialisten), andere können mehrere Geschmacksqualitäten registrieren (Generalisten).
Die Axone eines Geschmacksneurons sind jeweils mit einer Vielzahl von Sensorzellen synaptisch verbunden.

Adaptation

Das Adaptationsvermögen ist bereits peripher (auf Sensorebene) stark ausgeprägt. Empfindlichkeitsanpassungen über zentrale Efferenzen sind möglich; z. B. kann die Kochsalzakzeptanz bei NaCl-Verarmung des Körpers steigen.

19.2.3 Geschmacksbahn

Das von den Geschmackssensoren aufgenommene Geschmacksprofil wird in den aufsteigenden Abschnitten der Geschmacksbahn aufgeschlüsselt, wo sich zunehmend geschmacksspezifischere Neurone finden:
- **Afferente Geschmacksfasern** (Klasse-III-Fasern) sind dendritische Ausläufer von bipolaren Neuronen, deren Zellleiber in Ganglien des N. facialis und des N. glossopharyngeus liegen. Dabei enthält der N. facialis Fasern aus den vorderen 2 Zungendritteln, die über den N. intermedius und die Chorda tympani zum Ganglion geniculi ziehen. Der N. glossopharyngeus enthält die Geschmacksfasern für die Geschmackswahrnehmung aus dem hinteren Zungendrittel.
- Die Geschmacksfasern von N. facialis und N. glossopharyngeus werden im **Nucleus tractus solitarii** der Medulla oblongata auf das 2. Neuron umgeschaltet. Hier bestehen reflektorische Verknüpfungen zur Kau- und Schlundmuskulatur sowie zu den Zentren der Speichelbildung (Salivation). Über den Lemniscus medialis wird der Thalamus (Nucleus ventralis posteromedialis) erreicht.

Tab. 19.2 Mechanismen der Signaltransduktion an Geschmackssensoren

Qualität	Sensor	Auslöser	Mechanismus
Salzig	ENaC-Kanäle	Na^+-Ionen ↑	Na^+-Ioneneinstrom: Depolarisation
Sauer	K^+-Kanäle, unselektive Kationenkanäle	H^+-Ionen ↑	H^+ blockiert K^+-Kanäle oder aktiviert unselektive Kationenkanäle: Depolarisation
Süß	Rezeptordimer aus T1R2/T1R3	Zucker	Gustducin → cAMP-Second-Messenger-System → Phosphorylierung und dadurch Verschluss von K^+-Kanälen
	Rezeptordimer aus T1R2/T1R3	Süßstoffe	Gustducin → IP_3 → Ca^{2+}-Freisetzung aus intrazellulären Speichern → Öffnung eines Ca^{2+}-Kanals (TRPM5)
Umami	Rezeptordimer aus T1R1/T1R3	Aminosäuren (am stärksten Glutaminsäuren)	Gustducin → IP_3 → Ca^{2+}-Freisetzung aus intrazellulären Speichern → Öffnung eines Ca^{2+}-Kanals (TRPM5)
Bitter	T2-Rezeptoren	Bittere Geschmacksstoffe, z. B. Chinin, Nikotin	Gustducin → IP_3 → Ca^{2+}-Freisetzung aus intrazellulären Speichern → Öffnung eines Ca^{2+}-Kanals (TRPM5)

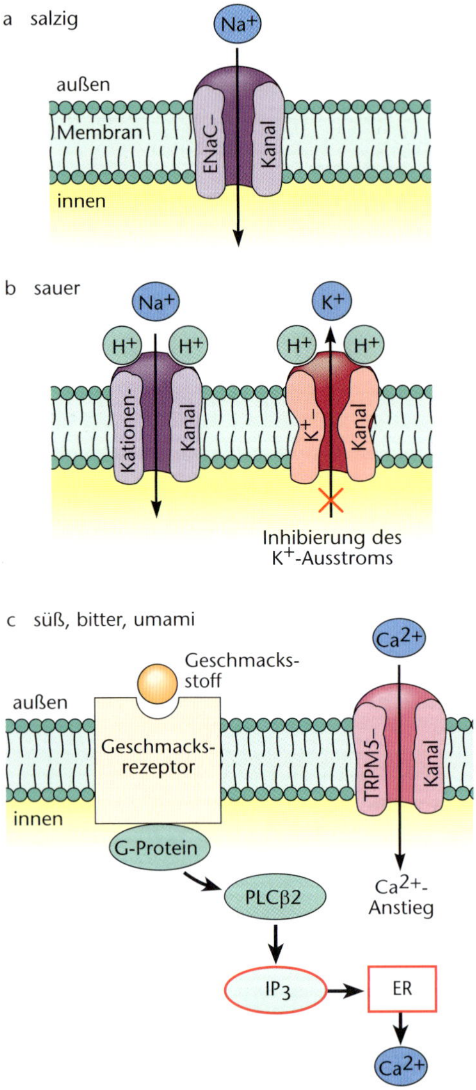

Abb. 19.2 Gustatorische Signaltransduktion. **a:** Salzig: Na^+-Ionen strömen über epitheliale Na^+-Kanäle (ENaC) in die Zelle. **b:** Sauer: Protonen blockieren K^+-Kanäle oder aktivieren unselektive Kationenkanäle. **c:** Süß (Süßstoffe)/bitter/umami: Geschmacksstoffe binden an T-Rezeptoren. Das G-Protein Gustducin aktiviert PLCβ2 (= Phospholipase C β2) und bewirkt IP_3-vermittelt (► Kap. 1.7.2) eine vermehrte Ca^{2+}-Freisetzung aus dem endoplasmatischen Retikulum (ER). Dadurch werden TRPM5-Kanäle geöffnet und weiteres Ca^{2+} strömt in die Zelle. Nach [3]

- Das 3. Neuron vermittelt zum **insulären Kortex** im Bereich des Operkulums unterhalb des Gyrus postcentralis. Die primären kortikalen Geschmacksfelder sind den sensiblen Repräsentanzen der Mundhöhle eng benachbart. Wohl erst hier sind Neuronengruppen vollständig auf die einzelnen Geschmacksqualitäten spezialisiert.

Bei Erregung der Geschmackssensoren kommt es reflektorisch zu einer Steigerung der Sekretion von Speichel (parasympathische Fasern des N. facialis und N. glossopharyngeus) und Magensaft (N. vagus).

19.2.4 Pathophysiologie

Störungen der Geschmackswahrnehmung werden als Dysgeusien bezeichnet:

- Quantitative Dysgeusien sind die Hypogeusie (reduzierte Geschmackswahrnehmung), die Hypergeusie (intensivere Geschmackswahrnehmung) und die Ageusie (aufgehobene Geschmackswahrnehmung)
- Qualitative Dysgeusien sind die Parageusie (veränderte Geschmackswahrnehmung) und die Phantogeusie (Geschmackswahrnehmungen ohne Geschmacksreiz)

Die Ursachen der Dysgeusien können auf 3 Ebenen liegen:

- Schädigungen der Geschmacksknospen, z. B. durch Medikamente, Infektionen oder eine Strahlentherapie
- Läsionen der Hirnnerven VII, IX oder X, z. B. nach Operationen oder Schädelbasisfrakturen
- Störungen im Bereich der kortikalen Verarbeitung, z. B. bei Trauma, Hirntumor oder Psychosen

Ein sich beim Essen einstellender Tränenfluss wird als **Krokodilstränenphänomen** bezeichnet. Er hat seinen Ursprung vermutlich in fehlerhaft in die Tränendrüse (statt in die Speicheldrüse) eingewachsenen Fasern des N. facialis. Zu dieser Fehlinnervation kann es z. B. als Defektheilung nach einer Fazialisläsion kommen.

Merke

- Geschmackssensoren sind sekundäre Sinneszellen mit einer Lebensdauer von 10 Tagen.
- 1. Neuron im N. facialis (vordere zwei Drittel der Zunge) und im N. glossopharyngeus (hinteres Drittel der Zunge).
- 2. Neuron im Nucleus tractus solitarii.
- 3. Neuron im insulären Neokortex.

19.3 Geruch

Der Mensch ist ein **Mikrosmat,** hat also nur einen vergleichsweise gering ausgeprägten Geruchssinn. Dennoch kann er einige tausend Geruchsqualitäten unterscheiden. Eine strenge Klassifizierung in einzelne Grundqualitäten wie beim Geschmackssinn ist nicht möglich. Stattdessen werden einander ähnliche Geruchsempfindungen zu qualitativen Duftklassen zusammengefasst, die jeweils durch bestimmte repräsentative Düfte charakterisiert werden (▸ Tab. 19.3).

An der Wahrnehmung brennender, stechender oder scharfer Geruchsqualitäten (Ammoniak, Chlor, Capsaicin) sind die freien Nervenendigungen des N. trigeminus beteiligt: **Nasal-trigeminales System.**

19.3.1 Geruchssensoren

19.3.1.1 Anatomie

Riechepithel

Das Riechepithel der Regio olfactoria umfasst insgesamt ca. $2 \times 5\ cm^2$ in den oberen, teils auch in den mittleren Nasenmuscheln. Es besteht aus $\sim 30 \times 10^6$ Sensoren. Sie werden etwa alle 60 Tage aus den Basalzellen des Riechepithels nachgebildet.

Sinneszellen

Bei den Geruchssensoren handelt es sich um primäre, mit einem eigenen marklosen Axon ausgestattete Sinneszellen, die an einem Pol 5–20 Kinozilien (Riechhärchen) tragen.

19.3.1.2 Reizaufnahme und -weiterleitung

Adäquate Reize

Gasförmige hydro- und lipophile Stoffe sind die adäquaten Reize für die Geruchssensoren. Diese Stoffe werden in der Schleimschicht der Regio olfactoria gelöst und liegen an den Sensoren in flüssiger Phase vor.

Geruchsrezeptoren und Transduktion

Im menschlichen Genom finden sich etwa 1.000 Gene für Duftstoffrezeptoren. Von diesen sind jedoch 65 % im Verlauf der Evolution inaktiviert worden (Pseudogene), sodass nur etwa 350 verschiedene Rezeptorproteine produziert werden können. Die Rezeptorproteine der Geruchssensoren sind G-Protein-gekoppelte Rezeptoren. Durch die Bindung des Duftstoffs an den Rezeptor wird ein G-Protein aktiviert. Das aktivierte G-Protein stimuliert eine Adenylatcyclase, sodass cAMP entsteht. cAMP bindet an CNG-Ionenkanäle (cyclic nucleotide-gated) in der Zilienmembran und öffnet sie. Hierdurch strömen Na^+- und Ca^{2+}-Ionen in die Zelle ein. Ca^{2+} öffnet zusätzlich einen Cl^--Kanal, sodass die Depolarisation durch ausströmende Cl^--Ionen verstärkt wird.

Transformation

Die entstehende Depolarisation wird noch im Axonhügel der Sinneszelle selbst in Aktionspotenziale umgesetzt (▸ Kap. 12.6.1.2). Die bioelektrische Aktivität der Sinneszellen kann als Elektroolfaktogramm (EOG) von der Riechschleimhaut abgeleitet werden.

Tab. 19.3 Klassifizierung von Geruchsempfindungen in Qualitätsklassen

Duftklasse	Repräsentative Verbindung	Geruch nach	Standardduft
Ätherisch	Benzylacetat	Birnen	1,2-Dichlorethan
Blumig	Geraniol	Rosen	β-Phenylethylmethylcarbinol
Moschusartig	Moschus	Moschus	1,5-Hydroxypentadecansäurelacton
Kampferartig	Kampfer	Eukalyptus	1,8-Cineol
Schweißig	Buttersäure	Schweiß	Isovaleriansäure
Stechend	Ameisensäure, Essigsäure	Essig	Ameisensäure
Faulig	Schwefelwasserstoff	Faulen Eiern	Dimethylsulfid

Antwortverhalten

Die absolute Empfindlichkeit der Sensoren ist hoch und wesentlich ausgeprägter als bei den Geschmackssensoren. Schon die Bindung eines einzigen Moleküls an einen Sensor kann über die Aktivierung des cAMP-Systems ein Aktionspotenzial in der Riechzelle auslösen: intrazelluläre Signalverstärkung.

Adaptation

Das eingeströmte Ca^{2+} bindet intrazellulär an Calmodulin. Der Ca^{2+}-Calmodulin-Komplex verringert die cAMP-Empfindlichkeit der CNG-Kanäle. Dadurch strömen bei länger anhaltenden Duftreizen immer weniger Na^{+} und Ca^{2+} ein, sodass die Depolarisation der Sensoren abnimmt. Zudem stimuliert der Ca^{2+}-Calmodulin-Komplex eine Phosphodiesterase, die cAMP abbaut und so ebenfalls die Zellantwort auf anhaltende Gerüche reduziert. Zusätzlich fördern zentralnervöse Mechanismen eine rasche olfaktorische Adaptation.

19.3.2 Riechbahn

Konvergenz auf Mitralzellen Die marklosen Axonbündel der primären Geruchssensoren laufen als Fila olfactoria durch die Lamina cribrosa des Siebbeins zum Bulbus olfactorius. Sie enden in Glomeruli, wo sie auf **Mitralzellen,** als 2. Neuron der Riechbahn, konvergieren. Die Konvergenz und damit die Informationsreduktion ist ausgeprägt: 1.000 Sensoraxone konvergieren auf eine Mitralzelle.

Hemmungen Periglomeruläre Körnerzellen hemmen GABA-vermittelt die Mitralzellen über eine rekurrente Hemmung und die benachbarten Glomeruli über eine laterale Hemmung (► Kap. 12.5.2.2). Durch diese Hemmungen wird eine Kon-

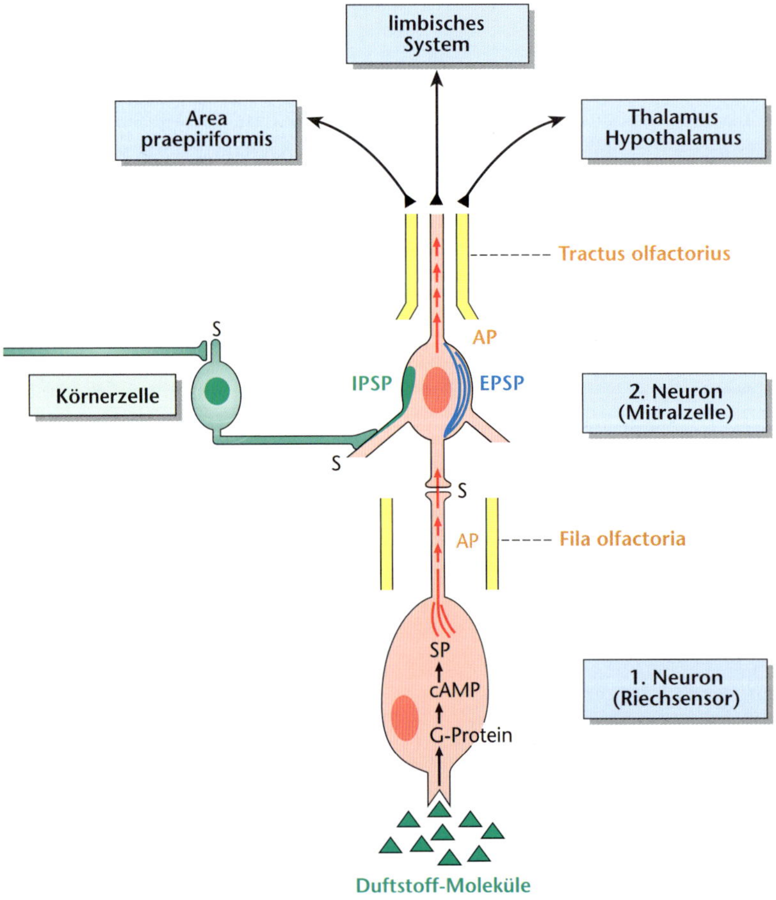

Abb. 19.3 Geruchsrezeption, Transduktion und Riechbahn. SP = Sensorpotenzial; AP = Aktionspotenzial; EPSP = erregendes postsynaptisches Potenzial; IPSP = inhibitorisches postsynaptisches Potenzial; S = Synapse. Die Körnerzellen vermitteln inhibitorische Impulse zentralnervöser Efferenzen.

trastverschärfung der Geruchswahrnehmung erreicht.

Tractus olfactorius Die etwa 30.000 Mitralzellenaxone bilden den Tractus olfactorius, der zur Area praepiriformis und zum Lobus piriformis des Kortex zieht, einem entwicklungsgeschichtlich alten Kortexareal. (▸ Abb. 19.3). Die Riechbahn erreicht also im Gegensatz zu anderen sensorischen Bahnen auch ohne Umschaltung im Thalamus direkt den Kortex.

Die Geruchsbahn unterhält zusätzliche Verbindungen:

- Zum Hypothalamus: vegetatives Nervensystem, Nahrungsaufnahme
- Zum Thalamus: bewusste Wahrnehmung
- Zu den Corpora amygdaloidea und zum limbischen System: Emotionen
- Zur Formatio reticularis: Arousal Reaction

Merke

- Geruchssensoren sind primäre Sinneszellen mit einer Lebensdauer von 60 Tagen
- Es gibt ca. 350 verschiedene G-Protein-gekoppelte Geruchrezeptoren
- cAMP-Erhöhung öffnet CNG-Kanäle: Na^{+}- und Ca^{2+}-Einstrom
- Geruchsbahn:
  - 1. Neuron: Fila olfactoria
  - 2. Neuron: Mitralzellen
  - 3. Neuron: Kortex, limbisches System

19.3.3 Pathophysiologie

Von einer **partiellen Anosmie,** d. h. einem fehlenden Wahrnehmungsvermögen für bestimmte Geruchsqualitäten, ist ca. 1 % der Bevölkerung betroffen. Die Störung kann angeboren oder erworben sein. Eine bloße Herabsetzung der Geruchswahrnehmung nennt man **Hyposmie.**

Klinik

Beim **Schädelbasisbruch** kommt es durch Abscherung an der Lamina cribrosa oft zu einem Abriss der Fila olfactoria. Hieraus kann eine vollständige und irreversible Anosmie resultieren.

Unter **Parosmie** versteht man eine Geruchstäuschung, wie sie bei Hirntumoren, Epilepsie und auch in der Schwangerschaft vorkommen kann. Die **Phantosmie** (Geruchshalluzination) ist mögliches Symptom einer Schizophrenie.

Klinik

Bei der Diagnostik von Geruchs- und Geschmacksstörungen kommen Substanzen zum Einsatz, die entweder spezifisch die Geschmackssensoren (z. B. Kochsalz), die Geruchssensoren (z. B. Vanillearoma) oder aber freie Endigungen des N. trigeminus reizen (z. B. Salzsäure, Ammoniak oder Chlor). Dadurch sind differenzierte Aussagen über die Art der Störung und auch über die wahrscheinliche Lokalisation möglich. Außerdem können Simulanten überführt werden, die sich in Unkenntnis der anatomisch-physiologischen Verhältnisse in Widersprüche verstricken.

Lerntipp

Gern gefragte Stolperfalle: Ammoniak, Capsaicin, Chlor u. a. brennende oder stechende Substanzen werden über den N. trigeminus als chemische Reize registriert. Sie sollten also auch von Patienten mit Anosmie wahrgenommen werden können.

20 Integrative Leistungen des Zentralnervensystems

mediscript Online

IMPP-Hits

- EEG-Wellen und Schlafphasen, vor allem: REM-Schlaf
- Assoziationsfelder im Kortex (► Tab. 20.1)
- Linke Hemisphäre: Sprache
- Amygdala: Furchtreaktion

20.1 Wegweiser

Integrative Leistungen des ZNS sind übergeordnete, zentral gesteuerte Aktivitäten des Organismus. Dazu gehören:

- Lernen (► Kap. 20.5)
- Wachen und Schlafen (► Kap. 20.6)
- Bewusstsein (► Kap. 20.7)
- Sprache (► Kap. 20.8)
- Motivation und Emotion (► Kap. 20.9)

An diesen Leistungen sind Kortexareale beteiligt, die außerhalb der umschriebenen motorischen und sensorischen Gebiete liegen (► Kap. 20.2). Bei diesen Kortexarealen handelt es sich vor allem um präfrontale und parieto-temporo-okzipitale Regionen, die zusammen mit den limbischen Arealen die Assoziationsfelder oder unspezifischen Felder bilden. Die elektrische Aktivität des Kortex kann als Elektroenzephalogramm (EEG) von der Schädeloberfläche abgeleitet werden (► Kap. 20.3). Basis der Kortexfunktionen sind eine adäquate Durchblutung und Energieversorgung (► Kap. 20.4).

20.2 Organisation des Kortex

20.2.1 Assoziationsfelder

Assoziationsfelder sind die Kortexgebiete, deren primäre Aufgaben weder motorisch noch sensorisch sind. Die Assoziationsfelder empfangen, analysieren und verarbeiten Informationen von verschiedenen kortikalen und subkortikalen Regionen. Sie nehmen einen großen Teil der Hirnrinde ein und grenzen jeweils an sekundäre motorische und sensorische Felder (► Abb. 20.1).

Drei Gebiete werden im engeren Sinn als Assoziationsfelder angesehen. Ihnen können aufgrund klinischer und experimenteller Beobachtungen spezielle Aufgaben zugeordnet werden (► Tab. 20.1):

- Limbischer Assoziationskortex
- Parieto-temporo-okzipitaler Assoziationskortex
- Präfrontaler Assoziationskortex

20.2.1.1 Limbischer Assoziationskortex

Der limbische Assoziationskortex umfasst den

- vorderen Pol des Temporallappens,
- den ventralen Anteil des Frontallappens und
- den Gyrus cinguli.

Er ist Teil des limbischen Systems (► Kap. 20.9.2), das maßgeblich daran beteiligt ist, andere kortikale

Tab. 20.1 Assoziationsfelder des Kortex

Limbischer Assoziationskortex	Gedächtnis und Emotionen
Parieto-temporo-okzipitaler Assoziationskortex	Orientierung im Raum und Sprache
Präfrontaler Assoziationskortex	Steuerung von Gedanken, Handlungen und Emotionen: Executive Functions

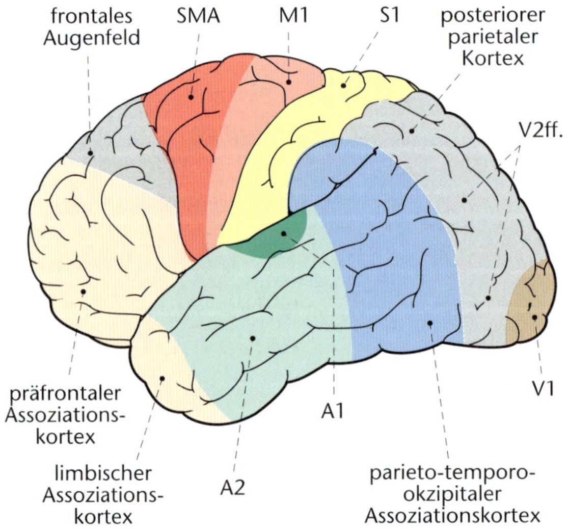

Abb. 20.1 Hirnrinde mit motorischen, sensorischen und assoziativen Arealen. SMA = supplementär-motorischer Kortex (= sekundärer motorischer Kortex), M1 = primärer motorischer Kortex, S1 = primärer somatosensorischer Kortex, V1 = primärer visueller Kortex, V2 ff. = höhere visuelle Kortizes (sekundär, tertiär usw.), A1 = primärer auditorischer Kortex, A2 = sekundäre auditorische Kortizes. Nach [3]

Areale zu aktivieren. Gedächtnisleistungen werden über die Beeinflussung der Motivation sehr stark vom limbischen System mitgesteuert.

Klinik

Genau diese Verbindung von Motivation und Gedächtnis sollen z. B. die Klinik-Kästen unterstützen.

20.2.1.2 Parieto-temporo-okzipitaler Assoziationskortex

Der parieto-temporo-okzipitale Assoziationskortex übernimmt Koordinationsaufgaben in 4 Bereichen:

- **Körper im Raum:** Im parieto-temporo-okzipitalen Assoziationskortex laufen visuelle, motorische und sensorische Informationen zusammen. Hier werden die Stellung des Körpers im Raum und die Stellung der einzelnen Körperabschnitte zueinander analysiert. Dadurch können die Körperbewegungen koordiniert werden. Bei einer Schädigung des parieto-temporo-okzipitalen Kortex kommt es zu einer Vernachlässigung (Neglect) visueller, auditorischer und somatosensorischer Reize aus der kontralateralen Körperhälfte.
- **Auditorisches Sprachverständnis:** Im dorsalen Teil des oberen Temporallappens liegt hinter dem primären Hörzentrum das sensorische Sprachzentrum: **Wernicke-Areal** (▸ Abb. 20.2). Es ist in der dominanten Hemisphäre stärker entwickelt als in der nicht dominanten und ermöglicht das Verstehen gesprochener Sprache (▸ Kap. 20.8.2).
- **Visuelles Sprachverständnis:** Ein hinter dem Wernicke-Zentrum gelegener Bereich des parieto-temporo-okzipitalen Assoziationskortex ist für das visuelle Sprachverständnis erforderlich. Bei einer Schädigung dieses Areals können die Betroffenen nur noch gesprochene, nicht aber gelesene Wörter verstehen.
- **Objektbenennung:** Ein Gebiet in den am weitesten lateral gelegenen Feldern des vorderen Okzipitallappens und des hinteren Temporallappens ist für die Benennung von Gegenständen zuständig (▸ Abb. 20.2).

Klinik

Ein **linksseitiger Neglect** kann z. B. bei einem Patienten mit rechtsseitigem Arteria-cerebri-media-Infarkt auftreten, bei dem vor allem parietale Anteile des parieto-temporo-okzipitalen Assoziationskortex geschädigt werden. Der betroffene Patient vernachlässigt von links kommende Umweltreize verschiedener sensorischer Qualitäten. Er reagiert nur schlecht auf Ansprache von links, er stößt gegen links liegende Hindernisse und ignoriert auch sonst seine linke Seite: Der Teller wird nur auf der rechten Seite leergegessen, der Körper nur rechtsseitig gewaschen, links liegenden Gegenstände werden nur

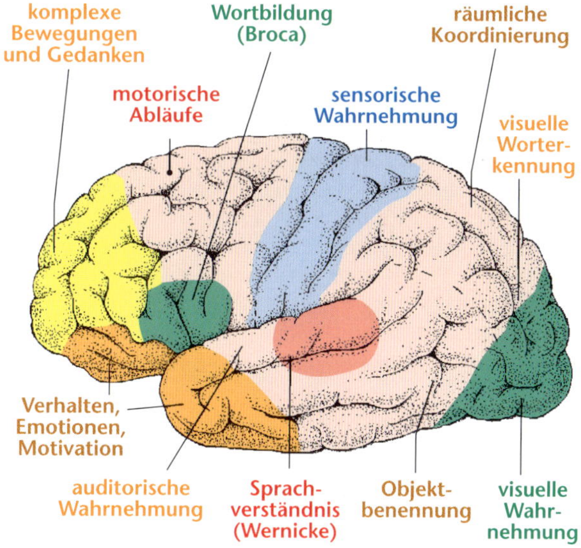

Abb. 20.2 Leistungen der assoziativen Kortexareale. Nach [3]

mit Mühe wahrgenommen. Zumeist ist sich der Patient dieser Vernachlässigung nicht bewusst: **Anosognosie**.

20.2.1.3 Präfrontaler Assoziationskortex

Der präfrontale Assoziationskortex ist für die höheren Steuerfunktionen des ZNS verantwortlich: Executive Functions. Er übernimmt Aufgaben in zwei Bereichen:

- **Bewegungsplanung:** Im präfrontalen Assoziationskortex werden Muster und Reihenfolge von komplexen Bewegungen entworfen. Über einen mächtigen Faserstrang aus dem parieto-temporo-okzipitalen Assoziationskortex erhält dieser Rindenabschnitt einen Großteil seiner Informationen. Vom präfrontalen Kortex aus bestehen auch Verbindungen zum Striatum der Basalganglien (► Kap. 15.4).
- **Steuerung von Handlungen und Emotionen:** Der präfrontale Assoziationskortex vergleicht zudem gegenwärtige Umweltinformationen mit im Gedächtnis gespeicherten Informationen aus der Vergangenheit. Auf dieser Basis werden Pläne für künftige Handlungen entworfen und alle für diese Pläne unangemessenen Gedanken, Gefühle oder Handlungen unterdrückt.

Klinik

Der Eisenbahnarbeiter **Phineas Gage** erlitt im September 1848 eine Pfählungsverletzung durch eine schwere Eisenstange. Die Stange trat hinter der linken Orbita in den Schädel ein und verließ ihn im Bereich der großen Fontanelle. Dadurch wurde ein großer Teil des linken Frontallappens zerstört. Erstaunlicherweise überlebte Phineas Gage die Verletzung und war im Hinblick auf seine sensorischen, motorischen und intellektuellen Funktionen nur gering eingeschränkt. Seine Bekannten klagten aber über eine Wesensveränderung: Er war sprunghaft, launisch und respektlos gegenüber anderen, fluchte auf ordinäre Weise, entwarf Pläne, die er nie ausführte und war nicht mehr der energische und zielorientierte Vorarbeiter, den sie kannten.
Auch andere Patienten mit Schädigungen des präfrontalen Assoziationskontext leiden an solchen Störungen der Kontroll- und Planungsfähigkeit: Ihr Verhalten wird übermäßig stark durch kurzfristige Belohnungen motiviert, obwohl sie wissen, dass sie sich hierdurch auf längere Sicht schaden. Ein funktionierender präfrontaler Kortex ermöglicht also das Aufschieben einer Belohnung.

20.2.2 Zytoarchitektonische Einteilung

Die Hirnrinde kann nach zytoarchitektonischen Kriterien (Zellform, Anordnung und Dichte der Neurone) in Neuronenfelder eingeteilt werden. Brodmann (1909) identifizierte auf diese Weise 50 Felder (► Abb. 20.3).
Die Areae 4 und 6 entsprechen dabei den primären und sekundären motorischen Feldern, die Areae 3, 1 und 2 den primären und sekundären sensorischen Feldern. Die Areae 41 und 42 beherbergen die primären und sekundären auditorischen Felder. In den Areae 17, 18 und 19 liegen die primären, sekundären und tertiären visuellen Felder.
Zu beachten ist, dass für bestimmte kortikale Teilleistungen zwar in erster Linie die zugeordneten Brodmann-Areae zuständig sind, jedoch können auch andere Felder die entsprechenden Leistungen übernehmen. So ist z. B. nach Zerstörung der primären motorischen Felder allenfalls die Feinmotorik der Finger stärker beeinträchtigt, die restliche Motorik jedoch kaum.

Merke

- Areae 3, 1, 2:
  primäre und sekundäre sensorische Felder
- Areae 4, 6:
  primäre und sekundäre motorische Felder
- Areae 41, 42:
  primäre und sekundäre auditorische Felder
- Areae 17, 18, 19:
  primäre, sekundäre und tertiäre visuelle Felder

20.2.3 Funktionelle Anatomie des Neokortex

Die Hirnrinde des Menschen und der höheren Säugetiere besteht zu 90 % aus dem sog. **Neokortex** oder Isokortex, einer ca. 2–5 mm dicken Schicht im Bereich der äußeren Hirnoberfläche. Der phylogenetisch ältere **Allokortex** ist histologisch anders aufgebaut und findet sich lediglich im Inneren des Temporallappens.

20.2.3.1 Schichten des Neokortex

Der Neokortex wird wegen seines gleichmäßigen sechsschichtigen Aufbaus auch Isokortex (iso = gleich) genannt. Jede Schicht enthält typische Zellen und Fasern, wobei die Ausprägung der einzelnen Schichten je nach Aufgabe des Kortexareals etwas variiert (► Tab. 20.2).

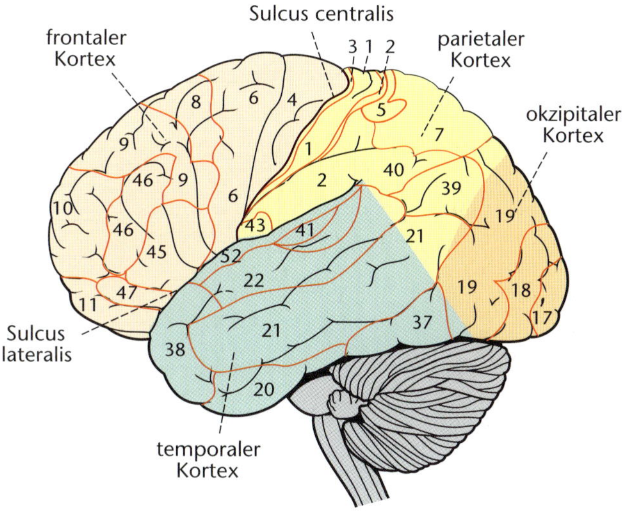

Abb. 20.3 Zytoarchitektonische Felder nach Brodmann.

Tab. 20.2 Schichten des Neokortex von außen nach innen

1. Molekularschicht	Faserreich, zellarm
2. Äußere Körnerschicht	Dicht liegende, kleine Neurone, kleine Pyramidenzellen
3. Äußere Pyramidenschicht	Mittelgroße Pyramidenzellen
4. Innere Körnerschicht	Sternzellen (verschieden große Neurone)
5. Innere Pyramidenschicht	Mittlere und große Pyramidenzellen, Betz-Riesenpyramidenzellen im Gyrus praecentralis mit langen Dendriten zur Molekularschicht
6. Spindelzellschicht	Spindelförmige Zellen

Molekularschicht (1)

Der Faserreichtum der Molekularschicht stammt vor allem von den aufsteigenden langen Dendriten aus der inneren Pyramidenschicht und den tangential zur Oberfläche ziehenden Axonen der Sternzellen aus der inneren Körnerschicht.

In der Molekularschicht und in der äußeren Körnerschicht treffen unspezifische Informationen aus tiefer liegenden Hirnabschnitten ein, die das Aktivitätsniveau der Hirnrinde kontrollieren. Dies spielt eine entscheidende Rolle für Lernverhalten, Bewusstsein und die Aufnahmefähigkeit.

Äußere Körnerschicht und äußere Pyramidenschicht (2 + 3)

Von den Neuronen dieser beiden Schichten ziehen Fasern zu tieferen kortikalen Gebieten. Gleichzeitig treffen auch Afferenzen aus anderen Kortexgebieten ein. Die Neurone dieser Schichten dienen der interkortikalen Informationsvermittlung.

Innere Körnerschicht (4)

Die hier verstreut liegenden kleinen, überwiegend hemmenden **Sternzellen** sind von dicht gepackten Fasern umgeben. In dieser Schicht treffen die meisten sensorischen Informationen ein, ebenso wie die Impulse, die vom Thalamus zur Hirnrinde ziehen.

Die eintreffenden und verschalteten Informationen gelangen sowohl zu höher als auch zu tiefer liegenden Schichten der Hirnrinde und bilden dort hemmende und erregende Synapsen. **Hemmende Synapsen** bestehen vor allem mit den basalen Dendriten der Pyramidenzellen in der inneren Pyramidenschicht. Diese hemmenden Synapsen kontrollieren die Efferenzen, die über die Pyramidenzellen die Hirnrinde verlassen. Aufgrund der korbartigen Struktur ihrer hemmenden Fasern an den Dendriten der Pyramidenzellen werden diese Sternzellen auch **Korbzellen** genannt.

Innere Pyramidenschicht (5)

Die in dieser Schicht liegenden **großen Pyramidenzellen** senden ihre apikalen Dendriten in die Molekularschicht, wo sie mit den unterschiedlichsten dort eintreffenden Afferenzen verschaltet wer-

den. Durch den senkrechten Verlauf der apikalen Dendriten quer durch alle Schichten können vielfältige Informationen auf diese Dendriten konvergieren. Dies geschieht in den meisten Fällen über erregende axodendritische Synapsen.
An den basalen, tangential verlaufenden Dendriten der Pyramidenzellen greifen zahlreiche hemmende Synapsen (vor allem der Sternzellen) an. Diese hemmenden Synapsen modulieren die über die Pyramidenzellen in die Peripherie laufenden kortikalen Efferenzen.
Die Axone der 5. Schicht ziehen in weiter entfernte Abschnitte des ZNS, wie den Hirnstamm und das Rückenmark. Dort kontrollieren sie die **Willkür-** und die **Reflexmotorik.** Die Fasern des Tractus corticospinalis entstammen ebenfalls dieser Schicht.
Im Gyrus praecentralis (motorischer Kortex) ist die innere Pyramidenschicht besonders stark entwickelt. Die hier liegenden Pyramidenzellen werden auch als Betz-Riesenpyramidenzellen bezeichnet: Area gigantocellularis. Ihre Axone sind bis zu 2 m lang.

Spindelzellschicht (6)

Aus der Spindelzellschicht ziehen zahlreiche Axone zum Thalamus. Über diese kortikothalamischen Bahnen erhält der Thalamus Informationen aus der Hirnrinde, die zur Steuerung seiner integrierenden Funktion für fast alle Afferenzen zum Kortex dienen.

20.2.3.2 Transmittersubstanzen

Transmitter der exzitatorischen Pyramidenzellen ist Glutamat. GABA (γ-Amino-Buttersäure) dient als Transmitter der inhibitorischen Sternzellen. Weiterhin finden sich Noradrenalin, Dopamin, Acetylcholin und Neuropeptide wie VIP und CCK (► Tab. 7.9) als Überträgerstoffe.

Merke

- Pyramidenzellen: überwiegend erregend (Glutamat)
- Sternzellen: überwiegend hemmend (GABA)

20.2.3.3 Kortikale Säulen

Vor allem in den primär sensorischen Arealen sind benachbarte Neurone oft gemeinsam für spezifische Aufgaben zuständig. Sie sind in Form vertikalen Säulen (Kolumnen) oder Modulen von wenigen 100 µm Durchmesser organisiert. Eine Säule ist dabei die elementare Einheit der Informationsverarbeitung. Im visuellen Kortex gibt es z. B. kortikale Säulen, welche die räumliche Orientierung von Lichtreizen ermitteln (► Kap. 17.5.2.1).

Merke

Funktionen der Schichten des Neokortex:
- Molekularschicht (1): Aktivitätsniveau, Bewusstsein, Lernverhalten
- Äußere Körnerschicht (2) und äußere Pyramidenschicht (3): interkortikale Informationsvermittlung
- Innere Körnerschicht (4): sensorische Afferenzen
- Innere Pyramidenschicht (5): motorische Efferenzen der großen Pyramidenzellen
- Spindelzellschicht (6): Efferenzen zum Thalamus

20.2.4 Eingänge und Ausgänge des Kortex

20.2.4.1 Kortikale Afferenzen

Alle sensorischen Afferenzen werden im Thalamus umgeschaltet, bevor sie die Hirnrinde erreichen. Eine Ausnahme bilden die olfaktorischen Erregungen, die auch ohne Umschaltung zur Hirnrinde gelangen (► Kap. 19.3.2).
Die engen Verbindungen zwischen Kortex und Thalamus über die kortikothalamischen und thalamokortikalen Bahnen werden oft auch als **thalamokortikales System** bezeichnet.
Im thalamokortikalen System unterscheidet man spezifische und unspezifische Bahnen, denen spezifische und unspezifische Thalamuskerngebiete zugeordnet sind.

Spezifische Thalamuskerne

In den 3 spezifischen Thalamuskernen werden Informationen für den visuellen, den auditorischen und den somatosensorischen Kortex bearbeitet (► Tab. 20.3):
- Das **Corpus geniculatum laterale** als spezifischer Kern des visuellen Systems projiziert seine Afferenzen in die Sehrinde (Area striata).
- Das **Corpus geniculatum mediale** als spezifischer Kern des auditorischen Systems projiziert in die primäre Hörrinde der Gyri temporales transversi (Heschl-Windung im oberen Temporallappen).
- Der **Ventrobasalkern** (Nucleus ventralis posterolateralis und Nucleus ventralis posteromedialis) als der spezifische somatosensorische Thalamuskern projiziert in die sensorischen Kortexareale der Areae 3, 1, 2 (nach Brodmann) im Bereich des Gyrus postcentralis.

Tab. 20.3 Spezifische Thalamuskerne

System	Spezifischer Thalamuskern	Afferente Bahn	Kortikales Zielgebiet
Somatosensorisches System	Ventrobasalkern	Lemniscus medialis	Gyrus postcentralis
Auditorisches System	Corpus geniculatum mediale	Lemniscus lateralis	Gyri temporales transversi
Visuelles System	Corpus geniculatum laterale	Tractus opticus	Area striata

Merke

Spezifische Thalamuskerne:
- Corpus geniculatum laterale: visuelles System
- Corpus geniculatum mediale: auditorisches System
- Ventrobasalkern: somatosensorisches System

Unspezifische Thalamuskerne

Das unspezifische thalamokortikale System ist eine **Kontrollinstanz** für zentrale Leistungen, die keinen genau umschriebenen anatomischen Strukturen zugeschrieben werden können. Das unspezifische System koordiniert den Schlaf-Wach-Rhythmus, Blutdruckreaktionen, Emotionen und das allgemeine Erregungsniveau der Hirnrinde. Außerdem steuert es wichtige Schutzreflexe wie Atem-, Schluck-, Nies- und Hustenreflex sowie vegetative Körperfunktionen. Anders als die von den spezifischen Thalamuskernen ausgehenden Projektionen erreichen die Afferenzen der unspezifischen Kerne den Kortex diffus und lassen sich nicht umschriebenen Arealen zuordnen.

20.2.4.2 Kortikale Efferenzen

Bei den kortikalen Efferenzen unterscheidet man:
- **Projektionsfasern:** kortikofugale Fasern zu subkortikalen Kerngebieten, z. B. Tractus corticospinalis.
- **Assoziationsfasern:** Fasern zu kortikalen Arealen derselben Hemisphäre.
- **Kommissurenfasern:** Fasern zu kortikalen Arealen der kontralateralen Hemisphäre, die überwiegend über den Balken (Corpus callosum) ziehen.

20.3 Elektrophysiologie des Kortex

20.3.1 Kortikale Aktionspotenziale

Charakteristika

Auch von kortikalen Neuronen können Ruhe- und Aktionspotenziale registriert werden. Bei Pyramidenzellen z. B. liegt das Ruhemembranpotenzial zwischen −60 und −80 mV, die Amplitude des Aktionspotenzials beträgt 60 bis 100 mV. Die Aktionspotenzialfrequenz kortikaler Neurone bewegt sich meistens unterhalb von 10 Hz. Wegen fehlender Nachpotenziale können Pyramidenzellen Aktionspotenziale mit einer Frequenz von bis zu 100 Hz entladen.

Gliazellen als K^+-Puffer

Neurone im ZNS sind eng von Gliazellen umgeben, hauptsächlich von Astrozyten und Oligodendrozyten. Ihr unmittelbarer Extrazellularraum ist daher eng (15 nm breite Spalträume) und kommuniziert nur verzögert mit dem Blutplasma. Bei erhöhter Erregungsfrequenz der zentralen Neurone (mit Ausstrom von K^+, ▸ Kap. 12.2.2) entstehen in diesen Extrazellularspalten relativ hohe K^+-Konzentrationen von bis zu 10 statt normalerweise 4 mmol/l. Solche hohen extrazellulären K^+-Konzentrationen depolarisieren die Neurone und können dadurch an der Entstehung von hochfrequenten, krampfartigen Entladungsmustern wie bei epileptischen Anfällen beteiligt sein.

Die Gliazellen dienen in dieser Situation als Puffer, indem sie bei hohen extrazellulären K^+-Konzentrationen K^+-Ionen aufnehmen. Gliazellen werden durch diesen K^+-Einstrom zwar selbst depolarisiert, Aktionspotenziale werden jedoch nicht ausgelöst, da Gliazellen nicht über eine ausreichende Menge von potenzialabhängigen Na^+- und Ca^{2+}-Kanälen verfügen. Sie können aber ihre Depolarisation elektrotonisch an benachbarte Gliazellen weitergeben, mit denen sie durch Gap Junctions verbunden sind.

20.3.2 Entstehung und Ableitung kortikaler Potenziale

20.3.2.1 Grundlagen

ECoG und EEG

Die elektrische Aktivität des Kortex kann mit auf der Hirnrinde platzierten Elektroden abgeleitet und kontinuierlich aufgezeichnet werden. Diese experimentell oder im Rahmen der Epilepsiechirurgie eingesetzten direkten Ableitungen über der Hirnrinde bezeichnet man als **Elektrokortikogramm (ECoG).** Im klinischen Alltag verwendet man Ableitungen von der Kopfhaut: **Elektroenzephalogramm (EEG).**

Frequenzen und Amplituden

Die elektrische Aktivität der Hirnrinde zeigt Potenzialschwankungen mit Frequenzen zwischen 0,5 und 40 Hertz und Amplituden von bis zu 100 µV im ECoG. Durch den elektrischen Widerstand des zwischen Kopfhaut und Gehirnoberfläche liegenden Gewebes sind die Amplituden im EEG um den Faktor 10 niedriger. Auch finden sich im EEG durch die ableitungstechnisch bedingte Ausmittelung der registrierten Impulse über ein größeres Kortexareal weniger schnelle Potenzialschwankungen, sodass das EEG niederfrequenter als das ECoG ist.

EPSP und IPSP der Pyramidenzellen

Die im EEG registrierten Potenziale spiegeln nicht direkt die Aktionspotenziale wider, sondern sind Ausdruck der erregenden und hemmenden postsynaptischen Potenziale (EPSP und IPSP, ► Kap. 12.4.4) vor allem an den Pyramidenzellen.
Positive Ausschläge im EEG entsprechen erregenden postsynaptischen Potenzialen (EPSP) der tieferen Hirnrindenschichten oder hemmenden postsynaptischen Potenzialen (IPSP) der oberflächlichen Schichten. Umgekehrt verhält es sich mit den negativen Potenzialschwankungen.
Die elektrischen Impulse zur Kortexaktivierung gehen vorwiegend von subkortikalen Strukturen aus. So bestimmt der Thalamus die elektrische Aktivität der Hirnrinde. Der Rhythmus des Thalamus selbst wiederum wird von der Formatio reticularis vorgegeben (synchronisiert) oder aufgelöst (desynchronisiert).

20.3.2.2 Elektroenzephalogramm (EEG)

EEG-Ableitung und Wellenformen

Die Ableitungspunkte des EEG auf dem Schädeldach und die hierüber aufgezeichneten Potenzialschwankungen der Hirnrinde bei einem ruhenden, wachen Menschen zeigt ► Abb. 20.4.
Mithilfe des EEG können Amplitude, Frequenz, Form, Lage und Ausbreitung der Potenzialschwankungen beurteilt werden. Die EEG-Ableitungen sind entweder **unipolar,** d. h., eine differente Elektrode wird auf der Kopfhaut und eine indifferente Elektrode z. B. am Ohr angebracht, oder **bipolar,** d. h., 2 Elektroden befinden sich auf der Kopfhaut. Mögliche Wellenformen beim Gesunden sind (► Abb. 20.5):

- **α-Rhythmus:** Dies ist der vom Thalamus induzierte Grundrhythmus elektrischer Hirnrindenaktivität (► Abb. 20.4), der beim gesunden, wachen Erwachsenen mit geschlossenen Augen vorherrscht. Die Frequenz der α-Wellen liegt bei 8–13 Hz. Ein EEG mit α-Rhythmus nennt man auch ein synchronisiertes EEG. Die Amplitude der α-Wellen ist über den okzipitalen Hirnregionen am größten.

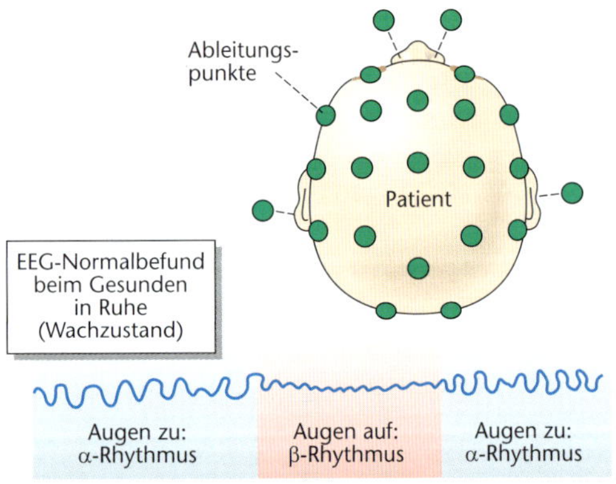

Abb. 20.4 Normales EEG eines ruhenden, wachen Erwachsenen, unipolare Ableitung. Das Öffnen der Augen führt zur Desynchronisation des vorher bestehenden synchronen α-Rhythmus.

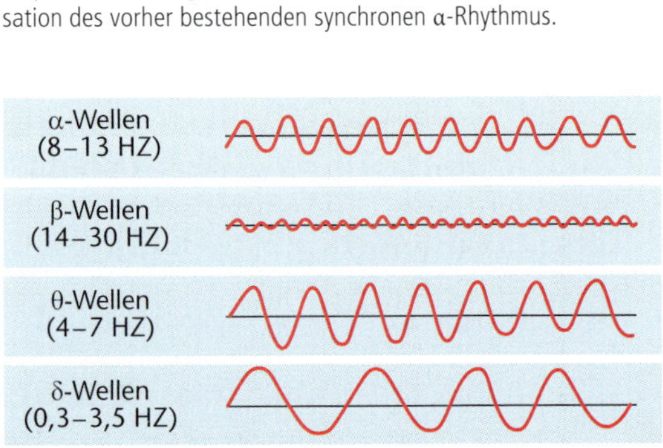

Abb. 20.5 EEG-Wellenformen beim Gesunden.

- **β-Rhythmus:** Augenöffnen oder eine gerichtete Aufmerksamkeit blockiert den α-Rhythmus: Es entsteht ein β-Rhythmus oder ein desynchronisiertes EEG. Der β-Rhythmus ist mit 14–30 Hz höherfrequenter als der α-Rhythmus.
- **ϑ-Rhythmus:** Die Einschlafphase ist im EEG durch niederfrequente ϑ-Rhythmen (Frequenz: 4–7 Hz) mit größerer Amplitude gekennzeichnet (ϑ = theta).
- **δ-Rhythmus:** Noch niedrigere Frequenzen haben die δ-Wellen (0,3–3,5 Hz). Sie charakterisieren die Tiefschlafphase.

ϑ- und δ-Wellen kommen beim wachen Erwachsenen nicht vor. Das kindliche EEG bietet auch im Wachzustand langsamere Rhythmen, sodass δ-Wellen beim Kind nicht ungewöhnlich sind.

Diagnostik

Haupteinsatzgebiet des EEG ist die **Epilepsiediagnostik.** Bei der Epilepsie finden sich im EEG typische pathologische **Krampfpotenziale** (▸ Abb. 20.6). Sie sind Ausdruck der gesteigerten Erregbarkeit kortikaler Neurone. Durch bestimmte Auslöser (z. B. Schlafentzug, Lichtblitze, Medikamente) oder spontan kommt es zu einer generalisierten kortikalen Erregung mit motorischen Entäußerungen: Krampfanfall. Diese unkoordinierten elektrischen Entladungen können Teile des Kortex oder die gesamte Hirnrinde betreffen.

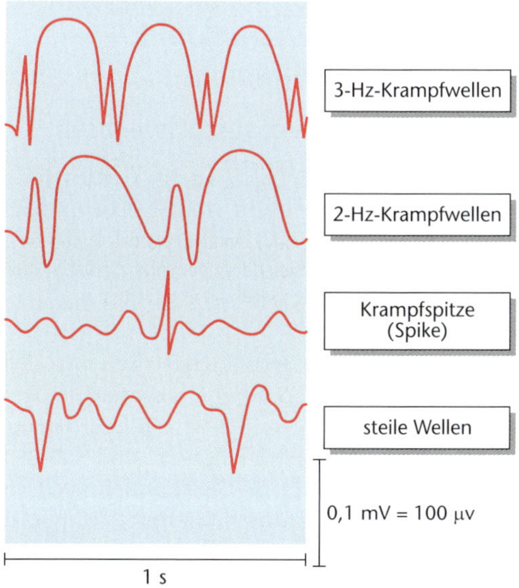

Abb. 20.6 Krampfpotenziale. 3-Hz-Krampfwellen (Spike-and-Wave-Komplexe), langsamere 2-Hz-Krampfwellen, eine Krampfspitze und „steile Wellen".

Merke

- α-Wellen (8–13 Hz): synchronisiertes EEG
- β-Wellen (14–30 Hz): desynchronisiertes EEG
- ϑ-Wellen (4–7 Hz): Einschlafphase
- δ-Wellen (0,3–3,5 Hz): Tiefschlafphase

Null-Linien-EEG und Hirntoddiagnostik

Null-Linien-EEG

Von einem Null-Linien-EEG spricht man, wenn keinerlei Potenzialschwankungen mehr registriert werden und nur noch eine isoelektrische Linie aufgezeichnet werden kann. Dies ist meist ein Zeichen für eine irreversible Schädigung des Gehirns: Hirntod.

Hirntoddiagnostik

Für die klinische Hirntoddiagnostik ist der Nachweis einer irreversibel ausgefallenen Funktion von Großhirn, Kleinhirn und Hirnstamm notwendig. Klinische Zeichen des Hirntods sind

- Bewusstlosigkeit,
- Ausfall der Hirnstammreflexe und
- Apnoe.

Der Ausfall der Hirnstammreflexe kann klinisch wie folgt diagnostiziert werden:

- Lichtstarre beider Pupillen, die mittel bis maximal geweitet sind.
- Fehlen des okulozephalen Reflexes: Bei rascher, passiver Seitwärtsdrehung des Kopfes fehlt die normale Bulbusbewegung zur Gegenseite: Puppenkopfphänomen.
- Fehlen des Kornealreflexes.
- Fehlen des Pharyngeal- und Trachealreflexes.
- Fehlen von Reaktionen auf Schmerzreize im Trigeminusbereich.

Für die Diagnose Hirntod ist der Nachweis entscheidend, dass die Hirnfunktionen **irreversibel** ausgefallen sind. Dieser Nachweis kann durch eine Verlaufsbeobachtung, durch ein Null-Linien-EEG oder durch den dokumentierten Stillstand der zerebralen Durchblutung (z. B. durch Doppler-Sonografie) erbracht werden. Voraussetzung für die Diagnose Hirntod ist weiterhin, dass andere mögliche Ursachen einer generalisierten Störung aller Hirnfunktionen ausgeschlossen sind, z. B. Intoxikationen durch Medikamente, primäre Unterkühlung oder ein Koma bei endokriner, metabolischer oder entzündlicher Grunderkrankung.

20.3.2.3 Ereigniskorrelierte Hirnpotenziale (EKP)

Auf äußere und innere Ereignisse reagiert das Gehirn mit spezifischen Potenzialänderungen, deren Amplitude so klein ist, dass sie im Rauschen des EEG untergehen. Mit besonderen Summationstechniken können diese elektrischen Reaktionen auf spezifische Ereignisse jedoch sichtbar gemacht werden.

Bereitschaftspotenziale

Etwa eine Sekunde vor dem Beginn einer Bewegung lässt sich über beiden Hirnhälften mit einem Schwerpunkt über dem prämotorischen Kortex (Area 6 nach Brodmann) und über dem Vertex (Abschnitt der Schädelkalotte im Bereich der Sagittalnaht) ein langsam ansteigendes, oberflächennegatives Potenzial ableiten. Dieses Potenzial wird Bereitschaftspotenzial genannt und geht einer geplanten Handlung regelmäßig voraus. Es tritt beidseitig auf. Etwa 50–100 ms vor der geplanten Bewegung folgt dem beidseitigen Bereitschaftspotenzial dann auf der zur Bewegung kontralateralen Seite ein sog. Motorpotenzial im Bereich des Gyrus praecentralis (Area 4).

Evozierte Potenziale

Die im Anschluss an eine Reizung peripherer Sensoren oder anderer sensorischer Strukturen (Nerven, Bahnen, Kerngebieten) kortikal hervorgerufenen Potenzialschwankungen nennt man evozierte Potenziale.

Somatisch evozierte Potenziale

Die Reizung peripherer somatischer Nerven führt zu somatisch evozierten Potenzialen (SEP). Sie werden zunächst als primäre evozierte Potenziale nur über den somatotopisch zugeordneten Gebieten des Gyrus postcentralis registriert. Später treten länger anhaltende, sekundäre evozierte Potenziale in ausgedehnteren Kortexbereichen auf.

Akustisch oder visuell evozierte Potenziale

Andere evozierte Potenziale sind die akustisch (AEP) oder visuell evozierten Potenziale (VEP). Dabei führt eine Sinnesreizung der entsprechenden Sinnesmodalität (Töne, Licht) zu charakteristischen Potenzialschwankungen. Bei den AEP ist die Auflösung der Registrierung so groß, dass die einzelnen Schaltstellen der Hörbahn im Kurvenverlauf sichtbar werden, da Potenzialgipfel immer im Anschluss an eine synaptische Verschaltung auftreten (► Kap. 18.3.6.2).

Klinik

Die klinische Bedeutung der evozierten Potenziale besteht in der Möglichkeit einer objektiven Überprüfung zentraler und peripherer Leitungsbahnen, die hierdurch z. B. auch bei bewusstlosen oder nicht kooperativen Patienten möglich ist.

Späte ereigniskorrelierte Potenziale

Potenzialänderungen, die relativ spät nach einem äußeren Ereignis auftreten, spiegeln die zentrale Verarbeitung dieses Ereignisses wider. Wird z. B. dem Probanden ein Satz angeboten, der eine Bedeutungsschwierigkeit oder eine unsinnige Bedeutung enthält („Clara singt ein Motorrad"), lässt sich 400 ms später eine negative Potenzialänderung (N400) registrieren.

Klinik

Solche späten EKP zeigen, dass zentrale Verarbeitungsprozesse im Gehirn noch erhalten sind. Dies kann zur Diagnostik des „**Locked-in-Syndroms**" wichtig sein, bei dem der Patient z. B. durch eine Erkrankung des motorischen Systems zu keiner Muskelbewegung mehr imstande ist, während die sensorischen Bahnen und die zentrale Verarbeitung ungestört sind.

20.4 Hirnstoffwechsel und Hirndurchblutung

20.4.1 O_2- und Glucosestoffwechsel

Mehr als jedes andere Organ ist das Gehirn auf eine ununterbrochene Zufuhr von Glucose und Sauerstoff angewiesen. Die Verbrauchszahlen sind entsprechend eindrucksvoll: In 24 Stunden benötigt das Gehirn eines Erwachsenen ca. 75 l Sauerstoff und 115 g Glucose.

Die nur geringen Reserven zeigen sich vor allem dann, wenn die Versorgung unterbrochen wird. Nach weniger als 5 Minuten ist die freie Glucose verbraucht, die Sauerstoffreserven sind schon in 10 Sekunden erschöpft. 10–12 Sekunden nach Unterbrechung der Blutzufuhr kommt es daher zur Bewusstlosigkeit, nach 4–5 Minuten entstehen die ersten Nekrosen, zunächst selektiv an den empfindlichen Ganglienzellen. Mehr als 9 Minuten Kreislaufstillstand können vom Gehirn nicht überlebt werden, wobei diese Zeitangaben sowohl individuell als auch abhängig von der Umgebungstemperatur *stark* schwanken können.

Klinik

Durch Überdosierung von Insulin oder oralen Antidiabetika kann bei Diabetikern eine **Hypoglykämie** auftreten. Fällt der Blutzuckerspiegel unter etwa 40–60 mg/dl, treten eindrucksvolle Symptome auf, die auf dem Glucosemangel und dem kompensatorischen Versuch einer Mobilisierung von Zuckerreserven durch Ausschüttung von Adrenalin (▸ Kap. 14.3.6) beruhen:

- Adrenalin bewirkt Herzrasen, Schwitzen, Angst und Unruhe.
- Der Glucosemangel führt zunächst zu Konzentrations- und Denkstörungen, dann treten Wahrnehmungs- und Bewegungsstörungen auf, schließlich Krämpfe und Bewusstlosigkeit.

Die Therapie besteht in der intravenösen Gabe von Glucose.

Jede ausgeprägte Hypoglykämie schädigt die zerebralen Neurone. Studien konnten zeigen, dass sich schon nach drei schweren, krankenhauspflichtigen Hypoglykämien die Wahrscheinlichkeit, an einer Demenz zu erkranken, verdoppelt.

20.4.2 Durchblutung

Um eine ausreichende Versorgung zu gewährleisten, durchfließen je nach neuronaler Aktivität 15–20 % des normalen Herzminutenvolumens das Gehirn (▸ Kap. 4.6.2) – bei einem Anteil am Gesamtkörpergewicht von nur 2 %.

20.4.2.1 Autoregulation

Die Konstanz der Hirndurchblutung wird innerhalb eines systolischen Blutdruckbereichs von 70 bis 180 mmHg durch die Autoregulation der Hirngefäße (Bayliss-Effekt, ▸ Kap. 4.2.2.3) gesichert. Ein Abfall des Blutdrucks führt zur Weitstellung der Hirngefäße, ein Blutdruckanstieg zur Engstellung, sodass der Blutfluss in beiden Fällen konstant bleibt. Außerdem führt ein pO_2-Abfall oder pCO_2-Anstieg (pH-Abfall) zur Erweiterung der Gefäße (Durchblutungssteigerung), während ein pO_2-Anstieg oder pCO_2-Abfall (pH-Anstieg) zur Gefäßengstellung (Durchblutungsreduktion) führt. Nervale Gefäßregulationen spielen hierbei keine Rolle.

Merke

Bei Blutdruckwerten zwischen 70 und 180 mmHg bleibt die Hirndurchblutung konstant.

20.4.2.2 Regionale Hirndurchblutung

Graue und weiße Substanz

80 % der Hirndurchblutung werden für die graue Substanz benötigt, in der die Energie verbrauchenden Ganglienzellen liegen. Die weiße Substanz besteht vorwiegend aus weniger stoffwechselaktiven Leitungsbahnen.

Aktivitätsabhängiger Bedarf

In Ruhe ist das Frontalhirn wesentlich stärker durchblutet als andere Hirnanteile, während sich bei einem Schmerzreiz das Durchblutungsmaximum von frontal nach parietal zum primären sensorischen Areal hin verschiebt. Ebenso verschiebt sich das Durchblutungsmaximum bei motorischen Leistungen zu den motorischen Hirnrindenarealen. Die Durchblutung ist also jeweils in dem Abschnitt am größten, der am stärksten beansprucht wird. Mit radioaktiv markierter Glucose lässt sich feststellen, dass auch die Stoffwechselaktivität in den jeweils beanspruchten Hirnregionen am stärksten ist.

20.4.3 Darstellung von Hirnstoffwechsel und Hirndurchblutung

20.4.3.1 Xenon-Methode

Bei dieser klassischen Methode zur Messung der Hirndurchblutung wird radioaktiv markiertes Xenon-133 in die A. carotis appliziert. Die Radioaktivität wird anschließend über den einzelnen Hirnregionen registriert, sodass sich Durchblutungskarten des Gehirns unter verschiedenen äußeren Bedingungen erstellen lassen.

20.4.3.2 Positronenemissionstomografie (PET)

Bei diesem Verfahren werden radioaktiv markierte Isotope an Trägersubstanzen wie z. B. Glucose gekoppelt. Die so markierten Substanzen lagern sich in das Gewebe ein und geben dort Positronen ab. Diese Positronen reagieren im Gewebe mit Elektronen, wobei γ-Strahlen entstehen, die von Detektoren eingefangen werden können. Mithilfe eines Computerprogramms wird ein Schnittbild erstellt, das Auskunft über die Stoffwechselaktivität der Gewebe gibt. Das räumliche Auflösungsvermögen der PET beträgt 4–8 mm, das zeitliche etwa 1 Sekunde.

20.5 Lernen und Gedächtnis

Die Fähigkeit zu lernen ist überlebenswichtig. Weil wir es (hoffentlich) gelernt haben, können wir aus der Vielfalt der Möglichkeiten Nützliches wählen und Schädliches meiden. Gelerntes zu speichern und bei Bedarf wieder abzurufen ist eine Funktion des Gedächtnisses. Es speichert nicht nur kognitive Inhalte, sondern auch Emotionen und Handlungsmuster. Grundlage von Lernen und Gedächtnis ist die Plastizität der neuronalen Strukturen des Gehirns.

20.5.1 Formen des Lernens

Beim Lernen lassen sich immer wiederkehrende elementare Mechanismen identifizieren.

20.5.1.1 Nicht-assoziative Lernvorgänge

Habituation und Sensitivierung werden als nicht-assoziative Lernvorgänge zusammengefasst, da die zeitliche Verbindung von Reizen (Assoziation) für ihre Ausbildung keine Rolle spielt.

Habituation

Unter Habituation versteht man die Gewöhnung des Organismus an einen wiederholten Reiz. Bei der ersten Reizwahrnehmung zeigt der Organismus noch ein Orientierungsverhalten: Hinblicken, höhere Herzfrequenz, EEG-Desynchronisation. Wird der Reiz wiederholt angeboten und als bedeutungslos eingeschätzt, fallen die Orientierungsreaktionen weg.

Habituation ist die häufigste Lernform. Sie gestattet es, unwichtige Reize zu ignorieren und wichtigere (neue) Reize entsprechend stärker zu beachten. Die Habituation ist reizspezifisch.

Von der Habituation, einem aktiven zentralnervösen Anpassungsvorgang, ist die **Adaptation** der Sensoren eines Sinnesorgans, d.h. die Erhöhung ihrer Reizschwellen bei kontinuierlicher Reizung, zu unterscheiden.

Klinik

Das Phänomen der Habituation wird klinisch zur Behandlung von **Angststörungen** genutzt: Die Betroffenen werden in einem geschützten Setting mit einem Angst auslösenden Reiz konfrontiert. Die anfängliche Angstreaktion auf diesen Reiz lässt mit der Zeit durch Habituation nach. Die Patienten lernen so, dass der Reiz nicht dauerhaft von Angstreaktionen begleitet sein muss. Durch geschickte Konfrontation mit steigenden Angstreizen in einer beruhigenden Umgebung können Angststörungen so verlernt werden.

Sensitivierung

Die Sensitivierung ist die Umkehrung der Habituation. Ein plötzliches Schreckereignis (Auffahrunfall) kann auch Reize, die aufgrund von Habituation zuvor nicht mehr wahrgenommen wurden (Verkehrsgeräusche), erneut bewusst werden lassen.

20.5.1.2 Assoziative Lernvorgänge

Klassisches und operantes Konditionieren werden auch als assoziative Lernvorgänge bezeichnet: Ein Reiz wird mit einem bestimmten Verhalten verbunden. Assoziatives Lernen wird im Verhaltensgedächtnis gespeichert. Davon zu unterscheiden ist das kognitive Lernen, das im Wissensgedächtnis abgelegt wird. Aber auch bei kognitiven Lernvorgängen spielen Assoziationen eine Rolle, sodass eine starre Gegenüberstellung von assoziativen Konditionierungen und kognitiven Lernvorgängen irreführend sein kann.

Klassisches Konditionieren

Über diesen Lernmechanismus werden Umweltreize mit bestimmten körperlichen Abläufen verknüpft. Die klassischen Untersuchungen hierzu wurden vom russischen Verhaltensforscher Pawlow (1905) an Hunden durchgeführt:

- Die natürliche Reaktion, d.h. der **unbedingte Reflex** (UR = Unconditioned Response) eines Hundes auf angebotene Nahrung (US = Unconditioned Stimulus) ist die Speichelsekretion.
- Im Rahmen einer Versuchsanordnung ertönt nun jedes Mal, wenn dem Hund die Nahrung präsentiert wird (US), gleichzeitig eine Glocke (CS = Conditioned Stimulus).
- Werden CS und US über einige Zeit in enger zeitlicher Verbindung angeboten, setzt die Speichelsekretion schon beim bloßen Ertönen der Glocke (CS), auch ohne Nahrung (US), ein: **bedingter Reflex** (CR = Conditioned Response).

Der Hund hat den akustischen Reiz des Glockenklangs mit der gleichzeitig angebotenen Nahrung assoziiert.

Merke

Klassische Konditionierung: (1) US → UR, (2) CS + US → UR, (3) CS → CR.

Operantes Konditionieren

Das klassische Konditionieren ist ein rein passiver Vorgang. Beim operanten Konditionieren dagegen handelt es sich um einen aktiven Lernvorgang. Die Wahrscheinlichkeit für das Auftreten einer bestimmten Handlung erhöht oder erniedrigt sich, je nachdem, welche Konsequenzen sie hat:

- Entstehen aus einer Handlung angenehme Konsequenzen, erhöht sich die Wahrscheinlichkeit ihres Auftretens: **positive Verstärkung.** Der Wegfall von unangenehmen Konsequenzen wirkt in die gleiche Richtung: **negative Verstärkung.**
- Treten nach einer Handlung vermehrt unangenehme Folgen auf, wird die Handlung seltener ausgeführt: **positive Bestrafung.** Auch der Wegfall angenehmer Folgen vermindert als **negative Bestrafung** die Auftretenswahrscheinlichkeit der Handlung.

Das operante Konditionieren ist wichtig beim Erlernen oder Verlernen von Verhaltensweisen, was therapeutisch in der Verhaltenstherapie genutzt wird.

Merke

- Klassisches Konditionieren: „passives" Lernen durch Reizassoziation
- Operantes Konditionieren: „aktives" Lernen durch Belohnung und Bestrafung

20.5.2 Gedächtnis

20.5.2.1 Funktionelle Organisation des Gedächtnisses

Explizites Gedächtnis

Das Gedächtnis für kognitive Inhalte wird als explizites oder deklaratives Gedächtnis bezeichnet. Das deklarative Gedächtnis ist auf die Intaktheit des Hippocampus angewiesen.

Man unterscheidet:

- **Semantisches Gedächtnis:** Speicherung von Informationen und Bedeutungen: „Kohlenhydratbedarf des Gehirns: 100 g/Tag". Lokalisation: linker temporofrontaler Kortex.
- **Episodisches Gedächtnis:** Speicherung von Erlebnissen: „Vor einer Woche habe ich am Strand von Deia Physiologie gelernt." Lokalisation: rechter temporofrontaler Kortex.

Implizites Gedächtnis

Das implizite Gedächtnis umfasst 4 verschiedene Lernformen:

- **Priming:** Wiedererkennen von Sinneseindrücken auf vorbewusster Ebene
- **Assoziatives Lernen** im engeren Sinne: klassisches und operantes Konditionieren
- **Habituation und Sensitivierung** als nicht assoziative Lernformen
- **Prozedurales Gedächtnis:** Lernen von Fertigkeiten und Verhaltensformen (z. B. Skifahren)

Die Inhalte des impliziten Gedächtnisses sind einem bewussten Zugriff schwerer zugänglich, da sie in nicht verbalisierter Form gespeichert sind. Lernvorgänge des impliziten Gedächtnisses können sich ohne Beteiligung des Bewusstseins vollziehen. So ist das implizite Gedächtnis auf eine intakte Funktion des Hippocampus nicht angewiesen; es wird vielmehr von subkortikalen Hirngebieten (Basalganglien und Kleinhirn) gesteuert.

Merke

- Explizites Gedächtnis: „Fakten" → Hippocampus
- Implizites Gedächtnis: „Fertigkeiten" → subkortikale Hirngebiete

Kurz- und Langzeitgedächtnis

Die klassische Einteilung des Gedächtnisses in Kurz- und Langzeitgedächtnis ist durch eine feinere Unterteilung ergänzt worden: Sensorisches und primäres Gedächtnis entsprechen dem Kurzzeitgedächtnis, sekundäres und tertiäres dem Langzeitgedächtnis (▸ Abb. 20.7, ▸ Tab. 20.4).

Sensorisches Gedächtnis

Kennzeichen Die Aufenthaltszeit von Informationen im sensorischen Gedächtnis beträgt weniger als eine Sekunde. Alle Sinnesinformationen werden zuerst vom sensorischen Gedächtnis aufgenommen und dort so verarbeitet, dass sie evtl. vom primären Gedächtnis übernommen werden können.

Vergessen Unmittelbares Vergessen nach der Aufnahme, Überschreiben durch nachfolgende Informationen oder aktives Auslöschen der Informationen sind typische Eigenschaften des sensorischen Gedächtnisses.

Primäres Gedächtnis

Kennzeichen Nach verbaler Kodierung der Informationen des sensorischen Gedächtnisses können diese vom primären Gedächtnis aufgenommen werden, wo sie in zeitlicher Folge abgelegt werden. Nicht verbalisierte Information wird unmittelbar vom sensorischen Gedächtnis in das sekundäre Gedächtnis übertragen. Vom primären Gedächtnis aufgenommene Informationen bleiben einige Sekunden bis maximal etwa 2 Minuten dort erhalten und werden dann vom sekundären Gedächtnis gespeichert. Im primären Gedächtnis können nicht mehr als 7 ± 2 Bedeutungseinheiten

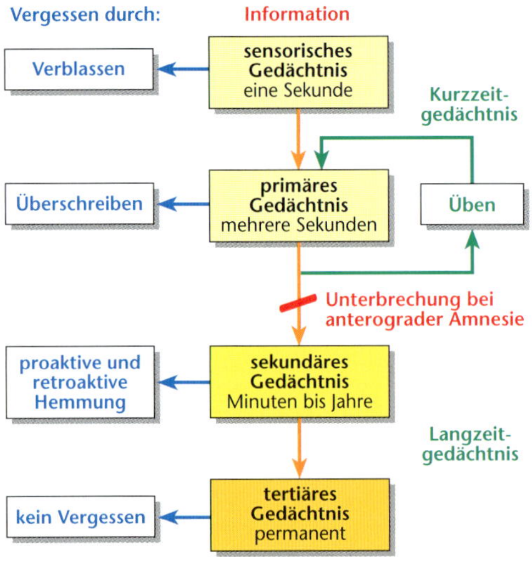

Abb. 20.7 Flussdiagramm des Gedächtnisses.

(Chunks) gleichzeitig gespeichert werden. Eine Bedeutungseinheit kann dabei ein Buchstabe, ein Wort, aber auch z. B. ein (kurzer) Satz sein.

Vergessen Das Eintreffen neuer Information bewirkt das Vergessen der zuvor im primären Gedächtnis gespeicherten Informationen, falls diese nicht schon ins sekundäre Gedächtnis übertragen wurden. Üben erleichtert die Informationsübernahme vom primären ins sekundäre Gedächtnis.

Sekundäres Gedächtnis

Kennzeichen Das sekundäre Gedächtnis hat eine wesentlich größere Speicherkapazität als das primäre Gedächtnis. Die gespeicherte Information ist auch nicht wie im primären Gedächtnis in zeitlicher Folge, unabhängig von der Wichtigkeit, sondern nach Bedeutungen abgelegt. Information, die hier gespeichert wurde, steht auch nach längerer Zeit noch zur Verfügung. Die Zugriffszeit ist allerdings länger als im primären Gedächtnis.

Vergessen Das sekundäre Gedächtnis vergisst nicht durch Verblassen oder Überschreiben, sondern durch Hemmung:

- **Proaktive Hemmung:** Schon vorhandene Information hemmt die neu zu speichernde Information.
- **Retroaktive Hemmung:** Zeitlich nachfolgende Informationen beeinträchtigen die Speicherung der gerade abgespeicherten Information,

Tab. 20.4 Einteilung des Gedächtnisses: sensorisches, primäres, sekundäres und tertiäres Gedächtnis

Parameter	Sensorisches Gedächtnis	Primäres Gedächtnis	Sekundäres Gedächtnis	Tertiäres Gedächtnis
Kapazität	Entsprechend der vom Rezeptor übertragenen Information	Gering	Sehr groß	Sehr groß
Verweildauer	< 1 Sekunde	Mehrere Sekunden	Minuten bis Jahre	Dauernd
Aufnahmebedingungen	Automatisch mit der Wahrnehmung	Verbalisierung	Üben	Häufiges Üben
Organisation	Abbild des Sinnesreizes	Zeitliche Abfolge	Nach Bedeutungen	?
Zugriffsgeschwindigkeit	Nur durch die Geschwindigkeit der Ausgabe begrenzt	Sehr schnell	Langsam	Sehr schnell
Informationsart	Sinnesreize	Verbales Material	Alle Formen	Alle Formen
Mechanismus des Vergessens	Verblassen und aktives Auslöschen	Neue Information überschreibt alte	Proaktive und retroaktive Hemmung	Kein Vergessen?

vor allem, wenn die Informationen einander ähnlich sind.

Konsolidierung Den Übergang von Gedächtnisinhalten aus dem primären ins sekundäre Gedächtnis bezeichnet man auch als Konsolidierung.

Tertiäres Gedächtnis

Im tertiären Gedächtnis sind Inhalte gespeichert, die durch ständige Übung praktisch nie mehr verloren gehen, wie z. B. der eigene Name. Die Zugriffszeiten sind hier sehr kurz.

20.5.2.2 Gedächtnisstörungen

Anterograde Amnesie

Unter anterograder Amnesie versteht man die Unfähigkeit, Informationen aus dem primären Gedächtnis in das sekundäre Gedächtnis übertragen zu können. Die Betroffenen können sich neu erworbene Informationen nicht merken. Das sekundäre und das tertiäre Gedächtnis sind intakt, d. h., Informationen, die aus der Zeit vor der Schädigung stammen, sind noch abrufbar. Für die Übertragung von Informationen aus dem primären in das sekundäre Gedächtnis scheint vor allem der **Hippocampus** verantwortlich zu sein.

Klinik

Chronische Alkoholiker leiden häufig unter einer anterograden Amnesie. Ursache dieses **Korsakow-Syndroms** ist ein Thiaminmangel aufgrund von Mangelernährung. Hierdurch kommt es zu einer Schädigung von Corpora mamillaria und Hippocampus.

Retrograde Amnesie

Eine retrograde Amnesie entsteht z. B. nach einer Gehirnerschütterung, einem Hirnschlag (Apoplex) oder einer Anästhesie. Bei einer retrograden Amnesie kann der Patient sich an Geschehnisse nicht erinnern, die dem Schadensereignis vorangingen. Dabei sind sowohl das primäre Gedächtnis betroffen als auch, je nach Schadensmaß, das sekundäre. Die Information aus dem primären Gedächtnis bleibt verloren, wohingegen die Informationen des sekundären Gedächtnisses nach einer Erholungszeit vollständig wiederkehren können. Es ist noch unklar, welche Hirnstrukturen betroffen sind und wie es zu diesen Ausfällen kommt.

Merke

- Anterograde Amnesie:
  Neue Informationen werden nicht behalten.
- Retrograde Amnesie:
  Erinnerung an bereits Vergangenes ist gestört.

20.5.2.3 Neuronale Grundlagen des Gedächtnisses

Durch Üben wird die Information aus dem primären in das sekundäre Gedächtnis überführt. Hierbei kommt es zur **Engrammbildung,** einer „Eingravierung" der wiederholten Lerninhalte. Jedes weitere Üben führt zu einer immer festeren Engrammbildung und dadurch zur Konsolidierung des Gedächtnisinhalts.

Hebb-Synapsen

Lernprozesse beruhen auf dem häufigen Gebrauch von bestimmten Synapsen. Durch den häufigen Gebrauch entsteht ein Pfad, der bei Bedarf immer leichter gegangen werden kann. Solche lernfähigen Synapsen werden auch als Hebb-Synapsen bezeichnet. Über Hebb-Synapsen verbundene Neurone sind dadurch charakterisiert, dass ihre Aktionspotenzialfrequenz – im Gegensatz zu den meisten anderen zentralen Neuronen – bei wiederholter Aktivierung steigt und nicht reduziert wird oder unverändert bleibt.

Posttetanische und Langzeitpotenzierungen

Posttetanische Potenzierungen

Elektrophysiologisches Korrelat der Lernprozesse sind Zunahmen des Potenzials an Zellmembranen nach wiederholter (tetanischer) Reizung. Diese posttetanischen Potenzierungen (► Kap. 12.4.5.1) treten bei Lernvorgängen z. B. an Pyramidenzellen der Hippocampusregion auf.

Langzeitpotenzierungen

An diesen Pyramidenzellen des Hippocampus werden auch Langzeitpotenzierungen (LTP) beobachtet, die durch die wiederholte Aktivierung von glutamatergen Synapsen entstehen. Hierdurch nimmt die Amplitude der exzitatorisch postsynaptischen Potenziale (EPSP, ► Kap. 12.4.4.1) dauerhaft zu. Die synaptische Übertragung an diesen Zellen wird anhaltend verbessert. Diese Langzeitpotenzierungen können Stunden bis Wochen anhalten.

Langzeitdepressionen

Es ist jedoch nicht nur die Potenzierung, die zum Lernerfolg führt, sondern wahrscheinlich in ebenso großem Maß auch die Depression von (unwichtigen) synaptischen Verschaltungen. Auch das aktive Vergessen hat ein neuronales Korrelat: An Purkinje-Zellen des Kleinhirns z. B. können Langzeitdepressionen (LTD) registriert werden, die ebenfalls über Glutamatrezeptoren vermittelt werden. Durch solche LTD wird die neuronale Übertragung für Stunden gehemmt.

Molekulare Mechanismen an glutamatergen Synapsen

Langzeitpotenzierungen als neuronales Substrat von Lernvorgängen finden sich vor allem an glutamatergen Synapsen. Auch bei der spinalen Schmerzverarbeitung sind glutamaterge Synapsen an nozizeptiven Neuronen des Hinterhorns beteiligt (► Kap. 16.4.2.1).

Glutamatrezeptoren

Glutamaterge Synapsen der Pyramidenzellen des Hippocampus verfügen über 2 unterschiedliche Typen von Glutamatrezeptoren: **AMPA-Rezeptoren** und **NMDA-Rezeptoren**. Beide Rezeptortypen sind ionotrope Rezeptoren. Sie sind gemeinsam an Langzeitpotenzierungen nach dem folgenden Schema beteiligt (► Abb. 20.8):

- Treffen Impulse an der Synapse ein, bindet das aus den synaptischen Vesikeln freigesetzte Glutamat an die AMPA-Rezeptoren und öffnet deren Kanäle für die kleinen, monovalenten Ionen Na^+ und K^+. Die dadurch entstehende Depolarisation baut in den Dendriten der postsynaptischen Zelle zunächst lediglich ein relativ niedriges EPSP von etwa 20 mV auf. Die Na^+-K^+-Ca^{2+}-Kanäle der NMDA-Rezeptoren bleiben durch eine spannungsabhängige Bindung von Mg^{2+}-Ionen noch blockiert.
- Wiederholte Impulssalven führen im weiteren Verlauf aber zu zunehmend stärkeren Ionenströmen über den AMPA-Rezeptor und damit zu einer stärkeren Depolarisation der Zielzelle. Hierdurch werden die Mg^{2+}-Ionen aus dem NMDA-Kanal verdrängt. Jetzt können Ca^{2+}-Ionen über diesen Ionenkanal in die postsynaptische Zelle einströmen.
- Ca^{2+} aktiviert dann eine Ca^{2+}-Calmodulin-abhängige Kinase (CaMKII). CaMKII phosphoryliert die AMPA-Rezeptoren und steigert dadurch deren Ca^{2+}-Durchlässigkeit. Zusätzlich erhöht CaMKII die Expression von AMPA-Rezeptoren auf der postsynaptischen Membran. Hierdurch wird die Zielzelle für weitere synaptisch vermittelte Impulse empfindlicher. Diese gesteigerte Empfindlichkeit nach wiederholter Stimulierung ist die molekulare Basis von Lernvorgängen.
- Zusätzlich wird in der Zielzelle vermehrt Stickstoffmonoxid (NO) gebildet, das an der präsynaptischen Endigung im Sinne einer positiven Rückkopplung die Freisetzung von Glutamat stimulieren kann.

Intrazelluläre Enzymsysteme

Die beim Lernen aktivierten intrazellulären Enzymsysteme sind hauptsächlich Proteinkinasen. Sie phosphorylieren im Zellkern ein Schlüsselprotein der Transkription, das CREB (cAMP-Reaktionselement-Bindungsprotein). Das durch diese Phosphorylierung aktivierte CREB ermöglicht der Zelle über die vermehrte Transkription von Proteinen (z. B. Neurotransmitter, Zellmembranproteine, Wachstumsfaktoren) eine dauerhafte Anpassung an neue Anforderungen (s. u., strukturelle Engramme).

Strukturelle Engramme

Kreisende Erregungen

Für die Entstehung von Engrammen im Gedächtnis sind neben Langzeitpotenzierungen und Lang-

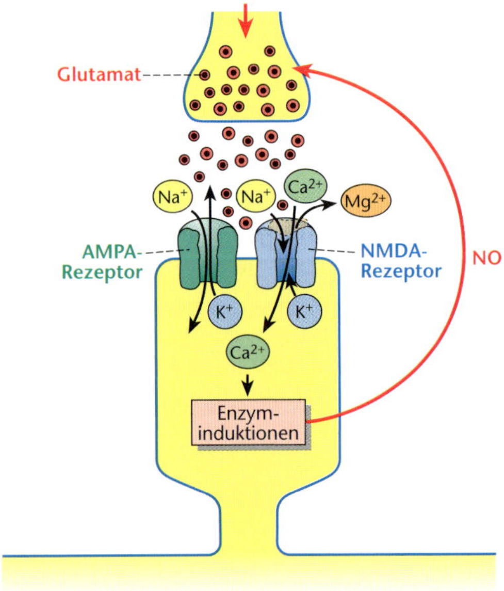

Abb. 20.8 Molekulare Mechanismen des Lernens an glutamatergen Synapsen (Erklärung siehe Text).

zeitdepressionen auch tiefer gehende strukturelle Veränderungen verantwortlich. So finden sich im Wissensgedächtnis neben funktionellen Engrammen (Funktionsänderungen der Synapsen) auch strukturelle Engramme, d. h. morphologische Veränderungen an häufig aktivierten Synapsen. Bei der Entstehung der strukturellen Engramme spielen wahrscheinlich die sog. kreisenden Erregungen (= reverberatorische Erregungen) von Informationen eine wichtige Rolle.

Proteinsynthese

Strukturelle Engramme sind u. a. für die Übertragung von Informationen aus dem Kurzzeit- ins Langzeitgedächtnis wichtig. Für ihre Ausbildung ist eine erhöhte Proteinsynthese, insbesondere während der kritischen Konsolidierungsphase des Gedächtnisses, erforderlich. Eine Blockierung der Proteinsynthese verhindert daher im Tierversuch dauerhafte Lerneffekte.

Klinik

Für Lernvorgänge ist eine **stimulierende Umgebung** entscheidend: An Ratten konnte gezeigt werden, dass durch herausfordernde Umgebungsreize die Syntheserate von Neurotransmittern und auch generell die Proteinsynthese in Nervenzellen ansteigt. Nervenzellen und Nervenzellkerne waren größer als bei Tieren in reizarmer Umgebung. Längerfristig entwickelten sich bei den stimulierten Tieren stärkere Verzweigungen der Dendriten im Kortexbereich, Gewicht und Dicke des Kortex stiegen an.

20.6 Physiologische Rhythmen

20.6.1 Zirkadiane Rhythmen

Unter einem zirkadianen Rhythmus versteht man regelmäßig wiederkehrende Abläufe, die sich ungefähr (lat.: circa) der Länge eines Tages (lat.: dies) anpassen. Vor allem vegetative Prozesse wie Temperaturregelung, Hormonausschüttung oder Peristaltik sowie Wachen und Schlafen unterliegen einem solchen zirkadianen Rhythmus. Die biologische Funktion der zirkadianen Rhythmen liegt in der Vorbereitung des Organismus auf sich ändernde Umweltbedingungen. Auf diese Weise können Handlungen besser geplant und Kräfte ökonomischer eingesetzt werden.

20.6.1.1 De- und Resynchronisation

Werden Versuchspersonen von allen Umwelteinflüssen (Sonne, Uhren, sonstige indirekte Zeitgeber) isoliert, zeigt sich, dass die interne Periodik freilaufend, d. h. unabhängig von der Umwelt ist und durch äußere Zeitgeber nur synchronisiert wird. Die interne Periodik ist in Isolation meist länger als 24 Stunden.
Es gibt mehrere interne Oszillatoren, die ihre Rhythmen untereinander und mit der Umwelt synchronisieren.

Interne Desynchronisation

Die verschiedenen internen Oszillatoren können sich voneinander entkoppeln. So kann z. B. der Schlaf-Wach-Rhythmus unter Entzug von Umwelteinflüssen eine 48-Stunden-Periodik aufweisen, während die vegetativen Funktionen ihre eigene Periodik von etwas mehr als 24 Stunden beibehalten.

Resynchronisation

Wird der äußere Zeitgeber einmalig verschoben, z. B. bei einem Flug von Deutschland nach China, brauchen die internen Oszillatoren für jede Zeitverschiebung von einer Stunde jeweils einen Tag, um sich dem neuen äußeren Zeitgeber anzupassen (Jetlag). Man spricht in diesem Fall von Resynchronisation.

20.6.1.2 Steuerungszentren

Hypothalamische Zentren

Die Oszillatoren der internen Rhythmen liegen im Hypothalamus. Die oberste Steuerungseinheit des zirkadianen Systems (Master Clock) ist im **Nucleus suprachiasmaticus** (NC) lokalisiert. Der zirkadiane Rhythmus in den Oszillatorzellen des NC entsteht durch die rhythmische Hemmung und Enthemmung eines von den Proteinen Clock und Cycle gebildeten Dimerproteins:

- Das Clock-Cycle-Dimer bindet an die DNA des Zellkerns und fördert dort die Transkription von 2 Genen: per (für period) und cry (für Cryptochrom).
- Die entsprechenden Genprodukte Per und Cry verbinden sich im Zytoplasma mit dem Protein Tau zu einem Per-Cry-Tau-Komplex.
- Über eine negative Rückkopplung hemmt der Per-Cry-Tau-Komplex die Aktivität des Clock-Cycle-Dimers.

Dabei erhält der NC die zur Synchronisation des inneren Rhythmus mit der Außenwelt erforderlichen Informationen über den Hell-Dunkel-Wechsel von spezialisierten bipolaren Ganglienzellen der Retina, deren lichtempfindliches Pigment Melanopsin ist. Weitere zirkadiane Zentren finden sich im Ventromedialkern des Hypothalamus.

Zirbeldrüse

Über den Nucleus suprachiasmaticus erhält die Zirbeldrüse Informationen über die Hell-Dunkel-Wechsel der Umgebung. Bei Dunkelheit schüttet sie das Hormon **Melatonin** (► Kap. 10.8.7) aus, das über die Aktivierung von Melatoninrezeptoren im NC schlaffördernd wirkt und die Körpertemperatur senkt.

Klinik

Melatonin ist z. B. in den USA als Nahrungsergänzungsmittel frei erhältlich. Ihm werden alle möglichen Wirkungen zugeschrieben, z. B. die Verlangsamung des Alterns, das Abfangen freier Radikale oder die Tumorprophylaxe. Wirksam ist es jedoch nach einigen Studien lediglich zur Linderung der Jet-Lag-Symptomatik. Auch pharmakologisch entwickelte Melatoninrezeptor-Agonisten können Schlaflosigkeit und reduzierte Schlafqualität bei unphysiologischem Wechsel des Schlafzyklus vermindern.

20.6.2 Schlaf

Schlafen ist ein vom Wachsein grundsätzlich verschiedener Zustand, nicht bloß ein Erschöpftsein oder ein Ausruhen.

20.6.2.1 Schlafstadien

Mithilfe des EEG können im Schlaf 4 Stadien abgegrenzt werden, die der gesunde Mensch während des Schlafens durchläuft:

- Im Zustand des entspannten Wachseins bei geschlossenen Augen herrschen im EGG α-Wellen (8–13 Hz) vor.
- Im **Schlafstadium I,** das meist nur wenige Minuten anhält, treten neben weniger regelmäßigen α-Wellen zunehmend ϑ-Wellen (4–7 Hz) auf.
- Das anschließende **Schlafstadium II** (leichter Schlaf) ist durch Schlafspindeln (β-Spindeln) und K-Komplexe gekennzeichnet (► Abb. 20.9).

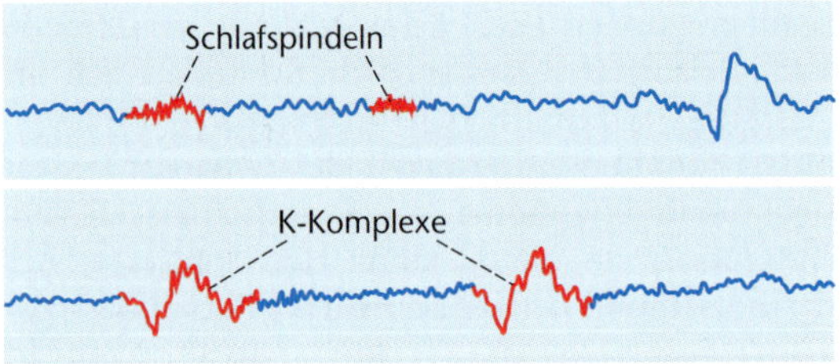

Abb. 20.9 Schlafspindeln und K-Komplexe bei leichtem Schlaf (Stadium II).

- Für das **Schlafstadium III** (mitteltiefer Schlaf) sind δ-Wellen (0,3–3,5 Hz) charakteristisch, die jedoch noch weniger als 50 % der registrierten Wellen ausmachen.
- Im **Schlafstadium IV** (Tiefschlaf) werden δ-Wellen während mehr als 50 % der Registrierzeit beobachtet.

Die Stadien III und IV werden zusammengefasst auch als Delta-Wellen-Schlaf, Langsame-Wellen-Schlaf oder **SWS-Schlaf** (SWS = Slow Wave Sleep) bezeichnet.

Die 4 Schlafstadien werden pro Nacht drei- bis fünfmal durchlaufen. Die Schlaftiefe nimmt dabei gegen Morgen hin ab, das Stadium IV wird dann nicht mehr oder nur noch für kurze Zeit erreicht (► Abb. 20.10).

20.6.2.2 REM-Schlaf

Etwa alle eineinhalb Stunden treten Schlafphasen auf, die wegen der charakteristischen schnellen Augenbewegungen REM-Phasen (Rapid Eye Movements) genannt werden.

Kennzeichen

Es können Zuckungen der Finger- oder der Gesichtsmuskulatur beobachtet werden, die übrige Muskulatur ist in diesem Stadium atonisch. Ursache hierfür ist eine Hemmung der spinalen Motoneurone. Atemfrequenz und Herzfrequenz sind im REM-Schlaf erhöht, beim Mann können Erektionen auftreten. Sprechen im Schlaf ist nicht typisch für den REM-Schlaf.

Paradoxer Schlaf

Während des REM-Schlafs ist der Proband genauso schwer zu wecken wie in der Tiefschlafphase, wobei das EEG aber die Charakteristika eines Wach- oder Einschlaf-EEG zeigt. Deswegen spricht man auch von einem paradoxen oder desynchronisierten Schlaf.

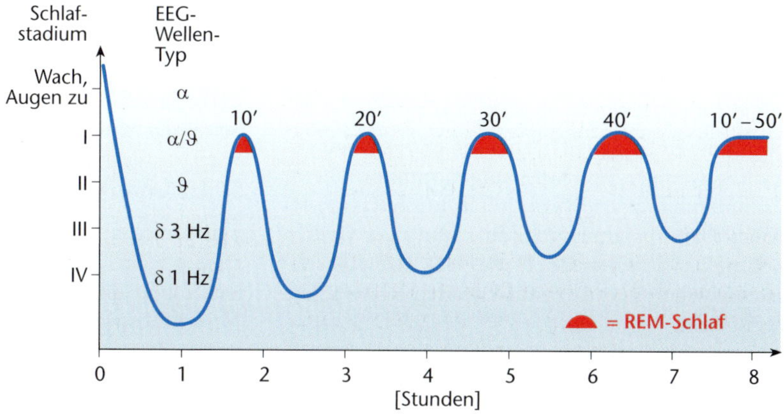

Abb. 20.10 Schlafstadien im Verlauf einer Nacht. Die Dauer des REM-Schlafs nimmt im Verlauf der Nacht zu.

Dauer

Der REM-Schlaf dauert im Durchschnitt 20 Minuten, seine Länge nimmt zum Morgen hin zu.

Der Anteil des REM-Schlafs am Gesamtschlaf wird im Laufe des Lebens kleiner. Nehmen REM-Phasen bei Neugeborenen noch 50 % der Gesamtschlafzeit in Anspruch, so schrumpft dieser Anteil auf ca. 25 % beim Fünfjährigen und auf 18–23 % beim Erwachsenen. Dieser REM-Schlaf-Anteil am Gesamtschlaf bleibt dann bis ins hohe Alter praktisch konstant (► Abb. 20.11).

Träumen

Träume treten vor allem während der REM-Phasen auf. So erzählen Probanden, die in REM-Phasen aufgeweckt werden, viel häufiger von Träumen, als wenn sie in einer Non-REM-Phase geweckt werden. Berichte von Träumen stammen meist aus den letzten REM-Phasen der frühen Morgenstunden. Dabei beträgt der Abstand zwischen REM-Phase und Bericht meistens weniger als 5 Minuten, da bei längerem Abstand der Trauminhalt zunehmend vergessen wird.

Entzug

Entzug von REM-Schlaf führt zum Nachholen dieses Schlafanteils in den folgenden Nächten und zu intensiveren Träumen. Anders als vermutet, traten in den Untersuchungen zum Entzug von REM-Schlaf selbst nach längerem Entzug keine physischen oder psychischen Schäden auf.

20.6.2.3 Non-REM-Schlaf

Charakteristisch für die Non-REM-Phasen sind Sprechen im Schlaf oder Traumwandeln. Auch der kindliche Pavor nocturnus, ein plötzliches nächtliches Aufwachen („Nachtangst“), das nicht mit einem Albtraum zu verwechseln ist, tritt im Non-REM-Schlaf auf.

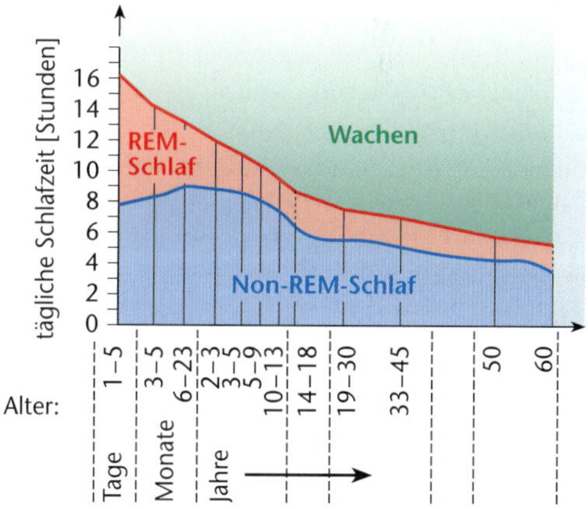

Abb. 20.11 Wachzeiten, REM-Schlaf und Non-REM-Schlaf im Lauf des Lebens.

Merke

REM-Schlaf:
- Weckschwelle genauso hoch wie im Tiefschlaf
- EEG wie im Wach- oder Einschlafzustand
- Träume

20.6.2.4 Physiologische Funktionen des Schlafes

SWS-Schlaf und Hormone

Im SWS-Schlaf wird vor allem während der Wachstumsphase das Wachstumshormon GH ausgeschüttet (► Kap. 10.3.2.4). Zugleich wird die Freisetzung der Stresshormone ACTH und Cortisol unterdrückt.

REM-Schlaf und Nahrungsaufnahme

Nimmt die REM-Schlaf-Dauer zu, wird am folgenden Tag weniger Nahrung aufgenommen. Dieser Zusammenhang wird vermutlich durch das im lateralen Hypothalamus gebildete Hormon **Orexin** (► Kap. 20.9.1.2) vermittelt, das den Appetit steigert, das Wachniveau erhöht und den REM-Schlaf unterdrückt.

Schlaf und Immunsystem

Schlafentzug führt in Tierversuchen zu einer eingeschränkten Immunabwehr. Die Tiere erkranken häufiger an Infektionen und malignen Tumoren.

Schlaf und Gedächtnis

Sowohl REM-Schlaf als auch Non-REM-Schlaf fördern die Konsolidierung von gelernten Gedächtnisinhalten. Dabei wird die Konsolidierung stärker gefördert, wenn der Schlaf möglichst bald nach dem Lernen einsetzt. Die vor dem Schlafengehen ins sekundäre Gedächtnis überführten Informationen werden durch das Einschlafen vor retroaktiver Hemmung durch neue Gedächtnisinhalte bis zum Aufwachen geschützt.

Lerntipp

Die integrativen Leistungen des ZNS werden eher selten im Physikum abgefragt. Es schadet aber sicher nichts, sich die Schlafphasen und ihre jeweiligen Charakteristika im EEG nochmal anzusehen, da hier ein Schwerpunkt der Fragen liegt.

20.6.2.5 Schlaftheorien

Bis heute ist nicht vollständig geklärt, durch welche Mechanismen das Verhältnis von Wachsein und Schlafen gesteuert wird. Es existieren im Wesentlichen 4 theoretische Ansätze.

Deafferenzierungstheorie

Diese Theorie vermutet einen Zusammenhang zwischen Wachsein und dem Zustrom von Reizen zum Kortex. Zum Schlafen führt nach dieser Vorstellung eine nachlassende afferente Stimulierung der Hirnrinde. Das ZNS selbst ist für die Drosselung des sensorischen Zustroms verantwortlich.

Retikularistheorie

Hochfrequente Reizung der Formatio reticularis löst eine Weckreaktion (Arousal Reaction) aus. Die Retikularistheorie postuliert, dass der Organismus bei einer Aktivierung der Formatio reticularis im Wachzustand ist, während eine Hemmung zum Schlaf führt (► Kap. 16.8.3.2).

Serotonerge Schlaftheorie

Die im Hirnstamm liegenden Kerngebiete des Nucleus raphe und des Locus coeruleus enthalten als Neurotransmitter Serotonin bzw. Noradrenalin. Lange Zeit wurde vermutet, dass aus dem Raphekern freigesetztes Serotonin zu einer Hemmung der Formatio reticularis und damit zur Schlafeinleitung führe, während Noradrenalin aus dem Locus coeruleus den gegenteiligen Effekt habe. Diese recht einfache Theorie ist heute nicht mehr zu halten, nachdem man festgestellt hat, dass die Serotoninausschüttung im Zusammenhang mit Weckreaktionen am größten ist. Serotonin könnte aber als „Schlafhormon" an der Ausschüttung von Substanzen beteiligt sein, die den Schlaf einleiten, den sog. Schlaffaktoren.

Theorie der endogenen Schlaffaktoren

Es gibt einige Hinweise auf das Vorhandensein dieser Schlaffaktoren, die während des Wachseins ausgeschüttet werden und kumulieren, bis schließlich der Schlaf einsetzt. So konnten im Tierversuch 2 Peptide isoliert werden, deren Injektion REM-Schlaf (Delta Sleep Inducing Peptide, DSIP) oder Non-REM-Schlaf (Faktor S) auslöst. Ein wichtiger Schlaffaktor ist auch das Adenosin, dessen Konzentration im Extrazellularraum während des Tages ansteigt. Auch bei Schlafdeprivation finden sich deutlich erhöhte Konzentrationen von Adenosin im Kortex und im basalen Vorderhirn. Über die Aktivierung von A_1-Rezeptoren hemmt Adenosin cholinerge exzitatorische Neurone im basalen Vorderhirn und wirkt dadurch schlaffördernd.

Klinik

Die schlafhemmende Wirkung von **Koffein** beruht vor allem auf einer antagonistischen Wirkung an diesen A_1-Rezeptoren. Bei mittleren Dosen (150–300 mg = 2–3 Tassen Kaffee) steht die vigilanzsteigernde Wirkung im Vordergrund. Über die gleichzeitige Blockade von A_{2A}-Rezeptoren im mesolimbischen Verstärkersystem (► Kap. 20.9.2.2) wird vermutlich das begleitende Wohlgefühl ausgelöst. Bei höheren Dosen > 500 mg treten besonders bei sonst koffeinabstinenten Probanden

Angst, Nervosität und Schlaflosigkeit auf. Für die Hemmung der Phosphodiesterase durch Koffein (► Kap. 1.7.1) sind deutlich höhere, in vivo schon toxische Dosen von Koffein erforderlich.

20.7 Bewusstsein

20.7.1 Charakterisierung

Bewusstsein kann bis heute physiologisch nicht befriedigend definiert werden. Es lässt sich jedoch durch die folgenden Fähigkeiten charakterisieren:
- Gerichtete Aufmerksamkeit
- Abstraktionsvermögen
- Fähigkeit zur Verbalisierung
- Vermögen, aus Erfahrungswerten Pläne zu erstellen und neue Zusammenhänge zu sehen
- Selbsterkenntnis
- Wertvorstellungen

Klar scheint, dass für die Entstehung von Bewusstsein kortikale und subkortikale Gebiete zusammenarbeiten müssen und dass ein mittleres Aktivierungsniveau Voraussetzung für Bewusstsein ist. Zu niedrige neuronale Aktivität (Schlaf, Narkose) oder übersteigerte neuronale Aktivität (Krampfanfall) lassen Bewusstsein nicht zu.

20.7.2 Rechte und linke Hemisphäre

Aus Beobachtungen an sog. **Split-Brain-Patienten,** denen aus therapeutischen Gründen der Balken durchtrennt wurde, kennt man die unterschiedliche Rolle, die den einzelnen Hemisphären bei bewussten Wahrnehmungen zukommt (► Abb. 20.12):
- Die **linke Hemisphäre** ist vor allem für die Verbalisierung zuständig. Wird einem Split-Brain-Patienten ein Gegenstand im linken Gesichtsfeld dargeboten, das in die rechte Hemisphäre projiziert, kann er diesen nicht be-

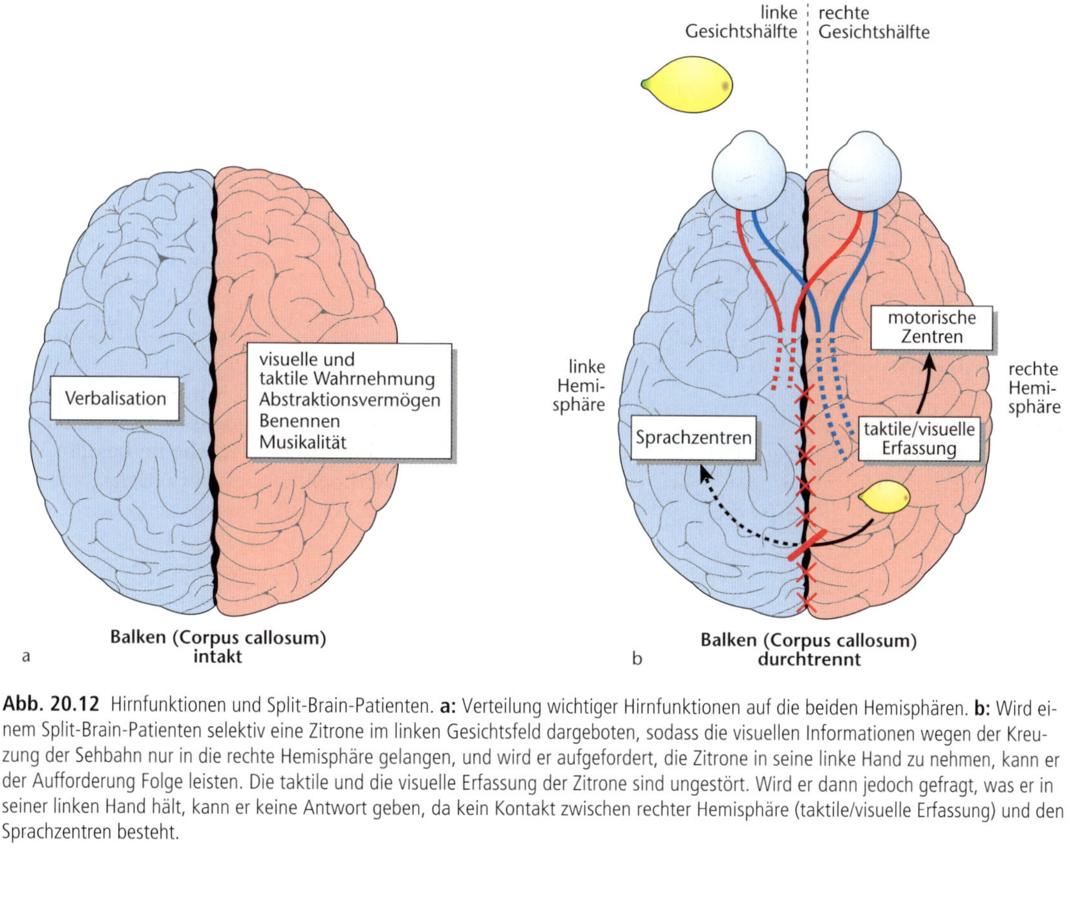

Abb. 20.12 Hirnfunktionen und Split-Brain-Patienten. **a:** Verteilung wichtiger Hirnfunktionen auf die beiden Hemisphären. **b:** Wird einem Split-Brain-Patienten selektiv eine Zitrone im linken Gesichtsfeld dargeboten, sodass die visuellen Informationen wegen der Kreuzung der Sehbahn nur in die rechte Hemisphäre gelangen, und wird er aufgefordert, die Zitrone in seine linke Hand zu nehmen, kann er der Aufforderung Folge leisten. Die taktile und die visuelle Erfassung der Zitrone sind ungestört. Wird er dann jedoch gefragt, was er in seiner linken Hand hält, kann er keine Antwort geben, da kein Kontakt zwischen rechter Hemisphäre (taktile/visuelle Erfassung) und den Sprachzentren besteht.

Tab. 20.5 Funktionen von linker und rechter Hemisphäre

Systeme	Linke Hemisphäre	Rechte Hemisphäre
Visuell	Buchstaben und Wörter	Muster und Gesichter
Auditorisch	Sprachlaute	Töne und Geräusche
Sprache	Sprechen, Lesen, Schreiben	Satzmelodie und Betonung
Gedächtnis	Verbal	Nonverbal

nennen, da keine Verbindung zur linken Hemisphäre besteht, wo in der Regel die Sprachzentren liegen. Allgemeiner gefasst ist die linke Hemisphäre auf logisch-sequenzielle Aufgaben spezialisiert (► Tab. 20.5).

- Mit der **rechten Hemisphäre** können Formen visuell und taktil erfasst werden. Sie ist zuständig für das Abstraktionsvermögen und ein gewisses Maß an Sprachverständnis. So führt ein Split-Brain-Patient gesprochene Befehle mit seiner über die rechte Hemisphäre gesteuerten linken Hand korrekt aus, ohne dass er jedoch seine Tätigkeit benennen könnte. Das **analog-gestalthafte Denken,** also räumliches Vorstellungsvermögen, Denken in Analogien und die Fähigkeit, Gesichter zu erkennen, sind wie die Musikalität ebenfalls Funktionen der rechten Hemisphäre.

20.8 Sprachregionen

Ein Großteil der sensorischen Erfahrungen wird sprachlich übersetzt und bewusst gemacht, bevor die benannten Erfahrungen im sekundären Gedächtnis gespeichert werden können. Viele intellektuelle Leistungen wie Lesen, Schreiben, Rechnen und die Fähigkeit, logisch zu denken, sind sprachlich gebunden. Dies erklärt die Wichtigkeit der spezialisierten Sprachregionen im Gehirn, deren Zerstörung meist mit einer erheblichen Minderung der intellektuellen Leistungsfähigkeit einhergeht.

Es gibt mehrere Hirnrindenregionen, die für ein intaktes Sprachvermögen verantwortlich sind. Im **Broca-Sprachareal** wird vor allem die motorische Sprachbildung koordiniert, wohingegen das Sprach-

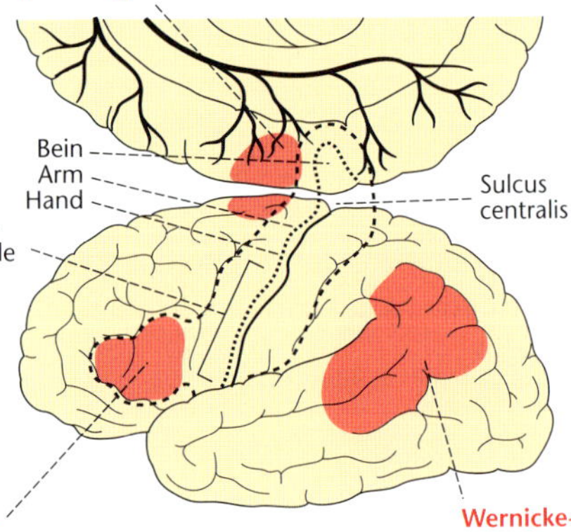

Abb. 20.13 Sprachregionen in der sprachdominanten Hemisphäre.

verständnis vorwiegend eine Leistung des **Wernicke-Areals** ist. Im sekundären motorischen Kortex, der auch als tertiäre Sprachregion bezeichnet wird, liegen Zentren für die Artikulation. Von dort werden die Gesichtsmuskeln und die Muskeln von Kiefer, Rachen, Gaumen und Zunge kontrolliert (► Abb. 20.13).

20.8.1 Broca-Sprachregion

Lage

Das Broca-Sprachzentrum im unteren Teil der präfrontalen Hirnwindung (Brodmann-Areae 44 und 45) liegt vor dem motorischen Kortex in Höhe der Projektion der Artikulationsmuskulatur (Kehlkopf, Zunge, Kiefer, Lippen) auf den motorischen Homunkulus des Gyrus praecentralis.

Motorische Aphasie

Bei einer Schädigung kann der Betreffende bis auf einzelne einfache Worte („Telegrammstil") fast nichts mehr sprechen. Die motorische Aphasie entsteht durch den Wegfall des von der Broca-Region erstellten Programms, das die an der Sprachbildung beteiligten Muskeln koordiniert. Eine Schädigung der Broca-Region beeinträchtigt jedoch nicht das Sprachverständnis.

Kortikale Läsion

Während die Schädigung des Broca-Areals gravierende Folgen hat, gilt dies nicht für eine einseitige Schädigung des motorischen Kortex (Gyrus praecentralis) in Höhe der zur Sprachbildung notwendigen Muskeln. Durch die Verbindung über den

Balken zur Gegenseite kann diese Läsion kompensiert werden, da die Gesichts- und Schlundmuskulatur überwiegend von beiden Großhirnhälften versorgt wird.

20.8.2 Wernicke-Sprachregion

Lage

Diese Region liegt im hinteren Teil der ersten Schläfenwindung des Temporallappens und grenzt an die Hörrinde (Area 22). Die Wernicke-Region ist für das Sprachverständnis verantwortlich.

Sensorische Aphasie

Bei einer Schädigung kommt es zur sensorischen Aphasie. Die betroffenen Patienten können zwar gelesene, aber keine gesprochenen Worte verstehen. Das motorische Sprechvermögen (Broca-Region) ist noch vorhanden, die Wortfindung als Funktion des Wernicke-Areals ist jedoch gestört. Daher äußern die Patienten weitgehend unverständliche Sätze, die durch Wortneubildungen und auf eigentümliche Weise verwendete Wörter gekennzeichnet sind: Jargonaphasie.

Merke

- Wernicke-Areal:
  - Sensorisches Sprachzentrum, Sprachwahrnehmung
  - Störung führt zur Wernicke-Aphasie: grammatisch falsche Sprache (Paragrammatismus), Neubildung von Wörtern (Neologismen), im Extremfall Jargonsprache: „Sitzbach" für „Notizbuch"
- Broca-Areal:
  - Motorisches Sprachzentrum, Bewegungsmuster der Sprechmuskeln
  - Störung führt zur Broca-Aphasie: reduzierte Spontansprache, Telegrammstil, stockende Sprechweise, Ersatz von Lauten: „Margen" für „Guten Morgen"

20.8.3 Hemisphärendominanz der Sprachregion

Die Wernicke- und Broca-Sprachregion sind bei 95 % der Rechtshänder in der linken Hemisphäre lokalisiert, d. h., die linke ist die sprachlich dominante Hemisphäre. Aber auch bei Linkshändern ist zu 70 % die linke Hemisphäre sprachdominant. Bei 15 % der Linkshänder liegen die Sprachzentren in der rechten Hemisphäre, bei den restlichen 15 % der Linkshänder sind beide Hemisphären für die Sprachverarbeitung zuständig.

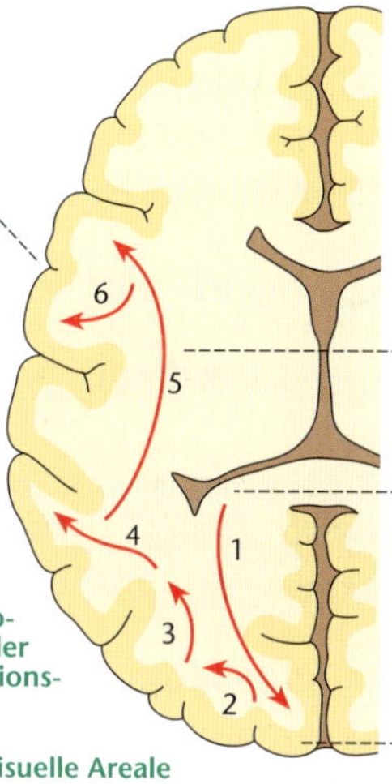

Abb. 20.14 Leitungswege und Areale beim Benennen eines gesehenen Gegenstands. Die verschiedenen Schritte sind ihrer Reihenfolge nach nummeriert (s. Text).

20.8.4 Benennen eines gesehenen Gegenstands

Als Beispiel für die Vielzahl der beteiligten Zentren und Leitungsbahnen sei der zentrale Erregungsweg zum Benennen eines mit den Augen wahrgenommenen Gegenstands skizziert (▸ Abb. 20.14):

- Gestalterkennung
  - (1) Retina → Sehbahn → primäre Sehrinde
  - (2) Primäre Sehrinde→ sekundär-visuelle Areale
  - (3) Sekundär visuelle Areale → parieto-temporo-okzipitaler Assoziationskortex (▸ Kap. 20.2.1.2)
- Wortfindung
  - (4) parieto-temporo-okzipitaler Assoziationskortex → Wernicke-Areal
- Sprachgestaltung
  - (5) Wernicke-Areal → Fasciculus arcuatus → Broca-Areal
- Artikulation
  - (6) Broca-Areal → motorischer Kortex

Auf diesem Weg können die verschiedensten Störungen auftreten:

- Eine Unterbrechung des Fasciculus arcuatus hat eine **Leitungsaphasie** zur Folge, deren Symptomatik einer sensorischen Aphasie (Ausfall des Wernicke-Zentrums) gleicht.

- Zu einer **globalen Aphasie** kommt es durch Läsionen beider Sprachregionen (Broca und Wernicke), z.B. nach einem Arteria-cerebri-media-Infarkt.
- Eine Störung im Bereich des parieto-temporalen Assoziationskortex führt zu einer **amnestischen Aphasie** mit überwiegenden Wortfindungsstörungen.

20.9 Triebverhalten, Motivation und Emotion

20.9.1 Durst und Hunger

Durst wird ebenso wie Hunger als Allgemeinempfindung bezeichnet, da beide nicht einem einzigen Organsystem oder Sinnesorgan zugeordnet werden können.

20.9.1.1 Durst: Regulierung des Flüssigkeitshaushalts

Der Organismus eines Erwachsenen besteht zu ca. 70 % aus Wasser. Bei einem Wasserverlust von 0,5 % des Körpergewichts (ca. 350 ml) wird die Durstschwelle überschritten und es entsteht ein Durstgefühl. Das Durstgefühl kann auf einer erhöhten Osmolarität des Plasmas beruhen (osmotischer Durst) oder Folge eines Volumenmangels im Extrazellularraum sein (hypovolämischer Durst).

Gleichzeitiger Anstieg der Osmolarität bei Abnahme des Extrazellularvolumens hat einen additiven Effekt auf das Durstgefühl. Der entstehende Durst ist also größer als beim Vorliegen nur einer Veränderung.

Osmotische Regulierung

Die Osmolalität wird von den zirkumventrikulären Organen des III. Ventrikels gemessen. Bei einem Anstieg der Osmolalität wird vermehrt ADH freigesetzt (► Kap. 10.3.3.2). Durch die ADH-vermittelte Retention von freiem Wasser fällt die Osmolalität wieder ab.

Volumengesteuerte Regulierung

Ein Volumenmangel kann über verschiedene Fühler registriert werden:

- Dehnungsrezeptoren in den Herzvorhöfen und in der Leber
- Pressorezeptoren im Karotissinus und im Aortenbogen
- Juxtaglomeruläre Zellen in der Niere

Beim Volumenmangel wird zum einen ebenfalls vermehrt ADH freigesetzt. Zusätzlich kommt es zu einer Aktivierung des Renin-Angiotensin-Aldosteron-Systems (► Kap. 10.5.2). Angiotensin II löst hierbei im anterioren Hypothalamus das Durstgefühl aus.

Die osmotische Steuerung des Flüssigkeitshaushalts ist wesentlich empfindlicher als die volumengesteuerte: Schon eine Änderung der Osmolalität um 1 % löst eine Gegenreaktion aus, während bei einem Volumenabfall die Änderung mindestens 10 % betragen muss.

Präresorptive Durststillung

Durch Resorption von getrunkener Flüssigkeit wird der Durst gestillt. Das Durstgefühl lässt aber bereits nach, bevor die Resorption abgeschlossen ist.

Primäres und sekundäres Trinken

Als Formen der Durststillung unterscheidet man primäres und sekundäres Trinken:

- Primäres Trinken ist die Folge eines tatsächlichen Flüssigkeitsbedarfs aufgrund von Wassermangel.
- Sekundäres Trinken erfolgt meist ohne Durstgefühl und stellt die häufigere Form dar.

20.9.1.2 Hunger: Regulierung des Körpergewichts

Hunger zeigt einen Energiebedarf des Körpers an. Normalerweise nimmt der Organismus dann so viel Energie auf, wie nötig ist, um die Energiebilanz im Gleichgewicht zu halten: Homöostase. Werden mehr als die benötigten Nährstoffe aufgenommen, lagert er den Überschuss in Fettdepots ab. An der Steuerung der Nahrungsaufnahme sind eine Vielzahl von Transmittern und Hormonen beteiligt, die sich in

- orexigene (appetitsteigernde) und
- anorexigene (appetitsenkende)

Substanzen einteilen lassen.

Nahrungsaufnahme und Körpergewicht werden über Langzeit- und Kurzzeitregulationsmechanismen in einem Gleichgewicht gehalten.

Langzeitregulierung über das Fettgewebe

Die Langzeitregulierung der Nahrungsaufnahme wird über die Hormone Insulin und Leptin gesteuert (► Kap. 10.8.6.1). Insulin und Leptin dienen dabei als Signalstoffe für die Menge des Fettgewebes im Körper. Ist die Fettgewebsmenge zu hoch senden sie **Adipositassignale** an Zellen im Nucleus arcuatus des Hypothalamus. Dadurch werden in den benachbarten Nuclei paraventriculares des Hypothalamus Oxytocin, Corticotropin-Releasing-Hormon (CRH) und Thyrotropin-Releasing-Hormon (TRH) freigesetzt. (► Kap. 10.3.1). Parallel hierzu wird in den lateralen Anteilen des Hypothalamus die Ausschüttung des Peptids **Orexin** gehemmt und so die durch Orexin bewirkte Stimulation der Nahrungsaufnahme reduziert.

Leptin steigert zudem im Hypothalamus die Freisetzung des anorexigenen α-MSH und hemmt die Ausschüttung des orexigenen gastrointestinalen Hormons **Ghrelin** und des ebenfalls orexigenen vorwiegend im ZNS gebildeten Neuropeptids Y (NPY).

Zusammen ergeben sich durch die Leptin- und Insulinwirkungen im Hypothalamus
- eine katabole Wirkung: Abbau von körpereigenen Energiereserven, und
- eine anorexigene Wirkung: Reduktion der Nahrungsaufnahme.

Umgekehrt sind bei Hunger und niedriger Fettgewebsmasse die Konzentrationen von Insulin und Leptin im Blut reduziert, sodass im Effekt eine anabole und eine orexigene Wirkung resultieren.
Die Langzeitregulierung des Körpergewichts über das Fettgewebe ist erstaunlich genau und kann das Körpergewicht mit Abweichungen von weniger als 1 % konstant halten.

Klinik

Wegen dieser stabilen Langzeitregulierung des Körpergewichts führt intensives Fasten mit raschem Gewichtsverlust unter die Sollgewichtsgrenze zu einer anschließenden verstärkten Nahrungsaufnahme, falls Nahrungsmittel vorhanden sind: **Jo-Jo-Effekt** von Diäten.

Kurzzeitregulierung über die Nahrungsaufnahme

Die relativ ungenaue Kurzzeitregulierung der Nahrungsaufnahme wird über afferente Signale aus dem Gastrointestinaltrakt gesteuert. Regulationszentren sind hierbei die Medulla oblongata (Nucleus tractus solitarii) und der Hypothalamus (Nucleus arcuatus). Erhalten diese Zentren über vagale Afferenzen oder gastrointestinale Hormone sog. **Sättigungssignale,** also die Information, dass eine hinreichende Nahrungsmittelmenge im Dünndarm vorliegt (Glucose- und/oder Lipidkonzentration ↑), wird die Nahrungsaufnahme eingestellt.

Störungen der Homöostase

Die homöostatische Regulierung von Fettgewebsmenge und Nahrungsaufnahme kann durch äußere Einflüsse gestört werden. So führen soziale Einflüsse über erlernte (dysfunktionale) Verhaltensweisen zu einer Veränderung der Ernährungsgewohnheiten und damit zu einer Sollwertverstellung des Körpergewichts: Fettsucht (Adipositas) oder Magersucht (Anorexia nervosa).
Eine wichtige Rolle bei der Aufrechterhaltung veränderter Ernährungsgewohnheiten spielt das mesolimbische dopaminerge Verstärkersystem (s. u.). Von dort bestehen Verbindungen zu den lateralen Anteilen des Hypothalamus, die für die Regulierung des Körpergewichts zuständig sind.

20.9.2 Limbisches System

20.9.2.1 Aufbau des limbischen Systems

Anteile

Als limbisches System fasst man eine Reihe von Hirnanteilen zusammen, deren Zusammenspiel wichtig für das Entstehen von Emotionen, Motivationen und Lernfähigkeit ist.
Zum limbischen System gerechnet werden vor allem die folgenden zwischen Hirnstamm, Hypothalamus und Isokortex „saumartig" (= limbisch) angeordneten Strukturen:
- Kortikale Bestandteile:
  - Hippocampus
  - Gyrus parahippocampalis
  - Gyrus cinguli
- Subkortikale Bestandteile:
  - Corpora amygdaloidea (= Amygdalae)
  - Nucleus accumbens
  - Corpora mamillaria
  - Limbische Mittelhirnregion, u. a. ventrales Tegmentum
  - Bulbus olfactorius
  - Nucleus thalami anterior

Auch der Hypothalamus wird manchmal zum limbischen System gerechnet, da er im Mittelpunkt der afferenten und efferenten Leitungsbahnen des limbischen Systems steht.

Verbindungen

Über Temporal- und Frontalhirn ist das limbische System mit dem Neokortex verbunden. Über das

Temporalhirn gelangen die visuellen, auditorischen und somatosensorischen Informationen der Großhirnrinde zum limbischen System. Das Frontalhirn ist die zentrale neokortikale Kontrollinstanz des limbischen Systems. Es hat als einziger neokortikaler Bereich direkte Verbindungen zum Hypothalamus.

20.9.2.2 Aufgaben des limbischen Systems

Kontrolle von Emotionen

Über das limbische System werden Verhaltensweisen gesteuert, die beim Tier der Arterhaltung dienen (artspezifische Verhaltensweisen). Beim Menschen dient das limbische System vor allem der Kontrolle von Emotionen. Man unterscheidet 6 primäre Emotionen:

- Angst
- Wut
- Trauer
- Ekel
- Freude
- Überraschung

Diese Basisemotionen finden sich unabhängig von sozialen oder kulturellen Prägungen bei allen Menschen.

Emotionen sind Signale:

- Nach innen verstärken oder hemmen sie bestimmte Verhaltensweisen.
- Nach außen dienen sie der Kommunikation mit anderen Menschen.

Furchtverhalten

Furchtreaktion

Bei Gefahr in der Umgebung organisieren die Corpora amygdaloidea (= die Amygdalae) eine typische Furchtreaktion:

- Motorisch: Flucht oder Erstarrung
- Vegetativ: Anstieg von Blutdruck und Herzfrequenz, Erniedrigung der Darmdurchblutung
- Hormonell: Aktivierung des Stresssystems: ACTH, Cortisol und Adrenalin ↑
- ZNS: Weckreaktion

Die Amygdalae erhalten vor allem Afferenzen, die in höheren Hirnzentren des Neokortex bereits verarbeitet wurden. Zusätzlich bestehen schnelle subkortikale Verbindungen zum Thalamus, über die eine vorbewusste Erzeugung der Emotion Furcht (mit Auslösung der entsprechenden Reaktionen) möglich ist. Die Informationen des Geruchssinns erreichen die Amygdalae über den Bulbus olfactorius ohne Umschaltung unmittelbar.

Furchtkonditionierung

In den Amygdalae werden neutrale Reizen mit Gefahr signalisierenden Reizen im Rahmen einer Furchtkonditionierung miteinander verknüpft (► Kap. 20.5.1.2). Biologischer Sinn dieser Furchtkonditionierung ist die Modifikation des Verhaltens in der Sozialisation des Menschen: Verhalten, das negative Konsequenzen nach sich zieht, wird aus Furcht vor erneutem Auftreten dieser Konsequenzen in Zukunft unterlassen. Dies wird als **antizipatorische Vermeidung** bezeichnet.

Schädigungen der Amygdalae und der angrenzenden Gebiete des limbischen Systems führen zu massiven **Persönlichkeitsveränderungen.** Emotionale Signale der Umwelt werden nicht mehr verstanden, es kommt zu selbst- oder fremdschädigendem Verhalten, weil die Konsequenzen des eigenen Handelns emotional nicht mehr bewertet werden können.

Klinik

Bei Rhesusaffen wurde in den 1930er Jahren nach Entfernung beider Schläfenlappen einschließlich der Amygdalae das sog. **Klüver-Bucy-Syndrom** beobachtet. Es ist gekennzeichnet durch:

- Psychische Blindheit: Unfähigkeit, zu erkennen und zu verstehen, was man sieht. So kann z. B. Essbares von Nichtessbarem nicht mehr unterschieden werden
- Orale Tendenzen: Alle Gegenstände werden in den Mund genommen
- Abnorme Futtergelüste
- Hypersexualität
- Fehlen von Furchtverhalten
- Affektverarmung

Mesolimbisches Verstärkersystem

Säugetiergehirne verfügen über ein Belohnungssystem, durch das Verhalten positiv verstärkt werden kann.

Anteile

Im Zentrum dieses Verstärkersystems stehen dopaminerge Neurone im ventralen Tegmentum (VT) des Mittelhirns. Diese Neurone projizieren über das mediale Vorderhirnbündel in den Nucleus accumbens (NA, ► Abb. 20.15). Zusätzlich bestehen hemmende GABAerge Bahnen als Rückkopplungskreis vom NA zum VT.

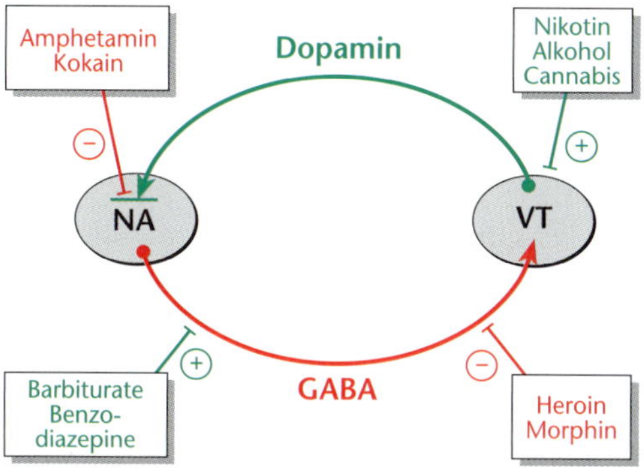

Abb. 20.15 Zentrale Strukturen des mesolimbischen Verstärkersystems (vereinfacht). VT = ventrales Tegmentum des Mittelhirns; NA = Nucleus accumbens.

Belohnungen

Auf Belohnungen reagieren die dopaminergen Neurone des VT mit einer vermehrten Ausschüttung von Dopamin.

Dadurch entsteht ein Gefühl der Freude. Für die Größe dieses Effekts ist nicht die absolute Höhe der Belohnung entscheidend, sondern der Belohnungsvorhersagewert: Die Neurone entladen umso stärker, je mehr die Belohnung die Erwartung übersteigt.

Klinik

Die **suchterzeugende Wirkung** von Substanzen beruht auf ihrer Interaktion mit dem mesolimbischen Verstärkersystem (► Abb. 20.15). Sie greifen dabei auf unterschiedliche Weise in das Verstärkersystem ein: Amphetamin und Kokain hemmen die Wiederaufnahme von Dopamin im NA. Nikotin, Alkohol und Cannabis erregen dopaminerge Neurone im VT. Barbiturate und Benzodiazepine fördern die Hemmung der dopaminergen Neurone des VT über GABAerge Bahnen. Heroin und Morphin dagegen blockieren diese Hemmung und steigern dadurch indirekt die Dopaminausschüttung der Neurone des VT.

20.9.3 Hypothalamische Verhaltensprogramme

20.9.3.1 Hypothalamus als Schaltzentrum

Der Hypothalamus spielt eine integrierende Rolle für Verhaltensweisen, die der Selbsterhaltung und der Arterhaltung dienen. Er ist das wichtigste efferente Schaltzentrum des limbischen Systems und koordiniert nutritives, sexuelles, thermoregulatorisches und Abwehrverhalten. Dabei werden vegetative Reaktionen mit somatomotorischen und hormonellen Komponenten verknüpft.

20.9.3.2 Funktionen

Funktionen der Kerngebiete des Hypothalamus sind:

- Laterales Gebiet:
  - Regio praeoptica: Motivation, Belohnung
  - Laterale hypothalamische Kerne: Emotion, Esszentrum
- Periventrikuläres Gebiet:
  - Periventrikuläre Kerne: Steuerung der Hypophyse durch Releasing- und Inhibiting-Hormone
  - Nucleus suprachiasmaticus: zirkadiane Rhythmen
- Mediales Gebiet:
  - Nucleus praeopticus medialis: Temperaturregulation
  - Nucleus dorsomedialis: Sexualverhalten und sexuelle Differenzierung; geschlechtsspezifisch unterschiedliche neuronale Struktur
  - Nuclei anteriores: Nahrungsaufnahme und -regulation; Sattheitszentrum
- Posteriores Gebiet:
  - Nuclei posteriores: Kreislaufregulation
  - Nuclei supramamillares: Atmungsregulation
  - Corpora mamillaria: Temperaturregulation

Register

L

N